中国科学院大学研究生教材系列

海洋生物地球化学

宋金明　李学刚　袁华茂　李　宁　编著

科 学 出 版 社

北　京

内 容 简 介

本书是我国第一部关于海洋生物地球化学的研究生教材，重点阐述了碳、氮、磷、硅等生源要素海洋生物地球化学过程的基本原理、规律和研究发展趋势，是编著者结合自己多年的研究成果并在系统归纳总结近 40 年来国内外相关研究文献基础上倾力完成的。全书分为 8 章，第 1 章简要概述了海洋生物地球化学的发展历史、基本原理、研究内容和研究意义；第 2～5 章着重阐述了碳、氮、磷、硅等主要生源要素的海洋生物地球化学过程；第 6 章解析了一些典型人类活动的影响，特别是富营养化、赤潮等生态灾害和珊瑚白化等过程的海洋生物地球化学作用；第 7 章初步探讨了海洋生物地球化学循环中的物流与能流过程；第 8 章分析了海洋生物地球化学现状和发展趋势。

本书可作为海洋化学、海洋生物学、海洋生态学、海洋地质学及海洋环境科学等相关专业的硕士、博士研究生核心课程的教材，以及地质学、地理学、生态学、环境科学及其他地学领域各专业研究生的研讨课程教材，还可供从事相关专业教学、科研工作人员阅读参考。

图书在版编目（CIP）数据

海洋生物地球化学 / 宋金明等编著. —北京：科学出版社，2020.9

中国科学院大学研究生教材系列

ISBN 978-7-03-063962-2

Ⅰ. ①海…　Ⅱ. ①宋…　Ⅲ. ①海洋生物-生物地球化学-研究生-教材　Ⅳ. ①P593

中国版本图书馆CIP数据核字（2019）第288210号

责任编辑：王海光　闫小敏 / 责任校对：郑金红
责任印制：吴兆东 / 封面设计：刘新新

科学出版社 出版
北京东黄城根北街 16 号
邮政编码：100717
http://www.sciencep.com

北京凌奇印刷有限责任公司印刷

科学出版社发行　各地新华书店经销

*

2020 年 9 月第　一　版　开本：720 × 1000　1/16
2025 年 1 月第三次印刷　印张：44
字数：890 000

定价：298.00 元

（如有印装质量问题，我社负责调换）

前　言

海洋生物地球化学作为地球系统科学最近40多年来标志性发展的新学科，受到全球地学家的普遍重视，其原因是自20世纪80年代开始实施的全球性研究计划把海洋生物地球化学这一海洋学研究的核心推到了全球变化研究的前沿，并成为其中的焦点。自此以后，世界各国不同学科的科学家致力于相关研究，在该领域取得了前所未有的进步，并突出地表现在两个方面，即海洋学研究实现了多领域学科交叉，海洋学复杂过程的解析获得了重大进展，特别是对以碳为核心的海洋生源要素的研究，较好地诠释了生源要素在全球气候变化和全球海洋生态环境变化中的作用以及它们之间的耦合与反馈。尽管海洋学过程异常复杂，但运用海洋生物地球化学的观点和方法，并通过多学科的集成，已使这些过去非常模糊的过程较为清晰地展现在了人们面前。现在，恐怕很少再有人用单学科的观点去研究解决海洋学的问题了。可以这样说，几十年来海洋学的发展在很大程度上体现在了海洋生物地球化学的发展上。

40多年来，海洋生物地球化学飞速发展的一个重要标志就是大量原创性论著的发表和出版，促使更多的科学家关注和涉足这方面的研究。同时，国内外从事海洋化学研究的专家也大多转入了海洋生物地球化学的研究，海洋生物地球化学作为独立的学科已基本形成，越来越多的青年学者特别是研究生投入到这一领域进行研究和学习。但截至目前，还没有一部专门的海洋生物地球化学教材，使得学习这门课程的研究生和授课教师颇感无从下手，不得不花费大量的时间和精力去查阅总结归纳海洋生物地球化学的论文与专著，但仍然难以掌握海洋生物地球化学学科体系的理论框架和系统知识。因此，编著一部知识结构完整的海洋生物地球化学教材迫在眉睫。

中国科学院海洋研究所海洋生物地球化学课题组是我国较早从事海洋生物地球化学研究的团队，在近海沉积物-海水界面生物地球化学过程，以及海洋沉积物在海洋生物地球化学循环中的作用等方面，开展了许多开创性的研究，获得了丰富的创新性研究成果，在国内外著名学术刊物发表过大量论文，并编写了多部海洋生物地球化学相关专著，在实践中积累了比较丰富的海洋生物地球化学知识，为编著海洋生物地球化学研究生教材奠定了强有力的基础。在这样的背景下，《海洋生物地球化学》这本研究生教材的编撰工作终于被提上日程。

尽管40多年来关于海洋生物地球化学研究有大量的论著发表，但并没有可供借鉴的教材，使得本书在编写初始就面临着两个难题。第一，海洋生物地球化学的课程体系及教学究竟应该包括哪些内容，其基本的理论框架是什么，国内外研究者对此至今还没有统一的认识；第二，大量相关文献资料的知识点很分散，如何从这些纷杂的论著中系统总结出海洋生物地球化学比较普遍的规律也是困难重重。

针对这些问题，我们系统归纳了现有论著的核心思想，并结合我们自己多年的研究实践，最终确定以生源要素的海洋生物地球化学过程为核心主线，以生物过程作用下物质的迁移转化及反馈为重点，通过物质的能流和物流两条脉络构筑生源要素海洋生物地球化学过程的有机联系，这既突出了海洋生物地球化学的本质，也为拓展研究其他化学物质的海洋生物地球化学过程提供了思路。

本书立足于对普遍规律的阐述，同时对新的发展趋势也进行了介绍，体现了国际海洋生物地球化学的最新研究成果，是对近几十年来海洋生物地球化学研究所揭示的基本规律、基本原理的总结和归纳。全书写作分工如下：第 1、7、8 章由宋金明编著完成，第 2 章由李学刚编著完成，第 3 章由袁华茂编著完成，第 4 章由袁华茂、李宁编著完成，第 5 章由李宁、宋金明编著完成，第 6 章由宋金明、李学刚编著完成，全书由宋金明统稿定稿，李学刚和袁华茂为主完成了文稿的校对工作。定稿之前，宋金明又根据近几年海洋生物地球化学的发展，补充了海洋酸化及其生态效应、海洋微塑料及其对生物的影响以及海水铁的来源与行为、珊瑚礁维持高生产力机制、海洋古 pH 反演、海洋低氧以及浒苔、水母、海星大规模发生等生态灾害暴发与生源要素的关系等内容，同时对整体性的资料大多更新到 2018 年。

值得一提的是，2018 年教育部启动了我国一级学科发展报告暨研究生核心课程指南的制定工作，国务院学位委员会第七届海洋科学学科评议组于 2019 年初完成了《海洋科学一级学科发展报告》和《海洋科学研究生核心课程指南》，确定了 12 门海洋科学一级学科研究生的核心课程，“海洋生物地球化学”即是其中的一门核心课程，本书的章节体系完全与之一致。因此，本书也是完全按教育部最新研究生核心课程指南编写的研究生核心课程教材。

本书的出版获得了中国科学院大学教务部教材出版中心的资助(YJC0707001)，同时得到了中国科学院海洋生态与环境科学重点实验室、青岛海洋科学与技术试点国家实验室、中国科学院大学海洋学院、中国科学院海洋大科学研究中心的支持。编著者主持的多个项目资助了书中相关内容的研究，特此一并致谢！特别感谢科学出版社生物分社王海光副编审为本书的编辑和出版付出的大量心血！

中国科学院海洋研究所段丽琴研究员、中国地质大学(武汉)吕晓霞教授、中国科学院烟台海岸带研究所高学鲁研究员、大连大学郑国侠教授、哈尔滨工业大学(威海)戴继翠副教授、自然资源部北海局北海预报中心张乃星高级工程师、山东省海洋局贺志鹏高级工程师、陕西科技大学张蓬教授，以及许思思博士、张英博士、徐亚岩博士等协助收集整理资料，中国科学院海洋研究所研究生教育中心主任张利永高级工程师对本书的编著给予了多方面的帮助，特向他们表示感谢！此外，本书在编著过程中参阅了太多研究者的论著，他们的成果为本书提供了原始素材，我们尽可能引出了他们的文献，但由于篇幅所限，许多研究者的资料可能并未标出，在此特别向这些研究者表示歉意和感谢。

需要特别说明的是，本书自 2007 年 10 月初完成全书的初稿，历经整整 13 年十几次大的修改完善，其中间版本曾在 2016～2020 年以内部印刷的形式，在中国科学院大学海洋学专业核心课程“海洋生物地球化学”的授课中使用了 5 个学年，反响良好，因此可以说全书的知识结构和内容体系是经过实践摸索才最终形成的。但作为第一部海洋生物地球化学研究生教材，虽然我们力争做到少有遗憾，但难免会有不足之处，恳请读者批评指正，以便再版时改进。

希望本书的出版能为我国培养海洋生物地球化学高水平人才起到促进作用。

宋金明

2020 年 8 月 1 日于青岛汇泉湾畔

目　录

前言
第 1 章　海洋生物地球化学总论……1
1.1　海洋生物地球化学的定义及研究内容……1
1.1.1　生物地球化学与海洋生物地球化学的定义……1
1.1.2　生物地球化学的研究内容……2
1.1.3　生物地球化学循环过程研究的原理与方法……4
1.2　海洋生物地球化学的发展历程与研究意义……29
1.2.1　海洋生物地球化学的发展历程……29
1.2.2　海洋生物地球化学的研究意义……32
本章的重要概念……33
推荐读物……34
学习性研究及思考的问题……34
第 2 章　海洋碳的生物地球化学……36
2.1　海洋碳的分布与来源……36
2.1.1　海洋碳的地球化学分布特征……36
2.1.2　海洋碳的来源及研究方法……44
2.1.3　海洋黑碳……52
2.1.4　海洋中的甲烷……57
2.1.5　海洋中的一氧化碳……62
2.2　海-气界面碳通量与碳源汇……65
2.2.1　海-气界面碳通量的获取方法……65
2.2.2　海-气界面碳通量……72
2.2.3　海洋碳的源与汇……81
2.2.4　全球碳循环研究中的碳失汇……87
2.3　海水无机碳的迁移与转化……91
2.3.1　海水中的溶解无机碳体系……91
2.3.2　溶解无机碳的迁移过程……103
2.3.3　全球气候变化下溶解无机碳的变化及其影响……114
2.4　海洋有机碳……119
2.4.1　溶解有机碳(DOC)与生物过程的耦合关系……119

2.4.2 颗粒有机碳(POC)与生物代谢 ……127
2.4.3 有色溶解有机碳的特征与应用 ……136
2.4.4 胶体有机碳的功能与作用 ……141
2.5 海洋生物类群与碳循环 ……145
2.5.1 浮游植物对碳的利用 ……146
2.5.2 浮游动物对碳的传递作用 ……149
2.5.3 底栖生物在碳循环中的功能与作用 ……157
2.5.4 微生物在碳循环中的作用 ……162
2.6 海洋碳迁移转化的化学驱动 ……166
2.6.1 营养盐的水平与变化对海洋中碳迁移转化的影响 ……166
2.6.2 海水酸碱度与海洋碳迁移转化的关系 ……169
2.6.3 氧化还原环境对碳迁移转化的控制作用 ……171
2.7 海洋沉积物中的碳 ……176
2.7.1 海洋沉积物中碳的存在形式与形态 ……176
2.7.2 海洋沉积物中碳的堆积过程与早期成岩作用 ……178
2.7.3 海洋沉积物中碳的再生释放 ……180
本章的重要概念 ……184
推荐读物 ……185
学习性研究及思考的问题 ……185
第 3 章　海洋氮的生物地球化学 ……186
3.1 海洋氮的分布 ……186
3.1.1 海水中氮的存在形态、分布及相互转化 ……187
3.1.2 海洋沉积物中氮的形态与分布 ……203
3.2 海洋氮的来源 ……207
3.2.1 氮的输入 ……207
3.2.2 海洋沉积物中氮的来源 ……224
3.2.3 海洋氮的收支 ……225
3.3 海洋沉积物中氮的生物地球化学过程 ……226
3.3.1 海洋沉积物中氮的早期成岩作用 ……226
3.3.2 海洋沉积物中氮的循环及其控制机制 ……231
3.3.3 氮与其他生源要素循环的关系 ……236
3.4 硝化与反硝化过程及影响因素 ……237
3.4.1 硝化与反硝化过程 ……237
3.4.2 硝化与反硝化研究方法 ……239
3.4.3 硝化与反硝化过程的影响因素 ……244
3.5 其他硝酸盐异化还原过程 ……247

3.5.1 硝酸盐异化还原为铵过程及影响因素……247
3.5.2 厌氧铵氧化过程及影响因素……249
3.6 海洋氮循环的驱动机制……253
3.6.1 海洋氮的再生释放……253
3.6.2 海洋氮循环的物理、化学驱动……255
3.6.3 海洋氮循环的生物驱动……257
本章的重要概念……261
推荐读物……262
学习性研究及思考的问题……262
第4章 海洋磷与硅的生物地球化学……263
4.1 海洋磷的分布特性……263
4.1.1 海水中磷的存在形态、分布特征与相互转化……264
4.1.2 海洋沉积物中的磷……274
4.2 海洋磷的来源与功能……278
4.2.1 海洋磷的来源……278
4.2.2 浮游植物生长的营养盐限制……280
4.2.3 颗粒磷与微型生物的关系……284
4.3 沉积物中磷的再生速率与生态学效应……286
4.3.1 海洋沉积磷的埋藏与再生……286
4.3.2 海洋沉积磷的生态学功能……292
4.3.3 海洋沉积物中的基质结合磷化氢……297
4.4 海洋磷的循环……302
4.4.1 海洋磷的循环过程与控制因素……302
4.4.2 海洋磷的收支……305
4.5 海洋硅的生物地球化学功能……305
4.5.1 海洋中硅的形态与功能……306
4.5.2 海洋中硅的来源与补充……314
4.5.3 生源硅(生物硅/蛋白石)的生物地球化学意义……317
本章的重要概念……323
推荐读物……324
学习性研究及思考的问题……324
第5章 其他重要生源要素的生物地球化学……325
5.1 海水溶解氧在生物地球化学循环中的作用……325
5.1.1 海洋水体中的溶解氧……325
5.1.2 溶解氧的测定方法……331
5.1.3 溶解氧的生物学功能与生化需氧量……334

5.1.4 海水低氧及其生态效应……337
5.1.5 大洋最小含氧带及其生态环境效应……354
5.2 海洋硫的生物地球化学……368
5.2.1 海洋环境中的硫体系……369
5.2.2 海洋中硫的不同形态与功能……371
5.2.3 深海沉积物中硫酸盐的还原作用……375
5.2.4 海洋中的易挥发性硫……380
5.3 铁的生物地球化学作用与“铁肥效应”……385
5.3.1 铁的生物地球化学作用……385
5.3.2 海洋施铁的生态效应……406
5.4 重金属的海洋生物地球化学循环……412
5.4.1 重金属的生物地球化学作用……412
5.4.2 海洋重金属循环的生物学机制……413
本章的重要概念……420
推荐读物……420
学习性研究及思考的问题……420
第 6 章 人类活动影响下的海洋生物地球化学作用……422
6.1 近海富营养化的过程、效应、影响与评价……422
6.1.1 近海富营养化的起因与效应……422
6.1.2 近海富营养化的评价方法与指标体系……427
6.1.3 近海富营养化的生态影响与修复……433
6.2 赤潮生消过程中的海洋生物地球化学……440
6.2.1 赤潮及其发生机制……440
6.2.2 赤潮生消过程中生源要素的响应……458
6.3 浒苔、水母、海星等生态灾害暴发与生源要素的关系……466
6.3.1 大规模浒苔的发生机制及其与生源要素的关系……466
6.3.2 水母暴发/消亡及其与生源要素的关系……470
6.3.3 海星的发生及危害……473
6.4 珊瑚白化的海洋生物地球化学……474
6.4.1 高生产力的珊瑚礁白化现象与环境变化……475
6.4.2 珊瑚白化过程中生源要素的演变过程……489
6.5 近岸污染物的生态环境效应……493
6.5.1 海洋环境中的无机污染物及其生物效应……494
6.5.2 海洋环境中的有机污染物及其毒理……500
6.5.3 微生物污染及其影响……512
6.5.4 放射性污染与生物富集……514

6.5.5 海洋微塑料及其对生物的影响……517
6.6 海洋酸化及其生态效应……526
6.6.1 海洋酸化的趋势分析……526
6.6.2 海洋酸化对生物钙化的影响……529
6.6.3 海洋酸化对藻类光合作用固碳的影响……531
6.6.4 造礁珊瑚对海洋酸化的反演……534
6.6.5 海洋古 pH 重建的方法……537
本章的重要概念……547
推荐读物……548
学习性研究及思考的问题……548
第 7 章 海洋生物地球化学循环中的物流与能流……550
7.1 海水与大气的相互作用……550
7.1.1 海水与大气相互作用的微表层作用过程……550
7.1.2 海水与大气间的物质输送……557
7.2 海陆相互作用……564
7.2.1 河流的输入及其环境效应……564
7.2.2 河口潮滩对河流输入物的接纳与转移……574
7.3 海洋沉积物-海水界面过程……582
7.3.1 研究内容和研究方法……582
7.3.2 海洋沉积物-海水界面附近元素的早期成岩模式……590
7.3.3 颗粒物的垂直沉降与表层沉积物的再悬浮……601
7.4 化学物质的生物传递过程……608
7.4.1 浮游植物对化学物质的利用及其机制……608
7.4.2 浮游动物的代谢以及摄食浮游植物所引起的化学物质转移……615
7.4.3 底栖生物与鱼类摄食及代谢作用下物质的再生循环……619
本章的重要概念……621
推荐读物……621
学习性研究及思考的问题……622
第 8 章 海洋生物地球化学发展现状及趋势分析……623
8.1 海洋生物地球化学研究的近期进展……623
8.1.1 海水中生源要素的生物地球化学过程……623
8.1.2 海洋沉积物-海水界面附近生源要素的行为……648
8.1.3 海洋生物地球化学模式研究……656
8.2 海洋生物地球化学的发展趋势……671
8.2.1 全球气候变化研究中的海洋生物地球化学……671
8.2.2 全球海洋生态环境变化研究中的海洋生物地球化学……676

8.2.3　人为扰动下的海洋生物地球化学过程……679
本章的重要概念……682
推荐读物……682
学习性研究及思考的问题……683
主要参考文献……684

第1章　海洋生物地球化学总论

本章主要概述生物地球化学过程(循环)的基本原理、研究方法和发展历程，特别是对海洋生物地球化学的产生与发展以及研究的核心内容进行重点论述，这对系统掌握生物地球化学以及海洋生物地球化学的总体理论框架非常重要。

1.1　海洋生物地球化学的定义及研究内容

1.1.1　生物地球化学与海洋生物地球化学的定义

1971 年，著名的生态学家奥德姆(Odum)对生物地球化学循环作出了较清晰的解释，他认为“化学物质包括原生动物体内的所有组成元素，在生物圈内从环境到生物体再返回到环境的特定运转途径，就是所谓的生物地球化学循环”。由此可知，生物地球化学就是研究环境中与生物过程相关的化学物质的变化机制、迁移过程、循环模式以及生物反馈的一门科学。

海洋生物地球化学是将生物地球化学的概念和研究方法引入海洋科学研究领域，是化学海洋学、海洋地质学和海洋生物学相互渗透而发展起来的一门交叉边缘学科。它主要研究海洋及其邻近环境中海洋生物参与下发生的地球化学过程和海洋地球化学环境对海洋生物的反馈作用，揭示海洋生物与环境在化学物质组成上的相关关系。海洋生物地球化学的形成是海洋科学研究日趋综合、学科交叉日益扩大的结果，是人类社会对地圈-生物圈相互作用研究和全球变化问题日益重视的结果。很显然，海洋生物地球化学与海洋生源要素息息相关，那么什么是海洋生源要素呢？《渤黄东海生源要素的生物地球化学》(宋金明等，2019)中给出了其明确的定义，即海洋生源要素系指控制海洋有机生产水平，决定海洋生物生存生长的一类关键化学要素或化学物质，包括碳、氮、磷、硅、氧、硫等元素。

关于海洋生物地球化学，《中国近海生物地球化学》(宋金明，2004)中曾给出确切的定义，即海洋生物地球化学是研究生物过程作用下，海洋及邻近环境中生源要素或生物有关化学物质的分布、迁移、转化、富集、分散的规律以及海洋生态系统对这些化学物质变化的反馈机制，目前侧重于对碳、氮、磷、硅、氧、硫等生源要素研究。

1.1.2　生物地球化学的研究内容

要成为一个学科，必须具备自己特定的研究对象、基本理论和研究方法。生物地球化学是通过追踪化学元素迁移转化来研究生命与其周围环境关系的科学。生物地球化学所研究的内容包括 4 个大的方面，即生物地球化学的丰度、物流、耦合与环境。这 4 个方面从不同角度解析生物与环境的关系，并确定了生物地球化学的方法论。

(1)生物地球化学丰度(biogeochemical abundance)——分布与储库

生命是无机元素在宇宙特定条件下演化的结果，生命进化受制于环境，正是地球的物理、化学条件造就了当前生命的形态和组成。许多学者指出生物和地壳化学元素组成具相似性：即地壳丰度较高的元素大多在生命体中也有较高丰度，并成为生命的必需元素；地壳丰度较低的元素大多在生命体中含量也较低。研究者将这一丰度上的相似性归功于生物进化。原始的脊椎动物文昌鱼选择了铁来构成它血红蛋白的载氧体系，而它的近亲海鞘选择了钒来运载血氧。由于铁在原始海水中的丰度远高于钒，且铁在血液中的载氧效率高，原始文昌鱼赢得了进化优势，最后进化成高等脊椎动物，而海鞘却进入了进化的死胡同，至今仍是海鞘。生命与环境在生物地球化学量上的这种制约关系，至今仍是决定生命健康程度的根本法则。我国有些区域的地方性克山病、大骨节病和甲状腺肿即由某些化学元素(如硒、碘等)在水土中含量过低造成的；当工业污染将许多本来在地球表面含量甚微的元素(如汞、镉等)带入环境后，人和环境在化学元素丰度上的平衡关系就被破坏，癌症和其他严重疾病也许会随之而来。生物地球化学丰度研究的目标是探索生命及无机环境(即地壳、土壤、海水等)在元素组成上的丰度关系，这种关系可能源自生命进化过程，并决定了当前生命对环境化学状态的依赖性，具体体现为研究生物过程作用下，化学物质的分布特征与储库规模。

(2)生物地球化学物流(biogeochemical flow)——通量、传递效率与模式

生物与环境的联系是以化学元素在生命-无机环境界面的交换为基础的。通过化学元素在环境中的不断流动，新鲜物质和能量输入生物体，新陈代谢的废物归还给环境。追踪一个或多个化学元素的迁移，会清楚地看到生物与环境如何组成一个整体，这就是生态系统。有时这种元素的流动会在其末端又与起点连接起来，形成一个生物地球化学循环(biogeochemical cycle)。并不是所有化学元素都会在有意义的时间尺度内实现循环的，因此生物地球化学循环仅是生物地球化学物流的一个特例。近年来，全球气候变化成为人们关注的中心，人们关心二氧化碳(CO_2)、甲烷(CH_4)和氧化亚氮(N_2O)等温室气体的释放与吸收。由于这几种主要温室气体都是碳或氮迁移转化的中间产物，因此碳和氮的生物地球化学循环必然

成为全球生态环境研究的焦点。具体体现为研究生物过程作用下，化学物质的界面通量、传递效率及循环模式。

(3) 生物地球化学耦合(biogeochemical coupling)——化学物质与生物群落的耦合关系

当化学元素在环境或生物体迁移转化时，它们大多以化合物的形式存在，这注定了化学元素在生态环境中很少单独作用，它们只有共同作用才对生命体有意义。例如，碳和氮在所有植物生长中的依存关系与叶绿素生成息息相关；铜在血液中的存在促进机体对铁的吸收，而镉和铅却拮抗铁的生物学作用；含硫有机物在水体的存在会大大限制许多重金属的运移等。化学元素与生态环境所呈现的耦合行为对于形成生物和环境的特定关系至关重要，这种耦合行为可由原子结构和化学键理论进行预测。通过热力学、化学反应动力学、络合物化学及量子化学来研究这种耦合现象，必将是未来生物地球化学的一个重要方面。具体体现为阐明生物过程作用下，化学物质迁移转化与生物种群的耦合关系。

(4) 生物地球化学环境(biogeochemical field)——化学物质迁移转化的驱动力

生物地球化学物流描述元素如何在生态系统中迁移转化，而生物地球化学环境回答是什么力量导致了元素的运动。在一个特定的时空位置上，任何化学元素都处在物理位移和化学形态转化的多维动向之中，这些动向受几种环境因子控制。主要的环境因子包括重力、辐射、温度、湿度、酸碱度(pH)、氧化还原电位(Eh)及有关化学物质的浓度梯度等。这些环境营力在时间和空间上不断变化，形成一个动态的相互作用环境，任何一个置身其中的化学元素都将在这种多维相互作用环境的驱动下，或发生物理位移，或发生化学形态转化(图 1-1)。具体体现为揭示生物过程作用下，化学物质迁移转化的驱动力。

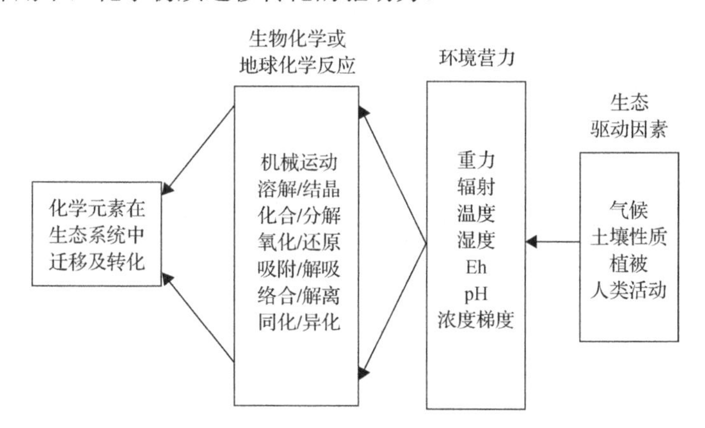

图 1-1　环境营力驱动下元素在生态系统中的迁移转化

上述 4 个基本组成部分分别描述了生物地球化学学科研究的主要方面：生物

地球化学丰度研究生物与环境在长期进化过程中形成的特定丰度关系，这种关系决定了当前生命体的元素化学组成及其对环境化学状态的依赖性；生物地球化学物流追踪化学元素在生态系统中的迁移转化，描述生命和环境如何通过物质及能量交换而形成一个对立统一的整体；生物地球化学耦合研究原子结构或化学键如何控制多种元素在生命体的共同存在及相互制约作用，同一化学元素在不同化合状态下，可能对生命体有不同的意义；生物地球化学环境是驱动元素在生态系统中迁移转化的各种环境营力的综合表达，预测生物地球化学环境的时空变化是预测元素运动的前提条件。简言之，生物地球化学的丰度、物流、耦合与环境 4 个方面纵横交织构成了生物地球化学的学科主题，并演绎出生物地球化学的方法论。

1.1.3 生物地球化学循环过程研究的原理与方法

由于生物地球化学和海洋生物地球化学是随着人类对全球环境问题关注而逐渐发展起来的新兴综合交叉学科，其基本原理和研究方法大多借用与移植了化学、地球化学、生态学及环境科学等的科学思想，所以，这些基础学科的基本原理和研究方法都是生物地球化学与海洋生物地球化学所采用的。

1.1.3.1 生物地球化学循环的基本概念

生物地球化学研究生态系统中化学物质的循环过程、化学机制及其调控原理，所涉及的重要概念包括生态系统、生物地球化学循环、全球生态环境变化等。

(1)生态系统

地球是由各个圈层组成的，如表 1-1 所示。我们直接看到的地表下方是地球的岩石圈和土壤圈，周围是地球的大气圈。在地表岩石系统和大气圈之间，则存在着一个独特的过渡区，它就是生物圈。生物圈是指生物及其生存的非生物环境和生物与非生物环境的相互作用关系所涉及的区域。在这种意义上，生物圈包含了许许多多的生态系统。

表 1-1 地球的组成

组成	厚度(km)	质量(g)	平均密度(g/cm)
地核	3480	2×10^{27}	10.6
地幔	2870	4×10^{27}	4.6
大陆地壳	40	2×10^{25}	2.75
海洋地壳	7	7×10^{24}	2.9
海洋	4	1.4×10^{24}	1.0
大气	不定	5×10^{21}	可变的
整个地球	6371	6×10^{27}	3.3

生态系统由一系列相互作用的多个独立储库所构成(图 1-2)。其中，生物储库是这些储库的基础和中心，也是地球表面最具生机、最具活力的部分，它涉及合成代谢和分解代谢两大代谢途径(表 1-2)。其中，有机体进行合成代谢有两种方式：自养生物从环境介质中吸收无机物以合成自己的原生质，而异养生物则从环境介质中摄取其他有机物合成自己的原生质。可见，生物储库存在的意义远远超过它对岩石圈各种特性的作用和影响。生物储库一般由植物、动物、微生物和人等初级生产者、食草者、食肉者和分解者所组成。正是由于它们的活动和作用，生态系统呈现了动态的运行机制和进化方式。

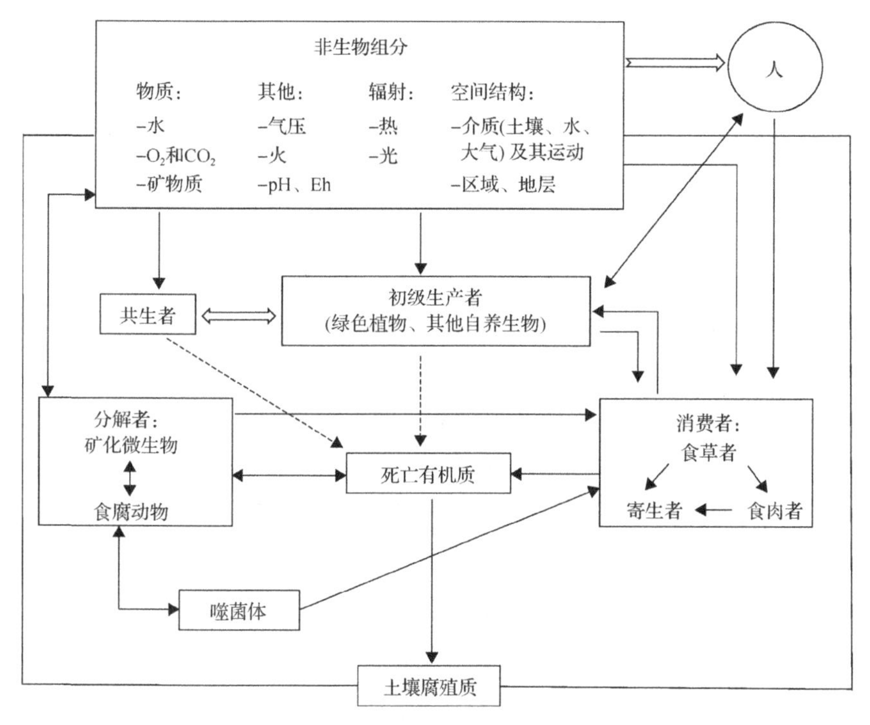

图 1-2　生态系统的基本组成

表 1-2　自然界所发生的系列代谢过程

营养类型	实例	代谢过程	$\triangle G^0$ (kJ/mol，以 C 计)
化学自养	甲烷细菌	$CO_2+4H_2 \longrightarrow CH_4+2H_2O$	−114
光合自养	紫色/绿色细菌	$2CO_2+H_2S+2H_2O+hv \longrightarrow 2CH_2O+H_2SO_4$	+126
	绿色植物	$CO_2+H_2O+hv \longrightarrow CH_2O+O_2$	+478
化学异养	发酵细菌	$2CH_2O \longrightarrow CO_2+CH_4$	−70
	硫酸盐还原菌	$2CH_2O+H_2SO_4 \longrightarrow 2CO_2+H_2S+2H_2O$	−126
	反硝化细菌	$5CH_2O+4HNO_3 \longrightarrow 2N_2+5CO_2+7H_2O$	−397
	需氧生物	$CH_2O+O_2 \longrightarrow CO_2+H_2O$	−478

注：$\triangle G^0$ 反应中发生的自由能变化，“+”号表示能量储藏在产物中，“−”号表示能量从反应系统中释放出来

土壤储库和水储库也很重要。其中，海洋储库在水储库中所占的比例达到97%以上，这样海洋中水的生物地球化学过程就显得非常突出和重要。有土壤和水的支持与营养作用，活生命体才有可能发展并延续下去；也是这种积极的作用，使得无论是大气、水-气界面，还是在海沟的底部，都发现有生命的存在，并存在一个“初级生产”速率(表1-3)，即土壤或水储库的绿色植物通过光合作用同化或固定碳的速率。绿色植物光合作用产生有机质的速率，决定了全球生物地球化学循环的速率，“初级生产”就成为生物地球化学循环的一个重要定量指标。

表1-3　地球不同生态区的净初级生产

生态区	面积(×10^6km^2)	植物生物量(×10^6t)	初级生产(×10^6t，以C计)
两极	8.1	13.8	1.3
针叶林	23.2	439.1	15.2
温带	22.5	278.7	18.0
亚热带	24.3	323.9	34.6
热带	55.9	1347.1	102.5
冰川	13.9	0	0
湖泊与河流	2.0	0.04	1.0
海洋	361.0	0.2	60.0
总计	510.9	2402.8	232.6

这些独立储库还包括大气圈的一部分，即大气储库——有生物存在且相互间发生作用。大气储库的最主要成分是N_2、O_2、水蒸气、Ar和CO_2(图1-3)。尤

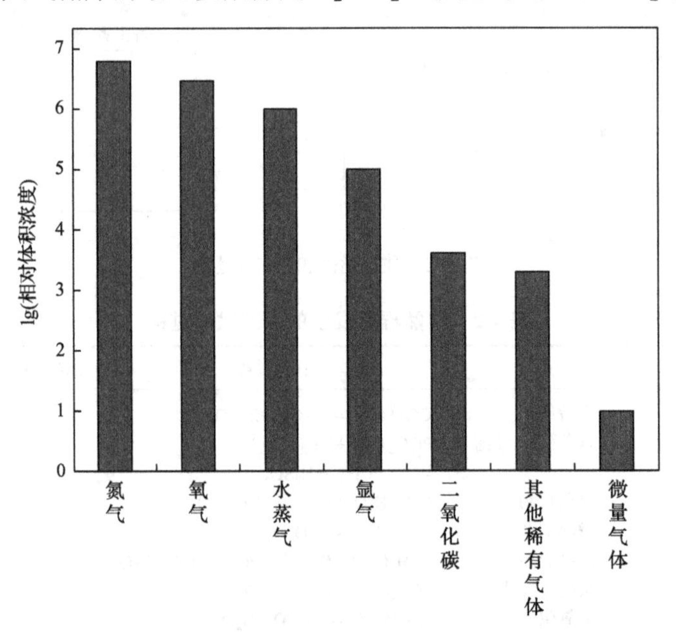

图1-3　大气储库中主要组分的相对体积浓度

其是 N_2 和 O_2，仅这两种成分就占大气总质量的 99%。而 O_2 最为直接的作用是维持生命系统功能。另外，大气含有由 C、H、N、O、P 和 S 等元素组成的微量气体，尽管它们含量极微(表 1-4)，但对气候、太阳紫外辐射和大气质量的影响是巨大的，应引起人们的高度关注。生态系统的最重要特性为它的平衡性。这种平衡性一般只存在于稳态条件下，因而生态系统具有自我调节达到平衡的能力，并具备许多负反馈链。在这种意义上，生态系统是动力学开放系统，生物组分在其中起关键作用，非生物组分只是起辅助组分的作用。

表 1-4　大气储库中的重要痕量气体及部分颗粒组分

痕量气体或组分	浓度(摩尔分数)	热力学平衡浓度(摩尔分数)	主要来源
甲烷(CH_4)	1.6×10^{-6}	10^{-145}	生物作用
一氧化碳(CO)	$(0.5\sim2.1)\times10^{-7}$	6×10^{-49}	光化学和人为作用
臭氧(O_3)	$10^{-8}\sim10^{-6}$	3×10^{-30}	光化学
反应性氮(NO_y)	$10^{-11}\sim10^{-6}$	10^{-9}	闪电、生物和人为作用
氨(NH_3)	$10^{-11}\sim10^{-9}$	2×10^{-60}	生物作用
硝酸盐颗粒(NO_3^-)	$10^{-12}\sim10^{-8}$	—	光化学和人为作用
铵盐颗粒(NH_4^+)	$10^{-11}\sim10^{-8}$	—	光化学和人为作用
氧化亚氮(N_2O)	3×10^{-7}	2×10^{-19}	生物和人为作用
氢气(H_2)	5×10^{-7}	2×10^{-42}	生物和光化学作用
氢氧基(OH)	$10^{-13}\sim10^{-11}$	5×10^{-28}	光化学作用
过氧基(O_2)	$10^{-13}\sim10^{-11}$	4×10^{-28}	光化学作用
过氧化氢(H_2O_2)	$10^{-10}\sim10^{-8}$	1×10^{-24}	光化学作用
甲醛(HCHO)	$10^{-10}\sim10^{-9}$	9×10^{-96}	光化学作用
二氧化硫(SO_2)	$10^{-11}\sim10^{-9}$	0	人为、火山和光化学作用
二甲基硫(CH_3SCH_3)	$10^{-11}\sim10^{-10}$	0	生物作用
二硫化碳(CS_2)	$10^{-11}\sim10^{-10}$	0	人为和生物作用
硫化羰基(OCS)	10^{-10}	0	人为和生物作用
硫酸盐颗粒(SO_4^{2-})	$10^{-11}\sim10^{-8}$	—	人为和光化学作用
磷酸盐颗粒(PO_4^{3-})	$10^{-12}\sim10^{-10}$	—	岩石风化和人为作用

(2) 生物地球化学循环

生物地球化学循环是生物地球化学的核心研究内容之一，一般是指化学物质(包括营养元素、有毒元素、无机化合物、有机化合物)从非生物储库进到生物储库然后又回到非生物储库进行循环的过程，它包括化学元素或化合物在非生物储库中的行为、运行机制和过程，以及从一种生物体(初级生产者)到另一种生物体(消费者)的迁移或在食物链的传递关系及其效应。

生物地球化学循环有多种形式，其一是生物圈总体水平上的化学物质循环，即全球的宏观循环，这种循环往往导致全球化学物质重新分配；其二是局部生态系统单元水平上化学物质的循环，即区域(如某一城市、某一生态地理区、某一行政区域)或流域(如长江流域、黄河流域、珠江流域和辽河流域等)的亚宏观循环，这种循环则导致区域或某一流域化学物质的再分配。有时，生物地球化学循环只局限于局部范围(如某个村落、某个城市社区、某一湖泊或池塘甚至单个动物或人体)，这类循环称为“微观循环”。在一定条件下，宏观循环方式与微观循环方式很难有质的区别，并能随循环的演化和发展过程而相互转化。

根据循环的化学组分，生物地球化学循环分为4种类型：①营养元素的循环，包括大量营养元素和微量营养元素的循环。大量营养元素涉及所有参与生物结构和其代谢活动的营养元素，主要包括 H、C、O、N、Ca、Si、P、K、Na、S 和 Mg。微量元素主要是指一些必需化学元素，主要包括 Se、Mo、Fe、B 和 Zn 等，它们对生物体的生命活动很重要，且以较少量进行循环而存在于生物体中。这些元素对生物体的生存是必需的。②有毒元素的循环，主要是一些重金属元素和放射性核素，如 Hg、Pb、Cd、As[①]、^{238}U 和 ^{232}Th 等。人类活动(工农业生产和生活以及战争等)已在很大程度上改变了这些具有生物学毒性的元素循环。③难降解有机污染物质(POP)的循环，主要包括各种合成的化学农药、石油烃、多氯联苯(PCB)、多环芳烃(PAH)和二噁英等，这些化学物质在生态系统中有着独特的循环机制。④人为活动导致的对地球环境有重大影响的次生循环，近年来这一领域的研究十分活跃，次生循环与以上三种主导循环密切相关，如温室效应气体 CO_2、CH_4、NO_x 和二甲基硫(DMS)等的循环就涉及营养元素的循环。

化学物质的生物地球化学循环，既可以是“开放型”的，又可以是“封闭型”的。在“开放型”的循环中，物质可以流入或流出循环体系。例如，把一幢别墅作为一个基本单元的生物-非生物复合系统，有关 C 和 O 的光合/呼吸循环，应该属于“开放系统”的范畴。因为很显然，别墅内人体呼吸所需要的 O_2，很大一部分来自别墅外植物的光合作用；相反，别墅内由呼吸作用所产生的 CO_2，很大一部分要输出别墅，并在别墅外被作物的光合作用所利用。在“封闭型”的循环中，既没有物质流入循环体系，也没有物质流出循环体系。在这种场合，可以说，循环内部每一要素的总量是“守恒的”，这非常类似于物理学上的能量守恒热力学第一定律。例如，整个地球(包括海洋、大气和固体地球物质)循环，即全球生物地球化学循环，或者说，全球水平上化学元素或化学物质的循环，就是一个近乎“封闭型”的循环。可见，是“开放型”循环还是“封闭型”循环，主要取决于研究中所限定的范围或划定的“疆界”以及所研究的生物地球化学过程。

可以用“碳和氧循环”来简单说明“开放型”循环和“封闭型”循环以及它们之间的关系。在图 1-4 中，①表示最简单的个体水平的循环，它涉及绿色植物的光合作用和人体的呼吸作用这样两个生物地球化学过程。其中，O_2 和 CO_2 可以存在于植物-人复合系统之外，并不断输入或输出这一系统，因而这是一个“开放型”循环。②系碳和氧在区域水平的循环，可以涉及多个生物-非生物复合系统(如

---

① 砷(As)为非金属，鉴于其化合物有金属性，本书将其归入重金属中一并统计。

草地-牛羊-牧民系统、土壤-水稻-农民系统、公园-花卉-游人系统、竹子-熊猫系统)，除了产生 O_2 外，光合作用还产生有机化合物(用 CH_2O 表示)，因而既涉及 O_2 的穿梭过程，又涉及 CH_2O 的传送机制。可见，只有在较大范围内才可以实现 O_2 和 CO_2 流动。在这种意义上，它无疑也是一个“开放型”循环。③为全球尺度碳和氧的循环，涉及更为复杂的生物地球化学过程，包括大气储库中的 CO_2 在海洋储库中的溶解作用、浮游植物利用海洋储库中的 CO_2 进行光合作用、O_2 从海洋储库迁移到大气储库、某些 CH_2O 在海洋储库的沉积并埋藏在海洋储库中、埋藏于地球表面的 CH_2O 的开采和利用、CH_2O 的氧化或风化作用以及生物通过呼吸作用利用 O_2。这些过程既相互区别，又相互联系，一过程常常为另一过程的“源”。由于在循环的整个过程，既没有物质输出，也没有物质输入，因而它是一个“封闭型”循环。

① 个体水平的循环

植物
光合作用
O_2
CO_2
呼吸作用
人

② 区域水平的循环

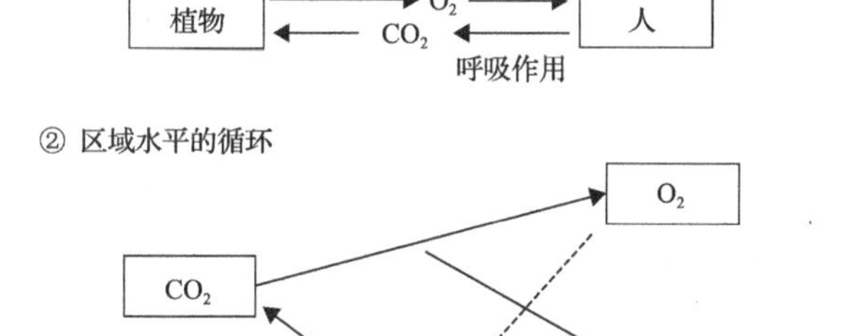

③ 全球尺度的循环

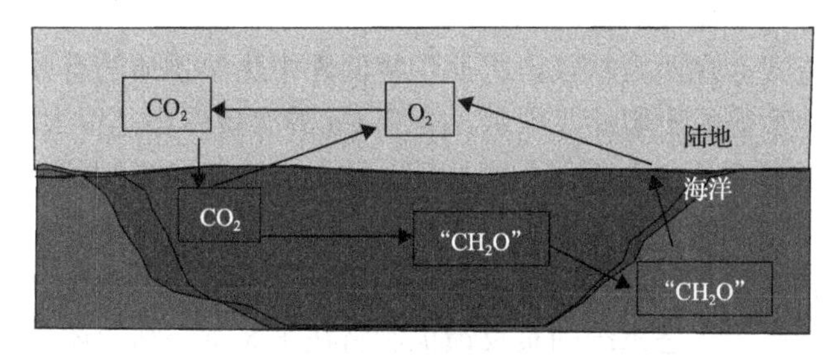

图 1-4　不同尺度循环类型示意图(以碳和氧为例)

生物地球化学循环由于存在于生态系统中，每一循环涉及储库和循环库两大部分。一般来说，储库的规模较大，化学物质移动缓慢，常常是非生物成分；循环库的规模较小，化学物质活性大，容易在有机体与其邻近环境间迅速交换或来回移动。基于储库和循环库的不同，生物地球化学循环可分为以下三大基本类型：①气体型循环，储库为大气储库和水储库(主要为海洋储库)，并可能成为生态系统的一个组成部分；②沉积型循环，储库为地壳或岩石系统，存在于生态系统之外；③过渡型循环，兼有气体型循环和沉积型循环的双重特点。生物地球化学循环的三大基本类型，反映了化学物质生物地球化学循环的基本运动方式。

气体型生物地球化学循环主要包括碳、氮或氧等化学元素的生物地球化学循环。由于这些循环存在一个很大的大气储库或海洋储库，其自我调节的能力强，因此可看作是良好的“全球缓冲体系”。例如，碳通过氧化或燃烧作用产生的CO_2，可使局部范围的CO_2浓度上升，但由于大气储库的缓冲作用以及植物光合作用的摄取和海洋储库中碳酸盐的形成，局部浓度上升的CO_2会很快下降并有可能降到原来的水平。

沉积型生物地球化学循环则指诸如P、Fe、Cd和一些放射性元素等的生物地球化学循环。该类循环由于向生态系统之外的地壳或岩石系统输入化学物质，在整体上不容易调控，容易受到局部的干扰而使局部的平衡遭到破坏。

过渡型生物地球化学循环，可包括S、Si、As、Se、Pb和Hg等这些元素的生物地球化学循环。某些元素由于存在生物甲基化作用，其循环具备了气体型生物地球化学循环的特点；而某些元素存在着向海洋底部沉积的循环支路，如S在海洋的沉积作用可形成石膏和黄铁矿两大重要矿床，是典型的沉积型生物地球化学循环。这种类型的生物地球化学循环，当处于气体型循环阶段，具有自我调节的能力；而当处于沉积型循环阶段，则容易受到外界的干扰。

基于生物地球化学基本过程的自我调控程度不同，生物地球化学循环还可分为完全循环和不完全循环两种方式。其中，完全循环方式表现出强大的可自我调控能力。当循环受到一些干扰之后，各储库中化学物质的库存量和各储库间化学物质的通量发生一些变化后，能较快地重新恢复到正常的状态。在这种意义上，气体型生物地球化学循环更接近完全循环类型。

完全循环方式存在两大特征：①非生物储库中化学物质的有效库很大，如在湿润地区，陆地系统的土壤储库中水、Si和Ca的有效库都是很大的，因而H_2O、Si和Ca的生物地球化学循环属完全循环。②具有许多负反馈控制，这主要是指储库的库存量或储库间的通量因受到干扰而增大或减少时，它们完全就以负反馈的方式进行调控，从而使循环回复到起初的条件，这些调控作用类似于有机体正常体温的维持。有关生态系统的负反馈机制将在第8章详细阐述。

目前，生物圈基本上不存在完全循环这一基本方式。因为人类的活动大大加快了许多化学物质的迁移运动，使循环趋于更加不完善，或者使过程处于“非循环”的状态。也就是说，不完全循环是现代生物地球化学循环的主要方式。由于不完全循环占据主导地位，生物圈各储库中或生态系统中许多化学物质在分布上更加不均匀(通过黏土矿物和有机质的强烈吸附作用，或者通过生物累积和放大作用)，在形态上变化更多(通过各种生态化学或生物化学反应)。例如，在开采和冶炼汞矿的过程中，由于忽视不完全循环这一机制，往往矿区及其周围环境汞污染严重，尤其是形成甲基汞这一有毒化合物后会加剧对生命系统的危害。

长期以来，人们对“生物地球化学循环”概念的解释和描述，常常因学科的定位和研究的侧重面及研究的目的不同而有较大差异，至今也未完全统一。正如本节开头提到的 Odum 认为，“生物地球化学循环”是指生物圈中物质(主要是大量元素和营养元素)的循环，包括输出和输入两要素，以及迁移、转化、反应、吸收、消化、取食和排泄等过程。Chiras 指出，“生物地球化学循环”是这样一个过程：包括生命系统中存在的化学元素和某些结构复杂的成分，在生态系统生物组分和非生物组分之间的交换。Adriano 则把它看作是生态系统中化学物质(包括营养元素和微量元素)的循环，他在探讨微量元素的生物地球化学循环时，就把生态系统划分为农业生态系统和森林生态系统，认为循环是诸如溶解作用、吸附作用、矿化作用、富集作用、侵蚀作用、淋失作用、降解作用、固定作用和植物内部的易位作用等一系列的过程。Ehrlich 的观点则与 Odum 基本相近，认为生物圈中的物质循环是生物地球化学循环的本质。

(3) 全球生态环境变化

工业革命以来，特别是两次世界大战以来，人类对生态环境的扰动，无论在影响的空间范围上，还是在影响的持续时间上，都急剧增大。环境污染和生态破坏往往超越地区与国家的范围，出现了全球性的生态环境效应，即全球生态环境变化。

全球生态环境变化是生物地球化学的一个重要概念，它主要是指由人类活动所导致的地球各圈层中生物栖息和繁殖以及人类能获取资源的空间领域发生的一系列异常变化或生态效应，包括大气圈 CO_2、CH_4 和 N_2O 浓度的不断增加及其导致的温室效应、氟利昂的释放及其引起的臭氧层耗竭和由臭氧层耗竭所带来的动植物与人体的“紫外线效应”、酸雨及其导致的湖泊酸化和渔业资源的枯竭、水体富营养化与海洋赤潮及生态系统失调、森林急剧减少和城市光化学烟雾及综合病症等。它们之间的相互促进关系和连锁反应，致使地球大气圈、水圈和生物圈发生了量与质的改变，使人类和生物界遭到全球尺度上的综合影响或受到潜在的重大威胁。

全球化学污染是导致全球生态环境变化的一个重要方面。例如，化石燃料燃烧，造成大量 CO_2 源源不断地向大气释放，致使大气圈中的 CO_2 浓度逐渐上升，由此带来了全球气候变暖的效应；氟利昂的释放和循环，正在引起地球臭氧层的耗竭；高烟囱虽解决了燃煤电站局部的硫污染问题，却增加了硫的循环半径和效率，致使酸雨成了一大世界性的生态环境问题和公害；含有多氯联苯和二噁英的产品以及一些农药尽管在局部地区已禁止使用，但它们通过大气储库的扩散和水储库中的生物地球化学循环，致使世界范围内大湖泊中的鱼类资源和其他生物资源正在枯竭。

特别是有关 CO_2 浓度升高所引起的温室效应，是当代全球环境变化的一个极其重要的内容。一些学者基于气温和 CO_2 浓度的历史变化资料，对全球 CO_2 浓度倍增条件下全球气候的变化规律进行了计算，认为未来百年(至22世纪初)地表气温、海洋表面水温、土壤温度与湿度、降水量、总云量和海冰范围都将有不同程度的变化(表1-5)。

表1-5　未来百年全球气候变化的预测

气候变化参数	平均增加幅度	气候变化特点
地表气温	1.5～2.8℃	夏季增温幅度最大，冬季基本不增温或呈降温趋势；欧洲的增温幅度比亚洲地区小，我国青藏高原可能是增温较大的一个区域
土壤温度	0.1～0.2℃	随着气温的增加而略有上升
海洋表面水温	1.1～1.4℃	北半球增高值大于南半球
降水量	0.04～0.08mm/d	北半球中高纬度地区增加幅度最大，热带地区几乎没有变化；城市地区增加的幅度比乡村大
总云量	0.6%～0.9%	变化主要发生在热带地区，其趋势几乎与降水量的变化趋势相反
海冰范围	全球将减少20%左右	
土壤湿度	0.02cm	因地区和季节有差异，高纬度地区变湿，但我国华东地区将变干

由图1-5可知，全球变暖并不仅仅是由化石燃料的燃烧引起的，还与森林砍伐和海洋油污染等人为活动的重大影响有密切的关系。而且，全球气候变暖是全球生物地球化学循环的一个“亚循环”，它所引起的连锁反应包括全球变暖导致冰川和两极冰盖的融化，后续这些效应又使地表反射减弱，进而引起全球气温的进一步升高。特别值得注意的是，全球环境变化一旦发生，就难以恢复或逆转。因此，必须防患于未然，进行深入的研究，寻求最佳的解决方案。

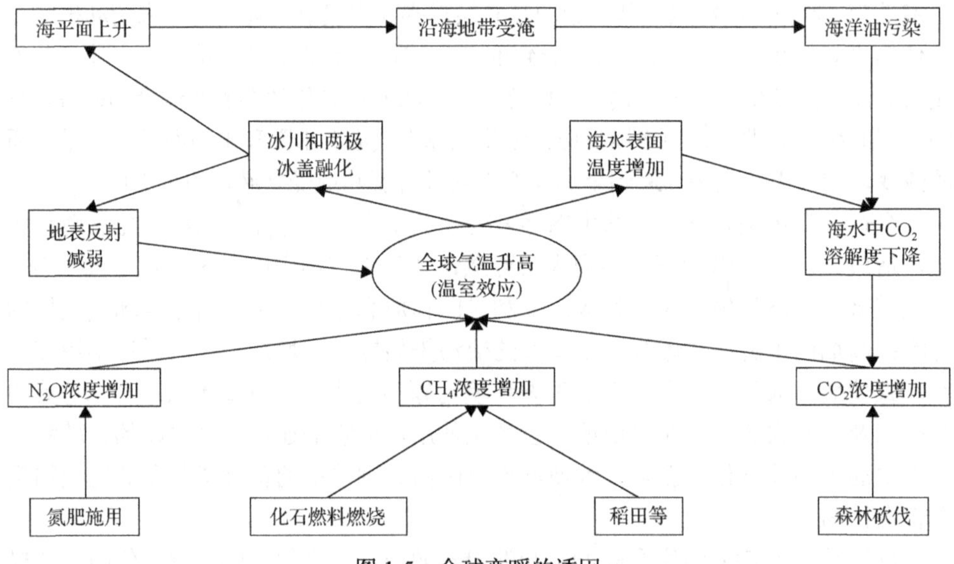

图1-5　全球变暖的诱因

1.1.3.2　生物地球化学循环研究的基本参量

生物地球化学循环的实质是物质循环，因而物质在不同储库间的通量是表征其数量的重要指标。与通量相对应，还有“循环时间”“循环速率”“驻留时间”等重要变量。另外，生物地球化学循环研究联系的关键“节点”用“储库”“通量”“源/汇”等变量来描述。

(1) 储库

储库是指具有相对比较确定的体积或质量的自然体或载体，其内具有一定数量的某些物理、化学或生物学特性所限定的物质。在特定的考虑内，这些物质应该是适当均匀的，如大气圈中的氧气、南半球的二氧化碳、海洋表层的有机碳、密度为 σ_1 和 σ_2 之间的海水、沉积物中的硫。当储库被其物理边界所限定时，常把特定元素或某些化合物的含量或数量作为其负荷。如果用 M 表示库的含量或数量，那么 M 的维度通常是质量，尽管它也可以是摩尔。

相应的，“生物地球化学储库”则是一个动态概念，它由生态系统各种组分中一定数量的特定化学物质所组成，可以是生物组分，也可以是非生物组分。例如，对于一个海湾来说，若把海水中的有机碳作为一个库，那么浮游生物体中的有机碳则为第二个库，沉积物中的有机碳则为第三个库。通过物质从一个库迁移到另一个库这样一个过程，就可以把这些库相互联系起来。

“子储库”在概念上与“储库”相类似，它是基于子储库分析提出的。一般来说，“子储库”可以包括若干个规模更小的“库”。例如，生物子储库由有机质、氮和磷等营养库所组成。相反，“储库”的组合可以构成规模更大的“子储库”。

(2) 通量

化学物质从一个储库迁移到另一个储库的速率，可以用“通量”来表示。通量表征了单位时间内化学物质通过单位面积从生态系统的一个储库迁移到另一个储库的数量，通常用 F 表示。例如，大气中的二氧化碳与海洋表层海水交换的量称为二氧化碳通过海-气界面的通量，颗粒磷沉积到海洋底部的量就称为磷的沉积通量等。

假设某一生态系统共有 4 个储库：水体→生产者→异养生物→沉积物。为了形象地说明通量的概念，可用图 1-6 表示。在该图中，对于某一固定的储库，输出和输入的通量相等，即处于物质平衡状态。

(3) 源/汇

在生物地球化学研究中，对于一个特定的组分，存在从生态系统的一个储库流向另一储库的通量，那么，输出通量 (S) 的储库称为这种组分的源，反过来说，输入通量 (Q) 的储库称为这种组分的汇。

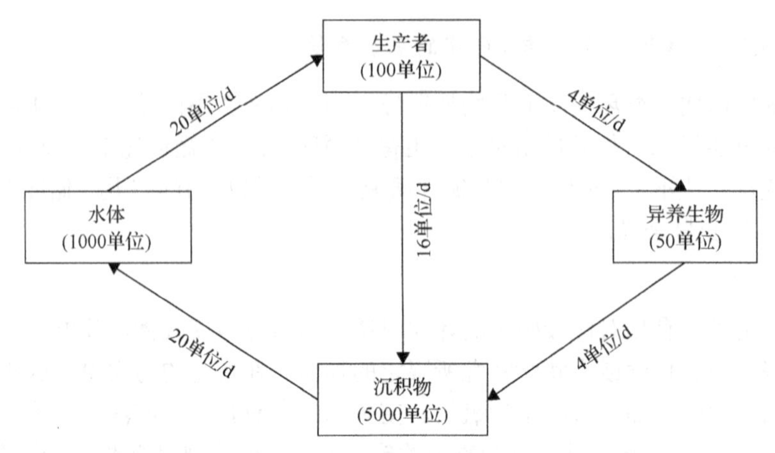

图 1-6　生物地球化学的储库与通量示意图

通常，输出的物质通量(S)与该库浓度(C)有一定的比例关系(k)，即

$$S = kC \tag{1-1}$$

在这种情况下，通量被认为是一阶过程。如果通量为常数，由于它与库的浓度或储库的库存量大小无关，那么通量为零阶过程。

在生态系统中，通量为高阶过程，即

$$S = kC^a \tag{1-2}$$

式中，$a>1$。

(4)循环速率与循环时间

为描述与所涉及储库有关特定物质的移动过程快慢，可用“循环速率”和“循环时间”来表示。

循环速率(TR)定义如下：

$$\mathrm{TR} = \frac{\text{输出或输入储库的通量}}{\text{该库中化学物质的量}} \times \text{计算通量的面积} \tag{1-3}$$

可见，循环速率描述了与储库大小有关的物质迁移过程。表 1-6 给出了图 1-6 中描述的生物地球化学循环的循环速率，表明各种化学物质流对其输出和输入库都有影响。在该循环系统中，最大循环速率为水体到生产者的物质迁移(0.20)和生产者到沉积物的物质迁移(0.16)。从这一特征可以推断，最易受到短期干扰的将是该循环系统生产者组分中的化学物质。

表 1-6　与图 1-6 生物地球化学循环相对应的循环速率和循环时间

迁移途径	循环速率		循环时间(d)	
	输出库	输入库	输出库	输入库
水体→生产者	0.02	0.20	50	4
生产者→沉积物	0.16	0.0032	6.25	312.5
生产者→异养生物	0.04	0.08	25	12.5
异养生物→沉积物	0.08	0.008	12.5	1250
沉积物→水体	0.004	0.02	250	50

循环时间(τ_0)的定义为，某一储库中化学物质的库存量(M)与其输出通量(S)之比，即

$$\tau_0 = M/S \tag{1-4}$$

如果库存量保持不变，当输入通量为零，循环时间就是该储库中化学物质完全输出所需的时间。

如果某化学物质从储库中输出，是通过一个以上生物地球化学过程进行的，且每一通量表示为 S_i，那么每一过程相对应的循环时间为

$$\tau_{0i} = M/S_i \tag{1-5}$$

由于$\sum S_i = S$，这些过程的循环时间与储库的循环时间有关，即

$$\tau_0^{-1} = \sum \tau_{0i}^{-1} \tag{1-6}$$

因此，描述储库中化学物质变化速率的方程可以写成：

$$\mathrm{d}M/\mathrm{d}t = Q - S = Q - M/\tau_{0i} \tag{1-7}$$

如果储库处于稳定状态，输入通量(Q)与输出通量(S)必须平衡。在这种情况下，式(1-4)中的 S 可以用 Q 来取代。

循环时间在数值上还应等于循环速率的倒数，即

$$\tau_0 = \frac{库存量}{(输入通量 + 输出通量) \times 计算通量的面积} \tag{1-8}$$

循环时间由于描述了与该储库中相等的化学物质的迁移所需的时间，因此对生态系统不同储库之间化学物质的交换速率进行比较是一个有用的概念。在图 1-6 所示的简单系统中，循环时间以水体到生产者为最短(4d)，生产者到沉积物次之(6.25d)。

日循环时间和季节性循环时间在数值上是不同的。日循环时间是指以每天为基数的循环时间，由每天平均库存大小除以每天的平均通量计算而得；季节性循环时间是指以季节为基数的循环时间，相应由每季节平均库存大小除以每季节的平均通量计算而得。对 Wingra 湖泊生态系统各储库中有机质的日循环时间和季节性循环时间研究发现，春季和夏季的季节性循环时间相差不大，其结果见表 1-7。

表 1-7　Wingra 湖泊各储库中有机质的日循环时间和季节性循环时间

储库		日循环时间(d)			季节性循环时间(d)
		平均	标准差	变异系数	
非吸收性碳氢化合物	绿藻	0.14(0.33)	0.20(0.063)	0.48(0.19)	0.43(0.33)
	硅藻	1.3	0.98	0.75	0.72
	蓝绿藻	0.57(0.44)	0.29(0.068)	0.51(0.15)	0.45(0.45)
	冬藻	2.6	0.75	0.29	2.0
结构生物量	绿藻	1.8(1.3)	0.88(0.12)	0.49(0.092)	1.8(1.3)
	硅藻	4.5	1.9	0.42	3.4
	蓝绿藻	2.5(1.6)	1.5(0.17)	0.62(0.10)	1.5(1.6)
	冬藻	8.0	2.1	0.26	7.5
消费者生物量	浮游动物	31(20)	10(2.9)	0.33(0.14)	29(20)
	海底生物	37(24)	21(7.6)	0.56(0.32)	28(17)
	幼鱼	180(270)	110(32)	0.58(0.12)	140(270)
	成鱼	260(310)	140(47)	0.53(0.15)	220(300)
易变碎屑物	悬浮颗粒	11(10)	3.0(0.40)	0.28(0.040)	10(10)
	沉积颗粒	9.1(5.7)	4.8(0.63)	0.53(0.11)	8.1(5.7)
	可溶性有机质	9.4(8.5)	2.3(0.59)	0.24(0.069)	9.0(8.5)
惰性碎屑物	悬浮颗粒	2 100(2700)	440(700)	0.21(0.26)	2 100(25 000)
	沉积颗粒	12(6.7)	6.5(0.75)	0.56(0.11)	10(6.7)
	可溶性有机质	490(940)	280(400)	0.58(0.43)	320(540)

注：括号外为春季的循环时间，括号内为夏季的循环时间

(5)驻留时间

另一个与循环时间同等重要的概念是驻留时间。驻留时间在定义上是指单个原子或分子从进入到移出某一储库所花费的时间。

对于同一元素(或化合物)来说，在同一储库中，当原子(或分子)不同，其驻留时间也不同。

确定生态系统中化学物质的驻留时间，是生物地球化学循环研究的一个重要方面。驻留时间特指某一元素或某一化合物在某一储库的平均驻留时间，通常采

用式(1-9)进行计算：

$$\tau_r = \frac{\text{系统中化学物质的库存量}(M)}{\text{输出总速率}(R)} \tag{1-9}$$

Goldberg 在 20 世纪 60 年代根据已知的沉积速率，对海水中主要成分的驻留时间进行了估算(表 1-8)，其范围在 8000(Si)～2.6×10^6 年(Na)，另外 Bowen 在 20 世纪 70 年代估计海水中镉的驻留时间为 4×10^4 年。

表 1-8　海水中几种化学组分的驻留时间

元素	质量($\times10^{20}$g)	驻留时间($\times10^6$ 年)
Na	147.8	260
Mg	17.8	45
K	5.3	11
Ca	5.6	8
Si	0.052	0.008

对其他非生物储库如温带土壤中镉的停留时间进行了估计，由于镉为易淋溶元素，其在土壤中的停留时间为 75～380 年。也有人估计热带雨林土壤中镉的停留时间在 40 年左右。

有人对大气储库中氟利昂的停留时间进行了估算，表明其停留时间在 1.5～139 年，其中 $CFCl_3$ 在大气储库中的停留时间为 76 年。

(6)迁移过程

1)平流、湍流与分子扩散

假设某示踪化学物质与流体相混合，流体内示踪化学物质的通量，因流体运动或者分子扩散所引起，可以用下述方程式表示：

$$F_{i1} = Vq_i\rho = VC_i \tag{1-10}$$

和

$$F_{i2} = -D_i\rho\Delta q_i \tag{1-11}$$

式中，F_{i1} 和 F_{i2} 分别为水体和沉积物中示踪化学物质的通量[kg/($m^2\cdot s$)]；i 为所研究的化学物质；V 为流速(m/s)；D_i 为分子扩散率(m^2/s)；ρ 为流体密度(kg/m^3)；q_i 为示踪化学物质的混合速率(质量/质量)；C_i 为示踪化学物质的浓度(kg/m^3)；Δ 为梯度符号；Δq_i 表示矢量 $\partial q_i/\partial x$ 、 $\partial q_i/\partial y$ 和 $\partial q_i/\partial z$ 。

示踪化学物质迁移的连续性可以用下述方程表示：

$$\begin{aligned}\partial C_i/\partial t &= -\Delta F_i + Q - S \\ &= -\Delta\left(F_{i1} + F_{i2}\right) + Q - S \\ &= -\Delta\left(VC_i\right) + \Delta(D_i \rho \Delta q_i) + Q - S\end{aligned} \tag{1-12}$$

式中，Q 和 S 分别为示踪化学物质的输入和输出通量[质量/(长度^2·时间)]，ΔF_i 计算公式如下：

$$\Delta F_i = \partial F_{ix}/\partial x + \partial F_{iy}/\partial y + \partial F_{iz}/\partial z$$

如果流体密度与分子扩散率的变化可以忽略，那么

$$\partial C_i/\partial t = -\Delta(VC_i) + D_i\Delta^2 C_i + Q - S \tag{1-13}$$

在大多数情况下，流体的运动以湍流为主(V'、V''分别为平流和湍流流速)，速度以及浓度 C_i 变化很大，它们在数量上有以下关系：

$$V = V' + V'' \tag{1-14}$$

$$C_i = C_i' + C_i'' \tag{1-15}$$

根据式(1-10)，迁移通量 F_{i1} 为

$$\begin{aligned}F_{i1} &= (V' + V'')(C_i' + C_i'') \\ &= V'C_i' + V'C_i'' + V''C_i' + V''C_i''\end{aligned} \tag{1-16}$$

其平均值为

$$\overline{F_{i1}} = \overline{V'C'_i} + \overline{V''C_i''} \tag{1-17}$$

由于 V''和 C''的平均值为零，因而连续性方程可写成：

$$\partial C_i'/\partial t = -\Delta(V'C_i') - \Delta(V''C_i'') + D\Delta^2 C_i' + Q - S \tag{1-18}$$

式(1-17)右边两项分别描述通过平流和通过湍流的迁移通量。因此，把迁移通量分为平流通量和湍流通量似乎不是没有道理的。在大多数情况下，由于干扰的数值(V''和 C_i'')并不能准确求得，不能直接计算湍流通量。因此，通常假设湍流通量与示踪化学物质的平均分布梯度有关，即湍流通量$(F_{12})_{turb}$为

$$(F_{12})_{turb} = V''C'' = -k_{turb}\Delta C_i' \tag{1-19}$$

式中，k_{turb} 为湍流扩散率。

2)海-气界面交换

如果化学物质从大气到海洋的迁移通量(F)与其浓度的差异(ΔC)有关，即

$$F = k\Delta C \tag{1-20}$$

$$\Delta C = C_a - H_C C_w \tag{1-21}$$

式中，C_a 和 C_w 分别表示大气和水中化学物质的浓度；H_C 为亨利定律常数；k 为气体交换速率。

式(1-20)中的 k 由于联系通量与浓度差，常常把它看作是迁移速率。而迁移速率的倒数，又与气体迁移时通过界面受到的阻力相一致，则

$$R_w = R_a + R_{ie} = 1/k_a + H_C/\alpha k_1 \tag{1-22}$$

R_w、R_a 和 R_{ie} 分别为化学非活性气体通过海水、大气以及海-气界面的阻力，参数 k_a 和 k_1 分别为大气和水中化学非活性气体穿过黏表层的迁移速率。对于非活性气体，有 $\alpha=1$。

由于迁移通量与表层的浓度梯度有关，即

$$F = k_a(C_a - C_{a,i}) \tag{1-23}$$

和

$$F = k_1(C_{w,i} - C_w) \tag{1-24}$$

式中，$C_{a,i}$ 和 $C_{w,i}$ 为界面浓度(图 1-7)，它们之间的关系如下：

$$C_{a,i} = H_C C_{w,i} \tag{1-25}$$

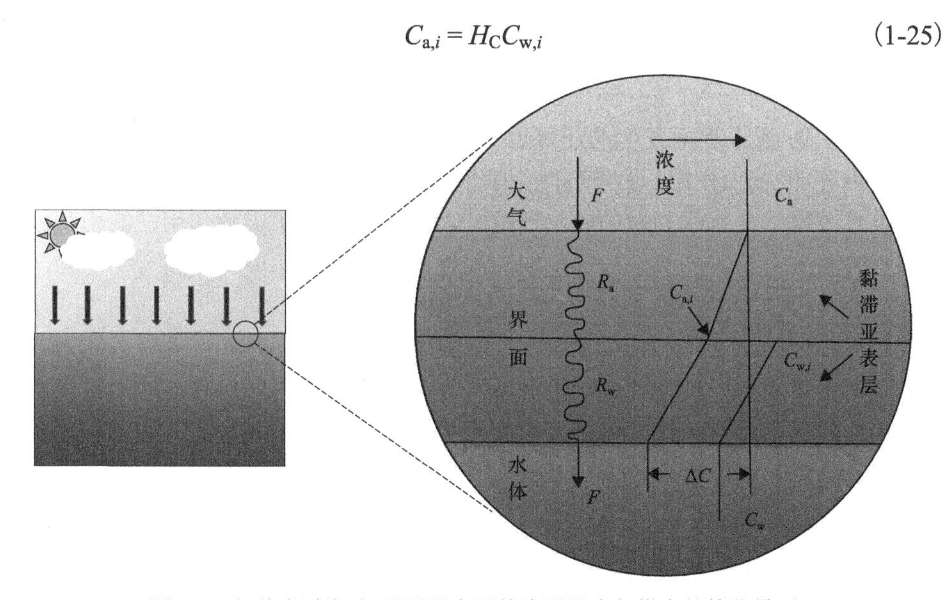

图 1-7　气体穿过海-气界面黏表层的流通阻力与梯度的简化模型

不同的气体，其所受阻力的“来源”是不同的。对于 CO_2、N_2、O_2 和 CH_4 等非活性气体来说，水的阻力或许是主要的；而对于水蒸气、NH_3 和 SO_2 等高溶解度的气体，大气阻力起着控制界面迁移的作用。对于式(1-22)中的 α，如果气体是水蒸气、NH_3 和 SO_2 等高溶解度的气体，那么 $\alpha>1$。对于 CO_2 的全球迁移，K=10cm/h。

3)颗粒迁移

只要在水表面产生气泡就表明从海洋到大气的迁移发生了。这些气泡，既含有可溶性组分，又含有不溶性组分。这些组分相当细小，足以在大气中停留数小时。以这种方式进行迁移的海盐，来自海洋，到达沿海地带的数量也不少。

与上述方向相反的，则是颗粒在海洋表面的沉降作用，包括湿沉降和干沉降。颗粒迁移的通量，可以用贴近地表的颗粒物质的浓度来表示，即

$$F=F_w+F_d=(v_w+v_d)\ C_a \tag{1-26}$$

式中，F_w 为湿沉降通量；F_d 为干沉降通量；v_w 为湿沉降速率；v_d 为干沉降速率。

化学物质的沉降速率，既取决于颗粒的大小分布，又与降水的频率、降水的强度、颗粒的化学组成、风速和颗粒表面的性质等有关。据研究，直径小于 1μm 颗粒的 v_w 和 v_d 一般为 0.1～1.0cm/s。这些颗粒在大气中的平均停留时间通常为若干天。

4)沉积物-海水界面交换

沉积层的扩展，主要是由于固体颗粒的积累，但也不排除颗粒之间孔隙中水分的增加。研究表明，物质的沉积速率，从远洋的每 1000 年沉积若干毫米，到湖泊和沿海地带每年沉积若干厘米，变化很大。因此，化学物质到沉积物表面的沉积通量，有一个相当宽的范围，为 0.006～6.0kg/($m^2\cdot a$)。相反，化学物质在水中的溶解通量为 10^{-6}～10^{-3}kg/($m^2\cdot a$)。

在沉积物-海水界面发生的迁移过程主要有：①固体物质(如矿物、骨质和有机化合物等)的沉积作用；②可溶性化学物质或水进入沉积层；③由压力梯度引起的间隙水或可溶性化学物质的向上迁移；④间隙水中分子扩散作用；⑤由生物干扰和水的湍流引起的界面水与沉积物的混合作用。

1.1.3.3 生物地球化学循环的基本原理

生物地球化学以生物地球化学循环过程为核心研究内容，它在探索以生态系统为单元的全球、区域化学物质迁移转化机制以及在寻求解决这一问题的途径方面，包含一些基本原理。

(1)整体相关原理

生物地球化学把地球看成是一个复杂的整体，即生物圈，它包含着许许多多的生态系统。这个系统则包含着物质、信息和运动三部分。其中，物质既有大气、水和土壤等介质，又有化学物质。而化学物质的运动，构成了生态系统中主要的

循环模式，也使得生态系统各储库之间存在着“千丝万缕”的联系，即相关性。因此，整体相关原理有两层含义：其一指生态系统并不是生物分系统和非生物分系统的简单加和，而是包括生物分系统和非生物分系统在内的生物分系统与非生物分系统之间的一系列相互作用，以及化学物质在这两个分系统之间的循环；其二则指化学物质的生物地球化学循环把生物分系统和非生物分系统联结起来而形成相互联系的复杂模式，它包括物质、运动和信息相互之间的关系。这样，整体并不是孤立的整体，而是包括一系列相互作用和相互联系的整体。

整体相关原理，作为生物地球化学的基本原理之一，完全符合系统论总体设计的原理。实践表明，它在应对全球生态环境变化的对策中显示了强大的生命力，尤其在指导全球和区域化学污染的控制方面，更是具有现实的意义。

(2) 循环与再生原理

生态系统通过生物成分，一方面利用非生物成分不断地合成新的物质，另一方面把合成物质降解为原来的简单物质，并归还到非生物组分中。如此循环往复，不停地进行着新陈代谢作用，这样生物-非生物复合系统中的化学物质就不停地进行着循环和再生的过程。

化学物质在生态系统中的循环与再生有六大基本途径(图 1-8)：①微生物的降解与碎屑复合体的形成；②动物的排泄作用；③通过微生物共生体从植物到植物的直接再循环；④与太阳能直接作用有关的物理途径；⑤燃料能的使用，诸如工业固氮过程；⑥与代谢能无关的自溶作用。生态系统中化学物质的循环与再生，随着该系统中生物成分的日益扩大和复杂而增加，或者随着资源的日益匮乏而增加。

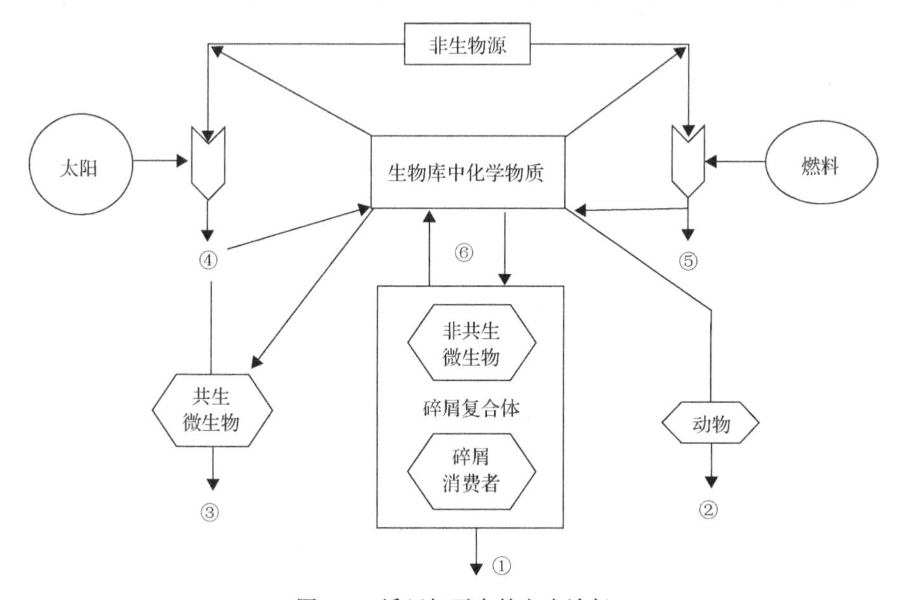

图 1-8　循环与再生的六大途径

循环与再生必须成为社会和生态环境协调发展的主要目标。例如，水的循环与再生，为生态系统中化学物质和能量交换提供了基础，有利于水资源的保护和可持续利用，而且起到了调节气候、清洁大气和净化环境的作用。因此，从广义上来说，保护自然资源和生态环境的目的，就是使生态系统中的非循环过程成为可循环的过程，使化学物质循环和再生的速度能够得以维持或增大。

(3) 时空变化(分异)原理

时空变化(分异)包括区域变化(分异)和时间变化(分异)两个既相互区别又相互联系的方面。首先，生态系统在其生物学、地学、生态学和化学特征上存在着经度与纬度的地域变化(分异)，从而导致化学物质的生物地球化学循环存在区域变化(分异)。这种区域变化(分异)不但表现为空间位置的不同，也表现为储库存量、通量、循环时间等生物地球化学循环特征有差异。不仅如此，不同的生物，其化学组分也存在着较大的差异(表 1-9)。

表 1-9　不同生物类群的相对化学组成(%)

化合物类型	生物			
	藻类	细菌	节肢动物	陆地植物
碳水化合物	30	40	2	45
蛋白质	40	50	75	5
类脂	5	10	15	1
木质素	0	0	0	20
矿物质(如无机物)	25	0	8	29

区域变化(分异)一般分为“宏区域变化(分异)”和“微区域变化(分异)”。宏区域变化(分异)是指地球上各大洲或各大洋之间化学物质的生物地球化学循环方式和效率不同。例如，北美洲和欧洲之间水的循环方式，包括降水和蒸发之间的关系，存在着广泛的变异。微区域变化(分异)是指特定小区内化学物质的生物地球化学循环存在行为上的差异。例如，在干旱区水的生物地球化学循环出现区域失调现象，地下水实质上是地质学早期储存的“化石”水，常常是一种不可再生资源。相反，在湿润区，特别是在沿海地区，水的生物地球化学循环效率很高，属于再生资源是毫无疑问的。

时间变化(分异)长主要是指地球的不同进化阶段和不同时期生物地球化学循环的内容、物质和方式不同(如古海洋学研究)，短主要指分、时、天、月及年的变化(这在现代海洋学研究中最为常见)。从地球的发展和演化历史来看，生物地球化学循环时间上的变化(分异)是相当明显的。例如，46 亿年前，地球氢气的集结是生物地球化学循环的重要内容；而 25 亿年前，光合作用导致的氧气集结是生物地球化学循环进化最为重要的步骤。这种时间上的巨大分异，已在表 1-10 中进行了概述。短时间变化(分异)也是巨大的。

表 1-10　地球演化及对应的生物地球化学循环过程

时间	演化或发展历史
46 亿年前	①地球产生，大气和海洋物质积累 ②地球内部排气，导致氢气的集结 ③非生物过程(如闪电)导致包括甲烷在内的有机碳化合物的产生
40 亿年前	①生命起源 ②厌氧生物(如化学异养生物)通过非生物过程合成有机碳 ③生物圈范围由于有机碳的供给不足而受到限制
35 亿年前	①化学自养生物产生 ②甲烷菌对 CO_2 和 H_2 的代谢，克服了对非生物合成有机质的依赖性 ③化学自养生物种群数量因 H_2 的供给不足而受到了限制
30 亿年前	①光合自养生物产生 ②紫色和绿色细菌利用太阳光以及还原剂 H_2S 合成有机质，克服了对 H_2 的依赖性 ③光合细菌的种群数量因 H_2S 的供给不足而受到了限制
27 亿年前	①硫还原细菌进化 ②细菌利用紫色/绿色细菌合成有机碳，并使 H_2SO_4 转化为 H_2S，从而使生物地球化学循环得以完善
25 亿年前	①绿色植物产生 ②绿色植物可以利用 H_2O 和 CO_2 合成有机质，从而大大提高了自然界有机质合成的效率 ③光合作用导致 O_2 的集结
18 亿年前	①需氧呼吸进化 ②需氧生物利用氧气把绿色植物合成的有机碳重新转化为 CO_2，从而大大提高了生物地球化学循环的效率
现在	①世界人口 77 亿左右 ②化石燃料的利用和生态破坏，导致大气圈中 CO_2 和其他温室气体浓度急剧增加 ③合成含卤有机化合物的生产，对平流圈臭氧层构成威胁 ④新型疾病产生并对人类产生威胁
将来	①宇宙空间的开发利用，导致地球环境的改变，从而需要把地球生态系统作为宇宙的一个特例进行考虑 ②随着地球能源的消耗，新型能源工程将引起地球系统大的变化 ③?

(4) 协调与优化原理

在生物地球化学循环过程中，协调与优化是在同一层次水平上进行的，而且主要是为了防止生态系统中各种化学物质的生物地球化学循环出现失调或产生对人类生存有害的循环支路。通过协调和优化，达到生态系统的可持续发展。

一般来说，协调与优化的基本方法有三大类型(图 1-9)：①直接协调与优化，它忽略循环的相互关系而直接对失调的环节进行补救，并把生态系统看成一个实体，是从系统水平来考虑问题；②分解协调与优化，它考虑循环的相互关系，使失调的环节与整体目标相协调；③结构协调与最优化，通过对生态系统内部相互作用结构进行判断来协调循环的目标。

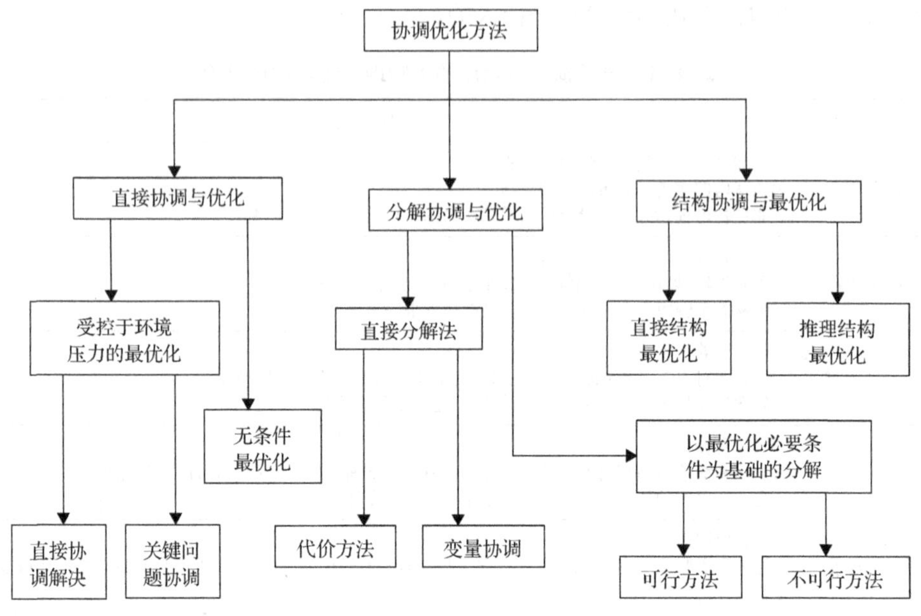

图 1-9　生态系统协调与优化的基本方法

在协调与优化阶段，主要的环节包括：①目标功能的选择；②最优变量的选择及其对目标功能的影响分析；③数学模型的建立；④系统最优化、最理想战略的选择；⑤最优化方法的选择和最优目标的形成。

目前，人类社会的生产活动和生活活动强度过大，全球范围内的化学物质的生物地球化学循环常常出现失调的现象。尤其是生物地球化学循环具有全球规模的特点，一个环节的失控会影响其他环节的运转，从而产生“永不平衡”的一系列连锁反应，地球和生物圈存在有可能被毁灭的危险。为了扭转这种局面，必须从生态系统出发，对化学物质的生物地球化学循环进行协调和优化，以达到化学物质的良性循环和再生。

1.1.3.4　生物地球化学循环研究的基本方法

生物地球化学是一门应用性很强的学科，需要采用先进的研究手段和方法来解决一些实际问题。同时，生物地球化学还是一门交叉性的学科，丰富的学科内容使得它的研究方法具有不同层次的内涵。尤其是生物地球化学循环涉及生态学的、地学的和化学的各种作用，因而采用了生态学、地学、化学和系统科学研究的各种基本方法，诸如储库模型方法、系统动力学方法、统计预测方法和化学分析方法等。

(1)储库模型方法

储库分析是一种模拟生物圈内生态系统中所出现的一系列生物地球化学过程及其机制的宏观与微观相结合的方法。它把生物圈或生态系统分成以下 4 个储库(图 1-10)：①大气储库，也就是包围地球的气体层，其主要成分是氮、氧和二氧化碳。因此，大气储库的作用是为植物光合作用提供 CO_2，为动物和人类生存提供 O_2。据估计，大气储库总体积达到 $5.1\times10^{18}m^3$。②水储库，是指地球表面被水所覆盖的区域，它占地球表面总面积的 3/4，是仅次于大气储库的又一广阔的生命维持系统。水储库还可划分成更小的两个相对独立的储库，即淡水储库和海洋水储库。据估计，淡水可溶态物质的总质量为 3.2×10^9g，海水可溶态物质的总质量为 $1.4\times10^{24}g$。③土壤储库，包括岩石圈表面风化的疏松物质和沉积物质，即表土层，它起着作为化学物质储库的作用。因此，生物圈所发生的各种生物地球化学过程几乎都与土壤储库有关。据估计，陆地土壤储库(至 100cm，不包括沉积物部分)的物质总质量达 $3.3\times10^{20}g$。④生物储库，包括动物、植物、微生物和人类四大部分，是生物圈唯一能积极参与各种生物地球化学过程的组分。据估计，地球上的总生物量约有 550Gt C，其中植物有 450Gt C，约占总生物量的 80%，动物仅有 2Gt C。

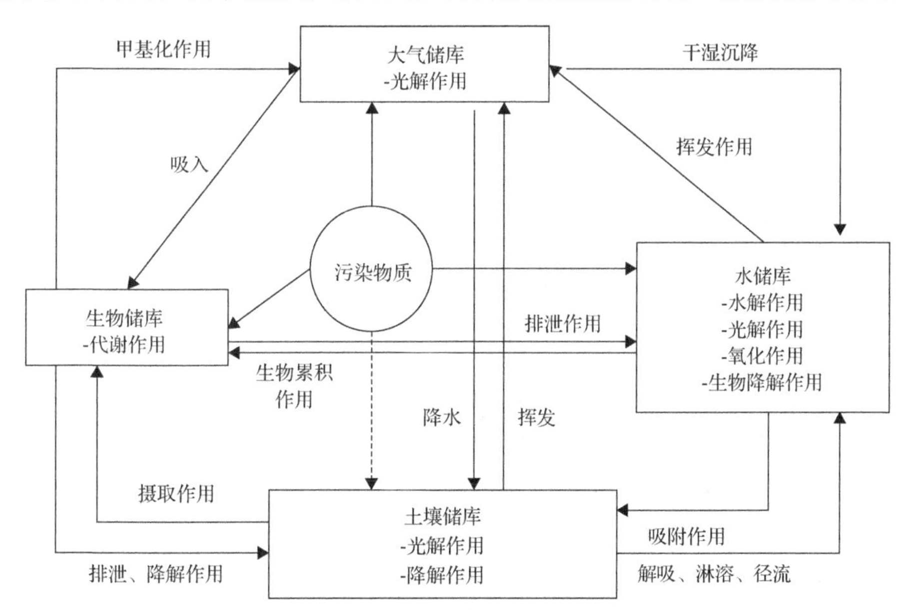

图 1-10　生物圈不同储库间发生的生物地球化学过程

储库模型方法的基本特点是把复杂的生物圈进行分解简化，从而阐明其中物质(包括污染物)在生态系统中迁移转化和循环的动态机制。这样，生态系统可以表示为不同等级(如不同的营养或食用水平)的生物量储库之间物质(包括污染物)或能量反馈串联或并联成的复合体。

一般来说，储库模型方法包括 7 个基本过程：①储库分析；②输出-输入设计；③模拟与定量化；④结构可辨性检验；⑤参数估计；⑥后可辨性检验；⑦模型的证实、认可和应用。因此，该方法是目前生物地球化学研究的基本方法之一。

(2)化学动力学方法

化学物质(包括污染物质)在生物圈及其各储库中的生物地球化学循环，主要取决于该化学物质的行为、生态条件和生物学效应。一般来说，化学物质的行为包括环境界面的化学平衡、非生物迁移和转化过程以及环境归宿三个方面；生态条件是指生物圈及其各储库中物质与能量相互作用的综合和内部特征，包括 pH、Eh 和内外作用力等；生物学效应是指化学物质与生命有机体组分相互作用产生诸如生物累积或放大乃至导致疾病发生或中毒的现象与后果。可见，化学物质的行为、生态条件与生物学效应必然与化学物质在生物圈或生态系统 4 个储库(图 1-10)的化学动力学有关。因此，化学动力学方法对于生物地球化学研究有着十分重要的作用。

例如，挥发作用是生物地球化学循环的一个十分重要的机制(表 1-11)，人们常常把挥发体看作一个平衡体系。然而，化学物质从某一环境储库损失涉及诸如扩散到达表面或者离开表面这样一些动力学过程。假设某一化学物质的挥发速率 R_v 为一阶过程，且

$$R_\mathrm{v}=\frac{\mathrm{d}C_\mathrm{w}}{\mathrm{d}t}=(K_\mathrm{v})_\mathrm{w}C_\mathrm{w} \tag{1-27}$$

化学物质从水中挥发的速率常数有下述关系：

$$(K_\mathrm{v})_\mathrm{w}=\frac{A'}{V}\left[\frac{1}{K_1}+\frac{RT}{H_\mathrm{C}K_\mathrm{g}}\right]^{-1} \tag{1-28}$$

式中，R_v 为化学物质 A 的挥发速率[mol/(dm^3·h)]；C_w 为水中 A 的浓度(mol/dm^3)；$(K_\mathrm{v})_\mathrm{w}$ 为挥发速率常数(h^{-1})；A'为表面积(cm^2)；V 为液体体积(cm^3)；K_1 为液态物质扩散系数(cm/h)；H_C 为 Henry 定律常数(Pa·dm^3/mol)；K_g 为气态物质迁移系数(cm/h)；R 为气体常数[Pa·dm^3/(mol·K)]；T 为温度(K)。

表 1-11　生物地球化学循环动力学作用过程及控制因子

储库	调控机制	控制因子
大气	气象学扩散作用	风速
	降水/微粒沉降作用	颗粒物浓度、风速
	光解作用	太阳辐射、大气透射能力
	氧化作用	氧化剂和阻滞剂浓度

续表

储库	调控机制	控制因子
水	吸着作用	悬浮物浓度
	挥发作用	蒸发速率
	光解作用	太阳辐射、水透射能力
	水解作用	pH
	氧化作用	氧气和氧化剂含量
土壤	吸着作用	土壤有机质含量
	径流	降水速率
	挥发作用	土壤有机质含量、蒸散速率
	淋溶	吸附系数
	水解作用	
	氧化作用	氧浓度
	光解作用	
	还原作用	
生物	生物吸附作用	生物量
	排泄作用	功能
	生物降解作用	微生物种群及适应水平
	累积放大作用	慢性毒害

化学物质在生物体内的累积作用，用化学动力学方法加以描述为：由于生物累积过程是吸收和净化两个机制的平衡，其一阶速率常数各自为 K_1 和 K_2，那么化学物质在生物体内的浓度变化常数为

$$\frac{\mathrm{d}C_{\mathrm{B}}}{\mathrm{d}t}=K_1C_{\mathrm{M}}-K_2C_{\mathrm{B}} \tag{1-29}$$

式中，C_{B} 为生物体内化学物质的浓度(mol/dm^3)；C_{M} 为环境储库中化学物质的浓度(mol/dm^3)；t 为时间(h)。

(3) 系统动态方法

系统动态方法是一类按照系统动力学理论和原理建立系统动力学模型并借助计算机进行模拟的技术。其突出的优点在于能处理高阶次、非线性、多重反馈的复杂时变系统的问题。因此，环境生物地球化学常常应用此方法来预测全球化学物质迁移、发展及控制的一些基本问题，尤其是化学污染物质的生物地球化学循环与全球生态环境变化。

例如，在镉的生物地球化学循环中，包含了若干个因果反馈结构和变量分类

结构。其中，因果反馈结构以镉的输入为“因”，污染效应为“果”。这些因果关系包括单向因果关系、双向因果关系、因果链和因果网络等。变量分类结构则包括状态变量(库存量)、率变量(通量)、辅助变量(如停留时间、周转速率)和定值变量(如 1d 为 24h)等(图 1-11)。这些都是系统动力学的内容，因而需要应用系统动态方法才能解决相应的实际问题。

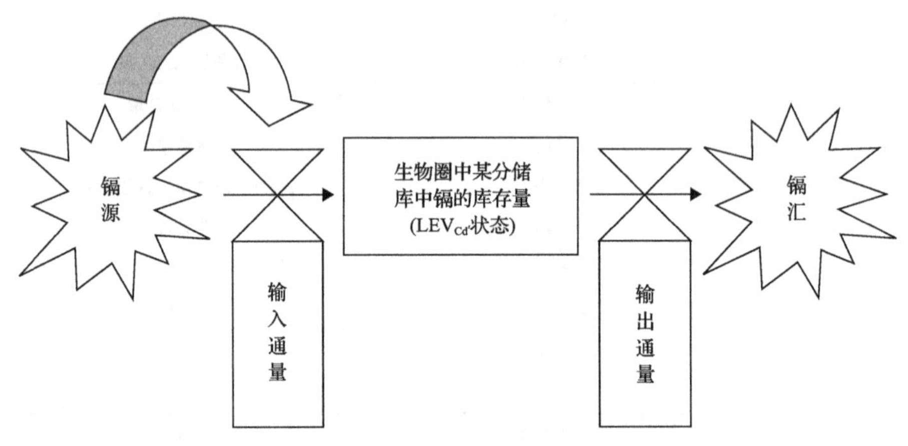

图 1-11　镉生物地球化学循环动力学示意图

一般来说，系统动态方法建立模型的程序是：①目标的提出和问题的阐明；②系统分析，包括系统边界的划定；③系统结构分析，包括确定库存量、通量和一些常数；④建立规范的数学模型，包括状态方程(L)、速率方程(R)、辅助方程(A)和常数方程(C)等；⑤模型的模拟和解释；⑥修改模型；⑦检验与评估模型；⑧模型的使用和应用。

(4) 化学分析方法

化学分析方法是一类基于特定的化学反应和物理化学特征(光谱、电化学和相变等)进行定性与定量的手段。目前，它主要包括常规化学分析法和仪器分析法(如光谱分析法、电化学分析法、色谱/质谱分析法等)，前者常用于测定诸如生物圈各储库中大量组分，如海水的硫酸盐浓度(对硫的生物地球化学循环进行定量)，后者则用于测定微/痕量组分如营养盐、有机组分、微痕量元素等。

光谱分析法有分光光度法、原子发射/吸收光谱法和荧光光谱法等，如 Pb、Cd、Hg、As 和 Se 等重金属的测定。

电化学分析法主要有电位分析法和极谱分析法等，许多有机物如醌类、硝基和亚硝基化合物以及卤化物可用极谱分析法测定。

色谱/质谱分析法则是分析诸如多环芳烃、多氯联苯和农药等有机污染物的重要手段，它包括气/液相色谱法、离子色谱法、薄层色谱法、色谱-质谱联用法以及高分辨质谱法等。

(5)统计预测方法

化学物质在生态系统中的存在与数量分布，基本遵循正态分布的规律。统计学方法可以通过对所获得的大量资料进行处理，对化学物质今后迁移的特点和分布规律作出预测。

生物圈各储库中化学物质的库存量和各储库之间通量的计算，不管是全球水平，还是区域水平，都离不开统计学方法。

在模拟生物地球化学循环的设计中，还有必要应用统计学的正交实验设计方法，包括有相互作用的正交实验设计法和无相互作用的正交实验设计法。而有相互作用的正交实验设计法比较常用，因为各化学元素的生物地球化学循环之间或各化合物的生物地球化学循环之间，总是发生相互作用。

有相互作用的正交实验设计法主要有一般设计法、并列法、组合因素法和均匀设计法等。其中，并列法是将水平数相同的正交表改造为水平数不同的正交表的设计方法；组合因素法是将两个水平较少的因素“组合”成一个水平较多的因素，且安排到多水平正交表中进行实验的方法。实践表明，这些方法在生物地球化学研究中十分有效。

1.2　海洋生物地球化学的发展历程与研究意义

1.2.1　海洋生物地球化学的发展历程

当今的人类面临着全球气候变暖和全球生态环境遭到严重破坏等一系列重大环境问题，海洋占据地球表面积的 70.8%，占地球总水量的 96.5%，海洋在全球环境中占据的地位是首屈一指的。海洋可以减缓全球气温升高的幅度，海洋环境的健康与修复在全球生态环境变异中起决定性的作用。因此，要解决全球环境问题就必须面对在全球环境变化中起决定作用的海洋，要深入研究海洋的作用，而深层次的海洋学过程就是科学家必须要研究的，作为海洋学过程核心的海洋生物地球化学过程就成为近年来海洋学乃至全球变化研究的核心，所以有必要对生物地球化学的产生与发展有深刻的了解。

海洋生物地球化学，我们很容易看出这是一个复合词，是一个多学科交叉的综合产物。有关它的发展历程，则应该首先从生物地球化学的产生谈起。

(1)生物地球化学的产生与发展

有关生物地球化学产生的时间，众说纷纭，很难确定。一般认为，生物地球化学这个词最早正式提出是在 1939 年，由前苏联著名的地球化学家 Vernadsky 院士首次创立并发表了系列论文，而后在 1943 年，由 Hutchinson 引入到英文中，他为生物地球化学的发展做出了重大贡献。早期研究主要涉及生物体对微量元素的富集，生物体与环境中的元素比。这是生物地球化学作为独立研究领域发展的第一个阶段。

实际上，有关生物地球化学的研究远不止始于 20 世纪 30 年代，应该说在很早以前，许多科学家就注意到了生物过程在元素地球化学循环中的作用，这里必须提到的是英国牛津的地质学家 Daubeny，在约 170 年前，他先做了化学教授，而后又做了植物学教授，对火山喷发、大气 CO_2 水平对石炭纪植物的影响以及臭氧产生的机制进行过卓有成效的研究，这是典型的生物地球化学综合研究。看来，多学科知识融合是生物地球化学产生的基础之一是不容置疑的。

在 20 世纪 70 年代，生物地球化学研究取得了一些重要的进展，是生物地球化学发展的第二个阶段，其标志是环境生物地球化学研究取得了长足进步。这期间国际上召开了几次生物地球化学或与之相关的国际会议，如水地球化学与生物地球化学会议(1972)、第四届国际环境生物地球化学会议(1979)等，都出版了会议论文集。这个时期还发表了大量的学术论文及几部有影响的专著，如 Krumbein 的三卷本《环境生物地球化学与地质微生物学》(1978)、Nriagu 的二卷本《环境生物地球化学》(1976)、Zajic 的《微生物的生物地球化学》(1969)、Krumbein 的《微生物地球化学》(1983)等，这些专著对环境生物地球化学及微生物地球化学进行了系统的阐述，总结了生物地球化学研究领域自 20 世纪 30 年代创立之后的研究成果，并为以后的系统研究打下了基础。

20 世纪末 21 世纪初，生物地球化学在迅速发展的基础上，又有了长足进步，1989 年德国著名生物地球化学家 Degens 的专著《生物地球化学展望》出版、Butcher 等在 1992 年编写了《全球生物地球化学循环》、Dobrovolsky 在 1994 年编写了《世界土壤的生物地球化学》、Fenchel 在 1998 年编写了《细菌生物地球化学》、韩兴国等在 1999 年编写了《生物地球化学概论》、周启星与黄国宏在 2001 年编著了《环境生物地球化学及全球环境变化》、Bashkin 与 Howarth 在 2002 年编写了《现代生物地球化学》，这些著作系统总结了全球生物地球化学 20 世纪六七十年代至 21 世纪初的发展成果，为第三阶段海洋生物地球化学的发展奠定了基础。

当今的生物地球化学研究具有以下三个显著特点：①多层次的时空布局。在研究生物圈与大气间的交换时，不论实验测定还是数学模拟均有空间尺度不匹配的问题。因此要针对不同空间尺度做多层次的布置：实验通常分单叶片过程测定、单枝叉测定、地面采样箱、铁塔涡流相关(微气象法)、系留气球、高空气球、航测和卫星遥测。模拟时也相应由微宇宙、样方推广至区域乃至全球。在过程动态研究中，时间尺度可由昼夜、季节、年延伸至世纪乃至地质年代。②涉及多个生态类型。与 20 世纪 80 年代以前的循环研究相比，当前全球物质循环分为寒带、中纬度、热带、海洋及极地 5 个区域来进行研究，同一区内不同生态系统的元素循环在实验站点上进行研究，而不同生态系统间的过渡则在设置的过渡样带上进行研究。③与气候变化和全球生态环境变化及反馈密切相关。国际地圈-生物圈计划中，物质循环研究不仅研究人为活动造成的通量变化，而且研究气候变化对元素循环的反馈。

(2)海洋生物地球化学的发展

如果说环境生物地球化学是生物地球化学发展的第二个阶段，那么 20 世纪 80 年代中期至今的海洋生物地球化学显然是生物地球化学发展的第三个阶段。

20 世纪 80 年代以来，国际大型研究计划的兴起导致了生物地球化学成为科学家关注的焦点，其代表是 1983 年提出、1991 年正式开始实施的国际地圈-生物圈计划(IGBP)，侧重研究物质的生物地球化学循环，目标是阐述和了解控制地球系统及其演化的相互作用的物理、化学和生物过程，以及人类活动在其中所起的作用，核心目标是为定量评估整个地球的生物地球化学循环和预报全球变化建立科学基础，目前已实施的 IGBP 核心计划，如 IGAC、JGOFS、PAGES、GCTE、BAHC、LOICZ、GAIM、GLOBEC 和 GEOTRACES 中大部分与海洋有关或整个核心计划都集中于生源要素的海洋生物地球化学过程研究，可以说是全球变化研究导致了近年来海洋生物地球化学的迅猛发展。

国际科学理事会海洋研究科学委员会 2016 年发布的《海洋的未来：关于 G7 国家所关注的海洋研究问题的非政府科学见解》中八大科学问题大多与海洋生物地球化学有关。美国国家科学技术委员会 2013 年发布的《海洋研究优先计划修订版》中 6 个专题的许多研究重点都与海洋生物地球化学密切相关，如专题 4“海洋在气候变化中的作用”将了解气候变化对海洋生物地球化学以及对海洋生态系统的影响列为 3 个研究重点之一。

20 世纪末 21 世纪初是海洋生物地球化学发展基本成熟的时期，全球变化研究极大地促进了海洋生物地球化学的发展，1992 年 Libes 的《海洋生物地球化学导论》(第二版)、2003 年 Black 和 Shimmield 的《海洋系统的生物地球化学》、2004 年宋金明的《中国近海生物地球化学》、2005 年英国开放大学研究组编著的《海洋生物地球化学循环》、2008 年宋金明等的《中国近海与湖泊碳的生物地球化学》、2009 年张经的《近海生物地球化学的基本原理》及宋金明 2009 年编写的《中国近海生源要素的生物地球化学过程》(*Biogeochemical Processes of Biogenic Elements in China Marginal Seas*)等这些海洋生物地球化学专著的相继问世，标志着海洋生物地球化学学科发展进入了一个基本成熟的新阶段。

在整个地球系统中，生物地球化学循环实质上占据并参与了大部分过程，而海洋生物地球化学过程是海洋中控制海洋系统最关键的环节，可从图 1-12 地球系统与生物地球化学过程的关系中明确地看出这一点。可以这样说，是科学探索自然的进步以及对过程研究的强烈需求，导致了海洋生物地球化学成为当今地球科学研究的核心。

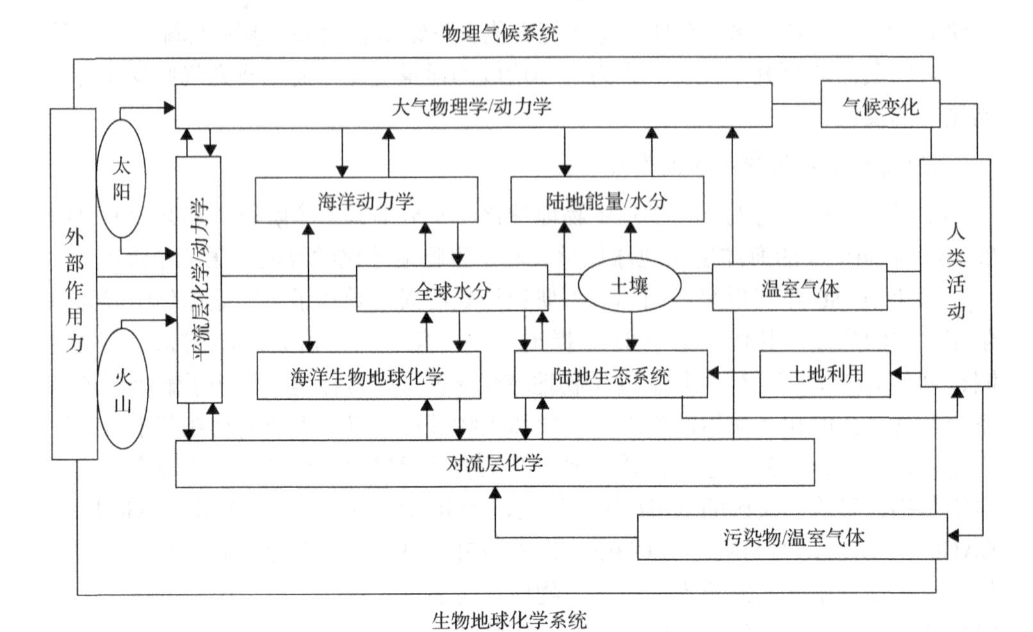

图 1-12　地球系统与生物地球化学过程的关系

1.2.2　海洋生物地球化学的研究意义

海洋生物地球化学研究具有重大的理论意义和现实意义，表现在以下三个方面。

(1)揭示全球气候变化与全球生态环境变化机制的基础

仅以碳为例，我们知道，碳是海洋生物地球化学研究的核心元素，因此，碳循环是海洋生物地球化学过程研究的关键所在，它的特殊关键地位在于，第一，海洋碳循环在很大程度上决定了全球气温乃至全球气候的变化趋势；第二，碳循环是海洋生态系统持续、发展的基础，决定了海洋生态环境变化的走向。从这两个方面可明确看出海洋碳循环在全球变化研究中作用的极端重要性。海洋碳循环的研究也是围绕全球气候与全球生态变化展开的。

(2)人类社会实现可持续发展的必然要求

全球变化与可持续发展是人类社会在 21 世纪所面临的两个重大议题，在科学层面上表现为全球变化使人类居住的生态环境越来越恶劣，而人类又迫切需要可持续发展这样的矛盾，是什么原因导致了这些变化，其机制是什么？需要从科学层面探讨，为寻找解决的办法奠定基础。合理利用资源、保护环境，是实现可持续发展的必然要求，以浪费资源和牺牲环境为代价，发展就不可能持续进行。自然资源不可能取之不尽、用之不竭，而人类社会发展的需求却不断增长，如果这两方面的关系处理不当，必然导致生态环境的恶化，严重威胁人类的生存和发展。目前，随着资源环境利用强度的增加，海洋生态环境已遭到较大的破坏，保护海洋环境，就必须认识了解海洋生境自身繁衍的规律，所以研究海洋生物地球化学过程是其必然要求。

(3)深化对地球系统的认识，促进地球科学和海洋科学发展

地球科学发展到20世纪后期，进入了研究“地球系统”的新阶段，开始从岩石圈、水圈、大气圈和生物圈之间相互作用的高度，重新认识地球系统环境变化。21世纪，海洋科学研究从宏观和微观两个方面向纵深发展，宏观上将着重围绕全球和区域尺度的科学问题展开研究，进行系统性建模，并借助大型计算机进行模拟和预测；微观上将借助新型观测和实验手段，进行机制方面的研究，揭示一些新的自然现象。海洋作为地球上最大的功能块，其变化包含了自然变化和人为影响变化，研究这些变化都需要从海洋生物地球化学的角度去阐明生物种群与化学物质的相互关系，从侧面说明，阐明海洋生物地球化学过程可深化对地球系统的认识，促进地球科学和海洋科学发展。

本章的重要概念

生物地球化学 研究环境中与生物过程相关的化学物质的变化机制、迁移过程、循环模式以及生物反馈的一门科学。

海洋生源要素 控制海洋有机生产水平，海洋生物生存生长所必需的一类关键化学要素或化学物质，包括碳、氮、磷、硅、氧、硫等。

海洋生物地球化学 研究生物过程作用下，海洋及邻近环境中生源要素或生物有关化学物质的分布、富集、分散、迁移、转化规律以及海洋生态系统对这些化学物质变化的反馈机制。

生物地球化学循环 化学物质(包括营养元素、有毒元素、无机化合物和有机化合物)从非生物储库进入生物储库然后又回到非生物储库进行循环(circulation)的过程，它包括化学元素或化合物在非生物储库中的行为、运行机制和过程，以及从一种生物体(初级生产者)到另一种生物体(消费者)的迁移或在食物链的传递关系及其效应。

全球生态环境变化 由人类活动导致的地球各圈层中生物栖息和繁殖以及人类能获取资源的空间领域所发生的一系列异常变化或生态效应，包括温室效应、酸性沉降、水体富营养化与海洋生态灾害等生态系统失调。

储库 相对而言在比较确定的体积或质量内某些物理、化学或生物学特性所限定的物质的数量。

通量 单位时间和单位面积(或体积)内化学物质流经系统两储库(或两组分)

之间的数量。

源与汇　在生物地球化学研究中，对于一个特定的组分，存在从生态系统的一个储库流向另一储库的通量，那么，流出通量(*S*)的储库被称为这种组分的源，反过来说，流入通量(*Q*)的储库称为这种组分的汇。

推荐读物

韩兴国. 1999. 生物地球化学概论. 北京：高等教育出版社：1-325.

宋金明. 2004. 中国近海生物地球化学. 济南：山东科学技术出版社：1-591.

宋金明，李学刚，袁华茂，等. 2019. 渤黄东海生源要素的生物地球化学. 北京：科学出版社：1-870.

周启星，黄国宏. 2001. 环境生物地球化学及全球环境变化. 北京：科学出版社：1-256.

Libes S M. 2009. An Introduction to Marine Biogeochemistry. 2nd ed. New York: John Wiley & Sons: 1-745.

Nriagu J O. 1976. Environmental Biogeochemistry. 2 Vol. Ann Arbor: Ann Arbor Science Pub: 1-773.

Schlesinger W H, Bernhardt E S. 2012. Biogeochemistry: An Analysis of Global Change. 3rd ed. Oxford: Academic Press: 1-672.

Song J M. 2009. Biogeochemical Processes of Biogenic Elements in China Marginal Seas. Berlin, Hangzhou: Springer-Verlag GmbH & Zhejiang University Press: 1-662.

学习性研究及思考的问题

(1) 结合你所学内容，以时间先后列表说明对生物地球化学发展做出贡献的科学家及其主要贡献。

(2) 以游泳池为一“微生态系统”，以“游泳池环境的影响因素与健康维护”为题完成一篇研究报告。

(3) 胶州湾作为受人为影响严重的典型海湾，其生态环境变化受到多种因素的影响，以“胶州湾的生物地球化学过程研究”为题，根据所学的生物地球化学原理与方法，设计研究的技术路线、研究内容及研究目标。

(4) 从生物地球化学的基本原理出发，如何理解化学物质的海域时空分异特征？

(5) 崇明岛作为长江下游长三角地区迅速发展的一个岛屿，地处长江冲淡水与海水混合区域，如果欲进行“崇明岛氮收支的研究”，从生物地球化学的整体相关原理出发，应考虑哪些与之相关的收支“子储库”？

(6) 查阅文献并结合化学的基本原理给出海水中氮、磷、碳-14、铅-210、甲基汞、滴滴涕、二噁英的驻留时间。

(7) 统计相关分析是生物地球化学研究两类或多类因素相互关系的重要方法，根据你已有的知识，阐述统计相关分析的类型、分析相关的内在机制。

(8) 海洋是一开放体系，研究海洋通量必然涉及多个海洋界面，查阅资料，并根据海洋生物地球化学研究方法，阐述应考虑哪些界面以及如何获得这些界面通量。

(9) 查阅资料，估算大亚湾储库中溶解和颗粒氮、磷的量。

(10) 海洋生物地球化学已涉及多个与全球变化研究相关的国际计划，从因特网查阅相关信息，说明目前和即将实施的重大国际合作研究计划中哪些与海洋生物地球化学过程有关以及海洋生物地球化学过程在其中扮演什么样的角色。

第2章　海洋碳的生物地球化学

本章主要论述海洋中碳的组成、来源、分布及其研究方法，重点阐述海洋中无机碳、有机碳以及甲烷、一氧化碳和海洋黑碳等典型碳化合物的生物地球化学特征，颗粒、胶体以及有色溶解有机碳和海洋黑碳的化学性质及其分离测定方法；海洋生物泵、碳酸盐泵和溶解度泵对海洋碳循环所起的驱动作用；海-气界面碳通量的获取方法以及世界大洋的碳源汇特征；浮游植物、浮游动物、底栖生物和微生物在海洋碳循环中的作用以及海洋沉积物中碳的存在形式、早期成岩过程中碳的变化及其再生与释放。

碳位于元素周期表第二周期ⅣA族，尽管它不是生物圈中最丰富的元素，但在生物地球化学循环中起着非常重要的作用。一方面，碳是地球上生命有机体的关键成分，碳循环是生物圈健康发展的重要标志；另一方面，在漫长的地质时期植物对碳的固定是大气中氧的近乎唯一来源，决定了整个地球环境的氧化势，通过氧化还原反应，其他元素的循环与全球碳的循环密切相关。然而，由于化石燃料的燃烧和非持续性土地利用，大气中CO_2的浓度正在逐年增加，从工业革命前约280ppm①增加到了2019年的409.7ppm，增加了46.3%，由此引起的“温室效应”已成为影响全球气候变化的一个重要而不可忽视的因素。估计到21世纪中叶，大气中的CO_2浓度将比工业化前增加1倍。由于“温室效应”的加剧，全球变暖将可能造成冰雪融化、海平面升高、陆地面积变小等一系列变化，这将对全球生态系统和人类生存环境产生深远的影响。

海洋是地球上最大的碳库，海洋对气候变化的影响不仅在于海-气间热量和能量的交换，海-气间物质(CO_2、CH_4等)的交换也起着重要作用。海洋CO_2是全球碳循环至关重要的纽带，它在大气圈、水圈、生物圈和岩石圈之间碳的交换、流动过程中占主导地位，研究CO_2在海洋中碳的转移和归宿，即海洋吸收、转移大气中CO_2的能力以及CO_2在海洋中的循环机制等已经成为当今国际海洋科学研究前沿领域的重要内容。

2.1　海洋碳的分布与来源

2.1.1　海洋碳的地球化学分布特征

碳的地球化学循环包括地球内部碳循环(endogenic cycle)和地球外部碳循环

① $1ppm=10^{-6}$

(exogenic cycle)。地球内部碳循环以循环周期长为特征，为 10^8～10^9 年，上地幔是最大的碳库，其容量大于所有的地球外部碳库的总和；地球外部碳库主要包括沉积物(海洋和陆地)、大洋和陆地水体、陆生和水生植物、土壤和大气(表 2-1)，其中海洋沉积物是最大的碳库，而以化石燃料(煤、石油和天然气等)存在的碳库只占很小的一部分，不到沉积有机碳的 0.5%。大洋中的碳约是大气中碳的 50 倍，并且是与大气 CO_2 进行交换的最重要碳库，是对全球变化有重大影响的主要碳库。陆生植物碳库和大气碳库容量基本相当，特别是在工业革命前大气 CO_2 含量在 280ppm 时二者几乎一样，陆地植被快速而巨大的变化将迅速体现在大气 CO_2 的升高方面。虽然海洋初级生产者的含碳量不到陆生植物的 1/200，但二者的固碳量基本相当，即陆生植物的净初级生产力约为 63×10^9t C/a (5250×10^{12}mol/a)，海洋初级生产力为(37～45)$\times10^9$t C/a (3100～3750×10^{12}mol/a)。可见，海洋碳库在碳的全球生物地球化学循环中起着重要作用。

表 2-1　地球的主要碳库

碳库	储量(g C)
上地幔	(8.9～16.6)$\times10^{22}$
洋壳	9.200×10^{20}
陆壳	2.576×10^{21}
沉积物(海洋和陆地)	
-碳酸盐	6.53×10^{22}
-有机质	1.25×10^{22}
大洋	
-溶解无机碳	3.74×10^{19}
-溶解有机碳	1×10^{18}
-颗粒有机碳	3×10^{16}
大气	7.85×10^{17}
陆生植物	6×10^{17}
土壤腐殖质	1.5×10^{18}
海洋生物	～3×10^{15}

海洋碳库中的碳主要包括海水中的碳、海洋生物体中的碳和沉积物中的碳。海水中的碳以多种形式存在，大致可分为无机碳和有机碳，而各自又可分成颗粒和溶解两种形态。溶解无机碳(DIC)即通常所指海水中的总 CO_2，是海水中碳的主要存在形式，包括碳酸氢根(HCO_3^-)、碳酸根(CO_3^{2-})、溶解二氧化碳(CO_2)及碳酸(H_2CO_3)。一般而言，海水中 DIC 约为 2mmol/kg，比溶解有机碳(DOC)含量高一个数量级，比颗粒碳也高很多，可占海水中总碳的 95%以上。沉积物中无机碳的含量也比有机碳高得多，因此，要对海洋碳库有所认识，首先必须对海水中 DIC 和沉积物中无机碳的分布有充分的了解。

2.1.1.1　海水中 DIC 的分布特征

海水中溶解无机碳(DIC)的主要存在形式有 HCO_3^-、CO_3^{2-}、CO_2 和 H_2CO_3。由于海水中 H_2CO_3 含量很低，通常将它与 CO_2 合称为溶解二氧化碳，并以溶解 CO_2 表示，有时为了研究方便用二氧化碳分压(pCO_2)表示。溶解无机碳(DIC)也可以用总二氧化碳[T(CO_2)]表示。

一般情况下，天然海水中的 DIC 以 HCO_3^-为主，其可占 85%以上，CO_3^{2-}次之，可达 9%左右，其余为溶解 CO_2 和 H_2CO_3。根据上述平衡关系，用测定的 DIC 含量和 pH、温度、盐度等参数可计算 DIC 各组分的含量。

DIC 在海洋中的分布受多种因素的影响，包括物理、化学和生物等因素。DIC 的垂直分布可在一定程度上反映 CO_2 的垂直输送过程，而从海洋对大气 CO_2 增加的调节作用着眼，人们最关心的也是海洋 CO_2 的垂直转移过程。在表面混合层中，由于生物的光合作用，CO_2 不断被转化成有机碳和生物碳酸盐。在混合层以下，上述碳部分以碎屑的形式沿水柱下沉，在海洋较深处发生分解和溶解，导致氧的消耗，释放出营养盐以及再生 CO_2。上述的一系列生物地球化学过程称为生物泵，正是由于生物泵的作用，碳实现了从表层向深层的转移。大洋 DIC 含量具有随海水深度增加而增加的趋势(图 2-1)，在 CO_2 的垂直转移过程中光合产品的有机物

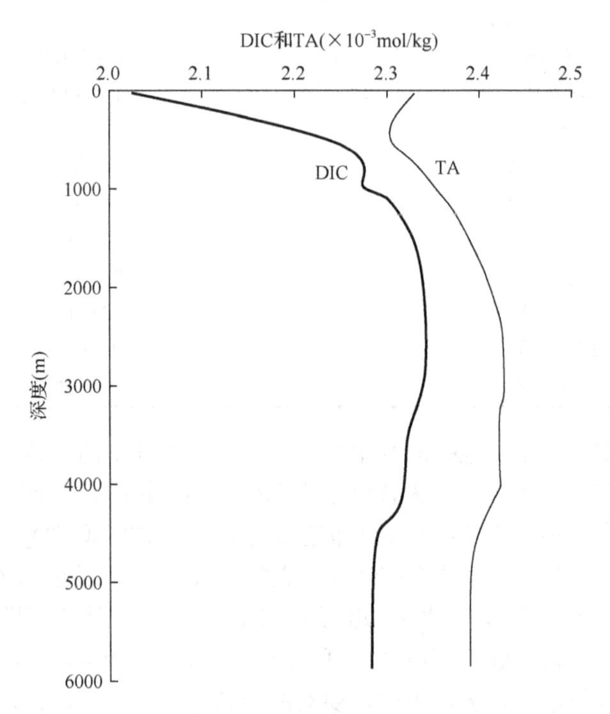

图 2-1　赤道太平洋中部 DIC 和总碱度(TA)的垂直分布

大部分在上层 1000m 内发生分解，仅一小部分抵达海洋底层。计算太平洋深层水中 T_{CO_2} 来自碳酸钙和有机物的相对量可知，深层水中 T_{CO_2} 的增加量有 25%是由碳酸钙溶解而来的，而其余 75%来自有机物的分解。

世界范围内海水中 T_{CO_2} 的含量也有很大变化，如北太平洋和北大西洋表层水的 T_{CO_2} 含量都接近 2.05mmol/kg，而深层水则分别为 2.45mmol/kg 和 2.28mmol/kg，北太平洋深层水 T(CO_2)含量比北大西洋高，主要与深层水的循环类型和速率不同有关。早在 20 世纪 20 年代，科学家就发现北大西洋海盆的深层水有两个来源，一个是来自南极底层水源地的南极海域，另一个是来自北大西洋深层水源地的北大西洋海域。由于南、北半球高纬度深层水分别向北和向南运动，北大西洋深层水的循环周期很短。^{14}C 测量结果显示，北大西洋深层水的年龄仅为 80 年。由于年龄较轻，其接受有机物分解和碳酸钙溶解产生的 CO_2 较少。另外，北太平洋深层水仅来源于南极表层水，其循环周期很长，年龄约为 1000 年，较老的深层水意味着积累了更多的 CO_2，因此 T_{CO_2} 含量较高。

除地理分布存在差异外，DIC 的分布还有明显的季节特征(表 2-2，图 2-2，图 2-3)，这种季节变化主要是由浮游植物的生长发育特征决定的。

表 2-2 北极海域表面混合层海水中 DIC 含量特征

时间		混合层(m)	温度(℃)	盐度	DIC(μmol/kg)	TA(μg/kg)	溶解有机碳 DOC(μmol/kg)	颗粒有机碳 POC(μmol/kg)
北部	1998-4	60±20(10)	−1.81±0.03	33.0±0.3	2160±10(39)	2240±10(41)	76±8(22)	9±3(10)
	1998-5	40±20(8)	−1.7±0.1	32.9±0.4	2140±20(18)	2240±10(16)	120±40(20)	20±10(24)
	1998-6	13±5(7)	−0.3±0.7	32.7±0.3	2120±20(11)	2240±10(13)	52(1)	40±20(16)
	1998-7	8±3(3)	−0.5±0.3	31.3±0.2	2000±30(7)	NA	120±10(2)	33±5(13)
	1999-9 月上旬	8±3(3)	−1.2±0.2	30.6±0.6	1950±50(19)	2110±40(9)	170±20(10)	31±6(12)
	1999-9 月下旬	13±7(7)	−1.3±0.5	30.8±0.9	1990±50(22)	2130±50(22)	140±30(10)	17±7(17)
西部	1998-4	60±40(21)	−1.81±0.04	33.1±0.2	2165±5(71)	2250±10(66)	80±10(41)	8±4(27)
	1998-5	40±30(15)	−1.6±0.3	33.1±0.1	2150±10(16)	2250±40(11)	110±50(22)	12±8(30)
	1998-6	13±6(12)	0.4±0.8	32.6±0.3	2020±50(22)	2230±20(17)	40±9(2)	50±7(20)
	1998-7	9±5(3)	1±1	31.7±0.8	1960±60(5)	NA	NA	30±20(10)
	1999-9 月上旬	8±3(4)	0.9±0.6	31.5±0.3	1980±20(12)	2170±30(9)	120±20(12)	27±8(120)
	1999-9 月下旬	14±6(8)	−1.2±0.8	30.2±0.7	1940±30(18)	2100±30(18)	140±30(5)	17±7(21)

续表

	时间	混合层(m)	温度(℃)	盐度	DIC(μmol/kg)	TA(μg/kg)	溶解有机碳 DOC(μmol/kg)	颗粒有机碳 POC(μmol/kg)
东部	1998-4	20±20(4)	–1.76±0.07	33.4±0.1	2157±5(3)	2240±10(7)	100±10(2)	10±3(5)
	1998-5	9±2(4)	–1.0±0.3	33.36±0.09	2060±20(4)	2240±10(5)	182(1)	60±20(5)
	1998-6	10±5(6)	0±1	32.6±0.4	1940±20(7)	2200±30(7)	97±3(3)	50±10(3)
	1998-7	9±5(3)	1±1	31.3±0.4	1910±30(3)	NA	160±60(5)	26±4(8)
	1999-9 月上旬	5±0(3)	1.7±0.4	31.5±0.7	1940±60(5)	2130±70(5)	130±30(5)	20±10(5)
	1999-9 月下旬	13±7(7)	0.1±0.5	31.2±0.5	1990±40(16)	2160±40(16)	170±50(7)	21±6(21)
南部	1998-6	9±2(6)	–1.4±0.2	32.9±0.3	2061±5(6)	2216±7(6)	NA	NA
	1998-7	5(1)	–0.32	32.49	2067(1)	NA	NA	13(1)
	1999-9 月上旬	17(1)	2.6±0.2	32.49±0.06	2026±2(4)	2117±3(4)	120±20(4)	NA
	1999-9 月下旬	15±3(4)	0.5±0.1	32.7±0.2	2030±20(12)	2190±20(12)	80±10(12)	20±10(9)

注：括号内数据表示参与计算的样品数量，NA 表示没有数据

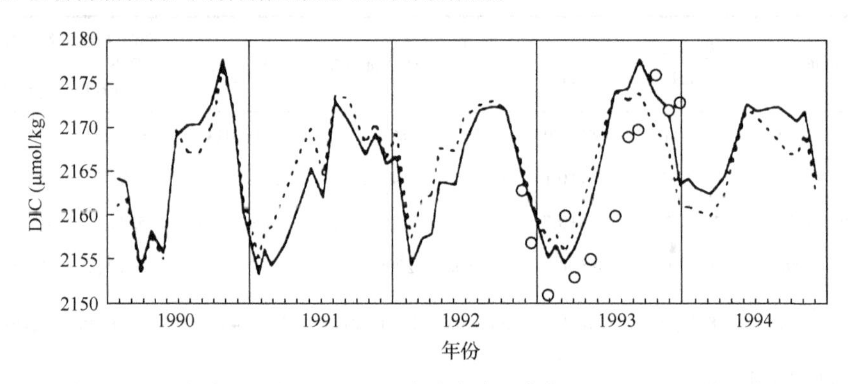

图 2-2　南大洋 DIC 的季节分布(虚线为将盐度校正为 33.88 后的浓度)

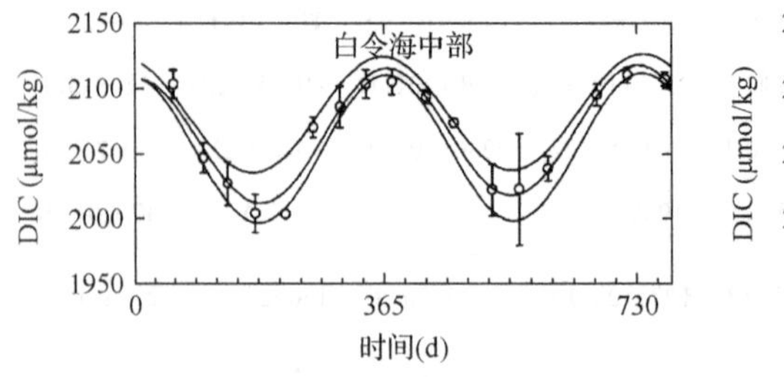

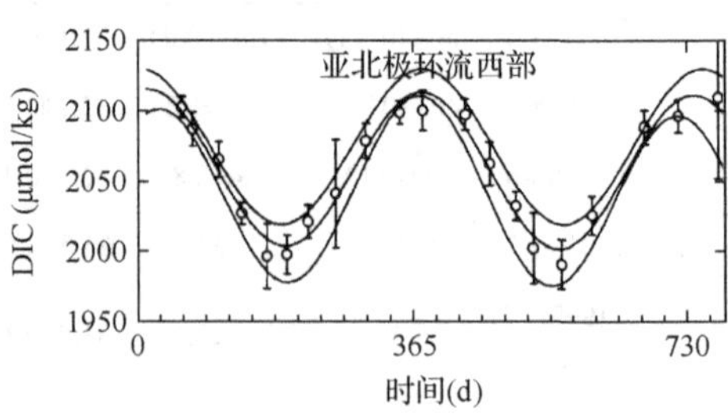

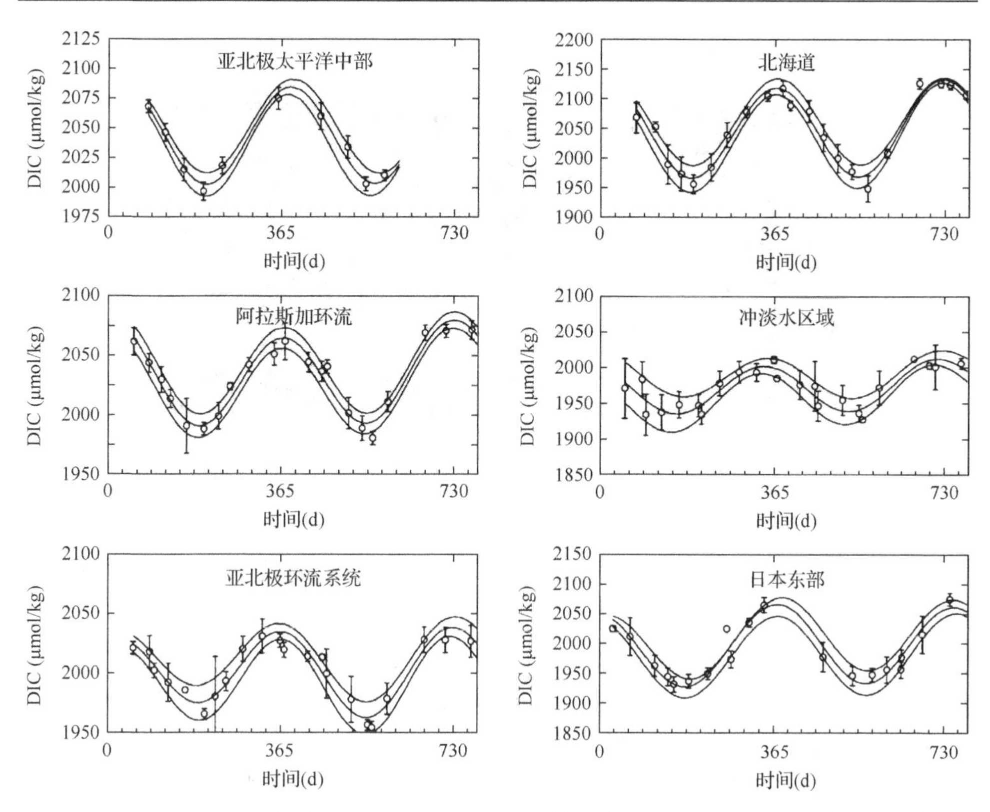

图 2-3　北太平洋表层海水中的 DIC 在 1995 年 3 月 1 日至 1997 年 4 月 20 日的分布特征

2.1.1.2　沉积物中碳的分布

沉积物中绝大部分的有机碳是陆生或海洋生物通过光合作用等生物化学过程固定的大气无机碳。而海洋初级生产力(PP)中只有很少一部分的颗粒有机碳(开放大洋约有 1.5%，大陆架约有 17%)可以被输送到海底，随后大部分被氧化分解。最后在大陆架只有 0.5%～3%的 PP 被埋藏，在开放大洋只有 0.014%被埋藏。陆架边缘海的面积虽然只占全球海洋的 7%～8%，但其初级生产力占全球海洋的 15%～30%，有机碳埋藏量更是占整个海洋埋藏量的 90%，从陆地输入海洋的物质有 80%沉积于此，至少有 50%的颗粒无机碳沉积于此。因此陆架边缘海沉积物中有机碳的含量要高于大洋。全球范围内海洋表层沉积物中有机碳的分布见图 2-4，总有机碳(TOC)含量高值区主要分布在西非大陆边缘的大西洋沿岸，特别是纳米比亚、刚果和西非沿岸。在太平洋，TOC 富集的海域主要是秘鲁、智利及美国加利福尼亚沿岸，阿拉伯海、阿曼和印度沿岸的 TOC 含量也很高。一般情况下，TOC 的平均含量在深海大洋为 0.5wt%，在陆架边缘约为 2wt%。

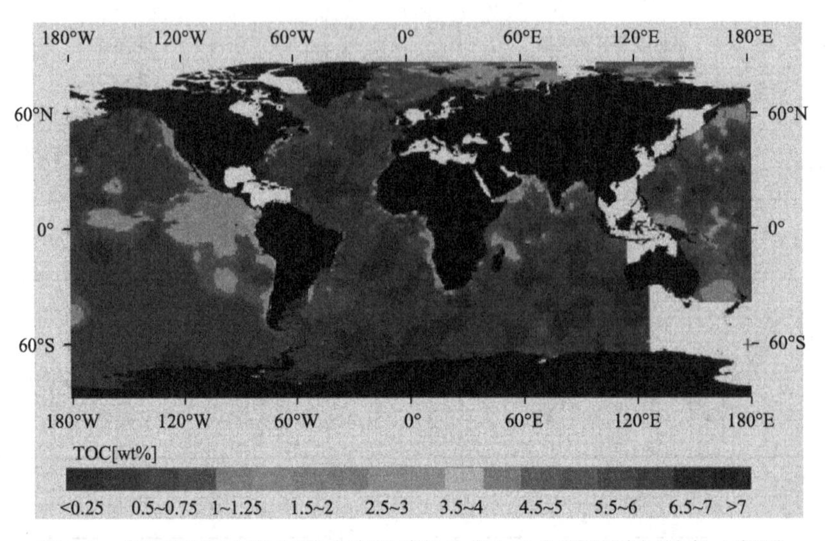

图 2-4 全球海洋表层沉积物中有机碳的分布(wt%)(彩图请扫封底二维码)

白色的面积表示缺少该地区数据

沉积物中碳酸盐含量在不同海域差别很大，其含量变化范围很大，可以在 0～100wt%变动。全球范围内海洋表层沉积物中碳酸盐的分布见图 2-5。其中，赤道太平洋和南太平洋表层沉积物中方解石的含量明显高于东北与西北太平洋。大西洋和印度洋表层沉积物中方解石的含量也较高，特别是中大西洋中脊的含量可达 90wt%以上。拉普拉塔河口沿岸海域沉积物中碳酸盐含量明显低于邻近的巴西和阿根廷沿岸。

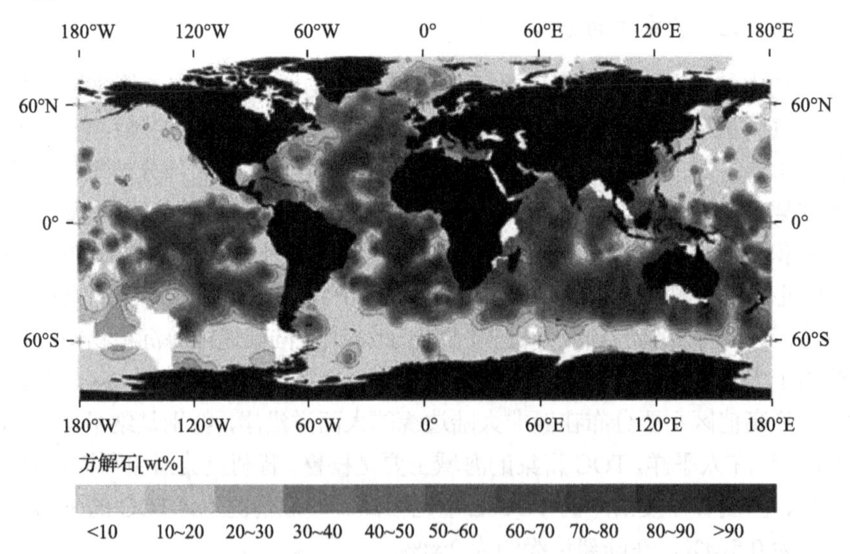

图 2-5 全球海洋表层沉积物中碳酸盐的分布(wt%)(彩图请扫封底二维码)

白色的面积表示缺少该地区数据

由于陆架边缘海受陆源输入的影响较大，且水动力条件复杂，沉积物中碳的含量具有更大的区域性特征。例如，东海中陆架泥质区及其周边的表层沉积物中无机碳(IC)含量均明显高于有机碳(OC)含量。OC含量在泥质区高，砂质区低；IC含量分布为近岸细粒沉积区为相对高值区，中陆架砂质区为低值区，中陆架泥质区为高值区，外陆架砂质区为特高值区。OC富集主要受控于上覆水体的生物生产量、沉积动力环境以及海底物理化学条件；IC的分布受物源影响明显，其富集与该区的环流格局相对应，主要受控于沉积动力环境和它们的时空变化。而黄河口海域沉积物中$CaCO_3$明显富集，$CaCO_3$含量介于3.17%～14.23%，这是因为黄河泥沙主要来自富含$CaCO_3$的黄土高原，使黄河以$CaCO_3$含量高而著称。南海南部陆架$CaCO_3$含量较高，一般大于30%，其中珊瑚岛、礁和暗礁含量高，为75%～90%，最高达95.5%(曾母暗沙)。南沙群岛南部海台、南沙海槽和湄公河口西南内陆架等海区，$CaCO_3$含量为10%～26%，一般含量为14%～22%，最高为26.63%；西北部南海深海盆，$CaCO_3$含量较低，一般为4%～6%，最低为2.5%，$CaCO_3$的主要来源是钙质生物骨屑。

沉积物中的无机碳主要是各种形式的碳酸盐矿物，如方解石、高镁方解石、文石等，这些碳酸盐矿物的保存与水深关系密切。因而，沉积物中碳酸盐的分布除受物质来源控制外，还受水深影响。例如，南海北部、中部及南部珊瑚礁区和非礁区生物碳酸盐沉积的垂向变化非常明显，根据沉积物中碳酸盐矿物的成分，按从浅到深的变化规律将沉积物中碳酸盐的分布划分为文石质生物富积带、镁方解石质生物富积带和方解石质生物富积带三带。

(1)文石质生物富积带

文石质生物富积带，即以文石质生物最多，或者说，碳酸盐沉积物中，文石质生物骨壳占优势。该带的水深范围是从海平面至水深60m，文石质生物主要是造礁珊瑚、软体动物和仙掌藻，粒径＞1mm的碎屑沉积物中总量普遍＞50%(52%～74%)。岸礁、环礁、台礁及水下丘状礁的造骨架生物也主要是文石质块状珊瑚(南沙珊瑚礁体上多孔螅也较多)，珊瑚藻只是作为黏结物存在。镁方解石质生物主要有珊瑚藻和底栖有孔虫，粒径＞1mm的碎屑沉积物中含量为2%～38%。全样矿物成分中文石最多(45%～65%)，其次为镁方解石(25%～45%)。

(2)镁方解石质生物富积带

根据生物、矿物和化学成分的变化，镁方解石质生物富积带的分布深度为60～400m。礁体向海坡的表层碎屑沉积物中矿物成分多以镁方解石为主，镁方解石质生物组分主要是珊瑚藻、底栖有孔虫、苔藓虫、棘皮类和八射珊瑚骨针，其含量普遍＞40%，最高达67%。该带采到的礁块都是红藻石(或称藻结核)。非礁区的镁方解石质生物组分主要是底栖有孔虫和苔藓虫，缺少珊瑚礁和八射珊瑚骨针等喜礁生物组分。从镁方解石质生物分布深度方面分析，该带的深度为 50～400m。

(3) 方解石质生物富积带

该带的深度为 400～3800m，无论是礁区的向海坡，或是非礁区的陆坡沉积物中，其生物组分均是方解石质浮游有孔虫占优势，但在该带上部礁体向海坡可见少量文石质珊瑚和贝壳碎屑以及镁方解石质珊瑚藻与八射珊瑚骨针等，非礁区陆坡沉积物中不含这些生物屑，矿物多以方解石为主(30%～86%)，文石含量降为 7%～37%，镁方解石为 6%～42%。Mg 含量低于同一礁体的镁方解石质生物富积带，Sr 低于同一礁体的文石质生物富积带。在珊瑚礁区，该带上部偶尔出现镁方解石含量较高现象，可能是因为上带沉积物在外力作用下滚落下来的礁体。向海坡表面的方解石质生物富积带，已非纯礁相沉积，是礁相向非礁相碳酸盐沉积的过渡带。3800m 以深，有极少碳酸盐矿物质的生物沉积，可称非生物碳酸盐沉积带。

形成不同碳酸盐矿物质生物分带的原因，主要是随着海水深度的加大，阳光消失，温度降低，盐度和海水密度都发生变化，不同矿物质生物受到不同生存环境的制约，即文石质生物适宜于浅海区，如造礁珊瑚的最大生长深度为 60m，多孔螅为 30m，仙掌藻为 40m，腹足类主要生长在 50m 以浅，瓣鳃类主要生长在 100m 以浅，说明 60m 以浅的海区最有利于文石质生物骨壳的形成，而镁方解石质生物的生存环境比文石质生物更为广阔，其繁殖深度为从海平面至水深 400m。60～400m 水深，底栖有孔虫最富集，珊瑚藻的最大生长深度达 300m。八射珊瑚、海绵、棘皮类和苔藓虫在 400m 以浅均可生长。在 60m 以浅的海域，一方面文石质生物大量繁殖，另一方面其不是镁方解石质底栖有孔虫的繁盛带，所以镁方解石含量低于文石。文石和镁方解石是不稳定与亚稳定矿物，水深＞400m 不利于文石质和镁方解石质生物生存，但方解石是稳定矿物，所以能保存。3800m 水深已处于南海的溶跃面以下，碳酸盐质生物骨壳绝大部分被溶解而成为非生物碳酸盐沉积。总之，形成分带的主要原因是生物生态环境不同，以及文石、镁方解石和方解石的稳定性不同。各带的分界线，在不同海区，会因水文条件的区域性差异而发生波动，两带的分界处有可能出现过渡带。

2.1.2　海洋碳的来源及研究方法

海洋中碳的来源是海洋碳循环研究的重要内容之一，只有明确碳的来源才能真正了解海洋碳的迁移转化过程，因此，海洋中碳的来源一直是人们关注的重点。早在 20 世纪 60 年代，有人就发现有机质中碳稳定同位素 ^{13}C 的含量与其来源有关，特别是陆源和海源的 $\delta^{13}C$ 值差别很明显，产生于海洋的有机碳的 $\delta^{13}C$ 统计值为–20‰，来自陆地的有机碳的 $\delta^{13}C$ 统计值为–27‰，可以此作为判断海洋自生碳和陆源输入碳的依据。近年来随着海洋碳循环研究的不断深入，判断海洋碳来源的方法也随之不断完善。

2.1.2.1 海洋碳的来源

海洋碳的来源主要有三种：①河流输入，②大气输入，③风的输送。此外，还有极少的一部分来自海底热液。

(1)河流输入

河流输入包括两部分。一部分是各种溶解在海水中的有机碳和无机碳，这部分物质主要是陆地岩石化学风化的产物，为(2.78～4.43)×10^9t/a；另一部分是河流携带的颗粒物，这些颗粒物既有生物成因的，也有陆源岩石碎屑，为(15～20)×10^9t/a。这些颗粒物不均匀地沉降在不同海域，绝大部分(约 80%)沉降在陆架边缘。有研究表明，全球河流输入到海洋的 OC 为 4.30×10^8t/a，其中约有 10%进入沉积物埋藏，大约有 43×10^{12}g/a。

(2)大气输入

大气输入是碳进入海洋的主要方式之一。大气中的碳以气态或颗粒物的形式存在，通过降水、干湿散落及直接气体交换方式进入海洋。其中，对海洋-大气间 CO_2 的交换研究较多，大气 CO_2 主要通过生物泵和溶解度泵进入海洋。海洋浮游植物通过光合作用将溶解态或气态 CO_2 转化成各种有机物，这些有机物又通过一级级的食物链转化为较大的有机或无机颗粒，如各种生物的外壳、残体或粪便等，其中有部分直接沉降到海底，还有部分较小的颗粒被海洋生物产生的黏液类分泌物、黏膜和软组织等，连同与之接触的矿物碎屑、生物骨屑等黏结吸附在一起，或一些大的有机质膜将碎屑颗粒“捕集”起来形成大的絮凝体，粪团也可在其表面吸附细小的碎屑物质，将不易沉降的细小颗粒和生物骨屑黏结、吸附或捕集在一起形成絮凝体，连同有机质一起沉降至海底。

(3)风的输送

风可以通过其携带的颗粒物质将陆源碳酸盐和有机质颗粒长距离输送到海洋，但有关这方面的研究较少，且不同研究者统计的结果相差很大，如在 1971 年不同研究者的结果为(1.1±0.5)×10^9t/a 和 0.06×10^9t/a，但大多数的学者认为全球由风携带的颗粒带入大洋的碳为(0.53～0.85)×10^9t/a。通过风输送到海洋的有机碳很难估算，因为风在时间及地域上随时在变化。虽然这些数据存在一定的误差，但也说明它对海洋中碳的贡献是很重要的。

另外，冰川和海底热液也可将部分碳酸盐与有机碳直接输入海洋，其中冰川碎屑每年可将 2×10^9t 碳输送到海洋。

对局部海域来说，海洋碳的来源可能以一种为主，如河口海域的碳以河流输入为主；也可能有几种，如阿拉伯海的碳被认为有三个来源：①海洋自生，初级生产力产物通过水层后的沉降是该地区的主要物质来源；②陆源输入，主要为天然产物和人为活动产物，可能与沿印度西海岸有许多大城市和小城镇有关，一些陆源物质(大部分是人造的)可以到达该区，最主要的有机质输入是垃圾，$CaCO_3$的主要来源可能不是人为的，而是由自然过程如碳酸岩风化、再悬浮、再沉淀所形成，沿岸地区第四纪和第三纪碳酸岩是其重要物源。另外，更新世、全新世水下台地及陆架边缘堡礁系统都可能提供 $CaCO_3$，在沿岸流的影响下这些物质可以发生再悬浮、再沉淀；③风的传输，在东北季风的影响下，Saurashtra 地区的物质可被搬运到这一地区。

2.1.2.2 判断海洋碳来源的方法

判断海洋碳来源的方法很多，研究者往往根据所研究海域的特征或所能掌握的资料选择不同的方法。鉴于有机碳和无机碳不同的特性，判断二者来源的方法有所不同。目前最常用的判断碳来源的方法主要有碳氮比值法、同位素法和生物标志物法、微体古生物法和岩石矿物法。由于每种判别方法都有一定的局限性，通常用两种或两种以上的方法同时判定碳的来源。

(1)碳氮比值法

碳氮比值法是以水生藻类和维管陆生植物的 C/N 值有较大的区别为依据建立起来的。表 2-3 是部分藻类和维管陆生植物的 C/N 值。一般情况下，浮游植物的 C/N 值为 4～10，而维管陆生植物的 C/N 值一般大于 20。海洋中的有机碳不外乎两种来源：海洋自生和陆源输入。陆源输入有机质主要是通过河流等地表径流带入维管陆生植物碎屑；海洋自生有机质主要是海洋初级生产力的产物。因此，海洋沉积物有机质 C/N 值必定介于藻类和维管陆生植物之间，通过测定海洋沉积物中总有机碳和总氮的比值可以计算陆源输入碳和海洋自生碳比例的相对大小。

表 2-3 藻类和维管陆生植物的 C/N 值和 $\delta^{13}C$ 值

	类型	采样地点	C/N 值	$\delta^{13}C$ 值(‰)
C_3 维管植物	柳树叶	Walker Lake Nevada	38	−26.7
	白杨树叶	Walker Lake Nevada	62	−27.9
	棉白杨树叶	Grosse Lle, Michigan	31	−30.5
	黄杨树叶	Ann Arbor, Michigan	33	−29.1
	白栎树叶	Ann Arbor, Michigan	22	−29.0
	红栎树叶	Ann Arbor, Michigan	29	−29.8
	美国山毛榉树叶	Grosse Lle, Michigan	17	−28.3
	欧洲山毛榉树叶	Ann Arbor, Michigan	17	−30.2
	松树松针	Walker Lake Nevada	42	−24.8
	白云杉叶	Ann Arbor, Michigan	42	−25.1

续表

	类型	采样地点	C/N 值	$\delta^{13}C$ 值(‰)
C_3 维管植物	白云杉皮	Ann Arbor, Michigan	57	−23.5
	白云杉木	Ann Arbor, Michigan	163	−23.1
	白松树松针	Ann Arbor, Michigan	42	−25.2
	红松树松针	Ann Arbor, Michigan	39	−27.1
	棕榈叶	Lake Bosumtwi, Ghana	91	−25.5
	泥炭藓	Newfoundland Canada	9	−27.5
C_4 维管植物	盐草	Walker Lake Nevada	160	−14.1
	风滚草	Walker Lake Nevada	68	−12.5
	血根草	Lake Bosumtwi, Ghana	42	−11.1
	野稷	Lake Bosumtwi, Ghana	156	−10.8
土壤有机碳	贝加尔湖流域	Siberia, Russia	20	−23.4
	威拉迈特谷地	Oregon, USA	13	−26.2
	泥沼	Washington, USA	17	−28.7
湖藻	混合浮游植物	Lake Baikal, Rusia	9	−30.9
	混合浮游植物	Walker Lake, Nevada	8	−28.8
	混合浮游植物	Pyramid Lake, Nevada	6	−28.3
	混合浮游植物	Lake Michigan	7	−26.8
	混合浮游植物	Lake Biwa, Japan	7	−27.5

C/N 值已被广泛应用于判断湖泊、河口、海洋等环境中有机质的来源。例如，长江口附近海域有机碳来源研究发现悬浮物中 C/N 值＞12，主要是陆源，C/N 值＜8 时主要是海生。根据稳定碳和氮同位素比值，通过组分混合平衡计算来估算不同来源有机碳的相对贡献，发现在距离长江口 250km 的东海，来自长江的陆源输入仍占主导地位。北冰洋沉积物的 C/N 值小于 8 或大于 10，在一些站位 C/N 值较大且有机碳含量较高，表明沉积物中的有机碳主要是陆源的，而不是海洋自生的。

还有一种利用 TOC/TN(总氮)值定量估算总有机碳中水生有机碳(C_a)、氮(N_a)和陆源有机碳(C_l)、氮(N_l)的方法。依此方法，并假设水生和陆源有机质的 C/N 值分别为 5 和 20(作为零级近似)，则上述参数存在如下关系：

$$\mathrm{TOC} = C_l + C_a \tag{2-1}$$

$$\mathrm{TN} = N_a + N_l \tag{2-2}$$

$$C_a/N_a = 5 \tag{2-3}$$

$$C_l/N_l = 20 \tag{2-4}$$

其中 TOC、TN 为测量值，解上述方程组可得水生有机碳和陆源有机碳的计算公式：

$$C_a = (20TN-TOC)/3 \tag{2-5}$$

$$C_1 = 4(TOC-5TN)/3 \tag{2-6}$$

利用这种方法获得了胶州湾沉积物中陆源和自生有机碳的相对比例，即胶州湾湾内站陆源物质占 71.1%，自生占 28.9%，湾外陆源物质占 37.9%，自生占 62.1%。

(2) 同位素法

植物通过光合作用将大气二氧化碳转化为有机碳，在这一过程中发生了碳的同位素分馏，这一分馏作用由两步构成：第一步 ^{12}C 从大气中被优先摄入植物中，第二步 ^{12}C 富集的溶解二氧化碳优先转化为磷酸甘油酸，后者是光合作用的初级产物。这种分馏作用造成碳的有机与无机形式之间同位素组成存在差别。经实验测定这一过程的分馏因子约为 1.017，即在植物内部固定的 ^{13}C 减少约 17‰。而且不同种类的植物在合成碳时有三种不同的光合作用途径：卡尔文(Calvin)循环、哈奇-斯莱克(Hatch-Slack)循环、凯姆(CAM)循环。这三种不同的光合作用途径使不同种类的植物具有不同的同位素组成。在碳同位素发生分馏的同时，氮的轻重同位素也发生相应的分馏。海洋中典型陆源有机质的 $\delta^{13}C$ 值为–28‰～–26‰，平均为–27‰，海洋自生有机质的 $\delta^{13}C$ 值相对偏重，为–22‰～–19‰，平均为–20‰。陆生植物的 $\delta^{15}N$ 值变化范围较宽，为–5‰～18‰，平均为 3‰；而海洋自生有机质的 $\delta^{15}N$ 值平均为 7‰～10‰。根据有机质中碳、氮稳定同位素的分馏特征可以判断沉积物中有机碳的来源。

有机质的 C、N 稳定同位素可以用来识别其来源，这已被越来越多的学者所应用。研究 Lawrence 湾和 Labrador 海沉积物中的 OC 及其同位素发现，这两个地区的碳稳定同位素的 $\delta^{13}C$ 值为–21.9‰±0.1‰，表明有较少的陆源物质输入到该区。高纬度地区美、亚大陆及其周围大河 465 个沉积物样品的 $\delta^{13}C$ 值有向海增加的趋势，在白令海西部，$\delta^{13}C$ 值由＜–26.5‰增加到–23‰，这是由于越向海沉积物得到越多的海洋有机碳。根据 $\delta^{13}C$ 值、OC/N 值和 $\delta^{15}N$ 值可知该区沉积物中总有机碳主要来源于海洋水生浮游植物和由泰加森林被子植物组成的陆生植物。

Laptev 海表层沉积物的 $\delta^{13}C$ 值为从河口附近的–26.6%到大陆架上的–22.8‰，表现为从河口到大陆架重同位素增加的趋势，河流颗粒物中 OC 的 $\delta^{13}C$ 值为–27.1‰，表明陆源物质在河口附近为其有机质主要来源，但越向大洋，陆源物质越少，海洋自生物质越多。根据有机碳的 $\delta^{13}C$ 值来判断其大致的来源，即有多少有机碳来自陆地，有多少来自海洋，其经验公式为

$$\delta^{13}\mathrm{C}_{\text{沉积物}}=W_{\text{陆源}}\delta^{13}\mathrm{C}_{\text{陆源}}+W_{\text{海生}}\delta^{13}\mathrm{C}_{\text{海生}} \tag{2-7}$$

则

$$W_{\text{陆源}}=(\delta^{13}\mathrm{C}_{\text{沉积物}}-\delta^{13}\mathrm{C}_{\text{海生}})/(\delta^{13}\mathrm{C}_{\text{陆源}}-\delta^{13}\mathrm{C}_{\text{海生}}) \tag{2-8}$$

式中，$\delta^{13}\mathrm{C}_{\text{沉积物}}$为沉积物 δ^{13}C 值；$\delta^{13}\mathrm{C}_{\text{陆源}}$为–27‰；$\delta^{13}\mathrm{C}_{\text{海生}}$为–20‰；$W_{\text{陆源}}$为沉积物中陆源有机质的比例；$W_{\text{海生}}$为沉积物中海洋自生有机碳的比例。根据 δ^{13}C 值，深海沉积物中的有机碳绝大部分来源于海洋自生。

对于应用 δ^{13}C 值判断沉积物中碳来源的可靠性，也有一些学者提出了质疑。测定 San Francisco 湾河口生态系统中陆生植物、悬浮物、沼泽植物、硅藻的 δ^{13}C 和 δ^{15}N 值发现，它们的同位素组成变化很大，δ^{13}C 值在−32‰～−12.4‰，δ^{15}N 值在−17.4‰～−3.4‰，同一植物在不同生长时期，其同位素组成不同，而颗粒有机碳并不是最近的产物和当地土壤的简单混合，因此仅仅用 C、N 稳定同位素并不能确定有机质的主要来源，在复杂的生态系统中要确定有机碳来源必须结合其他资料，如有机质和生物种群的多种同位素、类脂化合物、氨基酸、木质素等。

(3) 生物标志物法

生物标志物法是根据生物体死亡后分子标志物在沉积埋藏作用及早期成岩作用过程中，受到微生物作用、埋藏作用、无机催化作用的影响，经过复杂的物理化学反应，所最终生成的稳定有机化合物来判断有机碳的来源。它与对应的生物源前身有一定的结构联系或相关性，从而具有指示环境与物源的作用。

生物标志物主要包括正构烷烃、脂肪酸、醇类、多环芳烃等。正构烷烃在自然界广泛存在，而且显示出很强的规律性。正构烷烃碳分子组合特征是一个经典的有机地球化学指标，在地质体中它不但表现为与母质来源有很好的相似性，而且能指示沉积生态环境特征。海洋浮游藻类正构烷烃的分布主要集中在 C_{30} 以前，以 C_{15} 和 C_{17} 为主，而且呈现奇碳数正构烷烃占优势的奇偶特性；而陆源高等植物中一般以高分子量的正构烷烃占优势，同时存在明显的奇偶优势，最丰富的组分是 C_{27}、C_{29}、C_{31} 和 C_{33} 等，其 CPI 值(碳优势指数，其值等于同一范围内奇碳烃总量与偶碳烃总量之比)可达 4～11。正构烷烃也是原油的主要组分之一，其含量一般占原油的 15%～20%，但也有更高者，如我国华北地区高蜡原油的正构烷烃含量竟高达 38%～40%。原油中正构烷烃的碳数分布范围为 C_4～C_{40} 或更高，但一般低分子量正构烷烃较丰富。

海洋现代沉积物中甾醇的地球化学研究一直受到人们的重视，其是一类重要的生物标志化合物，它的组成和分布特征可以指示海洋沉积有机质的来源、有机质早期成岩演化过程和沉积区的生态环境等。从古老的沉积物到现代沉积物，都可以检出甾醇。它具有一定的结构特性，如双链的位置、侧链甲基的位置。这些特定的结构使得它与有限的物质来源有了很好的对应关系，而这正是一个很好的标志物的特征。甾醇分子结构不同反映了不同生物体体内物质合成上的差异，从而成功地指示出与许多海洋及陆地生物有关的有机质输入。例如，谷甾醇主要产于陆生植物，而甲藻甾醇则主要来源于海洋植物。此外，粪甾醇只能在哺乳动物的消化道内形成，已被提出作为近岸海洋环境中生活污水的示踪剂。例如，用甾醇的组成评价秘鲁滨海带沉积有机质的成因。对南海北部湾和冲绳海槽沉积物中甾醇的演化及其生物源分析，从中检出了碳数为 27～30 的 11 种甾醇生物标志化合物。它们的组成特征反映了沉积有机质主要来自浮游生物，陆源高等植物的贡献很少；不同沉积层段中甾醇的组成存在差异可能与生态环境有关；甾烷醇与甾烯醇比值随沉积深度增加呈增加的趋势，指示了甾烯醇向甾烷醇的转化，这种转化可能是通过氢化作用实现的。

脂类分子也可作为生物标志物来指示有机碳来源，脂类分子不仅直接参与生物的生命活动，而且它们的存在形式和功能有很大差别，不同的有机生物和生物群落可产生一些特殊的脂类化合物。例如，长链饱和脂肪酸(C_{24}～C_{32})来源于陆生高等植物；聚合不饱和脂肪酸是浮游生物的特征产物；支链脂肪酸(C_{15} 和 C_{17})由细菌产生；一些醇和蜡酯则是浮游动物的标志物。

分子标志物中表征人为污染的物质主要是多环芳烃。多环芳烃的来源多种多样，如有机物经高温加热或不完全燃烧就可以生成多环芳烃。但从总体上看，自然界的多环芳烃本底值与人类活动造成的排放量相比，显得无足轻重。来源于陆生和水生植物、微生物生物合成，森林、草原天然火灾，以及火山活动的多环芳烃，构成了多环芳烃的本底值。多环芳烃的人为来源很多，主要是各种矿物燃料(如煤、石油、天然气等)、木材、纸以及其他含碳氢化合物经不完全燃烧或在还原气氛下热解形成的。靠近和远离城市的沉积物样品中多环芳烃源可以分别确定为人为源和自然源。由于多环芳烃具有较强的疏水性，在其向海洋输送的过程中，可以吸附在颗粒物上。多环芳烃在水体中的浓度一般在 10^{-12} 数量级，其化学性质相对稳定，导致其最终进入沉积物并积累下来。因此，在进行多环芳烃的输入研究时可以忽略多环芳烃在水体中的溶解过程。世界各海域表层沉积物中∑PAH(总多环芳烃)的浓度变化范围很大，一般在 10^{-9}～10^{-6} 水平。检出的多环芳烃碳数一般在 14～17 个，其中菲、蒽、荧蒽、芘、苯并[a]蒽、苯并[e]芘等含量较高。菲是热力学稳定的三环芳烃化合物，通过菲、蒽的比值可确定沉积物的来源；P/A(菲/蒽)＜10 代表热解源；P/A＞10 代表石油源；有研究发现荧蒽/芘值可用于判断多环芳烃的来源，Fluo/Py(荧蒽/芘)＞1 时，表明多环芳烃来源于热解源，即煤的燃烧。

虽然用于研究有机碳来源的分子标志物很多，但各分子标志物都有其不确定性。例如，由于不同类型生物体中正构烷烃的分布都是重叠的，因此来自众多生物源的正构烷烃相互混合难以区分。生物化学研究资料表明，沉积物中长链正构烷烃一般来自高等植物，这种成因的正构烷烃具有很强的奇偶优势，正构烷烃优势指数(CPI)可达到4～40。但是，浮游生物中丰富的硅藻及细菌输入和细菌的改造作用，都可以造成沉积物中高碳正构烷烃不具有明显的奇偶优势。因此，仅从生物化学角度去认识研究样品中长链正构烷烃的成因比较困难。由于这种不确定性，研究有机碳来源多是采用2种或2种以上分子标志物。利用正构烷烃、多环芳烃等分子标志物，对世界上最大的都市化河口之一San Francisco湾的表层沉积物进行测定，发现其中大多数有机质为陆源高等植物和人为源的输入，其中甾酮和藿烷较高的成熟度指示了人为的污染。对欧洲9条河流及河口的有机碳进行对比研究认为，欧洲河流及河口有机碳同样以陆源高等植物和人为源的输入为主。通过对比脂肪醇和甾酮的组成特征，表明在Conwy河口下游有机碳主要来自污水输入和海洋初级生产力，上游河口有不断增加的陆源物质输入，淡水区的有机碳主要是来自陆源物质和污水输入。对Delaware河口有机物中醇类、甾酮、脂肪酸、正构烷烃等进行对比研究发现，有机物的来源沿河口变化，在河流及河口中间混浊带有明显的陆源输入，而在下游沿岸则有海藻来源的特征。利用多种分子标志物进行来源鉴定，减少了单一分子标志物鉴定的不确定性，对来源种类的划分更为细致，使分析结果更加可靠，准确性更高，但仍然存在研究死角，对研究结果有不同程度的影响。

为了弥补生物标志物法和稳定碳同位素法的不确定性，研发了气相色谱/燃烧/同位素质谱分析新技术，使测定生物标志物碳同位素成为可能，从而为认识生物标志物的生物源提供了有用的信息。其原理是当2种生物源形成的生物标志物重叠分布时，来自不同生物源的生物标志物碳同位素组成显著不同。利用单体同位素分析方法对中国南沙海域沉积物中的单体长链正构烷烃碳同位素测定发现，其碳同位素组成较轻，具有混源成因的特征，认为低纬度高等植物和微生物是其主要端元生物源。他们还根据单体正构烷烃丰度和碳同位素组成，采用混合模型定量计算了2种端元生物源对单体正构烷烃的贡献。

(4)微体古生物法

不同的海洋环境(边缘海、陆架区、陆坡以及远洋环境)生存着不同类型和具不同特征的微体及超微生物，而且不同地质时期不同纬度存在不同的微体及超微生物群。在微体及超微生物类别中，有广温性种与窄温性种之别，还有生存于不同温度条件下的暖水种、凉水种、冷水种，在盐度适应上亦存在广盐性种和窄盐性种。人们可利用微体古生物的组合判断物质的来源。

微体化石从其保存的特点看，可分为以下几种类型：①微体古生物的完整骨骼，如硅藻、有孔虫、放射虫、介形虫等。②大古生物骨骼的一些微小部分，脱离本体后，可单独保存为化石，如棘皮动物的微小骨板或刺、海绵骨针、鱼牙、鱼鳞、小哺乳动物的牙齿等。③古生物的微小器官，在成熟后与本体分离，或被破坏而与本体分离，此后保存为化石，如轮藻的藏卵器、高等植物的孢子、花粉等。④某些通常形成大化石的门类的微小幼体或其中特别小的成体，保存为化石后，也需借显微镜进行研究，目前有腕足类、双壳类、腹足类、棘皮类及著名的小壳化石等。⑤某些群体生物如苔藓虫、层孔虫等，也必须借助显微镜才能研究其每一个体的细节。

利用微体化石组合追溯海洋沉积物物质来源将是微体古生物学的重要研究内容之一。基于有孔虫的分布特征，认为长江口北支的沉积物是多源的，既有长江源，也有来自东海陆架和苏北沿岸流南下的物质，根据奈良小上口虫和浮游有孔虫含量比较高，可以判断长江口北支沉积物以口外海域来沙为主。虽然目前利用微体化石组合判断沉积物中碳酸盐来源的研究不多，但该方法对判断深海碳酸盐物质来源有重要的意义。

(5) *岩石矿物法*

海洋沉积物中碳酸盐主要由各种碳酸盐矿物组成。陆源细粒碳酸盐质点的悬浮溶液和碎屑颗粒一起被流水带至海洋或于途中发生沉淀。碎屑颗粒在波浪、潮流和海流作用下进行自然分异沉积，粗粒部分多保存于沙层，细粒物质分布于黏土中。因经过长距离搬运，有些方解石、白云石磨损，部分颗粒表面被污染出现淡黄色锈斑，可据此判断沉积物为陆源物质经机械分异后沉积而成。对爱琴海地区的表层沉积物通过显微镜观察表明，沙和砾石中既有生物成因的也有陆源的物质，生物成因的物质占 80%，生物成因的物质来自多种海洋生物，而胶结碳酸盐从和结核只是生物成因的。

除以上方法外，一些研究者还用其他方法来判断沉积物中碳酸盐矿物的来源。例如，在研究阿拉伯海碳的来源时发现该地区的陆生碳酸盐大部分来自沿岸地区，因此较为古老，通过测年可以确定 $CaCO_3$ 来源。另一种确定 $CaCO_3$ 来源的方法是测量埋藏效率[BE(埋藏效率)=(埋葬通量/初级生产力)×100%]，一般情况下 BE 应小于 100%，如果大于 100%，则肯定是陆源输入或再悬浮造成的。

2.1.3 海洋黑碳

关于黑碳的定义迄今为止还没有一个确切的标准。根据 Goldberg 的描述，黑碳是指由生物体或化石燃料不完全燃烧产生的一种含碳的混合物，碳元素含量达60%以上，其他主要元素有氢、氧、氮和硫。研究方向不同的科学家对其描述用语不同，包括木炭、焦炭、烟炱、石墨碳、元素碳、热解碳、游离碳、炭黑、黑碳等，黑碳是当前研究者使用最广泛的术语。

黑碳具有以下一些基本理化性质：①比表面积为(89±2) m^2/g；②元素组成为C(87%～92.5%)、H(1.2%～1.6%)、O(6.0%～11%)；③具有较强的从环境中吸收物质的吸附能力，其吸附能力强和它的多孔性有关；④具有芳香族化合物的结构特性，C_{arom}/C_{org}(黑碳中芳香结构有机碳与总有机碳的比值)最小为 0.89；⑤有许多功能团，如羧基、酚羟基、羰基等。

尽管黑碳目前还没有一个十分明确的定义，但总的来说，它是一种化学性质相对稳定并普遍存在的混合物。它由芳香烃和单质碳或具有石墨结构的碳组成，富碳而贫氢、氧、硫、氮等。它由可燃物经不完全燃烧产生，如生物体和化石燃料的燃烧。黑碳具有表面吸附和低温下(400℃)化学性质稳定的特性，普遍分布于大气、土壤、冰雪和水或沉积物中。

(1)黑碳的分析方法

黑碳的测定方法主要有定性分析和定量分析。定性分析包括电子显微镜和拉曼微探针分析，它们可用来鉴别颗粒物是否为黑碳。电子显微镜分析适合于鉴别焦炭/木炭态黑碳中大颗粒物及其来源。定量分析包括显微镜记数法、光反射法、光吸收法、红外吸收光谱法、拉曼散射法、分光光度计法、氘核活性分析法、热氧化法、化学氧化法、化学提取法以及分子标志物法等。黑碳的分析方法可概括为 4 类，即光学方法、热方法、化学方法和间接方法(化学提取法)。有人将光学方法分为显微镜法和其他光学方法两类，将化学氧化法和化学提取法合并为化学方法，增加了分光光度计法和分子标志物法。分光光度计法实际上强调经过氧化处理后黑碳的远红外光谱和核磁共振特征，以及使用频率和波谱强度测量黑碳浓度。光学方法以黑碳对可见光的吸收为依据，它假设大气颗粒物对可见光的吸收主要是由黑碳引起的，这种方法主要适用于城市大气气溶胶中黑碳测量。显微镜法常用于古代沉积物中颗粒较大(＞5～10μm)的黑碳，通常是焦炭/木炭态黑碳和碳屑的测量。分子标志物法则是通过测量与黑碳相关的某一种或者某一类特殊化合物如苯多环羧酸的浓度来计算黑碳的浓度。近年来常用的黑碳分析方法见表 2-4。

大气和沉积物中颗粒碳是以 3 种形式存在的：有机碳、黑碳和无机碳。沉积物中黑碳的测量首先要求将这 3 种碳区分出来，最容易分离的是无机碳，它只需要进行酸(如 HCl 等)处理就可以分离。黑碳和有机碳的分离没有一个明显的界线，它们的分离有一定的主观性，使用不同的处理方法，其分界线也不同。因此，黑碳测量中关键是如何有效地分离黑碳和有机碳。不同的研究者使用的分离方法不同，使得不同测量结果的可比性差。热氧化、化学氧化和化学提取法都可以区分黑碳与有机碳，但由于一些有机高分子化合物含有与黑碳类似的组分，因此化学提取法常具有经验性，所以该方法现在很少使用。热氧化法与化学提取法对样品进行预先处理来确定其总碳以及有机碳和无机碳的含量，黑碳可由总碳与有机碳加上无机碳的差来确定，也可以使用元素分析仪(CHN)直接测量分离后的黑碳浓度。虽然这两种方法是目前最常见的土壤、沉积物中黑碳浓度测量方法，但是它们存在明显的缺陷，即在氧化过程中会伴随着一部分有机碳转化为黑碳，引起黑碳含量的增加，还存在一部分黑碳在氧化过程中被氧化而发生黑碳的丢失。不同的测量方法对所获得黑碳浓度的影响不同。

表 2-4　常用黑碳分析方法

采样介质	样品地点	黑碳含量特征	分析方法
		BC(μg/m^3)	
大气气溶胶	中国香港	4.7±2.9	550℃/700℃/800℃/2% O_2+98% He
	日本宇治	4.89±1.90	光吸收法
	奥地利维也纳	5.01±4.09	光吸收法
	巴西圣保罗	7.6±3.7	光吸收法
	肯尼亚内罗毕	0.72±0.06	光反射法
		BC/TOC(%)	
海洋沉积物	北大西洋	15～30	375℃/24h/空气
	南海	3.1～39.3	H_2CrO_4/H_2SO_4
	北东太平洋广海	15±2	H_2CrO_4/H_2SO_4
	热带大西洋广海	＞50	HNO_3
	北极滨海	0.1～17	375℃/24h/空气
		BC/TOC(%)	
土壤	欧洲黑盖土/软土	15～35	高能紫外辐射氧化
	美国农业土壤	10～35	高能紫外辐射氧化+核磁共振
	西伯利亚森林土	1.6～4.5	分子标志物测量法(苯多环羧酸)
	瑞士土壤	1～6	375℃/24h/空气
	加拿大埃德蒙顿土壤	4.3～6.8	次氯酸钠氧化+核磁共振
	巴西植被土	＜35	
		BC/TOC(%)	
河流和湖泊沉积物	北美西南 Santa Clara 河	8～17	H_2CrO_4/H_2SO_4
	密西西比河	2～＞25	375℃/24h/空气
	美国华盛顿河	0.03～4.46	375℃/24h/空气+物理分离
	法国帕维伊湖	2～19	H_2CrO_4/H_2SO_4
	斯洛文尼亚多个湖泊	＜10	375℃/24h/空气

注：BC 为黑碳，TOC 为总有机碳

如前所述，黑碳是难溶含碳化合物的连续统一体，沉积物中不同的黑碳类型对应于不同的来源以及迁移、演化和沉积过程。因此，对不同类型黑碳进行分析就显得尤为重要。以前黑碳测量所使用的方法是依据黑碳的某一特征而进行的，一般只测量了统一体中的某一部分，并不能将不同类型的黑碳区分开，并且这些分析通常只给出了黑碳质量浓度的信息，而在分析黑碳来源方面并无有用的信息。已经有研究者尝试将不同类型的黑碳分别测量，尤其是单独测量烟炱/石墨态黑碳。有人将有机物的氧化分成两个小步骤，分别使用无氧三氟乙酸和盐酸去除可水解有机物，然后在高温(375℃)下氧化不可水解有机物和非烟炱/石墨态黑碳物质，最后得到烟炱/石墨态黑碳。这一工作不仅对于不同研究者之间黑碳数据的比较非常有意义，而且有利于研究沉积物中黑碳的来源和迁移演化过程。使用密度和颗粒物粒径等物理特性，可将烟炱/石墨态黑碳分离后而分别测量。这两种类型的黑碳指示了不同的成因，前者是高温下燃烧产生的气态物质聚合的产物，后者为古老岩石风化的残留物，或者是岩石变质的产物。

目前，有许多从沉积物中提取黑碳的化学方法。一般说来，首先是用 HCl 除去碳酸盐以及一些 Fe、Al 的氧化物，然后用 HNO_3、HF 除去硅酸盐，不溶的剩余物主要为干酪根、黑碳和少量碎屑矿物(主要为金红石)，接着用氧化法去掉干酪根，不能被氧化的部分为黑碳(元素碳)。有所不同的是，有些研究者用碱性过氧化氢(H_2O_2/NaOH)作为氧化剂，另一些研究者则选用酸性重铬酸钾($K_2Cr_2O_7$/H_2SO_4)去除有机碳。

(2) 黑碳的形成

黑碳主要是由燃烧不充分而产生的一种无定形碳，凡涉及含碳物质燃烧的过程都会造成黑碳的释放。具体来说，工业污染、汽车尾气、森林大火以及城乡居民的小炉灶、秸秆燃烧等都会产生大量黑碳微粒。黑碳的化学组分和形态结构与燃料的种类、燃烧的温度和持续时间等因素密切相关。燃烧后大部分黑碳将储存在原地土壤中，少部分黑碳在经历了一系列风力搬运、沉降、降水和地表径流等作用后，最终会在河流、湖泊、海洋等环境中沉积下来。有人认为黑碳具有化学和微生物惰性。在沉积物中，由于黑碳的惰性，其沉积后发生的光化学反应和受到的微生物作用是很小的，因而黑碳可以长期存在于环境中，成为大量有毒有机污染物的优良吸附剂。

使用扫描电镜研究碳黑、燃油生成的黑碳、木材和麦秆生成的木炭、烟囱中的烟炱以及城市灰尘中黑碳的表面形态特征，发现碳黑和燃油生成的黑碳表面形态特征相似，都是由很小的碳球体组成的串珠状聚合体，质地非常均匀，其中燃油生成的黑碳球粒更小。木材和麦秆生成的木炭质地均匀，具有巨大层状结构，边界清晰，不含有串珠状碳球粒。其他种类的黑碳质地相对不均匀，烟囱中的烟炱具有大(大于 1μm)的如液滴一样的聚合结构，边界不清楚，而城市灰尘中的黑碳显示出各种各样的形态特征，粒径小于植物燃烧形成的黑碳颗粒。

(3) 黑碳的全球生物地球化学循环

黑碳的一次源是陆地生物物质燃烧和 18 世纪以来的化石燃料燃烧。自然界中的黑碳主要是由生物物质燃烧生成的，但是现代大气气溶胶中的黑碳大部分来源于化石燃料的燃烧。这是由于它们的粒径更小，在大气中滞留的时间更长，可达3 个月。黑碳在常温下是惰性的，并且不溶于任何溶剂，因此大气中黑碳主要经干、湿沉降机制清除。黑碳在大气中的滞留时间从几个小时到几个月不等，主要受 4 个因素控制：初始粒径、环境颗粒物浓度、降水的频率和持续时间以及清除机制的效率。大多数情况下，湿沉降在黑碳的大气循环中扮演了更重要的角色。不同类型的黑碳由于理化性质不同，其运移、传输、沉降路线也不相同。烟炱/石墨态黑碳是在气态下形成的，粒径小，容易迅速进入大气而进行长距离的搬运和沉降；而焦炭/木炭态黑碳多形成大颗粒，一般多在原地埋藏，或者经过地表径流和河流搬运，在湖泊或边缘海中沉积。

黑碳的全球生物地球化学循环详见图 2-6。1990 年全球黑碳的年产量估计在200～600Tg($1Tg=10^{12}g$)。1995 年对全球黑碳的年产量作了进一步估算，通过对植被燃烧残留物的测量，计算出全球黑碳的年产量在 50～270Tg，主要来源于生物物质燃烧，而其中来源于化石燃料燃烧的黑碳产量在 12～24Tg。当今绝大多数大火是由人类活动引起的，只有极少部分是由自然环境引起的。

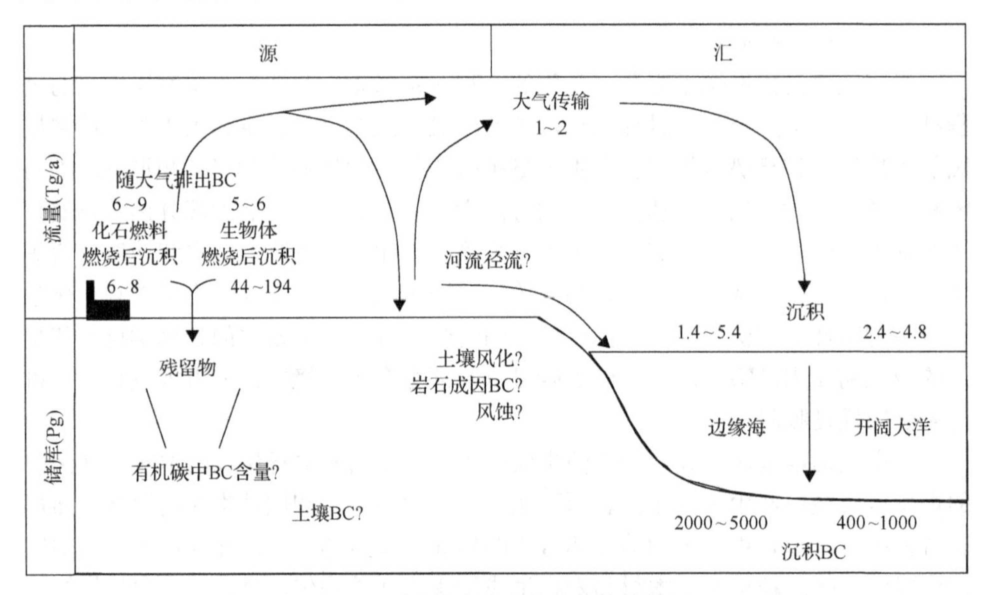

图 2-6　黑碳的全球生物地球化学循环

?代表含量不确定，土壤中 BC 总含量不确定，而滨海和广阔海沉积物中 BC 总含量分别为 2000～5000Pg、400～1000Pg

从全球范围来看，推测每年有(530～555)×10^6hm^2 的土地受到火的影响，而遭受到大火的碳中有 1.4%～1.7%转化为黑碳。植被发生火灾对生态和环境都具有重要影响，生物物质燃烧也是大气二氧化碳和甲烷等温室气体重要的源。当森林火燃烧时，大量的二氧化碳排放到大气中，而当植被在燃烧后的生态系统中重新生长时，大气中的二氧化碳又通过光合作用从大气中排出，重新进入新的植被生长过程中，在这个过程中，碳的平衡并没有打破。但是从长期的地质历史来看，黑碳的形成使大气中二氧化碳的净含量减少了 2%～18%，这也许可以解释在人类影响下，全球碳循环中不能得到合理解释的“丢失的碳”部分。每一次大火发生后超过 90%的碳屑颗粒在原地埋藏沉积下来，细小的黑碳气溶胶通过大气搬运到远离燃烧地的土壤或海洋中沉积下来。通过测量黑碳的含量及其放射性 ^{14}C 获知，黑碳在海洋碳库中占有较大的比例(4%～22%)。开阔海域中黑碳主要来源于大气气溶胶碳的沉降，而河流、地表径流则是滨海黑碳的主要搬运动力，其黑碳在有机碳中的含量相对于开阔海域要低很多(表 2-4)。海洋中超过 90%的有机碳埋藏在滨海大陆边缘沉积物中，因此，滨海也是黑碳最主要的汇。已经测得的黑碳生产率和损失率是不平衡的，黑碳的年生产率(50～270Tg)几乎大于海洋中总有机碳的年沉降率(160Tg)，这表明黑碳的降解率可能被低估了，或者某些黑碳的降解机制没有被鉴别出来。依据深海沉积物中分别含黑碳与非黑碳的可溶性有机物的 ^{14}C 年龄相差 2400～13 900 年，认为黑碳在沉积到开阔海域以前应该有一个中间储库，这个中间储库要么是土壤，要么是海洋可溶性有机碳。有研究发现，深海沉积物中黑碳和风力输送的硅质碎屑密切正相关，认为土壤应该是其最重要的中间储库。

在黑碳的全球生物地球化学循环中还有一个重要的源，即石墨态黑碳，其主要来源于古老岩石的风化，它在黑碳的循环中只占较少的一部分，据估计，在赤道太平洋开阔海域中，黑碳的流量中有一部分(20%～60%)为这种类型的黑碳。相对于其他类型的黑碳，它的化学活性更差，形成和降解率都很低，这表明大量的此类型黑碳在碳循环中长期扮演了一个惰性的角色。但是从长期的地质历史来看，它们可能会转化为大气二氧化碳或者生物物质的一部分，从而进入活性碳的循环中。一般的测量并没有将这部分黑碳排除，这种黑碳的时空分布以及其在黑碳地球化学循环中的作用仍然不清楚。

2.1.4　海洋中的甲烷

甲烷(CH_4)是在厌氧条件下由微生物对有机物进行分解而产生的。它对全球气候变暖和对流层臭氧破坏具有重要的影响，其增温效应占所有温室气体总效应的 15%～20%，对全球变暖的贡献仅次于 CO_2。但是，若考虑 20 年时间尺度，单位质量 CH_4 的增温潜势为 CO_2 的 62 倍。大气中甲烷的浓度从 150 年前开始显著增加，现在的平均浓度为 1.72×10^{-6}，高于工业革命前(0.8×10^{-6})1 倍多，并且仍以每年 0.8%～1%的速度增加，因此 CH_4 排放问题越来越受到科学家的关注。水体是大气CH_4的主要来源，占全球甲烷源的40%～50%。但是，目前CH_4排放的研究绝大部分集中在稻田、湿地或者沼泽，对海洋水体的研究相对较少，目前认为甲烷的海-气交换通量只占全球大气甲烷总来源的2%，但由于甲烷的海-气交换通量具有较大的时空变化，对这一估值仍需进行进一步的研究。

(1)海洋中甲烷的分布

海洋中的甲烷主要以天然气水合物和溶存甲烷的形式存在。海洋中溶存甲烷的浓度随时空变化有很大差异，而且在海湾区、陆架区和大洋区明显不同(表2-5)。大洋区表层水中甲烷含量变化不大，一般在1.8～3.1nmol/dm^3，基本处于轻度过饱和状态。在大洋水体中，虽然甲烷在不同海域的垂直分布具有一定的时空变化特征，但总的来说较为相近，其典型分布如图2-7所示。从表层到混合层中上部，甲烷浓度分布一般比较均匀，与表层基本一致，也处于轻度过饱和状态，在混合层下部，甲烷浓度逐渐增大，并在混合层底部或温跃层顶部出现一个明显的次表层最大浓度，在该深度以下甲烷浓度逐渐降低。一般在500m以下深度时，甲烷基本处于不饱和状态。甲烷在次表层出现极大值是大洋水中甲烷垂直分布的一个普遍特征，不同研究者在南加利福尼亚湾、大西洋、太平洋、东海、阿拉伯海等海域广泛观测到了甲烷次表层极大值的现象，但该极大值出现的深度和浓度随时空而变化。陆架斜坡区和海湾区海水中甲烷浓度较大洋区要高，除水温较低的部分海域外，陆架斜坡区表层海水中甲烷浓度一般在3.1～5.0nmol/dm^3，处于中度过饱和状态。海湾区表层海水中甲烷浓度差异很大，处于高度过饱和状态，可达630nmol/dm^3；东京湾夏季表层海水中的含量曾高达1825nmol/dm^3。在陆架斜坡区和海湾区水体中，甲烷的分布受物理混合过程和陆源输入等影响很大，不同海域中甲烷的垂直分布具有明显的差异。例如，在墨西哥湾的陆架区站位广泛观测到甲烷在垂直方向上有多个峰值；在东海陆架区温跃层以上水体中，甲烷呈均匀分布，在中层水体中，甲烷浓度迅速增大，并在陆架底层水体中达到最大；在Walvisy和Saanich等海湾，在温跃层的顶部甲烷浓度在次表层最大，在温跃层以下深度中，甲烷浓度逐渐减小，而在接近陆架底部的底层水中甲烷浓度再次迅速增大。陆架区底层水体中甲烷呈现出高浓度，一般认为由甲烷从沉积物中向底层水中扩散迁移所致。至于在大洋区和海湾区不同水体中观测到的次表层极大值，一般认为是来自陆源的甲烷水平转移和甲烷现场生物生产的结果。在开阔大洋混合层底部出现的甲烷次表层极大值，并不一定是甲烷现场生物高生产的结果，可能仅仅是由于海洋与大气交换对混合层以下深度中甲烷平衡的直接影响甚微造成的。

表 2-5　部分海域表层海水中溶存甲烷浓度和海-气交换通量

	海域	浓度范围 (nmol/dm^3)	平均浓度 (nmol/dm^3)	C_{eq} (nmol/dm^3)	饱和度 (R)	通量范围 [μmol/(m^2·d)]	平均通量 [μmol/(m^2·d)]
大洋区	北大西洋		2.53				2.3
	大西洋 (50°N～35°S)			1.7		0.09～4.65	0.23
	赤道太平洋 (50°N～35°S)	1.68～1.96	1.8±0.05				0.41±0.35
	东北热带太平洋	1.83～2.81	2.23		1.1～1.8		1.54
	西北太平洋		2.49				2.74
	太平洋	1.6～3.6			0.95～1.17	−0.1～0.4	
	卡里亚科盆地		2.0	1.93	1.04		0.23
	马尾藻 (Sargasso) 海	1.90～2.68					
	南德雷克-帕西奇	2.22～3.09	2.69	3.08	0.87	−0.77～0.01	−0.35
	东海 黑潮大洋区		2.48				1.42
	阿拉伯海		5.0				1.04
陆架斜坡区	加利福尼亚湾外		5.0				3.2
	东海		3.1		1.27～2.54		3.43
	东京湾外		4.33	2.00	2.17		3.5
	伊势湾外	3.16～5.18	3.86	2.50	1.54		3.4
	北爱琴海		4.80±0.31		2.31±0.32		1.56
	南爱琴海		3.17±0.45		1.49±0.18		1.90
	南设得兰群岛	2.80～7.09	3.80			−0.41～5.86	1.05
	布兰斯菲尔德湾	2.71～3.97	3.18			0.54～1.30	0.15
	Walvisy 湾		39.5	1.85	21.35	30.1～60.2	
海湾区	墨西哥湾	1.65～567	44.08		1.2～239		
	哈德逊湾		235				350
	内浦湾		38				375
	东京湾内	23.69～51.72	37.57	1.95	19.27		86.4
	伊势湾内	6.26～168.19	41.18	2.70	15.25		
	Saanich 湾				13		67.0
	阿姆夫拉基亚湾		11.1±3.84		5.22±1.77		14.4
	博卡湾					110～685	219
	通保湾					2.74～603	137

注：C_{eq} 为气体在表层海水中与大气达平衡时的浓度

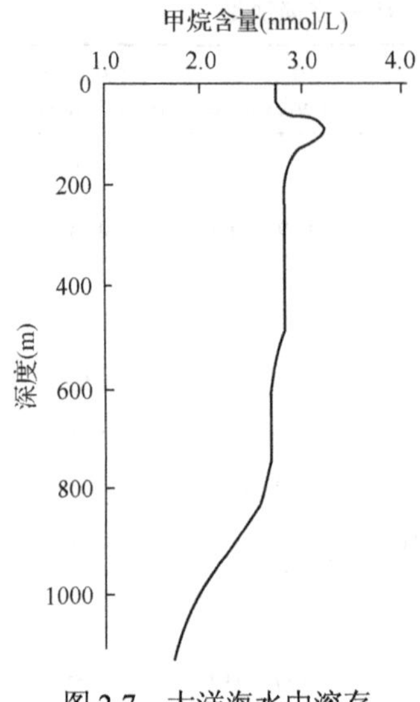

图 2-7 大洋海水中溶存甲烷的垂直分布

天然气水合物也称为气体水合物，是指由水和甲烷、乙烷、丙烷、异丁烷、正丁烷、氮气、二氧化碳以及硫化氢等分子在一定的温度和压力条件下所形成的笼形结晶状化合物。其中水分子借助氢键形成主体结晶网格，网格中的孔穴内充满气体分子，而孔穴填充程度则取决于体系的温度、压力和过冷度。由于天然气中 80%～99%的成分是甲烷，因此也称为甲烷水合物。按照水分子构成的多面体的不同，水合物可分为Ⅰ型、Ⅱ型、Ⅲ型三种结构，其中Ⅱ型和Ⅲ型更稳定，而Ⅰ型在自然界分布更广泛。在标准状况下，$1m^3$ 的天然气水合物可以储存 150～$180m^3$ 的天然气。全球的天然气水合物中甲烷含量是现已探明的矿物燃料总储存量的两倍以上，约为 $2\times10^{16}m^3$，海洋中的水合物主要分布在水深大于 300m 的沉积物中，目前在东海和南海部分海域已探测到天然气水合物的存在。关于海洋天然气水合物的研究已成为海洋学研究的热点之一。

(2) 甲烷海-气交换通量

定量计算气体从海洋表层扩散进入大气中的通量，常用 Bolin 提出的滞膜模型或 Lisa 和 Slater 提出的双层模型，它们都是根据式(2-9)进行计算：

$$F= K\times(C_{obs}- C_{eq}) \tag{2-9}$$

式中，K 为气体交换速率(m/s)；C_{obs} 为溶存气体在表层海水中的浓度(μmol/kg)；C_{eq} 为表层海水中的气体与大气达平衡时的浓度(μmol/kg)。但是这两种模型对 K 的定义不同。在滞膜模型中，假设通过一个薄层的分子扩散是海-气界面进行气体交换的速率限制步骤，并定义：

$$K = D/z \tag{2-10}$$

式中，D 为气体在水中的分子扩散系数(m^2/s)；z(m)为薄层厚度，其大小与海洋表面的状况，尤其与风速有关。

双层模型假定：①在海-气界面两侧分别存在一个气体薄层和一个液体薄层，两薄层是分子通过界面转移的主要阻力；②气体在界面的转移只局限于分子扩散；③界面两侧附近处流体混合均匀；④气体在界面处遵守亨利定律。该模型将 K 定义为风速和气体 Sc 数(Schmidt number)的函数，其中 Sc 数为水的动力黏度与待测气体分子扩散速率之比，对于特定气体，Sc 数与水温、盐度等物理参数有关。

Wanninkhof 给出了海水中甲烷气体 Sc 数与水温的关系式：

$$Sc = 2039.2 - 120.31T + 3.4209T^2 - 0.040437T^3 \quad (T \text{ 为 } 0 \sim 30℃) \tag{2-11}$$

目前计算甲烷从表层海水向大气扩散的通量时，常用双层模型，其中 Sc 值可以根据式(2-11)计算得到，然后由公式可以计算出甲烷的海-气交换通量。使用不同的经验公式计算 K 值，会导致在同一季节对同一海域的计算结果存在很大差异。

一般情况下，大洋区表层海水中甲烷与大气的海-气交换通量最低，为 0.1～2.74μmol/($m^2 \cdot d$)，陆架斜坡区次之，为 1.0～3.5μmol/($m^2 \cdot d$)，海湾区最高，为 5～350μmol/($m^2 \cdot d$)。对于全球范围内海洋中甲烷与大气的海-气交换通量很多文献进行了估算。例如，Ivanov 等根据白令海的数据，估算每年从海洋进入大气的甲烷量为 4Tg。Watanable 根据内浦(Funka)湾的数据推算海洋每年向大气释放的甲烷量为 60Tg。Bates 等根据 1987～1994 年对太平洋进行的 5 个航次调查的结果，估算出全球海洋向大气释放的甲烷总量为 0.4Tg/a。由于这些结果大多是根据某几次或某一特定海域的调查结果来估算全球范围内甲烷的海-气交换通量，没有充分考虑不同海洋环境中甲烷海-气交换通量的差异，因此其估算结果差异性较大，而且还带有很大的偶然性。将全球海洋环境分为三大部分，即大洋区、陆架斜坡区和海湾区，分别予以估算，认为全球海洋环境中甲烷的总释放量为 6.3Tg/a。

(3) 海洋中溶存甲烷的生物地球化学循环

甲烷在海洋中的产生、消耗及迁移过程是海洋溶存甲烷研究的重要内容。海水中溶存甲烷的来源主要包括现场生物生产、沉积物释放、富甲烷河水的输入和海底油气资源的泄漏等。

在开阔大洋的上层水体中，一般认为现场生物生产是维持混合层中甲烷高度饱和的主要原因。例如，有研究认为热带北大西洋中的甲烷是通过浮游动物的代谢而产生的，从在南加利福尼亚采集到的浮游生物样品中分离出了一种产生甲烷的细菌。在研究墨西哥湾中甲烷的垂直分布时发现，在甲烷次表层极大值出现的深度附近也出现了悬浮物的极大值，因此认为甲烷可能在悬浮物内的还原性微环境中产生。还有研究发现，甲烷在上层水体中的产生和沉降颗粒物有关，假定甲烷是在浮游动物肠道内产生，并伴随排泄颗粒物的形成而进入沉降颗粒物中，估算在贫营养的北太平洋涡流区 50～100m 深度，从沉降颗粒物向水体中输入的甲烷为 4～8nmol/($m^3 \cdot d$)；有的研究认为甲烷可能在悬浮和沉降的有机颗粒物内以及浮游动物新排泄的粪便颗粒物内产生。因此生物排泄物、悬浮颗粒物、浮游动物或其他海洋生物肠道内的缺氧还原环境，可能是富氧水体中甲烷产生的重要场所。但是这些研究结果大多是根据间接证据获得的，缺乏直接的证据，而且甲烷在上层水体中现场生物生产的确切机制及生物生产对海洋中甲烷的贡献强度目前仍然不十分清楚。

在沿岸海域的表层海水中，除现场生物生产外，富甲烷河水的输入也是甲烷的重要来源。对俄勒冈(Oregon)河不同环境条件下表层河水中的甲烷浓度研究发现，无论河流是否受到人类活动的影响，表层河水中的甲烷浓度(5～1730nmol/dm^3)均远高于大洋表层海水中甲烷的浓度(2～3nmol/dm^3)。因此，河水的输入无疑会大大增加沿岸海水中甲烷的浓度。另外，陆地河流还携带大量营养物质进入沿岸水体中，由于水浅，大部分有机颗粒物在沉降途中还没有来得及分解就直接进入底质中，形成了富有机物的无氧沉积物环境，而甲烷可以通过细菌作用，在缺氧沉积物中产生，并大量扩散至底层海水中。温度、光照和细菌是影响沉积物中甲烷排放的主要因素。另外，沉积物中甲烷水合物的释放和油气资源的泄漏也是底层海水中溶存甲烷的来源之一。

海洋中甲烷排出的途径主要包括两种：表层海水通过海-气交换向大气的净输送和海水中溶存甲烷通过细菌氧化过程的消耗。北太平洋表层海水中通过细菌氧化损失的甲烷约为 0.01μmol/(m^2·d)，与甲烷在海-气界面的净交换通量 0.9～3.5μmol/(m^2·d)相比，所占比例很小，因此在表层海水中，海-气交换是海洋甲烷的主要排出途径。但在深层海水和海底缺氧沉积物中的甲烷，有相当一部分是在沉积物-海水界面被甲烷氧化菌消耗的或是在海水和沉积物内部被硫酸盐还原菌消耗了。因此，深层海水和沉积物中的现场细菌氧化也是海水中甲烷的主要排出途径。

2.1.5 海洋中的一氧化碳

一氧化碳(CO)是大气中重要的痕量气体，在全球环境变化中起着重要作用。全球大部分海洋表层海水中的 CO 与海面上方的大气相比均处于不同程度的过饱和状态，因而海洋是大气 CO 的源。20 世纪七八十年代的研究认为全球向大气中排放的 CO 总量为 2400～2700Tg/a，而大洋每年释放 CO 10～220Tg/a，约占向大气排放 CO 的 7%，占大洋上层大气边界层中 CO 的 5%～50%。目前，人们已逐渐认识到 CO 对于定量研究海洋中碳循环过程、光化学过程、微生物和化学去除过程具有重要意义，海洋中 CO 的释放对大气 CO 源汇平衡起着举足轻重的作用。因此，关于 CO 在大气和海洋等环境中的浓度分布、源与汇及其相对强度变化和海-气交换通量等方面的研究已受到愈来愈多的关注，并已成为当今一些国际大型研究计划的重要内容。

(1)海洋 CO 的来源

海洋和大气中的 CO 既有人为来源又有天然来源。人为来源主要有以下几个方面：①汽车发动机、飞机、工业所用含碳燃料的不完全燃烧释放(20 世纪六七十年代，因为石油、煤和褐煤在世界范围广泛应用，人为释放 CO 的量呈增长趋势)。1969 年计算人为年释放 CO 量为 285Tg/a，1971 年估计最低已经增长到 460Tg/a，其中 70%～80%来自汽车等交通工具的尾气排放，20%～30%是来自工业释放。②居民生活释放。每年人类生活释放的 CO 可达到 640Tg，并且其中有85%来自北半球(40°N～60°N)。天然来源主要有以下几个方面：①对流层中的光化学氧化反应。对流层中 CH_4 被羟基自由基氧化生成 CO 是其重要来源，该反应可产生 2000～4000Tg/a 的 CO。②雨水释放，但其源强尚不能准确计算。③森林火灾和农作物燃烧释放，CO 的这一来源已经越来越受到重视。1972 年仅美国境内的森林火灾释放的 CO 就高达 8.5Tg/a。1969 年统计的全球森林火灾和农作物燃烧释放的 CO 分别为 34Tg/a 和 30Tg/a。另外生物圈、大气中光氧化碳氢化合物以及地球表面的微生物活动都能产生 CO。上述来源的 CO 通过多种途径如河流或海-气交换最终进入海洋。海洋环境中 CO 的天然来源包括溶解有机碳的光化学氧化、海藻释放以及细菌和微生物的活动。

海洋中 CO 的主要生成机制是光化学生成和生物生成。通过光化学反应生成 CO 是大洋中 CO 的主要来源。海水中溶解的有机质发生光氧化反应能产生 CO，该反应不仅在大洋、近岸海水，甚至在海洋湿地中都存在。海水中 CO 的产量与溶解有机碳的量成正比。生物生产是海水中 CO 较为重要的生产机制。目前人们已经知道相当数量的海洋有机生物体能产生 CO，如海藻、细菌和水母类动物，海水中 CO 浓度最大值与高水平的生物活动通常具有较为密切的关系。

(2) 海水中 CO 的分布

全球大部分海洋表层水中的 CO 都是过饱和的，但其浓度分布存在一定的地域差异(表 2-6)。一般来说，开阔大洋表层水的 CO 浓度低于河口、海湾、近岸和陆架海水的浓度，这主要由人为来源的 CO 输入以及后者水体中溶有较高浓度的溶解有机物所致。海水中的 CO 有着明显的垂直分布特征。一般来说，表层海水(0～30m) CO 的浓度最高，随着深度的增加逐渐减小，在无光带 CO 浓度仅仅略高于其在大气中的饱和浓度(0.05～0.2nmol/dm^3)，其后除了接近沉积物时 CO 浓度会有所增大或在中间深度时出现异常的浓度增大或减小的情况外，CO 浓度基

表 2-6　部分海域海水中 CO 的浓度

海域	CO 浓度(nmol/dm^3)
奥里诺科河口	21.3～31.6
西大西洋	2.5～7.9
南大西洋	0.08～8.7
北大西洋	0.1～6.2
北太平洋	2.5
南太平洋	3.3
北冰洋	2.3
马尾藻海	0.82～4.25

本不随深度而变化。表层海水中 CO 的浓度与光照有密切关系，这可能是由于表层海水中 CO 的最主要来源是溶解有机物发生非生物光氧化作用。另外，海冰中 CO 的垂直分布特征也很明显。对南极冰的测定发现冰中 CO 浓度为大洋水中的 2～4 倍。表层冰中的 CO 浓度为 4nmol/dm^3，与表层海水中的平均浓度相近，蓝冰中 CO 浓度为 7.5nmol/dm^3，而底层褐冰中 CO 浓度高达 15.4nmol/dm^3，为大洋水中的 4 倍，这是由褐冰层中较高浓度的褐藻释放导致的。

海水中 CO 的浓度有着明显的周日变化，通常最大浓度出现在下午 4:00，最小浓度出现在早上 6:00。出现日变化的原因，除海-气界面交换等物理过程外，生物活动也可能是主要因素。通过实验室实验证明经 0.2μm 滤膜过滤过的海水光照后其 CO 浓度增长比经 3.0μm 滤膜过滤过的海水和未过滤过的海水都快，说明海水中的细菌活动确实消耗 CO；研究还发现将海水煮沸或者消毒，样品中的 CO 将不会再消耗，因此排除了化学过程，断定海水中消耗 CO 的过程必定是微生物活动，但究竟是哪些微生物起到这一消耗作用还不清楚。对美国俄勒冈州 Yaquina 海湾的调查也证明该水域中 CO 的消耗主要是微生物活动，并且测得微生物氧化 CO 的速率高达 75～463μmol/h，CO 每天扩散到大气中的量只占微生物消耗量的 3%～15%。目前，海水中生物消耗 CO 的机制及其速率还有待于进一步研究，但是可以确定的是生物消耗应该是造成海水中 CO 波动的主要因素。

(3) CO 的海-气通量

CO 海-气交换通量的估算是 CO 全球循环研究的重要内容之一，就目前的研究结果看，不同学者的海-气通量估算结果之间有较大差异，有的甚至相差近 100 倍。例如，有人计算得到全球 CO 的海-气通量为 15Tg/a，也有报道称北半球大洋每年向大气输送的 CO 为 90Tg/a，约为人为释放 CO 的 34%。如果假设南半球大洋 CO 的释放量与北半球相近，则全球大洋每年释放到大气中的 CO 为 220Tg/a，约为人为释放量的 85%。Seiler 计算得到海洋中 CO 向大气扩散的净通量为 100Tg/a。对太平洋表层海水和低空大气中 CO 的浓度进行了 6 个航次长达 7 年的调查，在计算 CO 通量时考虑了 CO 在海水中的季节性变化和区域性变化，指出全球海洋每年扩散到大气中的 CO 量为 13Tg/a，比前人得到的结果低得多。CO 的海-气通量一般是用经典的滞膜模型来计算的，滞膜厚度和表层海水中 CO 的浓度是影响 CO 海-气交换通量估算的最重要参数，不同研究者获得的滞膜厚度因为调查区域和采用的方法不同而有较大差异，同时，表层海水 CO 浓度的周日变化很大，不同研究者在不同时段的调查结果也会有较大差异，这就导致了不同调查者对同一海区 CO 交换通量的估算并不相同，也导致了全球 CO 通量估算的不确定性。

2.2　海-气界面碳通量与碳源汇

2.2.1　海-气界面碳通量的获取方法

常用的估算海-气 CO_2 通量的方法主要有三类：一是基于物质守恒原理在全球尺度上估算海-气 CO_2 交换通量的方法，如放射性同位素 ^{14}C 示踪法、碳的稳定同位素比例法、通过测量大气 O_2 的镜像法等；二是分别测量海水和海表大气中的 CO_2 分压并结合 CO_2 海-气交换速率来计算海-气 CO_2 交换通量，其中主要的表层海水 CO_2 分压测量手段包括用于船载走航测定的水气平衡-非色散红外法，用于浮标原位时间序列观测的化学传感器法及用于大时间空间尺度观测的遥感法；三是采用涡动相关法等微气象学方法直接在海面测量 CO_2 通量等。

(1) ^{14}C 示踪法

根据 ^{14}C 在海水中的垂直分布，基于物质平衡及海水热力学、动力学原理，可以通过建立模型估算 CO_2 的海-气交换速率、通量及其在混合层和深海的混合过程(这一过程是海洋吸收人为源 CO_2 的主要控制过程)。这类模型首先假设：①工业革命之前，海洋既不是 CO_2 的源也不是汇；②工业革命之前，海洋中 ^{14}C 的分布处于稳态，即大气输入的 ^{14}C 和衰变的 ^{14}C 相等，那么海-气之间的 ^{14}C 交换平衡可简单用式(2-12)表示：

$$\text{进入海洋中的}\,^{14}C \approx \text{逸出海洋的}\,^{14}C + \text{海洋内部衰减的}\,^{14}C \tag{2-12}$$

当大气 CO_2 由于化石燃料的燃烧逐渐增加的时候，CO_2 在大气、表层海水(混合层)及深海之间的平衡被打破，海洋中的天然及人为(核试验产生)源 ^{14}C 含量就成为指示 CO_2 交换、校准此类海洋碳循环模型的最佳工具。

20 世纪 70 年代开展的地球化学海洋区域研究(geochemical ocean section study, GEOSECS)对 ^{14}C 的大规模调查极大地促进了应用该法估算全球 CO_2 通量的研究，并认为全球海洋碳汇的大小基本在 2Pg C/a 左右。

(2) O_2 法

假设在工业革命发生的前期(如数百年)，全球各碳库之间处于动态平衡，人为活动(化石燃料燃烧、植被破坏等)产生的 CO_2 是打破这种平衡的主驱动因素，这些 CO_2 的最终去向主要有 3 个，即大气、海洋和陆地。人为排放量可通过社会经济活动的记录得出较准确的值，对于大气中 CO_2 浓度也能较精确地测定，但对于 CO_2 在海洋和陆地中的收支目前还难以准确估算，通过测量大气中 O_2 浓度来估算 CO_2 在海洋和陆地中的收支是方法之一。

化石燃料(如煤炭、石油、天然气)燃烧产生的 CO_2 和消耗的 O_2 有一定的比例关系，如 20 世纪 90 年代全球化石燃料燃烧产生的 CO_2 和消耗的 O_2 约为 10∶15，因此，可以根据观测到的大气中 O_2 变化量和从化石燃料燃烧计算 O_2 的变化来估算海洋与陆地生物圈的碳收支，如果观测值大于计算值，则说明陆地生物圈 O_2 减少了，释放 CO_2；如果观测值小于计算值，则陆地生物圈吸收 CO_2。通过测量大气 O_2 估算 CO_2 收支方法的优点在于地球上 95%的 O_2 存在于大气中，只有 5%存于海洋中，因此，相对于 CO_2，O_2 的海-气交换对大气 O_2 浓度的影响基本可以忽略(这也是该方法的基本假设)，这样，计算大气 O_2 的收支就相对简单多了。该方法的缺点是由于大气中 O_2 含量比 CO_2 高 3 个数量级(约 209 000μatm)，而化石燃料燃烧导致的 O_2 浓度仅下降 5μatm 左右，准确测量难度相当大。直到 20 世纪 90 年代初，准确测定大气 O_2 浓度的方法才有所突破。值得一提的是，该方法忽略海-气 O_2 交换也可能造成误差。

(3) ^{13}C / ^{12}C 值法

由于植物优先吸收较轻的 ^{12}C，而化石燃料来源于陆地植物，因此由化石燃料燃烧所释放的 CO_2 含有较低的 ^{13}C，使大气中 ^{13}C 的相对浓度下降。通过测量 $^{13}C/^{12}C$ 的值，可以估算出 ^{13}C 进入海洋的速率，从而估算全球海-气 CO_2 交换通量。

$^{13}C/^{12}C$ 值法的缺陷是在 CO_2 海-气交换过程中也会发生同位素分馏现象，这将给应用该法对海-气 CO_2 交换通量进行估算带来难以校正的误差。

采用放射性或稳定同位素以及 O_2 方法估算的全球 CO_2 海-气交换通量(1990 年约为 2.0Pg C/a)比海-气界面 CO_2 分压差法实测计算的全球 CO_2 海-气交换通量(1990 年约为 1.0Pg C/a)高约 1 倍，和 Takahashi 估算的 2.2Pg C/a 较为接近。

(4) 海-气界面 CO_2 分压差法

海-气界面 CO_2 分压差法是当前测量、估算海-气 CO_2 通量最常用的方法。该方法采用间接计算(一般通过海水碳酸盐体系的相关关系计算)或实测(一般采用水气平衡-红外光度法)的方法得到表层海水的 CO_2 分压值，同时测量海表大气中的 CO_2 分压值，利用二者之差结合海-气界面气体交换速率对 CO_2 交换通量进行估算。

假定 CO_2 由海相转移到气相(或相反)是一级过程，并且转移速率与相应相的 CO_2 浓度成比例，则 CO_2 由气相转移到液相的通量 F 可由式(2-13)计算：

$$F = K_G \times P_a - K_L \times C_{CO_2} \tag{2-13}$$

式中，F 为 CO_2 交换通量，mol/(m^2·d)；K_G 为 CO_2 由气相到液相的转移速率，cm/h；K_L 为 CO_2 由液相到气相的转移速率，cm/h；C_{CO_2} 为海水中 CO_2 的浓度，μmol/kg；P_a 为 CO_2 在大气中的分压，Pa。

根据 Henry 定律和气体在气-液界面的平衡条件可推导出：

$$F=\alpha\times K_L\times P_a-\alpha\times K_L\times P_w=\alpha\times K_L\times\Delta p \tag{2-14}$$

式中，α 为气体在溶液中的溶解度，μmol/kg；P_w 为 CO_2 在海水中的分压，P_a 为 CO_2 在大气中的分压。因此，只要知道 CO_2 的转移速率 K_L 和溶解度 α，就可由实测的 $\Delta p(P_a-P_w)$ 求得交换通量 F。

这种简化处理是建立在图 2-8 所示的双膜扩散模型的假设之上的，即 CO_2 只在海-气界面 10～100μm 厚度的液膜中存在浓度(或者分压)梯度，在界面两侧则充分混匀，然而实际上很多因素都将导致表层海水 CO_2 浓度(或者分压)在近表层不同深度存在变化，这就使这种以某一深度的测量值代替整个表层 CO_2 浓度(或者分压)的计算方法可能会导致较大的误差。

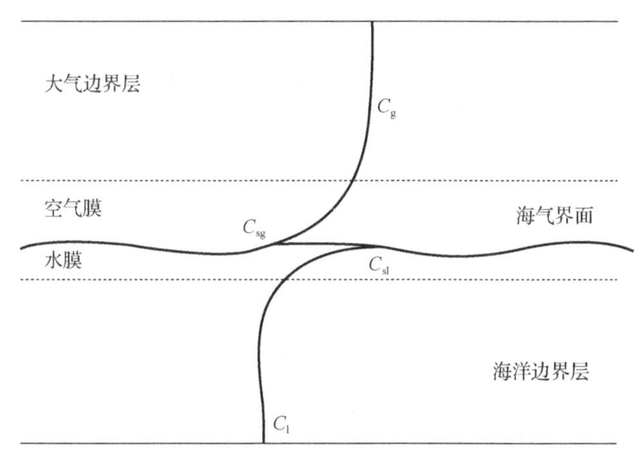

图 2-8　CO_2 海-气交换的浓度变化示意图

C_g 大气中的浓度；C_l 海水中的浓度；C_{sg} 空气膜中的浓度；C_{sl} 水膜中的浓度

采用海-气界面 CO_2 分压差法估算海-气界面 CO_2 通量时，大气和海水的 CO_2 分压都有相对成熟可靠的测量方法，关键在于气体交换系数，即 CO_2 在海-气界面的传输速率，牵涉 CO_2 在海-气界面迁移交换这个非常复杂的动力学过程，如近表层水温周日变化、盐度变化、碎浪作用、气泡作用、上升流变动、生物活动、表面温度效应、海表风速、大气边界层性质等都对其有重要影响，而且这些控制 CO_2 在海-气界面迁移交换的各种机制和过程有显著的时空变化。

目前的研究大多假定 K_L 主要为风速的函数，现场观测确定气体交换系数与风速函数关系的方法有 10 多种，常用的有 $^{14}CO_2$ 方法和 ^{222}Rn 亏损法。测定区域气体交换系数的难度很大，成功范例并不多见，因此，目前多数 CO_2 海-气通量计算都是直接引用经典文献给出的风速函数关系，可见，K_L 值一方面缺乏足够精确的现场实测数据，另一方面不同研究者之间的结果差异巨大，尤其是在高风速区间（>12m/s），如图 2-9 所示，因为在高风速条件下现场环境恶劣，难以开展实验，而且高风速持续时间一般很短，满足不了开展非直接通量测量方法的需要。然而大多数

实验估算的 K_L 值都落在 Liss 等与 Tans 等的实验值之间，因此，此二值大致可用作 K_L 值的上下限值。近年来 K_L 的参数化结果由 Wanninkhof 给出，其表达式为

$$K_L = K_{660}(660/Sc)^{1/2} \tag{2-15}$$

式中，$K_{660} = 0.31U^2_{10}$，U_{10} 为海面 10m 高处的瞬时风速(m/s)；$Sc = A - Bt + Ct^2 - Dt^3$，Sc 为水的动力黏度与待测气体分子扩散速率的比值，是水温的函数，在 20℃海水中 Sc_{20}=660，对于海水中的 CO_2，A=2073.1，B=125.62，C=3.6276，D=0.043 219，t 为表层海水的温度(K)。

Wanninkhof 指出 Liss 等的 K_L 与风速的关系式可近似地表达为

$$K_{660} = 0.17U^2_{10} \tag{2-16}$$

Jacobs 等根据 IGAC(国际全球大气化学计划)的海洋气溶胶和气体交换研究，采用直接法进行 K_L 的测量，其表达式为

$$K_{660} = 0.54U^2_{10} \tag{2-17}$$

故有

$$\text{Wanninkhof 法：} F = 0.31 \times \alpha \times U^2_{10} \times (660 \times Sc^{-1})^{0.5} \times \Delta p \tag{2-18}$$

$$\text{Liss 法：} F = 0.17 \times \alpha \times U^2_{10} \times (660 \times Sc^{-1}) \times \Delta p \tag{2-19}$$

$$\text{Jacobs 法：} F = 0.54 \times \alpha \times U^2_{10} \times (660 \times Sc^{-1}) \times \Delta p \tag{2-20}$$

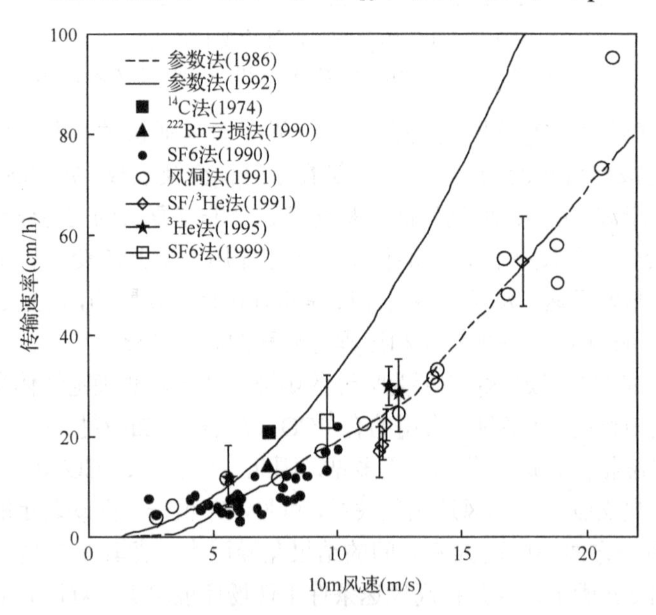

图 2-9　不同研究者发布的气体传输速率和风速的关系

由 ^{14}C 法研究得出 CO_2 分子在大气中平均停留时间约为 7 年，并由此推算出海-气 CO_2 的交换速率 $K_L=1.23\times10^{-10}mol/(cm^2\cdot Pa\cdot min)$，它不考虑观测点环境的短期变化，但包含了全球 7 年的平均状况，并克服了许多实验关系式中海面风速为 0 或较小时出现的不合理现象，因此为许多研究者和碳的全球循环模式所采用。

因此，当估算 CO_2 海-气交换通量时，不同研究者由于采用不同的 K_L 值或将相同的 K_L 值应用到不同的海域都将引起估算结果存在不确定性；更为严重的是，如将不同的 K_L 值引入气候模型，其预测结果存在显著差异。为了准确估算全球海-气 CO_2 通量，减少模型预测不确定性，有必要探索更合适的通量测量方法，并将统一、准确的 CO_2 交换系数应用于模型设计。

(5)微气象学法

微气象学方法是基于大气热力学和动力学原理，通过对测得的有关参数进行统计分析得出通量值。微气象学方法包括涡动相关法、梯度法(空气动力学法)、能量平衡法(波文比法)、质量平衡法、涡度积累法、条件采样法以及对流边界层收支法等，常用的主要是前 4 种。微气象学方法的特点有：①有较大的代表性(根据下垫面及地形)；②便于长期连续观测。

微气象学方法中的各种通量测量方法应用相当广泛。其中，涡动相关法被普遍认为是当前最理想的微气象学方法，因为它在原理上不基于任何假设，不需要经验参数(如海-气 CO_2 交换系数)，所需数据全部基于实测，计算方法有较为完整的理论论证。涡动相关法在陆地植被等方面的应用已广泛开展，在海洋方面的应用也正日益受到重视，相关的技术难点逐渐被解决，在船载自动观测方面有很好的应用前景。

涡动相关法的优点在于它能在较大的风速范围内迅速测定一个界面的气体传输通量，即在一定频率条件下同步测定垂直方向风速和 CO_2 密度的变化，将这些变化值累计得出一定时间的 CO_2、水汽等净变化通量。并且，由于该方法直接测量海面大气中 CO_2 的湍流通量，能通过测量各种属性的湍流脉动值来直接测量它们的通量，和其他方法相比，它并不是建立在经验关系基础之上，或从其他气象参量推论而来，而是建立在所依据的物理原理之上，是一种直接测量湍流通量的方法，因而不必考虑许多影响 CO_2 在海-气界面迁移交换的控制机制和过程，有利于我们得到更为可靠的 CO_2 海-气通量数据。它不受平流条件限制，相对其他方法较为精密可靠。

涡动相关法在 1951 年被提出，但由于当时的技术方法有限，不能快速地感应和记录物理量的脉动，因此通过该方法估算通量的研究工作仅停留在理论上。1961 年制成第一台涡动通量仪。但直到 1990 年后，随着测量仪器设计制造的完善度、耐久性、可靠性及准确度提高，涡动相关法才具有实际意义。在近年，研究者在诸如仪器的布放，对由仪器硬件及近表大气性质所引起的细微差别在通量计算中进行补偿、校正等方面都取得了许多进展，使该方法越来越成熟。

涡动相关法是根据通量的定义直接测量气象要害的湍流脉动量来计算其二阶矩而得出通量结果，其原理如下。

任意标量的涡动通量可以写成 $F_c=\overline{w\rho_c}$ ，其中 F_c 是标量 c 的密度通量，w 是垂直风速，ρ_c 是标量 c 的密度(或浓度)。上划线表示采样间隔内的平均值，实测的风速、温度、浓度等都会表现出较大的无规律性，我们可以简单地把这些变量看作是一个平均项和一个变化项的和，对于风速和浓度可以写成：$w=\overline{w}+w'$，$\rho_c=\overline{\rho}+\rho_c{}'$，根据雷诺平均的基本定义，可以得出一个实用的涡动相关法工作方程：$F_c=\overline{w'\rho_c'}$+修正项，这样根据以上原理及定义，要计算某种气体的通量，要做的其实就是计算该气体的浓度和垂向风速的协方差，因此，所需数据可以通过快速响应的风速计(如超声风速仪)和气体传感器测出。

涡动相关技术要求仪器固定在通量不随高度发生变化的内边界层。三维超声风速仪的测定原理是测量超声波在一对超声发生器之间的传播时间并通过多普勒位移来测定该通道的风速分量。开路 CO_2 红外传感器的工作原理是通过测量通道中 CO_2 特征红外吸收光谱处的吸光度来计算 CO_2 分压，开路设计还带来了消除测量时滞、压力损失及管路对水蒸气的吸附/解吸作用等相对于闭路设计的优势。目前超声风速仪和开路 CO_2 红外传感器都能获得较高的采样频率(一般为 20Hz)，这恰好是涡动相关法所需要的条件。

虽然涡动相关法的理论研究和论证已较为成熟，但仍在不断发展之中，测量仪器误差的校正，不同地形对表面通量观测的影响以及相应数据资料的处理方法，夜间通量低估等问题仍有待进一步研究。

当涡动相关法等微气象学通量观测方法应用于移动平台(如船载、浮标等)时，需要对由平台运动引起的风速测定误差进行校正。在船基仪器系统中，要得到真实的三维风向量必须剔除船体运动对其的影响，这些影响主要来源于以下几个方面：①船体前后颠簸、左右摇摆和航向改变引起的风速计即时倾斜；②船体的摇摆带动风速计相对于船体参考系的角速度变化；③船体相对于固定参考系的移动速度。

为了校正各种因素对真实通量的干扰，除风速仪、气体分析仪外，我们通常还需要配备诸如光纤罗经、差分 GPS、温湿度传感器、高频扫描数据采集器等设备以采集校正误差所需的各种数据，最后通过一定的校正算法进行数据处理，才能得出所需的真实通量数据。另外，平台(浮标、船体等)对气流的扰动也是需要考虑的一个因素，这牵涉平台的形状、大小、安装部位和风向等，通常要求安装在上风向并离平台主体有一定距离的桅杆上。

对于上述平台运动带来的影响所给出的校正方法是：

$$V_{true} = T(V_{obs} + \Omega_{obs} \cdot R) + V_{mol} \tag{2-21}$$

式中，V_{true} 是真实的海面风矢量；V_{obs} 和 Ω_{obs} 分别是观测到的风速和平台角速度；T 是由测量坐标系到真实风速坐标系的变换矩阵；R 是风速计相对于船体的位置向量；V_{mol} 是风速计重心相对于海面的移动速度。因此，除了三维超声风速计和气体分析仪外，角速度传感器和加速度传感器也是在船体或浮标等非固定安装平台上采用涡动相关法准确测量通量时所需设备。

涡动相关法测量 CO_2 通量最初主要应用于陆地植被的通量观测研究，现已日臻成熟。目前应用最广泛的当属 1994 年美国和欧洲科学家发起建立的全球陆地生态系统通量观测研究网络(FLUXNET)计划，该计划旨在加强森林生态系统水汽、热和 CO_2 通量观测研究的交流，实现数据共享，主要采用涡动相关法对森林植被的 CO_2 通量进行测定。

如前所述，当涡动相关法应用于测量海-气界面通量时，风速的准确测量是一个难点，既要考虑平台(如船只、浮标等)的移动，又要考虑平台本身对气流的干扰，这需要对数据进行很多的校正。另外，在 CO_2 海-气通量的测量中，精确测定 CO_2 浓度，使数据具有足够的信噪比(SNR)也是难点之一，因为通常情况下海-气界面 CO_2 浓度差是比较小的。

多年前就有研究者尝试将涡动相关法的通量测定系统应用于海-气 CO_2 通量的研究。1977 年，首次利用涡动相关法研究了海-气 CO_2 通量，结果发现测出的交换速率比采用氡或 ^{14}C 法以及风洞实验测得的结果大一个数量级，认为这些数据的信噪比太低，说明当时的方法并不成熟，实用意义不大。随着仪器性能及测量技术不断发展，在 20 世纪 90 年代有更多的研究者尝试了涡动相关法在测量海-气界面 CO_2 交换通量方面的应用，准确度取得进一步的提高。1993 年开始将涡动相关法测通量的传感器安装在一个朝平台上风向伸出 17m 的悬臂上，该平台位于荷兰的 MPN 离岸 9km 处。但这种方法的缺陷也是显而易见的。首先，这种平台在数量上非常少，而且通常安装在近岸浅海，所测通量的代表性有限；其次，使用这种平台进行实验也很难使其对气流的干扰降低到满意程度；而且，和同期采用双示踪剂法测定的海-气交换速率相比，涡动相关法测得的结果仍偏大。1996 年首次在同一区域(MPN)同时采用人工示踪法和涡动相关法测量海-气 CO_2 交换速率，相对于之前两种方法之间数量级的差异，该次实验中两种方法之间的差距只有 2～3 倍，并认为这种差距不一定是由技术上的不完善引起的，而可能和海水中示踪剂垂直扩散及 CO_2 水平分布有关。需要说明的是，CO_2 和惰性示踪气体在海-气界面交换的热力学行为是有区别的，因此，这两种方法得出的结果理论上也不会完全相同，但涡动相关法仍不失为一个有前景的研究海-气 CO_2 通量的途径。1992～1994 年在一个面积为 $37.09hm^2$ 的封闭的淡水湖上应用涡动相关法测量湖面的水-气 CO_2 通量，同时通过湖水 CO_2 储量变化法和边界层及表面更新模型估算湖面 CO_2 的水-气通量，研究发现，涡动相关法测得的通量和 CO_2 储量变化法推算出的结果较为一致，然而与边界层及表面更新模型推算出来的结果有较大的差异，同时发现当秋季通量较小时经常低于涡动相关法的检测限[此时通量约为 0.0021μmol/(m^2·s)]。1998 年 6 月在北大西洋的一个显著的 CO_2 汇区进行了较为系统的涡动相关法测量海-气 CO_2 通量的研究，同时将该法和传统方法进行了比较，该研究中，使用涡动相关法直接测量出的 CO_2 交换通量首次和同位素等非直接方法测得的交换通量有较好的吻合，尤其是当风速小于 11m/s 时。当风速较大时，采用该法测得的气体交换通量的准确度比非直接方法测得的交换通量有较大的提高，这可能是由于非直接方法不能分辨诸如大气稳定性、上层海洋混合、波浪年龄(wave age)、碎浪(wave breaking)及表层膜等表面特性的变化，这种情况下，理解这些特性对于应用直接 CO_2 通量测量法有至关重要的作用。

虽然涡动相关法在测量海-气 CO_2 通量方面仍然存在众多问题，但因其可直接测量穿越海洋、大气界面的净通量，其应用前景十分光明。

2.2.2　海-气界面碳通量

海洋是地球上最大的碳库，海洋对气候变化的影响不仅体现在海-气间热量和能量的交换，海-气间物质(CO_2、CH_4 等)的交换也同样起着重要作用。化石燃料燃烧等人类活动每年向大气排放 60 多亿吨碳，大约有一半停留在大气中，其余的 CO_2 被海洋、生物圈等储圈所吸收。国际地圈-生物圈计划(IGBP)的核心计划之一“全球海洋通量联合研究”(JGOFS)经过 10 余年的研究，认为海洋每年大约可从大气吸收人类排放 CO_2 的 1/3，近 20×10^8t C。虽然全球大洋在整体上表现为吸收大气 CO_2，但不同海域对大气 CO_2 的吸收能力差别很大，甚至部分海域向大气释放 CO_2；即使同一海域，其海-气 CO_2 交换通量也存在明显的季节变化。同时，由于不同学者计算海-气 CO_2 交换通量所使用的方法不同、所选择的参数不同，其得出的结果也可能不同，这些因素都导致了海-气 CO_2 交换通量结果具有较大的不确定性。

2.2.2.1　海-气 CO_2 交换通量的全球分布

根据对全球调查所取得的 94 000 个 pCO_2 数据估算全球海-气 CO_2 通量，认为全球大洋每年可以吸收 2.2(+22%或−19%) Pg C，这一数值和之前估计的结果(2.0±0.6) Pg C/a 基本一致，已经得到众多海洋学家的认可。全球海-气 CO_2 净通量的分布见表 2-7 和图 2-10。东赤道太平洋和阿拉伯海西北部海-气 CO_2 交换通量为正值，由海水向大气释放 CO_2 的量全球最大，热带大西洋和印度洋以及西北太平洋海-气 CO_2 交换通量也为正值，也是主要的向大气释放 CO_2 的地区；吸收大

气 CO_2 的海域主要是亚热带环流区和近极地海域，如 40°N～60°N 和 40°S～60°S。在这些海域海水富含营养盐，初级生产力较高，从而导致这些区域海水中 CO_2 分压较低，同时这些海域较高的风速也提高了 CO_2 的交换速率。特别是南大洋(50°S 以南)，虽然其面积仅占全球大洋的 10%，但其通过海-气交换吸收的大气 CO_2 占全球大洋的 20%；大西洋(50°S 以南)的面积占全球大洋的 24%，其吸收的大气 CO_2 占全球大洋的 40%。与其相反，太平洋(50°S 以南)吸收的大气 CO_2 仅占全球的 18%，但其面积占全球大洋的 49%。西太平洋海-气 CO_2 交换速率在 7°N 以北、0°～2°S、10°S～43°S 及 58°S 以南海域的平均通量约为−6.1mg/($m^2 \cdot h$)；在 7°N～0°、2°S～10°S 及 43°S～58°S 的平均通量约为 4.0mg/($m^2 \cdot h$)(表 2-8)。

表 2-7　全球海-气界面 CO_2 净通量

纬度	太平洋 (Pg C/a)	大西洋 (Pg C/a)	印度洋 (Pg C/a)	南大洋 (Pg C/a)	全球大洋 (Pg C/a)
	+0.01	−0.40	—	—	−0.39
50°N 以北	−0.02	−0.48	—	—	−0.49
	+0.01	−0.48	—	—	−0.47
	−0.64	−0.34	+0.07	—	−0.92
14°N～50°N	−0.62	−0.32	+0.06	—	−0.87
	−0.55	−0.37	+0.05	—	−0.87
	+0.74	+0.15	+0.18	—	+1.07
14°N～14°S	+0.73	+0.18	+0.15	—	+1.06
	+0.78	+0.15	+0.18	—	+1.11
	−0.51	−0.33	−0.67	—	−1.51
14°S～50°S	−0.48	−0.27	−0.79	—	−1.54
	−0.46	−0.29	−0.57	—	−1.32
	—	—	—	−0.47	−0.47
50°S 以南	—	—	—	−0.59	−0.59
	—	—	—	−0.42	−0.42
	−0.40	−0.92	−0.43	−0.47	−2.22
大洋区域	−0.39	−0.88	−0.58	−0.59	−2.44
	−0.22	−0.99	−0.34	−0.42	−1.97
	18	41	19	22	100
所占比例(%)	16	36	24	24	100
	12	50	17	21	100
区域面积 (×10^6km^2) 及其所占比例(%)	151.6，49.0	72.7，23.5	53.2，17.2	31.7，10.2	309.1，100

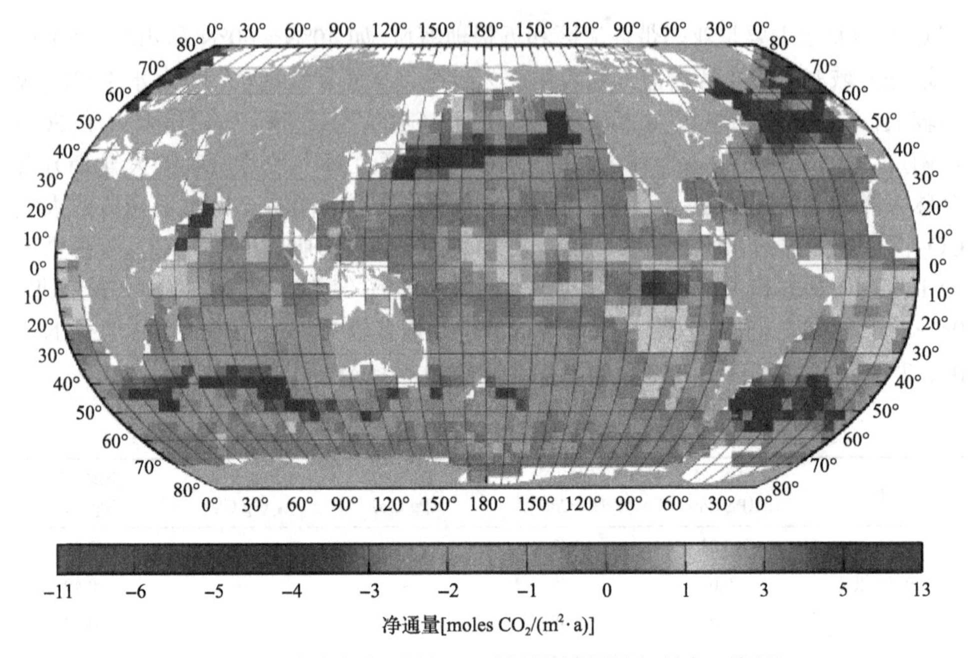

图 2-10　全球海-气界面 CO_2 净通量(彩图请扫封底二维码)

表 2-8　西太平洋 CO_2 交换通量

	区域	所跨纬度	二氧化碳通量 [mg/(m^2·h)]		区域	所跨纬度	二氧化碳通量 [mg/(m^2·h)]
汇区	10°N 以北	26	−5.5	源区	7°N～0°	7	1.4
	0°～2°S	2	−1.7		2°S～10°S	8	1.5
	10°S～43°S	33	−3.8		43°S～58°S	15	6.5
	58°S～63°S	5	−25.5				
	平均	1	−6.1		平均	1	4.0

2.2.2.2　大陆架海域海-气 CO_2 交换通量

浅海大陆架海域一方面接受大量的陆源输入，另一方面通过大陆架斜坡与开放大洋不断进行着巨大的物质和能量交换，因此说该海域是生物圈内生物地球化学活动最为强烈的地区之一。虽然陆架边缘海的面积只占全球海洋的 7%～8%，但其初级生产力占了全球海洋的 15%～30%，因此其通过海-气界面交换吸收的大气 CO_2 量应当是巨大的。Tsunogai 等在 1999 年根据对东海大陆架海-气交换通量的研究提出了“大陆架泵”的概念，认为全球陆架边缘海可以吸收 1Gt C/a，所吸收的碳可以通过底部环流输送到邻近的大洋。但部分学者并不完全赞同这种观点，因为陆架边缘海受人为影响较大，尤其是在工业革命以后，由河流输入海洋的营养物质及颗粒有机碳、溶解有机碳和溶解无机碳等明显增加，而且陆架海域的水较浅，水动力条件比较复杂，二者的共同作用加剧了陆架边缘海海-气交换的复杂性。近年的研究表明，部分陆架海域是大气 CO_2 的汇，如 Biscay 湾、中大西洋的海湾和北海；也有部分海域是大气 CO_2 的源，如亚热带南大西洋的海湾。陆架海域吸收大气二氧化碳的主要原因是富营养海水形成极高的初级生产力，而陆架海域向大气释放 CO_2 主要是由陆源输入 DIC 或 DOC 引起的，在不同的海域表现出不同的特征，特别是在河口、海湾等典型海域表现更为突出。

(1)典型河口

在河口海域，水体中 CO_2 体系的变化主要受盐度的控制。虽然海水中 CO_2 的平衡溶解度并不严格遵守亨利定律，但在海洋学研究的范围内，它基本上还是符合亨利定律的。海水中 CO_2 的平衡溶解度$[CO_{2(T)}]$与平衡分压 pCO_2 之间的线性关系可表示为：$pCO_2 = [CO_{2(T)}]/\alpha_s$，式中，$\alpha_s$ 为溶解度系数，为一定温度、盐度下，pCO_2 为 101 325Pa 时，海水中 CO_2 的溶解度。以 mol/(kg·atm)为单位的 CO_2 溶解度系数 α_s 可通过式(2-22)进行计算：

$$\ln\alpha_s = -60.240\,9 + 93.451\,7\,(100/T) + 23.358\,5\ln(T/100) + [0.023\,517 - 0.023\,656\,(T/100) + 0.004\,703\,6(T/100)^2]S \qquad (2\text{-}22)$$

式中，T 和 S 分别为海水的绝对温度和盐度。因此在温度变化不大的情况下，水体中二氧化碳的溶解度主要受盐度控制。

在河口区，河流输入的冲淡水随着与海水的逐渐混合盐度逐渐增加，而随着盐度的增加，所含的 CO_2 由饱和变为不饱和，水中 pCO_2 也逐渐降低，从而导致在河口海域随着盐度的增加，海-气 CO_2 交换的方向逐渐由向大气释放 CO_2 转化为吸收大气 CO_2。图 2-11 显示了长江口海域 CO_2 交换通量的变化特征，是河口海域海-气 CO_2 交换的典型代表，海-气 CO_2 交换的转化特征与淡水向海水转化的趋势完全一致。

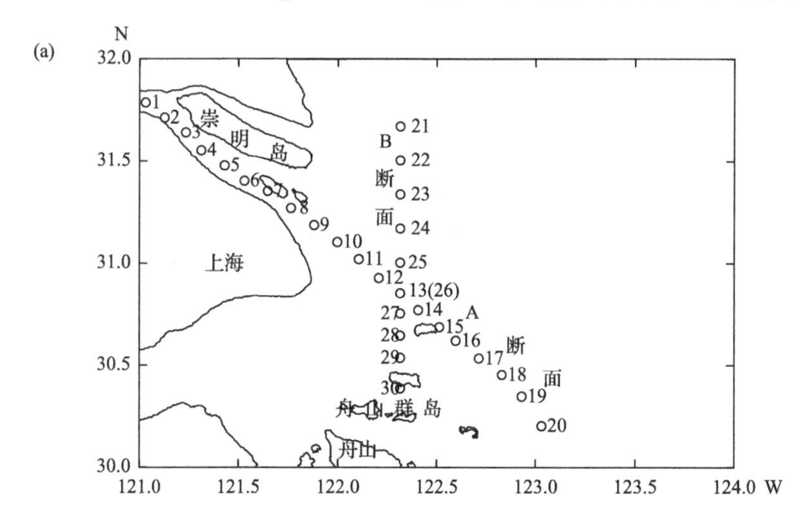

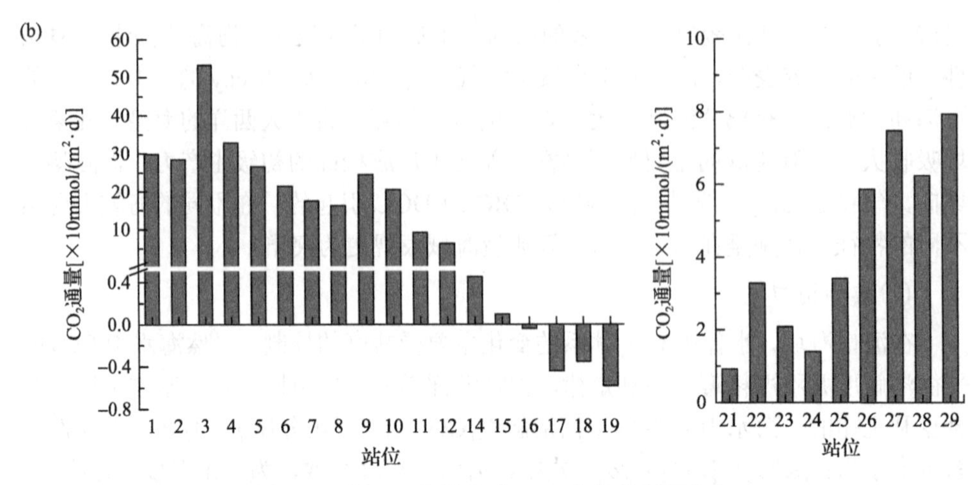

图 2-11　长江口海域海-气 CO_2 交换的断面分布

(2)典型海湾

在海湾区影响海-气交换通量的因素主要包括两个方面，一方面是自然因素，如影响 CO_2 溶解度的海水温度和消耗海水中 CO_2 的浮游植物的数量。一般情况下海湾的水深较浅，其温度易受陆岸温度的影响，年较温差较大，因此 CO_2 的溶解度随季节发生较大的变化。同时，浮游植物也有明显的季节变化，二者的共同作用决定了海湾区 CO_2 海-气交换具明显的季节特征。另一方面是人文活动输入的各种形式的碳，特别是有机碳，有机碳的分解可使溶解 CO_2 达到过饱和，使海水中的 CO_2 向大气释放。

图 2-12 是胶州湾海-气界面 CO_2 通量(F_{CO_2})的季节变化。胶州湾海域水温的年变化极为显著，一年中的水温最高值出现在 8 月，最低温出现在 2 月，胶州湾表层海水温度分布的特征和碳源汇强度基本一致，在温度最高的 8 月，胶州湾是

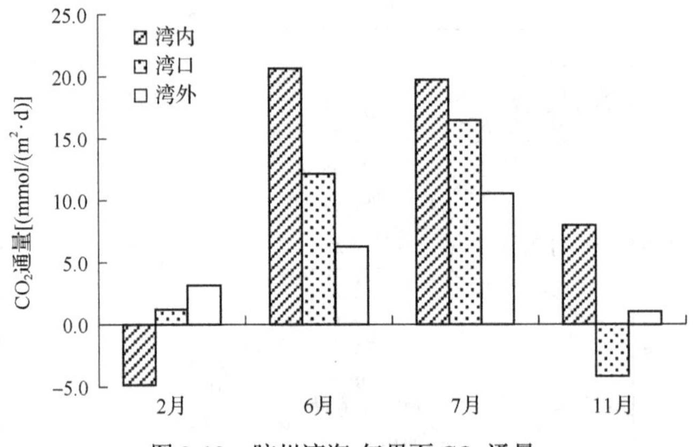

图 2-12　胶州湾海-气界面 CO_2 通量

很强的碳源，在温度最低的 2 月，胶州湾是较强的碳汇，随着温度从高到低变化，碳源的强度在不断减弱，并最终转变为碳汇。温度对胶州湾碳源汇的影响至关重要。表层海水每升高 1℃，整个胶州湾每年将多释放 16.92×10^8g C。

2.2.2.3　海-气 CO_2 交换通量结果的不确定性

虽然从理论上来说，同一海域的海-气 CO_2 交换通量在一定时期内只有一个固定量，但事实上，不同研究者对同一海区海-气 CO_2 交换通量估算的结果并不完全一致，有时甚至相差很大。海-气 CO_2 交换通量估算结果存在不确定性，有研究认为是由不同研究者所使用的计算模式不同、所选取的参数不同以及测定的时间不同造成的。

(1) 计算参数不同引起的不确定性

虽然从理论上来说可以用微气象学法直接测量估算穿越海-气界面的净 CO_2 通量，但这一方法仍不成熟，尚不能应用于现场测量。目前确定海-气交换通量的方法仍主要是化学质量平衡法。基于质量平衡法的海-气通量一般可直接写为

$$\mathrm{Flux} = K_g[p(CO_2，SW) - p(CO_2，atm)] \tag{2-23}$$

式中，K_g 为交换系数；$p(CO_2，atm)$ 为大气 CO_2 分压；$p(CO_2，SW)$ 为表层海水 CO_2 分压。

交换系数 K_g 是液相传输速度 k 和 CO_2 在海水中溶解度 α 的乘积，而 k 一般认为与风速有关。关于 k 的定值，国际上仍存在争议。表 2-9 列出了常见的 k 值计算方法。使用 Liss 和 Merlivat 提出的表达式计算所得的交换系数小于基于 ^{14}C 估计的。Wanninkhof 提出了一个与风速呈平方关系的表达式，该表达式目前广泛地用于计算 CO_2 海-气通量。Wanninkhof 和 McGillis 于 1999 年提出了一个与风速呈立方关系的表达式。该表达式在风速为 11m/s 左右时与平方关系式十分相近。使用 Liss 和 Merlivat 的表达式计算所得的 k 比用 Wanninkhof 的表达式所得的 k 小很多。Sarmiento 等使用同一风场，发现基于 Liss 和 Merlivat 公式得到的 K_g 约为由 Broecker 等公式得到的 K_g 的 45%。总之，k 的大小及其参数化公式不同是引起海-气 CO_2 交换通量估算结果差异较大的重要因素之一。

当大气 CO_2 穿越海-气界面溶于水后，就建立了海水二氧化碳体系（或碳酸盐体系）。CO_2 浓度常以分压（或逸度）来表示，其中海水中 CO_2 分压的大小是由二氧化碳化学体系决定的。海水中的 CO_2 体系除温度 (T) 和盐度 (S) 外，主要由 4 个参数，即总溶解无机碳（DIC）、总碱度（TA）、pH 和总溶解二氧化碳分压 (pCO_2) 组成，这 4 个参数通过一套基本的热力学关系相联系。理论上，4 个参数中只要知道其中两个参数就能定其他两个参数。该体系会受到各种物理、化学和生物过程作用的影响，植物的光合作用影响总碱度和总 DIC，混合过程影响 4 个变量。

表 2-9 常见的 CO_2 交换系数(K_g)或传输速率(k)的计算方法

方程	提出者
$k = 0.17U_{10}$ ($U_{10}<3.6$m/s) $k = 2.85U_{10} - 9.65$ (3.6m/s$\leqslant U_{10}<13$m/s) $k = 5.9U_{10} - 49.3$ ($U_{10}\geqslant 13$m/s)	Liss and Merlivat (1986)
$k = 12.0258U_{10}\,\mathrm{Sc}^{-2/3}$ ($0\leqslant U_{10}\leqslant 3.6$m/s) $k = (69.5115U_{10} - 235.3635)\,\mathrm{Sc}^{-1/2}$ ($3.6\leqslant U_{10}\leqslant 13$m/s)	Oudot and Andrié (1989)
$K_g = 0$ ($U_{10}\leqslant 3$m/s) $K_g = 0.016(U_{10} - 3)$ ($U_{10}>3$m/s)	Tans et al. (1990)
$k = 0.17U_{10}(\mathrm{Sc}/660)^{-2/3}$ ($U_{10}\leqslant 9.65[2.85 - 0.17(\mathrm{Sc}/660)^{-1/6}]^{-1}$ m/s) $k = (2.85U_{10} - 9.65)(\mathrm{Sc}/660)^{-1/2}$ ($U_{10}>9.65[2.85 - 0.17(\mathrm{Sc}/660)^{-1/6}]^{-1}$ m/s)	Woolf and Thorpe (1991)
$k = 0.333U_{10} + 0.222U_{10}^2$	Nightingale et al. (2000)
$k = 0.39U_{10}^2(\mathrm{Sc}/660)^{-1/2}$ (长期平均风速) $k = 0.31U_{10}^2(\mathrm{Sc}/660)^{-1/2}$ (稳定/短期风速)	Wanninkhof (1992)
$k = (1.09U_{10} - 0.333U_{10}^2 + 0.078U_{10}^3)(\mathrm{Sc}/660)^{-1/2}$ (长期平均风速, $U_{10}\leqslant 20$m/s) $k = 0.0283U_{10}^3(\mathrm{Sc}/660)^{-1/2}$ (稳定/平均风速)	Wanninkhof and McGillis (1999)

注：660 为温度为 20℃、盐度为 35 的海水中 CO_2 的施密特数，相应温度下淡水中 CO_2 的施密特数为 600；U_{10} 为距海平面 10m 处的风速

20 世纪 30 年代所测的碳酸离解常数及以后的其他有关热力学常数的表达式不断由后人修正，至今尚未取得公认的结果。同样，海水表层 CO_2 体系的实测资料也在不断改进和增加。在观测中，因种种原因有时并没有测量 4 个参数，而只测量了其中的二三个参数，因而要用到计算，模式研究中表层 pCO_2 由 TA 和 DIC 计算所得。但有研究者声称采用不同的热力学常数表达式可导致计算所得的 pCO_2 值的差高达 3Pa。

对于海水 CO_2 体系的研究已有很长的历史。最早的表层海水二氧化碳分压观测距今已有近百年了。Keeling 于 1968 年绘制了世界上第一张全球海洋表层海水二氧化碳分压的分布图，初步讨论了各个大洋中二氧化碳的源与汇问题，但没有定量估计全球海洋汇的大小。Takahashi 等根据 GEOSECS 的观测资料绘制了全球海洋的 CO_2 分压差，但也没有直接给出定量的通量值。随着大气海洋科学的观测技术进一步发展以及人们对全球环境变化的重视，特别是自 20 世纪 80 年代国际地圈-生物圈计划(IGBP)和联合全球海洋通量研究计划(JGOFS)实施以来，世界各国科学家相继对各个大洋的不同区域以及一些边缘海进行了进一步的考察，获得了不少第一手资料。使用统计的方法，Takahashi 等根据 1960 年以来的 250 万个表层海水的 CO_2 分压直接测量结果，以 1990 年和 1995 年为参考年，给出了全球海洋的 CO_2 海-气交换通量，由于观测资料的缺乏，大部分边缘海仍是空白。结果

得到 1990 年全球海洋吸收 1.45Gt C，而 1995 年比 1990 年多吸收了 0.7Gt C，该增量部分由大气 CO_2 分压增加(0.7Pa)所致，部分由对观测数据进行改正所致，除了太平洋多吸收了 0.2Gt C 外，其余 0.5Gt C 主要是由南大洋(50°S 以南)和南印度洋(14°S～50°S)吸收增加所致。赤道地区(14°S～14°N)无论在 1990 年还是 1995 年均释放 CO_2 到大气中(大于 0.8Gt C)。最近，Gruber 和 Keeling 采用 CO_2 同位素海-气不平衡方法，根据最近集成的全球高质量的表层海洋溶解无机碳(^{13}C)的数据，重新估计 1990 年全球平均同位素海-气不平衡为 0.62‰±0.10‰。将该值插入 1985～1995 年的人为 ^{13}C 收支中，推得海洋对人为 CO_2 的吸收量为(1.5±0.9) Gt C/a。这个均值与 Takahashi 等的结果很接近。

由于海洋观测的特点，表层水 pCO_2 的直接观测数据是从每一个航次得到的。虽然在全球海洋已进行了大量的航次，如赤道太平洋在 1981～1999 年就有 100 个航次，但所覆盖的时空尺度仍十分有限。也有很多研究者通过观测 CO_2 体系的其他参数，用计算方法获得表层海水的 pCO_2。还有人通过分析某一特定区域的 DIC 浓度变化，间接估算 CO_2 海-气交换通量。在南大洋的 KERFIX 站观测了 DIC、TA、溶解氧和营养盐等，得到在春夏季 KERFIX 是大气 CO_2 的一个很强的汇，使用由 Wanninkhof 公式得到的 K_g，可得 1993 年碳通量为−61.2gC/($m^2 \cdot a$)。根据资料(1994～1997 年)分析冬季和夏季格陵兰海与周边水域 CO_2 的交换量，分别计算 3 层(表层、中层和底层)的 CO_2 交换量，推得在该海区冬季 CO_2 海-气交换量约为−0.02Gt C/a，表明该区域也是大气 CO_2 的一个强汇区。

(2) 计算模式不同引起的不确定性

海洋碳循环模式研究已有 50 多年的历史，包括简单描述海洋混合和水流的箱式模式和基于海洋动力学的环流模式。在最早的 3 箱模式中，除大气被假定为是混合均匀的碳库外，海洋被分成混合均匀的表层碳库和深层碳库，以后逐渐发展成垂直扩散的箱式模式。关于该类模式的研究很多，复杂程度各不相同，但有一个共同点，即该类模式中没有严格的动力学过程，箱与箱之间的交换通过给定的交换系数确定，随后通过观测示踪物分布进行比较并校正参数值，或者通过分析各种水团的流量得到流场。基于动力学的海洋环流碳循环模式已从无机碳循环发展到了包括简单的生化过程的模式，模式的复杂程度各异，所得结果也存在差异。模拟结果的准确性不仅取决于模拟的海洋环流是否真实，还取决于与碳循环有关的海洋生化过程是否足够准确地包括在模式中。

联合国政府间气候变化专门委员会(IPCC)报告使用两个箱式模式和两个环流模式估计 1980～1989 年海洋对大气 CO_2 的吸收量为(2.0±0.8) Gt C/a。在这 4 个模式估计中，IPCC 只给出了 3 个结果：1.2Gt C/a(汉堡)、1.9Gt C/a(GFDL)和 2.4Gt C/a (箱扩散模式)，并没有给出 Goudriaan 模式的结果。通过分析 Goudriaan 模式的数据后，推得该模式的数据为 2.3Gt C/a，并增加了两个模式，同时对上述模式结果作了进一步的分析处理，得出 6 个模式 1980～1989 年的估计值为(2.0±0.5) Gt C/a。对 4 个环流模式模拟结果进行比较，4 个环流模式都是全球的，分别是英国 Hadley、法国 IPSL、德国 MPI 和美国 GFDL。MPI 和 GFDL 模式考虑了海洋生物的影响，IPSL 模式只模拟人为 CO_2。这 4 个模式估计 1980～1989 年海洋对人为 CO_2 的吸收量分别为 2.2Gt C/a（GFDL）、2.1Gt C/a（Hadley）、1.6Gt C/a（MPI）、1.5Gt C/a（IPSL）。尽管与基于观测的估计结果相比，模拟的结果是合理的，但在区域尺度上模式间存在着较大的差别。存在差别的主要原因是不同模式采用了不同的分辨率、不同的数值解法以及不同的物理过程处理方法等。

(3)通量的季节变化和年际变化引起的不确定性

海-气 CO_2 通量的季节变化和年际变化也是引起通量估算存在不确定性的原因之一，正在引起越来越多的关注。

1991 年 8 月 31 日至 9 月 29 日在 17°S～22°N，151°W 海区观测海表面和大气 CO_2 分压，这一区域海表面 CO_2 分压沿经向分布变化比较大，最大值 43.1Pa 出现在赤道附近。通过对观测数据分析可知，这一区域是大气 CO_2 的一个很强的源。在赤道上升流区存在很大的 CO_2 分压梯度(0.5°变化了 1Pa)。在 5°N～5°S 区域，1991 年 CO_2 分压相对 1979 年增加了 22%。对夏威夷上层海洋的 DIC 和 TA 进行了 7 年观测。观测数据表明对应于大气 CO_2 浓度的升高，上层海水中 DIC 浓度呈增加趋势，增长率近似为 1μmol/(kg·a)。在年的时间变化尺度上，DIC 在 2～4 月有极大值，9～11 月有极小值。利用 1984～1993 年资料分析指出，西北太平洋上层水 pCO_2 的增长率为 0.12Pa/a。2002～2004 年对加勒比海海-气 CO_2 通量观测发现，加勒比海南部海水中 pCO_2 在秋季明显低于春季，就整个海域来说 pCO_2 从 2002 年到 2004 年表现出稍微增高的趋势。这一趋势与大气 CO_2 侵入海水量增加的趋势一致。三年来大气 CO_2 侵入大洋的净通量在−1.2～−0.04mol C/(m^2·a)，并且有一个季节性反向变化，即冬季海水吸收大气 CO_2，夏季海水向大气释放 CO_2。海-气通量的年际变化主要是由晚冬和春季温度不规律变化引起的。

作为 JGOFS 计划的一部分，1992～1999 年在赤道太平洋进行了大气 CO_2 分压和上层海洋 CO_2 分压的观测。资料分析表明，发生在西赤道太平洋的物理过程对赤道太平洋中部和东部海-气 CO_2 交换通量有影响。与 20 世纪 80 年代的 10 年观测资料相比较，1992～1999 年表层海水 CO_2 分压呈现了显著的季节变化和年际变化，在 1991～1994 年和 1997～1998 年的厄尔尼诺期间，CO_2 通量降低了很多，主要是由太平洋西部和中部暖池区域存在低盐帽、东部跃层加深以及在海盆东半部通风减弱等物理过程引起的。在赤道太平洋中部和东部这些过程使得海水 CO_2 分压降低，而太平洋西部在强厄尔尼诺期间，则有小的但是比较显著的增加(1982～1983 年，1997～1998 年)，在弱厄尔尼诺期间，变化很小甚至没有变化。年均 CO_2 通量表明，在强厄尔尼诺期间，海洋释放到大气的 CO_2 为 0.2～0.4Gt C/a，而在弱厄尔尼诺期间，释放量为0.8～1.0Gt C/a。赤道太平洋CO_2最大释放量发生在东太平洋上升流区域，但是在西部暖池区域，大气和表层海水CO_2分压接近平衡。净海-气交换通量的年变化率，70%是由厄尔尼诺现象引起的。Le Quere等利用一个包括环流和简单生物地球化学过程的三维全球海洋环流模式估计了海洋CO_2汇在1979～1997年的年际变化。环流模式采用了垂向分为30层，表层100m分了10层。生物地球化学模型包括7个状态变量。在这期间，海洋CO_2汇的变化范围是1.4～2.2Gt C/a，平均值为1.8Gt C/a。模式模拟的全球CO_2通量变化有70%发生在赤道太平洋，主要是因为厄尔尼诺经常发生，动力学过程控制着赤道太平洋，这与观测的结果非常相近。

2.2.3　海洋碳的源与汇

海洋碳源汇格局清单是人们最为关心的课题之一，就目前而言，海洋碳源汇格局清单均是在少数观测数据的基础上用模式计算获得的，所以，模式是以海洋现场观测为基础的，相对应的是要系统研究这些海洋碳参数的影响因素以及源汇形成机制等一系列过程，所以，对碳体系观测-过程-模式的研究构成了一个新学科——全球碳循环科学(global carbon cycle science)的主要研究内容，JGOFS计划的基本完成标志着这门新学科的诞生。目前，全球碳循环科学的研究正全面开展，可以相信，经过若干年的努力，这门新学科会发展成为一门人类与自然相互渗透、多个学科相互交叉的学科，海洋碳源汇研究是全球碳循环科学最重要的组成部分。

海洋在调节全球气候方面，特别是在减缓CO_2等温室气体排放方面作用巨大，所以了解区域以及全球海洋是吸收(汇)还是排放(源)CO_2就显得非常重要。据最近的估算，整个海洋含有的碳达3.9×10^{13}t，约为大气7.5×10^{11}t的52倍，海洋是地球上最大的碳储库，目前，人类每年排入大气中的CO_2以碳计为5.5×10^{9}t，有约2.0×10^{9}t被海洋吸收，占总排放量的36%，陆地生态系统吸收占13%，为0.7×10^{9}t，也就是说海洋与陆地容纳了近一半人类排放的CO_2，另外的50%释放到大气中，海洋在缓和CO_2温室效应方面的作用不言而喻。所以，对海洋碳源汇的含义进行剖析，确切了解其含义对研究海洋碳循环过程异常重要。

2.2.3.1　海洋碳源汇的含义

一般笼统地讲，把海洋能吸收大气CO_2的区域称为“汇”(sink)，反之向大气释放CO_2的区域称为“源”(source)，可形象地用图2-13表示。

但目前海洋源与汇研究中有两个相互关联但意义不同的内涵，一是通过测定表层海水与大气CO_2分压，计算海-气界面CO_2通量后，根据其正负值来确定源与汇。

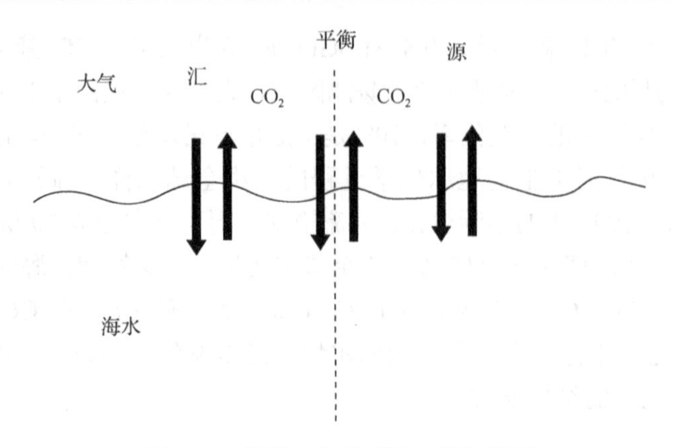

图 2-13　海洋二氧化碳源与汇示意图

通过这种方法获得的海洋源与汇，称为“表观源与汇”。一般较小尺度的海域用这种方法获得。二是通过测定海水中的总 CO_2 浓度(T_{CO_2})，并利用冰芯或沉积物反演获得未受人类影响(工业革命前，1750 年)的 T_{CO_2}，通过海水温度、盐度、营养盐等校正后，用模式获得的海洋碳源汇，反映的是海洋容纳的人类排放 CO_2 量(excess CO_2)，通过模式可以预测海洋碳源汇的强度与变化趋势，用这种方法获得的海洋源与汇，我们称之为“实际源与汇”。大洋空间尺度的海洋源汇一般是用这种方法获得，其获得方法见图 2-14。

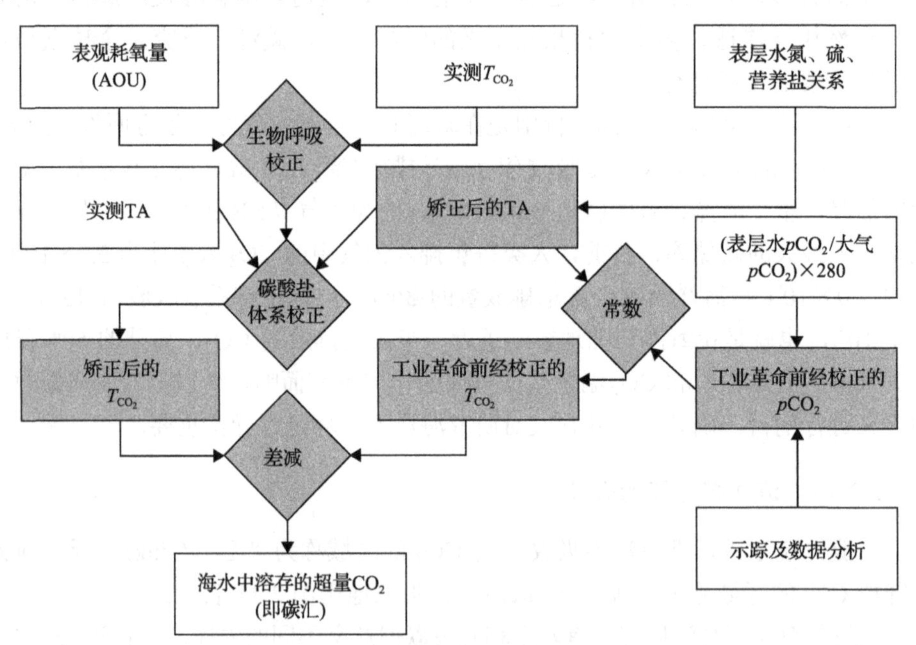

图 2-14　海洋实际碳源汇获得方法

在目前所有文献中，都没有区分海洋碳源汇这种含义上的差别。“实际源与汇”可以反映海洋中深层特别是大洋储存碳的能力，相对而言，这种源与汇反映的是相当长时期海洋与大气 CO_2 的相互关系，因为中深层大洋水较为稳定，“表观源与汇”主要反映海洋表面与大气 CO_2 的关系，是瞬时可变的，当然，在确定的海域其海面温度与海况是规律变化的，也在一定程度上体现了“表观源与汇”的相对稳定性，即一般用 CO_2 分压计算出的“表观源与汇”和用模式得到的“实际源与汇”的结果是相近的。

2.2.3.2　海洋碳源汇的获得

(1) 海洋碳源汇的估算方法

海洋碳源汇目前主要通过 6 种方法获得：①用示踪剂校准的箱式模型，在 1975 年开始应用；②用示踪剂确定的一般环流模式(GCMS)，在 1987 年首次应用；③用一般大气环流模式进行大气 CO_2 解析获得，在 1990 年出现；④用现场 DIC 和 $DI^{13}C$ 计算，在 1992 年开始应用；⑤用大气时间序列 O_2/N_2 和 ^{13}C 计算，1993 年出现；⑥用海-气界面净通量的全球集成来估算，在 1997 年开始应用。一般的做法是：利用少数航次的表层海水二氧化碳分压实测结果(或利用海水 pH 和总碱度计算获得表层海水二氧化碳分压)，与表层海水温度、盐度进行统计获得三者关系，然后用全球海洋温盐资料反演获得全球海洋表层海水二氧化碳分压，而后利用大气二氧化碳分压及气象资料，获得海-气二氧化碳交换系数后乘以分压的差值，即可获得不同海域二氧化碳的源汇。就目前而言，②、④、⑥方法应用较多。尽管各方法各有优缺点，但获得的海洋可吸收 CO_2 量相近，如用 9 种分立的三维碳循环模式 GCMS 得到在 20 世纪 80 年代全球海洋吸收的碳为 (1.85 ± 0.35) Pg C/a，用大气时间序列 O_2/N_2 和 CO_2 估算的结果为 (2.0 ± 0.6) Pg C/a，也就是说用所有方法获得的海洋可吸收的碳均在 2Pg C/a 左右。同时也应看到，各个模式间的结果是有差异的，为此国际上进行了海洋碳循环模式互校项目(ocean carbon cycle modelling intercomparisionproject，OCMIP)，在 1995～1997 年的第一期计划中(OCMIP-1)，有 4 个研究组加入，集中于自然与人为 CO_2 的区分，在 1998～2000 年的第二期计划(OCMIP-2)中，有 13 个研究组参加，区分了自然与人为 CO_2，第三期计划(OCMIP-3)正在进行中，特别强调海洋生物的作用。OCMIP-2 中海洋吸收 CO_2 的模式结果见图 2-15。可见，模式间在模拟以前的结果时相差很小，但预测结果相差趋势变大，且在区域上有较大差异，差异最大的区域在南大洋 30ºS，可能是过低估算了人为 CO_2 的量，而过高估算了极地海的影响。

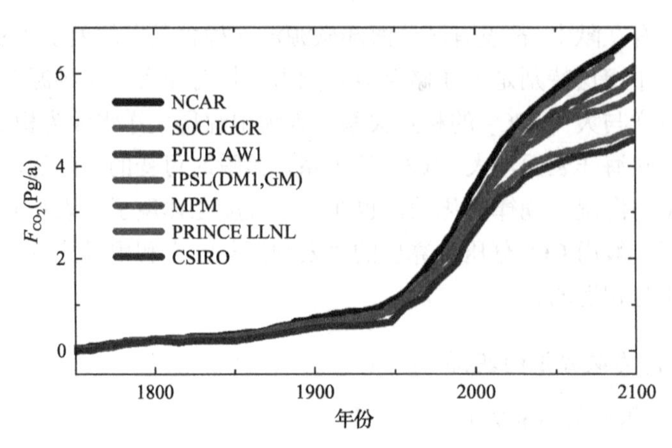

图 2-15　全球海洋海-气界面碳通量的模式结果(OCMIP-2)(彩图请扫封底二维码)

基于 12 年的 JGOFS 研究与观测，2001 年获得了一个全新的全球碳通量结果(图 2-16)。揭示世界大洋每年可吸收的碳约为 2Pg，吸收后的 CO_2 主要储存在深层大洋中，占 78%，这其中由动力学作用驱动的生物泵过程起关键作用，通过生物泵向深层输送的碳达 10.2Pg C/a，净输送 2Pg C/a。从图 2-16 还可以看出，相对而言，对大洋和陆地的碳通量研究得比较清楚，而对陆架边缘海的碳通量并不清楚，在 4 个方向上，有 3 个至今未搞清楚，即①陆架边缘海与大气间的净碳通量；②陆架边缘海向大洋输送的碳通量；③陆架边缘海向底部沉积物输送的碳通量，仅对陆地输入(主要为河流)通量相对比较清楚，陆地输入陆架边缘海的通量为 0.8Pg C/a。

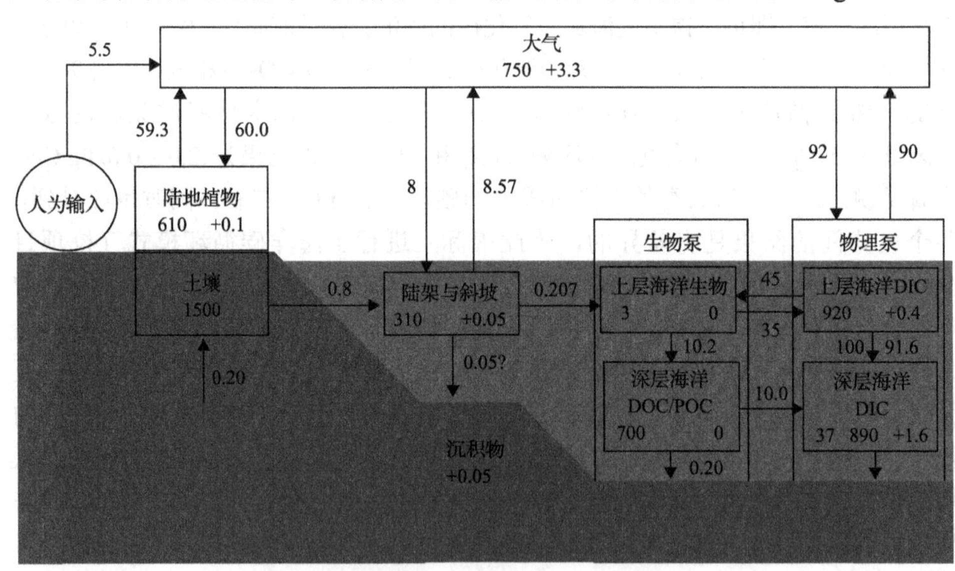

图 2-16　全球碳通量(Pg/a)与储碳量(Pg)

框中右侧的数据为与人类活动有关的年增加量

(2)海洋碳源汇的分布特征

现有的研究结果表明，自 20 世纪 70 年代以来，全球海洋一直是大气 CO_2 的净汇，全球海洋主要的汇区分布在较冷的大洋区域，如北太平洋、北大西洋、南大洋等，表层海水温度越低，其吸收 CO_2 的量越大，汇的强度也就越大。

在区域上，太平洋赤道区域是天然的最大的 CO_2 源，在一般的年份，每年释放进入大气中的 CO_2 量为 0.8～1.0Pg，在强的厄尔尼诺年(如 1997～1998 年)，其释放量减小，为 0.2～0.4Pg/a，少一半还多。北大西洋是全球海洋最大的天然的 CO_2 汇，这个区域可强烈地吸收大气中的 CO_2，南大洋通常情况下每年净吸收 0.2～0.9Pg，也是一个重要的海洋汇区。正如前面所言，陆架边缘海是大气 CO_2 的源还是汇，目前还不清楚。一般来说，陆架边缘海应该是大气 CO_2 的源，因为沿岸上升流和陆地输入的有机物分解都可导致 CO_2 的释放，但目前的结论正好相反，北海与东海的航次结果都表明，这些陆架边缘海都是 CO_2 的汇，如果全球的陆架边缘海都是这种情况，那么陆架边缘海这个海洋汇可吸收 CO_2 达 0.2～1Pg C/a，这在全球碳循环中的作用是不得了的，所以，海洋碳循环研究中关于陆架边缘海的研究应大大加强。

海洋吸收的 CO_2 大部分在上层水中循环，在全球范围内，仅有约 1%的初级生产力(相当于 0.34Pg C/a)能到达 2000m 以深的深海中。JGOFS 研究得出，在赤道太平洋 100m 处，碳的输出仅占其初级生产力的 2%～7%，1000m 处仅有 1%，阿拉伯海 100m 处有 5%～10%，1000m 处有 1.7%，南大洋最高，100m 处有 30%，1000m 处有 3%，可以看出，南大洋吸收的碳储存的年限最长，转化人为 CO_2 的相对量也最大。全球海洋碳到达海底而进入沉积物中的量约为 0.2Pg C/a，即全球海洋吸收的 CO_2 约 10%进入沉积物中长久固定下来，90%在水体中循环。

2.2.3.3　海洋碳源汇的不确定性

(1)海洋要素的多变性和复杂性

从上面对海洋碳源汇结果的分析可以看出，海洋碳源汇是变化的，有相当的不确定性，即同一区域海洋碳源汇本身会发生变化，主要是由于海况、气象要素、海洋生态环境等变化可引起海洋碳源汇格局与强度变化，而同一区域在同一时间获得的碳源汇也有不确定性，这里仅涉及后者。这种不确定性主要是由计算模式所用到的海洋碳参数测定仍有问题，且各个模式间对过程的处理不同引起的，也就是说碳参数测量准确度低以及对碳循环过程了解不够是影响海洋碳源汇结果的根本性因素。针对这种情况，国际海洋学界特别重视这两个方面的研究，可以说，JGOFS 项目的基本完成，对碳的海洋生物地球化学过程比以前有了更深入的了解，但对控制近海碳的生物地球化学过程并不清楚，所以对海洋特别是近海碳循环过程在今后相当长时期需要继续研究，这其中包括将 JGOFS 项目所得的数据综合性地用于碳循环模式的研究；继续对时间序列站进行观测，以获得几十年尺度上碳循环过程的实际参数，特别强调次表层颗粒通量、溶解有机碳输送和深海矿化等过程；最近观测发现，近海大气中 CO_2 浓度有明显降低，碳有明显输出，应结合 LOCIZ 计划重点进行陆架海域与深海间碳的交换研究；应构建更为有效的三维碳循环模式，继续进行国际间海洋碳循环模式的互校项目 OCMIP。应该说，JGOFS 的研究集中于两个部分，即 200m 以上的生产层与近海底的沉积物通量，而生物泵中有机物输出后的分解或成岩作用主要发生在真光层下的“弱光层”(twilight zone)，其深度达 500～1000m，对这一深度层内的生物地球化学过程并不清楚，这是导致模式结果存在不确定性的重要因素之一。

(2)海洋要素测定的准确度

海洋碳参数测定的准确度问题是导致海洋碳源汇存在不确定性的另一根本因素，就目前而言，海洋碳源汇研究需要 4 个基本的碳参数，即海水的 pH、表层海水 CO_2 分压(pCO_2)、海水总碱度(TA)以及溶解无机碳(DIC)，这 4 个参数目前测量都存在一定问题，即准确度较差。就连最简单的 pH 测定，用技术已经成熟的玻璃电极测定也达不到 0.001 的精度，采用指示剂的分光光度法被认为是值得大力发展和有潜力的方法，但应用于近海混浊水和有色水都有一定的问题。表层海水 CO_2 分压测定问题更大，目前应用的水气平衡红外检测法需要对现场样品进行处理，这种处理会带来较大误差，气体膜分光光度法检测需要平衡计算，而实际上海洋很难达到平衡态。总碱度的测定用滴定法和指示剂分光光度法都存在一定问题，其关键是海水总碱度的变化相对于其总量来说太小，其变化量少于 5%，这样小的变化，上述两种方法都很难实现精确测定。海水溶解无机碳目前的测定准确度最高，加酸鼓出后用红外或库仑法检测，但应用于混浊水有一定的问题。针对碳参数测定问题，政府间海洋学委员会-海洋研究科学委员会(IOC-SCOR)有一个专门委员会来解决，最近他们认为，提高碳参数测定准确度的研究应加强，pH 与 TA 应重点发展分光光度法，pCO_2 应发展膜法测定技术，对于 DIC 应发展快而精度高的测定方法。

通过对碳源汇不确定性的分析可知，海洋碳源汇的研究任重而道远，应特别注重发展碳参数测定技术并加深对碳循环海洋生物地球化学过程的了解，这是海洋碳循环研究必须面对的。

作为碳循环科学主要研究内容之一的海洋碳源汇研究是一个系统而复杂的重大科学问题，影响过程的生物与非生物因素交织在一起，动力过程由于气候、地形地貌和海洋本身的分层等多因素融合在不同的海域相差悬殊，要把海洋碳源汇搞清楚还需要多学科科学家长期艰苦的努力，需要国际上统一的规划实施和各国政府政治、经济的强力支持。在科学问题上，应特别注重以下几个方面的深入研究。

第一，确立海洋碳参数高准确度可互校的分析方法。海洋碳参数测定的准确度，直接决定了海洋碳源汇的定性与定量结论，这是进行海洋碳源汇研究的前提，目前，应特别注重解决海水 pH、表层海水 CO_2 分压(pCO_2)、海水总碱度(TA)以及溶解无机碳(DIC)这 4 个参数的测定准确度问题。

第二，深入研究控制海洋碳储存、转移、形成、分解的海洋生物地球化学过程，对其关键过程的了解有助于研究海洋碳循环的机制，从而更精确地研究海洋碳源汇，在深海应特别注重真光层下弱光层内碳的循环过程，对弱光层不了解是目前海洋碳源汇研究存在不确定性的原因之一。

第三，加强陆架边缘海碳循环研究。目前，全球海洋碳源汇研究中最不确定的就是陆架边缘海，现在对全球陆架边缘海是大气 CO_2 的源还是汇都没有确定，足以看出该研究的迫切性。近海碳的海洋生物地球化学过程更为复杂，除与大洋有相近的控制过程外，又增加了人类的影响、河流径流的输入，使碳循环的控制过程更加复杂，但近海碳循环研究必须深入系统开展。

海洋碳源汇研究涉及的学科众多，加上本身的复杂性及观测的异常艰难，使海洋碳源汇研究有极大的挑战性，又由于它与人类生存的环境息息相关，并直接决定世界范围内政治与经济的战略格局，需要也值得科学家去努力。可以相信，经过若干年的努力，海洋碳源汇格局定会清晰地展现在人们的面前，到那时人类或许就能利用海洋这个大的环境调节器去设计和改造我们生存的环境。

2.2.4 全球碳循环研究中的碳失汇

碳的生物地球化学循环涉及大气圈、陆地生物圈、水圈和岩石圈的各种碳库，因为大气中的碳最易测定，周转时间最短，并且对它进行研究最早，对其进行精确观测已持续了近 50 年。所以，当前的碳源汇研究均以大气作为参考，任何使大气 CO_2 浓度增加的库定义为源，相反则为汇。对大气中碳收支研究发现，目前已知的碳汇与已知的碳源不能达到平衡，即碳汇少于碳源，这就存在一个碳失汇或丢失碳汇(missing carbon sink)。目前国内外关于“碳失汇”已有不少报道。

2.2.4.1 碳失汇的提出

碳循环是一个涉及多学科的综合动态过程，它的动态变化可用式(2-24)来表示：

$$dCO_2 / dt = C+D+R+S+O-P-I-B \tag{2-24}$$

其中方程式左边表示的是大气 CO_2 的动态变化率，右边各项代表大气 CO_2 的源和汇(正号项为碳源，负号项为碳汇)。

主要碳源：C 代表化石燃料燃烧释放到大气中的 CO_2；D 代表土地利用(包括

森林砍伐、森林退化、开荒等)释放到大气中的 CO_2；*R* 代表陆地植物自养呼吸释放的 CO_2；*S* 代表陆地生态系统中生物异养呼吸(包括微生物、真菌类和动物)释放的 CO_2；*O* 代表海洋释放到大气中的 CO_2。

主要碳汇：*P* 代表陆地生态系统通过光合作用固定的 CO_2；*I* 代表海洋吸收的大气中 CO_2；*B* 代表沉积在陆地和海洋中的有机和无机碳。

在这些源汇中，因为海洋对碳的贡献表现为吸收大于释放($I>0$)，海洋主要作为大气 CO_2 的汇；陆地生态系统的光合作用和自养呼吸以及异养呼吸均以陆地生态系统为一个整体来进行探讨。据此，当前大气碳平衡可用式(2-25)表示：

大气 CO_2 增加=化石燃料燃烧释放+土地利用变化释放−海洋吸收−碳失汇　(2-25)

在对全球碳平衡中各主要碳汇和源估计时，由于采用的方法和数据来源不同，不同作者给出的估计值有所不同(表 2-10)。尽管各种碳源汇的估计值存在着很大的不确定性，但是表 2-10 中的各项数据还是证实了“碳失汇”的存在，其数值介于 0.2～4.0Pg C/a。

表 2-10　全球碳平衡的各项估计值(Pg C/a)

化石燃烧	土地利用变化	大气增加	海洋吸收	碳失汇	资料来源
3.6		1.8	0.5～0.8	1.0～1.3	Reniners，1973
5.2	3.3	2.5	2.0	4.0	Woodwell，1983
5.0	1.3	2.9	2.4	1.0	Trablka，1985
5.4	1.6	3.4	2.0	1.6	Houghton et al. ，1990
5.3	1.8	3.0	1.0～1.6	2.5～3.1	Tans et al. ，1990
5.5±0.5	1.6±0.1	3.2±0.2	2.0±0.8	2.1	IPCC，1994
4.8～5.8	0.4～1.6	2.9	2.5～1.8	0.2～2.7	Sedjo，1992
6.0	1.5	3.0	2.0	2.5	Houghton，1995
6.0	0.9	3.2	2.0	1.7	Schlesinger，1997
5.4±0.5	0.6～2.5	3.2±0.2	2.0±0.6	1.8±1.3	Siegenthaler，1993

2.2.4.2　“碳失汇”成因

目前国内外关于“碳失汇”成因主要基于以下几点并形成了较一致的观点。

(1)陆地生态系统

在所有的论述中，“碳失汇”最合理的解释是存在于在陆地生态系统中。北半球的陆地面积占全球陆地面积的 67%，尽管约 95%的矿物质燃料都在北半球，但南半球大气中的 CO_2 年平均体积分数接近或高于北半球，并且这种差异随着矿物质燃烧和 CO_2 排放量的增加而增加，这说明北半球一定有一个未知的碳汇，而且与北半球的陆地大有关系。这一碳汇约可占到全球碳失汇的 1/3，但是具体机制还不清楚。到目前为止，人们认识到的在几年到几十年的短时期内，可能影响陆地碳储存的过程主要包括以下5个。

1) 气候变化

气候变化对“碳失汇”的影响主要表现在气温增加对碳汇的作用，这一作用主要表现在两方面。

一方面，气温增加提高植物的呼吸作用，从而释放更多的碳。这一点的有力证据即自1940年以来陆地生态系统中碳积累的年变化与气温存在负相关。有资料表明，全球气温每增加1℃，大气CO_2大约增加3μmol/mol，这相当于大气中碳积累量增加了6Pg C；温度每升高1℃，呼吸作用的提高导致碳释放增加(或吸收减少)3.4～6.4Pg C。但碳库变化滞后可达7年，这一点可以从1940～1970年中期的气候变冷与碳储量增加相对应得到证明。

另一方面，气温增加可以提高氮的矿化，进而刺激植物生长固定更多的碳。模型分析认为，1950～1984年，陆地生态系统碳积累了15～25Pg C，主要分布于30°N～60°N，这一数值相当于同期全球“碳失汇”的一半。利用模型研究气候变化和大气CO_2增加对亚马孙热带原始雨林碳库年际变化的影响，也证实了上述观点。在美国新英格兰的Harvard森林站，利用涡度相关法对温带落叶阔叶林与大气间的二氧化碳交换量进行了5年的观测。结果表明，1991～1995年该系统每年从大气中吸收碳1.4～2.8Mg C/ha，并最终得出结论，北半球的陆地生态系统与大气间二氧化碳中碳的交换量的变化幅度为1Pg C/a左右。

2) 植物生长

植物生长表现为生物量增加，即碳的积累。近年来，在北美和欧洲大陆有大量的森林生态系统正处于恢复阶段，这必将是一个重要的碳汇。在1994年通过实验得出结论，仅俄罗斯和美国的森林每年就分别从大气中固定碳0.3～0.5Pg C和0.1～0.25Pg C，这一数值占到同期全球“碳失汇”的近1/4。另据有关资料，碳的积累不仅包括生物量(碳数量)的增加，在富二氧化碳的条件下，植物部分组织中碳的单位含量也有增加的趋势，这是否也是全球“碳失汇”的原因之一，其能占到全球“碳失汇”的有效比例是多少？还有待进一步研究。

3) CO_2的施肥效应

CO_2的施肥效应是指大气CO_2体积分数的增加直接影响植物的光合作用，进而提高净初级生产力。有资料显示，C_3植物在目前的大气二氧化碳体积分数下，不足以达到最优的光合作用效应。美国农业部土壤动力学国家实验室的资料则直接显示，当大气中的CO_2体积分数加倍时，多数作物的产量增加33%，实际上这也是一个明显的碳汇。IGBP框架下著名的FACE (free-air carbon enrichment)实验就是为了研究富CO_2条件下生态系统的响应。考虑水分、养分对CO_2施肥效应的影响，估计出1885～1980年CO_2的施肥效应使陆地生态系统的碳汇增加量达60～97Pg C，是该时期“碳失汇”的62%～100%。20世纪80年代，由于CO_2施肥效应，陆地生态系统增加的碳汇为 1.2～2.04Pg C/a。但也有研究表明，在全球范围CO_2体积分数增加到一定程度时，将导致CO_2的施肥效应降低。因为当CO_2体积分数超过500×10^{-6}时，相对新生产力(NPP)的增加速率会显著降低。

4)氮沉降的施肥作用

氮沉降的施肥作用可对陆地生态系统碳汇产生影响，主要是因为全球大部分地区的陆地生态系统生产力受到氮肥的限制。土壤中氮不足，将严重影响植物的光合作用；反之，氮的沉降在一定范围内促进植物的光合作用。如果所有的沉降氮全都用于植物生长，则这一碳汇可达 165Pg C。自然界中，只有近 1/3 的沉降氮能够被植物利用，而其余将被固定在土壤中，因为植物组织比土壤有更高的碳氮比。IGBP 认为，这一作用对“碳失汇”的贡献可达(0.6 ± 0.3)Pg C/a。

5)土地利用方式的变化

土地利用方式的变化对“碳失汇”的成因具有相当重要的作用，主要是指土地利用方式的改变所引起的碳储量减少或碳排放增加，即陆地生态系统的净CO_2排放。特别是工业革命以后，由于土地的大量开垦，陆地生态系统与大气间的CO_2通量增加，因此陆地生态系统的源强增加。近些年来，伴随着水危机和粮食危机，土地耕作制度的变化也导致全球碳循环研究的不确定性增加，促使“碳失汇”的形成。

(2)海洋

海洋是一个巨大的汇，每年海洋从大气中吸收碳大约 2Pg C。另外从陆地通过河流输送至海洋的碳量也占有相当大的比例。许多资料都表明，全球最大的碳库正在由陆地生物圈向海洋迁移。有近 1/3 的“碳失汇”可能存在于海洋中，或是与海洋有关。

(3)岩石圈

地球上最大的碳库是岩石圈，而对于短时间尺度的研究，岩石圈是不予考虑的研究认为碳酸盐的变化也可能导致碳失汇。IGCP(国际地质对比计划)发现，全球因碳酸盐的溶蚀而由大气回收的碳量为6.08×10^8t C/a，单单这一数值就是“碳失汇”的 1/3。但是直到目前为止，IGBP 的科学目标受到碳循环模型思路的影响，只强调了生物圈(包括陆地生态系统和海洋生态系统)短时间尺度碳循环的作用，而对地质过程有所忽视。这表现在至今已启动的全球各项研究核心计划中，还没有一个认真研究地质作用过程对碳循环影响的项目。

2.2.4.3 寻找“碳失汇”的研究方法

到目前为止，用来寻找“碳失汇”的方法主要有以下 2 种。

(1)样点测定并外推估算

全球各种生态系统的类型是有限的，它们的面积也是已知的，并且在同一生态系统类型内，碳的形态及其质量浓度和各种生物地球化学循环存在较大的一致性。该方法就是利用这一特点，在各种生态系统中随机定点，测定它们的碳库及碳通量，并外推至全球，估算出全球范围碳的收支。该方法的优点是所有数值均为实测值，存在较大的可信度。已知的部分“碳失汇”估计值就是采用这种方法得到的。但是因为各种生态系统的划分不一，即使是同一种生态系统类型，如果所处地点纬度不一样和温度存在差异等，均可能导致较大的误差。

(2)模型估算

利用模型进行碳收支的估算可以考虑各种影响因子，对全球碳收支进行估算。目前全球关于碳循环研究著名的模型主要以经验模型为主，大部分以碳库的大小以及各碳库间的碳通量来进行估算。不足的是，这种方法所用数据同样必须来自实测值，最终再利用实测值进行验证；并且因为生物地球化学过程的复杂性及影响因子的多样性，很难将所有影响因子全部包括在内，所以这种方法同样存在较大的误差。

2.3　海水无机碳的迁移与转化

2.3.1　海水中的溶解无机碳体系

海水中溶存着大量碳的化合物，其中无机碳的主要存在形态是 CO_2、H_2CO_3、HCO_3^-、CO_3^{2-}。该溶解无机碳体系是海洋中重要而复杂的体系，CO_2 在水中溶解是海洋生态系统能够进行光合作用形成有机物、地壳岩石风化和碳酸盐矿物沉淀的前提，因此，它涉及许多学科，如海洋化学、生态学、地质学等。该体系中各分量之间存在如图 2-17 所示的平衡。

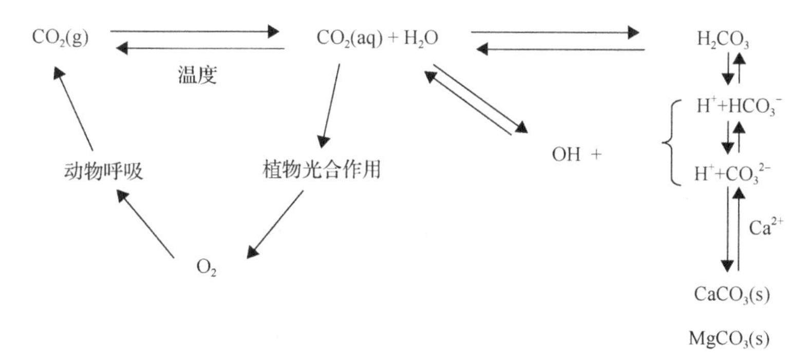

图 2-17　海水中无机碳体系化学平衡的示意图

2.3.1.1　海水溶解无机碳的主要参数

海洋中的二氧化碳体系存在如下化学平衡：

$$CO_2(g) \xleftrightarrow{K_0} CO_2(aq)$$

$$CO_2(aq) + H_2O \longleftrightarrow H_2CO_3$$

$$H_2CO_3 \xleftrightarrow{K_1} HCO_3^- + H^+$$

$$HCO_3^- \xleftrightarrow{K_2} CO_3^{2-} + H^+$$

式中，K_0 是海水中 CO_2 的溶解度系数，K_1、K_2 分别是碳酸的第一、第二级离解常数，并通过下式计算：

$$K_1 = \frac{[H^+][HCO_3^-]}{[CO_2]} \tag{2-26}$$

$$K_2 = \frac{[H^+][CO_3^{2-}]}{[HCO_3^-]} \tag{2-27}$$

式中，$[H^+]$、$[HCO_3^-]$、$[CO_3^{2-}]$和$[CO_2]$分别是海水中 H^+、HCO_3^-、CO_3^{2-}和溶解 CO_2 的浓度。由于很难把海水中的溶解 CO_2(aq)和 H_2CO_3 区分开，通常采用二者浓度之和来代表海水中溶解 CO_2 的浓度。

海水中的二氧化碳体系主要包括 6 个常用的参数：pH、pCO_2、TA(总碱度)、溶解无机碳(DIC)、$[HCO_3^-]$、$[CO_3^{2-}]$。

溶解无机碳(DIC)：包括游离 CO_2、H_2CO_3、HCO_3^-、CO_3^{2-}等所有形式的溶解无机碳，也称总二氧化碳，通常用 DIC、$\sum CO_2$ 或 T_{CO_2} 表示(mol C/kg)。

$$[DIC] = [游离\ CO_2] + [HCO_3^-] + [CO_3^{2-}] \tag{2-28}$$

二氧化碳分压(pCO_2)：主要是指海水中以气体形式存在的那部分 CO_2(Pa)。二氧化碳分压是进行海-气交换通量估算的重要参数。

总碱度(TA)：是海水中弱酸阴离子总量的一个量度，它的严格定义为：在温度为 20℃时，1dm^3 海水中弱酸阴离子全部被释放时所需要氢离子的毫摩尔数(mmol/dm^3)。因此，总碱度除包含 HCO_3^-、CO_3^{2-}等物质外，还包括 OH^-和 $H_2BO_3^-$等物质。

$$TA = [HCO_3^-] + [CO_3^{2-}] + [H_2BO_3^-] + [OH^- - H^+] + \cdots \tag{2-29}$$

温度为 10℃、pH 为 8.3 的海水，HCO_3^-、CO_3^{2-}和 $H_2BO_3^-$的含量分别为 2.0×10^{-3}mol/dm^3、2.0×10^{-4}mol/dm^3 和 1.0×10^{-4}mol/dm^3，而$[OH^- - H^+]$的含量仅约 2.0×10^{-6}mol/dm^3，可忽略不计；对大部分大洋水来说，其他弱酸阴离子(如硫化物)含量更低，亦可忽略。所以总碱度可简略为

$$TA = [HCO_3^-] + [CO_3^{2-}] + [H_2BO_3^-] \tag{2-30}$$

当海水的溶解无机碳体系处于平衡时，如果海水的温度、压力和盐度已经测定，那么海水中 CO_2 的溶解度系数 K_0、碳酸离解常数（K_1、K_2）、硼酸离解常数（K_B）及硼酸含量（BT）可以计算得出。而 pH、TA、DIC、pCO_2、$[HCO_3^-]$和$[CO_3^{2-}]$6 个参数中任意测定 2 个，就可计算求出其余 4 个参数。

目前，至少可以得到 4 套独立的碳酸离解常数，分别由 Hansson（1973）、Mehrbach 等（1973）、Goyet 和 Poisson（1989）、Roy（1993）所提出，另外还有一些对它们进行修正的表达式，如 Dickson 和 Millero（1987）、Millero（1995）、Lee and Millero 等提出的碳酸盐离解常数。

在碳酸盐离解常数的测定过程中，不同研究者所使用的 pH 标度（或 pH 定义）有所不同，主要有以下 3 种。

NBS（national bureau of standard）pH 标度，$pH_{NBS} = -\lg a_H = -\lg\{fH[H^+]\}$，$a_H$ 为氢离子活度，fH 为活度系数。

总质子 pH 标度（total proton scale），$pH_T = -\lg[H^+]_T = -\lg\{[H^+]+[HSO_4^-]\}$，下标 T 代表总浓度。

海水 pH 标度（seawater scale），$pH_{SWS} = -\lg[H^+{}_{SWS}] = -\lg\{[H^+]+[HSO_4^-]+[F^-]\}$。

Hansson 采用的 pH 定义为总质子 pH 标度，Mehrbach、Dickson 和 Millero、Goyet 和 Poisson 采用的为 NBS 标度，他们给出的离解常数表达式分别为

$$pK_1(\text{Han}) = 851.4/T + 3.273 - 0.010\,6S + 0.000\,105S^2 \tag{2-31}$$

$$pK_2(\text{Han}) = -3885.4/T + 125\,844 - 18.141\ln T - 0.019\,2S + 0.000\,132S^2 \tag{2-32}$$

$$pK_1(\text{Merh}) = 3670.7/T - 62.008 + 9.794\,4\ln T - 0.011\,8S + 0.000\,116S^2 \tag{2-33}$$

$$pK_2(\text{Merh}) = 1394.7/T + 4.777 - 0.018\,4S + 0.000\,118S^2 \tag{2-34}$$

$$pK_1(\text{D \& M}) = 845.0/T + 3.284 - 0.009\,8S + 0.000\,087S^2 \tag{2-35}$$

$$pK_2(\text{D \& M}) = 1377.3/T + 4.824 - 0.018\,5S + 0.000\,122S^2 \tag{2-36}$$

$$pK_1(\text{G \& P}) = 807.18/T + 3.374 - 0.001\,75S\ln T + 0.000\,095S^2 \tag{2-37}$$

$$pK_2(\text{G \& P}) = 1486.6/T + 4.491 - 0.004\,12S\ln T + 0.000\,215S^2 \tag{2-38}$$

$$\begin{aligned}\ln K_1(\text{Roy}) = {} & 3.175\,37 - 2329.137\,8/T - 1.597\,015\ln T + (-0.210\,502 - 5.794\,95/T)S^{0.5} \\ & + 0.087\,220\,8S - 0.006\,846\,51S^{1.5}\end{aligned} \tag{2-39}$$

$$\begin{aligned}\ln K_2(\text{Roy}) = {} & -8.197\,54 - 3403.878\,2/T - 0.352\,253\ln T + (-0.088\,885 - 25.953\,16/T)S^{0.5} \\ & + 0.110\,665\,8S - 0.008\,401\,55S^{1.5}\end{aligned} \tag{2-40}$$

$$\ln K_1(\text{Mill}) = 2.188\,67 - 2275.036\,0/T - 1.468\,591\ln T + (-0.138\,681 - 9.332\,91/T)S^{0.5} + 0.072\,648\,3S - 0.005\,749\,38S^{1.5} \quad (2\text{-}41)$$

$$\ln K_2(\text{Mill}) = -0.842\,26 - 3741.128\,8/T - 1.437\,139\ln T + (-0.128\,417 - 24.412\,39/T)S^{0.5} + 0.119\,530\,8S - 0.009\,128\,40S^{1.5} \quad (2\text{-}42)$$

式中，T 为温度(K)；S 为盐度。

上列各式所适用的温度、盐度范围、测定误差及通常情况下(S=35‰，T = 25℃)的 K_1、K_2 值如表 2-11 所示。

表 2-11　不同研究者测定得到的海水碳酸离解常数

研究者	温度(℃)	盐度(‰)	标准误差		S=35, T=25℃	
			pK_1	pK_2	pK_1	pK_2
Han	5～30	20～40	0.007	0.009	5.8502	8.9419
Mehr	2～35	26～43	0.006	0.010	5.8327	8.9554
D & M	0～35	20～43	0.008	0.013	5.8457	8.9454
G & P	−1～40	10～50	0.007	0.011	5.8487	8.9189
Roy	0～45	5～45	0.003	0.002	5.8468	8.9154
Mill	−1～45	5～50	0.0012	0.0025	5.8468	8.9156

由于溶解无机碳体系的各个参数之间关系密切，其在大洋海水中的分布既有一定的独特性又有一定的相似性，下面以太平洋海水中溶解无机碳体系的分布特征为例，说明海水溶解无机碳体系中各参数的变化特征。

实例分析：太平洋海水中溶解无机碳体系的分布特征

太平洋暖池区表层海水总碱度为 2.01～2.25mmol/dm^3，平均值为 2.17mmol/dm^3；赤道东太平洋东部海区和西部海区表层海水总碱度分别为 2.31mmol/dm^3 和 2.28mmol/dm^3。太平洋暖池区表层海水总碱度较赤道东太平洋东部海区低。总二氧化碳($\sum CO_2$)的分布与总碱度相一致，自赤道东太平洋东部海区向西至太平洋暖池区呈降低趋势，从 1.97mmol/dm^3 降至 1.85mmol/dm^3 (表 2-12)。从表 2-12 可以看出，海水中溶解无机碳的主要存在形式为 HCO_3^-，其所占比例因不同海区而异，赤道东太平洋东部海区最高，其次为赤道东太平洋西部海区，太平洋暖池区最低，平均值分别为 88.11%、87.92%和 87.90%。在赤道东太平洋东部海区 pCO_2 的值均在 40.53Pa 左右，该值与 Wanninkhof 于 1994 年在南太平洋 8°S～10°S 测定的海水二氧化碳分压值接近，而略高于根据 1985～1989 年获得数据统计的赤道太平洋区域 0°～10°N 表层海水的 pCO_2 平均值 39.14Pa。

表 2-12　太平洋表层水体中二氧化碳体系各组分的含量范围及平均值

组分	西太平洋暖池区		赤道东太平洋西部海区		赤道东太平洋东部海区	
	含量范围	平均值	含量范围	平均值	含量范围	平均值
总碱度(mmol/dm^3)	2.01～2.25	2.17	2.26～2.32	2.28	2.24～2.35	2.31
[HCO_3^-](mmol/dm^3)	1.49～1.69	1.62	1.69～1.73	1.71	1.68～1.77	1.74
[CO_3^{2-}](mmol/dm^3)	0.198～0.221	0.213	0.220～0.235	0.225	0.216～0.231	0.224
[CO_2^*](mmol/dm^3)	0.009～0.011	0.010	0.010～0.011	0.011	0.011	0.011
$\sum CO_2$(mmol/dm^3)	1.70～1.92	1.85	1.92～1.97	1.95	1.91～2.01	1.97
[HCO_3^-]/$\sum CO_2$(%)	87.80～88.08	87.90	87.54～88.21	87.92	87.98～88.20	88.11
[CO_3^{2-}]/$\sum CO_2$(%)	11.36～11.65	11.55	11.23～11.94	11.53	11.24～11.48	11.34
[CO_2]/ $\sum CO_2$(%)	0.55～0.56	0.55	0.52～0.57	0.55	0.54～0.56	0.55
pCO_2(Pa)	36.07～41.85	39.62	39.52～42.46	40.63	40.33～42.05	41.14

图 2-18 为赤道东太平洋 WS01-02 站和西太平洋 WP01-04 站海水二氧化碳-碳酸盐体系各组分在水柱中的垂直分布图。从中可以看出，总二氧化碳($\sum CO_2$)和 HCO_3^-的垂直分布较为一致，在西太平洋 WP01-04 站表层 0～50m 水深浓度最低且变化不大，平均值分别为 1.91mmol/dm^3 和 1.69mmol/dm^3；然后随水深的增加，$\sum CO_2$ 和 HCO_3^-的浓度急剧增加，至水深 800m 处，浓度分别增至 2.31mmol/dm^3 和 2.20mmol/dm^3；自 800m 向下，它们的浓度呈缓慢递增的趋势；在水深 2300m 以下的深层水中，$\sum CO_2$ 和 HCO_3^-的浓度变化不大，分别稳定在 2.36mmol/dm^3 和 2.25mmol/dm^3 左右。赤道东太平洋海区 WS01-02 站的垂直分布趋势与 WP01-04 站相似，但$\sum CO_2$ 和 HCO_3^-在整个水柱中的浓度均高于 WP01-04 站，而且与总碱度相对应，在水深 3000m 处存在一高值。CO_3^{2-}的垂直分布与$\sum CO_2$ 和 HCO_3^-的分布正好相反，它在海表混合层中含量较高，均大于 0.20mmol/dm^3，然后随水深的增加 CO_3^{2-}浓度迅速降低，在水深 800m 处 WP01-04 站和 WS01-02 站 CO_3^{2-}分别降至 0.058mmol/dm^3 和 0.046mmol/dm^3，再向深处，CO_3^{2-}的浓度变化很小。溶解二氧化碳(CO_2^*)在整个水柱中的垂直分布表现为在海表混合层中浓度最低，为 0.011mmol/dm^3 左右；自混合层向下至 800m，浓度随水深增加而增大，在 800m(WP01-04 站)和 500m(WS01-02 站)水深处浓度分别达到最大值 0.046mmol/dm^3 和 0.060mmol/dm^3，然后随水深的增加浓度变化较小。海水 pCO_2 的垂直分布与 CO_2^*的分布一致，为表层最低，在赤道东太平洋 WS01-02 站和西太平洋 WP01-04 站分别为 39.52Pa 和 41.75Pa；然后随水深的增加，pCO_2 增大，在水深 500m(WS01-02 站)及 800m(WP01-04 站)处达到最大值，为 126.55Pa 和 88.80Pa，再向下 pCO_2 有所降低，在深层水中其变化不大，在西太平洋稳定在 67.48Pa 左右，在赤道东太平洋海区则在 50.66～70.93Pa 变化。

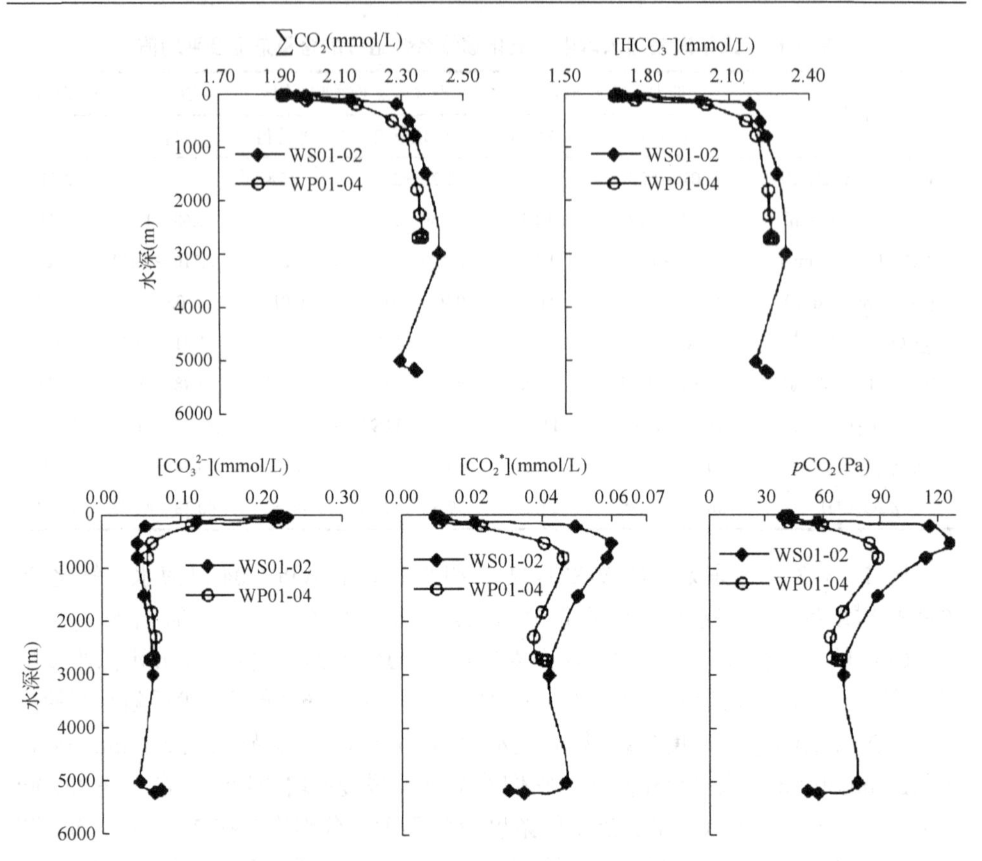

图 2-18　赤道东太平洋 WS01-02 站和西太平洋 WP01-04 站海水二氧化碳体系各组分的垂直分布图

WS01-02. 154°02′43″W，10°07′03″N；WP01-04: 142°54′56″E，8°53′05″N

2.3.1.2　海水溶解无机碳体系中主要参数的直接测定

海水溶解无机碳体系中除 HCO_3^-、CO_3^{2-}难以直接测定外，二氧化碳分压(pCO_2)、溶解无机碳(DIC)和总碱度(TA)都有准确的直接测定方法。

(1)二氧化碳分压(pCO_2)的测定

早期的 pCO_2 数据一般是依赖于 pH 和碱度(TA)间接获得的。假定比碱度是恒定的，pCO_2 可由 pH 和 TA 数值计算而得。当 pCO_2 与 pH 的改变仅是由海洋 CO_2 同大气的交换或生物活动引起时，该假定是成立的，因为 TA 在海洋 CO_2 同大气交换时几乎不改变。当然，该计算法容易导致极大的误差。首先，该公式以热力学平衡为前提，而海洋中的 CO_2 体系往往是处于非平衡状态，所以以假定海洋达到平衡为前提而得来的公式不一定能反映真实情况。其次，公式中涉及的硼酸、碳酸等弱酸离解常数的影响因素很多，计算中引用不当会引起较大误差。另外，

pH 测量值是否准确是一个关键因素。由于 pH 的测量误差会给 pCO_2 带来±3%的误差，由 TA 和 DIC 计算得到的 pCO_2，其误差可达 5%。基于以上原因，上述计算法现在一般不再采用，而用化学分析法直接测定。

化学分析法中，主要有电化学分析法、光学分析法、红外光谱法和气相色谱法等。电化学分析法中主要有电位测定法、电导法、电流测定法、声波测定法等。光学分析法主要包括分光光度法和荧光光度法，其基本原理是气体或溶液中的 CO_2 通过一层渗透膜进入含有对 pH 变化敏感的显色溶液中，CO_2 反应引起 pH 变化，因此显色试剂颜色改变。

在海水 pCO_2 的直接测定中，应用最广泛的是红外光谱法(NDIR)和气相色谱法(GC)。红外光谱法测量 pCO_2 应用到海洋上比气相色谱法要早一些，早在 20 世纪 60 年代初就有人采用红外光谱法测定海洋和大气中的 pCO_2。这种方法的精密度和准确度都很好。采用的检测仪器是各种型号的非色散红外分析仪或红外线分析器等，其工作方式有所不同，但都是根据 pCO_2 在波长 2325cm 处吸收最大进行检测。气相色谱中，只有热导池检测器(TCD)对 CO_2 有响应，但灵敏度很低。现在利用气相色谱法分析海水中的 CO_2，一般是样品气中的 CO_2 在色谱柱内分离后，进入转化柱被甲烷化镍催化氢化为 CH_4，然后由氢火焰离子检测器(FID)检测，检出信号经放大器放大送到记录仪。气相色谱法的灵敏度比红外光谱法稍低，但精密度比红外光谱法高，其应用也逐渐得到推广。一般来说，红外光谱法更适合于实现连续测定，而气相色谱法有需求样品量少等优点。在通量计算中，pCO_2 测定的精密度要求小于 1%，红外光谱法和气相色谱法都能达到这个要求，红外光谱法的精密度一般是 1%，气相色谱法对于大气要好于 0.80%，对于海水约 1%。

气相色谱法和非色散红外法都需要利用海-气交换平衡器对样品进行前处理，并且该步骤是测定准确与否的关键。目前平衡器主要有三种类型，即喷淋式、鼓泡式和层流式，或者将喷淋与鼓泡二者功能结合在一起等。

关于不同平衡器之间的互校已引起科研工作者的重视，在这方面有不少工作已经开展。对 12 个实验室测定的 CO_2 体系参数的结果进行了对照，就 pCO_2 的分析而言，各实验室间最大的差距要比单个实验室的标准偏差大得多。在“国际间二氧化碳参数互校”工作中，各实验室间的最大差距为 53μatm(相对标准偏差 18%)。据认为，测量海水 pCO_2 时各实验室间存在巨大差距可能来自海水平衡器的差异。由于将样品置于不同人所设计的平衡器中，平衡器内气体与海水平衡效率不等，因此测量结果不同。有人对两套连续测定 pCO_2 的装置进行了互校，两者的测定结果吻合得很好。说明设计相似的不同系统要获得有较高可比性的数据是可能的。

为了满足海水 pCO_2 定点连续自动观测的需要，目前开发了不少传感器，主要有电位 pCO_2 传感器和光纤 pCO_2 传感器 2 类，也有基于库仑滴定的，这些传感器本质上都是通过检测 CO_2 溶于反应液引起 pH 变化来工作的。尽管有的放置在锚泊浮标上的传感器可以连续稳定工作 50d 而无须重新标定，但也观测到了几次有意思的 pCO_2 大幅度日变化的现象。国际上试制并成功投入使用的此类装置并不多，新近研究开发的流通式光度分析方法可能代表了海水 pCO_2 定点连续自动观测设备的方向，目前应用还很少。

(2) 海水中溶解无机碳的测定

通常，测定溶液中 CO_2 的方法主要有如下几种：①比色法；②重量法；③平衡压力法；④气相色谱法；⑤红外吸收法；⑥碱度计算法；⑦电化学传感器法；⑧库仑滴定法。其中变色法是将一定体积的二氧化碳气流通过变色固体试剂管，根据管内试剂的变色长度定量出二氧化碳的浓度，该法所测定浓度范围为0.01%～60%，但在海洋中应用较少。

1) 重量法

海水中溶解无机碳的测定始于 20 世纪初期的 1918 年。重量法测定海水 DIC 的原理是将一定量的海水样品酸化，将释放出的二氧化碳通入盛有苏打水的称量瓶中，然后称量瓶重，从增加的瓶重得到吸收的二氧化碳的量。到 1953 年重量法是先将海水酸化，然后将产生的二氧化碳通入 $Ba(OH)_2$ 溶液，生成 $BaCO_3$ 沉淀，通过称量得到的 $BaCO_3$ 量，求出海水中的溶解无机碳。

2) 平衡压力法

该法出现于 1932 年，将得到的二氧化碳气体用范斯莱克型仪器通过平衡压力法测定了样品酸化后所释放的二氧化碳，以求得总 CO_2。由于采用压力法需要连接大量的真空管路，不适合在船上做现场测定。

3) 气相色谱法

1964 年使用气相色谱法测定海水的溶解无机碳，该方法也可用于测定海水中溶解的氮、氧和氩等气体。

测定方法如下：将 2mL 水样加入 0.1mL 50%的磷酸中进行酸化气提，用氦气作为载气，混合气体首先通过干燥硅胶进行干燥，除去水分；之后将干燥的气体通过一个样品环进行气体体积校准，再通过硅胶柱将二氧化碳与 N_2、O_2、Ar 等其他气体分离，最后通过热导池检测器进行检测，得出色谱峰，与样品峰比较得到样品的溶解无机碳浓度。

色谱法的特点是虽然能得到较好的精密度，但是对实验装置的材料与条件要求较为苛刻，采用聚四氟乙烯套管，要求管路的接口有很好的密闭性能。整个装置能稳定使用约 20h。对环境的变化也比较敏感，系统的温度控制要求较高，需要精确测定样品环的体积以及气体的温度、压力和压缩系数等各种气体参数，校正计算较复杂。装置使用前必须对管路中的水蒸气进行检测，以达到可接受的程度。另外还存在设备复杂、投资大、操作困难、需配备高素质的技术人员等不足。

4) 红外分光光度法

红外分光光度法的基本流程如下：将一定体积的待测样品吸入移液管，注入气提室，同时加入少量磷酸酸化，并通入氮气气流进行气提。混合气体在 4 个冷阱之间反复进行冷凝与升华，将二氧化碳与水蒸气完全分离。二氧化碳被氮气流转移至 5L 烧瓶中，准确测定烧瓶内的温度与压力，平衡后进行红外分光光度测定。实验结果可达 0.15%的相对标准偏差和 0.2%的精密度。

红外分光光度法具有精度高、稳定性好等特点，但价格昂贵，装置复杂，操作起来不方便，不能实现 CO_2 的现场连续监测，因此使用受到限制，同时由于红外分光光度计对振动的干扰灵敏等，影响了测量的精度。

近些年来，由于红外测定技术及试样处理技术取得一些进步，早期的海水溶解无机碳的红外测定法又有了新的突破，甚至获得了与库仑滴定可以相比的结果。这就使红外测定仪可以在有水蒸气存在的情况先进行二氧化碳-载气气流校准检测，使干扰因素大大减少；同时，为了克服红外检测对振动干扰的灵敏性，又采用了固态检测装置(solid state detector system)，使这一方法可以用于船上现场测定。

5) 电化学传感器法

电化学传感器法是一种将 CO_2 的浓度(或分压)通过电化学反应转变成电信号的电化学测定方法。这种方法具有价格低廉，结构紧凑，携带测量方便，易与各种测试、控制技术联用从而实现自动化，可实现现场连续监测等优点。它主要包括电势型、电流型、电量型三类。其主要优缺点见表 2-13。

表 2-13　电化学传感器的分类及特点

分类	特征	优点	缺点
电势型(通过测电极电势反映 CO_2 的浓度)	pH 型 CO_2 气敏电极	操作方便，测量范围宽(10^{-6}～10^{-2}mol/dm^3)，价格低廉	易受干扰，易损坏和老化，受酸碱干扰，响应时间长
	固体电解质型 CO_2 传感器	结实牢靠，化学性质稳定	工作温度高(300～700℃)，携带不方便
电流型(通过测 CO_2 的还原电流来检测其浓度)	水溶液体系(非 Clark 型)	在医疗、农业及海洋等领域取得了成功	氢气对 CO_2 产生干扰，特别易受酸碱性气体的干扰
	非质子性溶剂电流型 CO_2 传感器(Clark 型)	不存在氢气干扰，可用 CO 还原电流直接检测 CO_2	机制复杂，受湿度影响，氧干扰的消除有待于进一步完善
电量型(通过测电量反映 CO_2 浓度)	“脉冲滴定法”CO_2 传感器	可用于 O_2-CO_2 的联合测定	机制复杂，结果与电流密度、气体浓度、扩散层厚度相关，常有竞争反应
	“阳极脱附法”CO_2 传感器	可消除氧干扰，并能在酸性介质中避开氢气干扰	流动电解液存在渗漏或干涸

电化学检测方法虽然具有测量方便、价格低廉、仪器简单等优点，但从表 2-13 可以看出该法仍存在一些不足：电化学法多半使用电势型 CO_2 气敏电极，响应速度慢、选择性差，限制着它的广泛应用。若采用电流型即以 CO_2 的还原电流作为

响应信号，可以改善这些性能，然而对于非电活性 CO_2 气体，欲在电极上直接还原并测得与其浓度成正比的电流响应，在动力学上是困难的。现在电化学方法在海水分析中应用还不是很广泛，正处于不断研究改进中，包括对电解液的改进以及电极本身的改进和对 CO_2 传感器工作机制的研究等。研制干扰少、响应快、携带方便的新型 CO_2 传感器已成为今后的发展方向。

6)库仑滴定法

库仑滴定法目前被认为是准确度和精密度最高的测定海水中溶解无机碳的方法。这种方法于 1985 年首先提出，采用 Coulometric 公司的库仑仪及专利电解液，通过改进海水溶解无机碳提取方法，取得了令人满意的结果。库仑滴定法在近年来又得到了不断的改进，已被广泛应用在 DIC 的测定上。1996 年又提出了相对库仑滴定法，该法有利于盐度(离子强度)的控制并使得滴定突跃增大，提高了方法的精密度和灵敏度。

库仑滴定法的原理是向海水中加入一定浓度的磷酸溶液，从而将海水中的溶解无机碳酸化转化为二氧化碳气体，通入氮气作为载气，将产生的二氧化碳吹出。然后对混合气体进行冷凝、洗气、干燥，除去其中的水蒸气和干扰气体，净化后的气体通入库仑滴定池，二氧化碳就与电解液中的乙醇胺反应生成酸性物质 $HO(CH_2)_2COOH$，此物质在二甲亚砜有机弱碱性溶剂中表现出较强的酸性。气提完全后，开始电解滴定，在电极上发生氧化还原反应。库仑池的阴极采用一定面积铂片作为工作电极，发生水的还原反应，产生 H_2 和 OH^-；库仑池的阳极采用银电极为辅助电极，发生银的氧化反应；在阳极区加入含饱和 KI 的二甲亚砜溶液，它与生成的 Ag^+ 反应生成 AgI_2^-，从而防止了 Ag^+ 由辅助电极室迁移至工作电极室，产生阴极干扰。库仑池中进行的反应依次如下。

CO_2 的吸收：

$$CO_2 + NH_2(CH_2)_2OH \longrightarrow HO(CH_2)_2NHCOOH$$

氧化还原反应：

$$2H_2O + 2e = H_2 + 2OH^- \text{工作电极}$$

$$Ag(s) - e = Ag^+ \text{辅助电极}$$

$$Ag + 2I^- = AgI_2^-$$

中和反应：

$$HO(CH_2)_2NHCOOH + OH^- \longrightarrow H_2O + HO(CH_2)COO^-$$

至终点时，电解液中的指示剂由无色变为蓝色，停止电解。根据所消耗的电量，由法拉第定律 $Q=nzF$ 即可求得 CO_2 的摩尔数。

库仑滴定法是既能测定常量物质又能测量微量物质的准确而又灵敏的方法。由于使用电生滴定剂进行滴定，滴定剂始终是“新鲜的”，不存在滴定中溶剂不稳定的问题，不需标定；库仑滴定不需要基准物质和标准溶液，库仑滴定的原始标准是电量；由于电流和时间都可以用仪器控制得非常准确，因此此方法可以达到很高的准确度和精密度，一般分析误差在 0.05%左右，从而可作为 DIC 测定的标准方法。同时，灵敏度高，取样少，易于实现自动分析及在线分析。由于库仑滴定法具有以上优点，在海水测定中得到了广泛的应用。但此方法的不足之处是每个样品的分析时间较长，不利于海上现场分析测定。

7)容量法

海水中 DIC 的测定还可以采用一种简便的方法，即容量法，其基本流程如下：准确分取刚采集的非扰动海水(采样方法同 Winkler 测定 DO 的海水采样)100～150cm^3，注入如图 2-19 所示的三角烧瓶中，按二级洗气、一级气提、二级吸收装配成海水 DIC 的样品处理装置，打开高纯氮气 2～3min，然后用分液漏斗缓慢加入 10% H_3PO_4，排出的 CO_2 经 NaOH 吸收后，用 0.0100mol/dm^3 HCl 标准液滴定。第一步加入酚酞指示剂，滴定至无色，此时被滴定液 pH 在 8.6 左右，溶液中只存在 HCO_3^-，而没有 OH^-和 CO_3^{2-}，所消耗的 HCl 不记读数。第二步加入溴甲酚绿-甲基红混合指示剂，用 HCl 滴定至溶液由蓝变绿，最后突变为橙色时达到终点，此时被滴定液 pH 在 4.5 左右，记录此时所消耗的标准 HCl 溶液的体积。根据式(2-43)计算海水中 DIC 的含量(μmol/dm^3)。

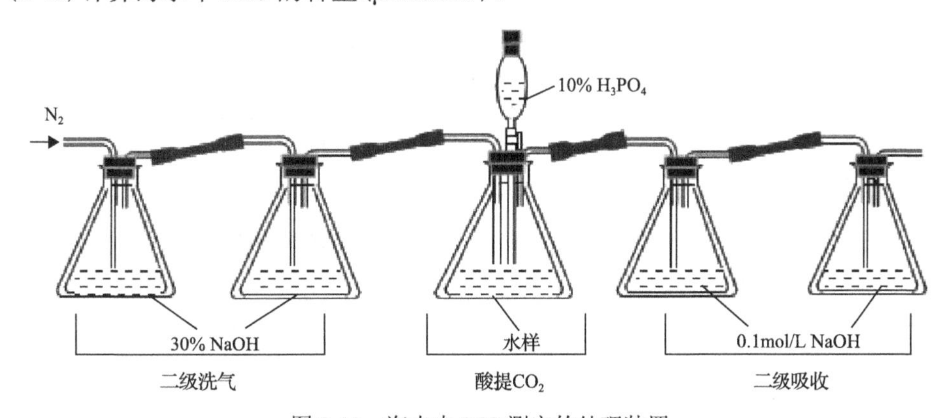

图 2-19　海水中 DIC 测定的处理装置

$$DIC = \frac{V_{HCl} \cdot C_{HCl}}{V_{样}} \times 10^6 \tag{2-43}$$

式中，V_{HCl}为第二步滴定所用 HCl 体积(cm^3)；C_{HCl}为 HCl 标准溶液浓度(mol/dm^3)；$V_{样}$为水样体积(cm^3)。

该方法不需要复杂的仪器，并且有较高的准确度和精密度，对胶州湾海水中

DIC 的测定结果与红外光谱法没有明显的差异。

(3) 总碱度的直接测定

1) 中和滴定法

用标准酸滴定海水样品，根据其测定方式又分为直接滴定法和回滴法。

回滴法的基本原理：于海水样品中加入过量盐酸使其 pH 约为 3.5 时煮沸(或通入无 CO_2 的气体)赶掉 CO_2，加入指示剂(溴甲酚绿和甲基红)，以标准碱滴定过量 HCl，即可求出海水总碱度。

中和滴定法的精密度较好，但费时费力，操作麻烦。

2) pH 测定法

该方法是于海水中加入盐酸，酸化至 pH 为 3.5 左右，用精密 pH 计测定溶液的 pH，然后由加入酸的量，即可求出海水总碱度。该法的特点是简单、快速，适于海上分析。但要由该法得到总碱度，必须准确知道氢离子活度系数，同时实验测定的误差较大，所以此法结果的精度为±1%，低于其他总碱度计算方法。

3) Gran 滴定法

Gran 滴定法是在海水中逐渐加入标准盐酸，用精密 pH 计测定溶液的 pH，直至溶液的 pH 到 3.0 以下，最后用 Gran 法计算总碱度。其主要流程如下：精确量取 50cm^3 经 0.45μm 滤膜过滤后的海水，在海水中依次准确加入 0.02mol/dm^3 的盐酸，第一次加入 3cm^3(也可以是 2cm^3)，以后每次加入 0.5cm^3，测定每次加入酸后海水的 pH，计算平衡时所用酸的体积，最后用 Gran 法计算总碱度，示例如表 2-14 所示。

表 2-14 Gran 法测定海水碱度示例

加入酸的体积	3.5	4	4.5	5	5.5	6
海水 pH	4.01	3.44	3.19	3.04	2.93	2.84
$(V_{sample}+V_{HCl})\times10^{pH}$	0.005 228 219	0.019 606	0.035 188	0.050 161	0.065 207	0.080 945

以加入酸的体积和 $10^{pH}\times(V_{sample}+V_{HCl})$ 作图，与体积轴的截距即为平衡时所需酸的体积(图 2-20)。

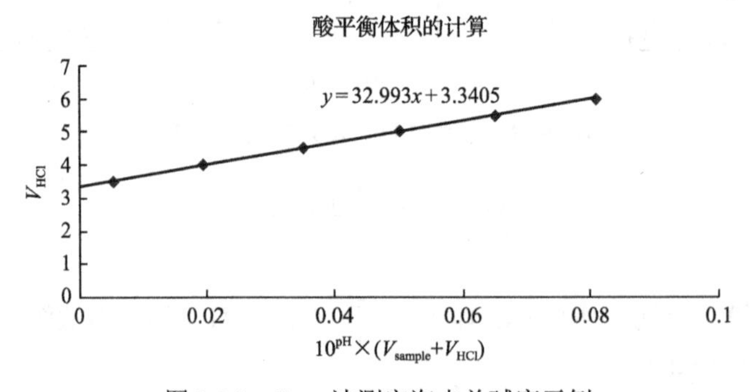

图 2-20 Gran 法测定海水总碱度示例

$$总碱度 = C_{HCl} \times V_{HCl} \times 1000 / V_{sample} \quad (2\text{-}44)$$

式中，C_{HCl} 为所用酸的摩尔浓度(mol/dm^3)；V_{HCl} 为达到平衡时所需酸的体积(cm^3)；V_{sample} 为所取水样体积(cm^3)。

4)电位滴定法

在用标准酸滴定海水过程中，用指示剂确定的终点是不准确的。但若采用电位滴定并结合 Gran 作图法，就可以得到比较准确的结果。用该方法得到的数据精度比较高。

2.3.2　溶解无机碳的迁移过程

海水是一个典型的分层体系，一般来说深层水中 DIC 的含量要高于表层海水。由深层水中的 T_{CO_2} 和 TA 可以推算，在 1200m 以深的海水中 pCO_2 平均为 43.7Pa，比目前大气 pCO_2 高。但大洋表层水 pCO_2 小于大气 pCO_2。然而，由于在体积巨大的深层水上面覆盖着低密度的表层暖水，阻碍了深层 CO_2 向大气的转移。同时大气 CO_2 仅仅通过扩散作用向海水渗透的深度是有限的。在太平洋 150°W 断面的观测结果表明，目前人为 CO_2 能直接进入的水深还仅仅是温跃层以上的水层，其中南大洋最大渗透深度约为 1500m，而赤道海域的渗透深度约为 700m。利用海洋-大气碳循环模式研究海洋吸收 CO_2 的行为，假设 CO_2 瞬间注入大气后逐渐衰弱，结果显示，人为 CO_2 在海洋的平均渗透深度为 600m。事实上，海洋中的无机碳一刻不停地进行着海-气交换、表层和深层的交换、底部海水与沉积物的交换。海洋中的碳循环是一个极其复杂的生物地球化学过程。海洋生物泵、碳酸盐泵和溶解度泵是驱动海洋碳循环的主要动力。其中生物泵和碳酸盐泵的运行使碳实现垂直转移，而溶解度泵的运行使碳实现全球范围内的水平转移。

2.3.2.1　生物泵(biological pump)

在海水处于垂直稳定状态时，碳要实现从表层向深层的垂直转移需完成两个步骤：①从溶解态转化为颗粒态；②沉降。其通过一系列的生物学过程完成了这两个步骤。首先是生活在真光层(也称有光层)内的大量浮游植物进行光合作用吸收 CO_2 将其转化为颗粒态，即有生命颗粒有机碳(living POC)，大多为单细胞藻类，粒径几到几十微米。然后，通过食物链(网)逐级转化为更大的颗粒(浮游动物、鱼等)。未被利用的各级产品将死亡、沉降和分解。转化过程中产生的粪便、蜕皮等也构成大颗粒并发生沉降，即非生命颗粒有机碳的沉降。生活在不同水层中浮游动物的垂直洄游也促进了有机物由表层向深层的接力传递。由于沉降速度慢，小颗粒有机物，如单细胞藻类在离开真光层不远即死亡分解，只有大颗粒有机物才能抵御微生物的分解作用得以到达深层乃至沉积物中，进入长周期循环。光合作用产品中有相当一部分是以溶解有机碳的形式释放到海水中，动植物的代谢活动也产生大量溶解有机碳。它们的一部分将无机化进入再循环，也有相当一部分被异养微生物利用再次转化为颗粒态(微生物自身生物量)，并通过微型食物网再进入主食物网。上述由有机物生产、消费、传递、沉降和分解等一系列生物学过程构成的碳从表层向深层的转移称为生物泵(图 2-21)。

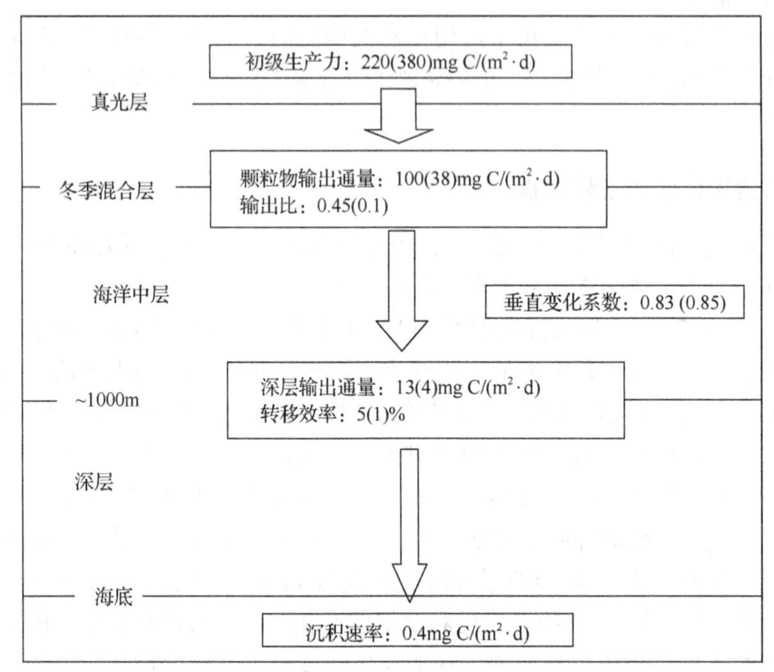

图 2-21　生物泵的组成

真光层的深度和冬季混合层的厚度是以西北北太平洋为例；
括号内外的数据分别是全球平均值和西亚北极环流区域平均值

全球海洋的固碳能力，即初级生产力，约为(40±10) Gt C/a 或表示为(379±76) mg C/(m^2·d)。这个数字比人类活动释放到大气中的(50×10^8t/a)差不多高了一个数量级。但可惜的是，浮游植物进行光合作用所利用的碳绝大部分是在真光层内周而复始循环的，如动植物的呼吸作用就使生物生产的有机碳很快以 CO_2 形式再次释放到海水中。光合作用利用的碳只有很小一部分是由大气补充的，这样，从碳的来源看，在总生产(指初级生产，P_T)中包括了再生产(regenerated production，P_R)和新生产(new production，P_N)两部分：

$$P_T = P_R + P_N \tag{2-45}$$

利用由大气补充的碳所进行的初级生产称为新生产。无疑，从全球变化研究讲，人们最关心的是新生产。再循环的碳与大气补充的碳在存在形式上是没有区别的，因此直接用碳去区分和测定再生产与新生产是不可能的。目前采用的方法是用浮游植物对新生氮(硝酸氮)和再生氮(氨氮)的利用比例(用稳定同位素 ^{15}N 标记)去推算新生碳和再生碳的比例。浮游植物对氮和碳的吸收大体有一个稳定的比例(1∶7)。新生产在总生产中所占的比例称为"f"比：

$$f_{ratio} = P_N / P_T \tag{2-46}$$

新生产的测定远较总生产的测定困难得多，不可能进行大规模的时空监测。通过对典型海域"f"比的研究，掌握其规律，就可以利用总生产去推算新生产。全球海洋已积累了大量总生产的资料。通过卫星遥感技术可以比较方便地实现对全球海洋叶绿素含量的观测，根据叶绿素含量又可以估计总生产，并掌握其时空变化。

从长时间尺度和大空间尺度看，由海-气界面进入真光层的碳和由真光层沉降到深层的碳应当是相等的。因为，要维持海洋上层生态系统的稳定和平衡，碳的收支必须是平衡的。测定新生产的另一方法是，在真光层之下设置沉积物捕集器，收集沉降的颗粒物质并测定其中的碳。这又产生了一个新的术语—— 输出生产(export production，P_E)。

$$P_E \approx P_N \tag{2-47}$$

从已经取得的资料看，"f"比的变化是有规律的。对于一定的海区"f"比是总生产的函数，一般总生产高，"f"比也高。对某些资料多的海区已经建立了根据总生产确定"f"比的经验公式。对于多数海区，"f"比可能在 0.05～0.15 变动；对于特别贫瘠的海区，如亚热带涡旋的中央区，可能低于 0.05；而南大洋的夏季可能超过 0.30，在发生水华(bloom)时甚至可能达到 0.80，也就是说 80%的初级生产属于新生产。

在汇集全球大洋沉积物捕集器数据的基础上，估计深部大洋(2000m 深)的有机碳通量约为 0.3Gt C/a 或 3mg C/($m^2 \cdot d$)。全球海洋有机碳通量见表 2-15。其中 1000m 深处总碳通量为 7～23mg C/($m^2 \cdot d$)。总碳通量在西北北太平洋(包括鄂霍次克海和白令海)约为 17mg C/($m^2 \cdot d$)，仅次于阿拉伯海[约 23mg C/($m^2 \cdot d$)]，是全球第二高的海域。但 1000m 深处有机碳通量在西北北太平洋最高，约为 13mg C/($m^2 \cdot d$)；无机碳通量在阿拉伯海最高。

C_{org}/C_{inorg} 值是衡量生物泵效率的重要参数。光合作用吸收海水中的 CO_2，使海水中的 pCO_2 降低，而钙化释放 CO_2，使海水中的 pCO_2 升高。通过降低表层海水 pCO_2，生物泵加强海洋对大气 CO_2 的吸收。根据全球沉积物捕集器数据，500m 深处 C_{org}/C_{inorg} 值远大于 1，表明生物活动使大洋表层海水 pCO_2 降低。西北北太平洋的 C_{org}/C_{inorg} 值为 2.73，是全球大洋的第二高值区，最高的是南大洋，约为 7。根据化学计量学的关系，认为 0.6 是 C_{org}/C_{inorg} 的临界值，当 C_{org}/C_{inorg} 值小于 0.6 时，生物活动将导致海水 pCO_2 升高。西北北太平洋的生物泵效率比大西洋或赤道海域的要高，不仅是因为 C_{org}/C_{inorg} 值高，还因为其冬季混合层较浅。

表 2-15　通过沉积物捕集器获得的全球海洋有机碳通量

大洋	海域	总碳通量	有机碳通量	无机碳通量	C_{org}/C_{inorg} 值
大西洋	北大西洋北部：n=8				
	平均值	10.15	5.99	4.16	1.76
	标准偏差	5.85	4.42	2.44	1.31
	北大西洋中部：n=5				
	平均值	15.33	7.03	8.30	1.03
	标准偏差	9.73	4.17	5.69	0.46
	赤道大西洋：n=8				
	平均值	13.05	6.86	6.19	1.14
	标准偏差	10.92	6.98	4.89	0.53
	南大洋：n=8				
	平均值	7.12	5.02	2.09	7.17
	标准偏差	4.94	4.08	1.74	9.12
印度洋	Bengal 湾：n=3				
	平均值	11.72	7.25	4.47	1.71
	标准偏差	0.33	1.1	0.91	0.65
	阿拉伯海：n=11				
	平均值	22.82	11.27	9.17	1.29
	标准偏差	7.76	4.8	3.94	0.37
太平洋	东北北太平洋：n=2				
	平均值	13.47	7.3	6.17	1.27
	标准偏差	1.95	0.06	2.01	0.39
	西北北太平洋：n=16				
	平均值	16.56	12.94	4.45	2.73
	标准偏差	8.46	7.07	1.7	2.3
	西北太平洋中部：n=10				
	平均值	11.03	6.3	4.73	1.41
	标准偏差	3.03	2.32	1.36	0.65
	赤道西太平洋：n=14				
	平均值	9.8	5.36	4.45	1.09
	标准偏差	8.6	5.14	3.57	0.35
	赤道东太平洋：n=12				
	平均值	13.17	6.41	6.76	0.99
	标准偏差	7.79	4.27	3.88	0.42

注：通量单位 $mg/(m^2 \cdot d)$；比值为物质的量比，n 为沉积物捕集器站位数

转移效率(TE)是指进入深层海洋的颗粒有机碳通量与初级生产力的比值，也称为输出比。在全球大洋的大部分海域初级生产的输出比小于10%(表 2-16)，但

在高纬度地区输出比可高达 20%。关于输出比和初级生产的关系仍存在较大争议。一般情况下，输出通量随初级生产力的增加而增加，输出比也有相同的规律。较高的输出比，和高转移效率或“*f*”比一样，主要分布在高纬度海域和其他高生产力海域。但也有一些研究发现输出比与初级生产力无关，也有的呈双曲线关系，即当初级生产力小于一定值时[如 50g C/$(m^2 \cdot a)$]，输出比随初级生产力的增加而线性增加，但当初级生产力继续增加时，输出比反而降低或保持不变。然而，长期观测发现输出比会随初级生产力的增加而降低，这种反向相关关系被认为是由不断增加的摄食压力或水平输送造成的。另外，随初级生产力增加的 DOC 也可能减少颗粒物质的表观输出比。

表 2-16　全球大洋初级生产的转移效率

海域	深度(m)	初级生产力 [mg/$(m^2 \cdot d)$]	有机碳通量 [mg/$(m^2 \cdot d)$]	TE(%)	备注
北太平洋西部（KNOT 站）	924	220	11.3	5.1	1998～1999 年，5～11 月
	2957	220	7.5	3.4	
	4989	220	4.6	2.1	
白令海	3200			～2	53.5°N，177°W
北太平洋东部(P 站)	3800	384	3.5	0.9	
赤道太平洋西部	1357	100	1.9	1.9	9 月
	4363	100	1.3	1.3	
赤道太平洋东部	～3500	～580	～1.8	～0.3	9°N～12°S，El Niño 期
JGOFS EqPac	～3500	～900	～3.5	～0.4	9°N～12°S，El Niño 后期
阿拉伯海（JGOFS 阿拉伯海）	809～999	1386	11.5～11.8	0.8～0.9	M1 站
	839～3150	1378	13.3～17.4	1.0～1.3	M2 站
	778～2979	1131	13.1～18.2	1.2～1.6	M3 站
	814～3484	1405	8.9～12.6	0.6～0.9	M4 站
	800～3915	762	3.3～5.7	0.4～0.7	M5 站
北大西洋	2000			1.7	48°N, 21°W(春季繁盛期)
	500～1000	302	5.9～13.4	2.0～4.4	60°N～80°N
	4000	230	2.0	0.9	24°N, 23°W
	4000	230	1.5	0.7	28°N, 2°W
	4000	267	4.2	1.6	48°N, 20°W
中部和赤道大西洋	1000	～712	～20	～2.8	中营养区：18.5°N, 21°W
	1000	～301	～2	～0.6	寡营养区：521°N, 31°W
	950	1349	30	2.2	10.5°N,64.4°W; 1995.11～1996.1
	1225	1349	19	1.4	
全球平均	2000	270～1400	1～16	1	捕集器数据用 Martin 公式和遥感数据估算的初级生产力值矫正到 2000m
	＞1500			1.1	

注：TE=有机碳通量/初级生产力

碳酸盐泵实际上也是生物泵，它是指某些浮游植物(如颗石藻)或浮游动物(如有孔虫、放射虫和浮游贝类等)的碳酸盐外壳和骨针等在生物死亡后沉降所构成的碳酸盐垂直转移。碳酸盐泵将海水中的DIC形成固态碳酸盐，并在从表层海水向深层迁移的过程中起着关键作用。所形成的碳酸盐矿物沉积到海底，在溶跃面以下大部分溶解，为大洋内部增加 DIC。从真光层输出到大洋深部的生物成因的$CaCO_3$大约有0.84Gt C/a，但由于输送过程中的溶解作用到达海底的只有25%，约0.21Gt C/a。在大洋沿岸由钙质生物形成的碳酸盐矿物约0.29Gt C/a，其中0.17Gt C/a可进入沉积物。碳酸盐泵实际上在钙化过程中可导致大洋向大气释放CO_2。

海洋的潜力是巨大的，从古环境的资料看，现代海洋的生物泵远没有满负荷运转。对南大洋施铁肥提高初级生产力，从而加速生物泵运转的设想正是基于这种考虑提出的。南大洋的营养盐(氮、磷、硅)补充相当充足，但初级生产力不是想象得那么高。分析认为，限制因子可能是铁，光合作用的物质基础——叶绿素的合成需要铁。地球表面并不缺铁(约占 5.63%)，但大洋缺铁，主要原因是在高含氧量的海水中铁的溶解度非常低。近海可以经江河径流和垂直混合得到补充，而大洋中铁的唯一补充来源是大陆飘尘。据估计，大洋中浮游植物所需铁的95%来自陆源飘尘。南大洋的情况不同于其他大洋，南极大陆95%的面积为冰雪覆盖，再加上西风带的阻隔，铁的补充就更成了问题。从苏联“东方”站的冰芯样品中可以发现，历史上冰期尘埃量多，气泡中CO_2含量低；反之，间冰期尘埃量小，气泡中CO_2含量高。据分析，这是由于冰期热带旱区面积扩大(5倍)，平均风速提高(1.3～1.6倍)，空气中尘埃量增加(10～20倍)。最后一个冰期的尘埃量增加了50倍，而这个时期空气中CO_2浓度降为190×10^{-6}。由此，人们认为铁是启动南大洋生物泵的润滑剂。有人计算过，如果南大洋上升流区(南极辐散带)由深层带到真光层的硝酸氮全部被利用的话，可以使海-气界面的碳通量(净通量)再增加$(20\sim30)\times10^{8}$t/a。按碳∶铁=7000∶1计算，每年需要铁260 000t。这不是一个很大的数字，耗费也不会太大，但在如何施肥上，可能有不少技术难题。

2.3.2.2　溶解度泵

溶解度泵是指以大洋环流为载体将碳由大洋表层运移至深层的物理化学过程，主要是大气和海水间存在CO_2分压差所导致的海水对大气CO_2的吸收，其强度依赖于温盐环流的强度、纬度和海洋通风的季节变化。因CO_2在冷水的溶解度更大，溶解度泵受温度的影响最大，如果气候变冷的话，会有较多的CO_2被表层冷水吸收。温度降低 10℃，海水中CO_2的溶解度会显著增加，温度从20℃降到10℃或从15℃降到5℃，CO_2的溶解度增加35%～39%，然而盐度从35升高到36或37，CO_2的溶解度因盐度效应仅减少约1%，远比温度降低导致溶解度增加的效应小得多。吸收CO_2的主要是高纬度低温海水区域，热带海域向大气释放CO_2。

例如，在赤道海域溶解度泵的强度相当于每纬度每年释放 0.09Gt C；而在 30°N 和 30°S，每纬度每年吸收 0.02Gt C。

溶解度泵主要是通过富碳的低温高盐水下沉至深海完成碳由表层向深层转移的。大洋中属于低温高盐水的主要有形成于格陵兰-冰岛-挪威海域(GIN)的北大西洋深层水(NADW)；形成于威德尔海的南极底层水(AABW)(图 2-22)。NADW 是由挪威海下沉的海水以及由巴芬湾(Baffin bay)和地中海流出的海水所共同组成的，并流入南大西洋，其流量约为 20SV($1SV=10^6m^3/s$)。这些南流的深层海水在南极附近再被冷却，然后流入印度洋以及太平洋的各个深海盆内。随后这些深层海水又在广大的海域内经由涌升效应重返海洋表层。在北太平洋低纬度地区由较暖、较低盐度的表层海流将多出的水量送回大西洋，大约有 8.5SV 的海水穿越地中海进入印度洋(称为 Indonesia through flow)，然后其流量逐渐增加，抵北大西洋时此流之流量已增为 18.5SV。太平洋有少量的水会经由 Drake 海峡进入大西洋，另外有 1.5SV 会经由白令海峡(Bering strait)进入大西洋，至少有 0.1SV 的水会以水汽形态穿越巴拿马地峡(isthmus of Panama)由大西洋进入太平洋。AABW 是沿着南极陆架边下沉至深海海底的高密度海水，由南极向北、向东扩展，流速 30～38SV。

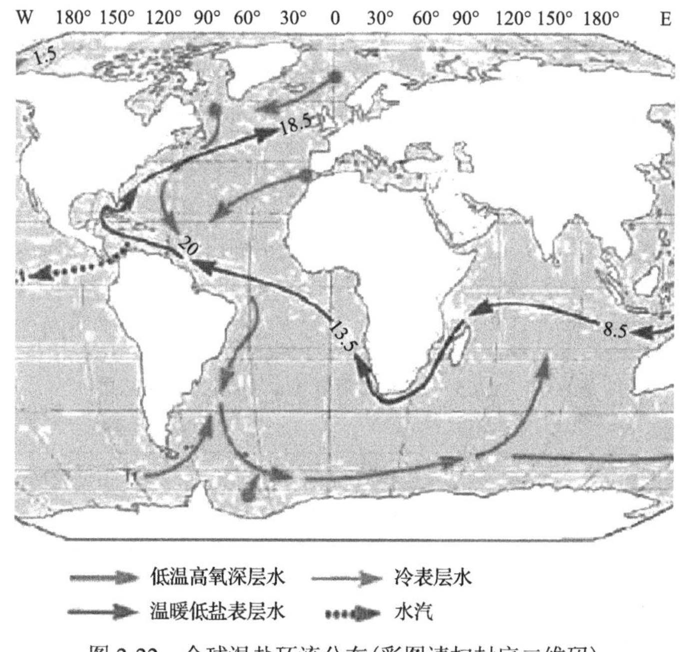

图 2-22　全球温盐环流分布(彩图请扫封底二维码)

表中数据表示流量

高纬度低温海水的下沉，可以携带大量从大气中吸收的 CO_2 进入深层。仅仅因为溶解度泵的存在，深部大洋海水中碳的浓度比表层高 5%。但大洋水循环是一个完整的系统，有下沉必然有上升。事实也是，在赤道上升流区海水是向大气释放 CO_2 的。高纬度由气至海，低纬度由海到气，只是实现了纬向转移。在工业革命前，下降流带入深层的表层溶解碳和有机碎屑与从深部大洋进入表层并释放至大气的碳基本保持平衡。由于人为活动导致大气 CO_2 浓度增加，下降流携带的碳多于工业革命前，同时深部大洋下降海水的驻留时间为 600～1000 年，因此当前溶解度泵带入深海的碳的净通量增加。

2.3.2.3 海水“超额钙”导致的无机碳迁移

$CaCO_3$ 溶解这一海洋内部再分配过程释放的 Ca^{2+} 虽然只占海水中 Ca^{2+} 绝对浓度的～1%，却是河流等外部环境输送至海洋 Ca^{2+} 通量的近两倍（40×10^{12}mol/a vs. 20.8×10^{12}mol/a）；更具意义的是，$CaCO_3$ 沉淀/溶解这一无机碳代谢过程在影响 Ca^{2+} 行为的同时，还改变海洋总碱度（TA）和溶解无机碳（DIC），从而与有机碳代谢过程（光合/呼吸作用）共同调控海洋碳酸盐系统和海洋吸收 CO_2 的能力。所以，～1%的 Ca^{2+} 浓度变化不容忽视。而利用 Ca^{2+} 研究 $CaCO_3$ 相关过程及其对碳酸盐系统影响时，其测定精度至少需达到 0.1%。自 20 世纪 60 年代始，随着乙二醇-双-（2-氨基乙醚）四乙酸（EGTA）作为络合剂的 Ca^{2+} 滴定方法的不断改进，已逐步揭示了包括 $CaCO_3$ 溶解在内的一些海洋 Ca^{2+} 非保守行为。

1965～1975 年关于大洋 Ca^{2+} 和 Ca/Cl 值的相关研究（表 2-17）指出，深层海洋的 Ca^{2+} 浓度和 Ca/Cl 值高出表层，这些“多余”的 Ca^{2+} 应源自大洋环流中的 $CaCO_3$ 溶解。然而 Horibe 等将南太平洋的 Ca^{2+} 和 TA（统一校正到盐度 35）进行回归分析时发现两者变化比值（回归方程斜率）明显高出理论比值（$CaCO_3+CO_2+H_2O == Ca^{2+}+2HCO_3^-$，$\Delta Ca/\Delta TA=1/2$），这表明，除了热力学控制下的 $CaCO_3$ 溶解，深层海洋仍有 Ca^{2+} 的其他来源——这就是所谓的“超额钙”（excess Ca）。针对“超额钙”的来源，不同的学者先后提出了多种假说，并且对“超额钙”赋予了不同含义（表 2-18）。

表 2-17　1965～1975 年海洋 Ca^{2+} 的相关研究结果

资料来源	研究海域	主要结果
Riley and Tongudai (1967)	全球大洋	1500m 以下水层的平均 Ca/Cl 值高出表层 0.5%，Ca^{2+} 多出 51.4mol/kg
Culkin and Cox (1966)	太平洋、北大西洋、南大洋、印度洋	100m 以上水层的平均 Ca/Cl 值为 0.021 25±0.000 19，1100m 以下水层的平均 Ca/Cl 值为 0.021 31±0.000 17，Ca^{2+} 多出 29mol/kg
Tsunogai et al. (1968)	北太平洋西部	表、底 Ca/Cl 值变化最大可达 1.5%，Ca^{2+} 多出 154mol/kg
Horibe et al. (1974)	南太平洋	Ca＝8.6336＋0.734×TA，斜率 0.734 大于 $CaCO_3$ 溶解时 Ca^{2+} 和 TA 的理论变化比值 0.5

表 2-18　超额钙定义及其意义

参考资料	超额钙定义	意义
Milliman et al. (1999)	excess Ca–3＝Ca–measured－Ca–calculated from Salinity	相对于根据盐度计算得到的 Ca^{2+}，包括热力学和生物活动调控的 $CaCO_3$ 溶解释放的 Ca^{2+} 及其他过程释放的 Ca^{2+}
Brewer et al. (1975)	excess Ca–1＝$\Delta Ca-0.5\times\Delta TA$	除热力学控制的 $CaCO_3$ 溶解外，主要指示其他过程引起的 $CaCO_3$ 溶解释放的 Ca^{2+}，如“质子通量”
de Villiers (1998)	excess Ca–2＝$\Delta Ca-(0.5\times\Delta TA+0.53\times\Delta NO_3)$	指示 $CaCO_3$ 溶解外的其他过程释放的 Ca^{2+}，如“热液输入”
Kanamori and Ikegami (1982)	excess Ca–2′＝$\Delta Ca-(0.5\times\Delta TA+0.63\times\Delta NO_3)$	考虑还原性硫氧化对“质子通量”的影响，仍指示 $CaCO_3$ 溶解外的其他过程释放的 Ca^{2+}

注：有机物氧化过程中，若选取不同 N∶P∶S 值进行计算，ΔNO_3 前的系数会有微小变化；Ca–measured. 测量所得钙含量；Ca–calculated from Salinity. 根据盐度计算得到钙含量

(1) 质子输入假说

针对超额钙，Brewer 等提出“海洋钙问题”，并认为其不会来自其他含钙物质的贡献(当时并没有证据支持除了 $CaCO_3$ 溶解外的其他 Ca^{2+}源)，而是有机物氧化代谢产生的 HNO_3 和 H_3PO_4 在向深层海洋输送过程中引入的质子造成了更多 $CaCO_3$ 溶解，或这部分质子直接与 HCO_3^-发生酸碱反应而促成的 $CaCO_3$ 溶解。所以，ΔTA 只能反映热力学控制下的 $CaCO_3$ 溶解；如果考虑有机物氧化产生的质子通量，可引入“潜在碱度”(potential alkalinity，PTA)这一概念，ΔPTA 即实际 $CaCO_3$ 溶解造成的 TA 变化量，可简单表示为 $\Delta PTA=\Delta TA+\Delta NO_3+\Delta PO_4$。将 TA 校正为 PTA 并与 Horibe 等的 Ca^{2+}数据重新回归分析后，得出 $\Delta Ca/\Delta PTA$ 值为 0.5508，与理论比值 0.5 接近(图 2-23)。当然，海洋中其他质子释放过程也会促进 $CaCO_3$ 溶解而贡献超额钙，如还原性硫的氧化等。根据海洋有机物的 Redfield 比值 N∶S＝16∶1.6，以及每摩尔硫氧化成硫酸时增加 2mol 质子，可得出有机物中硫氧化过程对超额钙的贡献在理论上是有机氮硝化过程的 20%。

若将被低估的 $CaCO_3$ 溶解(非热力学溶解)释放的 Ca^{2+}定义为 excess Ca-1，那么，

$$\text{excess Ca-1}=\Delta Ca-0.5\times\Delta TA \tag{2-48}$$

又因

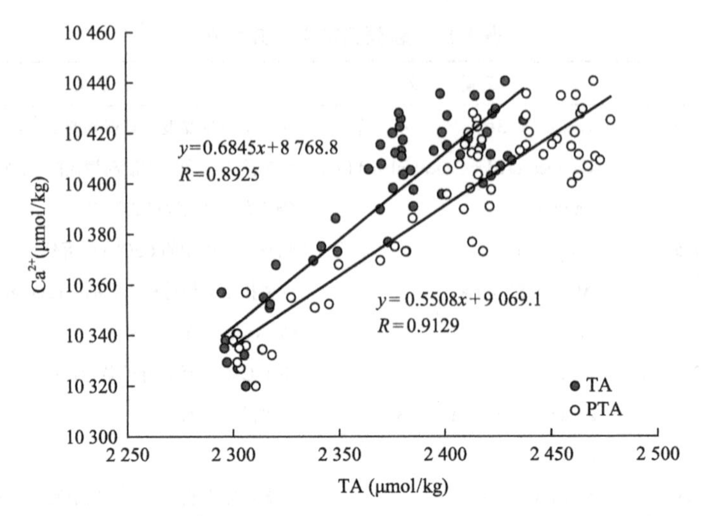

图 2-23　南太平洋 Ca^{2+}与 TA、PTA 关系(统一校正到表层平均盐度 35.08)

$$\Delta Ca = 0.5 \times \Delta PTA \tag{2-49}$$

所以

$$\text{excess Ca-1} = 0.5 \times \Delta PTA - 0.5 \times \Delta TA = 0.5 \times (\Delta NO_3 + \Delta PO_4) \tag{2-50}$$

Δ 表示各参数实测值与参照值之差。根据 Redfield 比值 N∶P=16∶1 及有机物氧化产生 1mol HNO_3 和 1mol H_3PO_4 各自降低 1mol TA，那么

$$\Delta Ca = 0.5 \times \Delta PTA = 0.5 \times \Delta TA + 0.53 \times \Delta NO_3 \tag{2-51}$$

$$\text{excess Ca-1} = 0.53 \times \Delta NO_3 \tag{2-52}$$

再考虑还原性硫氧化的贡献，

$$\Delta Ca = 0.5 \times \Delta PTA = 0.5 \times \Delta TA + 0.63 \times \Delta NO_3 \tag{2-53}$$

$$\text{excess Ca-1} = 0.63 \times \Delta NO_3 \tag{2-54}$$

随着大洋环流从大西洋流向太平洋(大洋传送带，the oceanic conveyor belt)，$CaCO_3$ 溶解释放的 Ca^{2+}不断累积，北太平洋应有最强的超额钙信号。

(2)热液假说

Shiller 和 Gieskes 定义了另一变量ϕ(ϕ=2Ca−TA)，指出若ϕ呈保守性，则 $CaCO_3$ 沉淀/溶解是影响海洋 Ca^{2+}和 TA 分布的唯一化学过程；考虑上述质子通量对 Ca^{2+}行为的影响，($\phi-NO_3$)应是保守的。但是，北太平洋 35°N 横断面 Ca^{2+}浓度相对于 TA(均统一校正到盐度 35)变化更大，两者回归分析后的斜率变化大致与 Ca^{2+}浓度变化趋势耦合；而 NO_3^-由于浓度低、变化小，并不能引起 Ca^{2+}浓度显著变化。这种 Ca^{2+}与 TA 的分布差异表明，除了 $CaCO_3$ 溶解，海洋中仍有其他过

程影响 Ca^{2+}分布。海脊和断裂带热液反应（即海水-玄武岩反应）可能会向底层海洋输入 Ca^{2+}。已有研究指出，这一过程释放的 Ca^{2+}浓度约为 5μmol/kg，总输入量约为河流输入 Ca^{2+}的 1/4。

采用同位素稀释热电离质谱法测定海洋 Ca^{2+}（精度优于 0.05%），发现从大西洋至太平洋，Ca^{2+}浓度逐渐增加，包括：①太平洋深层水 Ca^{2+}较大西洋深层水多出 100～130μmol/kg；②北太平洋中层水 Ca^{2+}较南太平洋中层水多出～30μmol/kg；③北太平洋中层水 Ca^{2+}较南极中层水（AAIW）和南极底层水（AABW）多出～70μmol/kg。而根据式（2-52）计算出前两者的 ΔCa 仅为 75～80μmol/kg 和＜10μmol/kg，即使考虑有机物氧化过程中质子通量引起的 $CaCO_3$ 溶解，太平洋深层水中仍有 25～50μmol/kg 的 Ca^{2+}来源未知。若将这部分 Ca^{2+}定义为 excess Ca-2，那么，

$$\text{excess Ca-2} = \Delta Ca - 0.5\times\Delta PTA = \Delta Ca - (0.5\times\Delta TA + 0.53\times\Delta NO_3) \quad (2\text{-}55)$$

以北大西洋深层水（NADW）和南极底层水（AABW）中各参数浓度为端元值，分别计算大西洋和太平洋的 excess Ca-2。中层水（1500～3500m），大西洋、西南太平洋和北太平洋的 excess Ca-2 分别为（12±10）μmol/kg、（25±3）μmol/kg 和（44±10）μmol/kg。其形成原因也被归结为洋中脊扩张中心的热液循环释放 Ca^{2+}，同时使 TA 降低，从而提出"热液假说"。

（3）溶跃面上的 $CaCO_3$ 溶解

一般认为，热力学控制的 $CaCO_3$ 溶解主要发生在溶跃面（lysocline；$CaCO_3$ 溶解速率显著增大的水深处）以下，至补偿深度（compensation depth；$CaCO_3$ 溶解速率和析出速率平衡的水深处）后溶解完全；而浅水层 $CaCO_3$ 处于过饱和或饱和状态，不易溶解。然而，越来越多的研究证明，溶跃面上的 $CaCO_3$ 溶解不可忽视。根据全球开阔大洋 $CaCO_3$ 收支模型计算认为表层海洋浮游植物产生的 $CaCO_3$ 主要是球石藻产生的方解石，其在沉降过程中有 60%在 1000m 以上的水柱中溶解，仅有 20%在溶跃面下溶解。而浅水易溶 $CaCO_3$ 颗粒，如翼足目类的文石外壳和高镁方解石，在上层海洋的溶解度也可高达 80%。

浅水中 $CaCO_3$ 溶解必然造成 Ca^{2+}累积，从而影响其在上层海洋的保守行为。Milliman 等将超额钙定义为实测绝对浓度与由盐度计算得到的浓度之差[式（2-55）]，即严格意义的 Ca^{2+}非保守行为，包括热力学和生物活动控制的 $CaCO_3$ 溶解释放的 Ca^{2+}；而洋中脊远在 1000m 之下，热液活动不会影响浅水 Ca^{2+}行为。北太平洋 ALOHA 站（22°45′N，158°W）500～1000m 水层 excess Ca-3 即达 60～80μmol/kg，1000m 以上水柱中 excess Ca-3 和方解石溶解速率变化趋势吻合，证明了上层海洋过饱和状态下发生了 $CaCO_3$ 溶解；而在阿拉伯海某站位（WOCE 站，22°30′N，62°E），excess Ca-3 在 300m 以下水柱中稳步增加，从文石溶跃面至方解石溶跃面

增加 1%，约 100μmol/kg。

$$\text{excess Ca-3} = \text{Ca-measured} - \text{Ca-calculated from salinity} = \text{Ca} - \text{Sal} \times 10.28/35 \tag{2-56}$$

尽管上层海洋 $CaCO_3$ 溶解释放多少 Ca^{2+} 和 TA 尚存争议，但较之热力学控制下的溶解主要增加深层海洋的 TA，溶跃面上的 $CaCO_3$ 溶解更利于海洋吸收人为 CO_2。所以，大洋浅水层 $CaCO_3$ 是否真正溶解，若有可观的溶解量，导致其溶解的具体机制究竟是什么？这些都值得深入探究。如前所述，TA 控制因素众多，逐一讨论各因素的影响极其复杂，而利用高精度 Ca^{2+} 数据更能直观分析海洋 $CaCO_3$ 循环的一系列问题。

2.3.3　全球气候变化下溶解无机碳的变化及其影响

海水中的溶解无机碳体系主要由溶解 CO_2、H_2CO_3、HCO_3^- 和 CO_3^{2-} 组成，各成分间存在着动态平衡。当大气 CO_2 浓度持续增高时，将打破该平衡，导致海水中溶解 CO_2、H^+ 和 HCO_3^- 的浓度增加，CO_3^{2-} 的浓度降低，从而导致海水酸化，海水溶解无机碳各组分（溶解 CO_2、HCO_3^- 和 CO_3^{2-}）的比例发生变化，即溶解 CO_2、HCO_3^- 浓度增加，CO_3^{2-} 浓度下降（图 2-24）。由大气 CO_2 浓度升高所导致的海水酸度的增加和 CO_3^{2-} 浓度的降低必将引起海水中碳酸盐矿物饱和度的降低，从而影响碳酸盐矿物的生成和碳酸盐泵的效率。

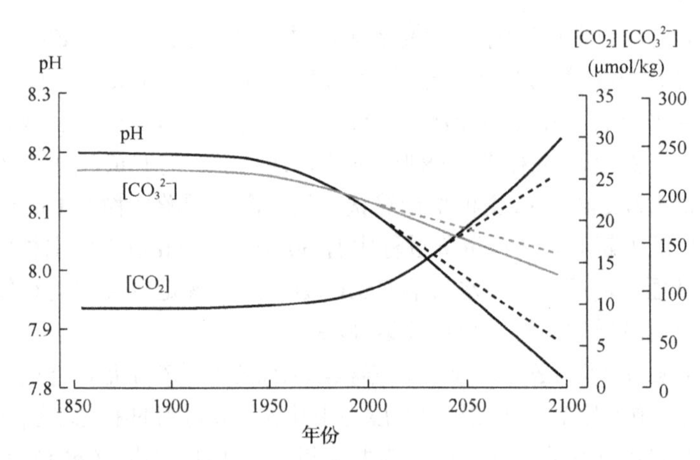

图 2-24　海水 pH、溶解 CO_2 和 CO_3^{2-} 随大气 CO_2 的变化趋势

虚线代表根据东经条约削减 CO_2 后的模拟结果

(1) 对海洋生物的影响

CO_2 是植物光合作用的原料之一，其浓度的升高，对大部分浮游植物来说有利于光合作用，使光合速率提高。最近的研究表明主要的浮游植物种类对 CO_2 的

需求并不相同。一些种类以 CO_2 为碳源，而另一些种类以更丰富的 HCO_3^-为无机碳的主要碳源。不同种类在碳代谢过程中对 CO_2 的敏感程度也不同。与非钙化硅藻相比，钙化藻类如颗石藻对 CO_2 增加最为敏感，所受到的影响也最大。

钙化藻类有蓝藻、金藻、红藻、绿藻及褐藻等，广泛分布于海洋、湖泊以及温泉等多种水域中。大型钙化藻类，如红藻的珊瑚藻类、绿藻的仙掌藻类、褐藻的团扇藻类，主要在细胞间沉积钙化物(主要是 $CaCO_3$)，而钙化浮游微藻，如颗石藻类，则是在细胞内的颗石体中形成完整的颗石片，然后将其分泌到细胞外，在胞外形成数层颗石片层，构成海洋生物钙化作用的主体。在所有钙化生物中，珊瑚礁钙化生产力仅占全球生物钙化生产力的一小部分，而钙化浮游生物钙化生产力占全球生物钙化生产力的 80%以上。另外，这些钙化浮游植物是浮游动物的重要摄食对象，在某些海域构成优于硅藻的饵料源。海洋钙化藻类(如大型的仙掌藻类、珊瑚藻类和浮游的颗石藻类)，一方面通过光合作用固定 CO_2，促使 CO_2 由大气向海水中溶入，另一方面通过钙化作用形成 $CaCO_3$ 沉积，在海洋碳循环和关键地球化学过程中起作用。

胞内或胞间(大型海藻)的空间区隔是进行钙化作用的首要条件。$CaCO_3$ 晶体形成需要 2 个条件：$CaCO_3$ 的过饱和状态与晶核的存在。大型钙化海藻的钙化作用主要在细胞和细胞壁之间进行；微藻则通常在细胞内，如颗石藻的颗石囊。这些部位与外部海水隔离，通常光照下 $CaCO_3$ 处于极度饱和状态，浓度是海水的数倍，这是发生钙化的化学条件。颗石囊中存在一种由高尔基体合成的大分子聚多糖，可选择性吸附钙离子，成为 $CaCO_3$ 沉积的晶核；随着晶体与颗石粒构件的形成，组成颗石粒的不同构件按特定的顺序与形状产生，并组装成特定形状的颗石粒。包在成熟颗石粒外的聚多糖，可防止 $CaCO_3$ 过度沉积生长，这时它起到类似模具的作用。成熟的颗石粒通过胞吐(被挤压出去)的方式排到细胞外。大型钙化藻类的细胞壁中含有起晶核作用的聚多糖，钙化晶体直接生长于细胞壁里面或外部。大型钙化藻类与钙化微藻中 $CaCO_3$ 的碳来源可能不同。^{14}C 示踪技术显示，颗石藻钙化作用的碳源主要是培养液中的 HCO_3^-，而光合固碳的碳源则是 CO_2。大型海藻的钙化作用依赖于无机碳的扩散。仙掌藻主要以扩散的 HCO_3^-，而钙化轮藻则以扩散的 HCO_3^-或主动吸收的 CO_2 作为钙化作用的主要碳源。

钙化作用所需的 Ca^{2+}来源于海水(浓度为 10mmol/dm^3，通常处于过饱和)。钙只有一种离子形式，因此其来源和传输相对比较简单。从总体上看，大型海藻钙化时，Ca^{2+}通过扩散的方式进入钙化部位。在某些大型钙化藻类中可能存在一个 $Ca^{2+}/2H^+$泵，它能将 Ca^{2+}泵入钙化部位，同时泵出 H^+，从而提高 pH。颗石藻的钙化作用在颗石囊中进行。值得关注的问题是，在所有的真核生物中，钙离子作为信号载体，在细胞质中的浓度都很低(约 0.1mmol/dm^3)，但颗石藻是通过何种方式运输 Ca^{2+}到颗石囊中的呢?有可能是 Ca^{2+}通过质膜的钙离子通道进入细胞,之后立即为内质网所吸收。这些具有高浓度钙离子的内质网，可能通过与高尔基体或网状体(由高尔基体分裂而成，和生长中的颗石囊融合的囊状结构)形成的正常膜系统循环，将钙离子输送到颗石囊中。此外，如果钙离子通过胞饮的方式进入细胞，即可以解释为何细胞质中不存在高浓度钙离子。

钙化藻类的光合作用与钙化作用是两个相互关联的过程。在黑暗条件下钙化速率很慢，颗石藻的钙化速率仅为饱和光照下的 10%～15%。一般认为 HCO_3^-在钙化沉积部位用于钙化($Ca^{2+}+2HCO_3^- = CaCO_3+CO_2+H_2O$，$CO_2+H_2O = HCO_3^-+H^+$)，产生的 H^+运输到叶绿体中，促使 HCO_3^-向 CO_2 转化，为光合作用提供碳源。在大型海藻中，藻体内部存在酸性区和碱性区，碱性区钙化沉积过程产生的 H^+被输送到酸性区，这样 CO_2 浓度会提高，因而有利于光合作用。在不同的生活史阶段，钙化藻类光合与钙化作用之间的关系不同。钙化与光合作用关系的研究尚待进一步深入，它是阐释钙化藻类响应大气 CO_2 升高及海水酸化机制的关键。

由大气 CO_2 浓度升高所导致的海水酸化对钙化生物的影响是显著的。如果当前大气 CO_2 浓度增加 1 倍，主要钙化生物(如珊瑚、颗石藻、有孔虫等)的生物钙化作用将减少 20%～40%。颗石藻类在减弱钙化作用时，畸形颗石藻或不完善球体的数量将增加(图 2-25)。

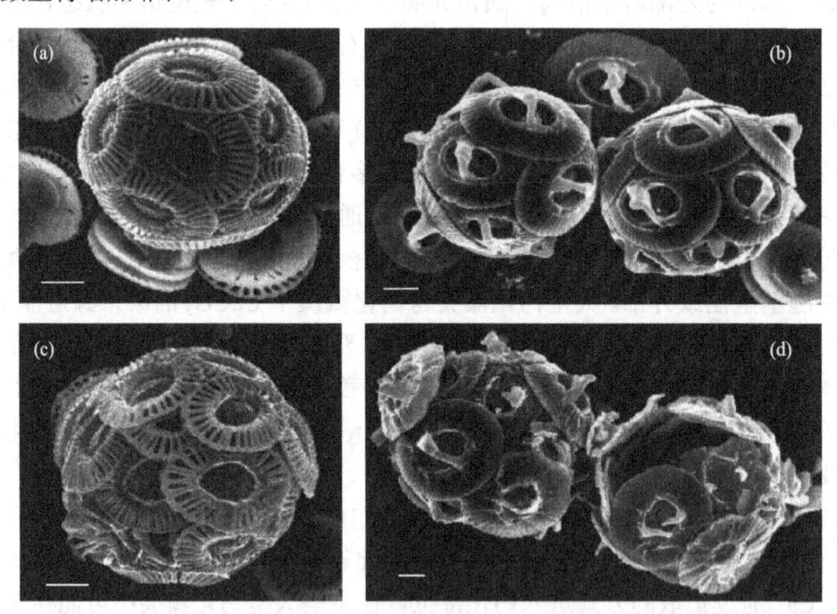

图 2-25　在 pCO_2 为 200μatm(上部)和 780～850μatm(下部)时所培养的 *Emiliania huxleyi* (a，c)与 *Gephyrocapsa oceanica* (b，d)扫描电镜照片

注意颗石构造的不同(包括明显的畸形)，比例棒代表 1μm

海水 DIC 浓度变化会影响钙化藻类的钙化与光合作用。某些大型钙化藻类(仙掌藻、轮藻)通过 pH 区域极化形成酸性区和碱性区，在酸性区产生的 H^+可促进 HCO_3^-向 CO_2 转变，后者扩散进入藻体为光合作用所利用。浮游性的颗石藻可通过阴离子交换载体吸收 HCO_3^-。在高浓度 CO_2 条件下，颗石藻的有机碳含量增加，而无机碳(碳酸盐)含量下降，细胞因为形成完整的颗石片，以致细胞的透光特性发生变化，并容易发生光抑制。在 DIC 供应受限制的条件下，颗石藻的钙化速率降低，细胞表面颗石片脱落；DIC 浓度升高可提高其钙化速率，光合作用也显著增加。

全球海洋表层海水的平均 $CaCO_3$ 饱和度在 21 世纪末可能大于 1，即仍然处于超饱和状态。但 $CaCO_3$ 饱和度在各海域分布的情况不同，南极附近部分海域和北太平洋地区的 $CaCO_3$ 饱和度将降到 1 以下。因此，这些海域的钙化生物更易受到海水酸化的影响。在饱和度为 1 的海水中，$CaCO_3$ 正以每年每千克海水 0.003～1.2μmol 的速度溶解；全球海洋由海水酸化导致的 $CaCO_3$ 溶解速率每年已经达到约 5×10^8t 碳(0.5Pg $CaCO_3$-C)，占海洋 $CaCO_3$ 输出通量的 45%～60%。如果海水 $CaCO_3$ 处于不饱和状态下，即使是短时间(48h)培养，钙化生物的钙化物也会显著受到影响。

从表面上看，钙化作用是将游离的无机碳转化为 $CaCO_3$，起 CO_2 储库的作用，但实际上，它是一个大气 CO_2 的潜在源(钙化作用：$Ca^{2+}+2HCO_3^- = CaCO_3\downarrow+H_2O+CO_2\uparrow$)。如果让表层海水钙化作用完全停止，则海洋表面大气的 CO_2 浓度即下降 20×10^{-6}～39×10^{-6}g/dm^3。钙化生物每沉淀 1mol 的 $CaCO_3$，即释放 0.57mol 的 CO_2，随着大气 CO_2 升高，海水缓冲酸化能力下降，海水释放的 CO_2 比例将逐渐升高。另外，钙化藻类在 CO_2 升高的情况下，生产钙化物的能力下降，从而减少由钙化作用所释放的 CO_2 量。但迄今为止，尚不足以量化这一反馈作用的大小。

钙化藻类对 pH 变化的响应是目前备受关注的海水酸化生态效应的一个方面。pH 影响碳酸盐体系及 $CaCO_3$ 饱和度。已有的研究表明，珊瑚的钙化速率与 $CaCO_3$ 饱和度呈正相关。就钙化藻类而言，不同种藻类形成的 $CaCO_3$ 晶体类型不同(方解石、霰石和钙镁石)，其在海水中的溶解度也不同。因此，形成不同类型 $CaCO_3$ 晶体的藻类对 $CaCO_3$ 饱和度变化的响应是有差别的。沉积钙镁石的珊瑚藻较易受海水 $CaCO_3$ 饱和度的影响。

(2) 对沉积物中碳酸盐矿物的影响

由大气 CO_2 浓度升高所导致的海洋无机碳体系的变化，除了造成生物成因的碳酸盐矿物合成减少外，日益增加的 CO_2 还将在海水中进行如下反应：

$$CO_2+H_2O+CO_3^{2-} = 2HCO_3^-$$

由于 CO_3^{2-}不断消耗，海水相对于含有 x%镁的碳酸盐矿物的饱和度(Ω_x)将降低。

$$\Omega_x=\frac{[Ca^{2+}]^{1-x}\times[Mg^{2+}]^x\times[CO_3^{2-}]}{K_{SP}^*} \tag{2-57}$$

式中，$[Ca^{2+}]$、$[Mg^{2+}]$和$[CO_3{}^{2-}]$分别是海水中 Ca^{2+}、Mg^{2+}和 $CO_3{}^{2-}$的总浓度；K^*_{SP}是某一特定碳酸盐矿物的溶度积。

如果在现场条件下相对于某一特定矿物相 $\Omega>1$，海水相对于该矿物相是过饱和的，如果 $\Omega<1$，海水相对于该矿物相就是不饱和的，不饱和就表明该矿物将出现净溶解。随着大气 CO_2 浓度的日益升高，就目前来说，海水相对于碳酸盐矿物的饱和度日益下降，这就导致了沉积物中各种碳酸盐矿物的溶解。但由于各种碳酸盐矿物的特性不同，其发生溶解的状况也不同，最先溶解的是高镁方解石，其次是文石和方解石。在不同海域，因具体的物理化学条件存在差异，沉积物中碳酸盐溶解的速率也不相同(表 2-19)。碳酸盐的溶解速率在 0.1～7.0mmol $CaCO_3/(m^2\cdot h)$，平均为 2.3mmol $CaCO_3/(m^2\cdot h)$，但 80%的数据在 0.1～1.5mmol $CaCO_3/(m^2\cdot h)$。到 20 世纪末，溶解速率在 0.2～0.8mmol $CaCO_3/(m^2\cdot h)$，或 175～701g $CaCO_3/(m^2\cdot h)$；后一个值大约是全球珊瑚礁平均钙化速率[1500g $CaCO_3/(m^2\cdot a)$]的一半。如果海水 pCO_2 持续升高而碳酸盐饱和度不断降低，钙化速率在 2100 年将减少 40%，或在 2300 年减少 90%，珊瑚礁或其他碳酸盐系统的碳酸盐净生产量将在下一个或两个世纪变为负值。

表 2-19　沉积物中碳酸盐的溶解速率

海区	环境	溶解速率[mmol/(m²·h)]
巴哈马	鲕粒沙	0.004～0.04
巴哈马	海草	0.3～1.0
百慕大	碳酸盐沉积物	0.2～0.8
百慕大	碳酸盐沉积物	0.3
生物圈 2 号	高镁方解石沉积物	0.2
佛罗里达	斑状珊瑚礁，覆盖 10%	0.5
佛罗里达	斑状珊瑚礁，顶部	0.1
佛罗里达	海草	0.4
佛罗里达	沙质底	0.3
佛罗里达	海草，红藻	0.4
佛罗里达	红树林，红藻	0.8
大堡礁	礁坪	4
大堡礁	礁后区	3
夏威夷	斑状珊瑚礁，覆盖 20%	0.3～3.0
夏威夷	斑状珊瑚礁，覆盖 10%	0.1～0.5
夏威夷	粗砾	0.2～2.0
夏威夷	沙	0.05～0.6
摩纳哥人工系统	沙	0.8
茉莉雅岛	潟湖	0.8
留尼汪岛	珊瑚礁区	7

2.4　海洋有机碳

2.4.1　溶解有机碳(DOC)与生物过程的耦合关系

溶解有机碳(DOC)是指透过一定孔径的玻璃纤维膜的海水所含有机物中碳的数量。通常所用的滤膜为 GF/F 滤膜，孔径约 0.7μm。通过 0.7μm 滤膜的有机碳包括溶解态(＜0.001μm)和胶体态(0.001～0.1μm)及其他少量较小颗粒有机碳。在海水中颗粒有机碳(POC)和挥发性有机碳(VOC)占总有机碳的比例不足 15%～20%，而溶解有机碳可占总有机碳的 80%～95%(图 2-26)。绝大部分的溶解有机碳(DOC)来源于海洋浮游植物，只有很小的一部分来自陆源有机碳。溶解有机碳中稳定碳同位素特征($\delta^{13}C$)在−33‰～−20‰，与海洋浮游植物中的特征非常一致。另外，对陆源植物的生物标志物——由木质素衍生而来的苯酚的测定结果表明，陆源输入的溶解有机碳少于 5%。

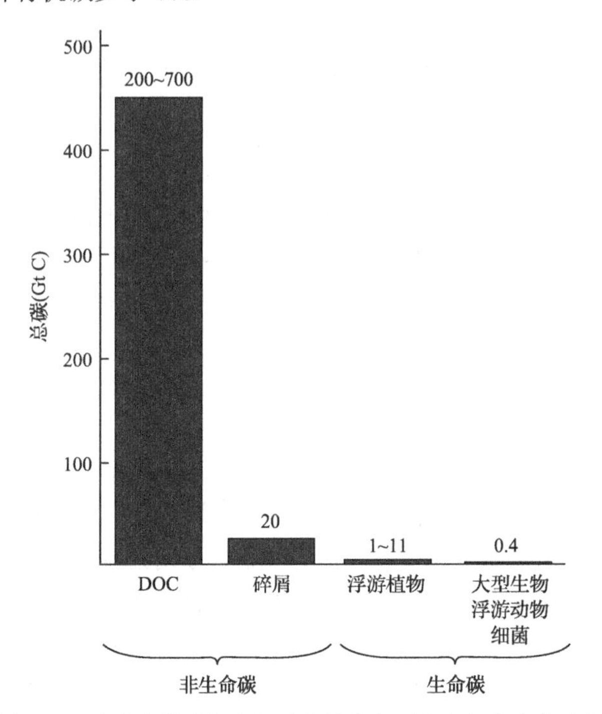

图 2-26　海水中的溶解有机碳和其他主要生命与非生命碳库

浮游植物是海洋溶解有机碳的基本来源，但形成机制仍不清楚，可能是通过浮游植物的渗出、浮游植物的自我分解或细菌分解以及由摄食作用引起的释放。溶解有机碳的化学成分非常复杂，到目前为止，只有不到 25%的成分可以确定为已知物质，主要有糖类(包括单糖和多糖)、蛋白质、氨基酸、脂肪酸、维生素等。

海洋溶解有机碳的C/N值范围较宽，大部分比值在10～30，与颗粒有机碳的比值在6～10相比，溶解有机碳中氮的含量偏低。海洋中溶解有机碳的分布并不均匀，随季节、纬度和深度变化很大，而且大洋深层海水中DOC的性质和表层海水相差很大，不仅年龄古老得多(4000～6000年)，而且稳定得多。

2.4.1.1　溶解有机碳的测定

经过近100年的发展，海水中溶解有机碳(DOC)的测定方法已经比较成熟。总体可以分为两类：湿化学氧化法(WCO)和高温燃烧法(HTC)。湿化学氧化法又包括两种方法：一种单独依靠化学氧化剂(过硫酸钾等)对DOC进行氧化，称为过硫酸钾氧化法(或湿化学氧化法)，另一种依靠紫外线和过硫酸钾的共同作用对海水中的DOC进行氧化，称为紫外-过硫酸钾氧化法(或光化学氧化法)。这两种方法在空白的测定和扣除方面有很大不同。高温燃烧法(HTC)从操作步骤上也可分为两种，一种是先将样品干燥，再将得到的干盐进行高温燃烧，这种方法由于水样受到污染的可能性极大，因此目前应用不多；另一种方法是将除去无机碳的水样直接注射入装有催化剂的高温燃烧管中进行高温氧化，是目前应用最为广泛的方法。

(1)过硫酸钾湿法氧化

过硫酸钾法是20世纪60年代到80年代末最为常用的测定海水中溶解有机碳的方法，这种方法最早在1964年提出，1973年对其进行了一些改进。原来样品的酸化和无机碳的吹出是在过硫酸钾存在的条件下进行的，因此一些易降解的有机物可能在这一过程中被过硫酸钾氧化。改进后将样品先酸化吹出无机碳后，再加入过硫酸钾，从而避免易降解有机物的损失，因此对过硫酸钾法来说，实验步骤的具体设计是一个关键的问题。

过硫酸钾法的第二个问题是氧化效率，有许多研究者认为过硫酸钾法对海水中的DOC氧化不完全，主要是由于海水中的氯离子能大量消耗过硫酸根游离基，从而对过硫酸钾法造成很大的干扰。为避免氯离子对过硫酸根的消耗，必须使用高浓度的氧化剂。研究发现海水样品中DOC的测定值会随过硫酸钾加入量的增加而增大，直到过硫酸钾浓度达到一定值后，测得的DOC浓度才不再改变。因此在用过硫酸钾法对海水中DOC进行测定时，必须注意氧化剂的加入量。在考虑这一因素后，过硫酸钾法能测得同高温燃烧法一致的结果。

对过硫酸钾法来说，影响其测定结果的另一个重要因素是空白的测定问题。用同一红外检测器和总共3批重结晶的过硫酸钾对过硫酸钾法的空白进行测定，发现空白有相当大的变动性，每一次单独测定的空白都有所不同，其大小变化可由23μmol/dm^{3}到90μmol/dm^3，空白的这种变化必然对测定结果产生极大的影响。

因此若不能控制过硫酸钾法中空白的变化，则用该方法测得的 DOC 数据的准确性是值得怀疑的。

(2) 紫外-过硫酸钾湿法氧化

紫外-过硫酸钾法在经多人完善成为一种自动分析系统后得到广泛应用。紫外-过硫酸钾法同过硫酸钾法相比，有两个明显优点，一个是氧化剂是连续加入的，因此不会消耗完；另一个是化学氧化剂(过硫酸钾)的加入，能够氧化那些不易被光化学过程所产生的氧化剂氧化的化合物。对于紫外-过硫酸钾法来说，最明显的缺点是紫外源随使用时间的增长，其输出呈非线性衰减。此外，样品中含有微粒时，光氧化效率明显降低，海水总 DOC 中有 15%～45%为胶体有机碳。目前有关紫外-过硫酸钾法对胶体有机碳的氧化效率的研究还很少。在空白校正上，紫外-过硫酸钾法与过硫酸钾法有所不同。过硫酸钾法的空白是根据“空白”回归线的截距和标准曲线的斜率进行计算的，“空白”回归线可通过测定不同体积高纯水的空白得到。在紫外-过硫酸钾法的连续流动系统中，载水和氧化剂是连续泵入的，试剂和高纯水空白包含在基线中。当测定海水样品时，高纯水空白不再存在，会导致基线降低，因此用于清洗管路和配制标准溶液的高纯水的空白需要加入样品的测定值中或从标准溶液中减去。将水样用不含 CO_2 的气体代替即可测定高纯水的空白。在紫外-过硫酸钾法中，空白的变动性较小，对测定结果的影响也相应地较过硫酸钾法小。

(3) 高温燃烧法

对高温燃烧法的改进促进了海洋中溶解有机碳研究的发展。在 20 世纪 80 年代末到 90 年代初，一些论文报道的 DOC 测定数据普遍出现高 DOC 测定值。在 1991 年 DOC 测定方法互校中，不同实验室间测定的 DOC 浓度差别为 40%，而且用同一种高温燃烧法测得的结果间的差别与用不同方法测得的结果间的差别几乎同样大。人们认为这种差别应解释为空白问题，而不是由不同方法的氧化效率不同造成的。在高温燃烧法中，催化剂是仪器空白的主要贡献者，若不对催化剂进行仔细的处理，仪器空白可能很高而且不稳定。即使对销售的成型仪器来说，也存在同样的问题，其主要原因是目前使用的主要是 Pt/Al_2O_3 催化剂。由于 Al_2O_3 是两性氧化物，会吸收氧化产物 CO_2 而产生记忆效应，因此空白的变动性很大。在高温燃烧法中对空白的不适当测定最高可导致 DOC 的测定结果偏高 $100\mu mol/dm^3$，这是许多 DOC 测定值较高的最可能原因。在 1993 年以前，绝大多数高温燃烧法都没有测定和扣除空白，因此许多 1993 年以前用高温燃烧法测定的 DOC 数据现在看来是不可靠的。

(4) 避免溶解有机碳玷污的常用方法

海水中溶解有机碳测定不准确的原因除测定仪器本身外，海水样品在测定前的预处理过程中发生有机碳玷污也是主要原因。造成海水样品污染的可能操作包括样品的采集、过滤、储藏等多个环节。

采样器造成的样品污染：理想的采样器应由不含碳的材料组成，如玻璃或不锈钢；在常规海洋调查中，Niskin 或 Goflo 采水器可以使用，但样品在采样器内的驻留时间不宜太久；PVC 材料可能释放有机质，彻底清洗后勉强可以使用；橡胶材料必须严禁使用，它是样品很大的有机污染源。

过滤造成的样品污染：在过滤过程中最有可能造成污染的是滤膜。常见的可用于有机碳分析的滤膜有玻璃纤维滤膜、氧化铝滤膜、Telfon 滤膜和聚碳酸酯膜等。前两种滤膜需预先灼烧，后两种滤膜需预先用酸清洗。由于碳酸纤维滤膜易释放某些碳素，不能使用。目前，国际上通用的是 GF/F 滤膜。

样品瓶造成的样品污染：普通的磨口玻璃样品瓶由于密封性较差，易造成样品的玷污。最好采用小体积的硼化玻璃瓶，这类瓶子具有良好的密封性，但所使用的塑料瓶盖必须外加 Teflon 垫片。

2.4.1.2　浮游植物对溶解有机碳的释放

海洋中的溶解有机碳至少有 700Gt，最重要的是不稳定的部分，其占新形成 DOC 的 50%。海洋中 DOC 的来源是海藻，快速生长的浮游植物细胞内的主要物质是蛋白质，大约占有机质干重的 50%，碳水化合物和脂质的含量次之。当生长比较缓慢，处于生长平稳期时，细胞成分将发生显著改变，碳水化合物将是最主要的成分。理想情况下，光合作用形成的所有物质都应当保留在细胞内，但自然情况下不是这样，除细胞内的产物外，还有一些被排出细胞外，可以用排泄、分泌、释放、降解等词汇描述。碳水化合物是浮游植物排入周围水体的主要物质，其次是蛋白质和氨基酸。此外，还有有机酸、糖醇、脂和脂肪酸、维生素及生长抑制剂(毒素)等。

在快速生长期，浮游植物将释放初级生产的 2%～10%；但在生长稳定期，因生长比较缓慢，DOC 的释放可增加到初级生产的 20%～60%。有许多证据显示 DOC 释放的绝对速率在指数增长期最高。营养盐限制能增加释放的相对速率，营养盐比值如 N/P 对 DOC 的释放也很重要。相对来说，细胞外释放受阳光的影响较小，但释放效率(PER)与高光照条件下光合作用相对抑制有关。

小分子物质通过细胞膜运移的重要机制是简单扩散，而大分子是通过与生物高聚物等运载工具相结合的方式运移到细胞外的。细胞破裂是另外一种完全不同的有机质释放方式。环境中的许多物理因素，如严重的营养盐限制以及极端温度、盐度、pH 和光照条件可能导致细胞的畸变甚至死亡，如细胞裂解。生物因素如病毒、细菌和可能的异养鞭毛虫侵袭也会导致相似结果。快速增长的细胞和生长平稳期的细胞分别含有 15%～30%和 20%～50%的可溶解小分子物质、可溶解蛋白质和糖等含碳物质。所以在细胞裂解时会释放出大量的细胞物质到外部介质。还有一种排泄方式是浮游动物摄食所导致的溶解碳或颗粒碳的释放。细菌在浮游植物 DOC 的释放过程中起着重要作用。细菌在不生长或生长很慢的浮游植物细胞上附着能力很强，细菌表面的降解酶可促进浮游植物细胞内生物高聚物的降解。细菌会吸收一些降解产物，没有被吸收的部分将全部释放进入周围水体。

野外调查发现，DOC 的释放效率(PER)为 5%～30%，比实验室培养的指数生长期细胞的释放效率高得多。而且不同的浮游植物种类，释放效率相差很大。

2.4.1.3　溶解有机碳的粒径分布特征

溶解有机碳的成分复杂，分子大小相差悬殊，在各种粒径范围内都有分布。将溶解有机碳的粒径从大到小分成 7 个级别(表 2-20)，各粒径范围内溶解有机碳的含量如图 2-27 所示。可以看出在不同的季节，溶解有机碳的粒径分布特征相差很大。溶解有机碳的粒径分布可能主要与微生物群落的活动有关。例如，细菌可以有效吸收低分子量 DOC，而高分子量 DOC(＞100kDa)只有被打碎后才能被病菌吞噬；鞭毛虫主要摄食细菌和超微型浮游植物，但也可以吞食大于 100kDa 和 0.1μm 的 DOC。鞭毛虫的繁盛将消耗大量的高分子量 DOC，从而造成高分子量 DOC 浓度的降低。

表 2-20　溶解有机碳的粒径分布

溶解有机碳	粒径范围或分子量(MW)
DOC_{total}	以下列出的各部分总和
$DOC_{0.1\sim0.2\mu m}$	0.1～0.2μm
$DOC_{0.05\sim0.1\mu m}$	0.05～0.1μm
$DOC_{100kDa\sim0.05\mu m}$	100kDa～0.05μm
$DOC_{30\sim100kDa}$	30～100kDa
$DOC_{10\sim30kDa}$	10～30kDa
$DOC_{5\sim10kDa}$	5～10kDa
$DOC_{<5kDa}$	＜5kDa

需要注意的是，大部分学者将能透过 GF/F 滤膜的有机碳都称为溶解有机碳，使溶解有机碳包含的粒径范围更大；还有部分学者将 1kDa～0.2μm 的 DOC 称为胶体有机碳，从而使溶解有机碳的粒径范围变得更窄，因此在研究溶解有机碳时一定要明确 DOC 的粒径范围。

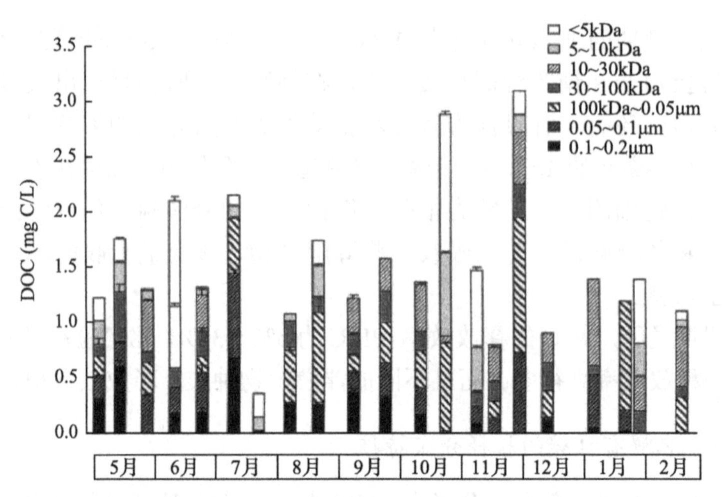

图 2-27　海水中不同粒径范围内溶解有机碳的含量

采样时间为 1991 年 5 月 2 日至 1999 年 2 月 18 日，每月采样两次

2.4.1.4　溶解有机碳的空间分布

虽然溶解有机碳的含量在不同海区差别很大(表 2-21)，但总的特征是陆架浅海高于深海，这可能与陆架浅海具有较丰富的物质来源有关。DOC 在同一海域的垂直分布也有明显的特征，如果将海水从表层到底层分三层：表层、次表层和深层，DOC 在表层的含量最高，也比较稳定，次表层中 DOC 具有明显的变化梯度，表明 DOC 在向下转移过程中部分发生分解，深层 DOC 的含量最低，但比较稳定，说明 DOC 在深层比较稳定，只有少量被消耗(图 2-28)。DOC 的空间分布特征与所在海域的水文特征关系密切，在某些水动力条件比较强的浅水海域，水体上下层混合比较均匀时，DOC 垂直分层特征将很不明显，表现为 DOC 浓度分布比较均匀。

表 2-21　部分海域 DOC 含量特征

海域	DOC 质量浓度范围(mg/dm^3)	DOC 质量浓度平均值(mg/dm^3)	季节
南黄海	A 断面：1.81～2.42	2.04	秋末
	B 断面：1.82～2.72	2.05	冬初
	C 断面：1.62～2.39	1.96	
南黄海	1.05～9.37	4.08	夏季
渤海	1.33～3.04	2.02	春季
东海	0.78～0.90		春、秋季
东海南部	0.96～1.43		秋季、初春

续表

海域	DOC 质量浓度范围(mg/dm³)	DOC 质量浓度平均值(mg/dm³)	季节
珠江口	1.03～3.00		夏季
墨西哥湾	1.0～1.57		夏季
西佛罗里达陆架海区	1.07～3.66		春季
南极普里兹湾及邻近海区	0.17～2.18	0.63	春季
北冰洋	0.58～1.64	0.88	
太平洋	0.72～0.96		

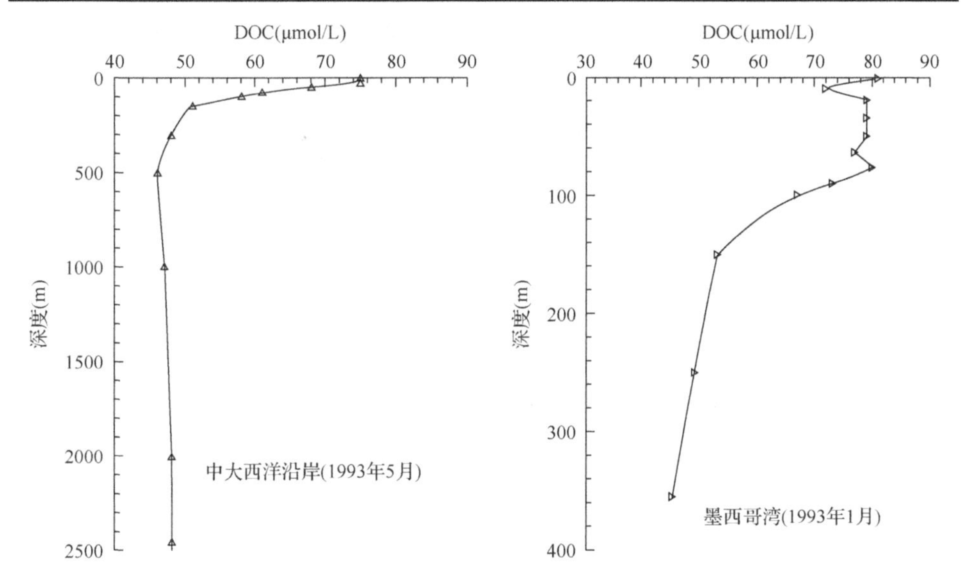

图 2-28　海水溶解有机碳的垂直分布

虽然 DOC 主要是由海洋生物的生命活动过程产生的，但 DOC 的空间分布与浮游生物量的分布并不一致。在赤道太平洋海区 DOC 分布并不随初级生产力和包括细菌生产力在内的生物学参数变化而变化，他们使用一维模型分析，认为只有 2 种类型的 DOC 与海洋表层生物过程紧密相关，即可降解(labile-)和半可降解(semi-labile)的 DOC，前者实际上不能够在观测得到的数据中体现出来，因为可降解 DOC 的产生和消耗过程是同时进行的。半可降解态的含量高是表层 DOC 较高的原因，但是仍与生物学过程相对独立，因为半可降解的 DOC 再循环周期(几天到几个月)要比生物的再循环周期长，所以它们在空间分布上不可能一致。

2.4.1.5　大洋溶解有机碳的浓度变化

以马尾藻(Sargasso)海的深层水为参考，对全球大洋深层水溶解有机碳(DOC)

浓度进行了研究。在全球大洋中格陵兰海域的 DOC 浓度最高(48.1μmol C/dm^3±0.3μmol C/dm^3)，至北大西洋的 48°N 和 32°N 分别降至 45.1μmol C/dm^3±0.4μmol C/dm^{3}和 43.6μmol C/dm^3± 0.3μmol C/dm^3。环极流(61°S)和罗斯(Ross)海(75°S)的浓度为41.5～41.9μmol C/dm^3,向北至印度洋中部和阿拉伯海增高为 42.9～43.6μmol C/dm^3，至南太平洋西部增高为 42.3～43.0μmol C/dm^3，但在北太平洋浓度降低了，在最北站位采集的样品其浓度为 33.8μmol C/dm^3±0.4μmol C/dm^{33}，为全球最低值(表 2-22)。各大洋溶解有机碳平均值的分布在全球范围内表现出明显的几个梯度(图 2-29)。出现这种分布的原因主要包括：在深层水形成海域年轻物质的输入(尤其是在北大西洋)、深层水微生物的消耗、含有不同 DOC 浓度水团的混合以及颗粒物质转换所造成的少量增加(溶解作用)和减少(吸收作用)。

表 2-22　大洋海水中溶解有机碳的浓度

海域	位置	深度范围(m)	DOC(μmol/dm^3)	N	S.d
北大西洋	75°N，0°	1250～3650	48.1	10	0.3
	48°N, 13°W; 41°N, 48°W	1100～4800	45.1	19	0.4
	32°N，164°W	1000～4000	43.6	35	0.3
环极流	60°S，170°W	1000～4000	41.5	7	0.4
	61°S，170°W	2000	41.9	33	0.3
罗斯海	75°S～77°S，178°E～178°W	0～700	41.7	241	0.3
印度洋	36°S，95°E	1000～2000	43.3	3	0.1
	32°S，80°E	1500～2000	42.9	2	/
	26°S，80°E	1000～2000	43.3	3	0
	14°S，80°E	1000～4000	42.9	6	0.7
	8°S，80°E	1500～5500	43.6	3	0.3
	3°S，80°E	1500～3000	43.3	4	0.2
阿拉伯海	13°N～20°N，60°E～65°E	1000～4300	42.8	27	0.8
太平洋	56.5°S，170°W	1000～5000	42.3	5	0.3
	62.5°S，170°W	1000～5000	42.3	5	0.1
	33.5°S，170°W	1000～5000	43.0	5	0.1
	0°，170°W	1000～5000	42.7	4	0.1
	22.75°N，158°W	900～4750	38.8	9	0.9
	58°N，148°W	1000～1500	33.8	3	0.4

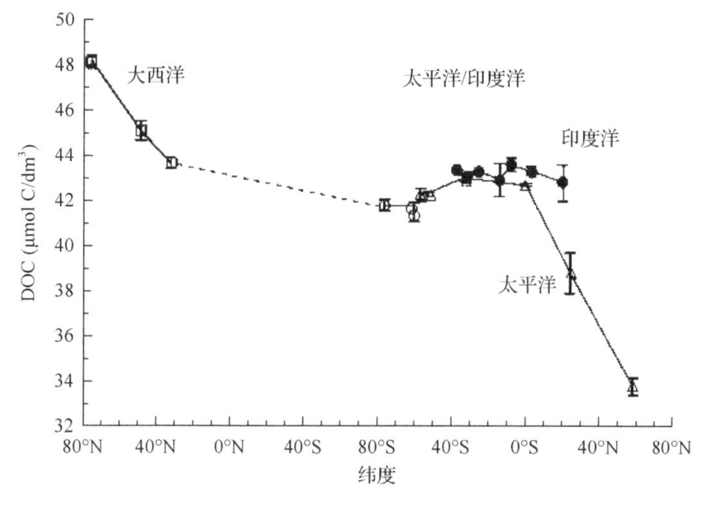

图 2-29 深海大洋溶解有机碳的平均浓度(μmol C/dm^3)

实线表示大洋海盆内的数据，虚线表示南大西洋的数据尚不确定，正方形代表大西洋的数据，空心圆表示南大洋的数据，实心圆表示印度洋(包括阿拉伯海)的数据，三角形表示太平洋的数据

2.4.2 颗粒有机碳(POC)与生物代谢

大气 CO_2 被海洋吸收后主要通过生物泵、碳酸盐泵和溶解度泵来完成它的转移，生物泵中 POC 的输出与分布变化构成了海洋生态系统中碳循环的关键环节之一，最新的研究表明，全球海洋每年 POC 的输出通量为 9.5Gt±1Gt，这可能使海洋在短期(季度到几十年)内对大气 CO_2 产生决定性的调控作用。海水中的 POC 在整个碳体系中占有举足轻重的地位，在一定程度上控制着海水中 DOC、胶体有机碳(COC)以及 DIC 的行为，更为重要的是海水中的 POC 是生物摄食-代谢的主体，对海洋生态系统食物链结构影响巨大，所以，研究海洋中 POC 的行为对阐明生物生产过程乃至生物种群繁殖意义重大。

2.4.2.1 海水中 POC 的基本特征

(1) POC 的组成

海洋 POC 可分为生命与非生命两部分。生命 POC 来自各种生物，包括微小型光合浮游植物、大型藻类以及细菌、真菌、噬菌体、浮游动物、小鱼小虾直至大的海洋哺乳动物；非生命 POC 也称有机碎屑，包括海洋生物生命活动过程中产生的残骸、粪便等。不同海区 POC 的组成各不相同，对楚科奇海的研究发现，沉降的生命 POC 主要由粒径＜330μm、以硅藻为优势的浮游植物(包括硅藻、甲藻、绿藻、鞭毛藻)、小型浮游动物(纤毛虫类、肉足虫类)和以桡足类为优势的大型浮游动物(桡足类、箭虫、腹足类、枝角类)组成。在东海，沉降的 POC 主要由浮游植物(圆筛藻、具槽直链藻、曲舟藻和舟形藻)、浮游动物(桡足类、砂壳纤毛虫、瓣鳃类幼虫)以及非生命的浮泥小颗粒、浮游动物粪便、蜕皮和桡足类残体组成。

POC 中生命物质的比例，以往是通过公式：POC−叶绿素 a(Chl a)×f=碎屑 POC(f取 25～250)来计算的，但是这种方法忽略了其他生物如细菌等的贡献，因此目前有人通过测定ATP(腺苷三磷酸)在总POC中的含量来区分生命与非生命部分。通过 ATP 定量区分东海 POC 中生命与非生命部分的结果表明，生命部分在春、秋两个季节的 POC 中所占比例各不相同，分别为 10%和 4%，C/N 值分别为 7.63 和 15.23，说明春季 POC 主要受生物活动影响，而秋季生物活动对 POC 的影响较小。在大西洋百慕大海区，随着深度的增加，POC 中生命部分与非生命部分的比例不断发生变化。在 65m 以上水层，总 POC 中浮游植物占 32%，微型异养生物占 15%，非生命部分占 53%，在 65～135m 水层，生命部分与非生命部分之比为 35∶65，在 135m 以下，为 26∶74。

(2)POC 的来源

不同海区、不同深度，海洋中 POC 的来源各不相同。按其来源途径可分为陆源(通过河流、大气沉降输入)、海源(海洋生物的生产)以及沉积物的再悬浮。

1)陆源

河流输入是海洋POC的一个重要来源,其每年将大量的POC输入近海(表2-23)。有估计指出，全球每年通过河川径流进入海洋的有机碳为 430×10^{12}g。

表 2-23　河口区 POC 的主要来源

河口	主要来源	组成
亚马孙河口	陆源	树叶 70%～80%，木质素，土壤，粗 POC 的解聚物
阿查法拉亚河口	陆源	C_3 植物碎屑
瓜纳巴拉湾	海洋源、陆地源、河口混合	
长江口及邻近海域	陆源为主的表层沉积物的再悬浮	长江输入的颗粒有机物，海域浮游生物的代谢产物
黄河口	陆源	植物，土壤
珠江口	陆源	植物碎屑(草地、农田、森林)

我国及国外各大河流输入近海的陆源 POC 主要来源于草地、农田、森林植物碎屑以及土壤中有机碳、人类排废等，而河口区自生的 POC 则很少，其主要原因是在河口区，淡水与海水相混合，水动力环境强，所以该水域总悬浮颗粒物(TSM)浓度很高，导致水体的透光率下降，抑制了植物的光合作用，浮游植物的初级生产力也就很低。

大气中的有机质以气态或颗粒态形式存在，通过干式或湿式沉降到达海洋，也构成了海洋 POC 的一种来源。据估算，全球每年由降水输送到海洋的有机物(以碳含量表示)为 2.2×10^{14}g/a。由于风、降水的不确定性，目前对这方面研究的较少，数据存在一定误差，但是其对海洋 POC 的贡献是不容忽视的。

2)海源(海洋生物体及其代谢)

海洋浮游植物、浮游动物及其残骸、粪便以及微生物是海洋中 POC 的主要贡献者。在受陆源影响较小的海区，POC 主要来源于海洋生物及其新陈代谢产物。对日本濑户内海西部的研究发现，POC 与 Chl a 有高度的正相关性，相关公式为 POC(mg/g)$=76.5\times$Chl a(mg/g)$+26.0$($r=0.95$，$P<0.01$，$n=9$)，从而推断在该海区，POC 主要来源于海洋浮游植物及其残骸。在夏季的北冰洋，中型浮游动物对总 POC 的贡献约为 40%。与浮游植物、浮游动物相比，微生物也是海洋 POC 的重要组成部分。在加利福尼亚海盆和中国闽南、台湾浅滩上升流区，细菌有机碳分别占总 POC 的 14%～62%和 11.75%。

3)沉积物的再悬浮

沉积在海洋底部的 POC，当受到外界因素的扰动时，便会发生再悬浮而重新进入水体中。据统计，在大陆架及大陆坡的沉积物中，有 40%～85%的有机碳要发生再悬浮。在我国近海，沉积物中 POC 的再悬浮是海洋 POC 的一个重要来源。根据沉降颗粒物特征化学成分的垂直通量及其在两种悬浮颗粒物中含量的关系，建立化学模型定量计算了东海陆架海洋中悬浮 POC 的比例，发现在某些站位再悬浮 POC 在沉降 POC 中占相当高的比例，特别是在离海底 5m 的水层($>96.0\%$)，在离海面 15m 的水层再悬浮率也达 32.9%以上。在黄海海域，夏季底层沉降颗粒物再悬浮比例为 90%～96%。

沉积物中 POC 的再悬浮受多种因素的影响。对东海调查发现，由于底部沉积物的再悬浮，在大陆架中部和深处 POC 有很高的含量，尤其在海上风浪较大的时候，POC 含量更高。当海上风速为 15m/s 时，底部 POC 的含量增加到原来的 3 倍。除了风以外，强烈的海流、沿岸上升流以及陆地径流和底栖生物扰动等都会影响沉积物中 POC 的再悬浮。

此外，DOC 转化为 POC 也是海洋中 POC 的一个不容忽视的来源。水体中大分子 DOC 很容易吸附在液-固、液-液(如液膜)或气-液界面上，从而形成有机聚集体。在河口区，随着淡水与海水的混合，pH 升高，盐度增加，淡水中的金属离子很容易形成氢氧化物，部分 DOC 会与氢氧化物发生共沉淀形成有机颗粒物。对苏格兰 4 条河流的研究发现，在河口区，有 3%～11%的 DOC 转化为 POC。

海洋 POC 的来源多种多样，即使在同一海区，不同时间、不同空间 POC 的来源组成也各不相同。判断其来源组成，对进一步探讨 POC 的控制因素非常重要。目前判断 POC 来源的方法主要有 δ^{13}C 法和 C/N 法(表 2-24)。

表 2-24　海洋 POC 来源的判定

使用参数	标准范围	来源
$\delta^{13}C$	～-20‰ ～-27‰	海洋有机碳 陆地有机碳
C/N	2.6～4.3 7.7～10.1 ＞50	细菌 浮游植物 高等植物
$\delta^{13}C$	-21‰～-18‰	浮游植物

对于 POC 来源的判定，单独采用 $\delta^{13}C$ 或 C/N 值不足以准确判断，而应该将这两种方法结合使用，此外，还有一些学者认为通过 POC/PON 值(POC/PON 值＜12，海源；POC/PON 值＞12，陆源)，以及 POC 与 Chl a、TSM 的相关性也可以确定，用此方法推测黄海 POC 主要来源于海洋自生，亨伯(Humber)河口 POC 来源于陆地植物碎屑，南极普里兹湾和南沙渚碧礁海区 POC 来源于浮游植物。

2.4.2.2　POC 与生物过程的关系

海洋真光层的浮游植物通过光合作用吸收水体里的溶解 CO_2，通过一系列的光化学反应将其转化为颗粒态，即有生命 POC(大多为单细胞藻类，如硅藻等，粒径从几到几十微米)，这些有机碳再通过食物链(网)逐级转移到更大的颗粒如鱼类、浮游动物等。未被利用的活体 POC 将死亡、沉降和分解，同时各级动物产生的粪团、蜕皮等构成了大量非生命 POC 向下沉降。生活在不同水层中的浮游动物，通过垂直洄游促进了 POC 由表层向深层的接力传递。另外，各种海洋生物通过新陈代谢活动产生的大量 DOC 释放到水体中，这些有机物有一部分将被氧化降解而进入再循环，其余的被异养微生物利用后通过微型生物食物网再进入主食物网，并转化为较大的 POC。上述由有机物生产、消费、传递、沉降和分解等一系列生物学过程构成的碳由表层向深层的转移称为生物泵。海洋生物泵过程异常复杂，海洋中 POC 的生产、消耗及向下输运与海洋生物的生长繁殖及新陈代谢过程密切相关。

(1)排泄颗粒物沉降

海洋中的碳绝大部分是通过微型生物食物网来进行循环的，只有很小一部分以食物的形式被原生动物所利用。由于大颗粒具有较高的沉降速率和较短的食物链，因此大生物体比小生物体在 POC 的沉降过程中所起的作用更为重要。浮游动物和自游动物通过在真光层摄食各种小型浮游生物、在混合层以下排泄粪便颗粒物对 POC 的沉降做出巨大贡献。

在不同海区、不同季节，因浮游动物生物量和组成的不同，排泄颗粒物组成和通量各异。Dagg 等用放射性 ^{234}Th 研究大型桡足类排泄的颗粒物对大西洋

170°W 附近海区 POC 及生源 Si 的贡献发现，在春季，100m 水层中排泄颗粒物占 POC 沉降通量的 22%～63%，占生源 Si 通量的 42%～100%；而在夏季，排泄颗粒物所占比例却很小，分别为 2%～7%和 1%～5%。在阿拉伯海，牧食的中型浮游动物排泄的颗粒物通量为 156mg C/($m^2 \cdot d$)，占初级生产力的 12%，这一较高的比例与该海区高的浮游动物生物量、充足的大型硅藻、适宜的温度是密不可分的。在该海区，春季季风和东北季风盛行时，排泄颗粒物通量明显偏高，而西南季风对排泄颗粒物通量影响较小，对未被摄食的浮游植物细胞沉降影响较大。在南极 Ross 海，不同月份原生动物的排泄颗粒物通量为 4.6～54.5mg C/($m^2 \cdot d$)，通量变化明显，与该海区的生物量及其组成密切相关。

在太平洋，亚热带贫营养环流海区和赤道(高营养盐、低叶绿素)海区的对比数据显示，中型浮游动物的生物量和排泄颗粒物通量，赤道(高营养盐、低叶绿素)海区分别为亚热带贫营养环流海区的 2.5 倍和 2 倍，中型浮游动物的排泄颗粒物占沉降 POC 总通量的 100%。可见在该赤道海区，排泄颗粒物对沉降 POC 的贡献是巨大的。在夏威夷海区，排泄颗粒物对 POC 总通量的贡献较大西洋百慕大海区高，这与该海区具较高的浮游动物生物量和较快的生长率[在夏威夷和百慕大海区，中型浮游动物生产量分别为 0.79mol C/($m^2 \cdot a$)和 0.33mol C/($m^2 \cdot a$)]是分不开的。

浮游动物中的桡足类、海樽类和翼足类普遍存在于全球海洋中，虽然其很少密集分布，但具有很高的摄食率，其中尤以海樽类为甚(可比桡足类的清滤率高数百倍)，可大量消耗周围海水中微小的悬浮颗粒物，并将其转化为大的颗粒物，从而加快颗粒物和排泄颗粒物的沉降速率。有研究发现，在南印度洋，中型浮游动物和小型自游鱼类的组成与生物量随季节不断发生变化，桡足类经常在种群和数量上占优势。在夏季，大量的海樽类聚集后，抑制了桡足类和翼足类的数量增加，同时对浮游植物造成了很大的摄食压力，使浮游植物不能大量繁殖。因此，浮游生物物种的改变不仅改变了生物量，而且改变了初级生产力的消耗量、沉降颗粒物的组成和 POC 向深海的沉降通量。

(2) *浮游动物垂直洄游*

许多种类浮游动物白天生活在真光层以下，晚上则通过垂直洄游到表层来进行摄食活动，并在黎明来临前再次下沉。浮游动物通过在表层摄食浮游植物，将其贮存在体内并在深层进行代谢吸收，以及浮游动物生长过程中的蜕皮、死亡等可以有效地促进 POC 向深层的沉降。有研究认为浮游动物的摄食活动是水华末期 POC 沉降的主要媒介。在楚科奇海，夏季融冰期真光层中来源于大型桡足类的 POC 估算值为 108.67mg C/($m^2 \cdot d$)，占浮游动物 POC 总量的 95.3%，而来源于硅藻的 POC 通量绝对值较低，为 0.107～0.113mg C/($m^2 \cdot d$)，浮游动物的表观碳通量远远高于浮游植物。有研究认为浮游动物的昼夜垂直运动是出现这一现象的主要原因。在赤道太平洋西部，由中型浮游动物和小型自游动物的昼夜垂直迁移所造成的 POC 沉降通量分别为 9.97～23.53mg C/(m^2·d) 和 15.2～29.9mg C/(m^2·d)，对 POC 的贡献巨大。

对南沙渚碧礁的研究发现，POC 含量在一天之间变化很大。在夜间，从 18:00 到 21:00，POC 含量由 91μg/dm^3 增加到 227μg/dm^3，从 0:00 到 6:00POC，含量又从 185.5μg/dm^3 迅速减少到 104μg/dm^3，夜间平均值为 155μg/dm^3，近似于白天的 2 倍。对东海不同水层水体中 POC 的含量分布调查发现，Chl a 的最大值出现在傍晚 18:00，然而由于浮游动物夜间上浮到真光层摄食浮游植物，表层海水 POC 的最大值(即 0m、10m、20m POC 的平均值)均出现在午夜 12:00。这主要是因为白天光合作用强烈，到傍晚浮游植物的丰度迅速增加，为浮游动物提供了充足的食物，栖息在底部的浮游动物如十足类、糠虾、多毛类等便会在夜间上浮觅食，使水体中的浮游动物量大幅增加，所以有生命 POC 含量增加。

从表 2-25 中可以看出，浮游动物的垂直迁移对 POC 由表层向深海的输送起重要作用，由浮游动物的垂直迁移引起的 POC 输运平均占 POC 总通量的 4%～34%，最高时可达 70%，在西太平洋的亚北极海区更是高达 91.5%。对比其他因素如 DOC 的物理混合、粪便颗粒物的沉降以及重力沉降等对 POC 的贡献发现，其都与高的浮游动物垂直迁移量有着一定的相关性。

表 2-25　不同海区不同季节浮游动物的垂直迁移对 POC 输出通量的影响

海区	浮游生物量 (mg C/m^2)	迁移通量 [mg C/(m^2·d)]	浮游动物迁移占总 POC 通量的比例 (%)	时间
热带及亚热带大西洋		5.5(2.8～8.8)	6(4～14)	9 月
大西洋百慕大	191(82～536)	14.5(6.2～40.6)	34(18～70)	3 月，4 月
赤道太平洋	96	4.2	18	3 月，4 月
	155	7.3	25	10 月
赤道太平洋 HNLC 海区	47	3.8	8	9 月
	53	7.9	4	10 月
北大西洋	(5～480)		(19～40)	
大西洋百慕大	50(0～123)	2.0(0～9.9)	8(0～39)	1 年
夏威夷海	142	3.6(1.0～9.2)	15(6～25)	1 年

(3) 细菌作用

细菌作为海洋中的微生物，在 POC 的循环转化过程中起着重要的作用。不同的细菌起的作用不同，自养细菌利用海水中的 CO_2 通过光能或化学能合成 POC；而异养细菌作为营养物质的分解者和转化者，一方面把 POC 同化为可以被较高营养级生物所利用的生物量，另一方面把 POC 分解成 DOC 或 DIC，提供给初级生产者，从而成为海水 POC 循环的重要桥梁。有研究认为，细菌通过附着在 POC 上，利用其自身产生的外水解酶将 POC 转化为 DOC。

在沉积物中，由于 O_2 只能深入沉积物中毫米或厘米级深度，因此厌氧细菌是沉积物中 POC 分解的主要贡献者。在大西洋东北部海区，研究三个站位深海表层沉积物中细菌数量、DNA 合成(用于测定细菌生长)和 POC、TN 含量与最新沉降的植物碎屑之间的关系发现，细菌数量和[^{3}H]-胸腺嘧啶脱氧核苷的合成速率与植物碎屑、POC 及 TN 含量呈正指数关系。在沉积物表层，平均细菌数量为(5.6～53.2)×10^{10}cells/dm^3，在植物碎屑中数量为(9.2～12.9)×10^{10}cells/dm^3，[^{3}H]-胸腺嘧啶脱氧核苷的合成速率在表层沉积物和植物碎屑中分别为 14.8～593.7pmol/(dm^3·h)和 395.8～491.4pmol/(dm^3·h)。在 POC 的长距离沉降过程中，由于异养细菌的分解和中型浮游动物的摄食活动，POC 在到达底部沉积物以前绝大部分被消耗掉。在北太平洋，POC 只有 6%～10%到达 2000m 的水层。在北太平洋亚北极区，通过对水体中碳平衡的研究发现，POC 是细菌所需碳的主要来源，而在 1000m 水层以下，细菌的需求量却超过了 POC 的输入通量，这说明细菌碳代谢中有一部分碳是来自海底表层沉积物中的 POC。

(4)生物分泌物

海洋生物包括一些微生物分泌的黏液或藻类分泌的含有黏性有机质的膜或鞘，能够将沉降 POC 及其他矿物碎屑捕获并形成较大颗粒，加快 POC 的沉降速率。对东海陆架北部泥质区悬浮体的絮凝沉积作用研究表明，在该海区存在许多浮游生物的遗体和海洋生物产生的黏液类分泌物、黏膜和软组织等有机物，它们将与之接触的矿物碎屑、生物骨屑(包括硅藻、甲藻、有孔虫等)等黏结吸附在一起，一些大的有机质膜还可以将碎屑颗粒“捕集”起来形成大的絮凝体而迅速沉降。此外，浮游动物排泄的颗粒物表面也具有吸附碎屑物质的特点，可以将不易沉降的细小颗粒和生物骨屑黏结、吸附或捕集在一起形成絮凝体，连同有机质一起沉到海底。

2.4.2.3 POC 与营养盐的耦合关系

(1)生命 POC 与营养盐的关系

有生命 POC 即海洋生物，其生长繁殖除受光照、温度的影响外，还与海水中 N、P、Si 等营养盐的含量和比例密切相关。在海洋中，浮游植物通过光合作用，以一定比例吸收海水中营养元素，构成植物细胞原生质，同时释放出一定量的氧气，可用总反应式：$106CO_2+16NO_3^-+HPO_4^{2-}+122H_2O+$微量元素+光子→$(CHO)_{106}(NH_3)_{16}H_3PO_4+138O_2$ 表示，而海洋动物则以吞食浮游植物或其他微体动物的方式来摄取这些营养元素。对大亚湾微表层和次表层海水中营养盐与浮游植物关系研究表明，三态氮中的NO_3-N、NH_4-N和PO_4-P、SiO_3-Si均与浮游植物中的Chl a呈一定的负相关关系，通过对PO_4-P、SiO_3-Si与Chl a进行回归分析，认为浮游植物每消耗0.0089μmol的PO_4-P可生成1μg的Chl a，每消耗0.64μmol的SiO_3-Si可生成1μg的Chl a。

通过研究生命POC与营养盐的相关性，可以判定该海区受何种营养盐限制，以及浮游生物主要吸收何种形式的营养盐。对厦门港海域春、秋两季的浮游植物POC与营养盐进行回归分析得知，该海域只有春季河口区的浮游植物POC与无机磷呈负相关关系，即$[POC_B]=1.321-1.116[P]$（n=6，r=0.888，P>95%），根据有关分析结果认为，该海域的初级生产力主要受磷的限制。在罗源湾，浮游植物POC与N、P、Si的关系为$[POC_B] = 0.659-1.35\times10^{-2}[NO_3\text{-}N+NO_2\text{-}N]-0.387[PO_4\text{-}P]-3.82\times10^{-3}[SiO_3\text{-}Si]$（$r$=0.40，$n$=54），由于光合作用，浮游植物POC形成消耗了大量的营养盐。对南极普里兹湾POC与无机磷酸盐、无机氮的相关性分析认为，在该海区无机盐，特别是NO_3^-和PO_4^{3-}是浮游植物吸收N、P的主要形式。

海水中的营养盐和浮游生物体内的C、N、P含量之间有着密切的关系，海洋生物中这些元素的平均物质的量比为C∶N∶P=106∶16∶1，世界大洋海水中的N/P值为16∶1。通常情况下，浮游生物对海水中无机N、无机P的摄取是以恒定的比例进行的。有研究指出，如果海区的N/P值与Redfield比值接近（10～22），海区将具有较高的生产力；浮游植物如果N/P值高于22，表明其生长受到P的限制，N/P值低于10则表明其生长受N的限制。在富营养的中国广西北海半岛近岸，PO_4-P含量的分布具有随着其补充量与浮游植物的消耗量的不同而明显不同的特征。相关分析表明，该水体中PO_4-P与浮游植物POC呈明显的负相关关系，N/P高于39.11，PO_4-P含量成为限制该水域浮游植物生长的因素。

浮游植物群落结构和演替规律除与浮游植物的地域性分布、温度及盐度有关外，还与N、P、Si等营养盐浓度及比例密切相关。水体中浮游植物是以一定比例吸收营养盐的，称为Redfield比值（N∶P=16∶1），当水体中的营养盐长期偏离Redfield比值时，则会影响生物种群，而这又将反过来影响POC的组成和供给。通过在胶州湾部分水域添加营养盐发现，一些实验中浮游植物的群落结构组成发生了变化，并最终导致以浮游植物为食的浮游动物种群及数量的变化。对渤海调查区浮游植物的群落及其动力学进行初步研究的结果表明，浮游植物群落由硅藻占绝对优势逐渐转变为以硅藻-甲藻共存为主的群落。甲藻占优势以及绿藻在特定时期的普遍出现反映了渤海海区营养盐结构比例变化对海区生态系统结构的影响，N/P值的增加和Si/N值的降低是出现这一结果的直接原因。在荷兰北海北部，由于P/Si、N/Si值的增加，硅藻被鞭毛虫等所代替，直接使浮游植物种类发生了变化，并且藻类——棕囊藻目前正有规律地暴发水华。

海水中营养盐的含量和分布控制着海洋生物的生长与繁殖，反过来，海洋生物的生长繁殖及新陈代谢又影响水体中营养盐的含量与分布，二者相互影响。

营养物质的再生是从海洋生物的代谢排泄开始的，生物体中的营养盐在代谢过程中有相当一部分直接以 NH_4-N 的形式排出。在东海，由浮游纤毛虫排泄的 NH_4-N 为 0.1～63.8mg N/(m^2·d)，提供了该海区初级生产所需 N 的 0.1%～93.8%，说明浮游纤毛虫排泄的 NH_4-N 对该海区夏季和秋季维持较高的初级生产力贡献巨大。在中国烟台四十里湾，通过研究几种双壳贝类及污损动物的 N、P 排泄发现，在 N 排泄中，NH_4-N 占主要部分，其中双壳贝类 NH_4-N 占总 N 排泄量比例的平均值为 70.8%～80.1%；在 P 排泄中，溶解有机磷(DOP)约占总溶解磷排泄量的 15%～27%。据估算，整个四十里湾所养殖的双壳贝类在夏季每天将排泄 4.54t 总溶解 N，其中氨氮 3.36t，氨基酸氮 0.69t，尿素氮 0.2t，同时每天排泄 0.57t 总溶解磷，显著影响了该海域营养盐的循环及含量。

浮游生物的昼夜迁移对营养盐的输出通量有重要作用。有研究认为在贫营养的亚热带太平洋，浮游动物(桡足类等)的垂直迁移明显增大了 DIN 的通量。

此外，粒径较小的 POC——细菌对水体中营养盐再生贡献巨大。细菌等微生物被认为是海洋中有机物质的主要降解者，其通过对非生命 POC 的分解，将其中的不溶性有机 N、P 转化为溶解无机氮(DIN)、溶解无机磷(DIP)而释放到水体中，从而改变水体中营养盐的浓度。

(2) 非生命 POC 与营养盐的关系

海洋生物排泄的粪团或死亡的尸体等非生命 POC 中的 N、P 在下沉过程中逐渐被分解矿化而释放到水体中，从而引起水体中营养盐浓度的改变。在狮子湾，由浮游动物(主要是桡足类幼虫阶段)排泄的粪团分解矿化释放出的无机 N、无机 P 在春季占初级生产所需 N、P 的 31%和 10%，而在冬季则分别为 32%和>100%。在低 P 的台湾海峡(DIP<0.8μmol/dm^3)，N/P 值较高(>30)，溶解有机磷是海域 P 的主要存在形态，浮游动物的分泌可能是其主要来源。在该海域，上升流和河流输送对上层海水 DIP 的贡献约占浮游植物摄取磷的 20%，而其余 80%的 DIP 则来源于水体内部有机磷碎屑和生物粪团中 P 的分解矿化。在南沙珊瑚礁生态系统中，由于生物捕食和分解者的作用，POC 的消耗速率很快，潟湖中垂直转移的 POC 有 93%以上在进入沉积物之前释放，其中生物碎屑 POC 的释放率约为 99%，这种高效的循环及时补充了水体中 C、N、P、Si 等生源要素，使得珊瑚礁得以在营养丰富的条件下一直保持较高的生产力。

表层沉积物中的非生命 POC，由于受到水动力作用而发生再悬浮，因此上层水体中的营养盐浓度将大幅度增大，而悬浮 POC 中的 N、P 含量则有所减少，这是因为 POC 中的有机 N、P 较易被氧化降解，同时由于沉积物中 POC 的再悬浮增大了水体中 POC 的浓度，因此二者呈正相关关系。在台风过境期间，厦门邻近海域 POC 与 DIN、DIP 均呈正相关关系，并且在高潮时相关性较为显著(表 2-26)，

DIN、DIP 的增多可能部分来自颗粒物中有机 N、P 化合物的氧化降解。

表 2-26 厦门邻近海域 POC 与 N、P 营养盐的相关关系

区域	线性统计关系	样品数(*n*)	相关系数(*r*)
厦门西港低潮	[POC] =0.20[DIN]+0.583	8	0.44
	[POC] =3.16+[DIP]+0.440	8	0.34
厦门西港高潮	[POC] =0.50[DIN]+0.189	8	0.72
	[POC] =25.72[DIN]–1.125	8	0.70
九龙江口低潮	[POC] =0.52[DIN]+0.340	7	0.53
	[POC] =7.21[DIP]+0.224	7	0.74
九龙江口高潮	[POC] =0.39[DIN]+0.111	7	0.69
	[POC] =10.98[DIP]–0.218	7	0.45

埋藏在沉积物中的 POC，通过物理、化学作用影响和控制着 NH_4-N 的形成与释放。渤海沉积物中 NH_4-N 与 OC 呈较好的正相关关系，其原因为 NH_4-N 主要来源于沉积物中有机质的分解，并稳定存在于还原性环境中。沉积物中的 OC 含量及氧化还原环境直接影响 NH_4-N 的生成，因此对 NH_4-N 分布的控制作用明显。同时，OC 能增强沉积物表面对 NH_4-N 的吸附作用，一方面 OC 在表层沉积物中矿化会产生 NH_4-N，另一方面沉积物中 OC 矿化降解能为 NH_4-N 吸附提供位点。在相同条件下，富含有机质的沉积物吸附的 NH_4-N 比富含碳酸盐的沉积物多。由于海河、滦河携带大量富含 POC 的陆源物质入海，在渤海湾北部沿岸 OC 的含量较高，因此沉积物吸附的 NH_4-N 量增高。

2.4.3 有色溶解有机碳的特征与应用

有色溶解有机碳(colored/chromophoric dissolved organic carbon，CDOC)也称为有色溶解有机物或有色溶解有机质，是海洋溶解有机碳储库的一个重要组分，因其光谱曲线在黄色波段吸收最小，外观呈黄色，所以在 20 世纪 90 年代之前曾经被称为黄色物质(yellow substance)，它们是海水中主要的光吸收组分之一，在紫外和可见光区有强烈的光吸收。海洋 CDOC 可显著吸收对生物有害的 UVB 辐射，对浮游植物及其他生物起保护作用；但 CDOC 在可见光区的吸收作用也会降低浮游植物可利用的辐射强度，降低初级生产力，影响生态系统结构。在太阳辐射作用下，海洋表层有约 70%化学性质稳定的 CDOC 会发生光化学反应，形成许多不稳定的溶解有机物质，其中 10%可直接矿化为无机物，成为浮游植物和细菌生长繁殖的重要营养来源。有研究指出，光化学反应直接提供水体细菌所需碳量的 20%、所需氮量的 30%。此外，光化学反应降低金属与腐殖质之间的结合，导致络合的金属被大量释放并部分还原。CDOC 的一部分光解产物如羰基硫化物等可促进挥发性有机物迁移到海洋的大气边界层，影响局部环境及气候。因此，CDOC 在海洋生源要素及痕量金属的迁移循环及海-气物质交换等方面都扮演着关键角色。

此外，水体中 CDOC 对紫外-可见光的吸收及荧光激发效应，会严重影响和干扰水体颜色，对近海水体浮游植物色素和悬浮泥沙的光学遥感造成很大的干扰。因此 CDOC 的分布及变化已成为近海水色遥感必须考虑的一个重要参数。而许多近海海域 CDOC 与溶解有机碳(DOC)浓度之间存在显著的相关关系，也提供了利用遥感手段研究表层海水 DOC 分布的可能性。

(1) CDOC 的成分

对 CDOC 的研究可追溯到 20 世纪 30 年代，但迄今为止，对这种复杂化合物的生化结构和所含生化成分仍不完全清楚，可能主要含有氨基酸、糖、氨基多糖、脂肪酸、胡萝卜素和酚。例如，胶州湾 CDOC 中总脂质占 86.90%，总糖占 5.82%，游离氨基酸占 7.22%，氨基多糖占 0.06%，而胡萝卜素和酚所占比例甚小，与总脂质、氨基酸和总糖相比，约相差几个数量级。

(2) 海洋中 CDOC 的来源

CDOC 作为海洋 DOC 的一部分，其来源和 DOC 相似，具有多个来源。

首先，陆源有机物的输入是近岸海水中 CDOC 的主要来源，在许多区域受河流输入的影响，水体中 CDOC 的含量呈明显的季节变化。CDOC 的这一来源目前已得到人们的广泛认同。

其次，浮游植物的降解和底层沉积物的释放也是 CDOC 的重要来源。但是最近的研究表明，在很多区域 CDOC 的光吸收与叶绿素 a 的浓度不存在相关性，也有研究发现 CDOC 吸光度与远海水体中的叶绿素含量具有很好的相关性，而与近海水体中的叶绿素含量不具有很好的相关性，他们认为在大洋水体中，浮游植物是 CDOC 的主要来源，在近海水体中则不成立。在 Baltic Sea 中也得到了类似的结果。所以现在普遍认为近海及河口环境中浮游植物不能直接产生 CDOC，但是能产生某类物质，这类物质通过异养菌的活动可以转变成 CDOC。沉积物的释放虽然也是 CDOC 的一个来源，但与河流输入相比，通常情况下其对 CDOC 浓度的贡献是很小的，然而在暴风雨来临的时候，沉积物中的 CDOC 可通过再悬浮进入浅海水体。

此外，大气的干湿沉降也向近海(远海)水体输入了大量的 CDOC，虽然看上去与淡水输入相比微不足道，但这种来源对某些没有或很少有河流输入的水体可能会产生较大影响。

(3) CDOC 的光学性质

1) CDOC 的光吸收特性

CDOC 有独特的光学性质，其对光的吸收主要集中在紫外光区和小于 600nm 的可见光区，在紫外可见光区最高，到红外光谱区降为零，吸收系数与波长之间近似呈指数关系，可用以下模型来表示：

$$a(\lambda)=a(\lambda_0)\exp[S(\lambda_0-\lambda)] \tag{2-58}$$

式中，$a(\lambda)$是波长为λ时的吸收系数，它反映出特定水体中CDOC的浓度；λ_0是参考波长；S是光谱斜率，其数值大小反映了CDOC的光密度随波长增加而逐渐降低的程度。

2）CDOC的荧光特性

CDOC的结构中含有大量带有各种官能团的芳香环结构以及未饱和脂肪链，这使其在紫外短波光的激发下会发出长于吸收光波长的荧光，而且荧光效率较高。荧光光谱技术灵敏度高，一般超出分光光度法2～3个数量级，选择性好，可以特效检出。此外，还有方法简捷、重现性好、取样量少、仪器设备不复杂等优点。荧光法测定CDOC不必分离预处理样品，这样就减少了目标物污染的概率，可以应用于现场连续监测和遥控观测，为高分辨率CDOC分布图的绘制提供了可能性。但值得注意的是荧光法对温度、pH、离子强度的响应异常灵敏，且存在荧光猝灭现象。

由于荧光的高灵敏性，人们纷纷利用荧光特性来研究CDOC，尤其是吸收系数非常低的寡营养水体。当前国际研究CDOC荧光比较通用的是用355nm作为激发波长、450nm作为发射波长测定其荧光强度。由于不同仪器对CDOC荧光的检测范围、精度均存在差异，因此不同仪器和在不同场合测定的荧光强度往往缺乏可比性，为此一些学者提出荧光定标，得到归一化荧光单位，这样可以消除仪器之间的误差，可对不同区域的CDOC荧光值进行比较。

荧光定标方法，即将0.01mg/dm^{3}硫酸奎宁的稀硫酸溶液定义为10个归一化荧光单位（N. FL. U.），可以用下式表示：

$$F_n\lambda=([F_s/R_s]/[F_\varphi/R_\varphi])\times 10 \tag{2-59}$$

式中，F_n为10个归一化荧光单位；λ为激发波长（nm），选355nm；F_s、F_φ分别为样品和硫酸奎宁在355nm激发波长、450nm发射波长的荧光信号；R_s、R_φ分别为样品和硫酸奎宁在355nm激发波长、408nm发射波长的水拉曼信号。

3）CDOC的吸收和荧光的关系

荧光量子产率是一个光物理学定义，代表了释放出的光量子与所吸收光量子的比值，量子产率越高，单位吸收所产生的荧光强度越高。该参数可以很好地比较不同地区CDOC的荧光效率，常用来表征CDOC的本质特征。对于不同的腐殖质类物质以及不同地理区域的CDOC，355nm激发波长的荧光量子产率（φ_{355}）是一个相对恒定的常数。研究表明：φ_{355}的最大值出现在深海腐殖质类物质中，约2.1%，最小值出现在陆地腐殖酸和一些河流当中，约0.4%，但大多数水体CDOC

的 φ_{355} 约为 1%。因此就大多数水体而言，CDOC 的吸收和荧光之间存在着一种较好的线性关系。对于一给定地理区域，CDOC 荧光强度与吸收光强之间的比值一般都变化不大，通常不会超过 15%～30%。因此根据这一相对恒定比值，通过对现场荧光的连续监测或者依据 NASA 海洋雷达的荧光数据，人们可以反演算出 CDOC 的吸收系数。

(4) CDOC 的光化学性质及其光化学降解产物

用凝胶过滤法测定 CDOC 平均分子量的研究表明：CDOC 的分子大小随着光照时间的延长而减小，CDOC 的光吸收能力也随之下降。由于 CDOC 自身结构的复杂性以及外界环境的不同，人们对于 CDOC 光降解过程的机制了解不多，对其机制的探讨正在进行中。

CDOC 的光降解产物多种多样，目前尚无统一的分类方法，总体上可分为三大类。①过渡活性物质，如单氧、羟基自由基、超氧自由基；②CO、CO_2 以及其他形式的 DIC，这部分产物为 CDOC 由直接光化学降解产生；③有机小分子，相对于母体分子来说，其尺寸减小，化学性质和生物活性也有了明显的改变，其生物活性远比母体分子高。

CDOC 的光降解产物中生物可利用物质可分为以下 4 类。①低分子量的有机物，已探明结构的有 14 种，它们是甲醛、乙醛、丙醛、甲基乙二醛、丙酮、丙二酮、甲酸根、乙酸根、草酸根、丙二酸根、丙酮酸根、乙醛酸根、2-戊酮酸根和柠檬酸根；相对分子量均小于 200 的羰基化合物；②含碳气体，主要是 CO，能被化学自养菌利用，是水环境中微生物的一种重要的能源物质；③富含 N 和 P 的化合物(包括 NH_4^+ 和 PO_4^{3-})；④结构未知的光脱色后有机物，约占总产物的 80%，可作为微生物的底物。

(5) CDOC 与 DOC 的关系

按照定义，CDOC 仅仅是水体中总 DOC 的一部分。由于 DOC 在全球碳的生物地球化学循环中扮演着重要的角色，因此通过 DOC 中光学活性组分(CDOC)的遥感来评估表层水体中 DOC 的总量就变得非常可行了，海洋水色组成原理以及复合光谱传感器的应用使得这一切都变成了事实。然而这种评估能够实行，其唯一的前提就是在特定地区的特定季节，CDOC 与 DOC 的比值 R 为一常数。

人们根据吸收光的能力，将 DOC 分为 CDOC 和 UDOC(非发色溶解有机碳)。两者在 DOC 中所占的比例在不同的海区是高度变化的。例如，在中大西洋海湾，大约有 70μmol/dm^3 的 DOC(约占总 DOC 的 50%)没有光学活性；而在南波罗的海，有大约 350μmol/dm^3 的 DOC(超过总 DOC 的 70%)不吸收光。针对某一确定海域，如果 CDOC 在 DOC 中所占的比例 R 为一常数，那么 CDOM 和 DOC 之间必然呈现很好的相关性，南波罗的海、奥里诺科河、中大西洋海湾等海域的研究结果都证明了这点。但是人们同时也意识到：任何可能影响 R 值的因素都会造成此相关性的崩溃。例如，西佛罗里达大陆架区以及中国的珠江口，CDOC 与 DOC 之间便无明显的相关性。总的说来，造成 R 值改变的因素主要有三个。

第一，海区存在不同的水团来源，而每个水团都有其各自的 R 值及其独特的性质。

第二，水体中的 CDOC 和 DOC 都发生了变化，但各自的转化速率不一致。例如，某些 DOC 活性较强，因此它有相对较短的保留时间，而近岸水体中主要来源于土壤腐殖质以及富里酸的 CDOC，由于其结构相对稳定，有较长的保留时间，此时 R 值必然随时间而改变。

第三，CDOC 经过一系列变化转变为 UDOC。例如，在高度分层的表层水中 CDOC 可以通过光化学过程发生降解，导致一些吸收光的 CDOC 分子降解成了不吸收光的分子。相反的，细菌能够摄取不吸收光的分子，产生吸收光的分子。

(6) CDOC 研究的应用

鉴于 CDOC 独特的光学和化学性质，其除被直接应用于全球碳循环研究外，CDOC 的研究还在多个领域受到重视，并获得广泛的应用。

1) CDOC 的光吸收对水色遥感数据的校正

CDOC 在紫外和可见光区有着强烈的光吸收特性，与浮游生物、悬浮泥沙共同构成影响海洋水色的三大成分，而其中 CDOC 又被认为是海水中最强的吸收组分之一，尤其是在大陆架区，它对光谱中蓝光的吸收超过了浮游植物和海水。由于海洋水色遥感是通过测量海水对天空光的后向散射光谱辐射来估算海洋中某些物质(主要是叶绿素、泥沙和 CDOC)的含量，而 CDOC 的光吸收又直接和间接地减少了浮游植物的光合作用，因此严重地干扰了利用光学遥感确切估算海洋初级生产力和海洋悬浮泥沙含量。对海洋 CDOC 进行测量已用于提高利用光学遥感所获得的海洋数据精度。

2) CDOC 吸收太阳光的生化效应

在太阳辐射作用下，大多数 CDOC 最终会被太阳光所降解，在这一过程中会释放丰富的有机组分，这为一些浮游植物和细菌的生存提供了重要的营养来源。Zepp 的研究表明，CDOC 的光化学反应可直接提供水体细菌所需碳量的 20%、所需氮量的 30%。

在一些情况下，CDOC 还扮演了遮光剂的作用，通过强烈地吸收对生物有害的紫外线，进而保护深层的动植物栖息环境；但 CDOC 的光吸收也会降低浮游植物可利用的辐射强度，降低初级生产力，影响生态系统结构。特别是在河口、近岸海域，由于 CDOC 浓度较高，CDOC 的光吸收对生态系统的影响尤为显著。

CDOC 结构中的配位基团能够强烈络合金属离子、键合离子性或极性有机化合物或通过分子间的范德瓦尔斯力与疏水有机物结合，对水体中某些痕量金属和聚乙烯烃化物有很好的清除作用，减少了它们对生物体的毒害作用；但在 CDOC

发生光化学反应的过程中，这些物质又会释放出来，参与新的循环。因此，CDOC 对部分金属元素的浓度、化学形态和生物有效性以及营养元素的循环过程及持久性有机污染物的迁移转化有重要影响。

3) CDOC“指纹”特征的应用

CDOC 在生物学上属于惰性物质，在海洋中具有良好的保守性，有极其稳定的光学性质，因而被认为是海洋中最佳示踪物质。由于操作简便、数据采集量高、灵敏度高，紫外可见和荧光光谱技术已经被广泛地应用于多种水体环境中 DOC 来源、降解、迁移等方面的研究。过去，人们利用简单的激发、发射荧光光谱测定只能辨别出一些腐殖酸组分，进而区分出腐殖酸和富里酸物质。而现在随着各种荧光技术的开发，荧光辨识能力已经有了很大的提高。特别是高灵敏荧光光谱技术，能够详细地区分出不同水体的荧光光谱差异。例如，淡水和海水样品荧光光谱的不同，同一站位表、底层水中特征荧光光谱的不同，不同来源的腐殖酸荧光光谱的不同以及天然水体中不同粒径片段荧光光谱的不同。总之，由于 CDOC 具有上述光学“指纹”特征，已被广泛地应用于沿岸水质、海洋污染程度的评价，以及海洋水团划分等。

2.4.4 胶体有机碳的功能与作用

胶体是指粒径介于 1nm～1μm 的微粒、大分子和分子聚集物。因此，理论上来说胶体有机碳(COC)就是指粒径在 1nm～1μm 的有机碳。但在实际操作中，通常用能否通过一定孔径的滤膜将 POC 和 COC 区分开来，随着科学技术的发展，所用滤膜的孔径一直在变小。目前，大部分学者常用的滤膜为玻璃纤维滤膜(Whatman GF/F)，孔径一般为 0.7μm，部分学者使用 0.45μm 甚至 0.2μm 的滤膜，因此，在进行胶体有机碳的研究中，其粒径的上限一直在缩小，相应的对胶体有机碳的认识也越来越深入。

近年来，胶体有机碳在海洋中的作用受到越来越广泛的关注，这不仅因为它是组成海洋溶解有机碳的重要部分，还因为它具有较强的动力学活性。首先，胶体有机物具有较大的表面积，且含有多种有机配体，可与痕量金属发生吸附或络合等作用，从而控制痕量金属元素在水体中的迁移、毒性和生物可利用性。其次，大部分胶体物质在水体中的逗留时间短，可通过絮凝作用转化为大颗粒，而后者可参与生物和地质过程，COC 在有机碳的生物地球化学循环中具有重要作用。另外，COC 是存在于溶解有机碳和颗粒有机碳之间的中间状态，是两者之间迁移转化的重要介质。对此，有人提出 COC 自身及对痕量金属的转移是通过“胶体泵”过程来实现的。“胶体泵”过程可以两种方式起作用，一种是 COC 和真溶解态痕量元素通过胶体转化为大颗粒而从水相中除去；另一种是胶体絮凝物和大颗粒物通过胶体转化为溶解相而进入水体。由此可见，胶体有机碳在水体元素的迁移过程中起到重要的作用。

(1) COC 的分离技术

海水中胶体有机碳常用的分离技术有搅拌池超滤、高速离心、离心超滤、凝胶色谱、树脂吸附、渗析、切向超滤等。特别是切向超滤技术，近几年被认为是分离海水中胶体物质最为有效的方法。

切向超滤分离过程主要分预过滤和超滤两步。预过滤就是用较大孔径滤膜过滤水样，先除去较大的颗粒物。当前一般用 GF/F 膜，以除去大于 0.7μm 的颗粒。超滤就是将预过滤后的水样移入超滤系统进行自动处理，处理流程如图 2-30 所示。在超滤过程中，预滤液平行流过膜表面，比滤膜孔径小的物质透过滤膜成为超滤液，粒径大的物质则随着切向流重新回到样品池中，随着超滤过程的进行，胶体物质不断浓缩，最后溶液被分为两部分，一部分为超滤液又称渗透液，另一部分为包括胶体物质在内的浓缩液又称截留液。

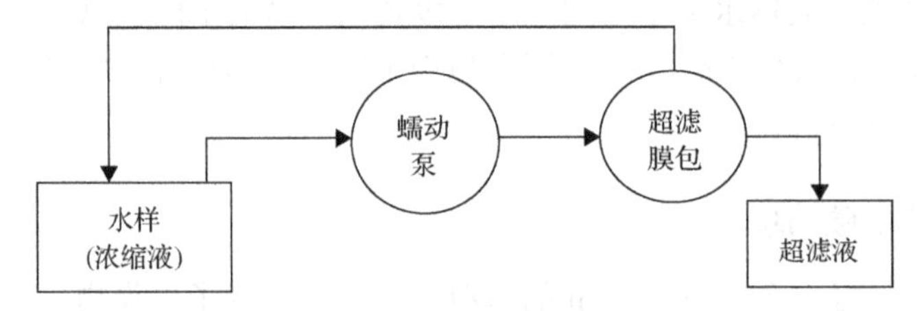

图 2-30　超滤处理流程示意图

切向超滤技术具有其他分离方法无法比拟的优点：①粒子可以随着液体的流动而被带走，不会在过滤的过程中沉积到滤膜上，将吸附和絮凝效应降至最小，避免了孔径阻塞及减小了浓差极化效应，从而使过滤能连续进行；②分离的胶体粒子被浓缩到小体积溶液中，而不是附着在滤膜上，胶体粒子仍然是分散的，因此较好地保持了其胶体特征。

(2) COC 的来源、分布及去除

1) 来源

同 DOC 类似，COC 的来源包括外部来源和内部来源。外部来源包括陆地河流的输入和海底沉积物的溶解。但河流带来的大部分 COC 因为凝聚为大颗粒有机物而沉积，不能到达开阔海洋。内部来源主要为生物过程，并与初级生产有关，包括浮游植物的光合作用、细胞溶解和藻类分泌、浮游动物捕食、浮游动物排泄及其尸体自溶等。另外，DOC 通过物理化学过程凝聚转化为胶体以及 POM 通过非生命过程(破碎)和生物过程(细菌降解)转化为 COC，也是 COC 的重要内部来源。在全球海洋尺度上，每年通过河流输入的 COC 约为 10^{13}g，但海洋中的 COC 基本呈现现场生源特征，因此，陆源 COC 在海洋中的归宿尚需大量的研究。

2) 分布

在陆架海域，COC 的分布表现出的规律比较一致，即 COC 含量从淡水流域到河口到大洋水域逐渐降低，表现出随盐度的增高而降低的趋势(图 2-31)，低盐度水体中 COC 的浓度较高，其原因可归结为，在海水与河水的混合过程中，由于离子强度的变化，河水中一些胶体有机物(主要是腐殖酸)发生物理化学凝聚而转变为大颗粒，从而从海水中分离出去。但在不同海域，COC 的分布并没有明显的规律(表 2-27)。COC 的浓度随研究者、研究区和所用超滤膜孔径的不同而有很大的不同，可能由超滤过程引起，因为所用分离系统基本上是 Amicon 系统，仪器本身不会有大的差别，但不同研究者的预处理过程和浓缩倍数等存在差别，有可能引起结果存在差异；此外，COC 测定中不同氧化方法和所用仪器不同也会引COC 浓度有较大差别。

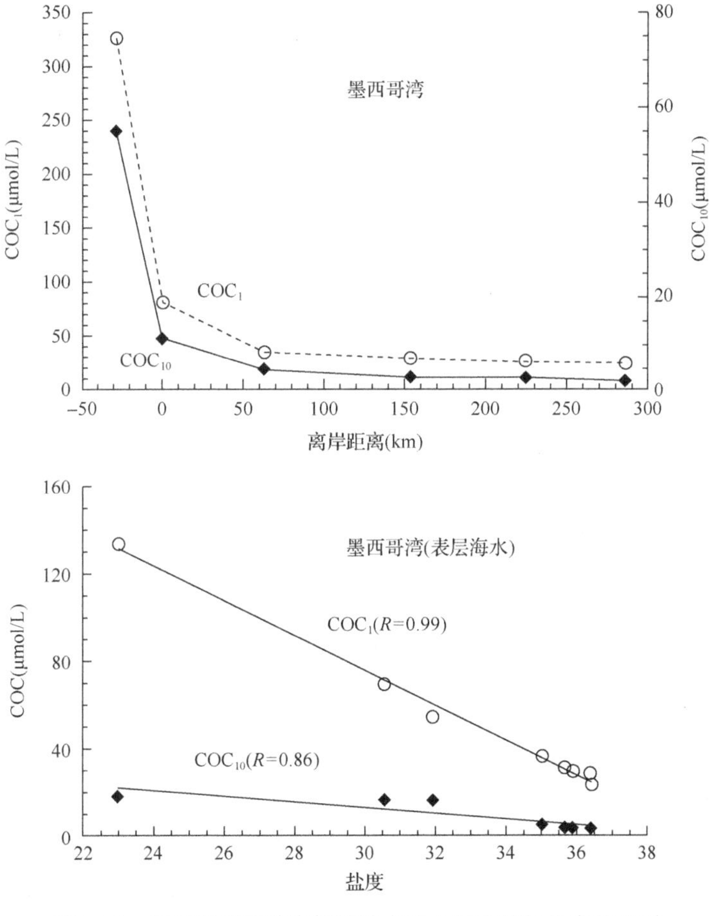

图 2-31　墨西哥湾胶体有机碳的水平分布及其与盐度的关系

COC_1 粒径为 1kDa～0.2μm，COC_{10} 粒径为 10kDa～0.2μm

表 2-27　不同海域胶体有机碳含量

超滤系统	分子量	海域	COC (μmol/dm³)	COC/DOC (%)
Amicon	50 000	大西洋	—	8～16
Amicon, UM20	20 000	近岸水	12	11
Amicon, TC2F10	1 000	墨西哥湾	4～11.3	10～15
Amicon, TC2F10	10 000		4～7.5	<10
Amicon, TC2F10	100 000		2～3.8	5
Amicon, UM2	1000	海水	15.3～142.5	34 (10～64)
Amicon, PM30	30 000	海水	2.7～25.1	6
Amicon, XM30	100 000	海水	0.45～4.19	1
Osmonics Inc	10 000	马西恩齐河	97±5.7	19
Amicon, YM2	1 000	西北太平洋	21.1～32.1	30～37
Amicon, YM10	10 000		2.7～4.3	3.8～4.9
Amicon, S10N1	1 000	太平洋	8.4～27.1	22～33
Amicon, H1P5	5 000	海水	14.2～35.6	18
Amicon, S10N1	1 000	亚马孙河	204.4～575.8	76
Amicon, S10N1	1 000	墨西哥湾	20～69	40～53
Amicon, H10P10	10 000		4.2～16	8～14
Homemade	500 000	克拉玛河	32～79	22～54
Millipore Corp.	10 000	威尼斯湖	33.4	10.4～26.0
Millipore Corp.	10 000	隆河三角洲	7.42～43.75	8～30
Amicon, S10N1	1 000	近岸水	47.2～53.1	59
Amicon, H10P10	10 000		2.7～10.8	3～12
Amicon, S10N1	1 000	太平洋	22	35
		墨西哥湾	90	55
Different systems	1 000	伍兹霍尔	14～54	33
		哈瓦利	13～22	31～51
Mianitan Ⅱ	1 000	河水及近岸水	46.7～197.8	44.2～81.7

3) 去除

据胶体化学可知，胶体分散系具有动力学上的稳定性，胶体物质一般不能从水柱中沉降出去。COC 的去除主要通过以下途径：①COC 溶解，可通过光分解、化学溶解和生物降解等方式变成真正的溶解态。②COC 凝聚成大的颗粒从水体中沉降出去，这是河口中 COC 的主要去除途径。③COC 被浮游动物吸收同化。

(3) COC 对痕量金属元素、放射性核素及有机污染物迁移转化的影响

海洋中 COC 的重要性不仅体现在其对全球碳循环有重要贡献，还表现在它们对痕量金属和有机化合物的吸收方面。由于胶体粒径较小，比表面积较大，且富含大量的官能团，易吸附一些放射性核素和具有生物活性的痕量金属元素及有机化合物到其表面与之相结合。例如，研究发现墨西哥(Mexico)湾水体中的天然 ^{234}Th，发现近 80%存在于胶体相。在一些海洋沉积物孔隙水中发现 PCB 主要与胶体结合。在威尼斯湖(Venice Lagoon)近海岸水的总溶解痕量金属元素中有 34%的 Cd、46%的 Cu、87%的 Fe、18%的 Ni、56%的 Pb、54%的 Mn 是以胶体形态存在的。如果胶体保持悬浮，其中的有机碳和吸附的微量组分可被长距离、长时间地转移并再分配。但 COC 的结构和反应性决定了胶体必然发生聚合，形成一定小型或微型聚合体，进而形成较大的颗粒，并可迅速沉降至海底，从水体中分离出来。有研究认为影响天然水体中元素清除速率的一个很重要的过程是“胶体泵”(colloidal pumping)或“布朗泵”(Brownian pumping)作用，即物质通过胶体中介由溶解存在形式向大的聚集物转化的过程。这个过程主要分两步进行：①金属与胶体表面结合快速形成络合物(如吸附)；②这些胶体慢慢地聚集絮凝成大颗粒。“胶体泵”过程也具有可逆性，即元素通过胶体中介从颗粒相向溶解相迁移。例如，有研究报道天然水体中胶体有机碳会大大阻碍还原态钍在悬浮沉积物上的吸附。也有研究发现在威尼斯湖(Venice Langoon)河水和海水混合过程中，溶解相中的 Mn 并未发生原先设想的絮凝现象。对未过滤的河水与海水进行混合时发现，在低盐度条件下，$<0.4\mu m$ 滤液中的铁含量增加，这有可能是由河水和海水混合过程中含铁的胶体聚集体发生了解絮引起的。溶解相与胶体相的相互作用在很大程度上决定着痕量元素的分配，水体中丰富的有机物会增加胶体的稳定性，从而影响元素在水体中的逗留时间。

2.5　海洋生物类群与碳循环

海洋生态系统通过生物泵的作用驱动大气 CO_2 进入海洋，并将 CO_2 由表层向深层转移，这一过程是海洋碳循环的主要途径。生活在上层海水中的浮游植物，通过光合作用，把 CO_2 转化成有机碳。所形成的有机碳主要以三种方式向下运移：一部分以颗粒物沉降的方式直接进入下层水体；一部分溶于海水形成溶解有机碳，通过在垂直方向上的物理混合向深层运移；一部分被浮游动物所食，进入食物链，并通过动物的垂直迁移而实现纵向移动。全球海洋的生物固碳能力(即初级生产力)约为 40Gt C/a，这个数字比人类活动每年排放到大气的 CO_2 量(7Gt C/a)高出很多，但是生物利用的碳大部分是在真光层内再循环，仅一小部分沉降到海洋深层。目前全球海洋的生物碳通量还不十分清楚，估计颗粒碳通量在 4～20Gt C/a，而 DOC 的输出通量约为 10Gt C/a。在工业化前，海洋处于自然的稳定状态，生物向下产

生的碳通量只有很小一部分埋进海底沉积物外，数量上应当与海水向上运动携带的碳通量大致相当，即向下和向上的收支是平衡的；而工业化以后，这种平衡状态被打破，海洋逐渐演变为一个巨大的碳汇。

浮游植物、浮游动物和细菌等海洋生物之间碳的流动是通过食物链实现的。现有的研究表明，不同粒级浮游植物存在着对应的摄食者，如微微型浮游植物组分通过原生动物(主要是异养鞭毛虫)摄食“打包”作用以后才能将能量传到更高的营养级，浮游植物光合作用释放出的光合溶解有机碳(PDOC)则必须经异养细菌的“二次生产”才能转变为细菌有机碳(即细菌本身)，并通过原生动物将能量传递到更高的营养级，小型浮游植物组分是按经典的食物链，通过中型浮游动物将能量传递到更高的营养级。为此，有研究在 Moloney 和 Field 模型的基础上，勾画出基于粒级的简化的微型生物食物网的物流关系。例如，台湾海峡各粒级浮游植物的平均值(仅光合颗粒态，即 PPOC)分别为微微型浮游植物 48%、微型浮游植物 25%、小型浮游植物 27%，若将初级生产的总有机碳(包括溶解和颗粒态)看成 100%，那么在该海域初级生产的碳将有 25%经异养细菌的“二次生产”而进入微食物环，36%通过原生动物(主要是异养鞭毛虫)的摄食“打包”作用进入微食物环，39%通过经典的食物链进入高营养级(其实微型浮游植物组分中有部分有机碳是通过被纤毛虫摄食后传递给后生动物)(图 2-32)。但海洋生物种群与海洋环境中的碳之间并不是简单的单向流动或双向流动，而是一个受海洋生物、物理、化学等条件影响的十分复杂的相互作用体系。

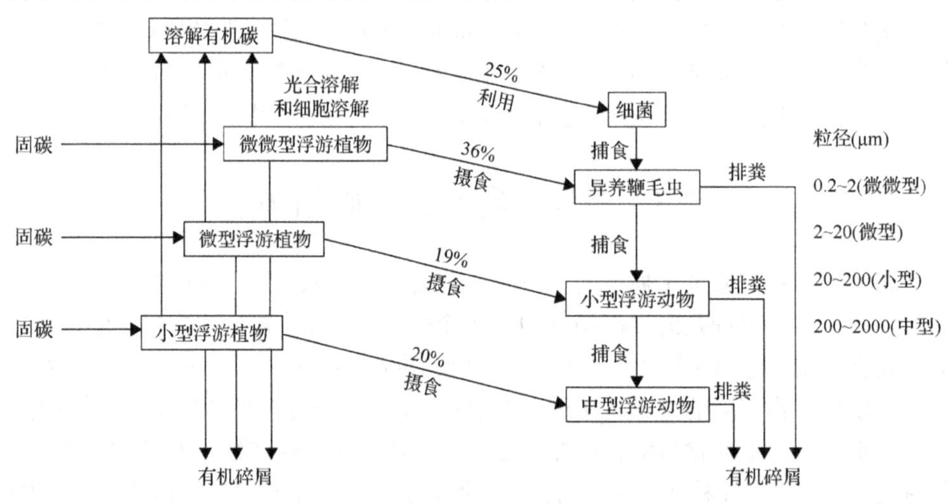

图 2-32　台湾海峡初级生产的碳流途径示意图

2.5.1　浮游植物对碳的利用

光合作用是植物对碳利用的最基本方式。根据 CO_2 固定的方式可将光合作用

分为 C_3、C_4和 CAM 三种类型。最基本的体系是 C_3 型，CO_2 固定依靠所谓的碳烯回路进行，CO_2 先由 1,5-二磷酸核酮糖羧化酶(Rubisco)固定，而后形成 3-磷酸甘油酸(C_3)，再形成果糖-6-磷酸并可向系统外输出。具有这种类型的植物称为 C_3 植物。与此相对，C_4 型光合系统具有一种特殊的回路，向一种称为 C_4 二羧酸回路的碳烯回路供应二氧化碳，作为初始的二氧化碳固定产物合成苹果酸和天冬氨酸等 C_4 化合物，这样 C_4 回路所起的作用就是把 CO_2 浓缩后供应 C_3 回路，以这种方式固定 CO_2 的植物称 C_4 植物。在 CAM 型植物中，C_3 和 C_4 回路于同一种叶肉细胞叶绿体中可在夜与昼的不同时间段工作，根据生育环境的变动能够进行光合类型的转换。藻类进行 C_3 型二氧化碳固定。许多研究表明，不具有 C_4 途径的海洋藻类却具有与 C_4 植物相似的特征：低光呼吸速率、低氧抑制、低二氧化碳补偿点。这表明海洋浮游植物对碳的利用可能和陆生高等植物不同。海洋浮游植物生活的碳环境和陆生植物不同，周围除了游离 CO_2 外，海水中还存在高浓度的 HCO_3^-，其浓度是海水中游离 CO_2 浓度的 150 倍，为浮游植物提供了更加充足的碳源。这直接导致了海洋浮游植物既可直接利用游离 CO_2，又可吸收利用海水中的 HCO_3^-，但并不是所有的浮游植物都可吸收利用 HCO_3^-，这由具体的浮游植物种类对碳的需要情况而定。

(1) 海洋浮游植物对 HCO_3^-利用的机制

1) 碳酸酐酶(CA)对藻类间接吸收 HCO_3^-的促进作用

碳酸酐酶(carbonic anhydrase，CA)可催化 $CO_2+H_2O=HCO_3^-+H^+$的可逆化学反应。自 1932 年首次在动物的红细胞中发现碳酸酐酶以来，科学工作者陆续在一系列的陆生高等植物以及水生原核藻类、真核藻类中发现碳酸酐酶。不同来源的碳酸酐酶有各自的动力学特性，绝大多数离体的 CA 都有较高的转换速率。例如，人的 CA 离体酶可以在 1s 内催化 1 500 000 个 CO_2 分子水化。碳酸酐酶的定位有质膜外和质膜内两种。质膜外碳酸酐酶通过金属离子与细胞壁内表面相连接，催化细胞扩散层中的海水 HCO_3^-迅速水解成游离 CO_2，从而保证了细胞 CO_2 的快速供应。迄今对 77 种大型海藻的研究结果表明：只利用 CO_2 的有 10 种，约占 13%；能利用 HCO_3^-的有 67 种，约占 87%，其中 17 种没有质膜外 CA，39 种具有质膜外 CA，占能利用 HCO_3^-的大型海藻的 58%，其他 11 种还不确定。有研究表明，质膜外 CA 的抑制剂几乎全部抑制大型红、褐藻(墨角藻属除外)对无机碳的吸收，而部分抑制绿藻及墨角藻属对无机碳的吸收。能利用 HCO_3^-的单细胞藻类质膜外 CA 也并非普遍存在。因此，藻类对 HCO_3^-的吸收包括三条途径：依赖于质膜外 CA 对 HCO_3^-的间接吸收；依赖于质膜离子交换蛋白对 HCO_3^-的直接转运以及上述两种方式并存的途径。质膜内 CA 存在于细胞质或叶绿体内，催化 HCO_3^-快速水解成 CO_2，供 RuBPase 固定。研究发现质膜内 CA 的抑制剂能引起胞内无机碳的积累，并显著降低光合速率，质膜外 CA 的抑制剂只部分抑制绿藻对无机碳的吸收，而质膜内 CA 的抑制剂几乎全部抑制其对无机碳的固定。

2) HCO_3^-的直接转运

HCO_3^-的直接转运指的是经过细胞质膜表面载体蛋白或阴离子交换蛋白，直接把 HCO_3^-转运到细胞内，在胞内经碳酸酐酶(CA)转化成 CO_2 或直接以 HCO_3^-的形式由叶绿体膜蛋白运输到叶绿体内，经碳酸酐酶转化成 CO_2 供 RuBP 羧化/加氧酶固定。藻类只有在以下三种情况下才发生 HCO_3^-的直接转运：①藻类在没有依赖质膜外碳酸酐酶间接吸收 HCO_3^-的基础上，HCO_3^-自发脱水产生二氧化碳的速度不能满足藻类光合固碳需求；②在膜外 CA 存在的前提下，CA 催化 HCO_3^-水解产生 CO_2 的速度仍不能满足藻类对无机碳的需求，如糖海带对无机碳的利用尽管以 HCO_3^-间接吸收利用为主，但仍存在 HCO_3^-的直接转运途径；③不论膜外 CA 存在与否，藻类对无机碳的利用受 HCO_3^-直接转运蛋白抑制剂的抑制。

3) CO_2 主动或载体运输

虽然水体中游离 CO_2 分子可以自由透过细胞质膜，并且 HCO_3^-经质膜外 CA 催化水解成游离 CO_2 后以 CO_2 分子形式扩散进入细胞膜的观点普遍被接受。但蓝藻中同时存在 CO_2 和 HCO_3^-主动或载体运输的模式也得到了有力的支持，其载体蛋白是类似于 CA 的含金属 Zn 离子的活性位点，证据如下：①在游离 CO_2 充足供应的情况下，细胞内无机碳的积累需要消耗能量；②CO_2 分子的类似物——碳的氧硫化物可以同时阻断细胞对 CO_2 和 HCO_3^-的吸收；③在无机碳转运过程中，CO_2 分子与 HCO_3^-存在竞争关系；④载体蛋白抑制剂——乙氧唑磺胺(EZ)可以抑制 CO_2 和 HCO_3^-的吸收。

(2) *海洋浮游植物对 HCO_3^-利用的差异*

1) 同一物种在不同无机碳条件下利用 HCO_3^- 的能力不同

微藻生长和繁殖速度快，适应环境能力较强，当环境无机碳浓度发生改变时，微藻可以通过改变利用无机碳的形式和机制来迅速适应新的生长环境。莱因衣藻和淀粉核小球藻在高浓度 CO_2(2%)培养时只利用 CO_2，而在低 CO_2 浓度培养时则主要利用 HCO_3^-。用同位素标记 HCO_3^-的方法证明 5 种单细胞绿藻在低 CO_2 浓度(0.03%)下，均能直接转运 HCO_3^-，而在高浓度 CO_2 时，则优先利用游离 CO_2。多种硅藻质膜外 CA 的调节只与 CO_2 浓度有关，而与总无机碳浓度无关。中肋骨条藻只在游离 CO_2 浓度降低到 0.5μmol/dm^3 以下时才诱导质膜外 CA 的活性，从而通过 HCO_3^-的间接吸收进一步利用外源无机碳。在大型海藻中，绿藻硬石莼在天然海水中主要吸收利用 HCO_3^-，而在 pH 为 6.5 的海水中，无机碳主要以 CO_2 的形式存在，HCO_3^-含量较低，此时硬石莼只利用 CO_2，不吸收 HCO_3^-。

2) 同一物种不同生长部位对 HCO_3^-的利用能力存在差异

早在 20 世纪 60 年代就有关于水生植物不同生长部位光合作用存在差异的报道，如条斑紫菜叶状体蓝绿色的基部和红棕色的边缘部位色素组成、光合速率及光饱和点存在明显的差异。条斑紫菜叶状体主要吸收海水中的 HCO_3^-，因此，其光合特性的差异很可能预示着条斑紫菜不同生长部位对 HCO_3^-的利用能力存在差异。1989 年，有人发现水生高等植物 *Myriophyllumspicatum* 的茎部只利用 CO_2，而其叶部则可以利用 HCO_3^-，*Stratiotes aloides* 的同一叶片幼嫩部位和老化部位对 HCO_3^-的利用能力亦存在显著的差异。

3) 同一物种的不同品系对 HCO_3^-的利用机制不完全相同

研究发现，三角褐指藻 11 个不同品系质膜外 CA 存在情况不同，其中的 7 个品系具有质膜外 CA，可以间接利用海水中的 HCO_3^-，而另外 4 个品系则没有质膜外 CA，不具有间接吸收 HCO_3^-的机制。

(3) 大气 CO_2 浓度升高对浮游植物碳利用的影响

1) 对浮游植物光合作用的影响

对于可以利用 HCO_3^-作为碳源的浮游植物，大气 CO_2 浓度升高对其影响不大；但对于那些只能利用 CO_2 作为碳源的浮游植物来说，其对大气 CO_2 浓度升高可能相对较为敏感。现有的资料表明，大部分的硅藻和棕囊藻的光合作用速率在目前的大气 CO_2 浓度下接近或达到饱和，它们对大气 CO_2 浓度的升高并不敏感；而钙化藻类则未达到饱和，大气 CO_2 浓度升高对其光合作用的影响可能更大。

2) 对碳酸酐酶活性的影响

CO_2 浓度升高对浮游植物碳酸酐酶活性影响的研究始于对其无机碳利用机制的研究，通过这些研究发现高浓度 CO_2（体积分数 1%～5%）对碳酸酐酶活性具有明显的抑制作用，甚至导致碳酸酐酶完全丧失活性。在海水中 CO_2 浓度接近 4μmol/dm^3 时，中肋骨条藻胞外具有明显的碳酸酐酶活性，但在 CO_2 浓度接近 12μmol/dm^3 时，碳酸酐酶活性消失；使用不同 CO_2 浓度（3～186μmol/dm^3）培养莱因衣藻、蛋白核小球藻时发现，在较高 CO_2 浓度条件下，碳酸酐酶活性受到不同程度的抑制，而这种抑制作用与藻种类有关。由于碳酸酐酶是藻类 CO_2 浓缩机制的重要组成部分，因而其活性变化可能影响无机碳的利用机制，进而影响藻类对大气 CO_2 浓度升高的响应。

2.5.2　浮游动物对碳的传递作用

浮游动物是一类经常在水中浮游、本身不能制造有机物的异养型无脊椎动物和脊索动物幼体的总称。海洋浮游动物的种类极多，从低等的微小原生动物、腔肠动物、栉水母、轮虫、甲壳动物、腹足动物等，到高等的尾索动物，几乎每一类都有永久性的代表，其中以种类繁多、数量极大、分布又广的桡足类最为突出。此外，也包括阶段性浮游动物，如底栖动物的浮游幼虫和游泳动物（如鱼类）的幼仔、稚鱼等。浮游动物在水层中的分布也较广，无论是在淡水，还是在海水的浅层和深层，都有其典型的代表。因而，浮游动物是物质循环和能量流动的重要环节。浮游动物主要是通过生物泵和碳酸盐泵实现对碳的传递。浮游动物通过摄食浮游植物或低一级的浮游动物同化吸收大量的碳，然后通过呼吸、排泄和死亡壳体再将不同形式的碳返回海洋。其中，能形成碳酸盐壳体的浮游动物将有机碳转化为碳酸盐，在其死亡后碳酸盐壳体可进入沉积物，这是碳酸盐泵的重要组成部分；呼吸作用产生的 CO_2 和大部分的排泄物形成 DIC 或 DOC 重新进入水体，重新参与碳循环；还有一小部分的粪便颗粒可到达沉积物。

浮游动物对海洋碳通量的影响主要取决于其在水体中的生物量，生物量越大，所带来的碳通量越大，对海洋总的碳通量所做的贡献也越大。但根据 Winberg 提出的著名能量收支平衡方程式：$A-(R+E)=G+P$（A 为摄食率，R 为呼吸率，E 为排泄率，G 为生长率，P 为生殖率），浮游动物对碳的传递效率主要与浮游动物的摄食率、呼吸率和排泄率有关。

2.5.2.1　浮游动物的摄食

海洋生态系统中一个关键的过程研究就是浮游生态系统中浮游动物与浮游植物的摄食关系研究。研究摄食率的方法主要包括稀释法、同位素示踪法和肠道色素法等。稀释法和同位素示踪法一般需要进行室内培养，由于改变了桡足类的摄食环境，无法真实准确地反映桡足类在自然水体中的摄食状况；肠道色素法通过测定两个指标即现场桡足类肠道色素含量和肠道排空率来推算摄食率，由于该方法避免了许多室内培养实验中人为因素的干扰，且肠道色素含量能较好地反映桡足类的摄食背景，已被广泛应用于自然水体中桡足类对浮游植物现场摄食率的研究中。浮游动物不仅摄食浮游植物，而且浮游动物群落间也存在着相互的摄食作用，具有非常复杂的摄食特征。

(1)浮游动物的摄食特征

浮游动物的摄食特征受各营养阶层组分粒级结构的影响。在以大细胞浮游植物占优势的海区，浮游植物被中型浮游动物摄食的经典食物链是最主要的，而在以小细胞浮游植物为主的生态系统中，则以微型浮游动物摄食小细胞浮游植物及细菌的微食物环为主。微型浮游动物是 Pico-级和 Nano-级浮游植物的主要摄食者，大中型浮游动物摄食的颗粒较大，但水体中大于 20μm 的浮游植物很少，小于 20μm 的微型藻类占浮游植物现存量的绝大部分，当大中型浮游动物摄食的浮游植物不能满足其代谢的需要时，还需要摄食其他的食物，微型浮游动物就是其重要的食物源之一。微型浮游动物摄食微型浮游植物，自身却可能成为大中型浮游动物的食物，从而将初级生产力输送到较高的营养级。例如，台湾海峡浮游植物以 Pico-级和 Nano-级为主，近 60%初级生产的碳经微食物环的两个起点分别进入微食物环，微型生物食物网在该海域生源有机碳转换过程中起着重要的作用。微型浮游动物对浮游植物初级生产力的摄食压力高达 88.1%～141.1%，同时，至少有

28.5%～58.4%的初级生产转换为微型浮游动物自身的生产力。但有多少初级生产力传递至大中型浮游动物，则取决于大中型浮游动物对小型浮游动物的摄食选择性及摄食压力。大西洋 GLOBEC(TASC)研究表明，由于大型桡足类(飞马哲水蚤等)比小型桡足类(拟哲水蚤等)具有相对高的摄食和生长率，在饵料条件较好的环境中在整个桡足类类群中占有较大比例，可达总生物量的 40%～80%，因此提高了对初级产品的利用效率；而当浮游植物水平下降时，大型桡足类则首先受到限制。如果按照国际标准划分生物功能群的方法(即按个体大小将桡足类划分为 3 个功能群：大型，大于 1000μm；中型，500～1000μm；小型，200～500μm)，在中国近海，随着环境和饵料条件的变化，浮游动物存在着相应的功能群转换。春季水华期浮游植物主要是被大型桡足类摄食，占浮游动物总摄食量的 58%～76%，夏季浮游植物水平下降，浮游动物在饵料受限条件下，小型桡足类群体在总摄食量中贡献最大，占总摄食量的 84.0%～87.9%。

(2)浮游动物的摄食率

浮游动物摄食率主要受个体体重、所处发育期和生理状态以及温度、光照、饵料浓度和颗粒大小等因素影响。而这些因素在不同海域差别很大，从而导致浮游动物摄食率也差别很大。例如，渤海浮游动物在 6 月的摄食率为 0.43～0.69d^{-1}；东海春季 4～5 月的摄食率为 0.28～1.13d^{-1}；在台湾海峡浮游动物的摄食率为 0.45～1.33d^{-1}，相当于每天摄食浮游植物现存量的 36.2%～73.8%和初级生产力的 88.1%～141.2%。一般情况下，浮游动物的摄食率与饵料浓度呈线性关系，但浮游动物的摄食率并非随食物浓度的升高而无限变大，存在一个阈值，当食物的浓度达到一定浓度时，其摄食率将不再升高，甚至下降。例如，综合饵料浓度和颗粒大小对摄食的影响，提出了关于哲水蚤摄食率与饵料浓度的线性关系式，认为在饵料浓度达到阈值后，哲水蚤摄食率将保持恒定；在低于阈值浓度时，摄食率是恒定的，只与饵料颗粒的大小有关。对东海中华哲水蚤的研究也发现，中华哲水蚤对浮游植物的摄食具有食物密度依赖性，其对浮游植物的物种摄食速率并不是随着水体浮游植物丰度的增加而无限增加，当浮游植物丰度增加到一定程度时，其物种摄食速率停止增加甚至下降。

浮游动物通过摄食可以固定大量的碳。对东海浮游动物的研究发现，中型浮游动物群落对浮游植物群落碳摄食速率介于 0.53～4.97ng C/($dm^3 \cdot d$)，平均值为(2.16±1.63)ng C/($dm^3 \cdot d$)；微型浮游动物群落对浮游植物群落碳摄食速率介于 61.07～8632.85ng C/($dm^3 \cdot d$)，平均值为(2801.01±4198.46)ng C/($dm^3 \cdot d$)。因为微型浮游动物的丰度远远高于中型浮游动物，所以微型浮游动物群落对浮游植物群落碳摄食速率远高于中型浮游动物群落。对碳在中华哲水蚤体内累积的研究表明，浮游动物可将大部分摄入的碳(摄食碳量的 41.1%～68.7%，同化碳量的 44.1%～72.8%)累积于体内。

2.5.2.2 呼吸率

传统的生物泵概念是浮游植物将 CO_2 转化为颗粒有机碳，其中一部分以颗粒形式沉降到深海。这种碎屑和生命颗粒的沉降被认为是主要的垂直输送过程。最近发现浮游动物的迁移和溶解有机碳的物理混合对有机碳的净垂直输送更重要。

浮游动物通过表层摄食和深部排泄过程在生物泵中起着重要作用。浮游动物的昼夜垂直迁移，即夜晚上升到表层摄食而黎明返回深部，可将碳由表层向深层输送。与利用沉积物捕集器计算的颗粒物沉积通量相比，浮游动物迁移确实能将更多的无机碳传送到深海。对大西洋马尾藻(Sargasso)海浮游动物垂直迁移过程中呼吸作用释放的 CO_2 测定发现，排泄的 DOC 只占总代谢(包括排泄和呼吸)的 24%(5%～42%)，而浮游动物呼吸产生的 CO_2 占总代谢的大部分。浮游动物迁移引起的 CO_2 和 DOC 通量在 150m 深处可占平均颗粒有机碳通量的 38.6%，在 300m 处该比例可达 71.4%。可见浮游动物呼吸对海洋碳垂直转移的重要性。

就全部海洋动物来说，有 15%～50%的浮游动物在夜间会迁移到混合层以上，但在特定海域，浮游动物的物种、大小不同以及海洋的水文条件不同，浮游动物的垂直迁移情况不同，因而浮游动物呼吸率不同，相应的对海洋碳垂直迁移的贡献也不同。研究大加纳利岛(Gran Canaria)浮游动物的垂直分布，发现浮游动物明显分布于 200m 层和 500m 层，而且这种分布主要是由生物垂直迁移引起的。在大加纳利岛西南部和特内里费(Tenerife)岛西部，浮游动物呼吸释放碳的速率分别为 1.92mg C/(m^2·d)和 4.29mg C/(m^2·d)，在整个加纳利(Canaria)岛海域为 2.68mg C/(m^2·d)，这一速率分别相当于这一地区输出初级生产的 16%～45%和 22%～28%。

不同类型的浮游动物，呼吸率不同。测定南大洋 13 种桡足类的呼吸速率，其中小型类为(0.5～0.6)×$10^{-3}$$cm^3$ O_2/(ind·d)，大型类为(20～62)×$10^{-3}$$cm^3$ O_2/(ind·d)，CO_2 的释放速率相当于 4.2～4.5mmol/(m^2·d)，约占摄食量的 22.6%～41.4%。测定 Sargasso 海常见浮游动物的呼吸率，其中，磷虾类 *Thysanopoda aequalis* 的呼吸率在 24℃为 2.2μg C/(mg DW·h)；桡足类 *Pleuromamma xiphias* 的呼吸率在 24℃为 1.6μg C/(mg DW·h)，在 25℃为 2.4μg C/(mg DW·h)，而大型桡足类的呼吸率在 27℃时为 3.86～5.51μg C/(mg DW·h)。樱虾科中 *Sergia splendens* 和 *Sergestes atlanticus* 有相近的呼吸率，25℃时分别为 1.5μg C/(mg DW·h)和 1.7μg C/(mg DW·h)。不同种类每天呼吸排出的碳占体重的比例在 3%～22%，平均占 10%(图 2-33)。

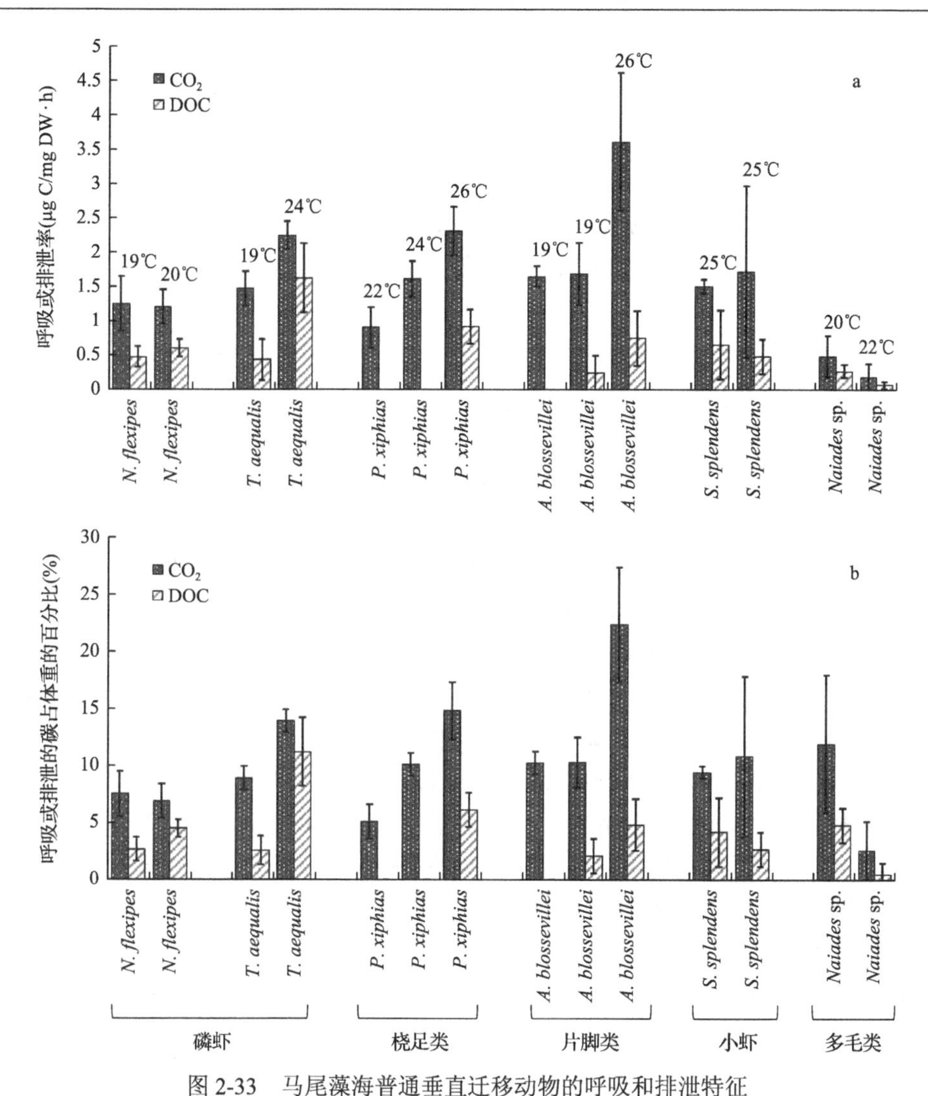

图 2-33　马尾藻海普通垂直迁移动物的呼吸和排泄特征

(a) 马尾藻海普通垂直迁移动物平均 CO_2 呼吸率和 DOC 排泄率；(b) 马尾藻海普通垂直迁移动物呼吸和排泄的碳占体重的平均百分比；部分动物没有测 DOC 数据，不是 DOC 排泄为 0；*N. flexipes*—*Nematobrachion flexipes*；*T. aequalis*—*Thysanopoda aequalis*；*P. xiphias*—*Pleuromamma xiphias*；*A. blossevillei*—*Anchylomera blossevillei*；*S. splendens*—*Sergia splendens*；*S. atlanticus*—*Sergestes atlanticus*

2.5.2.3　排便率

粪便的主要成分是有机碳，如 *Salpa fusiformis* 和 *Pegea socia* 的粪便有机碳含量为 27.6%～37.2%。浮游动物通过摄食可能降低有机质的垂直通量，但也可能通过排泄较大的粪便颗粒增加有机质的垂直通量，因为浮游动物可以把沉降速度较慢的浮游植物碳转变成能快速沉降的物质形态，从而减少有机质在沉降过程中的溶解，增加深海的沉积通量。已有越来越多的研究成果显示较大的粪便颗粒占近岸和远海输出生源物质的相当大一部分。例如，在伊比利亚陆架海域，浮游动物粪便的沉积速率可达 4～160mg C/(m^2·d)，浮游动物粪便可占陆架海域总 POC 通量的 20%以上。因而，浮游动物排泄的粪便在海洋碳的垂直转移过程中起着重要作用。但其转移碳通量的大小与浮游动物粪便的形态、大小、产生率、沉降速率等因素有关。

(1)浮游动物粪便的形态与产生率

浮游动物粪便的产生率与浮游动物的类型关系密切。马尾藻(Sargasso)海常见浮游动物的 DOC 排泄率为 0.01～1.64μg C/(mg DW·h)(图 2-33)，排泄出的 DOC 占体重的 1%～10%，平均为 4%。在挪威海水中粪便的丰度为 0～1 万个/dm^3，最大浓度可达 13mg C/m^3。在大西洋中部的一个海湾中粪便丰度大部分为 0～30 个/dm^3，浓度为 0～2μg C/dm^3。就具体物种来说，粪便的产生率差别很大。例如，海樽的排粪产生率为每毫克体碳每小时排出 1.7～31.4μg C 的粪便。表 2-28 列出了一些桡足类的粪便产生率。一般情况下，粪便的尺寸、产生率、体积与动物的体积成正比，对同一种动物而言，饵料的种类和数量也会对粪便的尺寸产生影响。当饵料的质量较好时(C∶N 较低)，倾向于产生数量多、体积小、结构密实、单位体积碳含量高的粪便，当饵料质量较差时，倾向于产生数量少、体积大、结构松散、单位体积碳含量低的粪便。饵料的浓度也会影响浮游动物粪便的尺寸，当饵料浓度低时，浮游动物会产生体积较小的粪便。有的浮游动物的粪便产生率随饵料浓度增大而增大，达到最大值后便不再增大，有的浮游动物的粪便产生率随饵料浓度增大而一直增大。桡足类的粪便是椭球形(幼体)或柱形的。海樽类 *Corolla spectabilis* 的粪便呈柱状，上有盘绕的螺纹，直径 0.2mm，长 6mm，体积 0.66mm^3；*Doliolettagengenbaurii* 的粪便较小，形状不规则，体积为 0.16mm^3。与桡足类粪便相比，海樽类的粪便要大 1000～10 000 倍。

(2)浮游动物粪便的沉降速度

粪便颗粒沉降的速度是影响浮游动物碳传递效率的重要因素。在实验室里测量得出太平洋磷虾粪便颗粒的平均沉降速度为 43m/d。由于用人工饵料喂养动物，其结果与野外情况有一定差异。1981 年，Komar 等给出了粪便沉降速度(W_s)的经验公式：

$$W_s = 0.07901/u\ (\rho_s - \rho)\, gL^2 (L/D)^{-1.664} \tag{2-60}$$

式中，u 是海水的黏度[2℃时约为 0.017g/(cm·s)，16℃时约为 0.011g/(cm·s)]；ρ_s 是粪便颗粒的密度(约为 1.22g/cm^3)；ρ 是海水的密度(6℃时约为 1.006g/cm^3)；g 是重力加速度；L 和 D 分别是粪便的长度和宽度(cm)。根据这个公式，一个尺寸为 30μm×120μm 的粪便的沉降速度为 12～19m/d，而当尺寸为 60μm×240μm 时，它的沉降速度为 48～75m/d。在实验室测得的桡足类粪便的沉降速度为 20～900m/d，磷虾粪便的沉降速度为 126～862m/d。有的种类测定值高达 320～1987（平均 1060）m/d 和 600～2700（平均 1680）m/d，大型的胶质浮游动物的粪便沉降速度可达到 2700m/d。

表 2-28　部分桡足类的粪便产生率

动物	粪便产生率（个/d）
Acartia tonsa Dana	1～6
Calanus finrnarchicus	1～150
C. helgolandicus	5～100
C. helgolandicus	79～169
C. pacificus	0～230
Acartia tonsa	0～120
C. typicus	20
C. glacialis 和 *Oithona similis* 摄食 *Thalassiosira antarctica*（10g Chl a/dm^3）	27.2
C. finmarchicus 和 *O. similis* 摄食自然浮游生物群体（1.1μg Chl a/dm^3）	10.7
C. finmarchicus 和 *O. similis* 摄食自然浮游生物群体（2.2μg Chl a/dm^3）	31.9
Temora longicornis 和 *O. similis* 摄食自然浮游生物群体（1.3μg Chl a/dm^3）	11.2

浮游动物粪便颗粒和海水密度存在差异是影响沉降速度的重要因素。常用的计算粪便密度的方法是测量平均体积和平均干重，利用干重和湿重的比以及生物量和体积的比来推算；也可以先测沉降速度，然后用上述公式反推。浮游动物粪便的密度在 1.06～1.80g/cm^3。浮游动物粪便的密度随着饵料的类型和丰度而变化。以 *Calanus* sp.为例，当以硅藻为饵料时，得到的粪便颗粒的密度为 1.174g/cm^3；当以鞭毛藻为饵料时，密度为 1.114g/cm^3。但是，在计算粪便通量的时候，人们往往用一个固定的值，如桡足类粪便的密度用 1.22g/cm^3 或 1.19g/cm^3，而被囊类粪便的密度用 1.10g/cm^3。海水的温度和盐度也影响粪便颗粒的沉降速度。在温度低、盐度高的海水中，粪便颗粒和海水的密度差异较小，所以比在高温、低盐海水中的沉降速度慢。另外，温度低时，海水的黏度增加，减缓了粪便颗粒的沉降。当海水温度从 2℃上升到 16℃时，粪便颗粒的沉降速度上升了 56%～58%。物理过程如混合和密度分层对粪便的下沉有不利的影响，将粪便保留在上层水体，有时会长达数周。例如，在南加利福尼亚虽然测得的粪便下降速度为 18～170m/d，但是在水深 20m 以上的粪便中，有 40%已有 4～10d 的年龄。在北海，粪便颗粒主要是 *Calanus finmarchicus* 产生的，当这种桡足类垂直迁移到深层的时候，在水深 30m 以上，其粪便颗粒的浓度还是很高。

(3)粪便通量及其在颗粒物中的比例

测量粪便通量最常用也是目前最有效的方法是沉积物捕集器法。用显微镜将样品中的粪便分拣出来，并测定粪便的总体积，然后利用体积和碳的转换系数将由粪便造成的碳通量(FPC)估计出来。但这种方法可能有较大的误差，因为从沉积物捕集器样品中得来的粪便只是能分辨的那一部分，已经分解或在分拣过程中分解的粪便无法辨认，对粪便体积的估计是一个最低估计。另外粪便单位体积的含碳量是一个范围很大的参数，对这一参数估计的误差会影响对 FPC 的估计。在基尔湾，哲水蚤类的粪便[(120±90)mg C/(m^2·d)]对沉积物捕集器内碳的贡献在4～9 月平均为 10%，在其他月份低于 5%。在挪威海，5 月 FPC[1～6mg C/(m^2·d)]对 POC 的贡献为 90%，但在 6 月 FPC[4～12mg C/(m^2·d)]对 POC 的贡献只有10%。在南极的布兰斯菲尔德海峡，短期(1.25～1.5d)布放的沉积物捕集器的结果表明，从真光层中沉降的有机碳有 80%～90%是通过南极磷虾的粪便完成的。在大西洋中部，FPC[0～14.6mg C/(m^2·d)]对 POC 的贡献小于 1%。在挪威的北斯匹次卑尔根岛外海测定的 FPC[0.9～12mg C/(m^2·d)]占 POC[25～30mg C/(m^2·d)]的比例在 2%～10%，但有一个站位高达 51%。在丹麦卡特加特海峡南部海域 FPC[1～37mg C/(m^2·d)]占 POC[181～301mg C/(m^2·d)]的 17%。在波罗的海北部FPC[0.017～0.164mg C/(m^2·d)]占 POC 的比例小于 0.05%。

浮游动物粪便的排泄通量与浮游动物种类关系密切，对不同种类海樽粪便通量的统计(表 2-29)说明，不同种类浮游动物的粪便通量相差很大，也就是说碳的传递效率也会差别很大。

表 2-29　不同海区海樽粪便的通量

海区	深度(m)	海樽种类	海樽丰度(个/m^2)	海樽生物量(mg C/dm^3)	粪便通量[mg C/(m^2·d)]
根据海樽的丰度和排粪率计算					
33°W	25	*Cyclosalpa pinnata*	0.2	1.6	0.14
38°N, 70°W	100	*Salpa aspera*	6500	909	8.5～137
30°N～36.5°N, 73.25°W	25	*Salpa cylindrica*	0.88～2.21	0.02～0.14	0.01～0.04
	50	*Salpa maxima*	1.06～0.14	1.05～0.12	1.01～0.07
	50	*Salpa cylindrica*	0.06	0.15	0.05
根据沉积物捕集器估计					
利古里亚海(Ligurian Sea) 45°N, 165°W	100	*Salpa fusiformis*	750		576
	100		12.5		18
	200	*Salpa* spp.			10.5
	900				6.7
36°N～58°N, 127°W～32°W	740～4200	不知名			6.7～23
北大西洋和北太平洋		*Salpa cylindrica*			0.01～0.07

2.5.3 底栖生物在碳循环中的功能与作用

海洋沉积物存在大量的生物，已被描述过已有十几万种，而其中存在的生物可能有几千万种，它们在沉积物碳循环中是起控制作用的关键因素，海洋沉积物的生物多样性在生态系统过程中有重要的作用，底栖生物的生物生产过程在海洋碳循环中占据重要地位。

2.5.3.1 底栖生物的种群特征与碳循环

从在生态系统中的作用来看，海洋生物最重要的作用在于它的摄食产生的直接或间接影响。尤其是大型生物，它们活动集中在沉积物-海水界面附近表层 1～2cm，这里氧气和有机质丰富，一些生物使更深层的沉积物含有氧气，一些线虫纲动物、原生动物和细菌出现在较深的缺氧沉积物中。

(1)微生物

真菌可以分解木质纤维素和甲壳质，二者都是难分解物质。细菌可以分解颗粒态的有机碳，这些有机碳多数是海藻和粪便的残渣。水解细菌开始了这一过程并生成可溶解的有机碳(DOC)。当有 O_2、NO_3^-、Mn^{4+}、Fe^{3+}或硫酸盐存在时，DOC 被氧化为 CO_2，同时还原产生无机物(H_2O、N_2、Mn^{2+}、Fe^{2+}和 HS^-)。DOC 也可以通过发酵作用变成 CO_2 和 CH_4。沉积物中，这类细菌中最典型的是硫酸盐还原菌。据研究，反硝化细菌是正常的需氧型生物，它吸收沉积物环境中的 NO_3^-。在碳被氧化的过程中，Mn^{2+}、Fe^{2+}和 HS^-可以被依靠无机营养生活的细菌所氧化，这种细菌也是自养型的。由于从这一过程中得到的能量很少，因此生成的物质产量有限，但它完成了沉积物中 C、N、S、Fe 和 Mn 的循环并生成了氧化物。对大量的异养生物进行鉴定的研究还不太多，但对参与 NH_4^+、CH_4 和 HS^-氧化过程的细菌研究得比较详细。在这种情况下，虽然相关微生物的数量和功能并不清楚，但那些过程的速率多数还可以测定。

(2)原生生物和小型动物

对原生生物和小型动物的食物来源了解不多，但两个群体中都有以细菌、真菌、小型水藻和有机残渣为食物的种。虽然在线虫纲动物和桡足类甲壳纲动物中有捕食型的物种，但还是依据它们从沉积物中移动有机颗粒的动力学特点和选择性将它们大致分为不同的食物类型。

(3)大型动物

大型动物中，仅对几个物种的捕食研究得很清楚，而对于大多数物种来说，目前只能从形态学上推测它们的捕食行为。虽然存在其他的捕食模式，但大型动物中的多数是以悬浮物或沉降物为食的。以悬浮物为食的动物从上层水中移走颗粒是被动的，它们所用的工具有触须(如多毛纲的环节动物)、触角(如甲壳纲动物)以及通过一支水管的动态抽水(如双壳类软体动物)或管子(如多毛纲的环节动物磷沙蚕 *Chaetopterus*)。以沉降物为食的动物摄取的是被沉积物吸附的颗粒物。以表层沉降物为食的动物摄取的是表层的沉积物(如海胆类动物)，而一些物种以深层的颗粒物为食(如星虫)。以表层以下沉降物为食的动物，其洞穴在沉积物表层的下面，它们可以非常快速地吞食和排出沉积物，另外一些情况下又以筑巢穴的方式使沉积物颗粒发生移动(如多毛纲环节动物海蚯蚓 *Arenicola*)。在某种程度上，在深层摄食而在表层排泄的定居型物种(如一些缩头虫，多毛纲环节动物)对沉积物颗粒来讲是一个有效的“搬运者”。也存在一些杂食性的动物，它们的食物包括从悬浮物到沉降物，主要是依水量和食物量的变化而选择不同的食物(如海稚虫，多毛纲环节动物)。该类动物的管道和洞穴增加了沉积物接触上覆水的表面积，并将水流引入沉积物中，化学物质的交换因此而大大增加。

2.5.3.2 沉积物中生物在生态系统中的功能

海洋中的生产过程是由浮游植物的光合作用开始的，它们利用阳光和 CO_2 制造了 40%～50%的全球初级生产量。从表层水沉落到沉积物中的藻类物质的量虽然在不同的海域有较大差异，但其总量很大，在浅水生态系统中，它们与底栖藻类共同为深海系统提供养料。摄食活动是底栖生物影响生态系统功能的关键过程(图 2-34)，因此了解摄食活动是研究底栖生物生态功能与生物地球化学过程的基础。表 2-30 给出了生物功能群与其参与的代表性生态系统过程的关系。

表 2-30 海洋沉积物中生物与生态系统过程的关系

功能群	具有代表性的生态系统过程	生物体
生物扰动者	有机物、颗粒物和微生物的混合与重新分配至深处	沉积物中的多毛类、寡毛类环节动物，甲壳纲动物、软体动物、棘皮类动物
初级生产者	生成新的生物量，增加沉积物的稳定性	浮游植物，藻类，植物根
粉碎者	弄碎有机物质，为下一步其他生物体使之腐烂做准备	
分解者	还原为碳，与其他重要的营养物质返回给沉积物作为初级生产的原料	沉积物中的细菌和真菌，将有机物质分解为营养物质(如 C，N，P 等)
固氮者	使大气中的氮进入生物圈的一种机制	共生细菌(如根瘤细菌属)，非共生细菌(如蓝藻细菌、克雷白氏杆菌属、固氮菌类)
CO_2 产生者	呼吸，以碳的形式迁移	根，生物体
微量气体产生者	反硝化，一氧化二氮的产生，甲基化	反硝化细菌，甲基化细菌

(1)底栖生物影响水体的演化和营养传输

植物和粪便物质可能最终会积累于沉积物中，也可能被摄食悬浮物者从水体中移走。在一些地区，摄食悬浮物的生物明显地影响着水体的清澈度，这是底栖

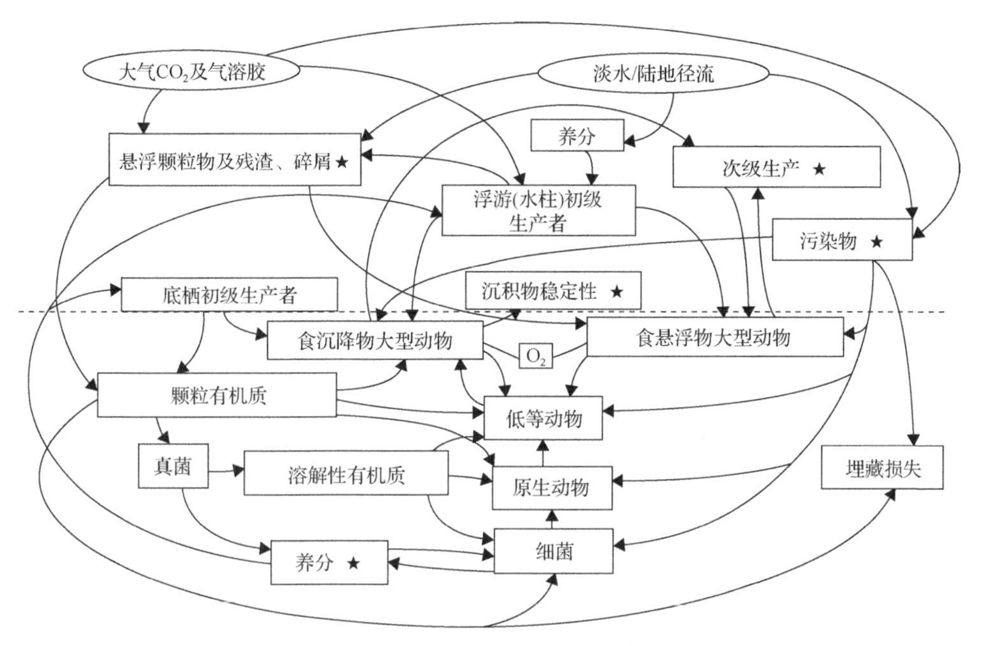

图 2-34　海洋沉积物中的生物及其功能

椭圆框：与非海洋过程的关系；箭头：能量/物质流动的方向；无箭头的线：非能量/物质迁移关系；虚线：沉积物-海水界面；星号：底栖生物在其中起主要作用的生态系统过程

动物所提供的一种生态系统功能。沉降的物质可能直接被摄食沉降物者吞食或成为颗粒有机物(POM)的一个来源，而后者最终被大型动物、小型动物或原生动物所吞食。许多 POM 可以被细菌和/或真菌所分解，尤其是当它们的原始形态很稳定、大型动物难以利用时，一些物质可以部分地被细菌和真菌所分解，作为溶解有机物(DOM)的一个来源而被其他细菌利用。一些原生动物和小型动物也利用 DOM。在 POM 和 DOM 被细菌与真菌分解的过程中，营养物质被释放出来，而小型和大型动物的分泌物也增加了营养物质的量。如果 POM 在被生物分解之前即被埋藏，它就会离开该系统而开始了它有可能成为化石能源的过程。细胞壁和泥沙颗粒对溶解有机物的吸附可能使它们成为难降解物质而从该生态系统中丢失。沉积物中有机物的分解过程可用图 2-35 表示。

图 2-35 说明了生物种群中相同功能群对有机质分解过程的控制作用。有机物以粗颗粒(CPOM)的形式到达沉积物，通过微生物和真菌、“粉碎者”及好氧环境下自然分离作用的一系列反应[A]，粗颗粒有机物分解为细颗粒有机物(FPOM)。粗颗粒有机物和细颗粒有机物均可被埋藏在沉积物-海水界面下[B]，在好氧环境和厌氧环境条件下，经自然作用和生物扰动作用移动、埋藏，同时细颗粒有机物分解为溶解有机物(DOM)。在厌氧环境中，细菌与真菌通过发酵作用将细颗粒有机物转化为溶解有机物。在好氧条件下，微生物与真菌将细颗粒有机物氧化为最终产物(通

常为二氧化碳)[C]。在好氧与厌氧条件下均可形成对下一步降解具有很强抵抗能力的腐殖质。腐殖质可同其他最终分解产物(如甲烷)作为输出迁移出系统。溶解有机物在厌氧条件下被细菌还原降解为最终产物[D1]，或氧化为最终产物[D2]。在好氧条件下，还原产物可被细菌与真菌氧化[E]，或者最终输出[F]。

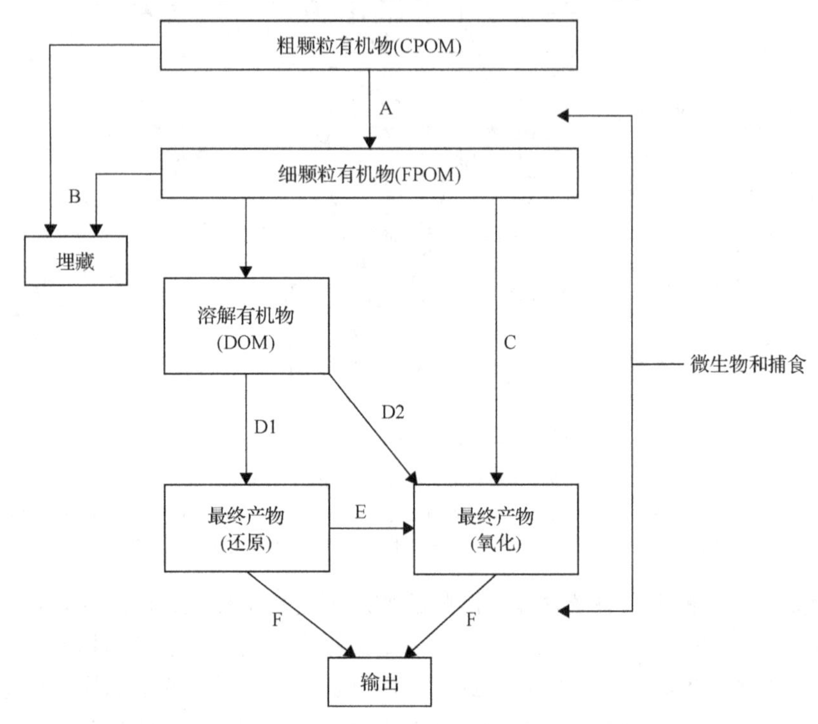

图 2-35 沉积物中有机质分解过程示意图

(2)底栖生物影响全球碳循环

底栖生物参与的碳循环过程都与摄食活动有联系，这些过程受到硫化物和颗粒物迁移的重要影响，大型生物是极其重要的沉积物搬运者。溶解氧几乎影响每个循环过程，而大型动物的洞穴、管道和它们的活动又都影响溶解氧的含量。

在全球的碳循环中，不同的群体所扮演的角色不同，所起的作用也不相同。原生生物和小型动物在分解过程与碳循环中所起的作用不大，起码在海岸带生态系统中是这样的。也有人提出大型动物在碳循环中不起什么作用，而微生物的分解作用无疑是最重要的。考虑到海洋在全球生产力中所占的份额以及洋底沉积物覆盖的面积，底栖生物肯定会对碳的循环产生影响。全球变暖依赖于大气中的 CO_2 量，有机物质是以 CO_2 的形式进行循环，还是被永久地埋藏在海洋沉积物中，主要依赖于以下三者之间的相互作用：①微生物的分解作用；②沉积作用；③沉降物摄食者在沉积物中的垂直方向上对颗粒物的混合或埋藏活动。

氮循环也与底栖生物密切相关。其通过分解过程和分泌过程产生的氨与硝酸盐除会扩散到沉积物以外，还可能被初级生产者利用而进行新一轮的循环。沉积物中的反硝化细菌将这些产物变成溶解的氮气，除了固定氮气的特定细菌外，其他初级生产者都不能利用这些氮气。这些反应的速率对O_2很敏感，且受到大型动物扰动的影响。因此，微生物和大型动物在氮循环中扮演着关键角色，进而对海洋和全球的生产力起关键性作用。

底栖生物在硫循环中起着重要作用。硫酸盐的还原和硫化物的氧化是沉积物中硫的化合物被代谢的两个主要过程，在此过程中细菌起关键作用。从化石的记载可以推知，底栖生物对硫在沉积物中的积累起主要作用，这种作用可能是通过调节溶解氧和不稳定碳含量而实现的。从全球来看，硫虽不是限制性元素，但它在碳循环和细胞进化中起重要作用。

(3)底栖生物影响污染物的代谢、埋藏和迁移

海洋有一定环境容量来吸纳污染物，包括将其稀释和/或通过代谢作用将其转变为无毒形态，底栖生物影响这些过程。一些微生物可分解特定的污染物，因此可以将它们从系统中移走。大型动物可以代谢或富集一些污染物，从而降低了水体和沉积物中该污染物的浓度，但有可能使它们沿食物链向上传输，大型动物也通过混合作用影响污染物。如果一些物种在沉积物表层摄食、在深层排泄就会加速物质从表层沉积物中移走的过程；相反，在深层摄食而在表层排泄会阻碍物质的埋藏过程。

(4)底栖生物影响沉积物的稳定性和迁移

动物的管道(如藤钩虾科端足类甲壳动物)和黏液(如运动表象型腹足纲动物)可以固定颗粒物，使沉积物稳定。因此，生物扰动造成的不稳定性影响、黏液固定产生的稳定性影响、各种各样的生物性沉积物的再分配和海底粗糙程度的变化都影响沉积物的侵蚀。从人类的角度来看，沉积物的活动性对海岸带地质过程，如海岸侵蚀、地面沉降以及污染物的归宿等是很重要的。

以上阐述的所有过程没有一个是在大型动物、小型动物和微生物内部完全独立进行的(图2-31)。细菌是原生动物的主要食物来源，小型动物和大型动物也以细菌为食。大型动物会捕食小型动物，小型动物也会捕食大型动物的幼体。原生动物、小型动物和大型动物捕食细菌，可能提高或降低细菌的活动性，进而使有机物再次矿化。除海藻系统外，很少有证据证明原生动物是大型生物的主要食物来源，以此可以推测它们最终的结局是死亡和被细菌分解。如前所述，大型动物影响水体中溶解物质的量(包括氧气)，也影响有机物在垂直方向上的迁移。例如，大型动物的活动使其洞穴和管道周围的间隙水充氧，这对微生物的分布、活动和进化有重要的影响。但是，生物扰动也使 POM 与下层沉积物混合，在那里硫酸

盐被还原为 HS^-并消耗氧气。很明显，群体之间的关系是复杂的，一个群体发生变化也会使其他群体发生变化。

海洋沉积物中物种的多样性并不表明每一种生物都在生态系统中起不可替代的作用，现在的研究已经证实：①大型动物、小型动物和微生物的生态系统功能差异显著。例如，当大型动物减少时，细菌不能作为它的补充。②使生物功能类型发生根本性改变的人类干扰会改变该系统的基本生态，也会改变它在生态系统中的功能。例如，如果将沉降物摄食者全部移走，沉积物中的溶解氧将会降低，随着细菌群落变为厌氧型的，氮的循环过程将会改变。如果一些大型动物在功能上能力有余，它们的减少将不会改变生态系统功能。③每一群体中物种的减少不会真正改变整个系统。目前，还没有证据说明每一物种的生物多样性对于健康的生态系统功能是必需的，并且每个栖息地都有诸如摄食表层沉降物的物种或硝化细菌。也许所有物种对生态系统功能来说都不是必需的。但这些结论已得到证实：物种之间在作用上是不成比例的，一些物种的减少将会产生主要影响。当其他物种减少时一个物种可能有“补充”能力，但若它们在生态的其他方面不同时就难以实现。物种之间的联系是密切的，所以一个物种的减少会通过干扰其他物种而影响生态系统功能。

2.5.4　微生物在碳循环中的作用

细菌将水体中的有机质分解利用转化为自身菌体的过程称为细菌生产力或二次生产力(BP)，是海洋总生产力的重要组成部分。用[甲基-^{3}H]胸腺嘧啶核苷示踪法估计海洋异养浮游细菌的生产力，发现实验水域中的细菌生产力平均为 8.4～54μg/(dm^3·d)，相当于初级生产力的 20%；Cole 在 1988 年发现海洋浮游细菌生产力相当于真光层初级生产力的 31%；也有研究认为海洋异养细菌的二次生产力相当于初级生产力的 20%～30%。在细菌的生产过程中，海水中的溶解有机碳和颗粒有机碳被细菌分解利用，再次转变为颗粒有机碳，即微生物自身的生物量，后者被摄食微生物的所谓 micrograzer(主要是原生动物的纤毛虫和鞭毛虫)所利用，转换为更大的(几到几十微米)颗粒(原生动物)，最后进入后生动物的食物网。同时，海洋异养浮游细菌还能将 DOM 和 POM 分解转化为无机营养盐返还进行再循环，在贫营养海区可将 86%的初级生产力返还。可见，海洋异养浮游细菌既是分解者又是生产者，在海洋生态系统的能流和物流中发挥着至关重要的作用。微生物既是海水中颗粒有机碳和溶解有机碳的消费者，又是其主要分解者，同时其本身还是巨大的碳库，因而微生物在海洋碳循环中的作用不可或缺。

(1)微生物是重要的 POC 储库

在传统模式中，微生物的角色只是分解者，其实，微生物既是分解者又是生产者。首先，自养微生物是地地道道的初级生产者，只不过在不同的海区其生产能力有所差异(表 2-31)。在海洋初级生产者中，2～20μm 的微型浮游植物(nanoplankton)和小于 2μm 的微微型浮游植物(picoplankton)占有很大比例。在 picoplankton 类群对初级生产力的贡献中，蓝细菌占有很大比例。微生物在海洋生态系统，特别是上层生态系统中的作用是举足轻重的，它们在生物量上可比浮游植物大 2～3 倍，占生命、非生命颗粒有机碳总量的 26%～62%。微生物类群不仅在生物量上不可忽视，在生态功能上也极富特殊性：①微生物细胞极小(0.2～0.6μm)，是非沉降性 POC。这部分 POC 与“*f*”比(新生产与总生产之比)负相关；②微生物对寡营养条件的适应能力通常比浮游植物强得多，而且绝大部分不受光的限制；③微生物生产力的初级消费者是原生动物，这部分物流通过后者才能达到后生动物，从而形成微生物食物环。

表 2-31　不同海域的细菌生产力

海域	BP 范围	BP 平均值 [ng C/(dm^3·h)]	BP：PP
普里兹湾及邻近海域	4.5～190.7ng C/(dm^3·h)	50.4	0.15～0.70(平均 0.41)
普里兹湾 Davis 考察站(68°34.5′S，77°58.0′E)	225～704ng C/(dm^3·h)	567	—
北冰洋 C8 站	26～344ng C/(dm^3·h)	156	0.63
北冰洋 C34 站	13～36ng C/(dm^3·h)	22	0.52
白令海 B1-9 站	110～268ng C/(dm^3·h)	195	1.27
东海(冬)	460～2 620ng C/(dm^3·h)	—	0.17
东海(夏)	3 500～15 700ng C/(dm^3·h)	—	0.32
胶州湾(四季平均)	75～15 400ng C/(dm^3·h)		0.27
克里特海(25°10′E，35°23′N～35°45′N	0.1～82ng C/(dm^3·h)	—	—
加拿大不列颠哥伦比亚沿岸水体(48°40′N，123°29′W)	275～2 958ng C/(dm^3·h)	—	0.17～0.30
加利福尼亚 La Jolla Scripps 栈桥(32°53′N，117°15′W)	29.2～2 208ng C/(dm^3·h)	—	
南极 McMurdo 海峡	0.02～121ng C/(dm^3·h)	—	0.00～0.11
南印度洋(39°～52°S，56°～58°E)	1.2～2.9ng C/(dm^3·h)	—	—
罗斯海(沿 76.5°S 纬线)	—	50.9	0.04
赤道太平洋(0°N，140°W)	—	61.1(春)	0.26(春)
	—	60.1(秋)	0.11(秋)
北大西洋(47°N，20°W)	—	229	0.25
阿拉伯海(10°N，18°N)	—	144.7	0.22

续表

海域	BP 范围	BP 平均值 [ng C/(dm^3·h)]	BP：PP
北太平洋亚北极海域	—	29.2	0.09
百慕大时间系列站	—	20.8	0.18
楚科奇海与白令海	6.25～70.8ng C/(dm^3·h)	—	1.13～1.70
密西西比河口	167～3 750ng C/(dm^3·h)(夏) 125～833ng C/(dm^3·h)(冬)		
长江口(春)	560～4410ng C/(dm^3·h)	2390	0.18
长江口(夏)	220～3 350ng C/(dm^3·h)	1440	0.28
胶州湾	80～6 630ng C/(dm^3·h)	—	—
海峡 3 条河流的河口	0～500ng C/(dm^3·h)	—	—
罗纳河(法国)河口	10～300ng C/(dm^3·h)	—	—
特拉华湾(USA)	208～1 583ng C/(dm^3·h)	—	—
切萨皮克湾(USA)	833～11 667ng C/(dm^3·h)	—	—
	167～2 083ng C/(dm^3·h)	—	—

注：BP 为细菌生产力，PP 为初级生产力

微生物对寡营养条件的适应能力通常比浮游植物强得多，在富营养或一般营养条件下，细菌生物量(细菌有机碳，BOC)要比浮游植物量(phytoplankton carbon，Cp)小得多；随着寡营养状况的加剧，BOC 在 POC 中所占的比例会超过 Cp。因此，在寡营养水域，细菌生物量相比浮游植物和碎屑来说，占颗粒有机物的主要部分。根据 1985～1990 年对加利福尼亚海盆微生物的研究，BOC 是总 POC 的重要组成部分。在 POC 含量低于 59μg C/dm^3 时，27%～62%的 POC 是细菌组成的，当 POC 含量高于 59μg C/dm^3 时，BOC/POC 值稳定地降低，当 POC 达 190μg C/dm^3 时，此比值为 0.14。所以，BOC 至少为 POC 的 14%，最高则达 62%。对闽南-台湾浅滩上升流区 BOC 的研究表明，它占了总 POC 的 11.75%。对虾池浮游细菌碳量的研究表明，在富营养的虾池中浮游细菌碳量在 0.09～0.8mg C/dm^3，平均(0.37±0.21) mg C/dm^3，为 POC 的 11.94%，进一步证明了 BOC 含量与海洋营养状况关系密切。由于细菌对海洋颗粒碳储库的巨大贡献，在对海洋中碳的生物地球化学行为进行研究时，就应该把它们作为有机颗粒来考虑其作用。

微生物环在海洋生态系中的作用存在季节变化。在温带海区，通常在春季有一个硅藻的水体，接着在夏末或秋季出现鞭毛藻的水体。1988 年 2～3 月和 5～6 月通过两个航次研究北海，结果显示：在春季水华期，微生物环在生态系统中的作用处于一般水平；2～3 月，在北海各站位，细菌生物量(BOC)占浮游植物生物量(Cp)的比例基本维持在较低的水平，仅为 1%～13%；而在夏季，随着水体中个体较小的种类占据优势地位，微生物环的作用日益显著，在这个季节的航次中，

北海有 8 个调查海区均呈现较高的 BOC 值，它们与 Cp 的比值也明显增加，从最低的 26%到最高值 161%。微生物(包括超微型浮游植物)在第一营养级中的结构组成决定了整个食物链(网)的特征。

(2)微生物对颗粒碳通量的贡献

研究细菌对碳通量的重要作用，主要是研究异养细菌对溶解有机碳(DOC)的利用。例如，在圣莫尼卡(Santa Monica)海盆利用细菌对氨基酸的吸收[包括溶解的游离态氨基酸(DFAA)和溶解的结合态氨基酸(DCAA)]来对细菌利用 DOC(以 DFAA 和 DCAA 为代表)进行定量分析，水体中 DFAA 在真光层的浓度约为 $20nmol/dm^3$，在 300m 深时降至 $2\sim5nmol/dm^3$。DCAA 的浓度要比 DFAA 的浓度高得多(高 20～100 倍)。尽管 DCAA 作为在量上占绝对优势的 DOC 储库，但由于它的组分中大多数是非生物可利用性的，因此，细菌利用 DCAA 转化成 POC 的通量不容高估。计算结果表明：即使 DCAA 是可利用 DOC 的唯一储库，但它的细菌周转时间长达 10^4d。这样，在深层水中，绝大多数的 DCAA 是不可利用或者利用很慢的。

细菌在水中是自由生活还是附着在大颗粒上，这与作为碳储库的细菌在食物网中的行为和其对颗粒碳垂直通量上的贡献都有十分重要的关联。大多数自由细菌直径在 0.3～0.6μm，属胶体的粒径范围，因此它们不具有显著的沉降速度。同时，它们的归宿是被原生动物摄食或被噬菌体裂解，因此，它们的碳素不是成为 DOC，便是仍旧存留在微细碎屑中。与此相反，附着在大颗粒上的细菌易于沉降或被食碎屑动物吃掉，它们中的部分碳素会进入动物的组织或粪便，这样就很容易进入垂直通量中去。由于附着在颗粒上的细菌只占细菌类群的一小部分，一般认为这类细菌在生态系统作用中贡献不大。但有人对此提出质疑，他们认为，即便附着在颗粒上的细菌只占菌群的 1%，那么在 $1dm^3$ 海水中也将有 10^7 个这样的细菌。而在细菌-颗粒的相互作用中，细菌在颗粒上代谢活性的强度是一个很重要的参数。因此，他们考虑使用颗粒相中细菌“浓度”这一概念(每 $1dm^3$ 海水中细菌的数目)。在他们所研究的海区，比较典型的细菌浓度($\mu g\ C/dm^3$)是可用下述步骤来计算的：假设 POC=$60\mu g\ C/dm^3$，其中 $20\mu g\ C/dm^3$ 为 BOC。$20\mu g\ C/dm^3$ 的 BOC 相当于 1.0×10^9 个细菌，其中 1.0×10^7 个附着于颗粒上的(假设为 1%)。设 POC 的 C 湿重与浮游植物相近(约为 1∶10)，上面所述的 POC 含量转换成湿重就是 $400\mu g\ C/dm^3$。因此，颗粒相中，附着于颗粒上的细菌浓度就将达 $1.0\times10^7\mu g\ C/dm^3$ 或 $2.5\times10^{13}cells/dm^3$。这样计算尽管很粗略，但鲜明地说明了远洋海区的颗粒相具有高密度的细菌生物量和强烈的细菌代谢活性。

(3)细菌在 POC-DOC 转化中的作用

微生物在碳的生物地球化学循环中的另一个重要作用就是对 POC 的分解和

消溶作用。在20世纪80年代发现，在北太平洋涡旋和海盆区，初级生产力(PP)分别为 456mg C/($m^2\cdot d$)和 1254mg C/($m^2\cdot d$)，真光层沉降颗粒通量(F)分别达 79mg C/($m^2\cdot d$)和 643mg C/($m^2\cdot d$)，而细菌结合碳的通量(FB)分别为(78±34)(110～1000m)mg C/($m^2\cdot d$)和(507±22)(39～800m)mg C/($m^2\cdot d$)，因此，FB/PP值达0.17±0.07和0.40±0.02，FB/F高达0.98±0.42和0.80±0.03。这充分说明是自由生活的细菌，而不是摄食颗粒物的浮游动物，担当了这两个海域中颗粒物分解的中介物。这些细菌通过分解大颗粒POC，使易沉降的颗粒物大量地转变成粒径较小(0.3～0.6μm)的非沉降性颗粒物，这大大地改变了真光层的新生产力。因此，细菌的生产量与“f”比呈负相关。研究还发现，大量聚生的细菌，较易产生胞外水解酶，对颗粒物的分解和破碎起了相当大的作用。附着在颗粒物上的细菌可将POC转化为DOC，可以说细菌是POC分解的主要推动力。

2.6　海洋碳迁移转化的化学驱动

海洋是陆源物质最重要的归宿地。进入海洋的陆源物质(主要是河流输入、大气沉降以及人为陆源物质)在海水或沉积物中积聚并在海洋动力作用下进行重新分布，从而引起海洋化学环境的变化，这种变化不可避免地对海洋中碳迁移转化过程产生影响，海洋碳迁移转化与环境的相互关系也就成为人们研究海洋碳循环必须面对和解决的重大科学问题。近年来随着经济的高速发展和人口的急剧增长，化肥的施用量和生活污水大大增加，通过地表径流进入海洋，加剧了海域的富营养化，进而导致了大面积赤潮的发生。

化学因素对海洋碳迁移转化的影响是控制全球变化的关键环节之一，这些因素包括营养盐的水平与变化对海洋中碳迁移转化的影响、海水酸碱度与海洋碳迁移转化的关系、氧化还原环境对碳迁移转化的控制作用等。

2.6.1　营养盐的水平与变化对海洋中碳迁移转化的影响

2.6.1.1　营养盐-浮游植物吸收-碳迁移转化的关系

海洋中的营养盐是海洋浮游植物生长所必需的物质基础，浮游生物在真光层内进行光合作用吸收二氧化碳将其转化为颗粒态，即有生命颗粒有机碳，并把海水中的无机离子(营养盐)转化为初级生产力，其总反应方程可表示为

$$106CO_2+16NO_3^-+HPO_4^{2-}+122H_2O+\text{微量元素}+\text{光子}\longrightarrow (CH_2O)_{106}(NH_3)_{16}H_3PO_4+138O_2$$

浮游植物进行光合作用吸收营养盐是按照一定N与P原子比进行的。Redfield

认为该比值为16∶1，当海水中N与P原子比和该比值比较偏高或偏低时，都有可能引起相对含量较低的营养元素对浮游植物生长产生限制。该过程吸收的CO_2主要来自大气，其固碳量相当于人类活动向大气排放的CO_2量的数倍，而且深海中溶解CO_2储存在水中可达100～1000年，长期不参与大气碳循环，可见海洋对调节大气中CO_2乃至全球气候的重要作用。海-气界面是真光层内生源要素循环的重要环节之一，CO_2的界面交换取决于CO_2分压(pCO_2)的差异，生物活动对pCO_2有显著影响，其变化与营养盐的吸收有良好的相关性。在普里兹湾的14个月的连续观测表明：在春夏季，pCO_2因为溶解无机碳(DIC)的生物吸收而下降。以水体中有机碳和无机碳原子比(C_{org}/C_{inorg})估计海洋生物活动对pCO_2的影响表明，当C_{org}/C_{inorg}值较高时，说明真光层内浮游植物在吸收营养盐将其转化为初级生产力的过程中将大量无机碳转化为有机碳，从而引起了海水表层pCO_2的降低。据统计，全球大洋区中C_{org}/C_{inorg}值最高的是南太平洋，其次是北太平洋西北部，与其他大洋区相比，这些海域均以高营养盐供给量和高CO_2吸收率为特征。在整个太平洋海域悬浮颗粒有机物中有机碳和氮原子比(C_{org}/N)均很低(部分海区<8.2)，并且与Chl a有很好的相关性，说明该海域颗粒有机物主要源于浮游植物。生源蛋白石产物、浮游生物、主要矽藻纲藻类构成了具有高C_{org}/C_{inorg}值的颗粒有机物沉降。这种颗粒有机物的垂直迁移使该大洋区过渡层的pCO_2($<300\mu atm$)明显小于海水表层和大气的pCO_2，从而使整个太平洋表现为CO_2的汇。生物吸收CO_2伴随着营养盐的消耗，有机碎屑的氧化伴随着营养盐的释放和CO_2的产生，由于生物不断从表层水中吸收CO_2和营养盐，并且通过沉降有机物的氧化，CO_2不断被转移到海水深层，海洋对大气的调节作用就在于进入海洋表层中的CO_2被及时固定，并通过沉降完成由表层向深海的垂直转移。

2.6.1.2　营养盐的变化对颗粒有机碳(POC)的影响

(1)营养盐吸收的季节性变化与POC的生产及迁移

二氧化碳经过光合作用转化成有生命颗粒有机碳，继而经历一系列复杂的生物地球化学过程转化为非生命有机碳颗粒沉降。这两部分POC的生产以及其从真光层向下输出通量在不同海区以及同一海区不同季节有很大差别。在高纬度的系统调查结果表明，春季水华期间真光层内二氧化碳和营养盐被大量消耗，从而导致浮游植物的大量繁殖，但是由于异养消费者的越冬种群个体还很小，不能很快繁殖来消耗春季浮游植物快速繁殖所固定下来的碳，这样丰富的营养盐和很低的捕食能力导致了水华期间POC沉降通量明显增加。在研究巴伦支(Barents)海生源物质以及POC垂直通量季节性变化时发现，Chl a垂直通量在冬季时可以忽略不计，在春季可以达到38mg C/($m^2\cdot d$)；冬季从海水表层向下的POC垂直通量为30～70mg C/($m^2\cdot d$)，而在春季则达到500～1500mg C/($m^2\cdot d$)；沉降的POC中浮游植物颗粒可达到50%。对长江口外赤潮频发海区水文特征分析发现，赤潮多发生在4～10月，其中5～8月是多发季节，与长江入海径流量的季节性变化(在春、夏季激增，7月达到最大)有一定相关性。这是因为入海径流量的增加带来特定的水动力条件和丰富的营养盐，为赤潮的发生创造了必要的条件。在爱琴海海域，3～4月水华期间真光层输出生产力最大，输出生产力最小值出现在9月浮游植物衰退期，分别导致了这两段时期颗粒有机碳通量的最大值和最小值。该海域沉积物中叶绿素浓度与有机碳和有机氮浓度垂直变化为正相关，说明沉积物中有机物主要源于浮游植物。另外，在夏季藻类繁盛期，海底有机物的C/N值从7.5增加到11.8，并且POC大量分解。这是因为藻类繁盛对无机营养盐大量吸收，导致了有机物中富氮有机物的增加，POC分解量的增加从富氮有机物的消耗(氨基酸浓度降低)得到证明。在研究亚北极环流西部(WSG)海域时发现，由于营养盐吸收的季节性变化，该海域浮游植物初级生产力和POC垂直通量都呈现出季节性变化。初级生产力在春、夏、秋、冬分别为(318±55) mg C/(m^2·d)、(247±77) mg C/(m^2·d)、(191±57) mg C/(m^2·d)、(40±36) mg C/(m^2·d)。显然在春季水华期，藻类繁盛吸收大量的无机营养盐使初级生产力表现为最高值，从而导致有生命颗粒有机碳含量和POC通量的显著增高，而二者的低值均出现在冬季。因此生物发育以及其季节性变化，还有与之相联系的营养盐吸收，是制约海域POC生产和迁移的一项重要因素。

(2)营养盐的供应方式对POC通量的影响

生物吸收营养盐转化为初级生产力，其中一部分营养盐源自真光层内循环再利用；而从真光层外输入的元素支持的那部分初级生产力称为新生产力，这部分营养盐的主要来源有：①上升流输入或梯度扩散；②陆源供应；③大气沉降或降水；④N_2固定(某些浮游生物的固氮等)。当以上方式的营养盐供应量较大时，则新生产力水平较高，自养生物快速繁殖，其固定的碳未被真光层内(或下方)的异养生物消耗而迅速沉降到真光层下方，从而增加了有生命颗粒有机碳的垂直通量。在沿岸海区由大陆补充的营养盐较多，新生产力相应较高；而且由于受径流和生物扰动影响，近海沿岸属于水动力条件相对活跃地区，上升流和再悬浮过程使得无机营养盐可以从真光层下方大量向上补充，也是近海区新生产力较高的原因。根据提出的沿岸区和大洋区新氮产量与有机碳产量之间的关系式，结合资料，估计各类大洋区和沿岸区有机碳生产总量分别为$13.2×10^9$t C/a和$13.7×10^9$t C/a；而新生产力差别却很大，大洋区的新生产力是$2.7×10^9$t C/a，沿岸区是$4.7×10^9$t C/a。如果大洋区只有10%的初级生产力(如有机碳)离开真光层成为输出生产力，而在沿岸区这个比值可以达到30%。北太平洋沿岸作为典型的上升流生态系统控制的海区，上升流对营养盐的补充是维持海域高生产力的主要机制之一。在春季水华期，由于藻类的繁盛和上升流带来的较高的营养盐供应量，该海域初级生产力水平[大约为 220mg C/(m^2·d)]和 POC 通量[17mg C/(m^2·d)]仅次于全球 POC 通量最高的阿拉伯海[23mg C/(m^2·d)]，显著高于全球海洋的平均水平。我国沿岸海域(如东海沿岸、南海珠江口近海)POC 的分布特征一般为近海岸水体 POC 含量高，并往外海递减，往往与表层 Chl a 分布趋势相吻合。这是因为在我国沿岸海区，水体营养盐的浓度变化受沿岸输入、人类活动及沿岸生态过程共同影响。夏季丰水期的降水及由此产生的河流径流的增加使水体里的营养盐浓度增加，即从真光层外输入的营养盐增多，从而促使浮游植物的大量繁殖，水体初级生产力增加，有机碳的通量也随之增加。

2.6.2　海水酸碱度与海洋碳迁移转化的关系

(1) pH 与水体中无机碳的关系

pH 对水体中无机碳迁移转化产生影响是通过与海水二氧化碳-碳酸盐体系相耦合来完成的。

而海洋中碳酸盐(主要为 $CaCO_3$)的溶解平衡为

$$CaCO_3(固)+H_2CO_3 \rightleftharpoons Ca^{2+}+2HCO_3^-，CaCO_3 \rightleftharpoons Ca^{2+}+CO_3^{2-}$$

一般情况下表层海水 pH 最大，总二氧化碳含量($\sum CO_2$)最小。随着海水深度的增加，海水压力增大，海洋生物死亡，细菌对生物残骸及颗粒有机物的分解使得海水中溶解二氧化碳、$\sum CO_2$ 和 HCO_3^-的含量增大，海水 pH 降低，促使碳酸盐溶解。据统计，在水深几百米到 1000m，有机质分解释放的 CO_2 造成海水 pH 减小，导致海水中文石和镁方解石的大量溶解。有人计算深海中 IC/OC 值时未考虑过量 CO_2 的影响，这就高估了总二氧化碳中来自有机碳分解的比例。有研究对其进行修正后指出，IC 所占比例(总二氧化碳中来自碳酸盐溶解的比例)在水深 2500m 内由 0.1 渐增至 0.36。深水中这种 $CaCO_3$ 溶解度增大的现象与海洋 pH 环境和有机物通量密切相关。随着人类社会的发展，CO_2 以及有机污染物的排放量日益增加，海洋作为陆源物质最重要的归宿地之一，由于 CO_2 的溶解与吸收以及有机物的降解，其环境日益酸化，从而引起了文石硬壳组织和海洋甲壳类生物碳酸盐外壳的溶解，导致了严重的“活埋”恐怖现象。

(2) pH 对沉积物中碳迁移转化的影响

沉积物中 pH 变化对碳迁移转化产生影响是通过有机碳的矿化分解和间隙水碱度的变化耦合作用于沉积物中的无机碳(如碳酸盐矿物)，对其溶解和沉淀产生影响来完成的。研究表明，在沉积物表层，以 O_2 作为电子受体(氧化剂)的矿化反应，造成间隙水酸化，pH 降低，从而引起了碳酸盐矿物的溶解。相反，在沉积物的缺氧亚表层内，以 MnO_2、Fe_2O_3、SO_4^{2-}作为电子受体分解有机物的氧化反应，造成碱度的升高，间隙水过饱和，从而引起了碳酸盐矿物的沉淀。沉积物中有机物的矿化分解反应方程的化学计量比取决于沉积物中有机物的化学组成 $[(CH_2O)_{106}(NH_3)_{16}H_3PO_4]$。有机碳经过矿化分解转变为无机碳，改变了间隙水的碱度及 pH，从而引起了碳酸盐矿物的溶解和沉淀。O_2 和 SO_4^{2-} 作为有机物矿化反应的最初和最终电子受体，其反应所引起的间隙水 pH 变化较大，从而对以上碳的迁移转化过程产生较大影响，而有些电子受体(如 NO_3^-)发生矿化反应对间隙水中碳酸盐化学行为的影响是可以忽略的。

以氧气作为电子受体的有机物的矿化分解向间隙水释放 CO_2，其经典反应方程可表示为

$$(CH_2O)_{106}(NH_3)_{16}H_3PO_4+138O_2 \longrightarrow 106HCO_3^-+16NO_3^-+16H_2O+HPO_4^{2-}+124H^+$$

此反应由于有机物相当于碳酸、硝酸、磷酸，其分解产生了大量的 H^+，导致沉积物间隙水中 pH 的下降。此外，我们忽略了有机物中 S 组分，但实际上 S 组分可能要大于 P 组分(即 S∶P=1.7∶1)：

$$(H_2S)_{1.7}+3.4O_2 \longrightarrow 1.7SO_4^{2-}+3.4H^+$$

由上述两反应所造成的间隙水碱度的净变化值为负，即

$$\Delta TA=\Delta[HCO_3^-]+\Delta[HPO_4^{2-}]-\Delta[H^+]<0 \tag{2-61}$$

所以下面的反应可以作为上述反应的补充：由于间隙水中 pH 的减小和碱度的降低，碳酸盐矿物溶解。以氧气作为电子受体的有机物的矿化分解向间隙水释放 CO_2，当其反应速率足够快时 CO_2 大量富集，其浓度超出沉积物上覆水中 CO_2 的浓度，从而引起碳酸盐(如 $CaCO_3$)的溶解。在研究新几内亚湾沉积物早期成岩过程与热带陆架沉积物动力学状况的耦合关系时，发现该区沉积物反应活性大，海底 O_2 通量及表层沉积物$\sum CO_2$ 都很大，分别为(23±15)mmol/(m^2·d)和 0.1～0.3mmol/(m^2·d)；海底 O_2 通量大促进有机物的氧化分解释放二氧化碳，造成了间隙水 pH 下降，导致了 $CaCO_3$ 的溶解。

以硫酸盐作氧化剂的有机物分解会引起 pH 略微减小，但会造成碱度的净增加($\Delta TA=\Delta[HCO_3^-]+\Delta[HPO_4^{2-}]-\Delta[H^+]>0$)：

$$(CH_2O)_{106}(NH_3)_{16}H_3PO_4+53SO_4^{2-} \longrightarrow 106HCO_3^-+16NH_4^++HS^-+HPO_4^{2-}+39H^+$$

pH 的下降通常会引起 $CaCO_3$ 的溶解，但是碱度的增强导致了间隙水的过饱和，最终会引起 $CaCO_3$ 的沉淀。只有在很少量硫酸盐发生还原反应时或是在某些特殊海洋环境(如滨海暗礁区域)中，该反应所引起的酸度增加才会对碳酸盐的溶解平衡造成影响。此外，硫还原造成的硫铁矿沉淀(如黄铁矿)反应消耗了 H^+，降

低了间隙水的酸度，缓冲了上述硫酸盐还原促使有机物分解反应造成的 pH 减小的影响。反应方程如下：

$$8Fe(OH)_3+9HS^-+7H^+ \longrightarrow 8FeS+SO_4^{2-}+20H_2O，8Fe(OH)_3+15HS^-+SO_4^{2-}+7H^+ \longrightarrow 8FeS_2+28H_2O$$

综合以上反应过程可知，沉积物中硫酸盐还原造成了间隙水碱度的净增长，根据平衡反应：$HCO_3^- \rightleftharpoons H^++CO_3^{2-}$，当体系 HCO_3^-增加，平衡右移，CO_3^{2-}浓度增大，结果导致 $CaCO_3$ 沉淀增加，$CO_3^{2-}+Ca^{2+} \longrightarrow CaCO_3$。研究波罗的海海盆内 6 个研究站位的间隙水环境，发现这些区域间隙水富含营养盐和硫化物，尤其在该海区南部和中部，发现硫酸盐还原以及随后的金属硫化物沉淀导致大量 HCO_3^-的产生和 pH 的升高，从而引起了 $CaCO_3$ 和 $MnCO_3$ 自生沉淀。其中，$MnCO_3$ 自生沉淀导致了该海域沉积物中无机碳的富集(占总碳量 30%)。同样在墨西哥湾北部大陆坡的沉积层中，因为较高的硫酸盐还原速率[14.8μmol C/(m²·d)]，该区沉积物间隙水中有大量的 Ca^{2+}缺失和 $CaCO_3$ 沉淀生成。

2.6.3　氧化还原环境对碳迁移转化的控制作用

2.6.3.1　氧化还原电位 Eh

(1) Eh 与水体中有机碳分解的关系

Eh 是反映海洋体系氧化还原环境的最基本参数。一般认为，在通气良好的情况下，海水的氧化还原电位(Eh)是由溶解氧(DO)浓度控制的，此时主要氧化还原电对为 O_2/H_2O。DO 是海水重要的化学参数，其主要源于大气中氧的溶解，其次是浮游植物的光合作用，主要消耗于海洋生物的呼吸作用和有机质的分解作用。大部分(＞99%)的沉降有机质在海洋表层水体就已经分解了，这种分解过程称为有机物的矿化。在海水的富氧环境中，有机碳经过矿化作用变成溶解无机碳，就是通过异养微生物及细菌的有氧呼吸作用来完成的。该过程中 Eh 的控制反应可以表示为

$$(CH_2O)_n+nO_2 \longrightarrow nCO_2+nH_2O$$

因此，DO 直接影响碳尤其是有机碳在海水中的迁移转化行为。当海水中 DO 较高，Eh 较高，环境氧化性较强，促进了有机物矿化分解反应的进程，导致了有机碳的大量分解并向无机碳转化。根据各大洋区域调查结果，海水中氧气通量与有机物矿化速率密切相关(表 2-32)，当氧气通量较大时，水体相对为富氧环境，Eh 值较大，促进有机碳矿化，不利于有机碳的沉积。

表 2-32　不同海区氧气通量与有机碳矿化速率的耦合关系

海区	水深(m)	氧气通量[mmol/(m² · d)]	有机碳矿化速率[mmol/(m² · d)]
地中海沿岸	<100	48.0	6.1
	1500	0.6	0.4
北大西洋东部	1100	1～1.5	0.5～0.6
	3500	0.45	0.3～0.4
大西洋中部	700～850	0.97～3.9	0.516～4.934
狮子湾	162	8.83	3.42
南威德尔海	280～2514	1.74～3.61	0.984～3.73
豪猪深海平原(PAP)	4800	0.58	0.46

(2)Eh 对沉积物中碳迁移转化的影响

在海水介质中，由于各种氧化或还原体的浓度都很小，因此相对浓度较高的DO 成为控制环境氧化还原特性的主导因素，但在海洋沉积环境(间隙水)中，某些氧化或还原体的浓度较高，在电极表面上反映为交换电流大，成为控制 Eh 的主导因素，如 Mn、Fe、S 等。当氧化还原环境不同时，有机物分解机制是不同的(表 2-33)。

表 2-33　海洋沉积物氧化还原特性、有机物分解机制与 Eh 的关系

Eh 范围(mV)	沉积物氧化还原性质	Eh 范围(mV)	有机物分解机制
+ 400～+650	氧化	+400～+650	氧控制区
+200～+400	弱氧化	0～+400	有机物控制区
0～+200	弱还原	−350～0	铁锰控制区
−200～0	还原	−200～+200	硫系控制区

一般沉积物表层 Eh 较高，所含有机碳量也较高，这是由于表层有机物还未来得及矿化(或还原)，也就不能供给氧化态物质还原所需的能量，使 Eh 表现为高值，沉积层为氧化特性；随着沉积深度的增加，Eh 愈来愈低，使 Mn、Fe、S 等高价化合物在细菌作用下控制有机质的还原成为可能。沉积物中有机质是沉积物矿化作用的能量来源，虽不能直接在电极表面反应，但是与 Eh 密切相关。沉积物中有机碳的存在为还原菌提供了必要的生存条件，一般有机质中有机碳含量愈高，则还原菌量愈大，有机质还原得到低价 Mn、Fe、S 量愈大，其沉积物氧化还原电位 Eh 越低，沉积物还原性越强。间隙水中 Fe、Mn 均较高，而海洋沉积物的还原程度远比海水高，这时 O、N 作为氧化剂已经消耗殆尽，而相对浓度较高的Mn、Fe 等开始控制沉积物中有机物的矿化反应。Eh 的控制反应可表示为

$$(CH_2O)_n+2nMnO_2+3CO_2+nH_2O \longrightarrow 4n\ HCO_3^-+2nMn^{2+}$$

$$(CH_2O)_n+4nFe(OH)_3+7nCO_2 \longrightarrow 8nHCO_3^-+2nFe^{2+}+3nH_2O$$

对于不同海区，控制沉积物 Eh 值的元素可能是某一种或两种，也可能是几种共同控制。利用稳定同位素（$\delta^{13}C$ 和 $\delta^{15}N$）示踪法研究九龙江入海口沉积物中有机物分解机制时发现，该区域有机物矿化十分剧烈（93%为 C；92%为 N），而由氧分解的有机碳只占有机碳分解总量的 5%～12%，其余大都由铁和锰的还原氧化循环耦合来完成。测量并比较斯加基拉克湾的三个站点硫酸盐、铁、锰对有机物总矿化率的贡献发现，硫酸盐所占比例在 S4 和 S6 分别为 20%和 18%，在 S9 可以忽略不计；铁在 S4 和 S6 分别为 51%和 32%；锰在 S9 为 80%。锰具有比铁活泼的地球化学特性，其氧化物具有形成较高的 pH 和 Eh 沉积物的能力，这决定了在有机质矿化过程中，在沉积环境较为氧化，即 Eh 值较高时，锰的高价氧化物会作为电子受体，早于铁参与到矿化过程中去；特别是在富锰的滨海沉积环境中，锰的还原异化反应是有机物在缺氧条件下发生分解的唯一动力。沉积物中全铁含量与海洋沉积物氧化还原环境的关系不大，但 Fe^{3+}/Fe^{2+}值以及 Fe^{3+}和 Fe^{2+}浓度大小直接反映了海洋的沉积环境。基于 Fe^{3+}/Fe^{2+}值与沉积环境之间的关系，可以将沉积物划分为三种类型：氧化区（$Fe^{3+}/Fe^{2+}>3$），弱氧化区（$Fe^{3+}/Fe^{2+}=1\sim3$），还原区（$Fe^{3+}/Fe^{2+}<1$）。测定了渤海沉积物样品中的 Fe^{3+}/Fe^{2+}值及 Fe^{3+}和 Fe^{2+}浓度，并将其与 Eh 测量值作比较，结果一致判定渤海区沉积环境以弱氧化为主，局部地区为还原环境。表层沉积物中 Fe^{3+}/Fe^{2+}值与有机碳含量呈正相关，而在下层二者呈负相关。因为下层还原环境占主导地位，Eh 值很低，导致有机碳无法被氧化而保存下来，同时有利于 Fe^{2+}的产出与保存。

2.6.3.2 海洋中的硫体系

(1) SO_4^{2-}

SO_4^{2-}是海洋中普遍存在的高价态含硫化合物，具有还原为–2 价硫化物的倾向，这决定了 SO_4^{2-}在缺氧底质中表现出一种重要的地球化学过程，即 SO_4^{2-}还原。由于此过程的存在，有机质缺氧分解、营养盐再生、海相矿化等一系列过程也随之发生，从而改变了整个沉积物和间隙水的化学性质，对碳在沉积物中的迁移转化过程产生剧烈影响。

1) SO_4^{2-}还原与沉积物中有机碳转化行为的关系

SO_4^{2-}还原的典型反应可以用 Richards 所建议的下列反应表示：

$$6(CH_2O)_x(NH_3)_y(H_3PO_4)_z+3xSO_4^{2-} \longrightarrow 6xHCO_3^-+6yNH_3+6zH_3PO_4+3xH_2S$$

有机物分解的直接产物为 HCO_3^-、NH_3、H_3PO_4，在海洋 pH 条件下和间隙水相中，这些产物主要以碱度、NH_4^+和$\sum PO_4^{3-}$来表示。厌氧微生物群落能利用各种电子受体来完成有机质矿化过程，在海洋沉积层无氧条件下，硫酸盐是一种非常重要的氧化剂。硫酸还原分解有机物的量在滨海沉积物有机碳分解总量中所占比例十分可观(表 2-34)。据估计，全球由河流带入海洋的有机质中，约有 80%滞留于陆架沉积环境，而在富含有机质的典型陆架沉积物中，约有一半的有机质被硫酸盐反应所消耗。在研究智利滨海沉积物中有机质地球化学参数和硫酸盐还原速率时发现，尽管该海域沉积物中有机质化学组成和形态结构各异，但是当硫酸盐还原速率较高时均对应着较高的有机物矿化速率。在东海大陆架附近海域沉积物中硫酸盐还原速率[1～4mmol/(m^2·d)]很高，而有机碳含量却很低(0.3wt%～0.6wt%)，从而可以看出硫酸盐在沉积物有机碳氧化分解过程中的重要作用。

表 2-34　不同海区滨海沉积物中硫酸盐分解有机碳量占有机碳分解总量的比例

海区	硫酸盐还原占有机碳分解总量的比例（%）
墨西哥湾	79
华盛顿浅水区	50
加利福尼亚边缘海	50
加利福尼亚边缘海盆	40
黑海大陆架区域	＞50～100
宁格罗暗礁区域	57
阿拉伯海东北部边缘海	70

2) SO_4^{2-}还原对碳酸盐溶解平衡的影响

硫酸盐还原能导致间隙水中碱度的增加和碳酸盐的过饱和，从而引起碳酸盐的沉淀。然而在某些典型海洋环境中(如浅海碳酸盐矿物区)，一般以富含有机物、富氧以及贫铁为特征，硫酸盐的还原反应一般是导致碳酸盐的溶解。尽管浅海碳酸盐矿物区(暗礁、沙洲、海湾、陆架)只覆盖现代大洋区域的 30%，但这些区域的碳酸盐沉积物和富集物占整个海洋碳酸盐产物的 33%和 38%。在这种典型海洋环境中，由于水动力学状况剧烈、生物扰动和植物根系附近的氧化环境能够抑制造成碳酸盐沉淀的碱度升高，并向沉积物提供更多的氧气，又由于贫铁环境，由 SO_4^{2-}还原最初阶段产生的 H_2S 可以在间隙水中富集，使间隙水中 pH 减小到 7 以下，此外 H_2S-O_2 反应也可以加剧 pH 的降低，促进了碳酸盐矿物的溶解。在这些典型环境中，硫酸盐还原以及其对碳酸盐溶解平衡的影响可以用如下反应过程表示：

$$2CH_2O+SO_4^{2-} \longrightarrow 2HCO_3^- + H_2S$$

$$H_2S+2O_2 \longrightarrow SO_4^{2-}+2H^+$$

$$2CaCO_3+2H^+ \longrightarrow 2HCO_3^-+2Ca^{2+}$$

$$2CaCO_3+2O_2+2CH_2O \longrightarrow 4HCO_3^-+2Ca^{2+}$$

在整个反应过程中 SO_4^{2-}浓度没有发生净变化，并且与有机物的分解以及碳酸盐的分解过程相耦合。在滨海上升流区域(如纳米比亚的大陆架和大陆坡附近)，近沉积物-海水界面沉积层中就以高硫酸盐还原速率和高 DIC 通量为特征。在的里雅斯特(Trieste)湾的表层沉积物中，碳酸盐溶解对 DIC 海底通量的贡献在夏季十分显著，而此时 SO_4^{2-}还原产生大量的 H_2S；比较海底 DIC 与 O_2 消耗通量，发现它们基本一致；沉积物中 DIC 产量 2/3 源自 SO_4^{2-}还原，2/3 O_2 通量用于将这些 SO_4^{2-}再氧化。

(2) Es

水体或沉积物间隙水中的 SO_4^{2-}含量可以反映环境的氧化还原程度，但是由于海洋沉积环境中 SO_4^{2-}的浓度一般都较大，轻微的 SO_4^{2-}还原很难在测定浓度上看出差别，在还原性不强的浅水陆架环境和深海上层沉积物更是如此，由于海洋环境中–2 价的硫能被比较灵敏地检测，因此–2 价硫的浓度及热力学、动力学行为成为人们研究海洋沉积物环境应用最广泛的对象之一。Es 即 Ag-Ag_2S 膜电极相对于饱和甘汞电极的电位，它的大小反映了海水中可溶性硫化物[$\sum S(-II)=H_2S+HS^-+S^{2-}$]含量的多少。海水中–2 价的硫来自 SO_4^{2-}在细菌作用下被还原已经被大量的事实证明，其反应可表示为：$2CH_2O+SO_4^{2-} \longrightarrow 2HCO_3^-+H_2S$，$CH_2O$ 代表有机物，从方程式上看有机物的减少与–2 价硫的增加应有一定的计量关系或者相关性。在高生产力区域，生物繁殖快，数量多，代谢产生的有机物较多；在高温环境中，硫酸盐可以被还原。研究表明在北大西洋西部海域水体中总硫(包括颗粒硫和溶解硫)浓度为 0～550nmol/dm^3，浓度最高值出现在真光层，并随着水深增加而递减，与 Chl a 的垂直分布趋势一致。用直接伏安法测量北亚得里亚海海水样品时发现，在以不同浮游植物种类进行培育实验时，硫的峰值均出现在–0.6V 处。硫化物的浓度在 10～50nmol/dm^3，呈季节性变化。最大浓度值(大约为 50nmol/dm^3)出现在表层浮游植物水华期。这是因为当表层水温较高时，植物的光合作用加强，水华期生物量较大，硫酸盐还原的发生造成表层海水呈现一定的还原性，有机碳就随着$\sum S(-II)$增加而趋于降低。而在较深水层时，由于有机质的分解消耗了大量的溶解氧，形成了比表层海水更为明显的还原环境，此时硫酸盐的还原产生了较大量的$\sum S(-II)$。研究 1960～1995 年黑海水体化学变迁时，发现了黑海水体化学组成演化的新特征：在缺氧层$\sum S(-II)$与营养盐的浓度增大，表层溶解氧浓度减小，这些改变说明了颗粒有机碳(POC)对黑海生物化学的影响。POC 通量增加，硫酸盐的还原速率随之增加，$\sum S(-II)$在过去的 20～25 年持续增长，较大的$\sum S(-II)$对应了较大的 POC 通量。沉积物中$\sum S(-II)$主要源于 SO_4^{2-}在细菌作用下被还原。

沉积环境一般愈往下还原性愈强，而氧化性愈弱，SO_4^{2-}含量呈垂向降低，而∑S(–II)呈垂向增高分布，二者完全相反并与有机质的氧化这一生物地球化学过程紧密联系在一起，而测定 Es 和∑S(–II)正是检测上述过程进行程度的有效手段。

2.7　海洋沉积物中的碳

海洋沉积物是地球表层最大的碳库，也是海洋碳循环的关键环节。沉积物中的碳不管是其来源还是以后的再生循环都和生物活动有密切的关系。一方面沉积物上覆海水乃至大气中的 CO_2 可以通过生物活动形成颗粒物，经沉降形成沉积物，另一方面沉积物中的碳可被微生物分解或被底栖生物所食变成生物碳或溶解碳重新进入水体，同时底栖生物的活动可造成沉积物的再悬浮，从而促进沉积物中各种形式碳的溶解而进入水体，参与新一轮的循环。显然，沉积物中的碳与该海区生物种群的丰度、分布均有着密切的关系。

2.7.1　海洋沉积物中碳的存在形式与形态

从总体上来说，沉积物中的碳不外乎两种根本的形态：有机碳和无机碳。

有机碳主要存在于有机质中，有机质是由腐殖质、类脂化合物、糖类化合物、烃类化合物等组成的混合物，其化学式可以简化表示为$(CH_2O)_{106}(NH_3)_{16}H_3PO_4$。沉积物中有机质保存形式和富集方式具有明显的多样性。沉积物中有机质含量与矿物颗粒大小密切相关，黏土含量高，则有机质丰富。黏土对有机质的富集，并不是有机质与黏土矿物进行简单的表面吸附，是溶解性有机质进入黏土矿物层间，通过氢键、离子偶极力、静电作用和范德瓦尔斯力等方式与黏土结合成有机质-黏土复合体，并且有机质-黏土复合体在沉积物中具有很高的稳定性。沉积物中的有机碳是海水中颗粒有机碳沉降到海底形成的，因而其性质和颗粒有机碳相似，主要由高等植物的碎屑、植物种子、浮游动物壳和膜、藻类残体等组成。

无机碳的主要成分为碳酸盐。碳酸盐按其来源和成因有不同的分类方法。米利曼把碳酸盐分为非骨骼碳酸盐和骨骼碳酸盐。非骨骼碳酸盐有岩屑和球状粒。沉积物中的岩屑一般来自水下基岩露头或由河流搬运而来。球状粒是圆形、椭圆形或圆柱形的碳酸盐颗粒，具有无方向的或隐晶质的粒状结构。大多数球状粒来自粪便，少数可能是经过变化或重结晶的鲕粒。骨骼碳酸盐主要是生物的遗体和骨骼，如贝类的壳、珊瑚、叠层石等。无机碳的主要矿物形式有：方解石型三方晶系碳酸盐[方解石($CaCO_3$)、菱镁矿($MgCO_3$)、菱锰矿($MnCO_3$)、菱铁矿($FeCO_3$)等]和文石型斜方晶系碳酸盐[菱锶矿($SrCO_3$)、毒重石($BaCO_3$)、白铅矿($PbCO_3$)等]。

沉积物间隙水中含有溶解有机碳和溶解无机碳，它们大部分是由沉积物中的碳经过一定的生物地球化学作用转化而来的，在沉积物碳的循环过程中起着至关重要的作用。沉积物间隙水中的溶解有机碳(DOC)是沉积物有机质矿化过程中的中间产物，沉积物中的有机质通过微生物水解和(厌氧)发酵等方式溶解成各类具有不同分子量的有机化合物，通常总称为溶解有机碳，并释放到沉积物间隙水中。而溶解有机碳又进一步被细菌等微生物所利用，最终被氧化为溶解无机碳。

尽管海洋沉积物中的无机碳由各种形式的碳酸盐矿物组成，但这些矿物的粒径很小，常规操作不可能获得这些单矿物，因而对沉积物中无机碳的研究大多局限于碳酸盐的总量。仅仅测定无机碳的总量，对研究沉积物中的碳循环是远远不够的。为研究沉积物中的无机碳对海洋碳循环的贡献，根据沉积物中不同结合强度无机碳在不同强度浸取剂中的溶解能力，利用连续浸取的方法，将沉积物中的无机碳分成 NaCl 相无机碳、$NH_3·H_2O$ 相无机碳、NaOH 相无机碳、$NH_2OH·HCl$ 相无机碳、HCl 相无机碳 5 种形态。其中，NaCl 相无机碳的结合能力最弱，主要为吸附态的无机碳；$NH_3·H_2O$ 相和 NaOH 相无机碳是在碱性环境中能被溶出的无机碳，主要为溶于碱的碳酸盐；$NH_2OH·HCl$ 相和 HCl 相无机碳是在酸性环境中能被溶出的无机碳，主要为方解石和文石。在自然环境中 NaOH 相和 HCl 相无机碳可能较难溶出。海洋沉积物中各相无机碳的顺序浸取流程如图 2-36 所示。

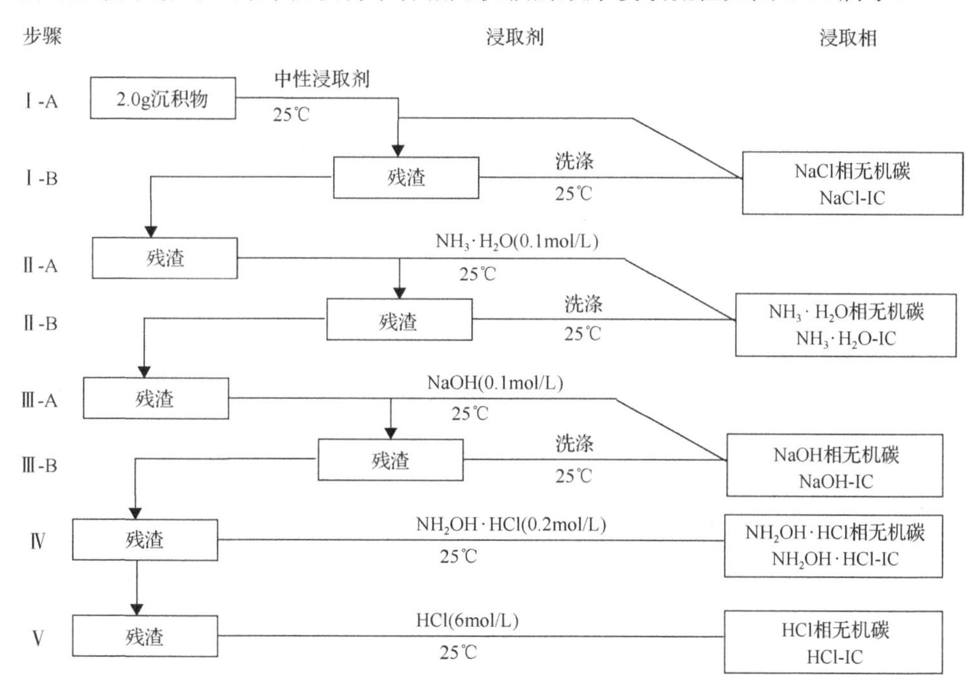

图 2-36　海洋沉积物中不同形态无机碳的分析流程图

对胶州湾和长江口沉积物中不同形态无机碳的研究发现，不同形态无机碳含量从小到大的顺序依次为：NaCl 相＜$NH_3 \cdot H_2O$ 相＜NaOH 相＜$NH_2OH \cdot HCl$ 相＜HCl 相；$NH_2OH \cdot HCl$ 相和 HCl 相无机碳占总无机碳的绝大部分。在沉积物的早期成岩过程中，较不稳定形态的无机碳将向稳定形态的无机碳转化，即 NaCl 相、$NH_3 \cdot H_2O$ 相、NaOH 相和 $NH_2OH \cdot HCl$ 相无机碳向 HCl 相无机碳转化(图 2-37)。在各形态无机碳中，NaCl 相、$NH_3 \cdot H_2O$ 相、NaOH 相和 $NH_2OH \cdot HCl$ 相无机碳都有可能参与再循环，是潜在的碳源，其中，NaOH 相对海洋碳循环的贡献最大，$NH_2OH \cdot HCl$ 相的贡献次之，$NH_3 \cdot H_2O$ 相的贡献小于 $NH_2OH \cdot HCl$ 相，NaCl 相的贡献小于 $NH_3 \cdot H_2O$ 相，而 HCl 相无机碳在短时期内不会参与再循环，将被长期埋藏，可能是大气 CO_2 的最终归宿之一。

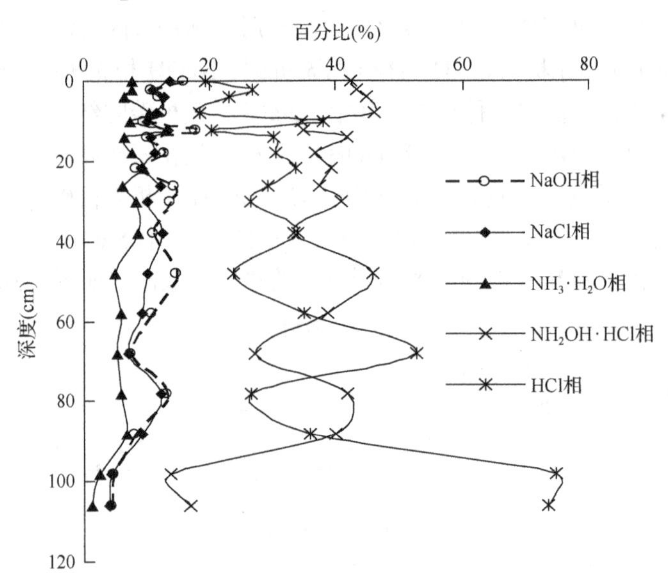

图 2-37　胶州湾沉积物中不同形态无机碳之间的相互转化(120°15.6′E，36°1.1′N)

2.7.2　海洋沉积物中碳的堆积过程与早期成岩作用

沉积物中的碳主要是海水中的颗粒碳逐渐沉积到海底形成的。在从水体向沉积物沉积的过程中，大部分有机质在细菌的氧化作用下迅速返回水体，只有一小部分到达海底，随沉积物被埋藏的有机碳约占初级生产力的 3.5%，埋藏速度约为 $0.5mol/(m^2 \cdot a)$，全球海洋的沉积通量仅为 0.1Gt C/a，而且主要是在沿岸陆架区；碳酸盐的沉积通量约为 0.4GtC/a，而 $CaCO_3$ 到达海底的多少取决于上覆水体的饱和程度。但总体来说沉积物中有机碳和无机碳的埋藏通量主要受物质来源的控制，因而在河口等陆源物质来源丰富的近岸海域或生产力较高的海域碳的沉积通量要高于陆源物质输入较少的深海或生产力较低的海域。例如，澳大利亚东北部赫伯特(Herbert)河口海域从潮间带、浅海珊瑚礁到 1000m 深海有机碳和无机碳的沉积通量就表现出明显的这种分布规律，近岸红树林和河口三角洲海域有机碳的埋藏速率最高，为 15mol C/(m^2·a)，但潮间带区碳酸盐的埋藏通量较小，低于 0.9mol C/(m^2·a)，在中至外陆架有机碳的埋藏速率较小，仅为 0.001～0.01mol C/(m^2·a)，但在珊瑚礁区碳酸盐的埋藏通量可高达 36mol C/(m^2·a)。在该区大约有 89%的有机碳埋藏在水深小于 20m 的近岸海域，大约有 78%的碳酸盐沉积于不到该区面积 13%的珊瑚礁区。

进入沉积物中的碳并不稳定，可通过微生物分解、溶解、扩散、再悬浮等过程继续发生变化，即矿化，并重新进入水体。在陆架斜坡区沉积的 POC 有 50%积累在沉积物中，50%发生再矿化；在陆架区则只有 31%的 POC 能够积累在表层沉积物中，69%在沉积物-海水界面再矿化。沉积物从它被埋藏的那一刻起，就开始了其矿化过程，即早期成岩作用，主要包括有机碳的降解和无机碳的溶解与析出。加拿大 CJGOFS 计划研究认为，初级生产力的 10%被垂直输送到沉积物，有 4%～5%随沉积物埋藏，有 6%在沉积物-海水界面及其下发生矿化，并以无机碳的形式返回到水体中，其计算出加拿大东部圣劳伦斯湾有机碳的埋藏速率为 0.74～1.44mmol C/(m^2·d)，氧化速率为 2.73mmol C/(m^2·d)，大陆边缘有机碳的矿化速率在 1.6～4.23mmol C/(m^2·d)。研究湄洲湾沉积物有机碳的化学成岩过程发现，有机碳含量随深度的增加而减少，表现出有机碳的分解作用，有机碳的分解速率常数为 $6.4\times10^{-8}s^{-1}$。分子扩散是沉积物-海水界面附近溶解物质运输的主要方式，在一些地区生物扩散也起着主要作用。有机碳的矿化改变了沉积颗粒和间隙水中初始矿化与化学过程，决定了氧化还原物质的底部循环和沉积物中有机质的命运，早期的矿化过程由生物活动驱动。

有机质的矿化过程包括需氧和厌氧两个过程，与氧、硝酸盐、金属氧化物和硫酸盐等最终接受电子的物质的利用有关。矿化速率与沉积速率、生物扰动、沉积物中有机质的组成以及较低级的氧化物有关。沉积物的总矿化速率可以用氧、硝酸盐、硫酸盐通过沉积物-海水界面的通量总和来表示。硫酸盐的还原速率与硝酸盐和氧的通量相比明显很低，Fe 硫化物的积累速率和 Fe、Mn 的还原通量一样。因此有机碳的矿化速率可以用氧和硫酸盐进入沉积物的通量总和来表示。碳的矿化速率也可以用代谢物通量包括总 CO_2 和可溶的活性磷酸盐(SRP)或沉积物中有机质的埋藏速率来表示。在沉积物中能接受电子的物质即氧化物的浓度在垂直方向上的变化很有规律：氧的浓度在沉积物-海水界面以下迅速减少，而 NO_3^-的浓度在含氧层有所增加，在含氧层下不断降低，随着氧和 NO_3^-的消耗，氧化锰含量降低，而溶解锰增加，再向深处是溶解铁增加，全硫的含量随深度增加而增加。因此沉积物中有机碳的氧化还原反应按如下顺序进行：在沉积物-水界面下氧先被还原，接着是 NO_3^-和铁、锰被还原，然后是硫酸盐还原。其反应过程如下：

$(CH_2O)_{106}(NH_3)_{16}H_3PO_4+138O_2+18HCO_3^- \longrightarrow 124CO_2+16NO_3^-+HPO_4^{2-}+140H_2O$

$(CH_2O)_{106}(NH_3)_{16}H_3PO_4+94.4NO_3^- \longrightarrow 106HCO_3^-+55.2N_2+HPO_4^{2-}+71.2H_2O+13.6H^+$

$(CH_2O)_{106}(NH_3)_{16}H_3PO_4+236MnO+364H^+ \longrightarrow 106HCO_3^-+8N_2+HPO_4^{2-}+260H_2O+236Mn^{2+}$

$(CH_2O)_{106}(NH_3)_{16}H_3PO_4+424Fe(OH)_3+756H^+ \longrightarrow 106HCO_3^-+16NH_4^++HPO_4^{2-}+1060H_2O+424Fe^{2+}$

$(CH_2O)_{106}(NH_3)_{16}H_3PO_4+53SO_4^{2-} \longrightarrow 39CO_2+67HCO_3^-+16NH_4^++53HS^-+HPO_4^{2-}+39H_2O$

有机质在沉积物的最上层可以被 O_2 和 NO_3^-氧化产生 CO_2，导致酸度降低，使 $CaCO_3$ 溶解，在较深层缺氧的环境中有机质可被 Fe、Mn 氧化物和硫酸盐氧化，使碱度增加，导致 $CaCO_3$ 沉淀。对南极地区麦克斯韦(Maxwell)湾的碳酸钙和有机碳关系研究表明，该海湾沉积物下层的 $CaCO_3$ 含量比上层的高，这是由于在沉积的早期 $CaCO_3$ 发生了溶解，同时低 $CaCO_3$ 含量对应于较高的 TOC 含量，这也说明较高的 TOC 含量在 $CaCO_3$ 的溶解中起着重要的作用。有机质在生物的降解作用下产生 CO_2，使间隙水中的 CO_2 浓度增高，促进了 $CaCO_3$ 的溶解。到达海底的有机碳和无机碳的克分子比值对碳酸盐的溶解起着很重要的作用，到达海底的碳酸盐越多越有利于碳酸盐的保存。构建深海沉积物中的方解石溶解模型模拟这一复杂的地球化学过程，表明方解石的溶解十分依赖于有机质的氧化过程，pH 的变化将导致 $CaCO_3$ 的溶解。

2.7.3 海洋沉积物中碳的再生释放

在沉积物的早期成岩过程中，固态的有机碳除一部分被直接氧化为无机碳外，还有一部分转化为溶解有机碳，并可随着间隙水与上覆海水的交换重新进入海水；而固态的碳酸盐也受周围海水物理化学条件的影响而不断发生溶解，并经过扩散重新进入水体。由沉积物释放的碳是大洋水体中碳的重要来源之一。

2.7.3.1 有机碳的再生释放

沉积物间隙水中的溶解有机碳(DOC)是沉积物有机质矿化过程中的中间产物，沉积物中的有机质通过微生物水解和(厌氧)发酵等方式溶解成各类不同分子量的有机化合物，通常总称为溶解有机碳，并释放到沉积物间隙水中。而溶解有机碳又进一步被细菌等微生物所利用，最终被氧化为溶解无机碳，完成有机质的矿化过程。因此，沉积物间隙水中 DOC 的浓度是消耗和生成之间平衡的结果。已有的研究表明，沉积物间隙水中 DOC 的含量显著高于底层水体中 DOC 的含量，导致其向底层水体扩散；近期的研究也表明，海底沉积物的 DOC 是底层水体中 DOC 的重要来源，是海洋有机碳储库的重要组成之一。有人分析了欧洲大陆西北边缘(Goban Spur)沉积物的 DOC 释放及其对海底碳循环的重要性。他们通过对沿边缘的两个断面(一个是和缓无干扰斜坡，一个是邻陡峭峡谷的中心区)研究发现，间隙水 DOC 的浓度值明显大于上覆水中的值，是底层水 DOC 的源，保守估计在 Goban Spur 沉积物中 DOC 的通量是 0.09～0.15mmol/($m^2 \cdot d$)，在 canyon 断面的通量是 0.05～0.16mmol/($m^2 \cdot d$)。因此，沉积物中有机碳向上覆水体的释放是大洋海水中有机碳的重要补充。

一般情况下，近表层沉积物间隙水中 DOC 的浓度显著高于底层水体中 DOC 的含量，将导致沉积物的 DOC 扩散，其在沉积物-海水界面的扩散通量主要取决于浓度梯度所引起的分子扩散，同时还受生物(底栖生物的扰动)和物理(湍流和平流)等因素的影响。对于深海沉积物，DOC 的扩散方式主要是分子扩散，因此，可采用 Fick 第一定律进行计算，其方程为

$$F_{\mathrm{DOC}} = -\varphi D^{\mathrm{sed}} \frac{\partial C}{\partial Z} \tag{2-62}$$

式中，F_{DOC} 为溶解有机碳(DOC)的扩散通量[mmol/($m^2 \cdot d$)]；φ 为沉积物的孔隙度；D^{sed} 为沉积物中 DOC 的有效扩散系数(cm^2/d)，取决于温度、海水黏度和沉积物的孔隙度；$\frac{\partial C}{\partial Z}$ 为 DOC 的浓度梯度，∂C 是上覆水和沉积物中第一个间隙水样之间 DOC 的浓度差，∂Z 是这个样品深度的中值。而 DOC 在沉积物中的有效扩散系数按式(2-63)计算：

$$D^{\mathrm{sed}} = D_0 \varphi^{1.6} \tag{2-63}$$

式中，D_0 为 DOC 在纯水中的分子扩散系数；φ 为沉积物的孔隙度，根据同步沉积物样品的沉积物含水率、沉积物干密度和总容重等土工力学参数换算得出。由于间隙水中 DOC 是由大量不同分子量的有机化合物混合而成的，其具体的分子量目前还无法直接获得。浅海和湖泊沉积物中 DOC 分子量的研究显示，其分子量主要在 1000～10 000Da，且随着水深的增加，DOC 的分子量也相应增加。Alperin 等根据已有不同分子量有机化合物的分子扩散系数，建立了如下关系式来描述 25℃时纯水中 DOC 的分子扩散系数(D_0)和其分子量(M)之间的关系：

$$D_0(\mathrm{cm^2/d}) = 3.3 \times \sqrt[3]{\frac{1}{M}} \tag{2-64}$$

据此可计算沉积物-海水界面 DOC 的扩散通量。表 2-35 列举了不同海区沉积物-海水界面溶解有机碳的扩散通量，可以看出在大部分海区间隙水中的溶解有机碳向上覆海水扩散，表明沉积物中的有机碳在矿化过程中向海水释放。

表 2-35　不同海区溶解有机碳(DOC)的海底通量[mmol/(m^2 · d)]

海域(水深)	DOC 通量
赤道东太平洋(5100～5400m)	–0.63～0.13
东北大西洋(1100～5360m)	–0.44～0.25
加利福尼亚近海(95～3700m)	–2.12～–0.10
北卡罗来纳沿海的大陆斜坡(300～1000m)	–0.08
欧洲西北沿海(670～4800m)	–0.15～0.09
Whittard 海沟(180～3680m)	–0.16～–0.05
纽约湾的大陆斜坡(2000～2700m)	–1.64～0.54
北卡罗来纳的卢考特角(厌氧环境)	9.6
弗吉尼亚切萨皮克湾(河口)	–2.9～1.4
秘鲁上升流区(92～506m，厌氧环境)	–3.12～0.49
加利福尼亚中部沿海(100～2000m)	–0.1～0.05

注：正值表示 DOC 由底层水体向沉积物中扩散，负值表示 DOC 由沉积物向底层水体中扩散

2.7.3.2　碳酸盐的再生释放

沉积物中碳酸盐的再生释放是通过碳酸盐的溶解实现的。大洋沉积物中碳酸钙的溶解作用普遍存在，但在不同海区、不同水深沉积物中碳酸钙的溶解程度不同。确定海区碳酸钙溶解带一般以不同水层海水中 $CaCO_3$ 含量的饱和程度与沉积物中钙质有孔虫壳溶解特征、种属变化、$CaCO_3$ 含量等多种因素为依据进行划分。不同碳酸钙溶解带划分的主要依据是：①浮游有孔虫壳、钙质超微化石种属和组合特征；②各类有孔虫壳径大小、保存状态及其特征指数；③不同水深沉积物类型、组分与粒级特征；④沉积物中 $CaCO_3$ 含量、碳酸钙溶解率及其变化等。据此可将沉积物中碳酸钙溶解带划分为溶跃面以上、弱溶带、强溶带和全溶带(表 2-36)。

表 2-36　中太平洋碳酸钙溶解带的划分

溶解带	溶跃面	弱溶带	强溶带	碳酸钙补偿深度	全溶带
水深(m)	<3700	3700～4800	4800～5200	5200	>5200

(1)碳酸钙溶跃面及特征

大洋水体的上部水温较高，压力较小，生活着大量的浮游有孔虫等生物。因此 $CaCO_3$ 呈饱和或过饱和状态。随着水深加大，水体的温度下降、静压力增高以

及其他物理、化学条件的变化，海水中$CaCO_3$出现不饱和，从而促进碳酸钙的溶解，由饱和到不饱和，碳酸钙溶解明显增大的转折处称为溶跃面。不同海区溶跃面的深度是不同的，如东太平洋海盆为3500～3700m、南海中部为3900m。溶跃面深度发生变化的主要原因与海区的物理、化学条件和生物生产力等因素有关。

溶跃面以上沉积物中$CaCO_3$含量比较稳定，有孔虫壳体保存完好，基本完好的壳体约占总数52%以上，壳体表面有轻微的溶解现象，壳径普遍在63μm以上。在该带沉积物中有孔虫以易溶的热带种组合为主，抗溶种极少见。抗溶性差的钙质超微化石分布十分普遍，以*Holiaosphaor carteri*、*H. wellichi*组合为主。沉积物中浮游有孔虫壳丰度为每10g含数十万枚，有孔虫分异度高，可达70种以上(表2-37)。

表2-37 中太平洋不同碳酸钙溶解带有孔虫壳特征

溶解带	水深(m)	浮游有孔虫组合	钙质超微化石组合	有孔虫分异度	浮游有孔虫丰度	有孔虫壳径(μm)	溶解指数
溶跃面	<3700	*G. rubber* *G. secculifer*	*H. carteri* *H. wellichi*	>70	每10g含数十万枚	以>63为主	<1.1
弱溶带	3700～4800	*N. dutertrei* *G. secculifer*	*G. oceanioca* *H. carteri*	15～25	每10g含数万至十几万枚	以4～63为主	6.2
强溶带	4800～5200	*G. tumida*	*G. oceanioca* *C. cristatus*	<10	每10g含40～250枚	以<4为主	>7
全溶带	>5200	消绝	消绝				

通过溶跃面后，碳酸钙溶解作用明显增强，进入碳酸钙溶解带。不同水深区溶解程度是不同的，可分为弱溶带、强溶带和全溶带。

(2)碳酸钙弱溶带

此带沉积物中$CaCO_3$含量低于溶跃面，且波动较大，如中太平洋表层沉积物的$CaCO_3$含量为44.2%～85.5%，平均为57.8%，$CaCO_3$含量波动值为41.3%；沉积物中浮游有孔虫壳已发生明显的溶解，即便是那些抗溶种也遭受溶蚀而破碎，壳径普遍以4～63μm为主。易溶的热带种明显减少，以*Neogloboquadrina dutertrei*、*G. secculifer*组合为主。普遍出现*Nuttalides umbonifer*等底栖有孔虫。钙质超微化石以抗溶性强的*G. oceanioca*等为主，在溶跃面以浅出现的易溶属种已消失。浮游有孔虫壳丰度为每10g含数万至十几万枚，分异度为15～25，浮游有孔虫壳溶解指数为6.2(表2-37)。

(3)碳酸钙强溶带

此带的顶面为弱溶带的底面，底界为碳酸钙补偿深度(CCD)，以此与全溶带分界。从弱溶带进入强溶带后，碳酸钙的溶解作用明显增大，浮游有孔虫等钙质生物面貌、保存状态等有很大变化。

该带内碳酸钙含量明显低于弱溶带，并且随水深的增加$CaCO_3$含量明显降低，表现出强烈的溶解作用；强溶带中钙质壳体大量溶解，壳体普遍遭受溶蚀而破碎成小片，有的仅剩下壳棱，由于强烈溶蚀与破碎而无法鉴定它们的属种。在弱溶带见到的易溶种已被溶蚀殆尽，只保存有抗溶种的壳体。钙质超微化石极少见，只出现最抗溶种 *G. oceanica*。浮游有孔虫丰度大大降低，一般仅为每 10g 含 40～250 枚，浮游有孔虫分异度小于 10(浮游有孔虫壳)，溶解指数增至 7 以上(表 2-37)。该带在有孔虫、钙质超微化石的属种、丰度、溶解指数等方面与弱溶带有明显的差异，碳酸钙的溶解作用十分强烈。

(4)碳酸钙补偿深度与碳酸钙全溶带

由强溶带的底部通过 CCD 后进入全溶带，强溶带与全溶带的分界就是碳酸钙补偿深度。这个界面的上层海水中钙质壳体的供给量与碳酸钙的溶解量达到平衡，也就是说进入全溶带钙质壳体基本消失，带内出现非钙质沉积物如硅质、泥质沉积物。

全溶带内沉积物的 $CaCO_3$ 含量较为稳定，一般小于 10%，进入此带的钙质壳体基本被溶蚀殆尽了，它对沉积物中 $CaCO_3$ 含量没有什么影响。全溶带中钙质壳体已基本消失，而胶质壳底栖有孔虫组合和硅质壳粟米类有孔虫、串珠虫类有孔虫明显增加。

本章的重要概念

有机碳　有机质中所含的碳。

颗粒无机碳　各种碳酸盐矿物，主要包括方解石、高镁方解石、文石等。

黑碳　由生物体或化石燃料不完全燃烧产生的一种含碳的混合物。

海-气 CO_2 交换通量　海洋通过海-气界面吸收或向大气释放 CO_2 的量。

碳源　向外释放 CO_2 的地区或物体。

碳汇　吸收 CO_2 的地区或物体。

溶解有机碳　溶解于海水中的有机碳。

颗粒有机碳　海水中以颗粒物形式存在的有机碳。

有色溶解有机碳　对黄色波段光吸收较小、外观呈黄色的溶解有机碳，也称黄色物质。

胶体有机碳　颗粒直径在 1nm～1μm 的颗粒有机碳。

生物泵　生物通过生命过程吸收大气或海水中的 CO_2，将其转化为颗粒碳，并将碳从表层向下转送的过程。

碳酸盐泵　某些浮游植物或浮游动物的碳酸盐外壳和骨针等在生物死亡后沉降所引起的碳酸盐的垂直转移过程，是一种特殊的生物泵。

溶解度泵　以大洋环流为载体将碳由大洋表层运移至深层的物理化学过程。

推荐读物

赖利 J P, 斯基罗 G. 1982. 化学海洋学(第2册). 北京: 海洋出版社: 1-146.

宋金明, 李学刚, 袁华茂, 等. 2019. 渤黄东海生源要素的生物地球化学. 北京: 科学出版社: 1-870.

宋金明, 徐永福, 胡维平, 等. 2008. 中国近海与湖泊碳的生物地球化学. 北京: 科学出版社: 1-533.

Morse J W, ArvidsoR S. 2002. The dissolution kinetics of major sedimentary carbonate minerals. Earth-Science Reviews, 58: 51-84.

Song J M. 2009. Biogeochemical Processes of Biogenic Elements in China Marginal Seas. Berlin, Hangzhou: Springer-Verlag GmbH & Zhejiang University Press: 1-662.

学习性研究及思考的问题

(1) 简要说明海水和沉积物中有机碳与无机碳的主要测定方法有哪些?

(2) 陆架海域的源汇特征受人类活动的影响比较显著，具有明显的区域性，查阅资料，说明中国近海碳源汇的分布特征。

(3) 大气 CO_2 的日益升高将引起海水 pH 的降低和碳酸盐饱和度的降低，从而加速海洋中碳酸盐的溶解。以“大气 CO_2 浓度的升高对珊瑚礁生态系统的影响”为题完成一篇研究报告，说明大气 CO_2 浓度的升高对海洋生物的影响。

(4) 沉积物是海洋碳最重要的源和汇，查找资料，了解沉积物中有机碳的矿化和无机碳的溶解，说明沉积物在海洋碳循环中的作用。

(5) 以“生物泵”为例阐述海洋生物在碳传递过程中的作用。

(6) 颗粒物是海水中碳垂直运移的主要载体，试阐述颗粒物的组成、沉降和降解对碳在海水中垂直迁移的影响。

(7) 沉积物-海水界面交换通量是评价沉积物是否为海水中物质的源或汇的主要指标，查阅资料，总结沉积物-海水界面物质交换通量的主要研究方法。

(8) 沉积物中有机质矿化是沉积物中生源要素释放的主要驱动力，以“海洋沉积物中有机质矿化与沉积物释放生源要素的关系”为题写一短文，阐述沉积物有机质早期成岩作用的过程。

(9) 剖析 pH 表示的主要标度方法和各种标度之间的主要差异，说明各标度之间的量值是否可直接转化?

第3章　海洋氮的生物地球化学

海洋中的氮是海洋生物食物链最基础的营养物质之一，是海洋生态系统正常运转的控制性化学要素，直接与海洋生物种群的繁衍和海洋生物资源量密切相关，在海洋生物地球化学循环中占据重要的位置，并影响海洋中其他元素(如碳、磷等)的循环。本章主要阐述海洋氮的分布特征、赋存形态以及氮在海洋中的循环过程及控制机制，从而对海洋氮的不同化学形态及其相互转化机制、在水体及沉积物中的分布特征、来源途径以及在海洋中的循环与收支状况有所认识和了解。

氮是控制海洋生态系统结构、功能、物种组成和生物多样性的关键元素之一，是生物生命活动必需的营养要素，海洋中的氮常常是海洋初级生产力的限制因子，了解氮的吸收与再生释放对估算海洋新生产力与研究生源要素的生物地球化学循环具有重要意义。另外，氮还是海洋富营养化的诱导性元素之一。在近岸海域，由于陆源输入的增加，某些海域的N量剧增，使该海域处于富营养化状态，最终导致赤潮的发生。

氮除了在维持海洋生物泵的正常运转过程中具有重要作用外，海洋体系内有机氮的矿化作用过程中形成的气体N_2O，对全球生态系统也会产生重要影响。N_2O是氮气态形式的一种，它主要来自水体或沉积物中氮的硝化和反硝化作用过程，是反硝化作用的中间产物。N_2O是影响全球气候变化的重要辐射活性气体，它既能在大气中形成NO自由基而损耗平流层中的臭氧层，又能产生温室效应，导致全球气温升高(N_2O的升温能力是CO_2的200多倍)，进而影响全球生态系统。

由于氮在全球生态系统中具有重要作用，而海洋环境中氮的生物地球化学循环又是全球生态系统调控作用的重要过程，因此，自人类在关注全球生态系统平衡、维持人类生产生活正常有序进行、合理保护和开发海洋资源的前提下对海洋展开研究的同时，对海洋环境中氮的研究也更加重视。

3.1　海洋氮的分布

海洋中营养盐无论在水平方向上或是在垂直方向上的分布都是一个极为复杂的过程，它们的含量分布取决于：①海洋生物活动规律，因此，营养盐的分布有着明显的季节变化；②海洋水文状况，如大洋水环流的方式、水系混合和海水垂直交换等；③营养元素在生物体内存在形态和矿化再生的速率，以及沉积作用的物理化学过程。因此，营养盐在大洋的分布和其他海水化学要素，如O_2、CO_2和

pH等，有一定的关系，其含量的一般分布规律是：①随着纬度的增加而增加；②随着深度的增加而增加；③在太平洋、印度洋的含量大于在大西洋的含量；④近岸海域的含量一般比大洋海水的含量高。

3.1.1　海水中氮的存在形态、分布及相互转化

氮在自然水体中一般呈现出若干种氧化态，并可通过活有机体的作用发生各种氧化态的转变。海水中氮的氧化态主要包括：

$$\begin{array}{ccccccccccccc} -\text{III} & & 0 & & +\text{I} & & +\text{II} & & +\text{III} & & +\text{IV} & & +\text{V} \\ NH_3 & — & N_2 & — & N_2O & — & NO & — & N_2O_3 & — & NO_2 & — & N_2O_5 \end{array}$$

其中最常见、最重要的形态有氨(NH_3，–III)、铵(NH_4^+，–III)、氮气(N_2，0)、亚硝酸根离子(NO_2^-，+III)、硝酸根离子(NO_3^-，+V)。在大多有机化合物中，氮的氧化态为–III价。总氮由有机氮、氨、亚硝酸盐和硝酸盐组成。水体中的氮除了自空气中溶解的少量游离氮以外，主要来自有机氮，包括氨基酸、氨基糖和蛋白质(氨基酸的聚合物)等化合物组成的混合物。组成有机氮的化合物可能是溶解性的或者是颗粒状的。这些氮化合物通过水体中微生物的作用，易转化为氨。

3.1.1.1　海水中无机氮的分布

大洋海水中无机氮主要有溶解的 NO_3^-、NO_2^-、NH_4^+三种形态，其含量的变化范围一般为：NO_3-N为1～600μg/dm^3，NO_2-N为0.1～50μg/dm^3，NH_4-N为5～50μg/dm^3。在海水中，NO_3-N的含量远远高于NO_2-N、NH_4-N，为氮的主要存在形式。

(1)海洋中硝酸盐的水平分布

一般大洋海水中硝酸盐的含量随着纬度的增加而增加。即使在同一纬度上，各处也会由于生物活动和水文条件不同而有相当大的差异。图3-1和图3-2分别为大西洋和太平洋中硝酸盐的空间分布图，可见太平洋中硝酸盐含量比大西洋中稍高，太平洋中、北部比南部稍高，而大西洋中、南部比北部稍高。

(2)海洋中硝酸盐的垂直分布

表层大洋海水中硝酸盐由于被浮游植物吸收利用而含量较低，随深度的增加，氮化合物不断氧化，硝酸盐的含量不断增加，因此一般大洋海水中硝酸盐的垂直分布是随着深度的增加而增加。图3-3是NO_3-N在三大洋中的典型分布，可以看出，三大洋硝酸盐的含量为印度洋＞太平洋＞大西洋，表层硝酸盐被浮游植物所消耗，其含量很低，在500～800m处含量随深度增加而增加很快，在1000m处有一极值，1000m以下含量随深度变化很小，但略有增加。

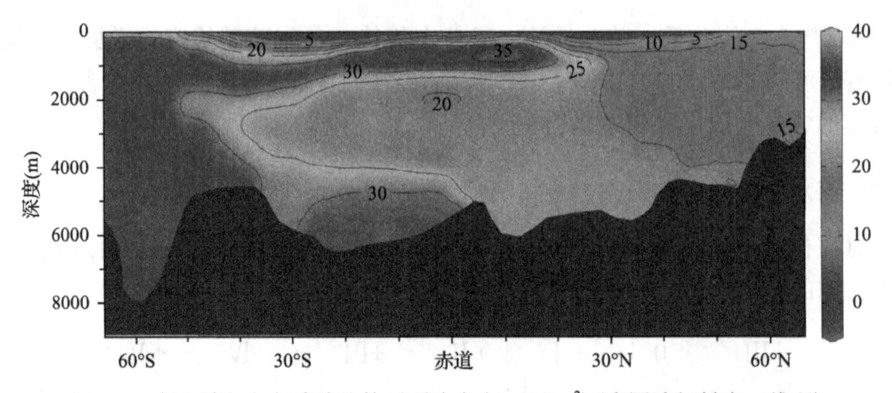

图 3-1　大西洋海水中硝酸盐的平面分布(μmol/dm³)(彩图请扫封底二维码)

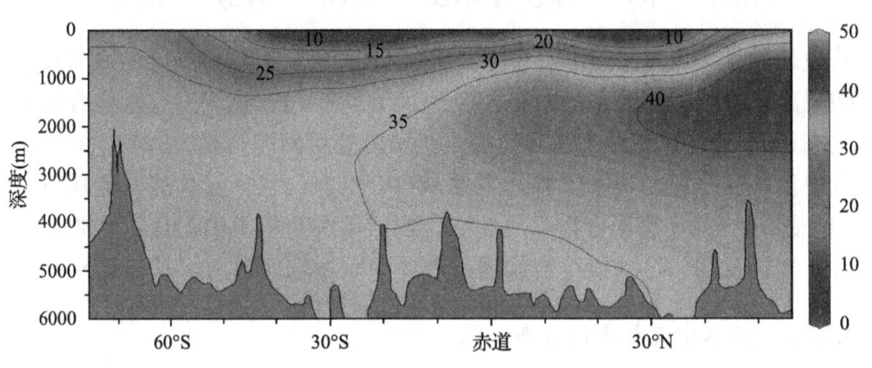

图 3-2　太平洋海水中硝酸盐的平面分布(μmol/dm³)(彩图请扫封底二维码)

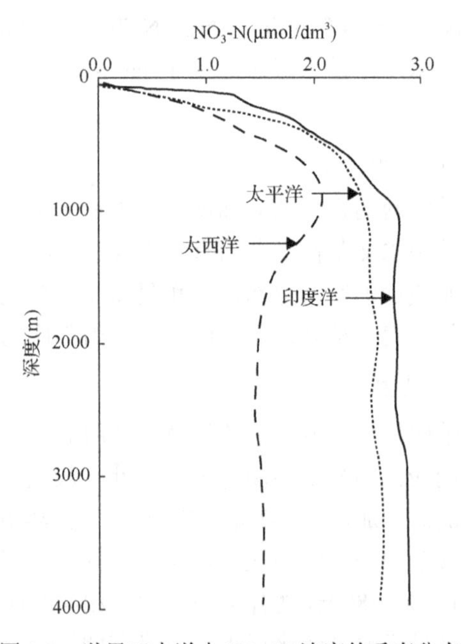

图 3-3　世界三大洋中 NO_3-N 浓度的垂直分布

(3) 海洋中无机氮的季节变化

海水中的无机氮是海洋生物最为重要的营养盐，与生物活动息息相关。因此，其含量分布随季节变化明显，图 3-4 表示了英吉利海峡某站位表层和底层海水中 NH_4-N、NO_2-N 和 NO_3-N 含量的周年变化。在生物生长繁殖旺盛的春末和夏季由于浮游植物的吸收利用，NH_4-N 和 NO_2-N 的含量显著降低，在表层水中更为明显。秋季由于生物碎屑的氧化分解发生矿化再生，三种无机氮含量开始上升，冬季达到最大值。

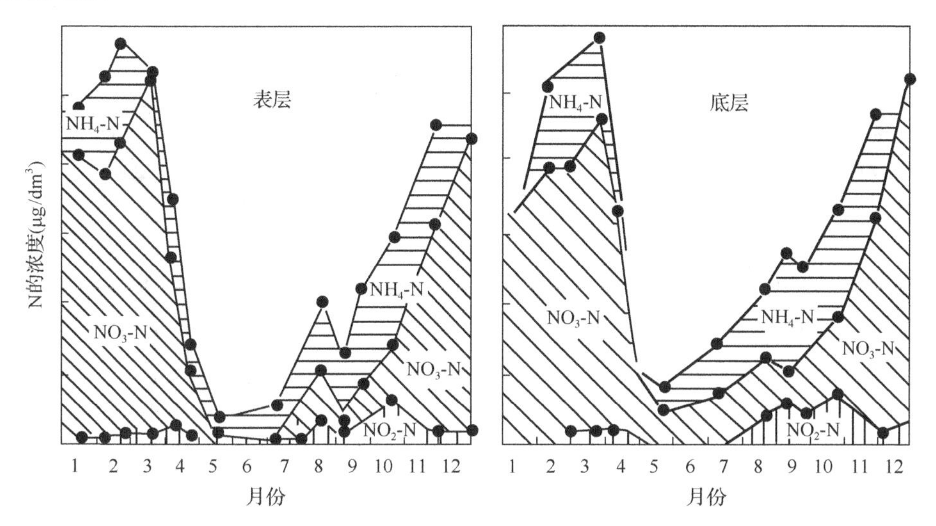

图 3-4　英吉利海峡某站位表层和底层海水中 NO_3-N、NO_2-N 与 NH_4-N 的季节变化

3.1.1.2　海水中有机氮的分布

(1) 溶解有机氮(DON)的分布

海水中溶解氮分为 DIN(包括 NO_3-N、NO_2-N、NH_4-N)和 DON。很多近海或河口区域无机氮只占总氮(TN)的 50%左右，而 DON 在 TN 中所占的比例相当高，如在美国 Chesapeake Bay，DON 在夏季可以占 TN 含量 90%以上。在我国近岸海域，DON 也是 N 营养盐的主要组成成分，如 DON 在大亚湾占 TN 的比例为 62%，在胶州湾其比例达 66%，在珠江口超过了 80%，而在养殖海域内，DON 含量往往更高。

相对于 NO_3-N 的垂直变化而言，DON 浓度的变化则小很多。图 3-5 是北太平洋海水中总溶解氮(TDN)、NO_3-N 和 DON 的垂直分布图，可以看出，DON 的最小值出现在 150～200m 的化学跃层，反映了来自透光层的新鲜有机氮化合物的分解作用，200m 以下 DON 基本维持不变。

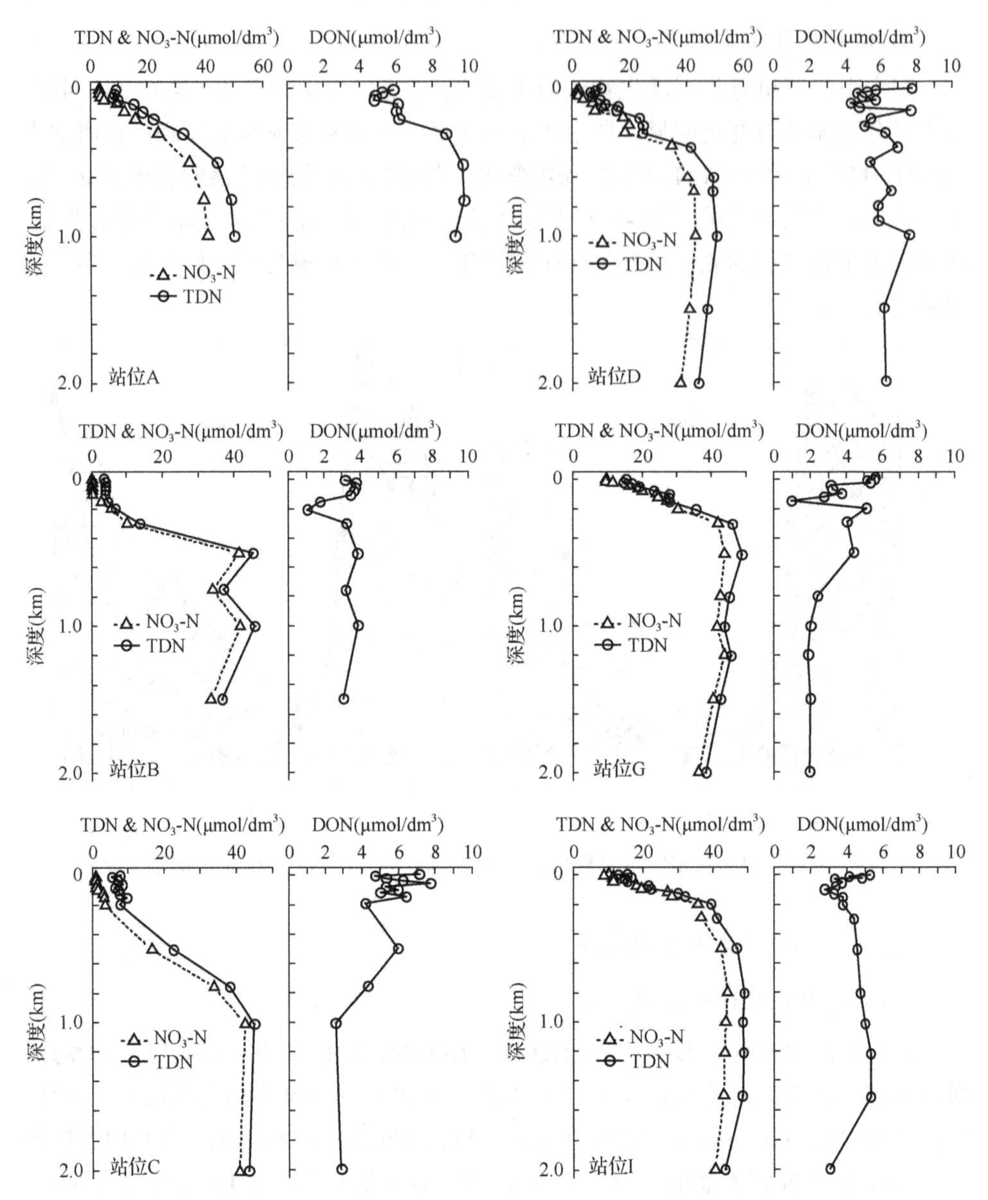

图 3-5　北太平洋不同站位总溶解氮、NO_3-N 与溶解有机氮的垂直分布

站位 A、B、C 位于北太平洋东部；站位 D 位于北太平洋西部；站位 G、I 位于北太平洋中部

(2)浮游植物对 DON 的吸收和利用

DIN 因为组成简单、测定容易，成为以往研究的主要对象。近年，随着研究的深入，人们意识到 DON 在海洋有害藻华(harmful algae blooms，HAB)发生中同样起了很重要的作用，尽管 DON 在近海海域 TDN 中占有优势比例，但因其组成的多样性和分类测量的困难，DON 在 HAB 的营养动力学研究中常常被忽略。国

际上现有的一些研究表明，很多有害或有毒的藻类能从 DON 中获取营养，进而引起 HAB 的发生。国外已有学者对 Riga 湾的 DSi(溶解性硅酸盐)、DON、DIN、DOP 与浮游植物生长关系进行了分析，认为 DSi 的增加能够促进硅藻类浮游植物的生长，DON、DIN 及 DIP 等也有同样的作用，但 DON 的作用更为明显，更容易被藻类吸收。还有研究分析了 DON 等溶解性营养盐的季节变化。在 DON 成分中，尿素和氨基酸都很容易被浮游植物所吸收利用，并且在 HAB 引发和发生过程中起重要作用。虽然尿素在 TN 中所占的百分含量不高，但有研究发现在很多沿海和河口水域，浮游植物所利用的 TN 中，尿素的贡献率并不低，如在美国 Chesapeake 湾，尿素对浮游植物生长的贡献率＞50.5%。与其他含 N 营养物相比，“褐潮”种类抑食金球藻(*Aureococcus anophagefferens*)能优先选择尿素作为 N 源。定鞭藻于 20 世纪 90 年代引起的“褐潮”，破坏了美国长岛近海区域所有的牡蛎和扇贝养殖业，经 Berg 研究发现，定鞭藻在 N 源的利用上，会优先利用 DON，而尿素是引起此 HAB 事件发生的主要营养盐。有研究表明海水养殖区内尿素的浓度与有毒甲藻赤潮的发生密切相关。在美国加利福尼亚的一次春季甲藻赤潮中，赤潮种多边舌甲藻(*Lingulodinium polyedrum*)对尿素的吸收量大约是对 NH_4-N 吸收量的 2 倍。

由此可见，DON 对一些 HAB 的发生起了比 DIN 更重要的作用，所以对浮游植物吸收利用 DON 的过程和机制进行研究，将有助于深入了解和完善 HAB 发生的机制。现阶段我国有关 DON 与 HAB 关系的研究还很少。在过去的 30 年中，虽然对 HAB 的研究已经初具规模，但绝大多数研究仍着眼于 DIN 对藻类生长的影响，关于 DON 在 HAB 发生过程中的作用方面的研究不多，如对大鹏澳养殖区的 NH_4-N、NO_3-N、NO_2-N、DIN、PO_4-P、SiO_3-Si、Chl a、N/P、Si/N 等进行过分析研究。在我国近岸海域，特别是在养殖海域内，DON 是 N 营养盐的主要组成成分；而对 DON 在 HAB 营养动力学的研究中，还仅仅局限于营养盐含量的测定阶段，没有将其与赤潮生物结合起来。北海湾总氮(TN)、总溶解氮(TDN)、颗粒有机氮(PON)、溶解有机氮(DON)等各种形态 N 的分布变化规律及其与环境因素关系研究表明，影响该湾各形态 N 含量变化的主要环境因子是盐度(S)和化学需氧量(COD)，其次是悬浮物(SS)和叶绿素 a(Chl a)，pH 和溶解氧(DO)对其影响较小，并没有就 DON 的影响展开分析。对大亚湾海域营养盐含量和组分的研究表明，水体中 DON 在有氧条件下可以降解转化为 DIN，这意味着占绝对优势的 DON 降解转化为 DIN 可能是大亚湾海域低营养盐维持高生产力的主要原因之一。

(3)颗粒有机氮(PON)

海水中的悬浮颗粒物是海洋沉积物的重要来源，其无机组分包括陆源的矿物碎屑、在海水化学中生成的硅酸盐和碳酸盐等自生矿物，以及在生物过程中形成的硅骨架碎屑等；有机组分的来源则有浮游植物、浮游动物及其新陈代谢产物和死亡后的残体，其组成为碳水化合物、蛋白质、类脂物、核酸和 ATP 等。由有机质与无机粒子组成的颗粒物的沉降通量与生物地球化学过程通过海-气界面控制温室气体 CO_2 的含量，并通过海洋浮游生物的“生物泵”把大气 CO_2 输入海底沉积物，沉降颗粒物包含了大量有关生物、物理、化学和地质方面的信息。

N 是悬浮颗粒物的重要组成成分，主要含在生源颗粒物中，包括浮游生物细胞物质、排泄物、蛋白质、游离氨基酸等。由于海洋颗粒物中的氮绝大部分为颗粒有机氮(PON)，近年来对颗粒 N 的研究也主要集中于 PON。图 3-6 为典型的 PON 的垂直分布图。氨基酸是海洋沉降颗粒物的重要组成部分，占有机质含量的 30%～60%。在加拿大安大略湖，泥质沉积物表面 90%的 N 为有机 N，28%～46%为氨基酸 N(aa-N)，4%～7%为己糖胺 N，21%～31%为未知的可水解 N。沉降颗粒物中的氨基酸作为生物地球化学指标已成功地应用于巴拿马海盆、黑海、马尾藻海、北极附近太平洋以及秘鲁上升流和赤道大西洋海区沉降颗粒物通量的研究中。生源颗粒物对其所处位置的生物地球化学环境非常敏感，其保留与否取决于

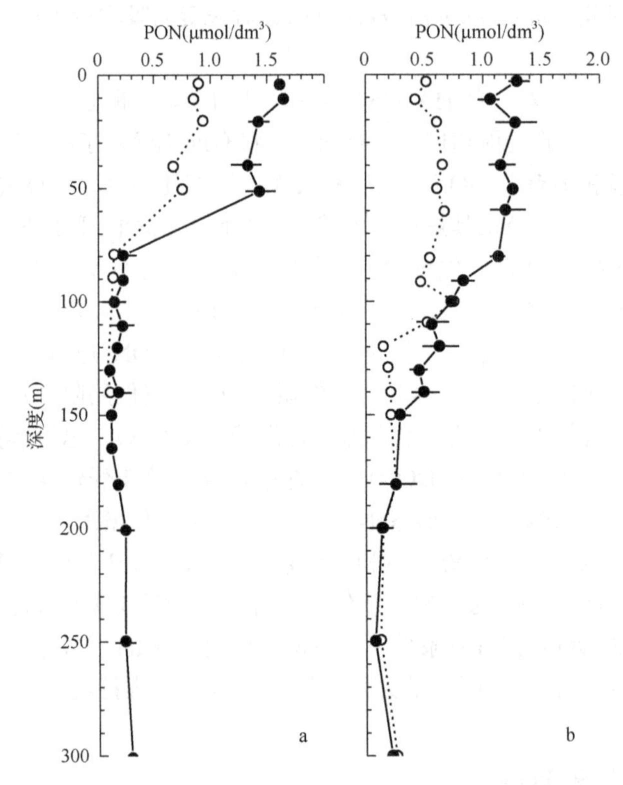

图 3-6　太平洋中部站位颗粒有机氮的垂直分布

(●)经聚四氟乙烯滤器过滤，(○)经 GF/F 滤膜过滤；(a) 15°N，110°W，(b) 5°N，110°W

在水中的停留时间，在较浅的海域中停留时间相对较短，能直接到达海底而不发生溶解和矿化作用，这些颗粒物是海底 OC、ON 的主要来源。沉降后的颗粒物也可能由于较大颗粒的分散作用发生二次悬浮，其间被降解。而在深海水体中，PON 在沉降过程中有一部分被捕食或分解，其余则沉入海底作为沉积物的主要 ON 源。

过去对 PON 的研究主要包括：不同物理条件下 PON 的输送和转移机制、PON 在海洋食物网中的地位和作用等。对意大利的波河河口水流变化对水体中 POC 和 PN 含量的研究表明，在平和及中等的固相输送条件下，混合区中的有机质呈现保守行为；而在较强烈的输送条件下，由于颗粒物在三角洲区域的沉积及细菌对有机质的利用，有机质行为远远偏离稀释线。该河口区每年向地中海输出的 TOC 和 TON 分别为 25.5×10^4t 和 15.5×10^4t，使之成为该海区最重要的有机质源和营养源。颗粒物的水平输送也是一个非常重要的过程，在北大西洋的哈特勒斯海角，水平输送的 POC 为 4.8×10^{12}g/a，占该海湾初级生产力的 6%，而垂直运输的 POC 为 4.2×10^{12}g/a。深海中占主导地位的沉降颗粒物是一种由有机质和无机矿物组成的特殊结构的黏性多面体，有机质作为载体不断吸附微小的无机颗粒，并使之越长越大，形成一种称为“海洋雪”的颗粒物快速沉降机制。氨基酸在随这种复合体沉降的过程中发生溶解，并随吸附在上面的微生物的活动而降解，从而使其相对组分发生较大改变。颗粒氨基酸的悬浮浓度及其沉降通量均随深度增加而降低，这可能是由于异养浮游生物和微生物的消耗作用，在不同生产力地区降低速率不同，有研究认为，这种差异主要是由大型异养浮游生物控制，而不是微生物，其依据是细菌是基质控制的摄食者，依据粒子的氨基酸浓度捕食，而浮游生物和大型异养生物是密度控制的摄食者，依据颗粒物的多少捕食。较低密度颗粒 N 比较高密度者优先被海底摄食者捕食，前者蛋白质浓度是后者的 57 倍。

3.1.1.3　海水中 N_2O 的分布特征

N_2O 是一种会对气候和大气化学产生重要影响的痕量气体。同等浓度条件下其温室效应是 CO_2 的 200～300 倍。同时，它在大气中的光化学产物 NO 在平流层中会与 O_3 进行反应，从而破坏大气臭氧层。因此，对 N_2O 的研究越来越受到人们的重视。

冰芯数据分析的结果显示，工业革命之前大气中 N_2O 的体积浓度为$(287\pm1)\times10^{-9}$dm^3/dm^3，目前大气中 N_2O 的体积浓度已增至$(314\pm1)\times10^{-9}$dm^3/dm^3。这一明显的变化主要发生在过去的一个世纪中。根据这一大气浓度的增量，有学者推算出平均每年有大约 7Tg“额外”的 N_2O 进入大气圈，主要来源是诸如汽车使用、含氮化肥施用以及尼龙生产等人为生产活动。此外，每年还有约 15Tg 自然源的 N_2O 释放到大气中，其中有 1.2～6.8Tg/a(平均为 4Tg/a)的 N_2O 由占地球表面积 71%的海洋释放进入大气。海洋是地球系统的重要组成部分，在调节全球气候方面发挥着积极的作用。对西北太平洋的研究结果显示，海洋是仅次于陆地的最大的氧化亚氮来源。因而，可以认为有关海洋中 N_2O 的循环研究对全球 N_2O 的生物地球化学过程研究十分重要。

自 1963 年首次对海洋中的溶解 N_2O 进行分析之后，许多学者相继进行了这方面的研究，分别对太平洋、大西洋和印度洋的源汇分布进行了调查，研究结果揭示了 N_2O 在大洋中产生的可能机制和控制因素。稳定同位素方法的运用在某些方面证实了之前的研究结果，同时也提出了一些新的问题。有关海洋中 N_2O 的分布及产生机制的研究在过去 40 年间已获得一定成果，然而，有关海洋 N_2O 的研究还存在许多不确定性，不同研究者的同类研究所得到的结果也不尽相同。这主要是由于虽然大量的有关海洋 N_2O 的调查研究工作相继开展，相对广袤的海洋，至今所获得的数据还是十分稀少的，加上表层海水的 N_2O 饱和度随着时间和空间的变化而产生很大的差异，因此，对海洋氧化亚氮的海-气通量进行精确描述存在一定的困难。海洋中氮循环是一个相当复杂的过程，N_2O 的产生和消耗仅为其中一个环节，其产生和消耗受不同的生物、化学因素与水文物理过程影响。截至目前，海洋中 N_2O 的形成机制和精细的生物地球化学过程并不清晰。

(1)海洋中 N_2O 的垂直分布和影响因素

1)海洋中 N_2O 的垂直分布

海洋中 N_2O 在垂直断面上的分布和溶解氧的断面分布大致呈镜像关系，由于不同海区的生物化学环境存在差异，N_2O 在不同海区水体中的垂直分布有所不同。研究显示，索马里海盆水体中溶解 N_2O 的浓度从表层向下迅速升高，并在混合层下方 100～200m 深度的次表层中形成与 O_2 最小值相对应的一个窄而明显的浓度极大值区。在此极大值区之下，N_2O 的浓度进一步升高，在 600～1000m 的深度形成另一个宽的浓度极大值区。这种分布和在西北太平洋和热带太平洋所观察到的分布情况大致相同。在一些氧缺乏水体中，如热带东北太平洋，高的初级生产力产生大量的有机物输出使得真光层以下的海水中溶解氧大量被消耗，SO_4^{2-}的还原尚未开始，N_2O 则由于反硝化作用而消耗，因而出现中间深度的最低值。此外，在厌氧性水体中，由于溶解氧浓度极低，N_2O 进一步被消耗，并伴随 H_2S 的产生降到最低值，于英属哥伦比亚的 Saanich 水湾第一次在海洋系统中测得 N_2O 的零浓度值。

2)影响 N_2O 垂直分布的因素

a. N_2O 的垂直分布和海洋中溶解氧的关系

许多研究结果显示，通常情况下，海洋中溶解 N_2O 浓度和海洋中溶解氧浓度呈负相关关系。在东热带北太平洋的部分站位中，两者的负相关系数可达到 $r=-0.92$。这一关系说明了海洋中 N_2O 产量可能受到溶解氧垂直分布的控制，进而控制海洋中 N_2O 的浓度分布，最终成为决定海洋作为大气 N_2O 源汇性质的一个因素。1976年表观N_2O产量的概念首次提出，发现海洋中表观N_2O产量和表观耗氧量之间存在正相关关系，海洋中N_2O的浓度分布受到海水溶解氧浓度的控制。然而，海洋中溶解N_2O和溶解O_2之间的相关性有一定的范围。研究表明水体中N_2O的生产率在一定范围内随表观耗氧量的升高而升高，当海水中溶解氧的浓度低于17μmol/dm^{3}时，N_2O浓度和溶解氧浓度之间的相关性较差；有研究也显示，当水体中溶解氧的浓度低于17.5μmol/dm^{3}时，N_2O的产量对海水中溶解氧浓度的微小变化有敏感的反应，低溶解氧的环境中N_2O的产量在某些情况下可以超出平均产量一个数量级以上。

这之后又进一步提出"N_2O氧化比率"的概念，即$\delta N_2O/AOU$，表示消耗1mol溶解氧所产生的N_2O量，可更加直观地反映海洋中溶解氧消耗量对N_2O产量的影响，也可作为N_2O产量的衡量指标。研究发现不同海区、不同深度的水体中N_2O氧化比率不尽相同。对阿拉伯海N_2O的研究显示，该海域0～1000m深的大洋中N_2O氧化比率大约为0.170×10^{-3}，这一结果与在亚热带太平洋和东热带北太平洋观测到的数值大致相同；然而，在阿拉伯海的深层海水中，$\delta N_2O/AOU$值为0.260×10^{-3}，显然，阿拉伯海深层水中的N_2O产量要高于其他海区和深度。对赤道太平洋的研究显示，在不同的水层间(如表层水和赤道潜流及溶解氧最小区之间)水体的$\delta N_2O/AOU$存在差异，并且从表层海水到1000m的最深取样深度这一比率系统性升高，不同深度海水中的N_2O氧化比率不同，在深海N_2O浓度最大值深度以下的水体中$\delta N_2O/AOU$随水深的增加而增大。根据δN_2O和AOU在不同深度中比值的不同，将研究海区分成真光层、真光层以下到深海溶解N_2O浓度最大值深度以及深海溶解N_2O浓度最大值以下深度3个深度带，而溶解氧浓度在不同深度的分布变化则是这三个深度带形成的主要原因。这一比值进一步细化了N_2O与溶解氧在整个海洋不同深度之间的相关性。然而，海洋水体中的N_2O除了和溶解氧之间密切相关外，还受其他方面，诸如生物、化学和水文因素制约，因而，单就δN_2O和AOU之间的关系进行讨论显然不够全面。以下进一步对影响海洋N_2O产量的因素进行分析。

b. N_2O垂直分布和海水温度的关系

N_2O的溶解度受到海水温度影响，大约1℃的温度改变会使得N_2O在海水中的溶解度变化3%。在东印度洋，季节性的温度降低4～5℃时，N_2O在海水中的溶解度增加12%～15%。温度对N_2O溶解度的影响也反映在不同气候带表层海水的N_2O分布上，如表3-1所示，对别林斯高晋海水体中溶解N_2O分析发现，由于该海区的水温较低，表层海水溶解N_2O接近饱和并与大气中N_2O基本平衡，然而其溶解度比任何海区都要高。由低温引起的N_2O溶解度升高伴随的辐聚下沉作用使该海区在总体上成为大气N_2O的一个汇。由此可见，除了海水中的溶解氧浓度外，海水温度也会对海洋中N_2O的分布产生影响。

表 3-1　不同海区表层海水 N_2O 的平均浓度、平均通量和平均饱和度

地点	表层海水平均浓度 (nmol/dm³)	平均通量[μmol/(m²·d)]	平均饱和度(%)
北大西洋(38.5°～48.5°N)	9.1	—	142
东热带北太平洋 (8°42.5′～34°10.2′N, 105°56′～120°13.5′W)	6.54	2.75	110
太平洋(46°～40°S)	8.64	7.07	133
东热带太平洋 (30°40′N, 116°27′W, 10°30′S～79°15′W)	5.9～17.8	9.82	145
阿拉伯海 (11°57′～20°59.9′N, 66°59.7′～70°40′W)	10.36	4.46±2.60	186.3±36.7
别林斯高晋海(65.28°～70°S)	16.56	–0.06±0.9～–0.09±1.4	99.48

c. N_2O 垂直分布与营养盐的关系

海洋中 N_2O 的垂直分布与 NO_3^-的垂直分布一般呈正相关关系，它们在海水中的产量也存在一定的比例关系。在西北大西洋的研究中，从 δNO_3^-和 AOU 的正相关关系与 δN_2O 和 AOU 的正相关关系推出该海区垂直断面的 $\delta N_2O/\delta NO_3^-$值为 1.2×10^{-3}，通过 Redfield 的浮游生物模型计算得到这一比值的范围为$(1.3\sim3.7)\times10^{-3}$，在热带大西洋研究得到的比值范围在$(1.8\sim3.6)\times10^{-3}$。有研究显示，在海洋中 1mol N_2O 产生的同时，大约有 550mol 的 NO_3^-产生。

相对于 N_2O 与 NO_3^-的垂直分布之间关系而言，N_2O 与 NO_2^-的垂直分布之间关系较不明确。然而，Elkins 等发现在秘鲁上升流区，溶解氧和 N_2O 的浓度极小值区与 NO_2^-的极大值区共同存在于 150～250m 的深度。东热带北太平洋的所有研究站位 150m NO_3^-极大值以下的水体中，N_2O 与 NO_2^-的垂直分布呈负相关关系，相关系数为–0.72；同样具有“氧缺乏水体”特征的阿拉伯海中，在溶解氧最低值区，出现 N_2O 的最低值与 NO_2^-的最高值，并且两者之间有较好的负相关性，相关系数为–0.66。

此外，研究还显示，海洋中 N_2O 的浓度和硅、磷等营养盐的浓度存在正相关关系，和还原性的营养盐 NH_4^+等的浓度存在负相关关系。

(2)海洋中 N_2O 的产生机制

海洋 N_2O 的产生是海洋中氮循环过程的一个环节。虽然相关研究在近 50 年中不断取得进展，众多的研究者提出了各种各样的海洋 N_2O 产生机制，但由于海洋中生物化学过程的复杂性和不同海区存在的理化差异，有关 N_2O 的产生机制至今仍然存在很多的疑问。一般认为海洋中存在的可能的溶解 N_2O 产生机制分为 3 种：反硝化作用、硝化作用、同化还原作用。虽然这 3 个过程在本质上有很大的差异，但研究者认为在这些过程中 N_2O 均由同一个中间体(可能是 $H_2N_2O_2$ 或 HNO)

转化而来，但不同过程对 N_2O 产量的贡献不同。近10年来关于 N_2O 产生的主要驱动力机制研究也成为焦点，出现了不同的观点。

1) 反硝化作用

早在1974年就发现海洋中溶解 N_2O 与海洋中溶解 O_2 浓度之间存在负相关关系，并且溶解 N_2O 在垂直深度上的浓度最大值与溶解 O_2 浓度最小值相对应，由此认为海洋中 N_2O 的产生机制和土壤中相同，均为反硝化作用，但这一观点很快受到了质疑。研究显示，一般情况下海水通过反硝化作用产生的 N_2O 量并不显著，不足以对海洋 N_2O 的产量产生很大影响；另外，研究发现 $5\mu mol/dm^3$ 的溶解氧浓度环境是海洋反硝化作用发生的临界值，当环境中溶解氧浓度低于这一临界值时，反硝化作用才有可能发生。因而，先前观察到的海洋中溶解氧浓度最低值和溶解 N_2O 浓度最高值存在于同一深度的现象并无法证实海洋反硝化作用是海洋中 N_2O 产生的机制；此外，根据水体中 N_2O 垂直分布状况将研究海区东赤道北太平洋的站位分成两组，其中一组在 150～800m 的溶解氧浓度最低值对应深度存在溶解 N_2O 的最低值。在这一水层中由于高的输出生产力，溶解氧被大量消耗，形成所谓的“氧缺乏水体”(oxygen deficient water)，由于溶解氧的浓度极低，水体中 N_2O 作为反硝化过程的电子受体被消耗，从而使其在垂直断面的对应分布深度上形成浓度最低值。根据这一现象，认为海洋中的反硝化作用并非 N_2O 的主导产生机制；而当水体环境中的溶解氧浓度更低，形成厌氧水体的时候，反硝化作用对 N_2O 的消耗更为严重，甚至可使其浓度降至零值；培养实验也从另一个角度说明反硝化细菌在低溶解氧浓度条件下会消耗水体中的 N_2O。以上种种结论和现象都否定反硝化作用是海洋中 N_2O 主要的产生机制的观点。然而，对东热带太平洋水体的研究显示，两个分布在“氧缺乏水体”海区的站位 N_2O 浓度在垂直断面分布上存在差异，其中一个站位与前人在同一区域的研究结果相一致，即氧缺乏水体中存在 N_2O 的极低值，而另一个含有氧缺乏水体站位的垂直断面中，溶解 N_2O 以过饱和的状态分布于整个断面的不同深度中。这使得研究人员再次审视反硝化作用在 N_2O 的形成中所起的作用，并结合不同的研究结果提出在厌氧环境中反硝化作用将消耗 N_2O，而在氧缺乏水体中反硝化作用仍可能是 N_2O 的一个净源。

2) 硝化作用

另一种几乎是和反硝化作用同时被提出的海洋 N_2O 产生机制——硝化作用逐渐被认为是海洋 N_2O 产生的主导机制。从生物化学的角度来看，硝化作用和反硝化作用互逆，是低价态的含氮化合物被氧化转变成高价态的含氮化合物的过程。令人寻味的是，硝化机制在 N_2O 的产生中占主导地位这一结论和反硝化机制占主导地位一样，都是基于溶解 N_2O 与溶解氧浓度之间存在的负相关关系提出的。根据表观 N_2O 产量和表观耗氧量之间的线性关系提出海洋中 N_2O 可能是通过有机胺的氧化，即硝化反应产生的，在否定反硝化作用作为 N_2O 产生的主导机制的同时提出了硝化作用在研究海区 N_2O 产生过程中占主导地位的可能性。海洋中 N_2O 主要是硝化反应过程的一个副产物。而对热带大西洋的调查再次验证了硝化作用很可能是海洋中 N_2O 产生的主导过程。除了大量有关的海洋生物化学研究结果为 N_2O 产生机制提供了证据外，海洋中稳定氮同位素方法的使用也为这一研究提供了有力的工具。在 N_2O 的生物地球化学循环中引入氮同位素比值的方法，主要是利用硝化作用对稳定氮同位素的分馏效应：通常硝化生物倾向于利用较轻的稳定氮同位素，在硝化作用较强的水体中 N_2O 具有较低的 $^{15}N/^{14}N$ 值；反之，当反硝化作用消耗水体中的 N_2O 时，较轻的 N_2O 首先被消耗，因此，这一深度 N_2O 的 $^{15}N/^{14}N$ 值较高。在对热带东太平洋溶解 N_2O 的 $^{15}N/^{14}N$ 值进行研究的过程中发现：研究海区 $\delta^{15}N$ 数据的分布情况支持该海区氧最低值上层高浓度 N_2O 源于硝化作用的观点。此外，通过这一方法，还进一步确认了海洋中硝化反应产生的 N_2O 并非由 NH_4^+直接氧化而来，而是 NH_4^+的氧化产物 NO_2^-通过硝化细菌本身具有的反硝化过程转化而来。

在这项研究中，通过对比现场样品和培养实验的 $\delta^{15}N$ 数据，对硝化作用在该海区 N_2O 产生中占主导地位的看法提出了疑问。随后，对西北太平洋的研究结果显示，海洋中通过硝化作用产生的 N_2O 仅占海洋 N_2O 产量的 1/10～1/5，并且水体中 N_2O 的 ^{15}N 丰度要高于 NO_3^-的 ^{15}N 丰度。因此，硝化反应机制仅能部分地解释海洋中 N_2O 产量和表观耗氧量之间的关系，而在诸如生物碎屑、粪粒等悬浮颗粒物内部的“微厌氧中心”进行的反硝化活动才是海洋 N_2O 产生的主导机制。

也有人认为，上述的数据和得到的结论相矛盾。如果反硝化作用是 N_2O 产生的主导机制，那么这些“微厌氧中心”中所进行的反硝化反应应该使得所产生的 N_2O 富集 ^{15}N 同位素。然而，这可能并不正确：NO_3^-通过反硝化过程转化为 NO_2^-，再进一步转化为 N_2O 的还原过程所经历的分馏作用，最终将减少产物 $\delta^{15}N$ 值，并且在经典反硝化反应过程中，NO_2^-在反硝化细菌作用下还原为 N_2O 的过程中所产生的同位素分馏效应并不大。因此，所研究的阿拉伯海中 N_2O 形成是硝化反硝化作用伴随发生的过程，对西北印度洋的研究也肯定了这一结论。

3）同化还原作用

除了硝化作用和反硝化作用外，同化还原作用可能也是海洋中 N_2O 形成的一个机制。研究者认为，上升流向表层水体输送大量营养盐，促使上升流海区生产力高于其他海区，生物在生长过程中对 NO_3^-的吸收和利用可能形成大量的 N_2O，从而成为 N_2O 的强源。研究显示，研究海区真光层中存在较高的 NO_3^-浓度促使这一深度海区的初级生产力也相应较高，因此这一海区温跃层上方的 N_2O 浓度要高于相对缺乏营养盐的辐聚区。

综上所述，较多的研究结果倾向于硝化作用为主导机制，随着检测技术的创新和更多研究工作的开展，先前的结论不断受到挑战。由于不同海区水文、生物和化学性质存在差异，我们难以在全球尺度上得到一般性的结论。因而，有关海洋中 N_2O 主要产生机制的揭示仍需要大量的工作。

(3) 海洋 N_2O 的源汇特性和通量

1) 海洋 N_2O 的源汇特性

海洋的 N_2O 源汇特性曾经是科学家讨论的焦点，根据对大西洋有限的溶解 N_2O 的测定结果提出海洋应该是大气 N_2O 的源；也有研究认为，大洋低溶解氧区中发生的反硝化过程可能使之成为一个重要的 N_2O 汇。然而，后一说法很快被否定。其后不同的研究显示，海洋应是大气 N_2O 的一个净源。随着 N_2O 测定技术的提高和更广泛调查的展开，大气 N_2O 的海洋来源强度估计值将更为准确。例如，早期的研究显示海洋的 N_2O 源强为 16～160Tg/a(最有可能的通量是 45Tg/a)，近期则提出 7.92Tg/a 的海-气通量，这一结果落在之前所估计的范围 1～10Tg/a，最近的估算值是通过对超过 6 万个的数据进行分析和计算得到的，结果显示全球 N_2O 海-气通量为 1.2～6.8Tg/a(平均为 4Tg/a)。从以上结论不难看出，不同研究显示的海-气 N_2O 通量在数量级上已经得到较好的一致性。

2) N_2O 海-气通量的分布及其影响因素

a. N_2O 海气通量的水平分布

N_2O 通量在全球海洋的分布相当不均匀。大量研究结果显示，全球大洋有 3 个 N_2O 强源区，分别为西北印度洋、热带东北太平洋、热带东南太平洋。由于这些地区具有强源区的性质，过去三四十年中相继成为科学家研究的重点。尽管太平洋东边界上升流区仅占全球大洋面积 1%，其向大气输出 N_2O 的通量却相当于其他洋区通量的总和。在对西北印度洋(15°N～25°N)的调查中发现，虽然这一海区的面积仅为全球大洋面积的 0.43%，其 N_2O 的海-气通量却占全球通量的 5%～18%；对索马里海盆的研究也得到类似的结果：占世界大洋面积 0.011%的索马里海盆的 N_2O 通量占全球海-气通量的 0.4%～0.8%。通过模型对塔斯马尼亚 Grim 海峡的大气氧化亚氮数据进行分析，得到南大洋的氧化亚氮海-气通量约为 0.9Tg N/a。另外，在大洋环流中心区(Gyre) N_2O 的海-气通量则相当微弱。对亚热带北太平洋大洋环流中心区的研究显示，在这一面积为 $26.3\times10^6km^2$ 的海区中，N_2O 的年通量仅为 0.11～0.26Tg N/a，是全球通量的 4%～9%。在纬向上，若将全球大洋分为 90°N～30°N、30°N～0°、0°～30°S 和 30°S～90°S 4 个纬度带，则相应海区的通量分别占全球通量的 24%、27%、14%和 35%。其中，全球海-气 N_2O 通量的最大值出现在 40°S～60°S，而以 12°N 和 45°N 为中心的海区则是另外两个海-气通量高值区，但通量较前者小；使用大洋环流模型对全球海洋氧化亚氮的水平分布进行了估计，得到相类似的结果：90°N～30°N、30°N～30°S 和 30°S～90°S 3 个纬度带的通量分别占全球海-气通量的 20%、37%和 43%。然而，这一模型是以所观测到的海洋 δN_2O 和 AOU 相关性以及真光层以下有机质再矿化过程中氧化亚氮产生和溶解氧消耗的关系为基础的。有人提出在大洋尺度上，由于海水溶解氧化亚氮从强源区向其他洋区的输送以及这个过程中存在的混合作用，严重影响δN_2O和AOU的相关系数，因而，这一相关系数对生物每消耗1mol溶解氧所产生的氧化亚氮量的指示作用并不可靠。尽管如此，以上的研究在总体上揭示了N_2O海-气通量在全球大洋的分布相当不均匀。不同地区海洋水体之间存在不同的生物化学、水文环境是这种不均匀分布现象出现的主要原因。

b. 生物化学因素的影响

除了水文因素外，海洋中的生物化学因素也深刻影响N_2O的海-气通量。如前所述，N_2O在海洋中的垂直分布受到海洋中溶解氧分布的控制。这是由于N_2O的形成和迁移机制受到溶解氧浓度控制。海洋中N_2O产生的主导机制——硝化反应可在非常低的溶解氧浓度条件下进行，因而可以认为它广泛存在于海洋的各类水体中；在大洋东边界，由上升流带来的高输出生产力引起了次表层水体呼吸作用加强，因此溶解氧浓度大幅下降，并由此形成氧缺乏水体，在氧缺乏水体核心，反硝化作用开始消耗水体中的N_2O，使其浓度降低，进而形成如热带东北太平洋和热带东南太平洋水体中N_2O的低值区。而这些氧缺乏水体的外围水体则含有极高浓度的N_2O，主要是由于低溶解氧浓度的条件下，硝化细菌可产生更多的N_2O。尽管存在消耗N_2O的水体，但由于其体积远远低于低浓度溶解氧水体(高N_2O产量水体)的体积，这一海区水体中N_2O浓度仍然高于其他海区。高浓度的N_2O随上升流被带入表层水体中，并向空气中释放成为N_2O海-气通量的一个来源。此外，高的营养盐浓度也可能影响海区的N_2O，如前所述产生N_2O的同化还原机制可能是这些海区表层海水中N_2O的一个主要来源，可能也是上升流区表层海水存在高浓度N_2O以致形成N_2O强源的原因之一。

c. 水文因素影响

从水文的角度来看，海洋表层N_2O的来源分布和洋流的分布密切相关，通常情况下，上升流、辐散带等地区都存在较强的N_2O源，而大洋环流中心区(central gyre)等地区，海水表层的N_2O浓度均处于与大气平衡的状态，在弱源和季节性的弱汇之间波动。如前所述，在40°S～60°S的海区存在N_2O的最大值是由该海区的上升流将深层富含N_2O的水体输送到表层所致。而12°N和45°N区域的通量极大值则是由主要分布于北半球的赤道上升流、热带沿岸上升流所致。对西太平洋和东印度洋的调查发现，不同特征海区的源强不同：在赤道上升流、印度洋南赤道逆流和赤道潜流等辐散地区以及黑潮、亲潮交汇的辐聚带N_2O海-气通量较其他海区高；而在亚热带大洋环流区(subtropical gyre)，表层海水N_2O浓度为0.02nmol/dm^3，海-气通量非常低，为0.04～0.13μmol/(m^2·d)；这一广大海域对全球N_2O海-气通量的贡献低于10%，必须指出的是这一研究是在1987年的ENSO事件发生过程中进行的。在此期间，由于厄尔尼诺的作用，太平洋的赤道上升流和东边界的沿岸上升流均受到了抑制，因而 N_2O 的海-气通量仅为正常年份的 10%；与此相似的研究显示 1982～1983 年的厄尔尼诺后期，赤道太平洋海-气 N_2O 通量比正常年份约少 80%。这从另一个角度说明，洋流在调控海洋 N_2O 源汇的分布过程中起到至关重要的作用。

除了上升流，海洋温跃层中的湍流扩散也是一个影响海-气通量的重要水文因素。实际上，它对 N_2O 海-气通量的影响是各因素中最为广泛的。研究表明，由于硝化细菌的硝化作用受到光照抑制，含有较高浓度溶解氧的真光层中反硝化过程无法进行，因此 N_2O 不可能通过这一途径产生；而在非上升流区甚至是寡营养盐的大洋中心环流区以及上升流区的上升流受到气候事件影响的时期，在海洋真光层中通过 NO_3^-的同化还原产生的 N_2O 量可能较低。在这样的情况下，海洋表层水中存在一定浓度的N_2O是由海洋湍流扩散从混合层以下的水体中向上输送的结果。研究显示，在赤道太平洋中上升流受到厄尔尼诺事件的抑制时，海-气 N_2O 通量主要由海洋湍流扩散向混合层输送提供；对加勒比海和热带大西洋水体的研究结果显示，这些海区中的湍流扩散提供的 N_2O 构成该区 N_2O 海-气通量的 30%。这些研究都在一定程度上说明了湍流扩散对表层海洋中 N_2O 海-气通量的影响。

对过去 50 年来研究工作进行综合分析评估，可得到以下几点：①在全球环境问题越来越严重的今天，N_2O 气体所具有的强温室效应和对大气臭氧层的破坏作用引起人们越来越多的关注。占地球表面积 71%的海洋在全球 N_2O 的生物地球化学循环中扮演举足轻重的作用。②海洋中溶解 N_2O 的分布受不同的生物化学因素影响，在这些因素当中，溶解氧在海洋中的分布情况是最主要的控制因素。③海洋作为大气 N_2O 的净源这一结论已经广为接受，然而，它的海-气通量在全球大洋的分布相当不均匀，这种不均匀的分布状况受到不同海区的不同生物化学特征和水文因素控制。④作为复杂的海洋氮循环的一个环节，N_2O 在全球大洋中形成和迁移的途径仍然没有令人满意的解释。对不同海区的研究结果显示，硝化作用是海洋中普遍存在的 N_2O 产生的主导机制，其他的机制如反硝化作用在 N_2O 产生过程中可能仍是一个不可忽视的过程，由于不同海区存在不同的生物地球化学环境和水文环境，有关海洋中 N_2O 在各个洋区产生的途径可能存在差异甚至完全不同，因而很难得到一个一般性的结论。⑤海洋每年向大气输送 4Tg/a 的 N_2O，显著影响全球 N_2O 的循环，但由于各种水文、生物化学环境因素的影响，海-气通量在全球大洋的分布极不均匀。热带东北太平洋、热带东南太平洋和西北印度洋为全球的 3 个 N_2O 强源区。

3.1.1.4　*海洋中各形态氮的相互转化*

氮化合物在海水中存在形式较多，主要有 $NH_4^+(NH_3)$、NO_2^-、NO_3^-三种无机氮及少量的溶解 N_2O 和 NO 等微量气体、有机氮化合物和颗粒氮，其中有机氮主要为蛋白质、氨基酸、脲和甲胺等一系列含氮有机化合物，这些氮化合物处在不断的相互转化和循环之中。海洋中氮的相互转化和循环如图 3-7 所示。这些转化和循环过程，受到了化学的、物理的和生物的各种作用的调节，但受到的与海洋生物相关的同化和异化作用的影响更为显著。

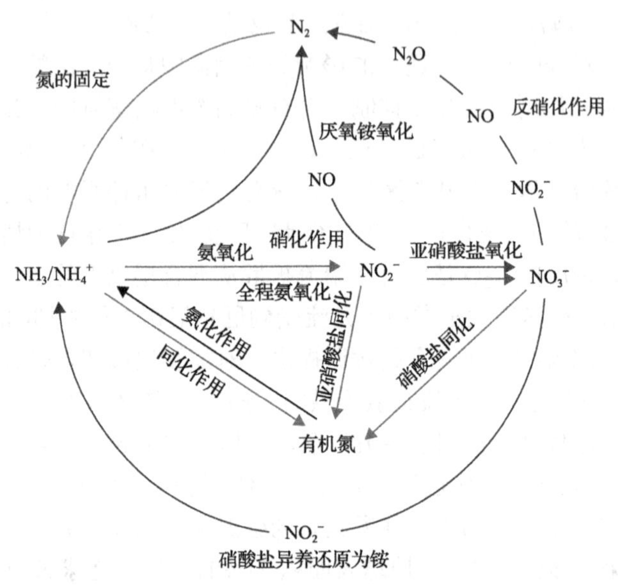

图 3-7　海洋中氮循环示意图

海洋中最重要的氮源是生物固氮作用，主要是海洋光自养生物在固氮酶的作用下将氮气转化为容易被生物所利用的氨，进而合成有机氮的过程。固氮生物固氮既可以满足自身对氮的需求，又可将新固定的氮传递给其他生物，缓解其受到的氮限制，支持海洋新生产力。海洋中最为显著和研究较多的固氮生物是蓝藻或蓝细菌(cyanobacteria)中的束毛藻(*Trichodesmium*)，还包括固氮的单细胞菌和与硅藻内共生的蓝细菌。固氮作用是现代海洋生态系统从外界获取氮的主要来源，影响海洋对大气中二氧化碳的吸收能力，进而对全球气候产生重要的影响。

海洋浮游植物对硝酸盐或铵盐的同化吸收转化为有机氮，以满足其生长过程中氮的需求是定量控制海洋氮循环的重要过程。NH_4-N 被认为是浮游植物优先利用的氮源，因为其在同化过程中不涉及氧化还原反应，因而所需的能量也较低，因此海洋中的浮游植物均可以 NH_4-N 作为唯一氮源生长。相比较而言，对于 NO_3-N 的同化涉及了氮由+V 到–III的还原过程，对能量的需求更高，但由于海洋中 NO_3-N 的浓度一般高于 NH_4-N，因此绝大多数浮游植物具有能够进行此项还原过程的硝酸盐还原酶。由于 NO_2-N 是 NO_3-N 同化过程的中间产物，因此所有能够利用 NO_3-N 的浮游植物同时也能够利用 NO_2-N 作为氮源，但由于 NO_2-N 的浓度通常比 NH_4-N 和 NO_3-N 低一个数量级，因此 NO_2-N 只占浮游植物氮源的很小一部分。

绝大部分海洋中形成的有机氮经由再矿化过程返回为硝酸盐，这一过程分为氨化、氨氧化和亚硝酸盐氧化三个不同步骤，后两个步骤合并称为硝化作用(nitrification)。氨化作用(ammonification)是 NH_4-N 同化反应的逆过程，一般认为是微生物在一系列胞外水解酶的参与下，首先将大分子有机氮分解成低分子量溶解有机氮，如多肽、氨基酸、胺、核酸和尿素等，再经过脱氨作用释放 NH_4-N。一般认为硝化作用分为两个步骤，由两类完全不同的微生物分别进行，即先由氨氧化微生物将 NH_4-N 氧化为 NO_2-N，再由硝化细菌将 NO_2-N 氧化为 NO_3-N，均为耗氧过程。好氧氨氧化作为硝化过程的首步，为限速环节，可由氨氧化古菌(AOA)和氨氧化细菌(AOB)完成。近年来，能完成两个步骤的全程氨氧化(comammox)微生物的发现，打破了人们对硝化过程由两类不同微生物分别完成的传统认识，但目前全程氨氧化微生物只在湿地、河流、湖泊和海洋沉积物中被发现，海洋水体中尚未发现。

有机质氧化过程主要的电子受体是氧，但微生物有着更为广泛和灵活的电子受体，如硝酸盐、铁锰氧化物和硫酸盐，在氧缺乏的条件下，海洋中首先被细菌利用的电子受体是 NO_3-N，由此产生了反硝化作用(denitrification)。相较于其他电子受体，反硝化作用将 NO_3-N 作为电子受体可产出更高的能量。大多数反硝化细菌属异养型，即以有机质作为电子供体和碳源，将 NO_3-N 逐步还原为 NO_2-N、NO、N_2O 和 N_2，该过程中大部分的 NO_3-N 被还原为 N_2，还有少部分以 N_2O 的形式存在。另外一个将生物可利用氮从海洋中除去的厌氧过程是厌氧铵氧化(Anammox)过程，是厌氧铵氧化细菌在厌氧条件下直接以 NH_4-N 作为电子供体，以 NO_2-N 作为电子受体，将两者转化为 N_2 的过程。该过程的发现打破了人们长期认为反硝化作用是活性氮脱离水环境的唯一生物途径这一传统观念。

作为另一种重要的硝态氮异化还原过程，硝酸盐异养还原为铵(DNRA)作用不同于反硝化和厌氧铵氧化过程，它是指在厌氧条件下，通过一些严格的厌氧微生物将 NO_3-N 还原为 NH_4-N 的过程，且产生的 NH_4-N 是一种易被生物利用的活性氮。该过程与反硝化和厌氧铵氧化存有共同的反应底物，存在竞争机制，且 NO_3-N 去除后的氮形态不同，但 DNRA 过程可以为 Anammox 过程提供底物 NO_2-N 和 NH_4-N，因此厘清三者之间的贡献比例关系具有非常重要的生态环境意义。氮循环相关的各个反应将在后面的部分做进一步阐述。

3.1.2　海洋沉积物中氮的形态与分布

海洋沉积物中的氮作为海洋水体中氮的源与汇，既可接受来自水体沉降、颗粒物输运带来的氮，也可在适当的条件下释放分解进入水体进行再循环，即当水体中可供吸收利用的氮较少时，在特定的环境条件(底栖生物扰动以及水的理化、动力条件等)下，海洋沉积物中的氮可以从沉积物中释放出来，不同的海洋生物吸收利用可交换部分以满足自身需要，在体内将其转化为有机氮，并通过排泄以及死亡分解等生命过程使氮再返回到水体或沉积物中，从而实现氮的循环，沉积物起着氮源的作用；相反，当水体中营养物质比较丰富，可供海洋生物吸收利用的营养元素比较多，海洋生物快速生长发育以及大量繁殖，富含有机质的生物排泄物和死亡残体非常丰富，在水动力作用下不断迁移沉降，从而使沉积物中有机质的含量相对丰富，沉积物则成为氮汇。因此，沉积物中的氮在海洋生态系统中起着关键的作用，从某种程度上说，对沉积物中氮进行研究是研究海洋生物地球化学氮循环的前提。

海洋沉积物中的氮作为海水中氮的重要供给源，是海洋生物赖以生存的重要物质基础，对维持海洋生态平衡、修复失衡的海洋生态环境具有重要意义。但由于不同海区海洋沉积物的来源和环境不同，氮的形态和含量也不相同，可被生物吸收和利用的数量就不相同，因此不同海区生物种群和环境不同，进而影响生态环境。因此，研究海洋沉积物中氮的形态，了解各个形态与沉积物中生物种群及环境的关系，确定其生物和化学活性，弄清其生态学功能，对于深入探讨海洋生物资源可持续利用的方法和策略具有重要意义。

由于海洋是一个复杂的生态体系，海洋中的化学物质以多样的、复杂的形态存在。尽管关于沉积物中氮形态的研究很少，但综观沉积物中氮的矿化作用、硝化反硝化作用及通量研究等，仍可以得出沉积物中氮的形态与沉积物含水量、Eh、pH、温度、沉积物中生物种群及上覆水体的各种物理化学条件等有关。

通常情况下，随着沉积深度的加深，沉积物含水量逐渐降低，Eh、pH 也随着降低，反硝化作用、NO_3^-的氨化作用及有机氮的矿化作用增强，致使有机碳与有机氮的比值升高，(NO_3+NO_2)-N 及有机氮含量降低，NH_4-N 含量增高。安大略(Ontario)湖柱状沉积物中有机氮分布随深度的变化就是这样很好的一个例证(表 3-2)。

表 3-2　安大略(Ontario)湖柱状沉积物中有机氮的存在形式及占总氮的比例(%)

深度(cm)	NN	THN	AN	HN	AAN	HAAN	UN
0～3	16	84	19(6)	7	37	7	21
9～12	19	81	27(18)	10	30	6	14
20～30	8	92	30(21)	10	29	6	23
97～103	41	59	30(17)	5	20	4	4
148～154	35	65	28(16)	6	21	4	10
351～357	36	64	30(17)	10	21	3	3
527～533	3	97	40(25)	10	27	6	20
671～677	3	97	69(50)	12	13	2	3
749～755	2	98	70(64)	25	5	0	0

注：括号内数据为固定 NH_4-N 的百分含量，%；已糖酸氮作为部分氨基酸氮测定；NN. 难水解氮，THN. 总水解氮，AN. 可水解氨氮，HN. 可水解己糖胺氮，AAN. 可水解氨基酸氮，HAAN. 可水解己糖酸氮，UN. 不确定水解氮，下同

Ontario 湖柱状沉积物中氮有机态形式的分布为：己糖胺 N 从表层的 420μg/g 降低到底部的 140μg/g，其占总氮量的百分含量从 7%增加到 25%，氨基酸 N 从表层 2400μg/g（占总氮量的 37%）到底部降低至 50μg/g（占总氮量的 5%）。

有机质含量高的近海沉积物中，NH_4^+含量也较高。通常情况下，表层沉积物中有机质的含量较高，因此，有机氮和 NH_4-N 是表层沉积物中氮的主要存在形式。固定 NH_4-N（不可交换 NH_4-N）是无机氮的主要存在形式，在无机氮中含量最高，(NO_3+NO_2)-N 浓度除了在氧化性沉积物-海水界面有一最大值外，在整个沉积物中含量一直很低，可交换 NH_4-N 含量在表层低，随沉积深度增加而增加，到一定程度后于某一深度又开始降低。Ontario 湖不同类型柱状沉积物中主要形态氮的含量分布见表 3-3，可见有机氮是 Ontario 湖沉积物-海水界面附近沉积物中氮的主要存在形态，其含量约为总氮量的 92%。在沉积物-海水界面附近的砂质泥沉积物中含量最高，占总氮量的 92%，在冰川沉积物中含量较低，最高可达总氮量的 3%，在砂质沉积物中为 76%。Wisconsin 湖表层沉积物中氮的分布趋势与 Ontario 湖柱状样中相类似。

表 3-3 安大略（Ontario）湖中主要形态氮的平均含量（μg/g）

沉积物类型	总氮	有机氮	固定 NH_4-N	(NO_3+NO_2)-N	NH_4-N
砂质泥沉积物	4587	4259(92)	266(<7)	7(<1)	60(1)
冰川沉积物	290	8(3)	273(94)	6(2)	4(1)
砂质沉积物	410	313(76)	48(12)	4(1)	45(11)

注：括号内为相对于总氮量的百分含量，%

海洋沉降颗粒物的最终归宿是形成沉积物，氨基酸是海洋沉降颗粒物中氮的重要组成部分，占有机氮含量的 30%～60%，研究氨基酸的组成和含量是研究沉降颗粒物中有机氮形态及分布的关键。从氨基酸的组合特征来看，以甘氨酸、天冬氨酸、谷氨酸、丙氨酸、丝氨酸、苏氨酸及赖氨酸为主，约占 70%以上，对各种成分绝对含量的研究还没有形成系统的方法，但其相对含量与浮游生物的氨基酸组成相似，都呈现酸性氨基酸大于碱性氨基酸的特征。从氨基酸含量随深度变化情况来看，颗粒物在向下沉降过程中有机质有明显的分解和溶解作用，以及颗粒物不断侧向运动，造成沉降颗粒物的通量变化不一致，深层沉降颗粒物的通量变化总体上只占浅层沉降颗粒物的 60%左右。陈建芳等研究的南海北部沉降颗粒物中氨基酸的组成及总氮量是其典型代表。

加拿大 Kingston 海湾、Rochester 海湾、Mississauga 海湾及 Hamilton Harbor 海港表层泥质沉积物有机氮的组成，由于难水解氮含量不同，前三个海湾砂质沉积物氨基酸、己糖胺和不确定 N 含量不同，Hamilton Harbor 海港样品与其他样品显著不同是由它的难水解氮含量较高所造成的（表 3-4）。

表 3-4 海湾(港)表层沉积物中有机氮的含量分布(%)

海湾(港)	NN	THN	AN	HN	AAN	HAAN	UN
Kingston	16	84	6	7	37	7	21
Rochester	5	95	4	4	40	8	31
Mississauga	0	100	5	4	46	8	29
Hamilton	35	65	6	4	28	5	22

氨基酸的缓慢矿化作用使氨基酸含量沿柱状样深度增加逐渐降低，从而使 NH_4-N 的含量有所增加。Ontario 湖冰川沉积物柱状样中羟氨酸含量从表层的 400μg/g 降低到底部的零，可水解 NH_4-N 含量从柱状样表层的 19%增加到底部的 70%，可水解 NH_4-N 的增加与沉积物中固定和可交换 NH_4-N 的增加相一致，而己糖胺、氨基酸和羟氨酸的减少与可水解 NH_4-N 的增加相对应。

对于不同的海区，由于其沉积物来源不同，环境气候条件不同，氮的形态和分布也不相同。在封闭海湾，它与所连接的海域发生物质交换很少，所处状态相对稳定，且由陆地输入大量有机质，海湾处于相对富营养化状态，使 O_2 的消耗增加，因此硝化作用较弱而反硝化作用较强，NO_3^-含量较低，NH_4^+的含量较高。而在开放海湾，由于平流运动与大洋不断发生物质交换，富营养化程度较低，氧气的消耗相对较小，相对来说，NH_4^+含量要比封闭海湾低一些，NO_3^-要稍高一些。Chesapeake 海湾是一个典型的富营养化海湾，每天由沉积物向上覆水体输入 NH_4^+ 的平均通量为–35～506μmol N/(m^2·d)，比其他海湾都高，NH_4^+的通量随着温度的升高和溶解氧浓度的降低而增加；NO_3^-+NO_2^-的平均通量为–120～35μmol N/(m^2·d)，要比其他海湾要低；DON 通量为–250～550μmol N/(m^2·d)，最大通量通常出现在寒冷的季节里。

海洋沉积物中氮的存在形态与沉积物所处的微环境有极其重要的关系。在缺氧条件下，由于硝化作用的停止及 NH_4-N 的不断生成，还原条件(AN)下沉积物中可溶性 NH_4-N、溶解有机氮(DON)含量比氧化环境(OX)下的高。德国 Aarhus Bight Denmark 沉积物柱状样在不同条件下(AN/OX)，NH_4^+含量比值为 2.0(0～8cm 深)，DON 为 1.5。在不同环境下 NH_4-N 初始浓度与最终浓度的比值为 OX：1.5，AN：2.0；DON 的初始浓度与最终浓度的比值为 OX：1.1，AN：0.7，DON 是间隙水中可溶性氮的重要部分(56%～73%)。北海南部地区两个站位 B14(3°55′E，53°00′N，深 29m，粉沙黏土沉积物)、FF(4°30′E，53°42′N，深 39m，砂质沉积物)，由于沉积物种类不同，各种形态氮的分布与含量不同，且随深度的变化也不相同。B14 站位尽管有机氮相当分散，但其含量随深度增加而降低，而在 FF 站位则不然。

海洋沉积物中各种形态氮的含量随季节也有变化，通常情况下，NH_4-N 再生速率随温度升高而增大，夏季气温较高，沉积物-海水界面处 NH_4-N 通量增大，沉积物中不同深度的 NH_4-N 含量相应在 8 月最大，NO_3^-+NO_2^-在夏季由于硝化作用减弱含量较低。季节性降水量变化影响海洋中总有机氮(TON)输入，沉积物中有机氮的季节变化局限于上层几厘米，尤其在上层 10mm 内，而在上层 3～5mm，有机氮随季节的变化非常显著，这主要是由有机氮的矿化作用随季节变化所致。

3.2　海洋氮的来源

3.2.1　氮的输入

3.2.1.1　氮的输入途径

氮是控制海洋生态系统结构、功能、物种组成和生物多样性的关键元素之一。海洋中的外源性“新氮”可来自陆地径流、大气的干湿沉降和海洋生物的固氮作用。

对于某一自然海域，营养盐的输入主要有垂直混合、水平输运和大气沉降三种途径。

垂直混合：在较深的海区随着温跃层的消失和破坏，富含营养盐的水通过对流扩散上升至真光层，成为这些地区浮游植物的营养盐主要来源之一，并影响浮游生物的季节变化。

水平输运：在沿岸、河口及陆架区域，河流输入、沿岸的污水排放占营养盐输入的绝大部分，潮汐、风、对流扩散等作用影响其分布。在 Narragansett 湾，大约有 99.5%的 N 和 99.7%的 P 来自河流输入及污水排放。

大气沉降：主要包括雨、雪及大气气溶胶，相对以上两种来源其对营养盐的贡献要小得多。但在某些沿岸排放量较少、降水量较多的海区，大气沉降所占比例则可能较大。例如，对德国湾 1989 年 11 月到 1992 年 5 月氮来源分析发现，河流输入占 70%，而大气沉降则占 30%左右。

近几十年来，人为向海洋输入的氮已经大大超过了它的天然输入，这些高负荷的氮素绝大多数滞留于河口与近岸地带。对 Mississippi 河营养盐的研究发现，由于其 N 含量的升高，墨西哥湾水体中溶解 N 浓度比 1950 年增加了一倍；对德国 Bight 海域研究发现，1989 年 11 月至 1992 年 5 月该海域 30%的氮来源于大气；在美国海岸带，大气氮供应了 50%以上浮游植物所需的氮，且大气中氧化氮的沉降对美国东北海岸水域的富营养化起重要作用。对全球海岸带生态系统 N 输入情况的研究也强调了大气氮输入的重要性，对美国东部海岸带和墨西哥湾近岸水体中氮营养盐的各输入源定量研究发现，大气氮沉降量占总输入量的 10%～40%；对长江口近岸水体中无机氮的来源进行分析后发现，降水、农业非点源化肥氮和土壤氮流失以及点源工业废水、生活污水排放等都是长江口近岸水体中无机氮的重要来源，其中降水输入是长江口近岸水体高含量无机氮的主要来源；对珠江口的研究发现无机氮主要来自河流。

3.2.1.2　大气沉降

(1) 大气的干湿沉降

大气的干湿沉降是大气化学研究的重要内容，对陆地和海洋生态系统有着极其重要的影响。大气的干沉降是气溶胶粒子的沉降过程。气溶胶是一多相体系，其化学成分相当复杂，而且随地理位置、天气条件的变化有很大的变化。气溶胶的主要离子成分有 H^+、Na^+、K^+、Ca^{2+}、Mg^{2+}、NH_4^+、SO_4^{2-}、NO_3^-、Cl^-等，此外，还有很多痕量元素和有机化合物。气体中颗粒物的干沉降很大程度上受边界层的混合结构和表面特征所控制。在研究智利的 Valparaiso 地区氮($NO_3^-+NH_4^+$)沉降时得出长时间的旱季决定了该地点氮以干沉降为主的特征。湿沉降研究是从酸雨研究开始的，1872 年，英国化学家 R. A. 史密斯在研究曼彻斯特大气污染的报告中首次提出“酸雨”这个名词。一般认为酸雨主要是由 SO_2 和 NO_X的排放所引起的。

(2) 大气无机氮沉降及其对海洋生态系统的影响

大气中的含氮化合物以气溶胶形式存在或吸附在悬浮颗粒物表面，并通过大气干湿沉降到达海洋。在近海区，各种形式氮的大气输入会导致或加剧水体的富营养化，而在氮限制的寡营养盐远海区，大气沉降可能是浮游生物生长所需氮的主要来源。

大气的氮物质输入是非常令人感兴趣的，因为氮是海洋中生物生产和生长必需的营养元素。通过干湿沉降输入的营养盐对海洋生态系统影响的研究表明，雨水中的 NO_3^-能增加叶绿素 a 的产量。大气干、湿沉降对北海南部 N 的输入贡献大致相当，N 的湿沉降为 126×10^3t/a，干沉降为 102×10^3t/a。当北海的初级生产力受营养元素限制时，在离岸分层的地区大气可能是最重要的氮源，在欧洲向大气释放的 NH_3 和 NO_X增加时更是如此。大气干湿沉降对北佛罗里达 12 处水域来说是 N 的主要来源。河水中总溶解 N 通量与大气沉降中 NO_3^-和 NH_4^+的通量相近。对切萨皮克湾的研究表明，由人类活动所产生的氮中大约有 40%是经由降水直接流入切萨皮克湾或其水域的。这一结果与更早时间所做的研究结果不同，因为在这一研究中大气输入不仅包括水域表面的直接沉降，也包括来自大气但降于海湾流域然后进入海湾的输入。就硝酸盐来说，23%是直接降于海湾的，另 77%是降于海湾流域上的(这一结果表明仅考虑直接降于海湾表面的研究可能低估了大气输入的真正重要作用)。在切萨皮克湾地区，农田全部氮肥的释放量大约为 5.4g/($m^2\cdot a$)，而通过大气进入海湾的硝酸盐和氨氮大约为 4.8g/($m^2\cdot a$)。通过大气输入的氮大部分是人为造成的，几乎与其流域农田通过化肥所获得的一样多。

在我国，已有证据表明，大气沉降输送的氮较河流而言不可忽视，且以湿沉降为主。对黄海的观察发现大气沉降可能成为营养元素的主要来源，尤其在向上输入(如上升流)很少的真光带。营养元素的偶发性沉降通量只占海水中营养盐含量的一小部分(≤10%)，然而局部的降水可能导致西北太平洋大陆架区的有害赤潮发生。雨雪向黄海输送的营养元素比起偏远地区来说还是很高的，与河流输入相比(表 3-5)，这一地区的大气沉降对海洋生产力的影响非常显著，可能与河流输入差不多或者更重要一些。从表 3-5 中可见，大气湿沉降是黄海 DIN 输入的主要途径。

表 3-5　N 通过大气、河流向黄海西部地区的输送($\times 10^9$mol/a)

路径	NO_3^-	NO_2^-	NH_4^+
大气	1.90	0.04	5.62
河流	2.38	0.12	1.75

大气输入氮对氮营养物有限的地区尤为重要。最新数据表明，在这类地区，总体来说大气输入的氮仅占透光层“新鲜”氮总量的百分之几，大部分“新鲜”营养氮源于营养物丰富的深水层的上涌。然而大气的输入具有很强的时段性，作为表层水域氮来源的大气输入有时能起到重要的作用。目前关于通过河流、大气和固氮作用输入全球海洋的固态氮的估算表明，三种来源都十分重要，而且在估算的误差范围内它们的作用大致相同。就河流输入而言，大约一半的氮输入是人为造成的；就大气输入而言，这些研究揭示的最重要信息也许是有机氮的输入似乎与无机氮(如铵和硝酸盐)的输入相同，或者可能比无机氮的输入多很多。有机氮的来源尚不清楚，但从根源上说大部分有机氮源于人类。

人们十分关心人类活动不断增加所导致的大气对海洋氮输入的变化，如工业革命前后大陆氮产生情况，当前来源于各种能源(主要是氮氧化物)、化肥和豆科植物的活性氮，未来几十年由人类活动所产生的活性氮以及未来大陆和海洋活性氮沉降的分布情况等。研究表明在世界上最发达地区，固态氮的产生相对增长不大，这其中任一地区到 2020 年的增长都不会超过 1.3 倍，使全球活性氮的增长不超过 10%；预计在亚洲由能源所产生的活性氮将增长 4 倍，并将使全球活性氮增长近 40%；而在非洲活性氮的产生将增长 6 倍，并将造成全球由能源产生的固态氮增长 15%；在亚洲由使用化肥所造成的活性氮的产生将增长 2.4 倍，并使全球源于使用化肥所产生的氮增长约 88%。能源(氮氧化物，最终为硝酸盐)和化肥(氮)的使用最终造成活性氮向大气广泛释放。以上的预测表明在亚洲、中南美、非洲和俄罗斯地区的下风区，大气对海洋营养氮物质的输入将会大大增加。

通过数值模拟预测大气对这些地区输入氮的增长情况的研究显示，活性氮向海洋输入和沉降的增长会导致这些地区对流层臭氧产生的增长，还会为目前生物生产受到氮限制的海洋的某些区域提供新的氮营养来源。因此有可能或至少暂时会对这些地区海洋的初级生产产生重要影响。

比较工业革命前、1990 年和 2020 年全球由人为造成的固态氮产量。工业革命前大陆固态氮产量为每年(90～130)×10^{12}g，1990 年人类将这一数字增加到约每年 140×10^{12}g，到 2020 年这一数字增加至每年 230×10^{12}g。在 2020 年人类使自然来源的活性氮增长至 2～3 倍。目前每年由人为造成的 140×10^{12}g 氮中，大约有 60×10^{12}g 进入了海洋，其中的大部分留在海岸带。目前每年大约有 18×10^{12}g 人为生成的氮由大气输入海洋，另外大约还有源于自然的同样数量的氮输入海洋。但这些数据仅仅考虑了无机氮，如果将有机氮考虑在内，输入量很有可能会高很多。

(3) 大气有机氮沉降及其对海洋生态系统的影响

大气有机氮对海洋的输入不仅可以促进海洋初级生产力的增长，进而增加二氧化碳的吸收速率，还可能影响海洋生态系统的结构和功能。以往对大气氮沉降研究重点强调了无机氮，然而，近年来世界各地的监测数据表明有机氮在大气颗粒物、雨水和凝聚相中普遍存在，尤其在开阔大洋，有机氮是大气湿沉降中的重要氮组分，可占总氮的 62%。大气沉降中的有机氮具有潜在的生物可利用性，雨水中的溶解有机氮(DON)可促进细菌和浮游植物的生长。因此目前仅包括无机氮的入海通量可能低估了大气氮沉降对海洋生态系统的影响。

1) 大气中有机氮的来源

大气中有机氮来自自然源和人为源。自然源包括生物的释放、扬尘和海洋表层的气泡破碎；人为源包括工业生产、化肥使用、化石燃料及生物物质的燃烧。无机氮与碳氢化合物间的反应也是大气有机氮的来源之一。生物本身可以通过直接或间接的方式向大气排放有机氮。细菌、花粉和生物碎屑是有机氮的直接来源，在德国春季露水中高浓度的氨基酸主要来自植物花粉。植物本身释放的挥发性有机物(VOC，如萜烯)与 NO_X 的反应可生成有机氮化合物。动物释放的大量含氮废物在微生物的降解作用下也可产生有机氮化合物。土壤的再悬浮把其所含的腐殖质和细菌等带入大气，构成大气有机氮的一个来源，雨水中 DON 和地壳物质的统计关系支持了这一观点。海洋表层是大气有机氮的另一个来源，生存在海洋表层的细菌产生的有机氮通过海洋表面的气泡破碎释放到了大气中。智利南部雨水中的有机氮即来自毗邻的上升流区有关的海洋源。化石燃料和生物质的燃烧可直接释放有机氮或通过大气中的气相、气-粒反应间接产生有机氮，如燃料燃烧释放的 NO_X 与生物或人为源释放的挥发性有机碳通过光化学反应可形成有机氮化合物；烟尘与 NO_X 或 NH_3 发生低温反应也可生成有机氮化合物。化肥工业和农业化肥的使用是大气有机氮的另一个源，迄今为止，通过化肥释放到大气中的有机氮还没有得到很好的研究，但也有研究认为亚洲地区尿素的使用可能是雨水中尿素的主要来源。表 3-6 总结了不同种类的有机氮及其来源。

表 3-6　大气中不同种类的有机氮及其来源

有机氮类型		有机氮种类	来源
氧化型(粒径小于 0.45μm 的溶解有机氮)		硝酸酯类化合物	大气化学反应
		芳香族氮化合物	柴油燃烧、铝制造业
		杂环氮化合物	烟草、植被和化石燃料燃烧
还原型(粒径小于 0.45μm 的溶解有机氮)		烷基氰化物	工业(橡胶制造业)、燃料燃烧
		酯族胺	有机物降解、工业(溶剂)、烟草燃烧
		氨基酸	海洋气溶胶、陆源释放(农业或天然植被)
		尿素	化肥工业、农业施肥、牲畜
生物/颗粒型	生物有机氮(粒径大于 0.2μm 的还原有机氮)	溶解或颗粒形式的多种胺	细菌、花粉、生物碎屑
	颗粒有机氮(粒径大于 0.45～1μm 的有机氮)	颗粒形式的硝酸酯或胺类化合物	粉尘、有机碎屑

2) 大气中有机氮化合物的组成

大气中有机氮化合物种类繁多，理化性质比无机氮化合物要复杂，受仪器和方法的限制，一些含量较低和结构复杂的化合物尚无法检出。目前的研究将大气中有机氮化合物分为氧化态和还原态有机氮化合物两类，其组成、来源及性质见表 3-7。大气沉降中各种来源的有机氮按其存在形态的不同可以分成 3 种形式：氧化型、还原型和生物/颗粒型。氧化型有机氮包括芳香族氮化合物、杂环氮化合物和硝酸酯类化合物。硝酸酯类化合物是污染大气中 $NO_X(NO+NO_2)$ 与碳氢化合物反应的最终产物，是通过光化学反应在现场逐渐形成的，包括硝酸酯、硝酸二脂、羟基硝酸酯、过氧硝酸酯和过氧乙酰硝酸酯等。还原型有机氮包括烷基氰化物、氨基酸、酯族胺和尿素，除烷基氰化物外，其他的还原型有机氮主要来自海洋、森林和农业等环境的直接释放。生物/颗粒型有机氮包括细菌、粉尘、花粉和生物碎屑等，实际上这种形式的有机氮也可以包括在氧化型或还原型中。氧化型有机氮化合物在雨水中的浓度较低，如硝酸过氧化乙酰(peroxyacetyl nitrate，PAN)在偏远海区雨水中的浓度为 0.1～0.2nmol/dm^3，在内陆工业区也不超过 80nmol/dm^3。另外，氧化型有机氮化合物不容易被湿沉降清除，在大气中的存留时间较长，从而可以远距离输送，对含氮化合物的地理分布和全球氮循环产生重要影响。同时，化石燃料和生物质燃烧产生大量的含碳气溶胶，其中含氮有机碳气溶胶约占 2/3。研究表明，某些含氮有机化合物可以显著改变气溶胶的表面活性、吸湿性和在水中的溶解度，并可能凝结生成云凝结核，对全球气候产生重要影响。尿素、氨基酸、挥发性胺等还原型有机氮化合物一般易溶于水，是雨水和气溶胶中溶解有机氮的主要成分。在美国加利福尼亚中部的雾水中，大约 22%的 DON 为游离和结合态氨基酸；在美国弗吉尼亚郊区的降水中检出了 13 种氨基酸和 3 种脂肪胺类化合物，总浓度最高可达 6.7μmol/dm^3；墨西哥湾和西北大西洋雨水中的水溶性游离氨基酸浓度为 1～15.2μmol/dm^3，比迈阿密内陆地区高几十倍。在太平洋中部的夏威夷，雨水中尿素的浓度为 1.1μmol/dm^3，占 DON 的 53%；而在气溶胶中，尿素大部分存在于粒径小于 1μm 的细小颗粒物中，约占 DON 的 46%。在日本和新西兰的太平洋沿岸，雨水中的尿素占 DON 的一半，而在大西洋上的百慕大群岛，雨水中尿素低于检测限，在英国东部沿海的 Norwich 也只有 10%。两个地区雨水中尿素含量的差别，反映出亚欧农业所使用生产肥料的不同：亚洲农业生产中尿素等有机氮肥使用较多，而欧洲主要是无机氮肥。另外，在一些地区的降水和气溶胶中都发现了一定量的水溶性大分子有机物，在 Po Valley 的雾水中，腐殖质类和其他水溶性大分子有机物占水溶性有机碳的 40%左右。有研究表明，这些大分子有机化合物可以通过大气光化学反应降解为小分子化合物，如水溶性游离氨基酸、伯胺、氨等。

表 3-7　大气中的有机氮化合物

分类	组成	来源	性质
氧化型有机氮化合物	杂环氮化合物，芳香族氮化合物，硝酸酯类化合物如硝酸过氧化乙酰（PAN、CH_3COONO_2）、硝酸烷基酯（$RONO_2$）等	一些挥发性有机物与大气 NO_X 发生光化学反应的产物，挥发性有机物来源于动植物释放（如异戊二烯等）和化石燃料的燃烧（非甲烷类烃和有机碳气溶胶等）	水中的溶解度较小，在大气中的存留时间较长，PAN 等可以在大气中分解生成NO_2和NO，或水解为 NO_3^-和 NO_2^-，增加大气的无机氮沉降
还原型有机氮化合物	尿素、氨基酸、挥发性胺类化合物、腐殖质等水溶性大分子有机物	自然或人类活动的直接释放，包括沙尘颗粒、工农业生产释放和海洋气溶胶等	易溶于水，大部分随干湿沉降进入陆地和海洋生态系统，而且某些可以被生物直接利用

3）大气沉降中有机氮的贡献

a. 大气沉降中的溶解有机氮。

早在 20 世纪 50 年代就检测出了雨水和雪中含有 DON，但直到最近二三十年，大气有机氮的研究才逐渐得到重视。图 3-7、表 3-8 和图 3-8 为按照采样地点与采样形式的不同，计算获得的不同采集区域的雨水和气溶胶中溶解有机氮在总氮中的比例及浓度的平均值±标准偏差。目前，大气有机氮沉降的研究主要集中在欧美地区，关于亚洲、非洲、大洋洲和开阔大洋公开发表的数据很少。但这些研究结果已经表明世界各地的湿沉降中均含有一定浓度的 DON（图 3-8）。由于大气有机氮沉降研究的采样时间、采样地点和分析方法不同，直接比较这些数据存在一定的困难，但从所有的研究结果中仍然可以看出大致的趋势。世界各地大气沉降中的溶解有机氮对总氮的贡献为 3%～94%，虽然溶解有机氮的比例变化范围很大，但 70%的数据显示溶解有机氮的贡献在 10%～50%(图 3-9)。陆地湿沉降(雨/雪)中溶解有机氮的浓度比大洋和沿海/海岛的高(均值为 18.8μmol/dm^3)，其溶解有机氮的比例接近总氮的 1/3；而在大洋中，尽管溶解有机氮的浓度较低(均值为 6.8μmol/dm^3)，但其在总氮中所占的比例高达 60%，这可能是由于远离污染源的大洋上空无机氮的含量较低，因此溶解有机氮对总氮的贡献显得更为重要。气溶胶中溶解有机氮的研究数据较少，溶解有机氮的平均浓度为 47.0nmol/m^3，在总氮中所占的比例为 39.6%±14.7%(表 3-8)。

表 3-8　不同地区大气沉降中的溶解有机氮

地区	湿沉降中溶解有机氮的浓度(μmol/dm^3)			湿沉降中溶解有机氮占总氮中的比例(%)		
	平均值±标准偏差	中值	数据值	平均值±标准偏差	中值	数据值
陆地	18.8±11.4，195[a]	19	12	30.2±15.0	30	23
大洋	6.8±1.2	6.4	5	62.8±3.3，6.4[b]	62	4
沿海地区或海岛	9.5±7.0	7.5	22	35.0±21.6	30	28
世界	12.0±7.9	8.0	39	35.0±19.8	32	55
世界	气溶胶中溶解有机氮的浓度(nmol/m^3)			气溶胶中溶解有机氮占总氮中的比例(%)		
	47.0±47.8	29	5	39.6±14.7	33.8	5

注：a 为坎伯拉样品，b 为北海样品，二者未计入平均值

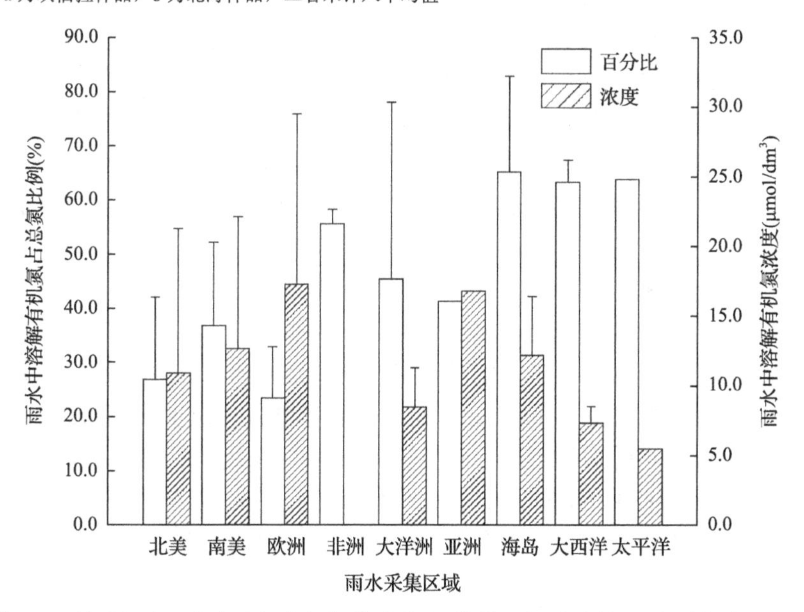

图 3-8　世界各地雨水中溶解有机氮的浓度(平均值±标准偏差)和在总氮中的比例

亚洲和太平洋只有 1 个数据，非洲坎帕拉雨水中有机氮的浓度异常高，未在图中标出

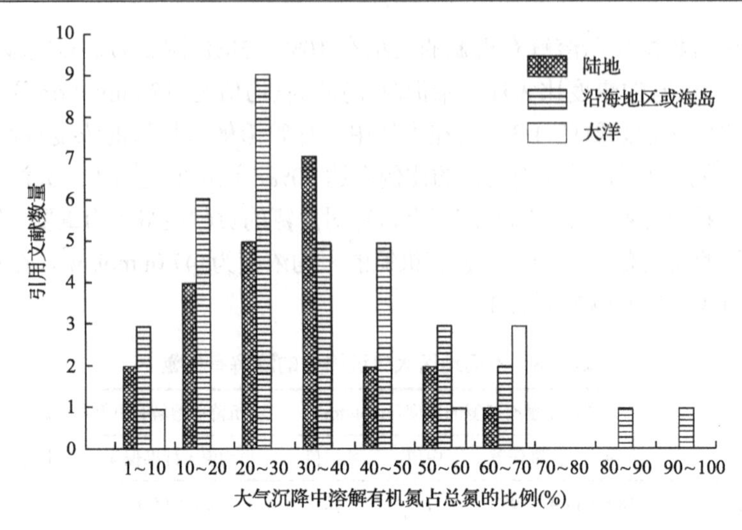

图 3-9　大气沉降中溶解有机氮对总氮的贡献趋势图

b. 大气沉降中的有机氮化合物。

有机氮化合物种类繁多，但在大气中能够被定量认识的只有非常少的一部分。硝酸过氧化乙酰(PAN)因在对流层中最为丰富及在大气化学中具重要意义而得到广泛研究。在城市大气中 PAN 的平均浓度为 40nmol N/m^3，非城市大气中 PAN 的平均浓度为 20nmol N/m^3，非污染环境下 PAN 的浓度大约为污染环境下的 50%。在美国科罗拉多和加拿大的非城市环境中，PAN 对大气中总氮的贡献为 15%～30%。尽管 PAN 在大气中的浓度较高，但因其在水中的溶解度很低，所以在湿沉降中对总有机氮的贡献很小。除 PAN 外，对其他硝酸酯类化合物的认识很少，一些报道表明低碳链的烷基硝酸酯的浓度一般低于 1nmol N/m^3，对总氮的贡献不超过 1.5%。杂环氮化合物和芳香族氮化合物在雨水中含量也很低，对总有机氮的贡献也很小。由于相对较低的水溶性，大气中的烷基氰化物不是雨水的主要成分。雨水中的还原型有机氮主要是氨基酸、脂族胺和尿素。虽然在同一样品中同时测定总溶解有机氮和个别含氮化合物的数据还相当少，但这些化合物可能是雨水中 DON 的最重要贡献者(表 3-9)。对英国海岸带附近雨水中氨基酸的研究表明，游离氨基酸浓度普遍低于 0.1μmol/dm^3，总游离氨基酸仅占总 DON 的 2%～3%。也有研究表明游离氨基酸对气溶胶中有机氮的贡献不到 1%，在西北太平洋海洋气溶胶中浓度仅为 1.5～30.8pmol N/m^3。另有研究显示游离氨基酸占细颗粒气溶胶中有机氮的 2%～4%，但总氨基酸(包括游离和结合的)占有相当大的比例，平均为 23%。在美国加利福尼亚中部地区雾水中氨基酸占总 DON 的 22%。尿素对雨水中总 DON 的贡献在英国和美国东部均＜10%，但在其他地区占很高的比例，如在日本和新西兰尿素占总 DON 的 30%～60%，在塔希提(Tahiti)岛雨水中尿素的浓度为 1～8μmol/dm^3，超过总 DON 的 40%。

表 3-9　雨水或雾水中溶解有机氮化合物的浓度(μmol N/dm³)

脂肪胺	游离氨基酸	总水解氨基酸	尿素	含氮杂环化合物	含氮多环芳烃	PAN	乙腈
<0.002～2.7	<0.002～6.4 3～120(雾水)	<0.002～14 7～>250(雾水)	<0.4～10	≤0.2	<0.03	<0.08	<0.02

注：PAN 和乙腈的浓度是依据它们的环境浓度和亨利系数计算得到的

c. 大气有机氮的沉降通量。

由于计算干沉降通量时需要的干沉降速度很难准确得到，因此目前有机氮沉降通量的计算大多数只涉及湿沉降。根据海洋上全球每年降水量为 $360\times10^{12}m^3$，计算溶解有机氮的湿沉降通量为 28～84Tg/a，而通常认为大气溶解无机氮的湿沉降通量为 28～70Tg/a，两值相当。因此，估算大气氮入海通量时，必须考虑有机氮的贡献。有机氮的湿沉降通量范围为 0.06～1.09g N/($m^2\cdot a$)，平均值为 0.31g N/($m^2\cdot a$)，中值为 0.22g N/($m^2\cdot a$)。大气溶解有机氮在美国 Waquoit 湾的沉降通量为 0.14～0.75g N/($m^2\cdot a$)，这一数值与以往其他区域的研究结果相近。

在全球尺度上，氨基酸氮对海洋的输入通量估计为 0.6Tg/a，全球动物饲养场释放的甲胺估计为 0.15Tg/a，生物质燃烧释放的甲胺为 0.06Tg/a。如果这两个估计能代表占支配地位的还原型有机氮的话，则还原型有机氮的大气沉降通量将在 1Tg/a 以下。然而，基于目前的研究，现在就排除其他形式或来源的还原型有机氮或估计这些物质对全球大气还原型有机氮的贡献还为时过早。但在局地尺度上还原型有机氮对氮沉降的贡献可能会更重要，尤其是在受海洋和农业影响显著的区域。对氧化型有机氮，用 TM3 模型计算了 PAN 的沉降通量，美国东北和欧洲的沉降通量范围在 0.01～0.2g N/($m^2\cdot a$)，平均值为 0.03～0.06g N/($m^2\cdot a$)。全球 PAN 总沉降通量为 2.5Tg/a，总硝酸酯类化合物的沉降通量为 9.1Tg/a。

由于人类活动的扰动，全球的沙尘量正在逐年增大，沙尘对大气有机氮的贡献就显得比较重要。沙尘颗粒的粒径范围从 0.1μm 到大于 20μm 不等，目前还没有文献对不同粒径沙尘颗粒对大气有机氮沉降的贡献做详细的评价，然而一些研究表明沙尘颗粒含有一定量的有机物。阿根廷西南部沙尘沉降通量为 40～80g/($m^2\cdot a$)，这些沙尘中 6%～8%是有机质，其中氮含量为 8%～10%，推算出与沙尘有关的有机氮沉降通量为 0.2～0.64g/($m^2\cdot a$)。根据全球沙尘沉降通量为 10～200g/($m^2\cdot a$)，有机质的含量取较小值 2%，其中的氮含量也取相对较低的数值(1%)，则保守估计沙尘有机氮沉降通量为 0.002～0.04g/($m^2\cdot a$)。大气中的含氮细菌对未过滤的湿沉降或干沉降中总有机氮有贡献，但是大气中细菌有机氮的贡献大小和沉降通量至今尚不清楚。

4) 大气沉降中有机氮对海洋生态系统的影响

海洋浮游生物可以利用一部分大气沉降的有机氮，有报道称雨水中超过 30%的溶解有机氮可被浮游生物在数小时或数天内利用；也有研究认为雨水中 45%～

75%的有机氮可以被微生物很快利用。单一的有机氮化合物像尿素和氨基酸可被各种浮游生物所利用，其他有机氮化合物如尿囊素、尿酸(酰脲化合物)也可以被海洋浮游生物所利用。由于在一定条件下大气沉降的有机氮可以增加海洋初级生产力，进而增加 CO_2 的吸收速率并对全球的气候变化产生影响，因此大气有机氮入海通量的计算成为相对敏感的科学问题。但有人指出与全球碳循环系统相比较，大气输入到海洋生态系统中的氮是微不足道的，这一说法是建立在对化合态氮(主要指 NO_X)入海通量估计为 12Tg 的基础上的，如果海洋浮游生物以固定的 C/N 吸收 CO_2，那么这些氮相当于 72Tg C，不到全球人为释放 CO_2 量的 1%。然而，这种估计没有考虑大气中各种来源的有机氮及其对海洋生态系统的影响。另外，这一观点受到质疑还因为它仅考虑了氮的直接吸收，而忽略了反馈作用。如果按照大气中溶解有机氮的入海通量为 28～84Tg/a，溶解无机氮的入海通量为 28～70Tg/a 进行计算，并假设这些氮最终都能被生物所利用，则这些氮相当于 330～930Tg C，这一数值为全球人为释放 CO_2 量的 4%～12%(全球人为 CO_2 释放量以 8000Tg/a 计)。考虑到气相有机氮存在的可能性和大气有机氮干沉降数据的缺乏，上述对总氮通量的估计可能是一个保守值。因此，实际大气氮的入海通量和海洋吸收 CO_2 的量还会有所增加。

大气有机氮沉降还可能影响海洋生态系统的结构。实验研究表明，对于相同浓度的有机氮和氨氮，海洋细菌和浮游植物生物量的响应大小是相似的，但是最终浮游植物生物群落的组成显著不同，在雨水有机氮培养组，硅藻和甲藻占浮游植物生物量的 90%以上，而在氨氮培养组，单细胞生物占生物量的 85%以上。这表明了入海的有机氮还可能存在潜在的反馈作用，如近海地区浮游植物生态群落的改变可能导致有害赤潮的暴发，然而，由于目前大气有机氮沉降数据相对缺乏，还不能充分认识大气有机氮对海洋生态系统的真正意义。

3.2.1.3 生物固氮

固氮生物就是具有将空气中的氮气(N_2)转化为可被生物体利用的氮素功能的生物。有此特殊的功能，就决定了固氮生物在氮为主要限制性元素的海洋自然生态系统中有极其重要的作用。第一，在海洋的各种生态系统中，生物固氮是重要的“新”氮素来源，并促进碳的光合固定，形成新生产力，因此对海洋的氮、碳等生源元素的生物地球化学循环和海洋生产力的形成与持续发展有重要意义。第二，海洋固氮生物及其共生体(symbiotic association)的多样性可对海洋生态系统中生物的群落结构与功能产生极其重要的影响。第三，固氮生物是环境变化的重要生态指示物，对海洋环境的维护和生态平衡的保持有重要作用。因此，生物固氮作为海洋生态系统和生源元素生物地球化学循环的重要环节，可对海洋生物圈及海洋生态环境产生极大的影响。

(1)生物固氮的概念、研究历史及现状

分子氮(N_2)在生物体内由固氮酶催化还原为氨的过程称为生物固氮作用。固氮的总反应式为

$$N_2 + 8e + n\text{ATP} + 8H^+ \longrightarrow 2NH_3 + 4H_2 + n\text{ADP} + n\text{Pi}$$

可以看出生物固氮是需要消耗大量能量(ATP)，并伴随放氢的过程。

1888 年第一次分离出具有固氮活性的微生物，1889 年发现长有蓝藻的土壤有固氮能力，并且在无氮培养基上能生长多变鱼腥藻等纯培养物而得到证实。到 20 世纪 60 年代，随着 C_2H_2 还原法测定固氮活性的技术产生后，已发现有细菌、放线菌和蓝藻或称蓝细菌(cyanobacteria)三大类固氮微生物。虽然能直接固氮的生物都是原核生物，但通过自生、联合固氮、共生固氮的方式，它们和群落中其他多种生物一起形成丰富多样的生物固氮生态体系。

20 世纪 70 年代起，由于当时世界的能源危机，而人工合成化学氮肥需要大量的能源，因此在世界范围内第一次掀起生物固氮研究高潮，研究领域涉及固氮生态生理、遗传、生化、结构组成等，研究目标主要是通过生物固氮增加植物的氮素供应，提高作物的生产力水平。生物固氮研究成为仅次于光合作用研究的第二大研究领域。

20 世纪 80 年代后期以来，人们研究发现在森林、湖泊、海洋等自然生态系统中，由于氮、磷、碳等元素是初级生产力的主要限制因子，固氮生物对生态系统的氮、碳贡献至关重要，对生态系统的群落结构、演替和生产力持续发展有重要影响。因此，进行固氮生物对自然生态系统碳、氮等生源元素地球化学循环和全球气候环境的影响研究，成为目前生物固氮研究的前沿领域。

由于“乙炔还原法”的不断完善，从 1961 年以来，美国、澳大利亚、日本、南非、印度、英国等国分别对海洋生物群落中的海洋生物固氮能力进行了较为详细的研究，如红树林生态系统、珊瑚礁生态群落、特定海域真光层水域、海洋微藻垫(marine microalgae mat)和海草床(seagrass bed)生物群落等。目前关于大西洋、加勒比海地区、南部非洲沿岸、印度洋及地中海地区有较多的研究报道。研究结果表明，海洋固氮生物在世界不同海域都有极其丰富的物种多样性和共生互作方式，对海洋生物链中物质和能量的传递及生产力的持续与平衡发展有重要作用。我国在进行海洋浮游植物的分布和种类调查时有一些海洋固氮蓝藻的调查，并在微型蓝细菌在食物链中的作用、海洋蓝藻的特征色素等方面有一定的报道，但就海洋固氮生物在海洋中的固氮能力及其在海洋生态学中的意义，还未见有系统的研究报道。

基于海洋蓝藻在海洋生态系统中的作用，美国等国家近年来进行了可造成赤潮的海洋浮游蓝藻如束毛藻(*Trichodesmium*)的卫星遥感监测以及海洋固氮生物分子分类学和遗传多样性等方面的研究。

(2) 丰富多样的海洋生物固氮生态体系

海洋中有极其丰富的海洋固氮生物种群，其固氮方式具多样性，经过多年的进化和演替，形成了丰富多彩的结构形态和多种共生互作关系。

1) 主要的固氮生物种类

蓝藻类：该类固氮生物在生物固氮的同时还进行光合固碳作用。在海洋中分布最广的是束毛藻属(*Trichodesmium*)，包括铁氏束毛藻(*T. thiebautii*)、汉氏束毛藻(*T. hildebrandtii*)等，它们是外海浮游型蓝藻。另外属于浮游性蓝藻的有颤藻属(*Oscillatoria*)、浮丝藻属(*Pelagothrix*)、假膜藻属(*Katagnymene*)，球状微型蓝藻代表属有聚球藻属(*Synechococcus*)、微囊藻属(*Microcystis*)、聚胞藻属(*Synechocystis*)。

固着在海底、岩石和植物及其他生物上的共生蓝藻有眉藻属(*Calothrix*)、胞内植生藻(*Richelia intracellularis*)、丝状鞘丝藻(*Lyngbya confervoides*)、原型微鞘藻(*Microcoleus chthonoplastes*)、伪枝藻属(*Scytonema*)、胶须藻属(*Rivularia*)、双须藻属(*Dichothrix*)、单歧藻属(*Tolypothrix*)、蓝枝藻属(*Hyella*)、鞭鞘藻属(*Mastigocoleus*)、席藻属(*Phormidium*)、粘球藻属(*Gloeocapsa*)、节球藻属(*Nodularia*)、织线藻属(*Plectonema*)、岩线藻属(*Scopulonema*)、束丝藻属(*Aphanizomenon*)、管孢藻属(*Chamaesiphon*)、鱼腥藻属(*Anabaena*)，深水型的蓝藻有蓝纤维藻属(*Dactylococcopsis*)、念珠藻属(*Nostoc*)等。

异养细菌类：存在于沿岸沉积物和海水中的固氮细菌有肺炎克雷伯氏菌、产气肠杆菌、梭菌属、固氮菌属、黄杆菌属、芽孢杆菌属、克氏杆菌属(*Klebstella*)、弧菌属(*Vibrio*)、梭状芽孢杆菌(*Clostridium*)、脱硫弧菌属(*Desulfovibrio*)、假单胞菌属(*Pseudomonas*)等属中的一些种。

光合细菌类：固氮红螺菌、红硫菌及紫硫菌，如着色菌属(*Chromatium*)；无色硫细菌，如贝氏硫细菌(*Beggiatoa*)等。它们主要是和其他生物联合固氮，可进行光合作用和化能合成作用。

2) 海洋生物组成的多样联合、共生固氮体系

海洋中有极其丰富和复杂的生物生态群落，海洋中的固氮生物及其共生体在生态群落中有极其重要的位置，并对海洋生物群落的结构和功能、海洋生态系统生源元素的地球化学循环以及地球气候环境有极其重要的影响。

红树林生态系统的联合固氮体系：红树林是重要的海洋近岸生态系统，对海洋环境保护和生态平衡维持有重要作用，是海洋生产力的重要组成部分。在自然海洋沿岸生态系统中，维持其高生产力的营养元素的来源，是重要的研究课题。

有学者在研究了南非的 Beachwood 红树林自然保护区后指出，有大量的根际固氮细菌和红树林根系主要为海榄雌(*Avicennia marina*)进行联合固氮。另外，还有蓝藻包括丝状鞘丝藻、泥生颤藻(*Oscillatoria limosa*)、原型微鞘藻等与根系进行联合固氮。其中，固氮生物在根系周围获得根系分泌的有机物，作为固氮的能

源和碳源。固氮活性与温度、光照强度、日照强度和季节性变化有重要关系，生物固定的 24.3%化合态氮供给红树林吸收。

在墨西哥的西北部对红树林根际、气生根系与蓝藻的联合固氮关系进行了详细研究，证明红树林根系位置不同，可能联合共生不同的海洋蓝藻。在靠近沉积物底部的部分主要联合非异型胞的丝状蓝藻，如颤藻属和鞘丝藻属(*Lyngbya*)，中心区域主要有聚鞘微鞘藻(*Microcoleus*)，上面部分主要有隐杆藻属(*Aphanothece*)等蓝藻。从气生根中分离出微鞘藻属和鱼腥藻属(*Anabaena*)，并以鱼腥藻属为优势种。同时，研究指出它们的固氮活性有着明显的季节性变化以及日变化特征。由此可知，在红树林生态系统中有极其完善和高效的联合固氮生态体系存在，是红树林生态系统氮素的重要来源。

珊瑚礁生态系统的固氮体系：珊瑚礁生态系统是热带海洋环境的特征生态系统，就珊瑚礁生态系统中低营养盐浓度能维持高生物生产力的持续发展问题，至今还是中外学者研究的热点问题，尤其是生态系统内部的氮素来源问题，还没有得到合理的解释。目前比较公认的氮源途径，第一是来自陆源氮的供给和降水的输入，第二是海洋内营养盐丰富的冷水上升流的输入，第三是珊瑚礁生态系统中珊瑚及其共生体的自营养过程，即生态系统内与珊瑚共生的海洋固氮生物供给“新”氮源，维持其高生产力持续发展。

在西太平洋的 Palau 和 Ishigaki 珊瑚礁中，对初级生产者进行高 δ^{13}C、低 δ^{15}N 同位素测定，结果证明，珊瑚礁底栖初级生产者的氮源主要来自生物固氮作用，而该珊瑚礁生态系统中 CO_2 光合固定是与新氮源的吸收和固定同时发生的，说明在珊瑚礁生态系统中，生物固氮作用对整个生态系统的碳、氮同化有着重要作用。同时光合固碳作用和生物固氮作用有极其密切的联系，这种联系也表现在其他海洋固氮生物中。

在澳大利亚的大堡礁和潟湖中也存在大量的固氮生物及其共生体，共同维持着生物群落的化合氮素和有机碳的合成与利用。在马舌尔群岛的 Enewetak Atoll，受潮汐影响的珊瑚礁坪地，固氮生物的固氮率可与栽培农业条件下的固氮率相比。通过对澳大利亚大陆架大堡礁珊瑚(Porites lobata)进行 δ^{15}N 研究发现，大陆架中部珊瑚生态系统的氮源有一部分来自与之联合生长的海藻垫的生物固氮作用。

在珊瑚礁群落中海洋蓝藻与海绵属形成内共生关系：蓝藻固氮满足海绵氮素需求，海绵为蓝藻提供营养及微氧固氮环境。在珊瑚礁群落中海洋蓝藻还与绿藻如小网藻(*Microdictyon*)和褐藻如网地藻(*Dictyota*)联合固氮，在巴哈马群岛珊瑚礁 20m 深处有此联合固氮，固氮量为 3.8μg N/(kg DW·h)。另外，还有珊瑚和固氮细菌的互作联合固氮，如石珊瑚(stone coral)和固氮菌属的联合。在此生态群落中也有蓝藻和固氮细菌的联合固氮作用。同时，珊瑚礁生态系统中，水域的浮游性蓝藻如束毛藻固氮可大规模为大堡礁潟湖(great barrier reef lagoon)提供氮。

海草生态群落的联合固氮：在海洋的海草床、海藻垫群落中，有更复杂多样的海洋蓝藻及其共生系统，如针叶藻（*Syringodium* sp.）群落、泰来藻（*Thalassia* sp.）群落、马尾藻群落、大叶藻（*Zostera* sp.）群落等都与相应的蓝藻种群以多种方式共生，对生态群落的生产力发展、海洋环境维护和生态平衡维持有重要作用。

温带海洋植物大叶藻具有很高的生产力，它可以维持相当量的根际固氮。其中 *Z.marina* 和 *Z.nolhii* 根际都有很大的固氮量，大叶藻根际的固氮活性同时受根际可获得性有机碳以及低氨浓度所控制，固氮生物的固氮量在 0.1～7.3mg N/(m^2·h)，其大小取决于季节的变化，估算每年有 0.4～1.1g N/(m^2·a)，每年总固氮量的 6.3%～12%贡献给大叶藻。

进一步研究证明大叶藻的光合作用对大叶藻根际固氮活性有很大的影响，大叶藻根际的固氮率很大程度上取决于光合作用活性，同时研究了大叶藻根标固氮活性的季节性变化，并指出根际中联合固氮的优势固氮菌是硫还原细菌。

海岸线盐土沼泽及潮间带普遍存在的平滑网茅（*Spartina alterniflora*）与固氮生物的联合固氮作用，因平滑网茅能产生较多的根系溢泌物，固氮细菌可与其根系联合固氮，其根际土、泥层表面也有蓝藻固氮，网茅死亡的枝叶和腐根有更高的固氮活性。对美国大西洋沿岸水域和北卡罗来纳沿岸潮间带的底栖微生物垫群落、沿岸湿地腐败的平滑网茅及大叶藻群落的海洋蓝藻研究，证明有束毛藻属、鱼腥藻属、颤藻属和束丝藻属，另外的藻群有席藻属、鞘丝藻属、微鞘藻属等，这些蓝藻对大叶藻和平滑网茅群落的氮素供应有重要意义，并就微量元素、光照、厌氧环境等对固氮的影响做了详细研究。

海洋热带被子植物有很强的根际固氮活性，泰来藻（*Thalassia testudinum*）的固氮率已经超过了豆科植物和森林的固氮率水平。这主要与其有庞大的根系和根际还原环境有关，有利于根际固氮细菌的生物固氮作用。在澳大利亚的 Carpentaria 湾，海草床群落中以针叶藻（*Syringodium isoetifolium*）为优势种群，通过 3 种不同的方法进行固氮活性的测定，结果表明在该群落中，固氮量在 16～47mg N/(m^2·d)，而有泰来藻的礁石平台固氮生物固氮量范围在 13～19mg N/(m^2·d)，位于 Weipa 的 *Enhalus acoroides* 群落平均固氮量为 25mg N/(m^2·d)。以针叶藻为优势的海藻生态群落，在海草叶表寄生的固氮生物的固氮量占总固氮量的 5%，而与针叶藻根际根系联系共生的生物的固氮量占 8%，固氮海洋植物所需求的 8%～16%氮来自当季的生物固氮作用。

海水水域的联合固氮：束毛藻是研究最多的海洋固氮蓝藻，也是在海洋中分布最广的远洋性海洋浮游蓝藻，是寡营养海洋生态系统的主要优势种，对海洋及全球环境有重要意义。研究证实在加勒比海域中该藻每天有 110mg C/(m^2·d)的光合生产，以及 1.3mg N/(m^2·d)的新氮源固定，约占海域初级生产力的 20%。北太平洋夏威夷附近海域的 ALOHA 站上层水域（0～45m），在 3 年的观察期间，束毛藻生物量不断增加，并估计出其本身就能提供 51mmol N/($m^2 \cdot a$)，这相当于该水域颗粒氮输出的 50%为新生产力所用。由此可见，束毛藻对海洋生产力有至关重要的作用。

在海洋浮游生物中，一些海洋细菌和海洋蓝藻可形成细胞外共生关系，海洋中有两类细菌可与固氮蓝藻细胞外共生，一类是聚集在营养细胞周围的细菌，在利用蓝藻固定的氮素的同时为蓝藻提供 CO_2 和无机营养。另一类细菌存在于异型胞周围，通过趋化作用附着在异型胞的连接处，消耗氧气以提供还原性的环境，维持固氮酶活性。同时，海洋固氮菌属细菌可以和海洋硅藻如 *Asterionella glacialis* 和绿藻如 *Chlamydomonas reinhardtii* 等形成外共生关系，这种关系往往是海洋赤潮的起因之一。

硅藻根管藻(*Rhizosolenia*)及梯形藻(*Climacodium*)和内共生的蓝藻胞内植生藻之间的内共生，已形成形态和生理结构上的变化，使两者能高效地交换有机碳和氮素，互通有无，共生共存。根管藻与蓝藻的共生体在海洋中更常见，如在夏威夷邻近海域就占很大的比例。在三亚湾至少发现 3 种属于这种共生关系的体系。胞内植生藻还可以和角毛藻(*Chaetoceros*)形成外共生关系。半管藻-蓝细菌的共生体系(*Hemiaulus-Cyanobacteria*)在北大西洋西南部有较大优势，现证明有 98%以上的半管藻与蓝藻共生，并有较强的固氮活性。

此外，海洋蓝藻能与甲藻共生，如横裂甲藻类的鸟毛藻属(*Ornithocercus*)和 *Histioneis* 的环带(angular list)中就有蓝藻的共生。近年来综合研究证明，海水水域和海洋生物群落中还有超微型蓝细菌，如聚球藻属(*Synechococcus*)、聚胞藻属等并在海洋初级生产力、新生产力和食物链中发挥着巨大作用。

同滤食性贝类的联合固氮：英国海岸有绿藻刺松藻(*Codium fragile*)附着在扇贝和牡蛎上，而该绿藻上附着的大量固氮菌相互传递着氮、碳，固氮菌固定的氮有 4%供给该绿藻。蛤类可以直接与蓝藻、固氮菌联合固氮。在三亚湾和大亚湾发现有多种蓝藻附着在珍珠贝、牡蛎、藤壶、蛤类等贝类上，形成密切的联合固氮关系。

总之，由于各种各样的海洋固氮生态体系的存在，其固氮、固碳为海洋生物生产过程提供所必需的碳源和氮源，同时“海洋生物泵”(biological pump)将碳、氮转化为有机碳、氮及海洋生产力，提供有效的能流和物流。

(3) 固氮生物的固氮贡献以及对海洋生产力的作用

1) 固氮生物对海洋初级生产力的贡献

a. 固氮生物本身是海洋初级生产者

在海水中自由生长的束毛藻，在热带的北大西洋海域有 165mg C/($m^2 \cdot d$)的光合生产，由它在真光层固定的新氮源大约为 30mg N/($m^2 \cdot d$)，在 Caribbean 海域平均有 15.9mg/m^2 的 Chl a 在束毛藻体内，占总 Chl a 的 61%，约有 60%的初级生产力来自固氮蓝藻。1995 年仲夏在阿拉伯海发生的束毛藻(*T. erythraeum*)水华，覆盖整个阿拉伯海表面的 20%。

依据在海洋中氮是限制性营养元素，以前人们认为海洋的生物泵初级生产者吸收利用溶解无机碳(DIC)和吸收 NO_3^-呈正相关，并将同时消耗的碳、氮(C/N)物质的量比定为 6.6(即为 Redfield 比值)，以此作为海洋浮游生物碳、氮循环的普遍标准而用了几十年。然而，Raymond 在对大西洋真光层研究后指出，依据海洋中化合态氮(NO_3^-)的消耗，利用 Redfield 比值外推，会严重低估真光层中有机碳的输出。更有学者在研究委内瑞拉和秘鲁海域上升流生态系统后明确指出，海洋中共同消耗的 $\Delta DIC/\Delta NO_3^-$值在 10.1～28.6 更适合热带真光层群落，与 Redfield 比值有差异的重要原因是海洋的生物固氮作用，有 34%～77%的有机碳新生产归因于海洋蓝藻对 N_2 的固定(同化)。由此可知，海洋蓝藻及其光合固氮功能对海洋生态系的碳、氮循环和新生产力水平有直接影响，并对海洋生态类群结构和功能有重要的调控作用。

b. 其他初级生产力氮素的重要供给者

在大西洋西南部，胞内植生藻和硅藻根管藻的共生，是海洋中初级生产力的主要组成，氮素主要来自蓝藻胞内植生藻的固氮作用。而作为重要初级生产者的半管藻，已证明有 98%以上和蓝藻共生固氮。红树林生态系统中，估算其年所需的氮素有 24.3%是由当季蓝藻的联合固氮作用供给。

巴哈马群岛珊瑚礁于 20m 深处有 3.8mg N/(kg DW·h)的固氮量，而马舌尔群岛的平地珊瑚礁平均固氮量(以眉藻为主)为 1.8kg N/(m^2·a)。在热带针叶藻的海藻床，蓝细菌是异养生物的重要食物来源，同时从破坏的蓝细菌中释放或蓝细菌自身分泌的无机氮源是针叶藻生长的重要氮源。针叶藻群落固氮量为 16～47mg N/(m^2·d)。植物总氮有 8%～16%来自生物当季固氮。在秘鲁和委内瑞拉海域中，以束毛藻(*T. thiebautii*)和聚球藻属(*Synechococcus* sp.)为主产生的固氮积累，有多达 50%以溶解有机氮(DON)形式释放，而释放出的 DON 可能是该海域甲藻(*Gymnodinium splendens*)赤潮发生时氮的主要来源，因此是形成赤潮的主要责任者。估计地球固氮量约为(122～139)×10^9kg N/a，全球海洋固氮量约为 10×10^9kg N/a，这其中还没有估计赤潮的固氮量，如在印度洋东南沿岸的 Tuticorin 湾，1989 年发生 *T. thiebautii* 的赤潮，最大初级生产力为 51.2mg C/(m^3·h)，Chl a 含量为 535.26mg/m^3，而在北大西洋中束毛藻的初级生产力为 165mg C/(m^2·d)，固氮量为 30mg N/(m^2·d)，因赤潮而产生的固氮量就是 5.4×10^9g N/a。

2)对综合生产力再生产的贡献

海洋固氮生物固定的新生氮源和有机碳源主要通过以下途径迅速而高效地进入相应生态系统的生产力组成：①固氮生物体——→分泌、死亡分解产生有机氮

$\xrightarrow{\text{细菌分解转化}}$溶解无机氮$\longrightarrow$被其他植物吸收产生初级生产力；②固氮生物体$\longrightarrow$分泌、死亡分解产生有机氮$\xrightarrow{\text{细菌直接利用}}$微生物自身生物量$\longrightarrow$微型食植动物$\longrightarrow$原生动物$\longrightarrow$后生动物，进入食物网；③固氮生物体$\xrightarrow{\text{生物固碳、固氮}}$提供化合态氮$\longrightarrow$促进其他浮游植物进行生物固碳，形成有机质和生物体$\longrightarrow$被滤食性动物、浮游动物、杂食性动物和鱼类等所食$\longrightarrow$进入食物链，产生综合生产力。

有关研究表明，由低一级营养级向高一级营养级转化：初级生产者(primary producer)$\longrightarrow$食草动物(herbivore)$\longrightarrow$食肉性动物(carnivore)$\longrightarrow$高级食肉性动物，如鱼类，平均转化效率为9.2%～10%，因此对初级生产力和生物量进行估算是必要的，它们对当前渔业捕捞业有直接和间接的贡献。

总之，海洋中有极其丰富的固氮生物种群和多样的共生固氮方式，它们是海洋生态系统中生物所需“新”氮素的主要供应者，对海洋的初级生产力及综合生产力有极其重要的作用。

对海洋水域中的生物固氮研究，可合理提高对海洋新生产力水平的过低估算，修正原有的海洋生物吸收碳、氮物质的量比，即使原有的C与N物质的量比(Redfield比值)在6.6的基础上有较大的提高，尤其是在热带海洋水域中。

进行生态群落的生物固氮研究，对了解生物的类群结构、演替特征和群落的固氮、光合固碳等功能有重要作用。

对热带海洋生态系统的生物固氮研究，可解释低的营养盐环境为何能维持高的生物生产力水平，在寡营养盐的海域何以存在高生产力“绿洲”。

研究海洋生物固氮对生源要素氮、碳的生物地球化学循环有重要作用，可更合理地解决碳、氮生物地球化学循环中“源”(source)与“汇”(sink)的平衡。在全球的氮、碳平衡预算中，碳循环有一个很大的未探明的汇，氮循环模型研究有“丢失的氮”(missing nitrogen)，这是当今科学界感到困惑的重要问题。无处不在的海洋生物固氮体系及其强大的固氮、固碳作用，使科学家将其作为碳、氮循环的关键环节而得到充分的重视。

此外，海洋蓝藻对海洋环境维护和生态平衡维持有重要作用，如海洋蓝藻可以降解海洋中的化学杀虫剂，分解原油，可以作为海域富营养化的生态指示物。固氮生物对海洋沿岸沙丘的稳定也有重要作用，它为固定沙丘的植被提供氮素供应，使沙丘化植被能在自然条件下持续发展。

另外，海洋固氮生物与其他藻类形成的共生体，如束毛藻属、根管藻-胞内植生藻、半管藻-胞内植生藻等本身就是赤潮的形成者，蓝藻的固氮也可为许多赤潮藻类提供可靠的氮源。因此研究海洋生物固氮对海洋生物多样性、海洋污染防治及环境保护、赤潮研究及海洋生产力的持续发展都有极其重要的作用。

3.2.2 海洋沉积物中氮的来源

海洋沉降颗粒物的最终归宿是形成沉积物，颗粒物中有机质的含量非常丰富，因此，研究海洋沉降颗粒物中氮的来源是研究海洋沉积物中氮来源的关键。从众多研究中发现，氨基酸是海洋沉降颗粒物中有机氮的重要组成部分，占有机氮含量的 30%～60%，研究氨基酸的组成和含量是研究沉降颗粒物中有机氮形态及分布的关键。从氨基酸的组合特征来看，以甘氨酸、天冬氨酸、谷氨酸、丙氨酸、丝氨酸、苏氨酸及赖氨酸为主，占氨基酸总量的 70%以上，对各种成分绝对含量的研究还没有形成系统的方法，但其相对含量与浮游生物的氨基酸组成相似，都呈现酸性氨基酸大于碱性氨基酸的特征。从氨基酸含量随深度变化来看，颗粒物在向下沉降过程中有机质有明显的分解和溶解作用，以及颗粒物不断侧向运动，造成深浅层沉降颗粒物的通量变化不一致，深层沉降颗粒物的通量变化总体上只占浅层沉降颗粒物的 60%左右。氨基酸的缓慢矿化作用使氨基酸含量在垂直方向上逐渐降低，从而使 NH_4-N 的含量有所增加，这也是表层沉积物中 NH_4-N 含量较高的原因。

研究表明，陆生高等植物富含纤维素而蛋白质含量低于 20%，因此其产生的有机质中 TOC/TN 值较高，一般在 14～30；而海洋浮游生物富含蛋白质，产生的有机质中 TOC/TN 值较低，一般小于 10。根据沉积物中有机质的 TOC/TN 值可以判断有机质的来源和沉积环境的变化情况。沉积物中 TOC/TN 值取决于有机物的组成、矿化作用的大小和有机质补给的速度。

利用 TOC/TN 值可定量估算总有机碳中水生有机碳（C_a）、氮（N_a）和陆源有机碳（C_1）、氮（N_1），假设水生和陆源有机质 C/N 值分别为 5 和 20，则水生有机碳和陆源有机碳可定量地表达为

$$C_a=(20\text{TN}-\text{TOC})/3 \tag{3-1}$$

$$C_1=4(\text{TOC}-5\text{TN})/3 \tag{3-2}$$

关于海洋悬浮颗粒物中元素的比值，对 C/N 值的研究比较多，研究认为世界海洋中 POC/PON 值在 4.8～18.5，不同海区会由于化学和生物组成以及沉积环境等的不同，POC/PON 值相差甚远。

有机碳同位素 $\delta^{13}C_{org}$ 在区分海洋与大陆有机物的来源方面具有重要作用，其主要反映光合作用、碳同化作用以及碳源的同位素组成。绝大多数陆地植物的光合作用主要通过 C_3 Calvin 途径，称为 C_3 植物。另外一些植物如甘蔗、玉米、高粱的光合作用主要通过 C_4 Hatch-Slack 途径，称为 C_4 植物。此外，还有一些肉质植物通过 CAM 途径，由于其对海洋的有机质贡献很小，因此可以忽略。陆地植

物通过 C_3 途径把大气 CO_2（$\delta^{13}C$≈–7‰）合成为有机质，其 $\delta^{13}C$ 值为–27‰，而 C_4 植物的 $\delta^{13}C$ 值则为～–14‰。对于海洋藻类来说，其有机碳的 $\delta^{13}C$ 值通常是–22‰～–20‰，故在陆地 C_3 植物与海洋藻类之间同位素差值大约为 7‰。这成了区分有机质来源的良好指标。

沉积物有机质 $\delta^{15}N$ 值也能够用来区分是藻类还是陆地植物来源。光合作用利用的无机氮源在水生和陆地植物中是有差异的。水生植物主要利用 NO_3^-，而陆地植物则主要利用 N_2。Peters 等曾用 $\delta^{15}N$ 值的不同来估计加利福尼亚近海沉积物有机质的来源，结果证明 $\delta^{15}N$ 值总的来说是有效的。一般说来，典型的海洋浮游植物的 $\delta^{15}N$ 值在 4‰～10‰，平均值通常为 6‰，而陆地植物的 $\delta^{15}N$ 值一般在–10‰～10‰，平均值为 2‰。

碳氮比的分布特点与浮游生物的分布密切相关，常用来指示有机质潜在的物源分布。该比值高的海域，说明有机质以陆源为主，因为高等植物一般拥有较高的 C/N 值；该比值较低的海域，一般是浮游生物量高的海域，如浮游植物的 C/N 值是 7.7～10.1，细菌等的 C/N 值为 2.6～4.3。因此，一般陆源和水生有机质的 C/N 值分别是＞12 和 6～9。但由于 C/N 值的分布受生物活动、水团运动及有机物再悬浮等多种因素的影响，因此仅用 C/N 值来判断海洋沉积物的来源是不可靠的，必须结合其他环境因子进行分析。

3.2.3　海洋氮的收支

维持初级生产力所需的生物可利用氮供应不足是海洋学中最为有趣的一个难题。由风暴、涡流泵和扩散作用所引起的来自深海的上升流含有丰富的营养元素，可提供 40%～60%的必需氮，而由河流输入和大气沉降输入的氮约为 80Tg N/a 和 60Tg N/a，其余部分必须由大气中 N_2 的还原来提供，这就必须要断裂超稳定的 N-N 三键。由固氮生物固定的氮估计约为 90Tg N/a，占所需氮的不到 50%。由于有机氮向深海不断沉降（约为 420Tg N/a），透光层中氮持续缺乏，如果缺失的氮没有再循环到上层海水中，初级生产力会在几年内迅速下降，海洋氮的收支也将严重失衡，这些氮的循环途径是不同的（图 3-10），因此弄清海洋氮的补充机制就显得尤为关键（图 3-11）。

有人认为生物固氮量是充足的，而以往估计的生物固氮量被低估了。通过对 6 个航次 150 多个站位固氮蓝细菌研究得出，其每年固氮速率约为$(87\pm14)\times10^{-3}$mol N/m^2，提供给透光层生态系统的氮与垂直输运的氮接近。假设估计的生物固氮速率在热带、亚热带北大西洋具有代表性，则每年这一区域可增加固氮 1.6～2.4Tmol N，几乎比早期估计的全球固氮量大一个数量级，这与通过非直接测量的地球化学方法所得到的 2～6Tmol N/a 相一致。

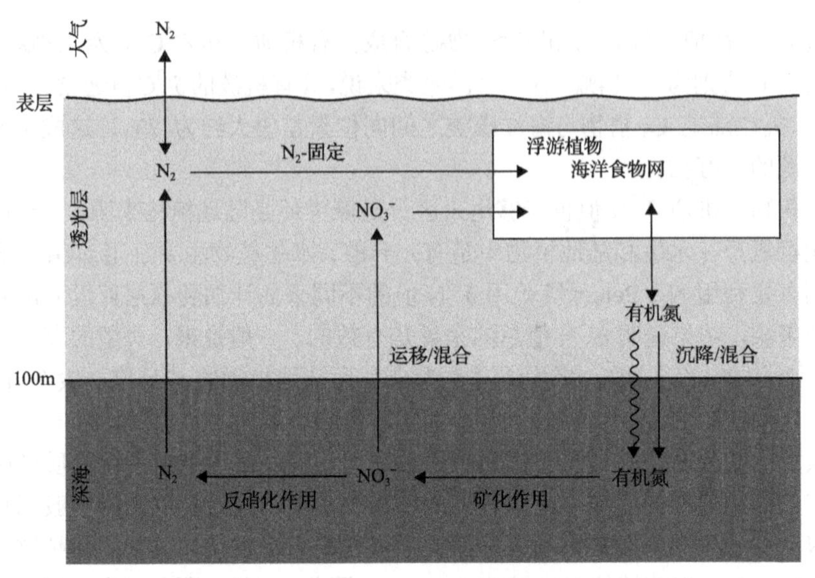

图 3-10　海洋中氮循环的途径(彩图请扫封底二维码)

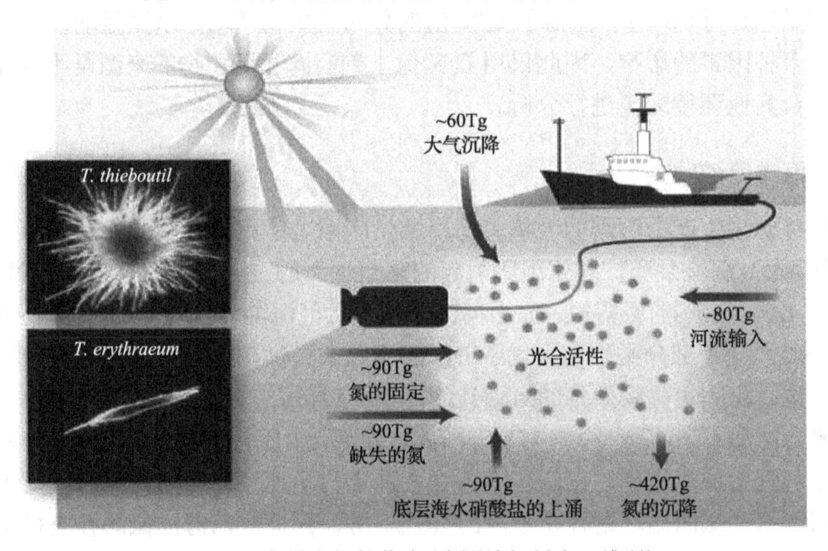

图 3-11　海洋中氮的收支(彩图请扫封底二维码)

3.3　海洋沉积物中氮的生物地球化学过程

3.3.1　海洋沉积物中氮的早期成岩作用

3.3.1.1　氮的早期成岩作用

早期成岩作用是指在沉积物(沉积岩)的温度不明显高于常温(25℃)时，沉积物固体或所含间隙水相内所发生的所有反应。细菌参与的有机质降解(分解)反应是早期成岩作用的一个明显特征。早期成岩的驱动反应为有机质的氧化分解反应，这一过程常常在沉积物-海水界面附近进行。海底氧化分解作用制约了被利用的有机碎屑部分，同时决定了营养物质释放入上覆水体的速率。根据有机质氧化作用过程中最终电子受体的不同可将早期成岩作用分为三个区带：①强氧化区，以氧作为最终电子受体；②次氧化区，以 NO_3^-、MnO_2、Fe_2O_3 作为最终电子受体；③厌氧区，以 SO_4^{2-} 作为最终电子受体。不同区带内有机质的氧化分解反应如下。

(1) 强氧化区

$$(CH_2O)_{106}(NH_3)_{16}+106O_2=106CO_2+16NH_3+106H_2O$$

$$或(CH_2O)_{106}(NH_3)_{16}+118O_2=106CO_2+8N_2+130H_2O$$

(2) 次氧化区

$$(CH_2O)_{106}(NH_3)_{16}+94.4HNO_3=106CO_2+55.2N_2+177.2H_2O$$

$$或(CH_2O)_{106}(NH_3)_{16}+84.8NO_3^-=5.2CO_2+100.8HCO_3^-+16NH_4^++42.4N_2+47.6H_2O$$

$$或(CH_2O)_{106}(NH_3)_{16}+212MnO_2+332CO_2+120H_2O \longrightarrow 438HCO_3^-+16NH_4^++212Mn^{2+}$$

$$或(CH_2O)_{106}(NH_3)_{16}+424Fe(OH)_3+756CO_2 \longrightarrow 862HCO_3^-+16NH_4^++424Fe^{2+}+304H_2O$$

$$或(CH_2O)_{106}(NH_3)_{16}+212Fe_2O_3+848H^+ \longrightarrow 106CO_2+16NH_3+424Fe^{2+}+530H_2O$$

(3) 厌氧区

$$(CH_2O)_{106}(NH_3)_{16}+53SO_4^{2-}=106CO_2+53S^{2-}+16NH_3+106H_2O$$

在不同的区带内，由于氧化剂不同，沉积物中有机质的氧化还原反应过程不同，产物也不相同，氮参与再循环的形态和含量各不相同，同时说明了沉积物中有机质反应的复杂性和多变性。Biscay 湾柱状沉积物中各生源要素含量的垂直分布进一步验证了柱状沉积物中早期成岩反应的分区，以及不同深度早期成岩反应的不同。这些区带里不同物质发生的溶解和沉降过程大大地影响了组分的浓度与可溶性成分的扩散通量。

沉积物对海岸体系中含氮化合物的转移具有非常重要的作用。沉积物中的氮除少部分被埋藏外，大部分通过矿化作用得以再生，并通过早期成岩作用以 NH_4^+、NO_3^-、NO_2^-的形式释放。海洋沉积物中氮的主要转化途径如图 3-12 所示。在沉积物氮的相互转化过程中，硝化-反硝化作用、氨化作用、硝酸盐异化还原为铵作用以及厌氧铵氧化作用是主要过程，也是其相互转化的主要途径。

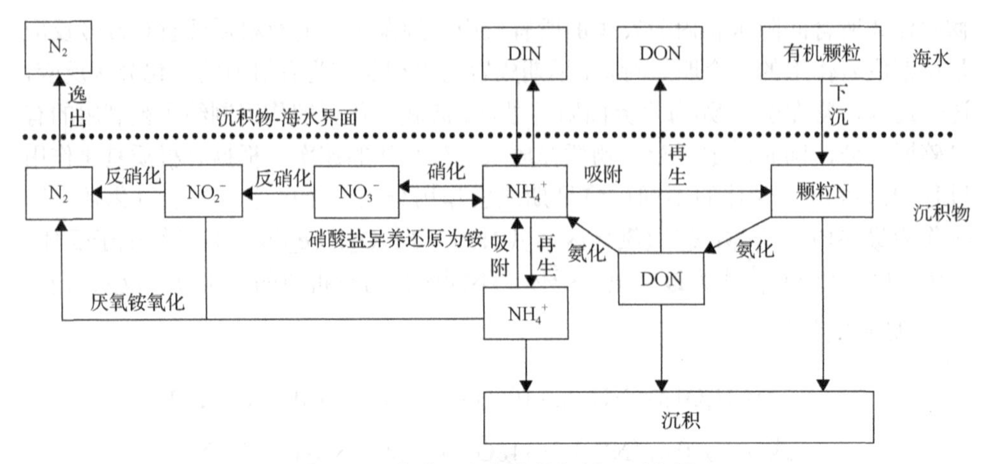

图 3-12　海洋沉积物中的氮循环示意图

对海洋沉积物早期成岩作用的研究从定性转为定量始于 Berner 在 1980 年关于“扩散-平流-反应”模式的提出。其假设沉积物中氮的反应过程为扩散、溶解、吸附、沉淀、平流等，在此基础上对其进行定量研究。一维线性模型还包括有氧矿化和缺氧矿化。这个模型与由不同深度的生物扰动和空隙形状决定的早期成岩作用的波动有关，它既可以用于稳定状态下，又可以用于不断变化的状态下，并已经用于海岸 C、O、N 的循环再生测定，解决了 C、O、N、NH_4^+和其他还原性物质的沉积深度构型问题。Fe、Mn 与 O、C、N、S 多元素耦合的早期成岩模型也已建立，揭示了金属氧化物在营养元素循环尤其是氮循环中的重要作用。

3.3.1.2　氮早期成岩作用的影响因素

影响沉积物中氮早期成岩作用的因素很多，通常情况下，温度、盐度、pH、DO 含量、生物扰动、细菌的作用等都能影响沉积物中氮的早期成岩作用，促进或延缓有机质的矿化作用进程，从而改变沉积物中氮的早期成岩作用过程和进入上覆水体参与再循环的氮的形态和含量。

高的矿化速率导致很少量的 O_2 渗透入沉积物中，从而使 NH_4^+的输出在海底总氮循环中占主导地位。在北海的 Dogger Bank 地区，矿化作用过程产生的所有氨几乎都在沉积物中被硝化，硝化作用可达氨化作用的 80%，而反硝化作用仅有硝化作用的 20%～40%和海底总氨化作用的 20%～30%，最后有 70%～80%的有机氮在 Dogger Bank 沉积物中发生矿化作用，大部分以 NO_3^-形式重新转移于水体。NH_4^+-NO_3^-组合模型揭示了有机氮转变为氨的矿化作用仅发生在上层 6～59mm。在有机物中加入有机填充物会提高 O_2 的消耗量及氮的矿化速率，反硝化作用也会随着有机填充物的加入而降低。

铁、锰等金属氧化物在早期成岩过程中的作用已受到广泛重视，尤其是在氮循环中的作用。许多研究者最近发现，扩散进入沉积物中的NH_4^+对锰氧化物的还原反应是产生重氮和NO_3^-产物的重要过程，NH_4^+在有氧存在的沉积物中被锰氧化物氧化形成重氮，而在无氧的厌氧环境中生成NO_3^-。

海洋底栖动物对沉积物中有机质的早期成岩作用也有重要影响。在大陆架沉积物中生存有大量的微生物和小型动物，小型动物生存于沉积物表层，微生物在沉积物深层40cm处仍可存活，在沉积物-海水界面以下1cm内的沉积层中，微生物和小型动物的种类非常丰富。它们在有机和无机物质以颗粒或溶解形式在沉积物-海水界面发生交换的过程中起重要作用，在沉积物-海水界面上及周围发生的早期成岩作用很大程度上也受微生物活动的制约，微生物和小型动物都能生成大量的细胞外多聚物，这些多聚物可与小的无机颗粒物结合在一起，形成沉降颗粒物，从而改变它们的水动力学特性，也可在最轻微的扰动下再悬浮进入上覆水体。通常情况下，生物扰动改变了沉积物的地质特性，使O_2所能渗透的深度增加，使沉积物中有机质的有氧矿化在深层沉积物中也可以进行，改变沉积物中有机质的矿化作用过程，使氮的形态发生变化。它不仅能加快沉积物中有机质的矿化速率，也能加快沉积物-海水界面无机氮的交换通量，另外，由于底栖生物的扰动作用，有机氮对沉积物的输入和输出之间存在偏差，其中未经破坏的上覆水体的各成分浓度变化显著。

细菌在沉积物有机质的早期成岩作用过程中的重要性已受到越来越多的关注，其在营养物质的早期成岩作用过程中的效能需要较长时间才能体现。传统上认为细菌是有机质的加工者，可以释放矿化了的营养物质，因此，细菌的增长率和矿化营养物质的释放存在着正相关关系。然而，对深海矿物现场测定和实验室培养研究则发现细菌只是矿化营养物质的净消费者，而不是净生产者。细菌可矿化相当一部分溶解有机氮，并同化自由NH_4^+满足它们自身的氮需求。由细菌净再生的P和N可能只发生在底质C与N和C与P原子比小于相对稳定的细菌生物量C∶N∶P值为45∶9∶1时。可以说，细菌对沉积物中有机氮的早期成岩作用具有非常重要的作用，是有机质矿化作用的介质。

沉积物中NO_3^-的连续还原反应是氮循环的一个重要途径，一般发生在缺氧环境中。NO_3^-可被反硝化细菌还原为N_2，由于气态氮不能直接被藻类同化，在近表层沉积物物理和生物扰动下，气态氮逸出进入上覆水体，造成一部分N_2的流失，因为N_2的固定在大多数海区非常有限，故NO_3^-的还原反应也是氮的去营养化过程。它是一个细菌作用过程，与温度、生物扰动和溶解氧、有机质、NO_3^-、NO_2^-及NH_4^+的浓度有关，并且还随季节和区域变化。NO_3^-的还原反应大多发生在近表层沉积物，在低氧或缺氧条件下加入有机基质，反硝化细菌就还原NO_3^-为气态N_2，海岸沉积物能提供有机基质和缺氧环境，因此进入缺氧或低氧区域的沉积物

中 NO_3-N 将被反硝化。美国中部大西洋大陆坡沉积中心的沉积物有机质在重新矿化过程中释放的有机氮有 68%最终发生反硝化作用，尽管它的上覆水体为氧化环境。在 Baltic 海，初级生产力主要受氮限制，人类活动生成氮被认为是本区域发生富营养化的直接因素。Baltic 海富营养化的显著特征是沉积物中有机质的连续增加和这些物质降解造成底部缺氧区的扩展，伴随着有机碳的分解，使缺氧环境形成成为可能，这大大地促进了海底反硝化反应的发生，从而使反硝化反应成为重要的去营养化过程。

沉积物中的有机质被不同的异养细菌分解时产生 NH_4^+，NH_4^+对成岩作用具有重要的影响。当 NH_4^+被释放到水体中时，可被重新氧化，或重新结合成有机物，或吸附于颗粒物质，或者随浓度梯度扩散入沉积物的其他区域。沉积物对 NH_4^+的吸附在 N 的早期成岩过程中也是一个非常重要的过程，颗粒物质对 NH_4^+的吸收通常有两种形式：①可交换吸附，是发生于颗粒物质表面的离子交换反应；②固定吸附，吸附于颗粒物质内部，进入晶格结构中，不能再由其他阳离子取代。

1970 年就有研究发现了海洋沉积物中 NH_4^+的重要性，并检测到固定 NH_4^+占总氮量的 10%～22%，推翻了以前关于沉积物中氮皆为固定 NH_4^+的观点。NH_4^+的浓度在通常情况下随深度的增加而增加，到一定程度时趋于稳定，然后随深度增加又有所降低。当其浓度特别高时，NH_4^+可能再沉淀为自生矿物。在缺氧区，转移 NH_4^+的主要反应通常是颗粒物间的离子交换反应，定量描述 NH_4^+的吸附对于营养物质的循环模型和成岩作用都有重要意义。在研究 NH_4^+的吸附作用时，吸附系数 K 是一个重要的参量，它是吸附 NH_4^+浓度与溶解 NH_4^+浓度的比值。Long Island Sound NH_4^+的 K 为 1～2，表明沉积物中有机质分解产生的 NH_4^+是间隙水中溶解 NH_4^+的 1～2 倍。因此，沉积物中 NH_4^+的吸附是一个重要的过程，在研究近岸缺氧沉积物中氮的成岩作用时，一般都要考虑 NH_4^+的吸附作用。

目前尽管大多研究认为 DON 是海洋沉积物中总溶解氮的重要部分且更易被细菌和浮游生物利用，但对 DON 的循环研究非常少。在海洋沉积物中，氮的种类并没有一个明确的分类。对 Narragansett 海湾研究发现 30%的 DON 通量无法确定，氮对沉积物的输入和输出之间存在偏差，也就是说，未经破坏的上覆水体的各成分浓度变化显著，但在实验室培养过程中则出现混乱。在某些特定的环境下，沉积物中 DON 的输出可能较高，这可能是由海底存在活跃的大型生物群落所致，或者是由有机质暂时输入所致。在前一种情况下，DON 主要是尿素，在后一种情况下，DON 的输出会因沉积物的水解和矿化效应而暂时降低，并伴随有不完全矿化 DON 的输出。研究表明，Chesapeake 海湾三个主要站位胺和尿素的通量均小于总 DON 的 5%，总混合氨基酸(TCAA)是 Chesapeake 海湾沉积物中 DON 的重要部分。在某一特定时期，DON 是 Chesapeake 海湾沉积物中总溶解氮的重要部分，尤其是 4 月的南部海湾，5～7 月的中部海湾。

3.3.2　海洋沉积物中氮的循环及其控制机制

沉积物中的 N 循环包括氨化(矿化)、硝化、反硝化、NO_3^-的氨化还原等一系列复杂的生物地球化学反应，其最终结果体现为反应物和产物在沉积物间隙水中的浓度分布以及沉积物-海水界面的交换通量，这一循环过程通常包括两个方面：一是沉积物中有机质矿化向水体释放再生的营养物；二是海底对营养物的保留，对 N 而言其保留过程为深层埋藏及反硝化作用。沉积物-海水界面 N 的循环和转化如图 3-13 所示。

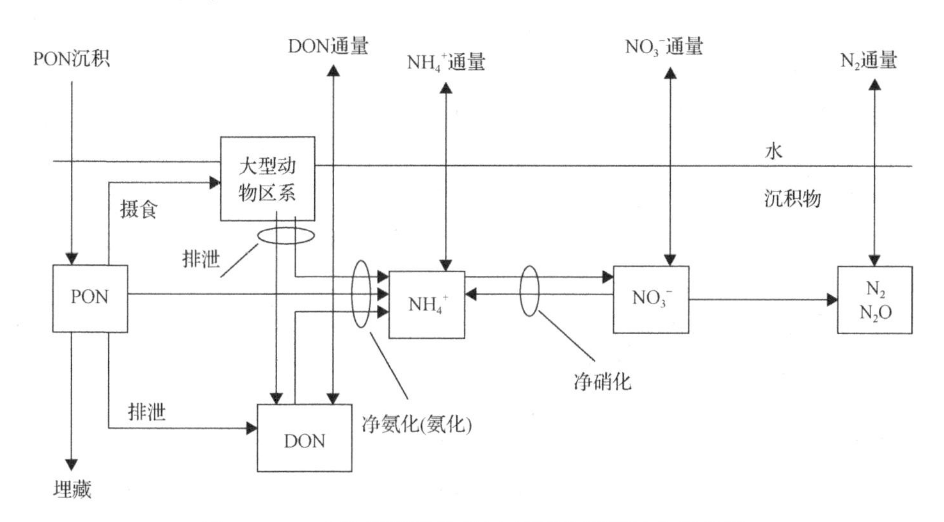

图 3-13　N 在海洋沉积物-海水界面的循环转化示意图

(1) 海洋沉积物中氮的循环过程

海洋沉积物-海水界面附近 N 的转化通常包括两个方面：一是沉积物向水体释放再生营养盐；二是海底对营养盐的保留，即深层埋藏和反硝化作用。上覆水体中沉降的颗粒有机氮，大部分被微生物所降解，形成溶解有机氮，另外一部分没来得及降解的颗粒有机氮被埋藏保留于沉积物中。NH_4^+从形成的溶解有机氮中释放出来的过程称为氨化作用。NH_4^+在含氧的沉积物中发生硝化作用生成 NO_2^-和 NO_3^-，或者被底栖生物所摄食而还原为颗粒有机氮。另外，沉积物有氧层的颗粒有机氮、溶解有机氮、NH_4^+、NO_2^-和 NO_3^-还可与上覆水体之间相互交换。

目前人们普遍认为矿化作用最终电子受体的优先级顺序为 $O_2 > NO_3^- > Mn(IV) > Fe(III) > SO_4^{2-}$，这一顺序反映了不同氧化剂作用所能获得的能量不同。对海底矿化作用的定量研究能给出有关生源要素在全球范围内循环，以及现代海洋组成的控制因素方面的重要信息。有机质的矿化作用主要发生在沉积物表层，在波罗的海西部的基尔海湾，沉积层 10cm 以下的 C、N、P 分别只占其总有机质含量的22%、13%、15%。对赤道太平洋地区沉积物的研究表明，70%的降解反应发生在表层1～2cm处。颗粒有机质(POC和PON)的矿化效率在好氧和厌氧条件下是一样的，而对于溶解有机质(DOC和DON)，则是好氧矿化效率远远高于厌氧矿化效率。矿化作用受一系列因素影响，包括沉积物中有机质的含量、微生物的量、温度、底栖生物扰动等。用$^{15}NH_4^+$示踪法对不同地域沉积物的矿化速度进行测定，结果发现底栖生物群落能使沉积物中释放的NH_4^+增加50%。在瑞典的Laholm海湾，向沉积物表面添加藻类物质能使其耗O_2量和无机N(IN)、溶解有机N(DON)、PO_4^{3-}的释放量分别增加1.6倍、4.5倍、2倍和3倍，而反硝化速度/矿化速度值显著降低，表明添加藻类能使沉积物成为更重要的营养源。较高的平均温度、沉积物可渗透性以及较短的停留时间均可提高氨化速度。对葡萄牙Sado河口的研究表明，由潮水涨落引起的平流输送逆转能使沉积物中75%的NH_4^+快速释放，其矿化速度高达85.2mmol/(cm^2·h)。矿化作用随时空变化明显，在赤道太平洋地区，由矿化作用产生的NH_4^+最大交换通量位于2°N～2°S，与最小通量的9°N～12°S区域相差5倍，而在100°～140°W变化较小。这些变化与大洋表面温度有关，亦表明了生物生产的变化。

海底矿化再生的NH_4^+在进入上覆水体之前可能被进一步氧化为NO_3^-(或NO_2^-)，即发生硝化作用。硝化作用对海洋生物生产具有重要影响，它改变了N循环的形式，将N的矿化再生与反硝化这一去营养化作用联系起来，且与异养生物争夺有限的溶解O_2。硝化作用受制于沉积物中可渗透的氧气的含量，通常发生在表层沉积物几厘米之内，随深度增加而减弱。在北海的比利时海岸较深沉积物(35mm)中的硝化作用仅为较浅沉积物(15mm)中的60%。控制硝化作用的物理化学因素包括温度、O_2、NH_4^+、CO_2和pH、盐度、毒物及促进物、作用界面等，此外其还受生物和生态因素的控制。海底硅藻将导致沉积物耗氧量、IN和DON释放量的显著增加。而硝化作用的增强或减弱则取决于占主导作用的因素，若NH_4^+增加则可利用的O_2就会减少，海底大型动物区系和大型植物都可以促进硝化作用。硝化作用产生的NO_3^-可在缺氧条件下还原成为气体N(N_2和N_2O)，由于硝化-反硝化作用可导致沉积物再生N的流失，从而影响整个N循环过程，这个问题近年来受到了研究者的广泛关注。在菲利普海湾(澳大利亚)，每年通过海底再生的N、P分别占输入的63%和72%，而其中有63%再生的N经反硝化作用流失，反硝化作用过程中的NO_3^-大部分来自硝化作用产生。在多格滩沉积物中，反硝化作用所需的NO_3^-完全由硝化作用产生。在美国切萨皮克海湾的Patuxent河口发现，超过99%的NO_3^-发生了反硝化作用，硝化-反硝化耦合十分密切，尽管二者需要截然不同的氧化-还原环境，但由于沉积物上部有氧层存在微还原环境，因此耦合作用发生。然而也有报道认为这种耦合作用并不明显。日本广岛海湾沉积物的硝化和反硝化速度分别为0.00～299μg/(m^2·h)和0.00～69.0μg/(m^2·h)，反硝化作用并不明显。有研究指出，砂质沉积物中主要发生的硝化作用可作为NO_3^-源，而泥质沉积物中的反硝化作用则成为NO_3^-的汇。尤其在初冬，水体中NO_3^-浓度最大而温度低，有利于反硝化作用。在英国的 Colne 河口，反硝化的去 N 作用占整个 N 通量的 20%～30%。在北海每年由河流输入的NO_3^-和 TN 分别为670×10^3t 和1000×10^5t，海水中 IN 的主要形式为NO_3-N，且水体中NO_3^-始终高于沉积物间隙水中的NO_3^-，表明此时沉积物对NO_3^-是一种汇。沉积物矿化产物的 36%～87% 通过反硝化作用流失，因此沉积物作为海洋中 N 的源或汇是由矿化速度、硝化速度及反硝化速度共同决定的。沉积物中有机质的适度增加将促进反硝化去 N 作用，而在由过量 N 输入导致的富营养化条件下，反硝化去 N 作用减弱。此外，沉积物缺氧层中NO_3^-的微生物还原也可沿另一途径进行，即NO_3^-还原为NH_4^+，也称“NO_3^-氨化”。有时NO_3^-的氨化作用与反硝化作用同等重要，甚至更重要，尤其是有机质含量高的还原性环境对氨化还原更有利。在日本的广岛海湾，反硝化速度和NO_3^-还原速度分别为 0.00～69.0μg/($m^2\cdot$h) 和 0.00～794μg/($m^2\cdot$h)，前者仅为后者的 3%，影响这两种还原过程相对比例的因素包括实际NO_3^-浓度、温度、沉积物中氧化-还原环境和水体中的溶解O_2等。

由于沉积物所处的生物地球化学环境复杂，且易受外界影响，因此其中的 N 循环也十分复杂。由沉积物向上覆水体输送的 IN 净通量随时空和季节发生明显变化，甚至可能发生逆转，同时，沉积物也可能作为 DON 的输出者，导致这一输出的原因有两个：①海底大型动物的活动；②外界大量不稳定有机质的输入降低了矿化效率，使 DON 向水体输出。由于海水中对 DON 的利用几乎完全由异养细菌完成，因此异养细菌对整个开放海的 N 循环具有重要影响。

(2) 沉积物-海水界面氮的交换通量

海洋沉积物-海水界面是海洋中最重要的界面之一，对海洋中物质的循环、转移、储存有重要的作用。沉积物中营养物质的再生对水体中营养物质的收支和营养盐的循环动力学等都有非常重要的作用。伴随微生物的作用，有机质的降解与矿化，沉积物中各种早期化学成岩反应往往使得沉积物间隙水中营养盐(如 N、P、Si 等)的浓度高于上覆水体，这些高浓度的营养盐通过底栖生物扰动、分子扩散、对流、沉积物再悬浮等过程，发生沉积物-海水界面交换。对水体来说，沉积物犹如一个营养贮存库，在一定环境条件下，这个贮存库作为内源性营养物的供给源，向水体释放营养物。另外，营养盐通过沉积物-海水界面可进入沉积物，使上覆海水得以净化，因此，在近岸地区水体富营养化程度与沉积物有较为密切的联系。

沉积物-海水界面营养盐的交换方向和速率与间隙水及上覆水体中营养盐的浓度、氧化还原条件等有关。上覆水体中沉降的颗粒有机氮是沉积物中氮的主要来源，从水体进入沉积物的 PON 通量可从寡营养水体的≤10mg N/($m^2\cdot$d) 到富营养水体和近岸水体的 10～80mg N/($m^2\cdot$d)。营养盐的界面交换行为存在复杂的空间分异和季节变化，不同区域沉积物-海水界面间营养盐的交换通量存在较大的差异，在某些区域 NH_4-N 的交换速率相对比较大，NO_3-N 的交换速率较小，而在另外一些区域情况则完全相反。在地中海西北部的 Lion 湾，NO_3-N 占总无机氮交换通量的 52%～98%，交换速率为 0.026～0.283mmol/(m^2·d)，NH_4-N 的交换速率为 –0.022～0.204mmol/(m^2·d)，而 NO_2-N 的交换速率较低，为–0.034～0.002mmol/(m^2·d)。在渤海，总无机氮的交换速率为 0.667～2.167mmol/(m^2·d)，其中 48%和 47%分别由 NH_4-N 和 NO_3-N 贡献。对胶州湾沉积物培养研究表明，不同的氧化还原环境下，铵氮由沉积物向水体的迁移占总无机氮迁移的绝大部分，而亚硝酸氮及硝酸氮只占很小一部分。

同样在不同季节，沉积物既可能是总溶解无机氮的源(向水体释放营养盐)，也可能是汇(从上覆水体中吸收营养盐)。就整个东海来说，沉积物-海水界面 NH_4-N、NO_2-N 交换速率的变化范围分别是春季：–329.0～1404mmol/(m^2·d)、–26.3～2.8mmol/(m^2·d)，夏季：–736.8～2348mmol/(m^2·d)、–156.1～26.6mmol/(m^2·d)；无论是春季还是夏季 NO_3-N 在大多数站位的交换速率皆趋近于 0，这可能是由于沉积物中 DIN 主要以 NH_4-N 形态存在，NO_3-N 在沉积物-海水界面的交换主要受低溶解氧(O_2)条件下沉积物释放 NH_4-N 的硝化过程控制。而在长江口潮滩，NO_3-N 和 NH_4-N 的界面交换通量变化范围较大，分别介于 24.13～32.82mmol/(m^2·d)和 10.65～18.45mmol/(m^2·d)，而 NO_2-N 的界面交换通量很小，仅为–1.15～2.82mmol/(m^2·d)，NO_3-N 的界面交换具有明显的上下游季节性时空分异特征。在长江口北支潮滩沉积物-海水界面无机氮的交换通量也具有明显的季节变化。在春季，沉积物是 NH_4-N 的汇，由水体向沉积物中扩散；而夏季和秋季，沉积物为 NH_4-N 的源，向水体中释放 NH_4-N。NO_3-N 的界面交换通量在春季是全年最大的，但在不同地区源汇特征可能完全相反；在夏季，NO_3-N 都是由水体向沉积物中扩散，而到秋季，沉积物可能由汇转变为源。

营养盐在沉积物-海水界面的交换主要受扩散、吸附-解吸、沉淀(矿化)-溶解、温度、溶解氧浓度、上覆水营养盐的浓度、生物活动以及沉积物的粒径、矿物和化学组成等因素影响，这些因素与沉积物-海水界面营养盐交换通量之间并不存在单独的非常显著的相关性，而是以各种不同的组合方式共同影响沉积物-海水界面的矿化、硝化和反硝化速率，控制营养盐界面交换通量的大小和方向。已有研究表明，盐度对 NH_4-N 的界面交换行为往往起着决定性的控制作用，NH_4^+可与海水中的阴离子形成离子对，降低其在沉积物上的吸附能力，因此盐度增加引起的离子配位体的增加可导致 NH_4-N 从沉积物中解吸释放，长江口滨岸潮滩 NH_4-N 界面交换行为的南北岸空间分异特征明显地表现出盐度的控制作用，在长江入海的南北两支中南支是主要的入海通道，其上下游水体盐度(上游 0.1‰～0.2‰，下游 5.7‰～13.9‰)明显低于北支(上游 0.1‰～7.7‰，下游 14.2‰～25.4‰)。因此，高盐度的北岸潮滩成为水体 NH_4-N 的源，而低盐度的南岸潮滩主要表现为水体 NH_4-N 的汇。由盐度增加引起的离子配位体增加，并不是导致 NH_4-N 输出的主要因素，而是通过影响沉积物中微生物的生理活动，进而影响 NH_4-N 在沉积物-海水界面的物质交换行为。

沉积物的粒径、溶解氧的浓度和温度是影响 NO_3-N 界面交换的主要因素。在夏季高温条件下，上覆水中的溶解氧浓度因为温度升高而降低，而此时微生物活动强烈，使沉积物中的溶解氧迅速耗尽，溶解氧的渗透深度减小，沉积物处于还原环境，从而抑制了硝化作用的进行，沉积物中的反硝化作用使上覆水中的 NO_3-N 向沉积物扩散，因而在夏季，沉积物成为 NO_3-N 的一个有效汇库。水温能决定各种溶质在水体中的溶解度，也能影响化学反应的速度，同时可以影响沉积物中溶解氧的含量和微生物的活动能力。例如，在长江口上游，由于潮滩沉积物粒径较细，春夏季较高的 NO_3-N 浓度、有机质含量、水温和较低的溶解氧含量，有利于反硝化作用的进行，潮滩沉积物成为水体 NO_3-N 的汇；而秋冬季较低的 NO_3-N 浓度、有机质含量、水温和较高的溶解氧含量，有利于矿化作用和硝化作用的进行，潮滩沉积物成为水体 NO_3-N 的源。在河口下游由于潮滩沉积物粒径较粗，溶解氧的渗透深度较大，不利于反硝化作用的进行，因此虽然春季的 NO_3-N 浓度和有机质含量明显高于其他季节，但界面的矿化作用和硝化作用可能比反硝化作用更为活跃，从而使潮滩沉积物成为水体 NO_3-N 的释放源，而夏秋冬季则可能反硝化作用较强，潮滩沉积物成为水体 NO_3-N 的吸收汇。NO_2-N 的界面交换行为主要取决于沉积物中的硝化和反硝化作用，由于不管是硝化还是反硝化反应均可产生 NO_2-N，且反应越活跃产生的 NO_2-N 就越多，因此一般情况下 NO_2-N 总是由沉积物向上覆水体扩散释放，长江口滨岸潮滩 NO_2-N 的界面交换行为基本上反映了这一现象。

底栖生物活动可促进沉积物-海水界面溶解态和吸附态营养盐的交换，其生理排泄物亦可为硝化活动提供充足的活性铵，从而在物源上促进了界面硝化活动。另外，底栖生物的扰动增加了沉积物与水的接触面，加深了氧气的渗入，增大了沉积物氧化区的面积和体积，从而扩展了硝化细菌活动的范围并改善了硝化活动进行的环境条件。大型底栖生物对长江口潮滩无机氮界面交换影响的研究发现，河蚬的钻穴活动能增加由沉积物向上覆水方向氨氮和硝氮的通量值；河蚬长期栖息对界面的生物扰动和代谢物排放能促进氨氮向上覆水的释放并逐渐加强沉积物氧化层中的硝化活动；界面附近河蚬的扰动和喷灌活动改变了沉积物中无机氮的垂直剖面特征，加速了沉积物中有机质的矿化分解和两相界面间氨氮的离子交换，促进沉积物氮库向滨岸水体的释放输出。

水深对沉积物-海水界面营养盐交换的影响是通过影响光照来体现的。NO_3^-、PO_4^{3-}在富氧环境下均由水中向沉积物中迁移，随着水深的增加，交换通量有减小的趋势。光强是影响底栖藻类生长和繁殖的一个重要因子，随着水深的增加，光照强度呈负指数衰减，在水深较小的海域，光线充足，适于底栖藻类的生长，底栖植物对沉积物中营养盐的吸收使得营养盐向沉积物中迁移的趋势增大。

总之，营养盐在沉积物-海水界面的迁移和转化，各环境因子最终需要通过影响沉积物-海水界面的氧化还原边界层来实现。氧化还原边界层上移，就使沉积物处于一个还原环境中，此时反硝化作用的进行，使沉积物成为 NO_3-N 的汇、NH_4-N 的源；而氧化还原边界层下移，就使表层沉积物处于一个氧化的环境中，此时硝化作用的进行，就使沉积物成为 NH_4-N 的汇、NO_3-N 的源。在这个过程中，生物因子起到了最关键的作用，因为无论是矿化作用、硝化作用还是反硝化作用，都需要生物的参与才能顺利进行，同时伴随着磷与硅的累积与释放。

3.3.3 氮与其他生源要素循环的关系

在整个海洋系统中，N 循环与其他生源要素(C、P、Si、S 等)的循环密切相关，尤其是 C、N、P 三者的循环密不可分。碳是一切生命活动的物质基础，P 是生物生产不可缺少的营养元素。海洋中的碳循环主要在真光层内完成，其中到达沉积物进入长期循环的碳只占全球光合作用固碳的 1%，但其意义重大。沉积物中的 OC 一部分永久性埋藏，另一部分则经过不同的氧化剂发生矿化作用，随着 OC 的矿化，ON 也矿化成为 NH_4^+。

早在 1934 年 Redfield 就提出，浮游生物体本身所含 C、N、P 元素的原子个数比接近于 106∶16∶1，这个比值得到了一致公认且沿用至今。由于沉积物大部分源于海洋浮游生物残体，因此沉积物在到达海底之初基本保持这个比值。但由于 C、N、P 的降解矿化作用随时间和空间分布差异很大，且受不同的生物地球化学条件影响，如 P 的再生周期极短，以至于相当部分的颗粒 P 在沉积物捕捉器中即溶解；C 恰好相反，其再生周期变化范围从几周到 10^6 年，N 的再生周期介于 C、P 之间，实际沉积物中 C、N、P 比值与 Redfield 比值偏差较大。随着深度增加，N、P 含量减小，在太平洋和大西洋沉积物的中等深度 C∶N∶P 为 200∶21∶1，而在底部则变为 300∶33∶1。沉积物中不同的 C、N、P 含量将导致早期成岩过程发生变化，在研究沉积物的早期成岩过程及生源要素的循环过程中，C、N、P 的定量关系是一个必要前提。对澳大利亚菲利普海湾沉积物的研究表明，N、P 的循环效率随着 OC 含量的增加而提高。通过对沉积物中 OC 的测定，可以推测其中 N 的存在形式。C/N 值在元素的早期成岩及 N、P 循环研究中也是一个重要的参数指标，沉积物中 N 和 P 的净再生只有在基质中 C、N、P 原子比远小于细菌生物中 C、N、P 原子比的 45∶9∶1 时才能发生。沉积物中 C/N 和 C/P 的值通常比所用的 Redfield 比值偏大，这是由于浮游植物细胞发生矿物营养自溶作用，以及 N 和 P 比 C 优先降解，当沉积物中 C∶N∶P 为 125∶11∶1 时，海底细菌可能成为 N 的净消费者。Redfield 比值在有机质有氧矿化时基本维持不变，而无氧矿化时则发生变化。对全球大洋的大量营养盐数据进行分析，发现 N/P 值随深度和地理位置的分布发生明显变化，较低的N/P值与较低的溶解 O_2 呈显著的相关性，表明反硝化作用可能是导致低 Redfield 比值的原因之一；另一可能的原因则是沉积物中 P 优先释放。

3.4　硝化与反硝化过程及影响因素

3.4.1　硝化与反硝化过程

(1) 硝化过程

硝化过程是 NH_4^+在微生物作用下氧化为 NO_2^-和 NO_3^-的过程。铵的氧化在脱氮细菌产生氮的过程中至关重要。铵氧化生成硝酸盐的过程一般分为两个步骤，首先在铵氧化菌的调节下生成亚硝酸盐，亚硝酸盐又在亚硝酸盐氧化菌的催化下依次氧化生成硝酸盐。目前，硝化细菌的分类主要依据最初的形态特征，亚硝化单胞菌属(*Nitrosomonas*)、亚硝化球菌属(*Nitrosococcus*)、亚硝化螺菌属(*Nitrosospira*)以及亚硝化叶菌属(*Nitrosolobus*)是被普遍接受的铵盐氧化菌属；硝化杆菌属(*Nitrobacter*)、亚硝化球菌属(*Nitrosococcus*)、硝化刺菌属(*Nitrospina*)、硝化螺菌属(*Nitrospira*)则为亚硝酸盐氧化菌属。近来，基于 16S RNA 序列分析数据的纯系培养系统进化分析法证实铵盐氧化菌可分为两个完全不同的部分，第一部分包含亚硝化球菌，形成γ-蛋白细菌深支，另一部分形成β-蛋白细菌的紧密簇，分为两个进化支分别对应于亚硝化单胞菌和亚硝化螺菌。

硝化细菌极难分离与培养，这使得研究其种群结构与多样性相对困难。最大概率法(MPN)是目前最为常用的硝化细菌计数法，这种方法的有效性低，而且有其固有的低统计精度。利用这种方法得到的典型种群密度为 10^2～10^4 个/cm^3 沉积物，个别例外的能达到 10^7 个/cm^3 沉积物。采用改进的基于免疫荧光手段的计数方法得到的种群密度远远大于最大概率法，尽管免疫荧光法相对于 MPN 法有了较大的改进，但由于荧光抗体的专一性，这种方法仍然低估了硝化细菌的真实含量。迄今为止还没有一种被证实为有效的方法可真实反映海洋环境中硝化细菌的数量与多样性。最近，又发展了基于基因探针技术的方法来测量不同的铵盐氧化菌，这种方法给海洋沉积物硝化细菌种群结构的研究提供了一种更为有效的手段。

(2) 反硝化和硝酸盐氨化过程

异养细菌在呼吸作用中利用硝酸盐作为电子受体，可将硝酸盐还原为气态氮(反硝化作用)，或者还原为铵(硝酸盐的氨化)。在沉积物氮循环中反硝化作用是一个非常关键的过程，其终产物气态氮(N_2/N_2O)扩散进入大气减少了初级生产者可利用的氮量。同时，反硝化过程显著减少了近岸海洋系统接受的人为活动输入的氮，因此可以控制近岸的富营养化进程。异养细菌在有氧条件下可以进行有氧代谢，在氧气缺乏的情况下可以借助硝酸盐作为电子受体维持其呼吸作用。除反硝化作用外，硝酸盐还可以在系列厌氧菌作用下还原为铵。相比较反硝化在生态系统中的脱氮作用，硝酸盐的氨化则保留了部分生物可利用氮。另外，反硝化作用可与硝化作用耦合，共同去除海洋生态系统中一大部分氮。

反硝化作用作为近岸沉积物中硝酸盐还原的主要过程已被广泛认可，然而，其替代过程硝酸盐的氨化在某些条件下也十分重要，但对于硝酸盐氨化的系统研究还很少，因此还无法衡量氨化过程在近海系统中的重要性。许多研究证实，广泛分布于海洋沉积物中的异养细菌可通过呼吸作用将硝酸盐还原为铵，多为发酵菌，包括气单胞菌属(*Aeromonas*)、弧菌属(*Vibrio*)、梭菌属(*Clostridium*)以及脱硫弧菌属(*Desulfovibrio*)。在苏格兰的 Tay 河口表层沉积物中硝酸盐氨化细菌的种群数量可达 10^6～$10^7 g^{-1}$ 干重沉积物。在有机质丰富的沉积物中，硝酸盐发生氨化作用利用的硝酸盐约占可还原的总硝酸盐的 50%，而在低 C∶N 的沉积物中反硝化作用占据主导地位，氨化作用比例只占 4%～35%。在丹麦的 Norsminde Fjord 海区，只有在夏季后期硝酸盐氨化作用最强时，表层沉积物中的硝酸盐才被还原，而其他时候则被限制在深层沉积物中，反硝化作用为硝酸盐还原的主要过程。实验室研究证明，硝酸盐浓度在其还原为气态产物还是铵的过程中起决定性作用，在低硝酸盐浓度下反硝化细菌战胜了氨化细菌而在高浓度时情况则恰恰相反。这一结果与英国 Colne 河口的现场数据相吻合，该调查发现当硝酸盐浓度增加时反硝化作用成为主要过程。相似的研究还发现，在滩涂沉积物中当硝酸盐浓度增加时，氨化作用还原的硝酸盐从占总还原硝酸盐的>50%下降到约 4%。这些研究反映了反硝化细菌与氨化细菌具不同竞争能力以及由此而决定的不同 C∶N 条件下硝酸盐还原种群的选择性。

除了氮气和铵，氧化亚氮也是异化作用硝酸盐还原的终产物。在反硝化过程中，氧化亚氮是中间产物而在氨化过程中则是副反应产物，其同时还是硝化反应的副产物。氧化亚氮在平流层和对流层的热交换中起重要作用，因此对其来源的研究也日益增多。现场测定的氧化亚氮在水体中的浓度相对于大气水平是过饱和的，因此河口和近岸海区环境被认为是大气氧化亚氮的源。氧化亚氮的产生受各种因素控制，其中氧气浓度被认为是最重要的因素。研究证实在低氧分压(0～0.2kPa)时氧化亚氮的产生迅速增加，并在缺氧条件下达到最大值，而反硝化作用是最主要的氧化亚氮产生方式。随后的研究表明，氧化亚氮的产生如同反硝化作用具有昼夜循环模式，在夜间有最大的释放速率[0.4～4μmol N_2O-N/(m^2·h)]，而在白天下降到–0.4～0.4μmol N_2O-N/(m^2·h)。由反硝化作用释放的氧化亚氮量在表层到 1cm 厚度最大，并与沉积物中氧气的量呈负相关关系。在夜间，海底微藻产氧量的缺乏使反硝化作用发生在沉积物-水界面附近，易于氧化亚氮向水体的释放。不同沉积物的释放量在冬季和早春平均约为 40μmol N_2O-N/(m^2·d)，而在夏季由于沉积物缺乏硝酸盐，氧化亚氮的释放不显著。另外一个影响氧化亚氮释放的因素是营养盐的输入。研究发现溶解无机氮输入的增加可导致氧化亚氮释放量的显著增加，氧化亚氮通量对 N 输入量的增加呈线性响应。当溶解氮浓度达到 600μmol/dm^3 时，氧化亚氮通量达到最大，而在高盐低氮区几乎降到零值，这可能是由于在缺乏硝酸盐的降解过程中，可利用氧化亚氮作为最终的电子受体，在缺氧沉积物中氧化亚氮的消耗与其整体高反硝化活性相一致。

3.4.2　硝化与反硝化研究方法

3.4.2.1　*硝化速率的测定方法*

测定沉积物中硝化速率的方法包括抑制剂法和同位素示踪法等。其中最常用的是乙炔抑制剂法和 ^{15}N 同位素示踪法。

(1) 抑制剂法

抑制剂(作用是抑制 NH_4^+单加氧酶活性)包括乙炔、氟甲烷等，根据避光培养后加抑制剂的沉积物样品与对照样品中的 NH_4^+浓度差计算硝化速率。

抑制剂法的特点是方法简单，费用低，培养期短，重现性好，当乙炔浓度＞10%时，NH_4^+氧化和 N_2O 还原均受抑制，可同时测定沉积物中硝化和反硝化速率。但是，在硝酸盐浓度＜10μmol/dm^3 时，乙炔对 N_2O 还原的抑制作用不完全。在 NO_3^-浓度低且硝化与反硝化紧密耦合的地方，反硝化速率会被低估。添加 NO_3^- 可减轻 NO_3^-限制，但会导致结果偏高。另外，乙炔浓度为 10%时会刺激沙蚕属动物的代谢，还可能抑制 NO_3^-的异化还原。氟甲烷在水中的溶解度高(1.7dm^3/dm^3)，高浓度下(＞1%)对其他微生物过程的影响比乙炔小，不影响反硝化作用，在 N_2O 浓度较高的沉积物中还能区分 N_2O 来自硝化还是反硝化。

替代的非同位素法主要应用专一性的硝化抑制剂，常用的硝化抑制剂有烯丙硫脲(allylthiourea)、氯酸盐(chlorate)和三氯甲基吡啶(nitrapyrin)。这类抑制剂通过抑制能够催化铵氧化为羟胺的氨-氧化物酶的活性来阻止该反应的进行，通过测定存在和缺乏硝化抑制剂下，铵积聚的差异来硝化速率。另外一种技术是测定渗入到硝化细菌细胞中的 ^{14}C-碳酸氢盐的含量差异，硝化速率可通过计算渗入到铵氧化过程中的 CO_2 量得到，该过程中 N∶C 的值为 8.3。这种方法的一个显著问题在于根据培养条件和氧气强度的不同，N∶C 的值可从 4 变为 40，这使得该方法在结果的解释上存在困难。

(2) ^{15}N 同位素示踪法

利用 ^{15}N 同位素示踪技术可以测量沉积物中硝化-反硝化耦合过程；准确测定

反硝化速率并区分被反硝化的 NO_3^-源自上覆水还是沉积物。方法是在上覆水中加入示踪剂 $^{15}NO_3^-$，培养后检测生成的 $^{29}N_2$ 和 $^{30}N_2$，利用化学计量关系可计算耦合及非耦合的硝化-反硝化速率。本方法在水草丰茂的沉积物中应用时，会由根系输氧导致更深层次存在耦合的硝化-反硝化而低估反硝化速率。应用 N 示踪估计缺氧铵氧化，当其产生的 N_2 小于总 N_2 的 6%时比较准确，而大于 6%时则结果偏高。

在研究海洋沉积物中硝化速率的方法中（表 3-10），最为常用的方法是 $^{15}N\text{-}NO_3$ 同位素稀释技术。该技术可应用于沉积物泥浆，也可应用于完好的柱状沉积物。硝化速率通过测定从柱状沉积物中释放的 $^{15}N\text{-}N_2$ 得到，该方法需要测定 $^{15}N\text{-}NH_4$ 并加以修正，但该方法有着可同时测定硝化和反硝化速率以及可测定两种过程相互耦合程度的优点。

表 3-10　河口和近岸沉积物中的硝化速率

地区	硝化速率[mg N/(m^2 · d)]
北海	2～9
Kingoodie 湾，英国	20
Limjforden，丹麦	38
Normsinde 峡湾，丹麦	112
Ochlockonee 湾，美国	84
北海南部	26
Narragansett 湾，美国	23
Chesapeake 湾，美国	14～23
Patuxent 河口，美国	26
Kysing 峡湾，丹麦	23～27
Odawa 湾，日本	38～42

以上硝化速率的测定方法都有其固有的限制和假设条件，在不考虑地理位置、沉积环境和测定方法的差异时，硝化速率是非常相似的，但其季节变化则差异较大。在一些海区，夏季往往是硝化速率的低值期，该低值是由渗入到沉积物中氧减少，对铵竞争的加剧以及硫化物水平的增加这些抑制硝化细菌活性的因素共同作用所导致的。而在另外一些海区，硝化速率的季节变化遵循年温度循环的规律，其最大值出现在 6～7 月，在这些海区，温度是比渗入到沉积物中的氧更为重要的调节硝化活性的因素。

3.4.2.2　反硝化速率的测定方法

测定反硝化速率的方法包括质量平衡法（测量氮的输入、输出间差值）、乙炔抑制法、N_2通量法、间隙水成岩模型、硝酸盐消耗法、微电极法(乙炔抑制与O_2/N_2O微电极联合或利用硝酸盐微传感器)和^{15}N同位素示踪法。

(1)直接法

直接法包括N_2通量法和现场培养法，直接测量该过程的产物N_2。

N_2通量法：用加入硝化抑制剂且不含营养盐的人工海水置换沉积物上覆水，培养后利用气相色谱仪测定反硝化产物N_2。为降低间隙水中N_2的背景通量需要预培养，培养期长短与沉积物深度有关，如总深4cm需预培养10d。后经改进克服了原来间隙水需脱氮气、长时间预培养的不足，采样后可立即测量。该方法不扰动沉积物，O_2、NO_3^-和NH_4^+的浓度保持现场条件，但受大气N_2污染风险大。

现场培养法：在现场用箱式培养器做培养实验，用气相色谱仪(GC)或膜进样质谱仪(MIMS)测量现场反硝化速率。前者是直接用安装在培养器上的GC注射器取样测总氮通量，减去间隙水中因溶解度变化逸出的氮通量，得现场反硝化速率。后者是根据MIMS所测N_2∶Ar值和假定的Ar浓度计算反硝化速率。若加入^{15}N同位素示踪，则可根据测定的不同同位素形式的N_2∶Ar值，同时确定反硝化和固氮速率。除温、盐、氧以及水动力等条件与现场完全一致外，直接测量减少了大气氮的污染以及陆上实验室环境因子校正、浓度外推等可能引入的误差，且简单快速，无须抑制剂，不扰动沉积物。质谱仪虽准确，但在比值测量方面其精密度低于GC和MIMS联用，故需校正昼夜温差和气压变化对Ar浓度的影响，因此，MIMS测量最好与高效气相色谱仪测量同步，以便校正。

(2)间接法

间接法包括N质量平衡法和化学计量模型、代谢抑制剂法和动力学参数法以及^{15}N同位素示踪法等。

N质量平衡法可表示为输入–输出–储存=剩余。输入包括干湿沉降、地下水渗入、径流注入等；输出包括蒸发、渗出、流出等；储存值根据水文记录；剩余包括从上覆水中经反硝化和沉积物中经反硝化所除去的N_2以及埋藏的氮。特点是所得反硝化速率只能反映年度平均值而不能分辨时空差异。

乙炔抑制法(AIT)是基于乙炔对氧化亚氮还原酶具有抑制作用的一种简单、灵敏且廉价的方法，该方法最主要的缺点在于，在硝酸盐浓度较低($<10\mu mol/dm^3$)的沉积物中乙炔对氧化亚氮还原酶的抑制作用不完全，可导致反硝化速率低估30%～50%。对北海南部沉积物同时应用乙炔抑制剂法和同位素示踪法测定反硝化速率发现，乙炔抑制剂法测定得到的反硝化速率比同位素示踪法测定值低45%。另外，乙炔还严重地抑制了硝化活性，海洋沉积物中的硫化物能逆转乙炔对氧化亚氮还原酶的抑制活性。由于其多方面的缺陷，近来更倾向于应用^{15}N同位素示踪法来测定反硝化速率。

^{15}N 同位素示踪法是一种精确测定反硝化速率的分析方法，能够测定来源于上覆水体的硝酸盐和沉积物中由硝化作用产生的硝酸盐的反硝化速率，该方法无须抑制剂，若测定了硝酸盐和铵的通量，可一次性同时测定硝化、反硝化、硝酸盐氨化与氮矿化的速率。

化学计量关系模型法的依据是DIN通量理论值和实测值的差异是由反硝化引起的，故可由海底溶解无机营养盐通量之间的计量关系估计反硝化。因反应多发生于沉积物-海水界面附近，界面处沉积物中 C∶N∶P 值与悬浮颗粒物(SPM)接近，据此可利用 SPM 中 C∶N 值或 P∶N 值来估算反硝化速率，亦可用 O_2 和 N 通量之间的计量关系来估计反硝化速率。但问题是有时有机碳的氧化在很大程度上(约 50%)对应于硫酸盐或锰氧化物的还原，而非纯粹 O_2 的通量。

动力学方法是指用修订后的 Michaelis-Menten 方程式计算反硝化速率，克服了动力学常数原来在体系间或同一沉积物体系内部随深度变化的缺陷。

(3)联合微探针技术及计算机模型

N_2O 和 O_2 联合微探针利用离子特性，同时测量 N_2O 和 O_2 而互不干扰，空间分辨率<0.1mm。但其响应值受硫化氢的抑制，这对其在近海沉积物现场测量中的应用前景有影响。用计算机模拟氮循环各过程相互作用则更为直观，如对河口悬浮颗粒物中的硝化作用模拟，其计算结果与同步实测值大致吻合。

表 3-11 列出了利用不同方法测得的各海区反硝化速率，从中可看出反硝化速率差异较大，在近岸浅水区，有机碳和硝酸盐含量较高的区域有较高的反硝化速率。许多研究表明，反硝化速率有着显著的季节变化，其受温度、硝酸盐与有机碳含量所控制，在硝酸盐输入充足的情况下，反硝化速率与温度在一年里有着很好的相关关系。当沉积物中硝酸盐含量由上覆水中硝酸盐输入控制时，反硝化速率呈现季节变化。在 Norsminde 峡湾海区，反硝化速率出现两个极大值，一般在春季水华期过后，浮游植物的沉降与分解导致水体硝酸盐含量较高，因此反硝化速率出现季节极大值，而晚秋出现极大值可能与硝酸盐输入增加有关。当外部氮的输入量很小时，硝化作用形成的硝酸盐是反硝化作用的主要底物，硝化与反硝化作用有着很强的耦合关系。在 Patuxent 河口区，有大于 99%的由硝化作用产生的硝酸盐在春季被还原为氮气，而在夏季，耦合作用产生的氮气下降了两个数量级，尽管其反硝化速率与春季接近，这可能是由表层沉积物中 O_2 浓度减少导致硝化速率降低而引起的。同样，春季反硝化速率的高值伴随夏季的低值这种季节变化模式也在佛罗里达的 Ochlockonee 河口发现。此外，反硝化速率在潮间带环境中由于受表层沉积物中微藻生长作用的影响，也具有显著的昼夜变化，白天光合作用产生的 O_2 能够扩散到表层沉积物中抑制硝酸盐的异化还原。据报道，早春白天的反硝化速率相比夜间减少了 60%，而以年际计算的由光抑制引起的反硝化速率只降低了 13%。

表 3-11　不同方法测得的不同海域的反硝化速率

地区	反硝化速率[mg N/(m^2·d)]	测定方法
Randers 峡湾	20～141	a
Kysing 峡湾	3～1109	a
Delaware 湾	20～40	a
Lendrup 湾	40～715	a
Norsminde 峡湾	278～1401	a
Norsminde 峡湾	14～224	c
Newport 河口	14～42	a
Tomales 湾潮下带	14～98	a
Tomales 湾泥滩	10～100	a
Torridge 河泥滩	2～19	a
Torridge 河沼泽	8～198	a
Chesapeake 湾，植被区	225～702	a
Chesapeake 湾，无植被区	20～739	a
Great Ouse 河口	7～32	a
Texel, Wadden 海	3～185	a
北海南部	2～3	a
Narragansett 湾	50～655	b
Guadalupe 河口	15～116	b
Boston 港口	<10～412	b
Massachusetts 湾	<10～128	b
Patuxent 河口	259～299	c
Tokyo 湾	54～111	c
Colne 湿地	13～44	c
Aarhus 湾	40～71	c
北海南部	3～4	c
Arcachon 湾	0～59	c
de Prévost 湾	1～153	c
Colne 河口	1～154	c
Finland 湾	1～9	c
波罗的海北部	0～4.2	c

注：a. 乙炔抑制法；b. N_2 通量法；c. ^{15}N 同位素示踪法

由上述各法可见，沉积物中硝化-反硝化速率的测定方法各具特色，但尚未发现可有效通用于各类生态系统的方法，具体方法的实用性与所研究系统的生物地球化学特点密切相关。同位素示踪技术是一种高效的分析方法，通过一次实验即可测定硝化、反硝化(包括硝酸盐的氨化)以及氮矿化的速率。但缺陷是在较长时间的培养过程中容易受到玷污和溶解氧易耗竭，此外人工加入的 ^{15}N 有可能混合不匀，导致反硝化速率被低估。抑制剂法和直接法中的现场培养法亦可同时测定硝化和反硝化速率。现场培养法结合同位素示踪法还可测定耦合的反硝化以及固氮速率，从而减小在生物量较高的系统中衡量反硝化时的系统误差。应用 MIMS 作为检测手段可避免高浓度的 N_2 背景干扰而得到准确结果；微探针若能克服 H_2S 干扰并与计算机模型联合，也会有广阔的应用前景。

3.4.3　硝化与反硝化过程的影响因素

海洋沉积物中的硝化和反硝化过程受大量的物理、化学与生物因素影响，这些因素包括温度、NH_4^+浓度、O_2 浓度、pH、溶解 CO_2 浓度、盐度、抑制剂的存在与否、光照以及动物群落等。

(1)温度、盐度和溶解氧

沉积物中硝化和反硝化速率均随温度升高而加快。反硝化速率的提高幅度大于硝化。反硝化过程受 10℃以下的低温影响较大；而温度从 15℃降至 5℃时对硝化过程影响很小。厌氧铵氧化具有生物学温度效应：15℃最适，最高限为 37℃。在低或中等盐度(0～6)时硝化速率最大，在盐度较高(15～30)时硝化速率较低，且 NO_2^-的氧化比 NH_4^+更敏感。凡改变间隙水 DO 浓度或氧化层厚度的过程，如海底初级生产和有氧呼吸等都会影响硝化与反硝化过程。溶解氧浓度控制氮化合物在水体和沉积物中的转化类型；溶解氧饱和度和上覆水 NO_3^-浓度对沉积物中的硝化与反硝化过程有不同影响。例如，当溶解氧浓度高于 1.0mg/dm^3 时，发生硝化反应；在 0.2～1.0mg/dm^3 时，NH_4^+只氧化到 NO_2^-；低于 0.2mg/dm^3 时，发生反硝化反应。上覆水 NO_3^-浓度低和溶解氧浓度高会促进沉积物中反硝化作用；NO_3^-含量高和溶解氧浓度高的体系则相反。植被覆盖的海底沉积物的硝化活性比光滩的高。

在最佳温度下纯系培养分离出的硝化细菌，最适宜的环境温度在 25～35℃，低于 15℃生长速率显著下降。研究发现当丹麦近岸沉积物的温度从春季的 2℃升高到秋季的 22℃时，硝化速率增加了 5 倍。近岸沉积物，尤其是潮间带沉积物更易受到季节和昼夜温差的影响，因此在夏季温度最高的月份中，硝化细菌的增长和活性也达到最佳。然而，温度还影响其他因素，最显著的是影响 O_2 的溶解度以及与之耦合的呼吸作用。夏季环境温度的增加导致了呼吸作用的增强，使得向下扩散的 O_2 只限于表层沉积物的 1～2mm 处。因此，在有机质富集的沉积物中，氧气的可利用性而非温度成为限制硝化活性的主要因素，这也解释了某些海区沉积物的硝化速率在夏季反而最低。

硝化细菌是专性需氧菌，因此其在沉积物中的垂直分布最终受限于氧气，向下扩散的深度一般为 1～6.5mm，取决于沉积物类型、有机质含量、温度和混合度以及生物扰动。因此，硝化细菌会与其他异养生物竞争有限的溶解氧。室内研究表明，异养细菌具有对氧气更高的亲和力（Km＜1μmol/dm^3 O_2），而且在低氧浓度下比硝化细菌更有竞争力。据报道，溶解氧浓度在 1.1～6.2μmol/dm^3，铵的氧化受到抑制。在低氧浓度下，铵氧化菌除产生亚硝酸盐外，还产生氧化亚氮。室内研究表明，在低氧条件下，亚硝化单胞菌可作为脱氮菌，利用产生的亚硝酸盐作为铵氧化的最终产物并将其作为电子的最终受体。在近岸沉积物中溶解氧浓度有很剧烈的昼夜变化：白天为由微藻的光合作用而引起的过饱和状态，夜间为由高呼吸作用而导致的完全缺氧状态。铵氧化菌可在低氧浓度下利用亚硝酸盐作为电子受体的能力可用来解释为何这些细菌可在变化如此剧烈的条件下生存。另外，提高氧气浓度对硝化活性的影响我们还几乎一无所知。在浅水区沉积物中，由于海底的初级生产，白天沉积物中氧气水平达到空气饱和值的 2～3 倍。有研究报道，当河口沉积物中氧气浓度达到空气饱和值的 2 倍和 2.6 倍时，可分别抑制 15%和 25%的硝化活性。然而，至今还没有系统地研究提高氧气浓度对硝化活性的影响。

(2) 生物扰动

底栖动物的觅食和排泄活动使沉积物中 NH_4^+的供应加强，其粪粒由于富含 NH_4^+且表面氧化、内部缺氧，耦合的反硝化和硝化活性很高。灌溉作用促进沉积物内部输氧和上下物质混合，如双壳类、片脚类和甲壳纲动物等可使其穴居环境的硝化和反硝化速率加快；深居且灌溉活性低的物种（如沙蚕和海蚯蚓等）促进作用则不明显。

在有维管植物生长的沉积物中，植物释放到根系区的氧气可提高硝化活性。直接测定有大型藻类生长的沉积物中硝化速率的研究报道，有大型藻类生长的沉积物中硝化速率比没有植物生长的沉积物中硝化速率高 20 倍。同时，大型植物不连续的影响还能显著改变沉积物中 O_2 和 NH_4^+的空间梯度。其他研究还证明，海底动物的钻孔扰动也导致了较高的硝化活力。这种较高的硝化活力可能来源于洞穴底部较高的 NH_4^+浓度，同时，大型栖居动物分泌的 NH_4^+为硝化细菌提供了更多的可利用底物。向下输运到洞穴中氧气的量取决于洞穴的气体交换能力。洞穴不同于表层沉积物，它们在某种程度上可视为沉积物-海水界面的延伸。有研究估计在有多毛虫寄生的河口沉积物中沉积物-海水接触区可增加约 150%，还可增加 30%～50%的含氧沉积物。因此，含氧的洞穴增加了铵氧化的位点，提高了硝化细菌的活性，因而提高了硝化能力。含氧沉积物产生的亚硝酸盐可扩散进入上覆水体，成为再生 N 源，还可以进入缺氧沉积物通过反硝化作用被还原为氧化亚氮和 N_2 或被硝酸盐氨化细菌还原为 NH_4^+。

与对硝化速率有着显著影响类似，大型藻类和底栖动物的存在同样影响反硝化速率。大型藻类根部释放的氧气足以支持无植物生长的沉积物中 5 倍的硝化速率，同样，大型藻类还可捕获水体中易于降解的有机碎屑或从根部释放的有机碳而促进反硝化作用。另外，穴居动物可显著影响硝酸盐在上覆水体和沉积物间的交换，由于发生在洞穴中的硝化、反硝化作用的耦合程度和速率不同，不同动物种群存在下的硝酸盐通量或增加或减少。有较高气体交换能力的浅层洞穴和有较大容积的洞穴由于氧气易于渗透，能够促进硝化作用。相比较而言，较深的洞穴存在进入洞穴的硝酸盐通量，暗示了其较高的反硝化速率。穴居动物不仅能通过制造洞穴影响沉积物中的氮循环，还可聚集具有强微生物活性的有机物，如粪便等，导致了高需氧量。这种缺氧的微环境使厌氧过程如反硝化过程发生在表面上含氧的表层沉积物中，这也解释了为何这两种过程发生的如此接近。

(3)悬浮颗粒物和有机质

悬浮颗粒物含有细菌必需的有机营养且带负电，使硝化菌与氨的接触概率增大。因此，上覆水混浊度影响沉积物-海水界面的硝化作用。硝化速率和混浊度之间存在正向指数关系。

沉积物中的有机质是硝化和反硝化的重要调节因素。有机质 C∶N＜9.6～11.6 时，硝化作用才能发生。新鲜易分解的有机碳不利于硝化，多种陆源植物含有的单萜、单宁、多酚等有机质也抑制硝化。一般说来，有机质含量高的沉积物中反硝化速率大。但烃类含量低时促进反硝化，含量高于 100mg 烃/kg 时起抑制作用。锰氧化物存在时，添加有机碳对反硝化和厌氧铵氧化无影响；反之，加入有机碳会促进反硝化，而厌氧铵氧化受抑制。

(4)季节

由于沉积环境的氧化还原条件、反硝化细菌群落的丰度和活性、温度、生物扰动、溶解氧、有机质和无机氮浓度等诸多因素的季节性变化，反硝化速率的变化呈现出季节性，最大速率出现在水相 NO_3^-浓度高的月份。耦合的反硝化只在上覆水中 NO_3^-消耗殆尽时占优势，春季出现最大速率。营养盐输入少的近海沉积物，夏季温度和间隙水营养盐浓度升高促进硝化；而有机质输入多的海区，因缺氧和游离 S^{2-}的存在，氧化还原电位低，夏季硝化受到抑制。

此外，深海沉积物中硝化和反硝化还受 NO_3^-、有机碳和金属氧化物浓度等的影响；上升流和上覆水的水平对流也对沉积物氮循环有促进作用。

硝化作用可减弱水环境中铵态氮的生态毒性。反硝化作用可除去海洋中 67%～80%的含氮化合物，虽能缓解水域富营养化，但会引起初级生产的氮限制，某些情况下还会加剧温室效应。例如，有大量底栖藻类供氧时沉积物中耦合的反硝化倾向于产生 N_2O；当上覆水 NO_3^-浓度为 550～950μmol/dm^3 时，藻类叶状体附生菌也产生 N_2O，使其在沉积物中过饱和并最终释放到大气中。

3.5　其他硝酸盐异化还原过程

水环境中的硝酸盐异化还原过程除反硝化过程外，还包括厌氧铵氧化(anaerobic ammonium oxidation，Anammox)和硝酸盐异化还原为铵(dissimilatory nitrate reduction to ammonium，DNRA)过程，不同的过程在氮素的转化和归宿中扮演着不同的角色。反硝化与厌氧铵氧化是水体中最为重要的活性氮脱氮过程，将硝酸盐或者氨氮转化为氮气，永久脱离水体。在 DNRA 过程中，硝态氮的归宿不同于反硝化和厌氧铵氧化作用，而是硝酸盐转换为铵盐，以一种更具生物有效性的形式继续残留在水环境系统中。

3.5.1　硝酸盐异化还原为铵过程及影响因素

(1)硝酸盐异化还原为铵过程

硝酸盐异化还原为铵(DNRA)过程是指在厌氧条件下，一些严格厌氧微生物将硝态氮异化还原为铵的过程。与硝酸盐同化还原为铵不同，DNRA 过程的主要目的不是进一步将产生的铵转化为供自身利用的有机氮，而是产能或减少对细胞有毒害作用的 NO_3^-/NO_2^-，因此多数 DNRA 过程属于异养发酵产能过程。从产能角度讲，进行发酵代谢的硝酸盐异化还原为铵过程所产生的能量远远不及进行呼吸代谢的反硝化过程所产生的能量，因此反硝化菌无论是在厌氧条件下还是好氧条件下均具有产能高的代谢优势。DNRA 过程可以分为两个阶段：第一阶段类似反硝化，异化硝酸还原酶将 NO_3^-还原成 NO_2^-。电子供体不足时，DNRA 过程会停留在这一步，造成 NO_2^-的积累。研究显示一些河流中 NO_2^-的积累主要就是由河底沉积物中厌氧 DNRA 细菌引起的。第二阶段，亚硝酸盐还原酶将 NO_2^-还原成 NH_4^+。DNRA 过程的亚硝酸盐还原酶活性比反硝化的更强，可以进行 6 个而非 3 个电子的传递。

DNRA 过程广泛存在于河口和海洋沉积物中，在近海河口更是氮循环的重要过程。有研究发现，河口环境中 DNRA 过程能够贡献高达 80%的硝酸盐还原总量，表明硝酸盐异化还原为铵是河口环境中起主导作用的硝酸盐还原过程。在丹麦的 Norsminde 峡湾，其表层沉积物只发生 DNRA 过程。一般 DNRA 过程在亚热带河口水体较为剧烈，如德克萨斯州海湾中 15%～75%的 NO_3^-通过 DNRA 过程转化为 NH_4^+，仅 5%～29%的 NO_3^-转化为 N_2。夏季佛罗里达湾富营养化站位 DNRA 速率高于反硝化速率，导致了 NH_4^+的累积和在沉积物-海水界面的通量增加，说明了在亚热带河口区环境中外源硝态氮输入量增加时，DNRA 过程在氮循环中的地位和作用显著。

(2) DNRA 过程的影响因素

1) 温度、盐度与硫酸盐和硫化物

DNRA 过程在亚热带河口、海洋区域较为剧烈，可见其对温度的要求较高。研究发现随盐度升高，DNRA 的反应速率比淡水环境中提高 35mmol/($m^3 \cdot h$)，说明海水的入侵对 DNRA 过程可能有促进作用。对于盐度对 DNRA 过程的影响有两种解释：一种解释认为这是由于与 DNRA 过程存在竞争的反硝化过程受到盐度的抑制作用，但也有研究表明反硝化对盐度并不敏感，故这一观点还存在争议。另一种较为认可的解释认为，随着盐度升高，SO_4^{2-}含量下降，硫还原细菌进行 DNRA 过程的电子供体(即低价态硫化物)就相应增多了，这既能抑制反硝化过程，又能促进 DNRA 过程。

DNRA 过程与硫化物之间的耦合关系近年来很受关注，沉积物中有硫化物存在能够促进 DNRA 过程的发生，硫化物作为电子供体为 DNRA 过程提供电子。当沉积物中检测到硫化物时，DNRA 是主要的硝酸盐还原过程，当没有检测到硫化物时，DNRA 过程也随之终止。推测是由于无机化能自养硫细菌在硫化物(如 H_2S、S^{2-}、S)的氧化驱动下，将硝酸盐还原为铵，进行化能自养的 DNRA 过程。通过无机化能自养硫细菌还原硝酸盐，很大程度上是由环境中硫化物的浓度所决定的。硫化物会对反硝化过程终端步骤产生一定的抑制作用，从而使最终的产物向产铵过程推进，使得硫化物在一定程度上能够促进 DNRA 过程的进行。

2) pH、氧化还原电位(Eh)和溶解氧

对珠江口沉积物进行培养实验，发现 pH 在 6.0～10.0 时，DNRA 过程都可以发生。但 DNRA 过程多发生于偏碱性的环境中，而且 DNRA 过程本身是产碱过程，因此环境 pH 和 DNRA 过程可能存在相互影响。一般认为，只有在强还原条件下(Eh<−200mV) DNRA 过程才会在 NO_3^-异化还原中起到重要作用，但对土壤的研究也表明，DNRA 过程对 Eh 的敏感性并不及反硝化过程，该结论是否适用于河口沉积物还有待研究。虽然存在对氧浓度不敏感的 DNRA 细菌，但一般认为，低 DO 让 DNRA 菌群比反硝化菌群更具竞争力。对长江口和东海沉积物的研究发现，随 DO 减少至严重缺氧，厌氧铵氧化(anammox)和反硝化速率分别降低了 38% 和 43%，DNRA 速率则增加了 3 倍。这种现象可以归因于以下 3 点：①严重缺氧条件下沉积物有机氮矿化速率降低，硝化速率降低，从而抑制了反硝化过程等硝酸盐代谢途径。②缺氧意味着氧化还原电位较低，对 DNRA 过程，尤其是硫还原菌的 DNRA 过程更为有利。③DNRA 菌群一般以兼性厌氧发酵细菌为主，缺氧会迫使这些细菌更多地进行 DNRA 过程产能。

3) 碳源、氮源及碳氮比(C/N)

作为 DNRA 过程进行的基础物质，添加有机碳在一定程度上有利于 DNRA 过程的进行。添加有机碳可以促进微生物的呼吸和发酵，并且可以调节 DNRA 细

菌的活性。一般认为，DNRA 过程在氮源缺乏、碳源丰富而不稳定的环境中更容易发生，并成为硝酸盐异化还原的主要途径。氮源方面，一些细菌不适合利用 NO_2^- 作为氮源，这可能与 NO_2^- 对生物体有较大的毒害作用有关，因此 NO_3^- 可能是更有利于 DNRA 细菌生长的氮源。但高浓度 NO_3^- 对 DNRA 也存在抑制作用，如在盐沼沉积物中，可利用的 NO_3^- 增加会使 DNRA 过程去除 NO_3^- 的效率由 52%降至 4%。另外，虽然低浓度氮源与 N_2O 的产出无关，但高浓度氮源有利于 N_2O 产出。DNRA 过程的产物氨氮浓度对 DNRA 过程没有影响，DNRA 过程产生的氨氮可以成为其他微生物如厌氧铵氧化菌的氮源。碳源方面，在有机质富集的沉积物中 DNRA 过程去除 NO_3^- 的效率可达 50%，与反硝化相当。易分解的碳源可被高效利用电子受体的 DNRA 细菌充分利用，因为 DNRA 过程中 1mol NO_3^- 接受 8mol 电子，而反硝化过程仅接受 5mol 电子，即 DNRA 更趋向于在碳源氧化程度较低的环境中发生。对珠江口沉积物进行培养实验表明，在 C/N 值为 2～10 的条件下，DNRA 过程都会发生，但碳源氧化状态越强，DNRA 过程所需要的适宜 C/N 越高。

4) 反硝化过程与厌氧铵氧化过程

反硝化过程与厌氧铵氧化过程会与 DNRA 过程竞争相同的底物，一般认为反硝化过程是 DNRA 过程的主要竞争者，但两类细菌的共培养实验显示，无论哪类细菌数量占优势，都共同利用环境中的氮源和碳源，不抑制对方生长。而 Anammox 过程既与 DNRA 过程竞争氮源，也可以与 DNRA 过程耦合达到脱氮的效果，因为 DNRA 过程可以为 Anammox 过程提供底物 NO_2^- 和 NH_4^+。DNRA-Anammox 耦合过程中执行 DNRA 过程的不仅可以是 DNRA 细菌，也可能是 Anammox 细菌。

3.5.2　厌氧铵氧化过程及影响因素

(1) 厌氧铵氧化过程

在厌氧铵氧化（Anammox）过程被发现以前，人们一直认为反硝化是固定态氮移除的唯一途径，直到在废水处理器中发现厌氧铵氧化，这一新的氮移除过程才打破了上述局限性的认识。随后，分别在海洋沉积物、最小溶解氧水体中证实了厌氧铵氧化的存在。2002 年对波罗的海大陆架沉积物的研究系海洋沉积物厌氧铵氧化的首次报道，利用同位素标记发现 24%～67%的氮气生成和厌氧铵氧化作用相关。厌氧铵氧化是指在厌氧条件下，厌氧铵氧化自养细菌以 NO_2^- 为电子受体、NH_4^+ 为电子供体的微生物氧化还原过程（$NO_2^-+NH_4^+ \longrightarrow N_2+2H_2O$），此过程的最终产物同样是游离态的 N_2，避免了 N_2O 的产生并完成封闭产 N_2 循环，打破了人们对传统氮循环的认识。目前估算表明厌氧铵氧化对海洋中 N_2 产生的贡献高达 30%～50%，在有些沉积物中甚至达到 80%，是低氧区海域重要的氮输出途径。

(2)厌氧铵氧化在海洋环境中的分布

1)溶解氧极小区水体

由于厌氧铵氧化是厌氧过程，因此大洋的溶解氧极小区(oxygen minimum zone，OMZ)水体成为研究厌氧铵氧化的一个天然场所，至目前OMZ水体中厌氧铵氧化研究的情况如表3-12所示。从厌氧铵氧化的空间地理分布来说，不同的缺氧水体中表现出不同的速率。一般说来，在哥斯达黎加和纳米比亚沿岸水体中的厌氧铵氧化表现出最高的速率，高达200～500nmol N/(dm^3·d)，秘鲁沿岸和智利北部沿岸厌氧铵氧化速率次之，再次是阿拉伯海，黑海的厌氧铵氧化速率最低。对于特定的海区，从近岸到远海，厌氧铵氧化速率一般呈现降低的趋势。例如，在秘鲁沿岸厌氧铵氧化速率从近岸的25～109nmol N/(dm^3·d)下降到外海的2.2～9.4nmol N/(dm^3·d)，在阿拉伯海，阿曼近岸的厌氧铵氧化速率要明显高于阿拉伯海中部。这种近岸高、外海较低的厌氧铵氧化速率分布与其所处海区表层水体初级生产力密切相关，较高的初级生产力意味着较高的有机碳输送量，也暗示着较高的矿化速率。

表3-12 不同海域缺氧水体中厌氧铵氧化速率

海域	水深(m)	溶解氧(μmol/dm^3)	厌氧铵氧化速率[nmol N/(dm^3·d)]	厌氧铵氧化贡献(%)
阿拉伯海	112～400	0.9～12.9	3.27(1.32～8.46)	
阿拉伯海	106～200		0.24～8.64	6.3
阿拉伯海	100～900	<6	20.2(0～76)	>80(30～100)
秘鲁沿岸	20～400	<20	3～768	～100
秘鲁沿岸	40～376	0～10	22.8(2.2～108)	～100
黑海	75～125		7	
黑海	85～115	<10	12.5(1.44～28.8)	～100
纳米比亚沿岸	40～130	<10	20～360	～100
纳米比亚沿岸	76～110	0～3.4	200(13～496)	～100
智利北部沿岸	30～350	0～10	14.8(0.48～54.7)	>80(17～100)
哥斯达黎加沿岸	100～180		503(110～1070)	27(13～58)
波罗的海	220～230	<10	10～100	>76
大西洋中脊热液	750～3650		40(20～60)	

对于厌氧铵氧化速率在水柱中的垂直分布，一般在缺氧水体的上部，即水体溶解氧跃层的底部表现出较高的速率，随着缺氧水体深度的加深，厌氧铵氧化速率逐渐降低，但到接近海底沉积物的缺氧水体，厌氧铵氧化速率又有所增加。这主要是因为溶解氧跃层的底部，一般也是温度和盐度跃层的底部，在此上层初级生产所输出的颗粒有机碳的矿化速率达到最大，释放出厌氧铵氧化所必需的底物——铵，而在大洋缺氧水体之中，铵几乎处于检测不到的状态，全部被厌氧铵氧化过程所消耗，因此这一过程受到铵的限制，而底层水体中的NH_4^+可能来源于

沉积物释放。

2)沉积物

沉积物是对海洋环境最早进行厌氧铵氧化研究的地方，尤其是近岸与河口沉积物，陆架区与陆坡区相对报道较少，大洋深海尚无报道。在不同类型的沉积物中均发现了厌氧铵氧化的存在，说明了该过程的普遍性。目前看，厌氧铵氧化对 N_2 产生的贡献(ra)随着水深的增加而增加，从几十米水深一直到 1000m 左右的水深，厌氧铵氧化对 N_2 移除的贡献随深度增加而呈现显著的线性增加，这与陆架沉积物有机碳含量的趋势基本相反，低含量的有机碳意味着较低的反硝化速率，因此随着水深的增加反硝化速率在逐渐降低，另外，厌氧铵氧化属于自养过程，本身并不以有机碳作为能量来源，同时沉积物中 NH_4^+ 的浓度一般要远远高于水体之中的浓度，不同于大洋缺氧水体对厌氧铵氧化过程的铵限制。在水深大于 1500m 的深海区域，ra 似乎变化幅度不是很大，基本上在 30%～50%波动，这可能与深海沉积物具比较稳定的环境条件有关。不同海区沉积物中厌氧铵氧化速率见表 3-13，海洋沉积物中厌氧铵氧化速率处于 0～4mmol N/(m^2·d)。在空间分布上，近岸与河口区沉积物中的厌氧铵氧化速率较高，平均约 1.8mmol N/(m^2·d)，陆架和陆坡海区的厌氧铵氧化速率较低，接近 0.1mmol N/(m^2·d)。但是在河口区沉积物中厌氧铵氧化对 N_2 产生的贡献一般不足 10%，而在近岸与陆架海区此值可以高达 30%～80%，这主要是因为从河口与近岸到陆架沉积物中有机质逐渐降低，反硝化速率也随之降低，所以厌氧铵氧化在 N_2 产生中所占的比例增大。而对于海底沉积物来说，陆架与远洋沉积物占据了绝大部分面积，因此陆架与远洋沉积物中的厌氧铵氧化对于海洋 N_2 的移除可能占据主要的贡献。

表 3-13　不同海域沉积物中厌氧铵氧化速率

海域	水深(m)	厌氧铵氧化速率[mmol N/(m^2·d)]
Randers 峡湾河口	1	0.5
Gravesend 河口	1	1.17
Colne 河口	0	3.77
Young Sound 沿岸	36	0.04
格陵兰岛沿岸	50.6(36～100)	0.03(0.001～0.092)
Kongsfjorden 沿岸	51	0.01
北海	36.7(29～81)	0.05(0～0.14)
大西洋陆架	80(50～100)	0.03(0.02～0.06)
Alsbäck 沿岸	116	0.16
Smeerenburgfjorden 沿岸	211	0.02(0.02～0.03)
St. Lawrence 河口	300	0.13±0.04
Skagerrak 陆架	695	0.11
大西洋陆坡	1200(500～2000)	0.02(0.003～0.04)
东京相模湾	1450	0.37(0.31～0.44)

(3) 厌氧铵氧化过程的影响因素

厌氧铵氧化作为一种微生物过程，与周围环境因素的变化联系紧密，在海洋环境中受到多种环境因子的影响，其中比较显著的是温度和溶解氧、硫化氢、有机质、NO_3^-/NO_2^-、NH_4^+浓度等。

室内培养实验证明，厌氧铵氧化菌的最适温度为15℃左右，高于25℃，厌氧铵氧化菌的活性开始迅速降低，至37℃时，活性基本终止。因此，一般温带海区沉积物中厌氧铵氧化对氮气移除贡献较大(30%～80%)，而对于热带沉积物厌氧铵氧化的贡献一般不超过10%。然而在永久低温的格陵兰岛东西部近岸，沉积物中厌氧铵氧化菌的最佳活性温度为12℃，在大西洋中脊海底高于90℃的热液环境中存在着厌氧铵氧化菌，在60～85℃的条件下进行培养亦表现出活性，同时只在热液周围较高的温度区域内存在着厌氧铵氧化过程，在低温区域中并不存在该过程，并且将高温区域内的样品置于常温环境下培养未曾表现出活性。以上的研究表明，厌氧铵氧化菌广泛存在于自然界的各种不同环境中，而且在不同的栖息环境下，厌氧铵氧化菌对于温度的适应能力存在显著差别。

由于厌氧铵氧化属于厌氧过程，因此溶解氧是调控厌氧铵氧化活性的关键因子，研究表明厌氧铵氧化活性与氧气含量之间存在显著的负相关关系。溶解氧浓度为3.5μmol/dm^{3}和8μmol/dm^{3}时，厌氧铵氧化活性分别可降低70%和50%，而溶解氧浓度为13.5μmol/dm^{3}时则可完全抑制厌氧铵氧化活性。在天然的低氧状态下，厌氧铵氧化菌可能处于休眠状态，而恢复到厌氧状态厌氧铵氧化菌就会立刻表现出活性。溶解氧浓度为9μmol/dm^{3}时，厌氧铵氧化活性并没有表现出滞后效应，而反硝化活性却没有检测出来，表明厌氧铵氧化对O_2的灵敏反应没有反硝化强烈。同时不同的OMZ水体中，厌氧铵氧化对于氧气的耐受程度表现不同，黑海和秘鲁OMZ水体耐受上限约15μmol/dm^3，纳米比亚OMZ水体约25μmol/dm^3。

厌氧铵氧化是以NO_2^-和NH_4^+为底物的，因此厌氧铵氧化速率与原位可获得的NO_2^-和NH_4^+直接相关。研究表明只添加$^{15}NO_3^-$而没有$^{15}NO_2^-$的培养实验中，厌氧铵氧化同样表现出了活性，而反硝化并不表现出活性，说明厌氧铵氧化过程与硝酸盐还原为亚硝酸盐的过程是耦合在一起的。一般认为厌氧铵氧化所需要的NO_2^-来源于NO_3^-经反硝化产生，反硝化速率与厌氧铵氧化速率呈现出显著的相关性也可以作为二者相互耦合的一个佐证。同时观察到厌氧铵氧化速率与底层水体的NO_3^-存在显著的正相关，但没有直接的证据证明厌氧铵氧化受到NO_3^-的控制，所观察到的正相关很可能表明厌氧铵氧化与NO_3^-异化还原(需有机碳提供电子给体)所产生的NO_2^-密切相关，后者是厌氧铵氧化的直接底物之一。

研究表明厌氧铵氧化反应对于NH_4^+的半饱和常数(Ks)小于5μmol/dm^3，因此对于河口与近岸沉积物来说，由于有机质含量较高，矿化所释放出的NH_4^+浓度较高，一般不会成为限制因素。对于表层矿化速率较低的大洋沉积物，其间隙水中的 NH_4^+处于较低水平，因而可能成为厌氧铵氧化的潜在限制因子。在大洋永久性缺氧水体中，厌氧铵氧化同样受到 NH_4^+的限制。新近研究发现，厌氧铵氧化菌受氨浓度限制的情况下，还具有将硝酸盐异化还原为铵(DNRA)的能力。DNRA 过程为厌氧铵氧化过程提供了底物氨氮，这也解释了 NH_4^+供给缺乏时为何仍能维持厌氧铵氧化过程，因此厌氧铵氧化与 DNRA 过程同样可以密切耦合。

厌氧铵氧化作为一种自养过程，与有机物没有直接的联系，但是在海洋中，无论是反硝化、硝酸盐异化还原为铵还是厌氧铵氧化所需的反应底物(NO_3^-、NO_2^-和 NH_4^+)，一般来源于有机碳的矿化分解，而且为厌氧铵氧化反应提供底物 NO_2^-和 NH_4^+的反硝化、硝酸盐异化还原为铵反应都需要有机碳提供电子给体。因此，厌氧铵氧化与沉积物中有机碳的含量也存在间接关系。

此外，厌氧铵氧化的活性还受到 H_2S 的抑制，当 H_2S 浓度仅仅处于 1.5～2.5μmol/dm^3 时，就可以完全抑制 $^{15}NH_4^+$加富培养的厌氧铵氧化，充分证明厌氧铵氧化活性对 H_2S 的敏感性。在 H_2S 存在的水体中未发现厌氧铵氧化的存在，而反硝化却表现出了很高的活性，原因可能是基于硫化物的反硝化活性得到促进而引起的竞争抑制。

3.6　海洋氮循环的驱动机制

3.6.1　海洋氮的再生释放

(1)海水中氮的再生

营养盐被浮游植物吸收转化成有机氮，并通过浮游动物的摄食，各级浮游动物之间及鱼类等的捕食继续在食物链中传递。在这个过程中有相当一部分氮，由于溶出、死亡、代谢排出等离开食物链重新回到水体中，这就是营养盐的再生过程。

1)浮游植物胞外溶出

在河口和沿岸区域，大约 30%的净初级生产力被浮游植物溶出，而约 20%被浮游动物捕食。可见，由浮游植物胞外溶出产生的有机物是不可忽视的。尽管有研究表明浮游植物细胞倾向于贮存氮，以鞭毛藻为主的浮游植物，其胞外溶出(PER)与无机氮浓度呈负相关。而在缺氧和细菌存在时，胞外溶出氮就会增加，分别占到细胞内氮的 10%～20%和 3%～12%。溶出产物主要包括蛋白质、氨氮以及少量的亚硝酸盐和氨基酸。

2)浮游动物及鱼类的溶出和排泄

氨氮是浮游动物溶出产物的主要形式，当然还包括脲、氨基酸、蛋白质等。不同种类的浮游动物溶出速率并不相同，对桡足类的研究测定发现，溶出速率还与动物干重有显著的相关性，个体较小的动物溶出速率比个体较大的快。

3)有机碎屑

动物新陈代谢后的排泄物和死亡浮游生物的个体、组织等是海洋有机碎屑库的主要来源。这些颗粒物在沉降和随水团运动的过程中，一部分被浮游动物滤食，另一部分则被细菌降解成为氨和小分子溶解有机氮。随着细菌在海洋有机物转化中的作用越来越重要，各种有关微生物环的研究越来越多，因此溶解有机氮在海洋氮循环中的作用也越来越不容忽视。

以上过程产生的再生氮有极大一部分在真光层中被浮游植物再次利用，成为海洋再生生产力，对海洋环境的生态平衡起着很大的作用。在大洋的某些区域中，再生生产力甚至可占到全部初级生产力的 80%～90%。在这些过程中，不同的生物种类表现出各自不同的特性，因为生物的溶出、排泄、死亡等不仅受环境中温、盐、营养盐水平等外在因素的影响，而且受生物种类、生长期、个体大小等因素的限制。

(2)沉积物中氮的再生

水体与沉积物的物质交换是水体中有机物和无机营养盐来源和去向的主要过程之一。在浅海区域，当外部的营养盐输入减少时，从沉积物中释放的营养盐可成为生产力所需营养盐的重要来源。甚至发现沉积物-海水界面“各种形态氮的通量要比河流输入的高 10 倍”。沉积物与海水的物质交换过程是总体研究生态系统所不可缺少的部分。

发生在水体和沉积物界面的物理过程主要包括：有机碎屑及浮游植物的沉降；由水流、生物扰动等引起的再悬浮；沉积物中物质向水体的扩散和释放。水体中有机碎屑的沉降，在浅海区甚至浮游植物的直接沉降是沉积物中物质的主要来源，也是底栖动物及细菌的食物来源；除此之外，底栖微藻和细菌也直接摄取上覆水中的氨氮与溶解有机氮作为营养盐来源。沉积物中有机物在微生物的作用下矿化成氨氮进而氧化成硝态氮，以及底栖浮游动物直接溶出的溶解有机氮，使得间隙水中的氨氮和溶解有机氮往往要比上覆水中高出许多。同时沉积物经脱氮作用生成的 N_2 或 N_2O 等气态氮，一部分通过水体回到大气，另一部分则被底栖的固氨细菌再次利用参与生态过程。

对于一个完整的海洋生态系统来讲，沉积物与上覆水体之间是紧密相连的，随时进行着物质与能量的交换。在硝化过程中，硝化细菌在 O_2 的参与下将 NH_4-N 氧化为 NO_3-N，并产生中间产物 N_2O；在反硝化过程中，反硝化细菌在缺氧的条件下将 NO_3-N 还原为气态 N。一般来说，沉积物中 O_2 比较缺乏，适合反硝化细菌的生存，而限制了硝化细菌的生长，从而大大促进了反硝化过程，使气态 N 大量产生。另外，大多数沉积物的环境属于还原性，氧化还原程度较低，也促使高价态的 NO_3-N 和 NO_2-N 向低价态的气态 N 转化。在沉积物中，硝化过程和反硝化过程经常受生物扰动及温度等外界环境的影响。藻类的加入可以使反硝化作用大大减弱，而生物扰动的效应却正好相反，如海底的动物群通常可以加剧沉积物中 N 的反硝化过程，此外，温度升高可以加速硝化过程中 N_2O 的产生。

3.6.2　海洋氮循环的物理、化学驱动

沉积物中氮的可浸取态可用 Ruttenberg 于 1992 年改进的分相浸取法测定，得到不同粒径沉积物中的 4 种形态氮：①离子交换态(IEF-N)，②弱酸可浸取态(WAEF-N)，③强碱可浸取态(SAEF-N)，④强氧化剂可浸取态(SOEF-N)。沉积物中氮的存在形态在很大程度上受沉积环境的影响，可浸取态氮的形成、分解与释放，主要受沉积物有机质矿化作用过程中环境条件的变化与动力因素的影响，这就是所谓的沉积物氮循环的驱动力或驱动性因素。上覆水体的温度、盐度、pH、溶解氧含量、物质来源与输送速度、生物扰动以及动力因素等环境变化都会影响沉积物中氮的形成与分解释放，从而在很大程度上控制了沉积物中氮的存在形态以及不同形态氮的含量与分布。沉积物中不同可浸取态氮的含量越高，它们所能释放并参与循环的量值就越大，因此，不同的分布规律反映出沉积物中潜在的能释放并参与循环的不同形态氮的量值不同。下面主要讨论上覆水体的温度、盐度、pH、溶解氧浓度、NH_4^+和 NO_3^-浓度等环境条件变化对自然粒径沉积物中不同可浸取态氮形成与释放的影响。环境因子与自然粒径沉积物中不同可浸取态氮的相关系数列于表 3-14。

表 3-14　环境因子与自然粒径沉积物中不同可浸取态氮的相关系数

环境因子	IEF-N			WAEF-N			SAEF-N			SOEF-N
	NH_4-N	NO_3-N	总量	NH_4-N	NO_3-N	总量	NH_4-N	NO_3-N	总量	
温度	−0.34	−0.06	−0.34	−0.29	0.11	−0.10	−0.35	−0.45	−0.41	−0.27
盐度	−0.16	−0.15	−0.19	0.37	0.02	0.24	0.05	0.13	0.09	0.03
pH	0.11	0.24	0.18	−0.05	0.18	0.10	0.07	0.10	0.09	0.08
DO	0.26	0.17	0.29	0.22	0.18	0.23	0.03	0.11	0.07	−0.26
NO_3^-	0.03	0.08	0.05	−0.01	0.19	0.14	−0.08	−0.13	−0.11	0.47
NH_4^+	0.07	−0.06	0.04	0.18	0.15	0.21	0.67	0.65	0.68	−0.08

从中可以看出，环境因子对自然粒径沉积物中不同可浸取态氮的影响各不相同，对不同形态氮形成与释放的驱动作用也不相同。

(1)温度对不同形态氮释放的驱动作用

温度对自然粒径沉积物中不同形态氮的形成与释放具有基本一致的影响和驱动作用，都与其呈现出不同程度的负相关。这是因为，对于有机氮来说，温度的升高或降低能直接影响沉积物中有机质的矿化作用进程，使有机氮的含量降低，而对于无机氮来说，温度的升高直接影响沉积物对不同形态氮的吸附作用，同时

加快底栖生物的生命活动，使生物扰动作用加强，沉积物中不同无机氮的释放作用也加强，因此不同无机氮的含量降低。也就是说，温度的升高能加快沉积物中不同可浸取态氮的释放。

(2) 盐度对不同形态氮释放的驱动作用

盐度对不同形态氮的影响和驱动作用并不一致，与 IEF-N 呈负相关，与 WAEF-N 呈正相关，而与 SAEF-N 及 SOEF-N 则不具有明显的相关性。这与各形态氮的成因、本身的性质以及其与沉积物结合的强度有关，研究发现盐度能影响从沉积物中释放出的氮的形态。

(3) pH 对不同形态氮释放的驱动作用

pH 与 IEF-N 及 WAEF-N 中的 NO_3-N 呈现出正相关，与其他形态或形式氮的相关性不明显。这是因为在 pH 较高的海区，沉积物处于相对氧化的环境中，硝化作用较强烈，因此 NO_3-N 受其影响要稍大一些。

(4) 溶解氧(DO)对不同形态氮释放的驱动作用

DO 除对 SAEF-N 形成与释放的影响较小外，对其他形态的氮都有较显著的影响，与 IEF-N 和 WAEF-N 呈现出正相关，而与 SOEF-N 呈负相关。这是因为，DO 含量高的海区，有机质的矿化作用比较强烈，尽管活跃的生物扰动促进了无机态氮的释放，但矿化作用在富氧的海区处于优势地位，因此 SOEF-N 与溶解氧呈负相关，而 IEF-N 及 WAEF-N 与其呈正相关。

(5) NH_4^+和 NO_3^-对不同形态氮释放的驱动作用

水体中的 NO_3^-与沉积物中的 SOEF-N 呈现出明显的正相关；而 NH_4^+和 SAEF-N 呈现出显著的正相关。这可能是因为底层水体中 NH_4^+及 NO_3^-的含量有赖于沉积物中 SAEF-N 的释放及 SOEF-N 的矿化分解。

总而言之，自然粒径沉积物中 IEF-N 的形成与释放主要受上覆水体温度和 DO 的驱动，盐度和 pH 也对其有一定影响；盐度、DO 和 NH_4^+的含量可能影响 WAEF-N 的形成与释放；SAEF-N 则主要受温度和 NH_4^+含量的影响和驱动；NO_3^-的含量是 SOEF-N 形成与释放的主要驱动因素，温度和 DO 在其释放的过程中也不可或缺。不同形态氮的两种存在形式(NH_4-N 和 NO_3-N)受环境因子的影响各不相同，其中 NH_4-N 在很大程度上影响着它所处形态氮的形成与释放。

沉积物中的有机氮经过一系列的矿化作用过程转化为无机氮，而最终通过沉积物-海水界面交换参与氮的生物地球化学循环。在气候温和的浅海海域，沉积物-海水界面 DIN 的交换通量可提供浮游植物生长所需氮的 30%～80%。而在法国 Lion 海湾，每年从沉积物中释放的溶解无机氮可达 Rhône 河流输入氮的 20%～34%，能提供该海湾初级生产力所需氮的 4%～8%，对初级生产力具有补充和调节作用。渤海沉积物中的氮能提供初级生产力所需氮的 26.7%，对初级生产力具有重要贡献。因此可以说，沉积物-海水界面间氮的交换通量，是估算海洋沉积物中的氮对海洋生物地球化学循环贡献的量度，对整个海洋生态系统中氮的预算具有重要意义。

沉积物-海水界面氮的交换通量主要受沉积环境的影响，上覆水体性质的改变、水动力条件的不同以及有机质的输入，通常是影响沉积物-海水界面氮交换通量的主要因素，在河口体系中尤为明显。沉积物-海水界面氮交换通量随季节发生变化，由春季浮游植物繁盛造成不同季节沉积物中有机质的含量不同所致。

生物扰动对沉积物-海水界面氮交换通量的影响已受到越来越多的关注。海洋生物扰动能改变沉积物中有机质的矿化作用过程，以及促进硝化和反硝化作用过程，从而改变沉积物-海水界面氮的交换通量。硝化和反硝化作用增强，造成气态 N_2 的生成与流失，从而使沉积物释放 N_2、NH_4^+的通量显著增大，而 IN 的交换通量在生物扰动作用下并没有显著增高。

细菌对沉积物-海水界面氮交换通量的影响也非常显著，它仍然是通过影响沉积物中氮的矿化作用过程来改变沉积物-海水界面氮的交换通量。有研究发现，在相对短期的沉积过程中，底栖细菌生物量的增量与沉积物-海水界面 DIN 输出量的减少量相当，底栖异养细菌可以作为 N、P 的汇，直到其死亡才能释放 N 与 P。研究法国 Thau 潟湖贝类养殖对沉积物-海水界面 DIN 交换通量的影响，显示贝类养殖能影响细菌的活动，使硝化作用降低，NO_3^-的异化作用增强，其中有 98%的 NO_3^-被还原为 NH_4^+，仅有 2%的 NO_3^-被还原为 N_2O，从而使沉积物-海水界面 NH_4^+的交换通量增加，而 NO_3^-的交换通量降低。

3.6.3　海洋氮循环的生物驱动

(1) 海洋生物在氮循环中的作用

在海洋中生存着大量的生物，沉积物中的生源物质是海洋生物赖以生存的物质基础之一，而海洋生物又对沉积物中生源物质的循环起着关键作用。氮循环通过有机氮的矿化作用生成 NH_4^+，NH_4^+在硝化细菌的作用下被氧化为 NO_3^-，NO_3^-通过反硝化作用或氨化作用再转化为 N_2 或 NH_4^+，气态氮有一部分流失，使沉积物去营养化等一系列反应得到体现。在整个转化过程中，海洋生物吸收利用可交换部分满足自身需要，在体内将其转化为有机氮，然后通过排泄和死亡分解而实现氮的循环。通常情况下，海洋植物大量地从海水或沉积物中吸收无机氮盐以合成氨基酸、蛋白质等生命活动所需要的有机氮化合物，海洋生物通过食物链摄取自身需要的能量，并以代谢排泄以及死亡分解来开始营养物质的再矿化过程。生物体氮的代谢产物有相当部分是以气态氮的形式直接释放到环境中，即泌氮排泄，这种形态的氮可直接被植物所利用。代谢废物还包括含氮有机物，这些溶解性有机物也逐渐被分解矿化。海洋动物排出的粪团或死亡尸体等颗粒有机氮在下沉过程中也逐渐被分解矿化。

在海洋生物地球化学循环中起重要作用的生物是底栖生物，它主要包括微生物、原生动物、小型动物和大型动物等。底栖生物的摄食与海洋沉积物中营养物质的循环具有不可分割的关系，氮作为海洋沉积物中生源要素的一种，与底栖生物的活动息息相关。

微生物包括细菌和真菌，它们是海底有机质的分解者。真菌可以分解木质纤维和甲壳质，细菌则可以分解颗粒有机碳，细菌的分解作用可使营养元素得以循环，维持海洋生物链平衡。常见的细菌有硝化细菌和反硝化细菌，硝化细菌是需氧的化能自养型细菌，反硝化细菌是厌氧的异养型细菌，它们在作用于作用物的过程中吸收自身需要的物质得以生存。海洋细菌常因病毒感染而死亡，死亡细胞的溶解产物中核酸和蛋白质的含量很高，因此细菌也是营养物质的潜在来源。

原生动物和小型动物的食物来源比较复杂，它们主要有 3 种捕食方式：①全植营养，即具有色素体的原生动物利用太阳的光能将 CO_2 和 H_2O 合成碳水化合物得到养料；②全动营养，吞食其他的生物或有机碎片；③腐生，借体表的渗透作用摄取周围的有机质。它们主要摄食细菌和超微型自养浮游生物。原生动物的相对代谢速率很高，营养物质的排泄速率也很高，在排泄和摄取过程中实现氮的循环。原生动物和小型动物对氮的再生效率与相应食物的营养质量及动物自身的生长状态有关，相应食物的营养质量高，含氮量高，且动物的生长状态稳定，则氮的再生效率高；反之，食物的营养质量低，动物自身处于快速增长阶段，则氮的再生效率低。

大型动物以捕食和牧食为主，主要以悬浮物或沉降物为食，并通过对颗粒物和沉降物的吞食与排出，实现了沉积物的有效搬运。大型动物在氮循环中的作用主要是通过影响氮的矿化、硝化、反硝化及氨化过程来实现的。底栖生物的扰动和灌溉作用改变了沉积物的物理化学性质，促进了硝化和反硝化作用。由于底栖动物的大小、聚集度及代谢速率等因素的不同，它们在氮循环中的作用不同。例如，多毛类环节动物生存的微环境中 O_2 的消耗速率和反硝化速率就比双壳类软体动物活动的微环境要高 2 倍。多毛类环节动物扰动提高了上覆水体和沉积物的反硝化作用，其中 79%的反硝化作用由多毛类环节动物扰动造成。双壳类软体动物并不能显著促进 O_2 的吸收，但提高了沉积物的有氧呼吸；多毛类环节动物则正相反，它大大促进了 O_2 的吸收，但提高沉积物中有氧呼吸的作用甚微；这可能是由这些动物具不同的灌溉机制所造成的。掘穴动物的活动增加了沉积物与上覆水体接触的区域，携带营养物质、O_2 及某些微生物进入沉积物深层，并可以促进沉积物深层与表层物质互相转移。端足类甲壳动物洞穴壁的硝化速率比表面沉积物高 2 倍，由含有大量硝化细菌的内壁的特殊组成和化学特征所致，同时可以得出：

底栖动物对有机质沉降和沉积物中氮的转移过程都具有重要影响。多毛类环节动物通过反硝化作用转移 NO_3^-，而双壳类软体动物则主要促进了硝化作用过程。底栖动物自身依赖于可利用的 O_2，在开放海区停滞时期，沉积物缺氧，因此其影响营养物质循环不仅通过缺氧环境，还通过生物扰动作用的停止和相关沉积物通气反应来减少反硝化作用。因此，底栖动物对氮的再生过程有相当重要的作用，其再生效果与食物氮的丰度有关，食物氮的丰度大，再生效果就明显，不过与原生动物和细菌相比较，其在营养盐再生过程中的作用是次要的。

浮游植物和海藻作为浮游生物对氮循环也具有重要影响。增加浮游植物的量会降低光线的传输并间接削弱浅海区海底小型藻类的反应，增加藻类沉积并造成沉积物中 O_2 消耗量的增加而对反硝化作用有利。在沉积物中加入藻类，则反硝化速率降低。这是由于藻类的加入加速了沉积物中细菌的生产，因此 O_2 的消耗量增大，使沉积物成为缺氧型，且由于硝化作用的最后一步($NO_2^-\rightarrow NO_3^-$)对 O_2 浓度最敏感，也就没有 NO_3^-产生，因此反硝化作用可以利用的 NO_3^-就很少，故反硝化作用降低。另外，藻类的加入可以导致 NH_4^+从沉积物中快速逸出。因此，加入藻类物质会降低反硝化与矿化作用的比值。沉积物-海水界面加入藻类有机碳，由于加速了反硝化作用，NO_3^-还原为 N_2 的量增大，因此 $NO_2^-+NO_3^-$从水体进入沉积物的通量增大。

(2)海洋沉积物中氮与生物生产过程的关系

氮是浮游植物进行初级生产必不可少的营养元素，海洋中的初级生产力很大程度上受限于浮游植物可获得的 N 源，大多数海域由沉积物再生的无机 NH_4-N 提供 N 源。因此沉积物中 N 的再生和转化对整个近海生态系统的生物生产具有重要意义。

沉积物中再生的 NH_4^+有一部分直接为海底初级生产者利用，未被利用部分则可能被氧化为 NO_3^-，或进入沉积物中(吸附或形成晶格)，或通过间隙水扩散至上覆水体，进入上覆水体的 NH_4^+可为初级生产者提供 N 源。在整个海域中，浮游植物几乎完全靠 NH_4-N 作为营养源，NO_3^-对浮游植物生产的贡献只有 10%～20%，甚至更少。在 5～50m 海域，海底循环的 NH_4-N 占整个浮游植物生产所需 N 的 30%～80%。N 循环动态平衡模型结果表明，生物生产的 50%～80% N 来自 NH_4^+的再生，其中 30%源于大型浮游动物的排泄，60%来源于微型浮游生物和细菌的再生，7%来自底栖生物的释放。而在北海的多格滩地区(荷兰)，砂质沉积物中营养盐再生的 N、Si、P 仅占浮游植物生产所需的 2%、10%、3%，表明该地区的营养盐再生主要发生在水体中。而在远离海岸的区域，由于 NH_4^+的缺乏，来自深水的 NO_3^-也可以作为浮游植物的主要 N 源。

此外，沉积物也可以作为有机氮的输出源，供海底异养细菌利用。有研究发现，细菌不仅是矿物营养的纯生产者，有时它也可能是纯消费者。对北海沉积物研究表明，海底细菌生产与沉积物-海水界面营养盐交换通量呈显著负相关，海底细菌生物物质的增加与沉积物-海水界面溶解无机 N、P(DIN、DIP)流出通量的减少相等。NH_4-N 在浮游植物、细菌和浮游动物之间的循环关系见图 3-14。

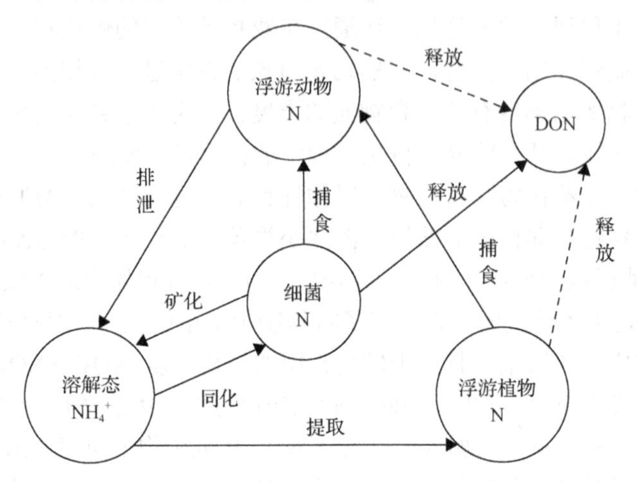

图 3-14 NH_4-N 的迁移转化示意图

海底沉积物作为海底营养链的关键一环，对初级生产者浮游植物系统有十分重要的意义。一方面初级生产者所需的大部分 N 来自沉积物的矿化；另一方面沉积物通常是近海生态系统唯一的厌氧环境，可以发生反硝化作用，从而引起海底矿化 N 的流失。在澳大利亚的菲利普海湾，由反硝化引起的 N 流失占海底再生 N 的 63%，甚至可能导致 N 成为初级生产的限制因子。近年来许多滨海地区，特别是河口区发生的富营养化问题则表明，人为的营养输入将超出生态系统的自动调节能力而导致整个生态平衡遭到破坏。

(3) 海洋沉积物中氮与生物特定种群的关系

人类的活动可造成海岸带可利用氮种类的转换。例如，砍伐森林可导致腐殖酸的释放；富氧情况下处理废水将导致 NH_4^+转变为 NO_3^-；富营养化导致的有机质大量沉积使缺氧环境增加，这将成为沉积物中 NH_4^+量比 NO_3^-明显增多的原因。在缺氧环境下，当上覆水体 NO_3^-浓度高时，沉积物是 N 的汇，反硝化作用较强；当上覆水体 NO_3^-浓度低时，受 NO_3^-的局限，反硝化作用减弱，使 N_2 的产生和氮的转移变少。

水体中从下向上输送的氮量不同，则相应的生产者也不相同。海草生长在浅海海底，对氮的需求很少，它的生长主要受光的影响，大型藻类则主要受氮限制，它可以很快地吸收并储存营养，并能在相对低的光照下生长良好。因此，在浅海区，随着沉积物表面输出的氮量增多，海底主要大型生产者由海草变为大型藻类，最后又由浮游生物代替大型藻类。

海洋沉积物中的氮在特定的生态条件下有不同的响应。在春华及水华前期，由于浮游植物增多，光合作用增强，水体中O_2增多，浮游动物大量捕食浮游植物，浮游动物也增多，底栖动物的食物相对丰富，底栖动物生长活跃，沉积物中的O_2和营养物质不断消耗；后期，浮游植物大量繁殖，生长繁殖的代谢过程及死亡细胞被微生物分解的过程大量消耗海水中的氧气，使海水严重缺氧，造成许多海洋动物窒息而死，同时水体的营养物质暂时缺乏，一部分浮游植物也因此而死亡。在赤潮发生时，有些赤潮生物体内及代谢产物都含有生物毒素，使捕食这些生物的动物中毒死亡，沉积物中的氧气和营养成分不断向水体运输，使沉积物处于缺氧环境，一部分底栖生物也将因O_2的缺乏而死亡，死亡的动物和植物在细菌作用下分解、沉降、矿化，沉降颗粒物的增加使沉积物中有机质增多，沉积物在春华、水华及赤潮后期处于缺氧环境，反硝化作用显著，因此沉积物中有机氮及NH_4^+含量增大，NO_3^-含量相对较小。

大型藻类的繁盛与沉积物中营养元素的生物地球化学循环有重要的联系。当营养物质的填充速率高时，大型藻类用根从沉积物中吸收营养物质，其冠层则能阻挡由沉积物再生的营养物质从沉积物-海水界面释放，并隔离吸收可能进入水体而促进沉积物表面营养物质循环的营养物质。从大型藻类冠层阻挡的NH_4^+量可以看出，由沉积物再生的NH_4^+量白天高、夜晚低，这是大型藻类吸收营养物质的量与光合作用密切相关的结果。大型藻类是食草类底栖动物的食物，因此，底栖动物与藻类的生长繁殖有不可分割的关系。食草生物的密度、生物量及藻类的生长速率是藻类繁盛与否的决定因素。如果氮的填充速率较高，并且藻类的生长速率比捕食者大，则快速增长的海藻可能克服捕食者的控制。

褐潮的发生和发展也是一较普遍的生态现象，是一种极微小浮游藻类(*Aureococcus anophagefferens*)在气温较高的夏季于盐度升高的海域繁盛的结果，通常发生在比较浅的、不成层的海湾河口。这种藻类的生长主要受氮限制，当由陆源或海底向上输入的营养物质充足时，即使光照很弱，这种生物也能生长良好，并且对不同形态的氮(NO_3^-、NO_2^-、NH_4^+或脲)都能吸收利用，且很少量的无机氮就能使其快速生长。褐潮的发生减少了海底光照强度，使海韭菜的生长受到限制，则许多寄生在海韭菜上和以海韭菜为食的底栖生物明显减少，海底双壳类动物对此现象较敏感。褐潮的持续发展会影响浮游动物(尤其是原生动物和后生动物)及海底悬浮捕食者，桡足类甲壳动物及双壳类甲壳动物都能大量捕食这种植物，促进自身的生长繁殖。

本章的重要概念

早期成岩作用　在沉积物(沉积岩)的温度不明显高于常温(25℃)下，沉积物固相或所含间隙水相内所发生的所有反应。

硝化作用　铵盐在微生物作用下氧化为亚硝酸盐和硝酸盐的过程。

反硝化作用　异养细菌在呼吸作用中利用硝酸盐或亚硝酸盐作为电子受体，将硝酸盐或亚硝酸盐还原为气态氮产物的过程。

生物固氮作用　在酶的催化作用下微生物将氮气还原成氨气、氨氮或任何有机氮化合物的过程。

硝酸盐异化还原为铵　在厌氧条件下，一些严格厌氧微生物将硝态氮异化还原为铵的过程。

厌氧铵氧化　在厌氧条件下，厌氧铵氧化自养细菌以 NO_2^- 为电子受体、NH_4^+ 为电子供体，将亚硝酸盐和铵盐转化为氮气的微生物氧化还原过程。

推荐读物

沈国英，施并章. 2002. 海洋生态学. 2 版. 北京：科学出版社：1-446.

宋金明. 2004. 中国近海生物地球化学. 济南：山东科学技术出版社：1-591.

宋金明，李学刚，袁华茂，等. 2019. 渤黄东海生源要素的生物地球化学. 北京：科学出版社：1-870.

Gruber N. 2005. A bigger nitrogen fix. Nature, 436: 786-787.

Kolber Z S. 2006. Getting a better picture of the ocean's nitrogen budget. Science, 312: 1479-1480.

Song J M. 2009. Biogeochemical Processes of Biogenic Elements in China Marginal Seas. Berlin, Hangzhou: Springer-Verlag GmbH & Zhejiang University Press: 1-662.

Tyrrell T, Law C S. 1997. Low nitrate: phosphate ratios in the global ocean. Nature, 387: 793-796.

学习性研究及思考的问题

(1) 海洋（海水和沉积物）中氮的存在形态有哪些？其分布如何？

(2) 海洋中氮的来源有哪些？氮在海水和沉积物中是如何循环的？

(3) 何为硝化、反硝化作用？其测定方法有哪些？影响硝化、反硝化作用的因素有哪些？

(4) 何为硝酸盐异化还原为铵和厌氧铵氧化作用？影响硝酸盐异化还原为铵和厌氧铵氧化作用的因素有哪些？

(5) 请以你所理解的“海洋沉积物中氮的生物地球化学过程”为题写一篇 3000 字的小短文。

(6) 海水中各形态氮是如何相互转化的？溶解氧在其中所起的作用如何？

(7) 海洋中 N_2O 的垂直分布特征、影响因素和产生机制如何？

(8) 为何在大洋真光层均发现消耗的 $\Delta DIC/\Delta NO_3^-$ 值显著高于 Redfield 比值？

第4章　海洋磷与硅的生物地球化学

磷与硅是海洋中重要的营养物质，是生物生长繁殖必需的元素。磷与硅在海洋中的再生循环对整个海洋生态系统的运转具有至关重要的意义。本章主要阐述海洋磷的赋存形态、分布特征、来源与生态学功能以及磷在海洋中的循环与再生过程，海洋中硅的生物地球化学功能，以使我们对海洋磷与硅的不同化学形态及其分布状况、生态学功能及在海洋中的循环与收支情况有所认识及了解。

海洋环境中生源要素的循环是化学海洋学所要研究的中心问题，相对于另外两个生源要素碳和氮，关于磷与硅在海洋中分布与动力学过程的研究明显不足，磷与硅是海洋浮游植物生长必需的元素，是水生生物赖以生存的基础营养盐，它们的分布和含量直接影响水体的初级生产力及浮游生物的种类、数量和分布。近年来，近海区域和内陆湖泊富营养化带来的一系列影响已引起人们的广泛关注。自然界中磷与硅循环的基本过程是：陆地岩石风化和土壤中的磷酸盐与硅酸盐通过地表径流的搬运大部分进入湖泊或海洋，途中一部分溶解磷与硅被生物群落截获而进入生物循环，同时一部分磷与硅也可被土壤或沉积物吸附于矿物中而重新固定。进入海洋的溶解磷与硅参与海洋生物循环，而一部分磷与硅很快会被吸附或沉降进入海底沉积层，直到地质活动使它们暴露于水面才再次参加循环。近年来，随着农业现代化水平的提高，各地区的化肥使用比例在逐年提高，一些乡镇，特别是城市郊区，这一比例甚至高达90%以上。不合理的施肥制度使化肥中的氮磷营养素经地表径流和淋溶作用进入水体，导致藻类等水生生物大量繁殖，水中溶解氧急剧下降，鱼虾大量死亡，水质恶化。因此，研究磷对水环境及其生态系统的影响刻不容缓。

4.1　海洋磷的分布特性

自然水体中磷的存在形式主要有正磷酸盐(PO_4^{3-}、HPO_4^{2-}、$H_2PO_4^{-}$)、多聚磷酸盐($P_2O_7^{4-}$、$P_3O_{10}^{5-}$、$P_2O_9^{3-}$、$HP_3O_9^{2-}$)、有机磷酸物(葡萄糖-6-磷酸、2-磷酸-甘油酸、磷肌酸等)、胶态或颗粒态磷化合物。水中溶解磷的含量很少，易与Ca^{2+}、Fe^{3+}、Al^{3+}等生成难溶性沉淀物，如$Ca_5OH(PO_3)_3$、$AlPO_4$、$FePO_4$等，沉积于水体底泥。正磷酸盐，可供生物代谢利用而无须进一步分解。多聚磷酸盐在水溶液中水解并向正磷酸盐转化，其水解过程非常缓慢。有机磷酸物主要存在于工业废水和污泥中，少部分存在于生活废水中。

4.1.1 海水中磷的存在形态、分布特征与相互转化

4.1.1.1 海洋磷的存在形态

海水中 P 的形态分类如图 4-1 所示。磷在海水中同时以颗粒态和溶解态的形式存在，总溶解磷的定义是可通过孔径为 0.2～0.7μm（亦有 0.1～1μm）滤膜的那部分磷，截留在膜上的部分则为颗粒磷。

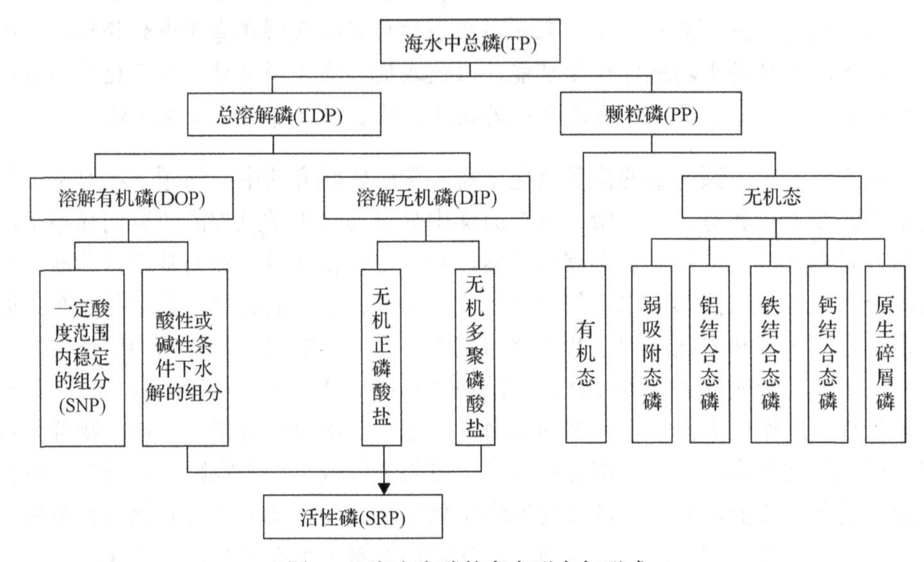

图 4-1 海水中磷的存在形态与形式

根据目前 P 测定普遍采用磷钼蓝方法的原理，可将溶解 P 的操作定义用可溶性的反应 P[即活性 P（SRP）]和可溶性的不参加反应 P（SNP）表示，用 SRP 的量代替无机磷组分（Pi）。SRP 通常被认为是能被海洋中的植物直接同化吸收的那部分磷酸盐组分，实际上 SRP 还包括了其他一些含磷化合物，如无机聚磷酸盐和某些在分析过程中与 Pi 很难区别的溶解有机磷（DOP）组分。

（1）总溶解磷

总溶解磷包括溶解无机磷（DIP）和溶解有机磷（DOP）两类。前者包括正磷酸盐、无机多聚磷酸盐。水中正磷酸盐的存在形式主要有 PO_4^{3-}、HPO_4^{2-}、$H_2PO_4^-$、H_3PO_4，各部分的相对比例随 pH 的不同而异。在 pH 为 6.5～8.5 的正常天然淡水中以 HPO_4^{2-}和 $H_2PO_4^-$为主；在 pH 为 8 的海水中，HPO_4^{2-}为 87%，PO_4^{3-}为 12%，$H_2PO_4^-$为 1%，可见在海水中 HPO_4^{2-}为溶解磷酸盐的主要存在形式，游离 H_3PO_4 的含量极微。正磷酸盐可作为营养物质被水中藻类摄取，所以这种形态的磷具有很大的环境意义。无机多聚磷酸盐可存在于受工业废水或生活污水污染的天然水

中，如 $P_2O_7^{4-}$、$P_3O_{10}^{5-}$等，它们是某些洗涤剂的主要成分，随着多聚磷酸盐分子量的增大，其溶解度变小。无机多聚磷酸盐很容易水解成 PO_4^{3-}，在某些生物及酶的作用下反应速度加快，据研究，在酸性磷钼蓝法中有 1%～10%的多聚磷酸盐水解而被测得。

溶解有机磷：溶于天然水中的有机结合态磷的性质还不完全清楚，主要有葡萄糖-6-磷酸、2-磷酸-甘油酸、磷肌酸等形态。溶解有机磷如果是来自有机体的分解，其成分似应包括磷蛋白、核蛋白、磷脂和糖类磷酸盐(酯)。由单胞藻释放出的某些(不是全部)有机磷，能被碱性磷酸酶所水解，因此这些分泌物中似含有单磷酸酯。此外，许多研究者认为天然水中溶解有机磷包括生物体中存在的氨基磷酸与磷核苷酸类化合物。研究发现，某些不稳定的溶解有机磷化合物是海洋循环中十分活跃的组分。

(2) 颗粒磷

颗粒磷分为颗粒无机磷(PIP)和颗粒有机磷(POP)两部分，PIP 主要是 $Ca_3(PO_4)_2$、$FePO_4$ 等溶度积极小的不溶性无机磷酸盐，某些悬浮的黏土矿物和有机体表面可能吸附无机磷，存在于矿物相中，吸附生物或非生物颗粒，并可作为细胞内的存储物质(正磷酸盐、焦磷酸盐和多聚磷酸盐)，而 POP 则包括活生物有机体内和生物碎屑中的各种磷化合物，前者主要存在于海洋生物细胞原生质，如遗传物质核酸(DNA、RNA)、高能化合物腺苷三磷酸(ATP)、细胞膜的磷脂等。

(3) 活性磷与有效磷

1) 活性磷

天然水中的含磷量通常用酸性钼蓝法测定。根据能否与酸性钼酸盐反应，可将水中的磷化合物分为两类：活性磷化合物和非活性磷化合物。

凡能与酸性钼酸盐反应的，包括磷酸盐、部分溶解有机磷、吸附在悬浮物表面的磷酸盐以及一部分在酸性环境中可以溶解的悬浮无机磷[如 $Ca_3(PO_4)_2$、$FePO_4$]等，统称为活性磷化合物；由于活性磷化合物主要以溶解磷酸盐的形式存在，因此通常称为活性磷酸盐，以 PO_4-P 表示。其他不与酸性钼酸盐反应的统称为非活性磷化合物。

2) 有效磷

以上各种形式的磷化合物中，凡能被水生植物吸收利用的称为有效磷，溶解无机正磷酸盐是对各种藻类普遍有效的形式。某些藻类在一定条件下，只能利用无机多聚磷酸盐及某些有机磷酸酯类作为有效磷源。

目前一般把活性磷酸盐视作有效磷。

(4) P 的测定

海水中各种形式与形态磷的准确测定是揭示磷生物地球化学过程的前提。

1）磷的测定方法

尽管 P 的测定方法很多，但经常采用的方法有 10 余种（表 4-1）。

表 4-1　文献报道的水体中 P 的几种主要测定方法

方法	检测范围[μmol P/(dm³)]	精密度(%)
磷钼蓝(M-R)法	0.02～28	2～15
有机溶剂萃取法	0.002～0.8	1
氢氧化镁共沉淀(MAGIC)法	0.001～2.8	1～3
流动注射分析(FIA)法	0.03～1.5	1～3
毛细电泳法	0.5～100	3
电化学法	—	—
色谱法	—	—
酵素分析法	—	—
荧光分析法	0.1～11	1～3
导数分光光度法	0～13	3～12
磷钼酸-孔雀绿-PVA 体系分光光度法	—	—

磷钼蓝(M-R)法：此法很早就已建立，受当时科技信息传播速度的束缚，几十年后才得到改进和应用。目前普遍采用的是以此为基础改进的磷钼蓝方法，即在酸性体系中并有三价锑离子存在的条件下，SRP 与钼酸铵反应生成磷钼黄，其在抗坏血酸的作用下被还原生成磷钼蓝后用分光光度法在 882nm 波长下测定其吸光值，再利用标准曲线计算样品中 P(Ⅴ)的含量。M-R 法可直接测定 SRP，其他形式 P[如 DOP、颗粒磷(PP)]的测定需经过各种前处理过程，最终将其转化为无机 P 的形式用 M-R 法进行测定。对于海水中总溶解磷(TDP)的测定一般是通过各种前处理方法将样品中的 DOP 转化成 DIP，然后用 M-R 方法测定。TDP 与 DIP 的差值即是 DOP 的量。各种测定海水中 P 的方法无论中间过程、分析条件等因素如何不尽相同，但基本的原理都用到磷钼蓝方法。因此，磷钼蓝方法是海洋 P 测定方法的基础，有着非常重要的价值。

有机溶剂萃取(又称磷钼蓝萃取)法：对于低营养盐海域的 P，用有机溶剂直接萃取还原生成的蓝色磷钼蓝络合物进行测定，灵敏度高，采用的萃取剂包括了从异己烷到苯的一系列有机化合物，萃取方法的原理与 M-R 法相似，在测定过程中随萃取剂的不同盐效应相异。

萃取法精密度高且能够有效用于低浓度 P 的测定。尽管如此，萃取方法仍然存在着许多不足，如萃取过程费时费力、分析准确度不高，而且有机萃取剂毒性很大，对操作人员的健康和自然环境都造成了相当程度的危害等。

流动注射分析(flow injection analysis，FIA)法：随着科学技术的迅猛发展，样品分析的自动化、精密程度、分析效率等要求越来越高，采用以往的手工实验测定方法显然已经不能满足需要，近年来各种自动化分析仪器在科学研究中被广泛采用。1975 年，首次将 FIA 法应用于对水体中 P 的测定，大大提高了样品分析的速度和效率。

FIA 技术是一种精度较高的 P 测定方法，且与经典的 M-R 方法保持了良好的一致性。分别用 FIA 和 M-R 方法测定 5 种不同来源样品中溶解磷(DIP/TDP)的含量，结果显示 FIA 与 M-R 法测定结果一致。最初的 FIA 法测定原理仍然是 M-R 方法，而对 SRP 和 DIP 之间的差异、生物可利用 P 组分的测定等问题没有涉及。实际上，FIA 法只是测定 P 所采用的设备，真正对不同磷化合物进行测定应该在测定方法的原理上进行深入的探索，在此基础上再与先进的 FIA 法结合，才能明确测定目的、提高测定效率。近年来，许多通过改进 P 测定原理与 FIA 法结合而产生的新方法应运而生，如用植酸酶固定某种 P 组分和 FIA 法结合测定水体中 P 的不同组分、FIA-毛细电泳法、光纤测低浓度 P 等。

$Mg(OH)_2$ 共沉淀——MAGIC 法：M-R 法测定海水中 P 的检测下限是 0.02～0.03μmol/dm^3，它满足了大多数海洋调查中 P 测定的需要。但在一些营养盐匮乏的海洋环境中，M-R 方法就不再适用了。例如，北太平洋混合层中 SRP 的浓度在 0.03～0.1μmol/dm^3，此时再用 M-R 法测定，结果的不确定性为 25%或者更高。MAGIC 法是一种简单、直接、精准的测定海洋或淡水环境中 nmol 级 SRP 和 TDP 的方法，这种方法通过向海水样品中加入 NaOH，使水体中的 P 与生成的 $Mg(OH)_2$ 共沉淀从而被定量地富集下来，沉淀经离心用 HCl 溶解后直接用 M-R 法或 FIA 法测定。

MAGIC 方法测定的样品大都来自寡营养盐海域，为了保证测定过程尽可能少污染或无污染，对样品采集到分析试剂配制的要求都比较严格。为了避免潜在的污染，如果测定海域中 PP≤TDP 的 10%，样品不用过滤，此时水体中的总磷(TP)≈TDP。样品采集后迅速冷冻(–20℃)或加入 NaOH 生成 $Mg(OH)_2$-P 共沉淀保存(4℃可稳定数月)。MAGIC 法将低浓度 P 富集后进行测定，富集倍数可根据需要调整(增大水样体积或减小 HCl 体积即可)，最高可达 100 倍以上，以富集后的浓度不超过 M-R 方法的检测上限 28μmol/dm^3 为宜。

2) 测定方法中存在的问题

a. 磷钼蓝方法测定过程中存在的问题

磷钼蓝方法测定水体中的磷历经几代科学家的改进和完善，对于方法本身存在的主要干扰因素都找到了比较恰当的解决途径，从而成为 SRP 测定中应用最为广泛的经典方法。但随着海洋科学的不断发展和进步，海水中营养盐组分测定的要求不断提高，M-R 方法存在的问题逐渐显露并引起人们对其进一步思考和审视。

首先，SRP 与 DIP 的差异。过去人们普遍认为能被海洋动植物生长过程直接同化吸收的是无机正磷酸盐(P)，但近年来对海洋生物特别是对赤潮生物的研究发现，一些微型海藻可以直接利用某些 DOP 化合物为其提供生长和繁殖所需要的营养元素，因而准确测定生物可利用磷的化合物形式成为 P 测定中备受关注的焦点。M-R 方法测定的 SRP 包括了 Pi、无机多聚磷酸盐以及一些可以在酸性环境中水解的 DOP，但 DOP 中可以在酸性条件下水解的组分除了已知的单糖、单一磷酸酯类等化合物外，其他的组分仍然不得而知，因此，在利用 M-R 法测定无机磷酸盐的过程中 DIP 的范围显然被扩大了，这样一来，用 SRP 代替 DIP 的误差无法估算，自然水体中存在的无机磷酸盐化合物的量(Pi)更无从估计；另外，各海区生物、化学、物理等方面的过程和特点不尽相同。新的研究发现海水中 P 化合物可分为 3 种：①碱性条件下易水解成 SRP 的组分；②酸性环境中易水解的组分；③在一定 pH 范围内稳定的组分。然而，不同海域磷化合物存在不同比例的分布，从这个角度分析 M-R 法测定 P 的过程，情况就变得更加复杂了：不同的海域性质导致样品中磷化合物不同的分布比例，在磷钼蓝法测定过程中，酸性条件下水解的 DOP 组分随样品来源不同而不同，因此，不同海域无机磷化合物的量根本无从比较。为了尽可能地减小 DOP 化合物在酸性条件下水解的负面影响，科学家先后采用过降低反应体系酸度，加入柠檬砷酸盐与钼酸铵反应抑制 DOP 的水解，缩短在酸性条件下的反应时间等方法。但这些方法由于操作过程不易控制或者容易引入其他杂质的干扰，在 P 测定中没有被广泛采用。

其次，寡营养盐海域 P 的测定。在未受人类影响的大洋水体中溶解无机磷(以 PO_4^{3-} 计算)的浓度为 1μmol/dm^3，近岸或表层海水出现较高的 P 浓度通常都是受到了环境污染。众所周知，M-R 方法的检测下限是 0.02～0.03μmol/dm^3，在多数海洋研究工作中，这样的灵敏度是令人满意的，但对于低浓度研究以及未受污染的开放海域的调查研究来说，更低的 P 浓度无疑给测定工作增加了难度。

b. MAGIC 法两个重要问题

沉淀产生的条件。共沉淀步骤是决定 MAGIC 方法能否准确测定样品中 P 的关键，溶液 NaOH 的浓度决定着沉淀产生的 pH 环境，从而影响能够被富集下来的 P 组分，继而影响最终的测定结果。用 1mol/dm^3 NaOH 采用逐级滴定法对表层海水样品进行研究，提出 0.3%($V_{NaOH}/V_{样品}$)是 MAGIC 法有效富集 P 的下限，如果 $V_{NaOH}/V_{样品}<0.3\%$，则水样中的 P 不能被有效富集，如用 2.5%($V_{NaOH}/V_{样品}$)的比例用于富集 5 倍时 P 的测定，然而当富集倍数>5 时，为了减小沉淀的团状聚集度，应该考虑减小 $V_{NaOH}/V_{样品}$的值，因为沉淀成团太大不利于后面的 HCl 溶解步骤，而且即使纯度再高的 NaOH 试剂也会带入干扰从而使空白升高。改进的 MAGIC 法采用了 0.3%($V_{NaOH}/V_{样品}$)的碱性条件。

MAGIC 法测定的 P 组分。M-R 法测定的 SRP 与 DIP 有一定的差异，它包含了 IP、P_2O_7，以及一些可以在酸性环境中水解的 DOP，不能有效地测定水体中自然存在的 DIP。P-$Mg(OH)_2$沉淀的富集实验结果揭示了 MAGIC 法能够富集大部分的腺苷三磷酸(ATP)、核糖核酸(RNA)、脱氧核糖核酸(DNA)以及无机多聚磷酸盐组分，但是对在碱性条件下不易水解且不能与 $Mg(OH)_2$共沉淀的单一核酸类化合物及其衍生物等 DOP 组分不能有效地测定。对于 SRP 而言，这是 MAGIC 法优于 M-R 法之处，它在酸性环境产生之前就将一些能在酸性条件下水解的 DOP 组分去除，从而减少了用 M-R 法测定 SRP 时能够水解的 DOP 的干扰，达到了选择性分离和富集 SRP 的目的，因此 MAGIC 法测定的 SRP 更加接近于水体中自然存在的 DIP。但对于 TDP 的测定就不同了，如果测定海域中单一核酸类化合物及其衍生物所占比例较少，那么用 MAGIC 法测定的 TDP 结果很接近真实值，测定效果很好；反之，如果测定海域中单一核酸类化合物及其衍生物所占比例较大，这时用 MAGIC 法测定的 TDP 组分与 M-R 法测定值偏差就比较大。对夏威夷火奴鲁鲁周围海域的调查结果显示，不同海域特别是海湾和开放海域用 MAGIC 法测定的 TDP 与 M-R 法测定值之间有差异，1989 年 10 月到 1997 年 6 月近 8 年的调查资料显示，ALOHA 连续站表层海水中用 MAGIC 法测定的 TDP 只占 M-R 法测定值的 50%。这些结果也说明了虽然不同海域海水中磷化合物的比例不同，但对于同一海域这一比例则是相对稳定的。因此，在长期调查同一海域的情况下，MAGIC 法测定 TDP 的结果还是很有效的。通常 MAGIC 法可以富集测定自然水体中 88%～100%的 TDP。

c. 生物可利用 P(BAP)的测定

目前海洋生态系统中一个极具挑战性的问题是对生源要素在微生物群落中的流动精确估计，要解决这个问题，必须了解生物可利用营养盐的形式。P 是海洋中重要的营养元素之一，故而可被生物吸收利用 P 的存在形式的研究在近年来为人们广泛关注。

通常认为 DIP 是海洋生物可以直接利用的营养盐形式，但许多研究发现很多 DOP 化合物也可以被海洋中的动植物直接吸收和利用，我们将海洋生物可以直接利用的磷化合物定义为生物可利用 P(BAP)。那么 BAP 就包括了 DIP 和部分 DOP 化合物，在一些受污染少的开放海域，DIP 的含量很低，海洋生物可以直接吸收利用某些 DOP 为自身提供生长必需的营养元素。利用同位素($^{32}PO_4$)示踪方法对 BAP 含量进行测定，为研究特定海域的生物地球化学过程以及生产力状况提供了可靠的资料与证据，但是由于目前对海洋中溶解有机物(DOM)化学组成的研究仍然十分有限，没有一种方法能够准确地定义 BAP 的具体成分，目前掌握的方法只能是通过反应环境(如 pH)的改变选择性地测定某些 DOP 组分。但方法之间的差异和互补往往能够使我们细致地了解调查海区的 BAP 构成，所以不同方法在同一海域 P 测定中的应用应得到重视。

4.1.1.2　海洋中磷的分布特征

(1)溶解磷的分布

1)水平分布

受生物活动、大陆径流、水文状况、沉积作用、人为活动等各种因素的影响，海洋中磷的含量通常表现为沿岸、河口水域高于大洋；太平洋、印度洋高于大西洋；开阔大洋中高纬度海域高于低纬度海域。但有时因生物活动和水文条件的变化，在同一纬度上也会出现较大的差异。

在海洋浮游植物繁盛季节，沿岸、河口水域表层海水中活性磷含量可降到很低水平(0.1μmol/dm^3)。而在某些受人为活动影响显著的海区，含磷污水等的大量排入，则可能造成水体污染，出现富营养化，甚至诱发赤潮。

大洋表层水中DIP含量远低于沿岸区域，并且不同区域的含量存在一定差异。在热带海洋表层水中，由于生物生产量大，DIP含量低，通常仅为0.1～0.2μmol/dm^3，而北大西洋和印度洋表层水中DIP含量则可达2.0μmol/dm^3。总的来说，大洋表层水中DIP分布比较均匀，变化范围一般为0.5～1.0μmol/dm^3。

大洋深层水中，由北大西洋向南，经过非洲周围海域、印度洋东部到太平洋，DIP含量平稳地增加，最终富集于北太平洋深层水中。营养物质在大洋深层水中的这种分布，与大洋深水环流和海洋中营养物质的生物循环作用有关。起源于北大西洋的低温、高盐、寡营养表层水在格陵兰附近海域沉降，形成北大西洋深层水，途经大西洋进入印度洋，最后到达北太平洋。深层水团在这一运动过程中，不断地接受上层沉降颗粒物分解释放的营养物质，故营养物质得以不断富集。大洋2000m深处水中DIP含量由北大西洋的1.2μmol/dm^{3}逐渐升高到北太平洋的3.0μmol/dm^3。

2)垂直分布

在大洋真光层，由于海洋浮游生物大量吸收磷，有效磷含量很低，有时甚至被消耗殆尽。在微生物的参与下，生物新陈代谢过程的排泄物和死亡后的残体在向深层沉降的过程中会有一部分重新转化为溶解无机磷，释放回水中。因而随深度的增大，其含量逐渐增大，并在某一深度达到最大值，此后不再随深度增加而变化。在不同大洋的深处，溶解无机磷含量有所差别，如印度洋=太平洋＞大西洋(图4-2和图4-3)。在河口、近岸地区，磷的垂直分布明显受生物活动、底质条件与水文状况影响。在上升流海区，由于富含磷的深层水的涌升，该区溶解无机磷的含量明显增加。

3)季节变化

磷的季节变化规律与无机氮相类似。中纬度(温带)海区和近岸浅海海区的季节变化较为明显，而且与海洋浮游植物生物量的消长有明显的关系，反映了生命

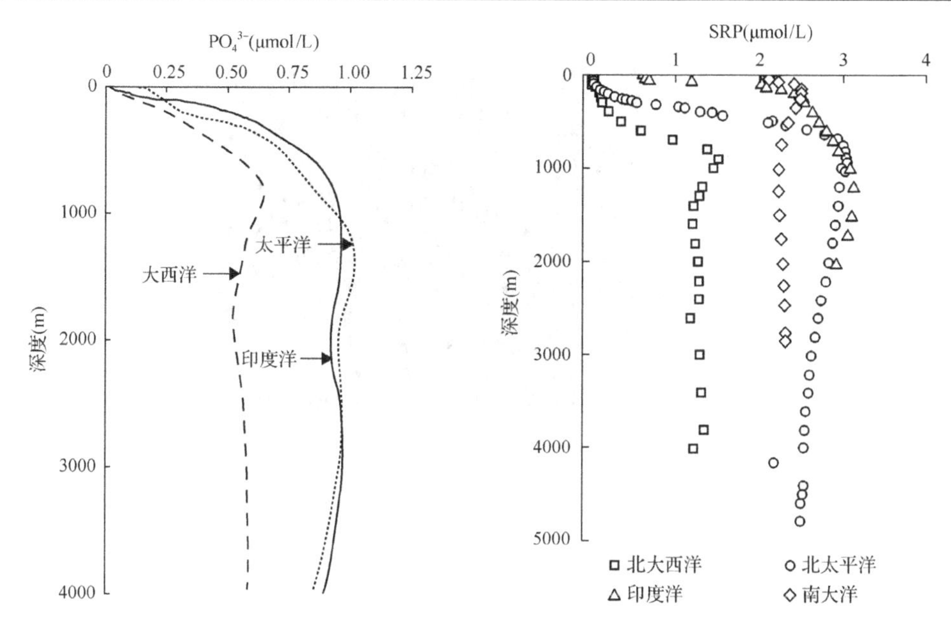

图 4-2　世界各大洋中溶解磷酸盐的垂直分布　　图 4-3　世界各大洋 SRP 的典型分布

过程的消长。夏季浮游植物繁盛期间，有效磷被大量消耗，加上温跃层的存在，妨碍了上下层海水的混合，致使深层水供给的磷不足，有效磷的含量尤其是表层的含量降至很低。进入秋季后，浮游植物繁殖速率下降，生物残体中的有机磷化合物逐步被微生物矿化分解，加上水体混合作用，有效磷含量逐渐上升并积累。到冬季，表层和底层水中有效磷含量都达到最大值。春季，浮游植物生长又开始进入繁盛期，海水有效磷含量再次下降。

(2) 颗粒磷的分布

1) 水平分布

在大洋中颗粒磷的浓度从小于 10nmol/dm³ 到 0.3μmol/dm³ 不等，占总磷的比例较小，如在北太平洋海域中，即使在浮游生物丰富的真光层中其也只占总磷的 3%～11%，其中颗粒有机磷占总颗粒磷的比例平均为 80%～90%，为颗粒磷的主要存在形式(图 4-4)。随着纬度的增加，颗粒磷的浓度随之增加，在北太平洋海区，颗粒磷的浓度从 12nmol/dm³ 增加到 123nmol/dm³，颗粒有机磷的浓度从 9nmol/dm³ 增加到 110nmol/dm³，而颗粒无机磷的浓度在相同断面上只从 1nmol/dm³ 上升到 13nmol/dm³ (图 4-5)。

在近岸生态系统中，人为活动导致磷的大量输入引起了一系列相关问题，如食物链多样性的降低、浮游植物群落结构的改变以及赤潮的强度与发生频率增加。这些改变能够极大地影响浮游植物的生长以及浮游动物的摄食，从而影响近岸海水中颗粒物的产生及变化。尽管颗粒磷在大洋中所占比例很小，但在近岸区域其所占比例很大，颗粒磷为胶州湾磷的主要存在形式，年均占总磷的 52%。

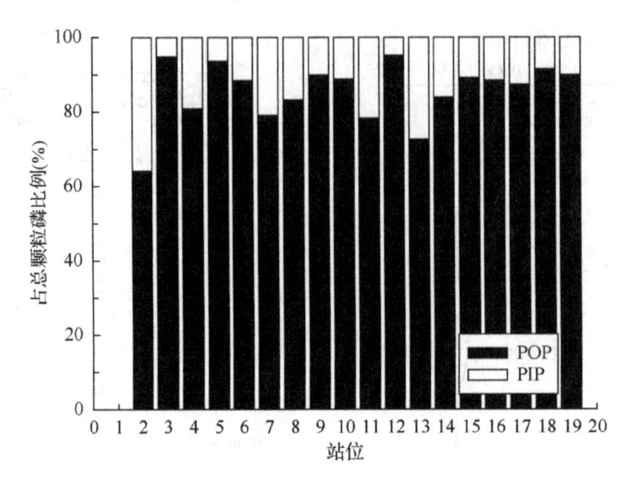

图 4-4　北太平洋不同站位颗粒有机磷和颗粒无机磷占总颗粒磷的比例

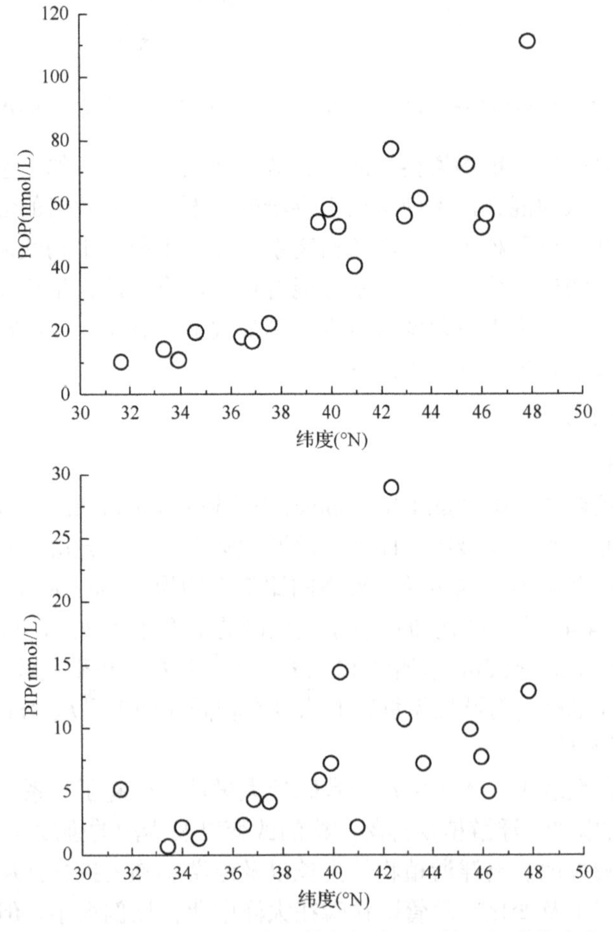

图 4-5　北太平洋不同纬度颗粒有机磷和颗粒无机磷的变化

2) 垂直分布

通常颗粒磷的浓度随着深度的增加迅速下降，在 500m 以下海域保持相对稳定，在西太平洋海域 500m 以下保持在 0.5nmol/dm^3(图 4-6)。在大陆斜坡区，接近海底时颗粒磷的浓度会有所上升，主要是由沉积物颗粒再悬浮和水平运移而形成海底浑浊层引起的。真光层上层海水中颗粒磷的高浓度以及随深度增加颗粒磷浓度的显著降低均说明颗粒磷主要来自浮游生物。在真光层中颗粒磷与 Chl a 高度相关性也证明了这一点。

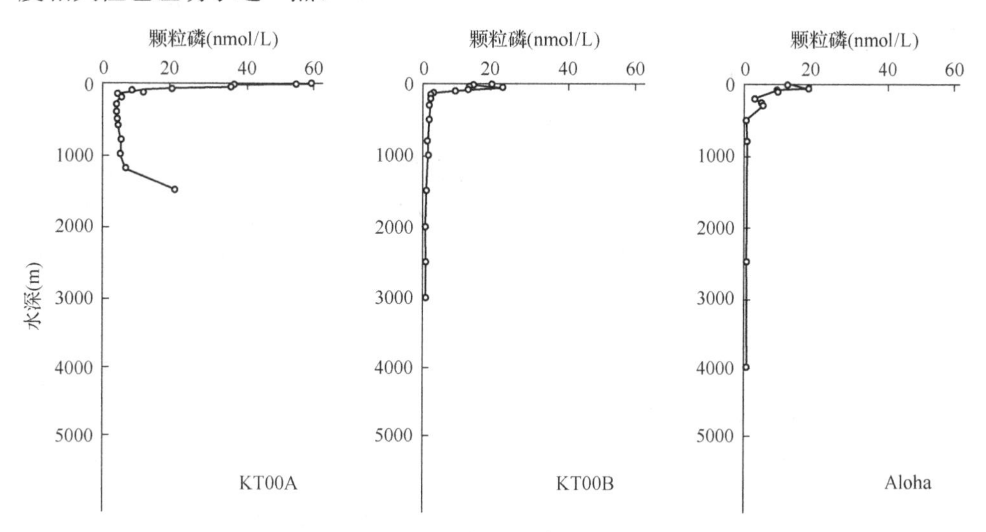

图 4-6　西太平洋各站颗粒磷的垂直分布

4.1.1.3　海水中磷的相互转化

相对于氮而言，海水中磷的相互转化较为简单。浮游植物吸收溶解磷将其转化为有机磷，并随食物链传递，之后随着生物的排泄和死亡以颗粒磷的形式释放出来。其中一部分颗粒磷矿化再生形成溶解磷进入水体，一部分沉降进入沉积物形成沉积磷。而形成的沉积磷一部分被埋藏进深层沉积物，迁移出海洋 P 的循环，一部分经过一系列与水体复杂的生物地球化学交换、再悬浮等过程，通过间隙水不断向上覆水体释放，形成溶解磷重新进入水体参与循环。

磷作为浮游植物不可替代的营养要素，直接影响海域的初级生产力。海水的平流运动、垂直混合以及生物吸收、输送和再生等过程的相互作用把大量的磷输送到表层水中，如北太平洋表层水、南大洋、上升流海区、近岸水体等都存在大量溶解无机磷(DIP)，其数量相当于维持生物初级生产力所需磷的一半。浮游植物对 DIP 的吸收服从一级动力学，吸收速率因浮游植物种类不同而异，浮游植物对 DIP 较高的吸收速率可使低磷海域的生产力仍保持一定水平。

一般认为，海洋环境中浮游植物只能吸收溶解无机磷(DIP)，细菌能够利用溶解有机磷(DOP)。但越来越多的研究表明，浮游植物可以利用 DOP 和颗粒磷(PP)，碱性磷酸酶(APA)在这一过程中起重要作用。DOP 和 DIP 共存时，相互间存在竞争关系，浮游植物先吸收 DIP，DOP 的利用受到抑制，当 DIP 耗尽后，APA 跃迁，APA 活性的增大导致 DOP 降解速率加快。说明介质中 DIP 耗尽后，海洋微藻可以通过激活碱性磷酸酶来分解利用 DOP 化合物，而且 DOP 浓度较低时，吸收速率更快。DOP 与溶解无机磷(DIP)和颗粒磷(PP)之间存在着较为活跃的相互转化过程，DOP 在这一过程中起中介作用：一方面，浮游植物通过碱性磷酸酶将非光敏 DOP 转化为 DIP 加以利用；另一方面，细菌或通过 5′-核苷酸酶使 DOP 再生，或者直接利用 DOP 将其转化为 PP(细菌本身)。

海洋沉积物中的磷与底层水之间存在着复杂的化学反应和交换平衡，磷可以通过间隙水与底层水的交换过程进入海洋。水环境中 DOP 含量较低时，吸收相对较快，可以认为低磷海域能够驱动沉积物释放磷，沉积磷的溶出能够促进浮游植物的繁殖，还有可能诱发赤潮。因此，溶解有机磷在磷的生物地球化学循环和海洋初级生产过程中起着十分重要的作用。

4.1.2 海洋沉积物中的磷

(1)*存在形态*

海洋沉积物中磷以有机态和无机态形式存在，其中无机磷是以与 Al、Fe、Ca 等结合的无机态结合物形式存在，为绝大部分的溶解磷、铁铝结合态磷和钙结合态磷。其中以钙结合态磷为主，钙结合态磷按其性质和来源又包括火成岩与变质岩来源的碎屑氟磷灰石、生源骨骼碎屑、碳酸钙磷和间隙水中经沉淀形成的钙氟磷灰石等；铁铝结合态磷以沉淀状态存在于沉积物中，当它们转化为亚磷酸盐等可溶性盐类时便向水体中释放磷。沉积物中的有机磷可经细菌生化作用转化为无机磷，并成为沉积物中磷溶出的主要因素。沉积物中的无机磷与水体不断地进行交换、溶解、沉积，尤其在缺氧的条件下，沉积物中的磷酸盐大量溶出。富营养条件下可促进沉积物对磷的吸附，而缺氧条件则有利于磷的释放。一般认为不稳定或弱结合态磷易进入水体被生物所利用，与铁、铝结合的非磷灰石磷是潜在的活性磷，在一定条件下也能进入水体被生物利用；而与钙结合的磷、惰性磷和有机磷则难被生物利用。

根据提取剂的不同，可人为地把磷分为不同形态。最为经典的方法是 Ruttenberg 建立的连续浸取方法(图 4-7)，将沉积物中的磷分为 5 种形态，分别为交换态或弱吸附态磷(loosely adsorbed 或 exchangeable P)、铁结合态磷(Fe-bound P)、自生钙结合态磷(authigenic P)、碎屑态磷(detrital P)和有机磷(prganic P)。其中自生磷又分为自生磷灰石(authigenic apatite)、生源磷灰石(biogenic apatite)(主要为鱼的骨骼)和碳酸钙结合磷($CaCO_3$-bound P)。

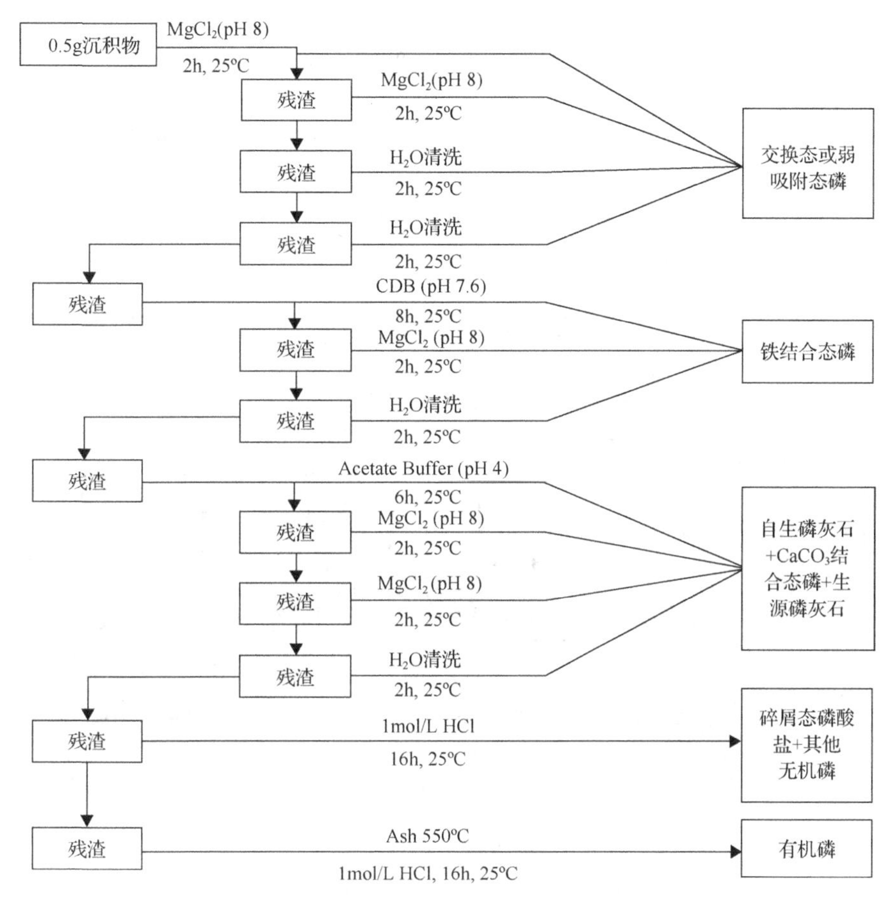

图4-7　海洋沉积物中不同形态磷的连续浸取方法

CDB：碳酸氢钠-连二亚硫酸钠；Ash：灰化；Acetate Buffer：乙酸缓冲液

(2)分布

在大洋沉积物中磷的含量范围从0.01%到12%，含10%～12%磷的沉积物可定性为磷灰石，其含有约50%的磷酸盐。在深海沉积物中，含磷最低的多为含钙和硅藻的软泥(不到0.01%)，而含磷较高的沉积物多为深海红土(red clay)，尤其是沸石，磷含量为0.2%～0.6%(表4-2)。在大西洋和印度洋，表层沉积物中磷的含量从陆架区向深海区逐渐降低，而在太平洋的中部和东南部，磷含量有所增加，这可能与这些区域具深海红土和沉积物富含Fe有关(图4-8)。沉积物中不同形态磷在不同海区的分布见表4-3。

表 4-2　海洋表层沉积物磷的含量(%)

沉积物	大西洋		太平洋		印度洋		所有沉积物的平均值
	范围	平均值	范围	平均值	范围	平均值	
陆源沉积物	0.01～0.46	0.07	0.05～0.22	0.085	0.031～0.118	0.06	0.073
钙质软泥(>50% $CaCO_3$)	<0.01～0.22[a]	0.05	0.02～0.43	0.095	0.017～0.032	0.025[c]	
					0.035～0.061	0.049[d]	0.062
硅质软泥	0.01～0.04[b]	0.02	0.04～0.29	0.11	0.038～0.118	0.073	0.073
深海红土	0.05～0.11	0.08	0.02～0.61	0.16	0.085～0.235	0.145	0.145
火山成泥	0.06～0.18	0.11	0.04～0.31	0.12	—	—	0.133
含金属沉积物	—	—	0.03～0.90	0.19	—	—	0.19

a. 排除纳米比亚陆架含磷酸盐沉积物；b. 南极区深海硅藻软泥；c. 含有孔虫软泥；d. 含超微有孔虫软泥

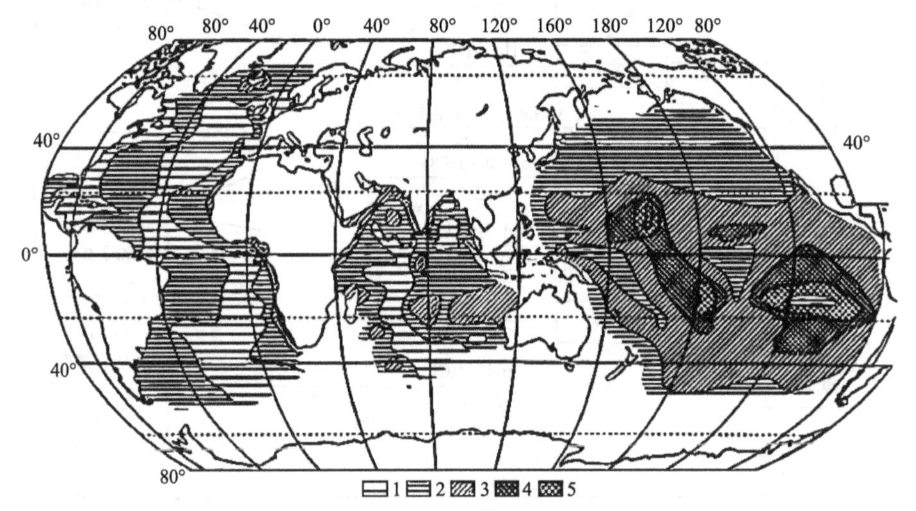

图 4-8　全球海洋表层沉积物中磷的分布(%)

1 为<0.05%；2 为 0.05%～0.1%；3 为 0.1%～0.2%；4 为 0.2%～0.3%；
5 为>0.3%；对于印度洋，2 为 0.05%～0.08%，3 为>0.08%

表 4-3　海洋沉积物中不同形态磷在各海区的分布(占总磷的百分比，%)

类型	海域				
	密西西比三角洲	亚马孙三角洲	长岛海湾	赤道大西洋	黑海
有机磷	29	26	20	27	43
铁结合态磷	23	46	0	20	19
自生钙结合态磷	28	22	29	49	20
碎屑态磷	15	6	47	1	11
弱吸附态磷	5	—	4	2	7
总 P(%)	0.067	0.054	0.059	0.078	0.061
样品数	18	12	6	6	13

(3)测定方法

沉积物中磷的形态研究中目前最成熟、最理想的方法还是化学连续提取法。化学连续提取法的基本原理是采用不同类型的选择性提取剂连续地对沉积物样品进行提取，根据各级提取剂提取出的磷的量间接反映出沉积物磷的释放潜力。根据提取剂的种类和连续提取方案的不同，化学连续提取法又分为很多方法，如被广泛应用的 4 步连续提取法、3 步法以及 Ruttenburg(1992)提出的针对海洋沉积物的 5 步法等。其中 Ruttenburg 的方法首次提出区分碎屑态磷和自生钙结合态磷，比较适合研究沉积物中磷的生物地球化学行为，尤其是对于水生生物生产力旺盛水域的沉积物磷形态研究更有意义。然而该提取方法仅仅侧重于碎屑态磷和自生钙结合态磷的分离，对其他形态磷的分离不够，如该方法第二步用 CDB 提取的磷实际上是铝结合态磷、铁结合态磷和闭蓄态磷的总和，如果仅认为是铁结合态磷则过于偏颇。

1)样品的前期处理

沉积物采回后应立即处理分析，不能立即分析的应冷冻保存，沉积物中的孔隙水大多采用离心的方法分离，即在 4500r/min 的转速下运行 15min，在恒温或冷冻的离心机中进行就可以比较完全地分离出沉积物中的孔隙水。而在普通的离心机内进行，会在离心过程中因高温造成磷的损失。相对来说，沉积物的处理方法较多，大多采用自然风干或 35℃烘干。干燥温度的不同对磷的测定结果有一定的影响，特别是对有机磷有影响：温度过高时易引起磷损失，造成有机磷的含量减少。研究表明，相对于室温而言，在 95℃干燥，有机磷的含量可降低 13%。因此，干燥的理想方式应是在尽量低的温度下进行。冻干是比较理想的干燥方式。另外，在真空中于 40℃下干燥效果也会很好。如果仅有普通的烘箱，于 60℃以下温度烘干，对磷的测定影响不是很大，也是可行的。

2)沉积物中各种磷的测定方法

磷的测定多采用磷钼蓝法，该方法具有显色时间长、显色稳定、抗干扰能力强的特点。但该方法中测试液的酸度将对被测物质的吸光度产生很大的影响，当酸性太低或太高时，显色时间长，不利于快速分析：总磷大多选择用高氯酸和硫酸消煮的方法，但是有时此方法的消煮时间不容易掌握，易出现不能把沉积物中的总磷释放出来或消煮过头造成磷的损失。有人提出一种简易快速的测量方法，用 $K_2S_2O_8$ 作为氧化剂，在普通高压锅内进行高压热处理，将沉积物中各种形式的磷转化为 PO_4^{3-}，连同原有的 PO_4^{3-}一起用磷钼蓝法进行测试，此方法具有简易、快速、样品量少、精度高的优点，但受到 $K_2S_2O_8$ 氧化能力的影响。分级磷用不同的提取剂提取后用磷钼蓝法进行测定。

4.2　海洋磷的来源与功能

4.2.1　海洋磷的来源

天然水中的磷是通过矿石风化侵蚀、淋溶、细菌的同化和异化作用等自然因素引入的，城市污水中的合成洗涤剂含磷组分则主要是人为来源。

海洋中的磷主要来源于陆地，据估算，河水每年带入海洋中的溶解磷为 1.5×10^6t(其中 2/3 为有机磷，1/3 为无机磷)，含磷陆源碎屑物每年带入海洋的磷约 10×10^6t，其次来源于火山，火山源的磷每年约 7×10^6t，其他还有少量宇宙物质等。每年经各种来源进入海洋中的磷的总量为 1.57×10^8t，加上海洋中原有的磷，海洋中磷的总量为 3.2×10^{15}mol。

进入水体的磷根据其来源分为点源和非点源两种，点源污染主要是集中从排污口排入水体的工业废水和生活污水；非点源污染主要是由大范围的分散污染造成的，主要包括农业非点源污染、林地和草地的养分流失、城市径流和固体废弃物的淋溶污染等。近年来尽管对点源污染的识别和治理能力越来越强，但非点源污染所占比例越来越大。

(1) 河流输入

河流输入的磷占海洋总来源的重要部分。地壳物质中平均含有 0.12%的 P，其风化腐蚀是河流输入 P 的重要来源。由于河流径流量的差异和人类活动的影响，很难确定自然条件下河流输入磷的通量。估算其通量大多基于河流径流量与相对未受人类活动影响的区域以及如鄂毕(Ob)河、刚果(Congo)河、亚马孙河等河流中磷的浓度。1982 年，利用 Na 质量平衡法计算的年剥蚀速率和未受干扰的河流系统估算了总磷的最大输入量约为 3.3×10^{11}mol P/a。1995 年，基于估算 2500 年前的河流径流量得到较低的总磷输入量 2.6×10^{11}mol P/a，如果包括人类活动的影响，总磷的输入量可增加到 $(7.4\sim15.6)\times10^{11}$mol P/a。

以上估算的是总磷入海量的最大值。河流输入的磷主要是以颗粒态存在，且绝大多数颗粒磷在近岸由于沉降作用迁移出水体。因此，大多数进入海洋循环的河流输入的磷是溶解态的。人类起源之前总溶解磷(TDP)的入海通量估计为 $(3\sim15)\times10^{10}$mol P/a。溶解磷的浓度可由于以下原因而显著改变：①颗粒物表面上的吸附与解吸，②生物的吸收与再矿化，③借助氧化还原反应发生的颗粒磷的溶解。事实上，颗粒磷的生物、化学过程可使上述估算的溶解磷通量增加 5 倍。然而，绝大多数发表的 TDP 入海通量数据并不是基于直接的测量而得到的。即使测量无机磷，也很难依据无机磷占 TDP 的比例(0.2～0.7，平均 0.4)来估算全球 TDP 的输入量。而且必须指出的是，用于计算比例的样品的处理过程不同，有的经过过滤而有的未经过滤。未经过滤的样品所得结果偏高可导致 TDP 河流输入量偏高。

另外，由于受到人类活动的影响，河流输入磷的通量仍旧难以估算，除了直接测量，目前没有更好的方法来测定人类起源之前的河流输入量与磷的浓度。正如以上所提到的，一些研究发现，人类活动导致河流输入磷的通量增加了近 3 倍，而一些影响严重的地区则可能增加了 10～100 倍。

(2) 大气沉降

大气输入海洋磷的研究相比河流输入少很多，至今，大气沉降磷的研究多为 Graham 和 Duce 在 20 世纪 70 年代末和 80 年代初的研究。尽管有限，但研究结果揭示了一些关于全球大气磷沉降量(4.5×10^{10}mol P/a)和组成的重要特征。气溶胶的成分分析是针对假设未受人类活动严重影响的海区上空空气进行的(样品取自夏威夷和萨摩亚群岛)。活性磷(可溶于蒸馏水中的部分，包含大多数正磷酸盐)占测得总磷的 25%～30%，这部分磷与铝高度相关，揭示其来源于地壳。总磷的另外 25%～30%溶解于 1mol/dm^3 的盐酸中，与钠高度相关，揭示其来源于海洋自身，这部分磷含有海洋细菌中常见的磷化合物，大部分可能是多聚磷酸盐。其余部分的磷只在高温氧化后溶解，可能为多聚磷酸盐或有机物，这部分磷既不与铝相关，也不与钠相关。总的来说，气溶胶中磷的溶解性与来源、颗粒大小、海洋表面气象学条件和生物作用有关。例如，Saharan 尘埃颗粒中仅有 8%溶于海水，远远小于取自 Narragansett 的气溶胶样品的平均值 36%±15%。

前期的研究给继续深入研究磷的大气沉降打下了基础。然而，更多的研究仍需进行。尽管前期数据是从太平洋和大西洋经几年取样而来，取样经历了不连续的 3～4 个月时间，而且在北太平洋取样时间没有包括亚洲尘埃峰值的春季。研究发现，大多数由亚洲输送到北太平洋的矿物尘埃的暴发期只持续 3～5d 时间，而且每年有所不同，因此，之前低估了总磷的沉降通量。

假设气溶胶中有 22%的磷可溶于海水，则海洋中大约有 1×10^{10}mol P/a 的磷是由大气输送的，这相当于无人类活动影响下由河流输入 TDP 的 6%～33%。其他估算大气沉降磷是通过应用地壳地球化学示踪和气溶胶沉降的深海记录获得的。一般来说，这些方法估算的结果偏低，应用于全球尺度时，其范围在$(0.2\sim1.4)\times10^{10}$mol P/a，其差异主要来自调查测定的时间尺度不同，有的是几个月之间测定，有的则是几千年的估算。

忽略其绝对量，只考虑远离近岸的寡营养海区时，大气沉降磷的重要性就显著提高了，大气沉降磷为上层大洋中重要的磷源。磷的大气沉降通量平均每年占北大西洋或北太平洋新生产力的不足 1%，但在春季的短期暴发可使大气磷沉降通量增加为年通量的 4～8 倍，显著提高短期的生物生产力。例如，不连续的暴发可使磷输送到寡营养的磷限制海区(如地中海)，在短期内可增加浮游生物量和碳的输出量。以上的估算只针对活性磷，可能有更多的磷溶于海水。另外，海洋细菌可专一性地水解有机物，因此，忽略酸溶和高温溶解的那部分磷，大气沉降磷仍被低估了近 50%。

(3) 火山

专门考查火山活动对海洋生态系统输入潜在磷源的研究非常少，这种输入在自然界中有局域性，因为火山活动只影响有限时空尺度上磷的输入，同时其影响取决于火山喷发的强度和时间。实验室模拟高温火山气体的冷凝过程发现，产生于玄武岩的挥发 P_4O_{10} 快速冷却时可浓缩产生溶解多聚磷酸盐，在这种火山气体冷凝物中磷酸盐的浓度很高，为 6～9μmol/dm^3。夏威夷 Kilauea 火山岩进入海水产生的烟气中活性磷的含量研究结果表明，磷酸盐浓度在 21～36μmol/dm^3。一个简单的计算可证明烟气对当地磷沉降的重要性：假设每 10min 产生 30μmol/m^2 的磷并保持稳定，这相当于每年产生 0.6mol P/m^2，大约为 Graham 和 Duce 测定的夏威夷群岛海区每平方米总磷沉降量的 5000 倍，而且当时调查的 Kilauea 火山还不处于喷发期，因此没有火山岩和气体的产生。

以上的计算只是基于一个局部的磷的点源，随着离火山距离的增加，磷在烟气中的浓度将大幅降低，因此对全球尺度的影响将很小。虽然如此，Kilauea 火山烟气对其周围 1000km 范围内上层海水磷沉降的作用仍非常显著。

4.2.2　浮游植物生长的营养盐限制

众所周知，浮游植物是水生环境中无机物向有机质转换的主要承担者，即主要的初级生产者。它们的变化直接影响食物链中其他各环节。海洋浮游植物是海洋的初级生产者，它们摄取营养盐，利用光能把无机碳转化为有机碳，构成了海洋食物链中的基础环节，为海洋中其他生物提供赖以生存的有机质。营养盐(主要指氮、磷、硅)是生态系统的基础物质和能量来源，是浮游植物生长繁殖必需的成分，是影响浮游植物的重要因素之一。营养盐限制直接影响浮游植物的初级生产力和生物资源的持续利用。

浮游植物利用磷的最主要形式是无机正磷酸盐(PO_4-P)。有机磷有时也可经磷酸酯酶或磷酸化酶水解后为浮游植物所利用。浮游植物和高等植物一样，一般通过三个主要过程将正磷酸盐同化成有机“高能”化合物：①底物水平的磷酸化；②氧化磷酸化；③光合磷酸化。其一般反应式为

$$\mathrm{ADP+Pi} \xrightarrow{\text{能量}} \mathrm{ATP}$$

前两个过程的能量既可来自呼吸底物的氧化，也可来自线粒体电子传递系统，第三个过程的能量来自光。磷进入 ATP 后则可借助于各种代谢反应很快地转移到 DNA、RNA 和磷酸酯、磷脂等磷化合物中。浮游植物一般以多磷酸的形式贮存多

余的磷酸盐，但也有贮存偏磷酸盐和磷酸盐的。多磷酸盐是磷酸盐以氧连接的聚合体，偏磷酸盐则是环式磷酸盐聚合体。它们均有贮存磷酸盐和能量的功能。

4.2.2.1 营养盐限制

(1) 对营养限制的理解

营养限制的定义有如下几种，最早的是 1840 年提出的利比希最小因子定律，植物的生长取决于处在最小量状况时的必需物质，这种物质就是限制因子。1911 年，谢尔福德提出的耐受性定律认为，生物对各种环境因子的适应有一个生态学上的最小量和最大量，它们之间的幅度称为耐受限度或生态幅，超出了这个范围，就会影响生物生长和发育而成为限制因子。1971 年，Odum 把限制因子定义为生物活动所需要的最接近最小需求量的物质。随着研究的深入发展，不同的研究者提出不同的限制对象：浮游植物的生长速率、生物量或初级生产力。对于它们之间的关系必须明确，不可混为一谈，如在捕食率高、多数浮游植物生活周期短的水体中，浮游植物的生物量很低，但生长速率很高。另外，营养盐对浮游植物的限制作用经常是潜在的，即常受到其他环境因素如光、温所制约，当其他因素有所改善时，营养盐的限制作用就被突出出来。

(2) 营养盐限制的判断法则

营养盐对浮游植物生长的限制包括两方面。

从营养盐绝对浓度上看，水柱供给的营养盐比硅藻本身生长期间所需要的营养盐要低，这能够限制硅藻生物量或生长率的增长，也可以导致硅藻生物量的下降，因此，从营养盐的绝对浓度来考虑营养盐对浮游植物生长的影响是必要的。1995 年提出了营养盐浓度限制浮游植物生长的阈值为：溶解 $Si=2\mu mol/dm^3$、$DIN=1\mu mol/dm^3$ 和 $P=0.1\mu mol/dm^3$，称为营养盐浓度的绝对限制法则。

从营养盐相对浓度上看，在海水环境中营养盐物质的量比值的变化对硅藻生产影响重大，相对于溶解无机氮(DIN)和溶解无机磷(DIP)，溶解硅(DSi)具有潜在的重要性。从营养盐的相对浓度比值来考虑营养盐对浮游植物生长的影响，1995 年提出了化学计量限制评估法则，①P 限制，如果 Si∶P＞22 和 DIN∶P＞22；②N 限制，如果 DIN∶P＜10 和 Si∶DIN＞1；③Si 限制，如果 Si∶P＜10 和 Si∶DIN＜1，称为营养盐浓度的相对限制法则。

满足绝对限制法则或者相对限制法则只能表明营养盐潜在地限制浮游植物的生长。营养盐满足绝对法则，表明此营养盐浓度低于限制浮游植物生长的阈值，但并不一定是此营养盐首先被耗尽，也许还有别的营养盐先耗尽。满足相对法则，表明此营养盐将是首先被消耗到低值，但并不一定是此营养盐浓度低于限制浮游植物生长的阈值，也许此营养盐浓度远远高于限制浮游植物生长的阈值，可满足浮游植物的生长。因此，限制浮游植物生长的营养盐必须同时满足绝对限制法则和相对限制法则。可见，此限制性营养盐一定只有一种。

(3) 营养盐限制的判断方法

对于海域的营养盐研究，必须考虑水域浮游植物优势种所需的所有营养盐(如 N、P、Si)，而且这些营养盐是影响浮游植物生长的重要指标。同时考虑所有这些营养盐，才能确定这些营养盐中哪些是限制性营养盐。

首先要从绝对法则来考虑营养盐对浮游植物生长的影响，如果每种营养盐都超过相应的阈值，就不存在营养盐对浮游植物生长的限制。

如果营养盐中有一种浓度低于浮游植物生长的阈值，那么这种营养盐就是唯一的限制因子。如果营养盐中有两种或两种以上浓度都低于浮游植物生长的阈值，那么就依据相对法则来确定哪种营养盐先限制浮游植物的生长。这样就可确定只有唯一的营养盐是浮游植物生长的限制因子。因此，要确定浮游植物生长的限制营养盐，必须绝对法则和相对法则同时满足，才能确定浮游植物生长的限制营养盐，根据逻辑学原理，这将是优先的限制性营养盐。

(4) Redfield 比值

Redfield 对大洋水无机氮与磷酸盐的数据进行相关分析后发现，无机氮和磷酸盐之间呈线性关系，其氮磷比(原子比)值为 16∶1。另外，浮游植物元素组分的统计分析表明，其 N/P(原子比)均值也为 16∶1。同时，人们注意到浮游植物也是以这个恒定的比例自海水中摄取氮和磷，虽然报道有反常的 N/P 值，但在足够长的时间内，浮游植物仍以接近 16∶1 的比值自海水中移出氮和磷。通常把这个恒定的 N/P 值(16∶1)称为 Redfield 比值。

有关海水中营养盐对浮游植物影响的研究，多年来主要集中在氮、磷对浮游植物生长限制的研究上。业已证实，大洋水中和浮游植物体内的 N/P 值，一般恒定在 16∶1。如果 N/P 值偏离过大，可能是浮游植物的生长受到某一相对含量较低的元素的限制。

4.2.2.2　氮限制与磷限制

世界上受人类影响较大的海域的营养状况及对初级生产力或浮游植物生长的限制情况都已得到研究。诸多的研究表明，P 在湖泊中经常是浮游植物生长的限制因子，而海洋中的限制因子经常是 N。在海河交汇的河口区则经常发生 N 和 P 限制的转变。但也有许多例外的情况，尤其在近海和河口等受人类影响较大的海区，究竟是哪一种或几种营养盐起限制作用及限制的强度如何，在很大程度上取决于当地的人类活动，因而不同的地区都有其特殊的情况，不可一概而论。Redfield 提出生物活动控制着营养盐的比例组成，N 的缺乏可通过生物固氮作用而得到补充。但也有人认为，对整个海洋来讲，固氮作用只在漫长的地质年代起作用，短期内不产生效果。以湖泊为对象的实验表明，当外界输入的N∶P(重量比)由14∶1降到15∶1后，湖泊中的优势藻由不固氮的绿藻演化为固氮蓝藻，固氮作用的加强使湖泊中的N∶P依然保持稳定。这一实验结果验证了生物活动对N∶P的控制作用在湖泊中是显著和有效的。

关于氮或磷对海洋初级生产力限制的相对重要性，不同学者有所争论。大多数海洋地球化学家倾向于磷限制，原因在于氮不足可由生物固定海水中的氮气补充；而生物化学家则倾向于氮限制，因为生物固氮在整个地质年代中对调节营养盐水平和平衡是重要的，但在短时间内不会有效。

在大多数水体生态系统中限制浮游植物生长的主要营养元素是N、P，而且N、P营养盐对浮游植物生长的限制也是海洋生态学研究的一个主要方面。在真光层内由于浮游植物生长的消耗，N、P营养盐的含量经常处于极低的水平。但淡水与海水中浮游植物对这两种营养元素的吸收比值不同。淡水中，浮游植物生长通常要求N∶P(原子比)＞15∶1；海水中，可得的N∶P(原子比)通常大于或等于16∶1的Redfield比值。较高的N∶P(原子比)显示淡水可能是P限制的，而且大量的营养盐添加实验已经证实了这一点。而在海洋生态系统中，N是最常见的限制性营养元素，不过这仍有争议。海洋地球化学家多持P限制观点，而海洋生物学家多持N限制观点。前者的观点基本上是基于Redfield在1958年的理论。即海洋中任何N的缺乏都可由来自大气的氮通过固氮作用所弥补，而P的补充则相对较少和缓慢，这样N复合物可以积累直至可得的P被利用，因此P的可利用性限制着海洋中的净有机生产。海洋生物学家认为是N而不是P限制沿岸海水中藻类的生长。他们同意Redfield的部分看法，认为就整个海洋或较长的地质年代来说，固氮作用可能在调节营养盐的水平与平衡上比较重要，但同时他们又指出，在小的区域或较短的时间内，固氮作用肯定无效。1980年，证实沉积物中P加速释放也能保持水团中有足够的磷酸盐，特别是在温度较高的月份。在开放海区，N是最主要的限制性营养盐，至少在较短的时间尺度内是这样。有研究进一步指出，在开放海区可能还存在大量营养元素(N、P、Si)的共同限制作用。目前关于N限制的研究结论越来越多。1995年进行了一次中尺度水平的富营养化实验，实验进行了9周。结果显示，添加N以及同时添加N、P的实验组中，浮游植物的生物量、呼吸作用、光合作用都增加了接近5倍，但P的添加无显著的效果。1991年在美国北卡罗来纳的Lower Neuse河口发现N限制着夏季浮游植物的生产力，但同时添加N与P比仅添加N有更显著的促进作用，说明在一些海区还存在N、P营养盐的共同限制作用。

与此同时，也有少量P限制的结果出现。研究指出，海洋中生物对固氮作用的调节、固氮过程中的损失都与底质中营养盐的输入、海流、沉降作用相互影响，并推动表层海水与深层海水中的营养盐循环，使海水中溶解无机物与颗粒有机物的 N∶P 趋向 Redfield 比值。因为 P 在海洋库与大气库之间不交换，因此就整个海洋来说，P 限制着海水中有机物的净生产力。有研究认为由于实验本身的误差，开放海区的固氮作用可能被严重地低估了。更进一步的证据显示，固氮生物自身的新陈代谢作用就可能受到 P 可利用性的限制，因此尽管海洋中的固氮作用潜力很大，但固氮作用本身受到 P 可利用性的调节。

当细胞内正磷酸盐或多聚磷酸盐的水平降到低于某一阈值时，许多浮游植物种类能够制造一种碱性磷酸酶，这种酶在细胞的外表面，能水解胞外有机的磷酸单酯，产生正磷酸盐离子以供细胞吸收和利用。自然水体中浮游植物群落的碱性磷酸酶活性也可以作为评价其受磷限制程度的一个指标。

海洋中营养盐的限制性除有空间上的不同外，还有季节性的交替变化，特别是在近岸河口地区。在切萨皮克海湾春季 P、Si 是限制浮游植物生长的主要营养元素，在夏季却是 N 元素限制着浮游植物的生长。

Si 和 Fe 限制藻类生长和调节群落结构的研究受到越来越多的重视。硅藻和一些甲藻需要硅，其余的藻类不需要硅。有研究认为硅不能限制浮游植物的总生物量，但可以调节浮游植物的群落组成。硅藻大多是良好的饵料藻，当硅缺乏时受到限制，而使其他的藻类获益，因此硅在调节浮游植物的群落组成方面发挥重要的作用。Fe 则因在一些高营养盐低生产力(HNLC)海域中被认为是限制因子而受到重视。

4.2.3 颗粒磷与微型生物的关系

微型生物(主要是浮游植物和细菌)在元素形态间的转化、迁移和循环中充当了重要的角色，其作用日益受到重视，尤其在近 20 年，细菌在海洋生态系统中的作用得到重新评价。据测算，海洋初级生产过程中固定的有机碳，10%～50%是以 DOC 的形式释放到海水中，这类 DOC 经自由生活的异养微生物→鞭毛虫、纤毛虫等原生动物到后生动物的物流途径称为微生物环(microbial loop)，细菌利用光合 DOC 产物的过程称为微生物的二次生产。微生物环通过细菌和原生动物，可使一部分“丢失”的能量返回主食物链，成为整个微型生物食物网(microbial food web)不可分割的重要组成部分。这一发现说明细菌在海洋生态系统中不仅是分解者，也是生产者，使生源要素的海洋生物地球化学研究有了概念上和理论上的突破。

细菌对磷的利用情况比较复杂，一般认为，细菌是 DOP 的重要利用者，多数情况下，DOP 又具有刺激细菌吸收无机 ^{32}P 的作用。但近年来许多研究表明，细菌对 DOP 的吸收利用能力不如浮游植物，这与多种因素有关，如细菌的异养活性差异，海洋中细菌的种类、组成、营养状况的差异等，海洋环境下细菌在磷的生物地球化学循环中的作用尚有待进一步研究。

在沉降颗粒物中 C∶P 与 Redfield 比值接近，为(106～117)∶1，说明绝大多数的颗粒磷来源于海洋有机物，高的颗粒磷浓度与该海区(如沿岸海区和上层海水)高的初级生产力相关。图 4-9 是太平洋各站位颗粒磷与叶绿素 a 之间的相关关系，从中可以看出 POP 与 Chl a 之间具有很好的相关性，说明颗粒有机磷主要由活体海藻细胞成分构成，包括核酸、核苷酸和磷脂。同样的研究认为颗粒有机物能够反映浮游植物的细胞组分，并部分反映细菌和浮游动物的组分。同样 PIP 与 Chl a 之间也存在较好的相关性，除了渗入到矿物相的磷外，酸浸取的颗粒磷还包括经 1nmol/L HCl 水解的不稳定有机物，吸附于生物、非生物表面的磷以及细胞内的磷存储物(焦磷酸盐和多聚磷酸盐可能不能被完全水解)。而在开放的大洋中，由河流和大气输运的陆源物质非常少，因此矿物对 PIP 的贡献非常少，

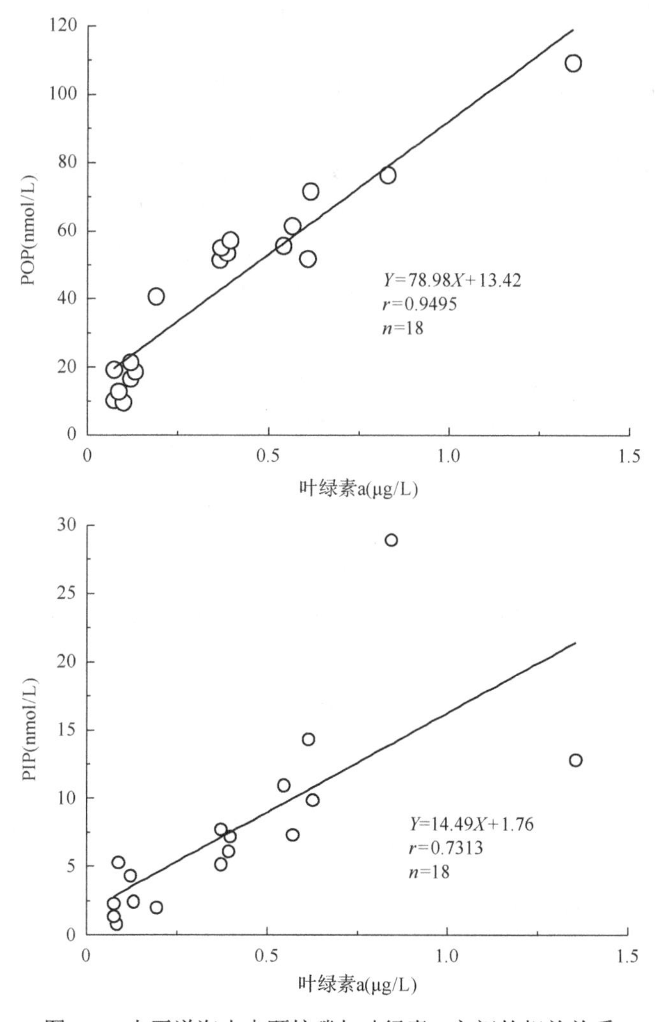

图 4-9　太平洋海水中颗粒磷与叶绿素 a 之间的相关关系

而且在新鲜的海洋有机物中，只有很少一部分 POP 能够被 1mol/dm^3 HCl 水解。PIP 与 Chl a 之间的显著相关性说明了磷和活体生物颗粒，尤其是浮游植物有关。细胞内的磷酸盐占浮游植物总颗粒磷(TPP)的绝大部分，而浮游生物表面吸附的磷被认为是 PIP 的重要来源。

以往颗粒磷被认为主要是 POP，但近期的研究发现，PIP 也是海洋颗粒磷的重要组成部分。采用酸浸取方法将 TPP 分为 POP 和 PIP，发现在北太平洋东部表层海水中 POP 的浓度为 10.5～37.3nmol/dm^3，在南太平洋为 13.5nmol/dm^3，而 PIP 的浓度分别为 12.7～18.9nmol/dm^3 和 27.6nmol/dm^3。在这些区域 PIP 占总颗粒磷的 26%～67%。Paytan 等利用 NMR 分析手段也得到了较高的 PIP 含量，在主要由硅藻组成的 75μm 浮游生物拖网样品中，含有 53%的 POP 和 47%的 PIP。研究之间存在差别主要由浮游生物组成、浮游植物生理状态以及颗粒物物理、化学性质和方法学上的差异所控制。同样，有研究显示 PIP 约占总颗粒磷沉降通量的 60%。最近的沉积物捕捉研究也发现 PIP 为沉降颗粒物中总颗粒磷的重要部分。在大部分区域和不同深度的沉降颗粒物中，NaOH-EDTA 浸取态磷中有 45%～65%为无机磷(主要为正磷酸盐)。利用酸浸取方法发现，Cariaco 海湾上层海水(275m)沉降颗粒物中，PIP 占 TPP 的 39%～88%。利用连续浸取方法发现，存在于自生相、氧化物相、不稳定相和碎屑相中的沉降磷大部分为 PIP。因此，磷的分布与通量研究均证实 PIP 在海洋磷循环中起重要作用。

PIP 作为总颗粒磷重要组成部分的认识对于颗粒物的元素化学计量学也具有重要意义。以往的假设认为只考虑 Redfield 比值时，自生海洋颗粒物中的颗粒磷即为 POP，但当仔细分析了 PIP 与 POP 之间的区别时，这一假设则过高地估计了与有机物相关的磷。在利用连续浸取法分析总颗粒磷时，当探讨沉降有机物中与碳相关的磷的优先再生程度时，不仅要考虑酸不溶总颗粒磷(如 POP)，还应考虑不稳定有机磷和自生磷成分。由于在悬浮颗粒物中磷的化学性质与在沉降颗粒物中有所不同，对于表层海水中的悬浮颗粒物而言，情况有所不同。例如，在表层水悬浮颗粒物中，酸不溶 POP 在总颗粒磷中的比例为 60%～90%，高于沉降颗粒物中的 40%。因此在海洋颗粒物中，酸浸取 PIP 和酸不溶 POP 应需更深入研究，但当计算更大范围海洋环境中 POM 的化学计量时，应更多考虑 PIP 的贡献。

4.3　沉积物中磷的再生速率与生态学效应

4.3.1　海洋沉积磷的埋藏与再生

4.3.1.1　磷的沉积作用

海洋中磷的循环主要是靠生物作用进行的，海洋中磷的沉积也主要是生物作用的结果。海洋生物死亡后最终都会以生物碎屑的形式沉向海底，沉降过程中未被分解的生物碎屑和有机质进入海底沉积物，据估计，每年与有机质一起埋藏的磷的数量为 10^6t，这与每年经地表径流带入海洋的溶解磷的绝对数量近似，这个数字相当于每年沉积磷的数量。

海洋动物甲壳、鳞片、骨骼中的磷含量为 6%～16%，软组织里的磷为 0.5%～3.2%，细菌和病毒磷含量为 3%～5%，全新世硅藻软泥中含 P_2O_5 达 27.88%。海洋生物中磷含量的多寡与海水磷浓度关系很大，即海水磷含量高，营养条件好，生物体磷含量就高，反之含磷量低，如缺乏磷的海水中浮游植物磷含量比正常海水中浮游植物低 5 倍。当海水中磷含量高时，磷就会在浮游植物中过剩聚积，比正常海水中浮游植物磷高出几倍。中国扬子地块早寒武世梅树村期和晚震旦世陡山沱期磷块岩中，由磷质小壳化石组成的磷块岩以及由磷质微生物组成的磷块岩含 P_2O_5 在 28%以上，叠层石磷块岩(藻礁) P_2O_5 含量在 36%左右，表明这些生物生存时期的海水磷浓度异常高，也证明含磷特别高的磷质生物的存在。

在海洋高等生物出现(大约距今 570Ma)以前，磷的沉积主要是藻类和微生物作用的结果，高等生物出现以后，磷的沉积是高等生物与微生物共同作用的结果。富磷沉积物主要是海洋高等生物的遗体、遗骸、粪便以及由磷质藻类和磷质微生物直接沉降堆积而成，这是沉积磷的主要形式，在磷块岩中发现的动植物化石以及磷质藻类、大量多种形态的磷质微生物就是最具说服力的证据。

晚震旦世到早寒武世初期，是微生物空前繁盛的时期，也是中国最主要的成磷期，在中国南方有几百亿吨磷块岩的沉积。在各主要工业矿床的矿石中发现的大量多种形态的磷质微生物(化石)，不仅生物特征明显，而且残留有氨基酸和核酸等生命组织的有机化合物。这些磷质微生物与现代微生物的某些类群有许多相似之处，它们主要是原核生物的细菌和真核生物的真菌，有细菌(bacterium)、放线菌(*Actinobacterium*)和霉菌(molds)三个类群。这表明磷质微生物是构成工业磷块岩的最主要组分，此外藻类和小壳动物也单独构成矿层，因此磷块岩实际上是一种特殊的生物岩。

其他关于磷块岩生物成因的报道并不多见，仅在某些现代沉积磷酸盐中发现微生物。例如，在印度西部 Gao 大陆架 70～150m 深处发现磷酸盐富集于核形石外层，见到纤维状真菌和类似细菌的构造；在澳大利亚东部大陆边缘磷块岩中发现非丝状体的细菌构造和腊肠状杆菌，并在细菌构造内部发现碳氟磷灰石，研究者据此探讨了磷灰石的生物成因。

生物氧化还原反应所释放出的能量，不全部转化为热而散发，而是在机体以高能磷酸化合物的形式储存，即有相当一部分使 ADP 磷酸化，形成 ATP 中的高能磷酸键储存起来，这种磷酸化是细胞中由 ADP 生成 ATP 的过程，或 ATP 在体内累积的过程。业已查明，动物的牙齿和骨骼主要由磷灰石组成，Ca^{2+}和 PO_4^{3-}

有两种存在形式，即无定形磷酸钙和高度结晶的羟基磷灰石，羟基磷灰石结晶有柱状、针状，结晶极小，1g 骨盐中有 10^{16} 个结晶体。其中无定形磷酸钙(相当于胶磷矿)含量波动较大，在新骨和幼小动物骨中含量高，随动物年龄增大，骨、牙中结晶磷灰石含量增加；微生物也是随菌龄增长含磷量增加。这都显示了生物聚磷的逐渐累积作用。骨、牙的生长过程实际是骨盐不断沉积的过程，医学上称为钙化作用，如当人体血浆中的[Ca]×[P]含量高于 40mg/cm^3 时，则体液中的 Ca 与 P 就在骨的有机质中先形成胶体磷酸钙，再沉积成骨盐。利用 ^{32}P 同位素进行实验观察到，牙在生长钙化未完成之前，^{32}P 很快掺入正在生长的牙组织中，但钙化后，新陈代谢就极为缓慢。海相磷块岩的无机化学组成与骨盐组织的物质组成有着惊人的相似性，虽然组成磷块岩的磷细菌没有骨骼、牙齿，但有细胞壁、细胞膜和胞质颗粒，其对磷的吸收、沉积和生物钙化作用可能与骨、牙近似。钙和磷在细菌内也以极细的无定形磷酸钙与结晶磷灰石形式存在，据大量电镜观察结果及有关资料统计计算，1g 纯磷块岩中有(3.9～2.5)×10^{13} 个球状磷细菌，这与 1g 骨盐有 10^{16} 个磷灰石晶体近乎一致。有可能每 1 个球菌构成 1 个胶磷矿质点或 1 个磷灰石晶体。可见胶磷矿和磷灰石可以通过钙化作用在生物体内形成。

总之，生物成磷作用主要是磷质微生物在生长过程中吸收、储存、沉积磷的过程，该过程在氮、碳、磷等营养物质以及温度、pH、Eh、深度等适宜的环境条件下进行，微生物对磷的转化、运移、富集，构成一个生物氧化还原浸磷循环系统，并且在成岩作用早期，由于微生物分解，形成一种适于磷酸盐沉积的微环境：沉积的死亡微生物在生物氧化还原浸磷系统中会进一步磷酸化，并得以保存。可见，成磷作用是一个复杂多样的生物作用过程。

磷块岩常富含 Ni、Mo、U、V、Co、Pb、Zn 等多种金属元素。例如，云南省沾益和贵州省织金等地磷矿也可以成为生物直接堆积成矿的佐证。海洋生物学家和海洋化学家都注意到，海洋生物对许多金属有特殊的聚集能力。当生物死亡后，许多金属元素随着未分解的有机质沉降进入沉积物，此外海洋生物死亡后，经分解、破坏，形成一系列可溶性有机化合物和不溶性有机颗粒物质，这些物质对生物中的微量元素也具有很强的吸附能力，在众多有机质中，高分子胶体、官能团对金属有很强的吸附能力。有机质颗粒表面与金属之间除静电吸附外，还有键合作用，即共价键、配位键、氢键、范德华键等，因而有机质对金属元素有较强的选择性吸附作用。另外，有机质对金属离子的络合、螯合作用，是一种比吸附作用更强的作用，所形成的络合物与螯合物或迁移、搬运，或沉淀、聚集，即有机质是微量元素迁移、聚集的重要因素和载体。当吸附多种金属微量元素的有机质沉入海底后，使沉积物聚积了相当多的金属元素，这就是某些磷块岩含有这些金属元素的主因。

海洋中磷的沉积与沉积环境有密切的关系。陆缘坻环境有利于磷矿的形成。

陆缘坻实际上已经成为一种特殊的磷质生物(包括微生物)繁衍、沉积富集的场所。

随着磷酸盐自海水移出和成矿，海水中磷浓度明显下降，此时磷酸盐生物组织为碳酸盐所替代，形成碳酸盐沉积。海水中 Ca^{2+}和 CO_3^{2-}的活度积高于 $CaCO_3$的平衡常数，因此海水中 $CaCO_3$为过饱和状态，所以不发生 $CaCO_3$的化学沉淀，据认为是由于 Mg^{2+}的存在和包裹于固相表面的有机膜阻碍了 $CaCO_3$晶粒的形成和发育，因此 $CaCO_3$沉积主要是由生物钙质组织所形成的生源碎屑沉积。上述沉积不断循环，便形成磷酸盐岩与碳酸盐岩的互层。在沉积柱中，磷酸盐岩在碳酸盐岩之下并与之成互层，原因可能就在于此。扬子地块梅树村阶、陡山沱阶磷块岩与华北地台锦屏组磷灰岩矿层都主要是由这两者组成的，即所谓的条带状与条纹状磷块岩，占整个磷块岩的90%以上。条带单层厚度多在1～6cm，在1m厚的矿层内一般都有20～80个条带，当然纹层状(单层厚小于1cm)磷块岩单层厚度就更小，有的甚至只有1至数毫米。这可能是季节变化的结果，或者由海水中磷循环频繁、循环速度快造成的。溶解磷含量越低及水中浮游植物和细菌种群越多，则循环完成得越快，如在某些有生物大量繁衍的湖泊中，溶解无机磷周转一次的时间只需几分钟，而在有生物大量繁衍的近岸大洋水中则需1.5d。根据计算，在亚速海的海水中，全部的磷在一年中可以“周转”8次。一个含磷岩系是一个宏观大环境的产物，一个磷与非磷组分岩层交替变化是亚环境或微环境交替变化的结果。

4.3.1.2　沉积磷的埋藏

通过沉积埋藏P的效率很低，大约有不到1%的P进入海底并最终埋藏，从而迁移出海洋P的循环。从海水中移除磷的机制主要有4个，分别为有机物的埋藏、P的吸附与Fe的共沉降、磷灰石埋藏以及海底热液过程。

(1)有机物的埋藏

磷从上层水体运移到沉积物更多的是通过生物吸收并进入到沉降有机颗粒中实现的。据估计，进入海底的有机碳的总通量为3.3×10^{13}mol C/a，利用Redfield的原子比值 P∶C=1∶106，或修正的比值 1∶(117±14)计算，P的沉积通量为$(2.8\sim3.1)\times10^{11}$mol P/a。为了估算埋藏的P，必须知道埋藏的沉积物质中P∶C，但这一信息很难获得。研究发现在海洋沉积物中P∶C值保持恒定且高于Redfield比值。尽管难以获取P∶C值和有机碳的埋藏通量，但仍有大多数研究估算P的埋藏通量在$(1.1\sim2.0)\times10^{10}$mol P/a，不足到达海底P的10%。估算的差异主要是由有机碳埋藏通量和P∶C值选择的不同造成的。Ruttenberg并没有选择全球有机碳埋藏速率，而是利用了近岸到远洋三个不同站位的P∶C值和悬浮颗粒物通量，得到了更高的有机磷埋藏通量4.1×10^{10}mol P/a。

(2) 磷的吸附与 Fe 的共沉降

大多数的研究认为，磷的沉降过程是借助于参与形成 $CaCO_3$ 外壳进行的。有研究测定了含有 90%以上 $CaCO_3$ 的沉积物中 P 的浓度，利用磷平均浓度 300μg/g±80μg/g 和估算的 $CaCO_3$ 埋藏通量 1.4×10^{13}mol $CaCO_3$/a 计算，$CaCO_3$-P 的埋藏通量为 1.45×10^{10}mol P/a，大约为有机磷埋藏通量的 50%。然而，有孔虫方解石外壳清洗技术的应用，减少了与 $CaCO_3$ 相关的磷的浓度，其浓度不到以往的 10%。研究发现磷更易吸附于由羟基氧化物包裹的结壳表面，而不是渗入到 $CaCO_3$ 基质中。最新的估算包括了以往并不考虑的近岸三角洲区域，得到修正的羟基氧化物结合 P 的沉积通量为 (4.0～5.3) $\times10^{10}$mol P/a。研究发现许多羟基氧化物吸附 P 过程发生在沉积物中，与颗粒类型、大小和有机质含量有关，而沉积物的氧化还原反应则可暂时性地使羟基氧化物结合的磷迁移出沉积物。在小于 50 万年的沉积物中，有多达 40%的总磷的埋藏与羟基氧化物结合态磷或弱吸附态磷有关，而在更久的沉积物中，只有 5%～15%的总磷的埋藏与之有关。更大比例的其他部分的磷可能需要经历一个“沉积转变”(sink switch) 过程，只有在转变为自生的磷灰石矿物相后才能被埋藏。

(3) 磷灰石埋藏

磷灰石埋藏长期以来一直被认为是 P 迁移出海洋的一条重要的途径。然而其迁移数量在所有可能的迁移机制中是最不确定的。如前所述，90%以上的进入海底的颗粒磷再矿化释放进入间隙水中，一部分磷随后沉积形成自生磷灰石，最常见的是形成碳酸氟磷灰石 (CFA)。CFA 形成的控制因素还不清楚，但有假定认为其控制因素包括微生物活动、氧化还原条件和 pH。过去普遍认为只有在特殊环境和特定的地质时期，如在沿岸上升流区域才能形成自生磷。但最近的证据显示自生磷可在沿岸非上升流区域和开阔大洋沉积物中形成。可识别的磷灰石沉降数量的增加也增强了其沉降的重要性，其埋藏通量从小于 0.4×10^{10}mol P/a，增加了 20 多倍，为大于 8×10^{10}mol P/a。如果估算正确的话，磷灰石埋藏将成为 P 迁移出海洋的最重要途径。

(4) 海底热液过程

研究假设热液活动是海洋中磷的纯汇而不是纯源。热液流含有一大部分还原态铁，可在海水中迅速氧化形成羟基氧化铁。如前所述，这类羟基氧化物可有效清除海水中的溶解磷，羟基氧化铁结合态磷的沉降通量为 0.4×10^{10}mol P/a。低温与高温热液过程中磷的迁移研究认为，主要的迁移过程与低温机制有关，得到的包括二次形成的羟基氧化铁和磷灰石在内的通量为 0.65×10^{10}mol P/a，略高于之前所估算的通量。

4.3.1.3　沉积磷的再生

近海沉积物是磷重要的源和汇，通过不同途径进入水体中的磷，经过一系列复杂的沉降、矿化等过程，最终进入沉积物中。因此，磷对上覆水体具有一定的净化功能，而进入沉积物中的磷并不是简单地堆积和埋藏，而是经过一系列与水体复杂的生物地球化学交换、再悬浮等过程，一部分磷可以通过间隙水不断向上覆水体释放，从而在一定程度上发挥着源的作用，进而影响海域的富营养化程度。

沉积物与水体之间磷的交换过程十分复杂，包括磷的生物循环、含磷颗粒的沉降与再悬浮、溶解磷的吸附与解吸、磷酸盐的沉淀与溶解等，这些物理和化学过程交织在一起。磷的吸附及解吸是水体和沉积物之间进行磷交换的一种重要方式，而沉积物的吸附作用对界面 PO_4-P 的物质交换起着非常重要的作用。研究发现，沉积物吸附磷的量与水中溶存磷的量之间存在着一种平衡关系，在一定条件下沉积物含量一定时，沉积物吸附磷量与水中溶存磷量呈指数关系；在磷的初始加入量一定的情况下，沉积物吸附量与水中溶存量呈对数关系。当水中溶存磷量发生变化时，沉积物就有可能向水中释放或吸附水中的磷。

磷的吸附、解吸受外界条件的影响比较大，它与 pH、温度、盐度及沉积物的粒径有很大的关系。随 pH 的变化，沉积物对磷酸根的吸附量呈“U”形曲线，pH 在 7～8 时的吸附量较少，在偏酸性条件下随 pH 的增大，PO_4-P 的吸附量逐渐减少，而在偏碱性条件下，随 pH 的升高，PO_4-P 的吸附量逐渐增大。在低盐度区，随盐度的增加，沉积物对 PO_4-P 的吸附量显著增加，当盐度＞5‰时，反而随盐度的增加，吸附量略呈下降趋势。温度也是影响沉积物吸附磷量的重要因素之一，随温度的升高，PO_4-P 的吸附量基本上呈线性增加。

磷从沉积物向海水释放的通量通常基于沉积物的扩散系数、孔隙度和含水率而计算得到。表 4-4 列出了不同近岸区域磷的扩散通量。扩散通量从 12mg/($m^2 \cdot a$) 到 3500mg/($m^2 \cdot a$) 不等，且具有季节特征，夏季的平均通量占总通量的 50%，而春季、秋季和冬季分布占 26%、17%和 7%，季节变化与生物量的季节波动相一致。

当估算全球磷的扩散通量时，必须考虑沉积物的氧化还原环境。在处于氧化环境的沉积物中，间隙水中磷含量较低而固相中锰铁羟基氧化物含量较高，沉积物从底层海水中吸收而不是释放磷，海底热液中沉降的铁羟基氧化物吸收水体中的溶解磷和海洋富铁沉积物对总磷的富集证实了这一观点。间隙水中磷含量较高的中度还原的沉积物通常具有氧化的表层，由于部分溶解磷在铁羟基氧化物上的再次沉降，氧化层阻碍了磷从沉积物向海水的释放。在完全还原的沉积物中，磷向上覆水体的释放则没有阻碍，但其中相当一部分包括有机磷、铁磷复合物和自生磷灰石的可释放磷仍留存于固相中，因此一部分活性磷在这些沉积物中再次分布，参与了碳酸氟磷灰石的形成，一部分以初始形态保存下来，而另外一部分

表 4-4 不同海域磷从沉积物向海水扩散的通量

地区	P 通量[mg/(m²·a)]
秘鲁陆架区	65
秘鲁陆架区	12～690
墨西哥湾	60～180
Baja 加利福尼亚州	3500
Aarhus 湾	220
Bazzard 湾，马萨诸塞	680
长岛	125～238
长岛	680
长岛东北部	910
长岛深海区	130

扩散进入上覆水体。因此，真正的磷扩散通量要低于以其潜在扩散系数计算得到的值。沉积物中磷的扩散通量在高生产力的近岸区约为 500mg/(m^2·a)，在其他陆架区和大陆斜坡区约为 50mg/(m^2·a)，而在深海生源沉积物中约为 10mg/(m^2·a)，在含金属的沉积物中几乎为 0，总通量为 5Mt/a(表 4-5)。

表 4-5 海洋中磷的收支

地区	面积(×10⁶km²)	悬浮物		表层沉积物的矿化(Mt)	沉积物向水体的扩散		保留于沉积物(Mt)
		通量(t/km²)	总量(Mt)		通量(t/km²)	总量(Mt)	
高生产力陆架区	1	1	1	0.2	0.5	0.5	0.3
陆架区	26	0.15	2.6	0.4	0.05	1.3	0.9
大陆架斜坡	63	0.1	6.3	2.1	0.05	3.0	1.2
大洋	270	0.01	1.7	0.3	0.001	0.2	1.2
总量	360	—	11.6	3.0	—	5.0	3.6

4.3.2 海洋沉积磷的生态学功能

海洋沉积物是环境演变信息较为完备的载体。它系统地记录了整个海洋生态系统中生物、物理以及化学过程的相互作用，并且记录了自然因素和人为因素对环境的影响程度。而沉积物中的生源要素包括碳、氮、磷、硅等可以作为环境演变最有效的指示因子之一。

(1)不同形态磷对环境的指示意义

与碳、氮和硅不同的是，磷在常温常压下不会形成气态的化合物，所以陆地上的磷在风化等作用下被输入海洋，不能由大气再回到陆地上。因此，沉积磷的循环和其生物可利用性相对简单。磷与沉积物的结合强度不同，它可以与铁、钙、铝等元素以晶体或无定形的形式结合。不同形态的磷具有不同的生物有效性，沉积物中能参与界面交换及生物可利用的磷的含量取决于沉积物中磷的形态，并且明显地受控于区域条件的变化。磷的形态研究不仅反映了早期成岩作用的动力学过程，而且反映了物源输入和人为影响等重要信息。沉积磷在垂向上随时间累积量的变化是区分人为和自然来源的指标之一，如根据沉积物中不同结合态磷与盐度的相关性推断古海水深度来指示古气候和古环境的变化。因此，研究沉积物中磷的形态对了解物质迁移、成岩过程以及磷和其他生物元素的循环，并建立古沉积环境演变的序列和预测未来环境变化的趋势都具有重要的意义。

沉积物中的磷可以以不同的结合态存在，而不同的结合态磷的相对含量敏感地受控于区域环境条件的变化。因此，从沉积物中区分出不同结合态的磷，能够更多更确切地获得有关磷的环境地球化学信息，从而更有助于揭示和理解沉积磷与环境变化的相互关系。目前，国际上通常采用连续提取的方法，把沉积磷区分为：铁结合态磷(Fe-P)、有机磷(O-P)、碎屑态磷(Detr-P)、自生钙结合态磷(Acet-P)和弱吸附态磷等。把沉积磷区分为上述几类，在分离技术上比较容易操作，由此而得到的信息，比单纯用总磷理解全球磷的通量和建立磷的成岩全球模式更有说服力。但是，占沉积磷中主要部分的无机磷本身以不同的结合态存在，而这些结合态磷的相对比例对环境变化的反应更为灵敏。在研究美国墨西哥湾与华盛顿地区潮汐河中的沉积磷时，成功地区分了与铁、钙、铝结合的5种不同形态的磷，由于不同结合态磷的形成是多种环境参数的函数，因此它们的相对百分含量不仅指出了磷的来源，而且揭示了不同结合态磷与海水盐度的关系(图4-10)。根据沉积物中不同结合态磷与盐度之间存在的显著相关性，可利用不同形态沉积磷来推测古海水的盐度。古海水的盐度变化无疑是指示古气候和古环境变化极为重要的参数。

不同区域各种物理、化学条件和生物环境的变化，对沉积物中P的形态分布有很大的影响。例如，表层沉积物中Fe-P的含量可以指示磷的来源并可以作为环境污染的标志，因为Fe-P与水体中的Fe^{3+}、Fe^{2+}含量密切相关，受到水体中溶解Fe浓度控制；又如通过研究Aarhus湾沉积物中磷的循环特点，认为近海沉积物中有机磷(OP)主要来自陆源输入的难降解有机磷和海洋生物的可降解有机磷。其中，难降解有机磷由于陆源输入相对稳定，一般不随时间变化，而可降解有机磷在早期成岩过程中会随着有机质的降解而释放到水体或沉积物中，从而参与整个海洋环境的循环中。因此，通过研究沉积物柱状样中不同形态的有机磷，可以获取一段时间内沉积物的物质来源，从而说明该段时间内沉积环境演变的趋势。

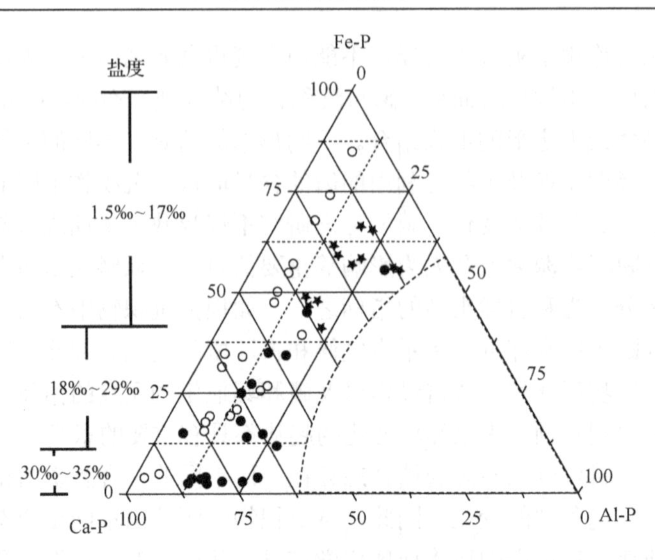

图 4-10　沉积物中不同结合态磷与盐度的相互关系

○ Rappahannock 河沉积物、York 河下游和 Chesapeake 湾沉积物以及 South Carolina 陆坡沉积物；● 墨西哥湾河口沉积物；★ 华盛顿潮汐河流沉积物

(2) 磷的生物地球化学循环与大气圈 O_2、CO_2 的关系

全球气候变化是与地球表面营养物质的循环密切相关的，它们之间的关系，有时是原因，有时是结果。全球气候变化对生物圈的生产量有重要影响，反过来，生物圈生产量的变化又可作用于气候变化，因此，需要对生物圈主要营养元素的各个过程做深入的研究，其中 C、N、P、S 应优先考虑。由于 C、N、S 直接参与大气圈的循环，并且是温室效应、全球增暖和酸雨等全球问题的主要相关元素，因此国内外对 C、N、S 的循环与全球变化之间的关系，投入了更多的关注，相比之下，对磷在全球变化中的特殊作用还未给予足够的重视，特别是在国内，这方面的研究几乎还是空白。

磷对全球气候的贡献看起来似乎并不像 C、N、S 那样直接，但它间接影响了大气化学成分的变化，继而引起气候变化。对大气圈 O_2 和 CO_2 起着主要控制作用的海洋碳循环主要受控于营养元素磷，这是因为在海洋生产中，磷是一个重要的限制因素。在大气圈 O_2 分压和 O_2 的产生速率之间，海洋 PO_4^{3-} 起了一个重要的连接作用，相当多的 PO_4^{3-} 从河流进入海洋，可以与有机碳一起埋藏于沉积物中，这个过程所产生的 O_2 量是非常巨大的，因此，通过海洋磷循环，由有机碳埋藏而产生的 O_2 可与大气圈 O_2 水平相关联。CO_2 的变化在一定程度上是由磷的变化所致，它与浅海沉积物中碳的短期(10^4 年)交换有关。海洋浅海沉积磷的释放速率为 6～55μg/(cm^2·a)，是深海沉积磷释放速率的 30～225 倍，研究证实每年平均 28%～35%的沉积磷转化为浅海系统的初级生产力。大气中 CO_2 含量的进一步增加，在很大程度上取决于海洋继续充当 CO_2 主要吸收者的程度，即通过海洋植物与浮游生物的光合作用，将碳固定在有机物中，而磷在海洋浮游生物的繁衍和整个生物循环中起着主导作用。因此，我们从图 4-11 的模式中可以看出，从某种意义上说，营养物(P)控制着大气中 O_2 和 CO_2 的水平。

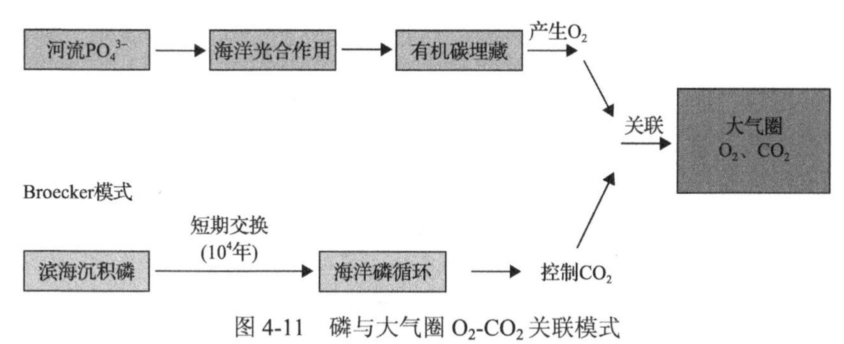

图 4-11　磷与大气圈 O_2-CO_2 关联模式

(3)沉积磷对古气候和古环境变化的指示

在营养元素的自然循环中，磷与 N、C 明显不同的是，在常温常压下不会形成气态的化合物。因此，当陆源磷在风化作用下被输入海洋后，不能直接由大气再回到陆地上，而只能通过沉积作用，先积累在海陆边缘的沉积物中，然后再进入海洋的磷循环系统。在海洋磷的来源中，陆地地表径流中以溶液、悬浮物、无机物和有机物等形式存在的磷是最主要的。输入海洋的绝大部分陆源磷，通过以下几种途径沉积：①海洋生物对磷吸收，然后以排泄物或遗骸的形式沉积；②河水和海水两种不同电解质溶液相遇，磷随悬浮物的沉淀而沉积；③铁与铝等的氢氧化物和黏土矿物对磷的吸附作用及共沉淀作用而使其沉积。

在磷的沉积过程中，不仅通过生物吸收而产生的光合作用，对大气圈 O_2 和 CO_2 的水平产生影响，进而引起全球气候变化，而且由日地作用，如太阳辐射能量的变化、火山喷发产生的“阳伞”效应造成的降温作用所引起的气候、降水变化等导致河流输入海洋磷通量改变的每一次事件，都会被海陆边缘沉积磷记录下来。海洋生物与磷之间的关系在正常情况下表现为磷作为生物生长必需的营养元素，这个关系是在环境中发生的，它必然受到环境系统背景的影响。因此，在沉积物的生物遗体中除碳、氧同位素记录了古气候和古环境的变化信息外，磷也会有相应的记录。海洋沉积物中磷含量在垂直方向上的变化，与同位素($\delta^{18}O$)的变化有一定的对应关系(图 4-12)。

沉积磷积累速率在水平方向上的差异也是非常明显的，这种差异既反映了各局部地域陆源磷输入海洋数量上的不同，也是区分磷为自然或人为来源的重要依据。

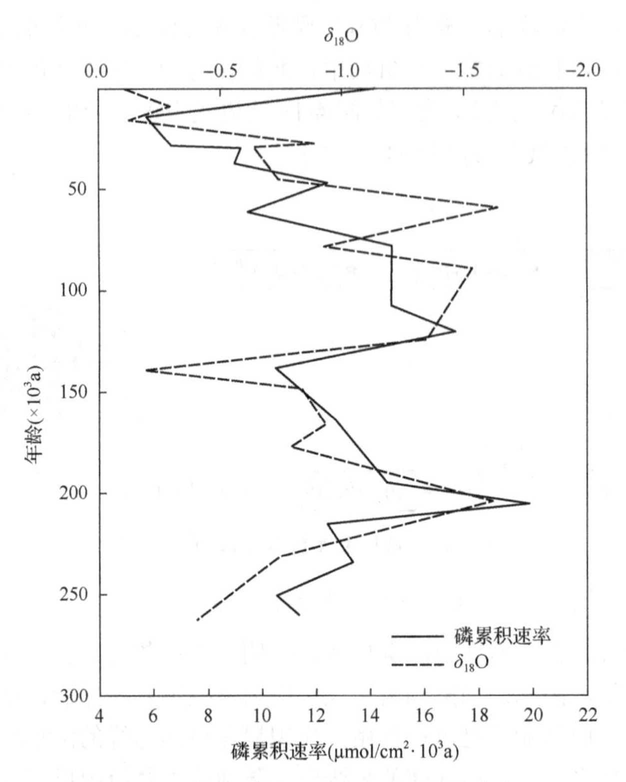

图 4-12　沉积磷的积累速率随时间的变化

海陆边缘沉积物既是陆源磷迁移的最终归宿，也是海洋磷循环的新起点。沉积物中的磷在与底层水的接触过程中，由于多种因素的影响，如沉积物的搅动、有机物的腐解、扩散作用、解吸作用和淋滤作用，从沉积物中析出而进入水体。有关的研究表明，从日本大陆坡还原沉积物上层转移到底层水中的磷，占原始含磷量的 25%；纽约湾每平方米的陆源沉积物中每年约有 1000mg 的磷进入海水，在最旺盛的生物繁衍带中，由于上升洋流的影响，磷从沉积物中析出的现象更为显著。在磷从沉积物中析出使底层水中发生磷富集的同时，间隙水也参与了磷的交换过程，这个过程是可逆的，并取决于溶液的 pH、盐度和磷的含量，以及水和沉积物的缓冲性质，另外，氧化还原电位(Eh)也可对磷从沉积物中析出产生明显的影响。

上述磷的生物地球化学特征和沉积磷所蕴藏的古气候和古环境变化信息，使我们不难理解，沉积磷有可能成为了解全球气候和环境变化的一个关键性指示剂。正因为如此，大洋钻探计划开始对沉积物中磷的输入通量进行推测，直接求取营养元素的供应量，以了解古生产力的变化，进而了解古气候的变化。

4.3.3　海洋沉积物中的基质结合磷化氢

4.3.3.1　磷化氢的性质及检测方法

(1)磷化氢的性质

通常情况下，磷化氢是一种无色、剧毒、致癌，且具有强烈的大蒜臭味或电石气臭味、反应活性较高的气体。相对分子量为 34，相对密度为 1.173，每克体积为 0.66L(标准状况下)，沸点为–87℃。在 17℃时，26cm^3的磷化氢可溶于 100cm^3的水中，通常情况下，磷化氢的溶解度与其分压呈正相关。纯的磷化氢只有加热到 100℃以上才燃烧，但当磷化氢含有有机气态二磷(P_2H_4)时，这种混合气体在氧的作用下很容易自燃。主要是二磷的自燃引起磷化氢和其他厌氧条件下产生的还原性气体燃烧，以此可以解释令人迷惑不解的沼泽地在黑夜里出现火光现象。

磷化氢是一种具有较强还原性的气态磷化合物，在一定条件下它能够被氧化为磷的其他形态。它在空气中的半衰期为 5～28h，因此可在工作环境中聚集。当磷化氢浓度达到 100ppm 时，会引起生物体慢性中毒；而超过 400ppm 会令人窒息死亡。通过嗅觉可检测到 5ppm 的磷化氢，这是急性中毒的临界值。5 人一组的嗅觉实验表明，可检测到的浓度为 0.002mg/dm^3或 1.3ppm。虽然它带有某些电石气的味道，但磷化氢在空气中的毒性是不能通过人的嗅觉来判断的。如果长期暴露在含有磷化氢的空气中，磷化氢被允许的最大浓度为 0.05ppm。

土壤和沉积物中的磷化氢主要有两种存在形式，一种为自由结合态磷化氢，存在于基质的缝隙中，另一种为基质结合态磷化氢，主要吸附于固体基质上。以基质结合态形式存在的磷化氢含量较高。

(2)磷化氢的检测方法

目前，用于分析环境中磷化氢的方法主要有比色法、质谱分析法、气相色谱法。而基质结合态磷化氢的检测方法是将基质结合态磷化氢释放出来，然后再用上述方法分析测定。

1)样品的前处理方法

利用食品消解方法消解土样和底泥，释放出来的那部分磷化氢称为基质结合态磷化氢(matrix-bound PH_3)。通常是将 1g 左右的泥样连同磁力搅拌子放入一个试管中，然后移取 5cm^3 0.5mol/dm^3的 H_2SO_4 溶液放入另一个试管中。用高纯氮气清洗系统，将氧气等置换除去。将试管中的硫酸倒入另一试管中，然后用酒精灯对试管加热使硫酸泥浆溶液迅速沸腾，熄灭酒精灯，将试管置于沸水浴中，磁力搅拌 5min。用注射器将氮气从系统一端注入以带出消解过程中产生的气体，同时在系统的另一端用注射器抽取由系统排出的混合气体用于后续测量。

在土样或沉积物的消解中也可采用 2mol/dm^3的 NaOH 溶液，在 95℃保持 30min。

2）分析测定方法

比色法：将磷化氢氧化成正磷酸盐，然后用分光光度法测量溶液中磷酸根离子（PO_4^{3-}）的浓度。主要氧化剂有浓硫酸、浓溴水、高锰酸钾和浓硝酸。比色法又分为钼黄比色、钼蓝比色及钼锑抗比色法。以浓溴水为氧化剂氧化磷化氢的钼蓝比色法反应式如下：

$$PH_3+4Br_2+4H_2O \longrightarrow H_3PO_4+8HBr$$

$$H_3PO_4+(NH_4)_6Mo_7O_{24} \longrightarrow \text{磷钼蓝（在还原剂作用下）}$$

当溶液中只要有少量磷酸根离子存在时，钼酸盐与之反应络合成杂多酸而改变了 MoO_3 的氧化能力，使之更易被还原，迅速呈现出钼蓝的深蓝色。最初钼蓝比色法是使用一定浓度钼酸铵与氧化亚锡的混合液和磷酸根离子作用生成蓝色络合物，由其颜色深浅来判断磷的含量高低，但是此法显色不太稳定，并且重现性差。后来使用抗坏血酸还原，产生一种蓝色络合物，仅需 30min 显色。进一步的研究发现，钼酸铵溶液加入酒石酸锑钾和抗坏血酸的显色液与磷酸盐溶液作用时，显色快速（大约 10min）且稳定，可检测到的磷酸盐最低浓度为 2μg/cm³。一些离子如 Cu^{2+}、Fe^{3+}、少量砷酸盐和硅酸盐对比色无干扰；Cl^-的干扰小于 1%。

除了上述比色法外，还可以用硝酸银气管比长度法检测磷化氢。其原理是磷化氢在吸附硝酸银的硅胶上形成黑色的磷化银（$PH_3+3AgNO_3 \longrightarrow Ag_3P+3HNO_3$），根据指示胶变色柱的长度，确定磷化氢的浓度。

硫化氢对此测定有干扰。如有硫化氢存在，被测空气要先通过过滤管去除硫化氢气体。此方法的灵敏度为 3mg/m³，所以它只适用于磷化氢浓度较高的场所。温度对变色柱的长度影响极微，但砷化氢和锑化氢对测定有干扰。

也有用几种化学药剂处理过的试纸检测磷化氢的研究，在这些纸色谱实验例子中，用 $AgNO_3$ 浸过的试纸最灵敏，但它最大的缺点是遇光易分解。将滤纸用 pH=2.5～4.0 的 $HgCl_2$ 溶液处理后，发现它对浓度≥0.05ppm 的磷化氢非常灵敏。但是此方法颜色变化不明显，于是改进了这个方法。根据下列反应式：

$$PH_3+3HgCl_2 \longrightarrow P(HgCl)_3+3HCl$$

可知产生的 HCl 与酸碱指示剂作用会发生颜色变化。用含 1% $HgCl_2$ 的甲基黄溶液浸泡过的滤纸可检测到的空气中磷化氢浓度最低限为 0.05～0.3ppm，试纸由黄变红。磷化氢浓度越大，变色越迅速，这种试纸比用 $AgNO_3$ 浸过的试纸更灵敏，并且不受光照的影响，但 NH_3 的存在影响测定。

综上所述，用比色法测定磷化氢只适用于磷化氢浓度较高的气体，而且比色法最大的缺点是缺乏必要的灵敏度、专一性和灵活性。

质谱分析法：实验发现，质谱法可用来检测磷化氢。将样品用甲苯溶解(使用前甲苯已被 NaOH 处理过)，然后以溶液的形式注入仪器，保留时间在 1.15min 的 m/z 值为 33.9969，可以被认定为磷化氢的峰。也有人利用气质联用技术来检测沉积物消解气体中的磷化氢，其 m/z 为 33～34、47～48、63～64，表明这些离子碎片为 PH_2^+、PH_3^+、PO^+、HPO^+、$P_3H_3^{2+}$、P_2H^+、$P_2H_2^+$。

气相色谱法：应用带有热敏元件、不锈钢色谱柱的气相色谱，采样气体经过 20% H_2SO_4 溶液和 20% NaOH 溶液洗气，除去其中的 NH_3、CO_2，首次可检测到空气中含 0.5～10mg/dm^3 的 PH_3，即 33～667ppm。此方法的缺点是空气与 PH_3 的保留时间非常接近，PH_3 浓度低时，二者不易分开。1969 年又在上述研究的基础上，改变了检测器类型，采用带有火焰离子化检测器的气相色谱，这种检测器是一种特殊类型的火焰离子化检测器。当碱金属盐蒸发、慢慢地进入火焰喷嘴时，电极被复位。磷化氢的检出限降到 0.005～0.5mg/dm^3，即 0.3～33ppm。色谱柱仍为不锈钢柱，只是柱子变短、变细。但是磷化氢浓度太低时，O_2、CO_2 对测定有影响。此方法的最大优点是进样量少，检出限比较低，保留时间短。

通过多种检测器的比较，发现利用火焰光度检测器(FPD)对磷化氢进行检测不论是保留时间、重现性，还是灵敏度、线性都表现最佳。之后有人在分析前用 Al_2O_3 柱做“富集阱”来将磷化氢和硫的气态化合物分开。Al_2O_3 最适用于作硫的气态化合物的富集阱，如果没有此富集阱，硫的气态化合物将干扰磷化氢的检测，但 10pg 的磷化氢将有 25%被 Al_2O_3 吸附保留。这是首次采用在分析柱前加富集阱的方法来分析磷化氢。

也有报道采用 Bechman 非放射性 He-电离子检测器、不锈钢色谱柱填充 Porapak Q 分离磷化氢与其他气体，磷化氢检出限可达 5ng。虽然 CO_2、N_2O、NO_2、Ar 出峰时间与磷化氢比较接近，但它们都能够与磷化氢很好地分开；另外，NH_3 对磷化氢的测定不产生干扰。

1978 年首次采用冷阱富集并成功地分析了残余在谷物上的 ppt 级磷化氢。采用干冰作冷阱富集磷化氢，此冷阱与色谱系统连接，直接分析磷化氢。随着载气流速增加，柱温升高，磷化氢流出时间变短(即保留时间变短)。

如果不采用低温富集的方法，那么浓度更低的磷化氢很难被检测到。采用分别装有 Chromosorb 102(80～100 目)、Chromosorb 107(60～80 目)和 Tenax GC(35～60 目)3 种不同的镍柱(20cm×3mm i.d.)，分别在 25℃、–15℃、–78.5℃对 5～100cm^3 磷化氢进行富集。发现低温(–78.5℃)下，磷化氢在三个富集管中的富集效率可达 100%。富集温度越高，富集效率下降得越快。气体富集阱将低浓度的磷化氢富集后由载气输送到气相色谱的检测器。用上述方法富集磷化氢，检出限低于 0.003ppm。要分析更低浓度的气体，则需要更低温度富集。

通过对磷化氢分析技术多年的研究，人们发现火焰光度检测器(FPD)和碱金属热离子检测器(NPD)检测磷化氢具有很好的效果，而且低温富集磷化氢可进一步降低磷化氢的检出限。但所用色谱柱均采用填充柱，直到 1991 年，将毛细管色谱柱与人工低温冷却富集技术联合起来使用，磷化氢的检出限更低。用气相色谱-火焰光度检测器检测海洋沉积物中的痕量磷化氢，在选择磷的条件下，N_2O 是正的响应。为防止 N_2O 在此条件下产生干扰，采用装有磷型火焰光度检测器的气相色谱，虽然 N_2O 与磷化氢能分开，但 N_2O 对火焰光度检测器(FPD)的响应比电子捕获检测器(ECD)低 2000 倍，而磷化氢的检出限不变。后来，在气样进色谱前，将冷却富集装置与色谱柱连接在一起，磷化氢被富集后在室温下由载气带入色谱分离柱进行检测。将 5～50cm^3 待分析气样首先通过碱性干燥剂管，除去 O_2、CO_2、H_2O、CH_4 和 H_2S 等沸点更低气体或酸性气体后，余下的气体进入第一个冷阱中进行第一次富集。富集在第一个冷阱中的磷化氢气体通过一个六通阀的转换，经载气氮气的吹扫，进入另一段具有相同填料的较短、较细的毛细管柱进行在线冷却富集，最终富集的气体用载气吹扫进入气相色谱柱用 NPD 进行检测，可最低检测 100pg 的 PH_3。

磷化氢在大气、水体、土壤、海洋沉积物以及生物体及排泄物中均可检测到，但浓度都很低。

4.3.3.2　磷化氢形成机制及其在磷生物地球化学循环中的作用

(1) 磷化氢形成机制

早在 1923 年就报道了强还原性细菌能将有机磷化合物还原成磷化氢，并认为磷化氢是蛋白质的腐解产物，从而推测沼泽、湿地等区域在黑夜出现的发光现象与磷化氢有关，起因于磷化氢的自燃。磷化氢和另外一些气体也可由部分有机质在浸水条件下分解产生。

1959 年，有报道称日本土壤施用的有机肥在厌氧条件下磷化氢可从水淹土中释放，体系添加 0.1%的$(NH_4)_2HPO_4$ 和 1%的混合肥料及足够的水，用空气吹扫体系将产生的气体吹入 5mol/dm^3 HNO_3 吸收液中，吸收液将气体(PH_3)氧化成 PO_4^{3-}，通过分析吸收液中的磷含量，计算出含磷气体(PH_3)的排放量。实验结果表明，培养 16d，用比色法连续测定吸收液中磷浓度，其随培养时间的增加而增加。表明随着有机碳含量升高，培养温度的升高，磷化氢排放量随之增大。同时用纸色谱分析方法在培养一周的体系中检测到亚磷酸盐和次磷酸盐的存在，说明磷酸盐在厌氧还原过程中产生这两个中间产物。但由于分析方法的不专一性，无法认定排放出来的含磷气体就是磷化氢。有人在实验中还分离出可能与磷酸盐还原有关的两种菌 *Clostridium butyricum*(梭状芽孢状杆菌)和 *Escherichia coli*(大肠杆菌)。在此以后，许多科学家进行了模拟实验，但由于分析方法及实验条件的限制，未证实磷化氢在何种环境下产生。直到 1988 年，才证实在厌氧环境生物作用下确实有磷化氢气体产生。在微生物的作用下，硫酸盐可被还原成硫化氢，二氧化碳还原成甲烷，硝酸盐还原成氮氧化物和氮气，有机磷化合物和无机磷能够被生物转化为磷化氢，但是磷化氢的生物合成机制尚不清楚。

(2)磷化氢在磷生物地球化学循环中的作用

海洋沉积物中的磷化氢是一种不稳定的磷化物，海水盐度高以及生物扰动等因素有助于其从沉积物进入水体。由于较强的还原性质，它能够转化为溶解磷酸盐。所以，从某种意义上讲，沉积物中的磷化氢可以看作是沉积态有机磷、无机磷向溶解磷酸盐转化的一种中间产物。沉积态磷化合物可以借助于磷化氢的转化与迁移，由沉积物进入水体继续其生物地球化学循环过程；从另外的角度讲，水体也通过磷化氢的转化与迁移从沉积物中得到磷的补充，这对磷限制性水域高生物量、生态平衡的维持极为重要。

基质结合态磷化氢是还原性海洋沉积物中一种广泛存在的磷化合物，磷化氢在沉积物中的含量主要受沉积物中有机磷含量、氧化还原电位、沉积物中微生物的种群与数量及沉积物的组成等多种因素共同的影响。通常近岸区域沉积物中磷化氢含量高于远岸区域，而养殖区、河口等受人类活动影响较大、污染较重的区域沉积物中磷化氢含量明显高于其他地点。沉积物中有机磷含量越高、沉积物氧化还原电位越低、沉积物粒径越小越有利于磷化氢的积累。

沉积物中的磷化氢可在一定条件下向水体和空气中释放。随着温度的升高，沉积物中磷化氢的释放量增大；随着沉积物碱性的增加，沉积物中磷化氢的释放量增大。沉积物中的基质结合态磷化氢可向磷酸盐、其他形态磷化合物转化，从而释放到水体中，转化为生物可利用的磷酸盐。

表 4-6 是部分近岸海域沉积物中基质结合态磷化氢的检测结果，由此可见在近岸沉积物中其含量可高达每千克几百到上千纳克。

表 4-6　沉积物中基质结合态磷化氢含量(ng/kg)

采样区域		采样日期	沉积物深度(cm)	浓度
胶州湾	养殖区	2001-12-23	0～4	124.6～591.2(干)
			10～20	191.8～545.5(干)
	李村河口	2003-11-09	0～4	721.3±152.9(干)
			16～20	970.4±642.6(干)
			32～36	9.3±2.8(干)
德国 Hamburg 港		1991-08-12 至 1991-10-12	0～10	6.4～1811.2(湿)
		1992-08-05 至 1992-09-09	0～2	128.0～208.0(湿)
			2～5	96.0～777.6(湿)

注：括号内的干湿指沉积物为干沉积物或湿沉积物

表 4-7 是胶州湾沉积物基质结合态磷化氢在室内培养条件下释放通量。

表 4-7 沉积物磷化氢在不同温度和 pH 下的释放通量[ng/(m²·d)]

条件	温度/℃			pH		
	4	20	30	6.0	8.0	10.0
PH_3 释放通量	1.27	1.78	3.62	3.46	1.78	4.26

可见，温度的升高有利于沉积物中磷化氢的释放，并且在弱酸性和较强碱性条件下磷化氢的释放量高于在弱碱性时磷化氢的释放量。

4.4 海洋磷的循环

4.4.1 海洋磷的循环过程与控制因素

自然界磷循环的基本过程是陆地岩石风化产生的和土壤中的磷酸盐通过地表径流的搬运大部分经河流进入湖泊或海洋，途中一部分溶解磷被生物群落截获而进入生物循环，同时一部分磷也可被土壤或沉积物吸附于矿物中而重新固定。进入海洋的溶解磷参与海洋生物循环，而一部分磷很快会被吸附或沉降进入海底沉积层，直到地质活动使它们暴露于水面才再次参加循环。图 4-13 为磷在海洋中循环的示意图。

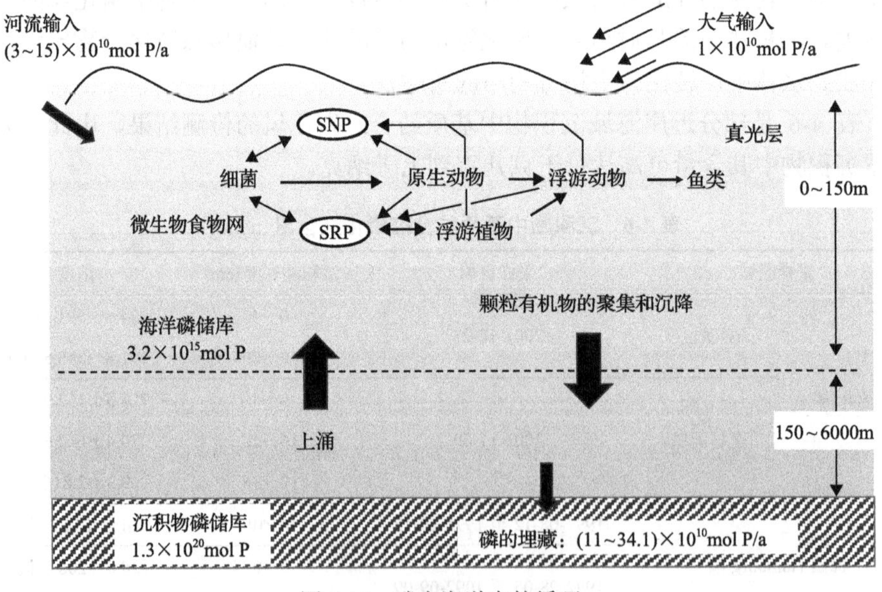

图 4-13 磷在海洋中的循环

磷等营养元素在海洋中的循环主要是靠生物作用进行的。生物作用是造成海水磷分布不均的主要因素。N、C、P、Si 等是最主要的营养元素，生活于表层水(透光带)中的海洋植物对营养元素的摄取可造成它们在表层水中浓度的下降，而海洋生物(包括藻类和细菌)死亡和海洋动物摄取海洋植物和死亡后最终都会以生物碎屑(动植物遗体、遗骸和粪便等)形式沉向海底。沉降过程中大部分被分解、破坏，变成可溶性组分重新返回海水并造成深层水中这些元素浓度的升高，而其他生物碎屑沉入海底，成为海底沉积物的组成部分。关于导致这些元素在深层水浓度增高的研究中，有用 g 参数表示由深层海水和河水带入大洋表层水的养分(营养元素)将有多大比例为生物所摄取(该值越大，表明该元素越为生命活动所必需)；用 f 参数表示进入深层水的生物碎屑有多大比例能不被分解而降落海底，进入海底沉积物(该比例数越小，表明该元素参与生物循环越积极)。计算的结果，磷的 g 值为 0.95，f 值为 0.01，表明磷进入表层水后几乎全部为生物所摄取并转化成生物碎屑物质，生物碎屑落入深水后又大多被分解(微生物在促进有机质分解中起巨大作用)，重新溶于海水。因此磷的最大特点是表层水和深层水中的浓度差别很大，后者为前者的 20 倍，其原因就在于表层水日照充足，光合作用强，生物(包括藻类和细菌)繁茂，营养元素大量被消耗，并能转化为有机质，当它们进入深层水后又大部分被分解，从而大大提高了深层水磷的浓度。只有未被分解的部分进入海底沉积物。

根据许多研究者估计，海洋浮游植物繁衍过程中每年可产生(1～7)$\times 10^{10}$t 有机磷，同时消耗 1.7×10^9t 磷，相当于大洋透光层中磷的含量，透光层的磷几乎全部参与生物循环，可见磷在海洋中的循环主要是靠生物作用进行的。据研究，浮游生物在生命活动中，每天向周围水体分泌的总磷量是生物体内总磷量的 50%～100%，生物体本身也是一个平衡系统，自然每天需从环境中摄取同等数量的磷，表明浮游生物每昼夜循环的磷是自身磷的半数到全部。这既是生物体磷循环的量，也能说明磷的循环速度。深层水中的磷除少部分进入海底沉积物外，在有上升洋流存在时，大部分又随之返回上层水体中，重新被生物吸收，重复上述循环。

(1) 无机循环

磷的无机循环速度很慢，其周期以 10^9 年计。火成岩发生风化作用后，其中磷化合物经土壤、河流而进入海洋。由于海水偏碱性且含大量 Ca^{2+}，因此多数磷以磷酸钙形式沉积于海底。在深海沉积物中，这些磷酸盐几乎被永久封存而不易复出。只有通过人类采掘活动或海底鱼类的食用(再经食物链)才有可能少量地重返陆地。而沉积在内陆海或大陆架中的磷酸盐则可通过地面隆起等地质过程再次成为新陆地的组成部分。

(2) 生物循环

1) 水生植物的吸收利用

在一切天然地表水的真光层中，大量的有效磷在水生植物生长繁殖过程中被吸收利用，构成水中磷循环的重要环节之一。研究发现，水中活性磷的含量不仅与藻类生长繁殖有密切关系，而且与水产动物的增养殖也有密切关系。当 PO_4-P 从 0.08mg/dm^3 上升到 0.12mg/dm^3 时，鲤鱼孵化率从 48%增加到 88%，但当浓度大于 0.12mg/dm^3 时，孵化率下降，成活率也有明显的下降趋势。据认为，在 PO_4-P 浓度高时，由于磷酸盐干扰细胞分化和形态发育，幼体出现畸形，死亡率高。

2) 水生生物的分泌与排泄

研究表明，天然水中浮游植物在分泌有机磷酶等有机磷并使之重新参与磷循环方面起着重要的作用。淡水绿藻在其分裂周期的某一特定阶段会分泌出相当数量的有机磷酸盐，而这种过程可能在自然条件下发生。同样，海洋浮游植物也可能分泌出大量的有机磷酸盐。

浮游动物排泄磷酸盐常常是有效磷重要的再生途径。虽然细菌由于代谢和需要基质而将有机磷氧化，导致无机磷的释放，但在由碎屑物质再生磷酸盐方面，原生动物的重要作用可能不亚于细菌，因为细菌与原生动物的混合种群对无机磷的再生速率大于单独细菌或无菌原生动物的再生速率，可能由于碎屑有机磷被细菌同化及细菌组织进一步被原生动物消化比由细菌本身直接矿化更为重要；也可能由于原生动物排泄的物质能刺激细菌的生长。测定的浮游动物排泄磷酸盐（干重）的速率高达 11μg P/(mg·d)。显然，排泄磷的速率随自然条件、动物的活动以及索饵状况的不同而有很大的变化。各种食植动物排泄磷（干重）的基本速率一般为 2～3μg P/(mg·d)。当系统处于稳定状态时，被浮游动物吞食的细菌和浮游植物（颗粒为 0.45～30μm）的总磷中，约有 54%是以 PO_4-P 的形式排泄释回水中，供细菌、浮游植物重新利用。在适当的条件下，浮游动物排泄的再生有效磷可在相当程度上满足浮游植物对磷的要求。鱼类及其他水生生物的代谢废物也含有磷。例如，测定的秘鲁鳀鱼排出磷（干重）的速率为 90μg P/(g·d)。

3) 生物有机残体的分解矿化

在天然水中水生生物的残体以及衰老或受损的细胞由于自溶作用而释放出磷酸盐，同时因悬浮于温跃层和深层水暗处受到微生物的作用而迅速地再生为无机磷酸盐，从而构成水体中有效磷的重要来源。

在大多数地表水体，其沉积物为上覆水有效磷的一个巨大的潜在贮库。例如，湖泊沉积物中磷的丰度比上覆水高 600 倍之多，但沉积物中的磷多以与 Fe、Al 和 Ca 等结合形成的磷酸盐、有机磷以及被胶粒黏土吸附固定的磷酸盐等形态存在，沉积物中的有机磷主要来自生物有机残骸的沉积，经微生物活动及体外磷酸酶的作用而逐渐矿化。海洋沉积物的研究表明，生物残体骨骼中的固体磷酸钙再生为溶解磷酸盐的过程中，细菌起着重要作用；此外，沉积物吸附的磷在一定的条件下与溶液间发生离子交换解吸作用有利于磷酸盐的再生。上述诸过程的进行有赖于环境条件，一般而言，降低 pH、还原性条件以及增大络合剂的浓度，有利于难溶性磷酸盐的溶解，而增高 pH、好气性条件则有利于有机磷的矿化和交换解吸。以上作用过程使沉积物间隙水中有效磷的含量增大。一旦间隙水中溶解有效磷的浓度大于底层水中的浓度时，由于扩散作用或沉积物释放气体(如 CH_4)、底栖动物活动以及深层水的湍流运动等的搅动，溶解有效磷从沉积物向上覆水迁移。若水体处于垂直对流的条件下，溶解有效磷可由底层水向表层水迁移，从而影响真光层生物的产量和生长速率。显然从沉积物释放溶解有效磷的速率受制于多种因素，但一般认为主要是由间隙水的扩散速率控制的。沉积物-海水界面两侧的浓度梯度越大，则磷的释放速度越大。例如，有些缺氧区域的湖底沉积物释放磷的速率变化于 4.0～10.8mg P/($m^2 \cdot d$)。

4.4.2　海洋磷的收支

海洋磷的循环和通量研究表明，每年大约有 14Mt 的总磷，其中包括 3.5Mt 的活性磷从陆源输入海洋，作为海洋磷的主要来源，其中大多数(～80%)总磷和活性磷以相似比例聚集在陆架边缘海底(～$90\times10^6km^2$)，其余部分分散在面积为 $270\times10^6km^2$ 的深海沉积物中。溶解磷的生物地球化学循环发生在海水-生物体-悬浮物-沉积物-间隙水-海水系统之中，浮游植物消耗多达 2.5Gt/a 的溶解磷，并主要在上层海水中循环。由有机碎屑构成的悬浮物大约携带了 11.6Mt 的磷，其中约 3Mt 的磷在有机物矿化过程中释放在表层沉积物中，约 3.6Mt 的磷被埋藏进入沉积物，而约 5Mt 的磷扩散进入上覆水中。

4.5　海洋硅的生物地球化学功能

硅作为一种元素是在 19 世纪被发现的。硅在地壳中的丰度为 28.8%，仅次于氧而居第二位。迄今为止，在自然界还没有发现过单质硅。在自然界最重要的含硅化合物是硅酸盐，它们占地壳总重量的 75%，其次是以 SiO_2 形式存在的游离氧化硅，占地壳总重量的 12%，二者加起来占到地壳总重量的 87%。作为几乎所有母质都含有的元素，硅在大多数土壤中是一种基本成分。硅也是多种作物正常生长必需的营养元素。在自然水域中，硅作为主要生命元素通常以溶解态单体正硅酸盐 [$Si(OH)_4$]形式存在，它是水生植物(特别是硅藻类)生长繁殖所必需的营养成分。

在地球圈层中，大多数硅存在于岩石中，370 多种岩石矿物中都含有硅，参与生物地球化学循环的硅只占了一小部分。目前硅的生物地球化学循环研究的热点，主要集中在硅酸盐风化过程与 CO_2 从大气圈转移到岩石圈相关联，可调节大气中CO_2的浓度，进而对全球气候变化产生较大影响等方面。流域盆地的风化作用是元素地球化学循环的一个重要组成部分，同时也是实现海-陆物质交换的重要环节。硅酸盐的风化过程可参与调节大气中CO_2浓度，反应如下：

$$CaAl_2Si_2O_8+2CO_2+8H_2O \longrightarrow Ca^{2+}+2Al(OH)_3+2H_4SiO_4+2HCO_3^-$$

高的CO_2浓度导致全球升温(温室效应)，硅酸盐在较高温度下风化速度加快，又消耗较多的CO_2，CO_2浓度下降，全球气温下降；相反，在较低温度下，硅酸盐风化速度减小，CO_2消耗较少，导致CO_2积累在大气层中，气温回升。因此，风化作用与CO_2之间的反馈机制避免了地球气温的剧烈变化。所以，硅的生物地球化学循环研究意义重大。

4.5.1　海洋中硅的形态与功能

4.5.1.1　海洋中硅的存在形态及其分布

(1)海洋中硅的存在形态

1)海水中硅的主要存在形态

硅在海水中以不同形态存在，主要包括溶解硅酸盐、胶体硅化合物和悬浮硅等。悬浮硅又分为悬浮二氧化硅和海洋生物组织两大组分。上述硅的存在形态中，以溶解硅酸盐和悬浮二氧化硅两种为主。海洋中溶解硅酸盐的浓度为 30～40μmol/dm^3(平均浓度约为 36μmol/dm^3)，在大洋深水处这一浓度可升高至 100～200μmol/dm^3。

海水中溶解硅主要以硅酸[H_4SiO_4 或 $Si(OH)_4$]形式存在，这是一种弱酸，并在海水中存在着如下的电离平衡：

$$H_4SiO_4 \xleftrightarrow{K_1} H_3SiO_4^- + H^+ \tag{4-1}$$

$$H_3SiO_4^- \xleftrightarrow{K_2} H_2SiO_4^{2-} + H^+ \tag{4-2}$$

K_1 和 K_2 分别是式(4.1)和式(4.2)在 25℃的解离常数。由此可见，在海水 pH=7.7～8.0 的环境中，95%以上的溶解硅是以单分子硅酸 H_4SiO_4 形态存在的。一般把可通过滤膜(滤膜孔径为 0.1～0.5μm)并且可以用硅钼黄络合比色法测定的低聚合度的溶解硅酸和单分子硅酸总称为活性硅酸盐。这部分硅酸盐由于容易被硅藻吸收从而进入海洋生态循环系统而备受科学家的重视。

悬浮二氧化硅在纯水中的溶解度为 180μmol/dm^3(25℃)和 79μmol/dm^3 (0℃)。由此数据不难发现，天然海水中悬浮态硅石(SiO_2)处于不饱和状态，现有报道中大洋最高的含量也仅为平均饱和度的 1/3。这意味着悬浮二氧化硅在海水中不可能以 SiO_2 的形态自行沉淀。

2)海洋沉积物中硅的主要存在形态

海洋沉积物中硅的来源主要有陆源碎屑物质输入、海洋自生矿物和生物形成三部分。

陆源碎屑物质主要来源于世界大陆的侵蚀。这部分物质主要以铝硅酸盐矿物的形式随风或随河流输入进入海洋水体，并逐渐沉积，最终散布到整个海底。这一分散过程决定了陆源输入的铝硅酸盐在大陆边缘的丰度最高，而在远离大陆的深海含量最小。这部分硅主要以各种不同的矿物形式存在于海底沉积物中，具体矿物组成列于表 4-8。

表 4-8　深海沉积物中硅的矿物组成

含硅的矿物	化学组成式
石英	SiO_2
正长石	$KAlSi_3O_8$
斜长石	$x NaAlSi_3O_8 + (1-x) CaAl_2Si_2O_8$
高岭石	$Al_4[Si_4O_{10}] \cdot (OH)_2$
伊利石	$KAl_3Si_3O_{10}(OH)_2$
蒙脱石	$(Al_{2-x}Mg_x)_2[(SiAl)_4O_{10}](OH)_2$
绿泥石	$Al_3[Si_4O_{10}](OH)_2 \cdot Al_3(OH)_6$

海洋自生矿物是沉积物更为直接的来源，它们是在海底和沉积物内部自发结晶就地生成的，也包括海底火山和热液喷发所带来的物质。

生物形成的成分主要是蛋白石，也称生物硅或生源硅，其化学组成是无定形的 SiO_2。蛋白石主要由浮游植物(如硅藻)和浮游动物(如放射虫)尸体的硬组织沉积形成。这部分硅元素来源于生物体，也容易被生物体直接吸收利用。在海洋沉积物中，蛋白石的分布很不均匀，在某些海域，蛋白石与陆源碎屑的铝硅酸盐(红黏土)混合在一起，这类沉积物中，蛋白石的含量可以达到 90%；另一些区域，黏土层中有大量的方解石与蛋白石共生。

(2)海水中硅的分布

硅在海水中的分布过程主要包括物理过程和生物过程。物理过程主要包括：①硅以硅酸的形式由河流携带输入海洋；②硅酸盐在海洋水体中的水平和垂直传输；③海底沉积物中颗粒的再悬浮过程。生物过程包括硅在硅藻中的循环过程以及以硅藻为摄食对象的浮游动物对水体中硅分布的影响。

1)水平分布

硅在海水中的水平分布受生物活动、大陆径流、水文状况、沉积作用、人为活动等各种因素的影响。海洋中硅的水平分布通常表现为沿岸、河口水域的含量高于大洋；太平洋、印度洋高于大西洋；开阔大洋中高纬度海域高于低纬度海域。但有时因生物活动和水文条件的变化，在同一纬度上，也会出现较大的差异。图 4-14 呈现了世界大洋水体中硅的水平分布状况。

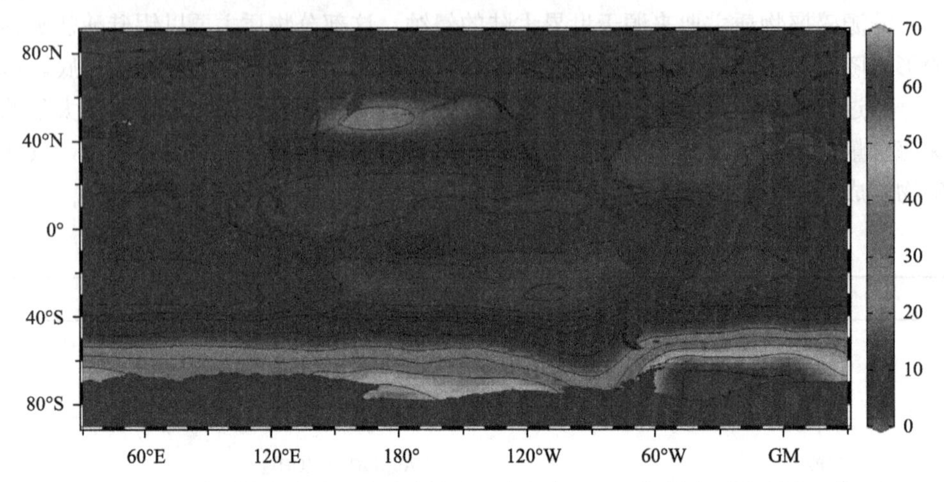

图 4-14　全球大洋海水中溶解硅酸盐的水平分布(μmol/dm³)(彩图请扫封底二维码)
GM：格林尼治子午线(经度零度)

2)垂直分布

在大洋真光层，由于海洋浮游生物大量吸收溶解硅酸盐，溶解硅酸盐的含量很低，有时甚至被消耗殆尽。在微生物的参与下，生物新陈代谢过程的排泄物和死亡后的残体在向深层沉降的过程中会有一部分重新转化为溶解硅酸盐，释放回水中。因而随深度的增大，其含量逐渐增大，并在某一深度达到最大值，此后不再随深度增加而变化。在不同的大洋深处，溶解硅酸盐含量也有所差别，如太平洋和印度洋的深层水含量比大西洋深层水高得多。图 4-15 是海洋水体中硅垂直分布的典型剖面。

3)季节变化

在海洋浮游植物繁盛季节，尽管溶解硅被大量消耗，但其在海水中的含量仍保持一定水平，而不像 N、P 那样可降低到难以检出的水平。这是因为每年有大量的含硅物质由陆地径流和风带入海洋，使海水中溶解硅得以补充。据估计，每年补充到海洋的溶解硅总量约相当于 3.24×10^8t SiO_2。其中，由河流携带入海洋的悬浮物质是决定海水中硅含量的主要因素。

4.5.1.2　海洋中硅的生态学功能

含硅浮游植物的生长繁殖在很大程度上控制了海水中硅的分布格局，了解探讨海洋浮游植物主要优势种硅藻的特性对于了解海洋中硅的生态学功能很有帮助。

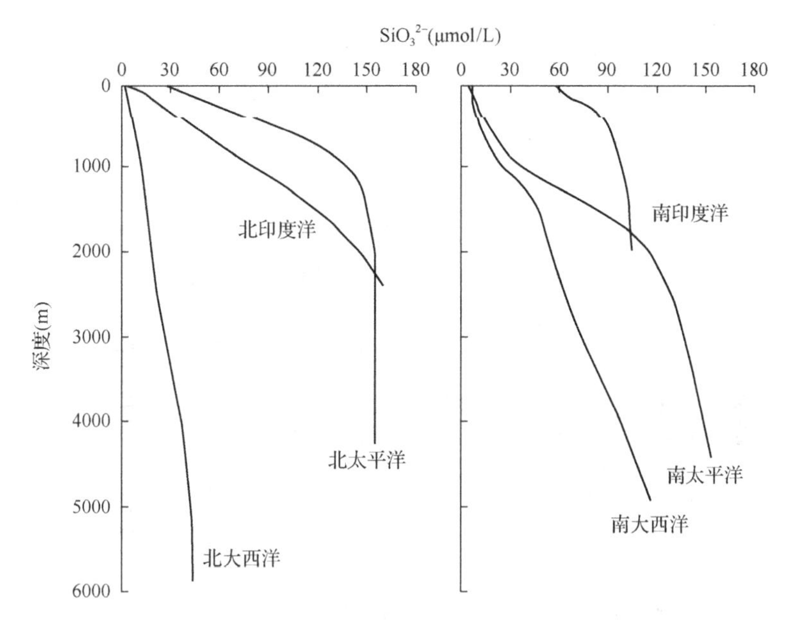

图 4-15　大洋溶解硅酸盐浓度典型深度剖面

(1)硅藻的基本特性

1)硅藻的主要特征

硅藻门植物细胞壁富含硅质，硅质细胞壁上具有排列规则的花纹(图 4-16)。壳体由上、下半壳套合而成。色素体主要有叶绿素 a、c_1、c_2 以及 β 胡萝卜素、岩藻黄素、硅藻黄素等。

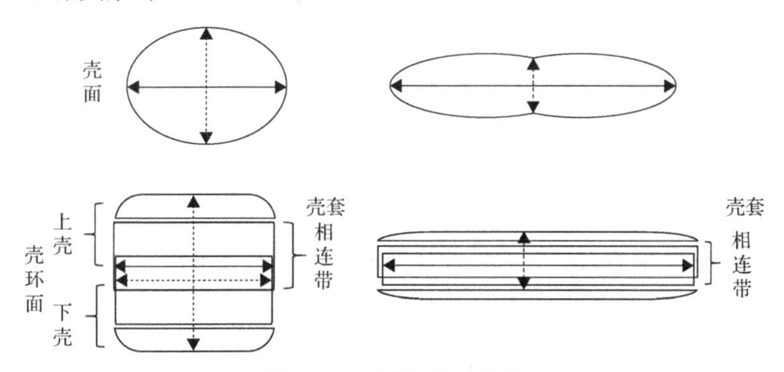

图 4-16　硅藻细胞壁构造

2)形态结构

硅藻的细胞壁：无色、透明。外层为硅质，内层为果胶质。

壳面和带面：细胞壁的构造像一个盒子，套在外面的较大，为上壳；套在里面的较小，为下壳。硅藻上、下壳相互套合。上壳和下壳都不是整块的，皆由壳面(valve)和相连带(connecting band)两部分组成。壳面平或略呈凹凸状，壳面边缘略倾斜的部分，称壳套(valve mantle)；与壳套相连、和壳面垂直的部分，称相连带，亦称带面。

间生带：有些种类在壳套与相连带之间具有间生带(图 4-17)，凡贯壳轴较长的种类都有间生带，其数目为 1 条、2 条或多条，花纹形状主要有三类：鱼鳞状，如卡氏根管藻(*Rhizosolenia castracanei*)；环状，如杆线藻属(*Rhabdonema*)；领状，如环形娄氏藻(*Lauderia annulatus*)和中肋角毛藻(*Chaetoceros costatus*)。

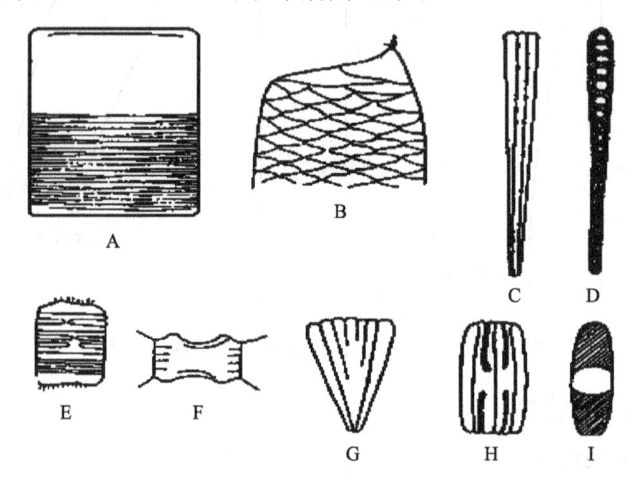

图 4-17　硅藻细胞的间生带和隔片

A. 杆线藻属(*Rhabdonema*)的环状间生带；B. 根管藻属(*Rhizosolemia*)的鱼鳞状间生带；C 和 D. 楔藻属(*Climacosphenia*)的全隔片；E. 娄氏藻属(*Lauderia*)的领状间生带；F. 角毛藻属(*Chaetoceros*)的领状间生带；G. 楔形藻属(*Licmophora*)的圆隔片；H 和 I. 斑条藻属(*Grammatophora*)的假隔片

隔片：具间生带的种类，有向细胞腔内伸展成片状的结构，称隔片(septum)。如果隔片一端是游离的，称为假隔片，如斑条藻属(*Grammatophora*)；如果隔片从细胞的一端通到另一端，则称为全隔片或真隔片，如楔藻属(*Climacosphenia*)。间生带和隔片都具增强细胞壁的作用。

突出物：硅藻细胞表面有向外伸展的多种多样的突出物，如突起、刺、毛、胶质线等，它们起增加浮力和相互连接的作用。突起：是细胞壁向外的头状突出物，如弯角藻属(*Eucampia*)。刺：一般细而不长，末端尖，其数目、长短不一，最粗大的刺如双尾藻属(*Ditylum*)的刺，中等的刺如盒形藻属(*Biddulphia*)的刺，较小的刺如圆筛藻属(*Coscinodiscus*)的缘刺。毛：为较细长的突出物，长度常为细胞直径的数倍，有的种类在粗毛里还有色素体，这是毛与刺的最大区别。此外，还有膜状突起(如太阳漂流藻)和胶质线、胶质块等胶质突起(如海链藻)。

花纹：硅藻细胞壁上都具排列规则的花纹。主要有点纹：为普通显微镜下可分辨的细小孔点，单独或成条(点条纹)。线纹：由硅质细胞壁上许多小孔点紧密或稀疏排列而成，在普通显微镜下观察时，无法分辨而是一条直线。孔纹：为硅质细胞壁上粗的孔腔，中心硅藻纲的孔纹基本为六角形，其结构很复杂。肋纹：为硅质细胞壁上的管状通道，内由隔膜分成小室或细胞壁因硅质大量沉积而增厚。

三轴和三面：按方位硅藻细胞有纵轴、横轴和贯壳轴。由纵轴和横轴形成上、下壳面，由纵轴、贯壳轴形成长轴带面，由横轴、贯壳轴形成短轴带面。从壳面看，称壳面观；从带面(壳环面)看，称带面观(侧面观)。壳面和带面形状截然不同。通常中心硅藻类壳面呈辐射对称，多为圆形、椭圆形，也有三角形或多角形的；羽纹硅藻类壳面一般细长，呈两侧对称，有舟形、卵形、弓形、“S”形、菱形、新月形和椭圆形等。带面(壳环面)一般为长方形、方形或楔形等。纵轴(apical axis)：为壳面中央的纵线，又称顶轴、长轴。横轴(transapical axis)：为壳面中央的横线，又称切顶轴、短轴。贯壳轴(pervalvar axis)：是上、下壳面中心点的相连线，又称壳环轴。

色素体：硅藻的光合作用色素主要有叶绿素 a、c_1、c_2 以及 β 胡萝卜素、岩藻黄素、硅藻黄素等。色素体呈黄绿色或黄褐色，形状有粒状、片状、叶状、分枝状或星状等。

同化产物：主要是油滴，显微镜下观察，油点常呈小球状，光亮透明。

细胞核：硅藻的细胞核为一个，常位于细胞中央，在液泡很大的细胞中，常被挤到一侧。用甲基蓝或尼罗蓝稀溶液染色，可见到细胞核。

(2)硅藻在海洋硅循环中的作用

浮游植物是水生环境中无机物向有机质转换的主要承担者之一，即主要的初级生产者。浮游植物是海洋食物链的基础，它们的变化直接影响食物链中其他各环节。浮游植物的优势种在一般海域是硅藻，营养盐硅对于硅藻生长是必不可少的。因此，研究硅的生物地球化学过程对于浮游植物生长有着重要的意义。海洋食物链是海洋生态系统研究的一个核心内容，浮游植物是海洋食物链的基础，营养盐硅决定了浮游植物的生长。因此，营养盐硅对海洋生态系统的可持续发展有着重要的作用。研究浮游植物的基本特性及其与环境因子的相互关系，对于水产资源的开发和利用有着十分重要的意义。营养盐(主要指氮、磷、硅)是浮游植物生长繁殖必需的营养成分，是影响浮游植物的重要因素之一。浮游植物是海洋生态系统中生物的物质和能量来源。硅藻是海洋浮游植物的主要种类，是具有硅质细胞壁的单细胞藻类。它们色彩缤纷，形式多样，有1000多种。其中最大的藻种的形状是平的圆盘状、扁的圆柱状或者细长的棒状，这些大型硅藻种的直径或长度达到 2～5mm。而小型硅藻具有小的细胞和长的链，它们的直径或长度能够小到5～50μm。图4-18为硅藻结构与体内硅循环示意图。

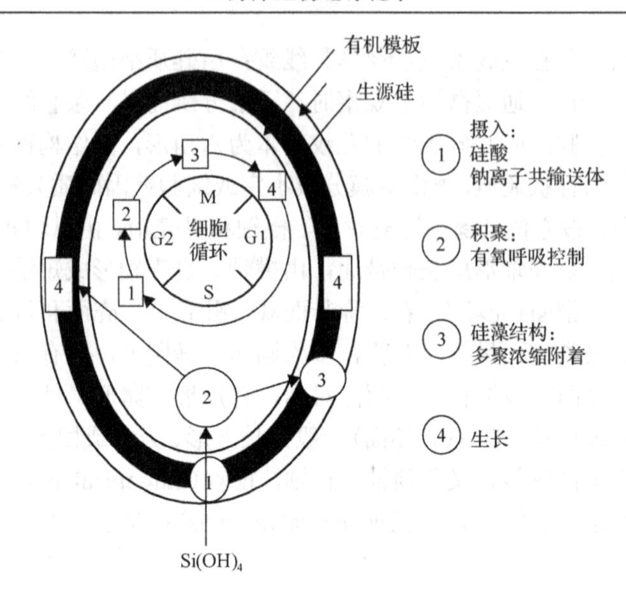

图 4-18　硅藻细胞中硅循环的过程示意图

(3)海洋中硅的平衡与循环过程

全球硅循环主要在水圈中进行，研究水圈中不同形态硅的分布、迁移、转化以及硅参与的生物地球化学过程具有重要的意义。图 4-19 是对全球海洋中硅的收支和贮存进行估算的结果。

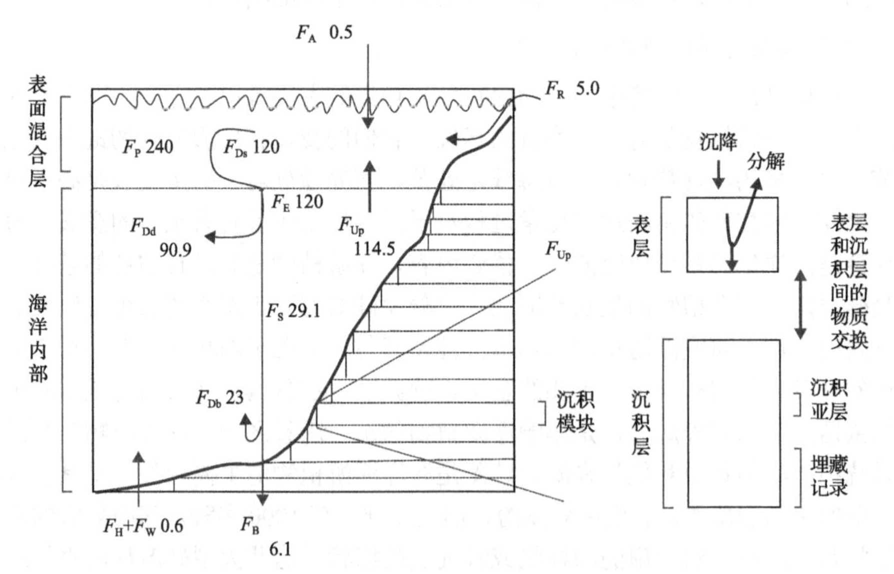

图 4-19　硅的海洋生物地球化学循环及通量

F_R. 河流输运总溶解硅净通量；F_A. 大气输运通量；F_H. 海底热液输入量；F_W. 海底岩石风化量；F_P. 生物源生产力；F_{Ds}. 表层水溶解硅量；F_E. 生源硅向深海输运通量；F_{Dd}. 深层水生源硅溶解量；F_{Db}. 沉积物-海水界面扩散通量；F_{Up}. 上升流输运量；F_B. 生源硅净输出量；F_S. 实际到达沉积物的生源硅通量；通量单位 10^{12}mol/a

世界海洋中硅的总量约为 9.5×10^{16}mol。海洋中硅的净输入主要包括三种途径：①河流输送(84%)；②海底热液喷发(3%)和海底玄武岩侵蚀(6%)；③风的传输(7%)。每年河流输入到海洋的溶解硅酸盐达 5.6×10^{12}mol(表 4-9)，是海洋中硅的主要来源。由于生物的吸收作用，河流输送的总溶解硅大部分在河口地区被消耗，不能直接进入海洋中。被吸收的溶解硅在生物体死亡后于水体和沉积物中重新转变为溶解态，生物吸收与重新溶解的硅量之差为河口净沉积部分，约为 0.6×10^{12}mol/a，全球海洋 Si 的净输入通量为 $F_R+F_A+F_W+F_H=(6.1\pm2.0)\times10^{12}$mol/a。

表 4-9　全球海洋中硅的收支($\times10^{12}$mol/a)

收支		Térguer 等(1995)	DeMaster(2002)
硅的来源	河流输送	5.6	5.6
	海底风化作用+热液活动	0.6	0.6
	大气沉降	0.5	0.5
总输入量		6.7	6.7
生物硅沉积库	深海总计	5.1～6.0	4.1～4.3
	南大洋	4.1～4.8	3.1
	极地前缘	2.7～3.4	0.3
	非极地前缘	1.4	2.8
	白令海	0.5	0.5
	北太平洋	0.3	0.3
	鄂霍次克海	0.2	0.2
	低硅沉积物	<0.2	<0.2
	赤道太平洋	0.02	0.02
	大陆边缘总计	0.4～1.5	2.4～3.1
	河口	0.2～0.6	<0.6
	加利福尼亚海湾	0.2	0.2
	Walvis 海湾	<0.2	0.2
	秘鲁/智利	<0.1	<0.1
	南极洲边缘	0.2	0.2
	其他边缘	<0.2	1.8
总输出量		5.5～7.5	6.5～7.4

硅从海洋水圈到生物圈的迁移开始了硅的生物循环。海洋中的硅藻等生物体

从海洋中吸收溶解硅酸盐。随着硅藻的生长，硅藻不断从外界吸收养分，使硅在体内富集。全球海洋生产力 F_P 为 $(240\pm40)\times10^{12}$mol/a。硅藻在死亡后以植物碎屑的方式向海底沉降，近一半的生源硅（F_{Ds}=$120\pm20\times10^{12}$mol/a）溶解于真光层，重新进入硅循环，最终大约有 3.5%的生源硅以蛋白石的形式埋藏在海底。在沉积物中生物硅继续溶解成为硅酸盐，并向上覆水扩散，另一部分则进入铝硅酸盐相，所以到达沉积物中的生源硅通量 F_S 远高于生源硅净输出量 F_B，F_S=F_B+F_{Db}=$(29.1\pm17)\times10^{12}$mol/a，深层水中生源硅溶解量 F_{Dd}=F_E–F_S=$(90.9\pm37)\times10^{12}$mol/a。

4.5.2 海洋中硅的来源与补充

硅的生物地球化学过程决定了硅是从河流输入到海洋，经过浮游植物吸收，最后沉降到海底。建坝、水库、改道等人类活动阻止或减少了陆地向海洋输送的硅，同时，人类产生的陆源污染物质向海洋输送了大量的氮、磷，而对硅的输送相对减少。因此，在海洋中，硅对浮游植物生长的限制日趋严重，造成海洋生态的破坏。人类无法向占地球表面积 70%的海洋投放硅。只有地球生态系统向大海提供大量的硅，才能维持海洋生态系统的可持续发展。因此，地球生态系统营养盐硅的补充机制，即通过地球生态系统向大海提供大量的硅，可使浮游植物生长保持稳定性和持续性，使海洋的贫瘠和赤潮逐渐消失，使海洋生态系统能良好的持续发展。自然界含硅岩石风化后，随陆地径流入海，使近岸及河口区硅的含量较高，这是海洋中硅的重要来源。含硅岩石风化和含硅土壤流失，使硅溶解于水并随陆地径流输送到河口和海洋中。通过硅藻的吸收，硅进入了生物体。死亡的硅藻和摄食硅藻的浮游动物的排泄物离开真光层沉降到海底，即硅离开了海水表层沉降到海底。因此，硅通过这样一个亏损过程：河流输入（起源）-浮游植物吸收和死亡（生物地球化学过程）-沉降海底（归宿），展现了沧海变桑田的缓慢过程。每当输入大量的营养盐硅，海洋浮游植物的初级生产力都会出现高峰值，有时产生水华。由于浮游植物吸收了大量的硅，海水中硅的含量大幅度降低，而由于硅的缺乏，浮游植物的生长又受到严重的限制，产生了高的沉降率，由此保持了海洋中营养盐硅的平衡和浮游植物生长的平衡。以胶州湾为例，胶州湾周围的河流给整个胶州湾提供了丰富的硅酸盐含量，这使整个胶州湾的硅酸盐浓度随着径流的大小变化。在夏季，从河口区依次到湾中心、湾口和湾外硅酸盐的浓度逐渐降低。远离海岸的横断面硅酸盐浓度的水平变化表明，离河口的海岸距离越远，水域中的硅酸盐浓度就越低。而远离海岸的横断面硅酸盐浓度的垂直变化表明，硅酸盐通过生物吸收、死亡和沉积后，沉降到海底，通过这个过程硅逐渐转移到海底。陆源提供的硅酸盐浓度变化严重影响胶州湾浮游植物的生长。硅的生物地球化学过程决定了其在全球海域均具有以下特征：当远离硅酸盐来源的近岸时（包括在水平和垂直方向上远离），硅酸盐浓度逐渐下降、变小。硅主要的存在形式是正硅酸盐，它的再生不是通过有机物的降解，而是通过蛋白石 SiO_2 的溶解。与氮和磷再生相比，它的再生要在海水的更深处完成。海水中溶解无机硅是海洋浮游植物所必需的营养盐之一，尤其是对于硅藻类浮游植物，硅更是构成机体不可缺少的组分。在海洋浮游植物中硅藻占很大部分，硅藻繁殖时摄取硅使海水中硅的含量下降。在自然水域中，硅一般以溶解态单体正硅酸盐 $Si(OH)_4$ 形式存在。在浮游植物中，只有硅藻和一些金鞭藻纲的鞭毛藻对硅有大量需求。硅藻类是构成浮游植物的主要成分。硅酸盐与硅藻的结构和新陈代谢有着密切的关系，并且控制浮游植物的生长过程。在浮游植物水华形成中，$Si(OH)_4$ 起着核心作用。硅限制着浮游植物的初级生产力。没有硅，硅藻是不能形成的，而且细胞周期也不能完成。硅藻对硅有着绝对的需求。营养盐硅是浮游植物生长的主要发动机，对浮游植物生长的影响是强烈和迅速的。陆源提供的硅被浮游植物吸收，然后通过生物地球化学过程不断地转移到海底。由于缺硅种群的高沉降率，硅大量沉降使得水体中硅酸盐浓度保持低值。而死亡的浮游植物和浮游动物的排泄物趋于分解，在水体中产生了大量的、不稳定的、易再循环的氮、磷。因此，随着氮、磷浓度不断增高和硅酸盐浓度不断降低，这些海域出现了明显的高营养盐(氮、磷)浓度，以及低的浮游植物生物量，整个生态系统可能发生初级生产力的硅限制。在河口区、海湾、海洋等水域中，起主要作用的营养盐硅，调节和控制这些水域生态系统中浮游植物的生长过程。陆源输入大海真光层的硅是主要的，大气与上升流向海洋真光层输入的硅量与河流相比是次要的。修建大坝、水库，使水中悬浮物浓度降低，输入海洋的硅浓度下降；将河流上游进行引流和分流，使主河流的输送能力下降，流量变小，输入海洋的硅浓度降低，从而改变了河口水域和近岸水域生态系统的结构，尤其是导致营养盐比例失调，浮游植物种群结构失控，诱导赤潮的产生，而且赤潮面积逐年加大，发生频率逐年增多；在沿河两岸和沿河流域盆地进行大面积的植树造林，改变了雨水对地表层的冲刷力度，雨水形成的小溪向河流输送的硅浓度降低，使水流清澈，减少了河流携带的硅量，这样入海河流输送营养盐硅的能力显著降低。

对于大气输送，由于大面积种植绿化，土壤被固定，雨水对地表层的冲刷能力下降，空气变得清新，大气对海洋硅的输送减少。

这样，河流、大气向海洋真光层输送的硅量大幅度减少，不断地改变陆地向海洋输送硅的含量，导致海水中氮、磷过剩，硅缺乏，氮、磷、硅的比例严重失调，硅限制浮游植物的生长进一步加剧。

近岸的洪水、大气的沙尘暴和海底的沉积物可以向缺硅的水体输入大量的硅。这样，由陆地、大气、海底三种途径将陆地的硅输入海洋中，以满足浮游植物的生长。在近岸地区和流域盆地，长时间的暴雨形成了洪水，向海洋水体输入大量的硅。在内陆地区，长期的干旱经大风形成了沙尘暴，向海洋水体输入大量的硅。

在海面上，水温的异常升高导致台风和风暴潮发生，海底沉积物向海洋水体输入大量的硅。

地球生态系统为了保持海洋中浮游植物生长的平衡和海洋生态系统的可持续发展以及减缓大气二氧化碳浓度的增长，启动了营养盐硅的补充机制(图 4-20)。近岸地区和流域盆地成为多雨区，连续遭受暴雨袭击，雨量加大，次数频繁，雨区扩大，导致塌方、落石、山洪、泥石流和山体滑坡，使沿岸向海洋的淡水输入增大，向海洋输入硅量增加。内陆成为干旱区，长期干旱缺雨，由于太阳暴晒，地面温度升高，地表土壤干燥化、颗粒化，在晴天使地表出现了上升流，将沙尘刮向天空，经过大风形成了遮天蔽日的沙尘暴，随着沙尘暴次数增多、面积扩大、密度增加、能见度降低，在强风的推动下，向海洋的近岸水域和远海中央输送大量的沙尘，向海洋输入大量的硅。例如，1992 年中国西北部的居延海地区有大片湖泊和沼泽，可能由于长期气候干旱缺雨，到 2002 年已经成为一片沙漠，环境的迅速变化令人吃惊。然而这样的过程和结果，为内陆经过大气向海洋输送硅铺平道路。海底有大量的沉积物，沉积物中硅酸盐浓度比海水中的高几倍到几十倍，由于台风、飓风、热带风暴和寒潮都移向近海和沿岸，其经过水域和近岸的面积加大、次数增多、强度加大、旋转速度加快、移动速度放慢、路径曲折、路程加长，使海底的沉积物不断被搅动进入水体，使水体硅酸盐浓度升高。由海底沉积物向海洋水体输入大量的硅。

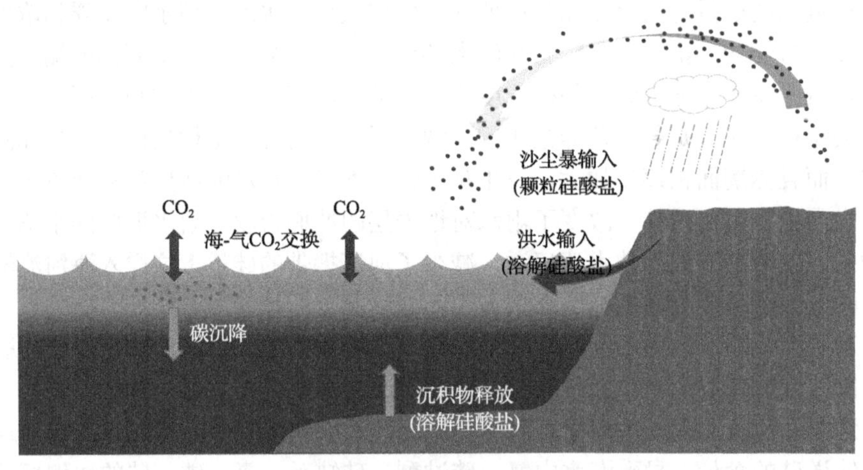

图 4-20　地球系统硅的迁移

以往的研究认为，河流中的硅主要由风化作用提供，受人为影响不大。但近几十年来，随着经济的发展，这一状况发生了变化。1999 年联合国环境问题科学委员会(SCOPE)在瑞典举办了陆海相互作用——硅循环国际专题讨论会，认为人类活动导致 DSi 降低是几十年来世界范围内的一个普遍现象。建坝、水库、改道等人类活动阻止或减少了陆地向海洋输送硅，同时，人类产生的陆源污染物质向海洋输送了大量的氮、鳞，而对硅的输送相对减少。因此，在海洋中，硅对浮游植物生长的限制日趋严重，造成海洋生态的破坏。人类活动引起陆地植被发生变化也会导致陆地生态系统硅循环发生改变。

据统计，至 2018 年全世界约有 46 000 座大坝和 800 000 余座小坝在运行，控制着全球约 20%的径流量。大坝建设人为改变了河流原有的物质场、能量场、化学场和生物场，直接影响生源要素在河流中的生物地球化学行为。由于大坝建设提供了有利的沉积环境，生物硅沉积，导致河流中溶解硅酸盐减少，此现象称为“水库效应”。筑坝拦截导致的“水库效应”普遍出现在世界不同地区不同规模的河流上。多瑙河上“铁门”大坝建设导致黑海 DSi 通量减少 80%，藻类大量繁殖，鱼类减少。阿斯旺大坝建成后，尼罗河溶解硅酸盐浓度下降了 200μmol/dm^3，由于河口浮游动植物减少，地中海沙丁鱼数量明显减少，河口鱼虾产量下降。研究表明，大坝的建设还会显著影响河流溶解硅酸盐和生物硅的季节变化。

对长江入海硅通量的研究表明，近 50 年来，长江入海溶解硅通量呈明显下降趋势，可能与长江流域众多水利工程建设有关。对长江干流及河口硅的生物地球化学研究表明，三峡大坝蓄水后，使河流大坝以上段变成狭长的河道型水库，库区内水流变缓，透明度提高，水体逗留时间延长，可能导致硅的生物地球化学过程发生重大改变，近而使整个生态系统发生重构。对乌江渡水库中溶解硅的时空分布特征进行了研究，认为乌江渡水库中生物作用强烈，其中的 DSi 浓度变化主要受到浮游植物尤其是硅藻的生物作用调节，进而认识到，水库拦截将导致水库及其下游水环境中硅及其他营养元素循环规律的改变，最终导致生态环境变化。

4.5.3　生源硅(生物硅/蛋白石)的生物地球化学意义

生源硅主要来源于硅藻、放射虫和海绵骨针等。生物硅的积累反映了生产力的长期和空间变化。因此，生源硅的积累与上层水体中的初级生产力有着密切的关系。海洋沉积物中的生源硅记载了海洋生产力强度和位置的变化，它的时空分布可用于反映古生产力的变化。生源硅的埋藏与溶解在 Si 的生物地球化学循环过程中起着重要作用，了解沉积物中生源硅的分布也有助于成岩作用的研究。

4.5.3.1　海洋中生源硅的分布

现代海底生源硅的分布主要集中于环南极带、赤道太平洋、北太平洋和南北美西海岸等营养盐丰富、海洋生产力较高的上升流区。因此，古海洋学研究中，常用生源硅沉积记录指示古生产力的波动。由于这种波动与古海水营养盐状况的变化密切相关，因此可以将生源硅沉积记录与可以导致这种变化的大尺度的古气候和古海洋过程(如季风、洋流等)联系起来，近年来成为国际上追踪和探寻古气候环境变化的又一新的有效手段。图 4-21 显示了海洋表层沉积物中生源硅的分布。

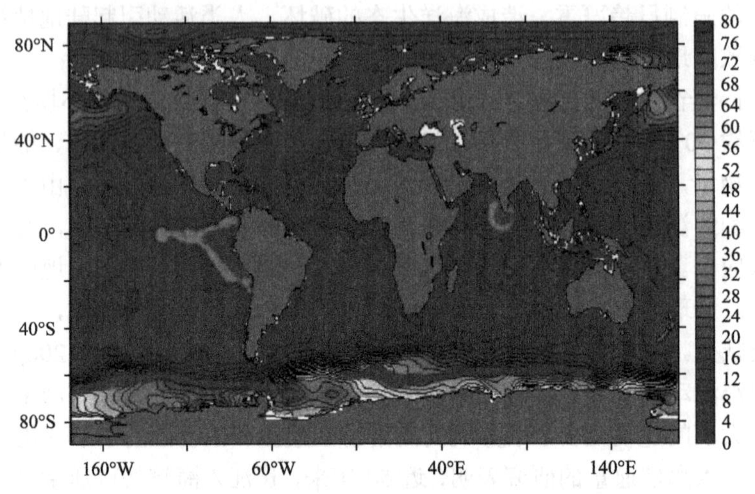

图 4-21 海洋表层沉积物中生源硅的分布(彩图请扫封底二维码)

近年来，对海洋沉积物生源硅进行了大量研究，获取了许多海域沉积物生源硅的水平分布模式，也对某些海区生源硅迁移释放机制有了一些了解，并且在浮游植物硅限制方面有一些重要进展，如对胶州湾 3 个柱状沉积物中生源硅的研究揭示了胶州湾浮游植物生长出现硅限制的深层原因，研究发现胶州湾沉积物中的生源硅(BSi)含量比黄、渤海的高，属于高生源硅积累区，湾内、湾口和湾外站位表层沉积物中生源硅的平均含量分别为 1.58%、1.44%、1.48%，且近年来胶州湾沉积物中生源硅的含量要比前些年高。胶州湾沉积物中 OC/BSi 值远远小于 Redfield 比值(106∶16)，BSi∶TN 远远大于 1，BSi∶TP 也远远大于 16，表明在相同条件下有机质的分解速率要远远大于 BSi 的溶解速率，有相当一部分 BSi 被埋藏，不能参与再循环，这可能是胶州湾出现硅限制的根本原因。通过沉积物中生源硅的沉积通量和初级生产力的对比可推知由硅藻形成的生源硅在沉降过程中平均只有 15.5%被水解，有 84.5%可到达沉积物。而胶州湾沉积物中的硅通过沉积物-海水界面返回到水体中速率小于生源硅的沉积速率，这进一步说明了海水中的硅不断向沉积物迁移，是水体中硅含量保持低水平，使 Si 成为浮游植物生长限制因子的主要原因。

4.5.3.2 生源硅的测定方法

研究海洋 Si 循环，BSi 的测定必不可少，由于生源硅来源与组成的复杂性，对其进行准确的测定是探讨生源硅生态学功能的基础。建立沉积物 BSi 的测定方法是其研究的前提。

(1)沉积物中生源硅的测定

对于 BSi 的测定方法，虽然目前方法众多，但由于尚无 BSi 标准样品，国际上仍未就 BSi 的测定方法达成共识。影响 BSi 测定精确度的主要因素包括样品取样量、提取液种类与浓度以及黏土矿物影响的消除等方面。

1)样品取样量

提取过程中，样品的取样量直接影响样品与提取液间的固液比。固液比升高不利于样品的提取完全，反之则会造成过度提取。因而，选定一个合适的取样范围，有利于提高结果的准确度。当取样量从 2mg 增至 100mg，测得的 BSi 含量下降了 60%，出现这一结果最大的原因可能是方法上有欠缺。但不可否认，溶解 Si 与固体表面的不可逆吸附是造成结果出现误差的另一因素。有研究表明，当固液比介于 0.625～2.5 时，结果误差在 7%以内，无明显的吸附现象存在。已有的研究资料表明，若加 $40cm^3$ 提取液，最佳的样品取样量介于 20～30mg，样品取样量少于 20mg 会降低测定方法的准确度，大于 30mg 可导致提取不完全。为了消除不同固液比的潜在重要影响，建议所有的样品在测定时采用同一取样量，如 30mg。此外，样品颗粒粒径大小对结果也有一定影响。冷冻干燥后的样品，经碾磨有助于提取。对比碾磨和不经碾磨的放射虫样品，前者溶出较快，易提取。未碾碎的海绵骨针测得的 SiO_2 回收率为 11.5%，碾碎后上升为 95%以上。然而，研究发现，磨得过细的样品在提取的最初阶段溶出很快，也就是说样品粒径的大小对提取也有一定影响。这是由于磨成粉末状的样品，增大了反应活性的样品表面积。因而，在样品的处理上，需碾碎，但不可碾成过细的粉末状。

2)提取液种类及浓度

从沉积物中提取 BSi 通常采用 Na_2CO_3 和 NaOH 两种提取液。在生物硅测定的国际互校实验中，30 个参加互校实验的实验室有 22 个采用 Na_2CO_3 提取，占总数的 73%，用 NaOH 提取的只有 8 个，不足总数的 27%。选用的提取液浓度要既可确保 BSi 提取完全，又可减少共存黏土矿物中非生物硅的释放。不同浓度提取液提取结果的对比研究表明：当样品中 BSi 含量较高时，即＞10%(SiO_2)，需用 pH≥12.5 的提取液才可保证完全提取，且不同 pH 提取液测得结果差别很小。当样品中含有海绵骨针或放射虫时，所需提取液的浓度较高。例如，在 100℃水浴中，用 $0.1mol/dm^3$ Na_2CO_3(pH=11.2)只需 20min 就可把“年轻”硅藻的硅质细胞壁完全溶解，硅藻土中“年老”的硅藻硅质细胞壁用 $0.2mol/dm^3$ NaOH 提取需 40min。而纯的海绵骨针在 85℃用 $0.5mol/dm^3$ 或 $1.0mol/dm^3$ NaOH 提取，40min 才可完全溶解。有科学家建议在提取后用显微镜检查生物硅提取是否完全，若残渣中含大量放射虫，则需继续用 $2mol/dm^3$ NaOH 提取。对于 BSi 含量低的样品，用强碱溶液提取会导致过度提取而使结果偏高。对比不同 pH 提取液对绿泥石(不含 BSi)提取结果发现：pH=12.5 时测得提取的 SiO_2 为 2.8%；pH=14 时，为 11.3。

可见强碱溶液加速了非生物硅的溶出，提取液的 pH 严重影响样品 BSi 测定的准确度。目前，国际上仍未就提取液提出一普遍适用的浓度。在具体测定过程中，视不同样品组成及 BSi 含量高低而采用不同浓度提取液是至关重要的。Sehluter 建议在 85℃水浴中用 pH=12.5 的提取液连续提取 5～8h，可确保较高的提取率，100℃水浴中，$0.1mol/dm^3$ 或 $0.2mol/dm^3$ 的 NaOH 可在 80min 内溶解不同地质时期的硅藻细胞壁，海绵骨针除外。

3)黏土矿物影响的消除

提取过程中共存黏土矿物溶出的 Si 是沉积物中 BSi 测定误差的主要来源，黏土矿物释放的 Si 是随提取时间呈直线变化的，而且提取过程中 BSi 组分是快速溶出，非 BSi 组分溶出较慢。因而连续提取曲线出现缓慢上升阶段被认为是由黏土矿物组分释放的 Si 引起的，曲线切线交于 *Y* 轴的截距即为样品 BSi 含量。用不同 pH 提取液提取 4 种纯的物质组分(伊利石、高岭土、蒙脱土、水铝英石)的结果表明：严格来说，黏土矿物组分释放的 Si 与时间并非是一直线关系，而是一曲线，且提取液的 pH 对曲线影响显著。对 BSi 含量高的样品来说，提取液中的 Si 主要来自生物硅组分，相对连续提取曲线的变化，黏土矿物释放的 Si 随时间 *T* 变化可近似为一直线，因而用连续提取能有效消除其影响。而对 BSi 含量低的样品，连续提取法受到了黏土矿物释放的 Si 与时间 *T* 呈非直线关系这一实验结果的挑战，用切线求截距的方法无法有效校正黏土矿物释放的非 BSi 影响，结果偏高。用测定提取过程中的 Ge/Si 值来消除共存黏土矿物影响的方法，被广泛采用。已知硅藻细胞的 Ge/Si 值 R_2 为 $(1.6\pm0.3)\times10^{-6}$，在 $2mol/dm^3$ Na_2CO_3 提取条件下黏土矿物释放 Ge/Si 值 R_1 约为 10×10^{-6}，将测定的沉积物提取过程中 Ge/Si 值 R_3 代入公式：

$$\%Si_{校正}=\%Si[1-(R_1-R_2)/(R_3-R_2)] \tag{4-3}$$

由于 R_3 是 R_2 的 7～10 倍，因此公式可简化为

$$\%Si_{校正}=\%Si[1-(R_1-R_2)/R_3] \tag{4-4}$$

这一方法在计算中采用了硅藻及黏土矿物 Ge/Si 平均值，但在实际情况中随黏土矿物组成的不同、硅藻沉积年代的变化，Ge/Si 值存在一定的差异。同时由于实验条件的限制，许多实验室无法进行 Ge 的测定。

另一研究较多的校正方法是测定提取液中的 Al 含量。此法的原理是铝硅酸盐的结构中含有 Al、Si，在提取过程中，两者以一定比例同时溶出。根据测定提取液中 Al 含量、黏土矿物释放的 Si/Al 值，即可推知提取的非 BSi 量，再把其从测得的 Si 总量中减去，即得 BSi 量。对 3 种代表性黏土矿物(高岭土、伊利石、蒙脱土)用不同 pH 提取液提取发现：①提取的 Al、Si 呈很好的线性关系；②在所用的提取液中($0.20mol/dm^3$ NaOH，$0.10mol/dm^3$ NaOH，$0.50mol/dm^3$ Na_2CO_3，

0.10mol/dm^3 Na_2CO_3)这一线性关系均适合；③直线的截距接近零点。根据这一结果，一种新的能有效消除黏土矿物影响的方法被提出：即连续测定提取过程中的Si和Al含量，以Al含量为*X*轴、Si含量为*Y*轴作图，所得曲线直线部分外推，在*Y*轴上的截距即为样品的BSi含量。然而，对无定形铝硅酸盐如水铝英石的研究结果表明，虽然SiO_2/Al_2O_3仍呈线性关系，但截距为(–105.5±22.4)mg/g，因此利用此法对黏土矿物影响进行消除仍需做进一步研究。最近有人用自动连续测定的方法发现：黏土矿物释放的Si/Al并非在整个提取过程中都是恒定值。因此，用Al-Si图外推求截距的方法仍无法准确测量BSi含量，很可能会造成测定结果偏低。总之，在低含量样品黏土矿物影响的校正上，尚无一普遍接受的方法。根据样品BSi含量高低，选择合适的方法及提取液浓度、种类是测定中至关重要的问题。

目前，国内外学者提出的BSi测定方法大体可概括为以下5类：①X射线衍射；②直接红外光谱法；③大体积沉积物化学元素正规分布法；④化学提取法；⑤微化石计数。尽管这些方法各具特色，但受介质影响，存在生物硅回收不完全和非生物硅的玷污等问题。只有化学提取法是最灵敏和应用最广泛的方法。化学提取法中又以连续提取方法和单点测定方法应用广泛。

连续提取法是将样品用1% Na_2CO_3于85℃水浴中提取，在提取的1h、2h、3h、5h时间点测定提取液中Si含量，以时间为*X*轴、Si含量为*Y*轴作图，所得曲线直线部分外推在*Y*轴上的截距即为样品BSi含量。此法的根据是在1% Na_2CO_3、85℃水浴条件下，硅藻在2h以内完全溶解，而黏土矿物中非生物硅组分的溶出与时间呈线性关系。因而，利用连续提取所得曲线外推的方法可校正共存黏土矿物对测定的影响。此法属较早提出的BSi提取方法，在此基础上后人进行了许多改进。单点测定法采用的是2mol/dm^3 Na_2CO_3、85℃水浴提取，提取5h后，测定提取液中的Si含量，提取后用显微镜检查剩余固体，若残渣中放射虫含量占最初生物硅的25%以上，则需将残渣过38～63μm的筛，截留物溶于10～30cm^3 2mol/dm^3 NaOH，于85℃水浴中保持5～8h，将这步测得的Si与用Na_2CO_3提取的Si加和，即为样品BSi含量。因大多数沉积物中不溶放射虫仅占总BSi的不足2%，后一步通常可省略。用测Ge的方法来校正共存黏土矿物的影响，结果发现未校正的含量仅比校正后的值高出1%～2%。此法简单快速，但对于BSi含量<2%(以Si计)的低含量样品，此法误差较大，不宜使用。

(2)悬浮颗粒态生物硅的测定

水体中悬浮颗粒态生物硅的测定方法通常根据样品来源而定。适合大洋水体中悬浮颗粒态BSi的测定方法为，用4.0cm^3 0.2mol/dm^3 NaOH在95℃水浴中提取45min，冷却加HCl中和后测定上清液中的Si含量。此法除简单、灵敏度高外，另一最大优点是同一张膜在进行完BSi提取后还可用HF提取测定剩下的非BSi组分。在大洋水体中，利用此法测得非BSi通常只有2～5nmol/dm^3。大洋样品采用的 NaOH 提取法已推广到近岸水体悬浮颗粒态 BSi 的测量：$4.0cm^3$ $0.2mol/dm^3$ NaOH 在 100℃水浴中提取 40min，测定未校正的 BSi，此后于同一张膜加 $2.9mol/dm^3$ HF $0.2cm^3$ 在室温提取 48h，测定未校正的非生物硅组分 LSi。LSi 对 BSi 测定干扰的扣除方法为，测定水体生物量低、LSi 含量达到最高值的冬季样品的 BSi_a 和 LSi_a 值，以 LSi_a 为 X 轴，BSi_a 为 Y 轴得出一直线，斜率为 K，经校正扣除 LSi 干扰的样品 BSi_c 含量为

$$BSi_c=BSi_a-K\times LSi_a \tag{4-5}$$

在春、夏季 LSi 干扰相对较低的情况下，此法测得的 BSi 精密度>20%，秋、冬季 LSi 含量达到最高值，BSi 测量的精密度介于 20%～60%。可见虽然在近岸水体悬浮颗粒态 BSi 的测量中 NaOH 提取方法存在一定的矿物干扰，但对于水体生物量较大季节的样品，此法仍是有一定使用价值的。对于 LSi 含量较高的近岸水体悬浮颗粒物，用经典的 Na_2CO_3 法测定其 BSi 含量准确度较高。简单过程是用 $10cm^3$ 5% Na_2CO_3 于 100℃水浴中提取 100min 后测定提取液中的 Si、Al 含量，非 LSi 干扰的校正值为黏土矿物释放的 Si/Al 值与提取液中 Al 含量的乘积。影响悬浮颗粒态生物硅测定准确度的主要因素仍是黏土矿物释放 LSi 的干扰，因此对于近岸风化作用较强导致悬浮颗粒物中黏土矿物含量较高的样品，BSi 的测量必须进行 LSi 干扰的校正。

4.5.3.3　生源硅的生物地球化学意义

深入研究生源硅的生态学功能、剖析海洋水体中生源硅的生物地球化学意义非常重要。

(1) 生源硅可记录水体中 DSi 的历史变化

N、P 是藻类生长所需的两大重要营养元素。随着人类活动以及农业耕种、森林开采、污水排放的增多，水体中 N、P 的输入剧增。这些营养元素的输入，通常会先导致硅藻产率的增加，加速 BSi 的沉积，但是随着水体中 DSi 的不断消耗，硅藻的生长开始减慢，最终受到 Si 的限制。BSi 在沉积物中的积累，可用于反映不同历史时期水体的富营养化及 DSi 的消耗情况，对美洲五大湖沉积物中 BSi 含量的历史性分析表明了这一点。沉积物中 BSi 的变化记录了人类活动导致的水体富营养化以及筑坝等原因引起的 Si 生物地球化学循环的变化。

(2) 生源硅在全球 Si 循环中起关键作用

硅藻死亡后，细胞壁中所含的 BSi 绝大部分在沉积过程中溶解了。每年在表层水体中由硅质浮游生物所吸收溶解硅转化成 BSi 的量是 $(240\pm40)\times10^{12}$mol Si，沉降过程中，表层水体和深层水体中分别溶解了 120×10^{12}mol Si 和 90.9×10^{12}mol

Si，最终约有总量的 3%被埋藏保存于沉积物中。沉积物中的 BSi 可用于表征上层水体中硅藻等硅质种群的生产力状况，反映水体初级生产力的同时，也是研究全球 Si 循环的重要环节。根据对全球 Si 收支平衡计算表明，在表层沉积物中硅以 BSi 形式埋藏的数量是$(7.1\pm2)\times10^{12}$mol Si/a，这一数据与进入全球海洋的 DSi 量$(6.1\pm2)\times10^{12}$mol Si/a 接近。因此，BSi 的埋藏是河流、热液等输送进入海洋的主要沉降方式。

全球河流输入 BSi 研究的重点在于其在再生过程中的溶解。大量研究表明，硅藻产生的 BSi 绝大部分溶解在湖泊、河口和海洋中，且随盐度增大，溶解度升高。河流输送的淡水硅藻只有小部分埋藏于河口和海洋沉积物中。而以各河流 BSi 平均含量计算，在河流输送的 DSi 总量中约有 16%是以 BSi 形式存在的。因而，河流悬浮颗粒物中的 BSi 量是全球海洋 Si 收支平衡中一个不可忽略的部分。

(3) 可作为过程研究的重要“指示剂”

生物硅堆积速率的变化主要反映了硅质生物(主要是浮游硅质生物)的生产力变化。现代海底生物硅的分布主要集中于环南极带、赤道太平洋、北太平洋和南北美西海岸等营养盐丰富、海洋生产力较高的上升流区。因而，古海洋学研究中，常用生物硅沉积记录指示古生产力的波动。由于这种波动与古海水营养盐状况的变化密切相关，因此可以将生物硅沉积记录与可以导致这种变化的大尺度的古气候和古海洋过程(如季风、洋流等)联系起来，近年来成为国际上追踪和探寻古气候环境变化的又一新的有效手段。

本章的重要概念

Redfield 比值　海洋中的大部分浮游植物生长、繁衍是按一定比例自海水中吸收营养盐的，这一比例为 C∶N∶P=106∶16∶1，称为 Redfield 比值。

浮游植物生长的限制因素　最接近于维持浮游植物生长所需最小量的营养物质。

总溶解磷　可通过孔径为 0.2～0.7μm(亦有 0.1～1μm)滤膜的那部分磷，截留在膜上的部分则为**颗粒磷**。溶解态磷的操作定义用可溶性的反应磷(即**可溶态活性磷**)和可溶性的不参加反应磷(**可溶态非活性磷**)表示，能在酸性条件下形成钼磷酸复合物的可溶性磷定义为**可溶态活性磷**，不能在酸性条件下形成钼磷酸复合物的可溶性磷则定义为**可溶态非活性磷**。

生物硅(biogenic silic)　通过化学方法测定的无定形硅的含量。因为这部分硅主要来源于硅藻、放射虫、硅鞭毛虫和海绵骨针等海洋生物，因而称为生物硅，也称**生源硅**或**蛋白石**。

推荐读物

宋金明. 2004. 中国近海生物地球化学. 济南: 山东科学技术出版社: 1-591.

宋金明, 李学刚, 袁华茂, 等. 2019. 渤黄东海生源要素的生物地球化学. 北京: 科学出版社: 1-870.

Baturin G N. 2003. Phosphorus cycle in the ocean. Lithology and Mineral Resources, 38: 126-146.

Benitez-Nelson C R. 2000. The biogeochemical cycling of phosphorus in marine systems. Earth Science Reviews, 51: 109-135.

Delaney M L. 1998. Phosphorus accumulation in marine sediments and the oceanic phosphorus cycle. Global Biogeochem Cycles, 12: 563-572.

Ragueneau O, Treguer P, Leynaert A, et al. 2000. A review of the Si cycle in the modern ocean: recent progress andmissing gaps in the application of biogenic opal as a paleoproductivity proxy. Global and Planetary Change, 26: 317-365.

Song J M. 2009. Biogeochemical Processes of Biogenic Elements in China Marginal Seas. Berlin, Hangzhou: Springer-Verlag GmbH & Zhejiang University Press: 1-662.

学习性研究及思考的问题

(1) 海洋(海水和沉积物)中磷的存在形态有哪些？其分布如何？

(2) 海洋中磷的来源有哪些？磷在海水和沉积物中是如何循环的？

(3) 如何理解浮游植物生长的营养盐限制？

(4) 结合你所学内容，对海洋中硅的循环过程和补充机制进行简略的描述。

(5) 海洋中的硅循环过程与硅藻的生活过程密不可分，通过对本章的学习和查阅资料，用图示法描述一个硅藻细胞(应包含文中描述的各个结构部分)及其中的硅循环过程。

(6) 浮游植物如何利用有机磷？溶解有机磷在溶解无机磷和颗粒磷转化过程中的介导作用如何？

(7) 海洋(海水和沉积物)中硅的存在形态和分布特征如何？

(8) 研究海洋中生源硅的生物地球化学意义有哪些？

第5章　其他重要生源要素的生物地球化学

除前三章所述的碳、氮、磷、硅外，海洋中还存在着许多重要的生源要素，如氧、硫、铁等元素。这些元素的生物地球化学过程同样对海洋中的物流和能流起着举足轻重的作用。本章主要从测定方法、分布特征和生物地球化学功能等角度，对氧、硫、铁和重金属等重要元素的生物地球化学进行论述。

5.1　海水溶解氧在生物地球化学循环中的作用

溶解氧是指溶解于水中的分子状态的氧，即水中的 O_2，用 DO 表示(dissolved oxygen)，以每升水中氧气的毫克数或微摩尔数来表示。溶解氧是水生生物生存不可缺少的条件。溶解氧的一个来源是水中溶解氧未饱和时，大气中的氧气向水体渗入；另一个来源是水中植物通过光合作用释放出氧。溶解氧随着温度、气压、盐分的变化而变化，一般说来，温度越高，溶解的盐分越多，水中的溶解氧越低；气压越高，水中的溶解氧越高。溶解氧除了被通常水中硫化物、亚硝酸根、亚铁离子等还原性物质所消耗外，也被水中微生物的呼吸作用以及水中有机质被好氧微生物氧化分解所消耗。所以说溶解氧是水体的重要组成成分，也是水体自净能力的指标。表层水中溶解氧近于饱和，但当藻类繁殖旺盛时，溶解氧含量会下降。水体受有机物及还原性物质污染可使溶解氧降低，对于水产养殖业来说，水体溶解氧对水中生物如鱼类的生存有着至关重要的影响，当溶解氧低于 $4mg/dm^3$ 时，就会引起鱼类窒息死亡，对于人类来说，健康的饮用水中溶解氧含量不得小于 $6mg/dm^3$。当溶解氧(DO)消耗速率大于氧气向水体中溶入的速率时，溶解氧的含量可趋近于 0，此时厌氧菌得以繁殖，使水体恶化，所以溶解氧大小能够反映出水体受到的污染，特别是有机物污染的程度，它是反映水体污染程度的重要指标，也是衡量水质的综合指标。因此，水体溶解氧含量的测量，对于环境监测以及水产养殖业的发展都具有重要意义。

5.1.1　海洋水体中的溶解氧

5.1.1.1　氧的溶解度

氧气是一种微溶于水的气体，且不与水发生化学反应，因此可以使用亨利定律计算任何温度下水体中的氧饱和度。图 5-1 显示了氧气和甲烷在一标准大气压下，0～35℃的溶解度。从中可以看出，在一标准大气压下，氧气在水体中的溶解度从 0℃的 14.6mg 变化到 35℃的 7.0mg。饱和状态下，溶解气体中氧气占到了 38%，这一比例相当于 2 倍大气中的含量。

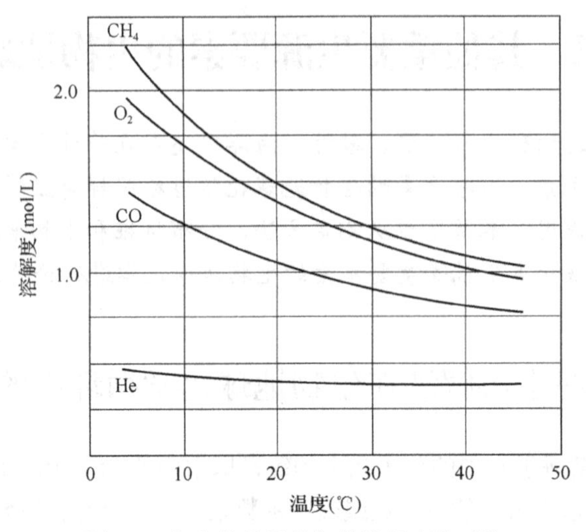

图 5-1　氧和其他常见气体溶解度的对比

氧的低溶解度是限制海水自净能力的重要因素。在需氧的海洋生物地球化学过程中，氧的低溶解度限制了溶解氧被介质吸收的速率

氧在海水中的溶解度比在淡水中低。由于这个原因，氧在给定温度的溶解度从淡水到海湾水再到海水依次下降。表 5-1 列出了氧溶解度、温度以及氯化物含量的关系。在这里，将氯化物浓度作为对海水-淡水混合程度的一种度量。

表 5-1　不同温度和氯化物浓度下氧的溶解度(mg/dm³)

温度(℃)	氯离子浓度(mg/dm³)				
	0	5 000	10 000	15 000	20 000
0	14.62	13.79	12.97	12.14	11.32
1	14.23	13.41	12.61	11.82	11.03
2	13.84	13.05	12.28	11.52	10.76
3	13.48	12.72	11.98	11.24	10.50
4	13.13	12.41	11.69	10.97	10.25
5	12.80	12.09	11.39	10.70	10.01
6	12.48	11.79	11.12	10.45	9.78
7	12.17	11.51	10.85	10.21	9.57
8	11.37	11.24	10.61	9.98	9.36
9	11.59	10.97	10.36	9.76	9.17
10	11.33	10.73	10.13	9.55	8.98
11	11.08	10.49	9.92	9.35	8.80
12	10.83	10.28	9.72	9.17	8.62
13	10.60	10.05	9.52	8.98	8.46
14	10.37	9.85	9.32	8.80	8.30

续表

温度(℃)	氯离子浓度(mg/dm^3)				
	0	5 000	10 000	15 000	20 000
15	10.15	9.65	9.14	8.60	8.14
16	9.95	9.46	8.96	8.47	7.99
17	9.74	9.26	8.78	8.30	7.84
18	9.54	9.07	8.62	8.15	7.70
19	9.35	8.89	8.45	8.00	7.56
20	9.17	8.73	8.30	7.86	7.42
21	8.99	8.57	8.14	7.71	7.28
22	8.83	8.42	7.99	7.57	7.14
23	8.68	8.27	7.85	7.43	7.00
24	8.53	7.12	7.71	7.30	6.87
25	8.38	7.96	7.56	7.15	6.74
26	8.22	7.81	7.42	7.02	6.61
27	8.07	7.67	7.28	6.88	6.49
28	7.92	7.53	7.14	6.75	6.37
29	7.77	7.39	7.00	6.62	6.25
30	7.63	7.25	6.86	6.49	6.13

5.1.1.2　溶解氧的分布

海水中溶解氧在海洋生物地球化学过程中的作用十分重要。溶解氧垂直分布的一般规律在图 5-2 中可以明显地表达出来。在海水垂直剖面上，根据溶解氧的分布情况分为 4 个区：①表层氧浓度均匀，氧浓度的数值趋向于在大气压力及其

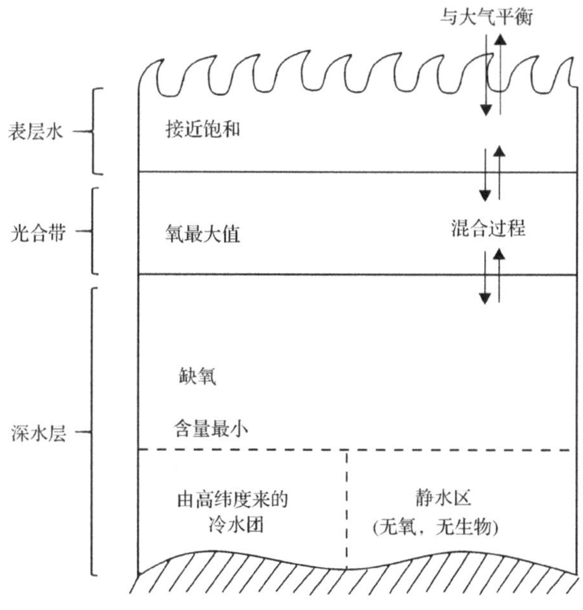

图 5-2　各种条件下溶解氧含量的示意图

周围温度条件下海-气界面交换平衡时的饱和值；②光合带中由于光合作用产生氧而可以观测到氧含量的最大值；③光合带下深水层因有机物氧化等，溶解氧含量降低，有时会在该层出现溶解氧含量的最小值；④极深海区将可能是无氧、无生命区。

但是大洋底层潜流着极区下沉来的巨大水团，因此氧浓度不一定随水深连续降低，反而可能经最小值后上升。

5.1.1.3　影响溶解氧分布的因素

(1)影响溶解氧垂直分布的因素

影响海水中氧分布的因素主要是生物消耗和水文物理过程，这种影响可用"垂直移流-涡动扩散模型"来定量，从而探讨水文物理和生物过程对氧垂直分布的影响。此模型认为，氧的稳态分布由垂直移流、垂直涡动扩散和现场耗氧速率随深度指数下降的速率所决定，即

$$\mathrm{Az}\frac{\partial C_{\mathrm{O_2}}^2}{\partial Z^2}-\omega\frac{\partial C_{\mathrm{O_2}}}{\partial Z}=R=R_0\mathrm{e}^{-az} \tag{5-1}$$

式中，Az 为垂直扩散系数(与深度 Z 假定无关)；ω 为垂直移流速率；R_0 为这一模型上界面的耗氧速率；a 为 R 随深度呈指数下降的速率；R 为现场耗氧速率；C 为浓度；$C_{\mathrm{O_2}}$ 为氧气的浓度。

由图 5-3 可见，理论线与实际线非常吻合。有研究以此模型与用酶现场测定的北太平洋中耗氧速率与深度关系进行对比(图 5-4)，获得了很吻合的结果。

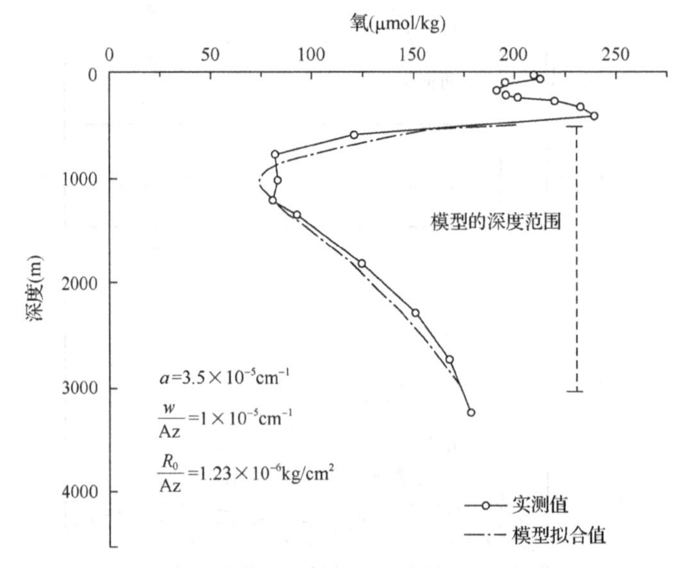

图 5-3　应用垂直移流-涡动扩散模型研究氧的垂直分布

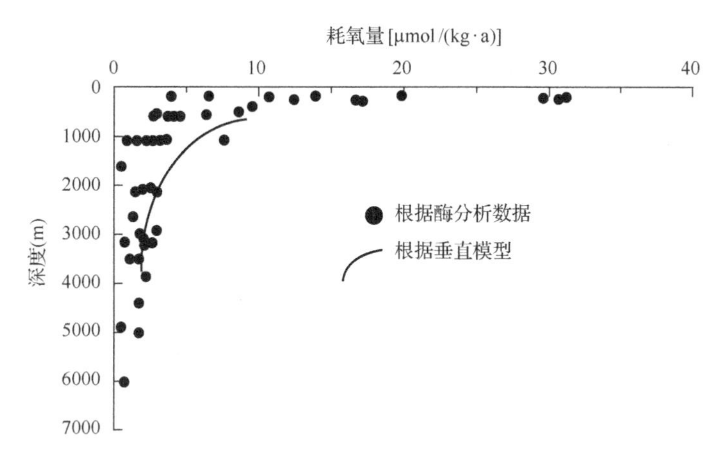

图 5-4　由垂直移流-涡动扩散模型推导出的北太平洋中耗氧速率与深度关系和由酶测定结果的比较

由上述分析可知，这一模型已经达到了较为合理的近似，但是较为完善的溶解氧大洋分布模型必须包括对有关过程的三维描述，如采用下列公式：

$$\frac{\partial C_{O_2}}{\partial t}=\frac{\partial}{\partial x}\left(\frac{A_1}{\rho}\frac{\partial C_{O_2}}{\partial x}\right)+\frac{\partial}{\partial y}\left(\frac{A_1}{\rho}\frac{\partial C_{O_2}}{\partial y}\right)+\frac{\partial}{\partial z}\left(\frac{A_2}{\rho}\frac{\partial C_{O_2}}{\partial z}\right)-\left(u\frac{\partial C_{O_2}}{\partial x}+v\frac{\partial C_{O_2}}{\partial y}+w\frac{\partial C_{O_2}}{\partial z}\right)+R_{O_2} \tag{5-2}$$

式中，t 为时间；A_1 为水平 QA 涡动扩散系数；A_2 为垂直 QA 涡动扩散系数；u 为 X 方向上的速度分量；v 为 Y 方向上的速度分量；w 为 Z 方向上的速度分量；R_{O_2} 为氧的生产速率(当为负值时，表示氧的消耗速率)

应用这一模式并将大西洋划成 76 块进行计算之后，不仅得到氧的消耗速率，并且获得了如下结论：表层水中浮游植物产生的有机物有 90%在上层 200m 水体中被消耗掉，余者沉入深水层。沉降过程中，由呼吸作用和细菌分解把氧消耗掉。氧浓度最小值处于消耗速率最大的水层和补充速率最小的水层之间。

(2)表层海水中溶解氧与生物作用的关系

如上所述，氧沉降入深水层，会被海洋动物和细菌所消耗，相应的产生 CO_2。表层海水中溶解氧的循环共有 3 种过程在起作用(图 5-5)：①与大气的交换；②与下层水体的交换；③大洋表层水体中生物的活动。

与大气交换相比，其他两种过程的速度要快得多，所以估计水体中氧的含量与大气处于平衡时的含量相差不大。

图 5-6 表示了海水中所预计的 O_2 和$\sum CO_2$ 含量变化与生物呼吸作用的关系以及其与从太平洋各处次表层水样中得到的实测数据的比较。

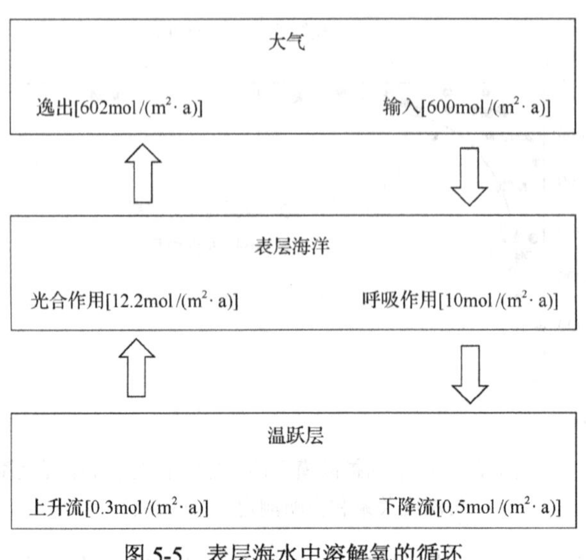

图 5-5 表层海水中溶解氧的循环

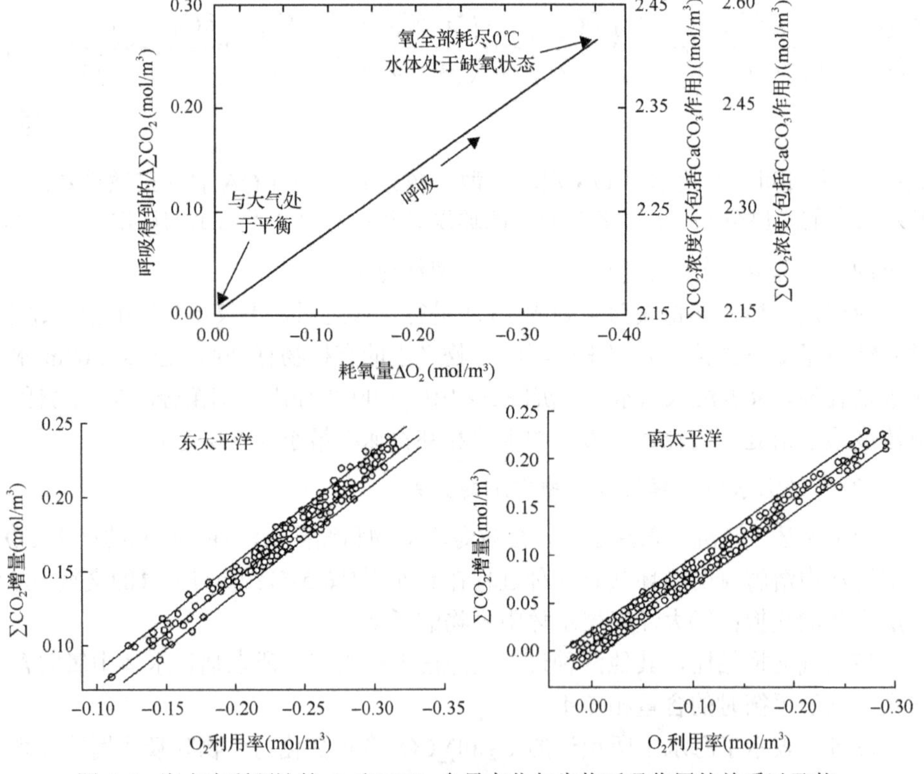

图 5-6 海水中所预计的 O_2 和 $\sum CO_2$ 含量变化与生物呼吸作用的关系以及其与从太平洋各处次表层水样中得到的实测数据的比较

图 5-6 的 O_2 和$\sum CO_2$ 含量变化与生物呼吸作用的关系是在 0℃海水中无氧的情况下测定的。ΔO_2 值经饱和含氧量减去所测得的含氧量计算得到。$\Delta\sum CO_2$ 值的计算方法如下：首先对盐度和碱度差进行校正，这样所得的数据相应于海水中盐度均匀而没有发生 $CaCO_3$ 沉淀和溶解效应时的实测值，然后由这些数值减去相当于耗氧量为零时$\sum CO_2$ 含量，所得差值反映了由生物组织氧化所导致的$\sum CO_2$ 含量的变化。

5.1.2　溶解氧的测定方法

5.1.2.1　碘量法(iodometric)

碘量法是测定水中溶解氧的基准方法，属于化学检测方法，测量准确度高，是最早用于检测溶解氧的方法。其原理是在水样中加入硫酸锰和碱性碘化钾，生成氢氧化锰沉淀。此时氢氧化锰性质极不稳定，迅速与水中溶解氧化合生成锰酸锰：

$$MnSO_4+2NaOH = Mn(OH)_2\downarrow +Na_2SO_4$$
$$2Mn(OH)_2+O_2 = 2H_2MnO_3\downarrow$$
$$H_2MnO_3+Mn(OH)_2 = MnMnO_3\downarrow +2H_2O$$

加入浓硫酸使已化合的溶解氧(以 $MnMnO_3$ 的形式存在)与溶液中所加入的碘化钾发生反应而析出碘：

$$2KI+H_2SO_4 = 2HI+K_2SO_4$$
$$MnMnO_3+2H_2SO_4+HI = 2MnSO_4+I_2\downarrow +3H_2O$$

再以淀粉作指示剂，用硫代硫酸钠滴定释放出的碘，计算溶解氧的含量，化学方程式为

$$2Na_2S_2O_3+I_2 = Na_2S_4O_6+2NaI$$

设 V 为 $Na_2S_2O_3$ 溶液的用量(cm^3)，M 为 $Na_2S_2O_3$ 的浓度(mol/dm^3)，a 为滴定时所取水样体积(cm^3)，DO 可按下式计算：

$$DO(mol/dm^3) = V\cdot M/4a \tag{5-3}$$

在没有干扰的情况下，此方法适用于各种溶解氧浓度大于 $0.2mg/dm^3$ 和小于氧的饱和度两倍(约 $20mg/dm^3$)的水样。当水中可能含有亚硝酸盐、铁离子、游离氯时，可能会对测定产生干扰，此时应采用碘量法的修正法。具体做法是在加硫酸锰和碱性碘化钾溶液固定水样的时候，加入 NaN_3 溶液，或配成碱性碘化钾-叠氮化钠溶液加于水样中，Fe^{3+}较高时，加入 KF 络合掩蔽。碘量法适用于水源水、

地面水等清洁水。碘量法是一种传统的溶解氧测量方法，测量准确度高，其测量不确定度为 0.19mg/dm^3。但该法是一种纯化学检测方法，耗时长，程序烦琐，无法满足在线测量的要求。同时易氧化的有机物，如丹宁酸、腐殖酸和木质素等会对测定产生干扰。可氧化的硫的化合物，如硫化物、硫脲也如同易于消耗氧的呼吸系统那样产生干扰。当含有这类物质时，宜采用电化学探头法，包括下面将要介绍的电流测定法以及电导测定法等。

5.1.2.2　电流测定法(Clark 溶氧电极)

当需要测量受污染的地面水和工业废水时必须用修正的碘量法或电流测定法。电流测定法根据分子氧透过薄膜的扩散速率来测定水中溶解氧(DO)的含量。溶氧电极的薄膜只能透过气体，当氧气通过薄膜扩散到电解液后，立即在阴极(正极)上发生还原反应：

$$O_2+2H_2O+4e = 4OH^-$$

在阳极(负极)如银-氯化银电极上发生氧化反应：

$$4Ag+4Cl^- = 4AgCl+4e$$

上式过程产生的电流与氧气的浓度成正比，通过测定此电流就可以得到溶解氧(DO)的浓度。

电流测定法的测量速度比碘量法要快，操作简便，干扰少(不受水样色度、浊度及化学滴定法中干扰物质的影响)，而且能够现场自动连续检测，但是它的透氧膜和电极比较容易老化，当水样含藻类、硫化物、碳酸盐、油类等物质时，会使透氧膜堵塞或损坏，需要注意保护和及时更换，又由于它是依靠电极本身在氧的作用下发生氧化还原反应来测定氧浓度，测定过程中需要消耗氧气，因此在测量过程中样品要不停地搅拌，一般速度要求至少为 0.3m/s，且需要定期更换电解液，致使它的测量精度和响应时间都受到扩散因素的限制。目前市场上的仪器大多都属于 Clark 电极类型，每隔一段时间要活化，透氧膜也要经常更换。张葭冬对膜电极的精度做了研究，用膜电极法测量溶解氧的标准偏差为 0.41mg/dm^3，变异系数为 5.37%，碘量法测量溶解氧的标准偏差为 0.3mg/dm^3，变异系数为 4.81%。同碘量法做对比实验时，每个样品测定值绝对误差小于 0.21mg/dm^3，相对误差不超过 2.77%，两种方法相对误差在−2.52%～2.77%。代表产品有美国 YSI 公司的系列便携式溶解氧测量仪，如 YSI58 型溶解氧测量仪，该仪器可高质量地完成实验室和野外环境的测试工件，操作简便，携带方便，测量范围为 0～20mg/dm^3，精度为±0.03mg/dm^3。

5.1.2.3　荧光猝灭法

荧光猝灭法基于氧分子对荧光物质的猝灭效应原理，根据试样溶液所产生的荧光强度来测定试样溶液中荧光物质的含量。利用光纤传感器来实现光信号的传输，由于光纤传感器具有体积小、重量轻、电绝缘性好、无电火花、安全、抗电磁干扰、灵敏度高、便于利用现有光通信技术组成遥测网络等优点，并且对传统的传感器能起到扩展、提高的作用，在很多情况下能完成传统的传感器很难甚至不能完成的任务，因此非常适合于荧光的传输与检测。从 20 世纪 80 年代初起，人们已开始了应用于氧探头的荧光指示剂的探索工作。早期曾采用四烷基氨基乙烯为化学发光剂，但由于其在应用中对氧气的响应在 12h 内逐渐衰减而很快被淘汰。芘、芘丁酸、氟蒽等是一类很好的氧指示剂，一种对氧气快速响应的荧光传感器，就是以芘丁酸为指示剂，固定于多孔玻璃。这种传感器的优点是响应速度快(可低于 50ms)，并有很好的稳定性。将香豆素 1、香豆素 103、香豆素 153 三种荧光指示剂分别固定于有机高聚物 XAD-4、XAD-8 及硅胶三种支持基体中进行实验。从灵敏度、发射强度和稳定性几个方面进行比较，得出了香豆素 103 固定于 XAD-4 支持基体中是一种灵敏可逆的光纤氧传感器的中介。使用这种荧光指示剂的光纤氧传感器的应用范围相当广泛。

后来，过渡金属(Ru、Os、Re、Rh 和 Ir)的有机化合物以其特殊的性能受到关注，对光和热以及强酸、强碱或有机溶剂等都非常稳定。一般选用金属钌络合物作为荧光指示剂即分子探针。金属钌络合物的荧光强度与氧分压存在一一对应的关系，其激发态寿命长，不耗氧，自身的化学成分很稳定，在水中基本不溶解。在钌络合物从基态至激发态的金属配体电荷转移(MLCT)过程中，激发态的性质与配体结构有密切关系，通常随着配体共轭体系的增大，荧光强度增强，荧光寿命增加，如在荧光指示剂中把苯基插入到钌的配位空轨道上，从而增强络合物的刚性，在这样的刚性结构介质中，钌的荧光寿命延长，而氧分子与钌络合物分子之间的碰撞猝灭概率提高，从而可增强氧传感膜对氧的灵敏度。目前的研究中，钌络合物的配体一般局限于 2,2′-联吡啶、1,10-邻菲洛啉及其衍生物。在实验中比较了在不同 pH 介质条件下制得的 $Ru(bpy)_3^{2+}$与 $Ru(ph_2phen)_3^{2+}$两种不同涂料的传感器性能，结果显示在 pH=7 时 $Ru(ph_2phen)_3^{2+}$显示了更高的灵敏度。为延长敏感膜在水溶液中的工作寿命，较长时间保持其灵敏性，合成由 Ru(Ⅱ)与 4,7-二苯基-1,10-邻菲洛啉的亲脂性衍生物生成的新的荧光试剂配合物 Ru(Ⅰ)[4,7-双(4′-丙苯基)-1,10-邻菲洛啉]$_2$(ClO_4)$_2$ 和 Ru(Ⅱ)[4,7-双(4′-庚苯基)-1,10-邻菲洛啉]$_3$(ClO_4)$_2$ 以及 Ru(Ⅱ)[5-丙烯酰胺基-1,10-邻菲洛啉]$_3$(ClO_4)$_2$。实验均发现随着配体碳链的增长，荧光试剂的憎水性增大，流失现象减少，可延长膜的使用寿命。有研究还发现极化后的[$Ru(dpp)_3Cl_2$]氧传感膜对氧具有更高的灵敏度。吸附在硅胶 60 上的钌(Ⅱ)络合物在蓝光的激发下发出既强烈又稳定的粉红色荧光，该荧光可以有效地被分子氧猝灭。

荧光猝灭法用于溶解氧检测的原理是 Stern-Vlomer 的猝灭方程：$F_0/F=1+K_{sv}[Q]$，其中 F_0 为无氧水的荧光强度，F 为待检测水样的荧光强度，K_{sv} 为方程常数，[Q]为溶解氧浓度，根据实际测得的荧光强度 F_0、F 及已知的 K_{sv}，可计算出溶解氧的浓度[Q]。

实验证明这种检测方法克服了碘量法和电流测定法的不足，具有很好的光化学稳定性、重现性，无延迟，精度高，寿命长，可对水中溶解氧进行实时在线监测。其测量范围一般为 0～20mg/dm^3，精度一般≤1%，响应时间≤60s。

5.1.2.4　其他测定法

电导测定法：用导电的金属铊或其他化合物与水中溶解氧(DO)反应生成能导电的铊离子，通过测定水样中电导率的增量，就能求得溶解氧(DO)的浓度。实验表明，每增加 0.035S/cm 的电导率相当于 1mg/dm^3 的溶解氧(DO)。此方法是测定溶解氧(DO)最灵敏的方法之一，可连续监测。

阳极溶出伏安法：同样利用金属铊与溶解氧(DO)定量反应生成亚铊离子：

$$4Tl+O_2+2H_2O=4Tl^++4OH^-$$

然后用溶出法测定 Tl^+的浓度，从而间接求得溶解氧(DO)的浓度。使用该方法取样量少，灵敏度高，而且受温度影响不大。

5.1.3　溶解氧的生物学功能与生化需氧量

5.1.3.1　溶解氧的生物学功能

海洋水体中溶解氧的生物学功能主要体现为水体的自净功能。水体自净是发生在受到污染(尤其是有机物污染)的水体中的一个生态学过程。这个过程中主要由微生物消耗和吸收海水中的污染有机物，使得海洋水体向净化的方向转变。导致这一转变的生物化学过程称为生物降解。生物降解是指在微生物作用下，有机化合物(污染物)转化为低级有机物和简单无机物的过程。

生物降解分为好氧生物降解过程和厌氧生物降解过程。好氧生物降解过程是指在溶解氧存在的条件下，由好氧微生物完成的生物化学降解反应过程；厌氧生物降解过程是指在氧气不足甚至是完全无氧的条件下，由厌氧微生物完成的生物化学降解反应过程。有的微生物既能在有氧条件下进行生物化学降解反应，也能在缺氧或无氧条件下进行生物化学降解反应，称为兼性微生物。

从反应的结果来看，好氧生物降解过程和厌氧生物降解过程的区别在于，前者在溶解氧充足的条件下生成稳定的无机物(二氧化碳和水)，产物清洁，对海洋水体环境有着很好的净化作用；后者由于环境缺少溶解氧，对污染有机物的氧化进行得不够彻底，难以生成上述清洁稳定的无机物，而是生成甲烷、乙酸等有机物和氨气等氧化不彻底的无机物，这些物质不仅不利于海洋水体的清洁净化，反而会对海洋水体进行二次污染，破坏海洋生物的生存环境。

未受污染的海洋水体，都含有一定量的溶解氧。但是，当水体受到有机物污染后，水体中的微生物就会大量繁殖起来。由于好氧微生物比厌氧微生物生长快，因此好氧微生物首先发展壮大起来。当好氧微生物发展到一定程度，达到一定数量之后，它们消耗海水中溶解氧的速率将有可能超过空气中氧气向海洋水体中溶解的速率(称为复氧速率)。一旦发生上述现象，水中的溶解氧含量就开始迅速下降，直到浓度趋向于零。这就使得厌氧微生物大量繁殖起来，水体中有机污染物的降解改为由厌氧微生物完成的生物化学降解反应过程进行控制。实际上，当水体受到较为严重的有机污染物侵袭时，海水中的溶解氧含量是随水深增加变化的，表层水体的溶解氧含量较高(来自大气输入)，越往深处溶解氧含量越低，直至缺氧(被大量消耗，又来不及获得垂直传输的补充)。因此，好氧微生物集中在水体的上部，阻止了海面从空气中补充进来的溶解氧向深层海水传递，从而维持下层水体的厌氧状态，使得厌氧微生物集中在水体的底部。

水体的水流状态和温度、气压等对海水的复氧速率都有着较大的影响，因而在一定程度上决定了水体的溶解氧浓度。当溶解氧在 5mg/dm^3 以下时，各种浮游生物不能生存；而大多数鱼类要求溶解氧在 4mg/dm^3 以上；当溶解氧在 2mg/dm^3 以下时，水体就会发臭。

5.1.3.2　生化需氧量

根据前述的内容可知，研究海洋水体中生物化学降解过程对溶解氧的消耗，对评价水体自净能力、衡量海洋水体环境具有重要的意义。因此，在这里引入一个海水环境评价常用的参数——生化需氧量(biochemical oxygen demand，BOD)。

(1)生化需氧量的含义

生化需氧量又称生化耗氧量，是表示水中有机物等需氧污染物含量的一个综合指标，可说明水中有机物经微生物的生化作用进行氧化分解发生无机化或气体化时所消耗水中溶解氧的总数量，其单位以 ppm 或 mg/dm^3 表示。其值越高，说明水中有机污染物越多，污染也就越严重。污水中各种有机物完会氧化分解总共约需 100d，为了缩短检测时间，一般生化需氧量用被检验的水样在 20℃下，5d 内的耗氧量代表，称其为五日生化需氧量，简称 BOD_5，对生活污水来说，它约等于污染物完全氧化分解的耗氧量的 70%。

(2)生化需氧量的测定方法

分别测定水样培养前的溶解氧含量和在(20±1)℃培养 5d 后的溶解氧含量，

二者之差即为五日生化过程所消耗的氧量(BOD_5)。

图 5-7 表示了需氧条件下水体生物氧化过程中有机质的变化过程。

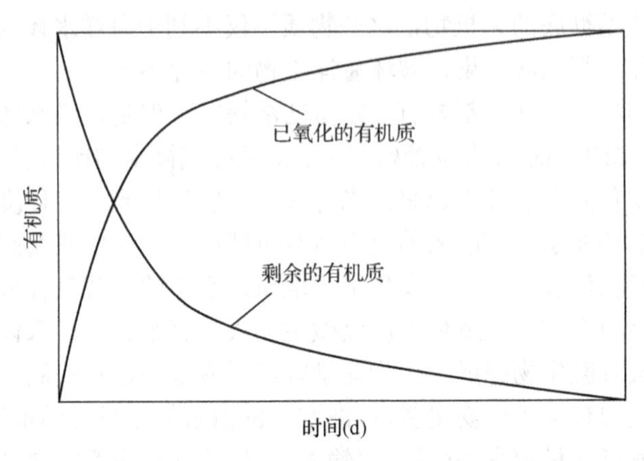

图 5-7　需氧条件下水体生物氧化过程中有机质的变化过程

对于溶解氧含量较高、有机物含量较少、有机物污染程度较轻的水样，可不经稀释而直接以虹吸法将约 20℃的混匀水样转移至两个溶解氧瓶内，转移过程中应注意不使其产生气泡。以同样的操作使两个溶解氧瓶充满水样，加塞水封。立即测定其中一瓶溶解氧，将另一瓶放入培养箱中，在(20±1)℃培养 5d 后，测定其溶解氧。大部分待测水样都需要稀释之后再按照上述方法测定。

值得一提的是，当水样含有亚硝酸盐时会干扰测定，可加入叠氮化钠使水中的亚硝酸盐分解而消除干扰。加入方法是预先将叠氮化钠加入碱性碘化钾溶液中。图 5-8 反映了硝化作用对生化需氧量测定的影响。

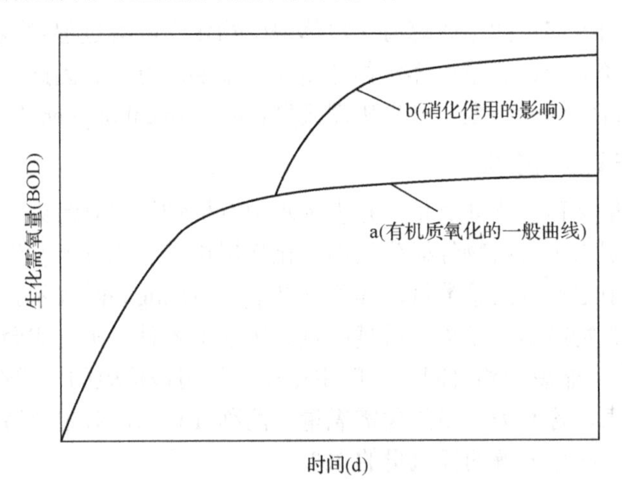

图 5-8　硝化作用对生化需氧量测定的影响示意图

5.1.4　海水低氧及其生态效应

5.1.4.1　水体低氧

一般将水体溶解氧含量低于 2mg/dm^3 时的状态称为水体低氧(hypoxia)，在该临界值以下，鱼类要逃离该水体，而底栖生物濒临死亡。水体低氧对海洋生态系统的生物种群有极大危害，水体的生态环境迅速恶化，因此低氧区又称“死亡区”(dead zone)。海水中正常的溶解氧含量维持着海洋生物种群的生长和繁殖，是反映海洋生态环境质量的主要指标之一。海水中溶解氧含量降低可导致海洋生物死亡率增加、生长速率减小及其分布和行为改变，所有这些都将引起整个食物网的重大改变。自 20 世纪 80 年代发生美国长岛湾底层海水夏季低氧的严重事件以来，已有许多低氧现象的报道，世界范围内出现了以低氧现象(hypoxia)或无氧现象(anoxia)为特征的不稳定河口生态系统，如墨西哥湾、切萨皮克湾、北海、东京湾、长江口等。据报道，全球“死亡区”的数量和面积都在扩大，1994 年全球海洋共有 149 个“死亡区”，但 2006 年已多达 200 个，据联合国环境规划署(UNEP)发表的《2003 年全球环境展望年鉴》，全球近岸海域低氧的“死亡区”已经增加到 70 000km^2，是 1994 年的一倍。“死亡区”对海洋渔业形成了潜在的威胁，成为制约河口和近海生态环境可持续发展的一个关键问题。低氧区在近岸、近海以及大洋区域愈来愈多地被发现，已经成为引发海洋重大生态灾害的重要诱因。图 5-9 是目前发现的海洋水体溶解氧小于 2mg/dm^3 的主要海域分布。

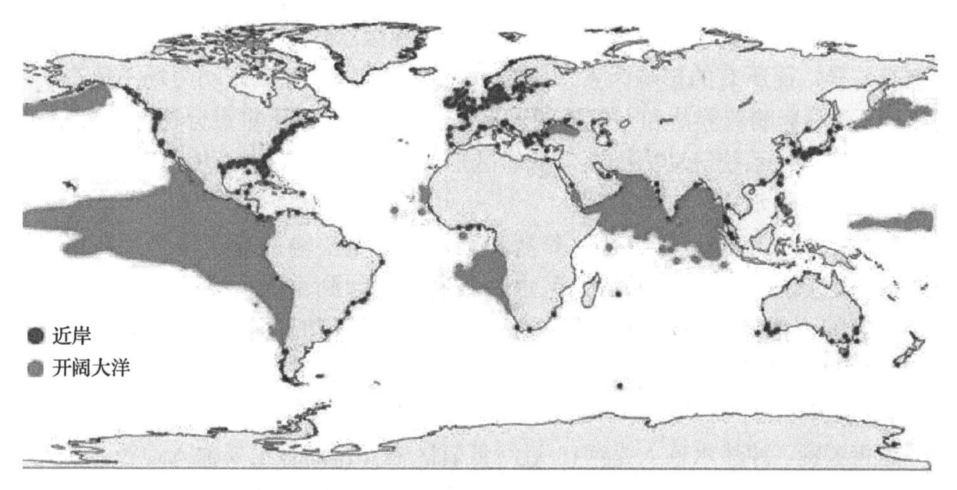

图 5-9　全球海洋水体溶解氧小于 2mg/dm^3 的主要海域分布(彩图请扫封底二维码)

近海生态系统水体低氧/缺氧在整个地质时间都存在，但自 20 世纪 60 年代以来，由于人口的快速增长和相伴随的土地利用变化、生活和工业废水排放、海岸线开发以及全球变暖，近海区域性低氧已经严重影响近海海洋生态系统安全。低氧/缺氧频发促进了硝酸盐的脱氮作用，释放出温室气体 N_2O、有毒气体 H_2S，破坏了生物多样性、海底生物群落的结构，造成鱼类产量下降等。全球海洋低氧/缺氧面积日益增大、持续时间增长、暴发频率持续增加，严重破坏了生态环境，已成为威胁海洋生态系统安全的重要因素之一。

5.1.4.2　水体低氧的成因

(1)原因

海水低氧形成的原因十分复杂，一般认为有两个主要原因，①自然因素，主要是物理动力过程，即水体的垂向层化，一般易于形成低氧区的海域的基本特征是具有弱的水动力条件(潮汐、海流、风)和大量淡水径流输入，由此发生水体的层化或在近底层形成稳定的水团，当底层得不到表层水中溶解氧的补充时便形成低氧区，另一个重要因素是海底的地理地貌特征，在一些地理地貌不利于海水交换的水域，也容易发生水体低氧，自然因素引起的水体低氧往往是长期存在的。②人为因素，在近海的河口或海湾，人为污染物的大量排入造成水域富营养化，从而暴发水华等，水华退去后，大量的浮游生物有机体沉入水体下方，快速分解，消耗大量氧气，导致水体的严重低氧，人为因素引起的水体低氧一般是短期的和可变的。

海水中的氧浓度受水体垂向分层限制表层溶解氧高含量水体与底部低氧水体交换、下层水体严重耗氧等的影响，且影响低氧严重程度和空间范围大小。不同海域甚至同一海域的不同部分以及不同时间内导致水体层化和底部耗氧的过程都可能有差异，而所有的影响因素都受到水体动力过程的控制，动力场不仅影响水团特性，而且影响营养盐和有机质的输运与沉积过程。以下重点分析径流冲淡水、潮汐、风和环流系统等动力因素对低氧区形成产生的影响。

1)径流冲淡水

冲淡水输入不但是低氧区营养盐和有机质的重要输入途径，而且在河口区及毗邻海域形成盐跃层，对河口区水体垂向分层起到重要贡献；同时冲淡水和外海水之间形成重力环流，影响河口底部水体的滞留时间，进而影响低氧发生区营养盐和有机质的生物地球化学过程，因此冲淡水在河口/近岸的低氧区形成中起到重要作用。

毋庸置疑，冲淡水输入是河口/近海低氧区营养盐的最主要输入途径，土地利用变化及流域农业施肥产生的富营养盐经径流输运至河口区。通过建立低氧与土地利用和地形等要素的多元回归统计模型研究分析了波罗的海北部 19 个河口底部水体低氧的变化，发现土地利用和地形变化所影响下冲淡水携带的营养盐总量与低氧相关最好。长江巨量的冲淡水和泥沙直接影响沿岸海域的环流、营养盐动力学、浮游植物群落等，在夏季更是可以影响河口外 300～400km 区域的营养特征。有关长江口外海夏季底层低氧的研究也都认为低氧形成由冲淡水携带的大量营养盐导致初级生产力极大提高所致。美国路易斯安那-得克萨斯之间墨西哥湾北部低氧的日趋严重与密西西比河与阿查法拉亚河近 50 年来的营养盐通量成数倍增长是密不可分的。此外，美国切萨皮克湾、纽斯河、帕姆利科河口及欧洲黑海、亚得里亚海、德国湾、北海等这些由径流冲淡水控制的河口/近海夏季的低氧程度与冲淡水通量大小相关。冲淡水起到非常重要的营养盐和/或有机质载体作用。

低氧得以形成、维持、发展和扩展，水体分层是其动力条件之一，营养盐和有机质含量高是低氧发生的潜在基础，而分层是控制低氧面积大小的主要因素。除夏季太阳辐射增强导致表层水温升高、密度下降形成温跃层外，冲淡水与外海水体之间盐度差导致盐跃层形成也是水体分层的重要过程之一。其中长江和密西西比河的径流量分别占世界大河径流量的第五和第七位，对应的东海和墨西哥湾北部低氧面积非常广阔，均超过 20 000km^2。观测表明 2003 年 6 月、7 月长江冲淡水径流量分别达 37 100m^3/s、56 600m^3/s，长江口外海羽状水体充分发展，与台湾暖流涌升共同作用形成强盐跃层，对低氧区形成具有重要贡献，并借此推算出低氧面积超过 20 000km^2。1993 年是密西西比河的丰水年，观测到的低氧面积是通常低氧年面积的 2 倍。特别干旱的 1988 年、2000 年低氧面积小于 5000km^2，1993～1997 年超过 15 000km^2，1999 年和 2001 年更是超过 20 000km^2。帕姆利科湾的冲淡水导致的盐度垂向分层与溶解氧含量之间具有很强的相关关系，此外还有切萨皮克湾、纽斯河、天鹅河、哈维河、帕图森河等。对世界上主要低氧河口和近海来说，能量低(弱潮、流速小、风速小)、径流量大的河口/近海易于形成持续的层化，从而限制底层与表层富氧水交换，发生低氧。

一般认识的河口环流为二层流体，冲淡水密度轻因而在上层流向外海，高盐外海水由底层入侵河口，因此存在河口重力环流系统。河口区重力环流的强弱控制水体滞留时间，进而影响营养盐和有机质的生物地球化学过程。研究发现当径流量低的时候，福斯河口水体滞留时间长，使得河口底部的硝化耗氧和有机物耗氧增加，因此出现低氧现象。东海陆架水体滞留时间短，水体交换快，因此得出长江口外海的低氧不是持续发生的。珠江夏季径流量非常大，但水体滞留时间短，虽然珠江口营养盐含量非常高，但珠江口内一般不存在低氧现象，类似还有詹姆斯河口等。研究认为当河口重力环流(和径流)增强时，溶解氧含量垂向梯度对底部水体生物化学耗氧和垂向扩散(水体分层)不再敏感，表、底层溶解氧含量差减小。例如，北卡来罗纳的两个弱潮河口开普菲尔河口和帕姆利科河口，前者因为具有较强的重力环流和较大的冲淡水通量，所以虽然具有很强的盐跃层，但是溶解氧含量垂向差别不大，甚至是表层氧含量低于底层；而后者河口重力环流和径流相对较弱，且海底沉积物耗氧较快，因此溶解氧含量垂向结构与盐跃层之间具有很强的相关关系，因为类似原因而遭受低氧问题的河口还有纽斯河、天鹅河、帕图森河、哈维河等。萨蒂拉河口系统是强潮强非线性河口，受地形对潮流的调整、岸线曲折、沿河口方向的斜压梯度、涨落潮不对称等的影响，河口余流存在许多涡旋状结构，成为营养盐和有机质的滞留区，因此出现斑块状低氧水体。墨西哥湾北部底部水体环流流速小，水体滞留时间长，因此也就成为低氧持续发生的代表性海域之一。彭萨科拉湾夏季河口环流指向内陆架，夏季垂向扩散和水平对流交换都减弱，不利于底部水体与外界交换，底层水柱耗氧与沉积物耗氧都很少，说明该海域低氧主要由河口环流弱、水体滞留时间长所致。

2) 潮汐

潮汐混合可以影响水体分层的稳定性，因此部分海域低氧呈现潮周期和大小潮周期变化。哈维河口潮差很小，白天由海洋吹向陆地的风形成海水流速的垂向剪切，很难形成湍流，因此沉积物耗氧形成水体低氧。而塔玛莉湾属于强潮系统，发生很强烈的湍混合，即使强冲淡水和降水存在也很难发生低氧。纳拉甘西特湾间或发生浮游植物暴发，次表层水随之发生低氧，这个特征在河口上端尤其明显，低氧一般发生在 7～9 月的小潮期间，对潮差大小也就是潮汐混合反应敏感。切萨皮克湾底部水体夏季经历长时间低氧，但大潮期间密度跃层和低氧区呈现时间尺度为几个小时的规律振荡。萨蒂拉河口属于强潮强非线性河口，河口环流的涡旋结构导致形成斑块状低氧水体，周期性的潮强迫使该机制很快被打破，因此斑块状低氧区不会持续发生。此外，潮流控制下峡湾与外海进行水体交换可以影响水体溶解氧含量；潮汐强弱对应河口区悬浮物含量和水体滞留时间。阿威罗潟湖的溶解氧含量主要受到潮流作用下其与外海水体交换的影响，因此低氧仅仅发生在潟湖顶端的小潮期间。

3) 风

风引起水体混合，破坏层化，削弱低氧严重程度。风向影响水体搬运，进而影响低氧水体的位置，风引起上升流和下降流，从而影响低氧水体的深度。美国帕姆利科河口夏季在弱风速条件下，水体层化稳定、持续时间长，因此更容易发生低氧。尽管美国长岛湾中部和东部低氧是由生物耗氧控制，但其西部水体低氧则是由弱风速作用下的层化导致。切萨皮克湾底部水体低氧变化中非潮周期振荡部分，如短时间尺度或更长周期变化可能与风强迫有关。墨西哥湾北部海域夏季盐度分层和低氧仅仅在强风条件或者秋季热带风暴开始之后才遭到破坏。纳拉甘西特湾夏季小潮期间次表层低氧可能由强烈层化和风场较弱导致；同时不同于其他季节的北-东北风，风向改变可以影响河口环流和滞留时间，影响海湾低氧发展。基于多元回归统计模型研究分析了波罗的海北部 19 个河口底部水体低氧的变化，该海域低氧对风区大小反应敏感；风向变化改变了芬兰波乔湾的分层和底部溶解氧含量。珠江口夏季西南向季风可以促使冲淡水快速通过河口区甚至到达陆架，降低水体滞留时间，使得珠江口内夏季低氧几乎不存在。阿查法拉亚河和密西西比河冲淡水羽状体夏季一旦发生低氧，那么向岸-离岸低氧分布的变化受到风引起的跨越陆架的水平对流影响：离岸风使得底层低氧区向内陆架移动；反之向岸风使得低氧区远离内陆架，同样情况还有莫比尔湾与切萨皮克湾。

台风带来水体充分混合，可以减轻甚至是消除河口和近海水体底部低氧；同时台风带来瞬时强烈淡水堆积，径流量剧增将低氧水体带出河口；台风还带来强降水，使得台风过后的河口与近海水体层化加强，也使得陆源营养盐和有机质增加，从而加重低氧。台风可以导致切萨皮克湾水体充分混合，减轻水体分层，使得表层富氧水体进入底部水体。2003 年是切萨皮克湾台风多发年，与通常年份低氧可以持续到 8 月底不同，2003 年低氧从 6 月开始仅持续到 7 月初，随后连续出现的台风(7 月底 8 月初)导致水体混合，部分减轻了低氧现象。2003 年伊莎贝尔飓风对切萨皮克湾的物理生物过程产生了很大影响：短时间尺度来看，台风引起混合导致低氧减轻，但同时底部营养盐进入上层水体，使得台风过后浮游植物暴发，很快低氧重新出现；长时间尺度来看，大量降水使得更多陆源营养盐和有机质输入海湾，第二年低氧暴发时间提前。1972 年热带风暴艾格尼丝也带来类似的反复过程。影响帕姆利科河口的主要气象要素是飓风和热带风暴，不同路径和强度对底层溶解氧含量产生不同影响：台风可以引起帕姆利科河口水体混合，因此底层溶解氧含量增加；台风登陆后带来巨量降水，这样大量淡水在河口形成的盐跃层得到加强，导致底层溶解氧含量下降；淡水通量的剧增可以促使周围高盐水体冲出河口，使得局地层化减轻，底部溶解氧含量增加；台风带来的巨量降水将流域更多的陆源营养盐输入河口，维持浮游植物暴发，维持纽斯河口持续的低氧状态。珠江口台风带来的强降水有利于低氧发生，而风引起的水体垂向混合破坏低氧。两年的调查资料显示，路易斯安那内陆架夏季盐跃层年变化和年际变化是由密西西比河与阿查法拉亚河径流量大小决定的，而这个层化结构在每年秋季伴随热带风暴而遭到破坏，低氧程度减轻，因为密西西比河冲淡水通量直接影响营养盐通量大小和水体层化程度。气候变化和台风过境的频率与强度也会影响墨西哥湾低氧现象。

4) 环流系统

前述低氧发生受人类活动强烈影响，有一类低氧发生在陆架浅海上升流系统，低氧发生所必需的营养盐由大尺度环流系统和上升流供应，称为自然状态下的低氧，反映了大洋环流对陆架边缘海低氧的作用。2004 年第一次估计了全球自然发生低氧的陆架边缘面积，结果显示全球有超过百万平方千米的陆架海与半深海持续低氧($<0.71mg/dm^3$)；小于 $0.29mg/dm^3$ 的严重低氧区大约有 $764\,000km^2$。大尺度环流系统影响下的低氧系统，主要发生在印度、秘鲁-智利、安格拉-纳米比亚、俄勒冈-加利福尼亚、新泽西等沿岸的近海和陆架边缘海。这类低氧系统的特点是

面积大、季节性特征明显、响应大气和海洋大尺度变化信号明显而出现年际振荡、年代际振荡和长期变化趋势。

新泽西沿岸海域西南风和海底地形联合引起的沿岸上升流可以持续数周时间，将大量的底层水体带到沿岸。上升流使得水体中颗粒有机碳极大增加，可以消耗水体中 75%的溶解氧。这表明是风场和地形共同作用引起的上升流而不是径流输入导致了新泽西沿岸海域低氧发生。与新泽西沿岸上升流由风场驱动不同，印度西海岸 6～11 月上升流由流向极地方向的潜流所驱动，低温高盐的涌升水体被一层 5～10m 厚的高温低盐水体(径流、降水形成)所覆盖，形成强烈的跃层。在内陆架-陆架坡折处，因为密度跃层内初级生产力非常高，水体内溶解氧很快被消耗殆尽，因此陆架上溶解氧含量迅速减小。

与印度西海岸和新泽西沿海低氧由上升流带来的富营养盐导致表层水体初级生产力增加，从而使底部水体耗氧加剧引起不同，俄勒冈-加利福尼亚近海低氧是大洋边界低氧水体输入和上升流生态系统耗氧共同作用的结果。调查资料显示，2002 年涌升到内陆架的水体氧含量远低于通常水平，涌升水体氧含量已经远低于低氧界定的阈值；同时夏季上升流期间，南向加利福尼亚沿岸流穿过赫塞塔和斯通沃尔陆架坡折处，叶绿素 a 含量比周围水体高，而且得到了盐跃层富营养盐水体的加强，因此生物呼吸进一步加剧低氧。研究证实了内陆架生态系统对开放大洋的敏感性：近海低氧发生是对大洋低氧信号的一个响应，然后由于局地地球生物化学过程加强和延续，两者相互作用导致了低氧的发生发展变化。

秘鲁-智利、安格拉-纳米比亚低氧系统分别属于南太平洋和南大西洋的东部，各自受到大洋南北两端赤道附近高温高盐低氧和海盆南端低温低盐高氧水体的影响，因此呈现出比俄勒冈-加利福尼亚低氧系统更为复杂的特征。秘鲁-智利陆架海，在南半球春夏季，混合层下面底层水体呈现明显的赤道次表层水特征(高 NO_3^- 低氧)，潜入智利西部非常广阔的陆架，是上升流系统中主要的营养源。在南半球的春夏季，强烈的南-西南季风使得赤道次表层水涌升，透光层富营养化，初级生产力极高，随后发生严重的低氧。本格拉附近海域水团特性由南北两端不同水体控制：位于开普海盆的南大西洋中层水体(CB-SACW，低温低盐，富氧＞4mg/dm^3)和东赤道南大西洋中层水体(ETSA-SACW，高温高盐，贫氧＜1mg/dm^3)。贫氧的 ETSA-SACW 上升流在北部弗里乌角(17ºS)涌升，并且在夏末秋初(1～6 月)向极地方向流动，ETSA-SACW 增强则低氧加剧。系统中季节性的低氧-缺氧变化除受两个边界条件的物理过程影响之外，还受到陆架生物地球化学过程季节性变化影响。

5)海气大尺度变化

海气大尺度振荡以及变化包括 ENSO、PDO(pacific decadal oscillation)等周期振荡、全球变暖和海平面上升等，这些因素影响季风、大洋环流结构、径流等，进而改变低氧河口/近海和陆架海的营养盐和/或有机质源、水体氧饱和度、水体层化稳定性等，因此对河口/近海小尺度的由人类活动导致的低氧带来一定影响，从而影响陆架边缘海低氧系统的季节、年际和年代际变化。低氧暴发的频率和强度受到海洋气候年际变化的影响。海洋大尺度气候态振荡如 ENSO 和 PDO，直接或者间接导致海洋生态发生年际和年代际改变。全球变暖可能导致世界海洋里溶解氧含量下降，溶解氧低值区面积扩大。

全球变暖环境下，印度洋夏季风会增强，夏季风导致上升流伴随低氧侵入近岸。其他海域如新泽西近海也存在季风增强导致低氧加剧的现象。秘鲁-智利沿岸的秘鲁寒流系统中近岸上升流系统呈现强烈的年际变化，由与 ENSO 相关的海洋状态发生改变所导致。在“正常(非 ENSO 年)”冷状态，低温、富营养盐的赤道次表层水在近岸涌升，使得底部低氧水体上界面变浅；在“暖 ENSO 年”，低营养盐、高温、富氧的大洋表层水体入侵到沿岸，强厄尔尼诺可以将秘鲁-北智利的低氧面积缩减 61%。长期历史调查资料分析证实大洋环流控制安格拉-纳米比亚附近海域低氧的年际、年代际尺度变化，因为该海域低氧水体面积强烈地依赖于赤道高温低氧水体的水平对流通量，ENSO 期间，纳米比亚附近海域低氧面积增加，有时伴随着 H_2S 的释放。2002 年 7 月观测表明，富营养盐的亚北极区水体异常侵入加利福尼亚环流系统，进一步反映了 2002 年东北太平洋风应力的异常，强迫更多的北太平洋水体向南输运，东北太平洋大尺度异常导致了俄勒冈内陆架低氧的严重暴发。俄勒冈附近海域持续的低氧可能意味着太平洋海域的环流结构正在发生改变。因此低氧反映了气候变化、海洋环流系统变化和海洋生态系统变化之间的广泛与关键联系。

6)其他因素

除径流冲淡水与外海高盐水之间形成的盐跃层是低氧发生的必要条件之外，水温高低对低氧的形成与程度有重要影响。长江口外海夏季低氧区层化主要由表、底层温度差引起，尽管 6 月具有很高的有机质输入量，但水温相对 8 月较低，因此长江口外海 8 月层化更为稳定，有机质分解率更高，低氧更为严重。一些海域层化主要由表、底层温度差引起，如的里雅斯特湾、纽约湾、长岛湾。长岛湾 1963～1999 年底部水体低氧与温度层化关系更为密切，而不是由氮的点源或者非点源输入引起。间歇性层化河口(北卡罗来纳纽斯河口)低氧范围和持续时间是耗氧率和层化之间平衡作用的结果。帕姆利科河口低氧发生同时需要层化和暖水体存在这两个因素，层化限制溶解氧垂向交换，而暖水体不但可以降低氧饱和度，还可提高生物耗氧和沉积物耗氧的速度。福斯、塔玛河口相对较高的水温，为微生物的硝化作用提供了理想的条件，因此消耗了大量氧，导致低氧发生。切萨皮克湾、墨西哥湾季节性低氧源自春季淡水和营养盐输入，以及适合的水温和光照条件导致初级生产力大幅度增长，产生的有机质分解耗氧，低氧可以持续到中秋或者晚秋，这时表层水温降低和风暴减弱层化。有研究认为墨西哥湾北部从特里波恩湾向西低氧主要由底栖生物耗氧导致，而底栖生物呼吸依赖于水温和溶解氧含量。

近海地形影响水体交换时间、对风潮混合敏感并产生上升流，在低氧形成过程中也起到非常重要的作用。长江口外海深水槽、切萨皮克湾深水峡道、波罗的海“V”形深水区、黑海深水区低氧都具有因特殊地形导致低氧水体难以与富氧水体交换的特点。几乎被陆地包围而仅通过一个狭窄通道与外海进行水交换的峡湾水体滞留时间长，因而更容易发生低氧。新泽西内陆架因为古河口三角洲地形而引起上升流，其所带来的营养盐导致低氧发生，而不是径流冲淡水输入。陆架地形是影响低氧的一个重要因素，密西西比河口和长江口具有较浅(30～50m)的宽阔陆架，容易发生低氧，因为更容易受限于水体变暖和层化，它们都经历很强的浮游-底栖生物耦合、有机质沉降过程，这些都使得沉积物耗氧量增加。与之相反，河口很浅(4～20m)的珠江口更容易受到风引起的垂向混合影响，不容易发生低氧。罗纳河径流冲淡水直接进入深海，不会在浅的近岸堆积，因此一般不会发生低氧。

(2)原因分析

对长江口区域的低氧机制研究认为，强温、盐跃层的存在和有机物分解耗氧是长江口外海低氧区形成的必要条件，但不是充分条件。强温、盐跃层的存在只能说明该处水体具有垂向稳定性，但不能保证该处水体水平方向的稳定性。例如，在海底地形较平坦海域，虽然强温、盐跃层的存在阻挡了表层水中溶解氧向底层的扩散，但由于底层水可与周围高氧水体进行横向交换，即便底层水氧含量会降低，但很难达到低氧程度。实际上，在长江口外海几乎处处都满足上述 2 个条件，但低氧区仅出现在少数几处海域。因此，一定存在另外的因素影响长江口外海低氧区的形成，长江口外存在一个十分陡峭且较狭窄的凹槽，低氧区中心位置恰好分布在凹槽中。夏季，台湾暖流底层水顺凹槽走向由南向西北方向延伸，当到达长江口外海后，因受海底地形的阻挡而流速减小，低温、高盐的台湾暖流底层水沿凹槽的坡爬升，形成小范围上升流；叠置其上的是巨量的高温、低盐的长江冲淡水，在 2 个水团之间形成了强温、盐跃层。台湾暖流底层水本身具有低溶解氧特征，当其进入凹槽后，海底地形阻挡了其与相邻水体的横向交换，而强温、盐跃层的存在则阻挡了表层高含量氧向底层扩散。因此，底层水由于有机物分解耗氧却又得不到氧的补充，其氧含量逐渐减小，最终形成长江口外海低氧区。

海底地形在长江口外海低氧区的形成过程中具有关键性的作用。正是由于特殊的海底地形阻挡了凹槽内低氧水体与凹槽外高氧水体的交换，近底层水团才具有相当高的稳定性，长江口凹槽内低氧区得以形成和保持。从长江口外海低氧区面积的变化来分析，可知人类活动导致的长江口富营养化加剧了长江口外海的低氧状况。表 5-2 是长江口外海低氧的历史记录，可见，近 50 年来，长江口外海低氧的面积有增大的趋势。

表 5-2　长江口外海低氧区中心位置、面积和最低氧含量的变化

调查时间	低氧区中心位置		最低氧含量 (mg/dm^3)	低氧区面积 (km^2)
	经度 (E)	纬度 (N)		
1959-8	122°45′	31°15′	0.34	1 800
1988-8	123°00′	30°50′	1.96	<300
1998-8	124°00′	32°10′	1.44	600
1999-8	122°59′	30°51′	1.0	13 700
2003-9	122°56′	30°49′	0.8	20 000
	122°45′	31°55′	<1.5	

虽然珠江口也面临营养盐和有机质大量排放的问题，在某些区域也存在一定程度的低氧现象，但总体来说，珠江口水体较浅，夏季径流量巨大，动力特征和环流结构导致水体滞留时间短，初级生产力受到磷限制，西南季风和台风的存在等使得珠江口低氧现象并不突出，只是某些局部区域的偶发事件。而近几十年来，长江口外海夏季底层低氧呈现明显的加重趋势：低氧面积从 1959 年的 1800km^2 增加到现在将近 20 000km^2，底层溶解氧平均值从 5.9mg/dm^3 下降到 2.7mg/dm^3。分析调查资料发现，过多的营养盐导致富营养化，使得解除了光限制的长江口羽状锋水域初级生产力极大提高，进而产生大量的有机碎屑和排泄物，其在水体与海底中不断氧化分解消耗了大量溶解氧；同时夏季长江径流冲淡水及台湾暖流上涌共同作用在低氧区形成强温、盐跃层，从而限制了表层溶解氧与底层的交换。因此长江口外海夏季底层是一个严重的耗氧环境，而温、盐跃层限制了海表富氧水与底层交换，这两个因素共同导致了低氧发生。可见长江口外海夏季底层低氧的成因与大部分低氧河口相类似，长江冲淡水、环流、风场等动力过程都对长江口外海夏季底层低氧的形成起到了作用。

长江口外海夏季长江冲淡水分成两支，其中一支转向东北，然后在 122.5ºE 附近顺时针转向东输运，在陆架中部形成 10～15m 厚的表层低盐水体，最远可以延伸 400km，到达济州岛之前转向对马海峡；另外一支沿岸向西南输运。泥沙主要沉降在 122.5ºE 以西。因此东北向冲淡水含沙量低，营养盐含量高；西南向冲淡水含沙量高。台湾暖流包括台湾海峡水体和黑潮入侵分支，来自黑潮的在台湾南北弯曲形成的上升流和涡旋，在 50m 等深线处入侵，在长江口外海形成温、盐跃层，夏季西南季风起到加强作用。台湾暖流沿 50m 等深线入侵长江口东部和南部是一个恒定的环流现象。黑潮沿陆坡 200m 等深线向东北方向流动，与东海之间通过锋面和上升流进行水体交换。夏季西南季风引起的闽浙沿岸流和黄海冷水团气旋式环流西侧形成的苏北沿岸流对长江口邻近海域低氧形成具有重要作用。此外，台湾暖流和沿岸流、西南季风和地形共同作用引起上升流是长江口外海与江浙沿岸夏季普遍存在的现象，同时对营养盐动力过程和初级生产力起到重要作用。

从低氧发生所需营养盐(氮、磷、硅)来源来看，长江口外海低氧主要受长江冲淡水、黑潮次表层水、台湾暖流、闽浙沿岸流和苏北沿岸流控制。长江口外海氮主要来源于长江冲淡水、台湾暖流和黑潮次表层水，1999～2003 年的调查资料显示三者在夏季对整个东海的硝氮输入率分别为 2.76kmol/s、7.10kmol/s 和 5.43kmol/s；氨氮输入率分别为 0.182kmol/s、1.35kmol/s 和 0.47kmol/s，海底沉积物再悬浮输入 1.01kmol/s；营养盐输出的主要形式为陆架水体混合通过对马海峡进入日本海，分别为 11.8kmol/s 和 2.38kmol/s；硝化过程和脱氮作用使得氮收支计算更为复杂。大量研究表明，长江冲淡水的氮磷比远大于 Redfield 比值，长江口近海初级生产力主要受到磷限制。1992 年观测资料表明渤黄东海 1/3 甚至 1/2 的海域，盐度小于 30.5 的表层水体氮磷比非常高。对长江口及其邻近海域而言，台湾暖流和黑潮次表层水的磷输入量远大于长江冲淡水，同时沉积物再悬浮、水体再生都是磷的重要来源。调查资料显示，西南季风使台湾暖流与黑潮次表层水涌升，上升流海域附近磷含量明显高于其他海域，使得解除了磷限制的初级生产力极大提高，秋季上升流减弱后磷含量随之下降。台湾暖流、黑潮次表层水磷的输入主要是溶解态，而长江冲淡水输送的主要是颗粒磷，输入、输出东海的磷相差 25%，说明东海是磷汇，磷随悬浮物一起沉降到海底。硅主要来源于长江冲淡水、台湾暖流、黑潮次表层水、海底沉积物再悬浮，总的输入、输出之间相差 25%～30%，表明东海陆架是硅的一个重要汇。

温、盐跃层限制表层溶解氧与底层交换，是长江口外海夏季底层低氧形成的重要物理机制。长江口外海夏季跃层同时受到长江径流冲淡水、台湾暖流、苏北沿岸流、西南季风等影响。2006 年夏秋之交的 9 月对长江口观测表明，水体层化是底层水体低氧的重要因素，研究区域溶解氧存在强跃层型、跃层型、弱跃层型及无跃层型 4 种典型的剖面类型，反映了水体层化强度由强至弱的一个变化过程。研究发现，高盐低温的台湾暖流为跃层形成提供了必要条件，并且本身就是低氧水体，因此成为维持夏季底层低氧的主要因素之一。温跃层与盐跃层在长江口外海并不重合，从长江口向外依次是口门外悬沙锋、盐度锋(羽状锋)与温度锋(海洋锋)。对比调查得到的低氧与温、盐跃层空间分布不难发现：低氧中心基本上在盐度锋附近，而低氧区向东可以扩展到温度锋附近。观测发现 8 月表层混合水体与底部水体密度差 3.59kg/m^3，主要由表、底层温度差引起，此外盐度差主要在羽状体内起主要作用。

此外，水温与地形也是影响长江口外海夏季底层低氧形成的重要因素之一。水温不但影响水体层化稳定性和氧溶解度，还影响细菌分解率和生长率，较高水温可以促进细菌分解率和生长率增加。2003 年观测表明，长江口低氧区透光层中叶绿素 a 含量 6 月的平均值和总量远大于 8 月，中肋骨条藻引起的藻华在同样位置的对应时期也观测到过，即 6 月有机质输入量远大于 8 月，但水温相对较低(6 月平均 16.6℃＜8 月 23.6℃)，因此 8 月低氧更加严重，部分因为 8 月跃层强于 6 月，还有部分因为底部水温较高加速细菌分解。2005 年春夏季长江口生态环境观测也证明了夏季底层水体低氧与水温的相关关系。历年低氧调查发现，低氧中心与长江口外海深槽位置基本一致，深槽不但限制了低氧水体与富氧水体交换，而且为细颗粒沉积物的再悬浮提供了条件，细颗粒黏性物质大量富集促进初级生产，进而增加生物碎屑氧化而耗氧。

风场导致的长江口水体层化结构稳定性对表、底层溶解氧交换具有重要作用。长江口外海夏季受西南季风控制，同时时而受到台风影响。总结最近几年的调查报告与相关研究工作不难看出：1999 年 8 月 20～30 日低氧观测之前有尼尔和奥嘉台风，2003 年 6 月、8 月、9 月低氧调查前苏迪罗、艾涛、环高、鸣蝉台风均能影响长江口外海海域，2006 年 6 月、8 月和 10 月三次观测前数个台风如杰拉华、艾云尼、碧利斯、格美、派比安、桑美和珊珊影响长江口外海低氧区，而在随后的调查中观测到严重的低氧现象。一方面台风破坏水体层化减弱或者消除低氧，另一方面台风带来的巨量降水对台风后径流冲淡水输入营养盐和水体层化都有促进作用，因此台风对长江口外海低氧现象的影响非常复杂。

人类活动如流域土地利用、修建水库大坝以及调水调沙等对河口动力和生态环境造成一定影响，进而改变河口低氧水体的特性。对长江口而言，主要受到流域土地利用、灌溉施肥、三峡大坝和南水北调工程的影响。过去几十年里，长江流域尤其是下游土地利用变化和过度使用化肥导致长江向东海输入的营养物质(氮)增长了 10 倍，并且在未来有不停增长的趋势。诸多研究探讨了三峡大坝、南水北调工程可能给长江口外海生态系统带来的影响。南水北调工程将 5%的长江径流量调整到北方，那么长江口水体整体滞留时间增长，最终会导致长江口及近海盐度增加、氮磷含量升高、悬浮物浓度降低、初级生产力提高。1950～2004 年，三峡大坝投入运行前长江输沙量下降了 15%，三峡大坝修建后长江年平均输沙量从历史平均的 4.86×10^8t/a 下降到 2.90×10^8t/a，相比历史平均值下降了 40%；且夏季径流量减小，冬季增加，从 20 世纪 50 年代至今夏季长江口水体滞留时间略有增加，冬季滞留时间略有减小。三峡大坝建成后入海泥沙量大大降低，这样使得长江口近海有浮游植物生长的真光层深度变深；洪季冲淡水减少，而 1～4 月枯季冲淡水增加；这样长江口以及陆架近海夏季浮游植物暴发更加频繁和严重，甚至上溯到长江口口门内。但也有研究认为三峡大坝建成后，夏季径流量降低，长江口附近海域盐度增加，浮力效应减弱，上升流减弱，因此初级生产力下降。

5.1.4.3 生态效应

水体低氧可引起严重的生态环境效应，当水体的氧含量降低但不威胁生物生存时，游泳生物逐渐逃离这一区域，引起生物的迁徙，而不能迁徙或迁徙较慢的底栖生物等生长缓慢，发育异常，产生偏离正常的生态系统。研究表明，草鱼要求水中溶氧量在 5mg/dm^3 以上或饱和度大于 70%，最低为 2mg/dm^3，0.4mg/dm^3 为致死点，2mg/dm^3 时草鱼开始浮头。草鱼在溶氧量为 2.72mg/dm^3 的情况下比在 5.56mg/dm^3 的情况下，其生长速度低 9.88 倍，饲料系数提高 4 倍。当水体的氧含量低至生物不能生存时，不能迁徙或迁徙较慢的底栖生物将大量死亡，游泳生物逃离或灭绝，形成“无生命区”。

池塘鱼类养殖发现，轻度低氧时，鱼虾出现烦躁，水面明显看出鱼虾游动的波浪，个别鱼虾头部浮出水面，呼吸加快；重度低氧时，大量鱼虾会浮头，甚至死亡。例如，鲢鱼在溶氧量为 0.6mg/dm^3 时开始大批死亡。鱼类长期处于溶氧量为 1～3mg/dm^3 时基本停止摄食，生长速度减慢，抗病能力下降，发生鱼病和死亡。水体低氧使有毒物质的含量急剧增加，在池塘鱼类养殖中发现，当水中溶解氧从 2.2mg/dm^3 下降到 1.54mg/dm^3 时，NH_4-N 的含量由 0.2mg/dm^3 升高到 0.4mg/dm^3，亚硝酸盐由 0.01mg/dm^3 升高到 0.4mg/dm^3。

河口低氧对底栖生物、无脊椎动物、鱼类等有严重影响，从分子效应、生理生化、个体行为以及种群、群落和生态系统响应等方面改变河口生态系统结构与功能。

(1)分子效应响应

对所有好氧生物而言，氧气是必需的。这些好氧生物细胞中存在着一种能监测环境中氧气浓度，并特异性诱导氧调节基因表达的蛋白质，我们称之为氧分子感受器(molecular oxygen sensor)。例如，慢生型大豆根瘤菌中存在着一个由组蛋白激酶 FixL 和 Fe^{2+}构成的氧分子感受器。在有氧条件下，FixL-Fe^{2+}复合体与分子氧自动结合；一旦细胞缺氧，复合体上氧分子脱落，FixL 上的组氨酸自动磷酸化，进而激活转录因子，实现缺氧调控和碳固定。虽然对细菌和酵母细胞在氧分子感受器的类型、结构、功能及作用机制等方面，人们都有了一定的研究，但对高等生物氧分子感受器的了解还较少。某些哺乳动物细胞类型，如颈动脉细胞、肺动脉细胞、神经上皮小体已经特化为氧敏感细胞；进一步研究证明，丰年虫、昆虫和哺乳动物等生物体细胞中存在着氧分子感受器，类型包括血红蛋白、NAD(P)H 氧化酶、线粒体细胞色素 a3 或细胞色素 c 氧化酶等，但目前对高等动物氧分子感受器的作用机制仍不甚了解。

低氧诱导因子(hypoxia-inducible factor-1，HIF-1)是氧分子感受器的一类重要的目标靶分子。HIF-1 作为一种转录因子，可通过与 DNA 的结合调控许多低氧诱导基因的表达，其在哺乳动物细胞内普遍存在，因此人们已围绕此类蛋白质开展了大量的研究工作。目前已知 HIF-1 由两个亚基(α 和 β)构成。HIF-1α 亚基在正常氧浓度条件下不稳定，其氧依赖降解域(oxygen-dependent degradation domain，ODD)能通过泛素化被胞内蛋白酶降解，因此 HIF-1α 亚基只在低氧时积累(图 5-10)。HIF-1β 亚基的稳定性与氧气浓度无关，低氧条件下，其可与 HIF-1α 亚基构成二聚体，调控缺氧基因的表达；有氧条件下，其能与芳香碳氢化合物受体(aryl hydrocarbon receptor，AhR)结合，参与胞内其他代谢途径的调控。一旦细胞面临低氧环境，氧分子感受器首先将信号传递给 HIF-1，HIF-1α 亚基通过碱基-螺旋-环-螺旋结构域(basic-helix-loop-helix，bHLH)与 DNA 双螺旋上的特异位点(HIF-1 DNA binding site，HBS)结合，诱导下游低氧反应元件(hypoxia-response element，HRE)上相关基因的转录，合成蛋白质，包括红细胞生成素(促进红细胞增殖，增加血氧供应)、血管内皮生长因子(通过血管容量的增加，提高供氧能力)、葡萄糖转运蛋白(增强葡萄糖的运输能力)、烯醇化酶(提高糖酵解能力和葡萄糖吸收)以及多种糖分解酶，如己糖激酶、乳酸脱氢酶、丙酮酸激酶和磷酸果糖激酶，最终实现细胞在低氧浓度下复杂的生理反应。此外，在低氧条件下，黑点青鳉肝脏和性腺细胞可通过调节 HIF-1α 含量，上调端粒酶逆转录酶表达，该酶与肿瘤细胞的发生是密切相关的，可增强细胞的低氧适应力。

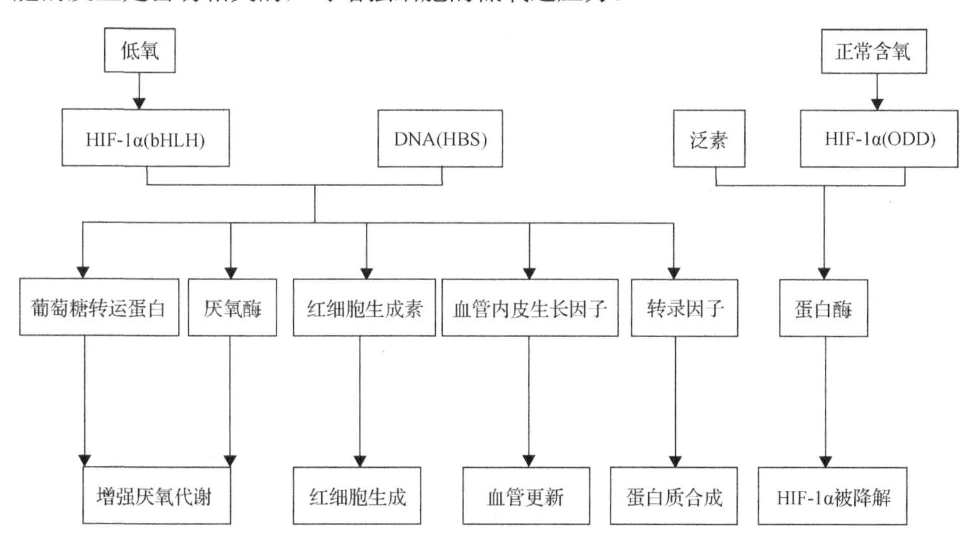

图 5-10　HIF-1α 主要反应机制

热激蛋白(heat shock protein，hsp)作为一种重要的细胞应激蛋白，也参与了低氧分子响应过程。在低氧条件下，法克隆卤虫(*Artemia franciscana*)休眠胚胎细胞中多数蛋白质变性失活；一旦供氧量上升，大量热激蛋白 P26 作为分子伴侣，参与到蛋白质的可逆复性及结构稳定中，促进胚胎发育。一个线虫种(*Caenorhabditis briggsae*)热激蛋白的比较基因组研究发现，多数 hsp-16 基因启动子具有保守序列 CAC(A/T)CT，这些保守序列与细胞抗热或抗有机溶剂反应无关，但与低氧反应密切相关。然而秀丽隐杆线虫(*Caenorhabditis elegans*)的 hsp-16.1 和 hsp-16.2 作为缺氧反应基因，却与其他非低氧反应基因(hsp-16.41 和 hsp-16.48)拥有共同的启动子，这也反映了生物体低氧分子响应机制的复杂性。

目前，低氧分子响应机制研究，多数是采用体外实验并针对单一靶分子开展工作。然而由于河口生物的多样，低氧机制的复杂，体外实验的误差，给不同结果的综合分析与比较带来了极大的困难。随着分子生物学实验技术的发展，针对多个靶分子同时开展低氧分子响应机制的研究越来越普遍。Gracey 采用 cDNA 芯片技术，发现姬鰕虎鱼(*Gillichthys mirabilis*)在低氧和正常供氧条件下，细胞差异表达的基因与哺乳动物是不同的，姬鰕虎鱼不同组织细胞内差异表达的基因也有所变化。由此可见，当面对低氧环境时，不同生物，甚至同一生物的不同组织细胞，可通过不同的代谢途径来调节细胞适应环境。总体而言，姬鰕虎鱼细胞适应低氧环境的模式主要包括：①通过对一些基因表达活性的下调，实现蛋白质合成减少和运动性降低，从而减少能量消耗；②通过对一些基因表达活性的上调，实现厌氧呼吸加强和葡萄糖转化提高，增加 ATP 的合成；③降低细胞生长速率，并将主要能量用于必需的基础代谢。David 等通过逆转录 PCR 技术，研究低氧环境下长牡蛎(*Crassostrea gigas*)不同组织的基因表达情况，也发现一些与呼吸作用、糖/酯类代谢、免疫系统调节等相关的基因存在差异表达。

综上所述，在河口生物的低氧分子生物学效应方面，近年来很多学者开展了大量的研究工作；但总体而言，现有的知识仍不系统，这主要是由模式生物的缺乏和基因调控的复杂性所造成的。

(2)生理生化响应

河口生物在低氧状态下，通过复杂的基因调控，可产生一系列机体器官或组织水平上的生理生化效应，增强生命体对环境的适应能力。目前针对水生动物，特别是鱼类，在这方面的研究成果较多，工作开展较为深入的模式生物主要为肩章鲨(*Hemiscylliumocellatum*)和黑鲫(*Carassius carassius*)。肩章鲨能在低氧热带珊瑚礁区长期生存；黑鲫则是目前公认的最耐受低氧环境的脊椎动物，可在无氧低温环境中生存几个月，又能适应低盐度(17‰)水体，在波罗的海河口区域也有一定分布。这些河口生物适应低氧甚至无氧环境的策略主要包括：维持氧气运输、减少能量支出和改变厌氧呼吸方式。

氧气运输的维持主要是通过增加呼吸表面积来实现。已有研究证明，处于无氧环境中的黑鲫，其鳃细胞出现凋亡，鳃丝形态由柱状转化为片状突起，显著增加了鳃与水流的接触面积；一旦氧气供养恢复，鳃丝形态又恢复正常的柱状。肩章鲨能通过改变水流在鳃中灌注方式来提高对 DO 的吸收。而栖息于阿曼大陆斜坡的多毛类柯素虫科(Cossuridae sp.)的一些种类，当面对低氧环境时，可通过增加体积和鳃数量来扩大呼吸表面积。此外，一些底栖生物和鱼类还可通过增加血红细胞数量或增强血红素与氧气结合能力来保证代谢所需的氧气供应。例如，一旦面临低氧环境，大型蚤(*Daphnia magna*)的血红素水平就显著增加。在DO含量只有正常浓度5%～10%的水体中，黑鲫仅通过调节血红素与氧气结合能力而获得的氧气供应量就能满足其正常代谢的需求。

能量支出的减少可通过降低机体ATP和蛋白质的合成来实现。对众多好氧生物而言，长期低氧将导致ATP周转率和新陈代谢速率下降10倍以上。即使是耐受低氧环境的代表生物——黑鲫在面临无氧环境时，也将主要能量用于必需的代谢活动，肌肉和肝脏等器官中的蛋白质合成量下降了50%～95%。在低氧的条件下，法克隆卤虫(*Artemia franciscana*)胚胎线粒体的蛋白质合成水平降低了77%，以减少不必要的能量消耗；而DO浓度进一步下降至无氧状态，其新陈代谢速率仅为正常状态的五万分之一。ATP和蛋白质合成的下降导致机体运动性的降低，从而进一步减少能量的消耗。例如，在低氧条件下大西洋鳕(*Gadus morhua*)、绵鳚(*Zoarces viviparus*)、挪威海螯虾(*Nephrops norvegicus*)等水生生物活性逐渐减弱甚至停止运动。

改变厌氧呼吸方式是河口生物适应低氧环境的第三种策略。多数鱼类可在肝脏中存储大量的糖原，黑鲫存储的糖原含量甚至可达肝脏湿重的30%。这些糖原是低氧环境下机体能量的主要来源，是生物体长期存活于低氧环境的有效保障。在无氧条件下，葡萄糖通过糖酵解途径分解为丙酮酸，并最终还原为乳酸。然而伴随少量ATP的产生，大量乳酸的积累将对细胞造成严重的毒害，一些河口生物就相应地进化出其他代谢途径，如金鱼(goldfish)和鲫鱼(*Crucian carp*)可将丙酮酸脱羧产生乙醛，再还原为乙醇并排出体外，避免有害物质的积累。

此外，面对低氧环境，一些高等河口生物还可通过神经调节实现生理生化效应的综合调控，如增加神经系统供血量和血糖浓度，保证神经调节所需的基本能量；提供一些神经递质，如γ-氨基丁酸、谷氨酸等，综合调节机体反应；上调神经细胞酶含量，如一氧化氮酶等。

(3)个体行为响应

低氧对河口生物个体的调节，是从机体感受器感应低氧环境开始的，然后诱发一系列基因调控、生化反应和生理变化，实现机体新陈代谢的调节，宏观上表现为摄食、生长、发育、繁殖、运动和死亡等个体行为效应，以适应低氧环境。

河口低氧首先会导致许多无脊椎动物和鱼类的摄食量降低。面临低氧环境时，扁蛰虫(*Loimia medusa*)、挪威海螯虾(*Nephrops norvegicus*)、一种牡蛎(*Stramonita haemastoma*)、两种蓝蟹(*Callinectes similis*和*Callinectes sapidus*)等生物摄食率都逐渐下降，甚至停止摄食。狼鲈(*Dicentrarchus labrax*)在低氧时摄食量也降低，食欲下降可能是造成其摄食量下降的主要因素。同时，低氧也影响捕食效率。DO 浓度低于 4mg/dm^3 时，甲壳类(*Saduria entomon*)捕捉端足类(*Monoporeia affinis*)的成功率显著下降，这与机体活动能力减弱导致两者相遇概率下降有关。然而 DO 浓度低于 1mg/dm^3 时，五卷须金黄水母(*Chrysaora quinquecirrha*)捕食薄氏鲄鰕虎鱼(*Gobiosoma bosc*)仔鱼的行为反而增加，表明低氧对生物捕食的影响与生物种类相关。

生物摄食量的下降将直接导致机体生长率降低。河口低氧时，不同生物生长率的降低存在着一定的差异。美洲黄盖鲽(*Pseudopleuronectes americanus*)在 DO 浓度为 2.2～4.3mg/dm^3 时，生长率显著下降。欧洲鲽(*Pleuronectes platessa*)和泥鲽(*Limanada limanda*)在 DO 浓度从正常饱和度的 80%降低至 60%时，生长率降低了 25%～30%。红大马哈鱼(*Oncorhynchus nerka*)在 DO 浓度为 2.6mg/dm^3 时基本不能生长。小头虫属的一个种(*Capitella* sp.)在 DO 浓度为 1.23mg/dm^3 时 48h 生长率为−50%。而大西洋油鲱(*Brevoortia tyrannus*)在 DO 浓度低至 1.5mg/dm^3 时生长率才出现显著下降。此外，低氧对生物个体生长的影响，除与生物种类相关外，还与其生活阶段有关。例如，低氧时紫贻贝(*Mytilus edulis*)在早期幼虫阶段摄食行为甚至加强，到后期其摄食和生长率才逐渐下降。

河口低氧除了能影响生物的摄食行为和生长率外，还进一步影响生物的发育和繁殖行为。低氧条件下，一些河口生物明显推迟性腺发育，受精成功率降低。例如，低氧或无氧条件下，紫贻贝(*Mytilus edulis*)由晶胚发育为前双壳幼虫的时间显著推迟；美洲牡蛎(*Crassostrea virginica*)幼体停止生长发育；软口鱼(*Chondrostoma nasus*)胚胎的致死率增加，孵化成功率下降。此外，桡足类的产卵量也与 DO 浓度成正比。长期低氧通常还会降低鱼类的雌二醇或睾丸激素含量，影响繁殖能力，延长发育周期。但是，低氧环境对某些河口生物的繁殖和发育是有利的。例如，大西洋鲑的孵化需要低氧诱导；草虾在低氧条件下具有更高的繁殖能力，这也是河口生物在进化上适应低氧环境的一种表现。

生物特别是动物，往往在遇到不利因素时有趋性运动。例如，当河口生物遇到低氧环境时，一般都会主动迁移至 DO 浓度更高的区域。但对于不同生物，由于运动能力上的不同，它们在低氧反应上个体行为存在差异。一般而言，游泳生物反应迅速，浮游生物次之，而底栖生物反应较慢。水体中的 DO 通常很难扩散到底层沉积物中，因此，底栖生物大多只分布于距上覆水 10cm 之内的表层沉积物中。短期低氧可能不会导致某些底栖生物死亡，但会在一定程度上影响它们的行为，包括为获得更多 DO 底栖动物会迁移到更高的水层；或通过休眠减少氧气需求。相比底栖动物，游泳和浮游动物的运动能力更强，一旦遇到低氧环境，它们能及时觉察到水体低氧并主动迁移至 DO 浓度更高的区域。例如，大西洋鳕(*Gadus morhua*)和牙鳕(*Gadus merlangus*)在 DO 浓度下降至饱和度的 25%～40%

就开始迁移；泥鲽(*Limanda limanda*)和欧洲川鲽(*Platichthys flesus*)则在 DO 浓度下降至饱和度的 15%时开始迁移。当区域 DO 浓度存在梯度时，刀额新对虾(*Metapenaeus ensis*)能主动避开低氧区。但是，一旦河口出现大面积低氧区，无论是浮游动物还是游泳动物，其运动能力都显不足，当 DO 浓度低至其不能忍受的极限时，它们也会借助空气中的氧气进行呼吸。例如，杂色鳉(*Cyprinodon variegatus*)和宽帆鳉(*Poecilia latipinna*)在 DO 浓度下降至 $1.5mg/dm^3$ 时就开始呼吸水面上的空气。

相比低氧条件下的其他个体行为效应，河口生物低氧致死效应是最复杂的。生物种类、发育阶段、性别、生活环境甚至个体大小差异，都能造成河口生物在低氧致死效应方面存在不同。低氧时斑点猫鲨(*Scyliorhinus canicula*)的致死率为 100%；对虾的致死 DO 浓度为 $1mg/dm^3$；河口底部生物区系的临界生存 DO 浓度是 $0.98mg/dm^3$；DO 浓度低于 $0.5mg/dm^3$ 时，河口底内和底上动物出现大规模死亡，造成大面积低氧死亡区。与成年个体相比，通常幼鱼对 DO 浓度较为敏感，DO 是决定河口幼鱼成活率最重要的非生物因素之一。牙鲆(*Paralichthys olivaceus*)在生长发育阶段，耐受低氧的程度遵循先升高后降低模式。端足类(*Gammarus pseudolimnaeus*)的成年雌性、成年雄性和幼体的半致死率(48h，15℃)DO 浓度分别为 $2.00mg/dm^3$、$1.28mg/dm^3$ 和 $1.05mg/dm^3$。黄尾平口石首鱼(*Leiostomus xanthurus*)和大西洋油鲱在 25℃条件下比 30℃更能耐受低氧环境，个体大的黄尾平口石首鱼比个体小的更耐受低氧，而大西洋油鲱却恰恰相反。低氧还可通过影响河口生物的免疫力，造成个体致死效应存在差异。例如，南美白对虾在低氧条件下，机体对细菌抑制力下降，坎氏弧菌(*Vibrio campbellii*)更易感染机体肝脏、胰腺和鳃组织。

(4)种群、群落和生态系统响应

河口低氧往往造成一些对氧敏感物种的消亡，同时有利于耐受低氧环境的物种生存，进而改变群落组成，影响生态效应。通常在低氧的河口水体中，摄食悬浮有机物的物种会被摄食底部有机物的物种代替；大型底栖生物物种会被中小型底栖生物物种取代；微型或微微型种类逐渐统治浮游生物群落。

鱼类和一些无脊椎动物由于运动能力较强，可主动避开低氧水域，造成低氧区域内生物量时空分布上的变化，长期低氧会导致它们原有栖息地的丧失。现有的研究结果表明，低氧河口区域鱼类的生物量普遍呈下降趋势，水层拖网的渔获量和生物种类一般明显少于正常海区。而相比游泳动物和浮游动物，底栖生物运动性差，为了适应低氧环境，它们往往对低氧的耐受程度要略高一些。多数底栖生物能耐受 DO 浓度为 $2.8mg/dm^3$ 的环境，少数种类甚至可耐受 DO 浓度仅为 0.5～$1mg/dm^3$ 的低氧甚至无氧环境数周以上，从而保证在短期或小范围于低程度低氧情况下，种群数量不至于出现大幅度的改变。例如，软体动物能忍耐周期性低氧；

多毛类动物比棘皮动物、蛤、海蜗牛更能适应低氧环境；许多有孔虫种类能忍受低氧环境；切萨皮克湾底部的许多底上动物对低氧有很强的忍耐力，短期低氧群落的种类组成和种群数量基本没有变化。鉴于多毛类、线虫等一些小型底栖生物能耐受低氧环境，它们往往作为河口低氧的指示物种应用于生态系统评估工作中。但是长期低氧和河口 DO 浓度大幅降低，会对河口小型底栖生物种群产生巨大的破坏。例如，伴随着低氧日益严重，路易斯安那大陆架有孔虫种类在组成和数量上已发生显著变化；长期低氧导致韩国清海湾和灵山河口区一些底栖生物种类和生物量明显降低等。

低氧效应可通过关键种种群数量的变化，进一步改变河口生物的群落结构。低氧对多数大型经济类河口生物是不利的，会导致鱼类和底部生物大量死亡，改变它们的栖息地与迁移方式，直接造成渔业产量降低。当前低氧已引发许多河口区域众多敏感游泳生物物种周期性或长久性地消失，从而改变生物群落结构。目前在北墨西哥湾低氧海域，捕捞船已经很难捕获到鱼虾。而在一些长期低氧的河口，由于无须面对其他物种的生存竞争，黑鲫已成为顶级捕食者。氧气也是决定底栖生物群落结构最基本的因子，虽然许多底栖生物可耐受一定程度的低氧，但它们的群落结构往往受到低氧的影响而出现周期性变化或长期改变。例如，切萨皮克湾水体低氧时，大型底栖生物群落的生物量和物种丰度都比正常状态时低，生活于 5cm 以下的底内动物数量更少，关键种也减少，并出现一些新的优势物种。由于长期低氧，科利亚湾沉积物中的生物种类已非常少，在 18m 水深以下底层环境中，只发现两种多毛类(*Pseudopolydora antennata* 和 *Capitella capitata*)的存在。此外，底栖生物的垂直分布也与水体 DO 浓度有一定关联。由于低氧，被捕食的风险大大降低，底层生物逐渐迁移至表层；而对于那些离开原有栖息环境至更高 DO 浓度水体的底栖生物或底层游泳动物，可能就需面对更高的被捕食风险。

河口低氧不仅改变了生物群落结构，还能影响生态系统的营养动力学过程。低氧往往会降低捕食者的重要性，引起生态系统营养途径的改变。例如，低氧时捕食者腹足类(*Murex trapa*、*Nassarius crematus*、*N. siguinjorensis*、*Turricula nelliae*)的优势度将逐渐下降。此外，低氧还可能引起生态系统中 k-对策物种逐渐被 r-对策物种所取代，较长的食物链逐渐被较短的食物链所取代，从而直接改变生态系统结构。然而伴随着河口低氧，一些积聚在底层环境的有毒、有害化学物质可能重新活化，影响河口生物的个体行为和种群数量，间接改变生态系统结构。因此，河口生物的低氧生态响应是一个复杂的过程，不仅要考虑低氧时的生物效应，还需引入物理、化学等其他综合因素。

5.1.5　大洋最小含氧带及其生态环境效应

氧是生物地球化学循环的关键参数，也是大洋碳、氮循环的主要参与者，海洋氧含量的变化也与全球气候系统关系密切。自从 Schmidt 在 1925 年第一次报道在太平洋的巴拿马远洋海域存在“氧含量低到没有”的现象以来，相似现象在东部南北太平洋、阿拉伯海或强度稍低的南大西洋的纳米比亚外海相继被发现。于是 Cline 和 Richards 在 1972 年提出最小含氧带(oxygen minimum zone，OMZ)的概念，专指大洋水体中氧含量缺乏的水层。OMZ 被认为在整个地质时期具有显著的变化，很可能改变了大洋携带碳、氮的能力，因而备受关注。

OMZ 在全球氮循环中起着极为重要的作用，在 OMZ 中氮的不同化学形态(NH_4^+、NO_2^-、NO_3^-、N_2O、N_2)在微生物的参与下会发生多种复杂反应。在氧化条件下，也就是在 OMZ 的上边界层，硝化作用将 NH_4^+转化为 NO_3^-，但在氧含量不足的 OMZ，反硝化作用和厌氧铵氧化作用可以将 NO_3^-、NO_2^-和 NH_4^+转化为气态氮(如 N_2、N_2O)，并释放到大气中，造成大洋氮含量更加不足。OMZ 与非常重要的影响气候的气体有关：①大洋产生的 N_2O 有 50%在这里形成；②形成 H_2S 和 CH_4，尤其在 OMZ 的沉积物界面；③限制大洋吸收大气 CO_2(直接影响为 CO_2 是矿化的最终产物，间接影响为因氮的流失限制总初级生产)；④较高的微生物活性导致 DMS 的消耗。在化学方面，OMZ 与海水酸化、物质还原等有关。另外，OMZ 还可以看作是孕育生命的初期缺氧大洋，OMZ 从高到低的不同氧含量的转变可以模拟不同古环境条件下的生物多样性。OMZ 可以作为适应低氧环境的特殊生物躲避捕食或其他种竞争的避难所(如巨辫硫菌)，OMZ 的下边界甚至成了许多大型生物的栖息地。作为呼吸作用的屏障，OMZ 也与生物的垂直迁移有关(如浮游动物)。在地质历史时期，海洋缺氧事件与大量物种的灭绝有关(如白垩纪中期)。OMZ 对气候和海洋生态系统的潜在影响取决于 OMZ 的强度。这种强度因各种原因而变化，如气候变化(因分层导致的交换不畅，O_2 溶解度的降低)、上升流和河流输入或大气沉降输入的营养盐或金属所导致的自然与人为的施肥等。在当前条件下，根据最近几十年的观察，OMZ 的强度一直在增加或加强。

从理论上来说，低氧区的形成主要有两个基本机制，一是水体中的溶解氧被不断消耗，二是被消耗的溶解氧得不到及时的补充。对大洋来说，消耗溶解氧的过程有很多，如水体中有机物的降解、无机物的氧化反应、底泥耗氧及浮游植物呼吸作用等；而氧的补充主要依靠大洋环流，但目前有关海洋环流供氧和生物地球化学耗氧间可能的相互作用仍不清楚，预测 OMZ 的位置、强度和它们的时空变化仍是一个具有挑战性的任务。

由于大洋最小含氧带(OMZ)具有独特的水动力环境和氧含量特征，其内部的生物活动和生物地球化学循环过程与周围大洋明显不同，导致大洋最小含氧带的研究越来越受到关注。

5.1.5.1 大洋最小含氧带的分布特征与成因

(1) 大洋最小含氧带的分布

大洋最小含氧带(OMZ)通常是指大洋水体中溶解氧含量不足的水层，但到目前为止还没有一个统一的标准值来确定 OMZ。常用的描述低氧环境的名词有多种，如亚氧(suboxia)是生物学家和生物地球化学家用来定义氧化物从 O_2 到 NO_3^- 的转换阶段中的氧环境，阈值在 0.7～20μmol/dm^3。缺氧(hypoxia)是指大型生物不能生存的含氧环境(8μmol/dm^3)，但依据生物不同最高可到 40μmol/dm^3，如鳀鱼。贫氧(dysoxia，O_2<4μmol/dm^3)和微氧(microxia，O_2<1μmol/dm^3)主要与大型生物如鱼类的氧需求有关。无氧(anoxia，O_2<0.1μmol/dm^3)被定义为由 NO_3^- 向硫酸盐被还原转换的条件。不同的研究者往往由于研究目的的不同而选用不同的标准，所以文献中描述的每一个 OMZ 的标准可能是不同的。例如，研究全球陆架边缘海低氧区时采用的临界值是 20μmol/dm^3，而在研究大西洋和太平洋最小含氧带时使用的标准是低氧(4.5μmol/dm^3)，稍严格的标准为 45μmol/dm^3，比较宽松的标准为 90μmol/dm^3。

根据 The World Ocean Atlas 2001(WOA2001)调查数据，全球大洋海水中溶解氧的含量分布如图 5-11 所示，其中溶解氧含量小于 20μmol/dm^3 的水体占全球海洋体积的 1%，而≤10μmol/dm^3 的水体占比<0.3%。但有研究认为这个数值被严重低估了，最高低估了 90%，出现这种结果的原因之一就是数据太少。

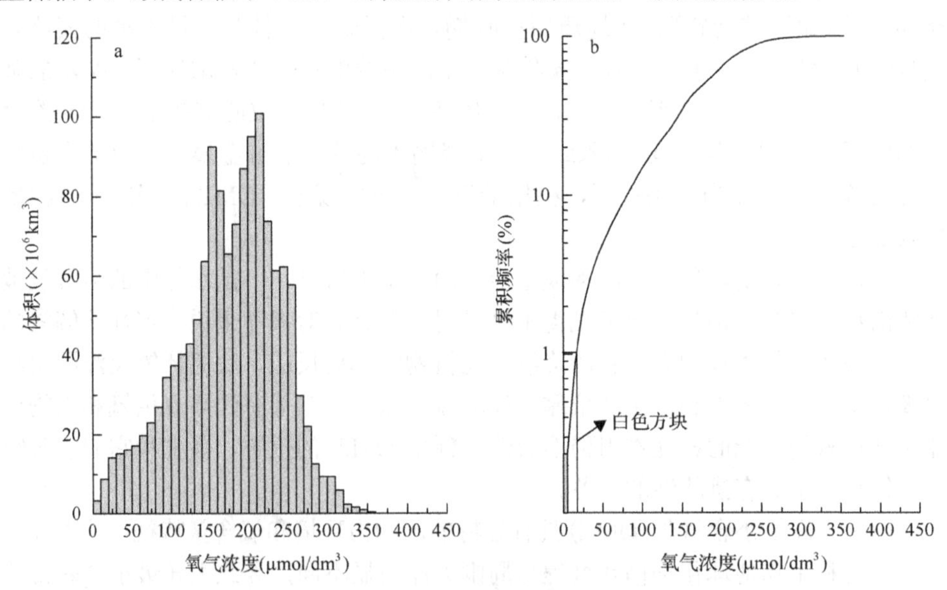

图 5-11 全球大洋溶解氧的含量特征

a. 全球大洋中溶解洋含量的体积分布；b. 溶解氧含量的体积分布频数；灰色方块代表溶解氧含量≤10μmol/kg 的海水体积百分比，白色方块代表溶解氧含量≤20μmol/kg 的海水体积百分比根据WOA2005获得的1894～2004年全球大洋溶解氧数据绘制的全球OMZ分布图见图5-12，可以看到大洋最小含氧带普遍存在，但以东北太平洋(Eastern North Pacific，ENP)、东南太平洋(Eastern South Pacific，ESP)、阿拉伯海(Arabian Sea，AS)和孟加拉湾(Bay of Bengal，BB)含量最低。O_2含量低于20μmol/dm^{3}的低氧区面积可占全球大洋面积的8%，水体体积可占大洋体积的7%。

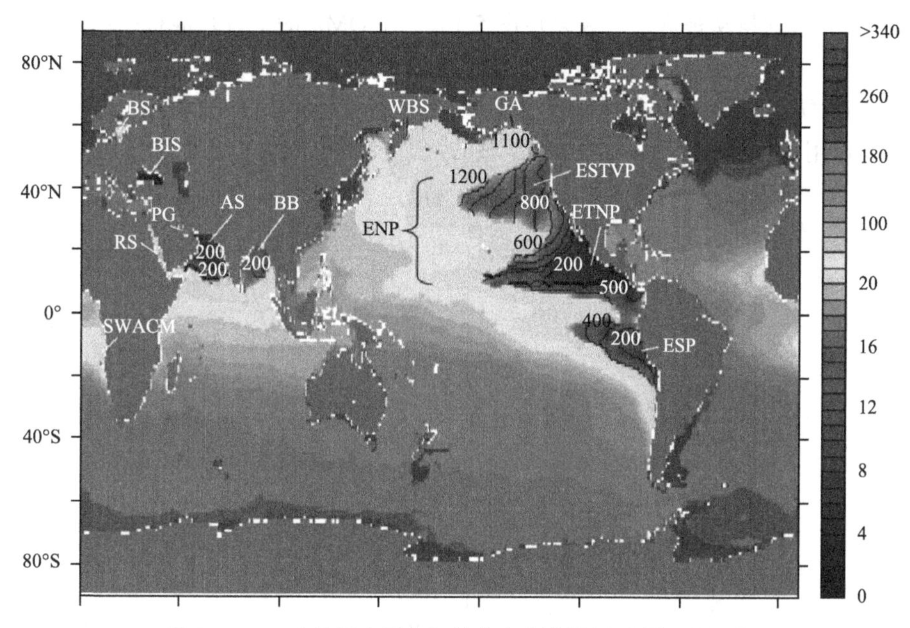

图5-12　O_2含量最小层中氧的分布(彩图请扫封底二维码)

[根据WOA2005气候态数据绘制，比例尺棒中，在0～20μmol/dm^{3}的间隔为(1±2μmol)/dm^3；在30～340μmol/dm^{3}的间隔为(20±2)μmol/dm^3；等深线是OMZ核心区深度，间隔为100m]

AS.阿拉伯海；BB.孟加拉湾；BIS.黑海；BS.巴拉提克海；ESP.南太平洋东部；ENP.北太平洋东部；ESTVP.亚热带北太平洋东部；ETNP.热带北太平洋东部；GA.阿拉斯加湾；PG.波斯湾；RS.红海；SWACM.非洲陆架西南部；WBS.白令海西部

研究也证实，在大西洋和太平洋的东赤道海域100～900m水深分布着广大的最小含氧带(OMZ)。在东太平洋的300～500m深度溶解氧含量达到最小值，可低于1μmol/dm^3，形成亚氧化(suboxic，DO＜4.5μmol/dm^3)环境。在东大西洋不会形成亚氧化环境，具有相对较高的溶解氧最小值，在南大西洋约为17μmol/dm^3，在北大西洋高于40μmol/dm^3。当以45μmol/dm^{3}和90μmol/dm^{3}为OMZ溶解氧含量的上限时，大约20%和40%的北太平洋水体为OMZ海域，在南太平洋OMZ的面积相对较小，相对占比不到北太平洋的一半，分别是7%和13%；南大西洋的OMZ占全部海域的1%和7%，北大西洋只有约0和5%。

根据最近几十年的观察，OMZ的强度在近年来一直在增加或加强。而根据“未来海洋”模型的预测，在全球变暖条件下溶解氧的含量会降低，OMZ区域会扩展。但在季节或年际间仍然会有较大的波动，在 1997～1998 年的厄尔尼诺期间，秘鲁和智利北部外海的东南太平洋 OMZ（<20μmol/dm³）区域面积缩减了 60%，至于产生这种波动的原因仍不清楚。

大洋最小含氧带(OMZ)根据其氧含量的垂直变化特征可以划分为 3 个层：上部氧跃层(UO，氧含量由正常急剧减少)、核心层(OMZ，氧含量最低)、下部氧跃层(LO，氧含量从最低逐渐恢复)(图 5-13)。在 OMZ 的上方是混合层(ML，氧含量较高)，下方是亚氧跃层(SO，氧含量继续升高)。其中，上部氧跃层被认为是 OMZ 的引擎，大部分高强度的矿化作用在这里发生，导致 OMZ 增强，也可同时发生硝化作用和反硝化作用；在 OMZ 核心层，反硝化作用等典型厌氧过程在这里

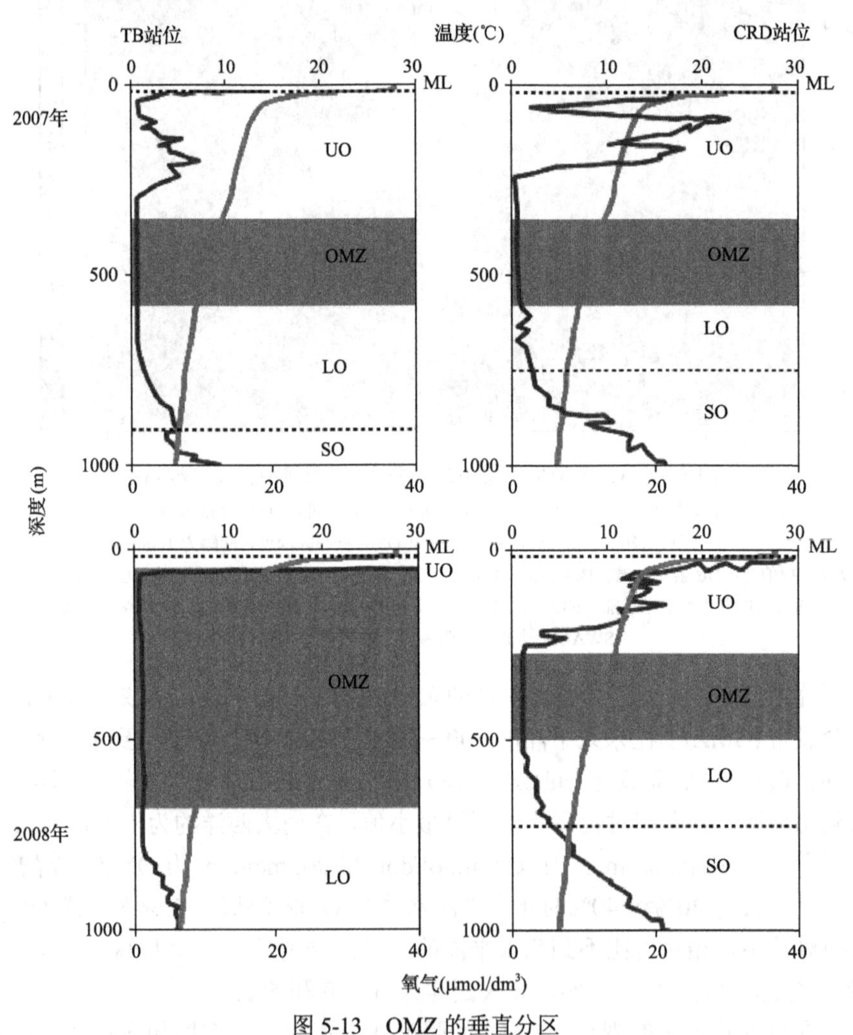

图 5-13　OMZ 的垂直分区

ML. 混合层；UO. 上部氧跃层；OMZ. 核心层；LO. 下部氧跃层；SO. 亚氧跃层；红色曲线为温度曲线；紫色曲线为溶解氧曲线

发生；在下部氧跃层，硝化作用是主要过程。总之，在 OMZ 的不同区域因氧化还原能力不同，发生不同的地球化学反应。但在热带北大西洋最小含氧带进行的示踪扩散实验发现，OMZ 核心层氧的扩散速率和氧跃层相比并没有明显降低。

(2) OMZ 形成的原因

大洋最小含氧带(OMZ)一般在水深 200～1000m 处其在大洋的形成主要与厌氧细菌降解有机物导致的氧消耗有关。在深度＞1000m 处，大洋再次复氧，主要与底层流带来冷的富氧极地水有关。这是大洋最小含氧带(OMZ)形成的最基本过程，但不同海域的具体过程又有所不同。

在热带海域，大洋最小含氧带(OMZ)主要分布在水交换不畅的区域。在印度洋 OMZ 主要分布在阿拉伯海和孟加拉湾，那里水交换时间为 30 年或更长。阿拉伯海 OMZ(ASOMZ)是世界上热带海域第二大的 OMZ，主要分布在 200～1000m 水深，氧含量低于 5μmol/dm^3，远低于反硝化作用发生所需的含量，氧含量最低的区域对应于初级生产力最高的区域。孟加拉湾 OMZ(BBOMZ)的强度小于阿拉伯海 OMZ,氧含量高于反硝化作用发生所需的水平。次表层水如果没有氧的补充，沉降到次表层水中有机碎屑的持续分解将消耗光水层中所有的氧。阿拉伯海和孟加拉湾中的氧主要来自南半球，沿南极绕极流北部边缘形成的高溶解氧的中层水贯穿整个印度洋。其他来源包括波斯湾和红海高氧水，波斯湾水可进入阿拉伯海温跃层的下部，而红海水可到达中层(300～1000m)。另外，印度尼西亚贯穿流也影响印度洋的上层水，包括影响阿拉伯海的温跃层特征，中尺度涡也可能促进氧的交换与扩散。除了位于水交换不畅的区域外，到目前为止对保持印度洋 OMZ 的关键过程仍没有定论，如什么物理和生物过程决定了低氧区的强度与结构？环流和涡流在高氧水的扩散与混合过程中起什么作用？

除了水文条件外，生物是 OMZ 形成的关键因素之一。当地有机质的微生物降解是 OMZ 中溶解氧消耗的主要因素，而浮游动物的呼吸也是一个因素。平均来说，有机质的微生物降解消耗约 80%的氧，浮游动物呼吸消耗约 20%的氧。根据在这一过程中氧的消耗量，在芬兰湾的 OMZ，微生物群落占有机质的 14%，在波斯尼亚湾也有类似的结果。

5.1.5.2 大洋最小含氧带的生态环境效应

(1) 大洋最小含氧带对氮循环的影响

除了溶解氧浓度低外，OMZ 的另一个特征是与无机磷相比相对缺乏无机氮。在表层形成的有相对固定氮磷比(Redfield 比值)的有机质沉降和矿化后，释放出相同比例的 N 和 P，所以大洋中的氮磷物质的量比接近有机质中的比值(16∶1)。但是，在 OMZ 区，无机氮通过异养反硝化作用和厌氧铵氧化作用生成 N_2 而逸出，导致无机氮(主要是 NO_2^-+NO_3^-)显著偏离 Redfield 比值，造成氮不足。

OMZ 在全球氮循环中起着关键作用，在这里氮的多种化学形态(NH_4^+、NO_2^-、NO_3^-、N_2O、N_2)在微生物的参与下会发生多种复杂反应。在氧化条件下，也就是在 OMZ 的上部混合层，硝化作用将 NH_4^+转化为 NO_3^-，但是 OMZ 主要与反硝化作用有关，反硝化作用将 NO_3^-转化为气态氮(如 N_2、N_2O)，释放到大气中，造成大洋氮含量更加不足。但最近发现的厌氧铵氧化过程，在 OMZ 无论是在沉积物还是水体中都可以将 NO_2^-和 NH_4^+转化为氮气。有人研究了 OMZ 对 N_2O 循环过程的影响，发现水体中 N_2O 和 NO_3^-的最大值位置与紧邻真光层的强氧跃层有关。NO_2^-在氧跃层下部积累，可以达到 9μmol/dm^3。在氧跃层的上部即混合层底部和氧跃层的中间点之间，O_2 从 250μmol/dm^3 下降到 50μmol/dm^3，O_2 和 NO_3^-都有较大的浓度梯度(二者是反向的)，表明在真光层中发生硝化作用产生 N_2O 和 NO_3^-；在氧跃层的下部即 OMZ 的上边界区，O_2 从 50μmol/dm^3 下降到 11μmol/dm^3，NO_3^-开始被还原，有 41%～68%会生成 N_2O，在这一层 N_2O 循环中涉及硝化作用和 NO_3^-的还原作用。在 OMZ 核心层，O_2 的浓度比较稳定(O_2<11μmol/dm^3)，N_2O 和 NO_3^-持续减少，但生成大量的 NO_2^-。

厌氧铵氧化是氨被 NO_2^-或 NO_3^-厌氧氧化为 N_2 的过程，在氧缺乏体系中会导致氮的流失。厌氧铵氧化是由一组属于浮霉菌门的特殊菌完成的，但目前对厌氧铵氧化菌的分布、活动性和控制因素了解不多。研究智利北部海域厌氧铵氧化菌的系统进化多样性、垂直分布和活动性特征发现，厌氧铵氧化菌的微观多样性比早前报道的高，提出了一个新的代表性的海洋微生物系统发生世系。在秘鲁和阿拉伯海也有类似的报道。定量研究也报道了这些细菌的丰度、垂直分布和活性，在 OMZ 的上层部分达到一个峰值，可能与这一层强化的生物地球化学循环有关。

在厌氧铵氧化被发现之前，氨的生物氧化被认为是在硝化过程中由硝化细菌专门完成的。然而，因为这一过程需要氧，所以被认为是在氧跃层而不是在 OMZ 核心层发生硝化作用。但分子学研究显示，氨氧化细菌基因在表层氧化性水体和 OMZ 海域都存在。有研究发现无论是氧跃层还是 OMZ 核心层通过硝化作用氧化氨的速率(即硝化速率)都足以满足氨氧化和二氧化碳暗固定(dark carbon fixation)的需要。对智利北部热带南太平洋低氧区的研究发现，核心层有氧氨氧化速率高于低氧区上部的氧跃层，通过有氧氨氧化固定的碳占弱光层总固碳量的 33%～57%，NO_2^-在核心层和其上部的氧跃层消耗较高，但有氧氨氧化可以贡献 8%～76%的 NO_2^-产量，也就是说对反硝化作用贡献较大。总之，有氧氨氧化在低氧区及其上部边界层的氮和碳循环中起着重要的作用。

虽然厌氧铵氧化作用对氮移除的贡献的确很大，但反硝化作用仍然是低氧区氮损失的重要途径，在一些区域内反硝化仍占主导地位。利用 ^{15}N 示踪法研究南太平洋东部智利和秘鲁沿岸海域的 N_2O 与 N_2 来源，发现 72%的 N_2 是由反硝化作用产生的。对非洲西南沿岸本格拉海域 OMZ 的研究认为，硝化作用和厌氧铵氧化作用、反硝化作用对本格拉海域的高氮通量的贡献相当。

在秘鲁陆架和上陆坡(水深 80～260m，低氧区)沉积物中存在大面积的细菌席，硝酸盐异化还原为铵(DNRA)在总氮的转化中占主导地位，有≥65%的 NO_3^-+NO_2^-被沉积物吸收，但沉积物并不是溶解无机氮(NO_3^-+NO_2^-+NH_4^+)的汇，因为 DNRA 将 NO_3^-甚至部分 NO_2^-还原为 NH_4^+，所以，陆架和上陆坡沉积物是 DIN 的再循环场所，具有相对低的反硝化速率和较高的 DNRA 速率和有机质氨化速率。这一发现与目前主流观点——OMZ 下覆沉积物是 DIN 的强汇相反。在这里，反硝化作用是主要过程，可移除占沉积物中 55%～73%的 NO_3^-和 NO_2^-，DNRA 和厌氧铵氧化占剩余的部分。厌氧铵氧化在陆架和陆坡并不算重要，但在水深 1000m 处可贡献总生成氮的 62%。这一研究结果表明海洋沉积物是 DIN 的汇还是再循环场所主要由氧化态氮(NO_3^-、NO_2^-)进行 DNRA 和反硝化过程来控制，所以在低氧带氧化态氮的底层吸收对于海洋环境中氮的损失可忽略不计。

世界大洋最小含氧带(OMZ)具有强烈的厌氧氮转化，如阿拉伯海最小含氧带中氮的厌氧转化应当为水体中 30%～50%的氮损失负责。在氧含量很低的水体中，通过 N_2 生产而造成氮的流失被认为是出现超额氮气和硝酸盐不足的主要原因。通过添加 $^{15}NH_4^+$、$^{15}NO_2^-$、$^{46}N_2O$ 对阿拉伯海 OMZ 海水进行培养实验，发现反硝化作用速率与海水中 NO_2^-浓度密切相关，向海水中添加有机质和氨并不能提高反硝化速率，反硝化作用是阿拉伯海 OMZ 产生 N_2 的主要过程。

通过分析沉积物和水体中的 N 稳定同位素，发现沉积物中的 $\delta^{15}N$ 具有强烈的纬度梯度，沿智利海岸向北不断增加。目前认为智利沿岸沉积物中的 $\delta^{15}N$ 在 41ºS 以南主要由浮游植物的同化作用控制，在 30ºS 以北主要由反硝化作用控制。对巴基斯坦边缘海 OMZ 的沉积物反硝化作用研究发现，在整个阿拉伯海 OMZ 和紧邻海域(如 400m 和 1200m)内沉积物反硝化作用是一个持续过程。在西南季风期间沉积物反硝化作用加强。该区域沉积物反硝化速率与其他陆架环境相当，但高于深海。整个巴基斯坦边缘海 OMZ 的沉积物反硝化通量可达 1.1～10.5Tg N/a。

OMZ 无论在水体还是沉积物都是固定氮流失的关键区域。秘鲁 OMZ 的 O_2 含量在大约 500m 处最低，氧含量在检出限以下。这里底部氮循环存在明显的不平衡，沉积物释放出大量的 NH_4^+，远远超过氨化所形成的 NH_4^+，这可能是由硝酸盐异化还原成铵(DNRA)造成的。秘鲁 OMZ 中的底部氮、硫循环表现出特别易受底层水中 O_2、NO_3^-和 NO_2^-波动的影响，当 NO_3^-和 NO_2^-被消耗后将加强低氧区中的硫酸盐还原作用。

OMZ 被认为是温室气体 N_2O 的强源，也可能是 CO_2 潜在的源，两者均为当前气候变化中最重要的温室气体。对智利东南太平洋 OMZ(大洋中强度最大的浅水 OMZ 之一)中 N_2O 和 CO_2 的海-气界面通量进行估算，发现智利 OMZ 是大洋

强的 N_2O 和 CO_2 源，N_2O 的平均通量是太平洋和印度洋开放大洋区域 OMZ 的 5～10 倍。高温室气体源区与近岸富含 N_2O 和 CO_2 的上升流有关。

热带东南太平洋具有强的近岸上升流、狭窄的大陆架和位于中层水的广大最小含氧带。这种水动力特征决定了中层水物质向表层长久输送，使富含营养盐的表层水具有较低的无机 N∶P。为了研究影响上升流的 OMZ 对浮游植物生长、元素和生物组成的影响，分析从狭窄大陆架上部的上升流区到具有良好分层的大洋东部边界的广大东南热带太平洋区域中的水动力和生物地球化学参数发现，沿岸上升流区的新生产力主要由大型浮游植物(如硅藻)贡献，通常具有较低的 N∶P(<16∶1)。在整个海域硝酸盐和磷酸盐的浓度不限制浮游植物的生长，但在远岸海域硅限制浮游植物的生长。较深的叶绿素最大层与微型、微微型(聚球藻、鞭毛藻)和小型浮游植物的分布一致，位于陆架坡折处上方的次表层水的温跃层处，这里 N∶P 接近 Redfield 比值。分层的宽阔大洋具有高的 PON∶POP(20∶1)，与较高的微型蓝细菌——原绿球藻的丰度相对应。在所有断面过量磷酸盐的存在并没有促进固氮浮游植物的生长，在 OMZ 内生成的过量磷酸盐大部分被表层水中具非 Redfield 比值的大型浮游植物所消耗。

(2)OMZ 中有机质的降解

虽然氧的水平可影响有机质的降解是毫无疑问的，但在 OMZ 区有机质的降解过程中氧的精确作用仍不清楚。有机质的厌氧降解通常认为比微生物有氧降解慢，这是因为陆架边缘缺氧水下面的有机质含量比较丰富，同时厌氧过程产生的能量少于有氧过程。为了分析有氧和低氧条件下活性有机质的降解动力学过程，利用沉积物捕集器研究智利北部 OMZ 颗粒有机碳的降解特征，发现绝大部分(82%)光合作用产生的蛋白质在上部 30m 内降解，另外 15%在 30～300m(弱氧化层内)降解，只有大约 1%能到达 1200m 深的表层沉积物。沉降的蛋白质在上部 300m 仍保持着降解活性，可以作为新鲜物质的降解指数和降解速率常数的指示指标。研究认为颗粒蛋白质的降解不受 30～300m 弱氧化层存在的影响，这一结论与颗粒蛋白质降解受细胞外的蛋白酶控制而不依赖于氧可利用性的模型一致。活性溶解有机质在智利氧化和亚氧化海水中具有相似的微生物降解速率。肽水解和氨基酸吸收速率在氧被消耗的水体中并不低，水解速率在上部 20m 为 65～160nmol peptide/($dm^3 \cdot h$)，在 100～300m(氧消耗区)为 8～28nmol peptide/($dm^3 \cdot h$)，在 600～800m 为 14～19nmol peptide/($dm^3 \cdot h$)；在同一深度溶解自由氨基酸吸收速率分别为 9～26nmol/($dm^3 \cdot h$)、3～17nmol/($dm^3 \cdot h$)和 6nmol/($dm^3 \cdot h$)。这一结果和在墨西哥估算的浮游植物产生的活性物质的降解速率一致，说明在高或低溶解氧含量水体中降解速率的不同可能是由底物活动性不同造成的。对比水解和吸收速率的不同可以发现微生物肽降解速率与氨基酸吸收速率类似或比后者快一些，肽水解不是活性大分子物质完成再矿化的限制因素。低氧水每小时可以处理大约 10t

肽，而表层含氧水体中可以处理双倍的肽。在 OMZ，上升到表层的溶解有机质的低溶解度可能影响碳平衡。具高生产力的洪堡流系沿岸大洋的一个显著特征就是存在 OMZ，溶解有机质很大一部分在 OMZ 得到处理。浮游动物进出 OMZ 是将大量新生产的碳输入 OMZ 最有效的机制。对智利水体悬浮颗粒物中来自脂肪酸甲酯的细菌磷脂分析发现，安托法加斯塔外海水中脂肪酸甲酯的垂直分布不能说明 OMZ 是微生物活性的隔离区，可能因为风生沿岸上升流改变了环境特征，使不同微生物群落混合在一起。特别是智利北部水体中脂质生物标志物的垂直分布说明硫酸盐还原菌产生的脂质生物标志物不仅仅限于 OMZ。这种混合可能是深部、富营养盐、CO_2 饱和的冷水传输造成的。

海水中的颗粒有机碳沉降到海底后继续发生着各种变化，对其积累/保存进行研究发现，OMZ 氧浓度与沉积物中有机质的保存密切相关。在研究较多的阿拉伯海 OMZ，与 OMZ 有关的中陆坡沉积物中存在更好保存的有机碳，使这一区域成为世界大洋沉积有机碳含量最高的区域。缺乏大型底栖生物、游泳生物，无生物扰动，高海洋有机碳积累与保存，沉积层序良好等都说明水深 300～1000m 的陡峭陆坡海底为近无氧条件。OMZ 内与 OMZ 外的沉积物相比具有显著低的氧化还原条件、高的碳酸盐含量，以及不同的岩土特征和不同的生物扰动特征，而且这些差异与低氧程度和水深有关。在 OMZ 内，Eh、pH 和碳酸盐含量随水深增加而增加，而 TOM 和含水率随降低。有研究认为 OMZ 内部和 OMZ 下方沉积物中有机质的生物与微生物过程不同而导致二者有机质保存存在差异。在氧含量较高的条件下，不仅生物扰动，而且活动性 Fe、Mn 氧化物的存在也是影响微生物介导的有机质降解的重要因素。而阿拉伯海 OMZ 下方的沉积物在低溶解氧的条件下，不仅减少了有机质的好氧矿化作用，而且减少了由底栖生物活动引起的 OM 降解作用和微生物利用 Mn、Fe 氧化物作为电子受体的低氧矿化作用。研究发现 OMZ 沉积物中有机碳含量和有机碳与矿物表面积的比值（OC/SA）在核心层及下部氧跃层明显升高，而且这两个区域的沉积物含有更多的活性有机质，如含有更高浓度的水解氨基酸（THAA），THAA 中的氮对总氮的贡献更大。虽然沉积物中的有机质都发生了矿化，但低氧区上部氧跃层和下部氧跃层沉积物中的有机质分解更多。

(3) OMZ 对金属迁移的影响

OMZ 的生态环境可由氧化性变为弱氧化性甚至是无氧状态的还原性，而对氧化还原环境最为敏感的元素，如 Fe、Mn、S 等受 OMZ 的影响最为显著。例如，热带南太平洋东部海域具有较高的固氮速率，但表层 Fe 常常太低不足以支撑固氮生物的生长，该区域 OMZ 的 Fe(Ⅱ)占溶解铁的 8%～68%，OMZ 在 Fe 向上层 400m 水体的输送过程中起着重要作用。在阿拉伯海的 OMZ 没有检测到游离的 H_2S，但检测到了金属硫化物。相对于表层海水，OMZ 内的硫化物含量稍高，可能与有机质降解释放出硫有关。在低浓度的金属和 S^{2-} 条件下，硫化合物的存在形式有两种。一种为与金属如 Mn、Fe、Co、Ni 形成硫氢化物(HS^-)，活动性强，易于参加反应；另一种为像 Cu、Zn 一类的金属与 S^{2-} 形成多核化合物，可以从稳定转变到易于分解，比 S^{2-}(HS^-)和金属硫氢化物的活动性弱。Zn、Cu 硫化物对低氧海水中 H_2S 的存在至关重要。

海水中锰的地球化学特征受其氧化还原特性控制，其中 Mn(Ⅱ)可溶于水，而 Mn(Ⅳ)形式不溶于水，但二者通过一系列的氧化还原过程可以相互转化，溶解 Mn 在还原条件下可以聚集，而在氧化环境下被消耗。在秘鲁上升流区——以强还原条件下宽广的大陆架和远离海岸的强最小含氧带为特征，是热带南太平洋东部潜在的最大的锰来源。但对秘鲁上升流和 OMZ 中锰、氧和氮循环研究发现，令人诧异的是，溶解锰的消耗是在秘鲁大陆架较为还原的条件下进行的。溶解锰的含量在近岸表层水中增加，说明秘鲁大陆架海水的水平运移不是锰的主要来源，在氧跃层而不是 OMZ 内的次表层水中观察到锰的最大含量，说明锰来自有机质的矿化释放，而不是锰氧化物的还原。大陆架水体中锰含量比预期的低说明从陆源河流输入的锰是有限的，其行为与铁明显不同，铁在陆架水体中含量较高而且与氧化还原过程密切相关。有研究发现阿拉伯海的 OMZ 强烈影响了锰的分布。在 OMZ，可以观察到两个明显的溶解锰最大值，分别在 200～300m 和 600m，后者的峰值大约可以达到 6nmol/dm^3。这个中等深度的最大值与 OMZ 的低氧核心([O_2]<2μmol/dm^3)有关。上部溶解锰最大值(200～300m 深)比 600m 处的峰值分布宽的多，溶解锰的浓度在 3～8nmol/dm^3，与 NO_2^- 的次最大值有关，都处于反硝化区。雾状层也与这个深度有关。颗粒锰在相同的深度表现出最小浓度、低 Mn/Al 和活性锰/难溶性锰值，这表明锰氢氧化物发生还原性溶解。所有的观测都表明原位微生物降解过程可能是 OMZ 上层溶解锰最主要的来源，而对深层水来说水平输送更重要。

利用连续浸取法将沉积物中的金属分为水溶态、离子交换和碳酸盐态、Fe-Mn 氧化物态、有机态和残渣态，研究底层水中溶解氧含量的变化对阿拉伯海 OMZ 内外沉积物中 Cu、Zn 等金属存在状态的影响。底层水溶解氧水平的变化(富氧到缺氧再到低氧)造成了不同结合态金属的再分配。沉积物中铜的活性随底层水溶解氧浓度的降低而逐渐降低，即稳定性增加。底层水溶解氧含量的降低加强了 Cu 与沉积物中有机质的联系。但是 Pb 与 Fe-Mn 氧化物相的相关性随上覆水中溶解氧浓度的降低而降低。沉积物中 Pb 配合物的活动性随底层水中氧浓度的降低而增加。底层水中氧的浓度是控制沉积物中 Cu、Pb 配合物稳定性和活动性的一个关键因素。在阿拉伯海 OMZ 沉积物中与有机质和 Fe-Mn 氧化物结合的 Cu、Pb 是沉积物中二者最主要的存在形式。阿拉伯海 OMZ 沉积物有机碳的含量随上覆水 DO 水平的降低而增加，而有机质含量的增加会导致沉积物中 Hg 积累的增加。但上覆水中DO的消耗不会增加表层沉积物中甲基汞的含量。沉积物中甲基汞含量随有机质和总汞含量的增加而增加，有机质是控制沉积物中Hg分布和存在形态的关键因子，沉积物中有机质含量的增加会导致有机汞含量的增加，但甲基化的速率会降低。总的来说有机质控制了阿拉伯海OMZ内沉积物中甲基汞的行为。

(4)大洋最小含氧带对生态系统的影响

OMZ广泛分布于世界大洋的中层水，强烈影响了浮游生物和底栖生物的分布与多样性特征，因此，其对生态系统的影响也是OMZ研究的重点。有人认为全球气候变化或自然气候波动将使大洋OMZ在全球范围内的空间和垂直分布进一步扩展，这种扩展将对生态系统结构和功能产生更加显著的影响。

首先，OMZ影响生物的分布。对东赤道北太平洋的研究发现，无论OMZ的强度如何，温跃层是浮游动物生物量最大值的位置，下部氧跃层具有独特的浮游动物组合和第二生物量峰值，与特定的氧浓度2μmol/dm^{3}密切相关。对阿曼近海OMZ的研究也发现浮游生物和弱游泳生物的生物量在上层100m水深内最高，这可能与该层具有较高的氧含量有关。在这一层以胶质生物为主，还含有一群游泳的蟹类。相当量的蛇鼻鱼、发光鱼和十足目甲壳动物白天聚集在氧跃层的下方，但在晚上迁移到表层。研究发现东热带北太平洋海域(ETNP)浮游植物的同位素组成和营养(级)生态的水平与垂直分布明显受OMZ的控制。最显著的是同位素组成在OMZ的上下界面处有明显垂直梯度。在OMZ的上部δ^{13}C明显偏低，可能与被浮游动物摄食的化能自养生物有关。浮游动物的δ^{15}N在下部氧跃层内随深度增加有一个显著的降低，说明在紧靠核心层的下部营养物质增加。浅层POM(0～110m)是混合层、上部氧跃层、核心层浮游动物最重要的食物源，而深层POM是下部氧跃层浮游动物最主要的食物源(除了季节性迁移的桡足类*Eucalanus inermis*)。

浮游动物的分布与溶解氧浓度及其梯度关系密切。对东赤道太平洋海山OMZ浮游动物的分布研究发现，OMZ是影响温跃层下浮游动物类群垂直分布的重要因素，在OMZ底层界面区域出现浮游动物第二峰值似乎是OMZ区域的独特现象。不同类群组具有4种垂直分布模式，说明它们对低氧浓度有不同的忍受程度。最常见的垂直分布模式是在混合层和温跃层区有最大丰度，在OMZ下界面区(600～1000m)出现第二峰值，*Clausocafanus* spp.、*Oncaea* spp.、*Euchaeta* spp.、*Oithona* spp.和*Corycaeus* spp.是这种分布模式。低氧浓度不限制这些物种的分布，因为它们在整个OMZ都可出现。第二种垂直分布模式是浮游动物在温跃层和OMZ之间垂直迁移的结果，*Pleuromamma robusta*表现出这种分布模式，晚上在温跃层区具有最大丰度，白天在OMZ核心层区丰度最大，特别是在OMZ下界面区(600～1000m)出现第二峰值。第三种分布模式是桡足类在OMZ的上、下界面区有高丰度，*Eucalanus inermis*、*Haloptilusparalongicirru*s和*Heterostylites longicornis*就是这种分布模式的主要类群，它们在混合层中缺失或在混合层和上部 OMZ 具有类似的丰度。第四种分布模式是桡足类在白天和夜晚主要生活在 OMZ 上方。在其他 OMZ 区也发现类似的分布，表明低氧是主要控制因素。

其次，OMZ 影响生物的迁移。对秘鲁寒流生态系统中 OMZ 物种昼夜垂直迁移的特性研究发现，OMZ 决定了迁移强度：*Stylocheiron affine* 只向浅层氧跃层迁移，而 *Euphausia mucronata*、*Euphausia eximia*、*Euphausia distinguenda* 和 *Euphausia tenera* 则向 OMZ 的核心层迁移，*Nematoscelis gracilis* 向 OMZ 核心层的底部迁移。对定时迁移和持续迁移中的向上、向下与在浅层或深层的驻留时间也有一些影响。*E. mucronata*、*N. gracilis* 和 *E. distinguenda* 在日出时正常向下迁移，在日落时向上迁移。*E. eximia* 和 *E. tenera* 在日出时也向下迁移，但是在下午就开始向上迁移，缩短了它们在深层水的驻留时间。*S. affine* 表现出在浅层水中有最长的驻留时间和最短的垂直迁移路径。浮游生物定期迁入和迁出 OMZ 在白天与夜晚的垂直分层及其差异说明群落结构建立在一个通过避免生物在时间和空间上共存而形成的栖息地分离机制上。在智利北部也发现类似的分布规律，如大型桡足类 *Eucalanus inermis* 生活在氧跃层的下部，可通过昼夜迁移进入 OMZ，而丰度很大的 *Euphausia mucronata* 在表层水和 OMZ 核心层(200m)进行昼夜迁移，甚至穿越 OMZ。

再次，不同生物对 OMZ 的响应不同。Cook 等发现低溶解氧对线虫的分布没有影响，反而食物是影响线虫分布的主要因素。而东热带太平洋独有的大型深海鱿鱼——巨型鱿鱼能垂直迁移进入深海 OMZ，但在低氧区鱿鱼的代谢率降低。有研究发现在阿拉伯海 OMZ 核心层、下部氧跃层和氧跃层底部具有不同的桡足类群落。桡足类在含氧的环境中具有最大的多样性，但种丰度的排序和下部氧跃层和氧跃层底部类似，在 OMZ 核心层一些种类缺失或相当少。桡足类在 OMZ 的垂直分带受低氧的物理限制、潜在捕食者的控制和潜在食物源的综合控制。总体来说，生物的粒径越小越有利于其在 OMZ 生存，因为较小的生物新陈代谢所需的氧越少。但有研究认为无论是深度还是当前 OMZ 的低氧条件对浮游动物的呼吸都没有重大的和持久的影响。

最后，OMZ 并不意味着是生物贫乏区。虽然从理论上来说，低氧不利于生物的生长与生存，但实际调查结果经常有令人诧异的发现，如对东赤道太平洋墨西哥外海从 OMZ 的上边界(溶解氧浓度约 0.29mg/dm^3)到海表的仔鱼栖息地分布分析发现，低氧栖息地大部分位于温跃层下面的低氧区(＜1.43mg/dm^3，约 70m 深)和无氧区(＜0.29mg/dm^3，约 80m 深)，而且在低氧栖息地具有最多的种和最高的仔鱼丰度。同样，一般认为低氧区底栖生物的丰度和多样性都会大大降低，但在 OMZ 底栖生物对低氧的响应和我们想象的完全不同。例如，智利中部康塞普西翁湾陆架和陆坡的 OMZ(122～206m)大型生物密度较高(16 478～21 381ind/m^2)，69%～89%的生物为软体生物，在陆架拐点处(206m)生物密度最高(21 381ind/m^2)，但生物量最低（16.95g wet weight/m^2），生物个体最小（0.07mg C/ind），多毛类占总生物丰度 71%，甲壳类占 16%，软体生物只占 2%。在 OMZ 下方的陆坡中部（840m）甲壳动物占 49%，多毛类占 43%。虽然有文献表明 OMZ 生物的密度和生物量都低于 OMZ 下方的区域，但在该调查区只有生物密度较低。生物量的分布随水深增加呈凹型变化，高值出现在 OMZ 的上部边缘（122m）和下方（840m）。说明大型生物的结构与底层溶解氧、叶绿素 a、脱镁叶绿酸和硫化物浓度有关，与沉积物的粒径以及 C、N、孔隙度、氧化还原条件、底层水温度等无关。在巴基斯坦半深边缘海 OMZ 大型动物的多样性、优势种和洞穴数量在氧浓度为 5～9μmol/L 时达到极限，在这个浓度之下表现为较少生物和较好的沉积层序，在这个浓度之上表现为较多生物和充分扰动的沉积物。长久洞穴的形成和腐食性决定了 OMZ 大型底栖生物的生活方式，允许沉积层在高生物密度和生物量的条件下存在并保留下来。在永久严重缺氧区，食物的可利用性决定了动物的丰度和生物结构的深度。在巴基斯坦边缘海氧影响模式的多样性和主导性及其与有机质的相互作用决定了动物区系的分布特征。对阿拉伯海 OMZ 内部和下部大型底栖生物的调查也发现了类似的规律，OMZ 内部的生物密度和生物量要比 OMZ 下部的海域高，且个体大小没有显著差异。但对巴基斯坦边缘海 OMZ 大型底栖生物的研究发现，大型底栖生物的密度在 OMZ 浅水 140m 水深站位最高，但在 OMZ 下边界（1200m）密度并未升高，在 OMZ 核心层（300m）相当低，这与阿拉伯海其他区域 OMZ 的调查结果明显不同，说明在 OMZ 大型底栖生物的组成受局地因素的影响更重要。另外，对纳米比亚北部上升流区域底栖生物的调查发现，与近岸高生物多样性的区域相比，OMZ 底栖生物种类数量急剧降低，但氧含量为 0.09～1.26mg/dm^3 时的生物密度和生物量令人吃惊的高，也说明 OMZ 大型底栖生物的组成与分布受局地因素的影响。

5.1.5.3　大洋最小含氧带（OMZ）研究之思考

大洋最小含氧带（OMZ）一般在水深 200～1000m 处，其在大洋的形成主要与厌氧细菌降解有机物导致的氧消耗有关。在深度＞1000m 处，大洋再次复氧，主要与底层流带来冷的富氧极地水有关。在大陆平台，与 OMZ 接触的沉积物也是缺氧环境，有利于埋藏有机质的保存。OMZ 在控制全球生态群落结构方面起着重要作用。在该带内重要的代谢活动控制着几种与生命有关的元素的循环，如氮循环。在缺氧带，生物必须发展出特殊的生存策略，如反硝化细菌、异养厌氧细菌能通过反硝化作用消耗硝酸盐中的氧，后者是将 NO_3^-转化为 N_2 的主要代谢过程，与全球大气圈-水圈中氮循环有关。另外，对生活在 OMZ 的原核生物群落研究还可以发现能在类似低氧环境中生存的特殊生命演化和特殊分解/代谢活动的重要线索。虽然当前已认识到大洋 OMZ 在全球物质循环、大洋生态系统和极端环境下生物演化中的重要作用，但对大洋 OMZ 的认识仍存在许多疑问，未来几年应当在如下几个方面进行重点研究。

第一，大洋最小含氧带(OMZ)标准的确定。由于当前获得的大洋溶解氧数据较少，OMZ 标准的选取常常依赖于研究者的兴趣(如低氧生物化学过程研究采用的是 O_2 浓度低于 20μmol/L，但是物理过程认为这包括了弱氧化和还原条件)，而且当前每一个 OMZ 采取的标准可能是不同的，有的标准过于苛刻，使部分溶解氧含量较低的区域不在 OMZ 的范围之内。所以建立统一的 OMZ 标准是对大洋 OMZ 进行深入研究的基础，也是必须完成的工作。

第二，大洋最小含氧带(OMZ)的成因。虽然从理论上来说 OMZ 的形成由中层水溶解氧被消耗又得不到及时补充造成的，但具体到每一个海域又有其特殊成因，如消耗溶解氧的有机质从哪里来？表层生产力的年变化强度较大，为什么 OMZ 的年变化较弱？是什么物理和生物过程决定了 OMZ 的强度与结构？环流和涡流在高氧水的扩散和混合过程中起什么作用？大洋 OMZ 强度和全球变化如何相互作用？导致不同区域 OMZ 强度不同的主要因素是什么？

第三，大洋 OMZ 中的氮循环。虽然 OMZ 被认为是全球氮的汇区，但异养反硝化作用相对于厌氧铵氧化的贡献仍然没有解决。厌氧铵氧化有助于解释 OMZ 水体中氨的缺乏，对 N_2 的流失有明显的贡献，但不能解释 N_2O 的分布和循环，也不能解释传统的反硝化作用涉及的高基因多样性。另外，最新的模型结果显示大洋 OMZ 在全球大气 N_2 固定中起着重要作用，但对 OMZ 与氮气流失的耦合关系知之甚少。可见，对大洋 OMZ 氮循环过程的研究还需进一步加强。

第四，大洋 OMZ 中其他元素的生物地球化学循环过程。大洋低氧环境下氮循环过程也会影响其他元素的生物地球化学循环过程，如碳、硫、铁、锰等元素，加强不同元素的迁移转化之间关系的研究，有助于更好地理解海洋生物地球化学循环。

第五，大洋 OMZ 对生态系统的影响。当前对大洋 OMZ 生态系统中研究最多的是浮游生物和底栖生物，但对 OMZ 水体和沉积物中微生物的生态学与生物多样性知之甚少。即使是研究最多的浮游生物，对它们的新陈代谢/遗传对低氧环境的适应性和它们的生物地球化学作用也知之不多，更不用说是微生物了。加强大洋 OMZ 生态系统研究是了解低氧环境下生物地球化学关键过程的前提。

5.2　海洋硫的生物地球化学

硫具有从−2 至+6 多种不同的氧化态，因而对环境条件的变化非常敏感，随环境条件变化可以生成不同种类的化合物；另外，生物作用对硫的海洋生物地球化学循环影响很大，生物作用能将硫从一种氧化态改变为另一种氧化态，并能影响硫体系的同位素组成。由于这些特点，因此硫的海洋生物地球化学循环过程极其复杂。

自 20 世纪 60 年代以来，由于大气污染，酸雨的危害与防治越来越受到各国科研工作者的关注，与酸雨相关的整个硫的海洋生物地球化学过程也备受重视。

本节中，我们将从海洋环境中的硫体系、海洋中硫的形态与功能、海洋沉积物中硫酸盐的还原作用以及海洋挥发性硫化物对气候的影响等方面阐述海洋硫的生物地球化学过程。

5.2.1　海洋环境中的硫体系

相对于碳、氮、磷的循环过程研究，硫的生物地球化学循环体系研究较为粗糙。图 5-14 为全球硫的生物地球化学循环示意图。

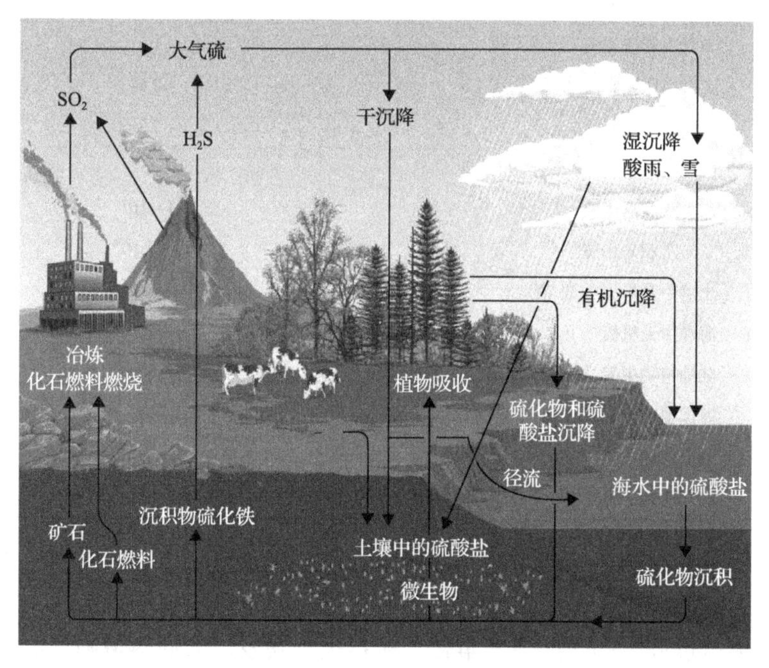

图 5-14　全球硫的生物地球化学循环示意图

自然界硫循环的基本过程包括：陆地和海洋中的硫通过生物分解、火山爆发等进入大气；大气中的硫通过降水和沉降、表面吸收等作用回到陆地与海洋；地表径流带着硫进入河流，输往海洋，并沉积于海底；在人类开采和利用含硫矿物燃料和金属矿石的过程中，硫被氧化成为二氧化硫(SO_2)和还原成为硫化氢(H_2S)进入大气；硫还随着酸性矿水的排放而进入水体或土壤。自然界中硫的分布见表 5-3。陆上火山爆发使地壳和岩浆中的硫以 H_2S、硫酸盐和 SO_2 的形式排入大气。海底火山爆发排出的硫，一部分溶于海水，一部分以气态硫化物的形成逸入大气。

陆地和海洋中的一些有机质由于微生物分解作用，向大气释放 H_2S，其排放量随季节而异，温热季节高于寒冷季节。海洋波浪飞溅使硫以硫酸盐气溶胶形式进入大气。陆地植物可从大气中吸收 SO_2，陆地和海洋植物从土壤与水中吸收硫，吸收的硫构成植物本身的机体。植物残体经微生物分解，硫成为 H_2S 逸入大气。大气中的 SO_2 和 H_2S 经氧化作用形成硫酸根(SO_4^{2-})，随降水落到陆地和海洋。SO_2 和 SO_4^{2-} 还可经自然沉降或碰撞而被土壤与植物或海水所吸收。由陆地排入大气的 SO_2 和 SO_4^{2-} 可迁移到海洋上空，沉降入海洋。同样，海浪飞溅出来的 SO_4^{2-} 也可迁移沉降到陆地上。陆地岩石风化释放出的硫可经河流输送入海洋。水体中硫酸盐的还原是由还原菌进行反硫化过程完成的。在缺氧条件下，硫酸盐作为受氢体而转化为 H_2S。

表 5-3 自然界中硫的分布(Tgs)

过程	含量
大气中氧化态硫	1.1
大气中还原态硫	0.6
气溶胶中的硫酸盐	3.2
陆地上无机硫	
火成岩中硫	3×10^9
沉积岩中硫	2.6×10^9
土壤中有机硫(无生命)	7×10^4
海洋中无机硫	1.3×10^9
陆地植物中硫	3.3×10^3
海洋植物中硫	40
陆地动物中硫	20
海洋动物中硫	10

虽然整个硫循环的过程大致已经理清，但硫循环过程中各个环节之间的通量目前尚没有准确的定论。出现这一现象的主要原因有以下三个方面。

一是地球过程中的一些偶发事件，包括火山喷发、海底热液喷涌、沙尘暴等会对硫的循环通量产生较大的影响，而对由这些事件导致的硫通量往往难以进行定量。另外，这些事件的偶然性导致了其对硫通量的影响存在明显的年际差异。

二是陆地和海洋释放的生物成因挥发性硫化物通量的估算存在较为明显的不确定性，不同学者的报道差异较大。这部分可能是因为硫化学性质活泼，生物成因挥发性硫化物的多样性[目前已知挥发性硫化物就有 SO_2、H_2S、二甲基硫(DMS)、(二甲基二硫)(DMDS)、CS_2 等)导致分析测定困难，影响释放通量估算的准确性。

三是人为活动对硫通量的干扰很大，因而对全球硫循环通量的估计必须不断进行修正。人类从地壳中不断开采煤和石油，每年使大约 1.5×10^{14}g 硫进入全球硫循环体系，这一速率是 100 年前的两倍还多。在全球硫循环的过程中，人类上述活动的净效应以消耗还原态硫的库存量为代价，而增加了其氧化态(SO_4^{2-})的库存量。人类活动通过大气和河流水体等的传输，使得硫从陆地到海洋存在一个正的净通量，而在 100 年前，这一净通量是以相反的方向，即从海洋向陆地的方向传输。

图 5-15 粗略给出了硫循环过程中各环节通量的估算值，这一数值还需要科研工作者不断对其进行修正。

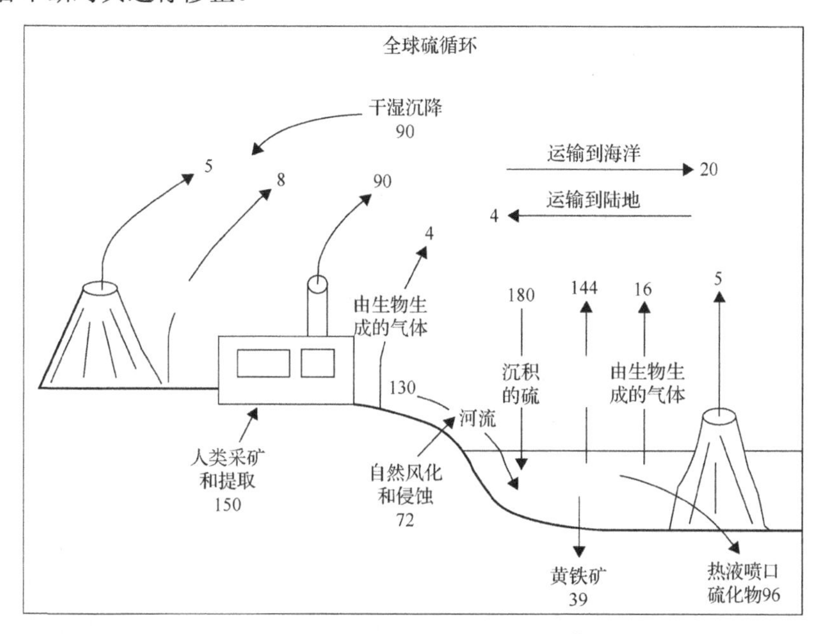

图 5-15　硫循环过程通量的估算($\times 10^{12}$g S/a)

5.2.2　海洋中硫的不同形态与功能

在海洋水体环境中有 30 余种硫的存在形式，其中最重要的有 6 类(表 5-4)，而其中能够进入矿物晶格而形成矿物的只有 S^{2-}和 SO_4^{2-}。据不完全统计，硫酸盐以及硫化物矿物在海洋中有 420 余种。

表 5-4　硫在水环境中的存在形态

价态	分子	离子
+6	H_2SO_4	HSO_4^-，SO_4^{2-}
+4	H_2SO_3	HSO_3^-，SO_3^{2-}
+2		
0	S_x^0	
−2/x	H_2S_x	HS_x^-，S_x^{2-}
−2	H_2S	HS^-，S^{2-}

硫可以从−2 到+6 变化价态，以各种不同的无机和有机形态存在。而硫以何种形态存在主要由其所处环境氧化还原电位和 pH 控制。图 5-16 是硫-H_2O 体系在 25℃和 1 标准大气压下的 Eh-pH 图。从中可以看出，在不同的 pH 和 Eh 环境中，不同形态硫的优势场是不相同的，斜线部分是海水及沉积物中硫的优势稳定场。

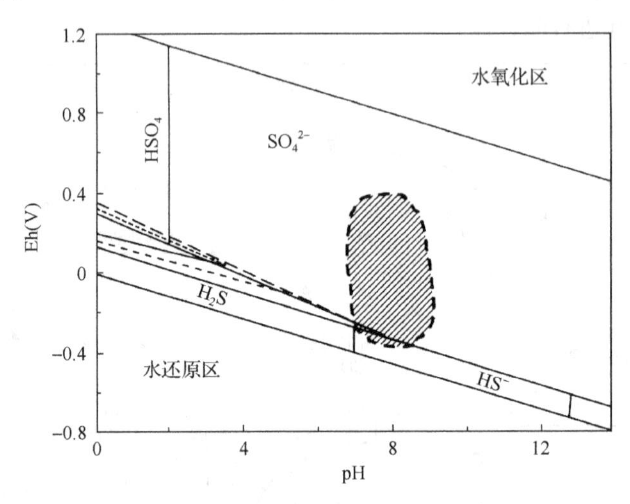

图 5-16　S-H_2O 体系中硫存在形式的稳定场

在海洋环境中，硫主要以 SO_4^{2-}的形式存在，在适宜的条件下(较强的还原环境)可以有少量 HS^-、S_x^{2-}等存在。除此之外，海洋环境中还含有一定量的易挥发态硫，如 DMS、CS_2 等，这部分硫虽然从总量上来说在海洋硫总量中所占比例较小，但是由于其易挥发，其在海-气界面硫通量和海洋对气候影响方面起着重要作用。关于海洋中易挥发态硫的有关内容，将在后续部分着重进行讨论。

5.2.2.1　硫酸盐的存在形态

硫酸盐是海水及沉积物中硫的最主要存在形态，一般可以占到总硫的 99%以上。海水中硫酸盐的浓度约为 28.4mmol/dm^3，其总量占到了地壳表层总硫的约 7%，每年由河流输入到海洋的溶解硫酸盐达 3.6×10^8t。在不同时期，海水中硫酸根的含量不尽相同。表 5-5 给出了过去 1.5×10^9 年来海水中 SO_4^{2-}含量的变化。从中可以看出，前寒武纪的上元古代以前，海水中的 SO_4^{2-}含量较低；上元古代至中生代的白垩纪海水中 SO_4^{2-}的含量比现在高，尤其是在寒武纪达到了 40.3mmol/dm^3，比当今海水高 37%；自始新世(距今 4.5×10^7 年)以来，硫酸盐含量的变化不大。

表 5-5　过去 1.5×10^9 年来海水中 SO_4^{2-} 浓度的变化

年代和时期		距今时间（$\times10^6$ 年）	SO_4^{2-} (mmol/dm^3)
新生代	上新世	3.5	29.0
	始新世	45	30.0
中生代	白垩纪	90	30.8
	三叠纪	210	34.3
古生代	二叠纪	251	35.73
	寒武纪	580	40.3
前寒武纪	上元古代	1000	31.3
	下元古代	1500	18.0

海水及沉积物中的硫酸盐多采用容量法、重量法和比浊法测定，现在也常用离子色谱等方法测定。海水中硫酸盐的存在形态一般采用热力学平衡常数结合实测数据计算得来。近年来大量研究表明，海水中的硫酸盐主要以自由离子 SO_4^{2-} 和离子对形式的 SO_4^{2-} 存在。表 5-6 是海水中 SO_4^{2-} 不同存在形态的测算结果。

表 5-6　海水中不同形态硫酸盐存在形态及活度系数

存在形式	活度系数(γ)	总量($\times10^{-6}$)	含量(mmol/kg)	组成(%)
SO_4^{2-}	0.17	1085	11.3	40
$NaSO_4^-$	0.68	1286	10.8	38
KSO_4^-	0.68	14	0.1	0.5
$MgSO_4$	1.13	650	5.4	19
$CaSO_4$	1.13	128	0.9	3

海水及沉积物中硫酸盐在还原条件下，可被还原为硫化物或其他低价态的硫，这种存在形态间的转变在海洋沉积物中的存在比较广泛。大量研究表明，硫酸盐可在缺氧环境中及在细菌(硫酸盐还原菌)作用下，被有机物还原成硫化物，该反应可以表示为

$$SO_4^{2-}+2CH_2O \xrightarrow{\text{细菌}} 2HCO_3^-+H_2S \qquad \Delta G_0=-77\text{kJ/mol}$$

$SO_4^{2-}/HS^-(S_x^0)$ 是控制海洋环境的主要氧化还原电对。关于深海沉积物中硫酸盐的还原作用，我们将在本节的第三部分进行详细的介绍。

5.2.2.2　硫离子的存在形态

−2 价硫是海洋环境中除硫酸盐之外的另一类硫的重要存在形式，一般占总硫的 1%左右，其量虽小，但有着重要的研究价值。科学家已经对海水中无机硫化物的存在形式进行了较为系统的研究。研究涉及的硫化物稳定常数见表 5-7。

表 5-7　海水中硫化物的浓度及稳定常数($\lg K$)

M	总浓度	MS	MHS	$M(HS)_2$	MX
H^+		13.9	6.6	—	—
Cu^+	$1pmol/dm^3 \sim 2nmol/dm^3$	23.7	13.3	17.2	5.62
Cu^{2+}	$3pmol/dm^3 \sim 6nmol/dm^3$	26.0	14.2	21.6	2.3
Ag^+	$0.5pmol/dm^3$	23.7	13.8	17.2	5.27
Co^{2+}	$0.01nmol/dm^3$	16.6	4.7	12.2	0.1
Ni^{2+}	$2nmol/dm^3$	15.7	3.8	11.4	0.4
Zn^{2+}	$0.05nmol/dm^3$	18.5	6.5	14.0	0.4
Cd^{2+}	$2pmol/dm^3$	18.2	6.4	13.8	1.7
Hg^{2+}	$2pmol/dm^3$	42.0	30.1	37.7	14.28
Pb^{2+}	$0.17nmol/dm^3$	16.9	5.0	12.5	0.4

注：M 为与−2 价硫结合的离子；X 为除−2 价硫以外的其他阴离子

已有的研究表明，在表层海水中，无机硫化物的存在形态依赖于硫化物、Cu^{2+}及 Hg^{2+}的总浓度。硫化物浓度为 $0.5nmol/dm^3$ 时，则主要以 CuS 的形式存在，为 $0.002nmol/dm^3$时则以 HgS 的形式存在；在含 $0.5nmol/dm^3$硫化物的表层海水中，Co^{2+}、Ni^{2+}、Zn^{2+}、Cd^{2+}、Pb^{2+}不受硫的影响；在含硫的海盆中，FeS 和 Fe^{2+}、$Fe(HS)_2$、$FeHS^{2-}$处于平衡状态，而 Co、Ni、Zn、Cd、Hg、Pb 的平衡条件似乎不存在。

在开阔大洋的海水中，硫化物的含量甚微，它主要出现在还原性缺氧的海盆及沉积物间隙水中，在最典型的缺氧海——黑海，水深 150～1500m 处，硫化物的含量达 $0.02 \sim 7.34mg/dm^3$。还原态硫的氧化是非常迅速的，在 O_2 达到 $5\times10^{-3}mol/dm^3$ 的水中大约 20min 还原态硫可减少一半，细菌氧化也可以发生。表 5-8 列出了天然水中硫化物自氧化的研究结果。

表 5-8　天然水中硫化物自氧化的研究结果

介质	结果产物	pH	T(℃)	半衰期(min)	硫化物反应级数
恒缓冲蒸馏水	SO_3^{2-}，$S_2O_3^{2-}$，SO_4^{2-}	7～14	25	1000	1
	S_8，$S_2O_4^{2-}$，SO_4^{2-}	11～14	—	130	1
	S_2^-，SO_3^{2-}，S_8，$S_2O_4^{2-}$，SO_4^{2-}	7.9	25	3000	1.34
	S_8，SO_3^{2-}，$S_2O_4^{2-}$，SO_4^{2-}	8.6	25	2200	1
	S_x^{2-}，SO_3^{2-}，S_8，$S_2O_4^{2-}$，$S_4O_4^{2-}$，SO_4^{2-}	8.3	25	815	1
	SO_3^{2-}，$S_2O_3^{2-}$，SO_4^{2-}	8.0	25	114	1
	SO_3^{2-}，$S_2O_3^{2-}$，SO_4^{2-}	7.6	25	880	1
海水	S_8，SO_3^{2-}，$S_2O_4^{2-}$，SO_4^{2-}	8.0	23	280	1
	SO_3^{2-}，$S_2O_4^{2-}$，SO_4^{2-}	7.8	9.8	175	1
	S_8，SO_3^{2-}，$S_2O_4^{2-}$，SO_4^{2-}	8.2	15～22	3300	1
	S_8，$S_2O_4^{2-}$，SO_4^{2-}	7.7	9.0	600	1

从中可以看出，天然水环境中硫化物的自氧化半衰期一般为数小时，–2 价硫能较快地转化为其他价态的硫，最后转变为硫酸盐的形式。

海水及海洋沉积物中硫化物的测定多采用离子选择电极法(ISE)、比色法，也可用阴极溶出伏安法、微库仑法等测定，可直接测定 10^{-9}(最低 0.02×10^{-9})的硫化物，测试方法的发展为研究硫化物的存在形式与形态提供了前提。

5.2.2.3　挥发性硫的存在形态

除上述硫形态外，海洋环境中还含有一定量的易挥发性硫，如 DMS、CS_2 等。这部分硫虽然从总量上来说在海洋硫总量中所占比例较小，但是由于其易挥发，因此其在海-气界面硫通量和海洋对气候影响方面起着重要作用，其详细研究将在后续部分阐述。

5.2.3　深海沉积物中硫酸盐的还原作用

前文初步介绍了海洋硫循环过程中一个极重要的环节——深海沉积物中硫酸盐的还原过程，这部分将从沉积物中硫酸盐还原过程、深海沉积物中硫酸盐还原作用的影响因素和深海沉积物中硫酸盐还原速率的计算原理三个方面介绍深海沉积物中硫酸盐的还原过程。

在沉积物-海水界面上不仅发生着沉积作用，而且发生着沉积后作用，即早期成岩作用，如有机质的降解、矿物组分的溶解和新矿物的生成等。因此，沉积物是环境物质迁移的重要储存场所，记载着区域或全球环境变化的信息。氧化还原反应是沉积物早期成岩作用中发生的重要地球化学过程，其中，硫是控制沉积物中氧化还原体系的重要元素之一，参与络合、交换、吸附、沉淀等一系列的成岩过程。沉积物是水体硫酸盐等环境物质沉降的重要宿体，硫酸盐在表层沉积物上的异化还原是最主要的沉积形式。硫酸盐还原及硫离子氧化会影响海洋水体缓冲能力，并且沉积物中的单硫化物含量对沉积物中重金属在水与沉积物间的分配行为有决定性影响。在缺氧水体或沉积物中，许多金属可以和硫化物紧密结合。由于硫化物的溶解度很低，这一过程能明显降低沉积物中重金属的移动性。因此，研究沉积物中硫酸盐的还原作用对于解决表面水体酸化、评价沉积物对环境的潜在影响具有重要的意义。

5.2.3.1　沉积物中硫酸盐还原过程

水体中的硫酸盐通过沉降进入沉积物中。沉积物的表层为有氧层，有机质以好氧代谢为主。当溶解氧消耗完，氧化还原电位下降至还原态时，其他电子受体可被不同生理群的细菌利用，使有机质继续被氧化。硫酸盐作为有机质厌氧降解的氧化剂，在微生物参与下被还原成低价态硫化合物，并伴随着铁硫化物及其他微量金属硫化物和有机硫的形成。硫酸盐还原过程是水系统中硫的生物地球化学循环和沉积物早期成岩作用中有机质矿化的关键地球化学作用。硫酸盐在沉积物中的还原模式见图 5-17。

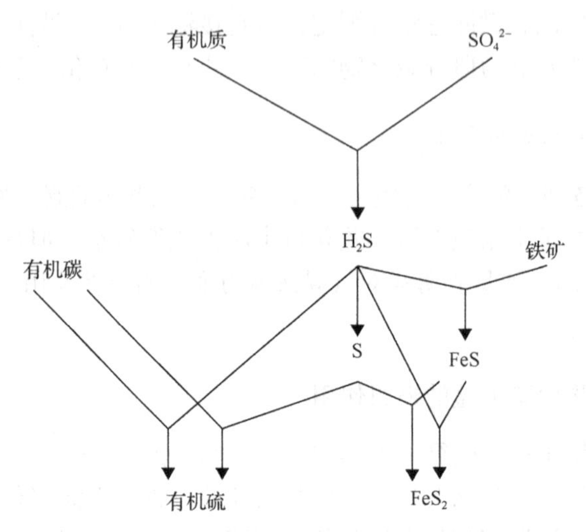

图 5-17　沉积物中硫酸盐的还原模式

在沉积物有机质降解过程中，按照能量生成顺序，铁氧化物应优先于硫酸盐参与有机质氧化，形成氧化还原分带。但实际上，铁氧化物及硫酸盐还原分带难以分界。沉积物中硫酸盐还原与铁氧化物还原是共同进行的。有科学家曾经提出下列成岩模式来表示硫酸盐还原对铁氧化物的控制作用：

$$2FeOOH+6CH_2O+3SO_4^{2-} \longrightarrow 6HCO_3^{-}+FeS+FeS_2+H_2O$$

硫酸盐还原作用主要发生在沉积物表层，大部分还原产物可能被细菌吸收形成元素硫，并与溶解铁一起成为铁硫化物相互转化反应的重要中间物质；单硫化物是不稳定的铁、硫沉积形式，会逐渐转化成黄铁矿，转化主要发生在沉积物顶部。

从图 5-17 可以看出，黄铁矿、有机硫是沉积物中硫的主要存在形式。在淡水沉积物中，无机硫是重要的存在形式；而在具高硫酸盐还原速率的沉积物中，60%以上都是有机硫。在具高硫酸盐还原速率的沉积物中，硫离子的生成速率超过它和铁矿物反应速率，所以硫离子能在孔隙水中聚集并经历进一步反应。一些硫离子扩散或者混合进入表层沉积物，再次氧化成单质硫、聚硫和硫酸盐。而大部分硫离子则可能进入有机质中，生成小分子量有机硫化合物。但是有机硫的生成机制并不太清楚。

从环境效应方面来看，沉积物-海水界面硫酸盐还原过程有双重作用：硫酸盐随浓度梯度不断向沉积物内部扩散，并以还原态硫和有机硫形式沉积下来，从而清除水体中的硫酸盐；硫酸盐还原过程中形成的 HCO_3^-等可能向上覆水体扩散，从而增大湖泊水体的酸性中和容量，有利于减轻酸沉降本身造成的酸化效应。

5.2.3.2　深海沉积物中硫酸盐还原作用的影响因素

关于深海沉积物中硫酸盐还原作用的影响因素，可从外部影响因素和内部影响因素两方面进行讨论。

(1) 外部影响因素

图 5-18 显示了硫酸盐还原速率在全球海洋表层沉积物中的分布等值线。从中可以看出，硫酸盐还原作用的全球分布类似于观测到的水体初级生产力的分布和卫星照片测定的浮游植物叶绿素的浓度分布。在赤道东太平洋这一特征表现得尤为明显。在该区，硫酸盐还原速率高值区的舌状分布非常类似初级生产力高值区的分布，这种高初级生产力是由上涌的富营养海水提供的。硫酸盐还原作用和初级生产力之间明显的相关关系意味着海洋有机碳的生成以及其最后进入深海沉积物可能是控制硫酸盐还原速率的主要外部因素之一。这种结论与其他海底代谢作用的测定结果相吻合，已发现这种代谢作用与水体初级生产力有关。

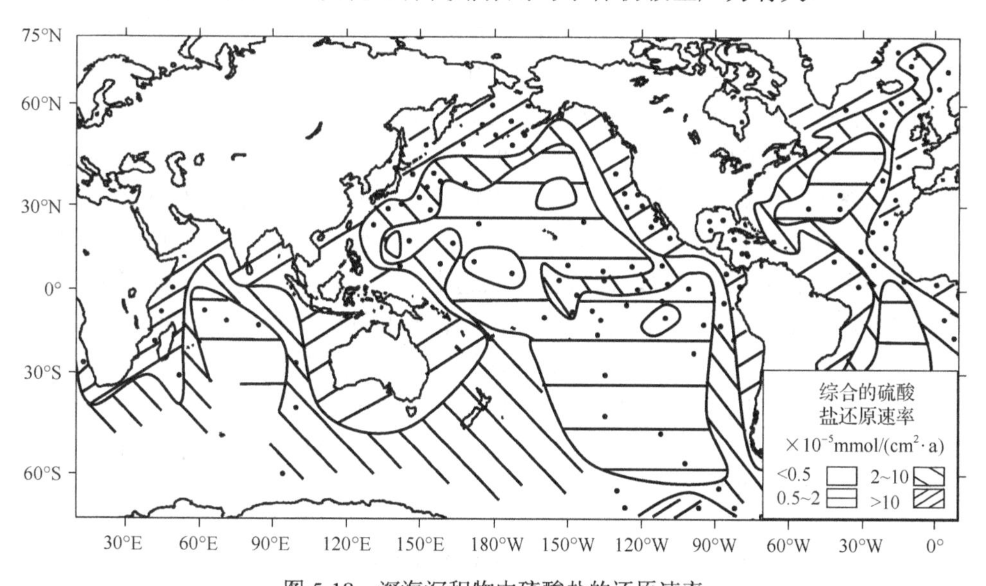

图 5-18　深海沉积物中硫酸盐的还原速率

但是也有一些报道明确指出，硫酸盐还原速率的变化虽然与海洋初级生产力相关，但相关程度不强，有些海区，当初级生产力有 10 倍左右的变化幅度时，硫酸盐还原速率的变化幅度可以达到近万倍。因此有科学家提出，影响硫酸盐还原速率的并非初级生产力本身，而是由于初级生产力大幅提高，有机碳的产量大增，真正影响沉积物中硫酸盐还原速率的是有机碳通量的变化。

值得强调的是除了有机碳通量之外，沉积物的沉积速率与硫酸盐的还原速率也十分相关。一般说来，当沉积速率小时，在硫酸盐还原过程之前，有机物能够获得更多的有氧氧化时间，而用于硫酸盐还原的时间就较少；当沉积速率加大时，沉积物表层有氧环境的停留时间会缩短，因此沉积物中的有机质参与有氧氧化的时间也会缩短，沉积物更快地进入了硫酸盐还原的厌氧过程，因而硫酸盐还原速率会显著提高。因此，在深海沉积物的外部环境中，有两种变量对硫酸盐的还原速率有着显著影响，一是有机碳沉积通量，二是沉积物沉积速率。

(2) 内部影响因素

除了外部因素外，沉积物内部也有很多因素对硫酸盐还原速率有着较为显著的影响。硫酸盐还原主要生成黄铁矿和有机硫。

黄铁矿和有机硫的形成会受到沉积物中有机质、硫酸盐及铁氧化物的影响。铁氧化物有晶态和无定形态之分。在微生物活动中，无定形态铁氧化物优先于晶态铁氧化物而被还原。无定形态铁氧化物包括水铁矿、纤铁矿等，又称活性铁。晶态铁氧化物包括针铁矿和赤铁矿等。沉积物中分离出的细菌能氧化有机质，在利用铁氧化物作电子受体的活性铁存在时，以铁氧化物作为电子受体的铁还原细菌特别活跃。当沉积物中活性铁含量很低时，在沉积物-海水界面，尽管硫酸盐含量很高，但溶解硫离子浓度相当低。在沉积物中，由于有大量活性铁的存在，在沉积物表层硫酸盐就被消完。因此，硫酸盐浓度是控制沉积物中黄铁矿形成的主要因素。

水体中硫酸盐的浓度越大，其向下的扩散通量也越大，底部沉积物对硫酸盐的吸收速率也越大。海水中硫酸盐浓度制约着其扩散过程，进而影响硫酸盐的还原作用。另外，硫酸盐还原还受到有机碳的影响。硫酸盐最大还原速率出现在表层沉积物中，有机质含量高，硫酸盐还原速率就大。还原态硫在铁氧化物及有机质之间进行分配。在缺氧水体沉积物中，有机硫和铁硫化物相互竞争，当活性铁含量很低时，以有机硫形式为主。铁的活性限制了沉积物保存还原态硫的能力。但有机硫的形成机制及控制因素仍然不清楚。有机硫是沉积物中一种重要的硫存在形式，但区分沉积物中的各种有机质是很困难的，因此硫与有机质之间的作用并不明确，有赖于硫同位素的研究。

5.2.3.3　深海沉积物中硫酸盐还原速率的计算原理

通过假定沉积柱中硫酸盐还原作用处于稳态，使用硫酸盐浓度剖面来获得深海沉积物中硫酸盐的还原速率，即假定这些剖面目前硫酸盐的含量不变化。在稳态时，硫酸盐还原速率与硫酸盐输入到沉积物中的速率是相等的，这些输入过程包括分子扩散过程和平流进入过程。为了使用分子扩散系数来计算输入速率，需进一步假定在硫酸盐还原带内不发生由沉积物混合产生的孔隙水扰动。因为硫酸盐还原发生在 10～1000m，所以后一假设基本适用于多数深海沉积物。当然，这种稳态假设只是近似的，但与真稳态的微小差别不会影响对硫酸盐还原速率的研究。

在数学上，使用以下公式来求得硫酸盐浓度剖面的硫酸盐还原速率：

$$速率 = \phi \mathrm{Ds} \mathrm{d}C/\mathrm{d}x + \phi_0 \omega C_0 - \phi_b \omega C_b \tag{5-4}$$

式中，ϕ 是硫酸盐还原带中沉积物的平均孔隙度；C 是硫酸盐浓度，C_0 和 C_b 分别是沉积物-海水界面和硫酸盐还原带(在该带内，硫酸盐不再随深度变化)底面处的硫酸盐浓度；ϕ_0 是沉积物-海水界面的沉积物孔隙度；ϕ_b 是硫酸盐还原带底面处沉积物孔隙度；x 是沉积物深度；Ds 是 4℃时作弯曲度校正的硫酸盐扩散系数；ω 是硫酸盐还原带中沉积物平均沉积速率(cm/a)。

在有些情况下，只能求得最小硫酸盐还原速率，这可能是因为可观测到最大硫酸盐变化率的沉积物表面资料极少，也可能是因为某些剖面的数据较分散。虽然硫酸盐还原速率计算的精度难于估计，但除上述情况外，大多数情况下均可求得较为接近真实值的硫酸盐还原速率。

表 5-9 给出了世界范围内多个海区海底沉积物的硫酸盐还原速率。

表 5-9　海洋表层沉积物中硫酸盐还原速率

海区	沉积层次	还原速率[mmol/(dm^3·d)]
英国近海盐沼	0～10cm	0.001 7～0.19
巴伦支海	表层	0.53～1.44
黑海	表层	0.03～0.07
丹麦奥尔赫斯湾	表层	0.44～1.01
卡里亚科海沟		0.0001
渤黄东海	2cm	0.96～1.53
	20cm	0.49～0.73
辽东湾	2cm	0.003 5～0.003 7
	20cm	0.000 48～0.000 96
瞭望角湾	表层	5.43
丹麦沿岸	表层	0.96
密西西比河三角洲	表层	1.23～3.56
长岛湾	表层	0.47～3.56
萨尼奇湾	表层	1.67
丹麦近岸	表层	0.90～1.23
华盛顿近岸	表层	0.44
新罕布什尔湾	表层	0.36～1.64
阿拉斯加斯堪湾	表层	1.64
南卡罗来纳近岸	1cm	0.35～1.48
秘鲁近岸	表层	0.49～2.71
圣劳伦斯湾	表层	0.017～0.13
黑海	表层	0.017～0.39

硫酸盐还原速率空间差异明显。在同一海区获得的不同时期的硫酸盐还原速率一般都处于相似的水平。从水平分布上来说，在大陆边缘海(白令海、墨西哥湾、地中海、格陵兰海等)观测到的速率相对较高，在大洋主体水域速率相对较低，而在红黏土区速率最低；从垂直分布上来说，硫酸盐的最大还原速率存在于表层沉积物中，在某些海区可达 1mmol/(dm^3·d)以上，这是由于表层沉积物有机质的含量较高；从季节分布来说，在不同季节硫酸盐还原速率也各不相同，5～6 月硫酸盐还原速率较大，7～10 月也较大，11～12 月和 1～4 月硫酸盐还原速率相对较低。

5.2.4 海洋中的易挥发性硫

海洋中有机硫化物主要包括二甲基硫(dimethylsulfide，DMS)、甲硫醇(CH_3SH)、二硫化碳(CS_2)、羰基硫(COS)、二甲基亚砜(DMSO)、二甲基二硫(DMDS)、苯并噻吩(BT)、二苯并噻吩(DBT)等。在这些有机硫化物中，易挥发组分可进入大气参与全球硫循环，并对区域或全球的气候和酸雨的形成产生重要影响。全球硫循环中，一种重要的硫化物是二甲基硫(DMS)。DMS 主要来自海藻中的二甲基巯基丙酸(dimethylsulfoniopropionate，DMSP)，是海洋排放的主要挥发性硫化物，占海洋硫排放量的 55%～80%。海洋向大气所排放的二甲基硫，约占大气天然硫排放量的 1/2，其海-气通量为 0.6×10^{12}～1.6×10^{12}mol/a，是最重要的挥发性硫化物。二甲基硫在大气中的氧化产物是硫酸盐气溶胶的主要来源，还是酸雨的重要贡献者，与全球变化密切相关，因而已成为全球变化研究的热点之一。海洋二甲基硫的生成是一个极其复杂的生物地球化学过程，受到海洋环境中种种生物、非生物因子的影响。探明海洋二甲基硫的生成过程及其调控机制以及海-气通量等问题对于全球变化研究有着十分重要的意义。

5.2.4.1 二甲基硫的来源与产生

DMS 是由其前体 DMSP 产生的。海水中 DMS 主要来源于 DMSP 的降解。其具体过程是动物摄食、病毒侵染及细胞衰老等过程促使 DMSP 从藻体中释放到海水中，然后在各种好氧、厌氧细菌的作用下降解。DMSP 降解主要有两种方式：一种是细菌的 DMSP 裂解酶分解 DMSP 产生 DMS；另一种是不产生 DMS，而经由二甲基硫前体变成 3-甲基硫酸酯，随后形成 CH_3SH 而降解。

(1)前体 DMSP 的产生

DMSP 产生于藻类植物的体内。海藻通过同化硫酸盐还原获得硫，在生物体内合成 DMS 的前体 DMSP。通过主动运输，硫酸盐进入藻细胞，与 ATP 结合形成 APS(腺苷-5′-磷酰硫酸)。APS 将磺基转移给巯基载体 Car-SH，并被还原成 SO_3^{2-}；铁氧化还原蛋白(Fd)将亚硫酸盐还原成硫化物；与载体相连的硫化物，与 O-乙酰丝氨酸反应形成半胱氨酸；半胱氨酸将巯基转移给 O-磷酸高丝氨酸，产生高半胱氨酸；高半胱氨酸通过甲基化生成蛋氨酸，而蛋氨酸就是藻体 DMSP 的前体；蛋氨酸经过一系列变化转化成 DMSP。DMSP 的硫和两个甲基均来自蛋氨酸，DMSP 的羧基来源于蛋氨酸的 α-碳原子。

(2) DMS 的生成

DMSP 可以在藻体中自动降解，但这通常是次要途径，主要是动物摄食、病毒侵染及细胞衰老等过程促使 DMSP 从藻体中释放到海水中，然后在各种好氧、厌氧细菌的作用下降解。

1) 细胞内降解

人们早已观察到完整细胞能够分解 DMSP。在 DMSP 裂解酶作用下 DMSP 被分解为 DMS，同时生成丙烯酸。这种酶已被提取出来并研究了其某些特性。Cantoni 和 Anderson 曾在一种多管藻的提取物中发现了 DMSP 裂解酶。酶活性对温度的敏感性高于对 pH 的敏感性，在 0～35%硫酸铵中表现出 90%酶活，在抽提物中加入清除剂则活性增加。这些结果表明，DMSP 裂解酶是疏水性的，在细胞内很可能是被膜包被的。在单胞藻类中，通过对 DMSP 裂解酶研究发现，在完整细胞中酶活性被疏水性的巯基二硫酶所屏蔽，酶活性不表现为随细胞渗透势的变化而变化，DMSP 裂解酶是位于膜外的膜复合物。因此，在完整细胞中，只能够产生相对少量的 DMS，细胞内降解是 DMS 的次要来源途径。

2) 细胞外生成

细胞外生成是 DMS 的主要来源途径。在藻类衰败阶段，海水 DMS 含量较高。骨条藻衰老期的 DMS 产量比生长期多 7 倍，而一种甲藻衰老期产量则比生长期多 24 倍。在生长期，藻类细胞内积累的 DMSP 不易透过正常的藻类细胞膜释放到细胞外，起着维持细胞渗透压的作用，而到衰老期，细胞破裂，细胞内 DMSP 就可释放到海水中，被细菌分解产生大量的 DMS。

浮游动物的摄食也可以大幅度地导致藻类细胞破裂，产生大量的 DMS。总之，由各种原因导致的藻类细胞破裂是产生大量 DMS 的主要途径。

5.2.4.2 二甲基硫含量的控制机制

DMS 主要来源于 DMSP，而不同海藻藻种或海藻在不同生理状态、环境条件下的 DMSP 含量有很大的不同。藻体中 DMSP 的含量受到生物、非生物因素如生物种类、细胞年龄、盐度、光照、温度和营养盐等的影响。

(1) 生物种类

现有的研究表明，海洋中的许多浮游植物细胞中含有 DMSP，从极地到热带各式各样的生态系统中，都发现了合成并积累 DMSP 的藻种。海藻 DMSP 含量与其分类位置有很大的关系，其中，大部分 Chl a/c 型单细胞浮游植物如三毛金藻(*Prymnesiopytes*)、甲藻(*Dinophytes*)、某些硅藻(*Diatoms*)、金藻(*Chrysophytes*)、绿色植物(Chl a/b 型)属于高生产者，多数 Chl a/b 型单细胞浮游植物属于低生产者，大部分蓝藻含很少或不含 DMSP，淡水蓝藻却含有相当数量的 DMSP。常见海洋浮游植物中，甲藻纲的原甲藻属(*Prorocentrum*)和前沟藻属(*Amphidinium*)的 DMSP 含量最多，定鞭金藻纲的棕囊藻属(*Phaeocystis*)是 DMSP 高产种，而绿胞藻纲、绿藻纲、隐藻纲、裸藻纲的 DMSP 含量较少。除拟货币直链藻(*Melosira nummuloides*)产生的 DMSP 较多外，大部分硅藻 DMSP 含量较少。大型藻类中，多数 Chl a/b 型种类积累高水平 DMSP，在 Chl a/c 和 Chl a 型大型藻类中除个别种类外，都只测到少量的 DMSP。在大型海洋藻类中，以绿藻纲的石莼(*Ulva*)、浒苔(*Enteromorpha*)、松藻(*Codium*)，红藻纲的多管藻藻体中 DMSP 含量较多，而褐藻的 DMSP 含量很低。

(2)光照

通常认为光合作用是海洋植物在有氧条件下合成 DMSP 的先决条件，因为硫以硫酸盐形式被吸收，必须先还原成硫化物，光强和日照长度都能影响藻细胞 DMSP 含量。来自不同区域的绿色大型藻类其 DMSP 浓度随着辐射强度的增大而增加，随着日照长度的缩短而降低，反之亦然，在黑暗处，其 DMSP 的生产能力往往很低。有些现象表明，光周期对 DMSP 含量的变化也起重要作用。例如，短日照植物(*Urospora penicilliformis*)在短日照(6h 日长)条件下，光强几乎不产生影响，其 DMSP 浓度低并保持稳定；然而在长日照(18h 日长)条件下，DMSP 浓度随着光强的提高而增加。在南极分离到的两个藻种 *Phaeocystis antarctica* 和 *Chaetoceros socialis* 在低光强条件下，释放 DMS 达到最大值，而 *Nitzschia curta* 和 *Thalassiosira tumida* 则在高光强下释放 DMS 最多。这些结果表明对 DMSP 含量起直接作用的不是光强而是光周期，因此，研究光照对 DMSP 含量的影响应该把藻细胞的生理状态考虑进去。

(3)营养盐

营养盐在藻类生长中起着重要的作用，充足的营养盐可以使浮游植物生长旺盛，从而生产更多的 DMSP。实验研究了磷限制与海水 DMS 浓度的关系，发现在水华过后出现 DMS 最大值，DMSP 则在水华出现时达到最大，但没有明显的证据表明磷限制对 DMS、DMSP 生产有何影响。然而研究观察到氮限制条件下藻细胞产生更多的 DMSP。在营养缺乏、生产力水平较低的马尾藻海(Sargasso Sea)，海水 DMS 含量很高。这是由于该环境缺乏硝酸盐，藻细胞无法合成含氮的有机调节剂(如脯氨酸、甜菜碱)，因而合成大量 DMSP。有科学家在实验室研究了不同初始硝酸盐浓度环境下藻类的 DMS 和 DMSP 释放量，发现高硝酸盐环境比低硝酸盐环境生成浓度更低的 DMSP。

(4) 盐度

大多数的单胞藻类没有细胞壁作为屏障，其适应环境盐度变化是通过改变细胞渗透压来实现的。当环境变化时，藻细胞能迅速调整各种渗透压调节剂的含量。DMSP 在藻体中也起调节渗透压的作用，虽然其不能如其他渗透压调节剂那样对环境变化作出快速反应，但在较长时间培养下表现为 DMSP 含量随着盐度的增加而增加。

(5) 温度

水温的变化改变了海藻和细菌的生理状态，从而改变了 DMSP 的生产量。同时，水温的变化可改变浮游植物的生物量，从而改变 DMSP 的量。DMSP 在藻体中可能起着抗冻剂的作用，极地大型藻类 Chlorophytes 和温带的同系物相比，明显含有更高水平的 DMSP。在不同温度下培养也发现 DMSP 含量随着温度降低而增加，表明 DMSP 可能为一种抗冻剂。从极地种 *Acrosiphonia arcta* 中苹果酸脱氢酶的表现获得支持这一观点的证据。他们发现在细胞抽提物中，DMSP 能使苹果酸脱氢酶在–2℃仍保持稳定的酶活力，随其浓度的增加，细胞的冰点降低。浮游植物中的 DMSP 是否起抗冻剂作用还有待进一步证实。

此外，近年来由于海洋水色大尺度分布资料可由遥感获得，通过叶绿素与遥感的相关系数可推算海洋浮游植物的分布状况。许多学者对 DMS 与叶绿素之间的关系进行了探讨，试图通过海域叶绿素分布来估算海水 DMS 的含量。由于藻类 DMS 产量存在很大的种间差别，因此 DMS 与海区总的叶绿素含量不一定有明显的相关关系。但 DMS 的产量可能与个别藻类的叶绿素含量存在着对应关系，两者之间的相关性随不同海域的藻种不同而变化。

5.2.4.3　二甲基硫的释放与消除

海水中的 DMS 一旦生成，立即发生各种作用而被转化、降解或排放到大气中。海洋 DMS 的去除主要有 3 个途径：光化学氧化、向大气排放及微生物降解。据估计，在全球范围内，表层海水中 DMS 的光化学氧化速率约为 0.15mg/(m^2·d)(以 S 计)，全球平均海-气通量约为 0.20mg/(m^2·d)(以 S 计)；据报道，在太平洋的热带海域，DMS 的微生物降解速率比海-气交换速率大 30～40 倍，因此认为微生物降解是海水中 DMS 去除的最主要途径。

(1) 微生物降解

现已了解到无论在缺氧或者在富氧环境下，DMS 均可被细菌氧化和代谢。对沉积物中的 DMS 进行厌氧分解研究发现，SO_4^{2-}还原菌及甲烷生成菌可除去海洋沉积物中的 DMS 与 DMSP。研究也发现，DMS 可被细菌氧化成 DMSO，同时在某些细菌作用下又可被还原成 DMS，这两个路径可构成 DMS 与 DMSO 在海水中的循环。DMS、DMSO 被好氧菌作为碳源和能源利用这一过程是不可逆的，这可解释太平洋海水中细菌对DMS的消耗速率比海-气交换的DMS快10倍这一现象。

(2) 光化学氧化

在天然光敏剂作用下，海水中的 DMS 发生光化学氧化生成二甲基亚砜(DMSO)。海洋中存在的其他化学氧化剂也可把 DMS 氧化，生成 DMSO 或 $DMSO_2$。实验研究表明 DMSO 是 DMS 发生光化学氧化的唯一产物。DMSO 在各种海洋环境中广泛存在，其浓度远高于 DMS 浓度并能在海藻中测定。海水中 DMSO 的来源及其在生物地球化学循环中的意义尚不清楚，有待进一步研究。

(3) 向大气排放

据估计，全球每年海洋产生的 DMS 折合成硫达 38Tg，分别占全年总硫排放量和全年天然硫排放量的 10%和 60%。海洋是大气中 DMS 的重要来源，DMS 海-气交换速率的研究引起高度重视。目前，DMS 海-气变换通量多采用传输模式进行计算。海区调查表明，DMS 海-气变换通量呈现明显的季节变化，且与海水的表层 DMS 浓度呈正相关。DMS 进入大气的通量取决于海水 DMS 浓度、海水温度及海面风速。

5.2.4.4　海洋释放二甲基硫对环境的影响

DMS 是海洋中主要挥发性硫化物，在维持地球硫循环平衡中起着重要的作用。同时，排放到大气中的 DMS 逐渐被氧化成 MSA、DMSO、$DMSO_2$ 等物质，这些物质在大气中的转化及作用，对全球变化有重要的意义。

(1) DMS 对酸雨的贡献

DMS 的氧化产物 SO_2、SO_4^{2-}和 MSA 是酸性物质，能够影响大气气溶胶及降水的酸碱度。在远离石油燃烧区域，这些化合物是酸性物质合成的主要来源。DMS 氧化产物对雨水呈酸性的贡献在各个地区不尽相同，在污染严重的地区相对较小，而在遥远海域上空则为主要贡献者。Nguyen 在阿姆斯特丹岛观测得出 MSA 和 NSS-SO_4^{2-}对酸雨的贡献率为 40%，可见，DMS 对雨水呈酸性的贡献相当可观。

(2) DMS 的气候调节机制

DMS 的大气氧化产物是远离陆地海域的微米以下气溶胶颗粒的主要来源。这些气溶胶颗粒通过散射和直接吸收辐射直接影响气候，还通过改变云的漫反射系数间接影响气候。据估计，每增加 30%可作云凝结核的气溶胶粒子会降低地表温度约 1.3℃。海水排放到大气中的 DMS 及其在大气中的氧化产物形成的气溶胶使云的反照率增强，导致地表温度及海水温度下降，对气候产生影响，结果是降低了浮游植物初级生产力，DMS 排放亦减少，因此，此过程被认为是控制地球温度的负反馈系统，海藻和云之间的关系代表一种气候调节机制。近年，用地球模型检测大气和人工排放硫化物对气溶胶光学厚度的作用，结果表明虽然人工硫排放物在全球尺度上占主要地位，但其在源区附近就能够迅速沉降，这意味着生源硫化物可能是控制全球气候变化的重要因子。

5.3　铁的生物地球化学作用与“铁肥效应”

5.3.1　铁的生物地球化学作用

铁在海洋水体中的含量为 0.1～25nmol/dm^3，属于痕量金属元素。但是含量如此低的铁元素具有极为丰富的生物地球化学功能。铁元素在海洋生物圈的生产(光合作用过程)和消费(呼吸作用过程)中都有着重要的作用并具有不可替代性。在海洋生物地球化学循环过程中，电子传递、氧的新陈代谢、氮的吸收利用、光合作用、呼吸作用等过程都需要铁的参与。铁在海洋中的分布对气候变化，尤其是温室效应有着重要的影响。

5.3.1.1　海洋中铁的生态学功能

(1) 铁在海洋浮游植物光合作用中的功能

光合作用是海洋生源要素循环和海洋生物地球化学过程中的一个重要环节。这一过程中，浮游植物(主要是藻类)利用太阳能将从空气和水体中吸收的二氧化碳与水合成葡萄糖并且释放出氧气。通过光合作用，太阳能转化成为化学能进入海洋能量循环过程；无机物(CO_2)变成有机物($C_6H_{12}O_6$)进入海洋物质循环过程。

$$12H_2O + 6CO_2 + \text{阳光} \xrightarrow{\text{与叶绿素产生化学作用}} C_6H_{12}O_6 + 6O_2 + 6H_2O$$

光合作用的电子是通过光合作用电子传递链(photosynthetic electron transfer chain)传递的。该传递链是由一系列的电子载体构成的，而铁元素以铁氧化还原蛋白(Fd)和细胞色素复合体(cytochrome complex)的存在形态，是作为电子传递体起作用的。

细胞色素是一类以铁卟啉(或血红素)作为辅基的电子传递蛋白，广泛参与动、植物、酵母以及好氧菌、厌氧光合细菌等的氧化还原反应。细胞色素作为电子载体传递电子的方式是通过其血红素辅基中铁原子还原态(Fe^{2+})和氧化态(Fe^{3+})之间的可逆变化。在光合作用中起作用的细胞色素 b/f 复合体是一个复合多肽，由一个细胞色素 b6、一个细胞色素 f、一个铁硫蛋白和一个 17kDa 的多肽组成。

光合作用主要的两种电子传递链如下。

循环电子传递链：光系统 1→初级接受者(primary acceptor)→铁氧化还原蛋白(Fd)→细胞色素复合体→质体蓝素(含铜蛋白质)(Pc)→光系统 1。

非循环电子传递链：光系统 2→初级接受者(primary acceptor)→质体醌(Pq)→细胞色素复合体→质体蓝素(含铜蛋白质)(Pc)→光系统 1→初级接受者→铁氧化还原蛋白(Fd)→NADP+还原酶(NADP+ reductase)

在这两种电子传递链中，铁元素都起着很重要的作用。

图 5-19 显示了在不同光照强度下隐藻的生长情况，从中可以看出，藻细胞的生长率与光照强度之间呈指数相关关系，光照强度对藻类的生长率产生明显的影响。在低光照强度下，培养液中 Fe 的浓度分别为 20nmol/dm^3 和 1.0μmol/dm^3 时，藻细胞生长率均很低，两个 Fe 浓度水平下的最大藻细胞生长率都出现在光照强度为 150μmol/(m^2·s)时，当光照强度再增大时，藻细胞的生长率降低，反映出隐藻生长的光饱和值约为 150μmol/(m^2·s)，此时的藻细胞生长率要高出最低光照强度 2μmol/(m^2·s)时藻细胞生长率 10 倍；两个 Fe 浓度水平下藻细胞生长的半光饱和值均约为 47μmol/(m^2·s)。在光照强度为 200μmol/(m^2·s)时，藻细胞的生长率开始下降，反映出过强的光照对藻细胞生长的限制作用，这说明在营养物质满足藻类生长的条件下，光照强度可对藻细胞的生长率产生重要的作用。还可以看到，在相同的合适光照强度[60～150μmol/(m^2·s)]下，培养液中 Fe 浓度为 1.0μmol/dm^3 时藻类的生长率明显高于 Fe 浓度为 20nmol/dm^3 时的生长率；但是，在低光照强度[2～40μmol/(m^2·s)]或在强光照强度[300μmol/(m^2·s)]下，在两种 Fe 浓度下的藻类生长率差异均很小，这说明藻类的生长同时受到光照强度和铁元素限制。

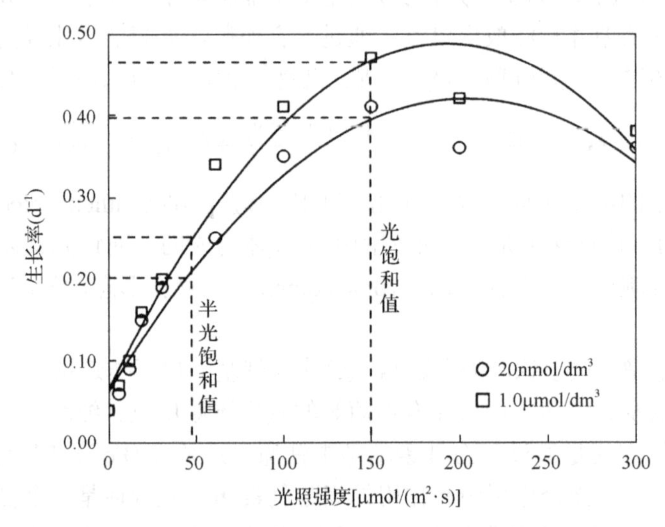

图 5-19　不同铁浓度下藻细胞生长率与光照强度的关系

(2)铁在海洋生物呼吸链中的电子传递功能

有机物在生物体内氧化分解的产物是 CO_2、H_2O 和能量。

$$C_6H_{12}O_6+6O_2 \longrightarrow 6CO_2+6H_2O+\text{能量}(17.1kJ/g)$$

这种氧化过程是与呼吸过程结合进行的。其释能过程经线粒体内膜上的一套酶系统催化完成，此酶构成了链状反应，称为呼吸链。有机营养物质经消化、吸收进入细胞内的线粒体，脱氢，经呼吸链的逐步传递，最后将氢交给氧使其变成水，与此同时产生能量供机体利用。

呼吸链的传递过程如图 5-20 所示。

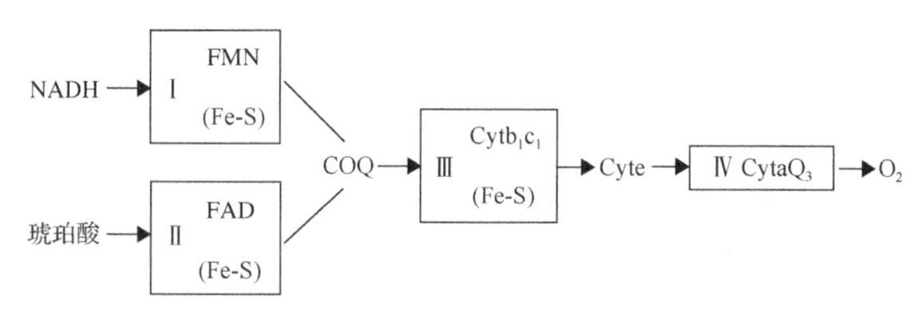

图 5-20　生物体内呼吸链的传递过程

组成呼吸链的前 3 种复合物都含有铁硫蛋白(iron-sulfur protein, Fe/S protein)。铁硫蛋白是含铁的蛋白质，也是细胞色素类蛋白。铁硫蛋白分子的中央结合的不是血红素而是铁和硫，称为铁-硫中心(iron-sulfur center)(图 5-21)。

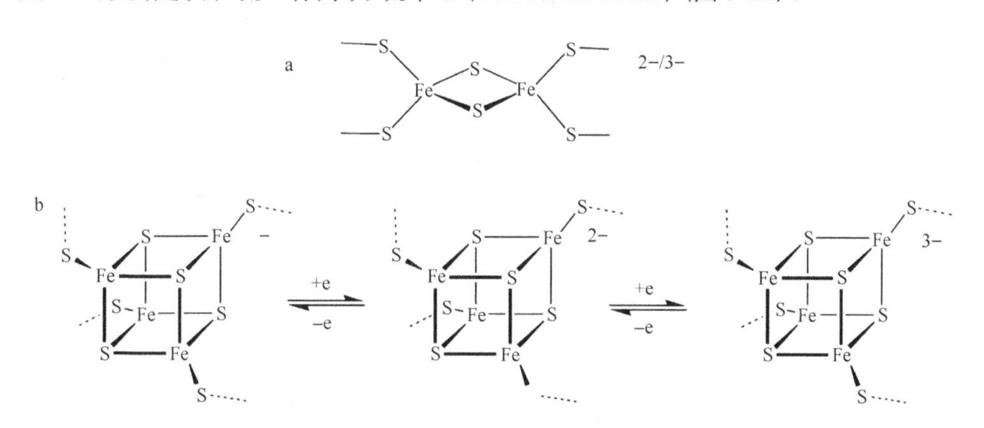

图 5-21　两种类型的铁硫蛋白的结构

a. 2Fe-2S 型铁硫蛋白；b. 4Fe-4S 型铁硫蛋白

铁硫蛋白是一种重要的电子传递体，这类蛋白质的特征是含有非血红素铁和对酸不稳定的硫，称它为非血红素铁蛋白。在氧化态时，铁硫蛋白中的铁原子都是+3 价的；当铁硫蛋白被还原时，其中 1 个铁原子被还原成+2 价铁，以此起传递电子的作用。

细胞色素(cytochrome)是含有血红素辅基(图 5-22)的一类蛋白质。在氧化还原过程中，血红素基团的铁原子可以传递单个的电子。血红素中的铁通过 Fe^{3+}和

Fe^{2+}两种状态的变化传递电子；在还原反应时，铁原子由 Fe^{3+}状态转变成 Fe^{2+}状态；在氧化反应中，铁由 Fe^{2+}转变成 Fe^{3+}。

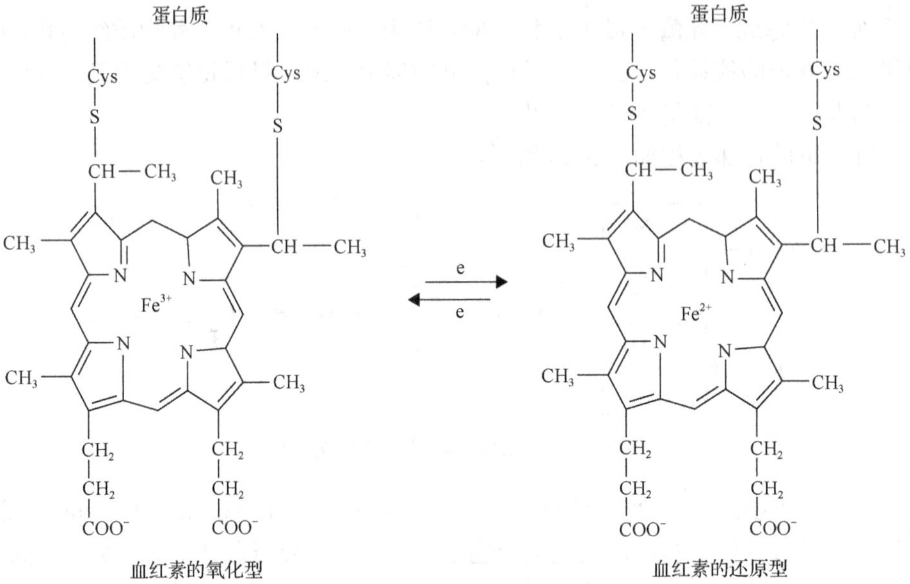

血红素的氧化型　　　　血红素的还原型

图 5-22　细胞色素 c 血红素基团的结构及其氧化还原状态的变化

细胞色素 4 个卟啉环都含有侧链，不同的细胞色素所含侧链不同。图 5-22 中所示的是细胞色素 c，血红素与多肽的两个半胱氨酸共价结合，但在大多数细胞色素分子中，血红素并不与多肽共价结合。

呼吸链中细胞色素的组成及电子传递顺序为 b→c1→c→aa_s(图 5-23)，它们都是以血红素为中心的含铁蛋白，其分子内卟啉环中的铁能够进行可逆的氧化还原反应，Fe^{3+}接受电子还原成 Fe^{2+}，然后再将电子传递给另一个 Cyt，最后由 Cytaa3 将电子传递给 O_2，使氧活化成氧离子(O^{2-})，再与介质中的 $2H^+$结合成水。

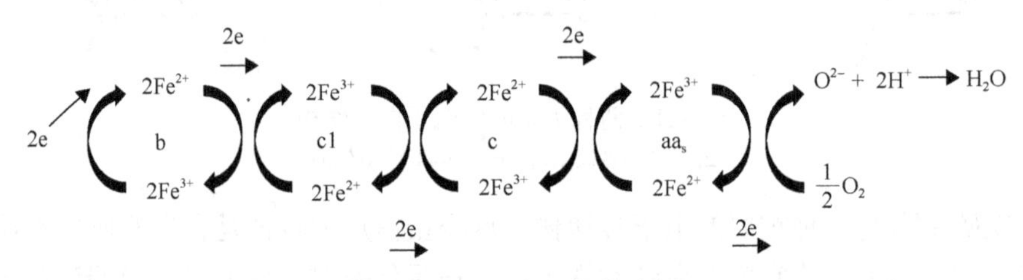

图 5-23　Cyt 电子传递过程

由此看来，铁是重要的氧载体和电子传递体，影响着生物体的物质代谢和能量代谢。

(3)铁在生物体能量代谢中的载体作用

生物体内的能量代谢主要是通过氧完成的。氧的生物功能包括通过氧化有机营养物质为细胞提供能量，参与某些氧化性代谢和生物合成等，其基本反应相当于有机物的完全氧化：

$$C、H+O_2 \longrightarrow CO_2+H_2O$$

C、H 被氧化成 CO_2 和 H_2O，这一反应实质上是光合作用的逆向反应。从反应的起点和终点看，它与无机生物的燃烧相同，但生物体内的能量和物质代谢有其本身的特点：生物体以自由能形式释放和贮存能量；生物体内进行的物质及能量转化需在恒温(37℃左右)、近中性的水溶液中完成；生物体内的物质与能量转化是多种多样的，每个细胞都能产生、贮存和利用自由能，以保证定时、定点、定量地提供能量和对物质加工；有机物氧化反应的最终产物 CO_2 由肺呼出。

可以把能量代谢中氧的利用表示为图 5-24。

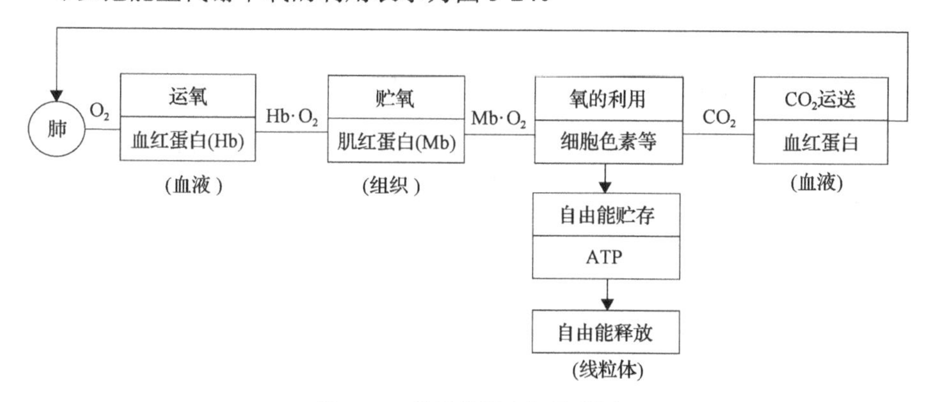

图 5-24　能量代谢中氧的利用

每一环节的完成都有一种或几种生物物质作为基础，包括可运送氧并可运送 CO_2 经肺呼出的血红蛋白(Hb)，它存在于红细胞内，也包括在组织中负责从 Hb 中获得氧并贮存起来的肌红蛋白(Mb)以及定位于线粒体内膜呼吸链中的电子传递系统，使有机代谢物最终氧化生成 CO_2 和 H_2O。这里，Hb、Mb 和电子传递系统中的细胞色素(Cyt)都是血红素，即都是以铁的卟啉络合物为辅基的蛋白质。

铁在生物体内的存在形式可分两大类：血红素类和非血红素类。非血红素类主要有运铁蛋白、乳铁蛋白、铁蛋白、含铁血黄素及一些酶类；而血红蛋白、肌红蛋白及细胞色素即为血红素类，起到参与体内物质及能量的代谢的载体作用。

Hb 和 Mb 的运氧及贮氧功能都依靠血红素中 Fe^{2+} 与 O_2 的配位结合：

$$Hb \cdot Fe^{2+}+O_2 \rightleftharpoons Hb \cdot Fe^{2+}O_2$$

$$Mb \cdot Fe^{2+}+O_2 \rightleftharpoons Mb \cdot Fe^{2+}O_2$$

所以二者都属于运氧载体。它们的作用是：Hb 能在肺泡中尽量结合较多的本来难溶于水的氧，在需氧组织中把氧转给 Mb，并在这里使 CO_2 溶解在血液中，即要求下列氧转移反应在氧分压较低的组织中进行：

$$Hb \cdot O_2 + Mb \rightleftharpoons Mb \cdot O_2 + Hb$$

在氧分压高的肺泡处，Hb 能较快较多地结合 O_2，而在氧分压低的组织中，它又能把 O_2 转给与氧结合能力比它强的 Mb，这一性质是由它们的分子结构决定的。

Hb 含铁 0.34%，每个红细胞含 2.8 亿个 Hb 分子，每个 Hb 分子由 4 个亚单位组成，每个亚单位以铁原子为核心，与很多 C、H、O、N 结合成亚铁血红素，再与肽链结合。每个铁原子和一个分子氧结合。可见，Hb 的运氧效率是很高的。

Mb 和 Hb 一样，存在于肌肉中，每个肌红蛋白分子为单一的肽链，并含有 1 个亚铁血红素，成为肌肉中的“氧库”。

(4) 铁在海洋固氮过程中的功能

生物固氮的机制：利用一个称为固氮酶的酶复合体将 N_2 转化为生物可利用的 NH_3（图 5-25）。固氮酶由两个蛋白质组成：一个铁蛋白和一个钼铁蛋白。

$$N_2 + 8H^+ + 8e + 16ATP = 2NH_3 + H_2 + 16ADP + 16Pi$$

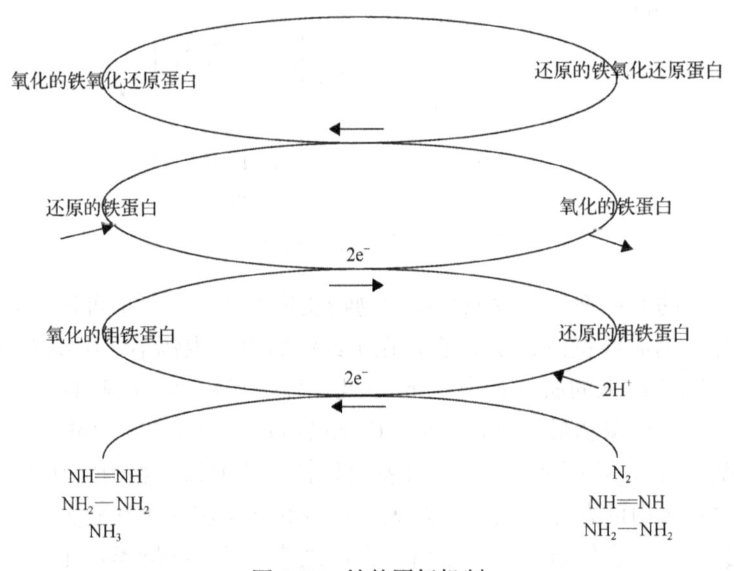

图 5-25　铁的固氮机制

铁蛋白被铁氧化还原蛋白提供的电子还原，然后还原的铁蛋白结合 ATP 并还原钼铁蛋白，后者提供电子给 N_2，生成 HN═NH。在该过程的后两个循环中（每个循环都需要铁氧化还原蛋白提供电子），HN═NH 被还原成 $H_2N—NH_2$，接着又被还原成 $2NH_3$。

铁氧化还原蛋白通过光合作用、呼吸作用或发酵产生，这取决于生物类型。

(5)铁与植物体内活性氧代谢间的关系

活性氧在植物体内过多，会攻击蛋白质、脂类、DNA 碱基，引发和加剧生物膜脂过氧化作用，膜系统遭破坏，膜透性改变，从而导致细胞结构的破坏，细胞内生理生化反应紊乱。逆境胁迫下如水分、温度、光照、盐渍、病害、污染及衰老，均会引起植物体内产生过多的活性氧，植物体内与活性氧代谢有关的反应如图 5-26 所示。

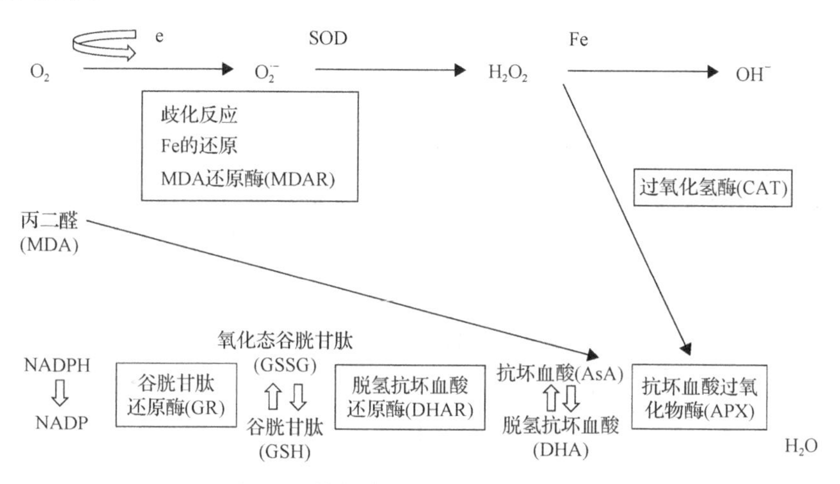

图 5-26　植物体内活性氧代谢有关反应

与细胞内重要组分如蛋白质、磷脂和 DNA 结合的铁，也可以通过 Haber-Weiss 反应产生羟自由基。细胞膜上与巯基(-SH)和磷酸基结合的铁过量，往往会导致膜区域羟自由基过多，因而对膜产生伤害。植物体内多数铁是以 Fe^{3+}形态存在。+3 价铁化合物被生理还原剂如抗坏血酸还原为+2 价铁，+2 价铁化合物被氧化产生·OH。

5.3.1.2　海洋中铁的来源与分布

铁在大洋中是一种浓度极低的活性金属，是浮游植物生长不可或缺的一种微量营养元素，具有在表层海水中浓度低、深层海水中浓度高的特点。近岸海水中铁的浓度较高，可达 0.05～10μmol/dm^3，大洋水中铁的浓度仅为 0.05～2μmol/dm^3。在表层水中由于浮游植物的吸收，铁的浓度较低，而在深层水中铁的浓度随浮游植物的减少而增加。

海洋中的铁总量是丰富的，但表层铁的含量较低。在现代海洋的氧化环境下，铁在表层海水中停留的时间很短，大部分很快转化为稳定的颗粒态，其循环过程见图 5-27。

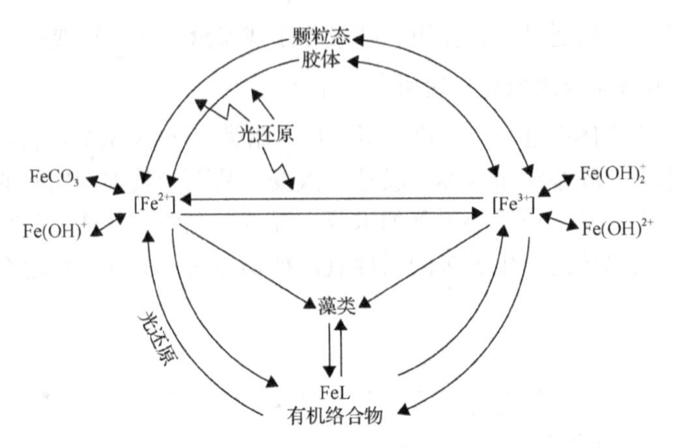

图 5-27　表层海水中铁循环示意图

海洋中铁的来源主要包括河流输入、大气干湿沉降、冰山冰川输入、海底沉积物扩散、海底热液输入等，表 5-10 汇总了各种来源的铁输入通量。图 5-28 是北太平洋海水铁的典型垂直分布。

表 5-10　输入海洋的铁通量

来源	通量($\times10^{12}$g Fe/a)	来源	通量($\times10^{12}$g Fe/a)
河流颗粒铁*	625～962	大气沉降	16
冰川沉积物*	34～211	海底热液	14
沿岸侵蚀*	8	海底沉积物	5
河流溶解铁	1.5		

注：*表示主要影响近岸海区，不能有效输送到开阔大洋

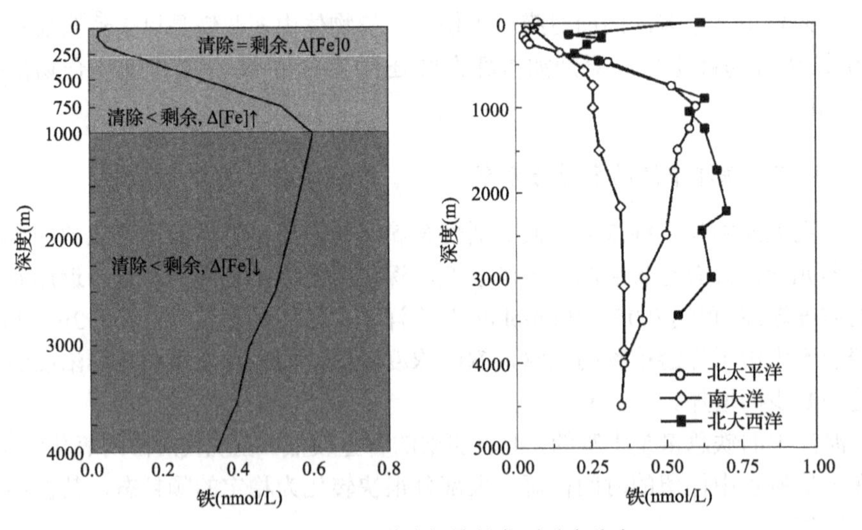

图 5-28　北太平洋溶解铁的典型垂直分布

(1) 河流输入

河流是陆地与海洋之间的纽带，全球河流流域面积总计 $10^5 \times 10^6 km^2$，总径流量 $36 \times 10^6 km^3/a$，每年向全球大洋输送溶解和颗粒态物质总计 $20 \times 10^{12} kg$，对近海初级生产活动起着重要的支撑作用。河水中的铁主要以颗粒态形式存在，溶解态与之相比则低出很多。全球河流溶解铁浓度平均值为 716～1180nmol/dm^3，全球河流溶解铁入海通量为 $(1.50 \sim 2.47) \times 10^9 kg/a$。河流溶解铁中有很大一部分 (约 45%) 出现在 0.5～50nm (胶体的一部分)，其中少量分布在 0.5～3nm 有机碳胶体范围，大部分分布在＞3nm 的富铁胶体 (氢氧化铁峰值在 5～15nm，但＞50nm 的也有)。

河口作为河流和海洋的连接器，对陆源物质起到“天然过滤器”的作用。除个别大型河流冲淡水可以冲出陆架区之外 (如亚马孙河冲淡水可以远至河口外千公里)，大多数河流输送的颗粒物会被近岸海区有效捕获，一些溶解物质还经历河口区的改造过程。河流输送的溶解铁在河口混合过程中通常呈现清除型行为，相当大比例的溶解铁在河口低盐范围内即被清除出水体，但不同河口区溶解铁的清除比例会有差异，而在更高的盐度范围内溶解铁呈现近保守混合行为，当河水与人工海水混合时，受絮凝聚合过程的影响，＞3nm 的富铁胶体和有色溶解有机质 (colored drssolved organic matter，CDOM) 被大量清除，而 0.5～3nm 荧光溶解有机质 (fluorescent dissdved organicmatter，FDOM) 的浓度几乎没有变化，在河水与海水逐渐混合的过程中可以保存下来。天然河流中腐殖质在含量、粒径、芳香性、官能团方面的差异可能导致河口混合过程中溶解铁清除比例存在差异。除常见的清除型行为外，也有少数研究在某些河口区观察到溶解铁呈现近保守混合乃至添加行为。

(2) 大气干湿沉降

大气气溶胶是悬浮在大气中的固体和/或液体颗粒物，只占大气质量的一小部分，但能对海洋生物地球化学产生大的影响，乃至影响全球气候变化。气溶胶的主要来源包括干旱和半干旱地区的沙尘、化石燃料及生物物质的燃烧、火山喷发尘埃、海洋飞溅颗粒、地外星系尘埃等。不同来源的气溶胶在化学成分、粒径大小、时空分布等方面可能存在较大差异。气溶胶通过干沉降和湿沉降 (主要是降雨) 两种方式从大气中清除。据估算全球大气沉降总通量为 $1.7 \times 10^{12} kg/a$，其中接近 2/3 来自北非的撒哈拉沙漠。沙漠尘埃气溶胶主要由直径 0.1～10μm 的颗粒组成，平均粒径约为 2μm，其中粗颗粒沙尘离开源地不远即再次沉降到地面，寿命可能只有数小时，而细粒径的尘埃能在长达数周的时间尺度上于在几公里高的空中输送到数千公里外的区域，据估算每年输送到大洋中的沙尘通量为 $0.45 \times 10^{12} kg$，其中输送到北大西洋、南大西洋、北太平洋、南太平洋、印度洋和南大洋的沙尘分别占总量的43%、4%、15%、6%、25%和6%。

大气干沉降贡献的是颗粒铁，而大气湿沉降(主要是降水)除贡献颗粒铁外还能向海洋输入溶解铁。每年降水向全球海洋输入约10^{10}mol量级的溶解及颗粒铁，相当于全球海洋表层10m水体铁储量的30多倍。美国北卡罗来纳威明顿和新西兰沿海区域的研究表明，雨水样品中溶解铁有＞50%的比例以Fe(Ⅱ)(aq)形式存在，而在海洋风暴事件中采集的海上雨水溶解铁中Fe(Ⅱ)(aq)占比更是高达80%以上。有研究指出雨水Fe(Ⅱ)(aq)在入海后至少4h可以保持不被氧化，明显长于海水原Fe(Ⅱ)的半衰期。有研究表明雨水中疏水性可提取溶解有机物(EDOM)与Fe(Ⅱ)的络合物提供了低价铁较长时间保存的机制，该EDOM-Fe(Ⅱ)络合物的键合强度与菲洛嗪络合物强度相当，表明该Fe(Ⅱ)配体属于在天然水体中观测到的最强Fe(Ⅱ)配体之一，除此强配体之外，雨水EDOM中含有的弱Fe(Ⅱ)配体也能帮助减缓Fe(Ⅱ)在海水中的氧化，但在附近河水中提取的EDOM并不具备这种保护功能。所以，降水可能是海洋表层水体稳定、可溶、高生物可利用性Fe(Ⅱ)(aq)的重要来源，铁的输入对浮游植物的生长具有重要意义。

(3)冰川冰山输入

冰山是存在于极地海区、可以随风和洋流移动并逐渐融化在周围海水中的大块冷冻淡水，产生于极地冰盖的崩解过程，据估算，目前南极大陆冰架崩解量为$(1.32\pm0.144)\times10^{15}$kg/a，整个冰架基底重量损失为$(1.45\pm0.174)\times10^{15}$kg/a。从冰山尺寸分布看，边长大于18km的巨型冰山体积约占所有冰山总体积的一半，对南极大陆周边从小型到巨型冰山的漂移及融化过程进行的气候态模拟结果显示，如果模拟初始化条件连续输入更大尺寸的冰山，将导致：①冰山融水量的季节性分布趋于平均化，②58°S以北海区冰山融水量增加，以及近岸海区冰山融水量减少。在全球气候变化的大背景下，极地冰架融化速率加快，每年有更多的冰川融水直接汇入海洋，而冰盖的崩解也可能形成数量更多、体积更大的冰山进入海洋，随洋流输送到更远的海区。

与冰山融水入海相伴发生的是溶解及颗粒铁的输入。由于冰川崩解/融化具有明显的季节性变化，融化不同阶段融水溶解铁浓度也有很大的变化，加上观测数据的稀少，目前对冰川源贡献溶解铁量级的评估还有很大的不确定性。研究发现南极东部海区海冰中总溶解铁浓度比冰下海水中高出一个数量级，融冰期间，海冰向表层海水输出的溶解铁占到各源(大气沉降、垂向扩散、上升流等)输入总铁量的70%。在春夏相交季节，对南极西威德尔海进行了浮冰消融过程中溶解铁浓度变化的时间序列观测，发现随着融冰过程的进行，海冰和冰雪融水中溶解铁浓度逐渐降低，海冰释放总铁量的约70%发生在最初10d的融化过程，浮冰对西威德尔海铁的生物地球化学循环具有重要意义。分析2003～2013年南大洋开阔海区

17 个巨型冰山运移路径的海洋卫星图像发现，冰山经过后，在超出冰山长度 4～10 倍的半径范围内，海水叶绿素的含量明显增加，持续时间长达一个多月，如果在巨型冰山影响范围内初级生产碳输出量增加 5～10 倍，则南大洋向下碳输出量的 1/5 源自巨型冰山融化引起的施铁肥作用。对格陵兰冰盖冰川融水的研究表明，其溶解和颗粒铁浓度高达毫摩尔量级，其中颗粒铁比溶解铁平均高出一个数量级，淋洗实验表明约 50%的颗粒铁具有潜在的生物可利用性，以此推算冰川融水是周边海区及大西洋重要的生物可利用铁源。对北极斯瓦尔巴群岛巴耶尔瓦河的研究表明，冰川融水中 80%的溶解铁在输送途中丢失，而后又有 90%的溶解铁在河口区混合过程中被清除出水体，最终入海的溶解铁通量可能仅占到冰川融水铁通量的 2%。

(4) 海底沉积物扩散

陆架沉积物是边缘海水体重要的铁源，其向上输送的铁可以用于支持近岸浅水区域初级生产活动。沉积物贡献溶解铁通量的评估方式通常有两种，传统上为采集沉积物柱状样，在氮气保护下按照一定的厚度间隔切片，取间隙水离心过滤或者使用间隙水采样器采集，然后根据上层数厘米厚度间隙水中溶解铁浓度梯度，利用 Fick 扩散定律进行通量计算；另一种为在沉积物底界面放置底置通量箱(benthic flux chamber)，围隔一定面积和高度的沉积物及其上覆水柱，装置内的注射器会按照设定的时间间隔自动抽取上覆水，待装置回收后过滤、测定溶解铁浓度随时间的变化，从而实现对沉积物溶解铁通量的直接测定。在加利福尼亚近岸为期 5 年的研究发现，使用通量箱现场测定的数据比根据间隙水铁浓度梯度计算的数值平均高出 75 倍。造成这种差异的因素主要有两个，一是柱状样切样间隔(0.5～1cm)不足以反映沉积物-海水界面反应过程的真实空间分辨率，实际反应过程空间分辨率可能更精细；二是生物灌溉在增强溶解铁释放上起到很大作用，但浓度梯度计算方式不能反映出这一点。

研究表明沉积物溶解铁通量主要受控于沉积有机碳氧化速率和底层水体溶解氧浓度这两大因素。据估算，全球陆架边缘沉积物贡献溶解铁通量总计$(109\pm55)\times10^9$mol/a，其中 0～200m 等深线陆架和 200～2000m 等深线陆坡区沉积物分别贡献 72×10^9mol/a 和 37×10^9mol/a。陆架沉积物不仅能为上覆水体提供溶解铁(上升流存在的情况下输送更可观)，在离岸流存在的情况下还能实现向外海的输送。控制北太平洋溶解铁分布的机制研究表明，海区次表层水沿海岸流动过程中通过混合作用不断地从陆架吸收沉积铁，然后在某处海区沿岸流离开海岸做离岸运动，如此沉积铁被向外输送到开阔海域，其传送距离可达 900km 之远。

(5) 海底地下水输入

海底地下水排放(submarine groundwater discharge，SGD)是海岸带陆海相互作

用的一个重要过程，是全球范围内普遍存在的一个自然现象。从大陆边缘的海底输送到近岸海区的所有水流，不管其水体组成及驱动因素是什么，统称为 SGD。SGD 可以以开放的形式及面状或者带状渗流的形式存在。无论是来自陆地还是再循环的海水，SGD 都会与沉积物组分发生相互作用，该过程使得 SGD 富含营养盐、重金属等物质，因此 SGD 被认为是近岸海区生物地球化学组分的重要来源。使用 Ra 同位素方法得到美国东部某海湾 SGD 通量约占该区域同期河流入海径流量的 40%。对巴西东南部近岸海区 SGD 研究发现，该区域地下水中铁的浓度变化范围为 0.6～180μmol/dm^3，地下水的排放造成近岸表层海水溶解铁浓度高达数 μmol/dm^3 量级，研究人员评估该区域 240km 长的海岸线及相应陆架输出的溶解铁通量相当于整个南大西洋海域大气输送溶解铁通量的 10%。对地中海帕尔马(Palma)海湾 SGD 研究表明，地下水中溶解铁浓度为 8.1μmol/dm^3，SGD 输出溶解铁通量为 4.1mmol/(m^2·d)，是近岸水体重要的铁源，推测 SGD 输送的常量营养盐及溶解铁支撑了该海区近岸到离岸水体中浮游生物量的梯度变化。地下河是完全或部分在地表之下延伸的河流，是以开放形式存在的海底地下水。同地表河口河水-海水界面类似，地下河口是陆地和海洋之间的另一个重要但较隐秘的水文及地球化学界面，地下河口中的溶解铁浓度变化也受到地下水-海水非保守混合行为的控制。

(6)海底热液输入

海底热液喷口最早于 1977 年发现于东南太平洋加拉帕戈斯山脊，迄今已在很多大洋中脊和弧后盆地发现了大量的热液喷口。海底热液是海洋中许多痕量元素重要的源或者汇，对海水化学成分起到重要的调控作用。海底热液中铁和锰的含量特别高，可以超出周围深层海水溶解铁浓度 6 个数量级。过去人们认为高温(约 350℃)、酸性、缺氧的热液流与周围低温、碱性、含氧的海水混合时，热液中大部分溶解铁会转化成铁硫化物和/或铁氢氧化物，然后沉降在洋中脊附近的水体中，由此海底热液对海洋溶解铁的贡献可能不是很重要。随着研究的深入，越来越多的证据表明以有机络合、黄铁矿纳米颗粒等形式存在的热液中溶解铁能够相对有效地抵抗海水清除、沉降过程，比较稳定地存在于海水中。在太平洋、印度洋海区开展的研究基于深层水体溶解铁浓度异常值及铁与 ^{3}He 浓度的相关性，推测海底热液能够运输几百到几千公里的距离。东太平洋(GP16 航次)溶解铁、锰、铝的断面分布表明，东太平洋隆起南部海底热液输出的溶解铁、锰、铝可以向西输送几千公里。此处热液羽状锋中溶解铁呈现近乎保守的混合行为，首次证明了热液喷口中铁的寿命要比先前估计值长得多。估算结果表明，全球海底热液输出溶解铁的有效通量为(4±1)×10^{9}mol/a，比之前的估计值高 4 倍。

5.3.1.3　海洋中铁的存在形式与形态

(1)海水中铁的存在形态

传统上区别溶解铁与颗粒铁是用 0.45μm 的滤膜，通过滤膜的定义为溶解态，不能通过滤膜的定义为颗粒态。

1)溶解铁

海水中溶解铁有游离的 Fe(Ⅱ)、Fe(Ⅲ)和 Fe(Ⅲ)的水解产物 $Fe(OH)^{2+}$、$Fe(OH)_2^+$、$Fe(OH)_3$。

Fe(Ⅱ)：尽管海水是一个氧化性环境，但是实验证明海水中有 Fe(Ⅱ)存在。Fe(Ⅱ)的自由离子在氧化环境下很不稳定，半衰期小于 1.0h，会很快氧化成 Fe(Ⅲ)，形成胶体和颗粒铁。Fe(Ⅱ)主要来源于表层水中 Fe(Ⅲ)的光化学降解、大气沉降输入、沉积物扩散输入、有机络合铁的热溶解、Fe(Ⅲ)的酶降解、还原性微环境条件下 Fe(Ⅲ)的还原。

Fe(Ⅲ)：海水中溶解 Fe(Ⅲ)只有很少的一部分是以自由离子(Fe^{3+})的形式或无机络合态的形式存在，大部分溶解 Fe(Ⅲ)以有机络合态的形式存在。

海水无机 Fe(Ⅲ)的形态组成受 pH 影响，pH=8 的海水中，无机 Fe(Ⅲ)主要存在形态是 $Fe(OH)_3$(92%)，其次是 $Fe(OH)_4^-$(4.5%)和 $Fe(OH)^{2+}$(3.6%)。只考虑无机溶液化学性质的情况下，Fe(Ⅲ)溶解度很低，pH=7.5～9 时其溶解度大约在 $10^{-11}mol/dm^3$ 量级。在天然水体中，有机配体与 Fe(Ⅲ)的络合(Fe(Ⅲ)+L⟶Fe(Ⅲ)L，其中 L 代表配体)增大了 Fe(Ⅲ)的溶解度，使得 Fe(Ⅲ)以远超其无机态溶解度的浓度存在于水体中，其中只有小部分的溶解 Fe(Ⅲ)以自由 Fe^{3+}或者无机络合物形式存在，约 99%的溶解 Fe(Ⅲ)以有机配体络合物形式存在(表 5-11)。

表 5-11　pH=8 的海水中铁的存在形式(忽略有机络合)

无机 Fe(Ⅱ)		无机 Fe(Ⅲ)	
形态	比例(%)	形态	比例(%)
Fe^{2+}	75.8	Fe^{3+}	2.9×10^{-9}
$FeHCO_3^+$	0.5	$Fe(OH)_2^+$	3.6
$FeCO_3$	22.6	$Fe(OH)_3$	91.8
$Fe(CO_3)_2^{2-}$	0.05	$Fe(OH)_4^-$	4.5
$Fe(OH)^+$	0.99		
$Fe(OH)_2$	0		

2)胶体铁

胶体铁可能是海水中铁的储库，能够为浮游植物提供生物可利用性铁，它包括有机络合态铁、胶体氢氧化铁。

3) 络合铁

海水中溶解铁主要以有机络合态的形式存在，99%溶解铁以络合态的形式存在，海水中络合剂的来源主要是微生物包括细菌和浮游植物，且有机络合剂的浓度大于溶解铁的浓度，这确保了溶解铁大部分以络合态的形式存在。

4) 颗粒铁

颗粒铁一般是不能被浮游植物吸收利用的，因此在讨论生物可利用性铁的时候经常忽略颗粒铁。然而颗粒铁可以通过热力学平衡与溶解铁相互作用，还可以在特殊的还原性微环境中被还原溶解，或者通过光化学降解还原为生物可利用性铁。因此颗粒铁也可能是浮游植物生长的潜在铁储库。在近岸海水中，铁主要以颗粒态的形式存在。

5) 各形态铁的相互转化

海水中的铁有溶解 Fe(Ⅱ)、Fe(Ⅲ)，胶体、络合 Fe(Ⅱ)、Fe(Ⅲ)和颗粒铁。其中，溶解 Fe(Ⅱ)、Fe(Ⅲ)是生物可直接利用的铁，其他形式的铁需要转化成溶解铁、才被生物吸收利用。海水中溶解 Fe(Ⅲ)通过水解、络合过程可以形成胶体、络合铁，也可通过光化学降解、热力学还原、酶降解还原成溶解 Fe(Ⅱ)。络合铁是溶解铁的主要存在形式，可以通过沉降形成悬浮颗粒铁，也可通过光化学降解变成溶解 Fe(Ⅱ)，为浮游植物提供生物可利用性铁。溶解 Fe(Ⅱ)可以被海水中的 O_2 或 H_2O_2 氧化成溶解 Fe(Ⅲ)，也可以与有机络合剂形成络合 Fe(Ⅱ)，延缓被氧化的速度，增加 Fe(Ⅱ)在海水中的逗留时间。图 5-29 为海洋中不同形态铁的相互转化。

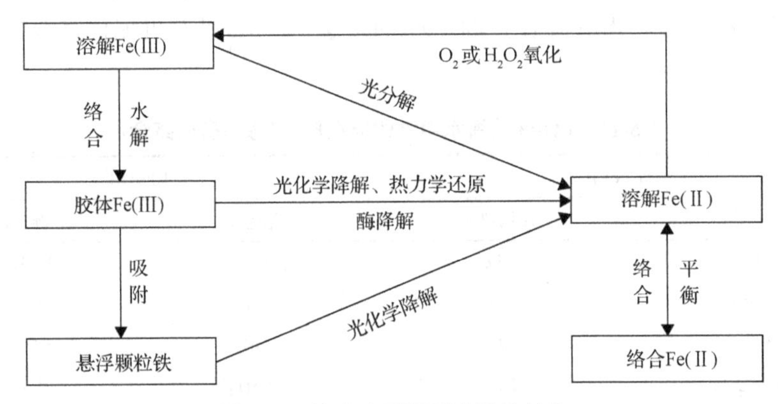

图 5-29　海水中不同形态铁的转化

海水中溶解铁主要以络合态形式存在。在近海颗粒铁浓度远高于溶解铁，在远海，溶解铁浓度高于颗粒铁浓度，胶体和颗粒 Fe(Ⅲ)发生光化学降解为海洋浮游植物提供可利用的 Fe(Ⅱ)，是生物可利用性铁。生物作用对铁形态的转变过程具有重要的作用，可以使难溶的铁转变成生物可利用性铁。

一般认为，颗粒和胶体铁是浮游植物不能利用的。而颗粒铁在海水中会很快因沉降而离开上层水体，只有在沉积物再悬浮时才重新进入生物循环过程。海洋中藻类真正能大量利用的铁是溶解有机络合铁，它占溶解铁的 99%。目前，人们对有机络合铁的来源、化学特性和生物利用性知之甚少。当然，有机络合铁也不是都能被藻类直接吸收利用。一般认为至少有两种有机络合物对浮游植物吸收铁起重要作用(图 5-30)，即卟啉(porphyrin)和铁载体(siderophore)。

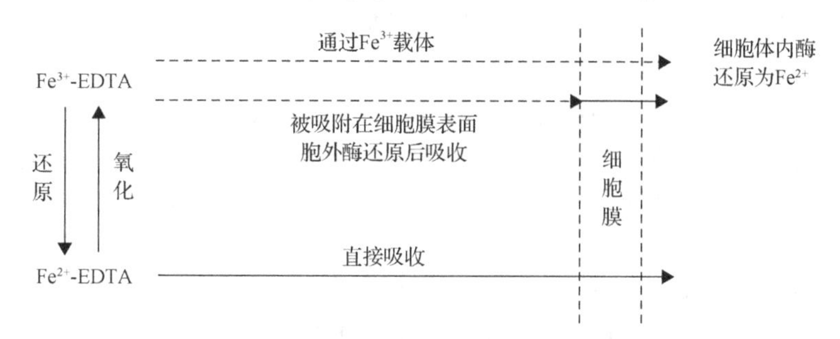

图 5-30　藻细胞吸收铁离子的生物还原和化学还原过程模型

海洋中的原核生物和某些细菌可以分泌铁载体，络合水体中的铁。不同的原核生物分泌的铁载体有不同的结构。而藻类被浮游动物摄食，细胞破碎以后，细胞内的卟啉会被释放出来，络合水体中的铁，形成紧密的络合物。真核生物和原核生物有不同的铁吸收机制。真核生物主要依靠铁还原酶系统，通过细胞质膜上的铁还原酶，有效地利用卟啉铁，对铁载体络合的铁吸收很少；而原核生物，如蓝细菌通过细胞膜上特定的铁载体受体，可有效地运输铁载体，但不能从卟啉铁中获得铁。目前不同类型藻类的铁吸收机制尚不清楚，需要进一步的研究。

(2)海洋中二价铁的行为

Fe(Ⅱ)是海洋中溶解铁的重要组成部分，是浮游生物可直接利用的铁存在形态，参与浮游植物的光合作用，并在呼吸过程中各种酶的合成及电子转移过程中担任重要角色，而在沉积物化学中，Fe(Ⅱ)在细菌的作用下参与多种氧化还原反应，并与 P、Ca、S 等元素共同沉积参与成岩作用。因此研究 Fe(Ⅱ)的生物地球化学循环对于研究全球范围内的 N、C 循环具有重要意义，并对深入探讨海洋环境中的氧化还原机制具有重要的理论价值。

海洋中 Fe(Ⅱ)的输入分为外源输入和海洋再生输入，外源输入方式包括大气沉降、沉积物释放、地下水输入、冰川融化释等，海洋再生输入方式包括光催化还原、生物细胞裂解释放、微生物作用等。海水中 Fe(Ⅱ)的输出则主要通过生物摄取、化学氧化、微生物氧化、颗粒物吸附等方式从海洋中移除。

1）二价铁参与的化学过程

海水中 Fe（Ⅱ）参与的化学过程主要有光催化 Fe(Ⅲ)还原产生 Fe（Ⅱ）、有机质络合抑制 Fe（Ⅱ）的氧化和 Fe（Ⅱ）的化学氧化移除。

光催化：在海洋透光层，光催化还原是海水中 Fe（Ⅱ）的重要来源方式。对日本春季藻华期间的福卡(Funka)湾海水进行研究，发现其表层氧化海水中的 Fe（Ⅱ）含量为 0.02～0.04μmol/dm^3，通过光照模拟实验表明，海水中的 Fe(Ⅲ)在光照下发生还原反应，当光照时间为 20～50min 时，产生的 Fe（Ⅱ）含量最高，而无光条件下则检测不到 Fe（Ⅱ）的存在，该结果表明海水中 Fe（Ⅱ）来源于 Fe(Ⅲ)的光催化还原；对两次南大洋施铁实验(SOFeX、EIFeX)的跟踪研究也发现，施铁实验 10d 后表层大洋水中仍存在较高浓度的 Fe（Ⅱ）(0.07nmol/dm^3)，其含量随光照的变化而呈现出昼夜变化的特点。这些研究表明 Fe(Ⅲ)的光催化还原是表层氧化海水中 Fe（Ⅱ）的重要来源，能在一定程度上补充水体因快速氧化造成的 Fe（Ⅱ）损失。

光照条件下，有机 Fe(Ⅲ)的还原反应机制为光诱导的有机配体向金属 Fe(Ⅲ)的直接电子转移反应，其中还原产物 Fe（Ⅱ）受到有机质和光照的影响较大。目前研究表明，参与光还原反应的有机配体包括羟基羧酸、腐殖酸等，它们可能来源于生物细胞的释放，其催化还原产生 Fe（Ⅱ）的速率与其分子组成、分子量大小、来源有关。此外，光照也影响 Fe(Ⅲ)的还原效率，研究发现当光为波长≤700nm 的紫外光或可见光时，便可催化 Fe(Ⅲ)的光还原反应发生，且还原效率随光照强度的增加而升高。海水中无机 Fe(Ⅲ)化合物也能够发生光还原反应，其可能机制如下：①水体中 OH^- 向经光诱导激发的 Fe(Ⅲ)提供 e 并发生还原，随后 Fe(Ⅲ)表面产生 Fe（Ⅱ），发生脱离进入到溶液中；②铁氧化物晶格中包含光诱导电子空位，表面 Fe(Ⅲ)被光电子照射吸收 e 发生还原反应。无机态 Fe(Ⅲ)发生光还原反应的能力与其分子结构有关，如无定形态 Fe(Ⅲ)氧化物比晶态 Fe(Ⅲ)具有更高的还原效率。

有机质络合：Fe（Ⅱ）能够与海水中的有机质络合，较稳定地存在于海水中。测定有机质含量不同的比斯开(Biscayne)湾和墨西哥湾流(Gulf Stream)样品中 Fe（Ⅱ）的氧化速率，结果表明有机质含量较高的比斯开湾海水中 Fe（Ⅱ）的氧化半衰期为 2.4～6.2min，是低含量有机质墨西哥湾流海水的 2～5 倍，进一步对比斯开湾海水中有机质组成进行分析，发现分子量≤500g/mol 的有机质部分对 Fe（Ⅱ）的氧化具有显著的抑制作用。而对亚北极太平洋西部表层水的研究也验证了海水中存在稳定的 Fe（Ⅱ）有机络合作用。

海水中有机质含量很高，雨水是一个重要的 Fe（Ⅱ）配体来源。研究发现雨水来源的 Fe（Ⅱ）的氧化速率远低于其他来源的 Fe（Ⅱ），认为是雨水中的有机质与 Fe（Ⅱ）发生络合，延缓了 Fe（Ⅱ）的氧化。比较雨水、河水来源的有机配体与 Fe（Ⅱ）的络合能力，发现雨水中疏水性可提取溶解有机质(EDOM)能够与 Fe（Ⅱ）发生络合，使 Fe(Ⅱ)的氧化半衰期由理论值 2min 延长至 4h，且这些有机质的络合能力与菲咯嗪(FZ)近似，而河水来源的有机配体对 Fe(Ⅱ)的络合作用不明显。

一般海水中 Fe(Ⅱ)的络合作用较弱，络合常数一般在 4～8，不影响生物细胞对有机 Fe(Ⅱ)的摄取，这也是海水中 Fe(Ⅱ)生物可利用性较高的原因。研究海水腐殖质(HA 和 FA)对 Fe(Ⅱ)的络合能力，发现 FA、HA 与 Fe(Ⅱ)的络合常数 $\log K_b$ 为 5～6；采用竞争配体反滴定法检测到低盐度天然水中 Fe(Ⅱ)的有机络合常数 $\log K_b$ 约为 8(S=0～21)，在高盐度样品没有立即检测到 Fe(Ⅱ)的存在，而将样品放置 10d 后才检测到大量的 Fe(Ⅱ)，该研究表明海水中可能存在 Fe(Ⅱ)的强有机配体，与 Fe(Ⅱ)发生络合后难以检测到。Kieber 等在雨水样品中也发现了 Fe(Ⅱ)强络合配体的存在，这部分 Fe(Ⅱ)需要用紫外消解处理有机质后才能够检测到。

化学氧化：化学氧化是含氧海水中 Fe(Ⅱ)的主要移除方式。海水中 Fe^{2+}和 $Fe(OH)_x$ 水合物约占溶解 Fe(Ⅱ)的 76%，这部分 Fe(Ⅱ)被海水中的 O_2 迅速氧化为 Fe^{3+}，进一步发生水解沉淀。研究测得比斯开湾海水中的 Fe(Ⅱ)在 pH=8.0 的条件下，氧化半衰期仅为 2min；而印度洋深海热液来源的 DFe(Ⅱ)在周围海水中的平均氧化半衰期约为 2.31h，全部氧化约需 17h，表明低温、氧含量偏低的海水环境能够减缓 Fe(Ⅱ)的化学氧化。

海水中 Fe(Ⅱ)的氧化剂主要是 O_2 和一些氧化中间体(如 H_2O_2、$O_2^{\bullet-}$、OH•)，这些中间体主要由 Fe(Ⅱ)的化学氧化、光催化反应产生。O_2 和 H_2O_2 对水体中进行 Fe(Ⅱ)氧化存在竞争关系，当水体中 H_2O_2 的浓度高于一定值时，则可作为水体中 Fe(Ⅱ)的主要氧化剂；而在实际研究中检测到表层海水中有稳定的 H_2O_2 (10^{-7}mol/dm^3)存在，H_2O_2 即为水体中 Fe(Ⅱ)的主要氧化剂。

Fe(Ⅱ)的快速氧化给实际测定带来困难，早期人们通过 Fe(Ⅱ)的氧化动力学公式来估算测定中 Fe(Ⅱ)的氧化损失。对墨西哥湾流海水中 Fe(Ⅱ)的氧化过程研究，发现氧化速率是[Fe(Ⅱ)$_0$]、[O_2]、[OH^-]^2 的一级函数。考虑有机质、Fe(Ⅱ)种类、pH、离子强度等因素，建立 Fe(Ⅱ)氧化模型来计算海水中 Fe(Ⅱ)的氧化速率，为之后海水中 Fe(Ⅱ)的现场测定提供了理论依据。目前，国际上不断改进和优化 Fe(Ⅱ)的测定方法，选用流动注射化学发光法(FI-CL)在线测定，并在采样和分析过程中采取尽量缩短测定时间、保持海水温度、N_2 氛围二级分样、加入 Fe(Ⅱ)固定剂等措施来降低 Fe(Ⅱ)的氧化损失。

在部分低氧区沉积物间隙水中，Fe(Ⅱ)含量很高，能够吸附在氧化铁矿表面(如针铁矿、赤铁矿、水铁矿)，并向矿物发生电子转移，促使 Fe(Ⅱ)发生氧化。另外，沉积物中的 MnO_2 也能够将还原态 FeS 氧化为 FeOOH，促进 Fe(Ⅱ)的化学氧化移除。

2) 二价铁参与的生物过程

海洋浮游植物在生长和消亡的过程中吸收、释放 Fe(Ⅱ)造成其在海洋生物圈中的循环，海洋中 Fe(Ⅱ)的生物循环过程主要包括浮游生物对 Fe(Ⅱ)的摄取、微生物还原产生 Fe(Ⅱ)以及 Fe(Ⅱ)的生物氧化等过程。

浮游生物对 Fe(Ⅱ)的摄取：海洋生物摄取 Fe(Ⅱ)，进行细胞内多种酶的合成以及光合、呼吸过程中电子转移的过程。在南大洋施铁实验中，人们将 $FeSO_4$ 加到海水中，有效缓解了低 Fe 对生物的生长限制作用，海水中呈现出短期的植物茂盛现象，该实验表明无机 Fe^{2+}生物可利用性很高，被摄取后参与生物细胞生长活动并直接控制海水的初级生产力。海水中弱有机络合 Fe(Ⅱ)能被生物细胞膜上的配体蛋白夺取，从而供生物体吸收利用；在铁限制海区，一些藻类、酵母、细菌也能够将 Fe(Ⅲ)化合物还原为 Fe(Ⅱ)后进行吸收。而当浮游生物细胞发生裂解时，Fe(Ⅱ)则再次释放到海水环境中。

微生物还原产生 Fe(Ⅱ)：微生物的还原活动能够产生 Fe(Ⅱ)，该过程是缺氧环境中 Fe(Ⅱ)含量维持稳定的重要途径。Fe(Ⅲ)还原细菌通过呼吸过程产生 e，在细胞相关酶的作用下将 e 转移给胞外 Fe(Ⅲ)化合物，还原产生 Fe(Ⅱ)，该过程称为异化 Fe(Ⅲ)还原。

Fe(Ⅱ)的异化还原再生过程在海洋中出现较早，催化该反应的微生物种类繁多，从古菌(如 *Pyrodictium abyssi*)到细菌(如 *Klebsiella* sp. KB52)，从嗜酸菌(如 *Sulfobacillus acidophilus*)到嗜热菌(如 *Pyrobaculum aerophilum*)等，它们在呼吸过程中选择 H_2、NH_4^+、有机质、变价重金属[如 As(Ⅴ)、Se(Ⅴ)]为电子供体，将 Fe(Ⅲ)还原为 Fe(Ⅱ)。目前研究最多的 Fe(Ⅲ)还原菌为 *Shewanella* 菌，细菌胞内电子通过位于细胞膜上的色素蛋白转移给胞外氧化铁将其还原为 Fe(Ⅱ)；对 *Shewanella* 菌细胞膜上的转移蛋白进行研究，结果表明，当细菌催化还原氧化铁时，其细胞膜上由两种色素蛋白和一种跨膜蛋白组成的蛋白组合体对电子的转移速率是单个色素蛋白转移速率的 10^3 倍，这种高效的电子转移机制是环境中 Fe(Ⅲ)能被快速还原的重要保证。

细菌细胞膜向环境中 Fe(Ⅲ)化合物传递电子的方式有三种，一是细胞通过接触或鞭毛吸附直接将电子转移给 Fe(Ⅲ)化合物供其还原；二是铁络合剂 L 能够络合不溶态 PFe(Ⅲ)，将其转化为溶解 DFe(Ⅲ)后，释放到生物细胞膜表面，得到电子被还原为 Fe(Ⅱ)；三是不溶态 PFe(Ⅲ)化合物通过电子转移中间体来传递电子，这些中间体可以是腐殖质、生物细胞分泌物等，通过反复得、失电子，促进 PFe(Ⅲ)向 Fe(Ⅱ)的转化。细菌可根据外界环境和自身特点选择一种或多种传递方式，如细菌 *Shewanella oneidensis* MR-1 能够分泌黄素(flavin)作为电子转移中间体向外界 Fe(Ⅲ)转移电子，该途径贡献胞外电子转移的 75%；研究发现地杆菌在培养初期主要通过有机络合剂(氨三乙酸，NTA)和电子中间体(9,10-蒽醌-2,6-磺酸钠，AQDS)转移电子，但随着 Fe_3O_4 产物的增多，抑制了 NTA、AQDS 与 $Fe(OH)_3$ 的接触，在培养后期细菌主要以直接接触方式进行电子传递。

铁铵氧化(feammox)：是一种特殊的 Fe(Ⅲ)还原反应，其反应机制是氨氧化细菌(*Anammox bacteria*)在厌氧条件下以 NH_4^+为电子供体，将 Fe(Ⅲ)还原为 Fe(Ⅱ)的过程。目前铁铵氧化过程已发现在河岸潮汐带、土壤、湿地、海洋缺氧环境等环境中存在，是海洋环境中一个重要的 Fe(Ⅱ)再生和 NH_4^+移除途径。从瑞典古尔马峡湾沉积物中分离出一种氨氧化细菌——*Scalindua*，其能够氧化甲酸盐产生能量供自身生长，同时将无定形 FeOOH 还原为 Fe(Ⅱ)；对长江河口潮汐带研究，发现铁还原细菌通过铁铵氧化活动能够产生 1.58%～3.16%的 Fe(Ⅱ)，伴随反应产生的气态 N 产物占氮移除总量的 14%～34%。

海洋缺氧环境，如 OMZ、沉积物，也可能存在活跃的微生物铁铵氧化活动。阿拉伯海域 OMZ 内，Fe(Ⅱ)浓度最大值与次 NO_2^-极大值分布一致，推测生物 Fe(Ⅲ)还原和铁铵氧化作用对 Fe(Ⅱ)的产生贡献较大；而当 Fe(Ⅲ)的生物还原活动减弱时，稳定浓度的 Fe(Ⅱ)主要通过微生物的铁铵氧化活动产生。对阿拉伯海的反硝化、氨氧化基因片段(nirS、nirK；16S rRAN)研究，发现水体中基因片段的最大丰度与阿拉伯低氧水次 NO_2^-极大值分布一致。

Fe(Ⅱ)的微生物氧化：海洋低氧环境中 Fe(Ⅱ)的氧化主要由细菌催化进行，参与该过程的氧化细菌根据自身反应特点可分为微氧氧化细菌、厌氧光养细菌和 NO_3^-还原细菌。

微氧氧化细菌多为自养菌，它们利用氧化 Fe(Ⅱ)产生的能量来固定 CO_2，合成细胞所需有机质以维持生命活动，微氧 Fe(Ⅱ)氧化细菌对环境中的 O_2 含量和 Fe(Ⅱ)种类要求严格，多分布在海洋好氧-厌氧界面，如深海热液喷口、沉积物中。这些细菌氧化 Fe(Ⅱ)产生的 Fe(Ⅲ)化合物对海底环境中氧化铁矿的形态和分布有着重要影响。

厌氧光照条件下，光养细菌能够吸收光能将 Fe(Ⅱ)氧化为 Fe(Ⅲ)，反应中产生的电子和能量可用于 CO_2 同化及有机质合成。光养 Fe(Ⅱ)氧化细菌可存在于厌氧还原性沉积物中，由位于细胞周质或细胞膜上的特定氧化酶催化 Fe(Ⅱ)氧化。此外，研究发现光养细菌催化的厌氧光合作用可能比有氧光合作用出现时间更早，因此地球早期地层中出现的含铁矿带(BIF)很可能与光养细菌对 Fe(Ⅱ)的厌氧氧化有关。

NO_3^-还原细菌是另一类重要的 Fe(Ⅱ)氧化细菌，研究表明几乎所有 NO_3^-还原细菌都具备氧化 Fe(Ⅱ)的潜力。在海洋无光厌氧环境中，NO_3^-还原细菌能够选择 Fe(Ⅱ)为电子供体，将 NO_3^-还原为 N_2 或其他 N 产物。

培养一种 NO_3^-还原细菌(*Acidovorax* sp. strain 2AN)，在加入 NO_3^-、Fe^{2+}、醋酸盐后，发现细菌能够以醋酸盐为能量来源，在 7d 内氧化 90%的 Fe(Ⅱ)，同时还原 NO_3^-，之后用 Fe(Ⅱ)-EDTA 代替 Fe^{2+}作为外加 Fe(Ⅱ)源，发现细菌对有机 Fe(Ⅱ)的氧化效率更高；对欧洲淡水沉积物中的细菌群落进行分析，发现其中具有催化 Fe(Ⅱ)氧化-NO_3^-还原反应的细菌占异养反硝化细菌总量的 0.8%，且广泛存在于厌氧沉积物中。

3)海洋中二价铁与 N 循环的关系

大量的研究表明 Fe(Ⅱ)与海洋中 N 移除存在着紧密联系，主要与生物反硝化和化学反硝化过程有关。从宏观上看，高浓度的 Fe(Ⅱ)多出现在海洋脱氮区域。研究表明每年发生在海洋缺氧区、厌氧沉积物的 N 移除的量占海洋总氮移除量的 1/3，而这些区域均能检测到稳定的 Fe(Ⅱ)存在，含量为几纳摩尔至几百微摩尔不等；从微观上看，海洋中广泛分布着催化 Fe(Ⅲ)发生还原反应的反硝化细菌、氨氧化细菌，它们能够通过生物反硝化过程，利用自身氧化还原酶催化 Fe(Ⅲ)与 NO_2^-、NH_4^+等反应，产生 Fe(Ⅱ)及多种含 N 气态氧化物，加快 Fe(Ⅱ)再生和 N 移除。而最近研究发现，海洋环境中还存在另一种 Fe(Ⅱ)氧化-NO_3^-还原过程——化学反硝化过程，即有机配体、氧化矿物、生物细胞膜等物质代替生物酶催化 Fe(Ⅱ)氧化-NO_3^-还原反应发生，该过程与生物反硝化具有同等重要的贡献，但由于之前人们对其认识较少，往往忽略或低估了化学反硝化对 Fe-N 循环过程的贡献。

目前已发现许多海洋细菌具有催化 Fe-N 多种相关反应的能力。在海洋沉积物中分离出 2 种氨氧化细菌，培养后发现，这些细菌不仅具有氧化 NH_4^+的能力，还可以异化还原 Fe(Ⅲ)和 NO_3^-；对一种厌氧铵氧化细菌(*Candidatus Brocadia* sinica)研究发现，该细菌在厌氧条件下可以同时催化 Fe(Ⅱ)、NH_4^+的氧化和 NO_3^-的还原；某些细菌蛋白既参与 Fe(Ⅲ)还原相关的呼吸作用，又为硝酸盐还原酶提供电子。

Fe(Ⅲ)和 NO_3^-、NO_2^-均是海洋生物呼吸过程中重要的电子受体，它们的还原活动受到胞内还原酶的影响较大，研究表明 NO_3^-和 NO_2^-还原酶能够抑制细菌对 Fe(Ⅲ)的还原。对一些 Fe(Ⅲ)还原细菌研究，发现含氯酸盐的培养基能够激发细胞内 NO_3^-还原酶的活性，进而抑制 Fe(Ⅲ)得到电子被还原；研究 NO_3^-、NO_2^-等物质对 Fe(Ⅲ)还原细菌活动的影响，发现其细胞内至少存在 3 种不同的电子终端还原酶(Fe^{3+}、NO_3^-、NO_2^-)，其中 Fe^{3+}还原酶活动受到 NO_2^-的抑制。微生物对 NO_3^-的优先还原会影响环境中 Fe-N 循环。对美国塔拉迪加(Talladega)湿地沉积物中的微生物活动研究发现，当同时存在有机质、NO_3^-、Fe(Ⅲ)时，首先由细菌 NO_3^-还原酶催化有机质发生氧化反应，还原 NO_3^-产生 N_2O、N_2、NH_4^+等产物；一段时间后，NO_3^-消耗殆尽，Fe(Ⅲ)还原细菌则选择针铁矿作为电子受体，继续氧化有机质直至有机质消耗完，产生的 Fe(Ⅱ)释放到间隙水中；当外部环境中再次输入 NO_3^-后，反硝化细菌会立即催化 NO_3^-的还原反应，并同时将 Fe(Ⅱ)氧化，产生 Fe(Ⅲ)和 NH_4^+，其中 Fe(Ⅲ)可以再次参与下一步的生物还原过程。目前发现 *Geobacter* 即是一类 Fe 氧化还原多功能菌，既能催化 Fe(Ⅲ)

异化还原，又能进行 Fe(Ⅱ)氧化-NO_3^-还原反应，因此对于环境中 Fe 的氧化还原循环具有重要意义。

环境中的微生物群落在外界条件发生变化时能够选择相应的新陈代谢途径，选择性进行 Fe(Ⅲ)还原、Fe(Ⅱ)氧化-反硝化反应、铁铵氧化等反应，这些反应相互补充，共同构成了海洋中 Fe-N 氧化还原循环，目前在淡水沉积物、地下水、河岸厌氧湿地等环境中已证实了该循环的存在，由于 Fe(Ⅱ)具有高的生物可利用性和还原性，广泛参与海洋中生物的新陈代谢活动和电子迁移反应，影响海洋中 C、N 元素循环和全球气候变化，对于海洋无机-有机、生物-非生物作用等复杂过程研究的意义重大。

(3)浮游植物的铁限制

早在 20 世纪 30 年代，就有研究人员提出铁是浮游植物生长即海洋初级生产力的潜在限制因子。受实验方法的局限，当时所能获得的海洋中铁的含量数据，现在看来都是玷污后的测定数据，因此那一时期普遍认为海洋中铁元素的含量是充足的。研究人员依据现今海洋氧化环境中铁的不溶性推断：在缺乏足够的陆源补充的情况下，大洋必然会缺铁。

随着研究的深入，越来越多的人认为溶解铁对浮游植物的生长有很强的控制作用。在海洋中，铁与硝酸盐、磷酸盐和硅酸盐都可能成为限制因子，缺铁必然会对浮游植物的生长形成限制。

对浮游植物铁限制的研究，有助于提供降低温室效应的方法和认识近岸水域有害赤潮发生的机制。最近 30 多年，国际科研工作者对铁限制进行了大量的研究，获得的结果对我们学习海洋生物地球化学、研究海洋中元素循环过程有着很重要的作用。

20 世纪 80 年代以来，随着痕量采样技术和测定技术的改进，测定溶解铁的精度达到 $10^{-9}mol/dm^3$ 甚至更低。研究人员发现 30%的大洋中溶解铁的浓度很低，只有 10^{-10}～$10^{-9}mol/dm^3$，而且如果有机物缺乏，这个值还要更低。另外，人们陆续发现大洋中有许多高营养盐低叶绿素(HNLC)区域，总面积超过整个大洋的 20%，主要有副热带太平洋海域、赤道太平洋海域、南大洋海域和加利福尼亚上升流区域(图 5-31)。

这些区域的氮、磷等营养盐很丰富，但叶绿素含量很低，溶解铁的含量也很低。铁作为限制因子重新引起研究人员的注意。在此基础上 Martin 于 1991 年提出了铁限制假说(iron hypothesis)：生物可利用性铁的缺乏限制了大洋 HNLC 区域浮游植物的生长。它的两个推论是：①藻类对营养盐和碳酸盐的吸收受可利用性铁的限制；②由于铁限制着藻类的生长，限制它们吸收大气中的 CO_2，因此加铁能够促进大气 CO_2 向海洋表面的转移，从而降低大气中 CO_2 的含量，改善温室效应对全球环境的影响。这一观点引发了大规模的学术争议和讨论。

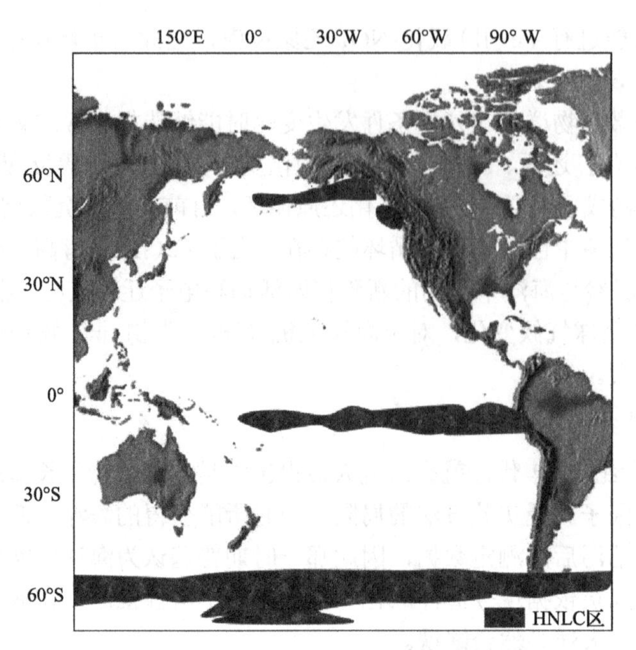

图 5-31　全球海洋 HNLC 的主要分布区(彩图请扫封底二维码)

5.3.2　海洋施铁的生态效应

铁在浮游植物生长过程中发挥着重要的作用，是限制浮游植物生长的重要因素之一，铁的存在对浮游植物有效利用碳、氮和磷及叶绿素的生物合成和光合作用等作用巨大。1990 年，Martin 根据冰芯记录中铁和 CO_2 浓度的负相关现象提出了“铁假说”(iron hypothesis)，即 Fe 限制了高营养盐低叶绿素(HNLC)海区中浮游生物的生产力，进而影响了 CO_2 由海洋上层向深层的输出；如果在 HNLC 海区加入 Fe，就可以促进浮游植物的生长，消耗掉过剩的 N 和 P 营养盐，加速碳从海洋表层向深层输出，最终降低大气中 CO_2 含量，缓解大气二氧化碳升高带来的温室效应。在 HNLC 海区表层水中，铁浓度很低，C∶Fe 为 100 000，远大于铁充足海区的比值(C∶Fe 为 10 000)，所以，铁是浮游植物生长的限制因素。

“铁假说”引起了科学家的关注，不仅在实验室做了大量的实验，而且在很多海区做了现场的施铁实验。在赤道太平洋和南大洋进行的 3 次现场铁加富实验证明了“铁假说”的部分内容，即 Fe 可以促进浮游植物的生长，消耗过剩的 N 和 P 营养盐，降低海洋中的 CO_2 分压。

5.3.2.1　海洋施铁的实际效果

(1)加铁实验

加铁实验大致分为以下三类。

瓶子加铁实验(shipboard bottle experiment)：把海水连同浮游生物一起取样，在透明的瓶子中模拟表层海水的条件并加铁培养，与另外的控制瓶(不加铁)进行比较。

船上连续加铁培养实验(shipboard continuous culture experiment)：利用恒化器连续提供铁，观察藻类生长速率及初级生产对不同浓度铁的响应。

现场中尺度加铁实验(open-ocean fertilization experiment)：在选定的海区加铁(通常加入酸化过的 $FeSO_4$)，同时加入 SF_6 惰性示踪剂，以示踪加铁水体的水团运动，然后测定一些生物、化学参数，以反映该海区加铁后生物地球化学过程以及整个生态系统结构的变化。

尽管瓶子加铁实验迈出了验证“铁假说”的第一步，但实验过程中一些被限制和忽略的因素使实验并不完善，取样的限制忽略了大型浮游生物的影响，同时，浮游生物的生长还很可能受到瓶壁的束缚，因此，Martin 等又提出了在开放大洋进行加铁实验的设想和计划，铁施肥实验是开放生态系统实验的标志和开端。现场中尺度加铁实验的规模较大，接近自然生态系统的实际状况，可以定量测定颗粒有机碳的输出，因而可以更直接地验证“铁假说”。

(2) 海洋现场加铁实验及其效果

现场加铁实验设在 3 个典型的 HNLC 海区，即赤道东太平洋、南大洋和亚北极北太平洋海区。3 个海区都存在着明显的上升流，N、P、Si 等常量营养盐浓度较高，叶绿素 a 浓度较低，季节性变化不显著(表 5-12)。表 5-13 中列出了 3 个海区上升流和气溶胶中铁的通量以及表层海水中铁的浓度，从中可以看出，实验海区铁的浓度均很低；南大洋溶解铁主要是来自上升流，气溶胶输入可以忽略；赤道太平洋的溶解铁来源一般认为以上升流输入为主，气溶胶输入为辅，而亚北极太平洋则与之正好相反。另外，3 个典型 HNLC 实验海区物理环境差异较大，赤道太平洋的表层水温高，混合层较浅，并且温度、光照等季节性变化不明显；而南大洋和赤道太平洋的物理性质显然不同，特别是光照季节性变化较大，混合层较深；亚北极太平洋具有相对温和的环境，温度较低，混合层较浅，冬季光照不足。

表 5-12　海洋施铁海域的营养盐与叶绿素浓度

海区	硝酸盐 (μmol/dm^3)		硅酸盐 (μmol/dm^3)		叶绿素 a (μg/dm^3)	
	夏季	冬季	夏季	冬季	夏季	冬季
赤道东太平洋	8～10	4～6	2.5～5	2.5～5	0.2～0.4	0.2
南大洋	4～25	6～30	2.5～65	10～70	0.1～0.5	0.1～0.4
亚北极北太平洋	8～10	10～20	5～30	10～50	0.2～0.5	0.2～0.4

表 5-13　海洋施铁海域大气气溶胶及上升流铁的通量

海区	表层海水中铁浓度(nmol/dm^3)	气溶胶通量[mg/(m^2·a)]	气溶胶中溶解铁通量/(×10^6mol/a)	上升流中铁通量/(×10^6mol/a)
赤道东太平洋	0.06	10～100	2～100	280
南大洋	0.08	1～10	0.14～6.8	240
亚北极北太平洋	0.06	100～1000	7.8～390	86

1) 赤道东太平洋施铁的效果

1993 年和 1995 年等分别在赤道东太平洋进行了两次加铁实验，分别称为 IronEx I(5°S，93°W)和 IronEx II(6°S，108°W)实验，实验结果见表 5-14。

表 5-14　赤道太平洋施铁的主要结果

IronEx I	赤道东太平洋	1993 年	叶绿素 a 质量浓度增加 3 倍，CO_2 分压降低 10μatm，加铁水体在实验的第 5 天下沉至次表层(30～35m)
IronEx II	赤道东太平洋	1995 年	叶绿素 a 质量浓度增加 10 倍，CO_2 分压降低 90μatm，NO_3^-浓度降低 5μmol/dm^3
SOIREE	南大洋(太平洋海域)	1999 年	叶绿素 a 质量浓度增加 6 倍，CO_2 分压降低 35μatm，NO_3^-浓度降低 3μmol/dm^3
EisenEx	南大洋(大西洋海域)	2000 年	叶绿素 a 质量浓度增加 4 倍
SOFEX-South	南大洋(太平洋海域)	2002 年	南极极锋带以南，叶绿素 a 质量浓度增加大于 10 倍，CO_2 分压降低 40μatm
SOFEX-North	南大洋(太平洋海域)	2002 年	南极极锋带以北，叶绿素 a 质量浓度增加大于 10 倍，CO_2 分压降低 40μatm
EIFEX	南大洋(大西洋海域)	2004 年	
SEEDS	亚北极北太平洋	2001 年	叶绿素 a 质量浓度增加 40 倍，CO_2 分压降低 94μatm，NO_3^-浓度降低 9μmol/dm^3
SERIES	亚北极北太平洋	2002 年	叶绿素 a 质量浓度增加大于 10 倍，NO_3^-浓度降低 5μmol/dm^3

IronEx I 实验是开放大洋加铁实验的最初尝试。在 24h 内加铁至 4nmol/dm^3，加铁后的 24h 内溶解铁浓度有明显的降低。加铁后浮游植物生理反应的信号——光化学效率(F_V/F_M)在 3～4h 有明显增加，表明光合浮游植物受到铁限制。由于在实验第 5 天加铁水团下沉至次表层(30～35m)，而且实验过程是一次性加铁，因此溶解铁很快就降到和周围水体一样的浓度，使加铁后的效果不明显。在 IronEx II 实验中，为了模拟自然界铁来源的连续性，分别在第 0 天、第 3 天、第 7 天分 3 次加铁(加铁后表层海水铁浓度分别是 2nmol/dm^3、1nmol/dm^3、1nmol/dm^3)。与 IronEx I 相比，IronEx II 实验中加铁水团比较稳定，加铁步骤更趋合理，最后的结

果也比较理想。IronEx II 实验中，叶绿素 a 质量浓度增加 10 倍，海水表层 CO_2 分压降低 90μatm，硝酸盐浓度降低 5nmol/dm^3，说明在赤道东太平洋低铁抑制了光合浮游生物的生长繁殖。

在 HNLC 海区加铁的效果不仅反映在浮游植物现存生物量的增加上，而且食物网的结构也发生了变化。对于浮游植物，虽然加铁后所有粒级的藻类均增长，但大粒级浮游植物增加速度更快，而且浮游动物对微小型浮游植物摄食增加，因此，总体上加铁会使生物群落中的浮游植物从小粒级(pico)向较大粒级(micro)转变。异养微生物也发生变化，IronEx II 实验中异养细菌丰度增加约 1 倍，从 $6\times10^8\sim8\times10^8$ind/L 增加到 1.1×10^9ind/L，细菌生产力也增加了 2 倍，小型浮游动物的生物量和摄食率也有所增加，其生物量是加铁前的 2 倍。IronEx I 和 IronEx II 实验是现场中尺度加铁实验最初的尝试，遗憾的是实验未对颗粒有机碳的垂直通量进行观测。

2) 南大洋施铁的效果

南大洋共进行了 4 次加铁实验，是加铁实验较适宜的海区。1999 年在澳大利亚以南的南大洋(61°S，140°E)进行了现场加铁实验，称为 SOIREE 实验；2000 年在非洲南部的南大洋(48°S，21°E)进行了现场加铁实验，称为 EisenEx 实验；2002 年在南大洋罗斯海附近(56°S，172°W 和 66°S，171°W)进行了现场加铁实验，称为 SOFEX 实验；2004 年在和 EisenEx 实验相同的地点(48°S，21°E)进行了另外一次现场加铁实验，称为 EIFEX 实验。由于 EisenEx 和 EIFEX 实验资料较少，下面着重讨论 SOIREE 和 SOFEX 两次实验的结果。

SOIREE 实验开始后，先加铁至 3nmol/dm^3，然后在第 4 天、第 6 天和第 8 天分 3 次继续加铁使实验海区铁浓度维持在 1nmol/dm^3 以上。而 SOFEX 实验在南极极锋带以北海域分 3 次加铁使海区铁浓度达到了 1.2nmol/dm^3，在南极极锋带以南海域分 4 次加铁使海区铁浓度达到 0.7nmol/dm^3。南大洋加铁实验中光化学效率在实验开始后 4～5d 才开始增加，这与 IronEx 实验的加铁后几个小时内就有反应明显不同。叶绿素 a 质量浓度在加铁后的 4～5d 开始增加，加铁实验引起的藻类增长比赤道东太平洋的 IronEx 系列实验延续更长的时间，如 SOIREE 实验结束后的 6～7 周，卫星观测发现明显的水华现象。引起这些差异的原因可能是南大洋表层海水温度(2.5℃)比赤道东太平洋低，混合层深度更大以及一些常量营养盐(如 Si 等)能得到及时补充等。在 SOIREE 实验中，加铁后被消耗的硝酸盐与硅酸盐浓度比值大约是 1，赤道东太平洋加铁实验中(IronEx II)也有类似情况，说明加铁后占优势的硅藻吸收了大部分的硝酸盐。

现场加铁实验期间，浮游植物种群结构也发生了变化。与赤道东太平洋 IronEx 系列加铁实验类似，加铁后所有粒级藻类都增加，总体上生物群落中的浮游植物是从小粒级(pico)向较大粒级(micro)转变(如硅藻)。

值得注意的是，在 SOFEX 实验中，在高硝酸盐、低硅酸盐、低叶绿素(high nitrate，low silica and low chlorophyll)海区，即 HNSLC 海区加铁也能引起藻类水华，不过其优势种是鞭毛藻，而不是硅藻，异养微生物也发生变化，异养细菌在丰度上变化不明显，但生产力增加了 2 倍；在 SOIREE 实验中小型浮游动物丰度比加铁前增加了 1.5 倍。南大洋加铁实验中测定了颗粒有机碳(POC)向深层转移的垂向通量。在 SOIREE 和 EisenEx 实验中加铁水体与周围水体的 POC 向下垂直通量没有明显差异；而在 SOFEX 实验中加铁水体的 POC 沉降有所增加。

结果表明，即使海水中有足够的溶解铁，促进了光合浮游生物量和初级生产力的增加，但不一定增加颗粒有机碳的向下垂直通量，大部分有机质又重新再矿化。在南大洋的加铁实验海区常量营养盐浓度相对较高，而且实验所加铁浓度也是比较高的。另外，引起南大洋水华的硅藻比在赤道东太平洋实验中的硅藻有更高的硅化程度，外壳更硬，因此比在赤道东太平洋实验中难被浮游动物摄食更加明显，这也是南大洋加铁实验后藻类水华持续时间长的原因之一。有研究指出在极地自发形成的水华持续 25d 左右后开始衰减，比加铁实验引起的水华持续时间短。

3) 亚北极北太平洋施铁的效果

日本科学家在亚北极北太平洋进行了北半球的首次现场加铁实验(48.5°N，165°E)，称为 SEEDS 实验；之后在亚北极阿拉斯加湾进行了加铁实验(50°N，165°W)，称为 SERIES 实验。两个实验海域分别位于北太平洋 HNLC 海区的东西两侧。在亚北极北太平洋的 SEEDS 实验中，叶绿素 a 质量浓度增加 40 倍，是报道的所有加铁实验中生物量增加最大的一次。

亚北极北太平洋的两次加铁实验中，浮游植物生理反应的信号——光化学效率在加铁后 2～3d 开始增加，响应时间介于南大洋和赤道东太平洋之间。两次实验中，浮游植物种群结构中的浮游植物由以小粒级占优势转变成以较大粒级的硅藻占优势，但优势种群有所不同。SEEDS 实验中加铁后，浮游植物优势种群从以羽纹目硅藻 *Pseudonitzs chiaturgidula* 为主转变为以放射目硅藻 *Chaetoceros debilis* 为主，这与赤道东太平洋和南大洋的加铁实验中都是羽纹目硅藻占优势有明显的差别。由于放射目硅藻的生长速率是羽纹目硅藻的 1.8 倍，这或许可以间接解释 SEEDS 实验叶绿素 a 质量浓度为何增加 40 倍之多，也可证明加铁实验前浮游植物种群结构会影响生态系统对加铁的反应。

SERIES 加铁实验是为了研究现场加铁后藻类水华的衰减和量化颗粒有机碳(POC)的输出。SERIES 实验中有 18%的 POC 沉降到 50m 以下，而到达永久温跃层以下就只剩 8%。SEEDS 实验中输出的 POC 占初级生产力的 11%，说明碳垂直输出效率很低。在 SERIES 实验中 18d 后观察到浮游植物水华开始衰减的信号，POC 和颗粒硅浓度迅速降低，通过比较常量营养盐的吸收速率和浮游动物的摄食速率，认为在 SERIES 实验中引起藻类水华衰减的原因是硅酸盐耗尽。而在 SEEDS 实验中水华是在第 9 天开始衰减，且铁浓度显著降低，重新受到铁的限制。

5.3.2.2　铁限制的限制性因素

从瓶子培养实验到现场海区加铁实验都证实了铁对 HNLC 海区生物生产力的限制作用，但它不是唯一的限制因素，海洋初级生产力可能被铁和其他环境因素共同限制着，如摄食压力、光和硅等。

(1) 铁与摄食压力

在 HNLC 海区的生物群落内，浮游植物都是粒径较小 (<5μm) 的藻类占主导地位。从加拿大沿岸到亚北极北太平洋 Papa 站 (50°N，145°W) 观察到，随着铁浓度的急剧降低，浮游生物种群结构由大粒径硅藻变为小粒径浮游植物。这是因为浮游植物越小，其表面积与体积的比值就越大，从而越有利于铁的吸收。

亚北极北太平洋生态系统的研究 (SUPER) 认为，亚北极北太平洋 HNLC 海区，生态系统中占主导地位的是较小粒径的浮游植物，它们的生长并没有受到营养盐的限制，但原生动物对浮游植物摄食压力大。然而，在现场加铁实验中所有粒径的藻类都得到激活，生态系统中浮游植物种群结构终由以较小粒径的藻类为主转变到以较大粒径的藻类为主，这表明只有大粒径的浮游植物才能避免被浮游动物摄食。因此，在 HNLC 海区除了铁外，浮游动物的摄食作用对浮游植物种群组成及其粒级结构也有控制作用。

(2) 铁与光限制

有研究认为浮游植物利用铁的效率会随着光照条件的改善而提高，在低光照条件下，浮游植物需要吸收更多的铁合成光合色素和铁氧化还原蛋白，这样才能提高浮游植物的光合作用效率。Papa 站的实验结果表明，冬季，不管是增加铁浓度还是改善光照条件都会提高浮游植物新陈代谢速率、生长速率和光合作用效率，而最大的变化是在同时改变铁和光照条件时发生的，这证实了冬季亚北极北太平洋确实存在着铁-光照共同限制浮游植物生长的规律。研究还发现，春季和秋季南大洋也存在铁-光照共同限制浮游植物生长的规律。

(3) 铁与硅限制

铁限制条件下，硅藻 Si∶N 值大意味着铁限制使硅酸盐成为生产力的第二个限制因素。研究表明，在 HNLSLC 海区 (如南大洋极锋带以北) 铁-硅共同限制的海域，加铁会加速硅藻生长，使 Si∶N 值变小，从而缓解硅酸盐的限制；如果加入硅酸盐，则会在较低的铁浓度下加速硅藻生长。南大洋的实验结果表明，在铁限制条件下，Si∶N 值的增大是由于抑制了硝酸盐的吸收。因此，又提出了铁-硅共同限制海洋生产力的假说，即当铁与硅酸盐共同限制时，海水中低浓度硅酸盐限制了浮游植物吸收硅酸盐；而低浓度铁则会限制浮游植物对氮的吸收，降低光合作用效率，最终限制浮游植物的生长繁殖。

5.4 重金属的海洋生物地球化学循环

所谓重金属，就是指密度大于 $5g/m^3$ 的金属，对于生物体而言，它包括必需重金属和非必需重金属。必需重金属是指有机体进行正常生理活动所不可缺少的重金属，如铜(Cu)、铁(Fe)、硒(Se)、锌(Zn)、钴(Co)、锰(Mn)、钼(Mo)、镍(Ni)等，然而当必需重金属浓度在有机体内累积超过某一阈值水平时就会对机体产生毒害作用。非必需重金属[指镉(Cd)、汞(Hg)、银(Ag)、铅(Pb)、金(Au)和一些不常见的高原子量重金属]不参与有机体的代谢活动，组织内含有较低浓度的非必需重金属就能对有机体产生较高的毒性。

5.4.1 重金属的生物地球化学作用

(1) 重金属的来源及其进入海洋环境的几种途径

海洋中重金属的来源可分为天然来源和人为来源两大类(图 5-32)。天然来源

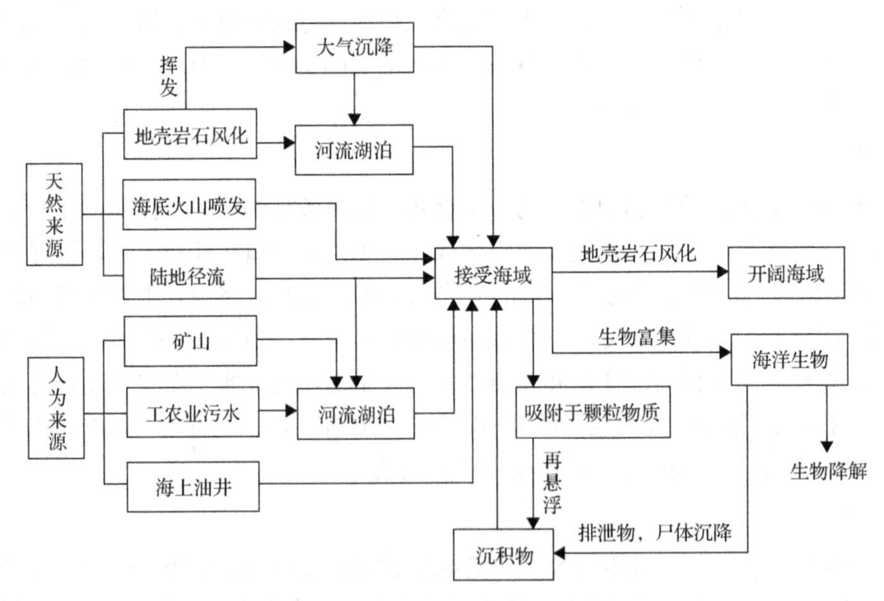

图 5-32 重金属的来源及入海途径

如海底火山喷发将地壳深处的重金属带上海底，经过海洋水流的作用把重金属及其化合物注入海洋；地壳岩石风化后通过陆地径流、大气沉降等方式将重金属注入海洋，构成了海洋重金属的环境本底值。环境本底值对于判断海洋环境污染程度和评定海洋环境质量的优劣具有重要的意义。

人为来源如矿山与海洋油井的开采、工农业污水和废水的排放(如电镀、冶金、蓄电池、制革、颜料、涂料工业以及化工厂的排水、重金属农药厂废水的排放和重金属农药的流失等)。近半个世纪以来，由于工农业生产的快速发展，特别是沿海地区的轻工业和重工业快速发展，世界范围内的海洋环境重金属污染日益严重。由于多数重金属元素通过河流输入，因此其成为重金属入海的主要途径，所以重金属在河口水域的污染比较严重。

(2) 重金属污染的特点

重金属污染的特点有来源广、残留时间长、能沿着食物链转移富集、污染后不易被察觉、难以恢复等。重金属离子在自然环境中不能被破坏，其毒性取决于其原子结构，它们在自然界中并不能完全被矿化为完全无毒的形式，它们的氧化态、溶解性因与其他不同无机元素或有机物的结合而不同。例如，汞在自然界以金属汞、无机汞和有机汞的形式存在，有机汞的毒性比金属汞和无机汞要大。

5.4.2　海洋重金属循环的生物学机制

重金属因其生物富集特性而对海洋生态系统造成了极大威胁，因此，重金属成为海洋污染监测的重点。

5.4.2.1　海洋生物对重金属元素的吸附作用

(1) 藻类

人们早在 20 世纪 50 年代就认识到藻类可以吸收富集水体中的重金属。海洋中具有丰富的藻类资源，海藻不但是海洋初级生产的主要参与者，而且在海洋生态系统中扮演着非常重要的角色。迄今为止，已经有不少人做过藻类对重金属的吸附累积和排出实验。

1) 藻类对重金属的吸附量

海藻对重金属吸附量的研究表明，不同的藻类对重金属的吸附能力不同，而且藻类对重金属的吸附具有选择性，见表 5-15。

在众多的海洋藻类中，一些大型海藻如褐藻的吸附量比其他藻类高出很多。对 9 种大型海藻研究发现，它们对 Cu、Pb、Cd 的吸附量在 0.8～1.6mmol/g。

表 5-15　部分藻类对重金属的吸附量

重金属离子	海藻种类	门，属	吸附量(mg/g)
Pb	*Focus vesiculosus*	褐藻门，墨角藻属	220～370
As	*Lyngbya taylorii*	蓝藻门，颤藻属	305
	Lyngbya taylorii(磷酰化)	蓝藻门，颤藻属	638
	Codium taylori	绿藻门，松藻属	376
	Lessonia flavicans	褐藻门，巨藻属	303
	Laminaris japonica	褐藻门，海带属	276
	Ascophyllum nodosum	褐藻门，囊叶藻属	263
	Chlorella vulgaris	绿藻门，小球藻属	97
Au	*Sargassum natans*	褐藻门，马尾藻属	400
	Spirulina platensis	绿藻门，螺旋藻属	71
	Ascophyllum nodosum	褐藻门，囊叶藻属	24
Cd	*Ascophyllum nodosum*	褐藻门，囊叶藻属	215
	Ulva pertusa	褐藻门，石莼属	137
	Ecklonia maxima	褐藻门，昆布属	129
	Lessonia flavicans	褐藻门，巨藻属	124
	Ascophyllum nodosum	褐藻门，囊叶藻属	116
	Sargassum kjellmanum	褐藻门，马尾藻属	90
	Laminaris japonica	褐藻门，海带属	90
	Lyngbya taylorii	蓝藻门，鞘颤藻属	42
	Lyngbya taylorii(磷酰化)	蓝藻门，鞘颤藻属	283
	Chlorella vulgaris	绿藻门，小球藻属	34
Zn	*Sargassum natans*	褐藻门，马尾藻属	89
	Lyngbya taylorii	蓝藻门，鞘颤藻属	32
	Lyngbya taylorii(磷酰化)	蓝藻门，鞘颤藻属	170
	Cladophora crispate	绿藻门，刚毛藻属	31
	Chlorella vulgaris	绿藻门，小球藻属	24
Co	*Ascophyllum nodosum*	褐藻门，囊叶藻属	156
Cu	*Sargassum natans*	褐藻门，马尾藻属	117
	Ascophyllum nodosum	褐藻门，囊叶藻属	115
	Sargassum kjellmanum	褐藻门，马尾藻属	95.3
	Lessonia flavicans	褐藻门，巨藻属	80
	Ecklonia maxima	褐藻门，昆布属	78
	Laminaris japonica	褐藻门，海带属	78
	Ascophyllum nodosum	褐藻门，囊叶藻属	76
	Laminaris japonica	褐藻门，海带属	70
Ni	*Focus vesiculosus*	褐藻门，墨角藻属	40
	Lyngbya taylorii	蓝藻门，鞘颤藻属	38
	Lyngbya taylorii(磷酰化)	蓝藻门，鞘颤藻属	164
	Sargassum natans	褐藻门，马尾藻属	22～44
	Chlorella vulgaris	绿藻门，小球藻属	2～4

2) 海藻对重金属的吸附机制

关于海藻对重金属吸附机制的研究，一般认为，生物体吸附重金属离子的过程包括重金属离子在细胞表面通过络合或离子交换进行富集、细胞内富集或扩散。其中细胞表面的吸附和络合在死活生物体都存在，但有人认为只有活的生物体才有此过程(依赖于生物体的新陈代谢过程)；而另有人认为其不依赖生物体的新陈代谢过程，因为藻类细胞壁主要是由多糖、蛋白质和脂类等物质构成的网状结构，带有一定的负电荷。经过对藻类细胞壁的研究发现，藻类细胞壁的多糖所提供的官能团对重金属有较强的络合能力，其中又以羧基的络合为主，当把细胞中的羧基脂化后，它们对 Cu^{2+}和 Al^{3+}的吸附能力显著下降。当水环境中重金属浓度过高就会对海藻产生毒害作用，并抑制海藻的生长。

(2) 鱼类

1) 鱼体内重金属的来源

鉴于海洋生态系统的复杂性和海洋鱼类的多样性，将鱼体内重金属的来源途径简单分为以下几种：①海水中的重金属离子通过鱼鳃的呼吸作用进入鱼体内并富集在鱼体内的不同部位。②来自海洋藻类所富集的重金属(主要是以藻类为食物的鱼类)。③通过复杂的食物链迁移和富集到其他鱼体内。

2) 鱼体内的重金属

关于鱼体内的重金属，国际上进行了大量的研究工作。重金属在多种海洋鱼体内均有积累现象，不同组织器官中的积累量是不均衡的，一般来说，在肌肉组织中的含量较低。例如，马桂云研究发现不同重金属在鱼体内不同器官和部位的累积量有所不同，这为研究海洋重金属污染提供了一种重要的信息。

根据联合国环境规划署对全球 Hg 的评估，世界上很多淡水鱼和海鱼体内甲基汞的含量很高，含量最高的是肉食性鱼及食鱼动物。对不同地域研究显示，由于食用了受污染的鱼，很多人遭到甲基汞的危害。由于甲基汞具有较强的脂溶性，而鱼富含脂肪，因此甲基汞能被鱼吸收并蓄积起来，而汞的转化和排出又很缓慢，因而能长期保存在鱼体内，使鱼体内甲基汞的浓度随年龄和体重的增加而增大。研究发现，Cu、Zn、Cd、Pb 和 Cr 在尼罗罗非鱼肌肉、鱼卵、肾脏、肝脏和鱼鳃等组织或器官中均有积累。鱼体内重金属积累量达到一定程度，会使鱼类的主要器官发生病变，但其致毒机制尚不明确。

(3) 贝类

软体动物特别是贝类容易在体内积累各种污染物，如毛蚶暴露于 Cu、Pb、Ni 和 Cr 中，前 20～30d 的积累速率很高。这些重金属在毛蚶体内不同部位的含量分布高低顺序为：鳃、外套膜、闭壳肌、内脏、肌肉。因为毛蚶在沿海分布广，易采集，生命周期长，活动范围小，对重金属积累能力较强，因此建议将毛蚶作为中国沿海重金属污染检测的一种有效的指示生物。其他的研究表明，重金属在海洋贝类生物体内的积累与环境因素(如温度、盐度及溶解氧等的变化)有关。

(4)重金属的生物吸附机制研究

生物体吸收重金属离子的主要过程是重金属离子在细胞表面的吸附，即细胞外多聚物、细胞壁上的官能基团与重金属离子结合的被动吸附。

1)离子交换机制

细胞壁通常吸附重金属离子的同时，释放其他阳离子利用X射线能量散射光谱分析表明，钾和钙元素作为细胞壁的基本组成元素，在细胞吸附 Pb^{2+}、Cu^{2+}和Cd^{2+}的过程中，逐渐被取代而释放到溶液中，吸附重金属离子后生物体的能量散射光谱中出现了重金属的谱峰，而钙和钾峰消失。采用仪器方法除了可对重金属的吸附机制进行研究和探讨外，科学家还找出了藻类生物体释放出的钙、镁和氢离子总量与被吸附的重金属离子之间存在等当量关系，这进一步验证了离子交换机制的存在。另外，通过研究发现 Ca^{2+}、Mg^{2+}和 H^+从生物体上被置换下来进入溶液，吸附量越大，释放出来的 Ca^{2+}、Mg^{2+}和 H^+总量也越大，但交换下来的离子总量与被吸附重金属离子的总量相比只是很小的一部分，这在确证离子交换机制存在的同时，表明其并非细胞吸附重金属离子的主要机制。

2)表面络合机制

当生物体暴露在重金属溶液中时，首先与重金属离子接触的是细胞壁，细胞壁的化学组成和结构决定着重金属离子与它的相互作用特性。通常，微生物的细胞表面主要由多聚糖、蛋白质和脂类组成，这些组分中可与重金属离子相结合的主要官能团有羧基、磷酰基、羟基、硫酸脂基、氨基和酰胺基等，其中氮、氧、磷、硫作为配位原子与重金属离子配位络合。

例如，真菌 *Penicillium chrysogenum* 的细胞壁对重金属离子有很高的络合特性，经X射线吸收精细光谱分析可知：在 $2.6\times10^{-3}\sim0.15$mmol/g 的吸附量，Zn^{2+}离子主要以四面体构型配位到4个磷酰基上(图5-33)。

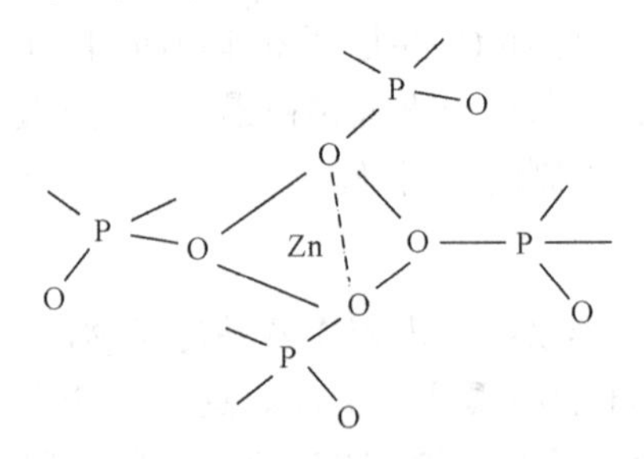

图5-33　真菌 *P. chrysogenum* 对 Zn^{2+}的吸附构象

当 Zn^{2+}浓度达到饱和状态时，小部分 Zn^{2+}与羧基形成络合物。而细胞对 Pb^{2+}的吸附，在较低的吸附量(5.6×10^{-3}mmol/g)下，Pb^{2+}首先与羧基发生络合，形成-$(COO)_n$-Pb 络合物，然后再形成-$(PO_4)_n$-Pb 络合物。微生物的细胞壁中，含有丰富的磷酸酯基团，核糖醇磷壁酸中磷的含量大约为 12%，即每克干细胞含磷约 1.6×10^{-3}mol。如果每一个磷酸酯基团能结合一个铀酰离子，则每克干细胞能结合 0.38g 铀，此估算值与实验值(铀 0.3g/g 细胞干重）非常吻合，因此，铀酰离子与磷酸酯络合反应式可归纳为图 5-34。

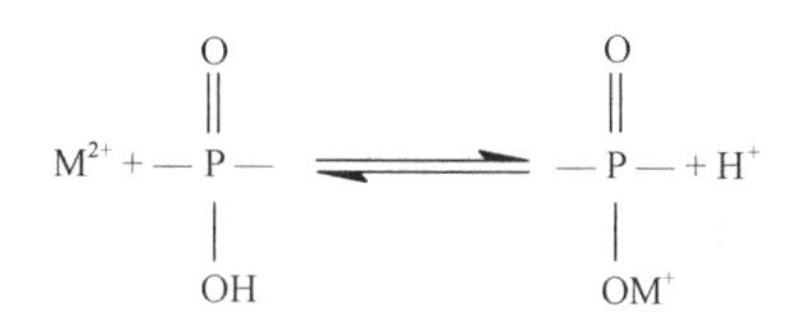

图 5-34　铀酰离子与磷酸酯络合反应式

利用 X 射线光电子能谱对吸附 Fe^{2+}和 Fe^{3+}后的海藻材料进行分析可知，在吸附过程中，部分 Fe^{2+}被氧化成 Fe^{3+}，而 Fe^{3+}与海藻中磺酸基团发生络合。

经过上述研究，表面络合机制被认为是一种重要的生物重金属吸附机制。

3)氧化还原及无机微沉淀机制

变价重金属离子在具有还原能力的生物体上吸附，有可能发生氧化还原反应；易水解而形成聚合水解产物的重金属离子在细胞表面易形成无机沉淀物。

对生物吸附微观机制研究，目前多采用红外光谱分析及扫描电子显微镜-X 射线能量散射光谱技术，今后的研究重点应该是多种仪器并用，如利用透射电镜-X 射线能量散射光谱、核磁共振、X 射线光电子能谱、X 射线吸收及衍射分析来研究重金属在细胞表面及内部的结合部位和形态、重金属与细胞特定官能团结合能变化及官能团结构与特征。由于细胞表面的复杂性，宏观吸附模式的发展也是开展吸附机制研究的重要方面。

5.4.2.2　重金属在海洋生物体内的积累作用

(1)重金属在生物体内的积累

Cu、Cd、Pb 等重金属离子与其他许多金属离子相同，一方面是生物必需元素，但在浓度高时又有毒性。少剂量的重金属是生物所必需的，可以被海洋生物所吸收，当重金属在生物体内的积累量超过生物正常生长发育所需的最高容许浓度时，重金属对生物体就具有毒害作用了。目前已在多种藻类中发现了重金属的积累(表 5-16)。

表 5-16　几种藻类对重金属污染物的积累作用

海洋生物	污染物
三角褐指藻	Hg，^{203}Hg
角毛藻	Hg
三角褐指藻	Cd
叉边金藻	Cu，Zn
小球藻	^{60}Co，^{137}Cs

(2) 重金属积累的影响因素

影响重金属积累的原因很多，主要决定于生物因素、环境因素、重金属的性质以及重金属的浓度和作用时间等。

1) 生物因素

食物链积累：重金属从水和食物两个途径进入鱼体，可沿食物链积累、浓缩和放大。有人指出海星通过食物链积累 Hg，再传递给食用海星的生物。以沉积物为主要饵料的底栖动物体内重金属含量大于鱼类，是由于底栖动物具有选择摄取重金属的能力，重金属通过复杂的食物链在底栖动物体内蓄积。

不同部位和组织器官：生物的不同部位和器官组织中重金属含量不同。肌肉中重金属含量一般较低，肝脏、肾脏和生殖腺中的含量较高。对于浮游鱼类和底栖鱼类，重金属在各个器官组织的含量有很大的差别，如汞在浮游鱼类肌肉和鳃中的蓄积量较低，但在底栖生物中，肝脏和软体组织中的含量较高。不同部位重金属含量不同是与各部位的脂肪含量有关系的，脂肪含量高的部位积累较多。有人研究了 Cu、Zn 在尼罗罗非鱼中的积累：Cu 在肝脏和鱼卵中积累得较多，Zn 在鱼卵和鱼鳍中积累得多。毛蚶的鳃和外套膜吸收较多的重金属，可能和这几种组织暴露于环境中而与重金属长时间接触有关。在高等水生植物中，挺水和漂浮植物根部吸收重金属比叶片与茎部高得多，这与发达的根系能从水中吸收大量的重金属有一定的关系。凤眼莲等 4 种水生植物对水体 Cd 污染净化作用的研究表明，凤眼莲对水体 Cd 污染具有较理想的净化作用，而紫背萍是良好的监测植物。

生物个体及年龄：鱼、贝类体内某些重金属含量与生物个体大小、生物个体年龄有明显关系。例如，贻贝中 Cr、Hg 含量与体重有关，干重越重含量越低。镉的富集和某种鱼(斜齿鳊)的年龄之间存在联系，有研究还建立了湖鳟年龄和汞含量的相互关系。重金属在水生哺乳动物体内含量比较高，且有的重金属随年龄的增长含量越来越高。海豚的体内、肝脏、肾脏中 Hg、Cd 随动物长度的增加而增加。海豹富集重金属研究指出，海豹肝脏、肾脏、肌肉、骨骼中 Cd，肝脏中 Hg 和年龄相关性很大。个体大的单位重量含量高于个体小的，是由于个体大的生物一般年龄较大，暴露于重金属污染环境的时间长，其积累的重金属也会多一些。

2) 环境因素

pH：pH 对重金属的积累影响很大，且对各种生物的影响不相同。有时，pH 增大时重金属的积累增加，增加水的酸碱度对鱼体 Hg 含量有明显影响。蓝绿藻对重金属的积累作用，重金属的结合量随 pH 增大而增加。有时，pH 降低时重金属的生物积累量增加，研究加拿大安大略湖水域中翻车鱼肌肉中 Hg 的积累水平时发现，pH 为 5.6 时体内的 Hg 比 pH 为 8.4 时高很多，可能是在偏酸性环境中重金属的存在状态更易被鱼体吸收。

地域位置：鱼、贝类体内重金属含量与距污染源距离有关，离污染源越近积累得越多，离得远就很少。锦州湾水体中的重金属含量变化呈近岸＞湾内＞湾口。蓟运河河蚬体内汞含量也呈现明显的地区差异：在排污口处汞含量很高，而在污染源上游和下游河段其含量明显下降。牡蛎、贻贝体内重金属含量也有明显的地区和水层差异，近河口处表层贻贝重金属含量高于底层。

季节温度与盐度：在很多的情况下，生物重金属含量冬、春季较低，夏、秋季较高。这主要是因为温度升高，水中的溶解氧减少，促使生物的生命活动加快，因而所积累的重金属有所增加。

盐度也影响鱼类对重金属的积累，但比较复杂。有人发现盐度减少时，牡蛎体内的 Cu、Zn 含量增加，认为是因为海水中 Ca、Mg 竞争减少后 Cu、Zn 更易被牡蛎所吸收。在低盐度时菲律宾蛤仔易于吸收 Zn、Pb、Cu 等重金属，且此时重金属的毒性也比较大。

重金属相互作用：水环境中其他重金属的存在对某种重金属的生物积累有很大的影响，几种重金属间会产生如协同、拮抗等复杂的作用，将使重金属积累量增加或减少。例如，镉与锌就有明显的协同作用，当这两种重金属在金鱼体内积累都增加时，镉与锌共存时的毒性并非是镉与锌单一毒性的相加，而是远远大于镉与锌单一毒性的加和。以小鲫鱼作为受试生物进行的联合毒性实验也表明镉与锌具有协同作用。

3) 重金属的性质

重金属在环境中不会被降解，只会发生形态和价态变化，因而可在环境中长期存在。环境中重金属的存在形态会影响生物对重金属的吸收积累，不同形态的重金属，其毒性或生物可利用性有很大差异，大部分生物都比较容易吸收积累离子态、络合态等溶解态的重金属，也有一部分可以通过食物链吸收颗粒态或其他形态的重金属。

4) 重金属的浓度和作用时间

生物体内重金属的积累量与环境中重金属的浓度呈正相关，还与作用时间密切相关，重金属的浓度越高，作用时间越长，则生物体内重金属的积累量也就越多。贻贝、牡蛎体内重金属含量与它们所生活区域悬浮物中的重金属浓度有很大的相关性。测定蓟运河河流底泥与河蚬体内的汞含量发现，它们有显著的相关关系，认为河蚬可以作为重金属污染的指示物。

本章的重要概念

生化需氧量 又称生化耗氧量，英文 biochemical oxygen demand，缩写 BOD，是表示水中有机物等需氧污染物含量的一个综合指标，可说明水中有机物经微生物的生化作用进行氧化分解发生无机化或气体化时所消耗水中溶解氧的总数量，其单位以 mg/升表示。其值越高，说明水中有机污染物越多，污染也就越严重。

硫酸盐还原过程 硫酸盐作为有机质厌氧降解的氧化剂，在微生物参与下被还原成低价态硫化合物，并伴随着铁硫化物及其他金属硫化物和有机硫的形成。

铁限制假说(iron hypothesis) 生物可利用性铁的缺乏限制了大洋 HNLC(高营养低叶绿素产力)区域浮游植物的生长。它的两个推论是：①藻类对营养盐和碳酸盐的吸收受可利用性铁的限制；②由于铁限制着藻类的生长，限制它们吸收大气中的 CO_2，因此加铁能够促进大气 CO_2 向海洋表面的转移，从而降低大气中 CO_2 的含量，改善温室效应对全球环境的影响。

重金属 密度大于 $5g/cm^3$ 的金属，对于生物体而言，它包括必需重金属和非必需重金属。必需重金属是指有机体进行正常生理活动所不可缺少的重金属，如铜(Cu)、铁(Fe)、硒(Se)、锌(Zn)、钴(Co)、锰(Mn)、钼(Mo)、镍(Ni)等，然而当必需重金属浓度在有机体内累积超过某一阈值水平时就会对机体产生毒害作用。非必需重金属[指镉(Cd)、汞(Hg)、银(Ag)、铅(Pb)、金(Au)和一些不常见的高原子量重金属]不参与有机体的代谢活动，组织内含有较低浓度的非必需重金属就能对有机体产生较高的毒性。

推 荐 读 物

宋金明, 段丽琴. 2017. 渤黄东海微/痕量元素的环境生物地球化学. 北京: 科学出版社: 1-463.

宋金明, 段丽琴, 袁华茂. 2016. 胶州湾的化学环境演变. 北京: 科学出版社: 1-400.

唐学玺, 王斌, 高翔. 2019. 海洋生态灾害学. 北京: 海洋出版社: 1-351.

Song J M. 2009. Biogeochemical Processes of Biogenic Elements in China Marginal Seas. Berlin, Hangzhou: Springer-Verlag GmbH & Zhejiang University Press: 1-662.

学习性研究及思考的问题

(1)列表对比海洋水体中溶解氧各测定方法之间的优缺点，简述不同方法的最佳使用环境。

(2)缺氧条件对海洋水体的氧化还原过程有何影响？缺氧环境对海洋水体的

环境氛围有什么影响？

(3) 叙述硫酸盐还原过程在何种沉积物环境中才会发生？当该过程发生时，会对沉积物和水体产生什么样的影响？

(4) 从硫酸盐进入细胞内开始，到二甲基硫进入海洋水体为止，详细描述细胞内二甲基硫的产生过程。

(5) 以“铁在海洋水体中的生物地球化学作用”为题，全面综述铁在浮游植物光合作用、海洋生物呼吸作用等方面的功能。

(6) 结合本章内容和查阅文献，谈谈你对铁假说的看法。该假说的主要观点是什么？现在受到了何种质疑？你对马丁“给我一百万吨铁，还你一个冰河时代”这句话持什么样的看法？

(7) 查阅资料，谈谈各种重金属对人类健康的危害。

(8) 简述海洋水体缺氧的主要成因。

(9) 大洋最小含氧带的生态环境效应有哪些？

(10) 海洋中硫有哪些主要形态？各自的生态学功能如何？

(11) 海洋中铁有哪些主要来源？二价铁参与的生物过程有哪些？

第 6 章　人类活动影响下的海洋生物地球化学作用

本章主要论述人类活动对海洋重要生物地球化学作用的影响，重点探讨海洋富营养化、赤潮、珊瑚白化的成因以及这些异常过程中生源要素的响应，对近岸环境中常见的无机污染物和有机污染物的类型、特征及其对海洋生物的毒害作用以及近年来浒苔/水母/海星等新型海洋生态灾害、海洋酸化、微塑料等研究热点进行分析探讨。

6.1　近海富营养化的过程、效应、影响与评价

6.1.1　近海富营养化的起因与效应

水体富营养化是指在人为活动的影响下，生物所需的氮、磷等营养物质大量进入(水库、湖泊、河口、海湾等)缓流水体，引起藻类及其他浮游生物迅速繁殖，水体溶氧量下降，水质恶化，鱼类及其他生物大量死亡的现象。近海的富营养化是水体富营养化的重要组成部分。

6.1.1.1　近海富营养化的物质来源

引起富营养化的物质，主要是浮游生物增殖所需的碳、氮、磷、镁、钾等 20 多种元素，以及维生素、腐殖质等有机物，其中影响最大的为氮和磷两种元素。这些物质主要包括以下几类。①营养盐类：碳、氮、磷、硅、硫、钙、镁、钾等是生物生长、繁殖必需的营养元素，氮、磷、硅最为重要。②微量元素：铁、锌、锰、铜、硼、钼、钴、碘、钒等是植物生长、繁殖所不可缺少的元素。研究表明，在这些微量元素中，特别是铁和锰具有促进浮游生物繁殖的功能。③维生素类：维生素对浮游生物生长、繁殖起着重要的作用，其中维生素 B_{12} 是多数浮游生物生长和繁殖不可缺少的要素，是限制其繁殖和分布的重要生理生态要素。④有机物：有机物具有与铁、锰等微量元素螯合及作为维生素补给源的作用，某些特殊的有机物对浮游生物的增殖有着显著的促进作用。

导致近海富营养化的污染物主要来源于面源(非点源污染)，包括由施肥农田渗漏水、家禽畜养殖污水、塘河水产养殖中过量施肥、大气沉降的尘埃及生活污水、工业废水等带入近海中的氮、磷和矿质盐类，以及近海沉积物经厌氧分解释放进入水中的氮、磷等营养物质。

对于近海界面中由水生动植物、浮游生物、微生物及其外界环境所构成的水生生态系统，系统内稳定、流畅的循环和能量流动是生态系统协调与平衡的关键，营养物质循环是系统平衡运转的基础。近海的游离营养物质被浮游生物尤其是藻类吸收转化为其体内的营养物质，一方面被浮游动物吞食成为其体内的营养物质，另一方面死亡的浮游生物残体及残体内的营养物质沉入水底，这些动植物残体又被微生物分解为游离的营养物质释放到水体中。近年来，由于工农业的快速发展，过量的外源营养物质经人为的或自然的途径输入，打破了近海营养物质循环的平衡，导致氮、磷营养过剩，富营养化现象频繁发生。水体中营养物质的输入主要有以下三种来源。

(1) 非点源污染物的输入

可溶性营养物或固体污染物在降水和径流冲刷的动力作用下汇入地表水体而引起的污染称为非点源污染。与点源污染相比，非点源污染负荷的时空差异性更大，污染物及排放途径具有不确定性，水体运行过程较复杂，污染严重。进入水体的氮、磷营养物，来源是多方面的。据估计，全球河流溶解氮和磷年自然排放量(根据对未受污染河流的测量)分别为 1500×10^4t 和 1000×10^4t，全球每年河流的人为排放量估计为：溶解氮$(700\sim3500)\times10^4$t，溶解磷$(60\sim375)\times10^4$t。这些营养物中仅有约 44×10^4t 的氮和 30×10^4t 的磷进入海洋沉积物中。研究表明，非点源污染是地表水被污染的主要原因，其中又以农业非点源污染贡献最大。

1) 农田超量施肥

我国农业生产中的化肥投入在 1949～2006 年逐年迅速增加，但粮食产量于 1994 年以后随着化肥用量的增加而趋于平稳或下降。目前我国已成为世界上最大的化肥生产国和消费国，如 1999 年生产化肥总量 3251×10^4t(纯 N)，而化肥施用量达 4124.3×10^4t，比 1978 年(884.0×10^4t)增长了 3.67 倍。按当年农作物播种面积计算，农用耕地平均化肥施用量达 262.4kg/hm^2，是世界化肥平均用量(105.0kg/hm^2)的 2.5 倍。我国化肥的有效利用率很低，据统计氮肥平均利用率为 30%～35%，磷肥为 10%～20%，施用的氮、磷极易在降水或灌溉时流失，氮、磷及其无机盐类可随地表径流进入地面水或下渗，通过地表侧向运动排入水体中，这是地表水富营养化的直接原因。

据对太湖污染源的调查，来自农业面源污染的总氮排放量达 27 679.4t/a，占该地区总氮排放量的 36.1%，其中化肥流失占农村污染源的 58.5%。在滇池，来自农田地表径流的氮、磷含量分别占水体有机物总量的 53%和 42%。美国对非点源污染进行鉴别和测量发现，农业是主要的非点源污染源，农田径流使全美 64%的河流和 57%的湖泊受到污染。

2) 禽畜、水产养殖

有些畜牧业发达和集约化禽畜养殖地区，畜、禽排泄物中含有大量的营养物质，这些排泄物极易随地表径流、亚表面流流入江、河、湖而污染水体。对黄浦江上游面源污染进行的调查结果表明，黄浦江流域每年畜禽粪便的 COD、BOD、TN、TP 污染负荷量分别为 68 555t、22 152t、34 115t 和 3132t，畜禽粪便造成的环境污染占黄浦江上游污染总负荷量的 36%，而居民生活、农业、乡镇工业和餐饮业的污染负荷分别占 33.8%、19.2%、6.0%和 4.4%。近年来湖泊、水库及近海等大水面养殖快速发展，池塘及网箱高产技术和大水面养殖虽提高了水产品的质量与数量，但也加速了养殖水体富营养化的进程。美国网箱养殖虹鳟饵料中仅有 24.7%的氮和 30.0%的磷被吸收利用，75.3%的氮和 70.0%的磷被直接排入水体，水产养殖中的残饵、残骸和排泄物在水体中分解并消耗溶解氧，使水体中溶解氧减少，含氮分解产物大量增加，水体自净能力降低，导致水体富营养化或水质恶化。

3）街道、矿区的冲刷

当今，大中型城市的街道路面大部分夯实成不透水地面，使得人类活动中产生的生活垃圾、生活污水及某些工业废水所携带的氮、磷营养盐随雨水形成地表径流，通过排水渠道或直接进入江湖，造成地表水污染。美国国家环境保护局把城市地表径流列为导致全美河流和湖泊污染的第三大污染源。在磷矿区，人为活动破坏了原有的土壤结构和植被类型而使土壤表层裸露，降水使散落在矿区的矿渣、磷酸盐等污染物随地表径流进入湖泊、江河和水库。

4）大气沉降

工业化大都市的迅速崛起，使得工业燃烧产生的大量烟灰颗粒进入大气层中，这些有害尘粒随着大气沉降即通过降水或降尘进入水体，农业系统因施肥造成的氨氮逸出也是大气沉降的一个重要来源。日本农业所供给的氮、磷，因大气沉降进入水体的量分别达到 300kg/($km^2 \cdot d$)和 0.1kg/($km^2 \cdot d$)。1998 年和 1999 年上半年，因降水引起地表径流进入太湖水体中的 TN、磷酸盐和 COD 污染物的总量分别占太湖同期入湖的 TN、磷酸盐和 COD 总量的 9.8%～15.5%、1.9%～2.2%和 3.5%～6.0%。

（2）点源污染物的输入

点源污染是指污染物通过排放口或渠道排入水体的污染。其含量可以直接监测，污染物主要是含有氮、磷以及有机物的城市工业废水和生活污水。

1）工业废水

富营养化水体中含有的氮、磷，较大一部分来自工业废水，钢铁、化工、制药、造纸、印染等行业的废水中，氮和磷的含量相当高。工业生产产生的废水量大，化学成分复杂，不易净化，且工业排放的废水逐年递增，工业废水常规的污水二级处理对氮、磷可溶盐类的去除率仅为 20%～50%和 40%，尾水中氮、磷等富营养成分极易引起水体中氮、磷的污染，与水体富营养化临界浓度值相比，高出一个数量级以上。2001 年我国工业废水排放量达 201×10^8t，湖泊、水库中磷的 80%来自污水排放。

2）生活污水

生活污水是人们日常生活产生的杂排水，含有大量的氮、磷营养盐及细菌、病毒，因而易造成地表水与地下水的污染。除居民生活产生的污水外，还包括公用事业等排出的污水，它也是水体有机物、生物污染的重要来源。从太湖流域的城镇生活污水排放负荷来看，COD 占 42%，TN 占 25%，TP 占 60%，不仅对有机物污染贡献大，而且对 TP 的贡献占第一位。世界经济合作与发展组织（OECD）研究指出，在城市生活污水中有 50%的磷来自合成洗涤剂的使用。我国生活污水中的含磷量为每人每天 1.11g，其中使用合成洗涤剂排放的磷约占 40%，随着生活水平的日益提高，合成洗涤剂的用量将不断增大。我国目前居民使用的洗衣粉中，大多含有 17%的三聚磷酸钠，洗涤污水是河、湖水域中磷的来源之一。

（3）内源污染

海洋沉积物（底泥）是水体营养盐的重要蓄积库，也是近海主要的污染内源。来自多种途径的营养盐，经一系列物理的、化学的、生物化学的作用，绝大部分沉积到水体的底部，成为水体营养盐的内负荷。底泥中的营养物经微生物厌氧菌的作用，以再悬浮、溶解的方式返回水体中。对太湖底泥的调查表明，湖底沉积物每年向水体释放的总氮和磷占总负荷的 25%～35%，表层底泥平均含量为 TN 0.092%、TP 0.006%。西湖富营养化的一个重要原因是底泥厚达 0.86m，全湖年均释放 7.22t 磷，相当于外源磷的两倍。底泥中营养盐的大量释放可在湖湾区引发“湖泛”，构成水源的二次污染，在枯水期或高温晴好天气，底泥发生强烈生化反应，营养盐释放速度加快，伴有甲烷、硫化氢等有毒气体逸出，水体变劣并产生恶臭，藻类大量繁殖，严重污染水源，旅游景观和自然资源遭受严重破坏。

6.1.1.2　水体富营养化成因理论

（1）食物链理论

该理论由荷兰科学家马丁肖顿于 1997 年 6 月在“磷酸盐技术研讨会”上提出。该理论认为，自然水域中存在的水生食物链，如果浮游生物的数量减少或捕食能力降低，将使水藻生长量超过消耗量，生态平衡被打破，就会发生富营养化。该理论说明营养负荷的增加不是富营养化的唯一原因。

（2）生命周期理论

这是近年来普遍为人们所接受的一种理论。它认为，含氮和含磷的化合物过多排入水体，破坏了原有的生态平衡，引起藻类大量繁殖，过多地消耗水中的氧，使鱼类、浮游生物缺氧死亡，它们的尸体腐烂又造成水质污染。根据这一理论，氮、磷的过量排放是水体富营养化的根本原因，藻类是富营养化的主体，它的生长速度直接影响水质状态。在合适的光照、温度、pH以及硅和其他营养物质充分的条件下，根据Leibig最小因子定律，植物的生长状况取决于外界供给它们的养分中最少的一种或两种，从藻类原生质化学式 $C_{106}H_{263}O_{110}N_{16}P$ 可以看出，生产1kg藻类，需要消耗碳358g、氢74g、氧496g、氮63g、磷9g，显然氮、磷是植物生长的主要限制因子。因此，要想控制水体富营养化，必须控制水体中氮、磷等营养盐的含量及其比例。食物链理论和生命周期理论争论的焦点在于氮、磷过量是否是富营养化的主要原因，目前这两种争论尚未有最后的定论。但从目前我国水体的富营养化状况来看，富营养化可用后者(生命周期理论)来解释。

6.1.1.3　水体富营养化的危害与生态效应

随着人类活动的不断增加，水体污染日趋严重。仅就我国主要湖泊而言，因氮、磷污染而导致富营养化的湖泊占所统计湖泊的56%之多。由氮、磷营养盐污染引起的水体富营养化的主要危害可归纳为：①干扰了水体正常的溶解氧平衡，使水体严重缺氧；②降低了水质质量，水体环境恶化；③严重影响生物资源的利用，使水体经济价值降低；④使水体感官性状恶化，丧失了水体美学价值；⑤破坏了水体生态平衡，导致水生生物的稳定性和多样性降低，暴发“水华”，造成严重的水体灾害。由此可见，防止水体氮、磷污染对社会经济持续协调发展以及对人类自身和谐生存均至关重要。图6-1显示了近海富营养化对海洋生态系统的影响，近海富营养化在不同阶段其生物地球化学过程有较大差异，但都会引起生态系统种群结构的改变。

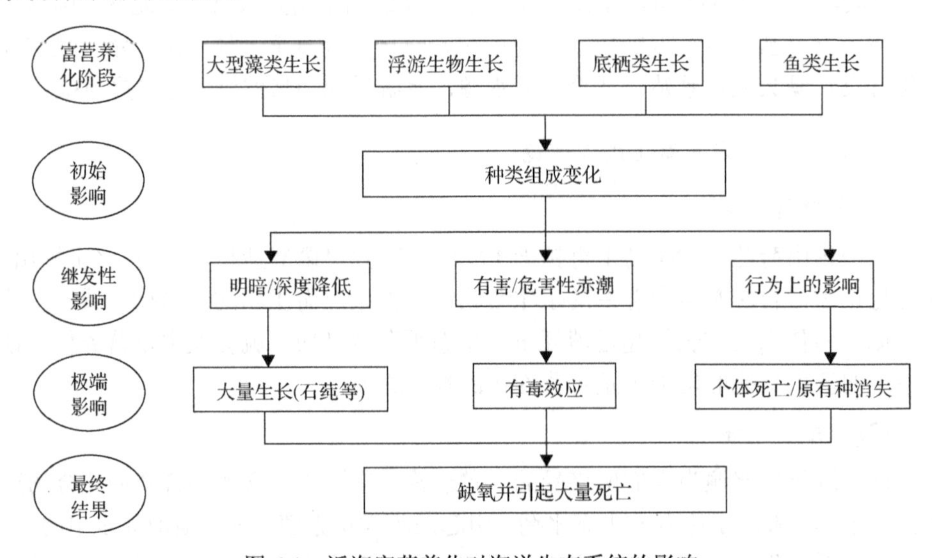

图6-1　近海富营养化对海洋生态系统的影响

近海富营养化造成的营养盐浓度及比例的变化将导致浮游生物多样性的下降，为种群更替或某些赤潮种的暴发提供机会，在种群演替的过程中，对不同营养盐的消费策略的改变又会导致营养盐结构的变化。近海富营养化使异养细菌的生产需要更多的溶解有机物，促进了有机质的矿化和营养盐的再生，其结果又可促进浮游植物的大量繁殖，同时异养微生物参与食物网的物质循环将溶解有机物转化为颗粒有机物被小型动物摄食。有研究显示，在近岸海域初级生产力的 40% 可被异养微生物消耗，光合作用固定的碳 25%～60%通过微生物进入食物网，所以，近海富营养化可以造成生态系统和环境的重大改变。

6.1.2　近海富营养化的评价方法与指标体系

富营养化的衡量指标包括理化因子，如 DIN、DIP、TN、TP 和透明度、pH，也包括生物因子，如浮游生物量、Chl a 等。广义地讲，富营养化程度应包括贫营养型、中营养型、富营养型和超富营养型等多种类型，而狭义的富营养化往往只是指超富营养型。要了解海水的富营养化程度，必须有相应的评价方法。几十年来国内外许多学者对此进行了大量研究，提出了评价海水水体富营养化程度的几十种方法，其中大部分是从淡水水体的富营养化评价中移植过来的。但迄今国际上尚未有一个统一的近海富营养化评价标准或模型。

从评价参数的选择方面来说，现有的评价方法可分为单因子法和综合指数法。

6.1.2.1　单因子法

单因子法包括物理参数法、化学参数法和生物学参数法。

(1) 物理学参数法

物理学参数主要包括气温、水温、色度、透明度、照度、辐射量等。其中，经常使用的指标是透明度。由于富营养化现象主要是藻类初级生产增加的现象，因此通常使用藻类现存量来代表水中的透明度。藻类现存量和透明度的关系可表示为

$$I_z = I_0 \exp\left[-(k_w + k_b)_z\right] \tag{6-1}$$

式中，I_z 为和透明度(m)相对应的水深照度；I_0 为水表面照度；k_w 为由水及溶解物质产生的吸光系数；k_b 为由悬浮物产生的吸光系数；z 为与水深相对应的透明度，和悬浮物的浓度呈比例。

Carlson(1977) 根据从加拿大透明度高的湖泊中观测到的数据，得出了如下营养状态指数：

$$营养状态指数=10(6-\log_2 z) \tag{6-2}$$

式中，z 为用塞氏圆盘法测得的透明度。由于水体中悬浮物也影响透明度，因此本方法不适用于悬浮物含量高的河口等地区。

(2) 化学参数法

化学参数主要包括与藻类增殖有直接关系的溶解氧、CO_2、氮、磷等化学物质的量，以及与藻类现存量有关的化学需氧量(COD_{Mn})。

由光合作用导致的溶解氧增加量比由呼吸导致的溶解氧减少量大 2～3 倍。在有光合作用的水层，溶解氧增加，在无光合作用的夜晚和光达不到的深水层，溶解氧减少。因此，根据溶解氧的垂直分布，可以研究富营养化的状况。

水中 CO_2 浓度和水中藻类繁殖有直接关系，它作为富营养化的指标在理论上来说是很重要的。但是，它能否成为限制海湾富营养化的物质，主要决定于水中的 pH。实际上，CO_2 作为限制物质时的情况较少，因此用 CO_2 作为反映富营养化的指标可以说是不太重要的。

1) 营养盐类

由于湖泊、海湾富营养化的限制物质通常是氮和磷，所以用氮、磷作为判断富营养化的指标是有效的。具体常将超海水水质标准四类水质的氮、磷浓度作为富营养化的判断标准(表 6-1)，即海水中溶解无机氮 DIN＞0.50mg/dm^3，活性磷酸盐＞0.045mg/dm^3，则海水处于富营养化。

表 6-1　海水水质标准 (mg/dm^3)

项目	第一类	第二类	第三类	第四类
无机氮≤	0.20	0.30	0.40	0.50
活性磷酸盐≤	0.015	0.030	0.030	0.045

2) COD_{Mn}

就 COD_{Mn} 能否作为衡量藻类现存量的指标进行研究认为，单纯培养的藻类量和 COD_{Mn} 有明显的相关性，能够作为判断富营养化的指标。但实际上，由于河流等的流入，港湾、湖泊水中含有大量的 COD_{Mn}，在浅水区因波浪等的作用而悬浮起的底泥中也含有大量的 COD_{Mn}，这些 COD_{Mn} 能明显地导致误差。因此，把 COD_{Mn} 作为富营养化判断指标时，一定要考虑上述问题。

(3) 生物学参数法

生物学的富营养化判断指标主要包括藻类现存量(叶绿素 a)、浮游植物种类、多样性指数、藻类增殖潜力等。

藻类现存量的测定方法包括容量测定法、质量测定法、化学测定法和细胞数计算法。当存在浮游植物以外的悬浮物时，不能使用质量及容量测定法。色素法是测定活体浮游植物的适宜方法，其中叶绿素 a 的量与植物的光合作用有直接关系，是测定藻类现存量的最适当方法，该指标是通用的。

根据浮游植物出现的种类可以评价富营养化的状态。随着水体富营养化的进程，水域的水质环境条件会发生变化，生活在其中的浮游生物种类就会随水质环境条件的变化而改变。但是，由于浮游植物种类改变的状况是很复杂的，因此用该法判定时需要有相当的专业知识。

多样性指数随生物种数的增多而增长，同样，各个种的数量越平均，指数就越大。因此，在贫营养化状态时，多样性指数较大，随着富营养化的形成，多样性指数减小。现在被广泛应用的多样性指数有辛普森指数、香农指数等。

藻类增殖潜力法是有效预测、控制藻类增殖的一种方法。由于有毒物质存在时不能正确地评价富营养化状态，因此测定藻类生长潜力时必须在无毒状态下进行。

在我国，常用 COD、无机氮、无机磷和浮游植物生态变化等参数作为单项评价指标和划分贫营养、中营养、富营养和超营养类型的界限。评价标准以我国颁布的渔业水质标准和海水水质标准为基础，拟定 COD 1～3mg/dm^3、无机氮 0.2～0.3mg/dm^3、无机磷 0.045mg/dm^3、叶绿素 a 1～10mg/m^3、初级生产力 1～10mg C/(m^3·h) 作为富营养化的阈值。

6.1.2.2 综合指数法

由于富营养化现象是复杂的，用单一的物理、化学和生物学指标很难准确地表示富营养化现象，因此评价指标应从过去的单一因素研究过渡到多因素的综合研究。

(1) 营养状态指数法

对于近海富营养化，用 COD、DIN 和 DIP 组合公式计算获得营养状态指数 E，从而判断是否为富营养化，其公式为

$$E = \frac{\text{COD} \times \text{DIN} \times \text{DIP}}{4\,500} \times 10^6 \tag{6-3}$$

此值大于或等于 1 即为富营养化(式中要素单位均为 mg/dm^3)。本方法仅适用于没有藻类生长限制因素的水域。

(2) 营养状态质量(NQI)法

$$\text{NQI} = \frac{\text{COD}}{\text{CODs}} + \frac{\text{TN}}{\text{TNs}} + \frac{\text{TP}}{\text{TPs}} + \frac{\text{Chl a}}{\text{Chl as}} \tag{6-4}$$

式中，CODs、TNs、TPs 和 Chl as 分别为 COD、TN、TP 和 Chl a 的标准值。NQI 值大于 3 为富营养水平，在 2～3 为中营养水平，小于 2 为贫营养水平。

(3)溶解氧饱和度法

$$D=\sqrt{(X_S)^2+(X_b)^2} \tag{6-5}$$

式中，X_S 为表层氧饱和度−1；X_b 为 1−底层氧饱和度。D 值小于 0.2 为贫营养型，在 0.2～0.4 为中营养型，大于 0.4 为富营养型。

(4)正态分布法

该方法先把水体分为 4 类，即近岸海湾水、离岸海湾水、近岸大洋水、离岸大洋水，然后用统计学方法把氮、磷等数据归一化，使数据呈正态分布，确定数据呈正态分布时的 μ 和 σ，如果实测值介于 μ 到 $(\mu+\sigma)$ 为贫营养型，介于 $(\mu+\sigma)$ 到 $(\mu+2\sigma)$ 为中营养型，介于 $(\mu+2\sigma)$ 到 $(\mu+3\sigma)$ 为富营养型。

(5)模糊评判法

将模糊数学理论应用于近海（包括河口区）水体富营养化水平评价中，使用 4 个评价指标：COD、TN、P 和 Chl a，以及 3 种海水标准类别。但这种方法在运算时丢失了许多信息，使结果显得粗糙，特别是在因素较多、权重分配比较均衡时更是如此。也有人在此基础上，运用模糊集合论中权距离的概念，根据最小二乘法推导出一种新的海水富营养化模糊评价理论模型，并将其运用于河口的富营养化评价中。此外，模糊二级综合评判法、模糊分析优选法、灰色聚类法等在评价海水富营养化中也有应用。

(6)比值法

根据浮游植物生长时对氮、磷吸收的理论比值提出了评价海域潜在性富营养化程度的理论方法，其将水体富营养化划分为 9 类，即贫营养、中度营养、富营养、磷限制中度营养、磷中等限制潜在性富营养、磷限制潜在性富营养、氮限制中度营养、氮中等限制潜在性富营养、氮限制潜在性富营养。

鉴于海水富营养化的复杂性及评价等级之间的模糊性，通常认为以模糊数学理论为基础的评价方法更能客观、科学地反映海水富营养化程度的实际情况。但模糊评判法也存在很大的缺点，如需要数据量大、计算烦琐等。在对海区进行实际评价时，使用单项指标和综合指标中的营养状态指数法与营养状态质量法比较多。

6.1.2.3　国外近海与河口富营养化评价方法

国外对近海与河口富营养化评价方法进行过不少的研究和应用。

(1)近岸海域富营养化的综合评价法(OSPAR-COMPP)

综合评价法(comprehensive procedure)是由欧盟于 2001 年提出并应用于所有欧盟国家沿岸海域的富营养化评价方法。一般根据盐度将评价海域分为沿岸海域和近岸海域。

1)评价因子和评价标准

综合评价法由以下 4 类评价因子及标准构成。

第一类：营养盐过富程度(致害因素)。

①河流和直排总氮(TN)、总磷(TP)通量：输入量增加和/或趋势增加(较以前年份高出 50%以上)。②冬季无机氮(DIN)和/或无机磷(DIP)浓度：浓度增加(高出与盐度相关的和/或区域专属自然背景值的 50%以上)。③冬季 N/P 值：N/P 值增大(>25)。

第二类：富营养化的直接效应(生长期)。

①叶绿素 a 浓度最大值和平均值：浓度增加(高出区域专属自然背景值的 50%以上)。②区域专属浮游植物指示种：水平增加(和持续期延长)。③大型植物包括大型藻类(区域专属)：如从长期生长种转变为短期生长种或有害种。

第三类：富营养化的间接效应(生长期)。

①缺氧程度：含量降低(<$2mg/dm^3$ 为急性危害；4～$5mg/dm^3$ 为危害/缺乏；5～$6mg/dm^3$ 为不足)。②底栖动物改变/死亡和鱼类死亡：死亡与缺氧和/或有毒藻有关，底栖动物生物量和种类组成的长期变化。③有机碳/有机物：含量增加[与第一类①有关](适用于沉积区)。

第四类：富营养化可能产生的其他效应。

如藻类毒素腹泻性贝毒(DSP)/麻痹性贝毒(PSP)贻贝污染事件等。

2)评价步骤

对沿岸海域富营养化状况的评价分为以下 4 个步骤：①根据各评价标准进行分级(3 级)，了解是否观测到浓度的提高或输入量的增加/或改变(如高出区域专属自然背景值的 50%以上)；②将 4 个类别的级数合并为 3 组(第一类，第二类，第三类+第四类)；③对所有的相关资料进行评价(包括辅助因子)；④综合分级为问题海域(problem area，PA；有证据表明人为的富营养化已经对海洋生态系统造成不良干扰的海域)、潜在问题海域(potential problem area，PPA；人为的营养盐输入有时可能对海洋生态系统造成不良干扰的海域)和无问题海域(non problem area，NPA；没有证据表明人为的富营养化已经或将来可能对海洋生态系统造成不良干扰的海域)。

3)阈值和范围

综合评价法使用区域专属的营养盐和叶绿素自然背景值。偏离背景值 50%以上即为趋势增加/水平提高/转变或改变，受影响海域则被评价为问题海域。由于缺乏反映评价海域原始状态的数据，自然背景值也十分稀少。因此，可以通过与具有相似气候的未受影响区域进行比较而得到待评价海域近似原始状态。原始状态也可以通过以下方式推断：①利用反映历史演变的沉积物柱状样，如利用脂类生物标志物外推；②利用时间序列资料报告；③利用未受影响的河流或海域的资料外推；④建模；⑤利用稀释作用很强、人为影响可以忽略的开阔近海。区域专属指示种如有害或有毒种的出现以及与以前年份相比藻华期延长，则定为“提高/增加”。大型植物和大型藻类的种类改变以及深度分布转变，如从长期生活种变为短期生活种，则定为“提高/改变”。

OSPAR-COMPP 给予致害因素(即营养盐浓度、比值及输入通量)与症状(直接和间接效应)相同的权重，适用“一损俱损”原则，即各类别的分级和最终的定级取决于其中最差的级别。OSPAR-COMPP 使用区域专属自然背景值作为评价标准是其优点，因为这样可以比较准确地区分人为影响和自然变化，充分体现了富营养化问题的人为性；但同时也是其主要缺点之一，因为区域专属自然背景值的确定是一个非常复杂的过程，需要较长时间序列的资料尤其是早期的资料，以及深入、细致的科学研究，而且目前尚缺乏统一的操作程序，因而可操作性较差；另外，OSPAR-COMPP 只有 3 个最终级别，且未考察描述症状的数据资料的时空代表性(如空间覆盖率、持续时间、频率等)。

(2)河口营养状况评价法(ASSETS)

河口营养状况评价法(ASSETS)是在美国提出的“国家河口富营养化评价”(NEEA)基础上精炼而成。NEEA 已被应用于美国 138 个河口、葡萄牙 10 个河口及德国沿岸海域的富营养化评价。一般将河口分为 3 个盐度区：感潮淡水区($S<0.5$)、混合区(S=0.5～25)、海水区($S>25$)。评价结果共分为 5 级。

1)评价因子

评价因子包括压力、状态和响应 3 类。具体体现为：总的人为影响，即系统致害压力，用人为的 DIN 浓度比例表达；总富营养化状况，即描述系统的状态，包括初级症状(叶绿素 a、附生植物、大型藻类)和次级症状(缺氧状况、水下植被损失、有害和有毒赤潮)；未来前景展望，即对人类活动的响应，即预期的未来营养盐压力和系统的敏感性分析。

2)评价标准

不同的参数具有不同的定义和使用方法。压力评价只使用人为的溶解无机氮(DIN)浓度与预期的总浓度的比值来衡量。叶绿素评价使用藻华期叶绿素 a 最大浓度(大于 60μg/dm^3 为过度富营养化；20～60μg/dm^3 为高度富营养化；5～20μg/dm^3 为中度富营养化；小于 5μg/dm^3 为低度富营养化)。溶解氧评价利用底层溶解氧浓度(0mg/dm^3 为缺氧；0～2mg/dm^3 为低氧；2～5mg/dm^3 为生物胁迫)。水下植被(SAV)损失评价使用空间覆盖度的量化指标(0～10%为很低；10%～25%为低；

25%～50%为中；＞50%为高)。其他指示种如大型藻类、大型植物、有害和有毒藻华的评价则根据是否观测到表达为“问题/无问题”。预期未来营养盐压力评价则根据预期的营养盐排放表示为 3 个级别：减少、不变、增加。河口敏感度评价主要依据河口水动力状况(冲刷和稀释扩散能力)表达为高、中、低 3 个级别。

3) 评价步骤

第一步，将河口分为 3 个盐度区(＜0.5，0.5～25，＞25)。

第二步，根据人为的 DIN 浓度比例，对总的人为影响定级评分(高-中高-中-中低-低，相应分值分别为 1～5 分)。

第三步，首先对每种富营养化症状定为 3 个或 2 个级别(高-中-低；观测到/未知)。然后根据每种症状的空间覆盖度(＞50%为高，25%～50%为中；10%～25%为低；＜10%为很低)、症状持续期(从几天、几周到几个月)和症状频率(周期性、偶发性、未知)进行评分。最后综合各种症状的分值给出总的初级症状和总的次级症状的 3 个级别(高、中、低)。

第四步，将初级症状和次级症状的分值合并为总富营养化状态等级，给予次级症状较高的权重，最后得到 5 个可能的级别(高-中高-中-中低-低，相应分值分别为 1～5 分)。

第五步，预期的未来营养盐压力与河口敏感度评价分值合并，产生 5 个可能的级别(高度改善-低度改善-无变化-低度恶化-高度恶化，相应分值分别为 1～5 分)。

第六步，综合三大类别即压力、状态、响应中每个类别的评价分值，得到评价海域富营养化状况总级别(5 级：优-良-中-差-劣)。状态和压力类别的分值在最后的综合评级中占主导地位。

ASSETS 给予症状(初级症状和次级症状)较大的权重，压力评价只考查人为的溶解无机氮(DIN)浓度比例，适用 3 类(压力-状态-响应)分值的加权综合定级。使用统一的评价标准，且具备较完善的一系列分值计算方法和公式，具有较好的可操作性。然而，其对人为影响(即压力)的评价只考查河口中人为的溶解无机氮(DIN)浓度比例，且把河流输入通量一概视为人为影响的结果，而忽略了河流的自然背景值。

6.1.3　近海富营养化的生态影响与修复

海水富营养化过程主要是海水中某种营养元素的积累过程，只有当某种元素的积累超过一定程度时才可导致富营养化。当前海水的富营养化主要是氮、磷的富营养化。作为生源要素中最具代表性的元素，氮、磷既是植物和微生物的主要营养元素，也是当前富营养化水体中的特征元素，它们在海水中的积累过程决定了海水的富营养化进程。但不同形式的氮、磷所造成的富营养化程度并不相同，如美国国家环境保护局(Environmental Protection Agency，EPA)建议当水中总磷浓度超过

0.05mg/dm³或正磷酸盐浓度超过0.025mg/dm³时都可形成磷的富营养化。因此，要了解海水的富营养化过程，必须先了解海水中氮、磷等营养元素的变化过程。

6.1.3.1　中国近海富营养化水平

水生生态系统的营养状况是由营养物质的构成及其进入水体的强度所决定的。如果水体中含有大量有机物质，则其在沉降过程中分解出大量的氮、磷等营养物质，从而引起水体生态系统的一系列变化，使水生植物包括各种藻类大量繁殖。在正常情况下，海水中氮、磷的供给及消耗在一定水平上达到动态平衡，如果营养物质的供给大于消耗，就会出现水体富营养化。目前，国内外对海水富营养化尚未有统一的评价标准或模型。常见的有单因子法和综合指数法。以潜在性富营养化的概念为基础，参照我国海水水质标准及有关实验结果，将海水的营养化水平分为9级(表6-2)，并以此为标准对我国近海典型海域的富营养化水平进行了评价，评价结果见表6-3。长江口、黄河口、珠江口、辽河口、大连湾、杭州湾及厦门西海域等受径流或污水排放影响大的磷限制海区，普遍处于磷限制或磷中等限制潜在性富营养水平。但胶州湾处于贫营养水平，这可能与其营养盐来源以工业及生活污水为主，径流供给少，且无机氮以再生循环快的NH_4^+-N占绝对优势(70%～90%)有关。象山港的营养水平则波动较大，1989年还处于磷限制潜在性富营养水平，1991年就变成实质性富营养化。澳门海域的富营养化程度很高，表明污染已很严重。与上述河口、海湾相比，黄河口外海、福建近海都处于贫营养水平，显示中国近岸外海区总体水质仍较好。对于非河口的氮限制海区而言，一般仍处于贫营养水平。而大鹏湾及处于枯水期的秦皇岛沿岸已达到氮限制潜在性富营养水平。除此之外，尤其值得注意的是，近岸海域营养盐的分布存在一定的时空变化，其富营养化水平也会随之发生相应的变化，因此应该动态地评价和看待特定海区的富营养化程度。

表6-2　海水营养化水平分级

级别	营养级	DIN (μmol/dm³)	PO_4-P (μmol/dm³)	N：P
Ⅰ	贫营养	＜14.28	＜0.97	8～30
Ⅱ	中度营养	14.28～21.41	0.97～1.45	8～30
Ⅲ	富营养	＞21.41	＞1.45	8～30
$Ⅳ_P$	磷限制中度营养	14.28～21.41	—	＞30
$Ⅴ_P$	磷中等限制潜在性富营养	＞21.41	—	30～60
$Ⅵ_P$	磷限制潜在性富营养	＞21.41	—	＞60
$Ⅳ_N$	氮限制中度营养	—	0.97～1.45	＜8
$Ⅴ_N$	氮中等限制潜在性富营养	—	＞1.45	4～8
$Ⅵ_N$	氮限制潜在性富营养	—	＞1.45	＜4

表 6-3　我国近海典型海域的富营养化水平

海区	采样时间	DIN 平均值(μmol/dm^3)	PO_4^{3-}-P 平均值(μmol/dm^3)	N∶P	富营养化水平
长江口	1981-8	44.59	0.39	114.3	VI_P
	1981-11	32.40	0.34	95.3	VI_P
黄河口	1987-4	44.61	0.36	129.9	VI_P
黄河口外海	1987-4	4.07	0.09	45.2	I
珠江口表层	1987-2～1988-2	29.26	0.48	61.0	VI_P
珠江口底层	1987-2～1988-2	19.99	0.32	62.5	IV_P
珠江口北部	1993-3～1993-10	73.08	0.62	117.9	VI_P
珠江口南部	1993-3～1993-10	44.50	0.72	61.8	VI_P
辽河口	1992-5	175.59	1.52	115.5	VI_P
	1992-8	50.68	1.42	35.7	VI_P
大连湾	1988	37.42	0.35	106.9	VI_P
胶州湾	1993-2～1993-5	8.81	0.33	26.7	I
	1993-2～1993-5	8.07	0.25	32.3	I
杭州湾	1986(平)	106.86	0.84	127.4	VI_P
	1986(丰)	109.93	0.97	113.3	VI_P
	1987(枯)	54.11	1.36	39.8	V_P
象山港	1989	37.33	0.50	74.7	VI_P
	1990	13.26	0.85	15.6	I
	1991	25.81	1.11	23.2	II
厦门西海域	1990-5	23.11	0.23	100.5	VI_P
	1990-9	24.42	0.37	66.0	VI_P
	1990-10～11	20.01	0.49	40.8	IV_P
	1990-2	27.17	0.62	43.8	V_P
澳门海域	1987(丰)	48.32	0.97	49.8	V_P
	1987(枯)	26.62	1.16	23.0	II
福建海域	1984-5	6.77	0.10	51.3	I
	1984-8	3.76	0.14	24.1	I
	1984-11	11.15	0.39	27.3	I
	1985-2	13.81	0.49	26.6	I
秦皇岛沿岸	1986～1990(枯)	5.40	1.80	3.0	VI_N
	1986～1990(丰)	5.20	0.64	8.1	I
	1986～1990(平)	5.58	0.70	8.0	I
大亚湾西南部	1991	1.89	0.35	5.3	I
大鹏湾	1991	3.15	2.13	1.5	VI_N

6.1.3.2 海水富营养化的生态影响

随着海水中营养成分的增加，海域中浮游植物初级生产力会增加，相应的次级生产力也会增加。因此，在一定程度上，适度的富营养化是有益的，尤其是对水产养殖和渔业生产来讲。但这种理想情况是很难在现实中出现的，因为人为因素引起的富营养化过程无法与环境所需要的富营养化相吻合，一旦引起了水质的富营养化就会对浮游生物、底栖生物甚至整个生态系统造成破坏性的影响。

(1) 对浮游生物的影响

富营养化的海水中，在适宜的温度和光照等条件下，浮游植物便会大量繁殖(尤其是鞭毛藻类)，相应的以这些浮游植物为食的浮游动物也会大量增加(尤其是桡足类甲壳动物)。虽然同时也有有机物的垂直对流发生，但由于海水中温跃层的存在，这种对流的量很小，因此，水体中的有机物就在海水表层大量堆积，而无机营养物质则随着时间的推移而逐渐减少(消耗量远大于通常的输送量)，这种趋势一直要到某种营养物质枯竭才会停止，这种营养物质通常为氮或磷。接踵而来的是藻类大量死亡和水体中有机物大量向底层转移。转移到底层的有机物在腐烂过程中消耗大量的氧，使底层生态环境恶化，从而影响底栖生物的生长。

(2) 对底栖生物的影响

富营养化增加了底栖动植物的食物，也增加了透光层氧气的供应量。但水体中藻类的大量繁殖降低了水体的透明度，从而限制了生活在较暗水域的褐藻和红藻的繁殖。通常，底栖动物能很快地吃掉从上层水体中沉降下来的有机物，而不至于导致多余的有机物被细菌分解，从而使底层水体处于厌氧状态。但是如果上层水体过度“肥沃”，藻类过度繁殖，情况就不同了。除了多余的有机物在分解时消耗氧气，底栖动物的大量繁殖也要消耗大量的氧气，在一些垂直对流差及水交换不良海区，氧消耗量就有可能超过供应量，从而使底层水体处于厌氧环境。这时厌氧细菌通过消耗硫酸盐和硝酸盐来进行新陈代谢，其结果是水体中出现如硫化氢和氨之类的有毒气体，最后必定引起底栖生物的大量死亡，这又给厌氧细菌提供了大量的高质量的“食物”，使其繁殖更迅速，从而形成恶性循环。海域的厌氧环境对底栖大型生物的破坏尤为严重，它可以使经过多年才建立起来的底栖生物群落毁于一旦。

(3) 对整个生态系统结构和生物分布的影响

水体富营养化在改变浮游植物结构的同时，也改变了整个生态平衡，如在水体富营养化之前，通常是硅藻占支配地位，这时高等鱼种的生产量较高，而在水体富营养化之后，水体中的浮游植物便以鞭毛藻类为主，食植动物增加，食肉动物减少，高级鱼种开始减少，低级的普通鱼种增加，这对于渔业显然是十分不利的。在浮游植物(或动物)数量减少的同时，它们的种群数量也在减少(由于富营养化，生存环境变得越来越只适合少数种类生长)，生物多样性变少，破坏了原有的生态平衡。

(4)其他影响

富营养化还可能改变海域的沉积模式(大量死亡的浮游植物在沉降过程中吸附了大量的悬浮物一同沉到海底)。

由水体富营养化引起的有毒藻类的大量繁殖，会造成贝类等海洋生物的中毒，不仅使近海滩涂养殖减产，还间接地影响人类的身体健康。

除此之外，海水富营养化引起的浮游植物大量繁殖，还会对沿岸旅游业造成不利影响，生活在表层的大量藻类很容易被带到海岸边和沙滩上，大大影响海滨的景观；对工业用水造成影响，大量的藻类堵塞工业冷却水的管道；加速河口、海湾的填埋(死亡)。

从另一方面讲，水体富营养化有助于海水中有机物向底层转移，从而加速海水作为大气中二氧化碳储库的过程，从这一点来看对地球气候变暖能有一定的缓解作用，这个过程是长期的，其综合影响要很长时间才能看出来。

6.1.3.3　水体富营养化的预防措施

防止水体富营养化的措施主要是控制水体中营养盐的输入，既要控制营养盐的外源性输入，又要抑制内源性输入。

(1)控制外源，减少水体中的外来营养物质

1)废水排放前须达标，控制氮、磷含量不超标

许多富营养化水体中的氮、磷主要来自生活废水、工业废水和养殖废水，因此，切断外源必须从控制这些污染源富营养物质的含量入手。废水在排入水域前必须达标，才不至于引发水域中氮、磷含量超标。

国内外普遍采用的废水脱磷方法主要有化学沉淀法、电解法、生物法、吸附法及膜技术等几种。化学沉淀法是传统的除磷方法，也是使用最多的方法，如利用聚合氯化铝(PAC)和聚丙烯酰胺(PAM)作复合混凝剂，对经过初步处理的高含磷废水进一步除磷，可使处理后的废水达到国家排放标准(磷的质量浓度小于$2mg/dm^3$)。生物法是比较先进的方法，且能起到综合的治理效果，在除磷的同时，降低废水的 COD 和氮含量，是主要的脱氮方法。而膜技术则是新型分离技术，存在着较好的经济效益和社会效益。

2)尽量提高无机肥的有效使用率，增加有机肥的使用量

氮肥和磷肥的广泛施用，使大量的氮和磷通过大气迁移、水体迁移等方式进入到水体中，这是富营养化水体中氮、磷等营养物质的主要外源之一。1950～1990 年，农用化肥的全球产量不断攀升，氮量由不足 0.1×10^8t 升到 0.8×10^8t，

专家预计到2030年将达到1.35×10^8t。据石化工业协会报告，2003年我国全年磷肥产量达950×10^4t，仅次于美国，居世界前列。一方面，化肥的使用量增加使农业增收；另一方面，由于施用和灌溉方式的问题，再加上地面水的冲刷，施用的肥料中一部分氮、磷最终进入到水体中。提高无机肥料的有效使用率，是目前无机化肥行业需要考虑的一个重要问题。有机肥料不存在氮、磷污染的问题，而且不会造成土壤质量的退化，因此，在被化肥取代了几十年后，人们又重新认识到这种绿色肥料的重要性，这种肥料的使用前景被看好。

3)控制含磷洗涤剂的使用，从源头上遏制营养物进入水体

相对于氮来讲，磷促进富营养化发生的作用更大。废水中的磷主要来源于含磷洗涤剂，故含磷洗涤剂是除无机肥料之外造成富营养化的另一大外源。

三聚磷酸钠因具有良好的助洗性能而成为各种合成洗涤剂的基本原料，我国每年有含$(60\sim70)\times10^4$t三聚磷酸钠的洗涤废水被排放掉，这些含磷废水大都流入了江河湖海。如果禁止生产、销售、使用含磷洗涤剂，就可以从源头扼制住污染物，这是目前相对简单、易行的环保措施。从20世纪90年代初，我国就开始研究开发无磷洗涤剂。洗涤剂行业确定用4A沸石作助洗剂生产无磷洗衣粉，目前已形成了一定的生产能力；但就相同的洗涤效果而言，添加4A沸石的洗涤剂较传统含磷洗涤剂成本高出25%左右，这无疑加大了生产厂家和消费者的负担，而且4A沸石不溶于水，容易使衣服发黄、堵塞下水道等，不易广泛推广，所以禁磷在全社会推行有一定困难。

(2)排除内源，最大限度地减少内源对富营养化的“贡献”

繁殖迅速的富营养化生物在其新陈代谢过程中，如果没有外在因素的干扰(如人工打捞富营养化生物)，所含营养物质会一直保留在该水域中；另外，发生富营养化水体的底泥中含有大量的氮、磷物质，在一定条件下可以向水中释放出营养物质。因此，即使切断外源，富营养化情况也会一直持续。

在有效控制外源排入的情况下，配合采用一些排除内源的措施，更有利于治理水体富营养化。20世纪70年代，在美国威斯康星几个发生水体富营养化的湖泊，通过向湖中投加铝盐抑制湖底的磷释放，使水质得到了很好的改善。而底泥疏浚，即把富含磷的湖泊底泥表层挖掉，也是一种最有效、最直接的办法，但费用较高。另外，某些水生生物能吸收利用氮、磷元素进行代谢活动，在富营养化水域种植这些水生生物，利用它们的这种特性可以达到去除水体中营养物质的目的，从而建立生态系统净化水体。

(3)恢复生态系统的完整性和多样性，增强水体抗富营养化的能力

发生富营养化后，由于富营养化生物的迅速繁殖，许多其他生物的生存受到威胁，发生部分物种数量减少甚至完全消失的现象(即生物多样性减少)，原有生

态系统的完整性和多样性遭到破坏；因此，在除氮、排磷时，注重恢复水体的生态系统同样是非常重要的。

6.1.3.4　水体富营养化的修复措施

水体中氮磷的去除主要分为两个方面。一是在水体中直接去除氮磷，主要技术是除藻抑菌。二是离开水体的氮磷的去除，即让生产者、分解者、消费者在不同的水平上形成健康的食物网。

(1) 水体中直接去除氮磷

1) 混凝沉淀

即投加混凝剂使溶解磷沉淀，使其不能被藻类所利用。例如，有许多种阳离子可以使磷有效地从水溶液中沉淀出来，其中最有价值的是价格比较便宜的铁、铝和钙，它们都能与磷酸盐生成不溶性沉淀物而沉降下来，而且形成的磷酸盐络合物沉淀到底层后不会返回到水体表层。但是在缺氧或者是氧化还原电位降低的情况下，沉淀反应向逆方向进行，沉淀物质会释放出溶解磷。需要注意的是：向大面积的水体中投加大量的混凝剂，可能会导致水体的二次污染。使用此方法风险极大。

2) 杀藻剂

即使用杀藻剂将藻杀死，但因水藻腐烂分解仍旧会释放出磷，故应该将杀死的藻类及时捞出，或者再投加硫酸铜、氯、二氧化氯等氧化剂，进一步氧化藻类分解代谢产生的有毒有害物质，使其形成磷酸盐络合物沉淀下来。此种方法效果不错，但是药剂的价格昂贵，而且对水体会产生二次污染。

3) 生物控制

在水体中种植对氮、磷具有较好净化和吸附性能的高等水生植物。植物将氮和磷贮存到各种组织中，水体中的氮和磷可以通过捞取水生植物残体或者收割植物地上部分的方式被带走。例如，凤眼莲、芦苇、狭叶香蒲、多穗尾藻、丽藻、破铜钱等大型水生植物对氮、磷都有不错的去除效果。

此种方法中所使用的水生植物，虽然可以吸附相当量的氮和磷，但是它们也会排泄相当量的营养物质，因此及时的捞取显得异常重要。水生植物净化水体的特点是以大型水生植物为主体，植物和根区微生物共生，产生协同效应，净化污水。该方法通过植物直接吸收、微生物转化、物理吸附和沉降作用除去氮、磷和悬浮颗粒，同时对重金属分子也有降解效果。水生植物一般生长快，收割后经处理可作为燃料、饲料，或经发酵产生沼气。

(2) 离开水体氮磷的去除

深层曝气：由于藻类的过度繁殖，水体表层被藻类覆盖，使阳光不能照射到水体表层以下，水体底层处于缺氧状态。采用深层曝气技术给水体底层充氧，提高溶解氧的含量，使水与底泥界面之间不出现厌氧层，或者使水体底层产生一层生物膜覆盖底泥污积物。此种方法在小面积水体中可以获得不错的效果，对于大面积水体的使用效果，仍待进一步研究。

挖掘底泥沉积物：可减少甚至消除潜在内部污染源。此种方法的工程量巨大，挖出底泥的处置费用也很大；而且由此可造成水体底层的水生环境破坏，易对深层底泥产生污染。因此对该方法的使用需慎重考虑。

机械捕捞：水体中藻类的过度繁殖使水体的富营养化程度加剧，人工捕捞藻类后，使水体接受自然光的照射，水生生物能进行光合作用。此种方法在短期内效果明显，但是不能从根本上降低水体中氮磷的含量。

注入含磷氮浓度低的水：含氮磷浓度低的水注入水体可以稀释原水体中营养物质的浓度。此方法可以暂时缓解水体的富营养化程度。但是从长远考虑，不能从根本上解决水体中氮磷富集的状况。

超声波技术的应用：研究表明，超声波可以破坏细胞壁、液泡、活性酶，高强度的超声波能破坏生物细胞壁，使细胞内物质流出。运用超声波影响藻类的生物活性，并且其对藻类的分泌物及分解代谢产物也有一定的降解作用。超声波频率和强度的选择是此方法的关键。其优点是不会产生二次污染，具有广阔的应用前景。

6.2 赤潮生消过程中的海洋生物地球化学

6.2.1 赤潮及其发生机制

6.2.1.1 赤潮

(1) 赤潮概述

赤潮(red tide)又称红潮，是指海洋中一些浮游生物在一定环境条件下暴发性增殖或聚集引起海水变色的现象，包括所有能改变海水颜色的有毒藻或无毒藻引发的赤潮，以及那些虽然生物量低不能改变海水颜色，但因含有藻毒素而具有危险性的藻华。现在在描述那些有毒或能够导致危害的赤潮现象时多使用有害赤潮(HRT)或有害藻华(HAB)这一术语。也可称为赤潮灾害(red tide disaster)，并定义为海洋中一些微藻、原生动物或细菌，在一定环境条件下暴发性增殖或高度聚集引起水体变色的一种有害的生态异常现象。发生赤潮的海水常带有黏性和腥臭味，故又称为“臭水”“肥水”。

江河、湖泊、池塘等淡水水域出现的类似现象，通常称为“水花”“水华”“湖靛”。

赤潮实际上是各种色潮的统称。赤潮的水色依形成赤潮时占优势的浮游生物种类颜色的不同而变化。例如，夜光藻(*Noctiluca scintillans*)、中缢虫(*Mesodinium rubrum*)形成的赤潮呈粉红色，绿色鞭毛藻大量繁殖时呈绿色，硅藻形成的赤潮往往呈黄褐色，大多数甲藻大量繁殖时呈褐色，锥状斯克里普藻(*Scrippsiella trochoidea*)形成的赤潮为红棕色。

赤潮大多发生在富含营养物质的内海、河口、海湾或有上升流的水域，尤以水体富营养化程度高或自身污染严重的海水养殖区发生频率最高。

赤潮的发生季节随水温等环境因子和赤潮生物种类的不同而异，一般春夏季为其盛发期，但在热带或亚热带海区，冬季亦有发生赤潮。中国沿海纵跨热带、亚热带和温带，其赤潮的发生时间有明显随海区所处纬度从南往北逐步推迟的趋势，在南海虽终年可见，但以 3～5 月发生频率最高，东海主要发生在 5～8 月，冬季象山港也常发生，渤、黄海大多发生在 7～9 月，甲藻赤潮多见于夏季。这些季节可以作为不同海区赤潮定期监测的重点季节。

赤潮的覆盖面积从几十平方米到数千平方千米不等，持续时间有长有短，短者数日，长则可达数十天。在赤潮发生区，变色水体的表现形态有条带状、片状、团块状和簇状等多种，这与赤潮生物的聚集特性和受到的潮汐、潮流影响有关；变色水体的分布深度一般在几十厘米到数十米。在水体交换能力相对较差的封闭或半封闭海湾，赤潮一般在雨后天晴、风平浪静特别炎热的时间发生。

(2) 赤潮的类型及判断标准

1) 赤潮的类型

赤潮现象多种多样，一般按赤潮的发生原因、发生海域、赤潮生物有无毒性及生理生态特征等划分为不同类型。

自然赤潮灾害和人为赤潮灾害。按赤潮的成因分，凡以自然变异为主因产生的并表现为自然态的赤潮称为自然赤潮灾害，如分布于东海以南水域的蓝藻中束毛藻(*Trichodesmium* spp.)，由于受自然因素风、海流外力的作用而聚集形成束毛藻赤潮。红海则是由该藻大量繁殖聚集使海水经常染上一层红色而得名。这类赤潮是最早被人们认识和描绘的一种赤潮现象，发生频率低，危害也不明显。凡以人为影响为主因产生的并表现为人为态或自然态的赤潮统称为人为赤潮灾害，如人为排污引起的富营养化和人工养殖引起的自身污染诱发的赤潮。我国现有的赤潮报道，大多数属于人为赤潮灾害，其发生频率较高，危害也较严重。

无毒赤潮和有毒赤潮。根据赤潮藻有无毒性分，无毒赤潮也称高生物量赤潮，是指不含毒素的赤潮藻形成的赤潮都没有毒性效应，一般不会造成明显危害，只是赤潮藻的密度过高，其死亡分解时会因微生物呼吸耗氧造成局部海水环境缺氧，导致鱼类和无脊椎动物非选择性死亡。例如，夜光藻赤潮、束毛藻赤潮和大多数硅藻引发的赤潮属于这种类型，这种类型的赤潮在我国沿海最为普遍。有毒赤潮是指含有毒素的赤潮藻形成的赤潮有毒性效应，对人类健康和海洋动物会构成威胁的赤潮。这是目前最受重视的一种赤潮灾害。

外海型和近岸、内湾型赤潮。按赤潮发生区域分，外海型赤潮指由分布于外海的高盐性赤潮生物，如束毛藻、笔尖根管藻(*Rhizosolenia styliformis*)在外海上升流或水团交汇区形成的赤潮，与自然赤潮灾害基本相似，具有发生频率低、危害不明显的特点。与此相反，近岸、内湾型赤潮系指发生在近岸、封闭或半封闭性内湾的赤潮。能在这些区域形成赤潮的生物种类很多，而且大都是属于广温广盐生态性质的近岸种类，对变化多端的环境压力具有较高的适应和耐污能力。这种类型与人为赤潮灾害基本相似，其形成大都与水体富营养化有关，如中肋骨条藻(*Skeletonema costatum*)赤潮、微型原甲藻(*Prorocentrum minimum*)赤潮、赤潮异弯藻(*Heterosigma akashiwo*)赤潮和夜光藻(*Noctiluca scintillans*)赤潮等。

海水养殖区包括浅海扇贝、贻贝筏式养殖区、网箱养鱼区和池塘对虾养殖场，大都位于人口密集、经济发达的邻海城市的近岸、海湾水域，受人为活动影响显著，其营养类型大都处于富营养到过富营养状态，是赤潮多发区、重灾区。但从生态系统结构和功能上看，养殖区属近岸、内湾生态系统范畴内的一个特区。唯有池塘对虾养殖生态系统，无论在结构和功能上都与海湾、浅海养殖生态系统有明显差异，该生态系统不仅氮高磷低，氮磷比大，浮游植物群落结构简单，多样性指数低，赤潮生物密度高，而且在海湾中很少能引发赤潮的种类，如三角褐指藻(*Phaeodactylum tricornutum*)、新月菱形藻(*Nitzschia closterium*)等在虾池中也能成为赤潮原因种。

根据我国现有的赤潮报道，近岸、内湾型赤潮特别是养殖区赤潮，无论在发生频次还是在对生态、环境、资源造成危害的程度方面都居首位。

单相型、双相型和复合型赤潮。按赤潮发生时的赤潮藻种类组成特征分，单相(种)型赤潮系指由占浮游植物细胞总量绝对优势(80%以上)的单种赤潮生物引发的赤潮；当赤潮发生时有两种共存的赤潮生物占优势时，称为双相型赤潮；凡由三种或三种以上赤潮生物引起的，且每种的细胞密度都占浮游植物总细胞数20%以上的赤潮称复合型赤潮。我国现有的赤潮报道，大多数属于单相型赤潮，双相型赤潮仅占少数，复合型赤潮还很罕见。

2)赤潮的判断

判断赤潮是否发生的指标有物理学、化学和生物学三类。但迄今尚无规范化的指标和统一标准。目前我国常用感官指标和生物量指标。

感官指标主要包括海水水色及色度、海水表底层溶解氧变化、海水 pH 突变，海水出现腥臭味或黏状物等，其中以水色及色度为常用指标。根据赤潮跟踪监测结果，植物性赤潮时，白天水体表层溶解氧均达过饱和状态，饱和度可达 110%～200%，表层水的 pH 异常增高，一般在 8.3 以上时可判定为赤潮。

生态学指标一般包括浮游植物多样性指数(*H*)、浮游植物均匀度(*J*)、叶绿素 a 浓度和赤潮生物密度(表 6-4)，如生物体长大于 50μm 的膝沟藻(*Gonyaulax*)，细胞数达到 100～200 个/cm^3 时可使水面稍变色，细胞数达到 1000 个/cm^3 以上时则使海水变为褐色，此时可明确判断为赤潮。目前，我国学者主要是结合我国和日本学者根据一些监测结果确定的主要赤潮生物发生赤潮时的基准密度(表 6-5)来判定赤潮的发生。

表 6-4　有害赤潮生物学判断指标

指标	基准值
浮游植物多样性指数(*H*)	<1
浮游植物均匀度(*J*)	<0.2
叶绿素 a 浓度(mg/dm^3)	>10
赤潮生物密度(个/dm^3)	
体长<10μm 者	>10^7
体长 10～29μm 者	>10^6
体长 30～99μm 者	>3×10^5
体长 100～299μm 者	>10^5
体长 300～1000μm 者	>10^4

表 6-5　主要赤潮生物形成赤潮时的细胞密度

赤潮生物种类	基准密度(>个/dm^3)
赤潮异弯藻（*Heterosigma akashiwo*）	>5×10^7
海链藻（*Thalassiosira* spp.）	>10^7
裸甲藻（*Gymnodinium* spp.）	>5×10^6
多甲藻（*Peridinium* spp.）	>5×10^6
中肋骨条藻（*Skeletonema costatum*）	>5×10^6
根管藻（*Rhizosolenia* spp.）	>5×10^6
硅鞭藻（*Dictyocha* sp.）	>5×10^6
海洋卡盾藻（*Chattonella marina*）	>10^5
环沟藻（*Gyrodinium* spp.）	>5×10^5
拟菱形藻（*Pseudo nitzschia* spp.）	>5×10^5
原甲藻（*Prorocentrum* spp.）	>5×10^5
星杆藻（*Asterionella* sp.）	>5×10^5
中缢虫（*Mesodinium rubrum*）	>5×10^5
夜光藻（*Noctiluca scintillans*）	>5×10^4

6.2.1.2 赤潮生物的生长

与浮游植物的生长一样，赤潮生物的生长包括细胞生长、种群生长和群落生长。细胞生长是最基础的也是对外界反应最敏感的，它取决于细胞的生理学过程，其最大生长率受控于个体细胞的遗传基础，但外界条件诸如营养水平、特殊辐射、小生境适应等，也都直接影响细胞生长。种群生长基于细胞生长率，并且构成赤潮单元，影响种群生长的因素与影响细胞生长的并不完全一样，如捕食和水平对流等直接影响种群生长率，但对细胞生长率没有直接影响；营养盐直接影响细胞生长率，但对种群生长的影响则是间接的。就一个种来说，其种群生长率一般低于细胞生长率。群落生长则是一个多元的结合，在这种结合里，捕食者和被捕食者共存，种间关系密切。

大洋中浮游植物一般都是用叶绿素为指标来表示整个群落生长状况，但是研究赤潮生物的种群动力学时，首先应研究细胞生长率和种群生长率，而群落动力学是前两者的必然结果。

浮游植物的生长一般分为迟滞期、指数生长期、静止期、死亡期。所谓生长一方面是指细胞个体的增大，另一方面是指细胞种群的生长。对于种群生长来说，细胞分裂特征和速率具有重要的作用。细胞分裂包括两个阶段：首先，细胞通过光合作用和自身代谢来实现个体生长，然后，细胞在不断增大的基础上发生分裂而达到种群增长。一般来说，赤潮生物在白天生长夜晚分裂。例如，赤潮异弯藻的分裂具有非常明显的昼夜节律，该种能在傍晚形成大型细胞，夜间 6h 内分裂 3 次形成小型细胞；夜光藻的无性繁殖也存在明显的昼夜节律，大约 70%的细胞分裂发生在夜晚。不同的赤潮生物在不同的环境条件下具有不同的生长率(表 6-6)。

表 6-6 不同赤潮生物的生长率

种类	分裂次数(d^{-1})	倍增时间(d)
中肋骨条藻	2.3～5.9	0.17～0.43
异囊藻	1.4	0.74
海洋原甲藻	0.3	3.33
尖刺菱形藻	3.2	0.31
微型原甲藻	0.9	1.22
拟尖刺菱形藻	1.42	0.70
锥状斯克里普藻	0.66	1.52

1)细胞生长率

就浮游植物来说，细胞生长率通常指单位时间内细胞分裂的次数，它直接关系到种群生长。

在早期的研究中一般认为双鞭毛藻的生长率相对较低。从 Furnas 对硅藻、甲藻及其他鞭毛藻的研究来看(表 6-7)，甲藻的生长率明显低于硅藻和其他鞭毛藻，通常它们的生长率都小于 $3.0d^{-1}$；但甲藻在实验的条件下单种生长率有时能达到 $3.54d^{-1}$(表 6-8)，如微型原甲藻；而另一种强壮前沟藻其最大生长率为 $2.89d^{-1}$，在所研究的 138 种藻中，有 15%生长率大于 $1.0d^{-1}$，2%生长率大于 $2.0d^{-1}$，并且高生长率在实验中重复出现。例如，强壮前沟藻的生长率有 5 次达到≥$2.0d^{-1}$，微型原甲藻的两株有 7 次≥$2.0d^{-1}$，而矮小异囊藻有 20 多次达到≥$1.0d^{-1}$。这说明从细胞生理学来讲，高生长率在甲藻中也是存在的，所以在研究甲藻赤潮时，不仅有由物理海洋学作用或捕食者的减少而引发的，也有由细胞高速生长而引发的。

表 6-7　不同藻类的最大生长率(μ_{max})及其出现的频率

	μ_{max}≥1.0(%)	μ_{max}≥1.5(%)	μ_{max}≥2.0(%)	μ_{max}≥3.0(%)	μ_{max}≥3.5(%)	μ_{max}≥4.0(%)
硅藻(*n*=58；范围：0.2～$5.9d^{-1}$)	53(91)	50(88)	41(70)	23(40)	15(26)	14(24)
甲藻(*n*=24；范围：0.1～$2.7d^{-1}$)	10(42)	7(29)	3(12)	0	0	0
其他鞭毛藻(*n*=22；范围：1.3～$5.2d^{-1}$)	22(100)	17(77)	10(5)	1(5)	1(5)	0

注：表中 *n* 为实验藻类种数

表 6-8　单种群实验中的甲藻最大生长率(μ_{max})、世代时间及出现频率

藻种	μ_{max} (±)	*G* (h)	*k*≥2.0	*k*≥1.0
微型原甲藻 (*Prorocentrum minimum* EX)	3.54 (0.21)	7	3	15
强壮前沟藻(*Amphidinium carterae* Hulburt)	2.89 (0.08)	8	5	27
微型原甲藻 (*P. minimum* EXUV)	2.37 (0.12)	10	4	24
哈里薄甲藻 (*Glenodinium halli*)	2.19 (0.11)	11	2	6
红地原甲藻 (*P. redfieldii* N95B)	2.17 (0.22)	14	1	4
矮小异囊藻 (*Heterocapsa pygmaea* CP)	2.12 (0.30)	11	2	23
海洋原甲藻(*P. donghaiense*)	2.04 (0.10)	12	1	9
叶状薄甲藻 (*G. foliaceum* GF)	1.73 (0.14)	14	0	3
纤细裸甲藻 (*G. splendens* GS)	1.53	16	0	3
纳尔逊裸甲藻 (*G. nelsoni* GSBL)	1.43 (0.17)	17	0	5
三角异囊藻(*H. triquetra* Ptri)	1.34 (0.22)	18	0	9
锥状斯克里普藻(*Scrippsiella trochoidea*)	1.25 (0.22)	19	0	6
链状亚历山大藻(*Alexandrium catenella*)	1.03 (0.13)	23	0	1
多边膝沟藻 (*Gonyaulax polydra*)	0.86	28	0	0
总数			18	138

注：μ_{max}. 最大生长率(d^{-1})；*G*. 世代时间(h)；*k*. 频率

2) 营养要求——K_s值

赤潮在富营养或寡营养的生境中都可发生。在寡营养条件下发生的赤潮一般发生在有温跃层的地方，通常海洋温跃层下部较深的海域海水营养比较丰富。有关富营养条件下发生赤潮的报道则屡见不鲜。外界营养条件决定了细胞营养吸收率和生物量，从而影响细胞种群及群落的生长率。在细胞水平上，营养要求符合被称为 Monod 公式的规律：$v = v_{max}S/(K_s+S)$，其中 v 是营养吸收率，v_{max} 是最大吸收率，S 是底物浓度，K_s 是半饱和常数或称亲和系数。细胞在稳定环境中的营养吸收率取决于外界营养条件，而在低浓度的营养条件下，细胞的生长取决于细胞体内的营养浓度。对于一种有害的赤潮生物来说，是否由于在外界营养条件下单种细胞迅速增殖而引起赤潮，涉及细胞的短期营养摄入行为、营养储存，以及周围水团所能提供的营养水平等复杂动力学过程，在对这种细胞营养要求与周围水环境营养条件的研究中，Monod 公式中的两个参数 v_{max} 和 K_s 是至关重要的。根据浮游植物的营养特点，其营养方式可分为亲和策略、生长策略和储存策略。

行生长策略的浮游植物具有不断增大的最大吸收率 v_{max}，表现为短期高速增长，最大限度地利用环境条件所提供的营养，在竞争中占绝对优势，它要求浮游植物种有大于其他任何种的 v_{max}，但是，对于目前所研究的甲藻赤潮种来说，这种机制并不成立。

具有储存机制的浮游植物种在体内建立营养库以备将来之需，这种能力在寡营养的生境中具有优势。但是有关有害赤潮种具有这种营养策略的研究和资料很少。

亲和策略是研究最多的，在这里，K_s 作为一种衡量浮游植物在低营养水平条件下潜在竞争能力的指数，通常认为在低营养水平下，K_s 低的种较 K_s 高的种具有更高的竞争能力。一般情况下，硅藻较甲藻具有更高的 K_s 值；环境扰动、营养盐水平升高和高 K_s 值是同时出现的，相反，稳定而寡营养的环境与低 K_s 共存。但从浮游植物对 NH_4^+、NO_3^-、PO_4^{3-}的 K_s 值(表 6-9)来看，对这三种主要营养，最大的 K_s 值均出现在甲藻。显然 K_s 作为一种指标尚待进一步研究。

表 6-9　甲藻、硅藻及其他鞭毛藻对氮、磷吸收的半饱和常数 K_s (μmol/dm³)

	名称	NH_4^+	NO_3^-	PO_4^{3-}
甲藻	塔玛亚历山大藻(*Alexandrium tamarense*)	2.0	1.5～2.8	1.85
	强壮前沟藻(*Amphidinium carterae* Hulburt)	—	2.0	0.01
	隐甲藻(*Crypthecodinium microadriaticum*)	—	—	0.01
	多边膝沟藻(*Gonyaulax polyedra*)	5.3～5.7	8.6～10.3	—
	裸甲藻(*Gymnodinium bogoriense*)	20.0	—	3.2
	短凯伦藻(*Karenia brevis*)	—	—	0.18

续表

	名称	NH_4^+	NO_3^-	PO_4^{3-}
甲藻	长崎凯伦藻(*Karenia mikimoto*)	0.6	—	0.14
	血红哈卡藻(*Akashiwo sanguinea*)	1.1	6.55	—
	三角异囊藻(*Heterocapsa triquetra*)	—	—	3.1
	腰带多甲藻(*Peridinium cinctum*)	27.0	29.0	0.1～0.31
	多甲藻(*Peridinium* sp.)	3.6	—	6.3
	微型原甲藻(*Prorocentrum minimum*)	—	—	0.1～0.31
	夜光梨甲藻(*Pyrocystis noctiluca*)	—	—	1.7～2.8
鞭毛藻及其他	古老卡盾藻(*Chattonella antiqua*)	2.2	2.8	—
	杜氏藻(*Dunaliella teriolecta*)	0.1	1.4	0.73
	杜氏藻(*Dunaliella* sp.)	—	0.95	—
	赤潮异弯藻(*Heterosigma akashiwo*)	2.0～2.3	2.0～2.5	1.0～9.8
	绿光等鞭金藻(*Isochrysis galbana*)	—	0.1	—
	陆兹尔单鞭金藻(*Monochrysis lutheri*)	0.5	0.6	—
	波切棕囊藻(*Phaeocystis pouchetii*)	—	—	3.08
硅藻	冰河拟星杆藻(*Asterionellopsis glacialis*)	0.6～1.5	0.7～1.3	—
	纤细角刺藻(*Chaetoceros gracilis*)	0.3～0.5	0.1～0.3	—
	线形圆筛藻(*Coscinodicus lineatus*)	1.2～2.8	2.4～2.8	—
	威利圆筛藻(*Coscinodiscus wailesii*)	4.3～5.5	2.1～5.1	—
	布氏双尾藻(*Ditylum brightwelli*)	1.1	2.0	—
	羽纹脆杆藻(*Fragilaria pinnata*)	—	0.6～1.6	—
	丹麦细柱藻(*Leptocylindrus danicus*)	0.5～3.4	1.2～1.3	—
	斯托根管藻(*Rhizosolenia stolterfothii*)	0.8～3.6	0.4～0.5	—
	中肋骨条藻(*Skeletonema costatum*)	0.8～3.6	0.4～0.5	—
	大洋海链藻(*oceania*)	0.4	0.3～0.7	—
	假微型海链藻(*Thalassiosira pseudonana*)	—	1.87	—
	威氏海链藻(*Thalassiosira* weissflogii)	—	—	1.72

就甲藻的营养方式提出了 4 种适应方式来解释甲藻较高的 K_s：营养重复迁移，混合营养趋势，化学他感作用的种间竞争及互抑的抗捕食机制。

营养重复迁移：指甲藻能通过垂直迁移从贫营养区域转移到富营养区域的营养行为特征，涉及众多的行为学、生理学、细胞学、种群动力学特征以及生境性质，包括暗吸收能力、生理钟机制等。行这种营养方式的甲藻，具有更强的生存能力，较具有低 K_s 与高 v_{max} 的种有更强的竞争能力。

混合营养趋势：不只具有能利用无机营养盐的自养方式，甲藻还能利用水体中溶解有机物或颗粒有机物进行异养行为，这种营养方式较硅藻在寡营养条件下具有更强的竞争能力。大约有半数的双鞭毛藻具有这种营养行为，如圆形秃顶藻(*Phalacroma rotundata*)、夜光藻等都具有捕食功能，并且噬鱼费氏藻(*Pfiesteria piscicida*)具有三种以上的营养方式，这些营养特征利于它们的生存竞争。

化学他感作用的种间竞争：藻毒素与藻类次生代谢他感物质在生物合成、化学性质、种间效应上存在差异，藻毒素在种间竞争中对食物链等产生影响，如有毒赤潮发生所造成的食物链上的毒害效应；而次生代谢产物有明显的作用靶。

互抑的抗捕食机制：很多鱼类幼虫(15～20 种在卵黄囊期的幼虫)以双鞭毛藻作为食物，而双鞭毛藻具有抗捕食和致死鱼幼体的他感物质。鳀鱼(*Engraulis mordax*)幼体能捕食 4 种双鞭毛藻，但不捕食硅藻和裸甲藻。所以，在这里存在一种选择性的捕食压力。一些双鞭毛藻具有抵抗捕食的功能，如仅仅 6～11 个塔玛亚历山大藻细胞对海鲷(*Pagrus major*)幼体就具有致死效应，而更毒的品系 1 个细胞即可以致死 *Mallotus villosus* 的无节幼体。这些甲藻所产生的藻毒素的物理、化学结构及毒性效应作用机制各有特色，如细胞毒素、溶血毒素或神经毒素等。大量的事实证明，有害赤潮种双鞭毛藻具有多样的抗捕食他感机制来抵抗来自浮游动物、海洋生物幼体等各方面的捕食压力，从而在生存竞争与食物网中，特别是在赤潮现象的特殊环境中表现出强竞争能力。

6.2.1.3　有害赤潮发生的影响因素

在通常情况下，能够了解一次赤潮发生的物理和营养因素(化学因子)的变化过程。但是，到目前为止，赤潮发生和发展过程中的物理过程、营养和生态过程是如何作用的不能完全用量化的方法确定。最根本的问题在于，一次赤潮的发生，不仅关系到赤潮生物的生长、营养传递，还关系到物理动力作用引起的转移、搅动，以及生物所采取的游泳和沉降策略等对赤潮种群动力学的影响。式(6-6)通常能准确、简洁地给出一个种群的动力学水平及其影响因素：

$$(1/N)(\mathrm{d}N/\mathrm{d}T)=K_0+K_i-K_g-K_m-K_a-K_d \tag{6-6}$$

式中，$(1/N)(\mathrm{d}N/\mathrm{d}T)$ 为种群动力学水平；K_0 为细胞分裂速度；K_i 为由游泳或沉降行为所引起的迁移率；K_g 为致死的捕食压力；K_m 为致死的其他压力；K_a 为由水平对流所带来的扩散率；K_d 为由小范围的搅动所引起的扩散率。

该公式是建立理想模型和实用模式的基础，并且为不同生境下赤潮的种群动力学研究提供了可比的量化系统。所以，在研究赤潮发生机制时，可以针对赤潮动力学公式中的各项有侧重地进行调查。但是，由于影响种群动力学的各因素的作用过程复杂，对水平对流和搅动所带来的迁移过程进行观测与量化比较困难，加上由生物量时空变化的多样性和复杂性所引起的问题，因此在环境压力下对生物过程描述所引起的问题等都给赤潮发生机制的研究增加了相当的难度。

有害赤潮由于具特殊的生物学特征、环境化学特征、水循环及海盆形态地貌学特征等，其存在的海洋学与生态学系统可以分为以下几种：上升流系统、海湾与沿海港湾系统、严重富营养化系统、在许多沿海区域都存在的具有分层的海水系统、沿海潟湖及受海盆环流影响的陆架区和沿岸潮流系统。

正是由于赤潮发生生境具多样性，因此在赤潮研究、监测、防治中也应针对其多样性特征。当然，赤潮在系统循环、生物学、化学和海盆形态学上的许多共同点也为研究赤潮提供了理论模式。所以，研究关键赤潮生理、生态与环境生物学等方面的特征有助于为多方面研究提供应用价值。而赤潮发生机制的研究也正是针对赤潮生物的特殊海洋学和生态学系统，在个性和共性中寻找规律。

(1)赤潮发生的物理海洋学因素

众多的赤潮调查发现，有害赤潮生物所生存的物理海洋环境，以及赤潮发生当时的水文气象条件都密切影响着赤潮的生消过程。水流涡动、小范围扰动以及物理海洋学分层和地域性海流、锋面、上升流等，特殊的气象条件如大雨、强风、高温等，导致生物生长环境中各种相应的物理、化学条件和生物群落变化，使有害赤潮生物单种迅速增长而形成通常所讨论的赤潮现象。

潮水的涨落不但引起海水交换，而且可以使赤潮生物细胞在白天浮于水体表层，夜间下降到底层。随着潮水的涨落，底层丰富的营养盐通过直接或间接方式往表层输送，表层水汇集大量的赤潮生物，促成赤潮的发生。据调查，夜光藻赤潮多于水体交换缓慢的日潮期间发生，大潮的水动力作用可使高密度的夜光藻高度聚集，导致赤潮发生。而从夜光藻的繁殖特征来看，其繁殖主要发生在夜间后半夜的 3～6h，而二分裂持续时间为 5～6h。因此，赤潮发生时间多数在上午涨潮期间，涨潮水把大量的夜光藻推向沿岸水域，形成沿岸暴发性的赤潮现象。有研究表明，夜光藻的自然种群数量变动与潮汐的高低关系密切，这种种群数量变动是赤潮发生的潜在动态基础。

海水水温对赤潮发生起着重要的作用，它直接控制着赤潮生物的细胞生长状况，控制着赤潮的生消过程。在水体表、底水温差异小的海区，水体的密度差异小，分层现象较弱，则有利于海水垂直移动，使底层的营养盐较易移到表层，为赤潮生物的生长繁殖提供更多的物质。

1991 年 3 月 20～21 日，大鹏湾发生的海洋卡盾藻赤潮则表现出风力对赤潮细胞聚集所起的作用。在赤潮前后，主导风是东南偏东(EES)风，赤潮即将发生时，风速减弱使得细胞易于滞留和聚集，同时海洋卡盾藻的细胞数量变化与风速变化吻合，但有一定的滞后。

雨季时大鹏湾近岸区会经常出现富营养状态，降水过程导致该海区有脉冲式的营养盐输入。这一输入使离岸近的海域短期内营养盐激增，这种增加不仅改变了营养盐的总量，也改变了营养盐的组成结构。雨季溶解无机氮含量升高比例较大，使该海区溶解无机氮与溶解无机磷的比值(DIN/DIP)增高，这种改变一方面造成水体富营养化，另一方面改变了水体中的群落结构，导致赤潮发生。另外，雨季带来大量的陆源微量元素，其中尤以铁最为重要，在形成某些典型赤潮中起着关键因子的作用。

海流引起赤潮的很好例子是美国大西洋沿岸近墨西哥湾处发生的短凯伦藻赤潮，流经墨西哥湾的水流将湾内的短凯伦藻细胞带到大西洋西北沿岸使细胞密集而形成赤潮。海流的影响还包括使赤潮细胞得到迁移、扩展，造成更大规模和更大范围的赤潮。

(2)赤潮发生的化学海洋学因素

赤潮发生的化学海洋学因素是赤潮发生过程中与水体的物理海洋学和赤潮生物自身生物学都密切相关的因素，它来源于生物体外而作用于生物体内，是研究赤潮种群动力学和赤潮发生机制的关键环节。目前，有关赤潮的化学海洋学研究侧重于海域富营养化及有害赤潮生物的营养动力学问题。

仅占海洋面积 15%的海湾、浅海及陆架地区，其初级生产力却占全球海洋总生产力的近半数。这种局面很大程度上起因于人类活动所造成的加富作用即富营养化，但其中应引起重视的是来源于大气沉降与陆源径流的氮源。每年海水水域由大气沉降所带来的 NO_3、NH_4-N 及溶解有机氮达 300～1000mg N/($m^2 \cdot a$)，大气和径流来源的氮占大洋总氮的 20%～50%。

由富营养化引起赤潮发生增多的最好例子是日本的濑户内海。自 20 世纪 60 年代起，随着日本经济的快速发展，大量工业和生活污水排放到濑户内海中，这些污水含有营养盐、有机物，使海域中的无机氮和磷浓度迅速升高，赤潮发生的次数与频率也随之增加；1973 年以后，由于实施了《濑户内海环境保护特别措施法》，海域中的营养盐含量逐步下降，赤潮发生的次数也随之减少了 2/3。在大连湾，由于近年来经济的迅猛发展，海域富营养化日益严重，局部已达到过营养化的程度，赤潮发生时，其密集区多位于富营养化程度最高的甜水套。另外，20 世纪 50 年代美国长岛发生的 *Nanochloris* 赤潮，经研究表明，是由当地附近养鸭场所引起的水体富营养化造成的，在开通一个与外海相连的水道并控制养鸭场后，水体的富营养化得到治理，这种赤潮就再未发生过。北美和欧洲网箱养鱼业发达的海域，赤潮异弯藻赤潮发生频繁，可能也与残饵引起的局部海域富营养化有关。香港在 1976～1986 年的 10 年间，由于生活污水和工业废水的排放，海洋营养负荷增加了 2.5 倍，而每年的赤潮事件则增加了 8 倍。可见，富营养化明显地影响着与富营养化相关的赤潮的发生；大部分的赤潮发生都与水域环境中的某种或几种营养盐的增加有密切关系。

(3) 赤潮发生的生物海洋学因素

1) 赤潮生物自身行为

甲藻行为：不游动的双鞭毛藻(等于死亡或麻痹状态)其沉降速率与硅藻一样。细胞大于 25μm 的种，其游泳与沉降比为 7.6∶1，大大超过引力作用下的沉降。在运动策略方面，甲藻采用游动策略，硅藻则为沉降策略。赤潮动力学的内因和外因作用比例很可能取决于这两个策略的应用。由于外界扰动具有很大的影响，相对来说浮游植物群落其内在控制能力低下。由于甲藻的行为方式不同于硅藻，在形成赤潮时，甲藻较硅藻更多地应用内在控制机制。这种依赖于自身行为的内在策略包括以下几个方面：光对策、垂直迁移、游动策略与自动调节式聚集，使浮游植物能够主动保持水深、追索营养、抵抗捕食种、在种群内自我保护等，甲藻的主动聚集利于种群内的遗传转移，其中包括其种群毒性的延续和藻类生活史的完善。这种种群主动聚集的优势远远大于因密集而产生的营养竞争。主动聚集的主要弱点在于易受到病原体的攻击。例如，在赤潮后期高度密集时赤潮消亡的机制中，有的就是由于受到病毒攻击而消亡的。很明显，有害赤潮生物的运动性所带来的这种灵活机动的行为方式，取决于生理学优化与环境压力之间所存在的一种复杂的平衡。例如，链状裸甲藻形成多达 64 个细胞的近 2mm 长的链状群体，这种集合是种群动力学自身行为调节的很好例子，形成链状群体对于细胞获得营养、垂直迁移大有益处，而处在营养缺乏的水体中，细胞链则自动断开分散。上述甲藻的这种细胞与种群生理学、行为学等的特殊性质，使得其种群动力学及赤潮的形成具有明显的特殊性。鞭毛藻类的游动速度各异：很多鞭毛藻类能经受住 1cm/s 左右的垂直流，角藻的游动速度为 0.5～1m/h 或以上，裸甲藻向着光源的游动速度为 1～3m/h。

赤潮生物的垂直迁移：有关赤潮生物种鞭毛藻类垂直移动的基础研究是在进入 20 世纪后才开始的。野外观察发现梭形角藻、三角角藻、多边膝沟藻、海洋原甲藻存在垂直移动，其中，三角角藻具有白天离开表层，夜间上升的习性。多边膝沟藻和海洋原甲藻相反，白天上升，夜间散逸。而且这种移动取决于正、负趋光性。潮间带水洼中的裸甲藻赤潮种，白天多出现在表层，夜间多在底层。这种垂直移动表现出浮游植物的趋光性。微型原甲藻也存在主动垂直迁移现象，早晨密集于表层，晚上则多存在于底层，且移动速度受光照强度所控制。这种主动垂直迁移现象在赤潮形成过程中有重要的意义，对赤潮发生时细胞迅速密集形成“赤潮斑”有一定的作用。

除了光，还有其他一些影响赤潮生物沉浮的因素，如海水的盐分浓度、溶解氧气压等，即盐度增大、氧气压或 pH 降低，浮游生物上浮性增强。反之，盐度降低、氧气压或 pH 增大、水温急剧下降及发生强烈的冲击等，浮游生物下沉性增大。观察深水槽中甲藻类日周期的移动情况时发现多边膝沟藻、*Cachonina niei* 这两个种类都在天亮时向上方移动、天黑时向下方移动，并且多边膝沟藻细胞在缺氮时完全不做垂直移动，若重新加氮，1d 后开始移动；裸甲藻(*Gymnodinium splendens*)在完全封闭的水体中能主动上浮，说明除了趋化性或趋光性特点外，地理趋性和周日节律是其做垂直移动的一个重要因素。该藻能在较宽的温度梯度中迁移。氮对其垂直迁移有很大的影响：当水体中均匀分布氮时，该藻在有光的情况下能迁移到水表面；但氮缺乏时，光照条件下该藻只在亚表层聚集，此层的光强度近似达到光合作用的光饱和。氮也影响该裸甲藻的 C∶N，有氮时，C∶N 较低，氮缺乏时，C∶N 高。光合作用实验指出，整个水体氮缺乏时，生长为氮限制，因此，*G. splendens* 有两种行为和光合作用方式：①高光合能力、低 C∶N、光周期向高光强度迁移的营养饱和状态；②低光合能力、高 C∶N、光周期向光强为表层光强 10%的亚表层迁移的营养缺乏状态。

实验还发现，在缺氮水体的底部加入氮导致一个迅速的(1d)C∶N 变化(8.5～6.5)，细胞垂直迁移到水表面；在水体较深处加入氮，C∶N 变化就慢。由此可以看出氮元素在赤潮细胞密集迁移状态中的作用。

在室内培养条件下观察到一种异弯藻细胞存在周期性的垂直移动现象。如果将该异弯藻接种到 $2dm^3$ 的三角烧瓶中，放在窗旁培养，结果其做有规律的垂直移动与随着太阳运动的水平移动。在这时期从水面下 1cm 处用玻璃吸管取样，其细胞密度呈有规律的变化，即使遮光时也有几乎同样的规律。这说明，这种垂直移动是由细胞内在机制控制的。这种垂直移动从生物学方面看能够成为向表层聚集的重要因素。无论阴、雨，疏散开的细胞由于聚集到表层，具有数小时内使海水变色的潜力。在实验条件下浮游植物利用代谢机制调节的浮游策略，其生产力较外源调节的高。

对其他形成赤潮的生物种观察也发现有同样的主动聚集机制。周成旭等在对夜光藻进行室内培养时发现，对于水体中相同数量的夜光藻来说，缺乏饵料的夜光藻较具有丰富饵料的夜光藻更易主动聚集成“红色赤潮斑”，而饵料丰富的水体或细胞内有丰富食物的夜光藻，各细胞常常是分散存在于水体中或呈现只处于捕食状态的聚集。这可以说明在自然水体中所观察到的赤潮现象，在大量捕食饵料后，细胞数量巨大的夜光藻处于一种饵料贫瘠状态，此时的夜光藻出现某些生理变化，使细胞主动聚集而在水面形成赤潮现象。蓝细菌赤潮中也有主动的漂浮机制：节球藻(*Nodularia*)和束丝藻(*Aphanizomenon*)体内有大的气囊，使其具有稳定的上浮能力，使细胞密集于表层水区；束毛藻也有气囊，能在 100m 水深范围内迁移，由胞内碳水化合物浓度控制，具有垂直迁移现象。束毛藻从早晨到晚上，体内多聚磷酸盐(polyphosphate)增加 20%，这与碳水化合物能调节藻类的漂浮机制相吻合。

垂直迁移在赤潮藻中是较普遍的现象，除上述几种藻有存在于生物自身体内的垂直迁移机制外，赤潮异弯藻也有明显的昼夜垂直移动，能在昼夜明暗交替前的 1～2h 在水体中做上下垂直移动，中午在表层水中，夜间在底层，且昼夜均能摄取营养。对亚历山大藻的两个品系的周日垂直迁移研究发现，有一个品系的亚历山大藻能做规律的垂直迁移，且均在光照开始前 2h 向上迁移，光照结束前 3h 向下迁移，且其迁移速度较快。赤潮生物中的垂直迁移特性有利于它们更好地获取光能与营养盐，在种间竞争中能适时增殖，迅速聚集形成赤潮。可以认为，赤潮是一个生态系统多样性及平衡遭到破坏时，一些“机会种”有效利用“自身特长”而形成的异常现象，所以，赤潮生物体内所含有的特殊化学物质对赤潮生物区别于其他生物的主动聚集有可能起到重要的作用。研究发现，实验室培养条件下易于形成赤潮的种，如塔玛亚历山大藻、赤潮异弯藻、夜光藻等体内的甲醇提取物具有 320nm 左右的紫外吸收，而同期培养的其他微藻，如扁藻、小球藻等则没有该处的吸收，这种特性可能与一种特殊有机胺类物质(类菌孢素氨基酸，mycosporine-like amino acids，MAAs)有关，该物质对生物体抵抗紫外辐射具有重要的意义，或许能使这些藻在水体表面赤潮形成时抵抗强烈紫外辐射中具有较强的竞争能力。但有关 MAAs 在浮游植物抵抗紫外线中起多大的作用尚待研究。实验室条件下，赤潮夜光藻较共同实验的其他 7 种藻具有更强的抗紫外辐射能力。*Anthopleura elegantissima* 在紫外照射 8 周以后，其体内的 MAAs 物质明显提高。有关赤潮生物体内生物化学过程方面的赤潮机制研究仍然还是一个很新的领域。

2)微生物在赤潮形成中的作用

细菌引起的赤潮：近年来发现，有些赤潮是由细菌引起的，主要是来源于海水、藻类或其他浮游生物残体的腐烂物质过量累积导致海水中微生物大量繁殖，使水体发生成层现象。由于细菌的大量繁殖，氧被消耗，造成厌氧环境，厌氧细菌进行有机物分解，产生硫化氢，水域成为白色并出现胶状硫，随后赤潮开始出现于“白潮”水域，白潮逐渐消失，赤潮发展起来。它与藻类所引起赤潮的不同之处是它常出现于近底层，消耗氧，产生硫化氢，使水体分层。其共同点是都发生于不流通的水层，均出现于夏天较高温度时，尤其是梅雨季节。引起细菌赤潮的细菌主要有红假单胞菌、红多球硫菌、着色菌属、褐杆状绿菌、囊硫菌属。可以认为细菌白潮是赤潮发生的征兆。根据光合细菌数量的增加，也可初步预测赤潮发生的可能性：有研究表明，赤潮发生水域光合细菌的数量从 10^6～10^7ind/g 干重增加到 10^7～10^8ind/g 干重。赤潮水中浮游生活的细菌，初期菌数高，随着时间推移，其菌数不变或逐渐变少，而附着在颗粒上的菌数增加，可达总菌数的 40%。因此，可根据浮游生活细菌和附着颗粒上细菌数量的变化来判断水质变化情况。综上所述，在赤潮发生前的海域，根据其中异养细菌菌数和生物量的变化规律，可初步预测赤潮的发生。

病毒对赤潮的分解作用在赤潮动力学中起重要作用，如抑食金球藻（*Aureococcus anophagefferens*）细胞内广泛存在病毒。赤潮野外调查和室内实验都发现，抑食金球藻赤潮的消亡与病毒的活动正相关，病毒在自然状况下对抑食金球藻种群动力学的调控作用尚待研究。

赤潮中有机物质的微生物分解：海洋中的有机物质有 90%以上会发生矿化分解，在此过程中，海洋微生物起着主导作用。细菌能将 30%～40%的有机物质变成细菌本身的细胞物质，而把其余的氧化成二氧化碳与水并以此作为能量的来源。

海域中高浓度的营养盐，大多数是由陆地流入和从高度富营养化的底泥中溶出的，底泥中所含氮、磷会因细菌的分解作用或受到溶解氧的氧化而逐渐从底泥表层往海水里溶出，尤其是当海水溶解氧缺乏时，pH 接近中性，往往会快速溶出。地球上的大部分氮以气体状态存在。溶解在海水中的氮气并不能为海洋生物所吸收，能为海洋生物所吸收的主要是海水中的硝酸盐、亚硝酸盐和氨（包括氨基酸等化合物中的氮）。海水中的含氮化合物主要是死亡的动植物被微生物分解的产物，有机氮仅占 5%。因此，在正常情况下，有机氮的含量很低，而生活在海水中的生物，适应了低含氮量的生活环境，也只有在此种环境中，海洋生物才能正常生长发育，保持正常群落组成。如果有机氮大量增加，破坏了正常的生活环境，将对海洋生物的生长发育产生严重的影响，可能某些有益种群急剧减少，有害种群急剧增加，从而破坏了正常群落组成，造成“机会”浮游生物种的大量繁殖而形成赤潮。海水中有机磷的含量也很低，其来源和有机氮一样，也是生物残骸被微生物分解的产物。此外，有机物质分解过程中产生的维生素类物质和微量有机成分也是促进赤潮生物繁殖的物质。

微生物产生的维生素类物质是赤潮形成的诱导因素：海洋中存在着对各种生物生长有很大影响的微量营养盐、生长因子及其他生物调节物质。如前所述，维生素类物质是某些藻类生长所必需的。海洋微生物对有机物质进行分解时可产生维生素，如有的研究发现，从海水及藻类表面分离出的 34 株细菌，其中有 24 株是维生素生成菌。还有学者研究了 344 株海洋细菌，发现其中 24%产生 B_{12}，60%产生 B_1，50%产生生物素。海底底泥中维生素 B_{12} 含量更高。这些维生素类物质随着环境、季节及细菌群的不同而发生变化，可见除了研究水体中氮、磷等营养盐以外，掌握微生物产生维生素的变化规律，对研究赤潮发生的本质是很重要的。

此外，海水中的嘌呤、嘧啶等核酸成分，酵母的自消化物等特殊有机物也可促进藻类繁殖，这些物质大多为有机物质中蛋白质被微生物分解的产物，这也是赤潮形成的诱导因子，它们在海泥间隙水中含量分别为 58～120μg/100g 干泥及 28～83μg/100g 干泥。

在有机物质的微生物分解过程中，可能产生对某些藻类生长有抑制作用的有毒物质，这就可能使另一些藻类旺盛生长，而成为水域中的优势种，促成赤潮的发生。因为海洋微生物与赤潮关系密切，所以在研究赤潮发生机制时不可忽视对微生物的研究。

3) 食物链和种间关系与赤潮

有害赤潮的影响不仅仅局限于对养殖业、渔业及人类经济和生命价值的影响，同时对生态系统中食物链和种间关系具有更为深远的影响。一种浮游植物是否引发有害赤潮，并不仅仅决定于其密度，更重要的是在于其是否达到产生危害的程度，而这种危害则是对整个生态系统而言。

浮游动物在有害赤潮发展和持续中的作用：浮游动物作为捕食者在有害赤潮的发生中起到重要的调节作用，是在生态系统中与赤潮现象密切相关的食物链环节(图 6-2)。

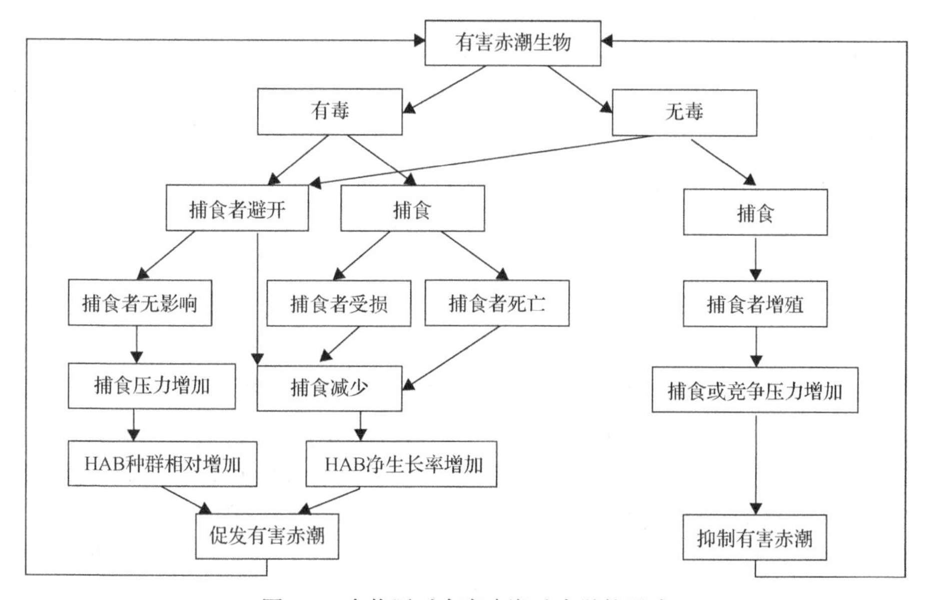

图 6-2　食物网对有害赤潮动力学的影响

浮游动物在有害赤潮发展和持续中的作用因地而异，具有各自的特异性。例如，在对 1980 年科德角(Cape Cod)发生的塔玛亚历山大藻赤潮研究时发现，桡足类和浮游期多毛类对赤潮消亡起着重要作用。因为低温时桡足类个体的捕食力低及当时种群生物量较低，所以对塔玛亚历山大藻的捕食压力仅为 1%/d；但对多毛类来说，由于其高生物量(855 个/dm^3)(即使它较桡足类的个体捕食力更低)，对塔玛亚历山大藻的捕食能力达到大于 100%，在几天内塔玛亚历山大藻和多毛类幼虫种群即衰退。

硅藻的种群动力学受控于捕食者。研究日本濑户内海古老卡盾藻赤潮时发现，在古老卡盾藻低密度情况下(20cells/cm^3)，桡足类对其捕食率为每天 3.4%～30.8%，随着古老卡盾藻密度上升，桡足类对其捕食率呈下降趋势，当古老卡盾藻达到最大生物量时，捕食率仅为每天 1.8%。Uye 认为，桡足类对古老卡盾藻的捕食压力在低温和古老卡盾藻低密度时较为重要，而在古老卡盾藻处于最佳生长环境最大密度大于 500cells/cm^3 时，古老卡盾藻种群对桡足类的捕食具有“免疫力”。

其他研究者在研究赤潮捕食压力时也发现，达到赤潮密度时，来自桡足类的捕食压力很小。而东北美洲等地发生的 *A. anophagefferens*“褐潮”，很明显是由食物链中捕食压力的缺乏而产生的，这种超微型浮游生物的直接捕食者是异养的原生动物，桡足类不能直接捕食微型浮游生物，而要通过原生动物。这种食物链关系在赤潮的发生发展中具有重要的意义。这种微型浮游植物所形成的“褐潮”只促进异养的原生动物生长而对其他动物不产生作用。在自然水体中 *A. anophagefferens* 的生物量增加，原生物动物的生物量就会增大，从而降低微型浮游植物的生物量，表现了原生动物的捕食压力。所以，来自捕食压力的作用只能减缓赤潮发生而不能阻止赤潮的发生。1990 年 1 月，美国得克萨斯的马德雷湖(Laguna madre)开始形成一种“褐潮”，明显表现出是由捕食压力消失而带来的有害赤潮的暴发性增殖：连日干旱使水体盐度大增(大于 6%)，并且因为低温大量死鱼出现，导致该水域稳定群落结构受到干扰，底栖和浮游生物的捕食压力减少，使得浮游植物大量增殖而形成“褐潮”的现象维持了 7 年多。

调查发现，*A. anophagefferens*“褐潮”发生后，常被其他超微型浮游生物和微型浮游生物所代替而消亡。褐潮的产生和发展，也缘于浮游动物，主要是原生动物、微型后生动物及近底栖捕食者等的他感作用使捕食压力减小，而桡足类如 *Acartia tonsa* 成体很少捕食相对来说个体太小的 *A. anophagefferens*。实验发现，双壳类幼虫能有效捕食微型浮游植物等级的颗粒。*A. anophagefferens* 的体外分泌物能使水体中共生藻的抗捕食能力提高，使整个浮游植物群落具有抵抗双壳类捕食压力的能力。该藻的抗捕食压力或许来源于体表分泌或存在于细胞质内的毒物或抑制物质。在不同温度、光和营养条件下，该藻的毒性存在差异。虽然 *A. anophagefferens* 具有什么样的特定毒性尚不清楚，但是有事实表明，*A. anophagefferens* 对双壳类的毒性需要细胞直接接触，而非经细胞滤液。*A. anophagefferens* 体内有高含量的二甲基巯基丙酸内盐(β-dimethylsul-foniopropionate，DMSP)，与另外的有毒藻如 *Phaeocystis* sp.和 *Chrysochromulina polylepis* 相当。但 DMSP 对滤食性捕食者是否发生作用尚不清楚。

浮游植物的种间竞争和他感作用：水域中同时存在竞争性藻类对于藻类赤潮发生具有潜在的重要作用。构成赤潮的浮游生物，常常是交替出现或混合出现，因此存在浮游植物之间的竞争和他感作用。仍然以 *A. anophagefferens* 为例，该藻具有自养和异养两种营养方式，与其他细胞大小类似或常共同发生赤潮的几种藻相比，它的每单位细胞体积对谷氨酸和葡萄糖的吸收率更高。实验发现，该藻的确在较长实验期间对尿素具有吸收能力，而在同一实验中，其他藻类却缺乏这种能力。实验表明，在光限制条件下，*A. anophagefferens* 能利用异养特性使其赤潮形成和保持。该藻也许具有胞外酶氧化系统，可利用水中的游离氨基酸或二胺，在其褐潮中，检测到较高的氨基酸氧化速率，这种能将有机态氮转化为无机态氮的能力使它较其他易受氮限制的藻类具有更强的竞争能力。从室内培养实验中得出 *A. anophagefferens* 的细胞滤液对普通的浮游种(如海链藻、微型原甲藻等)没有明显的促生长作用。但是，10%的老化细胞滤液能够抑制 *A. anophagefferens* 的生长。真核藻类如中肋骨条藻等硅藻能以较高密度(10^4～10^6cells/cm^3)存在于 *A. anophagefferens* 赤潮中。甲藻如渐尖鳍藻、裸甲藻等和异养的 *Polykrikos kofoidi* 也能存在于 *A. anophagefferens* 赤潮中。所以，他感作用在 *A. anophagefferens* 赤潮中所发挥的作用尚待深入研究。

微型原甲藻赤潮发生时多伴有骨条藻的出现，这说明骨条藻的胞外分泌物对其生长有促进作用，将骨条藻和微型原甲藻混养与微型原甲藻单种培养进行对照实验发现，混养的产出细胞数较单种培养的细胞产出多 3 倍。汲长海曾报道中肋骨条藻的提取物对微型原甲藻生长具有促进作用，而其他浮游植物(如小环藻、聂氏海线藻、新月菱形藻和裸甲藻)的细胞提取物则对微型原甲藻的细胞生长没有促进作用。由此可见，中肋骨条藻被认为是微型原甲藻赤潮发生的一个重要的生物诱因。

赤潮异弯藻能产生或分泌他感物质，这种物质能强烈抑制以骨条藻为优势种的中心硅藻的增殖，而对三角原甲藻和异弯藻本身的生长则有促进作用。经分析，这种物质是一种多糖。另外，赤潮异弯藻能与原甲藻(为亚优势种)一起形成赤潮。

野外调查资料也同样表明种间竞争在赤潮发生过程中有作用，对小等刺硅鞭藻(*Dictyocha fibula*)的一次赤潮调查发现，在赤潮发生前，硅藻数量大大超过甲藻数量，比值最高达 53，硅藻种数也多于甲藻。赤潮发生期间，硅藻细胞数量和种数都少于甲藻，其比值基本上小于 1。赤潮后期，硅藻数量和种数逐渐大大超过甲藻。由此可见，小等刺硅鞭藻数量的增减是伴随着甲藻细胞数量和种数而增减的，而硅藻数量与种数的增加显然对小等刺硅鞭藻的生长不利。

异养细菌、蓝细菌与更高捕食者：由蓝细菌的节球藻属和束丝藻属种群引发的赤潮，常有束毛藻属、其他蓝细菌、原生动物、几种甲藻、硅藻、桡足类和水螅体等，而在束毛藻属的细胞间质和藻丝间，有大量细菌群落，形成了一个蓝细菌与异养细菌的互利组合：由赤潮种群固定的碳源、氮源通过有机态的形式传递给细菌；铁氏束毛藻在氮固定过程中能释放出谷氨酰胺、谷氨酸和其他两种氨基酸，虽然这两种氨基酸仅占碳固定的 3%，但是释放出胞外的氨基酸占每日氮固定的 67%，这也许解释了为何在铁氏束毛藻赤潮发生时溶解有机氮成倍增加。与铁氏束毛藻共生的细菌能全部利用水体中的氨基酸、葡萄糖、果糖醇、谷氨酸，说明在这种组合里，存在蓝细菌与异养细菌的一种互利组合，蓝细菌提供有机物和物理支撑，而异养细菌为蓝细菌固氮和生长提供厌氧环境与相关因子。所以，对节球藻属和束丝藻属来说受益于束毛藻属和异养细菌的这种组合，束毛藻提供了一个丰富的微生物食物网，而异养微生物为蓝细菌提供了碳化矿物源。

另外存在的一种重要关系是束毛藻与更高一级的食物链关系，束毛藻能被甲壳类、鱼类幼虫及原生动物所捕食，*Macrosetella* 幼虫需要束毛藻作为营养源，束毛藻属中的红海束毛藻是其成体的食物，*Macrosetella* 可利用红海束毛藻体内 33%～45%的氮，相当于每天红海束毛藻的新生氮，同时，*Macrosetella* 排泄其体内总氮的 48%到水体中，所以使大部分的新生氮进入了食物网。

6.2.2 赤潮生消过程中生源要素的响应

赤潮的生消过程一般包括起始阶段、发展阶段(也称形成阶段)、持续阶段(又称维持阶段)和消亡阶段。其发生是一个复杂的生态过程，是许多因素诸如水文、气象、物理、化学和生物因子综合作用的结果，此过程中生源要素的响应非常复杂，其中营养动力学过程特征尤为明显。营养动力学影响着赤潮生物种群的生消和营养摄取能力。大多数赤潮生物依靠自身光合作用行自养策略，这就对水环境中的营养盐与光照有一定的要求。细胞的大小、色素含量、生态学对应策略，以及毒素的产生与其生存的生态环境中的营养盐水平密切相关。由于一些种(如鳍藻或链状亚历山大藻)存在室内培养困难或对环境扰动极度敏感的问题，其营养动力学与光生物学方面的研究尚很缺乏。但是，研究者经过不懈的努力，结合野外调查和室内生理生态学实验，对环境中的大量元素和微量元素在赤潮生物的生理生态学方面的意义，以及赤潮生消过程中的作用已经有了相当的了解。

6.2.2.1 大量营养元素的生物地球化学

所谓大量营养元素，指的是赤潮生物生长过程中大量需要的营养元素，一般指的是氮、磷、硅等。氮是合成藻体内蛋白质(如结构蛋白、各种载体、酶等)、核酸、叶绿素的基本元素，没有氮的供给，细胞不能生长。生物代谢过程消耗了原来内存的含氮物质后，便无法再合成新的蛋白质，而没有酶的调节，一切生命活动都难以进行。磷是细胞核酸与膜的主要组分，同时是高能化合物(如 ATP、

ADP)的基本元素；硅是硅藻细胞外壳的主要成分，在缺乏入海径流补充硅或硅背景值低的海湾，硅对赤潮生物的数量影响很大。氮、磷在海洋环境中的含量、形态构成、数量变动不仅影响赤潮生物的生理、生化组成，而且决定了赤潮形成时的规模程度。过去关于氮、磷元素与浮游植物关系的研究，国内外已做了不少的工作，但主要集中在一些饵料藻上，对赤潮生物的研究则较少。20 世纪 70 年代以来，由于工业废水、生活污水的大量排放，养殖业的发展，氮、磷和一些微量元素在沿岸海水中的含量大大增加，海水的富营养化程度不断加重，使得赤潮频繁地发生。需要指出的是，近年来，随着赤潮科学的深入发展，特别是调查研究方法和分析手段不断改进，以及高新技术应用，有关氮、磷、硅含量及其比值与赤潮生物关系的研究，在内容和方法上都有了新的发展，既有实验室内研究，也有现场观察，还包括中尺度的围隔实验研究；研究内容不断扩大，质量水平显著提高，并向量化方向发展。

氮、磷是被作为研究大量营养元素与赤潮关系较多的元素。有报道认为，氮是所有海域浮游植物最重要的限制因子；达到最大同化或增殖速度一半的营养盐浓度 K_S 最能说明浮游植物对营养盐浓度的依赖性。已知浮游植物对 NO_3^-和 NH_4^+的 K_S 值(μmol/dm^3)，外海种分别为 0.1～10.7 和 0.1～0.5，沿岸种为 0.4～3.5 和 0.5～9.3；通过与海水中营养盐含量比较，外海和沿岸的浮游植物都处于氮缺乏而易受限制的状况。

磷是细胞中核酸与膜的主要组分，对于已经形成的细胞，缺磷对其生理功能的影响相对要小些。磷同时是构成高能化合物 ATP、ADP 等的基本元素，缺磷的影响也会反映到其生理活性上来，如生长周期的缩短及活体荧光的变化等。

在赤潮发生的开始阶段，海水中一般含有较高浓度的无机氮和无机磷。对拟尖刺菱形藻吸收利用不同浓度无机氮、无机磷的研究结果表明，随着 NO_3-N、NH_4-N、PO_4-P 浓度的增高，拟尖刺菱形藻的吸收速率呈上升趋势，与 Monod 方程描述的曲线相符；有研究表明，实验培养的海洋原甲藻在加入不同浓度的 NO_3-N 情况下，10d 后海洋原甲藻明显增长，且增长率与 NO_3-N 的浓度呈正相关；锥状斯克里普藻的生长速率也随 NO_3-N、PO_4-P 浓度的升高而增大。利用正交实验法分别对海洋原甲藻和锥状斯克里普藻生长因子关系的实验，也证实了 NO_3-N 对海洋原甲藻和锥状斯克里普藻都有着明显的促生长作用。微型原甲藻的生长速率随培养液中 NO_3-N、NO_2-N、NH_4-N、PO_4-P 的含量增加而上升，其中对 NO_3-N 的吸收能力最强，但过高的 NH_4-N(100μmol/dm^3)会抑制其生长。微型原甲藻对有机磷的利用不明显。海洋原甲藻在不同营养条件下生长情况的实验表明，从低浓度组到高浓度组，表观光合作用强度递增；高浓度组溶解氧(DO)含量大大高于低浓度组，显示细胞生理活动保持旺盛的水平。随着培养液中硝态氮浓度下降，原甲藻细胞内的蛋白含量逐渐增加，说明吸收的氮被同化后，除了合成结构蛋白用于维持生长外，还以蛋白质形式储存于细胞内。叶绿素 a 含量，由对照组到高浓度组依次呈明显的递增，如 600μmol/dm^3 浓度组的单位细胞叶绿素 a 含量较对照组高出 1 倍以上，表明在高氮浓度下细胞内的叶绿素含量有较大幅度的增加。

从赤潮发生的全过程来看，氮、磷在海水环境中的含量不仅决定了赤潮的规模，而且影响了赤潮生物的种类。利用海洋围隔生态系统研究无机氮对浮游植物演替的影响，发现在厦门西海域围隔水体中，富营养后浮游植物演替的顺序是：先是硅藻，后是鞭毛藻，最后是甲藻，间歇性地输入无机氮及其输入通量变化，不影响演替的顺序，但输入总量的多寡会影响浮游植物的数量或甲藻赤潮的规模，只有在甲藻占优势时，在一定量的营养盐供给条件下，才可能发生甲藻赤潮。因此，由于不同种属甲藻生存能力存在差异，营养盐输入通量的大小和途径会影响甲藻赤潮优势种的形成。

氮与磷的比值也是赤潮发生过程中营养状况的一个特征，是水体中植物受磷或氮限制的重要指标，高 N/P 值(如大于 22)意味着磷限制，低 N/P 值(如小于 10)则表示氮限制，氮与磷的比值不仅可影响环境中浮游植物的种群结构，也决定了特定海区赤潮发生的限制因子，从而为赤潮监测提供指示因子。另外，不同的赤潮生物对营养盐的吸收能力有很大差别，同一种赤潮生物在不同的生活环境中对营养盐的吸收能力也有不同，说明赤潮生物的生理状态对赤潮的形成、规模也有着重要的影响。

海洋环境中的无机氮具有多种形态。不同形态的氮在海水中的含量比，对浮游植物的种群结构、赤潮发生的规模程度也有着重要的影响。无机氮包括 NH_4-N、NO_3-N、NO_2-N 和尿素 4 种形态。NH_4-N 在 GS/GOGAT 的作用下，可以通过转氨基作用，迅速合成氨基酸，而 NO_3-N、NO_2-N 必须经过相应的硝酸盐还原酶和亚硝酸盐还原酶还原成 NH_4-N，尿素则要经过尿素酶脱羧形成 NH_4-N。因此，浮游植物利用氮的能力一般是 NH_4-N＞尿素＞NO_3-N＞NO_2-N，而且较高浓度的 NH_4-N 会抑制浮游植物对 NO_3-N 的吸收。研究古老卡盾藻的 NH_4-N 吸收动力学发现，NH_4-N 可以迅速抑制 NO_3-N 的吸收(远小于 15min)，在 2μmol/dm^3 NH_4^+下，NO_3-N 的吸收减少至原来的 50%。NH_4-N 的 α 值(最大吸收速率和半饱和常数的比值)为 NO_3-N α 值的 2.57 倍，表明在二者浓度相同的条件下，尖刺拟菱形藻可以更有效地利用 NH_4-N。一般来讲，海洋中的无机氮以 NO_3-N 为主，其他形式的无机氮只占辅助地位，但近年来由于沿岸海水的有机质污染越来越严重，再加上人工施肥，特定海域水环境(如虾池、有机质污染的沿岸浅水区)的无机氮中，NH_4-N 有时占了主要的部分。胶州湾由于海带养殖施氨肥和城市污水排放，总无机氮主要由 NH_4-N 和 NO_3-N 组成，其中以 NH_4-N 占的比例较大，在多数月份的含量大大高于 NO_3-N。因此，NH_4-N 在特定海域的赤潮发生过程中可能有更为重要的意义。

在海洋中，氮、磷对浮游植物的作用常常是相互的。模拟实验结合现场调查发现，当近岸海水中氮、磷浓度分别达到12μmol/dm^{3}和1μmol/dm^{3}时，对浮游植物的生长仅起促进作用，而不改变种群结构，但当浓度提高到以上浓度3倍时，即氮达到36μmol/dm^3、磷达到3μmol/dm^{3}时，能促进浮游植物生长，使浮游植物数量增加8倍，同时改变了原来的种群结构。已有的研究表明，藻类的生长并非受多个营养因子的限制，而仅仅受供给量最少的营养元素的影响。藻类细胞中都含有氮和磷两种元素，二者对藻类的生长都是不可缺少的。长期以来，在氮和磷究竟哪一个是浮游植物生长的限制因子一直存在争论。在海洋中磷的供给量是净有机物产量的限制因子，在沿岸水域中藻类生长的限制因子主要是氮，而不是磷，并且这一观点已得到大部分海洋生物学家的赞同。但这些结果都取决于所研究的地域，如对于沿墨西哥湾东北部的河口中的藻类，磷是其限制因子而非氮；又如，在西澳大利亚河口系统中氮和磷作为限制因子随季节更替而变化。

实验生态条件下得出的结果表明，赤潮生物在外界附加的大量营养盐作用下表现出密切的相关关系。例如，微型原甲藻生长繁殖主要以硝态氮为主要氮源。这种营养物质的形态选择性与藻类生理生化特性密切相关。实验条件下，海洋原甲藻细胞中碱性磷酸酶活性增高，硝酸还原酶活性在培养液仅以硝酸盐为氮源时会被激发，氨不能使之活化。在室内培养条件下，微型原甲藻的最大生长率和最大细胞密度在不同形态氮源条件下是明显不同的，当以硝态氮为氮源时，上述两指标均大于以其他形态氮为氮源时的情况。对海洋原甲藻吸收氮动力学和藻体生化组成变化研究发现，在高氮(200μmol/dm^3)浓度下，表观光合作用强，细胞繁殖快，指数增长期长，叶绿素含量高，实验测得的对硝酸氮的最大吸收速率为 6.4×10^{-8}μmol/(个·h)，显示由海洋原甲藻引发的赤潮与水体富营养化有着密切的关系；并且发现藻细胞内蛋白质含量与介质中氮浓度呈现高低一致的趋势。

随着赤潮生物细胞密度的增大，水体中的营养盐渐渐地被耗尽。赤潮生物细胞开始利用自身储备的营养物质进行生长，同时发生一些生理生化上的改变。这时，藻细胞内NH_4-N、NO_3-N和AA(氨基酸)的含量迅速下降，细胞的C/N值上升，叶绿素a、蛋白质、RNA的含量也逐渐开始减少，但氮同化酶，如硝酸盐还原酶(NR)、亚硝酸盐还原酶(NiR)、谷氨酸脱氢酶(GDH)、谷氨酰胺合成酶(GS)、谷氨酸合成酶(GOGAT)、尿素催化酶(Urase)的活性增高。藻细胞为了适应周围的环境，通过降低光合作用酶和色素在细胞中的比例或光合作用酶的催化效率，或增加非光化学抑制和吸收造成的能量耗散来降低光合作用速率。同时，无机氮的缺乏使叶绿体内的一些蛋白质，如甲藻的光捕获复合蛋白被用来合成细胞分裂所需的结构蛋白。另外，营养饥饿也使得ATP的产生直接受磷酸盐限制或间接受光合作用光反应速率限制，还原型辅酶Ⅱ(NADPH)在细胞内的含量降低，从而限制了Rubisco的活性。这些因素使得藻细胞的表观光合作用大大降低，细胞的生长受到限制。研究表明，海洋原甲藻在氮、磷缺乏情况下，生长速率下降，生长周期缩短。而且，缺氮的影响要比缺磷大，在相同培养时间内，缺氮培养条件下的藻细胞浓度总是比缺磷低。在研究氮、磷饥饿对赤潮生物赤潮异弯藻的影响时发现，在氮饥饿条件下，由于碳水化合物和脂的继续合成，以及因营养缺乏造成的细胞分裂停止，细胞的体积增大，但是核酸、蛋白质、叶绿素的含量降低。缺磷的赤潮异弯藻的一个最显著的特征是 RNA 的含量特别低。在营养缺乏的条件下，赤潮生物细胞的代谢产物分泌也会发生变化。有研究发现，磷缺乏可以使拟尖刺菱形藻分泌的软骨藻酸(DA)数量增加，并认为这是由于磷缺乏，正常的磷脂双层不能形成，因此膜不完整，导致软骨藻酸更容易分泌。

在这种磷缺乏环境条件下生长的赤潮生物将会因缺乏足够的营养而大量地沉降、死亡、分解，同时水体中出现新的浮游植物优势种，这样，一个赤潮现象就消亡了。

但是，并不是高的氮、磷对赤潮的增殖就一定起着促进作用，实验研究表明，低于 $100\mu mol/dm^3$ 的氨盐浓度可促进微型原甲藻的生长，高于 $100\mu mol/dm^3$ 的氨盐浓度则会产生抑制作用；其细胞密度随介质中磷的浓度升高而增大，但高于 $150\mu mol/dm^3$ 的磷酸盐浓度会对生长产生抑制作用。*Aureococcus anophagefferens* 能利用 NO_3^-、NO_2^-、尿素作为氮源，其细胞密度与水体 DIN 的浓度呈负相关关系，不加富营养条件较加富营养的实验组(8 倍于对照组)*A. anophagefferens* 的细胞密度能达到更高的值。由此可以看出，*Aureococcus* 赤潮并不与富营养化相关，而是能发生在较低营养条件下，并且具有更强的竞争能力。研究表明，美国长岛湾 20 世纪 80 年代中期的赤潮是由陆源径流的减少，而非陆源营养盐的增加所致。由此可见，在研究赤潮发生机制时，除了考虑外界营养条件变化对赤潮藻生长的影响外，还要考虑在该营养状态下所存在的种间竞争。

很明显，海水中氮、磷的含量及其变化不仅影响了赤潮生物的细胞生理、生化组成、种类组成，还决定了赤潮的规模、程度、延续时间，但是，氮、磷对赤潮生物的影响，并非一成不变，不同的环境条件下，不同的赤潮生物都具有不同的响应形式。因此，要了解具体环境中氮、磷与赤潮生物的关系，必须联系特定环境中的物理、化学、生物因子进行综合的分析，这样才能得出正确的结果。

6.2.2.2 微量营养物质的生物地球化学

微量营养物质通常指的是微量金属元素和某些藻类自身无法合成而需要从外界摄取的特殊化合物，如维生素类物质等。在为藻类所利用的微量金属元素中，比较重要的主要有铁、锰、锌、铜、钼和钴等。金属元素对浮游植物的诸多作用都是促进一些对其敏感的种类生长，当海水中这些金属元素含量或溶解度较高或存在状态适合于生长时，这些种类就有可能大量繁殖而形成赤潮。

微量元素铁在赤潮过程中起着重要的作用。铁是植物很必需的一种重要的微量元素，但它在海洋中溶解度低，浓度极稀，常常成为浮游植物生长的限制因子。因此，当有足够量的铁输入时，常会引起浮游植物的迅速增殖。金属元素在自然水体中一般主要以络合物形式存在。虽然藻类对金属元素的利用与 EDTA 的浓度无关，但 EDTA 在光照条件下分解速度增加，然后金属元素逐步为藻类所利用，所以在人工培养液中添加的一般都是金属元素的 EDTA 络合物。实验研究表明，在过滤海水中加入络合铁能促进赤潮异弯藻的生长；同时加入盐酸硫胺素、VB_{12}和 Fe-EDTA，可使卵甲藻产量增加 15 倍，但若没有足够 Fe-EDTA、维生素和锰、氮、磷均不能促进其生长；Fe-EDTA 对海洋卡盾藻的生长也主要起促进作用。所以，络合铁是诱发赤潮的一个关键因素。

铁作为浮游植物必需的一种微量元素，其生理生化功能表现在许多方面，它对光合作用、呼吸作用及氮代谢都有影响。光合作用是浮游植物最重要的生命过程，铁则是进行该过程必不可少的元素，多种光合色素(如叶绿素、藻胆素等)的合成均需要铁，当水体缺铁时，这些色素的合成就会受到抑制。研究 *Scenedesmus quadricauda* 时发现，叶绿素 a(Chl a)含量随铁浓度增加而增加，同时碳固定也受到促进，并且认为最合适这种藻生长的铁离子浓度是 $5\times10^{-7}\mu mol/dm^3$。铁还影响叶绿素荧光特性。例如，缺铁时长崎裸甲藻的荧光产额 F/Chl a 能增加 3～5 倍，细胞荧光能力(CFC)下降 34.56%，Chl a 含量和光合电子传递链(PET)活性明显下降。铁的作用还表现在其他代谢活动中，其中最重要的是氮代谢。铁是硝酸还原酶(NR)和亚硝酸还原酶(NiR)的必要成分。研究一种裸甲藻时发现，缺铁时，在 NO_3^-中生长的藻对氮的吸收利用受到抑制，其症状类似缺氮，而生长在 NH_4^+中的藻却情况良好。原因是铁影响了 NR、NiR、PET 组分及能量供应，使 NO_3^-还原成 NH_4^+的过程受抑制。

河流及地面径流带来的铁与当地赤潮的发生有明显的关系，在大雨过后所发生的赤潮常与陆源径流带来大量溶解铁元素有关。在对 1970 年 8～9 月发生在日本广岛县东部沿岸一带由卵甲藻和裸甲藻赤潮引起的养殖渔业受损事件进行研究时，发现赤潮的发生与由台风引起的海水垂直混合将蓄积于底泥中的大量络合铁带到上层水体显著相关，而底泥中的大量络合铁来自附近的新日铁钢铁厂。

铁对有害赤潮生物的作用与其他金属元素密切相关。微量元素铁和硒被认为是褐潮发生的重要促进物质。实验表明，铁和硒能促进 *Aureococcus* 的种群增长。铁、硒的作用相互依存，只有在高铁水平时，硒的影响才明显。*A. anophagefferens* 对铁的要求(Fe/C)较其他许多浮游植物高，与一种受铁调节较明显的长崎凯伦藻相似。因此，在总溶解铁浓度小于 $5\mu mol/dm^3$ 时，*A. anophagefferens* 的细胞内铁含量与生长率降低，而加入铁、硒则恢复生长率。所以，在自然环境中，铁可能是该藻的限制因子。在非赤潮水域中，只有加入这两种元素并且在低光照下才能刺激该藻生长，而在赤潮水域中，仅铁元素就能促进该藻的生长。在 *A. anophagefferens*

赤潮发生过程中，铁的浓度明显下降，而当赤潮衰退后，铁浓度又重新恢复。在铁含量高的水域中，该藻“褐潮”更易发生。在大量使用深井水或大量降水后，陆源大量的铁进入沿海，水体中铁元素浓度上升，被认为与 *A. anophagefferens* 褐潮发生密切相关。

锰可增强藻类细胞中非光合成酶的活性，但藻类对锰的需要量极少，并且常可被铁所替代。但是，锰在光合成反应中仍起重要作用，锰是一种酶的激活剂，当锰缺乏时，藻类的光合成能力减少 25%，而光合成的明反应则见不到。同时，锰在某些藻类如小球藻中对硝酸还原过程起着促进作用。

由于锰在外海的浓度很低，因此锰常成为浮游植物生长的限制因子。但在赤潮发生期间，锰的含量有很大的变化(表 6-10)。例如，大鹏湾盐田海域水质锰正常含量为 5.0μg/dm^3，水平分布较均匀，表层含量略高于底层；而在赤潮期间海域表层锰含量大幅度增加(1～4 倍)，锰分布极不均匀，赤潮带锰含量高，远离赤潮带含量明显下降，表层锰的增加远远大于底层锰的增加。1991 年 3 月 19 日、20 日和 25 日该海域接连发生圆海链藻、海洋卡盾藻和夜光藻赤潮，此间，表层锰含量比正常时期升高 5.0～7.9μg/dm^3，而底层锰上升 1.4μg/dm^3；赤潮带表层锰含量大于 10μg/dm^3，变幅大于 7μg/dm^3。由此可以看出，锰的分布与赤潮生物分布趋势一致，并且当赤潮消亡时，锰含量急剧下降，并恢复到赤潮发生前的水平。可见，赤潮发生期间，元素锰具有重要的意义。从表 6-10 中可以看出，不同赤潮生物形成赤潮时、不同规模的赤潮发生时，海域锰含量变化不尽相同。

表 6-10　几次赤潮发生期间水质锰(Mn)的最高含量及增长率

时间	主要浮游生物	细胞密度(cells/dm^3)	锰含量(μg/dm^3)	增长率(%)
1990-4-1	夜光藻	6.40×10^6	14.7	194
1990-4-20	反曲原甲藻	3.30×10^5	22.6	352
1990-5-20	骨条藻	4.80×10^6	9	98
1990-12-23	尖刺菱形藻	1.08×10^5	10.8	116
1991-3-19	圆海链藻	5.82×10^5	13.8	176
1991-3-20	海洋褐胞藻	14.2×10^7	27.0	440
1991-3-25	夜光藻	3.12×10^4	18.7	274
1991-4-9	夜光藻	4.40×10^4	17.1	242
1991-4-18	夜光藻	4.62×10^4	20.4	308
1991-5-8	多纹膝沟藻	4.40×10^6	11.0	120
1991-7-6	柔弱菱形藻	1.27×10^6	13.4	168

微量营养物质的另一大类是维生素，它包括 VB_{12}、VB_1、VH 和一些 VB_{12} 类似物。从 1921 年发现素衣藻属的一些种类(*Polytoma ocellatum*、*P. caudatum* var. *astigmata*)和 *Polytomella coeca* 等在只含普通无机盐的培养液里无法增殖以来，人们发现浮游植物不光是利用无机元素，也利用诸如维生素之类的有机物质进行增殖。许多研究证明在蓝藻和硅藻中不需要维生素的种类较多，而涡鞭毛藻和黄色鞭毛藻中的绝大多数种类都需要维生素作为辅助营养物质(表 6-11)。几乎所有的赤潮鞭毛藻都需要 B_{12}，需要 B_1 和生物素的种类也不少；然而 B_1 和维生素 H 单独存在时不起作用，只有当它们与 B_{12} 共存时对赤潮鞭毛藻的生长和繁殖才能起促进作用。

表 6-11　各种微藻对维生素的需要(含淡水种)

藻类	绿藻	黄素鞭毛藻	褐色鞭毛藻	涡鞭毛藻	硅藻	蓝藻
研究的数量	69	27	11	20	57	26
不要求维生素	25	1	0	1	28	16
要求维生素	44	26	11	19	29	10
VB_{12}	10	2	2	14	22	10
VB_1	8	9	2		3	
生物素						
VB_{12}+B_1	26	10	7		3	
VB_{12}+生物素		2				
VB_{12}+B_1+生物素		2		4		
VB_1+生物素		1			1	

海域里维生素部分来自陆地径流，但大部分由水体或底泥中的细菌生产。从陆地径流的影响和垂直混合的程度来看，沿岸和内湾水的维生素含量要比外洋水的高，而表层水的要比底层水的多。所以，一般认为维生素类物质在沿岸水域成为浮游植物增殖的限制因子的可能性较小。但是，研究证明在自然海区中维生素特别是 B_{12} 同样是控制赤潮鞭毛藻增殖的重要因子之一。例如，加利福尼亚河口外海区占优势的一种多边膝沟藻的数量与海水中 B_{12} 浓度的变化相当一致；日本濑户内海播磨滩赤潮发生频繁的近岸水域的 B_{12} 含量明显较高，海水中 B_{12} 的含量不但控制着该水域赤潮生物的生长，而且与何种生物能发生赤潮有着密切的关系。

除了维生素以外，同属微量营养物质的许多有机物对藻类也具有显著的增殖效应，其中尤以核酸类物质的效果显著。这就是诸如酵母抽提液和土壤浸出液之类的东西能使藻类显著增殖的理由。除了增殖效应外，微量营养物质的另一作用是能显著地提高藻体的生长密度。过滤海水加富各种微量物质后培养赤潮异弯藻，加富铁的藻类密度要比对照组的高 1～3 个数量级，而同时加富铁和锰的藻类密度更高，但加富维生素的和对照组的无明显差异。

对浮游植物生长有明显作用的另一大类微量营养物质是包括有机胺在内的有机态氮类物质。有机胺包括单胺如氨基酸的脱羧代谢物和多胺等，这些生物体内广泛存在的胺类化合物能够参与核酸和蛋白质的生物合成而对细胞的生长与分化具有调节作用。例如，精胺能够有效控制隐甲藻 *Crypthecodinum cohnii* 细胞中 RNA 合成。一些海洋浮游植物能利用细胞表面的一种酶分解利用水中的氨基酸作为氮源，特别是在缺氮的环境中，氨基酸作为细胞唯一氮源起着重要的作用。有毒赤潮种塔玛亚历山大藻的细胞内有大量多胺存在，并且赤潮水体中也有多胺检出。另外一种有意义的特殊有机胺是被称作 MAAs（mycosporine-like amino acids）的物质，该物质作为一种紫外线屏蔽物质在生物体内广泛存在。例如，血红裸甲藻在高光照下较在低光照下其体内的 MAAs 能增加 14 倍多。这些不同寻常的体内外有机胺类物质必然有其特殊的代谢过程和生物学意义，特别是对于赤潮这一特殊生物学现象来说，有机胺类的潜在作用有待进一步深入研究。

尽管浮游植物利用外源溶解有机物作为营养来源的真正意义尚待澄清，如浮游植物能利用外源溶解有机碳促进生长只在外源溶解有机碳浓度相当高的情况下方可实现，但是，就赤潮现象的突发性和短期性来看，水体中脉冲式的外源溶解有机物的增加显然对赤潮生物的生长和赤潮发生有一定的影响。从实验生态来看，在塔玛亚历山大藻的带菌和无菌培养体系中，加入由河流腐殖质提取物而来的有机物质，较无加入的对照组，该藻均表现出明显的增长。可见该溶解有机物对塔玛亚历山大藻的生长有明显影响。

综上所述，微量营养物质在赤潮浮游植物的生长和繁殖中具有不可替代的重要作用。由于不同的微量物质对不同的赤潮生物所具有的增殖效应不尽相同，特定的微量物质可能在特定的海域对特定的赤潮生物具有较高的增殖效应，当这类微量物质在海水里的浓度增加时，这些生物在种间竞争中就可能处于优势而导致赤潮发生。但也正是微量营养物质的地理分布差异、需求的种间差异和增殖效应的种内差异，造成了赤潮发生机制研究的复杂性。

6.3　浒苔、水母、海星等生态灾害暴发与生源要素的关系

6.3.1　大规模浒苔的发生机制及其与生源要素的关系

6.3.1.1　浒苔及其危害

浒苔藻体呈暗绿色或亮绿色，管状，有明显的主枝且高度分枝。分枝的直径小于主干，基部细胞根状化。从表面观察，叶绿体充满整个细胞，细胞表面观直径 16μm 左右，中部和顶部细胞呈有圆角的不规则多边形、矩形和正方形，纵向不明显或不纵列，但在幼体部分细胞呈矩形，摆列整齐，纵列。每个细胞通常含

有一个蛋白核，体厚 15～20μm，切面观细胞在单层藻体的中央。

浒苔的生活史如下。①配子囊的成熟及配子放散：在 4 月、5 月，藻体细胞发育成配子囊。配子囊的形成大多是从藻体顶端部分的细胞开始胞质分裂，形成众多堆积在一起的细小的颗粒状配子。在配子囊成熟前，配子是不活跃的；随着配子囊的成熟，细小的颗粒状配子逐渐发育成熟，并开始活跃。最初是少数配子在配子囊内旋转运动，最后大多数配子一起在配子囊内快速运动，然后配子持续不断地从配子囊中放散出去。一般经暗处理的成熟叶状体放在光照下即会有大量的配子集中释放，放散出来的配子呈长梨形，绿色的色素体占据配子后部，配子前端透明，一般有一个橘红色的眼点、一个蛋白核。顶生的两根鞭毛在左右两侧快速划动，从而导致配子快速运动，雌配子相对较大。②无性生殖：单株藻体培养过程中，放散出去的配子比配子囊内未成熟的颗粒状配子大，根据放散的游动细胞的鞭毛数，可以确定其为该藻的配子体。当配子经过长时间的游动后，活动能力下降，配子原地不断地旋转，然后鞭毛渐渐消失，固着后呈球状单细胞体。此阶段可见细胞壁的形成，配子固着后开始萌发生长。细胞具有极性，一端发育成叶状体部分，另一端发育成假根部分，假根伸长成管状，可见色素体在其内流动；细胞继续分裂，依次发育成 2～4 细胞期藻丝体，此阶段假根部分继续伸长，但色素体含量少，透明，中间也不形成隔阂，仍为单个细胞。大量聚集的众多配子固着后萌发生长，聚集成簇，此阶段的小苗色素体未充满。小苗长到 10d 左右就可看到大量的分枝。并不是所有配子都会从配子囊中放散出去，有些配子囊中的最后一个或几个配子会直接在配子囊中萌发生长形成新的藻体，新的藻体可以脱离原来藻体单独发育，也可以聚集成簇，附着在已死去的发白的老藻体上。③有性生殖：雌雄配子都具有很强的正趋光性，这种趋光性用肉眼就可清晰地辨别，在靠近荧光灯处培养皿壁上有一层颜色发绿的东西，镜检是大量的配子聚集，而另一端几乎看不到。这种趋光性非常有利于雌雄配子接合。雌雄配子接合时头部最先融合，头部融合后很短时间内逐渐变圆，鞭毛消失，并附着。雌雄配子接合后，合子呈负趋光性，有利于它的附着。④孢子囊的成熟及孢子放散和发育：孢子囊与配子囊从外观上看不出区别。随着孢子囊的成熟，细小的颗粒状游孢子逐渐发育成熟，并开始活跃，可看到少数游孢子在孢子囊内旋转运动，在光的刺激下大量的游孢子持续不断地从孢子囊中放散出去，孢子囊表面可看到圆形的散孔。放散出来的孢子也呈梨形，与配子不同之处在于其个体稍大且具有负趋光性和有 4 根鞭毛。几十分钟后游孢子的运动开始变得缓慢，逐渐变成球形，鞭毛消失，并附着在基质上。其后的生长发育与配子、合子的发育情况相同。

所以，浒苔的生活史有两种不同类型，一是成熟的配子体放散顶生的两鞭毛雌雄配子，通过异配生殖形成的合子发育成孢子体，成熟后放散的四鞭毛游孢子发育成配子体，其生活史为同型世代交替。二是雌雄配子不通过接合，直接可进行单性生殖发育成配子体，甚至不放散出来直接附着在老藻体上生长，以此来完成生活史的循环。

就在黄海发生 10 多年的绿潮浒苔而言，可长达 1.5～2.0m，藻体为丝状、管状、扁管状，主枝明显，单层细胞且中空，分枝细长且密集，细胞大小为(10～16) μm×(14～32) μm，每个细胞一般只有一个淀粉核。浒苔的繁殖方式包括有性生殖、无性生殖和营养繁殖等，繁殖能力强，生活史周期中的任何一个中间形态都可以单独发育为成熟藻体。绿潮浒苔成熟藻体依据倍性的差异可以释放孢子或配子，孢子或配子或由配子结合形成的合子附着后进行分裂，第一次分裂形成基部和顶端 2 个细胞，基部细胞发育形成假根，顶端细胞发育形成叶状体。刚释放出的孢子具有聚集生长的趋势。同时海水中和潮间带底泥中含有大量的浒苔微观(或显微阶段)繁殖体，这些微观繁殖体包括浒苔孢子、配子、合子以及其发育到不同程度的个体，它们和浒苔藻体都具有较强的抗胁迫能力。在适宜的环境条件下，浒苔在与其他绿藻竞争营养盐和生存空间的过程中占据优势，表现出更强的营养生长和营养盐吸收能力，更高的耐受不良环境条件的能力，在营养盐适宜的水域中呈暴发性生长，海面聚集漂浮的浒苔日生长速率可达 10%～37%，其生物量急剧增加形成绿潮。

绿潮是指由大型绿藻过度增殖和生长而引起的一种海洋生态灾害现象，通常发生于河口、潟湖、内湾和城市密集的海岸区域，在许多国家的沿海都有报道，近年来绿潮的发生频率、影响规模和地理范围均呈明显的上升趋势，已经成为一个世界性的生态灾害。在我国，自 2007 年以来，浒苔绿潮在黄海海域连年暴发，对黄海及邻近海域的生态环境造成重大危害。目前关于黄海绿潮的起源地及发生原因，有多种观点。一种观点认为，漂浮绿藻来源于江苏沿海紫菜养殖筏架；一种观点认为漂浮藻体来源于水体中的微观繁殖体，并且沿岸海水池塘具有重要作用；也有观点认为漂浮藻可能存在多种来源。近几年的研究表明，黄海浒苔绿潮的发生时间、漂移路径和输运特征存在明显差异，这些差异使绿潮引发的次生环境效应和经济损失大不相同。2007 年 7 月中旬青岛海域漂来大量浒苔，经过近 20d 的打捞，打捞浒苔 6900t。2008 年 5 月底浒苔绿潮又在黄海中部暴发，在持续东南风作用下向青岛近海漂移。在漂移过程中，浒苔快速生长与繁殖短时间内就发展成为影响海域面积超过 2 万 km^2、覆盖海域面积超过 400km^2 的绿潮，浒苔总生物量估计约百万吨，仅青岛近海就打捞 80 万 t。

绿潮等大型藻类的有害藻华会对海洋生态系统产生诸如使水体和底质中溶解氧降低的有害影响，导致无脊椎动物和鱼类死亡，改变海洋生态系统的群落结构，大量绿潮海藻堆积严重破坏了沿海的水产养殖业，2008 年的黄海浒苔绿潮给山东乳山、海阳、胶南和日照等地区海参鲍鱼围堰养殖、扇贝筏式养殖和滩涂贝类养殖等产业造成了重大经济损失，浒苔在青岛和乳山等城市沿海的大量聚积，严重影响海岸景观，同时腐败后产生的恶臭气味进一步造成了海岸环境的污染。

6.3.1.2　浒苔与生源要素的关系

浒苔生长能力强，与其超强的营养盐吸收能力密切相关。浒苔可以高效利用水体中的营养物质，有很强的储存和积累营养物质的能力。浒苔和缘管浒苔在从水体中吸收与储存氮源(硝酸根和铵根) 的过程中，浒苔比缘管浒苔明显具有竞争优势。这种差异直接通过生长速度表现出来，也是其竞争能力强弱的直接体现，在富营养化的海区环境中浒苔往往能成为优势种。黄海浒苔暴发的原因至今并不清楚，但与农业、养殖业造成的江苏近海海水富营养化、紫菜养殖收获时将浒苔碎片弃入近海、春夏季水温变化、合适的光照和增殖海域水动力交换缓慢导致局部种群密度增大、淡水的注入使盐度和 pH 降低等众多因素有关是肯定的。

大量的研究已证实，在磷酸盐含量适中时，高浓度的 DIN 更能促进浒苔的生长。浒苔可以快速吸收并大量储存 N，这可能是浒苔成为优势种的原因。浒苔在 N 丰富时大量合成叶绿素，而当海域中 N 供应不足时可能释放叶绿素 N 用于生长，这可能是浒苔快速生长的重要原因。很显然，由于人为活动的影响，海水无机氮剧增，海水氮磷比异常偏高，契合了浒苔快速生长需要异常大量的氮，海水高浓度的无机氮为浒苔暴发提供了物质基础。浒苔在生长过程中会大量吸收水体中的氮、磷营养盐，并且浒苔具有快速吸收并储备营养物质的特性。国外的研究也表明，很多大型海藻会过量地吸收营养盐，并储存起来，以便在营养盐供应匮乏的条件下维持正常生长的需要，这与珊瑚的虫黄藻“奢侈消费营养盐”的机制相类似。

浒苔暴发后，由于海水表层温度较高，藻体会死亡并下沉。藻体腐烂后经氧化分解，会向海水中释放营养物质，对当地的生态环境造成影响。沉水植物衰亡过程中营养盐的释放规律表明，沉水植物腐解过程会释放大量的氮磷，较大生物残留量会引起水体缺氧，水质严重恶化。另外，腐解过程中也存在氨氮的释放过程，水中氨含量增加，会抑制鱼体内氨的排泄，使其血液和组织中氨的浓度升高，进而对机体产生一系列毒性作用。氨能够对海水中生物，特别是鱼类产生明显毒害作用，可以麻痹动物神经，并使其呼吸、循环等系统功能降低。即使氨浓度很低，也会抑制鱼类生长，损害鳃组织，加重鱼病，对养殖生产有负面影响。氨氮也会抑制虾类各期幼体的生长，并因毒性的累积而导致其死亡。虽然水生植物会优先吸收利用氨氮，但高浓度的氨氮也会对水生植物产生毒害作用。模拟培养实验发现，浒苔衰亡过程中，到第 12 天时，漂浮浒苔向水体中释放无机氮、磷含量平均值分别是 387.18mg/kg 和 30.07mg/kg，这异常大量的营养盐造成海水的急剧富营养化，海洋生态环境受到巨大影响。

6.3.2 水母暴发/消亡及其与生源要素的关系

6.3.2.1 水母暴发及其成因

水母属于肠腔动物，作为胶质浮游动物的一大类群，包括刺胞动物门(Cnidaria)的水螅水母(Hydromedusae)、管水母(Siphonophore)、钵水母(Scyphomedusae)、立方水母(Cubomedusae)以及栉水母门(Ctenophora)的栉水母(Ctenophore)五大类。目前全球已鉴定出大约 840 种水螅水母、200 种管水母、190 种钵水母、20 种立方水母以及 150 种栉水母。我国近海已经记录的水母有 420 多种，约占全球已记录种类的 1/3。由于水母种类多、数量大、分布广，它们在浮游动物群落中占有相当重要的地位。

水母的生活史为雄性水母排出精子与卵子形成受精卵，再由雌性水母排出受精卵于水中，受精卵在一定温度和时间内形成浮浪幼虫，浮浪幼虫可通过固着和浮游两种状态发育成螅状体，螅状体在生长过程中再进行足囊繁殖和横裂生殖，其中足囊繁殖会产生新的螅状体，重复进行，横裂生殖形成碟状体，碟状体最后生长成水母。

水母暴发是指水母在特定季节、特定海域内数量剧增的现象。水母暴发原本是一种自然现象，水母生长具有季节性特点，即使在未受干扰的情况下也可能暴发。但是在过去几十年中，由于人类活动的影响，海洋生态系统正发生着变化，一些海域出现了前所未有的水母暴发现象，已在国际上引起了广泛的关注。东海近年来也出现了大型水母类暴发现象，并有逐年加重的趋势，水母暴发已成为一种严重的海洋生态灾害。

近年来，由于全球环境的变化和人为活动的影响，诸如赤潮、绿潮、水母暴发、海星暴发等海洋生态灾害频发，给近海资源、环境带来灭绝性危害，其中水母暴发对海洋渔业资源及生态环境影响巨大，当海洋里的水母发疯似增加，水母就变得不再美丽温柔，水母暴发就成为严重的海洋生态灾害。

水母生长本是具有季节性的，但在特定季节、特定海域短时间内数量剧增就会带来很大的生态环境问题。原来是约 40 年一次的水母大暴发，从 21 世纪始，变成几乎年年在世界各地发生，全球至少有近 20 处海域常发生水母大暴发，包括黑海、地中海、美国夏威夷沿岸、墨西哥湾、日本海、黄东海等，每当哪个海域水母大暴发，那里海里和海滩上满是水母，对当地的渔业、旅游业、沿海电厂和核电站的安全构成了极大威胁。

目前的研究表明，水母暴发的关键环节是在适宜的海水环境条件下，附着于海底附着物的水螅体横裂形成碟状幼体释放到水体中，幼体水母迅速生长，形成水母产生生态灾害，即附着的水螅体形成可游历于水中的水母幼体是水母暴发的生物学关键，合适的水温等环境条件是其暴发的关键环境因素。

水母的暴发与富营养化和有害赤潮暴发存在密切关系，水体富营养化将改变水母的食物数量和食物种类。水体富营养化可引发藻华的发生，特别是生态系统发生变化后，藻华发生从以硅藻为主的藻华过渡为以甲藻为主的藻华。在甲藻为主的生态系统中，甲壳类的浮游动物(如磷虾和桡足类)会急剧减少，微型浮游动物会占据主导地位，由于甲壳类浮游动物的减少，鱼类数量减少，特别是以浮游动物为饵料的浮游食性上层鱼类，如沙丁鱼和鳀鱼减少，水体次级生产力的表现形式主要为小型和微型浮游动物，这些生态系统的变化为水母的暴发提供了足够的物质基础。另外，水体富营养化的形成会减弱光的通透性，这样混浊的环境可能不利于用视觉捕食的鱼类而有利于无视觉捕食的水母类，所以在与其他类群浮游动物的竞争中，水母会成为优胜者。一旦以鱼类为主的生态系统转变为以水母为主的生态系统，水母会通过食物竞争和对鱼卵、鱼类幼体的摄食使鱼类的数量减少，甚至发展不起来，导致海洋生态系统的性质发生根本改变，而且这种转变很难发生逆向转化。

近 20 多年来，海洋中的胶质类生物(水母、栉水母、被囊类等)明显增多，特别是水母类生物在世界许多海域出现种群暴发现象，如自 20 世纪 90 年代中后期起，东海北部及黄海海域发生大型水母连年暴发的现象。水母是海洋生态系统的重要组成部分，主要食物是海洋中的浮游动物，与鱼类等生物竞争饵料，也会摄食鱼类的卵和幼体，水母的数量增多将对海洋生态系统的结构与功能产生重要的影响，对渔业资源造成破坏，使渔业资源长期得不到恢复。水母的暴发导致一系列的经济和社会问题，被认为是一种非常严重的由海洋动物暴发而形成的生态灾害。水母在近海，特别是近岸的暴发引起社会和媒体的极大关注，一些核电站由于水母的暴发发生海水冷却系统堵塞而停止运转，仅 2011 年就发生了日本、以色列和苏格兰的核电站由水母的暴发导致停止运行的事件，这样的事件在近几年不断发生。因为很多水母带有刺细胞，可对人体造成伤害，甚至经常发生游客被水母蜇死的事件，所以水母暴发对旅游业也造成了很大的影响，一些沿海的旅游设施由于水母的暴发而关闭。水母的暴发也给海洋生态系统健康造成重要影响，由于水母的持续增加，水母有可能取代鱼类等大型生物成为生态系统的主导性生物，给海洋生态系统健康带来极大危害，甚至会导致生态灾难。

气候变化、过度捕捞、人类活动导致的海水富营养化、有害赤潮暴发以及海岸带的改变等均可能与水母暴发有关。水母暴发的原因非常复杂，既受环境因素的影响，又受人类活动的影响，加之水母自身生长速度快，再生能力强，并具无性繁殖等快速繁殖方式，这些因素共同影响了水母的暴发。水母暴发有两种表现形式，水母数量的快速增长，即真正的水母暴发；现有种群的重新分布，即表面的水母暴发。光照强度、海水跃层、表层流等因素的直接效果主要是水母在局部水域内大量聚集，不是真正意义上的水母暴发；而人类活动造成的水母生存环境的变化是引起真正的水母暴发的主要原因。

6.3.2.2　水母暴发/消亡与生源要素的关系

水母暴发/消亡过程中海水化学物质的吸收与释放十分复杂，可用一个示意图来表示(图 6-3)。水母既可通过捕食摄取溶解有机物质获得 C、N、P，也可通过身体黏液、排泄物以及尸体分解向水中释放有机物质与无机 N、P，使 C、

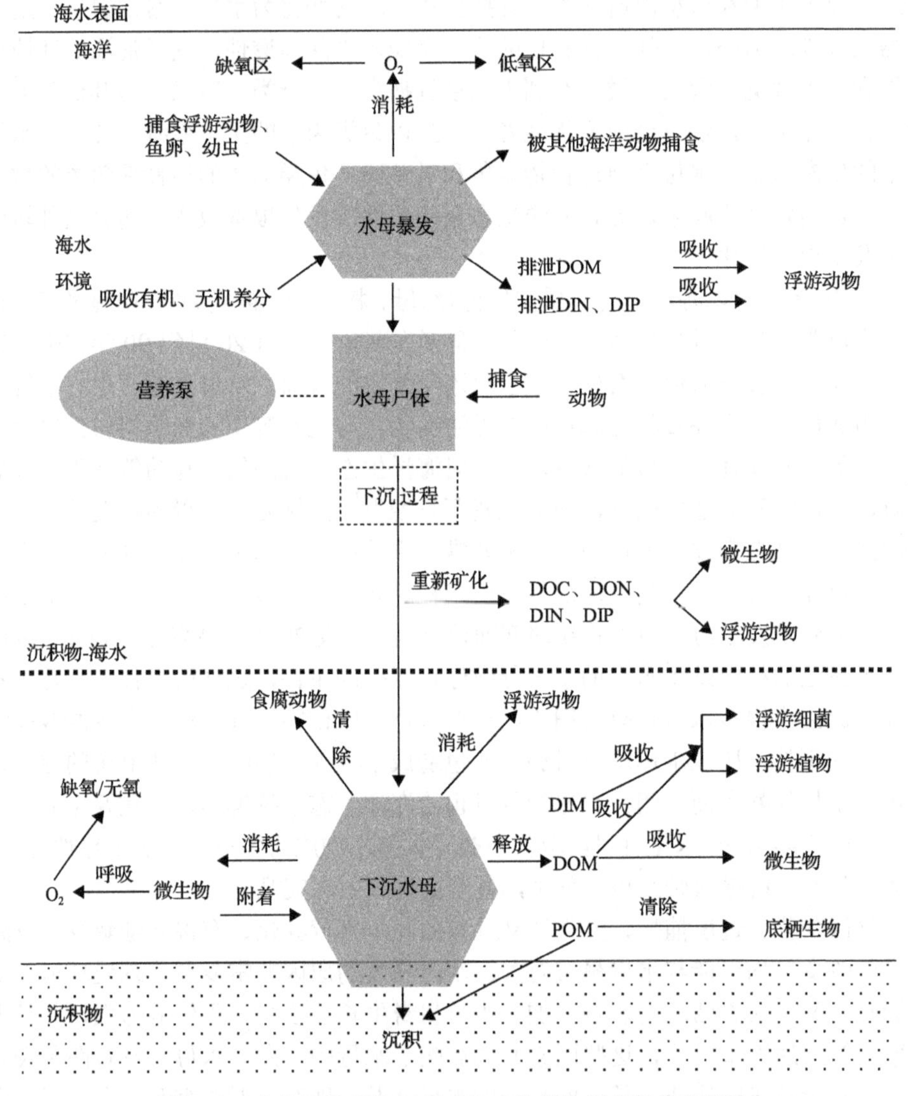

图 6-3　水母暴发/消亡过程中海水化学物质的吸收和释放

N、P 元素重生，因此水母暴发形成养分存储库，对海洋中 C、N、P 的循环具有很大影响。水母下沉速度快，消亡腐烂多发生于沉积物-海水界面，暴发区域与消亡区域往往不同，因此水母暴发可使生源要素发生形态的转化和位置的转移，除增加海水中的生源要素量外，也可增加沉积物中的生源要素量。

水母消亡时下沉到沉积物-海水界面后，开始迅速消亡，物质循环进入生物再利用阶段。首先，水母体是某些海底食腐动物、无脊椎动物的食物来源，可能被食腐动物消耗掉进而重新回到动物食物链中。其次，水母体释放的有机物质既可作为浮游细菌和其他浮游微生物的原料，供给微生物能量，对微生物群落产生重要贡献，也可被小型和微型浮游动物吸收，将能量返还到浮游食物网中，其余未被消耗的部分是营养盐的重要来源，该过程是水母对海洋产生贡献的主要过程。最后，水母剩余残屑及水母体释放的未被利用的颗粒态物质会下沉到海底沉积物中，进入生物地球化学循环，除为海底底栖生物提供营养外，还可增加深海层的沉积碳、氮、磷量。

水母消亡伴随的是一个生源要素快速释放的过程，水母消亡时碳、氮、磷的释放速率均在消亡初期最高，水母消亡释放的碳、氮、磷量远高于活体水母的排泄量，水母消亡可导致高碳、高氮负荷。水母消亡释放的溶解态物质含量远高于颗粒态，溶解碳、氮、磷分别占总量的 51.8%～81.9%、86.0%～97.9%、53.6%～86.3%。水母消亡引起水体营养盐的快速聚集和释放，加速了水体营养盐的循环。水母消亡会释放大量有机物质进入海水中，释放的颗粒氨基酸以中性氨基酸与酸性氨基酸为主，约占总氨基酸(TAA)的 37%与 23%；颗粒脂肪酸以饱和脂肪酸(SFA)为主，约占总脂肪酸(TFA)的 67.2%。水母消亡使水体中的颗粒氨基酸组成从以碱性氨基酸(组氨酸 His、精氨酸 Arg、赖氨酸 Lys)为主向以酸性氨基酸(谷氨酸、天冬氨酸)为主转变，颗粒脂肪酸组成从以 SFA 为主向以单不饱和脂肪酸(MUFA)为主转变。颗粒 TAA 与 POC、PN 均呈显著正相关，颗粒 TFA 与 POC 呈显著正相关，说明水母释放的颗粒氨基酸与脂肪酸可成为水生生物重要的碳源与氮源。

水母消亡使水体中营养盐浓度迅速增加，pH 下降，溶解氧含量降低，产生显著的富营养化-酸化-低氧/缺氧环境效应，水体出现明显的酸化与低氧，但沉积物具有明显的缓冲水体酸化与低氧的作用。水母消亡是持续快速的过程，不同种类水母的消亡存在差异，一般消亡时间为 7～14d，消亡过程均有强烈臭味产生。在当今近海富营养化及海水温度升高的条件下，水母的暴发/消亡将使海洋生态系统更加失衡。

6.3.3　海星的发生及危害

海星(sea star，starfish)为海洋常见的底栖肉食性无脊椎动物，属棘皮动物门

(Echinodermata)海星纲(Asteroidea)。海星喜食软体动物(Mollusca)，如牡蛎(*Ostrea*)、杂色蛤(*Veneruprs*)、文蛤(*Meretrix*)、鲍(*Haliotis*)、扇贝(*Chalmys*)、贻贝(*Mytilus*)，是贝类和贝类养殖业的敌害。海星分布于海洋的广大空间，垂直分布于潮间带至水深6000m处，其种类以北太平洋最多。海星主要以软体动物、棘皮动物和蠕虫为食。进食时先用腕和管足抓住食物，再将胃从口中翻出，包住食物消化。山东近海的罗氏海盘车、沙海星及陶氏太阳海星数量较多。罗氏海盘车约占总采获量的41%，沙海星约占24%，陶氏太阳海星约占9%，其他种类约占26%。海星对贝类养殖业的危害甚大。

海星平时腹面着地慢慢活动、捕捉食物或逃避敌害。海星在水底移动时并不用臂，而是用长在每支臂下部的管状足，管足蠕动而导致运动，在海底每分钟可缓慢地爬行10cm，最快20cm。有些大个品种的海星行走起来很快，如砂海星每分钟可以移动75cm。海星可吸附在岩石上时，将管足内的液体排到专门的囊中，使管足内部形成真空，所以吸附力非常强。

由于近海生态环境的剧烈变化，近海区域的海星暴发已成为一种生态灾害，特别是对池塘养殖的影响尤为严重。2006年7月中旬，青岛沿海鲍鱼养殖区突然暴发大量海星，密度最高达到每平方米300只。一时间，海星疯狂地蚕食鲍鱼和海参，对养殖区造成毁灭性打击。胶州湾盛产菲律宾蛤，2007年3月底4月初，海星大肆泛滥捕食蛤蜊，造成蛤蜊大量减产。海星能大量吞食贝类、珊瑚和海胆等。海星的食量很大，一只海盘车幼体一天吃的食物量相当本身体重的一半多。

6.4　珊瑚白化的海洋生物地球化学

珊瑚以其艳丽多彩、五光十色令人叹为观止，它们有的像鹿角、蜂巢，有的似脑纹、莲花，还有的如菊花、牡丹，千姿百态，变幻无穷，这形形色色的珊瑚实际上都是珊瑚虫的遗骨。珊瑚虫是种低等的无脊椎动物，固定在水底生活，当很多珊瑚虫生活在一起时，它们紧密相连，挤在一起，老的珊瑚虫死后，留下自己的骨骼，后来的珊瑚虫就在这些骨骼上继续繁衍，随着时间推移，遗体愈堆愈高，并固结在一起。当珊瑚虫的骨骼与少量石灰质藻类和贝壳胶结后，便形成有孔隙的钙质岩体，岩体未露出海面之前称珊瑚礁。珊瑚礁是许多海洋生物，包括许多珍稀和濒危物种的关键生境，是地球上生产力最高的生态系统之一，每平方米的生物生产力是周围热带大洋的50～100倍，珊瑚礁生态系统具有非常重要的生态学功能，它为许多海洋生物提供了产卵、繁殖、栖息和躲避敌害的场所，能提高海洋渔业产量；具有保护海岸线、旅游观光、提供建筑材料以及发现新的海洋药物和化学物质的重要功能；同时具有记录海洋气候历史变迁的功能。但是近几十年来，受人类活动造成的环境污染、开发破坏和自然因素的影响，珊瑚礁生态系统面临退化的威胁，因而引起人们的高度重视。

据 2018 年《自然》杂志报道，对全球 100 处珊瑚礁自 1980 年观察至今，珊瑚白化目前远比 1980 年普遍得多和严重得多。在 20 世纪 80 年代早期，白化事件很少出现，每 25～30 年发生一次。到 2016 年，这个速度增加了 5 倍。现如今，平均每 6 年就有一次大规模珊瑚白化侵害，远远超过了生态系统恢复的速度。发生最严重的是加勒比海和西大西洋珊瑚礁区，包括美属维尔京群岛范围在内。西大西洋是全球范围内最先变暖的海域，此区域内一半以上的珊瑚礁在 1980 年后遭受了 7 次以上珊瑚白化事件，澳大利亚周边及印度洋区域一半以上的珊瑚礁在 1980 年后经受了 3 次珊瑚白化事件，澳大利亚东北部大堡礁近年面临“史无前例”的珊瑚白化危机，目前已有 2/3 的珊瑚遭到破坏，自 1988 年以来，大堡礁已经历 4 次珊瑚白化事件，而每次珊瑚白化发生的时间间隔越来越短。就平均值而言，西太平洋平均每个珊瑚礁发生 10 次珊瑚白化事件，研究显示，经历 5 或 6 次白化就足以让珊瑚礁死亡。2016 年和 2017 年，大堡礁连续两年出现了严重的珊瑚白化问题，造成珊瑚大面积死亡。气候变化加剧将导致大堡礁再次发生类似严重珊瑚白化问题的可能性增加 175 倍。如果不采取措施减缓全球气候变暖，那么到 21 世纪 30 年代，大堡礁的“极端珊瑚白化”现象将成为“新常态”，相当于给大堡礁签发了死亡证书。

6.4.1　高生产力的珊瑚礁白化现象与环境变化

6.4.1.1　珊瑚的生长发育特征

珊瑚属腔肠动物门珊瑚虫纲，形状有些像海葵，能够形成碳酸钙骨骼，是由原始多细胞动物的祖先进化而来。每一珊瑚虫都有一个中空而底部密封的柱形身体，它的肠腔与四周的珊瑚虫连接，而位于身体中央的口部，四周长满触手。珊瑚虫的触手是对称生长的，根据触手的数目，可将珊瑚虫分为 6 射珊瑚和 8 射珊瑚两个亚纲。珊瑚广泛分布在太平洋、印度洋、大西洋的热带、亚热带海区，种类达 7000 多种，主要包括软珊瑚、柳珊瑚、红珊瑚、石珊瑚、角珊瑚、水螅珊瑚、苍珊瑚和笙珊瑚 8 类。其中石珊瑚和角珊瑚单个珊瑚的触手数目为 6 或者 6 的倍数，是六射珊瑚，而其余的都是八射珊瑚。除了生物学分类外，亦可按生态功能把珊瑚分为两大组。那些有共生藻(即虫黄藻)的珊瑚称为可造礁珊瑚，而没有共生藻的则称为不可造礁珊瑚。能够建造珊瑚礁的珊瑚虫有 500 多种，这些可造礁珊瑚虫生活在浅海水域水深 50m 以内，适宜温度为 22～32℃，如果温度低于 18℃则不能生存。所以在高纬度海区人们见不到珊瑚礁。珊瑚的繁殖方式有无性和有性两种：无性繁殖即以分裂或出芽方式形成更多的同种新珊瑚虫，共同生活在一个骨架上，从而形成了千姿百态的形状；有性繁殖又分为卵胎生和卵生两种方式，前者是体内受精，等受精卵发育成胚胎后再排出体外，而后者是珊瑚排出成熟的卵子和精子，在体外受精和发育。受精卵发育成的胚胎会经历一段“浮浪幼虫”的流浪生活，在海中漂流1～4周(有人认为可以漂流3个月以上)，找到合适的安家地点后，才“变态”而形成新的珊瑚虫，开始“安居乐业”的生活。大多卵胎生的珊瑚也会进行卵生有性繁殖，因而卵生是大多数珊瑚都具有的生殖方式。

珊瑚除了用触手直接摄食自身需要的能量和营养以外，还吸收由其体内共生的虫黄藻经光合作用产生的氨基酸、碳水化合物和小分子肽。作为回报，珊瑚虫向虫黄藻提供磷酸盐和二氧化碳等关键的营养物。一般认为珊瑚超过95%的营养都来源于虫黄藻的光合作用。也正是这种互惠共生关系促进了造礁珊瑚的生长和新陈代谢，从而促进了珊瑚礁的生长和新陈代谢，加快了珊瑚的钙化生长，所以才能造礁。而不可造礁珊瑚没有虫黄藻与之共生。

石珊瑚根据生长的生态环境和特点又可分为造礁石珊瑚和非造礁石珊瑚(或深水石珊瑚)两类。深水石珊瑚，顾名思义它们栖息在深海。已知栖息最深的记录是在阿留申海沟6296～6328m处发现的阿留申对称菌杯珊瑚(*Fungiacyathus symmetricus aleuticus*)。深水石珊瑚一般以单体为主，少数群体，且个体小，色泽单调，用拖网、采泥器在海洋不同深度的海底都可以采到。浅水石珊瑚分布在浅水区，一般从水表层到水深40m处，个别种类分布可深达60m，绝大多数是群体，在热带海区生长繁盛。它们在水中生活时色彩鲜艳，五光十色，把热带海滨点缀得分外耀眼，故浅水石珊瑚区有海底花园的美称。在热带或亚热带区的印度-太平洋水域和大西洋-加勒比海区都有浅水石珊瑚生长。但是由于地理障碍(巴拿马地峡在600万年前已形成)，这两个海区的浅水石珊瑚在演化过程中形成了两个截然不同的区系。其中印度-太平洋区系石珊瑚有86属1000余种(亦有人说是500种、800种)，而大西洋-加勒比海区系有26属68种(或25属50余种)。

浅水石珊瑚正常生长的海水盐度为27～42，要求水质清洁，且需要坚硬底质。在河口，由于大陆径流奔泻入海，携带大量陆源性沉积物质，因而不适宜浅水石珊瑚生长。

我国的造礁石珊瑚有14科54属174种，主要有4科。

(1)杯形珊瑚科

群体分枝，珊瑚群体呈笙状或融合状，珊瑚杯径0.5～2mm，群体由外触手芽形成，很少超过二轮隔片，甚至退化为无隔片，轴柱针状或无。常见的有柱形珊瑚属、排孔珊瑚属和杯形珊瑚属。在海南岛有杯形珊瑚属，珊瑚杯小，杯径小于1mm，隔片发育不全，或退化成刺状，或无，轴柱无或稍突起，珊瑚骨骼固实。常见的种类有鹿角杯形珊瑚(*Pocillopora damicornis*)和疣状杯形珊瑚(*Pocillopora verrucosa*)等。

(2) 鹿角珊瑚科

外触手芽形成块状、叶状或分枝状群体。珊瑚体呈笙状，直径一般小于2mm，有围鞘。共骨表面有刺或槽，无轴柱或轴柱小、弱。该科常见的有鹿角珊瑚属、蔷薇珊瑚属和星孔珊瑚属。其中，鹿角珊瑚属呈群体分枝状，有些分枝吻合，极少数短分枝块状或皮壳状；在分枝或小枝顶端有一个大的轴珊瑚体和众多的辐射珊瑚体，辐射珊瑚体有管形、鼻形、管鼻形、唇形、半斜口管形等。该属是印度-太平洋区系中的优势属，种类和数量最多，而且随环境的变异也最大，如粗野鹿角珊瑚(*Acopora humilis*)在流急风大的环境，群体基部皮壳甚大，分枝矮而粗壮；在浪小较稳定的环境，分枝发育充分，长笋似挺拔有力。美丽鹿角珊瑚(*A. formosa*)是印度-太平洋区系的优势种。蔷薇珊瑚属群体呈块状、叶状、多枝状或皮壳状，珊瑚杯小，直径小于1mm，无轴珊瑚体，壁多孔，无轴柱，共骨网状，装饰有多种形状竖立的小骨刺。该属在珊瑚礁中较为普通，在礁平台潮间带区指状蔷薇珊瑚(*Montipora digitata*)是优势种。常见的还有叶状蔷薇珊瑚(*M. foliosa*)等。

(3) 菌珊瑚科

群体由内外触手芽形成，壁是合隔桁壁，有孔或无孔，轴柱由小梁组成，圆形或长形，有些属无轴柱。该科常见的属有牡丹珊瑚属和厚丝珊瑚属。牡丹珊瑚属的群体由圆凹的边缘芽形成，呈水平板状、波纹单面状、皮壳状、柱状或两面叶状，隔生珊瑚肋形成脊塍，由合隔桁相联或不联，轴柱有扁平小梁突起或无。该属常见的有十字牡丹珊瑚(*Pavona decussata*)、叶状牡丹珊瑚(*P. frondifera*)和易变牡丹珊瑚(*P. varians*)。厚丝珊瑚属群体呈叶状或不规划块状，叶状群体由隔片珊瑚肋形成的脊塍长而与边缘相平行；块状群体脊塍长短不一。该属常见的有皱纹厚丝珊瑚(*Pachyseris rugosa*)。

(4) 石芝珊瑚科

石芝珊瑚科呈群体或单体，幼体时有一附着柄，成体时游离自由生活，圆盘形或长卵形。群体单口道或多口道。隔片多，幼体期隔片透明。珊瑚肋连续或断续成刺状突起。小梁组成轴柱或不发育。该科常见的属有石芝珊瑚属、圆饼珊瑚属、双裂珊瑚属、石叶珊瑚属、多叶珊瑚属、绕石珊瑚属、帽状珊瑚属、履形珊瑚属和足柄珊瑚属等。石芝珊瑚属为单体，盘形或椭圆形，平或凸，随幼体所在环境而变化，成体体壁有孔，珊瑚肋绝大部分蜕减成背刺，隔片无孔，隔片边缘齿和背刺是分类的重要特征，大部分为黄色，少数边缘有一圈玫瑰红色。常见的有石芝珊瑚(*Fungia fungites*)、刺石芝珊瑚(*F. echinata*)等。

6.4.1.2　珊瑚礁维持高生产力的原因

作为热带海洋最具代表性的生态系统，珊瑚礁生态系统具有很高的生产力和相当丰富的生物多样性资源(图6-4)，但珊瑚礁大多位于溶解营养盐浓度极低的寡营养海域。因此，珊瑚礁生态系统如何在寡营养的海域里保持着高生物量和高生产力的“营养盐之谜”，一直受到海洋学家的关注。

图 6-4　高生产力的珊瑚礁生态系统(彩图请扫封底二维码)

最初认为珊瑚礁生态系统不需要外来的营养盐输入，是一个典型的自养生态系统，但后来的研究表明，珊瑚礁生态系统中的营养物质有较小部分向外边贫瘠的海水输送。因此，为维持珊瑚礁的生产力，珊瑚礁内必定有外源的营养盐输入。随着对珊瑚礁生态系统研究的不断深入，科学家从不同的学科角度提出了珊瑚礁营养盐供给与高生产力维持的若干理论假说和模型(图 6-5)。

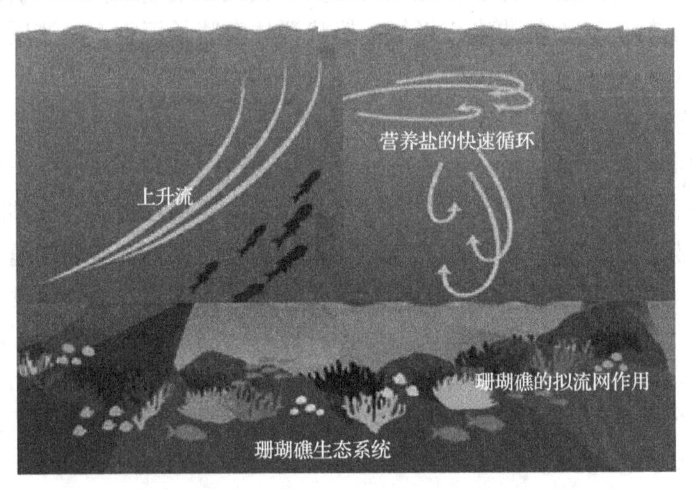

图 6-5　维持珊瑚礁高生产力的几种假说示意图

珊瑚礁内部营养盐高效循环模型：该模型认为珊瑚礁群落碳酸盐沉积生产者(珊瑚和石灰藻类等)对营养环境有高度的适应性，珊瑚礁生态系统的总生产力虽高，但其净生产力很低，总生产力的维持依靠其内部相对保守而高效的营养盐循环，范围包括礁体和邻近的沉积环境。如果珊瑚礁系统不能通过某种外源途径获得营养盐，其自身就必定有一种合理而高效的营养盐摄取、转化途径。

珊瑚礁边缘上升流与地热-内上升流模型：珊瑚礁及其沉积环境表现出受物理过程(海洋的、大气的)控制的特征，海流受礁缘地形限制可能引起的上升流可能是珊瑚礁营养盐的主要来源，称为礁缘上升流模型。但并不是在每一个珊瑚礁缘都能观察到上升流，而且上升流带来的低温海水不利于藻-珊瑚生态系统的生存。同时，上升流带来的丰富营养盐可能会引起大面积的水华和底栖生物的大量繁殖，从而限制虫黄藻的光合作用。因此，上升流不大可能是珊瑚礁维持高生产力的主要原因，但并不排除其在珊瑚礁形成时或复兴时产生巨大作用，在这两个特殊时期，受礁缘的地形限制而引起的上升流可能是营养盐的主要来源之一。与珊瑚礁生态系统相关的另外一种上升流模型，为地热-内上升流模型，该模型认为珊瑚礁营养盐极有可能是溶解于珊瑚礁间隙水中，并通过其内部的多孔结构向上渗入，其来源可能是某些富含营养的大洋中层水或底层水，其动力为地热。该模型很好地阐明了珊瑚礁营养盐的来源、输送动力和机制，但其是否具有普遍性仍需进一步调查研究。

珊瑚礁内外动力作用下的拟流网模型：该模型认为热带海洋中固着的珊瑚礁如同流网一般，当寡营养的海水流过时，其中的营养物质被相对固着的生物高效地富集、利用，连同珊瑚礁潟湖内部营养盐快速高效地循环，维持了珊瑚礁生态系统的高生产力，营养盐的原位(*in situ*)再生往往发生在珊瑚礁的上部间隙水中和沉积物底部，珊瑚礁特有的多孔(20%～35%)、高渗透性特征为细菌降解和再生矿化作用提供了一个巨大的流动的水库，大的礁洞中的营养物质易被水流带走，而大量的小孔隙则对控制营养物质流失发挥了巨大的作用。

珊瑚礁水动力模型与停留时间模型：水动力模型认为水流速度增加能够促进生物对营养盐的吸收。通过室内模拟和珊瑚礁内的现场实验，发现海水流速的加大与珊瑚礁内生物吸收营养盐的量成正比，证实珊瑚礁内的生物可通过潟湖内、外海水的运动补充相当量的营养组分。停留时间是指某种分子或单位水体流出潟湖前在潟湖中的平均居留时间。对太平洋的 11 个环礁潟湖的有关数据分析后发现，当海水在潟湖中的停留时间少于 50d 时，珊瑚礁潟湖浮游植物的生物量和其成正比，而与水体中的营养盐含量无关。海水的快速更新使得只有很少的营养盐可能进入循环，停留时间越短，浮游植物的生物量越低，这使得海水的快速更新对珊瑚礁呈现的似乎不是一个营养输入过程而更像是一个冲洗过程。

以上模型主要围绕珊瑚礁如何获得营养物质和如何维持其高生产力两个问题展开，体现了解释珊瑚礁营养盐之谜与维持高生产力的两种思路，即主要强调营养盐限制作用的化学制约与强调海水流动速度、在潟湖停留时间等限制作用的物理制约。

目前综合的研究表明，珊瑚礁生态系统的营养过程不是唯一的，其控制因素随着珊瑚礁发育环境的不同而不同。物理因素(如温度、盐度、波浪、光照、潮位和大气过程等)始终是珊瑚礁发育的首要制约性因素，珊瑚礁在周围寡营养的海水环境中发育所需要的营养盐，更多的是靠珊瑚礁自己发展出的多种营养调节机制来补充，这些调节机制与珊瑚礁生长的物理环境相适应，协同作用，维持了其强大的生产力和丰富的生物多样性资源，但在这多种因素中，哪些因素起主导作用，对于每一个珊瑚礁生态系统可能都不相同。这多种控制因素或调节机制的内涵如下。

第 1 种调节机制是珊瑚礁发育位置的选择。这似乎并不构成一种调节机制，但是对珊瑚礁的发育至关重要。与其说某种环境造就了珊瑚礁，倒不如说造礁生物选择了环境。寡营养环境、较高的基台所构筑的浅水环境有利于光合作用的充分进行，礁缘引起的上升流不时地为珊瑚礁提供营养物质，而浅水相互作用为营养物质在珊瑚礁潟湖内的快速再生循环提供了条件。在对环境选择的同时，珊瑚礁生态系统也不断地适应着环境的变化，逐渐形成有利于吸收营养物质的形态特征，同时发展了其他相适应的调节机制。

第 2 种调节机制是珊瑚礁的生物群落构成，或称“流网调节机制”。珊瑚礁生物主要为疏松的海绵和藻类以及具有多孔骨架的珊瑚等。所有的多孔结构使珊瑚礁能够缓减水流速度而较好地保存输入的和再生的营养物质，巨大的比表面加快了生态系吸收营养物质的速度。固着的珊瑚礁体像流网一样有效地从不断流动的海水中汲取营养物质，而且吸收量随海水流速的增加而增加，起到了寡营养水中营养物质“富集器”的作用。

第 3 种调节机制是快速吸收营养盐。由于地形的原因，珊瑚礁区的水动力较非礁区的要大，营养盐输入后不及时吸收便会流失。对此珊瑚礁生物主要发展的是“水流速度越快吸收越快”的调节机制和“奢侈消费营养盐”的调节机制。奢侈消费营养盐的调节机制是指当珊瑚礁区在短期内有大量营养盐输入时，珊瑚礁生物，主要是珊瑚及藻类快速地过量吸收营养盐，使营养盐水平迅速地降到正常的低水平状态，这既避免了珊瑚礁长期处于富营养化状态，也在客观上固定了宝贵的营养源。这两种调节机制保证了珊瑚礁生态系统无论在营养盐缺乏还是富裕的情况下都可以最充分地利用连续的或间断性输入的外源营养盐。

第 4 种调节机制是营养物质的快速循环和高效利用。这种调节机制是在珊瑚礁区强大的水动力作用和复杂的营养关系基础上形成的。它使得珊瑚礁生态系统即使在较长时间内无外源营养物质输入时也可以保持较高的生产力水平。当相对固着的生物富集了寡营养水中大量的营养物质后，其代谢、排泄与尸体分解又将营养物质释放到水体中，沉入到潟湖底部的颗粒物进一步分解亦向水体扩散，潟湖内营养物质的循环速度是外海的几十倍到数百倍，营养物质的快速循环维持了珊瑚礁生态系统的高生产力。与这一调节机制相联系的自然现象是珊瑚礁生态系统的净生产力相对较低和无外源营养输入时珊瑚礁总生物量缓慢降低。外源物理或生物方式的营养物质补充输入能够恢复甚至提升原有的生产力水平，是珊瑚礁生态系能够最终保持甚至繁荣壮大的根本原因，这使得珊瑚礁总生物量呈现出周期性的变化。

第 5 种调节机制是动物营养调节机制，或称“休渔调节机制”。与物理方式的营养输入不同，这种调节机制能动性较强，受物理因素的制约较小。主要机制为：在珊瑚礁形成初期、营养物质严重缺乏时或者初级生产力被大量消费时，动物(主要是大型浮游动物和鱼类)成为珊瑚礁营养问题的主体。一方面通过它们的移出使珊瑚礁得到休养生息，另一方面它们的代谢产物、粪便、遗体等释放出大量的营养物质，恢复初级生产力水平。这种调节机制类似于人类渔业生产的休渔行为，所不同的是，这是一种纯自然的行为。生态系中食物链关系的存在是一个早已肯定的事实，而这种关系在珊瑚礁生态系统营养盐问题中的地位却一直未得到很好的认识，由于其受物理因素的制约小，因此更可能成为营养盐经常性输入的一个主要途径。珊瑚礁生态系统生物量繁荣-衰落-繁荣的周期性变化和无明显外源营养盐输入的事实证明了这种可能性。

以上 5 种调节机制构成一个统一的整体，第一种调节机制是基础，在其上发展出其他的调节机制。几种调节机制同时在起作用，在不同的发展时期主导调节机制不尽相同，各机制相互联系、相互补充，复杂的群落结构和巨大的生产能力使珊瑚礁生态系统对环境变化具有较好的适应能力，并且可能根据环境的变化在不断地发展着新的调节机制。只要第一种调节机制有效地发挥作用，珊瑚礁就能够保持很高的生产力，这是现有的对珊瑚礁营养盐问题的主要认识。遗憾的是，人类对珊瑚礁的破坏往往是针对第一种调节机制的，而事实上对其他调节机制在一定限度内的破坏由于有别的调节机制来补充或者发展出新的调节机制，并不会对珊瑚礁生态系造成致命的伤害，但破坏第一种调节机制会彻底毁灭一个珊瑚礁生态系统。因而珊瑚礁的保护应当立足于保护珊瑚礁赖以生存的水文、地貌、光照等环境因素，同时注意保护珊瑚礁丰富的生物多样性资源。

6.4.1.3　珊瑚白化现象、性质和规律

造礁 6 射珊瑚最主要的生态特征是与虫黄藻共生。珊瑚绚丽多彩的颜色，实际上源于各种虫黄藻的颜色。当活珊瑚群体受到环境压力时，共生的虫黄藻逃逸、消失，或失去这些藻的色素，则珊瑚群体仅呈现其骨肉的本色，变成苍白或纯白色(图 6-6)。除 6 射珊瑚外，软珊瑚、大蛤类和海绵等可与虫黄藻共生的生物都会出现这种脱色现象，称白化或珊瑚白化，当这一现象流行、广泛分布时，称白化

事件。有研究还根据珊瑚受环境胁迫的严重程度将珊瑚白化分为生理性白化、共生藻胁迫白化和珊瑚虫胁迫白化。珊瑚生理性白化一般是指由环境轻微的变化而引起的珊瑚体内共生藻浓度的波动变化，但通常并不会出现珊瑚的白化死亡，如珊瑚共生藻的季节变化和日变化；共生藻胁迫白化是指珊瑚在遭遇较为强烈的环境胁迫时表现出共生藻浓度降低或色素含量减少，同时珊瑚共生藻遭受到光抑制，其光合作用效率明显降低，全球大范围发生的珊瑚白化事件通常是指共生藻胁迫白化；珊瑚虫胁迫白化是指珊瑚在遭遇非常剧烈的温度变化时，将含有共生藻的宿主细胞直接排出体外所发生的白化死亡，这种白化一般只发生在实验室中，至今还没有在野外观察到。

图 6-6　中国北部湾涠洲岛的珊瑚白化(彩图请扫封底二维码)

图片左下的轴孔珊瑚已白化死亡(丝状藻类附生)；图中间深色部分正处于白化状态；后右上侧深色的部分仍维持健康未白化

珊瑚白化现象可能是短期的或暂时的(如在 3 个月以内)，一旦外界压力减小或消失，珊瑚群体就能恢复其颜色。珊瑚的白化可能是季节性的，从白化中恢复是常事。珊瑚白化也可能是长期的(如 3～6 个月)，如果压力超常或延长，则珊瑚的白化将导致其死亡。Brown 等指出，一些珊瑚礁受温度和辐射的季节性影响而每年白化，白化事件可能发生于表层水温季节性地升高超过 1℃时。珊瑚礁白化事件经常或周期性地发生，如在印度-太平洋地区，曾于 1983 年、1987 年、1991 年、1995 年、1997 年和 1998 年在不同海域内发生。特别是 1997 年和 1998 年的珊瑚礁白化事件，具有普遍性和流行性的特征。白化事件自西向东广泛流传，从中东和东非开始，经印度洋和南亚，越过西太平洋、东南亚和东亚，到东太平洋，而后传到加勒比海和大西洋。珊瑚白化主要发生在浅水(＜15m)区域，特别是接近海面的、有时暴露出水的礁坪以及礁前斜坡的上部。白化特别容易发生在枝状鹿角珊瑚、杯形珊瑚等速生的属种中，而生长速度较慢的块状珊瑚，如蜂巢珊瑚、滨珊瑚等具有较强的抗侵袭能力，虽然它们也会白化，但发生时间较晚，白化比例较小，多数在白化后 1～2 个月就能恢复。珊瑚白化，随后恢复，这是正常的生态变化过程，但长期、反复、严重的白化会导致珊瑚的死亡。

影响珊瑚白化的重要因子主要有海水温度异常(过高或过低)、太阳辐射与紫外辐射、海水盐度偏离、珊瑚疾病、海洋污染、长棘海星暴发、人类过度捕捞和全球 CO_2 浓度升高等。其中，海洋表面水体温度(SST)异常升高可能是珊瑚白化的主要因素。

(1)海水温度

珊瑚对生长环境有非常严格的要求，适合珊瑚生长的水温一般在 18～30℃，最适水温为 26～28℃。石珊瑚在 16～17℃时就停止摄食，13℃时则将全部死亡。最明显的实例是 1983 年、1984 年表层海水的低温(16～14.7℃)造成北部湾涠洲岛珊瑚的大片白化和死亡，并为褐藻类的马尾藻、网胰藻和囊藻等勃发创造条件；1945 年和 1946 年冬季暴风雨的袭击带来的低温造成澎湖列岛大量珊瑚白化和死亡。很多室内研究表明，32℃为珊瑚的亚致死温度，34℃为珊瑚的致死温度。在 34℃条件下，一般持续 24h 后珊瑚即出现白化。多数学者认为 1997 年和 1998 年大规模珊瑚白化事件是 El Niño 事件引起水温增高的结果，但是不少学者提出质疑。有研究认为 1997 年和 1998 年大面积的珊瑚白化与 20 世纪最强的 El Niño 事件之间存在着某些相关性，但其许多特殊性的模式并不清楚。在东太平洋存在着这种相关性，在东南亚的白化与一个强的 La Nina(与 El Niño 完全相反)相关，而在印度洋和部分加勒比海的白化既与 El Niño 也与 La Nina 相关。最近的研究也表明，表层海水温度升高是大规模白化事件发生的主要原因。1979 年后世界范围内珊瑚白化事件越来越频繁，其中 1998 年珊瑚白化事件被认为是历史上危害最严重、波及范围最大的一次珊瑚白化事件。随着大气 CO_2 浓度的不断升高，在过去 100 年内很多热带水域水温升高了 1℃，预计到 2100 年水温将再升高 1～2℃。澳大利亚科学家预测到 2050 年，很多地方热带海域的水温每年中将有多次达到 1998 年那样的高温，这将严重影响珊瑚的生存。

(2)太阳辐射与紫外线

光照是决定造礁珊瑚生长分布的主要因素之一，它限定了珊瑚礁的分布水深，一般水深超过 70m 珊瑚就不再具有造礁功能了。光照可以通过两种机制影响珊瑚生长：一是光照有利于珊瑚共生藻的光合作用，促进珊瑚排出的 CO_2 被共生藻吸收，从而为珊瑚生长提供充足的 O_2 及所需要的物质；二是光照可以增加珊瑚周围溶液的过饱和度，加速了 $CaCO_3$ 晶体的生长，促进珊瑚的钙化与生长。但是过强的太阳辐射也会限制珊瑚的生长，因为强光会抑制共生藻的光合作用，当太阳辐射过强及持续时间很长时，会损伤共生藻的光合系统，导致珊瑚选择性地排出部分体内的共生藻，进而可能发生珊瑚的白化死亡。虽然海水表层温度的异常变化是全球珊瑚白化事件发生的主要原因，但是太阳辐射也是非常重要的辅助因子。有研究表明，大规模的珊瑚白化事件不仅与持续高温有关，往往还与非常强的太阳辐射、平静的海面和较高的透明度有关。随着大气臭氧层遭到人类的破坏，紫外线能够畅通无阻地到达地球表面，使得海洋生物遭受到严重的破坏。由于珊瑚是固着群居的生物，与其他海洋动物不同，不可以通过游动和迁移来躲避紫外线的伤害，因此遭遇了更为严重的破坏。紫外线可以降低珊瑚共生藻光合作用效率，破坏光合系统，影响珊瑚的生长，严重时可导致珊瑚的白化死亡。

(3)海水盐度

盐度是限制珊瑚分布的重要因素，适合珊瑚生长的盐度范围为32～40。造礁珊瑚是真正的海洋物种，对高盐度海水表现了较强的耐受性，在有些海区，如波斯湾，盐度高达42，珊瑚可以很好生长。但是，低盐会影响珊瑚的生长与分布，在很多河口低盐水域珊瑚只能零星分布，不能长成较好的珊瑚群落。快速地降低盐度会导致珊瑚的白化死亡。

(4)珊瑚病害

随着全球气候变化，海洋中水生生物的发病率呈上升的趋势，珊瑚病害也在不断增加，这严重影响了珊瑚的生长，降低了珊瑚抵抗环境胁迫的能力，在一定程度上加剧了珊瑚白化事件的发生。有研究表明在最温暖季节的末段，珊瑚病害的严重程度和出现频率都最高，同时珊瑚组织最小，共生藻的密度最低。室内研究表明，在高温时黏在珊瑚上的细菌大大增加(25℃)，但是在低温时(16℃)没有。可见在高温条件下，珊瑚更容易发生病害。

(5)海洋污染

随着沿海经济生活水平的提高和对海洋的开发利用加强，人类对海洋的污染不断加剧。海洋污染主要包括海洋水体的富营养化、重金属污染以及氰化物、除草剂和杀虫剂使用所造成的污染。水产养殖业在热带海域的迅速发展和人类生产、生活污水的任意排放导致了近海水域的严重富营养化、水体透明度的降低和重金属离子的严重超标。富营养化的水体含有丰富的无机氮和无机磷，会促进细菌大量繁殖，使海水中的氧气浓度大大降低，影响珊瑚的生长代谢，严重时会使一些珊瑚种类窒息死亡，同时促进了珊瑚病害的暴发。富营养化的水体会促进一些大型海藻暴发增殖，与珊瑚竞争栖息地，促进生态群落的演替。水体透明度的降低一方面会限制珊瑚的分布水深，降低珊瑚的生长速率，但另一方面会削弱太阳辐射和紫外线对珊瑚的破坏。重金属污染严重危害了珊瑚的健康。在热带地区，当地渔民大规模使用氰化物捕捉珊瑚礁鱼类，严重威胁了珊瑚的生存。在很多沿海地区，人们使用除草剂和杀虫剂，经过地表径流到达海洋中，也对珊瑚造成了很大的危害。

(6) 其他因素

影响珊瑚白化的其他因素有长棘海星的暴发、人类的过度捕鱼和全球 CO_2 浓度的升高。历史上发生过多次长棘海星大规模暴发致使珊瑚白化的事件发生。人类的过度捕鱼导致珊瑚礁生态系统的食物链不平衡，随着一些草食性鱼类的减少，大型海藻大规模增殖，导致以珊瑚为主的生物群落向以大型海藻为主的生物群落转移。

随着人类工业化进程的不断推进，大气污染越来越严重，大气 CO_2 浓度不断增加。CO_2 浓度增加带来了严重的温室效应，使得全球气候变暖，同时使得海水中 CO_2 浓度过饱和和碱度降低。海水碱度的下降将减少海水中 CO_2 的浓度，降低珊瑚碳酸钙的沉积速率，从而降低珊瑚的生长和硬度。在面临剧烈的环境变化(如海啸、台风)时，珊瑚也表现得更加脆弱。

总之，造成珊瑚白化的原因是多元的，是各因子相互作用的结果。有研究认为，珊瑚白化是日光辐射和水温升高的综合效应，通常其不会在单纯的水温快速波动中白化，但会在高于季节性最高温度时死亡。当 1997 年和 1998 年印度洋各岛屿的珊瑚礁都白化时，毛里求斯岛珊瑚礁因有云的遮掩而幸免于难的例子，很能说明问题。造成 1998 年印度洋查戈斯岛珊瑚礁死亡的临界温度是 29.9℃。美国测量结果证实，1998 年发生大量珊瑚白化、死亡事件的海域，表面水温仅高出周围 1℃。也有人认为珊瑚白化是由温度、盐度和浊度等突然变化导致的生理冲击造成的，但尚不能确定白化事件及其后珊瑚礁的破坏是由全球气候变化造成的。另外，特大低潮造成珊瑚礁暴露，遭受淡水径流和洪流带入的大量沉积物的掩盖，也会造成珊瑚白化。

6.4.1.4　珊瑚共生藻及其在珊瑚白化过程中的变化

(1) 珊瑚共生藻的分子系统分类

共生藻在传统上被描述为一群“外部形态简单”的黄褐色圆球状藻类，因为其外部形态简单，且分离培养有一定的难度，所以其形态分类一直未能较好地解决共生藻多样性的问题。20 世纪 90 年代初，开始共生藻的分子系统分类研究，应用 RFLP(restriction fragment length polymorphism，限制性内切酶片段长度多态性)方法首次构建了共生藻核糖体 18S rDNA 系统发育树，结果表明共生藻的类型与宿主动物没有严格的相关性，并将珊瑚共生藻分为 A、B、C 3 种类型。越来越多的研究表明，珊瑚体内的共生藻具有非常高的多样性，如在海绵中首次发现 D 型共生藻、E 型共生藻、F 型共生藻以及首次在一种 8 射珊瑚中发现 G 型共生藻。可见，在现今珊瑚虫纲中发现的共生藻共有 A、B、C、D、E、F、G 七大类群。其中，A、B、C、D 型是造礁石珊瑚中共生藻的主要类型，E 型只在海葵中发现，F、G、H 型为有孔虫中共生藻的主要类型。在印度洋-太平洋区系造礁石珊瑚中共生藻多数为C型，少数为A、D两种类型，在大西洋-加勒比海主要有A、B和C 3种类型。可见两大区系共生藻的类型差异非常大，大西洋-加勒比海区系的共生藻多样性要明显高于印度洋-太平洋区系。

(2)珊瑚适应性白化假说

适应性白化假说认为当环境发生变化时，珊瑚就会失去一种或者几种共生藻，然后与其他共生藻形成新的共生关系，这种新的共生关系能够适应环境变化。其主要含义为：第一，共生藻多样性高，且与宿主珊瑚之间的可塑性高过专一性；第二，重组共生藻多样性需要逆境驱动(如高温或强光等)；第三，共生功能体的生理多样性差异。有研究认为，共生功能体的生理多样性差异是指热敏感共生功能体在热胁迫消除后比热耐受共生功能体在生理上有竞争优势，其光合作用效率更高，即珊瑚在获取耐受力强的共生藻的时候是以光合作用效率降低为代价的。

至今，珊瑚适应性白化假说还有很多争论。有研究认为白化的珊瑚中仍有一定浓度的共生藻(10^3 个/cm^2)暗示着珊瑚白化更多的是与驱逐受损伤的共生藻和宿主细胞有关，而不仅仅是更换某一种共生藻的基因型。也有研究比较了不同环境条件下热带(垦丁)、亚热带(澎湖)及长期高温水影响(台湾南部的第三核能发电厂出水口)下共生藻多样性的组成，结果发现高温水并不会驱使珊瑚更换共生藻，而不像普遍研究认为的那样，在水温很高的区域，或是曾经经历全球海水异常增温的大片白化海域，造礁珊瑚有相对高比例的D型共生藻。同时发现产于澎湖潮间带的斑马黑菊珊瑚，其与D型共生藻的共生关系是恒定与专一的，且斑马黑菊珊瑚不易白化。后来，在调查共生藻多样性时，发现垦丁海域的栅列鹿角珊瑚体内可同时存有C和D型共生藻。在13个月的连续研究中，发现篱枝轴孔珊瑚体内共生藻的密度与叶绿素变动正常，并无白化发生。但是，C和D型共生藻的组成有相当大的变动，甚至完全重组，而这样的变动与水温的季节变动有关。珊瑚共生藻的重组并不一定需要经历逆境条件的驱动，在自然条件下也能完成。但是也有很多证据支持了珊瑚适应性白化假说。珊瑚可以通过获取更加耐受环境胁迫的共生藻来增强其抗环境胁迫的能力，如大西洋-加勒比海区系的共生藻B+C型转变为A+B型或者印度洋-太平洋区系的共生藻由C型转变为耐受力更强的C+D型，其中A型和D型共生藻被认为是一种典型的耐受力较强的类型。很多研究都表明含有A型共生藻的珊瑚分布在浅水区域，含有D型共生藻的珊瑚能够广泛分布，它们对各种环境变化(高温、强光)有较强耐受能力，所以珊瑚共生藻组成成分变化后最终将提高珊瑚对环境变化的耐受能力。

由于珊瑚与共生藻形成的共生功能体经历了很长时间的适应与进化，共生藻的光合作用效率及其对珊瑚的生理贡献达到最优化。如果原先的共生关系由于环境变化(如白化事件)而破坏，在一定程度上是避免了珊瑚的白化死亡，但是由于新的共生功能体中共生藻的光合作用效率较低，势必影响了珊瑚白化后的恢复与生长、繁殖与重建。

(3) 共生藻及珊瑚在白化过程中的适应机制

珊瑚在经历环境胁迫过程时表现出了一定的适应机制，主要是通过珊瑚与共生藻的生理适应以及更换共生藻基因型两种机制来适应环境胁迫的。生理适应机制主要通过叶黄素循环、珊瑚色素荧光、活性氧清除系统、分泌紫外线吸收物质 MAAs、产生热激蛋白 hsp 来实现。珊瑚共生藻基因型更换适应机制即珊瑚适应性白化假说。珊瑚的生理适应机制是在珊瑚长期进化过程中表现出来的抵抗环境胁迫的一种保护机制，在胁迫强度较轻且持续时间较短的情况下，珊瑚可以通过生理上的保护机制来适应环境的变化。有研究表明，很多经历过白化事件的珊瑚当再次遭遇白化事件时往往不会再发生白化死亡，并且其共生藻的组成并没有发生变化，这可能与珊瑚及共生藻的生理适应机制有关。

1) 叶黄素循环 (xanthophylls cycle)

光是光合作用的能源，一般情况下，光合机构吸收的光能可以通过光化学能量转换、荧光发射和非光辐射能量耗散等形式消耗掉，而且它们之间存在相互竞争的关系。光化学能量转换通过光合碳同化和光呼吸来进行，而荧光发射只能消耗光能的一小部分，因此，在强光下非光辐射能量耗散，即主要依赖叶黄素循环的能量耗散过程成为防御饱和强光以上光照对光合机构破坏的主要形式。在高等植物中，普遍存在叶黄素循环，它可以保护植物在强光下免于受到光氧化作用和光抑制。所谓叶黄素循环，是指叶黄素的 3 个组分即叶黄素、硅甲藻黄质和硅藻黄质依光照条件的改变而相互转化。这种循环存在于藻类叶绿体的类囊体膜上。在弱光下，这种转化不会发生。在强光下，当光能过剩时，含双环氧的叶黄素，便会在去环氧化酶的催化下，通过中间体含单环氧的环氧硅甲藻黄质转化为去环氧的硅藻黄质，硅藻黄质的含量随过剩光能的增加而增加，并可使过剩光能转变成热能耗散掉，而当光能有限时，相反的过程发生，从而形成一个循环，即叶黄素循环。热耗散的增加不可避免地导致光化学能量转换效率的下降，但它在防御过剩光能对光合机构的破坏中具有积极的作用，是主要的保护机制。

1968 年首次在珊瑚共生藻中发现存在叶黄素循环。很多研究表明珊瑚共生藻的叶黄素循环已成为一种主要的光保护系统，它能够有效地转化共生藻在光合作用过程中过剩的能量。

2) 珊瑚荧光色素

许多研究表明珊瑚色素发出的荧光可能是珊瑚的另一种重要的光保护机制。大堡礁 124 种珊瑚种中存在荧光色素，但是附近也伴随生长有不含荧光色素的同种珊瑚，研究结果表明同区域不含荧光色素的珊瑚比含有荧光色素的珊瑚更容易白化，不含荧光色素的珊瑚在强太阳辐射时段更容易受到光抑制。珊瑚组织中共生藻生物量与珊瑚荧光色素含量呈正相关，表明珊瑚荧光色素含量越高，珊瑚组织中共生藻生物量就越高，珊瑚对环境胁迫的抗性就越强。在珊瑚组织内皮层共生藻周围荧光色素含量比其他地方丰富些，这表明珊瑚荧光色素对共生藻有重要的保护功能，使其免受温度及光胁迫的影响。但是也有研究发现，在高温下珊瑚荧光色素非常容易变性 。

3）类菌孢素氨基酸（mycosporine-like amino acids，MAAs）

MAAs 最早是在霉菌的孢子中发现，其中 myco 为霉菌的意思，而 spore 则为孢子，目前在海洋生物体内发现的 MAAs 有 50 种之多，其最大吸收光谱在 310～360nm，因此涵盖了 UVA 与 UVB 紫外线的范围。海洋生物抗紫外线的化学物质由植物、霉菌及藻类制造，动物缺乏制造能力只能通过摄食方式获取，像珊瑚的抗紫外线物质可能是由其体内共生藻所提供。很多研究表明 MAAs 是一些海洋生物防御紫外线伤害的重要物质。珊瑚中 MAAs 能被大部分波长的光线穿过，它能够有效地吸收紫外线，将紫外线带来的能量以热能的形式释放出去，且不会产生一些有害中间产物，如自由基。它作为珊瑚组织细胞内的遮光剂能够有效地保护珊瑚及共生藻免受紫外线的损伤。但至今关于珊瑚体内的 MAAs 物质是由珊瑚自己合成还是由共生藻合成后转移到珊瑚体内的还不清楚。

4）热激蛋白（hsp）

无论是培养细胞还是生物体，一旦暴露于高热环境中，它们将合成一组在遗传上高度保守并具有重要作用的热激蛋白。珊瑚也不例外，在高温诱导的情况下，珊瑚体内也会分泌热激蛋白（应激蛋白）。热激蛋白是珊瑚抵抗环境胁迫又一重要的防御机制。热激蛋白参与了细胞内酶活性的调控，具有细胞内抗氧化作用，因而可减少自由基对组织细胞的损害及维护细胞的正常功能。珊瑚诱导分泌的热激蛋白有 hsp95、hsp90、hsp78、hsp74、hsp70、hsp60、hsp33、hsp28 和 hsp27 等，珊瑚体内共生藻分泌的热激蛋白有叶绿体 hsp。在低光照条件下升高温度 6℃，珊瑚 *Montastraea faveolata* 共生藻内热激蛋白的含量是对照组的 3.5 倍，在较强光照下升高温度 4℃，珊瑚 *Goniastrea aspera* 共生藻内热激蛋白含量是对照组的 50 倍。但是，关于珊瑚及其共生藻在热激状态下蛋白质之间的相互转化情况还有待做深入的研究。

5）活性氧清除系统（自由基）

植物普遍存在活性氧清除系统，当受到环境胁迫时会产生多种抗氧化酶类，如超氧化物歧化酶（superoxide dismutase，SOD）、谷胱甘肽-S-转移酶（glutathione-S-transferase，GST）、过氧化氢酶（catalase，CAT）、谷胱甘肽过氧化物酶（glutathione peroxidase，GPX）及过氧化物酶（peroxidase，POD）等，清除体内过多的活性氧和自由基，以避免其对机体造成损害。

虽然珊瑚属于腔肠动物，但是珊瑚与共生藻存在同样的机制。当珊瑚遭遇环境胁迫时(高温、强光、重金属等)，珊瑚体内会分泌各种抗氧化酶，清除珊瑚体内的活性氧和自由基，使珊瑚免受遭遇环境胁迫所产生的有害物质(活性氧、自由基、脂质过氧化物)的损伤。Richier 等报道了在一种珊瑚中发现至少有 7 种 SOD，其中有一种 CuZnSOD 是珊瑚专有的，存在于珊瑚组织的内、外胚层中，一种 MnSOD 存在于共生藻的线粒体和宿主细胞中，3 种不常见的 MnSOD 和两种 FeSOD 专属于珊瑚共生藻。在珊瑚上皮层细胞内发现一种细胞外的 SOD。可见，SOD 的多样性正是由环境对珊瑚的选择压力而诱导出来的，这有利于珊瑚和共生藻对环境胁迫的适应。当环境胁迫较小时，珊瑚短期内可以通过它与其共生藻的生理适应机制来调节，但是，当遇到较为持久的环境胁迫时，部分珊瑚种类就会出现白化死亡，表明不同珊瑚对环境胁迫表现出截然不同的耐受力。在珊瑚与共生藻共生功能体进化过程中，自然选择作用会选择出更具有耐受力的组合以适应不断出现的环境胁迫。珊瑚可以通过更换体内的共生藻来增加其对环境胁迫的耐受力，但是这一更换过程可能需要相当长的时间。

6.4.2 珊瑚白化过程中生源要素的演变过程

珊瑚礁生态系统是海洋中最重要的生态系统之一，一般处于热带和亚热带海域。由于热带海洋的上层水存在浅部温跃层，阻止了营养物质的向上输送，因此热带海洋的上层水是一层十分贫瘠的寡营养水，但处在热带海域的珊瑚礁有异常高的生产力。对于珊瑚礁生态系统能维持高生产力的原因有多种解释，最早认为珊瑚礁生态系统不需要外来的营养盐输入，是一个典型的自养生态系统，但后来的研究发现珊瑚礁生态系统中的营养物质有较小部分向外边贫瘠的海水输送，目前提出的珊瑚礁具有高生产力的原因主要有三个：①珊瑚礁内营养物质的快速循环；②海水运动加速潟湖内生物对营养盐的吸收；③地热-内上升流提供外源营养盐。此外，拟流网理论也可以解释珊瑚礁生态系统如何维持高生产力。但不管是哪一种理论，都是基于珊瑚礁生态系统独特的物质循环建立的，随着珊瑚白化的发生，珊瑚礁生态系统中最主要的生产者和消费者珊瑚虫与虫黄藻逐渐被其他海藻所取代，这必将导致珊瑚礁生态系统中碳、氮、磷、硅等生源要素循环的变化，而生源要素循环的变化又将影响珊瑚的生长，二者相互作用并最终影响珊瑚礁生态系统的健康发展。

6.4.2.1 珊瑚礁生态系统营养盐循环特征

(1)营养盐循环速度快

珊瑚礁生态系统往往是一个相对封闭的环境，内部营养物质的快速循环已被大量观测到。以 ^{14}C 做标记，用 $NaH^{14}CO_3$ 研究 ^{14}C 被珊瑚利用的情况，发现一夜内消耗了 50%，随后两周到一个月被利用了约 67%，这表明碳在珊瑚礁内一年可循环 12 次，显然比一般海水中的碳循环快得多。对中国南沙珊瑚礁(永暑礁和渚碧礁)的研究发现，总 C 在永暑礁潟湖和渚碧礁潟湖的停留时间分别为 0.44 年和 2.61 年，总 N 分别为 0.60 年和 2.52 年，总 P 分别为 0.37 年和 1.29 年。而南沙海区中 C 的平均停留时间为 61.0 年，分别是两潟湖中 C 停留时间的 138.6 倍和 23.4 倍，即永暑礁潟湖和渚碧礁潟湖中的 C 循环比其外海的 C 循环快 138.6 倍和 23.4 倍。珊瑚礁内生物快速吸收的营养物质，经代谢、排泄及尸体分解，又进入水体中，周而复始的快速循环使珊瑚礁保持着高生产力。

(2)营养物质的“奢侈消费”

藻类在营养盐供给充足时具有“奢侈消费”营养盐的现象，其吸收速率远高于细胞的增长速率，营养盐的浓度很快会降至较低水平。活珊瑚的培养实验发现，当某种营养盐在短时间内大量输入时，珊瑚存在着迅速大量消耗该营养盐的“奢侈消费”现象。珊瑚奢侈消费营养盐的行为主要与该营养盐的起始浓度有关，起始浓度高的组营养盐消耗的速度快。同时与营养盐和珊瑚的种类有一定的关系；水体中的其他溶解营养盐浓度产生的复杂变化，可对迅速稳定水体营养盐浓度产生协同作用，这一机制有助于珊瑚充分吸收突然输入的营养盐；珊瑚对含氮盐类的浓度变化要比对磷酸盐更为敏感，所以在有大量营养盐输入之后，NH_4-N 往往成为珊瑚生长的限制性营养盐；对珊瑚群落而言，珊瑚吸收营养盐的速度比水体营养盐的实际水平更为重要，吸收速度快于某种形态限制性营养盐的输入速度会导致珊瑚的死亡。因此，珊瑚礁生态系统可以通过降低对营养盐的消费速度而摆脱营养盐的限制。

6.4.2.2 铵氮和硝酸盐氮对珊瑚白化的影响

虽然珊瑚具有“奢侈消费”营养盐的状况，但过高浓度的营养盐会造成珊瑚的白化。由实验表明，只要 0.001mmol/dm^3 的铵氮或硝酸盐氮就能使鹿角珊瑚、钮扣珊瑚、茉莉石珊瑚 3 种珊瑚共生藻的释放明显增多，即导致珊瑚白化。随着铵氮和硝酸盐氮浓度的增大，鹿角珊瑚共生藻的释放有增加的趋势，即白化程度进一步加大，铵氮或硝酸盐氮的浓度达到 0.01mmol/dm^3 时，其白化程度最大，但钮扣珊瑚和茉莉石珊瑚 2 种珊瑚共生藻的释放并没有随浓度增加而增加，其白化程度在 0.001mmol/dm^3 的铵氮或硝酸盐氮浓度时就已达到了最大。这一方面说明不同种类的珊瑚对铵氮或硝酸盐氮浓度的忍受程度不同，另一方面说明共生藻正常生长对氮的需求是有一定限度的，过量的氮可导致白化的发生。共生藻利用无机氮的量是有限的，过量的氮必然会导致珊瑚白化的发生。

6.4.2.3　碳循环对珊瑚白化的影响

珊瑚礁庞大的造礁能力和高的生产力无疑使以 $CaCO_3$ 为主的无机碳酸盐和溶解无机碳(DIC)成为碳循环与存在的主要形式，其含量主要受到钙化作用和溶解平衡的控制。在溶解无机碳(DIC)充足的情况下，藻类尤其是与珊瑚共生的虫黄藻的数量和密度直接影响珊瑚礁生态系统的稳定。在以珊瑚为主要造礁生物的体系中，生活在珊瑚虫体内的单细胞藻类——虫黄藻在珊瑚礁碳循环中扮演着极为重要的角色，其重要性甚至要比一些珊瑚礁浮游植物和大型底栖植物还要大。虫黄藻能够通过光合作用制造有机物并释放氧气供珊瑚虫呼吸，所制造的相当多的一部分有机物被排出珊瑚虫体外，很快又被珊瑚虫的触手黏住送回口中，成为珊瑚虫的主要碳食物源之一；珊瑚虫呼吸所排出的 CO_2 正是虫黄藻进行光合作用的原料。反过来，虫黄藻在珊瑚虫体内也呼吸产生 CO_2，这部分 CO_2 被珊瑚虫用来与水中的 Ca^{2+} 合成珊瑚的骨骼，满足珊瑚礁系统的迅速钙化，二者构成一种互惠互利的关系。凡是影响光合作用的因素如河流输入使海水混浊、温度升高、大气 CO_2 输入减少等都会影响珊瑚礁生态系统的稳定。灾害性事件所导致的珊瑚礁退化甚至死亡的根本原因也往往是虫黄藻密度的减少，如近几年世界上许多珊瑚礁海区发生的大面积珊瑚礁白化事件就是最好的例证。

通常情况下，在热带海域 DIC 的供应是充足的，尽管也存在着珊瑚礁是 CO_2 的源还是汇的争论，但多数研究表明，珊瑚礁是 CO_2 的源，CO_2 的海-气通量是受钙化作用控制的，因为 1d 中的光合作用速率/呼吸作用速率(P/R)接近于 1。这就决定了珊瑚礁的碳不仅来源于大气交换，还有相当部分来自珊瑚礁外的海水和生物。另外，从珊瑚礁外进入珊瑚礁的生物也可能为珊瑚礁生物提供了相当数量的碳来源，这是一种类似于人类“休渔”活动的行为：当珊瑚礁繁荣的时候，珊瑚礁外的大型游泳生物大量地进入珊瑚礁，捕食的同时也成为被捕食的对象。一段时间之后，食物链上游的生物呈现出相对过剩的状态，这些生物中的相当一部分将陆续转移到其他具有更高单位生产力的珊瑚礁去，它们的代谢产物和遗骸中的有机碳以及其他营养物质则留在珊瑚礁内被快速释放或重新利用而成为实际的碳营养源。此时，珊瑚礁的生产力就得以在营养丰富和食物链上游生物较少的情况下迅速恢复起来。这就是珊瑚礁的“休渔”模型。生物因素影响的颗粒有机碳在珊瑚礁潟湖中循环的效率很高，90%以上的颗粒有机碳在进入沉积物之前被释放或重新利用，这是珊瑚礁有机碳循环的一个主要方面。有机碳循环效率高是珊瑚礁生态系统高生产力的物质体现，尽管在循环过程中所占的比例较小，却是珊瑚礁碳循环乃至营养物质循环中最为关键的一环。大量的碳以难溶无机碳酸盐的形式沉积下来，随着成岩作用而逐步退出循环，因而珊瑚礁生态系统中碳循环的总效率并不高，从沉降颗粒物或沉积物中释放参与再循环的碳仅占 21%～25%。热带海域无机碳的供给通常是充足的，所以维持稳定的有机碳输送是维持珊瑚礁稳定和繁荣的前提。虫黄藻等藻类的光合作用是有机碳的稳定来源，直接影响珊瑚礁生态系统的发育。同时，作为必要的补充，珊瑚礁生态系统必然从礁外海水和生物中获取了碳，其内在的机制所对应的物理和生物过程可分别描述为“拟流网”模型和“休渔”模型，这是珊瑚礁有机碳循环的另一个方面。以上内容就从有机碳的源和汇上给出了珊瑚礁能够长期保持高生产力和高生物量的原因。

20 世纪末，科学家提出，海水中溶解碳酸盐的总量对珊瑚礁生长造成了新的更大的威胁。因为随着大气 CO_2 浓度的增高，海水中溶解 CO_2 的浓度也不断升高，但溶解碳酸盐含量降低，这将导致组成珊瑚的碳酸盐溶解，影响珊瑚等造礁生物骨骼的形成，从而难以经受其他压力的侵袭。如果以后 70 年里 CO_2 浓度增加为现在的两倍，礁的形成量将下降 40%，碳酸盐浓度减半；如果 CO_2 浓度再增加一倍，则礁的形成将下降 75%，给珊瑚礁造成严重的问题。同时，这一过程绝对是全球性的。在 21 世纪中期 CO_2 浓度的增加将使热带文石的饱和度降低 30%，而生物文石沉积作用降低 14%～30%，因为造礁生物形成亚稳定的 $CaCO_3$ 骨骼，珊瑚礁将受到特别严重的威胁。

6.4.2.4　珊瑚礁的未来

在气候变暖、CO_2 浓度增高双重威胁下，珊瑚礁的前途究竟如何?计算机模拟认为，除非全球变暖被抑制，否则珊瑚白化将更频繁、更强烈地发生，直到 2030 年白化将每年发生(加勒比海和东南亚在 2020 年首先每年白化，中太平洋将在 2040 年，大堡礁处于以上两个极端之间，预期在 2030 年将每年发生白化)。无限制的变暖将造成全球范围珊瑚礁的完全丧失。对于珊瑚白化事件是由全球变暖造成的结论，有些人认为是“十分可信的”，但也有人认为是“推测性的和高度不确定性的”。很多学者认为，远离居民区的，特别是被深水包围和不受陆源径流影响的珊瑚礁处于良好的状态，而那些受破坏性捕捞和石油污染等人类压力严重地区的珊瑚将恶化或很快消失，而当这些压力消失时，珊瑚将重新振作起来。

面临正在发生的全球变暖现象，珊瑚可能会发生令人难以想象的变化，如珊瑚可以更换与其共生的藻类以适应温度不断升高的海水。研究人员发现，一些海藻可在温度变高的海水中存活，并能移生到褪色的珊瑚礁上来维持珊瑚的生命。国际野生生物保护协会研究人员认为，之前关于珊瑚灭亡的预测过于简单了。1995～2001 年，从世界各地搜集鹿角珊瑚科珊瑚样本，发现先前经历过褪色的珊瑚，比保持完好的珊瑚的耐热能力要强得多。例如，1998 年波斯湾海水温度上升到 38℃，珊瑚严重褪色，但 62%可与“共生甲藻属”海藻共生的珊瑚存活了下来；而红海的珊瑚习惯了凉爽的温度，也没有经受过褪色，只有 1.5%存活。1997 年巴拿马与“共生甲藻属”海藻共生的珊瑚褪色，之后这种珊瑚存活的比例从 1995

年的 53%升到 2001 年的 63%。如果耐热“共生甲藻属”海藻与大量珊瑚共生，全球的珊瑚可更快地适应海水温度升高。

有些珊瑚礁可能发生生态上的相变，从以速生的枝状珊瑚为主的礁可能变为以块状、半球状珊瑚为主的礁，但珊瑚属种的分异度将大为降低。一些发生过严重白化的珊瑚礁，其上大量珊瑚死亡，造成礁生态系统退化，回到其演化早期的礁群落阶段(雏形期)，其特征是非钙质底栖生物，如藻类、软珊瑚和海绵等繁荣生长。一些经受过白化的珊瑚礁的礁面可能会被勃发的藻类所占据，如褐藻类的马尾藻、网胰藻和囊藻，红藻类的珊瑚藻，有些礁将会变成海草(如海龟草等)茂密生长的海草场。在坦桑尼亚，1998 年的珊瑚白化事件导致大量珊瑚死亡，取代它们的是一种刺胞动物门珊瑚虫纲的类珊瑚虫。它们与海葵相似，但更像石珊瑚。它们能覆盖礁石，与珊瑚展开生存竞争，并能承受恶劣的环境，经受低潮期的暴露，能在富营养和浮游动物众多的区域增生。它们恰好能在不利于珊瑚生长的富营养水中和因破坏性捕捞而退化的礁区生活，人类的压力和骚扰对它们生长有利，它们还能抵制不断升高的温度。这些生物的勃发替代珊瑚礁，会大量固定碳，降低海水中溶解 CO_2 的浓度，成为碳平衡的重要支柱，这样，到一定阶段珊瑚礁是否又能恢复生长呢？

海洋生物泵作用是地球碳平衡的重要环节，有人认为海洋的生物泵远没有满负荷运转，其原因是缺营养和铁，因此提出对南大洋施铁肥来提高生物的输出生产力，以控制 CO_2 的增加。虽然这一设想的实现暂时有困难，但至少气候变暖造成的淡水径流和洪流变化，可以有效地向海洋输入营养物质和铁，繁荣海洋生物，促进 CO_2 平衡，这是全球变暖的一种反馈。

抑制温室气体排放，终止气候变暖，这是一项非常艰巨的全球任务，但是目前世界各国科学家和政府正在将大量的精力与物力投入这一工作，是否能在 21 世纪中后期取得成效，拯救珊瑚礁于危难之中，我们拭目以待。

6.5　近岸污染物的生态环境效应

随着社会经济的发展，人口的不断增长，在生产和生活过程中产生的废弃物越来越多。这些废弃物的绝大部分最终直接或间接地进入海洋。根据国家海洋局资料，2006 年我国入海排污口污水排海总量(含部分入海排污河径流，下同)约 387×10^8t，排海的主要污染物总量约 1298×10^4t，其中，COD_{Cr} 638×10^4t，占 49.2%，悬浮物 598×10^4t，占 46.0%；氨氮 18×10^4t，磷酸盐 4×10^4t，五日生化需氧量(BOD_5) 17×10^4t，油类 10×10^4t，重金属 4.6×10^4t，挥发性酚、氰化物、苯胺、硝基苯、铬、硫化物等 8.4×10^4t。这些巨量的污染物已造成了部分近岸海域的严重污染。海洋污染研究始于 20 世纪 50 年代，当时以研究向海洋中倾倒放射性废弃物为起点。目前对于海洋污染的定义可以描述为人类直接或间接地把一些物质或能量引入海洋环境(包括河口)，以至于产生损害生物资源、危及人类健康、妨碍包括渔业活动在内的各种海洋活动、破坏海水使用质量和优美环境的有害影响。海洋中的主要污染物包括无机污染物、有机污染物及放射性污染物、微生物污染，不同污染物所造成危害的表现形式不同。

6.5.1 海洋环境中的无机污染物及其生物效应

海洋环境中的无机污染物主要是各种金属及其化合物，其中重金属化合物对海洋环境的污染是现代海洋污染研究中的重要内容。习惯上将密度在 $5g/cm^3$ 以上的金属统称为重金属，如金、银、铜、铅、锌、镍、钴、镉、铬和汞等45种。导致海洋环境污染比较严重的重金属有汞、镉、铅、锌、铬、钴、镍、钒、银等。砷、硒是非金属，但其毒性及某些性质类似于重金属，所以在环境化学中多把它们作为类金属研究。重金属随废水排出时，即使浓度很小，也可能造成危害。由重金属造成的环境污染称为重金属污染。目前最引人注意的重金属污染是汞、镉、铬等造成的污染。

6.5.1.1 *无机污染物的危害*

重金属污染的特点表现在以下几方面：①在天然水体中含量低，一般重金属产生毒性的范围在 $1\sim10mg/dm^3$，毒性较强的金属如汞、镉等产生毒性的质量浓度范围在 $0.001\sim0.01mg/dm^3$。②生物从环境中摄取重金属可以经过食物链的生物放大作用，在较高级生物体内成千万倍地富集起来，然后通过食物进入人体，在人体的某些器官中积蓄起来造成慢性中毒，危害人体健康。③水体中的某些重金属可在微生物作用下转化为毒性更强的金属化合物，如汞的甲基化作用就是其中的典型。

海水中的重金属污染主要是海洋交通、大气沉降、城市生活污水、采矿与冶炼等的废水及废渣、使用农药(包含 Pb、Hg、Cd、As 等)，煤和石油等燃料的燃烧排放出的 Pb、V、Ni 等金属，随水的循环汇入近海所造成的污染。重金属是具有潜在危害的重要污染物，它不能被生物结合钝化及分解转化，还可能在生物体内发生协同及相加作用，使毒性加剧，一旦通过水产品的食用进入人体，就会造成急慢性中毒、致癌、致畸形，导致生物发生变态反应，破坏人体免疫功能，危及生命。1968 年日本熊本县水俣湾发生的水俣病，就是误食被甲基汞污染的鱼、贝而导致的中枢神经性疾患，这也是世界历史上首次出现的重金属污染重大事件。海洋中的汞含量越高，生物体内富集的汞越多，对海洋生物的毒害越大，而当人类食用这些含汞浓度较高的海产品时，则会发生汞中毒。1972 年，世界卫生组织(WHO)和联合国粮食及农业组织(FAO)确定了人类食品中汞的容许含量，一个人每周摄入食物中甲基汞的容许量为0.2mg或总量为0.3mg的汞。

Cd、As也是毒性很强的污染物质。镉不是人体必需的元素，正常的新生儿体内不含Cd，Cd在人体生长过程中通过食物等途径进入体内。镉的毒性很大，它可通过食物链进入动物和人体，可以在人体内蓄积，主要蓄积在肾脏，引起泌尿系统的功能变化，镉在人体内形成镉硫蛋白，它与含羟基、氨基、巯基的蛋白质分子结合，影响酶的功能，导致蛋白尿和糖尿等；镉还影响维生素D_3的活性，导致骨质疏松和骨萎缩、变形等。Cd在体内可长期滞留，半衰期长达40年，有致癌和致畸作用。1972年世界卫生组织和联合国粮食及农业组织得出结论：镉的容许含量不得超过人体重量的0.0075mg/kg，或每人每周摄入量不得超过0.5mg，饮用水中镉的含量不得超过10μg/dm^3。在日本等国已经发生了因镉中毒引起的致命病症，同时证实高血压与镉污染有明显的关系。As主要来自化工厂、农药厂排放的污水，不是人体的必需元素，它的毒害作用是累积性的，会在人体的肝脏、肾脏、肺、骨骼、肌肉、子宫等部位蓄积，引起人的慢性中毒，导致神经系统、血液系统、消化系统等损伤，诱发皮肤癌、肺癌等疾病，潜伏期可长达几年至几十年。对于海洋生物来说，铅不像汞和镉的毒性那样强。一般把0.1mg/dm^3看作是显示出有害作用的临界值。通过贻贝实验发现，铅有潜在的毒性。铅可以在人体和动物组织中蓄积，其主要毒性效应是导致贫血症、神经机能失调和肾损伤。

6.5.1.2 重金属在生物体内的积累特征及其影响因素

一般认为，当重金属在生物体内积累到一定程度之后，合成金属硫蛋白(MT)的速度赶不上进入细胞的金属速度时，多余的重金属就会与其体内的其他生物分子，包括酶和核酸等生物大分子相互作用，引起中毒现象。汞和镉不是生物生长所必需的，不管其浓度高低都是有毒的。锌是水生生物所必需的，但浓度过高也会产生毒性。锰是生命过程所必需的一种微量元素，微量时对生物无害，而大量进入神经细胞时则导致疾病。铬的常见价态有+6和+3，Cr(Ⅲ)是动物生命过程所必需的一种微量元素，在不同的酶反应中起重要作用。Cr(Ⅵ)在海水中是稳定的，它易被生物吸收，在生物体内通过有机物还原成Cr(Ⅲ)。铬过量可影响体内氧化、还原、水解过程，并可使蛋白质变性，核酸、核蛋白沉淀，干扰酶系统而引起生物中毒。

(1) 重金属在生物体内积累的主要特征

1) 重金属的吸收与转运

重金属被水生动物吸收，通常认为经过下列途径：一是经过鳃不断吸收溶解在水中的重金属离子，然后通过血液输送到体内的各个部位，或积累在表面细胞之中；二是在摄食时，水体或残留在饵料中的重金属通过消化道进入体内。此外，体表与水体的渗透交换作用也可能是重金属进入体内的一个途径。已证明，贝类既能吸收溶解态重金属，也能吸收食物颗粒态重金属。溶解态重金属主要通过直接吸附在动物体表来吸收，颗粒态重金属可通过动物对食物的摄取和消化过程来吸收。

几种重金属在生物体内转运的可能途径包括被动扩散(passive diffusion)、易化转运(facilitated transport)、通道转运(channel transport)、脂质渗透(lipid permeation)、主动转运(active transport)和胞饮作用(pinocytosis)。但在转运的过程中，以哪种方式为主，以及不同动物和不同种类重金属适合哪种转运途径并不确定。通常认为，溶解态重金属的吸收是一个被动过程，即使环境中重金属的本底值很低，也无须消耗能量。贝类对溶解态重金属的转运过程为载体介导的易化转运或被动扩散过程。在载体介导的易化转运模型中，重金属(游离离子)首先被细胞膜上的含硫或含氮的蛋白质捕获，然后再向细胞内转运，最后与细胞内亲和力最强的配位体结合，导致细胞内游离金属离子浓度降低，从而促进细胞外的金属离子持续地向细胞内转运。紫贻贝通过载体介导过程对溶解 Ag、Cd 和 Zn 的吸收，与细胞内某种蛋白质或含有硫基(如-SH、-SR、-S-S 等)的化合物有关。相反，Co 通过被动扩散过程吸收，Se 则通过阴离子通道吸收。其他金属的吸收过程，如 Fe 和 Pb 涉及的胞饮或内吞作用也十分重要。在这些模型中，通常假定金属的转运过程与机体的能量代谢过程无关，是一个不需要 ATP 供能的过程，且这种假设已被许多实验证明。

2)生物对重金属的累积

重金属污染物在环境中进行迁移时，一旦进入食物链，就可能由于生物浓缩和生物放大作用在生物体内累积。生物累积是指生物体在生长发育过程中，直接通过环境和食物累积某些元素或难以分解的化合物的过程。根据吸收途径的不同，生物累积可分为生物浓缩及生物放大两个部分。生物浓缩又称生物富集作用，系指生物机体从环境介质中吸收并累积外来物质，且使生物体内该物质的浓度超过环境中浓度的现象。它突出累积者所处的环境介质是水。生物放大作用又称生物学放大，是指生物体内某种元素或难分解化合物的浓度随生态系统中食物链营养级的提高而逐步增大的现象。

重金属在生物体内的累积有两种方式：体表吸附和透过体表吸收或两者兼而有之。重金属被体表吸附一般指金属被体表黏液、肠胃黏液或呼吸时被鳃所滞留。而透过体表吸收主要有 3 种形式：①重金属在生物体内能与生物大分子相结合，如果这种结合能力很强，则被累积的程度也就很高，其原因很可能是金属与大分子结合之后不容易通过细胞膜向外输出，这种大分子的相对分子量一般在 10 000 以上，被认为属于蛋白质。②重金属在生物体内可以诱导金属硫蛋白的合成，这也是重金属在生物体内累积的一种形式。这种蛋白质富含半胱氨酸(Cys)，Cys 残基含有易与金属结合的巯基，能与 Hg、Cr、Cu、Zn 等重金属结合。金属硫蛋白与重金属的结合能力大于高分子组分与重金属的结合能力。至少在低浓度的重金属侵入生物机体时，一般都是首先与金属硫蛋白相结合。当与金属硫蛋白的结合达到饱和之后，才能与高分子组分的蛋白质结合。根据金属硫蛋白的这一特性，有人利用生物组织中金属硫蛋白作为金属污染生物效应检测的生化指标。③重金属可能以离子或低分子络离子的形式在生物体内累积。例如，Zn 在紫贻贝体内的累积，就有少量是与相对分子量<3000 的小分子物质相结合，这些小分子物质可能是带正电荷的络离子。

(2) 生物对重金属累积的影响因素

影响生物累积重金属的因素主要有两大类，一类是生物因素，另一类是非生物因素。生物因素主要包括个体大小、生长速度、部位和组织器官、种间差异、性别、年龄以及繁殖状态等。非生物因素主要指各种理化因素，如盐度、温度、pH、底质中酸可挥发性硫化物(acid volatile sulfide，AVS)和有机质的含量以及季节变化和水动力条件等。非生物因素一般常以间接的方式影响贝类对重金属的累积，或通过改变贝类的生理状态，或通过改变重金属在环境中的化学形态及各形态的含量，或二者兼而有之。

1) 个体大小及年龄

鱼、贝类体内某些重金属含量与生物个体大小、生物个体年龄有明显关系。有人发现毛蚶个体软体部分的重量与 Hg 的浓度之间存在一定的相关性，个体较小的比大的对 Hg 有较强的富集能力。贻贝中 Cr、Hg 含量与体重有关，干重越重含量越低。镉的富集和某种鱼(斜齿鳊)年龄之间的关系以及湖鳟年龄和汞含量的相互关系等都已被研究。重金属在水生哺乳类动物体内含量比较高，且有的金属随年龄的增长含量越来越高。研究人员发现在海豚的体内、肝脏、肾脏中 Hg 随动物长度的增加而增加，海豹肝脏、肾脏、肌肉、骨骼中的 Cd 及肝脏中的 Hg 和年龄相关性很大；个体大的单位重量高于个体小的，是由于个体大的生物一般年龄较大，暴露于重金属污染的环境时间长，其累积的重金属量也会多一些。

2) 种间差异

不同生物对重金属的累积能力存在差异。海洋生物对重金属的累积取决于金属进出生物体的速率，相对速率的变化决定了生物对特定金属的累积。例如，在同一地点(Long Island Sound，NY，USA)采集到的美洲牡蛎和紫贻贝，前者体内 Zn 的浓度比后者高 40 倍，这是由于牡蛎能累积高浓度的颗粒 Zn，而贻贝则会排出大量颗粒 Zn。

3) 部位和组织器官

生物的不同部位和组织器官中重金属含量不同。肌肉中重金属含量一般较低，肝脏、肾脏和生殖腺中的含量较高。对于浮游鱼类和底栖鱼类，重金属在各个组织器官的含量有很大的差别，如汞在浮游鱼类肌肉和鳃中的蓄积量较低，但在底栖生物中，肝脏和软体组织中的含量较高。不同部位重金属含量不同是与各部位的脂肪含量有关系的，脂肪含量高的部位重金属积累量较高。不论 2 龄或 3 龄贻贝，各部位 As 含量顺序为：内脏＞生殖腺，鳃＞体液，这可能是由于 As 主要是通过食物(浮游植物或有机悬浮物)进入贻贝体内的，鳃和生殖腺的体表吸附是次要的。Cu、Zn 在尼罗罗非鱼中的积累：Cu 在肝脏和鱼卵中积累得较多，Zn 在鱼卵和鱼鳍中积累得多。毛蚶对 Cd、Cu、Pb、Ni 和 Cr 均有累积，不同部位 5 种金属含量均表现为：鳃＞外套膜＞闭壳肌＞内脏＞肌肉，这可能因这几种组织暴露于环境中而与重金属长时间接触。

在高等水生植物中，挺水和漂浮植物根部吸收重金属比叶片与茎部高得多，这与发达的根系能从水中吸收大量的重金属有一定的关系。有研究发现凤眼莲对水体 Cd 污染具有较理想的净化作用，而紫背浮萍是良好的监测植物。

4) 盐度

生物体对重金属的富集速率与盐度基本呈负相关。有人发现当盐度从 30 降低至 5 时，*Potamocorbula amurensis* 对 Cd 的吸收速率增加了 3～4 倍，*Macoma balthica* 增加了 6 倍。低盐度时 Black-lip oyster 对重金属的释放速率比高盐度时高。近江牡蛎对 Pb、Cd、Cu、Zn 的累积随海水盐度的升高而呈明显的下降趋势。盐度的变化很可能影响水体中重金属的存在形态和相互间的作用，从而影响重金属的生物可利用性。

5) 温度

温度既能改变水生生物的生理活动，又能影响周围环境中重金属的化学性质。因此，温度是水生动物累积重金属的重要影响因子。在 25℃的暴露温度下，贻贝软组织中 Cd 浓度最高，在 5℃和 7℃的暴露温度下，软组织中的 Cd 浓度最低。在 12～24℃，温度对 *Corbicula fluminea* 的 Cd、Hg 吸收过程影响不大。但也有研究认为在相同盐度下，尤其是低盐度时 *Black-lip oyster* 在高温(36℃)时对 Hg、Cd 的吸收速率明显比低温时高，而温度对 Pd 吸收的影响不大，高温时吸收速率略高一点。

6) 金属种类

同一种生物对不同金属或同一种金属的不同形态的吸收速率不同。运用放射性示踪剂来讨论双壳贝类(*Potamocorbula amurensis* 和 *Macoma balthica*)对重金属(Cd、Cr、Zn)的富集、排出动力学的研究发现，贝类对 Zn 的吸收速率是 Cd 的 3～4 倍，是 Cr 的 15 倍；这两种贝类对此 3 种金属的相对吸收速率是相近的，但绝对吸收速率 *Potamacorbula amurensis* 是 *Macorna balthica* 的 4～5 倍，这可能由物种不同所致。重金属在贝类体内的累积浓度依次为：Pb＞Co＞Cd＞Cr＞Cu＞Mn＞

Ni＞Zn＞Fe。贻贝吸收的 Hg 中无机汞占 75%，甲基汞及酚汞约为 6%；对 10 种海洋生物中 As 的测定发现，生物体中无机砷占总砷的百分比＜1.8%，有机砷的百分比均高于 98.2%。

海洋生物对各种重金属元素均有较强的富集能力，甲壳类生物的富集能力最强，软体类次之，鱼类对各种重金属的富集能力相对最小。同时甲壳类和软体类生物体内各种重金属含量均为 Cu＞Cd＞Pb＞As＞Hg；鱼类为 Cu＞Pb＞As＞Hg＞Cd。

同一种生物对不同浓度金属污染的耐受程度可能有较大差异。例如，Hg^{2+}对凡纳滨对虾幼虾 24h、48h、72h 和 96h 的半致死质量浓度分别为 0.415mg/dm^3、0.357mg/dm^3、0.264mg/dm^3 和 0.209mg/dm^3；Zn^{2+}对凡纳滨对虾幼虾 24h、48h、72h 和 96h 的半致死质量浓度分别为 35.362mg/dm^3、22.709mg/dm^3、17.041mg/dm^3 和 13.569mg/dm^3；Cr^{6+}对凡纳滨对虾幼虾 24h、48h、72h 和 96h 的半致死质量浓度分别为 40.892mg/dm^3、27.498mg/dm^3、21.635mg/dm^3 和 13.573mg/dm^3。凡纳滨对虾幼虾对 Cr^{6+}、Zn^{2+}和 Hg^{2+}的 96h 安全质量浓度分别为 0.136mg/dm^3、0.136mg/dm^3 和 0.0021mg/dm^3。Cu^{2+}、Zn^{2+}、Cd^{2+}、Hg^{2+}、Mn^{2+}、Cr^{2+}对斑节对虾仔虾 24h 的 LC_{50} 值分别为 7.978mg/dm^3、8.904mg/dm^3、4.365mg/dm^3、0.3296mg/dm^3、4.216mg/dm^3 和 32.630mg/dm^3；48h 的 LC_{50} 值分别为 3.869mg/dm^3、4.411mg/dm^3、1.264mg/dm^3、0.09484mg/dm^3、2.380mg/dm^3 和 14.28mg/dm^3；72h 的 LC_{50} 值分别为 1.185mg/dm^3、2.175mg/dm^3、0.4480mg/dm^3、0.0471mg/dm^3、0.771mg/dm^3 和 9.365mg/dm^3；96h 的 LC_{50} 值别为 0.571mg/dm^3、1.363mg/dm^3、0.266mg/dm^3、0.0198mg/dm^3、0.425mg/dm^3 和 4.782mg/dm^3。对斑节对虾仔虾来说，这 6 种重金属的毒性顺序为 Hg^{2+}＞Cd^{2+}＞Mn^{2+}＞Cu^{2+}＞Zn^{2+}＞Cr^{2+}。

(3) 生物对重金属污染响应的应用

虽然许多水生生物对重金属等污染物有很强的累积能力，可作为海洋污染的监测生物。但其体内污染物含量不能及时反映海洋污染的动态变化，也不能反映污染物对生物体生理生化的影响。水生动物生活在水体环境中，这个特殊环境的细微变化都将对它们的生理生化产生一系列的影响。有研究表明溶解氧、pH、温度、重金属污染等，都会使其体内 SOD 活性发生显著变化。所以对水生生物来说，SOD 是一类敏感的分子生态毒理学指标。由于牡蛎，尤其是近江牡蛎对温度和盐度具有广泛适应性，且其分布范围广，部分专家建议用其抗氧化酶防御体系参数作为水体重金属污染的生物监测指标。研究表明 Cu^{2+}、Pb^{2+}和 Zn^{2+}能诱导近江牡蛎(*Crassostrea rivularis*)鳃与消化腺中 SOD 的产生。但由于近江牡蛎(*C. rivularis*)鳃和消化腺的结构与功能的不同，在重金属的诱导下，消化腺内的 SOD 活性要比鳃的大；Pb^{2+}、Zn^{2+}诱导近江牡蛎(*C. rivularis*)鳃和消化腺组织 SOD 活性变化的剂量-效应均为抛物线型；Cu^{2+}对近江牡蛎(*C. rivularis*)鳃组织 SOD 活性诱导的曲线不呈抛物线型，而对消化腺组织 SOD 活性诱导的剂量-效应曲线呈抛物线型；根据对 SOD 活性影响的强弱，三种重金属对近江牡蛎(*C. rivularis*)的毒性强弱顺序为 $Cu^{2+}>Pb^{2+}>Zn^{2+}$。Cd^{2+}对近江牡蛎消化腺组织 SOD 活性诱导的剂量-效应曲线呈抛物线型，而对鳃组织 SOD 活性诱导的曲线呈非抛物线型，由于二者结构和功能的不同，前者的 SOD 活性高于后者；低浓度 Cd^{2+} ($0.1mg/dm^3$) 对近江牡蛎鳃组织 SOD 活性表现为显著诱导，中 ($0.5mg/dm^3$)、高 ($1.5mg/dm^3$) 浓度 Cd^{2+}对近江牡蛎鳃组织 SOD 活性诱导的曲线呈先升后降的变化趋势；低、中浓度 Cd^{2+}对近江牡蛎消化腺组织 SOD 活性均表现为显著诱导，高浓度 Cd^{2+}对近江牡蛎消化腺组织 SOD 活性诱导的曲线呈先升后降的变化趋势。对于水体中单一污染物而言，近江牡蛎消化腺组织中的 SOD 活性对其有一定的指示意义，但将其作为指标应用到实际养殖水体尚需进一步研究。

6.5.2　海洋环境中的有机污染物及其毒理

污染海洋的有机物有两大类：一类是人工合成的有机物，包括合成有机氯、有机磷、有机锡和其他有机化工产品；另一类为天然产物，如生物毒素、石油和天然气等。

6.5.2.1　*石油类*

(1) *海洋石油污染的危害*

石油污染是水体污染的重要类型之一，随着石油工业的发展，油类对海洋的污染越来越严重。常见的污染来源有含油工业废水的排放、近海海底油田的开发和载油船舶的运输泄漏，其中油轮事故性排放是突发性的集中污染源，危害是毁灭性的。例如，1996 年 2 月 15 日英国油轮“海上女王号”在英国西部威尔士圣安角附近海域触礁，约 6.5×10^4t 原油泄漏，导致约 2 万只海鸟死亡，成为历史上最大的一起原油泄漏事故，生态环境遭到的破坏需要 10 年时间才能消除。海洋石油污染对海洋生态平衡造成的恶劣影响，至少可延续 3 年。目前世界上通过不同途径排入海洋的石油数量每年为几百万吨至上千万吨，约占世界油总量的 5%。由于海洋污染，美国每年有 8%的海域所产的贝类不能食用。我国的黄海、渤海石油污染也很严重。

石油在海洋环境中的存在形式有三种：石油薄膜、焦油团块、乳状和溶解态石油，并通过扩散、蒸发、溶解、生物降解、乳化作用和生物吸收等过程迁移转化。石油污染物的最后产物——石油团块或焦油团块的主要成分是硬质的石蜡族碳氢复合物，以油状小团块形态漂浮在海水中。焦油团块被风干，滞留下来的重油、焦油和芳香族碳氢化合物成分越多，其毒性就越大。石油是由许多种化合物组成的非常复杂的混合物，其含有各种挥发性和可溶性的有机成分及多种致癌性很强的稠环芳烃。石油污染对水生生物尤其对水生动物的危害相当大，能降低鱼卵的孵化率，使仔鱼畸形，大型虾类幼体 24h 的半致死浓度为 $1mg/dm^3$，致死浓度为 $100mg/dm^3$。同时石油中的一些化合物如六氢苯甲酸、强致癌物质苯并(a)芘等可以在鱼虾体内富集，使鱼虾产生臭味，威胁人类的健康。大弹涂鱼肝脏和卵巢都是代谢苯并(a)芘的主要器官，还原型谷胱甘肽含量的显著升高表明机体对苯并(a)芘胁迫产生适应性反应。调查发现海洋动物体内的石油烃含量明显有软体类＞甲壳类＞鱼类的趋势；并且海洋动物的石油烃含量与它们的生活方式有关，其含量依次为定居性动物＞游泳能力弱动物＞游泳能力强动物。石油污染对鸟类的危害很大。海鸟接触到油膜后，因羽毛能吸收石油而失去正常防水能力，因此丧失浮力，或被冻死或被淹死。当海鸟用嘴巴整理羽毛时，毒性石油组分就进入海鸟的消化系统。若海鸟在孵化期间羽毛染上了油污，石油的毒性组分可渗透入蛋中，从而妨碍其正常的繁殖。另外，当海面漂浮着大片油膜时，降低了表层水接收的日光辐射，妨碍了浮游植物的繁殖，而浮游植物是海洋食物链的最低一环，其生产力为海洋总生产力的 90%左右，它的数量减少，势必引起食物链高环节上生物数量的减少，从而导致整个海洋生物群落的衰退。同时浮游植物光合作用所释放出来的氧，是地球上氧的主要来源之一，因此浮游植物数量的减少，将影响海-气间氧的交换和海水中氧的含量，最终也会导致海洋生态平衡的失调。因此每当发生一次大的溢油事故，对其周围海域的海洋生物都将是一次灭顶之灾。

另外，石油烃会破坏细胞膜的正常结构和渗透性，干扰生物体的酶系，进而影响其正常的生理、生化过程，如阻碍细胞的分裂繁殖，也会使许多动物的胚胎发育异常。石油污染还导致洄游性鱼类的信息系统遭到破坏，无法溯流产卵，从而影响鱼类的繁殖。

(2)海洋生物对石油污染的响应

落入海中的石油在几个小时至多几天，就可延伸为厚度为 10μm 的石油膜。油膜大面积覆盖海水表面，严重影响了海水对大气中氧气和二氧化碳的吸收，海水中的氧化速度、氧气更换速度大大降低，严重妨碍了海水的复氧功能和自净功能，使很多水生生物因缺氧而死亡。进入海洋环境的石油，在氧化和溶解过程中会引起海水的某些化学物质变化，导致海水中有机质含量增高。此外，石油的生物降解会大量耗氧，1kg 石油形成的浮在水面上的油膜完全氧化需要消耗 $40\times10^4dm^3$ 海水中的溶解氧，且降解速度缓慢，毒性强的组分不能降解。因此，一起大规模的石油污染事件往往能够引起较大面积海域的严重缺氧，对浮游生物造成直接显著的危害。海洋中存在大量的浮游生物，海面被油膜覆盖，不透明的油膜降低了光的穿透深度，使进入表层海水的日光辐射量减少，影响了浮游生物的光合作用，而浮游植物又是海洋中甚至整个地球上氧气的主要供应者(占 70%左右)，海洋产氧量减少，最终将导致海洋生态平衡的失调。

石油污染除可对海洋生物产生直接影响外，还可萃取分散于海水中的卤代烃，如 DDT、狄氏剂、毒杀芬等农药和多氯联苯等，并把这些毒物浓集到海水表层，对浮游生物、甲壳类动物和夜晚浮上海面活动的鱼苗产生有害影响，或直接毒杀，或影响其生理、繁殖与行为，但对石油污染最敏感的是浮游生物。

1) 对浮游生物数量的影响

海洋生物对海水中石油烃的浓缩能力与生物种类、生长时期有关，同时取决于所栖息环境的石油烃含量水平。当水体石油含量达到或超过浮游植物的安全浓度，将对其造成危害，大多数浮游藻类在含 0.1～1mg/dm^3 石油的海水中就可能死亡。石油对浮游植物的毒性影响主要取决于石油中碳氢化合物的含量及其他理化因子作用的程度。浮游植物具有生命周期短、繁殖率高、种群补充快的自身特点，在低浓度石油污染的情况下浮游植物可能会迅速增殖而掩盖局部或暂时的数量减少，从而不易由生物数量反映出石油污染。石油对浮游生物的间接危害也很严重，如 1952～1962 年整个北大西洋和北海海面受油污损害的海鸟达 45 万只，油污杀死了大量海鸟，海鸟种类和数量减少的同时，作为其饵料的上层鱼类数量就会增加，上层鱼类的增加又引起浮游植物数量的减少。石油污染后，通常情况是某些耐污生物种类的个体数量会猛增，而对污染敏感的种类个体会大量减少，甚至消失，结果群落物种多样性指数下降。

2) 对浮游生物生长的影响

石油烃对海洋浮游植物生长的影响主要表现为抑制作用，但有时也可以表现为促进作用，这取决于浮游植物种类和石油烃浓度。例如，硅藻 *Melosiramoniformis*、*Grammatophoramarina* 可以耐受 8mg/dm^3 的燃料油，但是同属于硅藻的 *Dilylum brihgtwelli*、*Cosainodis cusgrani*、*Chaetoceros Curuisrlus* 都在 24h 内死于含 0.08mg/dm^3 燃料油的海水中；墨角藻(*Fucus vesiculosus*)对油类有很高敏感性，它对 No.2 燃料油的生长限制剂量为 8.7μg/dm^3，可以用其作为高效的指示物种。

石油烃的抑制作用主要是其对浮游植物生长产生急性毒性作用，低浓度时的促进作用则可能与伴随浮游植物生长过程中浮游植物对石油烃的生物富集及细胞内石油烃的作用有关。石油烃对海洋浮游植物生长的影响不仅可以降低 CO_2 的吸收、阻止细胞分裂、减小光合作用和呼吸作用速率，从而导致生长速率降低，而且可以使细胞中 Chl a、类脂色素、糖脂、甘油三酸酯等含量降低。对油田生产水的生物毒性进行实验表明，卤虫无节幼体分期和体长与油田生产水毒性密切相关，表现为无节幼体发育龄期迟缓，分期不正常，体长增长慢。石油烃对旋链角毛藻(*Chaetoceros curvisetus*)生长曲线皆为“S”型，0.1～10.0mg/dm^3 浓度石油烃对其生长有促进作用，而且促进作用随石油烃浓度的增加先增加后降低。对于不同浮游植物，促进其生长的石油烃浓度也不尽相同。高浓度的石油烃污染（＞1.05mg/dm^3）对赤潮种中的裸甲藻（*Gymnodinium* sp.）、新月菱形藻（*Nitzschia closterium*），常见饵料藻三角褐指藻（*Phaeodactylum tricornutum*）、小球藻（*Chlorella vulgaris*）和亚心形扁藻（*Platymonas subcordiformis*）的生长有抑制作用；对于中肋骨条藻（*Skeletonema costatum*），石油烃污染浓度要高于 1.96mg/dm^3 时才抑制其生长。

3）对浮游生物生活习性的影响

浮游生物分布仅限于真光带，其垂直分布与水中光照深度以及海水运动有关。垂直分布深度与光照深度成正比。有不少浮游甲壳动物如磷虾到了生殖季节经常上升至表层进行产卵，中华哲水蚤（*Calanus sinicus*）在 7 月上旬生殖季节，在中午前后大量停留在表层。石油污染改变了海洋的光照，进而影响浮游生物的垂直分布，可能导致其种群在空间上发生数量变动。浮游植物昼夜变化有随着日照强度增高而增强的趋势，海洋浮游生物普遍存在昼夜垂直运动，在浮游甲壳类如磷虾、桡足类中特别显著。昼夜垂直移动和光照强度变化相符合，光照强度变化是引起浮游动物昼夜垂直移动现象的主要因素。乌克兰南海海洋研究所在日全食的特殊条件下，对浮游动物的运动进行跟踪观察，发现当天色明显变暗以后，许多浮游动物如小虾会错把白天当成夜晚，本能地从海水深处游向表层。被石油薄膜大面积覆盖着的海域，浮游小虾会不分昼夜地滞留于海水表层，从而改变浮游动物的正常活动习惯。

4）对浮游生物营养吸收的影响

NH_4-N 是浮游生物最重要的营养盐之一，NH_4-N 的吸收有比较强的光依赖性。光对 NH_4-N 的吸收在低光照条件下表现为促进作用，在高光强度下表现为抑制作用。石油可能造成浮游生物存在相对较大的 NH_4-N 库和相对较小的循环通量。另外，无机氮的相互转化与浮游植物的繁殖周期及茂盛程度密切相关。石油对浮游植物的危害会影响无机氮的转化。

5）影响浮游植物参与 DMS 的产生和循环过程

二甲基硫（DMS）有控制和调节气候的作用，海洋浮游植物在 DMS 的产生和降解过程中起重要作用，对环境产生积极影响。海洋水体中的二甲基巯基丙酸内盐（DMSP）主要分布在真光层，其含量与初级生产力和浮游植物的分布有关。

浮游植物由于被浮游动物捕食，细胞内 DMSP 被释放到海水中；或借助微生物的活动，通过酶促反应，使 DMSP 转化成 DMS。浮游植物的同化硫酸盐还原，构成 DMS 生产的一个环节，可维持海水具相对稳定的 DMS 含量。石油污染影响浮游生物的生长，进一步影响浮游植物-云层气候反馈。但这方面的研究报道还较少。

6)通过食物网影响其他海洋生物

在海洋生态系统中，牧食性食物链和微型食物网中微小型浮游植物(如鞭毛藻)与中小型浮游动物(如桡足类)起着重要作用。浮游动物种群数量通常按一定的滞后周期随浮游植物种群数量变动而波动，浮游植物数量的减少势必引起整个海洋食物链更高环节上的生物数量相应减少，导致各级生物群落的衰退，致使海洋生产力遭受破坏。浮游动物既是甲壳动物又是中上层鱼类(如鲱、鲚)的主要饵料，海面浮油内的一些有毒物质会通过浮游植物进入海洋生物的食物链。里海由于遭到石油的严重污染，1962～1969 年，海洋动物赖以为生的浮游生物产量明显下降，结果鲟鱼的产量下降了 2/3，鲷鱼、鲤鱼、梭子鱼等几乎绝迹。据分析，污染海域鱼、虾及海参体内致癌物质 3,4-苯并芘浓度明显增高。原因之一是它们摄食受污染的浮游生物而在体内积累有害物质。海洋底栖生物中以浮游植物为食的双壳类软体动物，以浮游动物为食的珊瑚虫和海百合等很可能因为摄食了这些有毒的浮游植物与浮游动物而积累毒素，发生死亡。石油中的有害物质最终可通过食物链在人体内积累，从而威胁人类健康。

6.5.2.2　持久性有机物

持久性有机污染物(persistent organic pollutants，POPs)是指具有长期残留性、生物蓄积性、半挥发性和高毒性，通过各种环境介质(大气、水、生物体等)能够长距离迁移，并给人类健康和环境带来严重危害的天然或人工合成的有机污染物。目前世界上 POPs 大概有几千种，大都为某一系列或者是某一族化学物。常见的有多氯联苯(PCB)、多环芳烃(PAH)和多溴联苯醚(PBDE)等几类。多环芳烃和多氯联苯均为芳香族污染物，广泛地存在于空气、水体和土壤或生物中，由于二者具有高毒性、持久性和生物富集效应，是环境污染物研究中最受关注的 POPs 之一。PAH 的结构特点是有两个或两个以上的苯环。按照其结构分为稠环型和非稠环型。稠环型的分子结构中至少有两个碳原子为两个苯环所共有，如萘、蒽、菲等；非稠环型的分子结构中苯环与苯环之间各由一个碳原子相连，如二联苯、三联苯等。从结构上来说，PCB 是一类多氯代的 PAH，其特点是联苯苯环上与碳原子连接的氢被氯不同程度取代，分子式可表示为$(C_{12}H_{10})_nCl_n$。理论上虽然氯的数量可以有 10 个，但实际常见的 PCB 多含 3～6 个 Cl。根据 Cl 原子取代数和取代位置的不同，PCB 的结构共有 210 种之多，有些 PCB 也被称作二噁英类化合物。《关于持久性有机污染物的斯德哥尔摩公约》最初规定削减和淘汰对人类危害最大的 12 种(类)物质，包括 3 类：一是杀虫剂类，主要是艾氏剂(aldrin)、氯丹(chlordane)、滴滴涕(DDT)、狄氏剂(dieldrin)、异狄氏剂(endrin)、七氯(heptachlor)、灭蚁灵(mirex)、毒杀酚(toxaphene)和六氯苯(HCB)；二是工业化学品，主要是六氯苯

(HCB)和多氯联苯(PCB)；三是副产物，主要是二噁英(PCDD)、呋喃(Pc-DF)、六氯苯(HCB)和多氯联苯(PCB)。

(1)持久性有机污染物的危害

POPs 一旦通过各种途径进入生物体内就会在生物体内的脂肪组织、胚胎和肝脏等器官中积累下来，到一定程度后就会对生物体造成伤害。各种 POPs 的毒性作用机制现在并不是非常明确，但可以确定的是：POPs 对人体造成损害，一般并不是某一种或某一族 POPs 单独作用，而是某几族 POPs 相互协同作用的结果。大部分 POPs 具有致癌、致畸和致突变作用，此外，POPs 还能破坏人体正常的内分泌功能、影响生殖与发育以及导致男性雌性化和女性雄性化、肝损害、免疫力下降等。黑笑涵等将 POPs 的生物学毒性归纳为以下几个方面。

1)干扰内分泌

通过体外实验已证实 POPs 中有多种物质都是潜在的内分泌干扰物，某些能模拟雌激素功能与雌激素受体结合后发挥类雌激素作用，有些能发挥类雄激素作用，有些能与芳香烃受体结合后引发一系列的生理化学效应。这些内分泌干扰物与相关受体结合后不易解离、不易分解排出，因而扰乱内分泌系统的正常功能。糖尿病、男性精子数量减少、生殖系统功能紊乱和畸形、睾丸癌及女性乳腺癌的发病率都与长期暴露于低水平的类激素物质中有关。实验表明，POPs 能减轻性器官的重量，抑制精子的产生，使男性雌性化、少女初潮提前等。

2)免疫毒性

POPs 可以抑制生物体免疫系统的功能，包括抑制免疫系统正常反应的发生，影响巨噬细胞的活性及降低生物体对病毒的抵抗能力。测试佛罗里达海岸宽吻海豚的肝血发现，海豚 T 淋巴细胞增殖能力的降低和体内富集的有机氯相关显著。海豹食用了被 PCB 污染的鱼会导致维生素 A 和甲状腺激素的缺乏，更易感染细菌。POPs 对人的免疫系统也有重要影响。有研究发现，人免疫系统的失常与婴儿出生前后暴露于 PCB 与 PCDD 有关。由于 POPs 易于迁移到高纬地区，对加拿大因纽特人婴儿进行研究，发现受感染 T 淋巴细胞的比例和母乳的喂养时间及母乳中有机氯的含量相关。

3)对生殖和发育的影响

生物体内脂肪组织富集的 POPs 可通过胎盘和哺乳影响胚胎发育，导致畸形、死胎、发育迟缓等现象。暴露于高浓度 POPs 的鸟类的产卵率会相应降低，进而使其种群数目不断减少，甚至灭绝。POPs 同样会影响人类的生长发育，尤其会影响孩子的智力发育。对 150 个怀孕期间食用了受到有机氯污染的鱼的女性进行跟踪随访，发现她们的孩子与一般孩子相比，出生时体重较轻、脑袋小；在 7 个月时认知能力较一般孩子差；4 岁时读写和记忆能力也较差；在 11 岁时测得他们的 IQ 值较低，读、写、算和理解能力都较差。

4）致癌性

实验证明，长期暴露于低剂量 POPs 环境中，癌症的发病率较正常情况有明显增高。对沉积物中 PCB 含量高地区的大头鱼进行研究，发现大头鱼皮肤受到损害，肿瘤和多发性乳头瘤等病的发病率明显升高。研究表明母亲血液中多氯联苯的浓度与孩子睾丸癌的发病率具有显著关联性。1997 年，世界卫生组织的国际癌症研究中心，在流行病学调查和大量动物实验的基础上，将二噁英（2,3,7,8-TCDD）定为Ⅰ级致癌物，PCB、PCDF 定为Ⅲ级致癌物。

5）其他毒性

POPs 还会引起一些器官组织的病变。例如，TCDD 暴露可引起慢性阻塞性肺病的发病率升高；也可以引起肝脏纤维化以及肝功能的改变，出现黄疸、精氨酶升高、高血脂；还可引起消化功能障碍。此外，POPs 对皮肤还表现一定的毒性，如导致表皮角化、色素沉着、多汗症和弹性组织病变等。POPs 中的一些物质还可能引起焦虑、疲劳、易怒、忧郁等一系列的精神心理症状。

（2）海洋生物对持久性有机污染物的响应

POPs 具有半挥发性，它们易于从土壤、生物体和水体中挥发到大气中并以蒸汽形式存在或吸附在大气颗粒物上，又由于它们在气相中很难发生降解反应，因此会在大气环境中不断地挥发、沉降、再挥发，进行远距离迁移后而沉积。这一特性使 POPs 的影响波及全球范围，特别是极地地区，表现出所谓的“全球蒸馏效应”。水和沉积物是 POPs 聚集的主要场所之一，世界绝大多数的城市污水以及水库、江河和湖海都不同程度地受到 POPs 的污染。我国西藏南迦巴瓦峰表层沉积物、东海近岸表层沉积物、太湖湖区表层沉积物、广东大亚湾表层沉积物、大连湾表层沉积物、珠江三角洲地区河流表层沉积物、珠江澳门河口沉积物均不同程度地受到POPs的污染。相应的生活在这些地区的生物必将受到POPs的胁迫。

1）浮游植物对持久性有机污染物的响应

持久性有机污染物对海洋浮游植物的影响十分明显。实验结果表明，每升海水中含 10μg 的 DDT 就对马尾藻海域硅藻类中的小环藻产生有害影响，而只需 0.1μg 的多氯联苯就对硅藻类中的海链藻产生明显的毒性作用。现有的数据表明每升海水多氯联苯的含量在 1～10μg 就会对沿海生物量和养殖的浮游植物细胞大小产生不利影响，减少细胞的分裂次数，降低光合作用的效率。

在不同浓度蒽的胁迫下，新月菱形藻、金藻和亚心形扁藻对蒽的敏感性依次降低；3 种微藻呼吸作用受抑制的程度要高于光合作用，光合色素含量的变化趋势与光合作用的变化趋势呈一定的正相关，但有时光合色素含量低而光合作用强。低浓度的菲、芘和蒽对 3 种赤潮微藻（赤潮异弯藻、亚历山大藻和中肋骨条藻）的生长都有刺激作用，而高浓度则显示出抑制作用。菲、芘和蒽对赤潮异弯藻的 96h

EC_{50}值分别为 0.059mg/dm^3、0.071mg/dm^3、0.078mg/dm^3，对中肋骨条藻的 96h EC_{50}值分别为 0.079mg/dm^3、0.097mg/dm^3、0.112mg/dm^3，对亚历山大藻的 96h EC_{50}值分别为 0.089mg/dm^3、0.107mg/dm^3、0.119mg/dm^3。在菲、芘和蒽处理的同时，附加辐射剂量为 0.3J/m^2 的 UVB 辐射处理，3 种多环芳烃对 3 种赤潮微藻生长的抑制作用更加明显。许多生态毒理学研究尤其是对水生生物的毒性研究表明阳光中的紫外辐射(UV)能够加剧多环芳烃的生物毒性。在没有 UV 辐射时，萘、菲、蒽、荧蒽和芘对中肋骨条藻的 72h EC_{50} 值分别比有 UV 辐射时高约 1.9 倍、8.4 倍、13.0 倍、6.5 倍和 5.7 倍。在没有 UV 辐射情况下，5 种多环芳烃对中肋骨条藻种群生长的抑制作用强度表现为荧蒽＞芘＞蒽＞菲＞萘；而当系统中加入 UV 辐射后，毒性强度变为荧蒽≈蒽＞芘＞菲＞萘，表明 UV 辐射不仅能够加剧多环芳烃对中肋骨条藻的毒性，也能改变它们对中肋骨条藻的相对毒性。甲苯、萘、2-甲基萘、菲对小新月菱形藻、甲藻、三角褐指藻、中肋骨条藻、小球藻、亚心形扁藻的 72h EC_{50} 分别为 34.1～114mg/dm^3、3.9～7.3mg/dm^3、1.69～3.03mg/dm^3、0.6～1.92mg/dm^3。这 4 种芳烃对 6 种浮游植物产生生物急性毒性的顺序为：小新月菱形藻＞甲藻＞三角褐指藻＞中肋骨条藻＞小球藻＞亚心形扁藻。

1,2,4-三氯苯(1,2,4-TCB)是环境中普遍存在的持久性有机污染物之一，其对海洋微藻(金藻、角毛藻和扁藻)的生长均有一定的抑制作用，该效应表现出一定的浓度和时间依赖性；1,2,4-TCB 处理 4d 后，3 种海洋微藻细胞蛋白质质量分数和叶绿素质量分数下降，呈现一定的浓度效应关系，表明 1,2,4-TCB 对 3 种海洋微藻产生毒害效应，其作用机制可能与藻类光合作用功能降低和蛋白质功能受损有关。1,2,4-TCB 在一定程度上降低了藻类饵料的利用价值，而且对食物链下游生物具有潜在的危害性。

2)海洋动物对持久性有机污染物的响应

许多海洋动物对多环芳烃和多氯联苯具有很高的富集能力，其通过食物链或直接由鱼鳃膜和细胞壁进入体内，并积蓄于脂肪含量较高的部位如皮脂、鱼卵、内脏和脑中，其富集倍数可达几千倍到几万倍。例如，PCB 含量在深水金线鱼几种组织内的分布与脂肪含量呈正相关，表现为肝＞腹肌＞皮≈背肌＞肠≈鳃丝。DDT 的存在会抑制水中动植物的正常生长发育，打乱原有的生态平衡。DDT 积蓄在鱼脑中导致鱼的神经系统麻痹，进入内脏影响生理机能，进入鱼卵时则降低孵化率，有的根本不会发育，有的出现畸形，很难成活。

对暴露于不同浓度多环芳烃中栉孔扇贝(*Chlamys farreri*)消化盲囊和鳃丝的毒理学研究表明，低浓度 PAH 对消化盲囊 7-乙氧基异吩恶唑酮-脱乙基酶(EROD)的活力无显著影响，对谷胱甘肽硫转移酶(GST)有一定的诱导作用，而高浓度 PAH 对消化盲囊 EROD 有明显的诱导作用，对 GST 先诱导后抑制；在 PAH 作用下消化盲囊和鳃丝的 3 种抗氧化酶(SOD、CAT 和 GPx)活力呈现一定的变化，且在高浓度 PAH 下均被显著抑制，同时鳃丝的酶活力较消化盲囊抑制显著；消化盲囊和鳃丝的脂质过氧化(LPO)水平在 PAH 处理下随时间不断上升，并表现出明显的剂量和时间效应。暴露于 PAH 中栉孔扇贝的 EROD、GST 和抗氧化酶活力的变化反映了机体的解毒代谢过程和能力，而 LPO 水平则直接反映了机体的氧化损伤程度，而且各毒理学指标在解毒过程中相互关联，具有很强的规律性。

3)有机磷农药的生物危害

有机磷农药是当今农药主要种类，几乎用于农业所有的领域。有机磷农药化学结构共性是有一个五价磷原子，磷原子正电性的强弱由分子中其他基团结构所制约，从而决定了磷原子与乙酰胆碱酯酶共价结合的强弱和形成磷酰化酶的速度。有机磷农药作用机制是磷原子与乙酰胆碱酯酶共价结合形成磷酰化酶，阻断了乙酰胆碱的水解，使其在神经系统中积累引起突触的过度兴奋，抑制神经冲动的传导，引起一系列的神经综合征，对生物体造成极大伤害，高剂量的有机磷农药如果被误服将直接致死，因此对人畜可造成极大危害。有机磷农药作为有机氯的新替代产品在农林业生产中已经广泛使用。虽然有机磷农药较易分解，进入环境后残留期较短，但它的毒效大，对海洋生物资源、水产养殖品种和生态环境的影响颇令人担忧。三唑磷是最常使用的有机磷农药，1996 年以来，三唑磷农药污染造成虾、鱼、贝死亡的事故时有发生。采用三唑磷在脊尾白虾(*Exopalaemon carinicauda Holthuis*)、日本大眼蟹(*Macrophthalmus japonicus*)和重要养殖品种长毛对虾(*Penaeus penicillatus*)、中国对虾(*Penaeus chinensis*)不同发育阶段进行实验表明，三唑磷对虾、蟹类的毒害，48h LC_{50} 值都小于 0.1mg/dm^3，表现为高毒性，虾类的敏感性大于蟹类。虾类在不同的发育阶段，其敏感性不同，蚤状幼体、仔虾＞成体＞无节幼体。不同物种对有机磷的敏感程度不同，如对虾仔虾对有机磷的毒性是非常敏感的，日本大眼蟹对三唑磷的毒性比较不敏感，它的 24h LC_{50} 值达到 1.83mg/dm^3，比三种虾类高 2～3 个数量级，在三唑磷的常用浓度，日本大眼蟹一般是不会出现死亡的，其他敏感种大都死亡了。

有机磷农药对昆虫、鱼类和哺乳动物的致毒机理主要是抑制和诱导乙酰胆碱酯酶失活，从而导致神经系统的紊乱和损伤。海藻不具备神经系统，有机磷农药对其形成毒害的主要机制是：在久效磷的胁迫下，藻细胞 SOD 和 POD 活性下降的同时，藻细胞清除活性氧的能力也降低了，从而打破了活性氧的代谢平衡，造成活性氧的过量产生和积累，进而引发膜脂过氧化作用，对细胞产生膜脂过氧化伤害。唐学玺和李永祺利用久效磷对三角褐指藻进行的胁迫实验表明，在久效磷胁迫的初期阶段，SOD 和 POD 的活性保持相对稳定并有所升高，使三角褐指藻细胞清除活性氧的能力增强。这可能是三角褐指藻为维持其细胞内活性氧平衡，保护细胞免受活性氧伤害，从而有效地抵抗久效磷的毒性胁迫而作出的积极性适应反应。与此同时，细胞的电解质外渗率和膜脂过氧化强度的变化也表现得相对不明显，这充分证明了此期间藻细胞的受害较轻。在胁迫的后期，随着久效磷胁迫时间的逐渐延长，SOD 和 POD 的活性都急剧下降，三角褐指藻细胞内活性氧产生与消除间的平衡遭到破坏，使得超氧阴离子自由基在细胞内大量产生并积累。超氧阴离子自由基在细胞内可以转换成多种形式的活性氧，最终导致活性氧总量的增加。细胞内过量的活性氧会攻击细胞膜脂中的不饱和脂肪酸，发生膜脂过氧化作用，导致细胞膜结构的破坏和功能的丧失，进而使藻类生长和繁殖受到抑制。

(3) 海洋生物对 POPs 监测的意义

海洋生物对生存环境污染程度的变化非常敏感，人们可以从监测生物的细胞变化、生化反应、体内器官污染物含量等得到及时的信息；也可以利用生态学的相关指示，如数量的变化、群落的异常反应和环境的改变等对该地区污染物的潜在影响和实际毒性进行监测。

对世界上不同水域(围绕日本、菲律宾群岛、印度尼西亚、塞舌尔、巴西、中国、孟加拉湾等水域)的金枪鱼(金枪鱼的分布几乎遍及全球)研究发现，有机氯杀虫剂(OC，是典型的持久性有机污染物，如 PCB、DDT、CHL、HCH、HCB)在金枪鱼体内的浓度与它们所生存水体中的含量非常接近(DDT 和 HCH 的含量与所在水体最接近，其他 OC 则非常接近)，而且发现体内富集倍数与鱼体长度、重量没有什么明显的联系，是用来监测 OC 在全球水体中分布情况比较理想的生物。在黑海沿岸广泛存在的沙滩胡瓜鱼，也对有机污染物比较敏感，可以作为监测生物。实验结果表明，有机污染物能使其幼体蛋白质的组成发生显著的变化。除了鱼类，其他用鳃呼吸的生物，如贝类也能够及时反映周围环境 OC 浓度的变化。

由于 POPs 在海水中的溶解度较低，比较容易沉入海底沉积物中，因而对底栖生物影响比较大，棘皮动物是海底生物环境的重要组成部分，与沉积物接触密切，受污染影响比较大。当有机污染物在棘皮动物体内富集到一定浓度，就会导致其数量的减少和行为的反常，这将影响它们整个群落和所处整个生态系统的平衡，所以一些棘皮动物成为很好的水底有机污染物的指示物。海星和海胆是棘皮动物中比较敏感的动物，其胚胎和幼虫阶段对 PCB 浓度极其敏感。污染物对棘皮动物产生毒性的一个方面就是改变其免疫系统，以致传染病的发作。体腔阿米巴样细胞浓度和过氧化物酶催化产生的活性氧粒子浓度是反映海星免疫系统功能强弱的 2 个基本参数，PCB 可增加体腔阿米巴样细胞浓度，与其他动物相比海星的这 2 个参数对 PCB 浓度具有更高的灵敏度。通过分析 7 种 PCB(28、52、101、118、138、153 和 180)在海底沉积物和海星体壁的含量发现，海星体壁的 PCB 含量和沉积物中的含量有很紧密的联系，所以能够准确地反映其所处环境中 PCB 的含量，海星可以作为海洋沉积物污染的指示生物。

6.5.2.3　有机锡化合物

有机锡化合物是一类金属有机物，在工业、农业、医药和材料等方面有极为广泛的用途。有机锡化合物有 4 种类型：一烃基锡化合物($RSnX_3$)、二烃基锡化合物(R_2SnX_2)、三烃基锡化合物(R_3SnX)和四烃基锡化合物(R_4Sn)。其中 R 可为烃基、烷基或芳基等；X 为无机或有机酸根、氧或卤族元素等。其生理活性 R_3SnX＞R_4Sn＞R_2SnX_2＞$RSnX_3$，当 R 为丁基或丙基时生理活性最强，以 R_3SnX 生物活性最高。其中二烃基有机锡和一烃基有机锡可作为 PVC 的化学稳定剂，防止 PVC 老化，延长其使用时间；三丁基锡(TBT)和三苯基锡(TPT)对细菌、真菌、藻类、软体动物和甲壳动物等水生生物具有很强的杀伤作用而被广泛用作船体、捕鱼网具和冷却塔的抗生物附着剂、木材防腐剂与杀真菌剂。除此之外，有机锡化合物还可用作玻璃 SnO_2 镀层的材料及某些聚合反应的均相催化剂。有机锡农药和防污涂料是水环境中有机锡的主要来源。用于杀虫剂的有机锡约占总有机锡生产量的 30%，全世界每年至少要消耗近 8000t 农用有机锡，而且大多采用喷撒法施用，对土壤、大气和水域会产生直接污染。每年约有 3000t TBT 和 TPT 防污涂料进入海洋，对海洋环境有很大影响，在海湾、港口、船坞等局部海域，甚至会对其中的生物产生毁灭性的威胁。20 世纪 70 年代在法国发现有机锡污染使得阿卡雄湾中一种重要的商业牡蛎 *Crassostrea gigas* 出现生长畸形及繁殖力衰退现象。其中用于船体防污涂料的 TBT 对水体生态系统的危害最为严重，由此引发的一系列环境问题已受到世界各国的普遍关注。

自从发现有机锡化合物可对海洋产生污染以来，有机锡被认为是迄今为止由人为因素导致大量进入海洋环境中的毒性最大的化学品之一。有机锡对海洋生物的毒性表现在多个方面，如对三丁基锡氯化物(TBTCl)对孔雀鱼的毒性效应研究发现，当幼鱼暴露于 1.25～7.90μg/dm^3 的 TBTCl 后，出现明显的急性中毒症状，96h 的半致死浓度(LC_{50})为 5.82μg/dm^3；成鱼在 0.14～3.56μg/dm^3 浓度下暴露 10～30d，TBTCl 能诱导雌鱼的肝体指数升高，并使肝和脾组织的显微结构发生明显的病理变化，毒害作用具有明显的剂量效应和时间效应。但最受关注的是有机锡对生物的生殖毒性。

环境中的许多化学物质都具有干扰内分泌系统的作用，这些化合物被称为内分泌干扰物，有机锡化合物便是其中的一类。这些物质影响生物的生殖功能，干扰其体内激素的分泌，造成生殖和遗传方面的不良后果。大量的研究证实 TBT 能够引起软体动物生殖功能逆向改变，从而使得该种群中雌性个体比例下降，幼体数目减少，最终导致种群的衰退。TBT 在十亿分之几的浓度就能对水生无脊椎动物产生急性毒性。雌性新生腹足类动物如果暴露于足够高浓度的 TBT 就会发育出雄性的特征结构如阴茎、输精管、产生精子的小管。这种现象已被命名为性畸变

(imposex)。有机锡化合物能引起海产贝类性畸变，导致雌性减少雄性增加。在英国，曾经发现 TBT 引起荔枝螺性别变异和群体衰退，造成许多地区的荔枝螺处于种群消亡的边缘。TBT 引起牡蛎畸变的现象在美国、加拿大、英国、法国都有发现。研究发现，新出生的斑马鱼暴露于 0.1ng/dm^3 的 TBT 70d 后，雄性的数目偏多，在 10ng/dm^3 浓度时，产生的所有精子都缺少鞭毛。研究发现 TBT 能够提高雌性腹足类动物的睾酮水平，而睾酮浓度升高能引起这些动物发生性畸变。因此，认为暴露于 TBT 后引起内生睾酮增加是其导致性畸变的机制。睾酮的羟基化产物和氧化-还原代谢物是Ⅰ相反应的产物，可以被器官直接消除，或被转化为结合物，即成Ⅱ相反应的产物。水蚤睾酮的一系列代谢物中，被消除的主要代谢物是葡糖苷酸结合物，而易被保留在体内的是氧化-还原代谢物(如雄烯二酮、雄烷二醇)。TBT 促进了睾酮的葡糖苷酸结合物的增加和非葡糖苷酸结合物的代谢消除。然而，随着 TBT 浓度的升高，睾酮以葡糖苷酸结合物形式消除的消除率却降低了。这说明，TBT 增加了雄激素向多种氧化-还原代谢物如 6β-羟睾酮和葡糖苷酸结合睾酮的转化，然而并未影响各种氧化-还原代谢物向葡糖苷酸结合物的转化，结果增加了雄激素向氧化-还原代谢物转化的百分比。氧化-还原代谢物是无极性的，易被水蚤和其他生物保留在体内。这些氧化-还原代谢物在脊椎动物中具有不同的雄性化作用。因此，认为 TBT 引起的雄激素代谢改变可能是其导致性畸变的机制。

VDSI 是用来表示在性畸变雌体的生殖乳突上长出的输精管的发展阶段的一个指数。VDSI 包括 6 个阶段，具体如下：S0，正常，无雄性特征，生殖孔开放或位于生殖乳突中央，生殖乳突嵌入外套膜中。S1，外套膜腹面上皮朝生殖乳突内折，开始形成输精管前端。S2，在右触角稍后开始形成阴茎的边缘，输精管前端继续延伸。S3，小阴茎形成，同时从其基部开始形成输精管的另一端。S4，输精管的两端开始交汇，阴茎增大至与雄性的相似。S5，输精管增长超过生殖乳突，导致生殖孔异位、萎缩或消失，生殖外口受阻；泡状输精管支管在乳突周围出现，且常呈增生状。S6，生殖腔中包含有无法排出体外的败育卵囊，它们聚集在一起形成半透明、淡色的甚至灰褐色的团状物。

VDSI 立足于雌性腹足纲动物自身，通过雌性体内出现的雄性生殖器官的发育程度，定性地描述因 TBT 内分泌扰乱作用而导致的生殖系统的性畸变。通过检测雌体阴茎和输精管的发育程度，可以确定个体性畸变的程度，然后取性畸变个体 VDSI 的平均数得到某一海区的种群平均 VDSI 值。VDSI 值越大，代表性畸变的程度越高。如果种群 VDSI 值>4，说明已含有不育的雌体，种群生存能力开始受到影响。在收集的 *Hexaplex trunculus* 消化腺和性腺中，丁基锡化合物的浓度范围是(102±17)～(432±27)ng/g 干重，在其他的软组织中是(96±24)～(297±107)ng/g 干重，而 TPT 的浓度较低。雌性腹足类动物的性畸变程度(由 VDSI 和阴茎长度来评价)与软组织中的有机锡含量呈正相关关系，尤其是阴茎长度与机体 TBT 含量和总的有机锡含量呈显著正相关关系。

6.5.2.4 其他有机污染物

人类对食物的需求导致了海水养殖业的迅速发展，特别在近海海洋渔业资源衰退以后，海水养殖已成为海洋渔业的重要部分。目前，以网箱养殖为主的集约化水产养殖及育苗迅猛发展，成为近海区域内的强污染源，甚至一些地区由于养殖及鱼苗场过于密集，其排放污水的 COD 含量已经超过工业污染源，并接近生活污水。在集约化水产养殖的整个过程中，由于人为保持生物体密度过大，随时都有暴发疾病的可能，常规的做法就是盲目地连续投加抗生素(如氯霉素、土霉素、呋喃唑酮等)、消毒剂(如甲醛、氟乐灵等)等，使这些物质残留在水中；另外，为了络合海水中的重金属离子人们超剂量使用 EDTA 络合剂。根据报道，在高密度集约化养殖业，一般将孔雀石绿直接加入养殖水体中，用于杀灭真菌，用量一般为 $2mg/dm^3$；将氯霉素直接加入水中，治疗黏细菌病，用量为 $2\sim4mg/dm^3$；将土霉素混入饵料中或直接溶于养殖水体中，用于抑制细菌病的发生；将甲醛直接加入养殖水体，用于杀灭真菌，用量为 $15\sim20mg/dm^3$。但养殖鱼类对药物中抗生素的吸收只占 20%～30%，也就是说实际上 70%～80%的抗生素进入了环境。这些药物在杀灭病虫害的同时，也使水中的浮游生物和有益菌、虫受到抑制、损伤甚至死亡。例如，水中的微生物、单细胞藻类等具有抑制细菌繁殖的作用，有益微生物群落有助于提高对虾抗病能力。因此，不加选择地使用消毒剂、抗生素会造成养殖生态系统中的微生态严重失衡，而生态系统中微生物组分变化，将影响整个生态系统的物质生产及能量循环。同时，多种药物大剂量重复使用，会使细菌发生基因突变或转移，容易产生抗药性。通过培养网箱鲑鱼养殖的表层沉积物中细菌，对所选取的三种抗生素的抗药性情况加以研究，结果发现，在沉积物中，约有 5%的可培养细菌对上述三种抗生素产生了抗药性。一些低浓度或性质稳定药物的残留，还可能在一些水生生物体内产生累积并通过食物链放大。例如，长期使用抗生素使海底沉积物中产生耐药菌株，出现药效减弱或完全无效的现象，而动物身体组织内的这些生物活性物质的存活寿命比我们目前所认识的要长得多，药物会通过食物链富集到鱼类等生物体中，最终将有一部分进入人体，由此对整个水体生态系统中的生物乃至人类造成危害。

6.5.3 微生物污染及其影响

在近海沿岸的生物体中，还存在着一定程度的微生物污染，在海洋监测中发现异养菌和弧菌有较高的含量。在海水养殖、陆源污染等因素的影响下，许多几丁质降解菌、弧菌等条件致病菌大量滋生，如大肠杆菌、霍乱弧菌、甲肝病毒等致病微生物通过鱼、虾、贝的滤食宿居在鱼、虾、贝的体内，一旦被人类非正确食用，即诱发疾病。对浙江沿岸贝类的调查发现，污染最严重的是大肠菌群。大肠菌群主要来自生活污水和工业废水，大量排放生活污水入海是海洋贝类大肠菌群超标的主要因素。其次是副溶血性弧菌群。副溶血性弧菌是海洋环境中的常见菌，也是水产动物体内的一种条件致病菌，当环境条件恶化时便会表现出强大的致病力，研究发现其致病力主要有侵袭力、溶血毒素和尿素酶，流行病学调查表明其致病性与溶血能力呈显著相关关系。现已发现副溶血性弧菌的致病因子主要是耐热直接溶血素(thermostabile direct hemolysin，TDH)和耐热溶血素相关毒素(TDH-related hemolysin，TRH1 和 TRH2)和不耐热溶血毒素(thermolabile hemolysin，TLH)。在养殖环境条件恶化时，副溶血性弧菌的污染概率更高，潜在危害更大。被污染的海产品在加工食用过程中若处理不当，未能将致病菌彻底杀灭，将会导致疾病。许多沿海人群有喜食不经过充分加热或完全煮熟的“海鲜”的习惯，如“生腌海蟹”等，这是很容易使人患病的。我国沿海城市曾发生过因食用毛蚶引发的甲肝暴发；食用小杂鱼引发霍乱的发生。

大量的水产品微生物研究表明，微生物污染无处不在。水产品与其他肉类产品相比，微生物更易在其体内繁殖，各种致病菌、病毒和寄生虫会寄生于水产品的肠道、皮肤、肌肉等部位，当人们生食这类“带病”水产品时便很可能患上食源性疾病。由食源性疾病引发的水产品安全问题，会严重地影响消费者的生命健康。微生物污染是导致食源性疾病的罪魁祸首。以下是几种常见且影响广泛的病原微生物。

沙门氏菌。它可导致感染型细菌性食物中毒。沙门氏菌在自然界广泛存在，几乎所有的食品都可能成为沙门氏菌的污染源。沙门氏菌中毒的症状以急性肠胃炎为主，症状有恶心、头疼、全身乏力、发冷、呕吐、腹泻等。控制好食品源头，做好环境消毒，防止交叉污染是控制沙门氏菌的关键。

金黄色葡萄球菌。它是导致毒素型细菌性食物中毒案例最多的病原菌。金黄色葡萄球菌食物中毒并不是由活菌引起，而是由其先前所产肠毒素引起。人类和动物是金黄色葡萄球菌的主要宿主，特别是当水产品加工者手部有化脓的疮疖或伤口仍然不离开岗位而接触水产品时，非常容易发生金黄色葡萄球菌污染事件。加工水产品员工洗手消毒和适当的储藏温度是控制金黄色葡萄球菌食物中毒的关键。

单增李斯特菌。它在自然界中分布非常广泛，主要定居在各种环境和土壤中，在水产品加工环境中，通常潜伏在湿冷环境中如下水道、地板和冷冻设备中。该菌具有特别强的耐冷能力，且感染剂量低，死亡率高达 20%以上，主要感染免疫力低下人群。在保质期较长的冷冻食品特别是冷藏速食食品中需要特别关注该病原菌。做好环境清洁消毒和环境监控可以减少单增李斯特菌污染中毒的概率。

副溶血性弧菌。它是一种海洋细菌，主要来源于鱼、虾、蟹、贝类和海藻等海产品。生食携带副溶血性弧菌的水产品，极易引发食物中毒。经检测显示，45%～49%的海鱼、海虾、蛏子都携带副溶血性弧菌。夏季不少到沿海地区旅游的人途中或是回来后不久出现剧烈腹痛、呕吐、腹泻，大多是因为吃了受副溶血性弧菌污染的水产品。副溶血性弧菌是引起食源性疾病暴发最多的弧菌。此菌对酸敏感，在普通食醋中 5min 即可杀死；对热的抵抗力较弱。采取有效措施控制生食和熟食海产品交叉污染是重要的防范措施。

6.5.4　放射性污染与生物富集

放射性污染是指在核设施正常运行或事故情况下放射性物质外逸进入环境造成的污染，其危害为放射性核素发出的 α、β 和 γ 射线对公众或其他生物的辐射损伤，具有影响时间长、难以消除、累积性、隐蔽性等特点。目前，海洋放射性污染的主要来源包括核事故、核试验、核动力舰船、核电厂放射性废物排放以及人为投放的中低水平放射性废物。至今，在海洋中已检测到的放射性同位素有 60 多种，包括天然及人工放射性核素。海洋中的天然放射性核素由 3 部分组成：①铀系、锕-铀系及钍系的共 43 个子体组成的 3 个天然放射性系；②宇宙射线与大气或其他物质作用的产物，主要有 ^{3}H、^{7}Be、^{10}Be、^{14}C、^{26}Al、^{32}Si，此外还有 ^{32}P、^{35}S、^{35}Cl、^{37}Cl 和 ^{39}Ar；③单独存在于海洋中的长寿命核素，如 ^{40}K、^{87}Rb、^{50}V、^{115}In、^{138}La、^{144}Nd、^{147}Sm、^{152}Gd、^{178}Lu、^{174}Hf、^{187}Re、^{190}Pt、^{192}Pt、^{124}Sn、^{180}W 和 ^{142}Ce 等。

海洋中的人工放射性物质主要有 3 个来源。

第一，核武器在大气层和水下爆炸使大量放射性核素进入海洋。核爆炸所产生的裂变核素和诱生(中子活化)核素共有 200 多种，其中 ^{90}Sr、^{137}Cs、^{239}Pu、^{55}Fe 以及 ^{54}Mn、^{65}Zn、^{95}Zr、^{95}Nb、^{106}Ru、^{144}Ce 等最引人注意。

第二，核工厂向海洋排放低水平放射性废物。建在海边或河边的原子能工厂，包括核燃料后处理厂、核电站和军用核工厂在生产过程中，将低水平放射性废液直接或间接排入海中。最典型的例子是美国汉福特工厂和英国温茨凯尔核燃料后处理厂，前者 1960 年排入太平洋的放射性废物主要是 ^{51}Cr、^{65}Zn、^{239}Np 和 ^{32}P，后者自 20 世纪 50 年代初，每天大约把 450 万 L 含有 ^{137}Cs、^{134}Cs、^{90}Sr、^{106}Ru、^{244}Pu、^{241}Am 和 ^{3}H 等核素的放射性废水排入爱尔兰海，是爱尔兰海、北海和北大西洋局部水域的主要放射性污染源。核电站向水域排入的低水平放射性液体废物，其数量要比核燃料后处理厂少得多。

第三，向海底投放放射性废物。美国、英国、日本、荷兰以及西欧其他一些国家从 1946 年起先后向太平洋和大西洋海底投放经不锈钢桶包装的固化放射性废物。据调查，少数容器已出现渗漏现象，成为海洋的潜在放射性污染源。

此外，核动力舰艇在海上航行也会将少量放射性废物泄入海中。不测事故，如用同位素作辅助能源的航天器焚烧、核动力潜艇沉没，也是不可忽视的污染源。

地球上最早的放射性沉降物是在第二次世界大战末期，由在新墨西哥州、广岛和长崎发生的原子弹爆炸而产生的。到1968年全世界共爆炸了470枚核武器。核武器的燃料采用的是浓缩的铀和钚，铀和钚在核裂变及核聚变过程中可产生200多种不同的放射性裂变产物与同位素，特别是在空中和水里进行爆炸进入海洋最多。部分以粉尘形式存在的放射性物质，则直接进入海洋。钚-239（^{239}Pu）裂变速度快，临界质量小，有些核性能比铀-235（^{235}U）好，是核武器重要的核装料。钚的毒性很大，仅仅百分之一盎司的钚就足以对人类产生巨大的毒害。如果钚侵害到人体，它就会潜伏于人的肺、骨骼等细胞组织中，从而破坏细胞基因导致癌症。如果运输过程中发生泄漏，10kg钚就能对整个地球的环境和食物链造成毁灭性的破坏，其影响会持续很长的时间。所有放射性元素核裂变在产生大量能量的同时，也会生成核废料，其中以钚最多，这些钚废料还有相当的能量，如能加工后再应用还可以使用无数次，直至50万～80万年后能量才会完全消失。钚与天然钋和铀具有类似的特性，即水溶性差，易沉淀，但能以有机络合物的形式在沉积物中富集起来。截止到1971年，引入世界各大洋的钚的总放射强度为2.1×10^5Ci。据有关消息报道，贮存在核超级大国武器库里的核武器中钚的放射性强度为10^8Ci。

放射性核素在海洋中的迁移、扩散与其在大气中扩散一样，是全球性的，但速度不如在大气中快。一般而言，放射性核素进入海洋以后与海水中的悬浮物质发生物理化学反应，如絮凝形成胶体、被浮游生物富集而以颗粒态、胶态或离子态存在于海水中并随着海流进行水平或垂直方向的运动，海流是转移放射性物质的主要动力。例如，美国在比基尼岛和恩尼威托克岛进行大规模海上核试验时，落入海洋中的^{90}Sr随北赤道海流向西流动，然后在西海岸向北随黑潮流向南海、日本海等，造成太平洋西岸的放射性物质浓度高于其他海域的现象。由于放射性核素随水团的运动，因此往往核素在海洋中的分布有一个明显的梯度。由于温跃层的存在，上部混合层海水中的离子态核素难以向海底方向转移，只能通过水体的垂直运动、被颗粒吸附以及与有机或无机物质凝聚、絮凝或通过累积了核素的生物的排粪、蜕皮、产卵、垂直移动等途径才能较快地沉降于海洋的底部。沉积物对大多数核素有很强的吸附能力，其富集系数因沉积物的组成、粒径、环境条件有较大的差异，据室内实验，沉积物从海水中吸附核素的能力大致是：$^{45}Ca<^{90}Sr<^{137}Cs<^{86}Rb<^{65}Zn<^{59}Fe$、$^{95}Zr$-$^{95}Nb<^{54}Mn<^{106}Ru<^{147}Pm$。核工厂向近海排放的低水平液体废物，大部分沉积在离排污口几千米到几十千米远的沉积物里。海流、波浪和底栖生物还可以使沉积物吸附的核素解吸，重新进入水体中，造成二次污染。近海和河口核素沉积的速率高于外海。

在海水中，有些人工放射性核素的理化形式可能与其稳定性元素不同。例如，20 世纪 60 年代中期，太平洋东北部鲑鱼体内 ^{55}Fe 的比活性(放射性原子与相同元素的总原子之比)要比鲑鱼生活环境(海水)的比活性高 1000～10 000 倍。由此推测，从大气沉降到海水中的 ^{55}Fe 与海水中的稳定性 Fe 有不同的理化形式，而海洋生物又比较能吸收和积累 ^{55}Fe。环境条件能改变核素的存在形式。在 pH=8 时，^{65}Zn 在海水中以离子、微粒子和络合物的形式存在；当 pH=6 时，其仅以离子和络合物的形式存在。核素在海水中的存在形式，与核素在海洋中的迁移归宿密切相关。核素可以用作示踪剂，帮助阐明诸如海流运动、海-气相互作用、沉积速率、生物海洋学和污染物扩散规律等一些重要海洋学问题。

海洋生物可以通过皮肤渗透、鳃的呼吸、摄食饵料等方式吸收多种存在形式的放射性核素，海洋生物对放射性核素的富集系数依照不同的生物品种、不同的核素种类而不同并且强烈地受到生物内在因素和外在因素的影响，一般而言，富集系数的范围为 $10～10^5$。实验表明，牡蛎能快速并大量吸收海水中的 ^{110}Ag，整体富集系数(CF)最高可达 2467。各软组织中鳃的富集系数最大(33 661)，其余器官的 CF 按降序排列分别为：外套膜(23 119)＞水管(21 818)＞剩余部分(17 685)＞闭壳肌(9915)＞壳(189)。牡蛎也能通过摄食途径吸收环境中的 ^{110}Ag，投喂 2d 后，有超过 80%的放射性 ^{110}Ag 进入牡蛎体内。^{110}Ag 经摄食途径进入牡蛎后，主要分布于剩余部分(含性腺和胃消化腺)。

海洋生物以摄食的方式积累放射性核素主要有两条途径；①捕食食物链网，即由浮游植物、浮游动物、小型动物、中型动物到大型鱼类各营养级组成的食物链网；②碎屑食物链，即由浮游植物、浮游动物、生物残骸以及某些细小的无机物等组成的碎屑食物链。碎屑的比表面积特别大，为 $1～40m^2/g$，是海洋中放射性核素有效的吸附剂和载体，其对放射性核素的富集系数高达 $10^3～10^6$。生物通过摄食碎屑而积累核素，所以碎屑食物是海洋放射性核素与海洋生物之间的重要传播媒介。因此海洋生物通过摄食所积累放射性物质的数量并不以它在食物链中所处的营养级别高低为依据，而是受到捕食食物的数量、其对核素的富集量、核素在饵料生物中的存在形式以及其对饵料生物消化吸收的程度等因素的影响。

海洋放射性核素对海洋生物产生的辐射剂量来自海水、沉积物的外照射和海洋生物体内的内照射。天然放射性核素产生的剂量率范围为 $10^{-8}～10^{-2}Gy/h$，其中 ^{40}K 对海洋浮游植物辐射剂量率最高($4.1\times10^{-2}Gy/h$)，^3H 对海洋浮游植物的辐射剂量率最低($1.5\times10^{-8}～7.7\times10^{-8}Gy/h$)。在人工放射性核素中，对生物的辐射剂量率最高者为 ^{137}Cs[$(0.3～8.3)\times10^{-4}Gy/h$]。英国温茨克核燃料后处理厂排出废水的放射性核素对海洋生物产生的剂量率，也以 ^{137}Cs 对鱼类的辐射剂量最高($0.36\times10^{-1}～1.0\times10^{-1}\mu Gy/h$)，其次是 ^{134}Cs($0.14\times10^{-1}～0.49\times10^{-1}\mu Gy/h$)。

由表 6-12 可以看到，各类海洋生物的致死剂量相当高。慢性照射对海洋生物生长、发育、繁殖及遗传影响的研究结果尚不统一，有的结论矛盾大。把大西洋鲑(*Salmo salar*)卵培养在含有 0.37Bq/dm^3 混合裂变产物的海水中，观察到鲑鱼卵的死亡率相当高，在胚胎发育期间也有死亡现象。在含 37Bq/dm^3 ^{137}Cs 的海水里也发现同样的情况。核素能沿着海洋食物链(网)转移，有的还能沿着食物链扩大。在受污染的环境，海洋生物受到体内外射线的照射。不同种类生物，对照射的抗性有较大的差异。低等生物对辐射的抗性比高等生物强。胚胎和幼体对射线辐射的敏感性高于成体。

表 6-12　不同海洋生物的急性致死剂量范围

海洋生物	致死剂量(kGy)
细菌	0.045～7.35(LD_{90})
蓝绿藻	4～12(LD_{90})
其他藻类	0.03～1.2(LD_{50})
原生动物	?～6.0(LD_{50})
软体类动物	0.2～1.09($LD_{50/30}$)
甲壳类动物	0.015～0.566($LD_{50/30}$)
鱼类	0.01～10.056($LD_{50/30}$)

放射性辐射不仅直接影响生物的生理过程，还影响染色体的基因或者损坏染色体，使之以碎片形式存在或者以非自然状态聚结，其结果是引起基因的变化和产生形变。由于天然放射性核素和其他自然因素的影响，鲷胚胎中 6%～14%的染色体为碎片，但是如果将其胚胎放入放射性强度为 100 000×10^{-12}Ci/dm^3 的含人造锶-90 的海水中，染色体的碎片数量会明显上升。有报道指出，100×10^{-12}Ci/dm^3 的人工放射性强度就会对鱼卵的发育产生有害影响。

6.5.5　海洋微塑料及其对生物的影响

自 20 世纪 40 年代塑料大规模生产以来，其全球生产量和使用量急剧上升，2013 年全世界塑料产量已经接近 3 亿 t。生产生活中未被有效处置的塑料垃圾会以碎片或微粒的形式进入海洋，并随海洋动力过程进行远距离迁移，导致全球范围内的海洋塑料污染。据估算，每年进入海洋的塑料垃圾达 480 万～1270 万 t，目前全世界海洋漂浮的塑料碎片超过 5 万亿个，重量在 25 万 t 以上，每年给海洋生态系统造成的经济损失高达 130 亿美元。

微塑料一般是指直径小于 5mm 的微小型塑料颗粒或碎片，海洋中的微塑料主要包括聚乙烯、聚丙烯、聚氯乙烯、聚苯乙烯、聚对苯二甲酸乙二酯等类型。微塑料属于高分子化合物，具有强烈疏水特性和抗生物降解能力，密度多变，可以在海洋环境中长期稳定存在，对海洋生物产生慢性毒性效应。人们对微塑料的认识起源于 20 世纪 70 年代，据 2001 年的报道，北太平洋中心环流海域海水中微塑料的密度为 9.7×10^{5} 个/km^{2}，引起全球关注。大西洋西北部 2015 年的调查发现，在 73%的鱼体内发现了塑料微粒。每只鱼体内平均含有 2 个塑料微粒，最多的一条鱼体内含有 13 个塑料微粒。海洋“微塑料”一词正式引入科学界则始于 2004 年在 *Science* 上发表的论文。此后，国际上关于微塑料的研究不断开展。我国微塑料研究始于 2013 年，之后部分学者开始注意到海洋微塑料的危害，近几年来逐渐成为人们关注的焦点。微塑料因形状、颜色、类型多变，粒径较小，对海洋中不同营养级生物均会产生毒性作用，并可沿食物链传递，威胁人类健康，关于微塑料对海洋病毒、细菌、浮游植物、浮游动物、游泳动物、底栖动物和海鸟的毒性效应以及其在海洋食物链中的传递、微塑料与化学物质的联合毒性的报道较多。

6.5.5.1　海洋微塑料的来源及分布

海洋中微塑料的来源主要有原生微塑料和次生微塑料。原生微塑料是指人工制造的直径在 5mm 以下的微型塑料颗粒，主要用于工业生产以及化妆品和医疗用品等的生产。次生微塑料是指由大型塑料在海洋涡流、湍流等作用下破碎而来，或者经过海水长时间的浸泡、紫外照射以及风力等因素的作用，塑料结构破坏，表面脆化，进而裂解而来。

微塑料的漂浮能力和移动能力较强，特别是在海洋独特的水动力过程和洋流作用下，其在海域中的分布范围非常广，几乎存在于全球所有海洋环境中，有些甚至出现在两极附近海域。热带辐合区海域微塑料污染严重，北太平洋中心环流区海水中微塑料重量远高于浮游生物重量。不同海域微塑料的含量、颜色、形状、类型、粒径大小等均具有明显区别。据 2018 年的最新报道，地中海微塑料污染水平比世界上其他开放海域高近 4 倍。地中海海面漂浮垃圾和海滩垃圾中 95%为塑料制品，大部分来自土耳其、西班牙、意大利、埃及和法国。

由于多变的形状和密度，微塑料广泛分布于海水表面、深海、海底沉积物中。多数塑料密度低于海水，容易在海表漂浮，而一些密度较高的微塑料则会向下部转移，到达深海或者海底。海表漂浮的一些低密度微塑料也可能在风、潜流或者生物的作用下向深海或者海底转移。在有些海域，海底微塑料含量多于海水中部和海水表层，进入海底的微塑料很难重返上层水体，海底成为微塑料的最终储藏库。

微塑料在海洋环境中会发生一系列的迁移和转化(图 6-7)。微塑料密度低于海水，进入海洋环境中会漂浮或悬浮在海水中，在洋流、潮汐、风浪、海啸等动力过程驱动下进行扩散。海浪和潮汐还会驱使微塑料在海岸地区沉积。在海洋环境的长期作用下，具有疏水性的微塑料表面特征变得复杂，很容易吸附一些有机和金属类化学污染物，并且会附着一些黏土颗粒、有机碎片、海藻、微生物等，这些过程会增大微塑料颗粒的密度或改变其表面特性，促使其发生沉降。在海洋环境中，长期的物理、化学和生物共同作用会将微塑料分裂成更小的纳米颗粒，微塑料的主要分析方法见表 6-13。在太阳辐射、海洋生物和海水等的作用下，微塑料会发生光降解、生物降解、氧化分解和水解等降解与转化过程。此外，微塑料还会被海洋生物摄入体内，并随之迁移，海洋生物成为微塑料与海洋生物网连接的纽带。海洋环境中微塑料的大范围污染会对海洋生物的生存造成威胁。

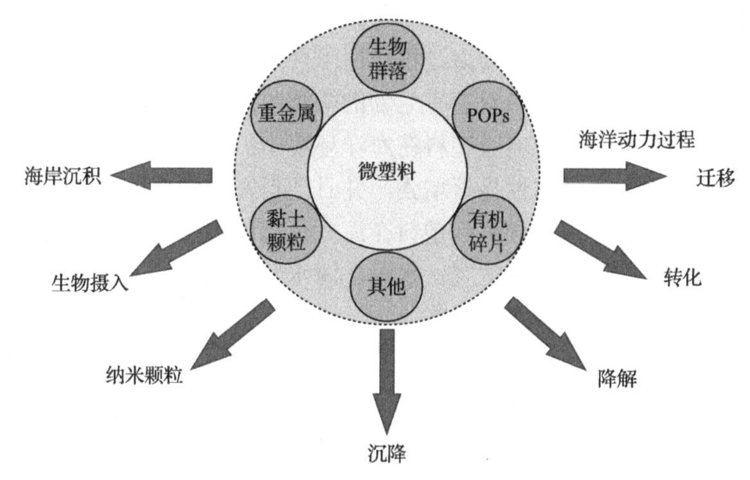

图 6-7　海洋微塑料的行为特征

表 6-13　微塑料的分析方法比较

分析方法			优点	缺点
物理表征	目视法		简单、快捷	存在有机、无机颗粒干扰的情况不适用
	显微镜法		提供清晰的微塑料表明纹理图像	出错率高，无法分辨颜色信息
	光谱分析	FTIR	提供微塑料的组成结构和丰度信息	耗时长、成本高
		拉曼光谱	检测粒径小于 1μm 的微塑料	对微塑料中的添加剂和颜料化学品很敏感
化学表征	DSC		应用广泛	只适用于初级微塑料
	Pyro-GC/MS		能分析微塑料的降解产物	不适用于大量样品分析
新方法	SEM-EDS		检测微塑料中无机添加剂的成分	方法不成熟
	TDS-GC/MS		受杂质影响小，分析时间相对较短	要求微塑料含量在 1%以上
	新型显微镜	TEM	能分析更小尺寸微塑料	方法不成熟
		AFM	具有高成像分辨率，能进行液体分析	方法不成熟

6.5.5.2 微塑料对海洋生物的影响

海洋微塑料对生物产生影响主要表现为生物吸附和摄入。海洋环境中的微塑料颗粒可成为微生物和藻类等生物的附着载体。微塑料进入海洋环境后，微生物会快速附着在其表面，一周左右便可形成牢固附着的生物膜。利用扫描电子显微镜和新一代基因测序技术分析发现，北大西洋近岸水体中附着在微塑料上的微生物群落包括异养生物、自养生物、共生生物等。科学家估算附着在海洋塑料碎片上的微生物总量高达 1000～15 000t。法国海湾水体的调查结果显示，平均约 22%的微塑料颗粒样品表面附生有小型海藻和有孔虫类，其中夏季样品附着的比例更高。有害生物的附着会让微塑料充当“移民”工具。微塑料化学性质稳定，在海洋环境中很难降解，并在海洋动力过程作用下可远距离迁移。微塑料被生物附着后就成为生物传播的载体，当附着有生物的微塑料跨生物地理区系迁移，就会导致生物入侵。生物附着会影响微塑料在海洋环境中的迁移。微塑料表面形成生物膜后，其疏水性减弱，亲水性显著增强，并且塑料颗粒的密度逐渐增大，会由水体表面向水下沉降，这也是导致微塑料在海底沉积的重要因素。微塑料的生物附着极其复杂，季节变化、地理位置、水温、海水营养状况、底质类型、水流速度等都会影响生物在微塑料表面的附着。

生物摄入是海洋微塑料进入食物网的重要途径(图 6-8)。海洋环境中的微塑料很容易被大多数海洋生物，如浮游动物、底栖生物、鱼类、海鸟、海洋哺乳动物等摄入体内。首先，海洋生物摄入微塑料与其摄食和呼吸方式有关，微塑料的粒径较小，海洋生物的摄食方式很难将微塑料与食物分离开来，而利用鳃孔呼吸的海洋生物(如蟹类)还可通过呼吸过程将微塑料吸入鳃室，这些微塑料可在其鳃室富集，但不会进入其他组织或器官。其次，海洋生物会误食微塑料，海洋中的微塑料与浮游生物的大小和密度相似，容易被海洋生物误判为食物而主动捕获。微塑料可沿食物链进行传递，低营养级生物体内的微塑料通过捕食作用进入到高营养级生物体内。被海洋生物体摄入体内的微塑料颗粒可在其组织和器官中转移与富集，许多海洋生物的胃、肠道、消化管、肌肉等组织和器官甚至淋巴系统中均发现有微塑料存在。

微塑料具有疏水和硬质特性以及较强的漂浮能力，比海洋中一般的自然漂浮物保持稳定的时间更长，其表面有利于微生物建群和生物膜的形成，因而成为海洋中病毒、细菌及微生物幼体等的新型生态栖息地。例如，在海水中密度很低的弧菌属细菌，其在微塑料表面的密度却很高，是微塑料表面所有微生物中的优势种。病毒、细菌聚集后的微塑料相比普通微塑料，具有更强的生物毒性，进入生物体后，容易引起生物体感染。

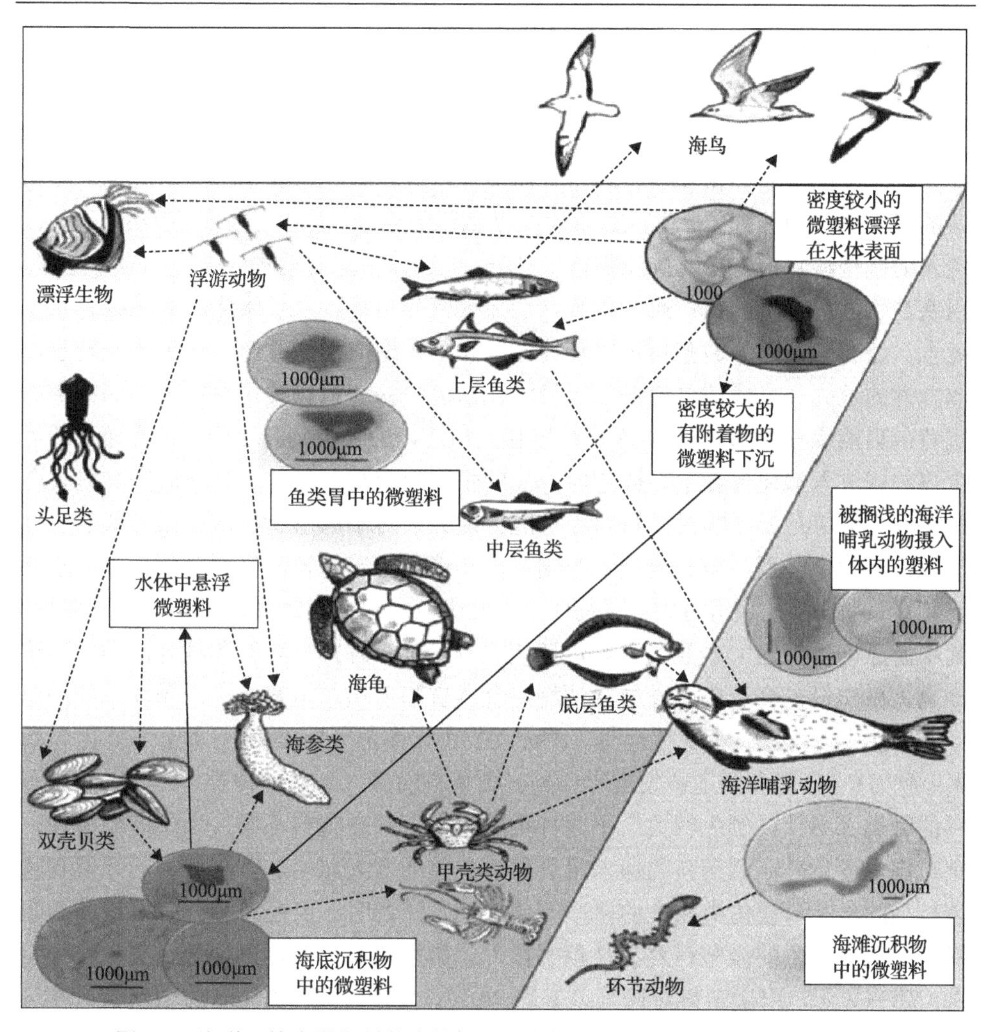

图 6-8　海洋环境中微塑料的生物摄入及生物链传递(彩图请扫封底二维码)

浮游植物作为海洋中的初级生产者，为海洋生物提供食物来源和氧气保障。但是，海洋中微塑料的广泛存在可对其生长产生不利影响，导致浮游植物群落的变化，从而破坏海洋生态系统的稳定。海面上漂浮的微塑料对太阳光的遮挡与反射作用会阻碍浮游植物对太阳光的吸收，影响其光合作用能力。微塑料的分解碎化是海洋中纳米塑料颗粒的主要来源之一，用纳米塑料颗粒对小球藻和栅藻暴露可以降低藻细胞中叶绿素 a 的含量，增加藻细胞内活性氧的产生。角毛藻、盐沼红胞藻等可以在生长条件受限制时分泌多糖等黏性物质而形成藻团，并与周围存在的微塑料聚合，这种行为不仅可以改变藻团密度，影响其在海水中的分布，而且可以促进低密度微塑料向海底转移。另外，单细胞藻类在微塑料表面的附着行为可以大幅度提高其水平迁移能力，到达新海域后容易成为优势种，甚至导致外来物种入侵现象发生。藻团作为海洋生物的主要食物，微塑料通过与其聚合可以增加被海洋生物摄食的机会。

微塑料与浮游动物的相互作用方式主要有 2 种，包括被浮游动物摄入体内和在浮游动物的附肢、摄食器、触角、尾叉等体外器官进行黏附。浮游动物对微塑料的摄入量与物种种类、生活史阶段及微塑料的粒径、浓度、表面污染情况有关。摄入的微塑料除了少量随排泄物排出体外，大部分在浮游动物的消化系统中积累，阻塞消化道，降低食欲，影响进食，造成其营养不良、生长缓慢、体重减轻甚至死亡。还有一小部分微塑料可以转移到组织中，造成潜在危害。例如，一些悬浮滤食性的双壳类可以通过栉鳃捕捉悬浮在水流中的塑料颗粒，再由前端的纤毛经过背部黏液或者腹部的黏液-水系统转移到口腔，进一步到肠道中，最终通过肠道上皮细胞进入消化盲囊中。微塑料产生的生物效应与其粒径、暴露时间具有显著相关性。而等足类动物对微塑料没有区分能力，对不同形状、浓度微塑料的摄食情况没有明显区别。微塑料进入生物体内会造成一定伤害，甚至会因误食引起食管刺穿、划伤消化道等危害。目前为止，受废弃塑料伤害的海洋生物有 260 多种，其中游泳动物占绝大多数，主要包括鱼类、海龟、海狮、海豹和鲸等。类似浮游动物，微塑料也会造成海洋游泳动物摄食器官和消化道阻塞，进入循环系统和组织还会影响酶活性、干扰代谢等。游泳动物中，在部分鱼类(如灯笼鱼科、巨口鱼科、秋刀鱼科)胃和肠道中发现微塑料。微塑料的摄入与鱼的种类、体型以及微塑料的种类、形状、颜色相关。不同种类的鱼摄入的微塑料不同，当鱼的体型在一定范围内变化时，微塑料的摄入量会随着鱼体的增大而增加，与鱼类的天然食物越相近的微塑料被鱼类捕食的概率就越大。研究表明，粒径为 0.5～5mm 的微塑料和颜色为黑色的微塑料容易被鱼类摄入。微塑料在鱼类体内的分布也与粒径相关。研究显示，用微塑料对斑马鱼暴露 7d 后，发现粒径为 20μm 的微塑料只在斑马鱼的鳃和肠道中出现，而粒径为 5μm 的微塑料则还可以进入到斑马鱼的肝脏中，导致肝脏发生氧化应激、炎症反应、脂质积累，还会干扰脂质和能量的代谢。微塑料存在会影响幼鱼正常的摄食行为，降低河鲈受精卵的孵化率、幼鱼的成活率以及逃避天敌捕食的能力，严重影响鱼类幼体的生长发育，增加幼鱼的死亡率。在调查海豚的塑料碎片摄入情况时发现，28%的海豚胃中含有塑料碎片，且摄入量与海豚的年龄和体型相关，体长大于 130cm 的成年海豚明显比体长 110～130cm 的幼年海豚摄入量少。研究显示，在海龟卵的孵化过程中，其性别会受海底沉积物温度的影响，微塑料在海底的聚集会阻碍沉积物与海水界面的热量交换，使沉积物变暖的速率减慢并使沉积物的最大温度降低，因此会间接对海龟的性别产生影响。世界上第二大海洋哺乳动物须鲸，在喝水和滤食时会摄入大量微塑料，其在体内长期积累，产生慢性毒性作用。

微塑料的垂直转移，使其大量存在于海底沉积物中，对海洋底栖生物产生巨大的威胁。贻贝作为全球海洋底栖生物的重要组成物种，是大量食肉动物及人类的食物来源。贻贝可以通过鳃收集微塑料并经口腔转移到消化道中积累，最终通过内吞作用内化到消化系统细胞中，其积累部位、体内存留量以及生物效应与微塑料的粒径、浓度以及暴露时间呈显著相关性。例如，海胆幼虫对微塑料的摄入量取决于微塑料的浓度和微塑料表面的生物附着情况，浓度较高且表面未被生物污染的微塑料容易被海胆幼虫摄入，而排泄量则与时间相关，经过 420min 的排泄，微塑料几乎被全部排出体外。5d 的微塑料暴露并未对海胆幼虫的存活率产生显著影响，但与对照组相比体重减轻，且减轻量与暴露浓度呈正相关。轮虫对微塑料的排泄能力以及微塑料暴露对轮虫产生的毒性效应(生长速率和繁殖能力降低、寿命缩短、繁殖时间延长、抗氧化酶和丝裂原活化蛋白激酶被激活)均与粒径具有显著相关性，粒径为 6μm 的微塑料 24h 之内可以全部排出轮虫体外，所造成的影响明显低于粒径为 0.5μm 和 0.05μm 的微塑料。利用聚苯乙烯微粒对蓝贻贝进行暴露研究显示，3h 后微粒在消化管中出现，6h 后消化腺中粒细胞增多，导致溶酶体系统稳定性降低。并且与对照组相比实验组出现了较明显的病理学变化，包括出现了强烈的炎症反应、溶酶体膜稳定性降低等现象。粒径为 2μm、4μm、16μm 的聚苯乙烯颗粒可以进入贻贝的肠腔和消化管中。粒径为 3μm 和 9.6μm 的聚苯乙烯微粒可以通过循环系统进入贻贝的血细胞和血淋巴细胞中，在循环系统中的存留时间超过 48d，最大值出现在 12d，然而，这些贻贝在实验期间并未出现血淋巴氧化状态降低、血细胞活力和吞噬活性下降，或者摄食行为被影响等现象。微塑料可以增加牡蛎的死亡数，减缓其生长，影响牡蛎对能量的吸收和分配，干扰生殖系统，影响产卵量和后代幼体的发育。在我国，沿海紫贻贝、扇贝等双壳类也同样受到了微塑料污染的威胁。此外，微塑料暴露会降低沙蚕的摄食量、摄食活性和体重，沙蚕对微塑料具有良好的排泄能力，但当其胃肠道中积累过多微塑料无法排泄时，体内的微塑料会影响沙蚕的抗病菌能力，对其生存产生威胁。海参在摄食过程中会摄入沉积物中的微塑料，微塑料的大小决定了它是否会被海参摄入以及摄入量的多少。微塑料可以在蟹类的鳃部积聚，结果降低了鳃对水中溶解氧的吸收速率，降低了血淋巴细胞中钠离子浓度并同时增加了钙离子浓度，且效应强度与暴露浓度呈正相关，但对螃蟹的行为和死亡率不会产生影响。

微塑料具有生物传递性，对人类健康构成潜在威胁，因此成为研究者关注的焦点。而此方面研究甚少，目前仅发现，贻贝与螃蟹、桡足类与糠虾、鱼类与海螯虾等动物之间存在微塑料的传递效应。具体表现为，用粒径为 0.5μm 的荧光聚苯乙烯微粒对贻贝(可食贻贝)进行暴露，之后将带有微塑料的贻贝软组织喂给红色雌性螃蟹(青蟹)，微塑料在螃蟹的血淋巴中出现，24h 时数量达到最高，最大值为贻贝暴露的微塑料数量的 0.04%，但可在 21d 时几乎全部清除。此外，微塑料还在螃蟹的鳃、胃、肝脏、胰腺及卵巢中出现，以摄入了直径 10μm 的荧光聚苯乙烯微粒的桡足类(真宽水蚤)为食喂养糠虾(新糠虾)，培养3h后，荧光聚苯乙烯微粒在糠虾肠道中出现，且荧光聚苯乙烯微粒的传递率与糠虾种类有关。用体内含有小段聚丙烯纤维的鱼肉喂食挪威龙虾(海螯虾)，经过12h后，所有海螯虾胃中均有塑料微粒的出现，停止喂食后，其数量在实验期间持续减少。医学研究还显示，粒径小于150μm的聚苯乙烯和聚氯乙烯颗粒可以从人类的肠道转移到淋巴和循环系统中。

微塑料除了可以对海洋生物产生物理损伤之外，还可以通过其他方式对海洋生物产生化学毒性效应。塑料在生产和加工过程中常常会有双酚A等有毒单体的残留，同时，为使微塑料具有更好的性能，会人为向其中加入塑化剂等有毒物质。另外，微塑料本身的疏水特性和巨大的比表面积使其可以大量富集海水中的微量有机物，其中壬基酚在塑料中的浓度比其在海底沉积物中的浓度高出2个数量级，吸附在微塑料上的菲的浓度是周围海水中菲浓度的61倍。这些微塑料进入生物体后，其中一些化学物质在消化道中表面活性剂的作用下迅速释放，储存在脂质含量高的组织中或者通过食物网放大，对生物体产生毒性作用。例如，日本青鳉摄入带有内分泌干扰物质的聚苯乙烯微粒，会严重干扰其内分泌系统，其中雄鱼卵壳蛋白原基因表达明显下调，雌鱼的卵黄蛋白原、卵壳蛋白原和雌激素受体基因的表达也都明显下调，对雌鱼的繁殖能力产生影响，甚至使一些雄鱼出现了生殖细胞增生的现象。微塑料与有机污染物的联合作用机制尚不明确，甚至存在相互矛盾的研究结果。例如，与天然沉积物相比微塑料更容易携带菲进入海蚯蚓，增加菲在其组织中的浓度，向含有菲的沉积物中加入被菲污染了的微塑料可以明显提高海蚯蚓组织中菲的浓度，使毒性作用增强，微塑料吸收的壬基酚进入沙蚕肠道后可以快速释放出来并在其肠道中积累，浓度约为沉积物中初始浓度的3～30倍；当对鰕虎鱼用微塑料和芘共同暴露时，微塑料的存在可以显著降低乙酰胆碱酯酶和异柠檬酸脱氢酶的活性，增加鱼类死亡率。但与此同时，微塑料的加入又会推迟鰕虎鱼的死亡时间，降低芘的毒性作用。

微塑料暴露可导致海洋生物的存活率降低、死亡率升高。端足类美洲钩虾(*Hyalella azteca*)暴露在粒径为10～27μm聚乙烯微塑料和粒径为20～75μm聚丙烯微塑料中死亡率显示出明显的剂量-效应关系，随着微塑料暴露剂量的上升，钩虾的死亡率也逐渐升高，并得出聚乙烯和聚丙烯微塑料对钩虾的10d半数致死浓度(LC_{50})分别为4.6×10^4个/cm^{3}和71个/cm^3。海鲈(*Dicentrarchus labrax*)的死亡率随着粒径为10～45μm聚乙烯微塑料暴露剂量的增加从30%左右显著上升至44%。慢性毒性效应研究显示，粒径为0.05μm和0.5μm的聚苯乙烯微球对日本虎斑猛水蚤(*Tigriopus japonicus*)的致死率随着暴露剂量的增加而显著上升。棘皮动物(*Tripneustes gratilla*)幼体存活率在300个/cm^{3}的粒径为10～45μm聚乙烯微塑料暴露剂量下明显降低。

微塑料摄入会对生物体的生长发育产生负面影响。与对照组相比，暴露于微塑料环境中的鱼类受精卵孵化率明显下降，仔鱼的体长也有所降低。沙蚕体重降低程度与沉积物中粒径 40～1300μm 的聚苯乙烯颗粒浓度正相关。将海胆暴露在不同浓度的聚乙烯微球中，结果显示，暴露的浓度越高，海胆对微球的摄入量越多，海胆的体型越小。微塑料被海洋生物摄入体内后会在生物体的消化道中积累并阻塞消化道，动物因此会产生饱腹感，其摄食量或摄食速率下降，导致体内能量储备减少，机体生长所需能量来源补充不足，从而影响生物体的生长发育。

微塑料的摄入可以影响生物个体的行为特征。仔鱼喜好捕食微塑料颗粒，微塑料的暴露会让鲈鱼(*Perca fluviatilis*)仔鱼的嗅觉灵敏性和活动能力变差，面对外来刺激时其反应变得迟钝。当把捕食者引入到仔鱼生存的环境中，对照组中仔鱼仍然有近半数存活，而微塑料暴露组中的仔鱼则无一幸存。桡足类汤氏纺锤水蚤(*Acartia tonsa*)幼体暴露在粒径 45μm 的塑料微球中，其游泳行为会受到影响，并且会出现“跳跃”反应。还有研究表明，微塑料暴露会严重影响生物体的正常摄食行为。

微塑料会损害生物个体的生殖健康。暴露在微塑料中的雌性牡蛎产生的卵母细胞个数和大小均显著小于对照组，雄性产生的精子活动速率显著低于对照组，子代幼体的生长速率也明显慢于对照组。暴露在粒径 0.5μm 和 6μm 的聚苯乙烯微球中，日本虎斑猛水蚤的繁殖能力显著下降。哲水蚤(*Calanus helgolandicus*)在粒径 20μm 的聚苯乙烯微塑料中暴露 6d 后，虽然其产卵量没有受到显著影响，但是卵的尺寸明显缩小，孵化成功率显著下降。导致这个结果可能与两方面因素有关，一方面微塑料通过干扰生物体的消化过程而降低生殖系统的能量分配，从而降低生殖细胞质量；另一方面微塑料会产生内分泌干扰作用，损害生物体的生殖健康，如有研究发现，暴露在聚乙烯微塑料中的日本青鳉(*Oryzias latipes*)雄性个体生殖细胞出现了异常生长现象，表现出卵母细胞的特征，而非精原细胞特征。

进入生物体内的微塑料，可通过在组织和器官的转移与富集进入机体免疫系统，对生物体产生免疫毒性。粒径小于 16μm 的微塑料会转移到贻贝淋巴系统，粒径小于 80μm 的高密度聚乙烯微塑料可在贻贝消化系统中富集，导致嗜酸性粒细胞增多和溶酶体膜不稳定等，引发机体免疫系统的炎症反应。微塑料的免疫毒性主要由其物理性状诱导，表面形状不规则的微塑料颗粒要比表面平滑的微塑料颗粒更能引起免疫反应。

微塑料还会影响生物机体的基因表达，并产生遗传毒性。基因组学的研究结果显示，微塑料暴露可改变牡蛎生殖细胞和卵母细胞的基因表达。与对照组相比，暴露在微塑料中的日本青鳉雌性个体多个基因表达显著下调。暴露在聚苯乙烯微塑料中的紫贻贝(*Mytilus galloprovincialis*)有上千个基因表达异常。有研究推断，基因表达异常可能与机体的能量分配异常有关，能量中断会导致编码胰岛素信号通路相关蛋白如消化腺和生殖腺的基因出现下调。还有研究对两代桡足类浮游动物进行了微塑料的暴露实验，结果表明，与对照组相比，粒径为0.5μm的聚苯乙烯微球未对母代的生存产生显著影响，但是显著降低了子代的存活率，这说明微塑料存在潜在的遗传毒性。

6.6　海洋酸化及其生态效应

6.6.1　海洋酸化的趋势分析

大气中CO_2浓度持续升高，导致海洋吸收CO_2(酸性气体)的量不断增加，海水pH下降，这种由大气CO_2浓度升高导致的海水酸度增加的过程称为海洋酸化。早在1956年，美国斯克利普斯海洋研究所就开始着手研究工业时期产生的CO_2在未来50年导致的气候效应，在远离CO_2排放点的南极和夏威夷莫纳罗亚山顶设立了两个监测站。经过60年几乎从未间断的监测发现，每年的CO_2体积分数都高于前一年，而且CO_2的体积分数变化与北半球植物生长季节的更替同步。这一观测结果让科学界很快认识到，被释放到大气中的CO_2不会全部被植物和海洋吸收，有相当部分残留在大气中。通过计算，发现被海洋吸收的CO_2量非常巨大。据此雷维尔预测，进入海洋的CO_2会改变海水的化学性质。

2003年，“海洋酸化”(ocean acidification)这一术语第一次出现在《自然》杂志中。2005年，进一步描绘出“海洋酸化”潜在的威胁。研究发现，5500万年前，海洋里曾经出现过一次生物灭绝事件，罪魁祸首就是溶解到海水中的CO_2，估计总量达到45 000亿t，此后海洋至少用了约10万年时间才恢复正常。现有的大量科学证据表明，人类现在一年中产生释放的碳量约为71亿t，其中25%～30%(约20亿t)被海洋吸收，33亿t在大气中积累。海洋吸收大量CO_2，最大限度地缓解了全球变暖，但也使表层海水的pH平均值从工业革命开始时的8.2下降到目前的8.1。据政府间气候变化专门委员会(IPCC)预测，到2100年，海水pH平均值将下降0.3～0.4个单位，至7.9或7.8。到那时，海水酸度将比工业革命开始时大100%～150%。

海洋酸化会引起海洋系统的一系列化学变化，从而不同程度地影响海洋生物的生长、繁殖、代谢与生存等，可能最终会导致海洋生态系统发生不可逆转的变化，进而影响海洋生态系统的平衡及其对人类的服务功能。2014年第十二次《生物多样性公约》缔约国大会指出，海洋酸化速度近期“急剧加速”，2100年海洋生物种类可能会减少30%～40%，而贝类种类可能会减少70%。然而相对于全球海洋，近海海洋生态系统运转机制复杂多样，特别是在气候变化和富营养化等环境压力的共同作用下，近海已成为响应全球大气CO_2升高及其导致的趋势性海水酸化的敏感区。此外，较大气CO_2升高驱动的大洋酸化而言，近海海洋酸化可在短时间迅速发展，酸化进程要远快于大洋，且常与贫氧等其他环境因子相伴，进而会对生物造成更大的环境胁迫，可能会严重影响沿海生态系统。CO_2 在表层海水与大气间的交换相当快，随着大气 CO_2 浓度的升高，海洋表层(混合层)CO_2 也会逐渐增加，从而破坏了海水碳酸盐的化学平衡，使海水 pH 降低，同时碳酸根浓度以及碳酸盐的饱和度降低。

目前全球海洋表层 pH 变化速率远远超过了过去几百万年的变化速率，海水 pH 正以每 20 年下降 0.015 个单位的速率下降，并且随着人为 CO_2 的不断排放，在未来海水 pH 的变化速率将更快。图 6-9 是美国夏威夷莫纳罗亚山大气 CO_2 浓度及阿罗哈表层海水 pH 和 pCO_2 的变化情况。从中可以看出，过去几十年，随着大气 CO_2 浓度增加，表层海水 pCO_2 也按一定比例增加，同时海水 pH 明显降低。

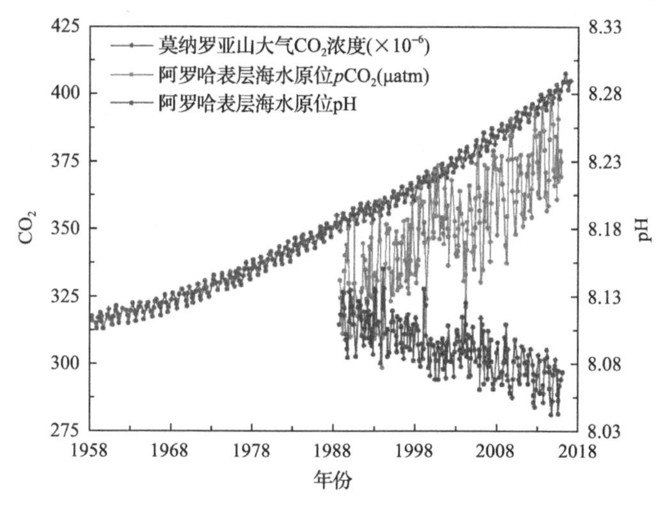

图 6-9　美国夏威夷莫纳罗亚山大气 CO_2 浓度及阿罗哈表层海水 pH 和 pCO_2 的变化(彩图请扫封底二维码)

在海洋中，不同海域不同水层的 pH 是不同的，主要受控于海洋表层温度等因素。目前全球开阔海域表层海水 pH 在 7.95～8.35 变化，平均值为 8.11。在南大洋和北冰洋，由于高纬度海水温度较低，表层海水吸收更多的 CO_2 导致海水 pH 较低；在赤道太平洋及阿拉伯海等上升流区，次表层更低 pH 的海水被带至表层，导致表层海水 pH 出现最低值；在高生产率及生产力输出地区，浮游植物的光合作用使溶解无机碳转变成有机碳，以及生物泵将溶解无机碳传输至深层，导致表层海水 pH 升高。大气与海洋的 CO_2 交换主要发生在海洋的表面混合层(平均水深 100m 左右)，该混合层海水因混合动力与大气发生 CO_2 交换。CO_2 在混合层海水的平均停留时间为 6 年，混合层海水与中深层海水(1000～4000m)的混合相对缓慢，需数百年。混合层海水吸收的 CO_2 停留时间较长，相应地加剧上层海洋的酸化。以 IPCC 中 IS92a 的 CO_2 排放模式为依据，利用海洋碳循环模型可以模拟出海洋酸化从表层向深层渗透的情景(图 6-10)。可见，随着时间的推移，海洋酸化将会从表层逐渐向深层渗透，至2040年，表层海水pH下降约0.2个单位，300m深的海水pH将降低0.1个单位，至2300年，表层海水pH将降低0.7个单位，海洋3000m深海水pH将受到影响。除pH降低外，大气CO_2浓度的升高将引起海水碳酸根的浓度减少，降低$CaCO_3$各种矿物(文石、方解石等)的饱和度，理论上，通过海水碳酸盐的热力学计算，可以预测$CaCO_3$饱和度对大气CO_2浓度增加的响应，预计到2030年，高纬度地区文石将出现不饱和，尤其在南北极，由于水温较低，以及海冰融化，CO_2易溶于水中，故能吸收更多人为源的CO_2，因此极地海洋受海洋酸化的冲击更大、更早，生物体适应海水酸化的能力可能更低，钙质生物及矿物最先受到影响。一些钙化海洋生物，如钙化浮游植物、钙化大型藻类、珊瑚类、贝类等对$CaCO_3$饱和度非常敏感。当$CaCO_3$饱和度小于2，大多数海洋生物的钙化作用受到抑制，难以形成钙质骨骼和外壳，若$CaCO_3$饱和度降至1，已形成的钙质骨骼和外壳也将趋于溶解。$CaCO_3$饱和度降低将引生物的钙化速率降低，改变生物种群的结构和功能，使得某些具有钙化能力的生物在生存竞争中失去优势。事实上，大气CO_2浓度增高引起的海洋酸化已经开始影响海洋中的钙化过程。在$CaCO_3$饱和度低于1的海水中，$CaCO_3$正以每年每千克海水0.003～1.2μmol的速度溶解，全球海洋由海洋酸化导致的$CaCO_3$溶解量每年已经达到约5×10^8t C。

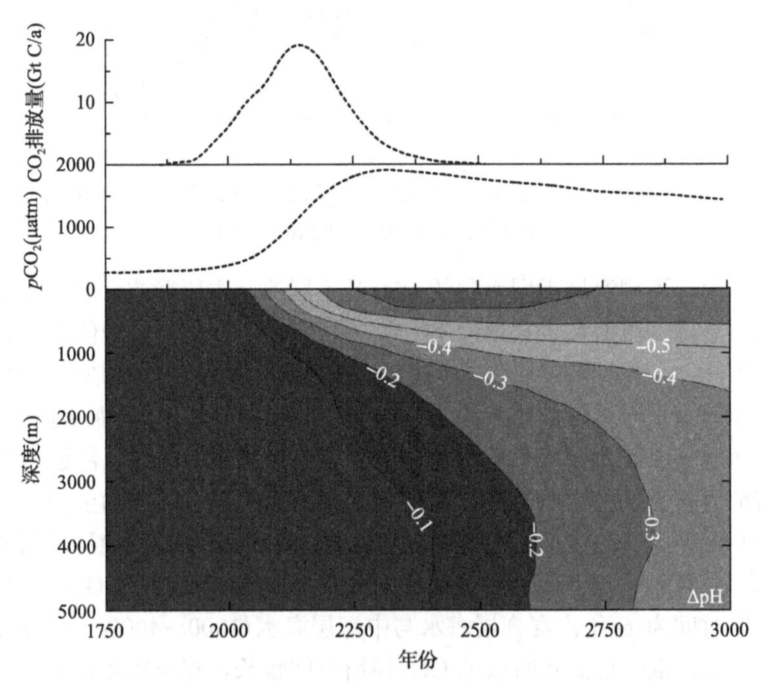

图6-10　人为CO_2排放、大气CO_2浓度及海洋pH的变化预测

6.6.2　海洋酸化对生物钙化的影响

海洋钙化生物珊瑚(coral)、有壳翼足目(shelled pteropod)、有孔虫(foraminifera)、颗石藻(coccolithophores)、软体动物(mollusk)、棘皮动物(echinoderm)等利用海水 CO_3^{2-}生成钙质骨骼或保护壳。海洋酸化下，碳酸根浓度降低，海洋钙化生物的钙化作用将受到抑制。对地中海一个火山口附近高 CO_2 区的生态系统进行调查，发现随着 pCO_2 的增加和 pH 的降低，海胆和钙化藻显著减少，当 pH 小于 7.6 时，它们的丰度降至零。在两倍于现今大气 pCO_2 水平下，海洋生物钙化总量将减少 20%～40%。几乎所有室内和围隔生态实验都显示生物钙化率随 CO_2 浓度上升而降低，气候模型结果也显示 22 世纪全球海洋生物钙化率会下降。

珊瑚礁生态系统是地球上生物多样性最高且经济效益显著的生态系统，海洋酸化对它产生影响不仅局限在其中的钙化生物，还会间接影响依赖该系统生存的植物群、动物群。据预测，如果大气 CO_2 浓度按预期的速度持续上升，到 2050 年温带水域珊瑚礁的生长将受到严重威胁。珊瑚礁碳酸钙层的主要贡献者包括造礁珊瑚、红壳珊瑚藻(CCA)和绿钙藻(*Halimeda*)。这些钙化生物为珊瑚礁中其他生物提供食物、栖息地和保护，具有重要的生态意义。围隔生态系统实验结果表明海洋酸化对珊瑚和 CCA 有抑制作用。pH 的降低会导致珊瑚的生长率、钙化速率和生产力降低，使珊瑚白化和坏死加剧，并可能改变珊瑚礁生态系统的群落结构。根据实验结果，推论在两倍于工业时期前 pCO_2 水平下珊瑚礁将减少 40%，但没有观察到珊瑚有任何适应碳酸钙饱和度变化的征兆。另外，光合生物肉质藻的生长可能受到 pCO_2 上升的促进。因此，珊瑚和钙化藻因海洋酸化受到抑制时，肉质藻可能替代它们成为珊瑚礁的优势生物，这种变化可能将改变珊瑚礁生态系统的结构并影响依赖这一系统的动植物群落。海水中文石饱和度对生物钙化有直接影响，当其饱和度低于 3.5 时，海洋珊瑚礁生态系统将面临灾难。此外，在高纬度深海大陆坡和海脊上还生活着冷水珊瑚，这些冷水珊瑚支撑着不同的海洋生态系统并在渔业和海岸保护中起着重要作用。由于碳酸盐饱和度 Ω 随着温度的降低而下降，冷水珊瑚将首先受到 pCO_2 上升的影响，部分冷水珊瑚在 2020 年便会暴露在腐蚀环境下，到 2100 年，暴露在碳酸钙不饱和水体中的冷水珊瑚将达到 70%。

浮游钙化生物有壳翼足目、有孔虫和颗石藻几乎贡献了所有从上层海洋向深海输出的 $CaCO_3$。有壳翼足目是文石的主要浮游生产者，在极地和副极地有很高密度。它们同珊瑚一样利用文石形成骨骼，因而也是海洋酸化较早的受害者。预计大气 pCO_2 达到 450μatm 时，翼足目的生存将受到威胁。在文石不饱和水体中，有壳翼足目动物不能维持壳的完整性，空壳降到文石饱和临界深度以下时会被腐蚀或部分溶解，活体翼足目壳在文石不饱和水体中也会迅速腐蚀。另外，南大洋碳酸根浓度冬季低于夏季，而翼足目的主要种蛎螺(*Limacina helicina*)的幼体发育通常发生在冬季，这对蛎螺的后代繁衍极为不利，将加重海洋酸化下蛎螺所受的威胁。由于高纬度海域碳酸根浓度和碳酸钙饱和度低于热带，翼足目类和高纬度的冷水珊瑚受海洋酸化的威胁最早也最为严重。到21世纪末，南大洋表层海水碳酸根浓度将降至(55±5)μmol/kg，文石饱和临界深度将由现在的约800m上升至海表，到那时，若有壳翼足目不能很快适应，将被迫向文石仍饱和的较低纬度表层海域迁移，其捕食者也将受到影响。单细胞的有孔虫是海洋中最小的钙化生物，它们具有经钙化形成的方解石外壳，是海洋生物钙化作用的重要组成部分，在维持生物碳泵中起着重要作用，它们是海洋食物链的低端环节。浮游有孔虫占海洋生物钙化总量的25%～50%。有孔虫对环境中碳酸根浓度变化很敏感，其外壳总量与碳酸根浓度正相关。比起生活在几千年前的有孔虫化石，南大洋现今的有孔虫外壳更薄更多孔。预测当大气CO_2浓度上升到现今的两倍时，有孔虫的钙化速率将下降20%～40%。5500万年前的古新世-始新世最热事件(PETM)，空前的海洋酸化导致当时大多数底栖有孔虫灭绝，因而在当今剧烈的海洋酸化环境下，有孔虫的生存受到严重威胁，其在分布和丰度上的改变将对全球碳循环产生重大影响。颗石藻被认为是地球上生产力最高的钙化生物，同时它们是重要的初级生产者，在海洋碳循环中起着重要作用。多数颗石藻的生长实验表明pCO_2上升导致其钙化速率显著下降。室内实验显示赫氏圆石藻(*Emiliania huxleyi*)和大洋桥石藻(*Gephyrocapsa oceanica*)在750μatm pCO_2下，钙化速率分别降低约15%和45%，同时检测到畸形球石粒和不完整球石层。围隔生态系统实验也显示赫氏圆石藻钙化和生长速率随CO_2浓度的上升而降低。然而，利用碳酸代替盐酸模拟CO_2浓度上升情况，发现相对于280μatm pCO_2，750μatm pCO_2下赫氏圆石藻的颗粒无机碳(PIC)和颗粒有机碳(POC)生成都加倍，生长速率显著提高，球石层和球石粒含量也随CO_2分压的增加而增加，但这些研究取得的结果并不一致。

翼足目、有孔虫和颗石藻3种浮游钙化生物在全球海洋有广泛的分布，在大洋和沿岸生态系统中都占有重要地位。其对海洋酸化的响应与生存的海域有很大关系，分布在高纬度的浮游生物较易受到海洋酸化的威胁。在所有钙化生物中，珊瑚礁钙化生产力仅占全球生物钙化的小部分，而翼足目、有孔虫和颗石藻浮游钙化生物占全球生物钙化生产力的80%以上，它们在海洋酸化下的变化直接影响海洋的碳循环。钙化作用是将游离的无机碳转化为$CaCO_3$，起CO_2汇的作用，但实际上，它是一个大气CO_2的潜在源，在海洋酸化下，钙化生物的钙化受抑制，从而减少经钙化作用向大气释放的CO_2，可能产生海洋对大气CO_2浓度上升的负反馈。

底栖无脊椎动物中的软体动物和棘皮动物是典型具$CaCO_3$骨骼的底栖无脊椎动物，它们分泌文石、方解石、高Mg方解石(含＞5% $MgCO_3$)、无定形$CaCO_3$

(amorphous $CaCO_3$)或不同形式的混合体。很多底栖钙化动物是近岸生态系统中的主要物种，在经济和生态上都具有重要地位。底栖成年软体动物和棘皮动物的生长与钙化受 pCO_2 升高抑制。在联合国政府间气候专门委员会(IPCC)2007 年报告预测的 2100 年大气 CO_2 分压(740μatm)下，贻贝 *Mytilus edulis* 和太平洋牡蛎 *Crassostrea gigas* 的钙化速率将分别降低 25%和 10%，即使在 560μatm pCO_2 环境下培养 6 个月，食用蜗牛和海胆的生长也都受到显著抑制。钙化早期的底栖贝类和海胆对 pCO_2 增加及海水碳酸盐变化敏感，海胆 *Hemicentrotus pulcherrimus* 和 *Echinometra mathaei* 的受精成功率、发育率和幼体大小都随 CO_2 浓度的上升而减小。幼年硬壳蛤 *Mercenaria* 在文石不饱和水体中死亡率显著增加，外壳在两周内全部溶解。西北欧沿岸海域关键种脆刺蛇尾 *Ophiothrix fragilis* 幼体在 pH=8.1 海水中培养 8d 后有(29.5 ± 5.5)%存活，而在 pH=7.9 的海水中，不足 0.1%幼体可以存活。软体动物和海胆幼体阶段的矿物形式和钙化机制也显示了它们对海洋酸化极度敏感。成年腹足动物和双壳贝分泌文石、方解石和两者的混合体，但在幼体阶段，它们的外壳中都包含超显微晶体结构相似的文石以保护发育过程中的幼体。蛤蜊 *M. mercenaria*(成年外壳为文石)和牡蛎 *Crassostrea gigas* 幼体(成年外壳几乎全为方解石)形成无定形 $CaCO_3$ 作为文石的短期前体。海胆两个种的胚胎发育阶段，$CaCO_3$ 在针骨形成前也以无定形形态存在。由于这种不稳定、暂时的无定形 $CaCO_3$ 比结晶态 $CaCO_3$ 更易溶解，在海洋酸化下，海胆、腹足类与双壳软体动物的生物矿化过程在胚胎发育和幼体生长阶段尤其脆弱。海洋酸化下，软体动物和棘皮动物等底栖钙化生物钙化速率降低，生长受到抑制，且在幼体和胚胎阶段表现尤为敏感。但研究的生物主要是贝类、海胆等少数常见物种，并不能推广到其他底栖无脊椎动物中。有些钙化生物还可能在海洋酸化下受益或不受影响。头足动物 *Sepia officinalis* 在高 CO_2 浓度下生长和钙化出乎意料地大幅度增加。甲壳动物、刺胞动物、海绵动物、苔藓虫、环节动物、腕足动物和被囊动物等底栖无脊椎动物也会形成 $CaCO_3$ 骨骼，但对 pCO_2 升高环境下它们生长和钙化的变化所知甚少，迫切需要更多的研究。

6.6.3 海洋酸化对藻类光合作用固碳的影响

大气 CO_2 浓度上升对陆地植物光合固碳的影响已经得到了有效的研究，短期内 CO_2 浓度升高有利于植物通过光合作用将 CO_2 转化为有机物，从而促进植物的生长发育，且对 C_3 植物的促进作用更明显。红树林生态系统的基本特征是包含生长在潮间带上半部的通称红树林的茂密耐盐常绿乔木或灌木，其兼具陆地和海洋生态特征，是重要的海岸生态系统类型。红树林在 pCO_2 升高下的光合作用和生长变化与树木种类有关，桐花树、白骨壤因 CO_2 浓度上升而受益，而小花木榄、木榄和正红树的光合作用并不因 CO_2 浓度上升而加强。总体上，大气 CO_2 浓度升高有利于红树林生长发育，但相对于全球变暖和海平面上升，其直接影响并不显著。海草光合作用利用的碳至少 50%来源于海水中的 CO_2，自然界中的海草基本处于碳限制状态，大叶藻的短期 CO_2 富集实验显示叶光合效率和净生产力增加，伴随对光的需求降低。CO_2 浓度的增加可增加海草生物量，但海草对 CO_2 富集的反应强度与其他环境因素相关，长期处于光限制的海草在大气 CO_2 浓度升高时受益更为明显。然而，实验室内的短期效应并不能代表长期的影响，海草床在长期缓慢的 CO_2 增加环境下受到的影响仍不明确。

与陆地植物一样，海藻利用 Rubisco(核酮糖-1,5-二磷酸羧化酶/加氧酶)固定 CO_2，Rubisco 以 CO_2 为唯一碳源，对 CO_2 吸收的半饱和系数为 20～70μmol/kg。海水中 CO_2 浓度范围仅为 10～25μmol/kg，不足以保证 Rubisco 发生羧化作用。为克服羧化酶对 CO_2 低亲和力的限制，多数藻类具有一种增加羧化作用部位附近 CO_2 浓度的碳浓缩机制(CCM)。拥有 CCM 的很多海藻利用的无机碳中碳酸氢根可占 80%～90%。大气 pCO_2 加倍情况下，表层海水溶解 CO_2 的浓度加倍，但碳酸氢根浓度仅增加 6%，因此，依赖 CO_2 的浮游植物是主要受益者，而主要依赖碳酸氢根的浮游植物所受影响较小。但对于一些能同时利用碳酸氢根和 CO_2 的藻种，其在 CO_2 浓度增加时也可以通过减少主动碳吸收的能量消耗而获益，尤其在资源(能量、营养盐和光照等)受限时，能调整资源分配的藻种可以在 CO_2 浓度升高时通过重新分配资源而获益。例如，光限制条件下，pCO_2 升高导致 CCM 运作能量下调，藻类细胞其他代谢活动可以获得较多的光能量，从而促进其生长。在大型海藻中，已报道高 CO_2 浓度促进条斑紫菜、两种江蓠属海藻 *Gracilaria* sp.和 *G. chilensis*、酵母状节荚藻 *Lomentaira articulata* 以及 *Nereocystis leutkeana* 的生长，对石莼类海藻、江蓠属中 *Gracilaria gaditana* 生长速率没有影响，而紫菜属中的 *Porphyra leucostica* 与 *P. linearis* 的生长速率受到抑制。生长在潮间带的大型海藻，处于低潮“气生”状态时往往受目前大气 CO_2 浓度的限制，大气 CO_2 浓度升高往往促进大型海藻处于低潮气生状态时的光合作用，且光合作用相对增加量随藻体脱水程度或温度的升高而增加。

海洋酸化会导致浮游植物初级生产力增加，同时其消耗的碳氮比也会增加。围隔生态系统的 CO_2 加富实验结果表明，pCO_2 为 1050μatm 时，相比 350μatm 下，12d 内浮游植物群落多消耗了 39%的无机碳，浮游植物消耗的碳氮比从 6 升高到 8，发生碳的过度消耗。这种增加的碳消耗可能与溶解有机碳(DOC)的分泌有关，且可能导致海水中透明胞外聚合物颗粒(TEP)浓度增加，进而促进表层向下的碳输送。不同藻种的 CCM 效率和调节机制不同，对大气 CO_2 增加的响应不同。3 种赤潮藻中肋骨条藻、球形棕囊藻和赫氏圆石藻中，中肋骨条藻和球形棕囊藻具有高效的 CCM 调控机制，其中中肋骨条藻对碳酸氢根的依赖性随 CO_2 浓度的增加而增强，球形棕囊藻则保持不变，赫氏圆石藻对无机碳亲和力则较低。迄今为止检测的所有硅藻和球形棕囊藻等的光合固碳率在现今 CO_2 水平下处于或接近饱和状态，而颗石藻光合固碳率明显受 CO_2 浓度升高的促进。

CO_2 浓度的变化还影响浮游植物的组成和对营养盐的利用比例。对赤道太平洋浮游植物群落进行 CO_2 加富实验，发现 pCO_2 水平从 150μatm 上升到 750μatm 时，硅藻丰度上升，棕囊藻减少，同时浮游植物消耗的氮硅比和氮磷比都降低。在低 CO_2 浓度环境下，包括棕囊藻在内的纳米鞭毛藻通常会成为优势物种。对南大洋浮游植物群落的研究发现，CO_2 浓度增加会导致浮游植物生产力的增加，并促进大型成链硅藻的生长。浮游植物是食物链的基础环节，其组成结构的变化将直接影响它们的捕食者的生存。同时，浮游植物作为重要的初级生产者，在全球碳循环中起着重要作用，它们的生产力和组成结构的变化直接影响海洋的碳存储能力。大气 CO_2 浓度升高，海水 pH 下降，可能会影响藻类的生理调节机制，如营养代谢、细胞膜氧化还原与膜蛋白合成、电子传递等，从而对藻类生长产生抑制。很多浮游植物种对海水 pH 敏感且一些藻种的生长存在最优 pH，高于或低于该值，其生长都会受到抑制。另外，光充足或过剩情况下，藻类细胞因 CO_2 浓度上升导致 CCM 运作能力下调而节省的能量，不会补充藻类对光能的需求，反而增加光能过剩引起的光抑制。对球形棕囊藻的研究显示，高光强下，球形棕囊藻的光化学活性和生长速率受酸化影响而削弱，而在低光强下，酸化则促进了该藻的生长。因此，大气 pCO_2 升高情况下，CO_2 浓度升高有利于光合作用，但也容易引起光胁迫，且伴随的酸化还会影响细胞的生理作用，光合生物对海洋酸化的响应是正负效应的综合结果。

海洋钙化藻主要包括浮游的颗石藻，定生的红藻、绿藻和褐藻，一方面通过光合作用固定 CO_2，促进 CO_2 由大气向海洋迁移；另一方面通过钙化作用形成 $CaCO_3$ 沉积，在海洋碳循环和关键地球化学过程中发挥作用。在海洋酸化情况下，钙化藻光合作用受 CO_2 和碳酸氢根浓度增加的促进，其钙化作用受到碳酸根浓度和碳酸钙饱和度降低的抑制，同时海水 pH 的降低可能影响钙化藻的营养代谢等其他生理作用。因而钙化藻对海洋酸化的响应很难预测。多数室内和围隔生态系统研究都显示了 CO_2 浓度上升对钙化藻钙化作用的抑制，但钙化藻生长对 CO_2 富集的响应存在较大差异。为更好地预测钙化藻对持续的 CO_2 增加的响应，必须理解钙化藻中光合作用和钙化作用的相互关系及两者变化对钙化藻生长的影响。颗石藻被认为是生产力最高的钙化生物，也是研究得最为广泛的钙化藻。颗石藻的光合固碳能升高海水 pH，提供运输无机碳和 Ca^{2+} 的能量并使它们在颗石囊中富集，从而促进钙化作用，而钙化作用是否有利于光合作用仍未有确切证据。一般认为碳酸氢根在钙化沉积部位用于钙化，产生的 H^+ 运输到叶绿体中，促使碳酸氢

根向 CO_2 转化，为光合作用提供碳源。但这一功能并不十分有效，因为在钙化作用停止时光合作用并不受影响，且非钙化细胞能和钙化细胞同样有效地进行光合固碳。颗石藻具有很高的光耐受性，光强增加(尤其磷限制下)能刺激赫氏圆石藻的钙化作用，钙化作用可能通过消耗多余能量来减少强光下颗石藻受光抑制的风险。钙化作用和光合固碳变化对钙化藻生长的影响也不明确。与光合作用不同，自然条件下赫氏圆石藻的细胞分裂速率并不受碳限制。颗石藻表面钙化的颗石粒起到保护细胞、逃避捕食等作用，酸化下钙化速率的减少和环境 pH 的降低可能会影响颗石藻的细胞分裂速率。随着 CO_2 浓度的增加，细胞光合固碳作用将受到促进，同时碳酸盐饱和度的降低将抑制钙化作用(光限制条件下钙化作用不受影响)，颗石藻单个细胞的 PIC/POC 将降低。PIC/POC 的降低在室内单种培养和以赫氏圆石藻为优势群落的围隔生态实验中都得到了证实。颗石藻钙化作用和 PIC/POC 的降低，意味着沉降的无机碳和有机碳比例减小，从而增加上层海洋的 CO_2 储存浓度，形成对大气 CO_2 浓度上升的负反馈。

6.6.4　造礁珊瑚对海洋酸化的反演

海洋酸化研究目前主要集中于探寻其对海洋化学组成的影响，以及海洋生态系统对它的响应。对海洋酸化机制的认识仍十分有限，这主要是因为缺少长时间尺度的海水 pH 变化观测记录。由于海水 pH 一直以来都不是常规的海洋观测项目，现场观测的海水 pH 连续记录非常罕见，且时间跨度不大，如夏威夷 HOT 观测站的最长记录也仅有 30 多年。为了更好地反映海水 pH 长期变化特征及其内在影响因素，研究者通常借助于海洋中生物碳酸盐(如珊瑚礁、有孔虫等)的硼同位素组成来重建地质历史时期海水 pH 的记录。

造礁珊瑚是研究热带海洋环境变化很好的载体。它能够连续地生长数百年之久，且生长速率缓慢，平均生长速率为 10～20mm/a，同时其钙质骨骼中的地球化学信息能够真实反映周围海水的环境变化，因而可以提供高分辨率的古气候记录。珊瑚骨骼中的硼同位素可以准确地记录钙化作用发生时珊瑚细胞外钙质流体的 pH，通过经验公式校正就可得出当时海水的 pH。自从 20 世纪 90 年代有学者发现海相生物碳酸盐中的 $\delta^{11}B$ 能够重建海水 pH 变化以来，该方面的研究便备受重视。自然界中，硼有 2 种同位素 ^{10}B 和 ^{11}B。海水中，溶解硼主要以 $B(OH)_3$ 和 $B(OH)_4^-$ 两种形式存在，根据弱酸的电离平衡，二者的相对含量受海水 pH 控制，电离过程中发生同位素分馏，^{10}B 相对富集在 $B(OH)_4^-$ 中。根据矿物学研究，文石结晶时硼主要以 $B(OH)_4^-$ 形式进入到晶格中，结合海水中 $B(OH)_3$ 和 $B(OH)_4^-$ 的电离平衡及同位素分馏，可推出同位素分馏与 pH 关系式：

$$pH = pK_B - \lg\left\{(\delta^{11}B_{SW} - \delta^{11}B_C)/[\alpha^{-1}\delta^{11}B_C - \delta^{11}B_{SW} + 10^3(\alpha^{-1} - 1)]\right\} \quad (6\text{-}7)$$

式中，pK_B 为硼酸的表观电离常数；$\delta^{11}B_{SW}$ 为海水中 $B(OH)_3$ 和 $B(OH)_4^-$ 两相的 B 同位素值，取 39.5‰；$\delta^{11}B_C$ 为海洋碳酸盐的 B 同位素值；α 为 B 同位素分馏系数。可见只要测定了海相碳酸盐的 $\delta^{11}B_C$ 就可以重建古 pH。

目前已经发表的珊瑚礁海水 pH 变化记录均是通过这一方法获得。由珊瑚骨骼 $\delta^{11}B$ 重建的海水 pH 变化记录均具有明显的年际-年代际周期波动(图 6-11)，其波动范围为 7.6～8.2。其中关岛珊瑚礁海水的 pH 波动范围较小，与亚热带北太平洋开放海域海水的 pH 波动范围一致；而澳大利亚大堡礁和珊瑚海，以及南海北部和东部珊瑚礁海水的 pH 波动范围均略高于开放大洋，但均与现代观测的珊瑚礁海水 pH 变化范围相似。这说明不同海域珊瑚礁海水的 pH 变化受到区域地理环境的影响；同时，这些近岸珊瑚礁 $\delta^{11}B$-pH 序列的年代际周期波动更为显著，与区域性海洋气候过程的波动周期相同，如太平洋年代际振荡(PDO)和亚洲冬季风等。对于大堡礁 Flinders 珊瑚礁海水来说，当 PDO(pacific decadal oscillation)为正相时，太平洋信风及其所驱动的南赤道洋流活动均较弱，因此珊瑚礁海水与外界海水的交换较弱，珊瑚礁海水积累较多由钙化作用所产生的 CO_2，因而海水 pH 降低；而当 PDO 为负相时，太平洋信风及其所驱动的南赤道洋流活动增强，珊瑚礁海水不断得到更新，因而稀释了其中 CO_2 的体积分数，使海水 pH 升高。同样，南海三亚湾珊瑚礁海水 pH 的波动与亚洲冬季风的周期变化相似也是由于气候变化影响开放大洋海水与珊瑚礁海水交换。也就是说，珊瑚礁海水 pH 的自然波动主要是由区域海洋气候对珊瑚礁海水与开放大洋海水交换产生的影响所导致的；但这其中最根本的因素则是珊瑚礁海水中生物新陈代谢过程对海水中 CO_2 的利用和释放，从而调节海水碳酸盐体系的平衡。值得注意的是，大堡礁 Arlington 环礁和南海北部三亚湾的珊瑚礁 $\delta^{11}B$-pH 序列分别在 1950 年和 1870 年以后呈现明显的下降趋势，下降了 0.2～0.3 个单位，这可能是由于受到人类活动排放的 CO_2 不断增多的影响。最近研究发现，近岸陆源输入对珊瑚礁海水 pH 也存在影响，主要表现在径流所带来的营养物质会增强珊瑚礁群落的光合作用，从而消耗掉海水中大量的 CO_2，使海水 pH 升高。此外，海南岛东部珊瑚礁海水的 pH 在近 160 年以来呈现明显的周期波动，并未显示持续酸化的趋势。这可能与该区域受夏季风驱动的上升流有关，上升流能够带来底层丰富的营养物质，促使珊瑚礁海水生产力增加，消耗 CO_2，抵消海水 pH 的下降。从这些研究结果来看：珊瑚礁海水 pH 在近 200 年来的变化是生物活动(即光合作用和钙化作用)与区域海-气过程共同作用的结果。此外，在大气 CO_2 不断激增的情况下，其总体上呈现出下降的趋势。

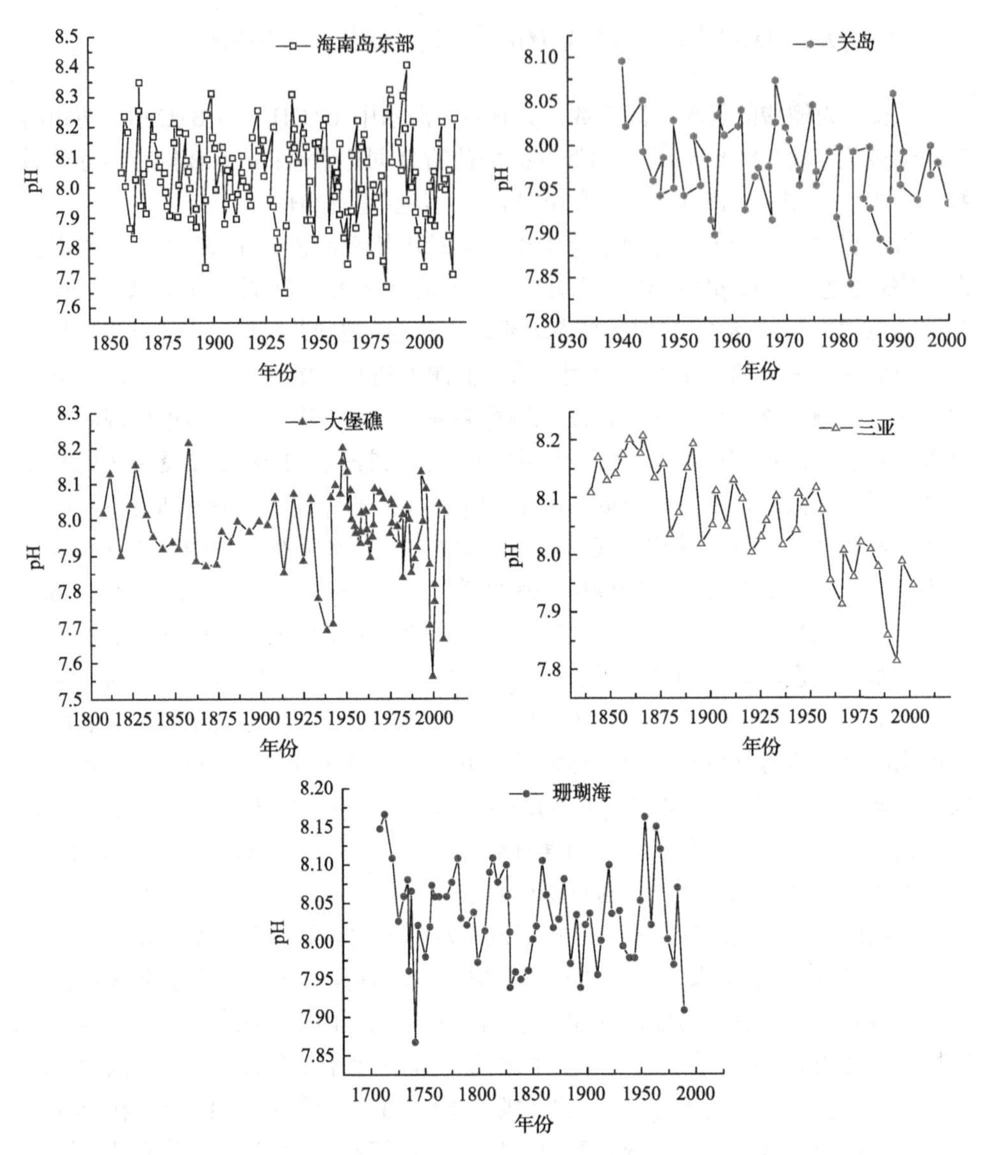

图 6-11　珊瑚礁硼 11 同位素重建的珊瑚礁海水 pH 变化

大堡礁区域的珊瑚钙化速率自 1600 年以来呈现上升趋势，但在 1990～2001 年急剧下降了 14.2%，认为温度和碳酸钙饱和度为影响大堡礁珊瑚钙化速率的主要环境压力。大堡礁区域的海水 pH 与珊瑚钙化速率并未表现出同步变化(图 6-12)，说明了自然条件下珊瑚钙化速率的变化并非仅由海洋酸化导致，而是多种环境压力共同作用的结果，但是自 1990 年以来二者的急剧下降表现得十分同步，说明即使在自然条件下，酸化对珊瑚钙化速率的影响也值得重视。海洋酸化不仅会导致珊瑚钙化速率的降低，还会造成珊瑚礁溶解速率的增加。研究表明，造礁珊瑚钙化的同时伴随着珊瑚礁的溶解，只是由于钙化速率＞溶解速率，因此净作用表现为钙化，珊瑚骨骼得以堆积形成珊瑚礁。然而，随着海洋酸化的加剧，珊瑚礁的溶解速率不断增加，当溶解速率达到或超过其钙化速率时，珊瑚礁的钙化将会停止，甚至可能出现负生长，在一些退化的礁区中已经发现这种趋势。

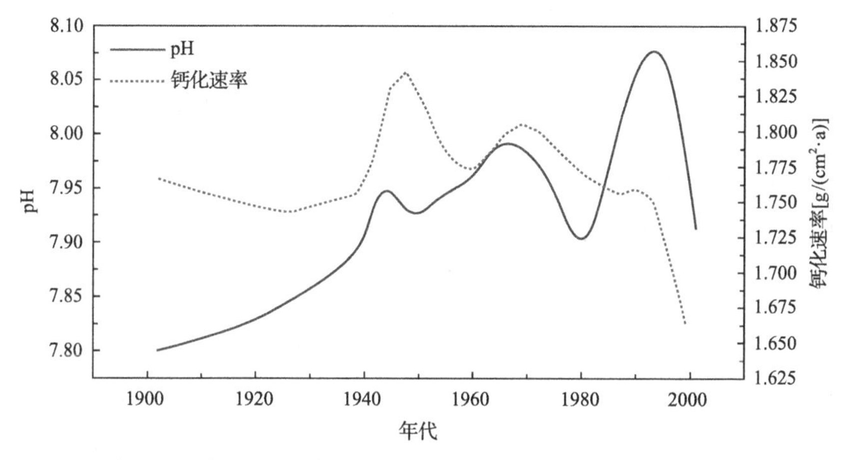

图 6-12　过去 100 多年来大堡礁海域 pH 及其珊瑚钙化率的变化

6.6.5　海洋古 pH 重建的方法

通过 pH 的历史变化探索海水 pH 自然变化规律是预测其发展趋势及其对生态系统影响的有效途径。沉积物是承载过去环境演变信息的重要载体，可用于反演长时间尺度海水 pH 变化，而从沉积物复杂的信息中提取能有效反映 pH 变化的指标是重建海洋古 pH 的关键。目前众多学者构建了多种重建古 pH 的方法，如硅藻组合法、硼同位素组成及 B/Ca 法、生物标志化合物反演法等。

6.6.5.1　重建方法

(1) 沉积物硅藻组合法

硅藻的物种组成及其丰度与环境因子(如 pH、盐度或电导率、水平面、水温等)密切相关，其硅质残留体能在沉积物中完好保存，因此可根据硅质外壳的形态特征准确地鉴定硅藻的种类，进而得到硅藻物种组成的相对比例，据此可构建水体古环境特征。

采用硅藻组合反演古 pH 的研究较早，但只在湖泊环境中有应用。常用的计算方法有两种：加权平均法(weighed averaging)和极大似然法(maximum likelihood)。

加权平均法：即已知某种硅藻的最适 pH 为 u_k，计算该种硅藻的相对丰度作为权重因子 $y_{ik}/\sum_{k=1}^{m}y_{ik}$，则估计的 i 区域水体的 pH x_i 为每种硅藻最适 pH 的加权平均值。

$$x_i=\sum_{k=1}^{m}(y_{ik}u_k)/\sum_{k=1}^{m}y_{ik} \tag{6-8}$$

式中，m 指所用硅藻种数；y_{ik} 指 i 调查区域第 k 种硅藻的丰度。为消除个体差异对结果的影响，计算每种硅藻的相对丰度时，应采用个数而不是重量。

极大似然法的基本原理是：每种硅藻的丰度与 pH 的关系可由生态学响应曲线描述，不同丰度比例的硅藻组合与 pH 形成对应的关系曲线，该曲线存在系统及随机误差，对于已知比例的硅藻组合，误差最小时对应的 pH 即为该方法估计的 pH。

两种计算方法各有优势：极大似然法构建了每种硅藻丰度随 pH 变化的生态学曲线，利用的数据较多，由该计算方法得到的结果更准确可靠；加权平均法只利用了每种硅藻的最适 pH，计算过程相对简单。对比加权平均法与极大似然法的计算结果，二者基本一致（$r=0.9$，$P<0.01$）。出于对这两种方法的优势考虑，不同作者采用的方法不同。

对加拿大的 Kejimkujik 湖使用硅藻组合并采用极大似然法重建其 pH，追溯 1840～2002 年表层水酸化情况。发现该湖自 1840 年以来水体呈酸化趋势，且硅藻整体的丰度随 pH 降低而降低，反映了工业化对湖泊生态系统的影响。

通过硅藻组合重建波兰一个由采矿产生的人工湖的水体 pH 演化历程，并采用加权平均法分析，反演该湖泊 1964～2013 年 pH 的变化。结果显示：近 50 年间，该湖泊 pH 变化范围为 4.6～7.7，总体上由酸性向碱性变化。由于采矿区黄铁矿及其他硫化物的氧化，湖泊初始时期的水质偏酸性，之后逐渐被周围自然环境中和，因此呈现出由酸性变弱碱性的变化趋势。

除硅藻外，其他有硅质外壳的藻类也可以用于重建古 pH，如金藻在较低 pH 时相对硅藻对 pH 变化更敏感。使用金藻及硅藻组合并采用加权平均法分析，重建 Big Moose 湖和 Upper Wallface 湖 1810～1985 年水体 pH。与单独使用硅藻重建的结果相比，金藻及硅藻组合重建的水体 pH 变化范围更大；Big Moose 湖的 pH 变化范围为 6.3～5.1，Upper Wallface 湖的 pH 变化范围为 4.9～5.7；二者水体 pH 均从 1900 年左右开始逐渐下降。

目前，硅藻组合在重建海洋古温度、古盐度等方面均有应用，将其应用于海洋古 pH 反演需进一步研究支持。

(2) 沉积物硼同位素组成及 B/Ca 法

1) 硼同位素组成

硼同位素组成是在重建海洋古 pH 领域得到广泛认可的方法，目前已有完善的理论支持及广泛的实际应用。

海水中的溶解硼基本以单核形式存在，包括 $B(OH)_3$ 和 $B(OH)_4^-$ 两种形态，它们在海水中存在下述平衡：

$$B(OH)_3 + H_2O = H^+ + B(OH)_4^-$$

当硼酸的表观解离常数 $K^*_{B(P,T,S)}$ 为定值（K^*_B 为自然界硼同位素丰度下硼酸的解离常数，忽略不同硼同位素组成对 K^*_B 的影响），二者的相对比例随海水 pH 变化而改变：

$$\lg\left(\frac{[B(OH)_4^-]}{[B(OH)_3]}\right) = pH - pK^*_B \tag{6-9}$$

$B(OH)_3$ 与 $B(OH)_4^-$ 之间存在同位素交换反应：

$$^{10}B(OH)_3 + {}^{11}B(OH)_4^- \rightleftharpoons {}^{11}B(OH)_3 + {}^{10}B(OH)_4^-$$

$$\alpha_{4\text{-}3} = R_{B(OH)_4^-} / R_{B(OH)_3} \tag{6-10}$$

式中，$\alpha_{4\text{-}3}$ 代表 $B(OH)_4^-$ 对 $B(OH)_3$ 硼同位素的分馏系数；$R_{B(OH)_4^-}$ 代表海水中 $B(OH)_4^-$ 的 ^{11}B 与 ^{10}B 丰度比值；$R_{B(OH)_3}$ 代表海水中 $B(OH)_3$ 的 ^{11}B 与 ^{10}B 丰度比值。

设 $B(OH)_4^-$ 占海水中总硼的比例为 f，$B(OH)_3$ 为 $1-f$，则

$$R_{sw} = f \times R_{B(OH)_4^-} + (1-f) \times R_{B(OH)_3} \tag{6-11}$$

式中，R_{sw} 代表海水 ^{11}B 与 ^{10}B 的丰度比值。综合式 (6-9)～式 (6-11) 式可得

$$R_{B(OH)_4^-} = R_{sw} \times \left(\frac{1+10^{pK^*_B - pH}}{1+\alpha_{4\text{-}3}^{-1} \times 10^{pK^*_B - pH}}\right) \tag{6-12}$$

采用式 (6-13) 实现 δ(‰) 与 R 的转换：

$$\delta(‰) = (R_S - R_{STD}) / R_{STD} \times 1000 \tag{6-13}$$

式 (6-13) 可转换为

$$pH = pK_B^* - \lg\left(\frac{\delta^{11}B_{SW} - \delta^{11}B_{B(OH)_4^-}}{\alpha_{4\text{-}3}^{-1} \times \delta^{11}B_{B(OH)_4^-} - \delta^{11}B_{SW} + 1000 \times (\alpha_{4\text{-}3}^{-1} - 1)}\right) \tag{6-14}$$

式中，R_S 代表样品 ^{11}B 与 ^{10}B 的丰度比值；R_{STD} 为国际标准 NIST SRM 951 硼酸 ^{11}B 与 ^{10}B 的丰度比值；$\delta^{11}B_{B(OH)_4^-}$ 为海水中 $B(OH)_4^-$ 的 $\delta^{11}B$；$\delta^{11}B_{sw}$ 为海水的 $\delta^{11}B$。

硼在海洋中的保留时间约为 100 万年。忽略瑞利分馏对海水硼同位素组成的影响，可认为在该时间尺度内 $\delta^{11}B_{sw}$ 保持不变。

$B(OH)_4^-$ 离子半径与 CO_3^{2-} 近似且同样带负电荷，可以替代碳酸盐晶格中的 CO_3^{2-}，故碳酸盐沉淀时会发生硼的共沉淀。研究人员认为该过程中硼只以 $B(OH)_4^-$ 形式进入碳酸盐晶格，且无同位素分馏，则碳酸盐的硼同位素组成与溶液中 $B(OH)_4^-$ 的硼同位素组成一致，即 $\delta^{11}B_{CaCO_3} = \delta^{11}B_{B(OH)_4^-}$。因此，可用 $\delta^{11}B_{CaCO_3}$ 代替式(6-14)中的 $\delta^{11}B_{B(OH)_4^-}$，由 $\delta^{11}B_{CaCO_3}$ 计算海水 pH，$\delta^{11}B_{CaCO_3}$ 与海水 pH 正相关。

关于 $\delta^{11}B_{sw}$、$\alpha_{4\text{-}3}$、pK_B^* 的取值不同文献有所差别。较早的文献 $\delta^{11}B_{sw}$ 均采用 39.5‰，2010 年之后的文献多采用 Foster 提供的数值 39.61‰±0.4‰；$\alpha_{4\text{-}3}$ 常用的数值有 0.981、0.973 52，较新的文献倾向于采用 0.973 52；pK_B^* 常直接取值 8.60，或依据 Dickson 及 Millero 的方法进行温盐校正。

硼同位素组成与 pH 的关系不仅在理论上成立，也有大量实验已经证实。有孔虫在不同 pH 海水环境的培养实验表明：有孔虫的硼同位素组成受其周围环境的 pH 控制，有孔虫 $\delta^{11}B$ 值随 pH 升高而增大，这与理论推测的结果一致。但有孔虫的硼同位素组成较海水中 $B(OH)_4^-$ 及无机碳酸钙的硼同位素组成有正偏差，偏差大小与有孔虫种类、生长环境有关(称为“生物效应”vital effect)。

另一常见钙质生物——珊瑚，其硼同位素组成与海水 pH 同样具有强相关性，因此其硼同位素组成也可用于反演海水 pH。

图 6-13 综合了有关文献中珊瑚及有孔虫的 $\delta^{11}B$ 与环境海水 pH 的数据，证实珊瑚及有孔虫 $\delta^{11}B$ 与 pH 满足式(6-14)所述关系。其中，有孔虫的 $\delta^{11}B$ 与周围海水 pH 符合 $\alpha_{4\text{-}3}$ = 0.973 52 的 $\delta^{11}B_{B(OH)_4^-}$ 随海水 pH 的变化曲线，而珊瑚的 $\delta^{11}B$ 与海水 pH 的关系更接近 $\alpha_{4\text{-}3}$ =0.981 的曲线。该结果反映了两种 $\alpha_{4\text{-}3}$ 取值的合理性以及生物种类与 $\alpha_{4\text{-}3}$ 取值的对应关系。

目前，利用有孔虫或珊瑚的 $\delta^{11}B$ 反演古海水 pH 已有大量应用。例如，利用沉积物柱状样中深海有孔虫的 $\delta^{11}B$ 及 B/Ca 重建加勒比海过去 16 万年深水 pH 与碳酸盐含量，得到的冰期 pH 比间冰期高约 0.15，CO_3^{2-} 含量高 55μmol/kg，加勒比海的深水碳酸盐在冰期保存效率较高；南海珊瑚礁的 $\delta^{11}B$ 变化范围为 23.51‰～26.23‰，由此推出南海 2006～2009 年海水 pH 变化范围为 7.77～8.37，与仪器观测记录一致。

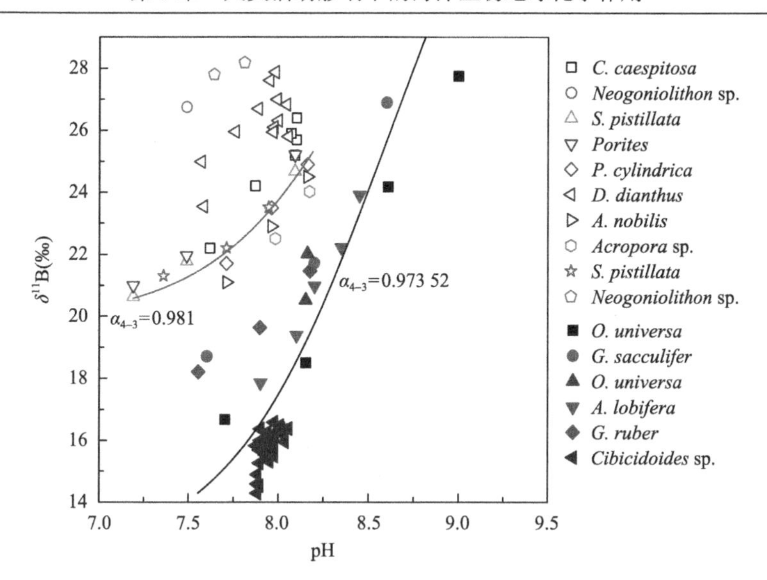

图 6-13　珊瑚(无填充)及有孔虫(有填充) $\delta^{11}B$ 与 pH 关系(彩图请扫封底二维码)

有研究提出用另一指标 $\Delta^{11}B$ 重建古环境 pH，即采用离子微探针技术分析有孔虫外壳核心到边缘的硼同位素组成，$\Delta^{11}B$ 表示同一有孔虫 $\delta^{11}B$ 最大值与最小值的差值(近似于钙化点与培养海水的 $\delta^{11}B$ 差值)，研究发现：$\Delta^{11}B$ 与培养海水的 pH 线性相关。与常规的 $\delta^{11}B$ 反演海水 pH 的方法相比，$\Delta^{11}B$ 不受分馏系数、海水硼同位素组成变化及硼酸解离常数的影响。受分析技术不成熟的限制，该方法未广泛应用。尽管 $\Delta^{11}B$ 与 $\delta^{11}B_{sw}$、$\alpha_{4\text{-}3}$、pK_B^* 无相关性，但钙化点 $\delta^{11}B$ 与生物种类有关，该方法同样受“生物效应”影响。

“生物效应”是影响硼同位素组成反演海水古 pH 精确程度的重要因素，不仅与生物种类相关，也受环境因素的影响。对于有孔虫或珊瑚的同一物种，由 $\delta^{11}B$ 计算所得 pH 较实际海水 pH 的偏差 ΔpH($\Delta pH = pH_{biol}-pH_{sw}$)与实际海水 pH 密切相关。

综合有关研究中 ΔpH 与海水 pH 的关系可知，对于不同物种，ΔpH 与海水 pH 的关系有所差异；对于同一物种，ΔpH 与海水 pH 呈负相关关系，海水 pH 越低，由 $\delta^{11}B$ 反演所得 pH 与实际海水 pH 差距越显著(图 6-14)。因此，利用钙质生物 $\delta^{11}B$ 反演海水 pH 时，可以利用该关系校正由海水 pH 差异导致的“生物效应”。

2) B/Ca

海水 pH 影响硼的存在形态。海水 pH 升高，$B(OH)_3$ 向 $B(OH)_4^-$ 转变，则海水中 $B(OH)_4^-$ 浓度增加，沉积碳酸钙的 B/Ca 可反映 $B(OH)_4^-$ 含量的变动。

硼是保守元素，它在海洋中的保留时间至少为一千万年，在该时间尺度内，可认为海洋中总硼[$B(OH)_3$ 与 $B(OH)_4^-$ 之和]不变。

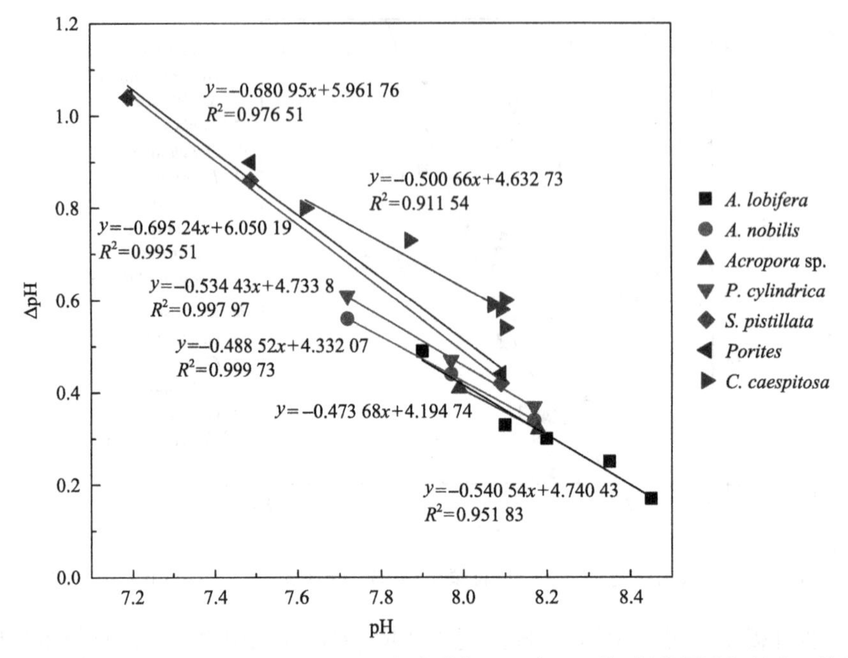

图 6-14　有孔虫 *Amphistegina lobifera* 及多种珊瑚 ΔpH 与 pH 关系(彩图请扫封底二维码)

根据式(6-9)，视总硼含量及 pK_B^* 为定值，则海水中 $B(OH)_4^-$ 含量随海水 pH 升高而升高。

海水中的 $B(OH)_4^-$ 会与碳酸钙共沉淀，$B(OH)_4^-$ 在碳酸钙相和海水相的平衡满足下述关系：

$$D_B = \frac{([B]/[Ca])_{CaCO_3}}{[B(OH)_4^-]/[Ca]_{SW}} \tag{6-15}$$

D_B 为分配系数，海水中钙离子的含量可视为定值，则碳酸钙沉淀中的硼含量与海水中 $B(OH)_4^-$ 浓度成正比。

将式(6-15)代入式(6-9)并用海水中总硼含量与 $B(OH)_4^-$ 含量之差替代 $B(OH)_3$ 含量，得到式(6-16)：

$$pH = pK_B^* - \lg\left(\frac{[B]}{[B]-\left(\frac{[Ca]_{SW}}{D_B}\times\left(\frac{[B]}{[Ca]}\right)_{CaCO_3}\right)}\right) \tag{6-16}$$

式中，[B]指海水中总硼的含量；$[Ca]_{SW}$ 指海水中 Ca^{2+} 含量。

在以上假设条件下，碳酸钙的 B/Ca 与海水 pH 理论上存在式(6-16)所描述的正相关关系。

研究证实 B/Ca 与海水 pH 的确存在显著的正相关关系，且 B/Ca 与 $\delta^{11}B$ 线性正相关。依据 B/Ca 恢复的海洋古 pH 与 $\delta^{11}B$ 的结果吻合。因此，B/Ca 也可作为追溯海洋古 pH 的指示因子。利用有孔虫的 B/Ca 重建 15 万年来热带西太平洋表层 pH，计算得到海水 pH 变化范围为 8.0～8.3，表现出明显的冰期-间冰期特征。

目前有关利用硼钙比重建海洋古 pH 的研究相对于硼同位素组成较少，就 B/Ca 及 $\delta^{11}B$ 的定量分析而言，B/Ca 所需实验条件相对简单，因此在未来海洋古 pH 研究中具有广泛的应用前景。

(3) 沉积物生物标志化合物反演法

1) brGDGTs

GDGTs (glycerol dialkyl glycerol tetraethers) 全称甘油二烷基甘油四醚类化合物，是一类微生物标志化合物，是古菌和某些细菌细胞膜脂的主要组成部分，广泛分布在泥炭、土壤、热泉、湖泊及海洋沉积物中。目前，根据其结构形式、环境丰度和时空分布与环境参数的响应关系，已构建了包括表层海水温度指标 TEX_{86}、陆源输入指标 BIT 和平均大气温度指标 MBT/CBT 在内的一系列指标，是研究古环境和生物地球化学过程强有力的工具。GDGTs 主要分为两类：类异戊二烯 GDGTs (isoprenoid GDGTs，iGDGTs) 和支链 GDGTs (branched GDGTs，brGDGTs)。

与环境 pH 相关的 GDGTs 主要是来源于细菌细胞膜的 brGDGTs。为维持正常的生命活动，细胞膜通过改变自身结构来应对外界环境的变化。brGDGTs 是细菌细胞膜的重要组成部分，brGDGTs 的结构差异是由烷烃链甲基及五碳环的数量不同导致的。因此，brGDGTs 的甲基及五碳环的相对比例与温度、压力、pH 等环境因素密切相关。

Weijers 等对来自全球 90 个地区的 134 份土壤样品中 brGDGTs 进行分析，发现 brGDGTs 的五碳环数量与土壤 pH 呈负相关，并引入 brGDGTs 环化指数 (cyclisation ratio of branched tetraether，CBT) 表述其关系 (式中罗马数字对应的结构见图 6-15)：

$$\mathrm{CBT} = -\lg\left(\frac{\mathrm{I\,b} + \mathrm{II\,b}}{\mathrm{I\,a} + \mathrm{II\,a}}\right) \tag{6-17}$$

$$\mathrm{CBT} = 3.33 - 0.38 \times \mathrm{pH} \quad (R^2 = 0.70) \tag{6-18}$$

应用 CBT 指标重建 Lochnagar 湖 1600～2000 年湖水的 pH 发现，1870 年之前，水体 pH 稳定在 5.7 左右；1870 年之后，水体 pH 急剧下降，到 2000 年，湖水 pH 下降至 4.9。该结果与硅藻组合重建结果基本一致。

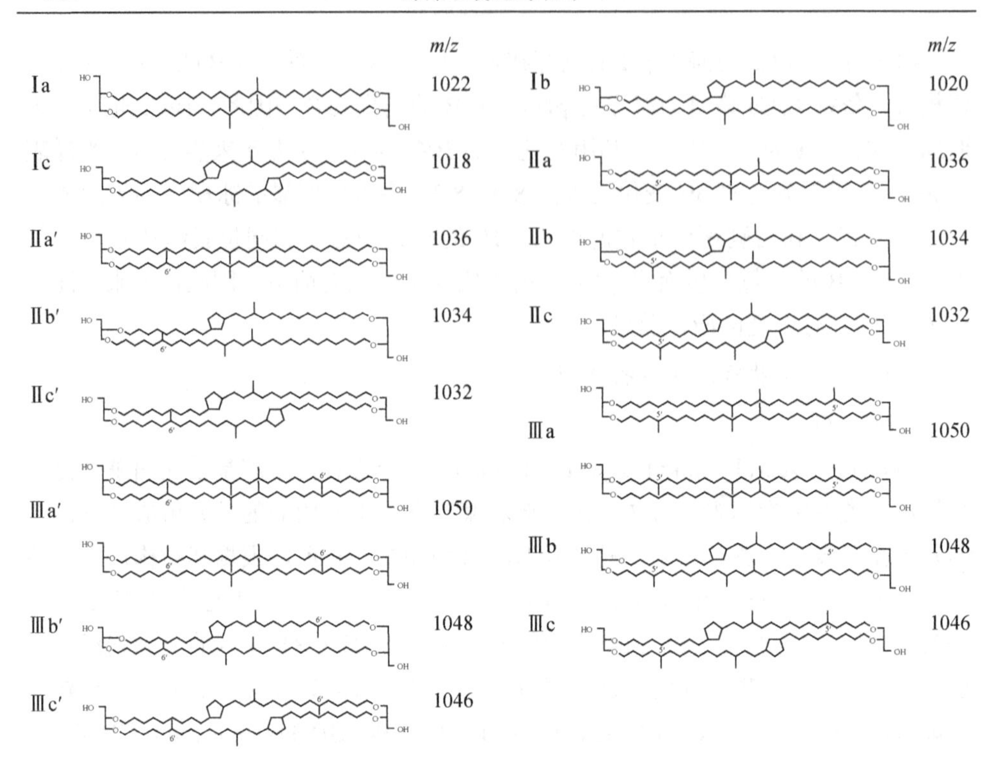

图 6-15　brGDGTs 结构图

CBT 指数与 pH 并不一定完全满足式(6-18)的负相关关系。挪威西北部一层化湖泊水体中 brGDGTs 及 pH 的垂直分布证实，其在古 pH 重建中具有适用性，结果发现，在氧跃层(oxycline)，CBT 指数与 pH 的关系近似于式(6-18)；而在溶解氧较丰富的上层水体中，CBT 指数与 pH 呈线性正相关($\mathrm{CBT} = 0.52 \times \mathrm{pH} - 2.53$，$R^2 = 0.90$)。有研究表明，中、酸性土壤的 brGDGTs，其 CBT 指数与土壤 pH 呈负相关关系，碱性土壤则表现为正相关关系。

pH 对 brGDGTs 异构化程度也有影响。基于此，可用另一参数 $\mathrm{IR}_{\mathrm{IIIa'}}$重建土壤 pH。对 $\mathrm{IR}_{\mathrm{IIIa'}}$的定义如下：

$$\mathrm{IR}_{\mathrm{IIIa'}} = \mathrm{IIIa'} / (\mathrm{IIIa} + \mathrm{IIIa'}) \tag{6-19}$$

$$\mathrm{pH} = 3.94 + 5.56 \times \mathrm{IR}_{\mathrm{IIIa'}} \quad (R^2 = 0.69) \tag{6-20}$$

式(6-20)描述了 brGDGTs 的异构化程度与土壤 pH 之间的正相关关系，即土壤 pH 越高，6-甲基 brGDGTs 的相对丰度越高。位于黄土高原南部的蓝田黄土——古土壤序列的 $\mathrm{IR}_{\mathrm{IIIa'}}$参数可用于重建 12 万年来该区域土壤的 pH。其 pH 变化范围为 7.4～8.6，pH 变化趋势与古温度的变化趋势一致，推测二者的变化由季风强度波动引起。

近年来，随着对 brGDGTs 研究的深入，对于来自不同环境的样品，不同学者提出的 brGDGTs 指标及其与 pH 的定量关系有所差异(表 6-14)。

表 6-14　与 pH 相关的 brGDGTs 指标

参数	关系式及相关系数	样品
CBT	$pH = 8.76 - 2.63 \times CBT$　($R^2 = 0.70$)	来自全球的 134 个土壤样品
$IR_{IIIa'}$	$pH = 3.94 + 5.56 \times IR_{IIIa'}$　($R^2 = 0.69$)	26 个神农架土壤样品及来自全球的 239 个土壤样品
CBT^2	$pH = 8.98 - 1.72 \times CBT^2$　($R^2 = 0.42$)	来自湖泊的 151 个表层沉积物样品
CBT^2	$pH = 7.90 - 1.97 \times CBT^2$　($R^2 = 0.70$)	来自全球的 176 个表层土壤样品
CBT′	$pH = 7.15 + 1.59 \times CBT'$　($R^2 = 0.85$)	来自全球的 221 个土壤样品
CBT_{peat}	$pH = 8.07 + 2.49 \times CBT_{peat}$　($R^2 = 0.58$)	来自全球的 51 个泥炭样品

注：$CBT^2 = -\lg\left(\frac{\text{I b} + \text{II b} + \text{II b}'}{\text{I a} + \text{II a} + \text{II a}'}\right)$；$CBT' = \lg\left(\frac{\text{I c} + \text{II a}' + \text{II b}' + \text{II c}' + \text{III a}' + \text{III b}' + \text{III c}'}{\text{I a} + \text{II a} + \text{III a}}\right)$；

$CBT_{peat} = \lg\left(\frac{\text{I b} + \text{II a}' + \text{II b} + \text{II b}' + \text{III a}'}{\text{I a} + \text{II a} + \text{III a}}\right)$

不可否认，brGDGTs 环化及异构化指标与 pH 存在紧密关系，但具体关系需视环境而定。因此，将 brGDGTs 应用于海洋古 pH 重建需建立适用于海洋环境的 pH 校正公式。

2) 3-羟基脂肪酸

与 brGDGTs 类似，3-羟基脂肪酸也是来源于细胞膜脂的一类生物标志化合物。3-羟基脂肪酸是细菌细胞膜类脂 A(lipid A) 的重要组成部分，环境 pH 变化也会对其产生影响。

对神农架 26 个土壤样品的 3-羟基脂肪酸分析发现，3-羟基脂肪酸的支链比与 pH 存在密切关系，定义了三种参数并给出公式：

$$BR = (I + A)/N \quad -\lg N = 1.11 - 0.10 \times pH \quad (R^2 = 0.70,\ P < 0.001) \tag{6-21}$$

$$BI = (I + A)/(I + A + N) \quad BI = -0.03 + 0.05 \times pH \quad (R^2 = 0.70,\ P < 0.001) \tag{6-22}$$

$$RIN = I/N \quad RIN = -0.21 + 0.08 \times pH \quad (R^2 = 0.67,\ P < 0.001) \tag{6-23}$$

式中，I 代表异构 3-羟基脂肪酸总量；A 代表反异构 3-羟基脂肪酸总量；N 代表正构 3-羟基脂肪酸总量。BR 及 BI 指数与环境因子(年平均空气温度、年平均大气压、土壤相对湿度)无显著相关性，表明 pH 是影响 BR 及 BI 指数的独立因素。

3 个关系式揭示了支链脂肪酸与反异构脂肪酸的比例随 pH 降低而降低的变化规律。这反映了一种化学渗透偶联，即微生物为抵抗细胞膜内外较强的质子浓度梯度，通过减少支链化合物的比例来降低细胞膜的流动性和渗透性。

目前有关利用 3-羟基脂肪酸重建海洋古 pH 的应用还未见报道。有研究已对海洋沉积物中 3-羟基脂肪酸的分布进行了初探，发现其含量较为丰富，该指标在重建海洋古 pH 方面有潜力。

6.6.5.2 海洋古 pH 不同重建方法的比较分析

上述几种 pH 重建方法均可用于海洋环境中。从方法的原理及应用方面进行对比分析，这些方法各有特点(表 6-15)。

表 6-15 pH 重建方法对比

方法	原理	优点	缺点	已成功应用的范围	时间尺度
硅藻组合	pH 与硅藻组成比例密切相关	所需设备简单，可采用不同硅藻组合拓宽适用 pH 范围，可反映不同层次水体 pH 变化	需人工分辨硅藻形态并计数，耗时耗力；易受其他因素(温度、盐度等)干扰	湖泊	更新世(2.58～1.17M 年)
$\delta^{11}B$	海水中 $B(OH)_4^-$ 的 $\delta^{11}B$ 变化与 pH 相关，沉积碳酸钙可记录这一变化	由严谨的理论公式推导而来，方法成熟，计算精确；可反映不同层次海水 pH 随时间的变化	受 $\delta^{11}B_{sw}$、α_{4-3}、pK_B^* 取值、“生物效应”及 $B(OH)_3$ 共沉淀影响，要求先进的仪器设备及严苛的实验条件	海洋(有孔虫及珊瑚样品)	始新世(53～36.5M 年)
B/Ca	pH 改变海水中 $B(OH)_4^-$ 相对丰度，碳酸钙中的硼与 $B(OH)_4^-$ 丰度成正比	与 $\delta^{11}B$ 指标相比，无须考虑同位素分馏效应；可反映不同层次海水 pH 随时间的变化	受 pK_B^* 取值及 $B(OH)_3$ 共沉淀影响	海洋(有孔虫及珊瑚样品)	始新世(53～36.5M 年)
brGDGTs	pH 影响 brGDGTs 的异构化程度及环化比例	对全球土壤样品具有普适性，适用范围广	分析所需样品量多	土壤、泥炭、湖泊	全新世(1.17M 年至今)
3-羟基脂肪酸	pH 与 3-羟基脂肪酸的支链比及异构化程度密切相关	研究成果新颖，与温度、压力等环境因素无相关关系	分析所需样品量多；相关研究较少，需更多研究数据支持	土壤	更新世(2.58～1.17M 年)

硼同位素组成法是目前海洋古 pH 重建中较成熟的方法，由于精度较高被广泛使用。该方法的应用对象是海洋中的钙质生物(如珊瑚、有孔虫等)，因此要求所选取的钙质生物没有受到侵蚀，同时由于该方法受“生物效应”影响，选择样品时应尽量选取大小一致、种类单一的个体。相较 $\delta^{11}B$ 复杂严苛的测量流程，B/Ca 的测量相对简单，应用前景广阔。这两种方法均受到相关参数的取值及 $B(OH)_3$ 共沉淀的影响。硅藻组合法是发展较早的方法，所需仪器设备简单，但耗费时力，目前只应用于湖泊环境中。brGDGTs 应用范围较广泛，包括土壤、泥炭、湖泊等

环境，不同学者在具体环境使用的brGDGTs指标及其与pH的关系式有所差别，使用时需谨慎选择。3-羟基脂肪酸是新提出的可用于重建海洋古pH的方法，其应用还需更多研究数据的支持。其中，依据硅藻、有孔虫、珊瑚的种属可区分其生长的水深环境，故利用硅藻组合、硼同位素组成及硼钙比等方法反演海水古pH可反映不同层次水体pH随时间的变化。

各指标反演的最大时间尺度取决于各参数在沉积演化过程中的稳定性。表6-15列举了已报道的各参数反演pH的最大时间尺度，大致趋势为钙质生物＞硅藻＞3-羟基脂肪酸＞brGDGTs。随研究的深入，该数据结果有待订正。

海洋酸化是当前大气CO_2浓度持续升高的必然结果，而海水pH是表征海洋酸化情况的基本参数。重建海洋古pH对于研究海洋酸化进程具有重要意义。本节主要阐述了利用硅藻组合、$\delta^{11}B$、B/Ca、brGDGTs及3-羟基脂肪酸等重建海洋古pH技术方法的原理及研究进展，并系统比较分析了不同技术方法的特点。其中，硅藻组合、brGDGTs及3-羟基脂肪酸等方法目前只应用于土壤、湖泊等环境，将其应用于海洋环境需更多研究支持，对于已成功重建海洋古pH的$\delta^{11}B$及B/Ca指标需进一步完善。海洋古pH重建技术方法的下一步工作包括：①传统指标的进一步完善。目前，硼同位素组成及硼钙比是追溯海洋古pH变化较为成熟的方法。$\delta^{11}B$、B/Ca与pH的关系由理论推导而来，并经过实验室培养实验验证，其准确性不言而喻，但受$\delta^{11}B_{sw}$、α_{4-3}、pK_B^*等参数的取值，$B(OH)_3$共沉淀及“生物效应”的影响，其精度还有提升的空间。如何校正“生物效应”是完善这些指标体系的重点。②潜力指标在海洋环境中的推广。根据当前获得的brGDGTs与pH大量的统计关系可知，brGDGTs环化指数(CBT)是重建海洋古pH最具潜力的指标。此外，硅藻及3-羟基脂肪酸在海洋环境中广泛存在，也可用于海洋古pH重建。这些方法指标在陆地或淡水环境中均已成功应用，考虑到海洋环境的复杂性，将其应用于海洋古pH反演需构建其与海水pH的校正公式。③新指标体系的构建开发。最近的研究表明，珊瑚Mg/Ca、Sr/Ca、U/Ca等元素比值与$\delta^{11}B$存在线性关系，有孔虫Zn/Ca可以反映周围海水中的CO_3^{2-}浓度，有机分子的$\delta^{13}C$可用于估算表层海水溶解CO_2的浓度。这些指标都或多或少与海水pH有关，利用这些关系可建立起海洋古pH反演的新型指标体系。新指标体系的建立有利于对海洋酸化与海洋碳循环产生新认识。

本章的重要概念

水体富营养化 在人为活动的影响下，生物所需的氮、磷等营养物质大量进入(水库、湖泊、河口、海湾等)缓流水体，引起藻类及其他浮游生物迅速繁殖，水体溶氧量下降，水质恶化，鱼类及其他生物大量死亡的现象。

赤潮　海洋中一些浮游生物在一定环境条件下暴发性增殖或聚集引起海水变色的现象。

营养盐限制　水体中一种营养盐与其他营养盐相比含量较低，不能满足浮游植物生长的需要而限制浮游植物生长的现象。

珊瑚白化　与珊瑚共生的虫黄藻逃逸、消失，或失去这些藻的色素，使珊瑚群体仅呈现其骨肉的本色，变成苍白或纯白色的现象。

重金属　密度在 $5g/cm^3$ 以上的金属元素。

持久性有机污染物(POPs)　具有长期残留性、生物蓄积性、半挥发性和高毒性，能够通过各种环境介质(大气、水、生物体等)进行长距离迁移，给人类健康和环境带来严重危害的天然或人工合成的有机污染物。

海洋微塑料　直径小于 5mm 的存在于海洋环境中的微小型塑料颗粒或碎片。微塑料属于高分子化合物，具有强烈疏水特性和抗生物降解能力，密度多变，可以在海洋环境中长期稳定存在，对海洋生物产生慢性毒性效应。

海洋酸化　海水吸收了空气中过量的二氧化碳，导致 pH 降低的现象。由于人类活动影响，到 2012 年，过量的二氧化碳排放已将海水表层 pH 降低了 0.1，海水的酸度已经提高了 30%。预计到 2100 年海水表层 pH 将下降到 7.8，到那时海水酸度将比 1800 年高 150%。海洋酸化会引起海洋系统的一系列化学变化，从而不同程度地影响海洋生物的生长、繁殖、代谢与生存等，可能最终会导致海洋生态系统发生不可逆转的变化，进而影响海洋生态系统的平衡及其对人类的服务功能。

推 荐 读 物

唐学玺, 王斌, 高翔. 2019. 海洋生态灾害学. 北京: 海洋出版社: 1-351.

齐雨藻. 2003. 中国沿海赤潮. 北京: 科学出版社: 1-348.

宋金明. 2004. 中国近海生物地球化学. 济南: 山东科技出版社: 1-591.

宋金明, 段丽琴. 2017. 渤黄东海微/痕量元素的环境生物地球化学. 北京: 科学出版社: 1-463.

Song J M. 2009. Biogeochemical Processes of Biogenic Elements in China Marginal Seas. Berlin, Hangzhou: Springer-Verlag GmbH & Zhejiang University Press: 1-662.

学习性研究及思考的问题

(1)在我国近海的许多海域已经发生了不同程度的富营养化，查阅资料，以胶州湾为例设计一个修复富营养化的方案。

(2)引发赤潮的因素有多种，营养盐是赤潮生物生长的必要条件，根据你的理解，谈谈赤潮和富营养化的关系。

(3)据估计，珊瑚礁覆盖面积为25.5万～1500万km，只占世界海床的0.1%～0.5%，但是珊瑚礁生态系统是海洋环境中物种最丰富、多样性程度最高的生态类型，几乎所有海洋生物的门类都有代表生活在礁中各种复杂的栖息空间。查阅资料，说明珊瑚白化对珊瑚礁生态系统的影响。

(4)以汞为例说明重金属赋存状态对重金属毒性的影响。持久性有机污染物主要包括哪几类物质？以有机磷农药为例阐述持久性有机污染物对海洋生物的毒害作用。简要说明放射性污染物的主要来源。

(5)海洋微塑料已被发现于全球大洋中，对海洋生物造成极大危害，查阅文献，以“海洋微塑料的分布与生物危害”为题，撰写一份读书报告。

(6)信息有机物系指存在于自然环境中，对生物物种或生物类群生存和生长有促进或抑制作用，并能通过调控生物丰度与群落结构来影响生态系统和生态环境的微痕量有机物。查阅资料，说明海水中常见的信息有机物及其对相关生物的影响。

(7)绿潮是海水中某些大型绿藻(如浒苔)暴发性增殖或高度聚集而引起水体变色的一种有害生态现象，自2007年在青岛发生大面积绿潮以来，绿潮的发生受到了越来越多的关注。查阅资料，阐述绿潮发生的可能机制及其与海水中营养盐的关系。

(8)全球海洋中水母的数量近年来呈明显增加趋势，水母大规模暴发已成为继有害赤潮之后严重的海洋生态灾害。水母在生长和死亡后的消解过程中都会释放出大量的营养盐，试简述水母释放物质对生态环境的影响。

(9)海洋酸化是人为排放 CO_2 所引起的另一个重大环境问题，查阅资料，说明海水酸化所造成的生态危害。

(10)微生物污染无处不在，但普通民众对其了解并不多，查阅文献，写一篇有关微生物污染的科普短文，向公众介绍常见的海洋微生物污染类型和预防方法。

第7章　海洋生物地球化学循环中的物流与能流

本章主要论述海-气、海-陆、沉积物-海水界面物质的主要交换过程和海洋生物在海洋物质交换过程中所起的作用，重点阐述海洋微表层在海-气物质交换过程中所起的作用和大气干湿沉降对海洋物质循环的贡献；河口在海陆物质交换过程中所起的重要作用；沉积物-海水界面物质交换过程研究的主要内容和基本方法以及生物泵在海洋物质传递过程中的效率和控制因素。

海洋生物地球化学循环中的物流与能流过程十分复杂，应该说，经过几十年的研究，一些物流与能流过程得到了较好的诠释，但还有许多过程并未搞清，海洋生物地球化学循环中的物流与能流过程与全球变化息息相关，其研究任重而道远。本章仅对涉及海洋物质交换的主要通道或主体进行阐述，而不对最基本的太阳辐射能在海水中经物理化学及生物利用而转化这一主要能流过程分析。

7.1　海水与大气的相互作用

海水与大气的相互作用是海洋生物地球化学物流与能流研究的重要组成部分，通过海洋微表层，大气与海水中的化学组分进行交换，同时海水与大气间时刻在进行水汽与热量的交换，继而影响气候，本节仅对大气与海水中的化学组分交换进行阐述。

7.1.1　海水与大气相互作用的微表层作用过程

海洋微表层是海-气间一个具有独特性质的薄层。就化学研究而言，它是界面化学研究中的新兴领域，但对于海洋而言，海洋微表层研究的发展起始于20世纪60年代，虽已进行了50多年的研究，但其取样方法进展不大。海洋微表层是海-气界面物质和能量交换的重要界面，其性质将影响交换过程，从而对全球变化和元素生物地球化学循环产生影响，因此深入研究温室气体在微表层内的浓度、分布和变化规律有重要的学术价值；此外，海洋微表层还可以作为一个特殊的微生态系，对其一些重要的生态环境调控因子如浮游生物功能种群、络合容量、胶体物质作用等需要开展研究，这对深入理解海洋微表层的生物化学过程及其环境生态意义十分必要。已有的研究表明，微表层化学研究在海-气界面通量的获得、气候变化、环境保护与监测、海洋生物分布等方面的研究都有重要的意义。

7.1.1.1　海洋微表层的厚度与物质来源

(1) 海洋微表层的厚度

用收集器从海洋表面收集的微表层样品厚(100±50)μm。由于一个水分子的直径约为 3×10^{-4}μm，在微表层正常定向的典型表面活性分子的长度为 3×10^{-3}μm 左右，因而 100μm 已经是相当厚的薄表层了。许多研究者认为，100μm 层厚的样品获得的痕量金属在微表层中的富集倍数被低估了，因为次表面水对“真实的”微表层物质起到了稀释作用。实际上，收集 μm(更不用说 nm)级的微表层海洋样品在目前是不可能的。

若微表层为一单分子层时，研究水分子受到扰动而偏离液体本体内正常分布的深度可能对理解微表层厚度有所帮助。这些理论分可为两种。第一种理论认为，水分子的优势取向随离界面距离的增加而呈指数下降，可认为微表层的有效厚度仅为 2～3nm。在第二种理论中，假设液体中的表面力比单独分子的要大得多，因而微扰动可延伸至液体中数百纳米的深度。

实际上，所有的讨论都以微表层附近的分子性质和结构特性为基础的。因而，微表层厚度可以通过以测定微表层光学性质、热成层作用和海-气交换速率等为目的的实验研究的结果推断出来。

有人测定过平面偏振光以布儒斯特角射入水表面后所产生的椭圆偏振，这种椭圆率被认为是由水表面的转变层所造成的，椭圆偏振的程度与该层的厚度相关。测定是在不同温度范围内进行的，20℃时测得的转变层厚度为 0.5～1.0nm。

海洋微表层的厚度是可变的，受到许多因素的影响。由于海洋表面存在相当大的温度梯度，在平静的环境下，这种冷的表面层厚度有 100μm 左右，此层随涡动程度的加强而大大变薄。这种由热数据所得的界面层的厚度，比由其他方法所推演出的都大得多。如果按薄膜模型来解释海-气界面的气体交换速率，也能获得微表层厚度的数值。在这种处理方法中，难溶气体穿过界面的迁移，受通过界面上层流水层的分子的扩散速率所控制。用测得的气体交换常数(每单位浓度梯度的气体通量)去除适当的分子扩散系数，即可算出薄膜的厚度。当气体交换速率增加，表观膜厚就减少，反之亦然。

(2) 海洋微表层的物质来源

主要有两种直接来源，大气沉降与水体气泡的上升携带。微表层中物质的一个来源是大气，大气输送的物质，可通过降水或干式沉降(气体、气溶胶和颗粒物的沉降)抵达海洋表面，停留在微表层中。另一个来源是下层水体气泡的上升携带。海水中的物质，可通过扩散、对流、上升流和上升的气泡搬入海洋表面，其中上升的气泡最为重要。一般认为，上升的气泡经过水柱时将吸附溶解态物质和颗粒态物质(包括有机质和无机物质)。当气泡在界面上破碎时，只有一部分吸附物质被抛入大气中，其余将留在海洋表面上。微表层物质可能分散于水中，方式之一是颗粒的沉降，沉降颗粒的表面上还可能有吸附的分子。另一种方式是水溶性分子的溶解作用，这一过程能因风、波和流等对海表面的压缩而加强。微表层物质还可能进入大气，由于风生气溶胶的形成或通过气泡的破碎，可将物质由海洋表面送至大气中。此外，挥发性化合物(如碘甲烷和二甲硫醚等)的挥发作用也可将海洋物质送入大气。

物质在微表层内可发生表面的生物学过程或光化学过程。这些过程的产物可能残留于微表层中，或被输送进入大气或次表面层水中，这是海洋微表层物质的间接来源。相对于次表层而论，微表层富含细菌和浮游生物等。这些生物种群既能消耗又能生产多种有机(和无机)物质。各种海洋浮游植物都能生产表面活性物质，但种类不同产生活性物质的能力不同。在对进入海洋的石油产品进行氧化分解方面，微生物是重要的。由于该过程的存在，加之海洋表面微生物的密度很高，在促进海洋环境中天然物质和人类污染物质转化的方面，微表层将起重要作用。对光化学氧化对破坏海-气界面上的有机分子所起作用的研究表明，光谱紫外区的辐射能使已在海洋表面层发现的多种有机分子发生氧化分解。由于微表层接收的紫外辐射未发生明显衰减作用，因此光氧化分解作用是海洋微表层物质发生的重要物质转化过程。

通常采用富集因子(R)来表征化学物质在微表层中的富集程度

$$R=\frac{\text{微表层中的物质浓度}}{\text{下层海水中物质浓度}} \tag{7-1}$$

在计算中常以海面以下 10～100cm 处的海水中化学物质含量作为参比。当 $R>1$ 时，元素在微表层中的存留时间 t 可按式(7-2)估算

$$t=\frac{(C_\mathrm{m}-C_\mathrm{S})\cdot d}{F}=\frac{\Delta C\cdot d}{F} \tag{7-2}$$

式中，C_m、C_S 分别为元素在微表层与下覆海水中的浓度；d 为微表层的厚度；F 为元素通过微表层的垂直迁移速率。显然，当 $R>1$ 时，表明元素在微表层中存在净的积累，存留时间将随着元素富集程度增加而增加；当 R=1 时，表示元素在微表层与次表层海水中的浓度无明显差异；当 $R<1$ 时，表明元素在微表层中缺失，元素将通过蒸发或沉降作用快速离开微表层，或进入大气或进入海水中。就目前研究，对于大多数化学组分，其 R 均大于 1，说明微表层对大部分化学组分是富集的。

7.1.1.2　海洋微表层水样的采集方法

海洋微表层研究的关键是取得微表层海水样品，取样方法不同往往导致海洋微表层研究结果存在差异。20 世纪六七十年代，发展了系列微表层取样方法，至目前，主要有筛网法、滚筒法、漏斗法和平板玻璃法 4 种方法。

(1)取样方法

筛网法：采用 1 种锰筛网采集微表层样品，其网孔直径为 0.14 目，镶在 7.5cm×60cm 的铝框中，一般 20L 样品需与水面接触 200～250 次，取样厚度 200μm 左右。滚筒法：Harvey 设计了 1 种表面膜取样器，在亲水表面通过黏滞力来捕集薄层水膜。装置由 1 个有亲水陶瓷涂层的滚筒组成，滚筒装在 1 条小船或筏的前沿，后者在水中慢慢移动，厚度为 60～100μm 的一层水膜即被黏附到滚筒上，可利用 1 个固定刮刀将其刮入样品瓶中。一般情况下，取样速度为每分钟 1/3L。平板玻璃法：将 1 块大小为 20cm×20cm、厚度为 4mm 的清洁玻璃板，垂直浸入海水表面并以 20cm/s 左右的速度将其取出，厚度为 60～100μm 的一层水膜便黏附在玻璃板上，然后用氯丁橡胶刮刀自板的两面将水膜刮下。研究证明滚筒和平板玻璃取样收集到的微表层水样中主要组分的浓度基本一致，研究人员认为滚筒取样适合于收集大量样品，不适用于面积较小的区域。漏斗法：一种收集微表层表面膜的方法，用一直径 20cm 的大型聚乙烯漏斗浸入海水表面之下，通过封闭的漏斗颈将其垂直取出，取得面积为 300cm^2 的微表层样品。另外还有一些对上述方法进行改进的方法，如采用聚四氟乙烯板(高疏水性)吸附疏水性的膜物质如脂类，该板钻有很多圆锥孔，当板与水表面接触时，孔能降低水与空气的接触面积。该装置的表面积相当于 50～100μm 厚的水膜。除上所述，还有锗棱晶取样器和气泡刮皮法，这两种方法应用较少，对它们的研究也较少。

(2)取样方法的差异及影响微表层取样厚度的因素

用平板玻璃、滚筒、筛网等取样器取得 50～150μm 厚的水层，由于海洋表面存在着较大的温度梯度，在平静的环境下，这种冷的表面层厚度为 100μm 左右，且随涡动程度的加强而大大变薄。用平板玻璃、滚筒、筛网和漏斗法进行比较取样，使用了筛网(网孔直径 0.2 目，镶在 43.2cm×78.8cm 的铝框中)、滚筒、边长 22.5cm 正方形平板玻璃(4mm 厚)和 35.58cm×76.0cm×5cm 长方形漏斗分别取样，玻璃板提升速度 6～7cm/s，取样厚度(22±1.2)μm，滚筒取样厚度(52±2)μm，筛网取样厚度(369±65)μm，漏斗取样厚度(634±154)μm。

用滚筒取样的取样厚度与转速和水温有关。用直径 38cm、长 60cm 滚筒取样，当转速为 210r/s 时取样厚度为 60μm；当以转速 16r/s 取样时，覆盖面积增加 12%。滚筒取样比筛网取样所得样品富集因子更高，对于污染水样品这种差别更加明显。

对比平板玻璃和筛网取样，发现平板玻璃取样较薄，且受波浪、水温影响较大。采用边长 10cm、厚 6mm 的正方形平板玻璃取样，提升速度为 5～6cm/s，取得的微表层厚度为(52±1.8)μm，在平静海面为 33μm，风速越大样品越厚。用面积为 900cm^2 的筛网取样，平均膜厚度为(277±46)μm。Carlson 用玻璃滚筒取样，取样厚度为 50～100μm。用平板玻璃采集天津水上公园表面微层湖水，发现水温一定时，采集厚度随玻璃板提升速度加大而增大，玻璃板提升速度与取样厚度关系的实验表明，当提升速度大于 12cm/s 时，取样厚度大大超过 50μm。而当提升速度固定时，水温升高，水表面张力减小，水分蒸发加快，取样厚度减小。在提升速度为 4～8cm/s 时，对于天然水在通常温度范围内，取样厚度均小于 50μm。同时发现，利用平板玻璃取样器对湖水、河水、海水等不同水样取样，虽在同一水温和提升速度下，取样厚度有所差异，但均在 50μm 以内。

筛网取样器取样厚度与其筛孔目数和筛线直径都有关系，该取样器可收集表面 150～300μm(或更厚)的水样，没有证据表明用筛网收集的微表层样品厚度与海浪、水温、盐度有明显的关系。但当海洋表面出现油膜时，用浅筛网收集的样品平均厚度明显比从清洁海洋表面收集的样品厚，而深筛网则没有明显出现这种情况。

影响平板玻璃、滚筒两种取样器取样厚度的因素有水温、盐度、平面上方空气的相对湿度、微表层中有机物等。对于平板玻璃取样器，当风速和海浪加大时，取样厚度增加；而水温升高时，取样厚度变薄，可能是由于水温升高其黏度减小。盐度的影响尚无法辨别。平板玻璃取样器一般能取 40～100μm 的微表层水样，滚筒取样器的取样厚度与平板玻璃大体一致，富集因子也较为一致。在风速 8.1m/s、表面压力 0.6～2Pa/m^2 的条件下，用平板玻璃采集微表层水样，发现随着微表层表面活性有机物数量的增加，平板玻璃收集的样品厚度从 30 到 55μm 呈指数形式增加，其关系式为 y=53.4–24.1e$^{-0.1x}$，其中 y 为样品厚度(μm)，x 为表面压力(×10^{-3}N/cm^2)。

对于筛网取样器，最大的缺点是收集的微表层较厚，但由于其制作简单，操作方便和适于各种海况，至今仍被采用，平板玻璃和滚筒取样器所取微表层较薄，是目前较理想的取样器，但它们不适于海洋现场恶劣条件。

7.1.1.3　*海洋微表层的生物地球化学*

营养盐、有机物、痕量金属、微生物等在海洋微表层中都有不同程度的富集，因此微表层的许多性质与本体海水有较大差异，所以，海洋微表层是一个特殊的微生态系，近 50 年来，有关海洋微表层的研究时有报道，特别是在痕量金属、有机物以及营养盐等方面研究较多。

(1)痕量金属的富集行为

研究显示，不同形态(溶解态、颗粒态)的痕量金属在微表层中一般均存在富集，但颗粒态的 Fe 和 Mn 有时例外。报道显示，珠江口水域颗粒态 Fe 和 Mn 的平均富集系数分别为 1.1(0.8，0.7，1.8)和 0.9(0.6，0.8，1.3)。北海沿岸水域大部分微表层对 Fe 和 Mn 的平均富集系数分别为 0.9 和 0.7。Pb 一般在颗粒态富集。其他痕量金属在不同的研究中结果不尽相同，可能与溶解和颗粒有机物含量以及大气沉降等有关。法国北部沿海微表层与次表层 Pb、Cu、Cd 的富集系数为 4，这些金属在微表层中的浓度比本体水中有时高 1～2 个数量级。南沙群岛海区海洋微表层的 Cu、Pb、Zn 和 DOC 可富集数倍到数十倍，个别甚至达百倍；且金属的富集倍数随 DOC 富集程度增大而增大。对南极海域海洋微表层 Se 的生物地球化学循环研究发现，南极海域可能是海-气交换中 Se 的“源”。阿拉伯海微表层的溶解 Al，其浓度为 23～657nmol/kg，高于次表层(11～296nmol/kg)，这可能是由于矿物气溶胶沉降并在微表层中溶解。对白令海和北海部分海域微表层颗粒态 Ba、Cd、Cu、Pb、Zn 研究发现，其在微表层均存在富集，原因是富含金属的气溶胶沉降。影响金属在微表层浓度与分布的主要因素有：①大气沉降；②布朗运动；③混合过程；④表面张力的稳定作用；⑤气泡浮选等。

(2)有机碳与营养盐的富集和组成

在微表层早期的研究中，限于微量有机物分析技术不完善和海洋中有机化合物组成的复杂性，只有 10%～20%的海洋有机物能够确定为某种特定的组分，因此一般用有机碳的含量来表示海洋有机物的浓度。一些研究者测定了微表层和次表层样品的有机碳(DOC 和 POC)，结果表明微表层中 DOC 的浓度都高于次表层，平均富集 1.1～2.9 倍；颗粒有机物在微表层中富集系数比相应的溶解有机物更大。北大西洋的缅因湾海洋微表层中溶解有机物的时空变化及其与海况关系的研究发现，在离岸水体中 DOC 在微表层的富集程度较大，但在近岸水体中 DOC 在微表层的富集程度通常较低，且随本体海水中 DOC 浓度的增大而减小。初级生产者的生物量与微表层中的 DOC 没有明显的关系。对南沙群岛海区海洋微表层与次表层中 DOC 和 POC 研究发现，DOC 一般富集 2～3.4 倍，其富集系数并不完全取决于 DOC 浓度的大小，还与海况及海水有机物组成有关。对微表层中一些有机化合物(类脂、氨基酸、蛋白质、碳水化合物、烃类等)研究发现，这些化合物无论是溶解态还是颗粒态大都在微表层中富集。例如，北大西洋微表层和次表层海水样品中单糖与多糖。海水中的单糖、多糖和总 DOC 在微表层中的富集系数分别为 1.93、2.01 和 1.57，微表层中过量存在的平均 27%的 DOC 可用糖类来解释，其中 12%是单糖，16%为多糖。由于单糖本身不具有明显的表面活性，因此过量的单糖至少在微表层中可能是吸附在其他分子上。西北地中海微表层和次表层海水中的糖含量与颗粒有机碳直接相关，葡萄糖是单糖的主要成分。北地中海微表层和次表层海水中颗粒态的蛋白质和总糖的富集系数，用筛网采集的样品分别为 1.26 和 1.36，用滚筒采集的样品分别为 2.34 和 3.31。东热带大西洋微表层和次表层海水中溶解脂肪酸浓度分别为 8.9mg/m^3 和 3.8mg/m^3，富集系数为 2.34，颗粒态脂肪酸在微表层和次表层海水分别为 11.1mg/m^3 和 1.9mg/m^3，富集系数为 5.84。对加利福尼亚沿岸微表层和次表层海水中的溶解态及颗粒态氨基酸与碳水化合物研究，发现在微表层和次表层海水中约 20%的溶解有机碳是以碳水化合物和氨基酸的形式存在，约 60%的颗粒有机碳是以碳水化合物和氨基酸的形式存在，且非极性氨基酸的富集程度高于其他氨基酸。微表层和次表层海水的组成差异可能是由含有氨基酸和碳水化合物的聚合物活性存在差异以及表面活性分子与颗粒物的相互作用引起的。加利福尼亚南海湾和贝加西海岸的微表层与次表层海水中蛋白质、糖类和类脂中的碳平均占全部颗粒有机碳的 50%，类脂不是微表层有机质的主要成分，在颗粒有机碳中类脂的碳占 18%(平均)，在溶解有机碳中类脂的碳仅占 2.5%。南沙群岛海区海洋微表层海水中 DMS 的富集系数最高可达 2.10，其分布与营养盐和溶解有机碳有关，特别是与叶绿素 a 有密切关系，应用双膜模型计算出南沙群岛海区 DMS 的海-气通量为 9.76μmol/(m^2·d)。这一海域海洋微表层与次表层海水中石油烃平均富集系数为 1.57～5.33，富集程度与季节和海况有关。在微表层海水中石油烃以重组分(C16～C25)为主，但在次表层海水中，轻组分(C12～C21)较多，认为是由轻组分易于挥发、易于受生物与光分解所致。

营养盐在微表层海水中也存在富集现象。对近海微表层研究发现，硝酸盐的富集系数筛网法为 1.2～4.1，平板法为 2.0；亚硝酸盐的富集系数筛网法为 1.1～1.4，平板法为 1.6；铵氮的富集因子筛网法为 1.0～21.0；磷酸盐的富集系数筛网法为 1.0～3.4，平板法为 2.0～7.26；硅酸盐的富集系数筛网法为 1.8～2.48，平板法为 3.71。

为研究营养盐在微表层海水中的富集特性，在含 ^{22}Na 和用 ^{32}P 标记了的磷酸根的溶液中鼓泡，分别测定气溶胶和溶液中 ^{32}P∶^{22}Na 值，发现其在气溶胶与溶液中的比值总是大于 1，且随液滴的大小而变化。在含表面活性分子和溶解无机磷的溶液中鼓泡时，从水体驱出表面活性物质，同时由于磷酸根离子势很高而作为表面活性分子胶束上的平衡离子被选择吸附。对离子势低的 NO_3^-、NO_2^-等的富集现象却不能做类似解释，有人推测，细菌的硝化作用是造成微表层中硝酸盐富集的最可能机制，微表层磷酸盐的富集机制除与有机络合物和鼓泡作用有关外，富集的颗粒物对磷酸根的阴离子交换吸附也可能是重要的。

(3)微表层中污染物的高度富集与生物毒性

微表层中的生物极其丰富，主要包括小型浮游生物、鱼虾的卵和幼体、细菌等。这些生物中的一部分在微表层度过早期生活史后便离开，一部分则主要生活在微表层中。微表层中的许多生命体是生态系统中最为脆弱的一部分。业已发现大多数化学物质(包括污染物)相对于本体水而言在微表层是富集的，因此微表层中污染物的浓度、分布、迁移转化及其对微表层中生物的影响自然引起了科学家的关注。有关有机污染物在海洋微表层富集的研究报道日见增多。Point 湾微表层中总芳烃化合物、饱和烷烃、农药的最大浓度分别为 8.03μg/dm^3、2.06μg/dm^3、44μg/dm^3，但在次表层中，其浓度一般低于检出限。在 Chesapeake 湾微表层(30～60μm)，芳香烃的平均浓度为 1.60μg/dm^3，微表层中芳香烃的富集因子平均达 100。挪威沿岸峡湾海水微表层多氯联苯的浓度比次表层高 10^6～10^7 倍。美国佛罗里达、夏威夷及澳大利亚、新西兰海域海洋微表层有机氯农药的检出率达 85%。在德国湾收集微表层与次表层水，并以太平洋牡蛎幼体和马尼拉蛤进行培养实验，发现微表层的 Cu、Pb 和有机锡浓度均高于次表层，生物培养结果也显示其毒性更大。在德国湾 Wilhelmshaven 港采集微表层与次表层水，分析了重金属、三丁基锡浓度并进行了生物毒性评价，结果表明：微表层含有更高浓度的污染物，对生物的毒性也更强。受试生物幼体的存活率与污染物的浓度成反比。

7.1.2 海水与大气间的物质输送

海水与大气间的物质输送有两个通道，一是大气中的物质以干湿沉降的方式进入到海水中，这些沉降颗粒物(气溶胶)对海洋微表层及上层海水的物质循环产生影响，二是海水中的物质挥发进入大气或通过浪花飞溅使盐颗粒及其他物质进入到大气中，海水与大气间的物质输送直接影响气候变化，并间接影响海洋生态系统。

7.1.2.1 大气物质对海水的输入——大气干湿沉降的生物地球化学

(1) 大气干湿沉降的估算

大气的干、湿沉降是生物地球化学研究的重要内容之一，对陆地和海洋生态系统有极其重要的作用，在全球的物质循环中扮演重要的角色。尤其是湿沉降，湿沉降量的多少决定着地表生物圈的分布状况。而在开阔的海洋或者是某些缺乏营养的局部海域，大气的干、湿沉降是海洋初级生产力所需营养元素的重要来源。自 20 世纪中叶以来，由于对环境污染问题的重视，大气的干、湿沉降得到了广泛的研究。

大气干沉降是指气溶胶粒子通过气相或固相沉降的过程。气溶胶是指悬浮于空气中的颗粒物，这种颗粒物既可以是固体也可以是液体，因此气溶胶是一个多相体系，其化学成分相当复杂，而且随地理位置、天气条件的变化而发生很大的变化。它的来源分为海源和陆源两种，陆源气溶胶主要来自地球表面岩石和土壤的风化、人类燃烧活动和自然火灾、工厂排放的烟尘及气体发生化学反应或凝聚而产生的液体或固体粒子、植物花粉和孢子等；海源气溶胶主要包括海洋表面由风浪作用引起的海水泡沫飞溅而生成的海盐粒子，海洋生物生理活动产生的有机物通过海-气界面交换进入大气并经一系列化学物理转化过程形成的液体或固体粒子等。大气气溶胶在降水的形成和沉降过程中起着十分重要的作用，影响着降水的性质。气溶胶的研究在欧美等一些发达国家起步较早。已有的研究表明，干沉降对世界大洋可输入多种化学元素，气体和颗粒物的干沉降很大程度上受边界层的混合结构和表面特征所控制，酸性气溶胶其主要组分是氮氧化物和各种硫酸盐，对酸雨的贡献很大，陆源气溶胶可以经气流输送至数千公里之外，如非洲撒哈拉沙漠的沙尘可输送到欧洲和北大西洋，当中国西北地区发生沙尘暴时，在一定的气象条件下，黄沙可以进入中对流层而经气流向东输送，经过中国、韩国、日本，直到太平洋。每年济州岛 70%的时间处于受大陆输出物质的影响之下，SO_4^{2-}和 NH_4^+主要集中在细颗粒物中，而 NO_3^-和 Ca^{2+}在粗颗粒物中含量较高，其中 SO_4^{2-}和 NO_3^-含量与远距离输送的物质含量有关。

我国对气溶胶的研究起步较晚，但我国的地理形势复杂多样，因此大气运动的多样性决定了气溶胶的分布特点也十分复杂。研究表明，北太平洋上空的矿物浓度全年呈季节性变化，与亚洲沙尘暴活动相一致。大粒径粒子多来自扬尘、工业和建筑业，而小粒子很大部分是二次颗粒物，其中 SO_4^{2-}占较大比例。渤海受大陆大气颗粒物的影响较大，而黄海的海洋性特征较强，受大陆的影响较小，这与渤海是内陆海而黄海濒临太平洋这一地理因素有关。由于冬季在中国大陆盛行西北风，有利于陆地上空气溶胶向太平洋输送，西太平洋不少海域或多或少受到来自中国大陆气流的影响，其中海水颗粒物中的地壳元素和富集元素大部分来自海洋气溶胶的沉降，用指数衰减模式估算来自陆地的矿物气溶胶在中国黄海的沉降量为(360～3300)×10^{10}g/a，而通过河流输送入黄海的矿物质总量约为 1500×10^{10}g/a。我国目前干沉降的研究主要集中在气溶胶的来源以及重金属等方面，对 N、P 等营养元素特别是对近岸海域大气中的营养元素以及对近岸海域初级生产力的研究相对较少。

大气湿沉降是指通过液相沉降的过程，主要指自然界发生的雨、雪、雹等降水过程。据统计，雨后相比雨前大气中的气溶胶粒子与气态物质可减少 1/3-2/3 以上，因此湿沉降对于清除污染物、净化空气起着十分重要的作用。湿沉降的研究是从酸雨开始的。1872 年英国化学家史密斯在研究曼彻斯特市及周围大气污染的报告中首次提出“酸雨”这个词，由于酸雨是世界范围内的污染问题，因此得到了迅速的研究。研究表明，大陆运移过来的人类活动产生的污染物对海洋湿沉降有影响。

营养盐通过干、湿沉降输入海洋对初级生产有重要的作用。对大气中 P 向海洋的输送研究发现，P 通过大气向海洋的总输入为 1.4×10^{12}g/a，净输入为 1.1×10^{12}g/a，全球每年气溶胶 P 的运移量为 4.6×10^{12}g/a。在北大西洋西部，大气中的 P 对水体中的 P 十分重要，北大西洋西部的海洋气溶胶中(35±15)%的总磷 12h 之内就能在海水中溶解。而对北美东海岸来说，大气 P 的输入至少占河流输入的 10%。大气可为马尾藻海的真光层提供高达 80%～90%的溶解 Fe，可为北太平洋提供 16%～76%的溶解 Fe，富含营养盐的雨水输入可能会明显地增加海洋初级生产力。在北太平洋和北大西洋，经大气输入的 P 对海域新生产力的贡献不足 1%，但是在春季偶然性的突发输入可能会使该比例增加 4～8 倍。在某些营养盐缺乏的海域如地中海，大气中 P 的输入在短时间内可明显地促进藻类的生长，其中来自撒哈拉沙漠的沙尘和人类活动排放的污染物被认为分别是颗粒 P 与溶解 P 的主要来源，两者的总沉降通量为 165μmol/($m^2\cdot a$)，在沙尘发生期间由大气输入的 P 占新生产力所需 P 的 15%左右。就全球范围而言，溶解 N 通过大气对海洋的总输入量与河流输入量大致相当。在北海南部，大气干、湿沉降对海域 N 的输入贡献大致相当，当北海的初级生产力处于营养元素限制时，大气可能是最重要的氮源。对北佛罗里达 12 处水域来说，大气干、湿沉降是 N 的主要来源，河水中总溶解 N 的通量与大气沉降中 NH_4^+和 NO_3^-的通量相近，经由大气进入大西洋西海岸的氮量占其入海总量的 10%～50%，降水中的 NO_3^-对黄海新生产力的贡献为 4.3%～9.2%，若考虑降水中的 NH_4^+以及干沉降中的 NH_4^+和 NO_3^-，这一比例可能会增加 4 倍，若仅考虑河流和大气 2 种输入方式，那么地中海 51%的氮和 33%的 P 来自大气的沉降。在北大西洋东部热带海域，来自撒哈拉沙漠的沙尘在该海域的沉降可引起固氮作用的增加而使海域变为 P 限制。在向海洋输送营养物质的同时，沉降于海洋中的大气颗粒物在向海底转移的途中也能从海水中吸附部分营养盐成分，使之埋藏于沉积物中，降低水体中营养盐浓度。一些研究表明，在地中海东部来源于大气的颗粒物不仅能够向水体释放溶解 P，而且有约 15%又重新吸附到了颗粒物上，并随之沉降到海底沉积物中。

我国关于近海大气干、湿沉降中的营养盐以及干、湿沉降对海洋生态系统的影响也有一些研究。来自西伯利亚、蒙古国和中国西北地区的风沙对大气向黄海的沉降通量及化学组成有显著影响。矿物气溶胶在北太平洋中部的沉降通量可以和一些亚洲大河流每年向西北太平洋注入的沉积物量相当。厦门海域大气中总磷的沉降通量比北太平洋高了 1 个数量级，且其中的湿沉降通量大于干沉降通量。南黄海和东海海域营养盐的气溶胶浓度和降水中的离子浓度有明显的季节性变化，氨盐以湿沉降为主，而磷酸盐以干沉降为主；与河流输入相比，NH_4^+和 P 以大气沉降为主，而 NO_3^-以河流输入为主。在西北太平洋海岸带，大气沉降可能成为营养元素的主要来源，营养元素的偶发性沉降虽然只占海水营养盐的一小部分(＜10%)，但是局部的降水可能造成表层海水的暂时富营养化，从而导致西北大陆架区的赤潮发生。与河流输入相比，这一地区的大气沉降对海洋生产力的影响非常显著，可能与河流输入的重要性差不多或者更重要一些。表 7-1 和表 7-2 是多种物质通过大气干湿沉降对全球海洋输入的估算结果，可见输入量巨大。

表 7-1　重金属通过大气沉降对海洋的输入通量（$\times 10^9$g/a）

海区	Cd	Cu	Ni	Zn	As
北太平洋	0.47～0.90	3.2～12	4.5～5.9	9.1～54	1.4～1.6
南太平洋	0.06～0.11	0.4～1.5	0.6～0.7	1.1～6.6	0.2～0.18
北大西洋	1.5～2.9	10～39	14～19	29～170	4.6～5.1
南大西洋	0.11～0.21	0.8～2.9	1.1～1.4	2.1～13	0.34～0.4
北印度洋	0.12～0.24	0.9～3.3	1.2～1.6	2.4～14	0.4
南印度洋	0.06～0.12	0.4～1.6	0.6～0.8	1.2～7.2	0.2
全球总和	2.3～4.5	16～60	22～29	44～265	7.1～7.9

表 7-2　矿物元素通过大气气溶胶沉降对海洋的输入通量（$\times 10^{12}$g/a）

海区	Al	Fe	Si	P
北太平洋	38	17	150	500
南太平洋	3.1	1.4	12	41
北大西洋	18	7.7	68	230
南大西洋	1.9	0.8	7.4	25
北印度洋	8.2	3.6	31	110
南印度洋	3.5	1.5	14	46
全球总和	73	32	282	952

(2) 沉降速率、通量及干沉降模型

许多研究结果已表明，大气沉降是陆源化学物质进入海洋的重要途径。估算大气沉降通量对了解元素的地球化学循环过程有重要的意义。颗粒物干沉降过程是指除降水(雨、雪等)以外条件下在大气中发生的所有物理重力沉降、湍流扩散、布朗扩散及碰撞等过程。

沉降取决于气象条件、大气浓度、颗粒物表面类型/条件和粒子特定的物理、化学性质。干沉降可以概念化为一个包括三步的过程：①粒子被热力或机械涡流移向海水表面；②通过扩散转移，穿过表面薄层，在该层内湍流可忽略；③粒子被表面捕获，对于大粒子还存在着并行的粒子由于重力作用移向表面的过程。可以通过直接测定计算得到干沉降通量。

1）干沉降通量的直接测定

许多技术用于测量干沉降通量，但由于运用时间尺度的不同、化学物质的不同、地形复杂性的不同，不同技术的测量值相差很大。最常用的直接测定方法是代用面法，即在采样点间内用膜或代用面收集一定的气溶胶样品，称量其采样前后的重量，以重量的增量除以采样面积和时间计算得到干沉降通量。这种测定方法存在误差，主要是收集面无法完全模拟天然沉降面，其次是采样器与其上空的相互作用无法和大气与实际接收面（如海面）相一致，即采样过程无法模拟天然干沉降过程。这就使得直接测出的干沉降通量无法代表真实量，只是实际通量的一个近似值。

2）干沉降通量的间接估算

干沉降通量还可以通过干沉降模型进行间接估算，通常用式（7-3）计算：

$$F_d=C_a \cdot V_d \tag{7-3}$$

式中，F_d为干沉降通量[mg/(m^2·s)]；C_a为气溶胶粒子中的某元素浓度（mg/m^3）；V_d为干沉降速率（m/s）。气溶胶粒子的干沉降速率与颗粒大小、风速、接收表面的物理化学性质、大气的稳定性及相对湿度有关。有两种途径可以得到气溶胶粒子干沉降速率：一是参考GESAMP提出的干沉降速率估算值，即小于1μm粒径的颗粒为0.1cm/s，而大于1μm粒径的颗粒为0.01～0.3cm/s。二是通过直接测量或干沉降模型得出或计算出气溶胶粒子的干沉降速率。

3）干沉降速率

干沉降速率的直接测定在分析数据时减少了一些假设条件，但是需要相对复杂的仪器和更多的精力。较常用的直接测定法有三种：箱法、廓线分析法和涡动相关法。箱法是在被测地表罩一封闭容器测定其中浓度衰减。廓线分析法是测定平均浓度廓线以求得向下质粒通量（要求浓度差的精确度达到平均浓度的1%）。为了对通量资料进行有关大气参数的订正，同时应测定气象要素以获得稳定度等资料。涡动相关法是在给定高度直接测定湍流通量，在厚约10m量级的近地面层，假定整层气溶胶质粒分布均匀，且不产生迅速的化学变化，此时近地面层的向下质粒通量就表示质粒移出率，质粒的垂直通量由脉动速度和脉动质粒浓度的乘积取平均求得，要求测量感应器的响应时间充分地短，以便区分对湍流通量有重大贡献的脉动量。此法主要用于气体和小质粒的垂直输送测定。

运用干沉降速率的绝对前提是假定测定区域为常通量层，这种假设只有在特定条件下才能满足。为了确保为常通量层，简单的办法是测量高度尽可能地接近表面。这就要求仪器有更快的响应速度，因为接近表面时高频湍流涡动对浓度通量的贡献更重要。另外，接近表面时测得的通量不能有效地代表整个测量面。如前所述，干沉降速率受到众多因素的控制和影响，而通量又在非常短的距离内变动(1km 或更短)，所以用单点的测量值推广到较宽的范围内从而建立一个有代表意义的值是非常困难的。由于上述原因，干沉降速率虽然建立了很多直接测定方法，但是彼此间得到的结果相差很大，仍然缺乏可靠的实验测定值。

4)沉降模型

得到干沉降速率的另一个重要途径是运用干沉降模型，这对于水面上的干沉降尤为重要，因为水体上的干沉降通量非常难测量。常规参考高度之下的大气划分为两层：常通量层和沉降层。沉降层内大气湍流对气溶胶粒子的影响可忽略，粒子在较高的湿度下具有达到平衡的湿粒子粒径；在常通量层，大气湍流和重力沉降控制着粒子的传输。

(3)气溶胶的来源识别

大气气溶胶是一个极为复杂的体系，对环境、生物和人类健康有很大的影响，由于气溶胶粒子的大小、化学组成和在大气化学中的各种效应都与其来源紧密相关，因此气溶胶的来源鉴别是气溶胶研究中的一个重要方向，其研究成果也是污染源治理的科学依据。近年来对污染源的判别及其贡献率的探讨，已形成众多有效的研究方法，并取得了一系列成果。常用的方法有富集因子法、聚类分析法、相关分析法、主成分分析法、化学元素平衡法和因子分析法等。

7.1.2.2 大气氮对海洋的输入

已有的研究表明，陆地排放的大气污染物能被气团传输到很远的地方并影响海洋环境。亚洲的 SO_2 在 8d 后可以穿过太平洋到达美洲，非洲撒哈拉沙漠的沙尘可输送到欧洲和北大西洋。中国西北地区发生的沙尘暴，一定的气象条件下可以进入中对流层而经气流向东输送，穿过中国、韩国、日本，直到太平洋。近海及海岸带地区是陆地和海洋气溶胶互相混合的特殊地带。海岸带陆地和海洋交接的突变环境使空气质团粒子从陆地输送到海洋上时，物理和化学性质产生了巨大变化。海洋环境有着特殊的气象条件，风速和相对湿度都较大，而它们直接影响海盐气溶胶的排放速率和海洋上空二次污染物的生成。海洋表面的风浪作用使海水泡沫飞溅而生成海盐粒子，其将通过海-气界面进入大气，和陆地质团发生一系列的化学物理转化作用形成新的液体或固体粒子。实验室模拟研究表明，在有紫外照射的条件下，碱性的海盐粒子能迅速和 NO_2 及 HNO_3 发生化学反应，从而有效地去除大气中的 NO_x 和 HNO_3。近海海洋大气中有 40%的海盐转化为硝酸钠。而海盐气溶胶中的氯离子很容易被 SO_4^{2-} 和 HNO_3 置换出来生成 HCl，从而对沿海大气降水的 pH 产生一定贡献。我国大部分地区常年处于海洋的上风向，有利于物质从陆地向海洋的迁移和输送，由于冬季在中国大陆盛行西北风，有利于陆地上空气溶胶向太平洋输送，西太平洋不少海域或多或少受到来自中国大陆气流的影响。

近些年来，大气氮向海洋输入已经引起世界各国的关注。对海岸带区域的研究表明，大气含氮物质在向海岸带、近海及开阔海域输送的过程中，其浓度、相态及颗粒物粒径都在发生变化，如在德国 Bight 海观测到离岸 70km 以后，氨浓度降至原来的 1/4。但具体含氮物质随时空变化的特征受陆地污染源位置、流场输送状况和海洋边界层条件等综合影响。

大气物质入海量常常用沉降通量或大气沉降量占物质入海总量的相对比例来定量描述。在不同海区，通过大气入海的物质的量是不同的，其在同类物质入海总量中占有的比例也不同。在远离人类活动影响的大洋，大气物质入海占有绝对的比重，而受工业污染比较严重的近岸海域，大气沉降也是陆源物质的输入途径。国外学者研究表明，大气输入通常等于或大于河流向海洋的输入，对于大多数物质，北半球海洋的大气输入通量明显大于南半球。

美国东海岸的大量研究结果表明，大气氮沉降是一种重要的氮输入海岸水体的非点源方式，是总大气无机氮(硝酸盐、铵盐)输入的重要组成部分。就全球范围而言，溶解氮通过大气对海洋的总输入量与河流输入量大致相当。对德国 Bight 海域研究发现，1989 年 11 月至 1992 年 5 月该海域 30%的氮来源于大气。中国东部海域春季铝的干沉降通量占全年干沉降通量的 40%以上，大气气溶胶中大多元素春季的浓度大于夏季。与长江向东海输出的无机氮通量相比，大气湿沉降通量占 62.3%，成为长江口高含量无机氮的重要控制因素。在美国海岸带，浮游植物所需氮的 50%来自大气，且大气中氧化氮的沉降对美国东北海岸水域的富营养化起重要作用。经由大气进入大西洋西海岸的氮量占其入海总量的 10%～50%。降水中的 NO_3^-对黄海新生产力的贡献为 4.3%～9.2%，若考虑降水中的 NH_4^+以及干沉降中的 NH_4^+和 NO_3^-，这一比例可能会增加 4 倍。对西北太平洋海岸带的研究表明，大气沉降可能成为该区域营养元素的丰富来源，局部的降水可能造成表层海水的暂时富营养化，从而导致西北太平洋大陆架区的有害赤潮发生。

氮作为最重要的营养物质之一，对近海生态系统的持续运转具有重要意义，是维持海洋浮游动植物生态系统的重要元素。氮在自然界中以无机氮、有机氮和分子氮三种形式存在。三种形式的氮在土壤、生物、水及大气圈之间的流动和相互转化构成氮的生物地球化学循环。按 Redfield 的 C∶N 值计算，平均 1mmol N 的输入，可以潜在提高 6.625mmol C 初级生产力。氮的大量输入在一定程度上可影响海洋生态群落结构，并可能导致一些有害藻类的大面积暴发。这一现象已经成为重要的科学问题。

正如上述所指出的，海洋含氮营养物质的来源主要有河流输入、大气干湿沉降、沉积物-海水界面交换以及与相邻海域交换等。河流排放在空间上相对集中，大气输入的空间范围较大，而且是一个持续不断的输入过程。同时，大气物质进入海洋既有从大气中直接沉降到海洋表面的直接方式，也有大气物质先沉降入河流再流入海洋的间接方式。可以预见，未来陆地和受陆源大气影响的海洋氮沉降量都将会有大幅度的增长，将给海岸带及海洋环境带来巨大的压力。逐渐增加的海岸带营养物质的输入导致了近海生态系统的不断失衡，诱发许多富营养化问题，如以国家一级海水水质标准衡量，东海无机氮超标达 46%。

大气含氮物质以气态、蒸汽态和气溶胶态存在，主要化学物质包括一次污染物 NO_x(NO、NO_2)、NH_3 和 N_2O 以及二次污染物 NH_4^+、NO_3^-和 PAN。大气含氮物质在离开排放源后将发生一系列的光化学反应和不同距离的迁移。NO_x 的输送距离一般在 600km 以上，NH_3 的迁移距离较短，50%的 NH_3 在 50km 以内沉降到地面或转化为二次污染物，气溶胶态的 NH_4^+迁移距离要长得多。大气氮的化学反应非常复杂，包含气相化学反应、气液转化和气固转化等多种化学机制，气溶胶态的 NO_3^-通常由 NH_3 与 HNO_3 反应生成，NH_4^+则主要是 NH_3 与 HSO_4^-的反应产物$(NH_4)_2SO_4$ 和 NH_4HSO_4。所以，实际大气含氮物质的区域输送情况将受大气污染源的种类、气象条件和化学反应等综合影响。对欧洲北海南部进行了 15 个月的大气取样发现，大气沉降对北海氧化氮做出了主要的贡献。然而，这种大气氮向海岸带的输入可能具有间歇性，偶然发生的高沉降事件能对浮游生物种群产生重要影响，并且在较小的河口内，大气氮输入的重要性并不大。对黄、东海营养盐的大气湿沉降输入研究得知，氮的无机组分都是以湿沉降为主，NH_4^+的湿沉降通量占大气总输入量(NO_3^-+ NO_2^- +NH_4^+)的约 60%。

7.2　海陆相互作用

对于海洋而言，海陆相互作用在很大程度上体现为河流入海带给海洋巨量的输入物，河流入海物质是海洋物质最重要的来源，一方面，河流为近岸海水提供了大量的营养物质，使大量海洋生物类群得以繁衍生存，另一方面，河流输入的物质包含了大量的污染物，给海洋带来了严重的环境问题，同时由于海洋动力作用，河流输入的大量物质改造着海岸地貌和环境。所以，河流输入是海洋能流和物流的重要组成部分。

7.2.1　河流的输入及其环境效应

7.2.1.1　河流通过河口作用过程对近海的物质输入

河流是大地的动脉，是连接陆地和海洋两大生态系统的主要通道。入海河口是河流和海洋两系统的交汇处，两者在水动力和其他物理化学性质上的差异，使河流带来的许多物质在河口段发生沉积，由于能量骤减，河流所携带的相对较粗的物质先沉淀下来，而较细的物质，如悬浮在河流中的黏土矿物，则通过絮凝作用在较远的地方沉积下来，从而形成河口三角洲体系，影响三角洲体系的因素包括汇流区域和受水盆地的特征。汇流区域是沉积物的供应区，其特征主要反映在沉积物的性质和河流体系上；受水盆地是容纳沉积物的场所，盆地最重要的性质是争夺输入的河流沉积物的能量体制，盆地性质取决于诸如盆地的形状、大小、深度和气候背景等几个主要因素间的相互关系，携带沉积物的河流过程与受水盆地过程之间的相互关系共同确定了河流三角洲的发育，如果汇流区域没有因为构造因素或其他因素(如气候因素造成的河流劫夺而使得汇流区域发生变化)发生变化，且河口地区的构造活动相对稳定，则河口沉积物的发育将主要受气候环境的影响，气候环境的变化将在这些沉积物的一些指标上留下烙印。

入海河口是河海交汇的地带，是典型的地表水从淡水过渡到咸水的过渡性环境，不但物质通量相当大，而且化学变化和物理变化相当复杂。各河口的地理条件和水文条件不同，河水和海水交汇的情况也有各种不同的类型，所发生的化学过程也不同。由于化学成分和水化学性质的分布有较大的水平梯度与垂直梯度，化学变化过程大多是有方向性的。因此，河水入海的源作用过程、污染物质入海后的迁移规律、陆地径流提供的营养元素对海洋生物生产力的影响、河口及口外附近的沉积过程等是海洋生物地球化学的关注焦点。河口作用过程主要包括河口区的物质输入和输出、化学作用过程和河口-海区物质迁移三种(图 7-1)。

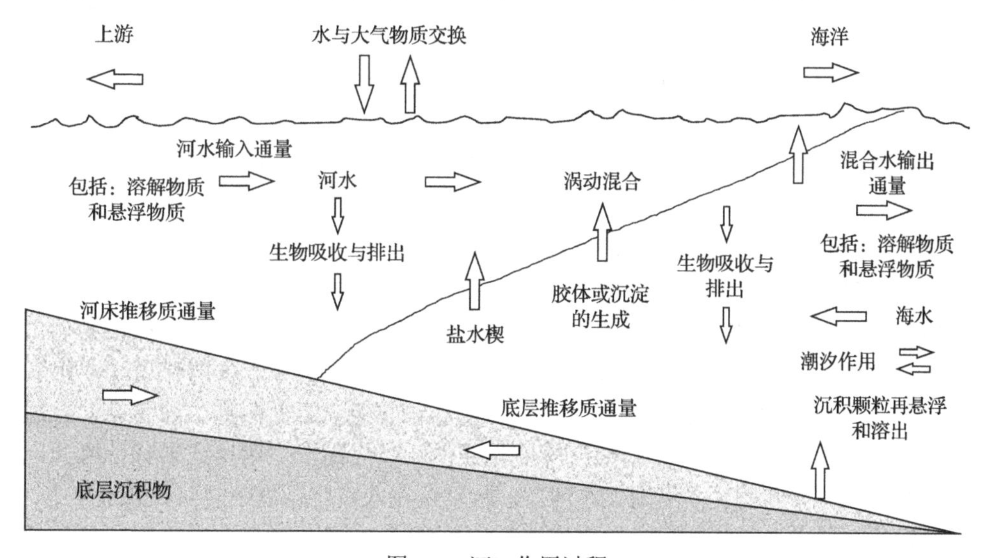

图 7-1　河口作用过程

(1)河口区的物质输入和输出

河流将大量化学物质输入河口区，包括河水中溶解物质、悬浮物质和河床上面的一层泥沙，后者受径流切力的影响而向外海推移，称为推移质。河流带来的大部分物质，在河口经历了各种作用过程之后，被输送到外海，这是海洋中化学物质的主要来源之一。据估算，从陆地输送到海洋的物质，每年约为 250 亿 t，其中约有 210 亿 t(84%)是经河口进入海洋的。就一些重金属进入海洋的通量来看，银、钴、铬等各有 90%以上是通过河口进入的；镉、铜、汞各有约 50%由河口输入；而锌、铅、镍则较多地通过大气输送到海洋。总之，进入海洋的化学物质，绝大部分是通过河口，因此研究海洋中各种化学物质的地球化学收支平衡时，不能不掌握全世界各主要河口化学物质通量的资料；但如果只用河流的径流量和河水组成计算各种化学物质的入海通量，而不了解这些化学物质在河口区经历过什么变化，有多少被留在河口区，就无法进行比较准确的计算。除从河流输入河口区和从河口区输送到外海两个过程外，河口区还同大洋一样与大气和底部沉积层进行物质交换。尤其是沉积作用因受到河水与海水混合的复杂过程影响，在河口区还是相当剧烈的。从河口入海的物质，不但在海底形成各种自生矿物，如各种海生硅酸盐和洋底锰结核等，而且为近岸生物群落提供营养盐。

(2)化学作用过程

由于河水和海水的电解质浓度与 pH 等环境因素有明显差异，因此在混合过程中发生了一些化学变化，如胶体的生成和凝聚(或称絮凝)、沉淀的产生、黏土矿物与海水作用形成另一种矿物、吸附或解吸的加强、一些化学平衡的推移等。例如，电解质的增加使离子强度增大，可提高一些难溶盐的溶解度；氢离子浓度和离子强度的改变，变更碳酸盐体系的平衡；不同形式的重金属离子络合物间的比例发生变化；多数过渡元素改变其在水体中的价态和存在形式。然而，其中影响较显著的还是胶体或沉淀的生成，它能吸附多种微量成分而改变其分布和迁移特性。河水与海水混合生成的铁、铝、锰的水合氧化物胶体，能显著吸附重金属离子和溶解硅酸盐，被称为海洋重金属元素的“清除剂”。在一般河口，铝、铁、锰、铜、锌、镍、钴等金属的 90%～99%是以颗粒态形式从河口输出到海洋的。河口半咸水带是许多生物繁殖的良好环境，生物吸收或释出化学物质和生物死亡后的降解作用等生物地球化学过程，对河口的化学组成起着重要的作用。河水和海水混合水体内的化学组分，可分为保守组分和非保守组分两类。前者在混合过程中没有溶出或转移，后者则因化学变化或生物吸收而发生溶出或转移。因此，它们的浓度与盐度的关系不同。在河口，特别是在入口比较集中的河口区水体中，有机物的含量远大于外海水中的含量。有机物的存在能影响微量元素在河口的地球化学特性，如有机物中的含氧基团等能与金属离子络合；一些有机物与金属离子能形成难溶性有机金属化合物，并能附着在其他悬浮颗粒物上而沉淀到海底。

(3)河口海区物质迁移

河口水域中的悬浮物含量较高，吸附能力强，对金属元素和有机物的迁移起重要的作用。这些颗粒的沉降、再悬浮、随水体运动、在海床上被推移、解吸、氧化态的改变和在沉积中继续进行化学转化过程(成岩作用)，都影响河口化学物质的迁移和反应过程。

总的说来，在河水和海水交汇的河口区，沉积物-海水界面和海-气界面一样，存在着比较剧烈而复杂的河口作用过程。因此，河流通过河口作用过程对近海的输入是海洋生物地球化学循环能流与物流的重要组成部分。

河流悬浮物可对河口及近岸水域营养元素和污染物的含量水平产生重要影响，在全球生物地球化学循环中担负着重要角色。由于河流悬浮物以粒径＜60μm 的粉砂和黏粒为主，具有巨大的吸附能力，对其他物质尤其是一些重金属元素在河流中的迁移转化行为有重要作用。通过河流悬浮物的吸附和解吸过程，一些重金属元素和有机污染物可以在液相和固相之间反复交换，从而影响它们在水体中的迁移转化过程，使水体污染具有较长的滞后效应。一般而言，除少量来自河流微生物的贡献和大气输入外，河流悬浮物主要源于流域风化壳和土壤有机质的侵蚀过程。

按照化学性质的差别，可以将河流悬浮物视为由矿物相和有机相两部分物质混合而成，矿物相可以进一步划分为各种具体矿物；而河流有机相也因其来源的不同分为性质活泼的、性质稳定的，甚至来自岩石风化产物中的化石有机质等几个组分。各水文季节地表径流形成的过程、强度存在差异，对流域地表具有不同强度的侵蚀能力，形成的侵蚀产物之一——河流悬浮物的性质也就存在差别。据研究可知，随着洪水过程的变化，汛期河流悬浮物中 K、Rb、Ti、Si、Fe、Zr 等元素的含量增加，这可能与钾长石和伊利石在水体中增加有关；而在低水位时由于方解石自溶解相析出，可以明显提高河流悬浮物中 Ca 和 Sr 元素的含量；河流中 Pb 和 Zn 具有相似的迁移特征。河流悬浮物浓度和悬浮物中有机碳的质量分数之间呈负相关关系。从总体上说，机械侵蚀强度大的流域(即水土流失严重地区)，河流悬浮物中有机碳的质量分数低；而机械侵蚀强度微弱的流域，虽然河流中只含有较少的悬浮物，但悬浮物中有机碳的质量分数较高。此外，在同一流域的不同水文季节，河流悬浮物中有机质的质量分数存在明显变化。

7.2.1.2　河流碳的输出及其环境效应

河流输入到海洋中物质对河口区及近海产生重要的环境效应，其有机碳的输出通量及性质备受关注。

(1)河流碳的来源、功能与输出通量

河流碳主要以 4 种形式存在，包括颗粒有机碳(POC)、溶解有机碳(DOC)、颗粒无机碳(PIC)和溶解无机碳(DIC)(表 7-3)。实际上，在天然水体中颗粒大小的分布是连续的，颗粒态与溶解态的划分也是相对的。依据来源的不同，可以将河流碳分为自源和异源两类。流域陆地侵蚀产物构成河流异源碳的主体，海-气界面垂直方向的碳交换也产生一部分源于大气的河流碳，现在所指的河流异源碳主要为陆源含碳物质。不同形式碳的来源不同，PIC 主要源于陆地碳酸盐岩及含碳沉积岩(如页岩、泥板岩和黄土等)的机械侵蚀，水体内部碳酸钙的沉淀析出也提供一部分自源 PIC(如黄河)；DIC 一部分由大气 CO_2 直接溶解于水生成，其余绝大部分由陆地基岩化学风化消耗大气和土壤空气中的 CO_2 生成，此外，化石有机碳的缓慢氧化也可能提供少量 DIC；POC 主要源于流域土壤和有机岩的机械侵蚀、陆地植物残屑以及人类生产生活的有机废弃物，河水中的叶绿体经光合作用也产生一部分自源 POC；DOC 主要是土壤有机质的降解产物及来源于人类生产生活有机废弃物，还有部分为河湖自生浮游植物的代谢分泌物。河流碳具有广谱年龄结构，跨度从数小时到亿万年。对于全球变化研究来讲，人们关心的只是在短时间尺度上发生循环的那部分碳(total atmospheric carbon，TAC)，大致包括全部的 DOC，来自大气和土壤间隙中的那部分 DIC(包括溶解 CO_2)，源于陆地土壤、植物残屑和人类排污的 POC，以及自源 PIC。河流 TAC 的年龄一般介于 1～1000 年。在全球范围内，河流 TAC 仅相当于陆地生态系统净初级生产力的 1%～2%。在干旱且无碳酸盐岩的一些流域，河流碳的浓度小于 5mg/dm^3，且几乎全部为 TAC；而在富含碳酸盐岩且侵蚀性强的黄河流域，河流碳的浓度高达 800mg/dm^3 以上，且 TAC 仅占河流总碳的 5%左右。

表 7-3　河流碳的来源、功能与输出通量

赋存形式	来源	作用机制	年龄(年)	通量($\times10^{12}$g/a)
PIC	陆地基岩	机械侵蚀	10^4～10^8	170
	自源	淀析作用	10^0～10^3	—
DIC	陆地基岩	化学风化	10^4～10^8	140
		氧化作用	10^4～10^8	—
	大气/土壤 CO_2	化学风化	0～10^2	245
		溶解作用	0	20～80
DOC	土壤	土壤侵蚀	10^0～10^{-3}	200
	污染物	人类排污	10^{-2}～10^{-1}	15
	自源	光合作用	10^{-2}	—
POC	土壤	机械侵蚀	10^4～10^8	100
	自源	光合作用	10^{-2}	＜10
	污染物	人类排污	10^{-2}～1	15
	陆地基岩	机械侵蚀	10^4～10^8	80

(2) 河流有机碳的输出

1) 对河口和近海水域生态系统的影响

全球陆地生态系统每年通过河流向海洋排放约0.45Gt的有机碳，大致相当于全球陆地生态系统净初级生产量的1%～2%。而我国河流每年向海洋输运的有机碳总量约为0.07Gt，占我国植被净初级生产力的3%左右，虽然在数量上这种陆地向海洋的碳通量远不及全球碳循环系统中的其他环节，但这种海-陆界面的碳通量是单向的，它与“海洋-大气”间的净碳通量，当前人类每年使用化石燃料排放的碳通量以及森林火灾形成的碳通量等处于一个数量级上。

河流有机碳输送通量对流域地表覆盖性质和动力过程的变化具有敏感的响应，近百年来，全球许多地区的植被遭到严重破坏，地表覆盖性质退化后流域生态系统的有机碳输出通量迅速提高，使得近海水域陆源有机碳的沉积埋藏速率随之增加。许多大河三角洲和近岸已成为重要的碳埋藏区(汇)，尽管如此，人们对陆地有机碳的搬运过程及其后期变化了解得仍极为有限，以致生物地球化学家在海水和海洋沉积物中找不到足够的陆源有机碳踪迹来平衡每年的巨大入海通量，从“陆地生态系统-河流-河口-近海-远洋”这条海陆界面的物质传输途径看，流域生态系统侵蚀输出的有机碳在抵达海洋之前，河口区是其必经之路，陆地来源的有机碳作为重要营养元素和污染物质，首先对河口区的生态环境产生重要影响，由于当今耗资源-高污染型经济的膨胀，河流在很大程度上已演变为人类巨大经济系统的排污通道，除极地河流之外的河口区水域生态系统的退化已成为全球性普遍现象，若不加控制，势必对未来的经济发展产生不良影响。尤其是在人类面向海洋求取资源的现在，河口和近海水域污染的监测、控制和治理已上升为当务之急，而河口、近岸水域陆地侵蚀来源的有机物与其他来源的有机物相比，数量巨大，种类繁多，对其通量和性质的研究意义重大。

2) 河流有机碳与流域环境演变的关系

河流是流域生态系统的物质输出端，也是流域环境性质的记录者，从量的角度衡量，碳循环(与水循环一起)在近地表一切生命物质的地球化学循环中居主导地位，这从干生物量中主要元素的原子数比值($C_{148}H_{296}O_{148}N_{16}P_{1.8}S$)即可看出，河流所搬运的以有机碳为主要成分的有机质(如在土壤有机质中碳的质量分数达58%左右)，其生物地球化学性质携带着不同时间和空间尺度上流域侵蚀过程的信息，可以提供能够反映全流域范围内自然过程和人类活动的详细记录，流域自然环境各种时间尺度的波动都会反馈给流域侵蚀过程并在其输出的河流有机质的性质及通量上得到反映。但河口区复杂的水动力过程和生物地球化学过程时刻在对陆地侵蚀信息进行着“调制”，使得陆地生态系统的侵蚀信息在河口和近海区变得模糊，甚至歪曲。因此，要从近海(还有湖泊)陆源沉积的柱状剖面中了解古气候、古环境的变迁历史，必须加强河流搬运的有机质(碳)在通量和性质及其在河口区迁移转化行为方面的研究。

3)河流有机碳在通量和性质上的时空差别

区域差异：陆地生态系统侵蚀的速率、方式以及侵蚀产物的通量、性质等受制于包括地貌特征和地表覆盖性质等在内的地表条件与诸如降水强度、降水变率和径流形成特点等侵蚀动力因素。人类活动可通过对上述两方面产生影响间接作用于陆地生态系统的侵蚀过程。因此，处在不同大地构造单元、不同气候格局和不同农业发展历史的流域系统，其地表侵蚀过程和有机质输出特征各异。这种差异性最突出地体现在亚洲季风流域与其他非季风流域之间。在气候上，亚洲季风流域水热同季，使得侵蚀动力(主要是地表径流量)与生物量的增长在时间上表现为同步，且季节之间相差悬殊，而较大的地势高差和活跃的构造运动，加上悠久的耕作农业历史和较大的人口压力，均决定了亚洲季风流域在地表侵蚀和有机质的河流输出过程方面，与气候变化和地势起伏都较和缓的欧美非季风流域不同。例如，东亚、南亚和东南亚是全球地表机械侵蚀最强烈的地区，估计全球约 70%的河流悬浮物是经由这些地区的河口输向海洋的，以非季风流域的研究结论为依据建立的理论模型在季风流域是不完全通用的，处在亚热带季风气候区的珠江流域，其河流有机碳的输出以颗粒态为主，如在西江流域(珠江流域的主体)，颗粒有机碳的侵蚀通量达到 8.30×10^6g C/($km^2\cdot a$)，而溶解有机碳的侵蚀通量仅为 1.88×10^6g C/($km^2\cdot a$)，这与其他非季风流域河流有机碳组成以溶解态为主的特征显著不同，而与亚洲其他季风流域的情况较为接近(表 7-4)。

表 7-4 不同气候类型河流有机碳的侵蚀通量[$\times10^6$g C/($km^2\cdot a$)]

气候类型	流域名称	面积($\times10^3km^2$)	溶解有机碳 DOC	颗粒有机碳 POC	DOC/POC
非季风区	亚马孙河	5 930	4.46	2.83	1.65
	刚果河	3 704	2.47	0.68	3.63
	巴拉那河	2 860	1.43	0.28	5.10
	马更些河	1 615	0.84	0.86	0.98
季风区	长江	1 817	5.69	6.14	0.89
	恒河	1 648	2.22	5.22	0.43
	黄河	823	0.48	14.68	0.03
	西江	353	1.88	8.30	0.23
全球流域平均		106 000	2.04	1.65	1.24

季节性及随水文动力过程的变化：大气降水及随之形成的地表径流是流域侵蚀的主要动力。对于不同性质的天气过程，这种侵蚀动力的性质存在较大差别，从而使得流域侵蚀输出的有机质在性质和总量方面也存在显著的短时间尺度变

化。东亚季风区大气降水过程的突出特点是变率高、强度大，因此上述现象可能更加明显，对流域侵蚀物质的平衡进行估算需要建立在短至一次洪水过程、长至百万年的不同时间尺度上，流域有机质输出通量的季节性变化和随水文动力过程的变化是明显的，如在北美一些不同尺度的流域单元，一年之中过半的悬浮物是在一次或有限几次洪峰过境事件中发生输运的，往往集中在 5～10d 完成此过程；再如研究程度较深的法国 Garonne 流域，50%的悬浮物是在两周多的时间中侵蚀输运的，而其中的一半悬浮物(25%)集中在 1d 之中输运；季风区的山地小流域这种特征更为明显，如在台湾的兰阳溪流域，一次仅占全年径流量 7.5%的由台风雨形成的径流，所携带的悬浮物和颗粒有机碳(POC)却分别占了全年输运量的 58%和 50%；存在季节性封冻期的温带河流，有机碳输出通量的季节性变化也较为明显，因为河流封冻期间有机碳主要来源于底泥物质的释放。河流输出的有机质不但在通量方面存在着明显的时序变化，而且在物质成分方面也存在明显的时序差异，碳水化合物和氨基酸被认为是河流悬浮物中的不稳定或活性有机质成分，易于在水体中氧化分解，其含量的高低可以反映有机质所经历的生物降解程度。黄河口区的研究结果表明，枯水期和汛期之间河流输运的颗粒物中碳水化合物与氨基酸的含量相差两倍多，而且不同季节间颗粒物中碳水化合物和氨基酸的来源不完全一样(来自流域侵蚀的和来自水体自生的)；不但是颗粒有机物，不同季节之间河流水体中的溶解有机成分也存在上述差别。恒河-布拉马普特拉河流域汛期搬运的有机质均已高度降解，在河流中表现出较为稳定的化学性质，而枯水期则不然。河流搬运有机物通量和性质的时序变化还明显表现在短时间尺度的每一次水文过程之中，如对于一次洪水过程而言，涨水过程和落水过程径流搬运的有机质在总量与成分方面就存在显著差异。

4)河流有机碳的同位素组成特征

在强烈侵蚀的流域，绝大部分河流有机碳来自陆地生物量的侵蚀，流域植被类型决定了河流中有机碳的稳定同位素组成($\delta^{13}C$)，而在一些河流悬浮物含量少、流速缓慢的大河下游和河口区，水体中自源有机碳的贡献增加，水生低等植物和陆生高等植物不同的稳定同位素组成共同影响河流碳的稳定同位素组成，在同一流域由同一水文过程侵蚀形成的河流有机碳，也因在水体中的存在状态有差异而表现出不同的碳同位素组成，如对南、北美排入大西洋的 4 条大河中的有机碳进行 $\delta^{13}C$ 研究发现，河流搬运的颗粒有机碳的 $\delta^{13}C$ 含量较溶解有机碳低。亚马孙河携带的颗粒有机碳的 ^{14}C 年龄较溶解有机碳老 1260 年，陆地生态系统中的有机碳从来自植物体的现代碳到来自岩石的地质碳，同位素尤其是放射性同位素组成存在着差别。就 ^{14}C 而言，现代碳和地质碳可视为两个端元，地表性质受人类活动扰动的程度不同，在流域侵蚀输出的有机碳中，此两端元物质混合的比例就存在差别，从而使河流有机碳表现为不同的 ^{14}C 年龄，如上述的台湾兰阳溪流域。^{14}C

研究结果表明，受人类干扰严重(修筑公路)的干流河段，河流中颗粒有机碳有 70%以上来源于基岩中地质碳的侵蚀，而支流输送的颗粒有机碳则更多来源于现代生物量的侵蚀。河流有机质中活性成分在输送过程中容易被水体中的微生物代谢利用，尤其是溶解态的活性成分，经微生物代谢利用过的河流有机质，^{14}C 年龄偏老，而且代谢消耗的部分越多，剩下部分的 ^{14}C 年龄越偏老，即使来自生态系统的新鲜有机质，在河流中被微生物改造后也将发生老化。

7.2.1.3　河流对近海营养盐的输入

陆源输入是沿岸近海营养物质最重要的来源，它包括直接和间接两个途径，直接入海途径主要是沿海地区工农业和生活污水直接排入、船舶和海洋工程排污等，间接途径主要通过河流把天然风化物质和沿岸污染物质输入海洋。

(1)河流中营养盐及主要来源

河流是沿岸近海营养物质最主要的输入源。在天然水中 Si 以溶解硅酸盐和悬浮 SiO_2 两种形式存在，它们主要来源于流域岩石矿物的风化作用，几乎与污染无关，因此，一些河流中硅酸盐含量相差并不大，如法国瓦尔河硅酸盐浓度为 163.3μmol/dm^3，刚果河和亚马孙河分别为 165μmol/dm^3 和 115μmol/dm^3。河流输送是海水硅含量的主要决定因素，全世界每年从河流输入海洋的溶解硅酸盐约为 6×10^6t，也有相当数量的含硅物质是由陆地冲洗和风吹进入海洋的。除了风化作用以外，P 和 N 的来源与人类活动密切相关，因此在那些工业化高度发达的地区，河流中 P 和 N 的浓度远高于不发达地区，如密西西比河溶解磷酸盐和硝酸盐浓度分别为 2.8μmol/dm^3 和 160μmol/dm^3；莱茵河分别为 12μmol/dm^3 和 290μmol/dm^3；而亚马孙河的浓度仅分别为 0.50μmol/dm^3 和 10μmol/dm^3。中国一些主要河流中营养盐浓度较高，20 世纪 80 年代中期长江下游溶解硅酸盐、溶解磷酸盐和硝酸盐浓度分别为 115μmol/dm^3、0.66μmol/dm^3 和 57.1μmol/dm^3；同期黄河下游以上三者浓度分别为 116μmol/dm^3、0.99μmol/dm^3 和 134μmol/dm^3。营养盐与河流径流量之间有密切的关系。农业用化肥损失及水土流失也是沿岸近海 N 和 P 的重要来源之一，其中一部分也是通过河流输入海洋的。半个世纪以来，世界氮肥使用量以惊人的速度递增，1986 年氮肥产量大约占全球陆地总氮输入的 1/4，河水中硝酸盐浓度与氮肥的使用量呈明显的正相关关系。化肥一般是可溶性的速效肥，易被雨水冲刷而流失于水体。由氮过剩引起的河口富营养化已经成为一个全球性的问题。

(2)河流输入营养盐以及对外海输出后的转移过程

河流输入近海河口的营养盐数量是巨大的。对长江的研究表明，1998 年长江向长江口输入硝酸盐 143.8×10^4t/a，DIN 174.6×10^4t/a，TON 110.3×10^4t/a，TN

284.9×10^4t/a。1985～1986 年则为硝酸盐 63.6×10^4t/a，亚硝酸盐 0.38×10^4t/a，铵氮 24.9×10^4t/a，DIN 88.8×10^4t/a。长江口 TP 和溶解磷酸盐的输入通量主要由径流量所控制，1998 年长江特大洪水向长江口输入 TP 和溶解磷酸盐的通量分别为 4.11kg/s 和 0.74kg/s，二者的年输入通量分别为 12.96×10^4t 和 2.33×10^4t。硅酸盐通量随径流量的增加而增加。

在营养盐从陆地(主要是河流)向海洋输送过程中，物理混合和稀释扩散是最重要的过程，大部分营养盐输送到外海，因此它们从河口、近岸到外海的分布有明显的浓度梯度，一般浓度随盐度升高而下降，其输送和分布与潮汐、风、海流和河水径流等水动力因素以及生物、化学过程有关，其垂直输送还与水文跃层密切相关。营养盐在河口的转移过程研究表明它们在不同河口，甚至在同一河口的不同水期，均具有不同的保守和非保守行为。营养盐入海通量的计算，对于保守元素即为河流径流量与元素在河口淡水端浓度的乘积，对于非保守元素，则应扣除其转移部分。

营养盐的生物移出是近海水域主要的转移过程之一，入海的溶解硅酸盐主要为硅藻所消耗，并形成硅质介壳，部分沉入海底，放射虫也消耗溶解硅酸盐。在大洋水中，浮游植物以 16∶1 的比例从海水中移出 N 和 P，在近海往往大于或小于这一比例。河口近海区，受人类活动和特定环境的影响，N、P 原子比并不能完全反映浮游植物对它们的吸收比例或有机物氧化分解的比例，如黄河口较高的 N∶P 主要是河水输送大量无机氮入海的结果。在水浅和生物活动强烈的水域，浮游植物往往优先吸收铵氮。不同粒级的浮游植物对不同形态氮的吸收存在不同，在胶州湾，超微型浮游植物($<2\mu m$)对铵氮吸收通量最高，而网采浮游植物偏好于硝酸盐。由于沿岸水域水浅，有机氮只有少量被分解便进入沉积物。有关溶解磷酸盐在河口近海的生物移出，有报道称主要由浮游生物移出和细菌移出。磷最终以生物碎屑和浮游动物、鱼类及海洋哺乳动物排泄的粪便的组分离开海洋。沿岸藻和底栖藻也能从海水中移去营养盐，据报道，在浅的河口，底栖初级生产可能大于浮游初级生产，浮游植物为浮游动物提供食物，因此，随着食物链每一环节的繁殖生长，它的前一环节中营养盐的浓度便减少。营养盐参与生物生产过程并最终转化为生产力。溶解硅酸盐的非生物转移主要是通过悬浮黏土矿物的吸附进行的，如密西西比河和北威尔士康韦河河口等都有过溶解硅酸盐非生物转移的报道，其中前者全部为非生物转移，后者则有 10%～20%为非生物转移，这样的河口水中一般均含有大量的悬浮体。也有许多河口未发现溶解硅酸盐由生物或非生物转移。溶解硅酸盐转移的地球化学过程是非常复杂的，因此在许多研究中，并没有得到满意的解释。溶解磷酸盐的非生物转移，包括被 Fe 和 Mn、Al 的氧化物与氢氧化物吸附、被悬浮黏土矿物吸附、被有机物吸附、形成无机磷酸盐矿物等均有过报道。在许多河口既存在溶解磷酸盐的生物转移，也存在非

生物转移，并且几种非生物转移方式兼而有之。铵氮也能为黏土矿物吸附并进入沉积物。

7.2.2　河口潮滩对河流输入物的接纳与转移

河口滨岸地区作为海洋与陆地的交汇地带，是连接河流与海洋的通道，是淡水与海洋栖息地之间的生态交错区，是生物多样性和生物量最高的区域之一。底栖动物是河口生态系统的次级生产者，构成了河口生态系统中底栖亚系统，在河口生态系统营养盐的生物地球化学循环过程中起着极其重要的作用，底栖动物通过生物扰动(包括潜穴、爬行、觅食和避敌等)及对营养盐的吸收、转化、降解和排泄等生理活动影响营养盐在潮滩沉积物-海水-大气三相界面的迁移、转化。英国 Humber 河口潮滩沉积物中 3 类大型底栖动物对营养盐界面通量有明显的干扰，这些生物的活动导致沉积物中硅和磷的释放通量明显降低，而铵氮的释放通量和硝酸盐的吸收通量则显著上升；穴居动物对潮滩沉积物中氮的硝化和反硝化作用也有重要影响，穴居动物的活动可大大促进氮的硝化和反硝化作用之间的耦合，底栖动物的排泄物对沉积物中营养盐的迁移转化也有重要的作用。

7.2.2.1　潮滩对氮的接纳与氮的迁移转化

氮作为引发富营养化的关键元素之一，在潮滩复杂环境条件下的营养盐循环中占有重要地位。

(1)氮的输入与溯源分析

滨岸带作为开放的海陆交互系统，不断地与外界进行物质交换，大量的自然或人为营养物质通过河流输入、地下水渗流、大气沉降和与外海水体交换等途径输入滨岸带水体中，给滨岸带造成了巨大的环境压力。因此，有关滨岸带生源要素氮的输入与溯源分析研究已成为环境地学研究领域的热点问题之一。定量研究美国东部和墨西哥湾岸带近岸水体中氮营养盐的输入源时发现，大气氮沉降量占其总输入量的 10%～40%；对长江口近岸水体中无机氮来源进行分析发现，长江口近岸水体中的无机氮主要来源于降水、农业非点源污染化肥氮和土壤氮流失以及点源工业废水和生活污水排放等，其中降水输入对长江口近岸水体无机氮高含量的贡献最大。此外，就滨岸带潮滩尤其是河口滨岸带潮滩而言，累积在沉积物中的含氮有机物降解也是潮滩环境中生源要素氮的重要输入源。近年来，人们间接地利用沉积有机物中稳定碳(C)、氮(N)同位素含量及其 C/N 值的差异对潮滩生源要素氮来源进行定量分析。然而，沉积物中的有机物会发生不同程度的早期成岩作用，直接用 ^{15}N 和 C/N 值来反映有机物及氮素来源具有不可靠性，因此，有研究提出需用 ^{13}C 和 C/H 值进行校正。

(2)氮的微生物转化过程

1)固氮作用

固氮作用主要指在酶的催化作用下微生物将氮气还原成氨气、氨氮或任何有机氮化合物的过程。在潮滩环境系统内，菌类和藻类等各种微生物含量丰富，在潮滩滩面上易形成一薄层微生物膜，其具有较强的固氮作用，是潮滩环境中氮的一种不可忽略的输入源，尤其在贫氮的潮滩环境中，固氮作用对维持潮滩环境中大型生物的生长、发育和繁殖具有重要作用。目前，乙炔还原技术是测定微生物固氮速率的主要方法，该方法依据微生物对氮气的固定与微生物将乙炔转化为乙烯具有相似性的原理，假定固氮酶每还原 3mol 的乙炔相当于固定 1mol 的氮气，因此可依据乙炔还原速率来计算微生物固氮速率。但是，在潮滩自然环境条件下，不同微生物含有的固氮酶对乙炔的还原能力存在较大差异，因此在特定研究区域内，为了得到准确的固氮速率，应该通过 ^{15}N 同位素测定技术进行校正。外界因子对潮滩微生物固氮速率影响显著。研究发现潮滩沉积物中可交换态氨氮含量超过 10～20μg/g 和孔隙水中氨氮含量超过 200μg/dm^3 时，乙炔还原速率将受到明显抑制。增加沉积物中有机物含量，可促进微生物对大气氮的固定。一般而言，低盐度有利于微生物固氮，随着盐度升高，微生物活动受到抑制，固氮速率出现明显下降，当盐度超过 25～30 时，固氮作用甚至终止。温度对固氮作用影响亦非常明显，研究表明，当环境温度小于 20℃时，随着温度升高，固氮速率不断增大，但是当环境温度超过 20℃时，则出现相反的变化趋势。研究发现，随着光照强度增加，潮滩底栖藻类固氮速率呈指数上升趋势。沉积物中溶解氧含量将会影响微生物固氮作用，研究表明，相对厌氧的环境条件最有利于微生物对氮的固定。潮滩底栖藻类的光合作用对藻类的固氮能力有明显抑制作用，藻类光合作用愈强，其固氮速率愈小，反映了光合作用释放出来的氧气对固氮酶活性具有明显的抑制作用。

2)氮的氨化作用

氮的氨化作用主要指含氮有机物在微生物作用下发生逐级水解，释放出氨氮的过程。有机氮是潮滩沉积物中氮的主要赋存形态，其进行氨化作用释氮对潮滩生物生长具有极其重要的意义。目前，还没有具体的方法可测定沉积物中含氮有机物的氨化速率，但一些研究者直接利用氨氮随时间累积量来估算有机氮化合物的氨化速率，该方法最大的优点就是能够准确计算有机氮的净氨化速率；也有一些研究者利用 ^{15}N 示踪技术来测量有机氮的氨化速率，与前者相比该方法可以直接计算有机氮的总氨化速率。根据氨氮累积量估算葡萄牙 Sado 河口潮滩沉积物中有机氮的氨化速率，结果表明该潮滩沉积物中有机氮的氨化速率均值为 4.9mmol N/(m^2·h)。利用 ^{15}N 示踪技术估算法国 Marennes-Oléron 湾潮滩沉积物中氨氮的再生速率为 0～17g N/(g·d)。有机氮的氨化速率对环境温度变化异常敏感，而潮滩环境最显著的特征之一即沉积物温度具有明显的日变化和季节变化，因此温度变化是影响潮滩沉积物中有机氮氨化作用的主要因素，有机氮氨化速率的温度系数显示，温度每增加 10℃，有机氮的氨化速率可以增加 2～4 倍。此外，潮滩沉积物中有机氮的氨化速率还受有机物含量及其 C/N 值影响，一般而言，氨化速率与有机质含量呈正相关关系，而与有机物中 C/N 值呈负相关关系。

3) 氮的硝化作用

氮的硝化作用是指微生物将氨氮氧化成亚硝酸盐氮和硝酸盐氮的过程，它是潮滩环境氮素生物地球化学循环过程中的重要环节。目前，测定氮硝化速率比较常用的方法是 ^{15}N 示踪法，该方法最大的优点是不仅能够同时测定氮的硝化速率和反硝化速率，而且能够确定两者之间的耦合程度；另一种方法是通过添加硝化反应抑制剂，利用沉积物中铵氮累积量或硝化细菌中重碳酸盐碳的固定量计算硝化速率。在潮滩环境系统内，潮水涨落过程、盐度变化、溶解氧和氨氮含量是影响沉积物中氮硝化作用的主要因素。研究表明，在潮滩暴露脱水过程中，因受蒸气压胁迫硝化细菌活动受到抑制，导致此过程期间沉积物中氮的硝化速率明显小于浸水期间的硝化速率。盐度变化不仅影响沉积物中氨氮的赋存量，而且会抑制硝化细菌的生理活动，研究发现，盐度升高沉积物中氨氮含量明显减少，并且硝化细菌活动受到抑制，沉积物中氮的硝化速率呈现显著下降趋势。沉积物中溶解氧和氨氮含量对氮硝化作用的影响也不容忽视，对荷兰 Schelde 河口潮滩沉积物中氮的硝化作用研究发现，增加沉积物中溶解氧和氨氮含量能够促进硝化作用的发生。

4) 氮的反硝化作用

氮的反硝化作用是指异养细菌在呼吸过程中利用硝酸盐或亚硝酸盐作为电子受体，将硝酸盐或亚硝酸盐氮还原为气态的 N_2、NO 或 N_2O 的过程。在潮滩环境系统内，反硝化作用具有重要的生态环境意义，通过硝化与反硝化作用之间的耦合，能够减少潮滩环境中初级生产者可利用氮的数量；此外，反硝化作用也可转移人类活动向海岸带输送的过量氮，有助于缓解潮滩环境富营养化趋势，对氮浓度升高起到重要的缓冲作用。国外学者提出和设计了多种测定反硝化速率的实验方法，其中乙炔抑制技术和 ^{15}N 示踪技术是常用且效果较好的测量反硝化速率的方法。乙炔抑制技术是基于 N_2O 还原酶被乙炔所抑制，使 N_2O 不能转化为 N_2 的方法，这是一种简单、灵敏而又经济的方法。但是在低硝酸盐浓度（$<10\mu mol/dm^3$）下，乙炔抑制作用不完全，导致反硝化速率可能被低估 30%～50%。相比较而言，^{15}N 示踪技术是一种较好的测定反硝化速率的方法，利用该方法不但能准确地分析出反硝化速率，而且可以测出氮的硝化作用和反硝化作用的耦合程度。近年来，N_2/Ar 值法也被用来测定氮的反硝化速率。温度、盐度、沉积物溶解氧浓度、营养盐和有机物含量等是影响氮反硝化作用的主要因素。潮滩环境温度与反硝化速

率有良好的相关关系，在硝酸盐输入量充足的条件下，反硝化速率随温度升高呈指数增长趋势。研究表明，盐度通过抑制硝化和反硝化细菌的生理活动，控制着沉积物中氮的反硝化作用。沉积物中氧含量直接或间接地影响着氮的反硝化速率，一般而言，只有在氧含量小于 $0.2mg/dm^3$ 的情况下，沉积物中反硝化作用才能够发生，氮的反硝化速率与沉积物含氧量之间存在较好的相关关系，说明沉积物含氧量越小越有利于反硝化作用发生。在潮滩环境系统内，反硝化速率与溶解无机氮或总氮含量有较好的相关关系，表现为溶解无机氮或总氮含量越高，氮反硝化速率越高。沉积物中有机质矿化作用供应了硝化作用所需的氨氮，以及有机质矿化作用会影响沉积物中氧的分布，因而有机质含量可能会间接地影响沉积物中氮的反硝化作用。此外，有机质降解可能会导致硫酸盐还原，其还原产物硫化物对硝化作用具有明显抑制作用，可能又会间接影响氮的反硝化作用。

(3) 氮的物理化学迁移扩散过程

1) 氮的吸附与解吸

沉积物对氮(主要是氨氮)的吸附、解吸在潮滩氮素生物地球化学循环过程中起着重要作用，它不仅直接影响氮素在沉积物-海水界面的交换，而且将间接影响氮的硝化和反硝化作用。因此氮的吸附、解吸过程在潮滩营养盐生物地球化学循环研究中已受到了广泛关注。环境因子及沉积物组分是影响和控制沉积物对氮吸附与解吸过程的主要因素。在诸多环境因子中，盐度变化对氨氮的吸附、解吸影响最为显著。模拟盐度对氨氮吸附容量的影响，揭示当盐度由 0 增加到 10 时，氨氮吸附容量出现显著下降，但当盐度继续增加时吸附容量不再有明显的变化。对长江口潮滩沉积物氨氮的吸附、解吸研究发现，在低盐度范围(0～5)内，表现为明显的吸附特性，且盐度的微小变化将强烈地影响沉积物对氨氮的吸附、解吸行为。沉积物组分对氨氮的吸附行为有重要影响，一般而言，在富含有机质的沉积物中，有机物特别是有机-无机复合体控制着沉积物对氨氮的吸附，相反在有机质含量较少的沉积物中，黏土矿物影响着氨氮的吸附行为。

2) 氮通过沉积物-海水界面的扩散

沉积物-海水界面氮的迁移扩散是潮滩环境生源要素生物地球化学循环中的关键过程之一，具有重要的生态环境意义。目前研究潮滩沉积物-海水界面营养盐迁移扩散主要采用以下 3 种方法：利用沉积物-海水界面营养盐的浓度梯度，依据 Fick 第一定律通过数值计算推测营养盐的界面扩散通量；室内模拟培养；野外现场直接测定。就影响营养盐界面迁移扩散因素而言，盐度、水动力条件、干湿交替过程、沉积物类型、沉积物中有机质矿化程度等对营养盐的迁移扩散均存在不同程度的影响。利用实验模拟的方法研究了环境因子盐度对氨氮在河口潮滩界面扩散迁移的影响，结果揭示盐度升高促进了氨氮自沉积物向上覆水体中释放。以往研究结果表明，在潮水涨落过程中，由水动力作用引起的沉积物再悬浮，能够促进无机氮向上覆水体中释放，尤其在潮水刚刚浸没瞬间，沉积物中的无机氮向上覆水体中迁移扩散强度最大。根据法国 Marennes-Oléron 湾潮间带自然环境特征，运用实验模拟的方法，研究了潮滩长期暴露之后沉积物-海水界面氮营养盐的扩散迁移特征，结果显示沉积物因长期暴露发生的龟裂对营养盐含量及界面营养盐迁移扩散有显著影响。对长江口和 Puck 湾岸带潮滩氨氮迁移扩散研究后发现，沉积物类型和有机质的矿化程度是影响氨氮由沉积物向上覆水体扩散的主要因素。利用 Fick 第一定律和野外现场观测的方法，研究了西班牙 Palmones 河口潮滩沉积物-海水界面氮营养盐的季节性迁移扩散规律，结果揭示氮营养盐的界面扩散通量与表层沉积物中有机质 C/N 值呈现良好的相关关系。

(4) 潮滩氮循环过程中底栖生物效应

海岸带潮滩是海洋与陆地生态系统之间的边缘生态交错带，是生物多样性和生物量最高的区域之一，底栖生物是潮滩生态系统的主要组成成分，它们在潮滩环境系统氮循环过程中起着重要的作用。研究结果表明，潮滩沉积物中大型底栖藻类可能与硝化细菌和反硝化细菌共同竞争沉积物中的氮，导致沉积物中氮的硝化与反硝化作用减弱。底栖植物通过影响无机氮的扩散迁移和反硝化作用，控制着沉积物中氮的循环。在研究沉水植物在河口沉积物氮循环中的作用时，发现长有水生植被的沉积物中硝化与反硝化速率比裸露的沉积物大 6 倍，水生植被一方面为硝化细菌提供接触面，另一方面通过根部吸收和泌氧等生物机制提高根际沉积物中氮硝化与反硝化作用之间的耦合程度，影响氮在沉积物中的循环。底栖动物的各种活动在潮滩沉积物氮循环过程中所起的作用不容忽视。野外现场观测结果表明，底栖动物的扰动作用能够促使反硝化作用发生。研究人员发现河口表层沉积物(2～6cm)中氮的反硝化速率与底栖动物的丰度呈线性正相关关系，反映了底栖生物灌溉作用加剧了沉积物中氮硝化与反硝化作用之间的耦合程度；通过模拟实验、对比分析发现蟹类动物通过掘穴活动，增加了沉积物中溶解氧含量，加剧了沉积物中氮氨化作用与硝化作用之间的耦合程度，促进了沉积物中的有机氮向氨氮转化、氨氮向硝酸盐转化；潮滩沉积物中底栖动物的扰动作用导致了氨氮的释放通量和硝酸盐的吸收通量均呈显著上升趋势。

7.2.2.2　潮滩对重金属的接纳与转移

潮滩不仅是大量野生动物的栖息之地，还是削减陆源污染物入海通量的重要屏障。但潮滩又是一个典型的环境脆弱带和敏感带，极易受到人类活动的破坏。多年来，随着沿海工业废水和生活污水的大量排放，部分难降解的污染物如重金属等，往往通过悬浮泥沙的吸附和搬运累积于沿岸滩地，造成潮滩环境质量日益恶化。与很多污染物不同，重金属在地表环境中不能被微生物降解，具有累积效应。生物体往往通过食物链对重金属进行富集，并且把重金属转化为毒性更大的化合物，从而影响人类健康。而潮滩是滨岸地区重金属污染物的主要归属场所之一。聚集在潮滩中的重金属除了直接危害潮滩生物和通过食物链影响人类健康外，在环境条件改变(如遇到灾害性的天气和风浪条件)时，有可能再次释放出来，导致潮滩环境质量恶化。

(1)潮滩沉积物重金属的动力累积特征

潮滩的重金属主要来源于岩石及矿物风化的碎屑产物，这些碎屑产物大部分通过河流输入河口或潮滩。这部分来源的重金属主要由河流径流量的变化决定。当河流流量大时，沉积物对重金属输移率也相应增大；由于人类活动(工业、农业和生活污水)，河流沿途携带了大量重金属，水中的溶解重金属，通过吸附、沉淀以及生物作用而富集于潮滩；汽车尾气和工业废气排放等过程释放的大气来源的重金属元素，以及海底侵蚀作用、海底火山热液作用等海洋过程释放的海洋来源的重金属元素经过潮汐、波浪等水动力作用，会有相当一部分沉积于潮滩上。这些不同来源的重金属在潮滩多种动力作用下产生了一系列的累积特征。

1)垂岸方向累积特征

与河口区受复杂活跃的水动力、上游来沙来水、温度和盐度变化等多种条件的影响不同，潮滩主要受潮汐涨落和暴风浪的影响。潮滩颗粒物上重金属的浓度往往较水体高出几个数量级，即重金属主要以颗粒态形式存在。特别是细颗粒物，与重金属元素的结合能力更强。潮滩滩面上的沉降滞后效应以及潮滩各带水深和动力条件的差异使细颗粒泥沙向高潮滩输移和堆积，而冲刷滞后效应维持泥沙悬浮的最大水流流速与这些泥沙的临界侵蚀流速的不同，使得涨潮期间沉积在中高潮滩的细颗粒泥沙不易重新悬浮而被落潮流带回深水带。另外，波浪从低潮滩传到高潮滩，波能损耗超过 80%。在这些因素的作用下，悬浮细颗粒在岸滩上部富集并堆积下来，使滩面沉积物粒径由海向岸逐渐变细。正是这种潮滩泥沙输移动力机制造成了重金属含量与所处的地貌部位密切相关，垂直海岸呈明显的带状分布。高潮滩与中低潮滩相比，重金属显著富集，在一些高潮滩元素 Cu、Zn、Pb、Cr、Cd 的含量为中低潮滩相应元素含量的 1.5～9.8 倍。

由于沉积物中重金属的含量与沉积物的粒径关系密切，但不同的研究者所研究的粒径范围不同(表 7-5)，而不同范围粒径的选择使颗粒物中的重金属百分比在不同粒径间的可比性变差。因此研究某个固定粒径范围沉积物的重金属含量便于相互参考与对比。在不能固定到某个粒径范围内时，可考虑将不同粒度组成样品的重金属测定值均外推到≤16μm 粒径占 100%时的数值来表示该区域的重金属含量。如果为了对重金属总量进行校正，可以进行重金属的归一化研究，如沉积物中 Al 的含量随沉积物粒度的减小而线性增加，可用 Al 作参考研究，消除沉积物粒度对重金属的影响。

表 7-5 潮滩沉积物研究所采用的粒径

粒径范围	特点	应用
≤16μm	沉积物中重金属的含量与其中≤16μm 颗粒所占的百分数之间存在着良好的线性关系	所有不同粒径组成样品的重金属测定值均外推到≤16μm 粒径 100%时的数值来表示该区域的重金属的含量
≤20μm	重金属相对富集于≤20μm 的细颗粒中，且随着颗粒变细，各金属的地球化学相含量的绝对值增高，而相对比例变化不明显	与 16μm 粒径范围在技术上很难区别
≤4μm	在河流中大于 50%的金属吸附于小于 4μm 的颗粒中	在潮滩总沉积物粒径的百分含量一般≤5%，元素含量对沉积物元素总量的贡献有限
≤2μm	小于 2μm 沉积物中的重金属含量最高	在潮滩总沉积物粒径的百分含量一般≤5%，元素含量对沉积物元素总量的贡献有限
≤63μm	沉积物中黏土与粉砂的分界线	

2)沿岸方向累积特征

研究表明水动力条件等因素对潮滩重金属的沿岸分布存在重要影响。在水动力条件较弱的淤涨岸段，重金属明显富集，而在水动力条件较强的冲淤交替段，重金属含量普遍较低。河口附近潮滩重金属的沿岸分布少见报道。但据对威尼斯潟湖 163 个站位资料的统计，发现随着与潟湖口门距离的增加，重金属的浓度呈指数衰减。目前滨海大城市普遍使用沿岸排污入海的方式处置工业废水和生活污水，受潮滩水动力的影响，排污口附近重金属的沿程分布有其特征。例如，上海市西区排污口其重金属污染物的峰值并不在排污口内，而是沿着岸线随涨落潮向两侧输移，在上下约 1km 的范围内，沉积物中重金属的含量反而升高。由于排污口排污量、排污设备、潮滩动力强度不一，潮滩受排污的影响不一样。例如，上海市西区、南区和吴淞口三大排污口都为岸边排放，污水从排污口排出后，首先在潮间带和潮下带浅水区向外扩散，在此过程中，部分重金属直接被沉积物吸附，或随吸附其的悬浮颗粒在排污口附近沉降，使排污口潮间带底泥中重金属元素总量超过当地标准值。在挪威 Mjelstad 附近海域，排污管道深入海水中，深达 30m，最深达 600m，使污水排入深海，造成海底沉积物的重金属相应增加，而岸边重金属含量降低。但即使通过深水排放，重金属通过泥沙的吸附和搬运重新累积仍然对海岸环境产生重大影响，建议尽量减少通过排污处理系统向外海较清洁的水域排放污水。

3)垂向沉积物重金属累积特征

1996 年，在德国 Buesum 西北侧瓦登海的潮滩上获得了一根 3.38m 长的沉积岩芯，对重金属 Pb、Cu、Zn、Cd 的长期污染状况做分析，发现自 1875 年以来，Pb、Cu、Zn 增加了 1～3 倍，Cd 增加了 11 倍。柱状样中所有重金属的含量在岩芯 1m 处开始显著增加，并逐渐达到现代水平。纽约 Tivoli 南岸潮滩六孔岩芯表明 50cm 以下为本区的背景值，分别为 12×10^{-6}(Pb)、10×10^{-6}(Cu)、40×10^{-6}(Zn)，从六孔沉积物重金属垂向分布模式可知，Tivoli 潮滩尽管范围不大，但沉积环境变化很大，其共同点是三种重金属元素从表层到 13～15cm 处有一峰值，在 18～20cm 处重金属含量迅速降低，到 50cm 处达到本区本底值。由于这三种元素的峰值与工业革命和二战时期经济快速增长时期相一致，可以断定是社会因素而不是生物地球化学因素导致了剖面的峰值。对长江口南岸潮滩沉积物的研究发现，自 54cm 以下，沉积物中重金属 Pb、Cu、Zn、Cd 的总量较低，与本区的本底值相当，代表了未污染的自然状况。按该区的沉积速率计算，重金属含量随深度而增加与本区污水排放的年代(20 世纪 70 年代初)相吻合，54cm 以上，即 20 世纪 70 年代以后，重金属的含量显著增加，远高于本区本底值。对锦州湾潮滩的沉积物芯样研究发现，41cm 处潮滩重金属的含量表明在 1941 年以前，本区未遭受工业污染，即 41cm 以下为背景值；Zn 的最高含量在沉积物顶部以下 5cm 处，其值为 520×10^{-6}，相对应于 1975 年左右污染达到峰值；Pb 和 Cd 的高值出现在沉积物顶部以下 10cm 处，为 86×10^{-6} 和 10×10^{-6}，即 1970 年这两种元素的污染最为严重。从国内外关于重金属垂向分布研究来看，各个区域的本底值差异大，垂向剖面各不相同，但都反映了各个海域的污染历史及程度。大部分区域重金属含量高是工业废弃物排放的结果，由人类活动直接影响所致。

(2) 潮滩生物对潮滩沉积物重金属累积的影响

潮滩区生物繁盛，其行为(吸收、附着、掘穴、排泄、尸体)等对重金属的富集和运移有着非常重要的作用。潮滩动物在吸收营养物质的同时，也吸收了部分重金属，其中一部分重金属通过动物排泄过程释放到环境中，并随同排泄物进入底质。生物活动改变了元素的地球化学相，有些生物体从表面进入沉积物下一定深度，引起重金属在潮滩垂向运移，从而使潮滩局部微环境发生改变。

1) 潮滩生物对重金属累积的影响

重金属的形态、可累积与可利用量以及潮滩动力与地貌因素等都可对潮滩重金属的累积产生影响。由于环境中重金属以多种形式存在，不同形态的同一种重金属元素在生物体内的累积及对生物的影响是不一样的。河口区及其附近潮滩生物对重金属的累积存在地点间与部位间的差异和个体差异，从而影响潮滩重金属的分布。因此在研究重金属对水生生物的作用时应搞清它的存在形式。

重金属的可累积量是研究重金属生物过程的一个重要方面，有些形态的重金属可被生物吸收，而另外一些赋存形式的重金属则不能。当环境中某种重金属含量高时，它对生物的影响取决于它的可累积量。底质中有机质含量、淤泥含量、底质间隙水系统中的酸可挥发性硫化物(AVS)的含量决定重金属的活动性和可利用量。潮滩水动力、盐度、pH、温度及有机质的改变会影响重金属的累积，如低盐度可增加生物对部分重金属的累积，从而影响重金属在潮滩上的分布和富集。

2)潮滩植物累积重金属的特征

虽然对重金属在生物体内的累积和生物对重金属的运移和富集机制已做了大量的工作，但对生物吸收、累积重金属的定量研究还很薄弱。潮滩上藻类、高等植物对重金属行为影响的研究逐渐引起了海洋学者的关注。潮滩植物主要有浮游植物(藻类)、海草和高等植物(红树林)。特别是红树林，除了可以拦截细颗粒物质，使底部沉积物重金属含量增加外，更重要的是通过茎、干和落叶可使潮滩重金属发生迁移和富集。一般来说，红树林落叶的7%左右会输入大海。在巴西东南的实验红树林，通过红树林落叶损失的重金属量为：$Mn = 0.097kg/(hm^2 \cdot a)$，$Fe = 0.049kg/(hm^2 \cdot a)$，$Zn = 0.002kg/(hm^2 \cdot a)$。这些输出量只占原来沉积物中重金属总量的 0.01%，也就是说，重金属经过红树林吸收后，只有很少一部分重新通过落叶等进入沉积物。实际上红树林是重金属污染物运移的一道屏障。由于潮滩植物生长周期性变化，潮滩沉积物重金属含量呈现季节性循环，在植物生长期内，Ni、Cu、Zn、Pb 等被植物吸收而使潮滩沉积物重金属呈现出明显的低含量。在特拉华河口潮滩，季节变化使植物中重金属的含量变化如下：Cd 在生长季节从 7 月到9月由原来的$(0.6 \pm 0.1) mg/m^2$增加到$(0.9 \pm 0.2) mg/m^2$，Zn 由$(58.3 \pm 10.0) mg/m^2$增加到$(63.4 \pm 18.8) mg/m^2$，而且植物根的重金属含量最高，其次为叶和茎。

潮滩生物使潮滩沉积物重金属累积特征变得复杂。生物的不同生长期、不同部位，对重金属的敏感度不一，影响生物对重金属的总累积量。但可以利用潮滩生物的累积量来评价潮滩重金属污染程度。另外，潮滩植物(如红树林)通过吸收沉积物中重金属，大大减少了潮滩沉积物中重金属的含量。

7.3　海洋沉积物-海水界面过程

海水的下方分布着大面积的海洋沉积物，海水与沉积物界面是除海-气界面外海洋中的最大界面，通过这一界面，海水中的颗粒物得以沉降而形成海洋沉积物，沉积物可以在动力作用下再悬浮，释放其组分参与再循环，在沉积物间隙水与底层海水存在化学组分的浓度梯度，这些组分可以与底层海水发生交换，影响海水中的物质循环。所以，海洋沉积物-海水界面过程也是控制海洋生物地球化学过程的重要通道和组成部分。

7.3.1　研究内容和研究方法

7.3.1.1　研究内容

海洋沉积物-海水界面是海洋中最重要的界面之一，对海洋中物质的循环、转移、贮存有重要的作用，是全球变化研究中必不可少的一环。海洋沉积物-海水界面化学作为化学海洋学的一个重要部分，近年来得到了迅速发展，是全球变化研究中海洋生物地球化学循环国际前沿领域的重要组成部分。海洋沉积物-海水界面过程是海洋中物质循环的关键环节之一，以往均把沉积物和海水作为单独体系分别进行研究，特别是对沉积物，多数研究沉积物中元素的贮存状态及成分变化规律，尚缺乏把沉积物-海水作为一个整体系统的研究，许多复杂的过程特别是物质的生物地球化学过程不可能真正搞清。沉积物-海水界面是一化学元素的突跃界面，界面附近生态环境与海水及沉积物中有很大差别，物质在该界面附近的行为显然不同于上下的接触体。因此，通过研究沉积物-海水界面物质的迁移、界面附近物质的变化机制来了解探讨海洋中物质的生物地球化学过程就显得十分必要。

海洋沉积物-海水界面过程的研究内容很多，这由其学科交叉性决定，包括表层沉积物上覆水的海洋化学、界面间物质转移、海水中沉积物沉降过程及界面附近沉积物中元素的早期成岩过程等。

沉积物-海水界面包括两部分，即沉积物颗粒-海水微界面和沉积物-海水交界处一定厚度的宏观界面层，后一类是当今海洋科学界最为活跃的研究领域之一。沉积物-海水界面化学研究具有重要的意义，首先表现在其生态环境的特殊性上，界面层微生境的化学、地质、生物等特性截然不同于海水和沉积物，是二者理化性质的突变区，在此区域内，化学物质的产生、循环、转移过程异常活跃，且行为特殊。其次该界面层属于化学元素变化“灵敏区”，在海水及沉积物中变化不明显的行为，在该界面区非常明显，研究的优越性显而易见。沉积物-海水界面过程研究主要包括以下几个方面。

界面物质的物理化学性质：主要是研究沉积物颗粒表面电行为(双电层等)和吸附、交换化学物质的机制等。

沉积物-海水界面化学物质转移：主要研究沉积物-海水界面的物质扩散转移通量，研究方法有实测通量和用 Fick 第一定律计算通量，界面间物质转移通量大小和方向反映了沉积物元素早期成岩作用的信息与表层沉积物环境，如东海的冲绳海槽区，沉积物中大量 Cl^-向上层海水扩散[10.24mmol/(m^2·d)]，说明了此区火山活动的特殊影响；南沙群岛海域潟湖内沉积物大量的 HS^-向上层海水扩散[永暑礁达 297.32μmol/(m^2·d)]，远高于礁外沉积物，在一定程度上反映了该海区潟湖内沉积物还原性比礁外沉积物强。

沉积物-海水界面环境研究：沉积物-海水界面环境属于独特的自然生态环境，其中生物的生长、繁殖各不相同，其沉积环境日趋重要，研究最多的是沉积物氧化还原环境，界面氧化还原环境研究已由定性描述转向定量表征，已有的研究提出了界面沉积物氧化还原环境的综合评价标准——氧化还原度(ROD)，把氧化还原特性分为 6 种类型。研究表明，黄河口、渤海湾基本为还原区，辽东湾口中央为一氧化区，南海潟湖内为还原区，而礁外沉积物为弱还原区。

界面间物质产生与转移的机制：由于界面附近环境的独特性，各化学物质在界面附近分布特征不同，其产生和转移机制也不相同，在界面沉积物中 Fe^{2+}的最大值往往远离界面，而 Mn^{2+}最大值往往在界面附近，反映了 Fe^{2+}的氧化还原敏感性远高于 Mn^{2+}，Mn^{2+}比 Fe^{2+}更不易被氧化，在东海沉积物间隙水中 Fe^{2+}由 ${SO_4}^{2-}$-FeS_2 氧化还原体系控制，Mn^{2+}由 $MnCO_3$-MnS 溶解沉淀体系控制，而在辽东湾 Fe^{2+}由 Fe(Ⅱ，液)+${S_2}^{2-}$→FeS_2(固)体系控制，Mn^{2+}由 Mn(Ⅳ，固体)→Mn(Ⅱ，液体)氧化还原体系控制。

沉积物-间隙水-海水体系中早期成岩作用：界面附近元素的早期成岩作用是沉积物-海水界面化学研究的核心内容之一，近年来发展较快。界面层下的沉积物间隙水被称为沉积物中早期成岩作用的灵敏"指示剂"，固体沉积物中方解石减少 0.02%，间隙水中钙可增加 20%，间隙水地球化学过程为研究沉积物-海水界面成岩过程提供了一个简单易行的方法，研究对象多为氧化还原敏感性高的 Fe 与 Mn、生源要素(N、P、S)和有机物，特别是沉积物-间隙水体系中元素早期成岩作用的"扩散-平流-反应"模式的提出，更使沉积物-海水界面附近的早期成岩作用研究有了一个高层次的发展。

海洋沉积资源成因研究：主要研究海底铁锰结核、重金属软泥沉积等成因。许多研究表明，间隙水中的 Fe^{2+}、Mn^{2+}等金属成分是铁锰结核的主要物质来源，结核生长是与沉积物接触的一面，不同的界面环境，铁锰结核生长速度和成分各不相同。

海水垂直沉降颗粒物研究：海水中悬浮颗粒物沉降后的最后归宿为表层沉积物，显然这些颗粒物的沉降过程对沉积物-海水界面行为可产生重要影响，海水中垂直沉降颗粒物研究即物质垂直海洋通量是当今海洋学研究的国际前沿领域，所以是沉积物-海水界面化学重要的研究内容之一。

沉积物上覆水的海洋化学：上覆水对沉积物-海水界面行为有重要影响，所以上覆水的海洋化学也是海洋沉积物-海水界面过程的重要研究内容。

7.3.1.2　研究方法

海洋沉积物-海水界面过程研究显然不同于单纯的海水化学和沉积物化学研究，其研究方法自然也与其有较大的差异，下面简要阐述海洋沉积物-海水界面过程的研究方法。

(1)海洋沉积物间隙水的制备方法

海洋沉积物间隙水是指赋存于沉积物颗粒间隙之间的水，也称孔隙水。海洋沉积物间隙水是海洋沉积物-海水界面过程研究的核心内容之一，间隙水的取得是其关键步骤。关于海洋沉积物间隙水的制备方法，已有许多报道，选取恰当的方法对间隙水研究十分重要。制备间隙水的首要原则是根据沉积物的含水量、岩性等物理性质和不同的调查目的而采取不同的制备方法。在制备过程中，应特别注意采样器材料带给间隙水样品的污染以及与大气接触导致的间隙水成分变化。海洋沉积物间隙水的制备方法主要有离心法和压滤法等。

1) 离心法

离心法是一种比较常用的方法。操作时取一定量的沉积物样品放入几支干净的聚丙烯塑料离心管中，使各离心管中沉积物的质量尽量保持一致，将离心管按对称方位放入离心机，开动离心机缓慢加速到 4000r/min，离心 20～30min 后停机，取出离心管，将上层的间隙水用注射器移取到干净的塑料瓶中，必要时用微孔滤膜过滤，现场测试或酸化后密封冷冻保存。离心管有两种，一种是单层离心管，适用于颗粒较细的黏土类沉积物，离心后间隙水收集到沉积物的上层；另一种为双层离心管，类似洗衣机的内桶，内层离心管有细孔，离心时间隙水透过细孔收集到外层的离心管内，双层离心管适用于颗粒较大的砂类沉积物。若需要测定间隙水的氧化还原电位(Eh)和碱度值，分割样品时要在氮气箱中进行，盖紧离心管盖子后再放入离心机，离心完毕后，在氮气箱中移取间隙水。对于直径 8cm 的柱状表层沉积物，取 2cm 厚的样品可制得 10～20cm^3 间隙水。离心法是一种比较传统的方法，应用较广泛。此方法的优点是操作比较简单，适用各类型沉积物样品，采集的间隙水样品不易受到污染。缺点是离心设备比较笨重，不宜现场操作；使用后的离心管不易清洗；由于离心力的作用，部分吸附态组分可能会溶解进入间隙水中；对于天然含水量小于 50%的沉积物分离出间隙水非常困难；在海上操作过程中，当船体摇摆角度较大时，使用离心法很困难。

2) 压滤法

压滤法是将沉积物样品放入压榨机中，在一定压力下使间隙水透过过滤装置滤出。目前常用的压滤法有机械压滤法和气体压滤法。机械压滤法装置的模具是一不锈钢圆柱，为保证密封，内壁套一层硬质塑料。过滤装置是一块外套钢环的陶瓷板，底部有一小口，将压榨出的间隙水导出。压榨时通过箍环将陶瓷板固定在模具下端，然后将沉积物放入模具，最后在上端放入压榨活塞，使用小型液压装置对压榨活塞施加压力。沉积物受到一定压力后，间隙水通过陶瓷板从导水口流出，通过导管收集到干净的样品瓶中。收集完毕后松开箍环取下陶瓷板，将剩余沉积物和压榨活塞从模具底端压出。机械压滤法的优点是所需沉积物样品较少，对于所有类型沉积物(包括含水量很小的沉积物)样品都可以适用，速度快，设备比较简单等。缺点是完全手工操作，在巨大压力下，沉积物塞紧了每一个空隙，造成拆卸过程非常费力，并且制备出的间隙水易受到污染。而气体压滤法则解决了这些问题。气体压滤法使用气压代替活塞对沉积物施加压力。过滤装置为一块有机玻璃板，上面钻有孔。有机玻璃过滤板便于清洗，并且间隙水不易受到污染。

底座有一小槽将间隙水引向出水口。压榨时先拧紧底座，放入过滤板，然后放入沉积物，压实使其与过滤板充分接触，盖紧上盖，连接高压气管，打开调压阀慢慢增加气体压力，直到有间隙水流出。完毕后关闭调压阀，打开放气口，拧下底座，取出过滤板及剩余沉积物，更换滤板后可以制备下一个间隙水。此方法除有机械压滤法的优点外，还有方便快捷，可以同时制备多个间隙水等优点，特别适用于大规模间隙水的制备。2004 年 5 月，德国科考船“太阳号”在南海执行水合物调查时，用气体压滤法制备间隙水，对于直径 8cm、厚 1cm 的海洋沉积物，可以制得 10～20cm^3 的间隙水。高压气体使用 He 或 Ar 等惰性气体，间隙水不被空气氧化。此方法很值得推广应用，但是需要配备多个高压气瓶，设备较为笨重和昂贵。

3) 真空抽提法

真空抽提法主要由真空泵、间隙水提取计以及收集瓶、缓冲瓶等组成。间隙水提取计主体为一透明塑料管，下端黏有杯状陶瓷头，陶瓷头有毛细孔，起抽滤间隙水的作用；上端有一个放气口和一个负压接口，负压接口的下端插有一条毛细管伸到陶瓷头底部。操作时将陶瓷头插入沉积物中，陶瓷头具有亲水性，其表面会形成一层水膜，阻止空气进入。夹紧放气口，负压接口连接抽气管后打开真空泵，此时间隙水提取计的塑料管内为负压，间隙水透过陶瓷头进入塑料管内。当塑料管内的间隙水到达一定数量时，打开进气口，间隙水便随着空气流到收集瓶中。此方法的优点是设备轻便，操作简单；不切割样品便可以直接抽提，不破坏样品的整体性；可以多个样品同时抽提，每个收集瓶可以连接多支间隙水提取计以加快抽提速度。对于直径 8cm、厚 5cm 的海洋沉积物，插入 5 支间隙水提取计抽提 25min，可以制得 30～50cm^3 的间隙水。此方法的不足之处是所需沉积物较多，不利于细密取样，且对于含砂量较高的沉积物样品抽取速度比较快，而对于含水量低的黏土类沉积物样品采集速度比较慢。

4) 其他制备方法

除以上 3 种制备间隙水的方法外，还有渗析法、吸气引液法、毛细管法等。这些方法仅限于应用在潮滩等含水较多、颗粒较大、渗透较快的沉积物样品。而海洋沉积物一般为颗粒较细、渗透性差的黏土，特别是在海底 3m 以下，沉积物含水量迅速减少，这几种方法都不太适用。

(2) 海洋沉积物上覆水的研究方法

海洋沉积物上覆水一般系指海底沉积物上一定厚度层海水，在取样上一般把离底 2～3m 的海水作为海洋沉积物的上覆水(或称底层水)，这层水是海洋上层水与表层沉积物(间隙水)物质交换的必经之路，同时是沉积物-海水界面物质交换的接受体或物质源，显然海洋沉积物上覆水研究是沉积物-海水界面化学研究的重要组成部分。

从总体上看，海洋沉积物上覆水的研究方法基本与海水化学研究方法一致，但重点包括以下几个方面。

海洋上层水的海洋化学特征：主要由 pH、Eh、海水中–2 价硫、溶解氧等环境敏感参数反映环境特征，主要研究上层水中化学参数的分布特征，特别是垂直分布特征，生源要素(C、N、P、Si、S 等)是其研究重点。

沉积物上覆水的化学特征：重点包括上覆水的氧化还原状况及上覆水的化学组成，研究沉积物上覆水最关键的是要尽量保持上覆水的原始状况，在取得样品后应立即测定 pH、Eh、–2 价硫、溶解氧等反映上覆水环境的因素，不能立即测定的项目应立即处理，特别是应低温速冻保存。

上覆水中化学参数的分析方法：一般通过过滤方法把上覆水中物质分为颗粒态和溶解态，分别测定其含量，溶解态物质研究较多。

(3) 通过海洋沉积物-海水界面化学物质的扩散通量

在海洋沉积物-海水界面化学物质进行频繁地交换，其交换过程分为 5 类。①固体颗粒(包括矿物、骨骼和有机颗粒物等)的沉积通量；②由于沉积柱的增长，溶解物质进入沉积物中的通量；③由于海水的压力梯度，溶解物质和间隙水向上流动时的对流通量；④间隙水中的分子扩散通量；⑤沉积物和海水界面的混合交换通量。①～③为对流通量，就一般情况而言，①～③及⑤的通量远小于④的扩散通量，所以沉积物-海水界面的交换过程以扩散为主。界面扩散通量通常用计算方法和实测方法进行研究，其中计算方法用得最为普遍。

1) 扩散通量的计算方法

根据 Fick 第一定律：

$$F = -\varphi_0 D_s \left.\frac{\partial C}{\partial x}\right|_{x=0} \tag{7-4}$$

式中，F 为沉积物-海水界面的物质扩散通量；φ_0 为表层沉积物的孔隙度；$\left.\frac{\partial C}{\partial x}\right|_{x=0}$ 为沉积物-海水界面的浓度梯度，一般可近似用界面附近的浓度差 $\Delta C / \Delta x$ 代替；D_s 为分子扩散系数。

$$当\ \varphi \leqslant 0.7\ 时，D_s=\varphi D_0 \tag{7-5}$$

$$\varphi > 0.7\ 时，D_s=\varphi^2 D_0 \tag{7-6}$$

D_0 为离子在无限稀释溶液中的理想扩散系数，一些离子的理想扩散系数见表 7-6。

表 7-6 离子在无限稀释溶液中的理想扩散系数 D_0

阳离子	D_0（$\times10^{-6}cm^2/s$）			阴离子	D_0（$\times10^{-6}cm^2/s$）		
	0℃	18℃	25℃		0℃	18℃	25℃
H^+	56.1	81.7	93.1	OH^-	25.6	44.9	52.7
Li^+	4.72	8.69	10.3	F^-	—	12.1	14.6
Na^+	6.27	11.3	13.3	Cl^-	10.1	17.1	20.3
K^+	9.86	16.7	19.6	Br^-	10.5	17.6	20.1
Rb^+	10.6	17.6	20.6	I^-	10.3	17.2	20.0
Cs^+	10.6	17.7	20.7	IO_3^-	5.05	8.79	10.6
NH_4^+	9.80	16.8	19.8	HS^-	9.75	14.8	17.3
Ag^+	8.50	14.0	16.6	S^{2-}	—	6.95	—
Tl^+	10.6	17.0	20.1	HSO_4^-	—	—	13.3
$Cu(OH)^+$	—	—	8.30	SO_4^{2-}	5.00	8.90	10.7
$Zn(OH)^+$	—	—	8.54	SeO_4^{2-}	4.14	8.45	9.40
Be^{2+}	—	3.64	5.85	NO_2^-	—	15.3	19.1
Mg^{2+}	3.56	5.94	7.05	NO_3^-	9.78	16.1	19.0
Ca^{2+}	3.73	6.73	7.93	HCO_3^-	—	—	11.8
Sr^{2+}	3.72	6.70	7.94	CO_3^{2-}	4.39	7.80	9.55
Ba^{2+}	4.04	7.13	8.48	$H_2PO_4^-$	—	7.15	8.46
Ra^{2+}	4.02	7.45	8.89	HPO_4^{2-}	—	—	7.324
Mn^{2+}	3.05	5.75	6.88	PO_4^{3-}	—	—	6.12
Fe^{2+}	3.41	5.82	7.19	$H_2AsO_4^-$	—	—	9.05
Co^{2+}	3.41	5.72	6.99	$H_2SbO_4^-$	—	—	8.25
Ni^{2+}	3.11	5.81	6.79	CrO_4^{2-}	5.12	9.36	11.2
Cu^{2+}	3.41	5.88	7.33	MoO_4^{2-}	—	—	9.91
Zn^{2+}	3.35	6.13	7.15	WO_4^{2-}	4.27	7.67	9.23
Cd^{2+}	3.41	6.03	7.17				
Pb^{2+}	4.56	7.95	9.45				
UO_2^{2+}	—	—	4.26				
Sc^{3+}	—	—	5.74				
Y^{3+}	2.60	—	5.50				
La^{3+}	2.76	5.14	6.17				
Yb^{3+}	—	—	5.82				
Cr^{3+}	—	3.90	5.94				
Fe^{3+}	—	5.28	6.07				
Al^{3+}	2.36	3.46	5.59				
Th^{4+}	—	1.53	—				

为使用上方便，F 计算式中省去负号，即

$$F = \varphi_0 D_s \frac{\partial C}{\partial x}\bigg|_{x=0} \tag{7-7}$$

并且规定，F 为正值表示物质扩散方向是由沉积物向上覆水中扩散，F 为负号则反之。

2) 扩散通量的实测方法

通常是将在现场取得的不搅动的沉积物柱状样置于控温的恒温槽内，小心注入该站的上覆海水，在实验室内进行计时培养。每隔一定时间抽取一定量的上覆海水，过滤，立即测定物质含量，从而得到物质的扩散通量。这种实测扩散通量的方法由于是在实验室内进行的，与现场扩散有较大的不同，因此这种方法用的并不多。

(4) 海洋沉积物-海水界面附近间隙水中元素的热力学平衡

海洋是一大的动力体系，但海洋沉积物是一相对稳定的体系，特别是粒径较小的海洋沉积物中元素的变化基本为一“准平衡态”，所以可用热力学平衡的方法来研究沉积物间隙水中元素的分布及变化特征。

应用热力学平衡来研究海洋沉积物-海水界面附近间隙水中元素的行为特征大体上常用以下几种方法。

1) 氧化还原平衡控制体系

用现场测得的沉积物 pH、Eh 及间隙水中组分的浓度计算反推。将实测与理论计算的 Eh 值或组分的浓度进行比较，判断组分是否为氧化还原体系所控制。

2) 溶解-沉淀控制体系

通过用溶解-沉淀平衡和 K_{sp} 离子活度等计算，判断间隙水中物质是否为溶解-沉淀体系所控制。

3) 相图分析法

将现场测定的 pH、Eh 等数据，点落在相图上，以推测间隙水中元素的控制体系。

4) 建立新的评价体系

由于海洋沉积物的复杂性，间隙水中元素常常不为单一体系所控制，因此可用一些热力学平衡常数和有关函数构造新的评价函数来研究这种复杂的关系。

(5) 海水中颗粒物沉降的垂直通量

海水中悬浮颗粒物的沉降是海底沉积物的主要来源，显然可对沉积物-海水界面过程产生重要影响，所以研究海水中沉降颗粒物是海洋生物地球化学的重要组成部分，沉降颗粒物研究也是现今海洋学前沿领域。要系统研究物质的海洋生物地球化学过程，就必须深入探讨垂直沉降颗粒物对物质迁移、转化、贮存等的控制作用，所以物质的垂直通量研究是全球气候变化研究的重要组成部分。物质的

垂直通量研究最重要的是采集沉降颗粒物，然后对颗粒物进行研究。这里仅对沉降颗粒物的采集方法和沉降颗粒物的垂直通量研究作一简单介绍，在本节的后半部分将有详述。

1)沉降颗粒物的采集方法

目前，唯一能直接进行垂直沉降颗粒物采集的设备——沉积物捕捉器(sediment trap，ST)可在不同海区、不同层次进行时序采样，沉积物捕捉器有锚锭式和漂浮式两种，一般在近海陆架区、海水运动比较剧烈的海区用锚锭式，深海和海水运动稍平缓的海区用漂浮式，用沉积物捕捉器可直接得到物质的垂直通量。

2)沉降颗粒物的垂直通量

用 ST 采集到沉降颗粒物后，可进行化学、生物、地质分析，以从不同角度探讨颗粒物的垂直沉降过程、元素的转移形式及颗粒物与各种化学物质的垂直沉降量，即垂直海洋通量，具体的研究方法见后面的详细论述。

7.3.2　海洋沉积物-海水界面附近元素的早期成岩模式

成岩作用是指在沉积物(或沉积岩)中产生成分变化的总称。这些变化可以是物理的、化学的或生物的。早期成岩作用是指在沉积物(沉积岩)的温度不明显高于常温(25℃)时，沉积物固体或所含间隙水相内所发生的所有反应。细菌参与的有机质降解(分解)反应是早期成岩作用的一个明显特征。

元素早期成岩作用的研究经历了从组分垂向分布的定性描述到基于实验室测量和热力学计算的定性预测，再到基于现场速率测量和理论值相联系的定量阐述与预测。元素早期成岩作用数学模式的研究开始于 20 世纪 70 年代初，但其发展是异常迅速的。正如最早研究此领域的 Berner (1980)所指出的，随着近年来沉积物间隙水数据的丰富积累和研究人员在基础研究中的辛勤工作，使元素早期成岩作用数学模式的发展成为可能。元素早期成岩作用的数学模式很多人做过尝试，但最有代表性和至今应用最广的还是“扩散-平流-反应”模式，该模式在 Berner 的 *Early Diagenesis* 和 Lerman 的 *Geochemical Processes* 两本论著中进行了详细讨论。

元素早期成岩作用及其数学模式研究的中心内容是沉积物间隙水的地球化学研究。因为间隙水成分的变化能灵敏地反映早期成岩反应的结果，所以，下面的论述也是基于沉积物间隙水成分变化能反映成岩结果这一观点，而不是从固相方面考虑。

7.3.2.1　早期成岩反应

沉积物中元素的早期成岩反应异常复杂，可主要归纳为有机质(或有机物)的降解(分解)、矿物组分的溶解、溶解组分的吸附(或离子交换)及自生矿物沉淀等。从研究元素早期成岩反应出发，可以具体地研究某一反应，但在实际的场合往往很难区分，因为早期成岩反应的综合结果是引起组分浓度的增加或减少，而这种增加或减少往往不可能由某一反应单独引起。例如，溶解组分的吸附和自生矿物沉淀都可引起组分浓度的降低，而且可能是几种自生矿物沉淀，加之在当今条件下很难在地质上作出恰如其分的鉴定，所以早期成岩反应具有经验性，但这种经验性的许多反应已在实验室模拟中得到验证。下面是几类典型的早期成岩反应。

(1) 有机物的降解

$(CH_2O)_{106}(NH_3)_{16}H_3PO_4+106O_2 \longrightarrow 106CO_2+16NH_3+H_3PO_4+106H_2O$

$(CH_2O)_{106}(NH_3)_{16}H_3PO_4+212MnO_2+332CO_2+120H_2O \longrightarrow 438HCO_3^-+16NH_4^++HPO_4^{2-}+212Mn^{2+}$

$(CH_2O)_{106}(NH_3)_{16}H_3PO_4+84.8NO_3^- \longrightarrow 84.8N_2+98.8HCO_3^-+16NH_4^++42.4N_2+HPO_4^{2-}+49H_2O$

$(CH_2O)_{106}(NH_3)_{16}H_3PO_4+424Fe(OH)_3+756CO_2 \longrightarrow 862HCO_3^-+16NH_4^++HPO_4^{2-}+424Fe^{2+}+304H_2O$

$(CH_2O)_{106}(NH_3)_{16}H_3PO_4+53SO_4^{2-} \longrightarrow -39CO_2+67HCO_3^-+16NH_4^++HPO_4^{2-}+53HS^-+39H_2O$

$(CH_2O)_{106}(NH_3)_{16}H_3PO_4+14H_2O \longrightarrow 39CO_2+14HCO_3^-+53CH_4^+16NH_4^++HPO_4^{2-}$

从上至下反应进行越来越困难。有机质含量高的沉积物中早期成岩反应剧烈，反之微弱，沉积物与间隙水的变质作用也就微弱。在现代海洋沉积物中有机碳的含量一般为 0.5%～4.4%，平均为 1.4%。表 7-7 是不同作者用成岩作用数学模式研究不同海区沉积物中有机质分解得到的反应速率常数。

表 7-7　现代表层沉积物中有机质分解的速率常数

海区	沉积类型	反应速率常数 (a^{-1})
长岛南	软泥	1.4×10^{-8}
长岛南	软泥	1.9×10^{-8}
北海沿岸	砂	$(1.7\sim6)\times10^{-8}$
萨尼奇湾	软泥	0.9×10^{-8}
纳拉干西特湾	软泥	$(0.015\sim0.37)\times10^{-8}$
厦门港	软泥	$(0.9\sim6.8)\times10^{-8}$

(2) 溶解组分的吸附(或离子交换)

在间隙水中溶解组分的吸附是时常发生的，对某些组分(如磷、铵等)有时可能变为很重要的因素。在东海间隙水中溶解磷酸盐的吸附是比较普遍的，尤其在沉积深度 20cm 下更为明显，pH 的增高有利于磷、铵的吸附。在元素早期成岩作用的数学模式研究中，常常把溶解组分的吸附处理为化学吸附(即反应吸附)，且大多为线性吸附，如我们研究东海间隙水中的铵，其线性吸附反应常数为(5.2～450)×$10^{-5}a^{-1}$。

(3)矿物组分的溶解和溶解组分的自生矿物沉淀

大量的研究表明，营养组分特别是磷、硅和矿物的溶解与沉淀密切相关，其中最重要的类型是自生碳酸盐和自生硅酸盐及硫化物的溶解与沉淀。在某些海区溶解与沉淀是控制某些组分的最重要体系，如在东海间隙水中 $MnCO_3$、MnS 的溶解是控制间隙水中 Mn^{2+}的主要体系。

总之，元素早期成岩反应不可能局限于以上几类，在研究它们的数学模式时，往往也并不关心具体的某一反应，主要着重于两大类，即在间隙水中引起组分浓度增加和减少的反应，但对某一特定组分，这两类反应往往根据经验及模拟实验结果来具体化。

7.3.2.2 元素早期成岩作用的“扩散-平流-反应”模式

沉积物或间隙水中某一特定参数(y)必然是沉积深度(x)及时间(t)的函数，对于物质组分的浓度则为 $C = f(x,t)$ 。

根据 Fick 第二定律：

$$\frac{\partial C}{\partial t} = \frac{\partial}{\partial x}\left(D\frac{\partial C}{\partial x}\right) \tag{7-8}$$

再考虑平流作用，则物质的质量平衡可写为

$$\frac{\partial C}{\partial t} = \frac{\partial}{\partial x}\left(D\frac{\partial C}{\partial x}\right) - \frac{\partial}{\partial x}(UC) \tag{7-9}$$

对于某一单元层 Δx 内发生的化学反应(可以是化学反应、生物化学反应或自生沉淀反应等)，必然会引起不同于扩散速率 $\frac{\partial}{\partial x}\left(D\frac{\partial C}{\partial x}\right)$，也不同于平流速率 $-\frac{\partial}{\partial x}(UC)$ 的独立反应速率 $R_i = \frac{\Delta C}{\Delta t}$，所以有

$$\frac{\partial C}{\partial t} = \frac{\partial}{\partial x}\left(D\frac{\partial C}{\partial x}\right) - \frac{\partial}{\partial x}(UC) + \sum R_i \tag{7-10}$$

式中，C 为固体或液体中组分浓度；x 为沉积深度，沉积物-海水界面下为正；U 为沉积速率；R_i 为反应速率，$+R_i$ 表示产生组分的反应速率，$-R_i$ 表示移出组分的反应速率。

式(7-10)是分析元素早期成岩作用的一维“扩散-平流-反应”模式，它表示在给定的沉积深度下影响沉积物或间隙水的三个主要因素：扩散、平流、反应。

在实际的取样观测中，浓度随时间的变化率很小，通常处理为：$\frac{\partial C}{\partial t}=0$，则式(7-10)变为

$$\frac{\partial}{\partial x}\left(D\frac{\partial C}{\partial x}\right)-\frac{\partial}{\partial x}(UC)+\sum R_i=0 \tag{7-11}$$

式(7-11)是分析元素早期成岩作用的一维“扩散-平流-反应”稳态数学模式，其应用最为广泛。

在实际的处理中，往往假设沉积速率 U、孔隙率 φ 及扩散系数 D 不随沉积深度发生变化，对于 1m 深的沉积样品来说，这种假设误差很小。有时为更接近现实也考虑一些因素，一般在表层沉积物中孔隙度 φ 较大；沉积颗粒越小，孔隙度 φ 越大。实际扩散系数 D_s(包括沉积物颗粒排列不规则引起的弯曲效应在内)和孔隙度 φ 的经验关系式如下：

$$D_s=\varphi D_0 \quad \varphi\leqslant 0.7 \tag{7-12}$$

$$D_s=\varphi^2 D_0 \quad \varphi>0.7 \tag{7-13}$$

D_0 为组分在无限稀溶液中的扩散系数。若干种离子在无限稀溶液中于 1～25℃的扩散系数 D_0 见表 7-6。

在固体沉积物中，组分的扩散是异常缓慢的，常常可以忽略，所以式(7-11)变为

$$-\frac{\partial}{\partial x}(UC)+\sum R_i=0 \tag{7-14}$$

式(7-14)是处理固体沉积物早期成岩作用最基本的“平流-反应”一维稳态数学模式。

在实际的处理中，根据不同组分在不同区域表现出的特征，把式(7-11)、式(7-14)具体化，再借助边界条件(沉积物-海水界面、某一特定深度、无限深等)解出微分方程的解，可得到浓度随深度变化的理论函数，将其与实际观测值相比，可进一步获得某些有用的反应动力学参数。对于所研究的组分来讲，在沉积物中扩散项不存在，平流项都基本相同，剩下的就是把反应项 $\sum R_i$ 具体化；在间隙水中，扩散项和平流项都基本相同。

7.3.2.3　“扩散-平流-反应”模式的应用

“扩散-平流-反应”模式的应用，是根据不同海区的不同组分把反应项 $\sum R_i$ 具

体化，通常做些假设使$\sum R_i$以具体形式出现，利用边界条件解得$C=f(x)$。如果实际观测到的分布和$C=f(x)$相吻合，则证明模式正确和假设的条件成立，可以得到诸多有用的动力学参数。下面介绍“扩散-平流-反应”模式在海洋沉积物与间隙水中磷、硅、卤素及硫酸盐早期成岩作用研究中的具体应用。

(1) 磷酸盐和硅酸盐的早期成岩作用模式

对固体沉积物，

$$-\frac{\partial}{\partial x}(U\bar{C})+\sum\bar{R}_i=0 \tag{7-15}$$

式中，$\bar{C}$为固体中活性组分的浓度；$\bar{R}_i$为活性组分反应速率。

设固体中$\bar{C}$和间隙水中C是线性吸附关系，则有$\bar{C}=K_a\cdot C$，代入式(7-15)有

$$-K_a\cdot\frac{\partial}{\partial x}(UC)+\sum R_i=0 \tag{7-16}$$

将式(7-16)与式(7-11)相加得

$$\frac{\partial}{\partial x}\left(D\frac{\partial C}{\partial x}\right)-(1+K_a)\frac{\partial}{\partial x}(UC)+\sum\bar{R}_i+\sum R_i=0 \tag{7-17}$$

实际场合设$D(D_s)$、U不随深度变化，所以

$$\frac{D_s}{1+K_a}\frac{\partial^2 C}{\partial x^2}-U\frac{\partial C}{\partial x}+\frac{\sum\bar{R}_i}{1+K_a}+\frac{\sum R_i}{1+K_a}=0 \tag{7-18}$$

假设沉积物中的磷、硅分解及自生矿物沉淀均为一级反应，则沉积物中$\sum\bar{R}_i=-K_dP$，间隙水中$\sum R_i=FK_dP-K_p(C-C_{eq})$，分别代入式(7-14)、式(7-18)则

$$-U\frac{\partial P}{\partial x}-K_dP=0 \tag{7-19}$$

$$\frac{D_s}{1+K_a}\frac{\partial^2 C}{\partial x_2}-U\frac{\partial C}{\partial x}+\frac{FK_dP}{1+K_a}-\frac{K_p(C-C_{eq})}{1+K_a}=0 \tag{7-20}$$

式中，K为线性吸附反应常数；K_d为有机质分解一级动力学反应常数；K_p为自生沉淀一级速率常数；C_{eq}为沉淀平衡时溶解磷或硅的浓度；F为换算因数；P为沉积物中活性磷的浓度（也可用活性硅浓度 Si 代替）；C为间隙水中磷酸盐、硅酸盐浓度；x为沉积深度。

对于半无限(0～+∞)沉积柱，则有边界条件：

当 $x=0$ 时（沉积物-海水界面）　$C=C_0$　$P=P_0$

当 $x\to\infty$时（无限深）　$C\to C_{eq}$　$P\to 0$

联立式(7-19)、式(7-20)解得

$$P=P_0\exp\left[-\frac{K_d}{U}x\right] \tag{7-21}$$

$$\begin{aligned}C=&\left[\left(\frac{FK_dP_0U^2}{D_sK_d^2+(1+K_a)U^2K_d-K_pU^2}\right)-(C_{eq}-C_0)\right]\\&\exp\left[-\frac{(1+K_a)U-[(1+K_a)^2+4K_pD_s]^{1/2}}{2D_s}x\right]\\&-\left[\frac{FK_dP_0U^2}{D_sK_d^2+(1+K_a)U^2K_d-K_pU^2}\right]\exp\left[-\frac{K_d}{U}x\right]+C_{eq}\end{aligned} \tag{7-22}$$

式(7-22)可简写为 $C=C_{eq}+A_1e^{A_2x}-A_3e^{A_4x}$，即 C 为 x 的双指数函数，式(7-22)确定的图形见图 7-2，表示在某一深度时 C 具有极大值，到某一深度 C 为恒定值。

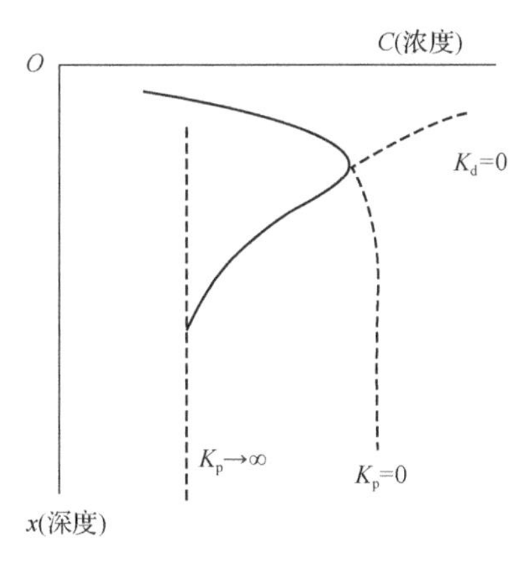

图 7-2　半无限柱间隙水中磷、硅垂直分布

在深海钻探计划(Deep Sea Drilling Program，DSDP)所采柱状样中，

149 柱：

$$C_{PO_4-P}=0.518+86.65e^{-0.0578x}-87.17e^{-0.06x}\ (x\text{：m}, C\text{：μmol/dm}^3) \tag{7-23}$$

147 柱：

$$C_{PO_4-P}=10+1.401\times10^4e^{0.1703x}-1.402\times10^4e^{0.1717x}\ (x\text{：m}, C\text{：μmol/dm}^3) \tag{7-24}$$

西南太平洋 Timor Trough 间隙水中的磷酸盐，也有类似的分布：

$$C_{PO_4-P} = 0.746e^{0.011x} - 0.726e^{-0.042x} \ (x：m, C：mmol/dm^3) \qquad (7\text{-}25)$$

在东海间隙水中 D、G 柱磷酸盐及大部分柱中硅酸盐均是这样的双指数分布。图 7-3 是得到的几个典型例子(x：cm，C：μmol/dm^3)。

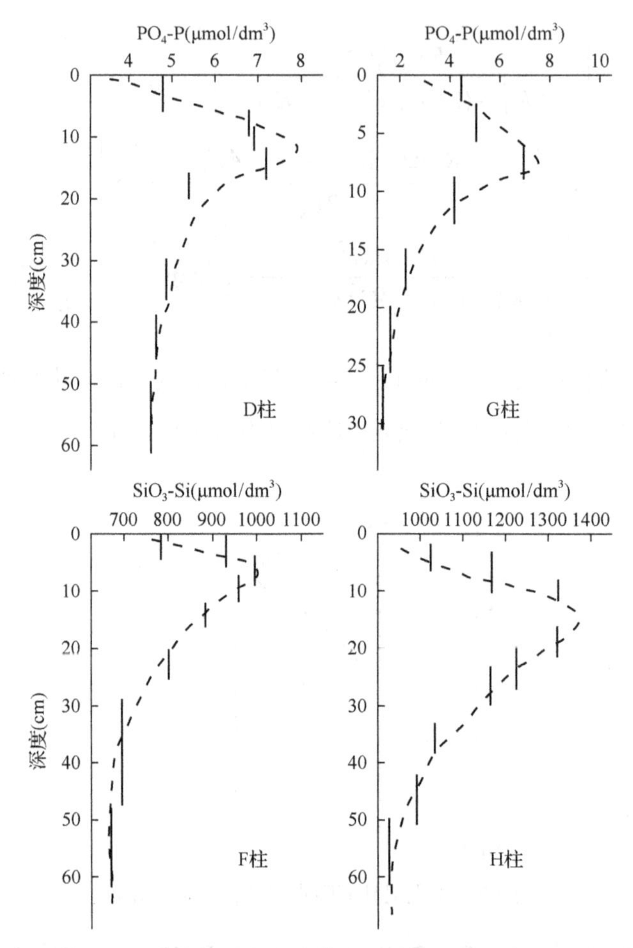

图 7-3　东海间隙水中磷酸盐、硅酸盐的垂直分布

说明在以上柱样间隙水中磷、硅的溶解、吸附、沉淀反应均存在，且均表现出一级动力学特征。在海洋沉积物间隙水中磷、硅通过有机质分解(磷、硅溶解)而产生，通过吸附和自生矿物沉淀而转移。

下面是几种简化的情况。

①当 $K_p = 0$，即无自生矿物沉淀反应，则式(7-22)变为

$$C=\left[\frac{FP_0U^2}{D_sK_d+(1+K_a)U^2}\right]\times\left[1-\exp\left(\frac{K_d}{U}x\right)\right]+C_0 \tag{7-26}$$

即 $K_p=0$ 时，C 为 x 的指数增加函数。

在东海间隙水中，

$$\text{B 柱：}\ C_{PO_4-P}=6.88(1-e^{0.077x})+6.12\ (x\text{：cm, }C\text{：}\mu mol/dm^3) \tag{7-27}$$

$$\text{E 柱：}\ C_{PO_4-P}=14.10(1-e^{0.095x})+2.10\ (x\text{：cm, }C\text{：}\mu mol/dm^3) \tag{7-28}$$

$$\text{E 柱：}\ C_{SiO_3-Si}=394(1-e^{-0.079x})+526\ (x\text{：cm, }C\text{：}\mu mol/dm^3) \tag{7-29}$$

在长岛南间隙水 FOAM 柱中：

$$C_{PO_4-P}=0.15(1-e^{-0.012x})+0.20 \tag{7-30}$$

②当 $K\to\infty$时，发生快速沉淀，则式(7-22)变为

$$C=C_{eq} \tag{7-31}$$

在东海间隙水 C、F 柱中磷酸盐即是如此，C 柱：$C_{eq}=9.0\mu mol/dm^3$，F 柱：$C_{eq}=3.9\mu mol/dm^3$。

③当 $K_d=0$ 时，不存在有机质的分解(矿物溶解)，则式(7-22)变为

$$C=-(C_0-C_{eq})\left[1-\exp\frac{(1+K_a)U-[(1+K_a)^2+4K_pD_s]^{1/2}}{2D_s}x\right]+C_0 \tag{7-32}$$

C 随 x 呈指数降低分布。

东海间隙水 B 柱中硅酸盐为

$$C_{SiO_3-Si}=-369(1-e^{-0.07x})+604.3\ (x\text{：cm, }C\text{：}\mu mol/dm^3) \tag{7-33}$$

通过实际观测拟合得到的 $C=f(x)$ 和由微分方程中解出的函数相对应，可得到东海沉积物中 B 柱和 E 柱有机磷分解一级反应速率常数分别为 0.002 31a^{-1} 和 0.001 71a^{-1}，沉积物中活性磷浓度分别为 1.33mmol/g 和 5.54mmol/g。这为深入了解海洋沉积物中磷酸盐的早期成岩过程提供了许多定量资料。

(2) 卤素的早期成岩作用模式

对于卤素的早期成岩作用应分别考虑卤素的产生与移除反应，设其均为一级反应，则有

$$\sum R_i = \alpha K_d X - K_r (C - C_e) \tag{7-34}$$

代入式(7-11)则在间隙水中有

$$D\frac{\partial^2 C}{\partial X^2} - U\frac{\partial C}{\partial x} + \alpha K_d X - K_r (C - C_t) = 0 \tag{7-35}$$

在沉积物中有

$$-U\frac{\partial X}{\partial x} - K_d X = 0 \tag{7-36}$$

对于一定厚度层(0～h)，则有边界条件：

x=0 时，$C = C_0 \quad X = X_0$

x=h 时，$C = C_h$

联立式(7-35)、式(7-36)解得

$$C = C_e + A_1\exp(A_2 x) - A_3\exp(-A_4 x) + A_5\exp(A_6 x) \tag{7-37}$$

其中：

$$A_3 = \alpha K_d X_0 U^2 / [D_d^2 + U^2(K_d - K_r)]A_4 \tag{7-38}$$

$$A_4 = K_d/U \tag{7-39}$$

$$A_2 = \left[U - (U^2 + dK_r D)^{1/2}\right]/2D \tag{7-40}$$

$$A_6 = \left[U + (U^2 + dK_r D)^{1/2}\right]/2D \tag{7-41}$$

$$A_1 = \left\{-(C_0 - C_h)\exp(A_2 h) + (C_h - C_e) + A_3\left[\exp\left(-\frac{K_d}{U}h\right) - \exp(A_2 h)\right]\right\} \times [\exp(A_6 h) - \exp(A_2 h)]^{-1} \tag{7-42}$$

$$A_5 = \left\{-(C_0 - C_h)\exp(A_6 h) - (C_h - C_e) + A_3\left[\exp\left(-\frac{K_d}{U}h\right) - \exp(A_6 h)\right]\right\} \times [\exp(A_6 h) - \exp(A_2 h)]^{-1} \tag{7-43}$$

式中，K_d为卤素产生反应一级动力学反应常数；K_r为卤素移除反应一级动力学常数；α为换算因数；C_e为达到平衡时的浓度；C_h为深度h时的浓度。

由式(7-37)确立的曲线如图 7-4 所示。

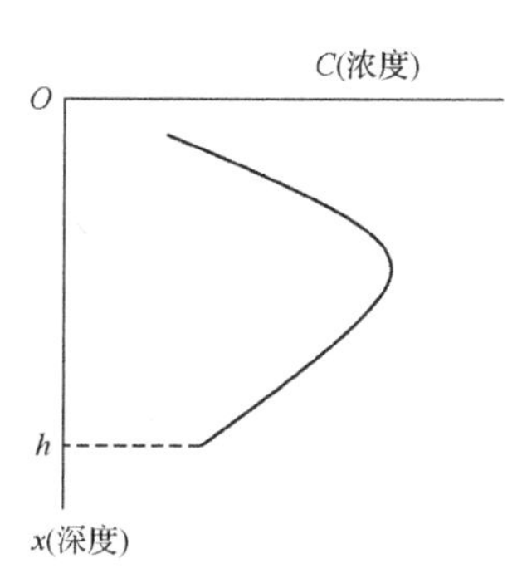

图 7-4　一定厚度层间隙水中卤素浓度随深度分布示意图

辽东湾大多数沉积物间隙水柱中溴、氟的垂直分布是上述曲线的代表(图 7-5)。所以在辽东湾沉积物中的氟、溴主要受卤素产生(有机质分解)和固相转移反应所控制，且均表现出一级动力学特征。

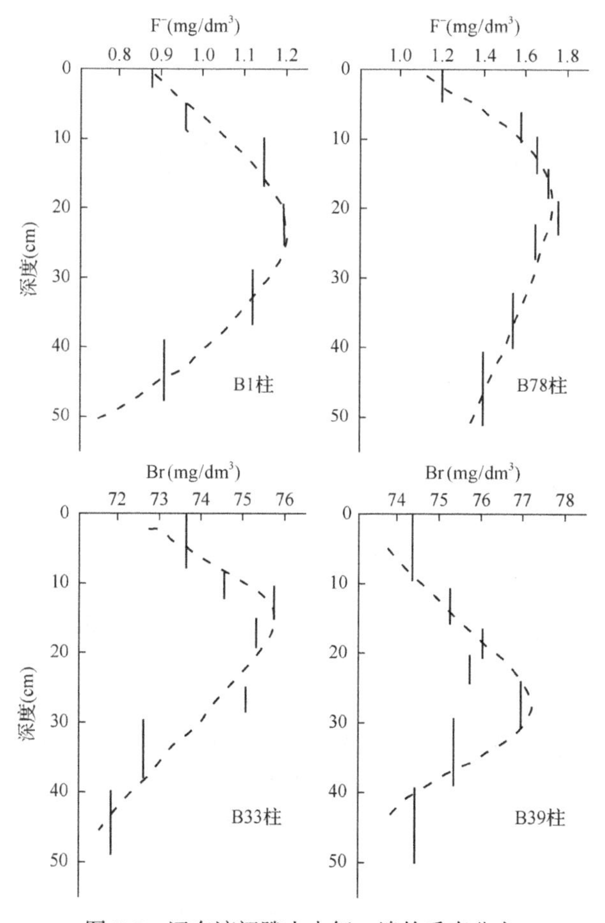

图 7-5　辽东湾间隙水中氟、溴的垂直分布

(3) 硫酸盐的还原模式

大量的事实证明，沉积物中硫酸盐在细菌作用下被有机质还原，反应方程为 $2CH_2O + SO_4^{2-} \xrightarrow{\text{细菌}} H_2S + 2HCO_3^-$。设还原反应为一级反应，因硫酸盐不易被吸附和沉淀，所以$\sum R_i = -QKS$。

对沉积物有

$$-U\frac{\partial S}{\partial x} - KS = 0 \tag{7-44}$$

间隙水有

$$D_s\frac{\partial^2 C}{\partial x^2} - U\frac{\partial C}{\partial x} - QKS = 0 \tag{7-45}$$

式中，S 为固体中活性硫酸盐浓度；Q 为换算因数。

边界条件

$$x = 0 \text{ 时，} S = S_0\text{，} C = C_0$$

$$x \to \infty \text{时，} S \to 0\text{，} C \to C_\infty$$

解得

$$C = \left[\frac{U^2 QS_0}{U^2 + KD_s}\right]\exp\left(-\frac{K}{U}x\right) + C_\infty \tag{7-46}$$

在东海间隙水 C、F 柱中 SO_4^{2-}即呈这种垂向指数降低分布，

C 柱：

$$C_{SO_4^{2-}} = 0.74e^{-0.041x} + 2.11 \ (x\text{：cm, } C\text{：g/dm}^3) \tag{7-47}$$

F 柱：

$$C_{SO_4^{2-}} = 0.71e^{-0.031x} + 2.24 \ (x\text{：cm, } C\text{：g/dm}^3) \tag{7-48}$$

所以在东海沉积物间隙水中，硫酸盐在细菌作用下的还原为控制反应，其一级还原反应动力学常数为 $K_C = 0.0023a^{-1}$ 和 $K_F = 0.000\,93a^{-1}$。

以上仅列举了几种组分早期成岩作用的“扩散-平流-反应”模式，对不同海区的不同组分进行不同的数学处理，都可得到比较理想的结论。

早期成岩作用数学模式研究仅发展了几十年的时间，但“扩散-平流-反应”模式已被比较广泛地用于海洋、湖泊、河流沉积物中元素早期成岩作用数学模式

研究。大量的事实证明，这个模式和现实状况比较接近，可以说它的提出是元素早期成岩作用数学模式研究的一大进步。但其明显的不足是很难确定某一具体反应，所以给出的结论有很大的近似性，另外各种参数的确定值往往不准确等。相信借助于其他强有力的手段，克服其不足，早期成岩作用数学模式研究定能给人们提供越来越多的信息。

元素早期成岩作用数学模式具有重要意义：①它使元素早期成岩作用的研究得以定量化，可得到许多有价值的动力学参数，使人们对成岩反应有更清晰的认识，并可预测将要发生的变化趋势；②早期成岩作用的数学模式还给元素在间隙水垂向分布的地球化学以定量化的描述。

7.3.3　颗粒物的垂直沉降与表层沉积物的再悬浮

颗粒物的垂直沉降与表层沉积物的再悬浮是发生在沉积物-海水界面附近两个截然相反的过程，在海洋生物地球化学循环中都有重要的作用。颗粒物的垂直沉降是水体物质转移的一个重要过程，也是沉积物形成的前提，通过颗粒物的垂直沉降，水体中的物质得以向沉积物中转移，其结果是物质暂时离开了水体的循环；表层沉积物的再悬浮使已经沉降形成的沉积物重新进入水体，在动力、物理化学环境以及生物的共同作用下，转化为溶解组分，重新进入水体的循环。所以，这两个过程在海洋生物地球化学循环的物流中有重要的作用。

7.3.3.1　颗粒物的垂直沉降

海水中颗粒物的垂直沉降量在很大程度上反映了生物泵作用的强度，受控于颗粒物的来源、海洋动力以及理化环境状况。在近海由动力作用引起的表层沉积物再悬浮，导致很难准确获得颗粒物的垂直通量，所以较准确地扣除表层沉积物的再悬浮通量是获得海水颗粒物有机碳垂直沉降通量的前提。

目前，研究海水颗粒物垂直沉降通量主要有以下几种方法。

(1)沉积物捕捉器法

沉积物捕捉器(sediment trap，ST)最初被用来研究近岸海区沉降物质的垂直转移量及其对生物营养来源的控制作用，后来被逐渐用于物质的通量研究。目前，它仍是直接测定物质通量的较好方法。沉积物捕捉器分为锚定式和漂浮式两种。一般多采用锚定式，因为采样的区域比较固定，更能反映特定海区通量的空间和时间变化。而漂浮式 ST 易受海区的水文状况影响，测得的水平及垂直方向通量的时空差异变化很大，不能真正反映特定区域(尤其是定点)的真实通量。

沉积物捕捉器的使用至少可以追溯到 20 世纪 70 年代，开始仅限于在湖泊及陆架浅海区使用，后来逐渐成为测定深海区物质通量的主要设备。最初的沉积物捕捉器比较简单，如采用一个长 31cm、内径 7.5cm 的聚氯乙烯圆筒，上端开口，下端由一个接收瓶封闭，用金属架固定住，投放时绑缚在投放绳上，下端用重锤碇住，上端用浮球浮起，尽量使捕捉桶保持垂直。到 1978 年开始采用一种改进的捕捉器，已经显示了现代捕捉器的雏形，包括三部分：①采样设备(collecting device)；②控制设备(control unit)；③支撑设备(supporting structure)。采样桶为圆锥形，下部安装有许多的接收瓶，可通过控制设备进行水下的换瓶，方便了操作。为了研究 *H*/*D*(*H* 为捕捉器柱的长度，*D* 为捕捉器上部开口的直径)对采样效率的影响，设计了 Mark 5 和 Mark 6 两种类型的沉积物捕捉器，桶的顶部安装了导流板(baffle)，减轻了水在桶内形成湍流造成的沉降颗粒物再流失。近 20 年来，对于捕捉器能否有效地捕捉沉降的悬浮物和反映物质沉积通量的问题，做了许多有益的研究，结果基本上都证明了沉积物捕捉器在物质垂直通量研究中的有效性。1989 年美国 JGOFS 计划报告对沉积物捕捉器的设计和采样技术进行了综合评价，并提出了改进意见，确认沉积物捕捉器确实能提供可信的物质通量测量结果。

(2)放射同位素示踪法

放射同位素示踪法主要是指 $^{234}Th/^{238}U$ 不平衡法，其依据的主要原理为放射性元素 ^{234}Th(半衰期为 24.1d)较易在颗粒物质上吸附，而它的母体 ^{238}U 则不易在颗粒物质上吸附，因此这必然会形成一种不平衡：

$$\frac{\partial A_{\mathrm{Th}}^{\mathrm{d}}}{\partial t} = A_{\mathrm{U}}\lambda - A_{\mathrm{Th}}^{\mathrm{d}}\lambda - J_{\mathrm{Th}} \tag{7-49}$$

$$\frac{\partial A_{\mathrm{Th}}^{\mathrm{P}}}{\partial t} = J_{\mathrm{Th}} - A_{\mathrm{Th}}^{\mathrm{P}}\lambda - P_{\mathrm{Th}} \tag{7-50}$$

式中，$A_{\mathrm{Th}}^{\mathrm{d}}$、$A_{\mathrm{Th}}^{\mathrm{P}}$ 分别为溶解和颗粒 ^{234}Th 的活性(每单位体积海水)；A_{U} 为 ^{238}U 的活性；λ 为衰减常数；J_{Th} 为溶解 Th 向颗粒态转移的速率；P_{Th} 为颗粒 Th 沉降而向下输出的通量。通常情况下，方程左边含时间的项不可能解出，只有在假设稳态的情况下才可以解出，令方程左边的项为零。另外，还要假设横向传输和扩散很小，可以忽略。假设垂直过程控制着水柱中 Th 的迁入和迁出。在方程左边为零的情况下，两方程可变化为

$$J_{\mathrm{Th}} = \lambda[A_{\mathrm{U}} - A_{\mathrm{Th}}^{\mathrm{d}}] \tag{7-51}$$

$$P_{\mathrm{Th}} = \lambda[A_{\mathrm{U}} - (A_{\mathrm{Th}}^{\mathrm{d}} + A_{\mathrm{Th}}^{\mathrm{P}})] \tag{7-52}$$

如果研究 POC 的垂直转移，就可根据式(7-53)获得其垂直沉降通量。

$$\mathrm{POC}_{\mathrm{FLUX}} = \left(\frac{\mathrm{POC}}{A_{\mathrm{Th}}}\right)P_{\mathrm{Th}} \tag{7-53}$$

式中，POC 为颗粒有机碳的含量；A_{Th} 为 Th 的活性。在一般情况下，POC/A_{Th} 的值采用常数，然后通过测定的 P_{Th} 而计算得到 POC_{FLUX}。有研究相继报道了利用 $^{234}Th/^{238}U$ 不平衡法及水样中 POC 和 PON 估算北冰洋的一个断面(chukchi sea to the north pole)的 POC 输出通量，格陵兰 Northeast Water Polynya 地区的颗粒有机碳通量，以及美国 JGOFS 北大西洋水华实验航次实验测定并计算了 47°N、20°W 站的 POC 通量。

(3)斯托克斯公式及与其相关的变形公式计算法

斯托克斯公式是用来计算颗粒物在流体介质中沉降速率的，其数学表达式为

$$w = \frac{g(\rho - \rho_0)}{18\mu} d^2 \tag{7-54}$$

该公式有一定适应范围，由一个称为雷诺系数的量来限定。雷诺系数为

$$\mathrm{Re} = \frac{uD}{v} \tag{7-55}$$

式中，u 为流速；D 为沉降颗粒的直径；v 为动力黏度，等于液体黏度除以液体的密度(μ/ρ_0)。w 为颗粒物沉降速率(cm/s)，g 为重力加速度(m/s^2)，ρ 为颗粒物的密度(g/m^3)，ρ_0 为液体的密度(g/m^3)，d 为颗粒物的直径(mm)，μ 为液体的黏度系数(m^2/s)，斯托克斯公式适用于球形的沉降颗粒，其雷诺系数的适应范围为 Re＜0.5。

在测定颗粒的粒度和密度以及其他必需参量的基础上可以计算得到颗粒的沉降速度，然后再根据公式 $F=C\cdot w_s$ 计算得到物质的通量，其中 F 为物质的通量，C 为物质的浓度，w_s 为颗粒物质沉降的速度。该方法获得的颗粒通量有一定的误差，主要是由于：①在确定颗粒沉降速度时，海洋中的颗粒无论形状、大小、粗糙程度、密度都千差万别，它们都会影响颗粒的沉降速度，所以仅以中值粒径来表征颗粒的大小与真实情况有较大的差异。②在确定颗粒的密度时，由于颗粒的种类繁多，其组成更是复杂，因此颗粒的密度差别也很大，而且有些颗粒含水，而表面的黏附水和有机质中含的水是很难区分的。所以有关颗粒的密度基本上都是通过测定颗粒的沉降速度，而后根据斯托克斯公式反演计算得到它的最大优点是可以获得大海域颗粒的垂直通量。

7.3.3.2　*表层沉积物的再悬浮*

(1)沉积物再悬浮的成因分析

颗粒物质可由真光层向底层垂直转移，到达海洋的底层，成为沉积物。但沉积下来的物质还会受到扰动而再悬浮，重新进入水体，发生表层沉积物的再悬浮，

原因有下列几种。首先，底栖滤食性动物的滤食活动、穴居生物的造穴活动以及有些生物的鼓泡等会引起再悬浮；其次，水动力条件(如潮流、波动、上升流、水平输运等)的改变，也会造成沉积物的再悬浮；最后，人类活动也是一个重要的影响因素，如挖掘、拖网、排污和港口建设等。沉积物再悬浮是一个比较普遍的物理现象，无论在深海区、浅海区还是内陆河均有此类现象发生，特别是在河流入海口、潮间带、浅海区等与人类关系比较密切的地区此类现象更为明显。沉积物的再悬浮可明显影响区域生源要素的循环、转移、储存等过程，并严重干扰这些区域颗粒物垂直转移的研究。

表层沉积物的再悬浮对于生态学(尤其是底栖生物的生态学)、地质学(如沉积动力学的研究)和物质的再分布来说都是非常重要的，沉积学研究主要集中在再悬浮机制的研究，如细颗粒(fine sediment)再悬浮机制以及由波浪引起间隙水移动而导致的颗粒物质再悬浮研究。在 Peel-Harvey 河口区域由风引起颗粒物质的再悬浮，其平均沉积速率[11.6～69.3g(m^2·d)]的 69%～92%是由再悬浮引起的；Barataria Basin 海域风与沉积物再悬浮的关系研究表明引起再悬浮的临界风速为 4m/s。生物对沉积物再悬浮影响的生态学研究主要包括生物引起再悬浮成因、过程的研究以及再悬浮对底栖生物营养结构的影响等(尤其在河口区，再悬浮甚至会对上层生物的生产造成非常重要的影响)。沉积物再悬浮的原因有多种，但主要的有以下三种。

1)动力因素引起的沉积物再悬浮

风浪、潮汐、潮流引起的海水运动存在于每时每刻，是海底沉积物再悬浮的重要诱因之一，特别是在浅水区更为明显。结合卫星遥感和同位素技术对美国路易斯安那州的 Barataria Basin 海域研究发现，风速和表层的混浊度有很好的相关性，风速为 4m/s 时，就可以导致研究区域 50%表层沉积物的再悬浮，当风速达到 8m/s 时，将有 80%的表层沉积物再悬浮。潮汐在大陆架和大陆坡上产生的剪切力也足以导致表层泥沙再悬浮，特别是在风浪难以产生影响的深水处，潮汐的再悬浮作用可能是底层雾状层形成的主要原因。对长江口盐水楔和最大混浊带的研究观测，发现长江口泥沙在近底潮流速大于 0.4m/s 就容易发生再悬浮。这些河道一般在涨潮或落潮后 0.5～1.0h 近底水流流速可超过 0.5m/s，转流后 2～3h 流速出现最大值，此时水流紊动强，床面普遍发生冲刷，使整个河口含沙量出现最大值。东海陆架区由于台湾暖流、黄海沿岸流和黄海暖流汇合形成漩涡区，每年 4～5 月开始直至秋季存在上升流，因此沉积物再悬浮加重。在某些站位再悬浮颗粒物在沉降颗粒物中占相当高的比例。在离海底 5m 的水层，再悬浮颗粒物占总沉降颗粒物的 96%，在离海底 15m 的水层，再悬浮颗粒物占总沉降颗粒物的 32.9%。当然无论是风浪、潮汐还是潮流最终都是通过波或者水流的形式与底层床面发生作用，然而波或者水流往往都是同时存在的，要导致表层泥沙再悬浮，就必须满足波、水流与底泥的剪切力达到可以搬动沉积颗粒物的程度。剪切力与再悬浮量的关系可总结如下：$R=M(\tau-\tau_{crs})/\tau_{crs}(\tau>\tau_{crs})$，$R$ 为沉积物再悬浮过程中进入水体方向的通量[kg/(m^2·s)]；τ 为床面的剪切力(N/m^2)；τ_{crs} 为床面的临界剪切力(N/m^2)；M 为再悬浮系数[kg/(m^2·s)]。当 $\tau<\tau_{crs}$ 时，再悬浮时沉积物向水体方向的通量为零，M 的值主要取决于沉积物的组成、密度、厚度、类型等，环境不同 M 的值也就不同。

2) 生物扰动引起的沉积物再悬浮

大部分海洋沉积物都含有动物区系，它们可调节沉积物-海水界面物质通量的作用日益受到重视。生物扰动造成的再悬浮可以分为直接生物再悬浮和间接生物再悬浮。间接生物再悬浮主要是指底栖生物通过建造土墩、洞穴等改造海底微地貌的活动，使沉积物变得疏松，更易再悬浮。底栖生物还可以通过分泌黏液来增加沉积物的黏度，从而加大再悬浮的难度，硅藻膜也有此方面作用。此外，底栖生物可以通过改变沉积物的孔隙度、水溶性、渗透性等物理参数来影响再悬浮的程度。直接生物再悬浮即生物的直接输运，有研究报道了 Narragansett Bay 生物 *Yoldia limatula* 直接导致的再悬浮，认为它的壳长和再悬浮量呈正相关关系，14mm 壳长的 *Yoldia limatula* 每年导致的再悬浮量可达 440g 沉积物(干重)。考虑到此海区 *Yoldia limatula* 的数量，*Yoldia limatula* 引起的总沉积物再悬浮量可达到 15.8～24.6kg/(m^2·a)。

3) 人类活动引起的沉积物再悬浮

随着人类活动范围的日益扩展，人类对海洋的影响也逐渐加大。人类挖掘采沙、拖网捕鱼、航船输运、铺设海底电缆和管道等活动都可以引起海底沉积物的再悬浮。在 Galveston Bay 进行拖网捕虾对海底沉积物影响的研究表明，当表层 1cm 的沉积物受到扰动时，NH_4^+、Mn、Cd 的通量明显升高，Ni、Cu、Pb 没有明显变化，当扰动控制在 1mm 时仅 Cd 的通量明显变化。这是因为底层沉积物处于中性或者还原性环境，在这种环境中金属元素可以和硫化物稳定结合，但当拖网捕虾或挖掘采沙时，破坏了底泥的还原性环境，促使金属元素进入水体，提高了金属元素的生物利用率。据估计假若每天有 100 只船在此研究区域捕虾可导致 2% 的海底受到影响，因此拖网捕虾对海底沉积物再悬浮的作用不可低估。

(2) 沉积物再悬浮对物质循环的影响

1) 沉积物再悬浮对微生物食物网的影响

海洋微生物作为海洋食物链的下层，对整个海洋生物链具有重要影响。沉积物再悬浮对微生物食物网产生影响主要通过沉积物再悬浮过程中的再矿化及溶解营养物和有机颗粒物与水体的混合作用，使营养盐转变为藻类和细菌更易利用的形式，以及使悬浮颗粒的表面更利于细菌吸附。对沉积物再悬浮对微生物食物网的影响研究发现，在再悬浮过程中微微型浮游生物、微型自养生物、根足虫和异养浮游生物的丰度会有明显提高，并与悬浮物的浓度呈正相关。海底硅藻和纤足虫与悬浮物也有类似关系。

2)再悬浮可引起二次污染

海洋的自净机制主要是稀释作用和固相吸附作用，当污染物随河水流入大海时，海底沉积物将成为污染物的一个重要的源和汇，由于污染物自身的结构特性和赋存条件的特殊性，它们的存在周期可能达到十几年或几十年，沉积物成为潜在的污染源，即使外在污染物消失了很长一段时间，也会因生物地球化学条件(氧化还原条件、水动力、生物扰动等)的变化引起二次污染。

对南京玄武湖等污染较重湖泊底泥再悬浮对水质产生影响的途径研究发现，在冲刷悬浮的短时间作用下，对水质产生影响的作用大小顺序为间隙水与上覆水的混合大于底部静态底泥的释放，而底部静态底泥的释放远大于悬浮颗粒的污染物释放，所以，在底泥冲刷悬浮的过程中，底泥间隙水与上覆水的混合作用是影响水质的主要因素。然而对英国Mersey Estuary(一个由潮汐引起再悬浮现象明显的地区)研究发现，在此区域悬浮颗粒物的释放占主导地位。通过对Co、Ni、Pb、Zn的垂向分布研究发现，这些金属离子在迁移过程中还有其他来源，可能是间隙水与上覆水的混合和悬浮颗粒物向上覆水的释放。间隙水要起到显著作用必须满足沉积物达到缺氧使早期成岩成为可能，但是此河口由于潮汐现象比较明显且剧烈，底泥发生持续性的再悬浮和连续充氧，使早期成岩不能发生，因此间隙水对上覆水金属离子的增加贡献不大。因此，在潮汐、波浪活动影响剧烈时，再悬浮持续发生的河段，悬浮颗粒物的解吸作用对离子的增加起主导作用，不过对于相对平静的河段，间隙水与上覆水的混合作用是影响水质的主要因素。

沉积物再悬浮对上覆水生源要素的影响程度研究大多是通过现场观测和实验室模拟来进行，再悬浮过程中由于再矿化率增高，间隙水与上覆水混合，上覆水中大部分生源要素的浓度一般都会得到提高，通过对表层沉积物再悬浮的现场研究证明，再悬浮过程中P的通量会降低，NO_2-N、NO_3-N形式的氮通量升高，NH_4-N形式的氮通量无明显变化，C通量降低。P通量的降低可能是由颗粒物对P的吸附作用导致；NO_2-N、NO_3-N形式的氮通量升高可能是因为氮由还原性的底泥进入氧化性相对较高的水体，硝化速率大于反硝化速率；NH_4-N形式的氮通量无明显变化，这说明再悬浮作用对NH_4-N形式的氮无明显影响。但对于P和C的变化，模拟实验得到的结果与上述不同。实际上，在再悬浮过程中，磷的释放和吸收作用是同时存在的，何种作用为主，取决于上覆水中磷酸盐的浓度及扰动强度等因素的综合作用，扰动强度越大，上覆水中的磷酸盐浓度越低，越有利于磷酸盐的释放，反之则吸收作用是主要的。在不同的水域，因为具有不同的水文环境和不同的生物地球化学环境，由再悬浮引起的生源要素变化也是不同的。

(3)沉积物再悬浮的估算方法

由于陆架边缘海受自然与人为双重影响的复杂性，表层沉积物再悬浮的定量研究有更大的不确定性，一些现场的测定方法也比大洋受到的影响更剧烈。研究者通过构建数学模型希望在此方面有所突破，但由于数学模型参数较多，计算复杂，至今未能很好地解决这个问题。因此很多学者将方向转向通过寻找合适的化学标志物来构建化学模型进行研究。宋金明等曾经提出一个化学模型，假设：①海洋中的沉降颗粒物是由自身生成的颗粒物和再悬浮的颗粒物的沉降组成，且它们在混合过程中组分不发生改变；②沉积物再悬浮后，其化学组分不发生变化；③化学组分在沉降颗粒物中分布均匀。所建立的再悬浮对上层水颗粒物贡献程度的化学模型为

$$F_t=F_r+F_p \tag{7-56}$$

$$F_tC_i=F_rC_r+F_pC_p \tag{7-57}$$

$$\alpha=\frac{F_r}{F_t}=\frac{C_p-C_i}{C_p-C_r} \tag{7-58}$$

根据物质通量和特征化学组分在悬浮颗粒物中的含量关系，可以进一步推出

$$F_r=F_t\frac{(C_p-C_i)}{(C_p-C_r)} \tag{7-59}$$

$$F_p=F_t\frac{(C_i-C_r)}{(C_p-C_r)} \tag{7-60}$$

式中，F_t 为海洋中总颗粒物的沉降通量；F_r 为海洋中再悬浮颗粒物的沉降通量；C_i、C_r、C_p 分别为 i 取样层、再悬浮、自生颗粒物中标志物的含量。

选择 PON 作为化学特征物，用上述方程估算东海再悬浮颗粒物占总沉降颗粒物的比例及颗粒有机碳的净通量，取得了比较理想的结果。实际上选择合适的特征化学组分对于模型结果具有十分重要的作用，作为特征化学组分必须满足在海洋条件下有较好的稳定性。因此对于海洋自生颗粒物的沉降过程可以选择 PON 作为标志物，这是因为 PON 绝大部分来自海洋生物，其在海洋自生颗粒物中的含量要比沉积物中的含量高，且颗粒物中成分变化主要是由细菌分解造成的，因此在沉降过程中 PON 含量变化不大，在沉降过程中与自生颗粒物的含量具有很好的相关性。但以陆源碎屑为主的颗粒物，由于 PON 在海底沉积物中的含量比浮游生物和沉降颗粒物中的含量相对要低，PON 不适合作再悬浮的标志物，否则所得结果会有较大误差。有研究显示，可选择在沉积物中稳定且含量相对较高的陆源输入代表性组分 Ca，作为再悬浮的特征化学成分，这对于像黄河口这样的海域非常适合，因为高含量钙的输入是黄河入海物质的重要特征。例如，对黄河口外沉积物以 Ca 作为再悬浮的特征组分研究发现，沉积物再悬浮占总悬浮颗粒物的比例在 64%～82%。

7.4　化学物质的生物传递过程

生物对化学组分的传递是海洋物质循环的关键环节之一，生物通过摄食、代谢、移动来实现对化学物质的传递，这一过程主要是通过生物泵来完成的。生物对化学组分的传递是海洋生物地球化学研究的核心所在，是实现海洋生物地球化学循环的关键结点，因而研究意义重大。

7.4.1　浮游植物对化学物质的利用及其机制

海洋浮游植物对海水中化学物质的利用是海洋生物食物链的起始，在海洋生物对化学物质的利用方面占据重要位置。海水中化学物质是浮游植物繁衍的充分必要条件，否则，海洋浮游植物就不能正常地繁衍和代谢。

7.4.1.1　海洋浮游植物的光合作用与 CO_2 的利用

海洋浮游植物的光合作用与大气二氧化碳的水平密切相关，受到很多因素的影响。海洋浮游植物与高等植物一样都是利用核酮糖-1,5-二磷酸羧化酶/加氧酶(Rubisco)固定 CO_2，CO_2 是其唯一底物，现已发现一般海洋浮游植物 Rubisco 的半饱和常数为 20～70μmol/dm^3 CO_2，而海水中的 CO_2 浓度为 10～25μmol/dm^3，因此海水中 CO_2 浓度并不能有效地满足 Rubisco 的羧化作用。为了克服羧化酶较低的 CO_2 亲和力，部分浮游植物已经形成了一种提高羧化酶存在部位周围 CO_2 浓度的 CO_2 浓缩机制(CCM)，主要包括 CO_2 和碳酸氢根的主动吸收及细胞内外碳酸酐酶的作用。学者对海洋浮游植物(特别海洋浮游硅藻)的这种机制进行了广泛研究。一些研究认为拥有这种机制的浮游植物可能对大气 CO_2 升高并不敏感，因为海水中大量碳酸氢根也可以作为 CO_2 的来源。但通过对 CCM 深入研究后发现碳酸氢根主动吸收是一个需要能量的过程，即需要额外的能量来驱动，因此能量的供应状况将决定藻类 CCM 的表达程度。对一般浮游植物的 CCM 研究均是在光和营养供应充足的情况下进行，在海洋原位环境中，光和营养物质常常被认为是一种限制因子，而能量的限制可能导致海洋浮游植物在大量碳酸氢根存在的环境中无法完全依靠无机碳的主动运输来满足其光合作用的需要，而必须从变化的 CO_2 池中获得，从而导致对 CO_2 的敏感性增加。对于那些只能利用 CO_2 作为碳源的浮游植物来说，对大气 CO_2 浓度升高则可能相对较为敏感，在现有的有关浮游植物光合作用的研究中，大部分的硅藻和棕囊藻(*Phaeocystis globosa*)的光合作用速率在目前的大气 CO_2 浓度下接近或达到饱和，相反钙化藻类 *Emiliania huxleyi* 和 *Gephyrocapsa oceanica* 则未达到饱和。由此可见，在大气 CO_2 浓度升高的情况下，不同种类的浮游植物受到的影响不同，其中大气 CO_2 浓度升高对钙化藻类光合作用的影响可能更大。

海水 CO_2 浓度变化除影响浮游植物的生长和光合作用外，也对细胞亚显微结构产生不同程度的影响，在低 CO_2 浓度（3μmol/dm^3 和 21μmol/dm^3）下培养，莱因衣藻和蛋白核小球藻细胞内可见明显的由淀粉盘包围的蛋白核，但在高 CO_2 浓度（186μmol/dm^3）下培养，细胞内则未见有明显的蛋白核出现。

钙化藻类能通过钙化作用将碳酸根和钙离子结合成$CaCO_3$，使其成为藻体的一部分。海洋浮游植物形成碳酸钙是一个调节碳循环和海-气界面CO_2交换的重要过程，因此钙化藻类在海洋碳循环中起着不可忽视的作用。钙化藻类的钙化速率与pH、碳酸盐离子浓度和饱和度有关。与营养充足环境相比营养盐限制环境下，大气CO_2浓度加倍将导致*Emiliania huxleyi*净钙化速率下降25%，但钙化速率和光合作用速率的比例并没有明显的变化。在低CO_2浓度环境中钙化速率明显增加，光合作用速率明显下降，这表明钙化作用并不能减轻CO_2的限制。海水缓冲能力的变化、$CaCO_3$颗粒的沉降速率、浮游动物的捕食和光合作用对CO_2的吸收等因素均对钙化速率有影响。

在海水中CO_2浓度接近4μmol/dm^{3}时，中肋骨条藻胞外具有明显的碳酸酐酶活性，但在CO_2浓度接近12μmol/dm^{3}时，碳酸酐酶活性消失，使用不同CO_2浓度（3～186μmol/dm^3）培养莱因衣藻、蛋白核小球藻时发现，在较高CO_2浓度条件下，碳酸酐酶活性存在不同程度的抑制，但这种抑制作用与藻种类有关。由于碳酸酐酶是藻类CO_2浓缩机制的重要组成部分，因此其活性变化可能影响无机碳的利用机制，进而影响藻类对大气CO_2浓度变化的响应。

7.4.1.2　浮游植物与营养盐限制

营养盐的生物代谢、吸收、再生速率及水平与垂直转移是海洋生物地球化学循环和海洋食物网相互作用的重要组成部分。海水中的各种营养盐既要保持一定的水平，不同营养盐又要保持一定的比例，二者不可或缺地维持着浮游植物的正常繁殖和代谢，某种营养盐缺乏，即使其他营养盐的量是适合的或过量的（常常是富营养化状态），浮游植物照样不能正常生存，这就是浮游植物的营养盐限制。浮游植物的营养盐限制是海洋生物地球化学循环中生物与化学组分关系研究的重要内容，也是海洋营养动力学研究所关注的领域。

(1) 营养盐限制及研究方法

营养盐是浮游植物生长、繁衍所必需的营养物质，海洋中的大部分浮游植物是按一定比例自海水中吸收营养盐的，这一比例称为 Redfield 比值（C∶N∶P＝106∶16∶1），海水中营养盐比例过高或过低地偏离 Redfield 比值，均可使浮游植物的生长受到某一相对浓度低的营养元素的限制，并显著影响浮游植物的生长及种类组成。浮游植物生长的限制元素是那种在量上最接近维持其生长所需最小量的元素，这个定义可以应用于从细胞代谢到全球生物地球化学循环的任何尺度中。通常认为海洋中拥有丰富的碳，因此有机物的骨架——碳不会成为海洋浮游植物生长的限制因子，而限制因子往往是浮游植物生命活动同样不可缺少的氮、磷、硅或铁等营养元素，营养盐的浓度及其比例共同限制了浮游植物的生长。通过对营养盐吸收动力学的研究，常常把 DIN 为 1μmol/dm^3、DIP 为 0.1μmol/dm^3、活性硅为 2μmol/dm^3 作为浮游植物生长所需的最低阈值，并提出了一个系统评估何种营养盐为限制因子的计量标准，即若 Si∶DIP＞22 且 DIN∶DIP＞22，则磷为限制性营养元素；若 Si∶DIN＞1 且 DIN∶DIP＜10，则氮为限制性营养元素；若 Si∶DIP＜10 且 Si∶DIN＜1，则硅为限制性营养元素。

目前，对浮游植物生长是否受营养盐限制进行研究主要有 5 种方法：①运用生物新陈代谢的特征来指示营养盐的限制性，如浮游植物的生长率和新陈代谢是否受到营养盐本底值的控制。②以室内培养的方式测定浮游植物对营养盐的吸收速率，通过水体中营养盐浓度的比较，判断营养盐是否限制或耗尽。③利用统计学的方法或动态数值模型来评估营养盐本底值与浮游植物生物量、生产力的相关性，或建立浮游植物对营养盐输入的数学响应模型。④直接添加一种或多种营养盐至一定体积的海水中，在现场经过一段时间的控温培养后，通过浮游植物生物量或生产力的变化来检测浮游植物的生长是否受到营养盐添加的影响，这种方法操作方便且接近自然状况，已越来越多地被研究者采用。⑤利用惰性气体 SF 痕量检测技术并与全球卫星定位系统相结合，判断营养盐强化的结果，这种方法一般应用于高营养盐、低叶绿素海区(即 HNLC 海区)的大尺度海域铁强化实验中。

(2)营养元素限制对浮游植物的影响

1)氮、磷限制对浮游植物生长的影响

浮游植物在营养盐循环中起到非常重要的作用。大气中几乎没有磷，海洋中磷的输入几乎完全靠陆源的排放，通过水体混合或者上升流将深层海水中磷酸盐带入真光层的磷只占很少一部分；而磷的输出则主要是被浮游植物吸收进而转变为有机颗粒沉降到海底形成沉积物，或者被细菌降解释放到底层海水中。氮循环要比磷循环复杂得多，除了与磷循环过程具有的相同途径外，氮循环还有两个不同之处：一方面氮在海水中以不同的形态存在，除游离态的 N_2 外，还有 NH_4-N、NO_3-N 和 NO_2-N 等；另一方面各形态氮可以通过硝化作用和反硝化作用相互转换。当 N∶P 的值很高时，溶解化合态氮通过反硝化作用转换为 N_2O 和 N_2，以降低海洋中化合态氮，而当 N∶P 的值很低时，蓝细菌又能通过固氮作用把海水中溶解 N_2 转换为有机氮，蓝细菌被摄食之后分解为溶解态的氨基或硝基化合物释放到水中，从而提高海水中的化合态氮。

关于氮、磷限制对海洋浮游植物生长的影响，可归纳为以下 3 类观点：磷限制、氮限制以及氮、磷的时空交替或共同限制。

磷限制：以 Redfield 为代表的海洋地球化学家认为，磷的可获得性限制了海洋有机物的净产量。海洋通过生物固氮可获得氮，使氮化合物逐渐积累，直到可利用磷耗尽为止，因此他们认为在海洋中更容易出现磷限制。在河口、海湾或近岸海域，一般不会出现磷限制，但受涨落潮的影响，会出现磷的潜在限制。这是因为这些海域陆源营养元素的输入以及河口、海湾沉积物中磷的转化可提高水体中可供浮游植物利用的活性磷酸盐的浓度，但涨落潮时，外海水中磷的浓度低，使混合后的河口水中磷浓度降低，而此时氮的浓度变化不大，N∶P 的值远大于 Redfield 比值，因此，在这些海域容易出现磷限制。

在大洋中，海洋库可以通过生物固氮作用从大气库获得氮，磷在海洋库与大气库之间不发生交换，真光层中浮游植物的光合作用不断消耗营养盐，浮游植物被摄食或死亡后形成颗粒有机物沉降到海底，使得真光层磷浓度不断降低，同时，跃层的存在，使底层经细菌矿化分解产生的磷酸盐无法输送到真光层，致使表层水体磷浓度降低，因而在大洋中磷限制了浮游植物的生长。有人认为地中海北部海域缺乏磷，并通过对该海域进行添加磷的实验发现，添加磷后不仅海域水体中浮游植物的生物量增加，异养细菌的细胞数量也增加了很多；而添加碳或氮后，浮游植物的生物量和异养细菌的细胞数量却没有明显变化。由此可知，磷限制了该海域浮游植物和异养细菌的生长。磷限制的海域还有长江口及其毗邻海域、东海海域、莱州湾附近海域等。

氮限制：以 Ryther 和 Dunsan 为代表的海洋生物学家认为，氮是近岸海域富营养化的重要因子，因为减少磷的排放并不能减轻近岸海域的富营养化程度。从长时间来看，固氮作用对海洋总体营养盐水平或平衡的调节作用更重要，只是在短时间内效果不明显，一个原因是固氮作用需要有足够的铁参与，在开阔海区，铁的缺乏往往限制了固氮作用，因此也就限制了新生氮的供应，另一个原因是磷在海洋中的循环比氮快，而且在无机磷浓度低时一些浮游植物能够利用溶解有机磷存活下来。因此，他们认为在海洋生态系统中更容易出现氮限制。

地球化学断面研究数据(GEOSECS)显示，表层海水中溶解硝酸盐与磷酸盐之比小于 15∶1 时，海水中的硝酸盐就已检测不出，仅能够检测出浓度很低的磷酸盐，这就说明溶解硝酸盐先于磷酸盐被耗尽。在营养盐缺乏的海域采集了表层水样品，分别进行了添加硝酸盐和磷酸盐的培养实验，发现添加硝酸盐能迅速刺激浮游植物的生长，而添加磷酸盐则对浮游植物的生长无大的影响，这说明是氮的缺乏限制了该海域的浮游植物生长。氮限制的海域还有很多，如美国北卡罗来纳海域、夏威夷 Kaneohe 湾、菲律宾西北部海域等。在我国，有关氮限制方面的研究报道比较有限，在春季对南海进行添加实验发现，在添加氮、磷的第 4 天，氮添加组的生物量就有显著增加，而磷添加组的生物量则没有增加，表明该海域主要为氮限制。

氮、磷时空交替限制或共同限制：多数研究者认为，氮或磷限制是有空间变化的，在同一海区各营养盐限制会有季节性的演替，甚至还会出现共同限制的状况。受人类活动影响，河口和近岸水域陆源排放入海的营养盐比例失衡，某种或某几种营养盐浓度过高，致使相对含量低的营养盐出现限制作用，导致氮或磷限制的空间变化或季节性演替现象。大洋水域中，固氮生物自身新陈代谢作用受到可获得性磷的限制，因此尽管海洋中的固氮作用潜力很大，但固氮作用本身受到可获得性磷的调节，大洋中 N：P 的值虽然是以 Redfield 比值存在，但是它们的浓度都很低，因而氮、磷共同限制了大洋中浮游植物的生长。氮或磷限制有空间变化及其两者共同限制浮游生物生长这一观点在大量的现场调查中不断得到证实。在 Chesapeake 湾发现春季磷、硅是限制浮游植物生长的主要营养元素，而夏季却是氮限制了浮游植物的生长夏季珠江口的研究显示，珠江口内水域 N：P 的值为 200：1，但 N：Si 的值小于 1：1，香港东面外海水域 N：P 的值为 5：1，而 N：Si 的值为 1：0.3，可见珠江口氮、磷、硅营养盐的比例失衡，浮游植物的生长在珠江口内受磷的潜在限制，在近岸海域受磷和硅潜在的共同限制，而在外海则受氮的潜在限制。另外，营养盐浓度的高低不仅影响浮游植物的现存生物量，而且对浮游植物群落的结构有很大影响。在营养盐浓度高的近岸、港口和海湾等水域中，主要以小型或微型浮游植物占优势，而在外海及大洋水域中营养盐浓度低，主要以微微型浮游植物占优势。在添加 NO_3-N、PO_4-P 的实验中发现，在高浓度的实验组中，小型浮游植物生物量有显著增加，但微型和微微型生物量变化不大，在低浓度的实验组，小型浮游植物生物量变化不明显，而微微型浮游植物生物量有显著增加。在南海北部现场添加氮、磷、硅的实验中发现，添加前浮游生物主要以 pico 级组分占优势，但是加入过量营养盐培养后则主要以 net 级占优势。通过添加氮、磷营养盐的实验发现，随着氮、磷浓度的增加，浮游植物的种类减少，同时，氮、磷之比越远离 Redfield 比值，其 shannon 指数就越低。

2）硅限制对浮游植物生长的影响

海水中溶解无机硅是海洋浮游植物生长所必需的营养盐之一，尤其对硅藻类浮游植物来说，硅更是其有机体不可缺少的组分。与氮和磷以多种多样的无机物或有机物形式存在不同，海水中溶解硅主要以 $Si(OH)_4$ 形式存在。自然界中的含硅岩石经风化后随陆地径流入海是海洋中硅的主要来源。硅酸盐主要用来组成硅藻等浮游植物的硅质外壳，少量用来调节浮游植物的生物合成，因此当缺乏硅酸盐时，硅藻的外壳不能形成，而且细胞生长周期也不能完成。从海洋中硅循环可知，硅藻在很大程度上控制了海洋中硅的循环，同时硅藻的生长受到硅酸盐的调控。河口、海湾或近岸海域水体中 Si：N 的值往往大于 1，因此一般情况下不存在硅限制，仅在受到涨落潮影响时会发生硅限制。

在大洋水体的真光层中，由于浮游植物的吸收利用，水体中硅浓度很低。随着水深的增加，大洋水体的硅浓度也不断增加，但是由于跃层的阻挡，真光层以下高浓度的硅不容易到达真光层，致使大洋经常出现真光层硅限制的现象。杨东方等认为，在大洋区，由于浮游植物的吸收作用，当营养盐耗尽而得不到及时补充时，氮、磷比硅的再生能力要高得多，因此营养盐中的硅成为大洋中浮游植物的恒限制性营养盐。一般认为，赤道东太平洋的HNLC海区是铁限制，但运用调查数据进行简单的硅循环模型分析发现，在表层海水中硅的浓度非常低，而且在很长一段时间内一直保持这种低值的状况，此时溶解无机氮无法被浮游植物利用，水体出现高硝酸盐、低叶绿素的特征。

受人类活动的影响，近些年来海域水体中的营养盐结构发生了巨大变化，以致氮、磷、硅之间的比例严重失衡，而这种营养盐结构的变化将最终导致浮游植物由硅藻向甲藻的演替。研究表明，当硅缺乏时，硅藻的生长受到限制，而其他非硅藻类却受益，因此硅在调节浮游植物的种类组成方面发挥了重要作用。也有人认为，近岸水域经常发生甲藻赤潮的主要原因就是营养盐结构不平衡，水体中经常出现硅缺乏而氮、磷的浓度却很高的状况。当水体中硅浓度一直过低而氮、磷浓度过高时，就会限制硅藻类浮游植物的生长，生长空间被非硅藻类(如甲藻)迅速占据，进而产生了非硅藻类赤潮。

3) 铁限制对浮游植物生长的影响

铁对浮游植物的生长有显著的促进作用，是促进浮游植物叶绿素合成、无机盐吸收的基本元素。浮游植物生长过程中的电子传递、氧的新陈代谢、氮的吸收利用、叶绿素的光合作用、呼吸作用等都需要铁元素的参与。海水中铁的存在形态依赖于各种竞争，铁的有机和无机配体的络合作用、吸附-解吸作用、沉淀-溶解作用、离子交换和氧化还原作用等直接影响浮游植物对铁的利用。

近年来，越来越多的研究者认为溶解铁对浮游植物的生长有很强的调控作用，在海洋中，铁就像硝酸盐、磷酸盐和硅酸盐一样可能成为浮游植物生长的限制因子。对日本 Kesennuma 湾研究表明，铁在海水中主要以 $Fe(OH)^{2+}$的形态存在，而且存在的时间较短，当铁浓度较高的河口水流向外海时，铁一般都吸附在海水中的悬浮颗粒物上而沉降到海底，无法到达外海，使得外海水体铁浓度非常低，因此在外海海域经常出现浮游生物生长的铁限制。世界大洋中有许多 HNLC 海域存在，超过 20%的开阔洋区都是光线充足、常量营养盐丰富的海域，如亚北极太平洋、赤道太平洋、南大洋等，但是这些海域浮游植物现存生物量和初级生产力很低，Martin 等认为浮游植物可利用性铁浓度偏低是造成这一现象的主要原因。若在 HNLC 海域适当加入铁盐，就能促进浮游植物叶绿素的合成及其对硝酸盐的吸收，因此铁是刺激这些海区浮游植物旺发的重要因子。此后，Martin 提出了铁假说，即铁限制了 HNLC 海区中浮游植物的生产力，从而抑制了 CO_2 由海洋上层向深层的输送，如果在 HNLC 海区加铁，就可以促进浮游植物的生长，消耗掉过剩的氮、磷营养盐，加速碳从海洋真光层向深层输入，最终降低大气中CO_2浓度，缓解温室效应，这个过程即为生物泵。海洋浮游植物吸收光能和各种营养盐，同时利用表层海水中的CO_2进行光合作用，这个过程一方面降低了表层海水中CO_2分压，促使大气中的CO_2向海洋中输送，另一方面所生产的浮游植物被浮游动物逐级摄食，维持了整个生态系统的运作，当这些生物的有机碎屑沉降时，就形成了向下运输的碳流，将CO_2固定在海洋底部。所以，如果海洋浮游植物生物量增加，可更有效地从大气中吸收CO_2，降低大气中主要温室气体的浓度。由此看来，铁在全球气候的改变中起着重要的作用，这也就使得施铁肥实验成为20世纪90年代海洋科学最受瞩目的事件之一。

20世纪90年代以来，在赤道东太平洋、南大洋和北太平洋海域进行的多次施铁肥实验证实，铁可以促进浮游植物的生长，特别是可促进大型硅藻（>8μm）的生长，从而消耗大量的氮、磷营养盐，降低海洋中的CO_2分压。IronEx II实验表明，在施铁肥后，叶绿素a浓度增加了10倍，CO_2分压则降低了90μatm，硝酸盐浓度也降低了5μmol/dm^3。虽然施铁肥可一定程度上缓解温室效应，但在这些实验中也发现：施铁肥使硅藻的硅化作用减弱，浮力增大，大型硅藻不容易沉降，同时，随着浮游植物细胞机制的变化，浮游动物的摄食速度和颗粒物沉降速度变缓，在施铁和碳沉降之间形成时间滞后，在这种短暂的施铁实验中未能观测到向下输运的碳流。南大洋施铁肥结果表明，每个铁原子能够带动1.0×10^4～1.0×10^5个碳原子用于浮游植物的生长，所以有相当数量的CO_2从大气向海洋中转移，这些浮游植物死亡后形成的有机碎屑或被高营养级生物摄食后排泄的颗粒物将沉降到海底，从而缓解温室效应。据估计，如果每年在南大洋大规模连续地施铁，浮游植物能将从大气中吸收的30亿～50亿t CO_2沉入海底，相当于每年人为产生CO_2量的10%～20%，这种方法是解决温室效应诸多方法中最经济的方法之一，其效果仅次于植树造林。尽管如此，施铁肥的长期结果对复杂的海洋系统来说是无法预测的，施用大量的铁肥所带来的问题可能会比其所能解决的问题还要多，如随之引发的有毒藻类的生长以及二甲基硫（DMS）气体的增加等问题给研究者带来很大困扰。在赤道东太平洋进行施铁肥实验时，DMS浓度增加了3.5倍，长时间的施铁肥会对气候产生影响，DMS的增加还会影响食物链的结构，产生潜在的无法估计的副作用。铁限制不仅影响浮游植物的生长，甚至还影响其对常量营养盐的吸收，使得浮游植物的群落结构发生改变，进而影响其食物网的结构。在铁限制的情况下，浮游植物加大了对硅的吸收，而减弱了对氮、磷的吸收，因此，铁不仅是浮游植物生长和硝酸盐吸收的限制因子，也是直接调控生物地球化学特别是硅循环的重要因子。在加铁后，浮游植物生长速度都有明显增长，大粒级浮游植物生长速度增加得更快，且浮游动物对小型浮游植物的摄食能力也增强，因此加铁会使生态系统浮游生物群落中的浮游植物从小粒级向大粒级转变。另外，在亚北极北太平洋的加铁实验中还发现，浮游植物的优势种类在加铁后发生明显改变，从以羽纹硅藻 *Pseudonitzschia turgidula* 为主转变为以辐射硅藻 *Chaetoceros debilis* 为主。通过培养浮游植物的对比实验发现，在低光照条件下，浮游植物需要较多的细胞铁来支持其生长，因为在光线较弱时，为进行光合作用藻类需要更多的含铁氧化还原蛋白，同时铁限制将有利于小细胞藻类的生长。因此，在真光层底部附近，浮游植物的生长会受到光和铁的限制。

在全球多数沿岸和大洋开阔海域，营养盐限制是普遍存在的现象，营养盐的短缺使海域的初级生产力受到限制。从目前研究的结果来看，各种营养盐的来源及其在有机体内的周转、分解矿化等过程都是复杂和不确定的，因此氮、磷、硅和铁等营养盐都可能在不同时期、不同海区成为浮游植物生长的限制因子。氮、磷营养元素不仅限制了浮游植物的生长，而且改变了浮游植物的种群结构，随着营养盐浓度的降低，浮游植物从小型向微型、微微型转变；而硅是浮游植物的又一限制因子，硅缺乏使浮游植物由硅藻向非硅藻转变；在大洋海域，铁的限制不仅影响浮游植物的生长，甚至还影响浮游植物对常量营养盐的吸收，使得浮游植物的群落结构发生改变(如由小粒级羽纹硅藻向大粒级辐射硅藻转变)，进而影响其食物网的结构。施铁肥虽然促进了浮游植物的生长，降低了大气中的 CO_2 浓度，缓解了温室效应，但同时伴随着有毒藻类的生长以及 DMS 气体的增加等诸多问题的出现。

7.4.2　浮游动物的代谢以及摄食浮游植物所引起的化学物质转移

7.4.2.1　微食物网摄食过程的化学物质传递

浮游动物作为海洋生态系统物质循环和能量流动中的重要环节，其动态变化控制着初级生产力的节律、规模和归宿，同时控制着鱼类资源的变动，海洋浮游动物对浮游植物的摄食是初级生产力向较高营养级转化的关键步骤，是实现化学物质生物传递的重要组成部分，浮游动物的摄食量占浮游植物生物量和初级生产力的比例分别称为浮游动物对浮游植物生物量和初级生产力的摄食压力。

微型浮游动物是指体长小于 200μm 的浮游动物，微型浮游动物最重要的贡献是将细菌和微型藻类的颗粒通过食物关系进行放大，以便通过小型浮游动物进入传统食物链，因此它们在海洋生态系统的营养物质循环中占有重要地位。但很多原生动物产生的粪块聚集物悬浮在水层中，必须经过很多步骤才能转化为较大颗粒；一些原生动物的体内含叶绿体，或共生藻类，养分循环在内部进行，很少从真光层消失。另外，原生动物一般不在水层中进行垂直移动，所以它们对生物地球化学循环的贡献不同于小型浮游动物。

微型浮游植物，特别是原绿球藻(*Prochlorococcus marinus*)，由于具有独特的色素，能在真光层底部进行高效率的光合作用，在海洋的初级生产力中占有很大比例。它们对初级生产力的贡献经常超过传统概念的生产者——硅藻，尤其是在热带海域。浮游生物分泌的溶解有机质能被异养细菌摄取，转变成颗粒有机物(自身生物量)；异养细菌又被微型食植动物(主要是原生动物中鞭毛虫和纤毛虫)所摄取，再通过桡足类等浮游动物进入传统食物链。所以，微食物网在化学物质的传递上作用重大。微型浮游植物是水体中的初级生产者，而水体中的原生动物密度非常高，指示两者间可能存在营养上的联系。细菌的次级生产力很高，但数量变化不大，也被认为是原生动物取食的结果。荧光标记实验直接证实了微型浮游动物，特别是异养鞭毛虫和纤毛虫是微型浮游植物与异养细菌的主要取食者。

多数研究表明，微型浮游动物和被捕食者间存在着紧密的动态耦合。研究蓝细菌，发现原生动物的取食速率与蓝细菌生产力间具有紧密联系，随蓝细菌的生产力变化而变化，31%～71%的蓝细菌生产力被原生动物取食。原生动物对微型浮游植物的高度利用和快速反应维持了两类生物体种群数量的动态平衡。如果这种平衡遭到破坏，则会引起微型藻类的水华，甚至会引起赤潮。

异养细菌与微型浮游动物间也有类似情形。研究表明，细菌生长速度极快，足以补偿异养鞭毛虫取食的消耗；另有结果表明在细菌密度低时，细菌和鞭毛虫的种群动态联系较为紧密，而密度高时这种联系则可能消失。细菌产量在夏季达到最大值，鞭毛虫数量反而下降，在冬季的情况刚好与之相反。这种种群动态的非耦合现象有不同的解释，一种可能性是捕食对细菌数量的控制可能并不是主要的，而其他的一些环境因子，如溶解有机物浓度、叶绿素 a 含量可能更为重要；另一种可能性是特定两种群间，如异养细菌与鞭毛虫间，并不是简单的捕食关系，鞭毛虫除捕食细菌外可能另有食物来源，还可以直接取食水中的溶解有机物，而且鞭毛虫可能会被其他动物所取食，因此仅仅研究两种群间的数量动态关系或碳通量关系是不能对此作出解释的。

微型藻类和异养细菌都是海洋中的生产者，又因为细菌所利用的溶解有机物部分由微型藻类所分泌，所以细菌产量与微型藻类的数量、种类特征密切相关。有研究发现，细菌密度与水华时硅藻密度同时达到最大值，且异养鞭毛虫的种群密度也有同样的变化趋势，只是有 1～2 周的时滞。但也有研究表明，细菌和微型藻类的密度增长并不同步，细菌达到高峰期较晚，可能的原因是细菌所需要的溶解有机物部分来源于动物的取食过程，因此可能有一定的时滞；也可能因为早期浮游植物所产生的溶解有机物必须经过一定的积累，达到一定的浓度后才可以供细菌生长；或者因为某些养分，如 NH_4^+或 NO_3^-的缺乏限制了细菌的生长。微型藻类是通过光合作用将水中的 CO_2 转化为贮藏能量的有机物，而细菌是将水中的溶解有机物转化为颗粒有机物，因此一般认为它们利用的养分也不相同。例如，传统上认为细菌利用溶解库中的无机磷，微型藻类则是利用细菌更新产生的有机磷。但也有研究发现循环氮是细菌和微型藻类的共同氮源，循环磷在特殊情况下也会成为它们共同的磷源，因此细菌和微型藻类既在食物来源上表现出相互依赖的一面，又在养分利用上表现出相互竞争的关系。这提示仅在两种群内部就存在复杂的反馈机制，是微食物网营养动力学研究必须注意的。

微食物网的主要特点是各类群的生物个体微小，数量巨大，物质循环更新的速度极快，因此营养级间可能会利用共同的营养物质，如原生动物和细菌都能利用水中的溶解有机物；另外绝大多数营养级间的能量利用率高于传统食物链的 10%；微型浮游植物、异养细菌和微型浮游动物都生活在水体这一共同介质中，它们可能会利用共同的营养物质，另外绝大多数的捕食者都是杂食性的，鞭毛虫取食细菌、微型藻类，也取食溶解有机物，而纤毛虫除取食细菌、微型藻类外，还捕食鞭毛虫，即在原生动物间也存在捕食关系，如剑水蚤型桡足类动物可取食多种动物，如鞭毛虫、纤毛虫和轮虫，但偏好于微型个体。由此可见，微食物网内部虽然类群并不繁多，营养级也有限，但类群间关系极为复杂。这种复杂关系为解释两种群间的非耦合动态提供了可能性。

微食物网的特点决定了研究其物质通量、能量流动的困难。生物体微小要求检测技术先进；更新速度快、种群倍增时间短要求短时间内能对所有环境因子、所有种群进行同步检测；捕食者的杂食性更要求了解每一浮游动物种群的食性关系、对不同食源的偏好程度、在不同环境下的取食强度以及偏好程度的改变。只有彻底了解微食物网内部各种组分间的关系，各个种群对生态环境因子的反应，才能阐明微食物网内部的物质和能量流动的物质通量。

微食物网是通过小型浮游动物与传统食物链发生联系的，但联结程度在不同研究中有不同见解。有研究认为微食物网是内循环的，物质和能量很少传递到传统食物链，与传统食物链基本上是分离的，但大部分研究者都认为两者是紧密联系的；有人持中间态度，认为两者间是有条件地联结：当取食压力很大、藻类生长很少受到循环磷控制时，通过一系列反馈机制使两食物网趋于分离，反之则趋于联结。

7.4.2.2　浮游动物对化学组分的吸收——浮游动物的同化率

同化率是通过肠道被吸收到动物体内的营养物质占动物摄入的营养物质的比例，浮游动物同化率的研究具有重要意义，同化是物质从初级生产者进入消费者体内的过程，同化率表明摄入的食物中真正用于代谢和生长的那一部分的比例，所以是估计海洋生态系统物流和能流的关键；同化率决定了浮游动物粪便的营养价值和化学组成，对底栖生物的营养和真光层中输出物质的估计有重要作用。

(1)对营养盐的同化率

太平洋哲水蚤摄食 *T. weissflogii* 时，对 C 和 N 的同化率分别为 55%～78%和 30%～87%。其他研究也发现浮游动物对 N 的同化率高于对 C 的同化率。浮游动物对不同饵料中 C 的同化率为 71%～95%，有报道称浮游动物对 P 的同化率为 94.0%。

(2)对有机营养组分的同化率

相对而言，对浮游动物对饵料中主要生化成分(碳水化合物、脂类和蛋白质)的同化率研究较少。有研究报道使用生化模型模拟饵料和粪便中 C 和 N 的比例，将浮游动物对蛋白质的同化率设为 68.8%，对溶解碳水化合物的同化率设为 88.1%。

(3)对微量元素的同化率

随着微量元素生物地球化学循环研究的开展，浮游动物对微量元素的同化率研究也受到重视。研究表明，浮游动物对不同饵料中 Cd、Se、Zn、Co 和 Am 的同化率分别为 85%～100%、70%～90%、65%～85%、25%～50%和<10% 。痕量元素在饵料细胞中的分布影响了该元素的同化率。原生质中的元素几乎全部被吸收，而与细胞壁结合的元素几乎全部包裹在粪便中排出。

7.4.2.3 浮游动物的排泄

浮游动物的同化率和粪便的碳氮比可以用来衡量粪便的营养价值，一般说来，摄食海洋中颗粒的浮游动物的同化率被认为是 70%，而食肉动物的同化率是 80%～90%。浮游动物粪便内部是浮游植物的残余，有时还会找到活的细胞。粪便颗粒中的碳氮含量已有了较多的研究，一般认为在自然环境下可被桡足类消化吸收的饵料颗粒的 C∶N 应在 2～35，所以粪便颗粒对桡足类来说还具有营养价值。*Salpa fusiformis* 和 *Pegea socia* 的粪便有机碳含量为 27.6%～37.2%，C∶N 为 6.2～5.4，接近浮游植物的 C∶N。几种海樽的粪便 C∶N 为 7.3～24.1，排粪率为每毫克体重碳每小时排出 1.7～31.4μg C 的粪便。在挪威海，水体中粪便最大浓度可达 13mg C/m^3。在大西洋中部的一个海湾中粪便浓度为 0～2μg C/(dm^3)。这些浮游动物排泄的粪便仅有不到 40%向下沉降到达海底，60%多在沉降过程中被细菌分解或被浮游动物吃掉，从而进入再循环。

南极磷虾的粪便通量为 1g 体重的磷虾每天排便 0.044g(干重)，其中含碳 9.35%，粪便沉降速度每天 100～500m，假定磷虾只在夏半年摄食，总资源量按 20 亿 t 计，那么仅南极磷虾粪便在南大洋产生的碳垂直通量为 15.06×10^9t/a，显然这个估算值偏高。在基尔湾，用沉积物捕集器获得的结果是 4～9 月的粪便碳通量为(120±90) mg C/($m^2\cdot d$)，对碳通量的贡献占 10%，其他月份低于 5%。在挪威海，5 月的粪便碳通量[1～6mg C/(m^2·d)]对 POC 的贡献为 90%，但是在 6 月[4～12mg C/(m^2·d)]对 POC 的贡献只有 10%。在南极的布兰斯菲尔德海峡(Bransfield Strait)，短期(1.25～1.5d)布放的沉积物捕捉器结果表明，从真光层中沉降的有机碳有 80%～90%是通过南极磷虾的粪便完成的。在大西洋中部的研究表明，粪便碳通量[0～14.6mg C/(m^2·d)]对 POC 的贡献小于 1%。在挪威的北斯皮茨卑尔根(Northern Spits Bergen)岛外海测定的粪便碳通量[0.9～12mg C/(m^2·d)]占 POC[25～30mg C/(m^2·d)]的比例在 2%～10%，只有一个站位高达 51%。在丹麦卡特加特(Kattegat)海峡南部海域粪便碳通量[37～51mg C/(m^2·d)]占 POC[181～301mg C/(m^2·d)]的 17%。在波罗的海北部粪便碳通量[0.017～0.164mg C/(m^2·d)]占 POC 的比例小于 0.05%。

7.4.3 底栖生物与鱼类摄食及代谢作用下物质的再生循环

(1)底栖生物的摄食与代谢

海洋底栖生物(marine benthos 或 marine benthon)被定义为那些生活于海洋沉积物底内、底表以及以水中物体(包括生物体和非生物体)为依托而栖息的生物生态类群。海洋底栖生物可分为海洋底栖植物和海洋底栖动物，前者包括大型海藻和底栖单细胞藻类，后者包括大部分动物分类系统(门、纲)的代表，如海绵动物、腔肠动物、扁形动物、环节动物、软体动物、节肢动物(甲壳纲)、棘皮动物和脊索动物，也包括底栖鱼类。海洋底栖动物根据其能通过筛网的大小，可以分成大型底栖动物(macrofauna)、小型底栖动物(meiofauna)和微型底栖动物(microfauna)。大型底栖动物是能够被孔径为 0.5mm 网筛截留的底栖动物；小型底栖动物是能通过孔径为 0.5mm 网筛而被孔径为 0.042mm 网筛截留的底栖动物；微型底栖生物是能通过孔径为 0.042mm 网筛的底栖动物。海洋底栖生物中许多种类是经济鱼虾蟹的天然饵料，有些是水产养殖和捕捞对象，它们的摄食与代谢对物质的生物地球化学循环影响重大。

底栖动物群落在底栖-浮游耦合过程和营养物质的释放过程中起着非常大的作用。在某些沿岸和河口，底栖动物在限制浮游生物初级和次级生产中有重要作用。贝类作为滤食性动物，能有效降低河口水体中的悬浮物及藻类，双壳类软体动物牡蛎通常在其软组织中累积高浓度的重金属和有机污染物，可有效降低水域中的重金属含量，起到净化水体的作用。现有许多借助于底栖生物对化学物质的摄食与代谢来改善和修复受损的海洋环境的报道，在长江口导堤投放 15t 以牡蛎为主的底栖生物来修复这一环境，结果表明，15 个月后这些底栖生物经繁殖、摄食和代谢对营养盐和重金属的累积量为：N 为 986t、P 为 67t、Cu 为 16.675t、Zn 为 39.258t、Pb 为 410kg、Cd 为 171kg、Hg 为 0.118kg 和 As 为 222kg。

(2) 鱼类的摄食-排泄引起的物质传递

海洋生态系统流动的物质有双重作用，物质既是贮存化学能的运输工具，又是维持生物新陈代谢活动的基础。海洋生态系统的物质循环，体现为不同营养层次生命有机质的输入和输出，以及非生命有机质和无机质的分布和时空变化，从而影响海洋环境。鱼类作为海洋高级食物链的关键一环，其摄食-排泄引起的物质传递在海洋生物地球化学循环中非常重要。生物降解是生物参与物质生物地球化学循环的重要途径。生物可以通过生命活动的黏着、穿插和剥离等机械活动使颗粒物分解，也可通过自身分泌及死后遗体析出的酸等物质，对颗粒物进行腐蚀，使化学物质得以释放，进入再循环。

腐屑食性鱼类(detritivorous fish)主要摄食沉积物中的有机颗粒，将沉积物中的营养有机质转运到水体中，这一过程关系到沉积物有机质的输出；同时，其摄食后再排泄释放的溶解有机质，又用于浮游植物和自养细菌的生产。因此，腐屑食性鱼类对有机质的利用和生产，直接影响海洋生态系统的物质循环。腐屑食性动物在生态系统中起到清淤的作用，将水域沉积物中的有机质转运到水体中。自20世纪90年代中期，国外学者开始关注腐屑食性鱼类对生态系统的影响。有研究表明，移去1种腐屑食性鱼类(*Prochilodus mariae*)，在5年的时间里，水域沉积物有机质输出降低50%，而沉积物本身有机质含量从10g/m^{2}增至1000g/m^2，如果将腐屑食性鱼类从食物链中除去，可能会直接影响海洋生态系统的平衡状态。

呼吸代谢和氮排泄是鱼类能量收支的重要组分。其中，标准代谢是指鱼类在饥饿、静止条件下的氧消耗，代表鱼类维持基本生命活动的能量需求。鱼类的氮排泄分为内源氮排泄(ENE)和外源氮排泄(EXE)，外源氮排泄是指来自食物源的氮排泄，主要受被消耗食物成分的影响；内源氮排泄表示无外来氮源时的最低氮排泄水平，它代表鱼类对蛋白质的最低需求。

梭鱼(*Liza haematocheila*)属鲻科鱼类，是我国近岸和河口海域典型的一种腐屑食性鱼类，研究表明，体重为10g的梭鱼每日可消耗46mg有机质氮，随体重的增加，有机质消耗量增加，体重为100g的梭鱼每日可消耗332mg有机质氮。梭鱼从环境中摄入有机颗粒氮，一部分合成自身的组织成分，用于生长，其余以废弃物的形式排放到周围环境中，废弃物的形式有粪便和排泄物两种。

随温度的升高，鱼类的内源氮排泄增加，可用指数形式描述内源氮排泄与温度间的关系。梭鱼的氨氮、尿素、总氮及能量的排泄率随体重和温度的增加而增加。

摄食水平是用于鱼体生长的营养物质占总摄入量的比例，用转化效率来表示。沙丁鱼(*Sardinops caerulea*)仔鱼总转化效率最高，为75%～80%；银大马哈鱼(*Oncorhynchus kisutch*)稚鱼在8～14℃摄食活幼虫的总转化效率为55%；丽鱼(*Etroplns suratensis*)幼鱼在28℃摄食寡毛纲类的总转化效率为52%；鲭

(*Pneumatotophorus japonicus*)幼鱼摄食碎鲲鱼肉时的总转化效率为 60%；多数鱼类一般在 10%～25%。在最大摄食水平上，以干物质、蛋白质和能量表示梭鱼转化效率分别为 16.7%、21.7% 和 37.6%。

不同食性的鱼类，其摄食吸收效率差异较大。食肉鱼类的吸收效率较高，一般为 68%～99%；食草鱼类，由于食物中含有大量不能消化的成分，其吸收效率较低，一般在 22%～87%。梭鱼幼鱼偏肉食性，能量平均吸收效率为 91.5%，但它低于食肉鱼类吸收效率的上限，高于一般的食草鱼类。鱼类排泄能占摄食能的比例一般比较小，该值一般在 1.2%～12%。梭鱼氮排泄能占摄食能比例变幅为 11.2%～20.3%，平均为 15.7%。

本章的重要概念

大气干沉降　气溶胶粒子通过气相或固相沉降的过程。

大气湿沉降　气溶胶粒子通过液相沉降的过程，主要指自然界发生的雨、雪、雹等降水过程。

沉积物-海水界面　沉积物颗粒-海水微界面或沉积物-海水交界的一定厚度的宏观界面层。

海洋沉积物间隙水　赋存于沉积物颗粒间隙之间的水，也称孔隙水。

同化率　通过肠道被吸收到动物体内的营养物质占动物摄入的营养物质的比例。同化是物质从初级生产者进入消费者体内的过程。

海洋底栖生物　生活于海洋沉积物底内、底表以及以水中物体(包括生物体和非生物体)为依托而栖息的生物生态类群。

大型底栖动物　能被孔径为 0.5mm 网筛截留的底栖动物。

小型底栖动物　能通过孔径为 0.5mm 网筛而被孔径为 0.042mm 网筛截留的底栖动物。

微型底栖生物　能通过孔径为 0.042mm 网筛的底栖动物。

推 荐 读 物

陆健健. 2003. 河口生态学. 北京: 海洋出版社: 1-318.

沈国英, 施并章. 2002. 海洋生态学. 2 版. 北京: 科学出版社: 1-446.

宋金明. 1997. 中国近海沉积物-海水界面化学. 北京: 海洋出版社: 1-222.

宋金明. 2004. 中国近海生物地球化学. 济南: 山东科学技术出版社: 1-591.

宋金明, 李学刚, 袁华茂, 等. 2018. 渤黄东海生源要素的生物地球化学. 北京: 科学出版社: 1-870.

宋金明, 徐永福, 胡维平, 等. 2008. 中国近海与湖泊碳的生物地球化学. 北京: 科学出版社: 1-533.

Black K D, Shimmield G B. 2003. Biogeochemistry of Marine Systems. Oxford: Blackwell Publishing, CRC Press: 1-384.

Degens E T. 1989. Perspectives on Biogeochemistry. Berlin: Springer-Verlag: 1-423.

Libes S M. 1992. An Introduction to Marine Biogeochemistry. New York: John Wiley & Sons: 1-745.

Open University Team. 2005. Marine Biogeochemical Cycles. 2nd ed. Oxford: Butterworth-Heinemann: 1-130.

Song J M. 2009. Biogeochemical Processes of Biogenic Elements in China Marginal Seas. Berlin, Hangzhou: Springer-Verlag GmbH & Zhejiang University Press: 1-662.

学习性研究及思考的问题

(1) 以近海河口为例说明海洋主要的能流过程有哪些？

(2) 胶州湾作为受人为影响严重的典型海湾，其生物种群对物质的传递受到多种人为因素的影响，查阅资料，说明近 30 年来，生物种群在胶州湾主要生源要素氮、磷、硅收支中的作用。

(3) 河口可直接体现人为活动的影响，河口作为近海物质的“源”，在近海物质循环中作用巨大，以“河口碳循环”为题完成一篇研究报告，说明河流碳源作用过程。

(4) 海洋中的物质流是海洋生态系统运转的基础和前提，物质流动必须通过若干海洋界面，以“海洋界面的功能与作用”为题，阐述海-气界面、海-陆界面、沉积物-海水界面物质流的特征及作用。

(5) 较高级营养端对较低级营养端的摄食与吸收水平决定了生物对化学物质传递效率，查阅资料说明黄海浮游动物关键种中华哲水蚤在食物链中的作用。

(6) 大气沉降是大洋表层海水中物质的重要来源之一，近年来随着人类活动的加强，特别是东、南亚各国工农业的快速发展，释放进入大气中的物质持续增加，试阐述大气沉降对西太平洋表层海水中营养盐含量的影响。

(7) 沉积物的早期成岩过程是沉积物中有机质不断被不同的氧化物氧化的过程，简述沉积物早期成岩过程中主要的氧化物如 O_2、NO_3^-、SO_4^{2-}、Fe^{2+}、Mn^{2+} 等物质随沉积物深度增加其含量的变化状况。

(8) Fe 是表层海水中浮游植物生长的重要限制因子之一，根据所学的生物地球化学原理分析表层海水中 Fe 的主要来源，设计一个能增加表层海水中 Fe 含量的方案。

(9) 根据所学的生物地球化学原理，简述底栖生物生物活动对海洋沉积物-海水界面生源要素循环的影响。

第 8 章　海洋生物地球化学发展现状及趋势分析

本章主要对海洋生物地球化学研究近年来的主要进展和发展趋势进行了阐述。海洋生物地球化学过程越来越多地体现在与生态过程以及生物生产过程的密切结合上，其发展趋势聚焦在全球气候变化以及全球生态环境变化这两大领域，人为活动对海洋生物地球化学过程的影响及控制作用受到越来越多的重视。

本书的第 1～7 章，对海洋生物地球化学的基本原理和研究内容已给出了详细阐述，本章将对近年来海洋生物地球化学的主要进展和发展趋势进行一些简要的介绍。

8.1　海洋生物地球化学研究的近期进展

8.1.1　海水中生源要素的生物地球化学过程

8.1.1.1　真光层内生源要素的行为

(1) 真光层及其海洋生物地球化学过程

太阳光对水的穿透能力比对空气小得多，日光射入海水以后，衰减比较快。因此在海洋中，只有最上层海水才能有足够强的光照保证植物的光合作用过程。太阳光照的强度减弱到可使浮游植物光合作用生产的有机质仅能补偿其自身呼吸作用消耗所对应的海水深度，称为补偿深度。在补偿深度以上的水层称为真光层。真光层的深度(即补偿深度)主要取决于海域的纬度、季节和海水的混浊度。在某些透明度较大的热带海区，深度可达 200m 以上，在比较混浊的近岸水域，深度有时仅有数米。

真光层内生源要素的生物地球化学过程在海洋生物地球化学研究中占据极为重要的地位，主要的生物地球化学过程包括：①浮游植物的光合作用与固碳过程；②生物泵对生源要素的传递过程；③颗粒物的垂直转移与再生循环；④生态系统功能类群与生源要素的耦合作用；⑤海陆相互作用中生源要素的行为；⑥富营养化及赤潮对生源要素的响应与反馈；⑦海洋水体人为复合污染物的效应与生物种群的负反馈；⑧大型近岸工程与资源开发中生源要素的行为机制及其生态效应；⑨弱光层及底部海水对真光层生源要素收支的影响与贡献等。

真光层是海洋水体中生源要素生物地球化学过程最活跃的区域，这其中最重要的过程是浮游植物的光合作用，即把溶解无机碳转化为生物有机碳，同时按一定比例吸收营养物质，这是海洋食物链最基础、最重要的始端。同时在真光层中，颗粒有机物在沉降过程中会降解，这种降解过程在有些海区会很剧烈，降解的有机物又成为溶解态进入水体再循环。浮游植物光合作用主要的原料 CO_2 来自大气，所以海-气界面的交换过程是真光层内生源要素循环的重要环节之一。

(2) 真光层中的碳

关于 CO_2 的海-气交换，已经在不同地区、不同季节进行了研究。估计海洋浮游植物固碳量为20～60Gt/a，相当于人类活动向大气排放 CO_2 量的数倍，如1993～1994年，东海大气向海水中溶解的 CO_2 量达45.5μg/(m^2·h)(以 CO_2 计)，可见海洋对控制大气中 CO_2 甚至全球气候变化有重要作用。碳在大气和海洋间的交换取决于 CO_2 分压(pCO_2)的差异，海洋的 pCO_2 取决于一些物理因素如温度，但当利用 CO_2 进行光合作用的海洋浮游植物强盛时，如发生藻华则其对 pCO_2 的影响就很重要。pCO_2 的显著降低可发生在春华期，这可以从对大西洋进行的研究得到证实。海-气的 CO_2 交换通量与叶绿素和其他环境变量有关，如海-气 CO_2 交换通量最大时，该海域存在最大风速。当然，影响浮游植物分布的因素也可能间接影响海-气交换。例如，一些海域如南大洋，表层水中生物可利用性铁的含量控制浮游植物的生产力，进而影响海洋与大气交换的 CO_2 量。

由于直接关系到人类未来的生存环境，生源要素循环中的碳循环成为第一重要的循环。海洋是地球上最大的碳库，而光合固碳的绝大部分——溶解有机碳(DOC)、颗粒有机碳(POC)是在真光层内周而复始地循环的，只有一小部分——生源碳(BC)沿着食物链逐渐传递，并在每个过程中产生一系列非生命POC(包括死亡的尸体、粪便等)，其中一部分颗粒较大者沉出真光层到达深层乃至沉积物中，进入长周期循环，这部分碳只占全球光合固碳的1%。这种由生物海洋学过程构成的碳从大气向海底的转运机制即“生物泵”。海洋对大气 CO_2 产生调节作用的关键就在于进入海洋表层水中的 CO_2 必须及时固定并通过沉降完成由表层向深海的垂直转移，生物泵的作用正在于此。弄清生物泵的机制还可以对其进行人为干预，实现一定程度上的定向调控。例如，前文提到了Fe对浮游植物生产力的限制，那么施加一定量的铁肥，可能会加速这一水域生物泵的运转。光合作用将 CO_2 转化为有机碳，海洋中的有机碳主要以DOC的形式存在，DOC分为旧DOC和新DOC两类。前者主要是经过长时间分解后难以被生物再利用的腐殖性DOC，相对稳定，可从真光层底部输出；而后者主要是新近产生的分子量较大的化合物，可在真光层快速产生、消耗、再循环。DOC的转移不靠重力，而是靠非物理过程，DOC与POC的迁移路径是彼此独立的。至于沿食物链传递的BC，人们一般认为，短的食物链导致高输出，而复杂的微生物或杂食性食物网导致再循环和低输出，并且 BC 从真光层的输出与新生产力(NP)相等。但也有学者认为这是有条件的，在对 St. Lawrence 海湾 BC 的垂直通量进行研究后认为，既不能用 NP，也不能用食物网来预测 BC 的输出数量和模式，尤其当海洋处在非平衡的时间尺度。海洋中碳的再生主要有两个区域，真光层的再生碳主要由软组织碳控制(86%)，由骨骼产生的再生碳主要在深海。

(3) 真光层中的氮

氮是另一个十分重要的生源要素，在氮的循环中，生物过程起主导作用。海洋中生物碎屑和排泄物的含氮物质中，有些成分经过溶解和细菌的营养化作用，逐步产生可溶性的铵盐、亚硝酸盐、硝酸盐和有机氮等。铵盐在真光层中为植物所利用，硝酸盐可被细菌作用而还原为亚硝酸盐，它还可进一步转化为铵盐，也可由去营养化作用还原为 N_2 或 N_2O。因此，在大洋真光层中 NH_4-N 含量相当高时，NO_2-N 的浓度却很低，即 NO_2^-和 NH_4^+可在生物作用下彼此消长。海水中溶解氨基酸(DAA)也是生物活动的产物，其中溶解游离态氨基酸(DFAA)是海洋环境中最易受生物过程影响的溶解有机物。同样，反过来，氮往往是生物过程中最重要的限制因子，在海洋环境中常常制约着生物生产的过程和规模。例如，西英吉利海峡沿岸区域具有不寻常的水文状况，持久的混合不仅降低了水柱温度，而且不断地将浮游植物细胞挟带至真光层下，减少了可利用的平均入射光，所有这些因素限制了氮的吸收，也就限制了这一区域生物的生产。有研究发现，混合也增加了微生物作用下有机质的降解和再生，并将再生氮注入真光层中，这样缓和了可能的氮限制，同时解释了为何在总氮吸收中再生氮的吸收占较大比例。浮游动物也是影响 NH_4^+再生的一个因素，在对 Chesapeake 湾 NH_4^+再生的研究中发现，NH_4^+的初级再生者是小于 15μm 的生物，小于 15μm 生物→微型浮游动物→桡足类甲壳动物(Copepods)，这样 Copepods 间接地影响 NH_4^+的初级再生者，减轻对初级再生者的摄食压力而有利于 NH_4^+的再生。NH_4^+的再生对支持浮游植物的生产有很重要的作用。

(4) 真光层中的磷

磷作为浮游生物生长所需的不可替代的营养要素，直接影响海域的初级生产力。一般溶解无机磷(DIP)的浓度在真光层内部周日变化幅度较大，在真光层下变化小。浮游植物对 DIP 的吸收服从一级动力学，吸收速率可用无载体同位素示踪法测定，其吸收速率因浮游植物种类而异，浮游植物对 DIP 较高的吸收速率，解释了为何低磷海域的生产力仍可保持一定水平。溶解有机磷(DOP)的生物可利用性应与水域的具体状况有关，这其中或许酶是一个关键，正常营养状况下，浮游植物是碱性磷酸酶(AP)的主要载体，浮游植物利用生源 DOP 的量可能比以往所认识的要大。在磷的再生过程中，浮游动物对无机磷(IP)和有机磷(OP)的排泄常常是最重要的再生途径。对 DOP 进行多元回归分析可知，DOP 主要源于浮游动物的释放，浮游生物活体及其碎屑和排泄物构成颗粒磷(PP)的主体。细菌有极高的代谢速率，可将 90%以上的有机质分解，释出 IP。

(5)真光层中的硅

过去，人们认为硅作为海洋新生产力的限制性营养盐的重要性和在决定全球生产力和碳预算中的重要作用不如氮和磷，但许多的研究揭示其在大洋的许多重要区域，如沿岸上升流区、南极海区等，对浮游植物的繁盛极为重要，尤其是对硅藻。一旦硅被硅藻利用，它可主要以浮游植物颗粒硅(BSi)或富硅的碎屑粒形式从真光层沉降，即硅泵(图 8-1)。

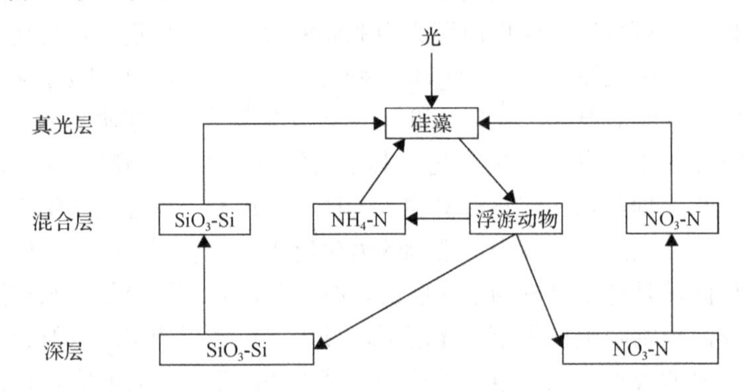

图 8-1 理想能流图——N 和 Si(Si 泵)在一个由硅藻控制的摄食系统中的流动

可见，在硅藻控制的群落中，相对于氮，硅能更快地从真光层向深海输出。硅泵导致了混合层的高氮-低硅-低叶绿素环境，并控制着表层区域浮游植物还原再循环 CO_2 的速率，在这样一个硅控制体系中，硅和氮向深海的输出生产力是不均衡的，因为硅的输出由硅的输入控制，而氮的输出由摄食速率和再生速率控制。不像氮和磷在海水中有多种有机/无机存在形式，硅主要以 $Si(OH)_4$ 形式存在，它一般不沿食物链向上传递，其再生不是由有机物的降解而是由 SiO_2 的溶解控制，而且和氮、磷比，硅的再生通常在深海完成。

(6)真光层中的氧与硫

氧作为生物必需的元素，在海-气界面的交换非常活跃。在东海，1994 年 4 月，大气向海水溶解的 O_2 达 1.0g/(m^2·d)，而在 1993 年则是海水向大气放出 0.66g/(m^2·d)的 O_2。海-气界面氧气交换量的 80%来源于大气和表层海水交换及表、深层水的混合，由生物活动引起的变化量少于 20%。

海洋生物的硫代谢也被认为是气候变化的调节机制之一。具有高营养输入、易转化碳源和较大氧化-还原梯度的海域均易产生痕量生源气体，如 CH_4、N_2O 及

DMS，其中 DMS 的氧化作用参与了大气中硫酸盐气溶胶的形成，后者能直接或间接地影响地球表面的温度和气候变化。海洋是 DMS 的主要释放源，其释放量约占总释放量的 75%，因此查明海洋 DMS 的海-气界面通量已成为了解海洋生物过程与气候变化的关键环节之一。海-气 DMS 交换通量远比设想的要高，大西洋(12°S，135°W)海水 DMS 平均浓度为(4.1±0.45)nmol/dm^3，大气 DMS 平均摩尔分数为(453±93)pmol/mol，大气中 DMS 的循环范围比预计的大得多。DMS 由生物活动产生，其释放和浮游植物的衰老有极大关系，并认为细菌的消耗是 DMS 的一个重要的汇。DMS 的生产可能也受 Fe 限制，即 Fe-DMS-气候假说。有研究模拟 Fe 富集的自然过程，发现 Fe-DMS 间有强烈的生物响应。

总之，作为生源要素生物地球化学循环最活跃的环节，生物的生态过程一直是人们研究的焦点之一。另外，真光层内的动力学过程也对生源要素的循环有非常重要的作用，台湾海峡上升流是该海域夏季营养盐的主要补充途径，近岸上升流所输送的 PO_4-P 和 NO_3-N 分别提供真光层生物光合作用所需营养盐提供 86%和 73%。

8.1.1.2　海水中颗粒物的组成、迁移和转化

海洋中的颗粒物记录了海洋生物、物理、化学、地质过程的有关信息，通过对颗粒物垂直通量及其组成变化的系统观测、研究，可以较全面地了解以碳循环为核心的海洋生物地球化学过程如何对气候和海洋环境变化作出反应，进而评价海洋在全球变化中所起的作用。

(1)颗粒物的组成及其变化

海洋颗粒物中有机质的来源是多方面的，主要有海洋浮游植物、浮游动物以及它们的新陈代谢产物和死亡后的残体。

颗粒物包含有机组分(生源物质)和无机组分两类：无机组分包括来自大陆的矿物碎屑，如径流输入、风成灰尘的颗粒，在海水化学过程中生成的硅酸盐、碳酸盐等自生矿物，在生物过程中生成的硅骨架碎屑等。有机组分主要是生物体碎屑、代谢物质，如粪便、尸体、浮游动植物细胞等，其组成为碳水化合物、蛋白质、类脂物、核酸和 ATP 等。海水沉降颗粒物中的有机部分在到达海底之前，发生一系列复杂的变化。在北太平洋 99%的颗粒物中有机质在沉降过程中被深海生物所消耗，进入再循环，只有 1%能进入沉积物中。在这些有机组分中，不同的组分抗降解能力不相同，木质素大部分可沉降至海底，而原始色素只有不到 1%进入沉积物中。脂类化合物的通量随水深增加而迅速减小，但不同的脂类化合物递减速率不同；脂肪化合物组分随水深增加发生明显变化，不稳定组分减少，而稳定组分和细菌成分明显增加。

颗粒物的组成呈现出时空(季节性/年际性、空间性)的变化，因此，研究分析颗粒物的组成及变化，有助于探讨颗粒物的来源及其在生源物质迁移、转化、贮存中的作用。我国学者通过对南沙群岛珊瑚礁生态系统、东海海域的考察，在这方面做了大量系统的工作。通过对东海垂直沉降颗粒物中各种形式碳、氮浓度的分析，认为真光层内颗粒物主要来自浮游生物，底层沉降颗粒物有相当部分来自表层沉积物的再悬浮。碳在东海陆架的贮存与垂直转移主要依赖于 POC，在表层水体占总碳的 98%以上，在底层占 68%以上。南沙群岛珊瑚礁生态系统中沉降颗粒物的研究表明，沉降颗粒物绝大部分是生源物质，生源要素以生物颗粒形式输送，并首次报道了沉降颗粒物中的磷形态。沉降颗粒物中的磷，在沉降过程中和沉降到湖底后，有机物和硫化物结合态、碳酸盐结合态、离子交换态被释放(其中 90%以上的有机磷再生释放进入再循环)，其余形态的磷被埋藏(其中 1%～2.5%的有机磷被埋藏)。沉降颗粒物中约 88%的有机碳沉降到湖底后被释放。

(2)颗粒物的垂直转移通量

生源颗粒物的垂直通量呈现季节性的不同。在 Sargasso 海观察到表层水中硅质有机颗粒物生物量表现出明显的季节性：每年 1～4 月的硅藻春华期间生源 SiO_2 即 BSi 浓度达最大，达 7.6～56.3mmol/m^2，春华期 BSi 的真光层年输出量占年总通量的 62%。对于这一现象，研究认为硅藻的繁盛对有机物从表层水中输出有重要意义，这是因为：沿岸上升流区、南大洋和其他一些输出量较高的富营养地区，在春华期，硅藻是浮游植物的主体；硅藻通常极易被中型和大型浮游动物摄食而迅速产生沉降的碎屑；硅藻作为单个的细胞或作为孢子或在有机聚集物中也能较快沉降，即使在寡营养的洋区，虽然硅藻相对稀少，但它们对有机物的垂直输送也有大于 30%的贡献；一些种类的硅藻能调节它们的浮力，从而垂直迁移，这种迁移被认为是一些地区生源要素垂直通量的重要组成部分，如北太平洋。对于这种季节性的变化，研究人员认为除生物因素外，气候变化引起的海洋某些物理、化学条件的变化，无疑也在某种程度上控制着海洋颗粒物的产生、输送和沉积，即对海洋颗粒物的垂直通量有一定影响。这些物理、化学条件主要指风浪和水动力等，如冬季强季风引发的海水交换与混合使真光层的营养物质增多，从而使初级生产力增大，颗粒物垂直通量增加；受黑潮的影响，海流发生变化，使当地的生源物质漂离本地，导致颗粒物通量降低。一般初级生产力和颗粒物沉降通量呈显著的正相关，但在 ALOHA 站对初级生产力和真光层颗粒物输出进行的为期 5 年(1989～1993 年)的研究发现，1991 年后，随 ENSO 现象时间的延长，和已有的经验模型相反，初级生产力和颗粒物沉降通量相关性很差，在 ENSO 期间，它们呈现一种显著的负相关。这一出人意料的关系对研究海洋地球化学循环和海洋对环境变化的响应很有启示。除此之外，颗粒物质的水平运动对垂直通量的贡献也不可忽视。在 Ross 海进行研究时发现，由于水平运输，表层水颗粒物的生产量与海底的发生去耦合作用，因而，表观上的深层捕捉器的垂直通量有时大于同一时期浅层捕捉器的通量。在南海，浅层捕捉器(1000m 水深)通量变化范围为 11.5～179.7mg/(m^2·d)，深层捕捉器(3500m)为 18.7～168.7mg/(m^2·d)。

海水中悬浮颗粒物的沉降是海底沉积物的重要来源，可对沉积物-海水界面过程产生重要影响，深入探讨垂直沉降颗粒物对物质迁移、转化、贮存等的控制作用有重要意义。表 8-1 列出了中国近海垂直沉降颗粒物中生源要素的通量。

表 8-1　垂直沉降颗粒物中生源要素的通量[mg/(m^2·d)]

海区		水深(m)	POC	TPC	PON	TPN	POP	TPP	C∶N∶P
南沙群岛珊瑚礁区	信义礁	5	463.41						
	渚碧礁	24	53.38	402.3	8.5	9.8	2.98	4.1	50.4∶6.3∶1
	渚碧礁	16	90.16	575.7	5.6	13.8	1.15	3.07	199.1∶9.6∶1
	永暑礁	5	220.13	2735.1	32.1	45.9	4.82	12.0	119.4∶14.9∶1
南沙群岛海区		80	193.45						
		25	99.25						
台湾海峡		50	73.76						
		60	98.50						
罗源湾垦区		5	5054				5.64		89.4∶11.1∶1
厦门湾		5	856				47.7		
东海陆架		5	213.8		20.1				

台湾海峡南部海区真光层中碳的颗粒物沉降通量分别为：73.76(50m)mg/(m^2·d)和 98.50(60m)mg/(m^2·d)；该海区年通量为 2.45×10^9kg C/a；总碳在真光层的除去速率约为 2.5×10^9kg C/a；该海区真光层的总碳量为 6.48×10^{10}kg C/a；因此，总碳在真光层的停留时间约为 26 年，说明该海区有机碳的周转速率是相当快的。罗源湾 POC 含量从悬浮物、沉降颗粒到表层沉积物依次递减，颗粒在从水体到沉积物的输送过程中，有 15%～40%参与了再循环；罗源湾海水颗粒磷年平均含量为(0.342±0.249)μmol/dm^3，约占总磷的 4%；冬季湾内颗粒磷的分布主要受再悬浮和陆源输入所控制，而夏季分布则主要受生物活动所控制；罗源湾营养盐的外部来源较缺乏，生物活动所需的 N、P、Si 分别有 91%、97%和 68%源于水体的再循环。夏季闽南-台湾浅滩渔场上升流区 0～10m 层悬浮颗粒物主要由生物颗粒组成。春季厦门港、九龙江口颗粒磷占总磷的百分比平均高达 60%，颗粒态与总 P 有很好的相关关系；磷不同形态间的转化主要在溶解态之间进行，并受生物活

动的影响。

沉积物再悬浮对东海陆架区沉降颗粒物的组成有明显的影响。在东海陆架，由风浪、潮流、底层流和底栖生物扰动引起的沉积物再悬浮的影响比在长江口大。东海陆架的物质垂直通量随着海域和水深不同有明显的差别。C 在东海陆架的垂直转移主要依赖于颗粒有机碳，在表层水体占 98%以上，在底层占 68%以上；浮游生物和悬浮颗粒物中的 POC/PON 值都接近 10.6，大大低于沉积物中的 POC/PON 值；浮游生物和沉降颗粒物中的颗粒无机碳(PIC)占颗粒碳的 0.20%～1.9%，底层悬浮物中 PIC 占总碳的比值大大高于表层。底层物质的再悬浮对东海沉降颗粒物的组成、含量和通量有重要影响。东海陆架海水中碳来源于海-气界面的 CO_2 交换，然后通过浮游植物的光合作用和浮游动物的次级生产，溶解无机碳转化为 DOC 和 POC，构成了东海陆架海水碳储存和垂直转移的主要物质形态。

南沙群岛珊瑚礁潟湖中沉降颗粒物主要由生物产生，沉降速率明显大于大洋和沿岸海区，反映出珊瑚礁生态系统高生物生产力的特点。南沙潟湖礁沉降颗粒物中的 C：N：P 平均值为 123：10：1，与 Redfield 比值(106：16：1)相差较大，并高于罗源湾沉降颗粒物的 C：N：P 值(89.4：11.1：1)。潟湖沉降颗粒物中有机碳有 86%～89%被腐解释放，11%～14%被埋藏。有机碳通量与总碳成正比，与水深成反比，有机氮通量与有机碳通量相反，即与总氮成反比，与水深成正比。海洋颗粒物中的磷占海洋中总磷的 96.2%，即 3.13×10^{18}g，所以海洋颗粒物中的磷在磷循环中占据重要的地位。沉降颗粒物中 86%～89%的有机碳沉降到湖底后被释放，对有机碳的循环和珊瑚礁维持其较高生物生产力具有重要的作用。有机磷的通量介于 C、N 之间。在不同形态 P 通量中，碳酸盐结合态与有机物和硫化物结合态占 84.4%，在潟湖环境中沉积物中 P 的有机物和硫化物结合态、Fe、Mn 氧化物态和离子交换态被释放，碳酸盐结合态和硅酸盐结合态被埋藏。沉降颗粒中的 P，在沉降过程中和沉降到湖底后平均 61%的总 P、90%以上的有机 P 被腐解再生释放，进入再循环，这对维持珊瑚礁高生物生产力是非常重要的。潟湖内沉降颗粒物中 P 循环快，渚碧礁为 35d，永暑礁为 7d。南沙珊瑚礁潟湖内沉降颗粒物中 POP 在 TP 占有相当大的比例(37.9%～72.6%)。通过潟湖内沉降颗粒物中 TP 和 POP 含量以及潟湖内表层沉积物 TP 和 POP 含量，估算沉降颗粒物中 P 的释放率。对于渚碧礁，在释放的所有 P 中，有机 P 占有 90.7%，有机 P 的释放率为 97.5%。即沉积颗粒物中的有机 P，沉积到潟湖底后经过腐解，其中的 97.5%溶解释放到了海水中，进入再循环。在永暑礁潟湖，沉积颗粒物中的 POP 有 81.8%被释放。可见，由于埋藏沉积作用，尚有 2.5%～18%的有机 P 被埋藏。无机 P 也有一定的释放，主要是骨骼中的固体磷酸钙在细菌的作用下再生为溶解磷酸盐。南沙珊瑚礁生态系统是有机颗粒和营养盐的输出者。

表层沉积物近 80%是由悬浮物组成的，因此上升流对生源要素的界面行为有很大影响。由上升流引起的营养盐供应增加，使生物生产力随之相应增大，初级生产力的 25%～40%是在此期间沉积到海底沉积物上产生的，并最终导致总 N 的 76%～83%再生。

可见，在所研究的海区中，沉降颗粒物中的生源要素在到达海底前，有 15%～40%有机碳和 82%～97.5%的有机磷被释放到海水中参与再循环。中国近海垂直沉降颗粒物中生源要素循环详细过程的研究还不系统，且有必要对循环的机制与控制因素进行系统研究。从目前的研究看，生物作用与水动力过程无疑是两个重要的因素。

(3)颗粒物的垂直转移机制

海水中的悬浮生源颗粒物最终的归宿是沉降到海底，形成海底沉积物。在沉降过程中它们经历着溶解、絮凝、离子交换、吸附和解吸等一系列的物理化学过程，生物地球化学过程是控制海洋这一系列过程的极重要因素。大量微生物的活动和浮游生物的光合作用导致生源要素 C、N、P 等的物相转化和形态变化在不同区域的差异，从而改变了颗粒的表面组分、性质及介质成分，影响了胶粒分散系的稳定性，使其易絮凝沉降。例如，长江口悬浮颗粒物有机外膜富 N、P 有机质则利于分散体系的稳定，反之，贫 N、P 有机质则利于絮凝。

同时，生物活动的加剧会导致颗粒物沉降速率的增大，如珊瑚礁生态系统是生物活动最活跃的区域之一，因而具有较高的颗粒物沉降速率，导致生源要素在这一区域的循环相当快。另外，深海中占主导地位的沉降颗粒物是一种具特殊结构的由有机质和无机矿物组成的黏性多面体，这种复合载体能不断吸附微小的无机颗粒(如藻类生物硬壳等)并使之越长越大，形成一种所谓“颗粒雪”(或称“海洋雪”)的颗粒物快速沉降机制。这种机制使得原先沉降缓慢的无机及有机颗粒快速输送到海底，对加速生源要素的生物地球化学循环及碳从大气到海洋表层生态系统(生物泵)再到海底的生物地球化学循环有重要意义。

8.1.1.3 浮游植物和细菌在生源要素生物地球化学循环中的作用

海洋的所有有机物中，生命颗粒有机物只占 2%，非生命颗粒物有机物占 9%，而溶解有机物占 89%。生命活动是海洋中最活跃的因素，几乎所有地球化学过程都与它有关，海洋中占 2%的生命颗粒有机物决定了 89%溶解有机物的存在。

微型生物(主要是浮游植物和细菌)在元素的形态间转化、迁移和循环中充当了重要角色，其作用日益受到重视，尤其近 20 年，细菌在海洋生态系统中的作用得到重新评价。据测算，海洋初级生产过程中固定的有机碳，10%～50%是以 DOC 的形式释放到海水中，这类 DOC 被自由生活的异养微生物所利用，经过鞭毛虫、纤毛虫等原生动物再到后生动物，这一物流路线称微生物环(the microbial loop)，细菌利用光合 DOC 产物的过程称微生物的二次生产。微生物环通过细菌和原生动物，可使一部分“丢失”的能量返回主食物链(图 2-32)，这样，微生物环成为整个微型生物食物网(microbial food web)不可分割的重要组成部分。这一发现，阐明了细菌在海洋生态系统中不单单是分解者，同时是生产者，为生源要素的海洋生物地球化学研究带来了概念上和理论上的新认识。

通常认为，和浮游植物相比，微生物也是重要的 POC 贮库。在对加利福尼亚海盆进行研究时发现，细菌有机碳(BOC)是总 POC 的重要组成部分，至少为 POC 的 14%，最高则达 62%。对闽南、台湾浅滩上升流区 BOC 的研究表明，它占整个 POC 的 11.7%。尤其在寡营养条件下，细菌生物量相对于浮游植物和碎屑物来说，对颗粒有机物的贡献更大，因为浮游植物对营养盐吸收动力学的半饱和常数与细胞粒径成正比，细胞粒径越小，半径饱和常数越低，所以细胞粒径最小的细菌能在低营养盐的竞争中占据优势。例如，寡营养的 Sargasso 海中微生物在碳和氮的贮存中就充当了一个主要角色，3～4 月的微生物生物量中的碳和氮分别占总颗粒碳和氮的 55%和 63%，其中细菌聚集物组成了水中唯一的、最大的微生物碳库(35%)和氮库(45%)，并且也是总颗粒碳(占 10%～20%)和氮(占 15%～30%)的重要组成部分。

微生物细胞极小(0.2～0.6μm)，是非沉降性 POC。因此，细菌在水中是自由生活，还是附着在大颗粒上，这对作为颗粒物贮库的细菌在微型生物食物网上的行为有十分重要的影响。在大西洋东北，附着细菌在真光层内占所有细菌总量的 1.8%～3.4%，自由生活的细菌对悬浮颗粒有机碳的贡献为 28%～40%，可见附着聚集的细菌碳只相当于自由生活的细菌碳的 10%～14%。因此，细菌生产量的大部分来自自由生活的细菌，附着在颗粒上的细菌只占细菌类群中的一小部分，但认为这两类细菌在生态系统中均具有重要作用。例如，自由生活的细菌可以在微生物的脱氮动力学中起到重要的作用；剧烈的细菌活动可以对大型浮游植物的生产力产生很大影响，认为是细菌-浮游植物的相互作用影响了浮游植物的聚集。对于附着细菌，有研究认为即使附着在颗粒物上的细菌只占菌群的 1%，那么粗略地计算，颗粒相中附着于颗粒上的细菌浓度也将达 $1.0\times10^{7}\sim2.5\times10^{13}$cells/$dm^3$，说明颗粒相中仍将具有高密度的细菌生物量和强烈的细菌代谢活动，也有研究认为附着细菌较自由生活的更具活性。

微生物作为生产者还表现在对生源要素的利用上。在 1989 年和 1990 年对大西洋东北碳通量进行研究时发现，真光层颗粒有机碳通量和细菌碳通量仅分别有 9%和 10%到达了深海，远小于颗粒物质的通量(25%和 35%)，认为丢失的沉降 POC 碎片可能是中/深层水细菌种群的一个重要的碳源。在阿拉伯海区细菌对有机碳的利用研究表明，在聚集体中，外水解酶的作用以及水解产物之间的凝结作用产生了不能被浮游细菌降解的分子物质，这种降解缓慢的溶解有机碳的积累就被看作是一个碳流和能量流的缓冲器，储存的溶解有机碳被认为是细菌对浮游生物碳的需求平衡了沉降颗粒物与有机碳供应之间的亏空。利用 $\delta^{15}N$ 研究细菌对 DON 的吸收情况，发现不同生物类群对不同氮源有选择性，粒径较小的生物更易利用还原态氮，因而，NH_4^+是细菌生长的主要限制因素。与浮游植物相比，细菌对磷的利用情况就比较复杂。一般认为，细菌是 DOP 的主要利用者，在多数情况下，DOP 又具有刺激细菌吸收无机 ^{32}P 的作用。但近来许多研究表明，细菌对 DOP 化合物的吸收利用能力不如浮游植物，其原因可能与多种因素有关，如细菌的异养活性差异，海洋与湖泊中细菌的种类、组成、营养状况等的差异。在海洋环境下，细菌在磷生物地球化学循环中的作用有待于进一步研究。

当然，微生物作为分解者在生源要素的生物地球化学循环中也具有重要作用，一般认为细菌通过分解大颗粒 POC 而使其转变成粒径较小(0.2～0.6μm)的非沉降性颗粒物。研究人员认为其过程是这样的：大量聚生的细菌，较易产生胞外水解酶，附着在颗粒物上的细菌将 POC 转化为 DOC，后者又被自由生活的细菌同化，成为胶体粒径的 POC(细菌本身)，所以这里存在着一个“大颗粒 POC 在附着细菌作用下分解为 DOC，DOC 又被自由生活细菌利用作用”的转移途径。

浮游生物对初级生产过程有重要贡献。海洋中的生产过程是从浮游植物的光合作用开始的，它们利用阳光和 CO_2 制造了 40%～50%的全球初级生产力。在海洋初级生产者中，2～20μm 的微型浮游生物和小于 2μm 的超微型浮游生物占有重大比例，其贡献往往超过传统概念的生产者——硅藻，尤其在热带海洋。过去认为几十微米的硅藻是海洋中的主要生产者，在春季出现“水华”时多半如此。但在更多的场合，小于 2μm 的浮游生物中的自养者也非常重要，在大洋区它们的贡献可高达 60%。异养微生物的二次生产一般占总初级生产力的 15%～30%，在有外源溶解有机物的情况下，甚至可以大于初级生产力。根据叶绿素 a 计算的南沙海区的初级生产力为 406mg/($m^2 \cdot a$)，可以估算有机碳的垂直通量在初级生产力中所占比例，如渚碧礁为 17.7%，永暑礁为 54.2%，说明潟湖中的初级生产力有 17.7%～54.2%通过生物颗粒沉积到湖底，而 45.8%～82.3%的有机碳在水体中参与再循环。这一数值低于福建罗源湾，而高于一般大洋。东海表层水中营养盐浓度比底层水低 0.2μmol/dm^3，比沿岸海区高 0.4μmol/dm^3，随深度而增加；200～600m 深度磷酸盐再生速率为 6.7～20μmol/($dm^3 \cdot a$)，平均沉积时间为 15～80d。

浮游生物对生源要素循环的影响还表现在海洋中生源要素的含量与循环呈现季节性变化。南海北部沉降颗粒物中氨基酸和有机质的通量均呈强烈的季节性变化，浮游生物如硅藻、颗石藻、有孔虫的季节性消长与沉降颗粒物通量变化相似。硅质和钙质浮游生物是颗粒有机物的提供者，颗粒物通过有机-无机颗粒间的相互作用得以聚集而快速沉降，同时有机质在微生物的参与下发生降解和溶解，使部分颗粒物重新回到水体中再循环。

营养盐对深海硅藻的生长速率具有重要影响，反之，深海硅藻的生产过程对颗粒物中生源要素的循环也会产生重要影响。海洋生态系统中营养盐浓度不仅影响生态系统的总生物量，而且可导致生态系统的组成、结构和其中颗粒物的特性发生变化。研究发现，当 IN＞0.2mg/dm^3、IP＞0.045mg/dm^3、COD＞0.2～0.3mg/dm^{3}时，水体将变得富营养化。对于卵形藻 *Cocconeis scutellum* var. *parva*，生长所需的最佳营养盐浓度为 N：P：Fe：Si=50：0.25：0.5：2.0；对于 *Amphora coffeaeformis* 为 2.5：1.0：1.0：2.0；对于 *Navicula mollis* 为 5.0：0.15：0.5：2.0。

河口海域的初级生产力可达 500～1000g/(m^2·a)，与陆架区的平均值 100g/(m^2·a)形成鲜明对比。在许多地区，生物生产过程对有机碳与其他生源要素的迁移具有重要影响。在长江口不同的环境条件下，微生物与浮游生物的活动及水-颗粒物界面的生物地球化学作用不同，导致 C、N、P 等生源要素在迁移过程中发生形态变化和物相转移，从而改变了颗粒的表面组成、性质和介质成分，影响胶粒分散系的稳定性。生物地球化学作用是控制长江口区颗粒物絮凝的重要因素和主要机制之一。

在渚碧礁和永暑礁中有大约 50%的颗粒有机质在到达海底沉积物上覆水 5m 处被消耗；在永暑礁中颗粒有机质的消耗速率比在中国海大陆架要大，主要是海洋浮游生物起作用。台湾海峡海区上升流引起真光层净的营养盐通量、高的营养盐消耗速率、高的颗粒有机质与溶解氧生产速率，浮游生物 POC 贡献了总 POC 的 25%；从真光层沉积出来的 POC 大约占初级生产力的 35%。

可见，浮游生物对沉降颗粒物中生源要素的循环尤为重要，其生产过程影响着生源要素的释放、埋藏和迁移。

8.1.1.4 异养细菌在海洋生态系统生物地球化学循环中的作用

自 1983 年提出微食物环(microbial food loop)的概念，异养细菌在海洋生态系统中的作用备受人们的重视。微食物环指异养微生物吸收溶解有机质(DOM)将其转化为颗粒有机质(POM)，即细菌自身的生物量，后者又被食细菌的所谓 micrograzer(主要是原生动物鞭毛虫和纤毛虫)所利用，转化为更大的颗粒(几到几十微米)，最后进入后生动物的食物链。异养细菌是异养微生物的主要组成部分。异养细菌将 DOM 转变为 POM 这一过程称为细菌的次级生产，通常异养细菌的次级生产力相当于初级生产力的 15%～30%，异养细菌利用浮游动物不能利用的 DOM，提高了海洋生态系统的总生态效率。异养细菌有机碳(BOC)占总颗粒有机碳(POC)的 14%～62%，寡营养海域中异养细菌与 DOM 相耦合构成物流和能流的基础。

水层系统的颗粒有机质(POM)通过生物泵、湍流和平流的输送沉降到海底表面，在底栖系统经分解矿化、生物扰动、摄食、分子扩散和其他物理过程与水层系统的生物生产过程相连接，这一过程称为底栖-水层耦合。底栖异养细菌分泌的适应底栖低温高压环境的水解 POM 的各种酶，以及其多样化的代谢活动，几乎能够分解转化所有沉降物质。底栖异养细菌以高丰度、快生长代谢速度消费了深海底栖环境中 13%～30%生物可利用有机质，在深海底栖系统生物地球化学循环中占主导地位。底栖异养细菌利用 DOM，转化为高质量的菌体蛋白，直接进入底栖碎屑食物链，或经微食物环进入经典食物链。寡营养海域底栖异养细菌是碳循环的主要通道。所以，底栖异养细菌的分布及生态功能研究是海洋生态系统结构与功能以及生源要素循环与再生研究的关键环节。

(1)底栖异养细菌与有机物分布的关联性

底栖异养细菌分布广泛，虽然尚未建立关于其分布的全球性格局，已有的报道证实底栖异养细菌分布于南极、深海、潮间带、盐沼、红树林和无氧海底等各类底栖系统中。通常认为底栖异养细菌在沉积物表层丰度和活力高，因为那里有机质丰富，随深度增加有机质减少，异养细菌的丰度和活力也降低。然而一些研究也发现在 200m 和 500m 以下深层均生活着高活力的异养细菌，由此推论只要环境中有最终电子受体和细菌可利用的有机物，如甲烷等，底栖异养细菌就可以生存。从年周期来看，底栖异养细菌的丰度、生物量和生产力随水层系统 POM 垂直通量变化出现季节性波动。在大西洋东北海域研究发现，底栖异养细菌的丰度与 POM 垂直通量存在显著相关性。普遍认为深海底栖异养细菌生物量受营养限制，但是这一观点存在争论，因为异养细菌利用有机质(OM)的情况比较复杂，DOM 和其他生物不能利用的物质也能被其利用。从短时间尺度看，底栖异养细菌的丰度受到捕食压力(来自原生动物)和生物扰动等因子的影响。不同底栖系统中异养细菌的平均个体体积存在差异，研究发现深海底栖系统中的异养细菌体积较沿岸底栖系统中的体积大。与沉积物中蛋白质和脂类含量结合起来分析，认为食物是影响底栖异养细菌体积的因素。这一结果支持食物影响底栖生物的个体体积(如线虫)的结论。另外，50%小型底栖生物分布在沉积物表层 1cm 中，仅有 1%分布在 6～10cm 层中，推断原生动物和小型底栖生物的啃食作用调节了底栖异养细菌的体积，即 size-selective grazing。底栖异养细菌除了本来生活于底栖系统内部的，还有一部分是从水层系统沉降下来并附着在 POM 上的附着型异养细菌。在大西洋东北海域，异养细菌的沉降速率为 3×10^{9}cells/(m·d)。两种来源的底栖异养细菌在底栖系统的生物地球化学循环中都发挥了重要作用，但是各自发挥作用的大小还没有定量分析。沉积物中含有丰富的异养细菌，在某些海域异养细菌的丰度最高达 5×10^{11}cells/g，生物量占沉积物干重的 1%，相当于总有机碳的 50%。据估计，沉积物表层 10cm 内底栖异养细菌的生物量占整个水层系统和底栖系统总细菌生物量的 75%，大洋和沿岸底栖系统中异养细菌占全球总异养细菌的 76%。

附着型异养细菌和自由生活异养细菌的RNA分析结果表明，二者的RNA序列很不相同，说明二者同源性差；附着型异养细菌比自由生活异养细菌含有更多的DNA和组织物质，体积稍大，分解聚合物的能力强。底栖异养细菌部分为附着型(聚生的)，适应底栖系统低温高压的生活环境，主要为嗜高压或被迫嗜高压型，能分泌嗜高压的低温型水解酶类，其能降解转化POM。

(2)底栖异养细菌对有机质(OM)的分解和转化

海洋环境中的有机质包括易被生物利用的物质和难被生物利用的物质。易被生物利用的OM主要包括小分子糖、脂肪酸和蛋白质。这些物质或者直接进入细胞被异养细菌利用，或者被水解后再被其利用，其矿化周转速度快；相反，难被利用的OM是结构复杂的大分子物质，需相当长的时间才能被降解利用，如果沉降后被掩埋就有可能从底栖食物网遗失。OM中两种OM的相对比例影响OM的矿化和有机碳周转速度。沉积物OM的组成和浓度由该海域生态系统的初级生产力决定，其组成和浓度也是海洋营养状况的指示因子，蛋白质与碳水化合物的比例较OM的绝对数量更能反映底栖环境的营养状况。一般情况下，富营养海域沉积了大量却是低质量的OM，而贫营养海域沉积了少量却是高质量的OM。海洋环境中的有机质以溶解有机质(DOM)和颗粒有机质(POM)的形式存在。DOM来源于浮游植物分泌物、有机碎屑及江河径流。通常DOM的浓度比POM高2个数量级，但是深海沉积物中的DOM大多为已经存在几年甚至几十年的难被利用的DOM。另外，有些易被利用的DOM吸附在矿石中而不能为异养细菌所用，在海底湍流作用下和再悬浮过程中可能被释放出来。据报道已有500年历史的DOM释放后70%会在6d内被异养细菌矿化分解。在水层中的有机质向下沉降少的季节，这些DOM就是深海底栖异养细菌的重要食物来源。

相对而言，POM是深海底栖生物群落的主要食物来源，POM的输入量决定了底栖异养细菌、小型底栖生物、大型底栖生物和沉积食性者的丰度与生物量。POM主要来源于水层的初级生产者、浮游动物的粪球和有机碎屑。沉降的POM附着着大量的异养细菌和原生动物，在POM沉降过程中就对其进行分解。在深海中，虽然有10%～40%初级生产力离开100m水层，但是仅有少部分到达底栖层，初级生产者同化的碳在几周内又回到大气中。沉降POM的分解和利用效率依海域的营养状况而变。实验证实，在真光层内富营养海域异养细菌利用葡萄糖的速度较贫营养海域高20倍，在250m水深以下二者速度相同，因为水层中异养细菌分泌的水解酶活力及其代谢速度受温度、压力影响极大，而在温跃层下几乎不能分解有机质。因此富营养海域约73%的葡萄糖在上层被利用，仅有4%在250m下被利用，而贫营养海域约40%在250m以下被利用，这就是贫营养海域沉降物的质量比富营养海域质量高的原因。而相对体积大、结构致密的POM就进入底栖层，有可能有效地在碳库贮存几百年至几百万年。POM 在沉降中和沉降后的降解及其生物地球化学循环对底栖群落的食物输入和全球碳循环有重要意义。

底栖异养细菌对 POM 的分解转化过程是先分泌水解酶，把 POM 水解为小分子的 DOM，然后吸收利用。底栖异养细菌分泌的水解酶是受底物和营养物质诱导的诱导型酶，诱导型酶的特点使底栖异养细菌对有机碎屑垂直通量的季节性变化能作出迅速反应。据报道 28%的沉降物在沉降后的 23d 内被分解。对大西洋东北海域研究发现，沉积物表层 1cm 和松软沉积层中酶活力高。在大陆架沉积系统的研究中发现，葡聚糖酶活力与有机碳浓度呈正比例关系，而蛋白酶活力随深度增加而增大，同时营养物质浓度降低，表明高蛋白酶活力显示了一种寡营养状态。往底物中添加有机氮，异养细菌生长明显增强，证明有机氮源是细菌生长的限制因子，而添加有机碳，细菌利用氮的能力增强，说明沉积物中的有机氮调节异养细菌的生长，有机碳则用于产能，合成水解酶。POM 降解速度和底栖异养细菌利用 DOM 转化为生物量的效率与易利用物质的含量有关。现场实验测得新鲜有机质的转化效率为 50%，而陈旧有机质的转化效率为 10%。底栖异养细菌分泌的蛋白酶活力随压力增加而增大，因此在深海底栖系统中蛋白酶活力很高。底栖异养细菌代谢活动的多样性使底栖异养细菌能降解几乎所有的沉降物，底栖异养细菌利用低质量的 OM，转化为菌体蛋白，提高了 OM 质量。底栖异养细菌的呼吸代谢率高，通常底栖异养细菌将摄入氨基酸的 90%在 2～5d 呼吸排出，仅有少量用于维持生长和细胞合成。通过对大西洋东北海域中底栖系统的耗氧量和底栖异养细菌生长呼吸的研究，发现每年 4～7/8 月出现的耗氧量加倍，60%～80%是由底栖异养细菌消耗的，深海底栖系统中异养细菌在整个群落的呼吸作用中占主导地位，在生源要素的生物地球化学循环中起主要作用，底栖异养细菌消耗了底栖系统中总生物可利用有机碳的 13%～30%。在大西洋东北海域研究发现，底栖异养细菌生物量与 DOC 含量和 POC 垂直通量间存在显著相关性，Soloman 和 Coral 海的调查数据也存在相关性（$P>0.001$）。如果这种关系在其他海域也成立，则可以通过测定POC垂直通量推测深海底栖系统中异养细菌生物量及其在OM早期矿化中的作用。

(3) 底栖异养细菌在物质循环和能量流动中的作用

许多关于底栖-水层耦合的研究发现底栖异养细菌生物量与 POM 垂直通量间有显著相关性，但是小型底栖生物和大型底栖生物生物量与 POM 垂直通量间并没有明显的相关性。在 Cretean 海研究也报道了深海小型底栖生物丰度随季节通量没有明显变化，仅在近海海域表现出底栖生物对 POM 有贡献。曾有人提出是由于时滞的假说，但也有可能是由于深海底栖系统中异养细菌占主要地位，利用了大量有机质。POM 垂直通量与异养细菌生物量间动态变化的耦合，以及异养细菌生物量为深海底栖系统中生物量的重要组成(异养细菌生物量/小型底栖生物量为 13.6%～20.5%)，说明深海异养细菌是物质循环和能量流动的主要环节。从大西洋东北深海海域沉积物中分离出的嗜高压微鞭毛虫，以异养细菌为食，每天约90%的异养细菌生物量被鞭毛虫摄食，并向更高营养级传递(如线虫)，从而构成了微食物环。

对水层系统微食物环的功能和作用以及各营养级间的关系已进行了量化研究，但对底栖生态系统中的微食物环还没有量化研究。目前的研究结果显示，微食物环在底栖系统中的作用依营养状况不同而存在差异。通过对比实验证明，在寡营养海域底栖异养细菌利用有机质的效率高于富营养海域。Epstein 对不同底质潮间带中的微食物环研究发现，在细沙质潮间带，每年的夏末和整个秋季以细菌为食的微鞭毛虫、纤毛虫摄食了细菌生物量的 53%，微食物环是生态系统中能流的主途径；而冬季和春季尽管细菌生物量很高，但这种捕食关系不明显，微食物环不是主要的能流途径；在砾石质潮间带微食物环的作用不明显。

(4)底栖异养细菌的生物量和生产力

对底栖生物进行研究，样品采集是关键一环，通常要求取样不受扰动，在深海采样还要求保持原温原压。地中海深海研究发现底栖异养细菌的代谢活力在13℃水体环境中降低，所以一旦样品到甲板上，要立即放入现场温度的恒温实验室，一切操作和培养都在现场温度与压力条件下进行。海洋细菌个体比陆生细菌小，一般为 0.2～0.6μm，有 50%为不可培养，用普通显微镜技术和直接培养计数法会造成细菌丰度的低估。自 1977 年，表面荧光显微镜计数方法被国内外普遍采用。用特异的荧光染料着色异养细菌，在荧光显微镜下能够观察到发荧光的异养细菌。细菌生物量一般通过测量细菌体积，用经验系数换算成生物量。也有方法通过测量细胞 ATP 或 DNA 含量，再换算成细菌生物量。深海底栖异养细菌将大部分能量用于产酶和呼吸代谢，而不是用于生长。有些情况下异养细菌丰度恒定，生物量没有明显增加，但是代谢活力很高，所以单纯用生物量不能反映异养细菌在生物地球化学循环中的作用。通过测量异养细菌对某种物质的代谢或合成速度可以反映其生产力。可采用[甲基-^{3}H]胸腺嘧啶示踪法(TTI 法)测定异养细菌的生产力，该方法目前仍在使用。TTI 法是建立在测量细菌 DNA 合成率的基础上，经一系列处理把 DNA 合成率转化为其生长率。[^{3}H]亮氨酸示踪法通过测量细菌蛋白质合成速率来间接表示细菌生产力。实验表明，亮氨酸合成与异养细菌蛋白质增长及菌数增加存在线性关系，这种方法既反映异养细菌增长速度，也反映异养细菌增殖速度，较真实地体现了细菌生产力。常用的异养细菌生产力测定方法还有细胞分裂率(FDC)法。FDC 法理论上较为可靠，在分裂时期分裂细胞的百分比与1 个群体生长率有着密切单一的联系。显微镜镜检法是唯一能直接获得样品生长率的方法，但是难以标准化，并且烦琐。

总体来看，国外对底栖异养细菌的研究一方面侧重不同海域底栖环境中异养细菌生物量的分布和生产力的大小，异养细菌对沉降物有机碳的贡献以及在能量流动和物质循环中的作用；另一方面研究其矿化分解有机质的机制，研究异养细菌分泌的水解酶的特性及其在不同环境条件下的作用特点；对异养细菌代谢产物的开发利用也是海洋研究的一个新热点。

(5) 异养细菌在铁限制大洋生态系统中的作用

铁的可获得性在很大一部分大洋区 (HNLC 区) 限制着浮游植物的生长并影响生物碳泵的效率。已有的研究显示，即使在富营养化的河口和沿岸水域也会出现缺铁。富营养化沿岸水中，铁调节的光合作用具有全球性的生物地球化学关联，但对异养细菌的铁需求研究甚少。近年来，由于现场生物测试技术的改进和超痕量金属清洁术的发展，生物海洋学的一个重大进展就是原核浮游生物 (主要是异养细菌和蓝细菌) 对痕量金属 (如铁) 的吸收、同化和其对铁溶解度的控制得到了阐明。研究表明，细菌构成大洋水域生物性来源铁的大部分，并在铁的生物地球化学循环中起重要作用。在缺铁的培养条件下，大洋硅藻 (真核藻类) 的含铁量 (μmol Fe/mol C，下同) 为 3.0±1.5，而大洋中异养细菌和光合自养细菌的含铁量分别为 7.5±1.7 和 19。北太平洋亚极区现场测试证实了上述实验培养结果的可靠性，真核生物和异养细菌的铁含量分别是 3.7±2.3 和 6.1±2.5。海洋细菌的铁含量高并不奇怪，这与它们特有的生物化学和生理需求有关。光自养与异养原核生物都需要大量的铁用于光合作用和作为呼吸电子传递氧化还原过程的催化剂，基于铁的催化过程，可计算异养细菌的铁含量。结果表明，大部分细胞内的铁被分配在呼吸电子链的不同环节上。细菌的高 Fe∶C 改变了大洋中生物性铁循环的概念模型。北太平洋亚北极区站位 (Papa) 生物性来源的铁收支研究方法是将真核浮游植物、蓝细菌和异养细菌的铁含量相加 (生物量×铁含量比例)。结果显示，原核生物铁含量占该生态系统生物性铁含量的 80%，而单单异养细菌就占到该铁库的一半。利用 3 年在该海域测定的浮游生物中 Fe∶C 平均资料重新计算 Papa 站位的生物性铁收支，结果和以前十分接近。计算所得生物性铁的浓度大约在 17pmol/dm^3，远低于该海域以前报道的值 560pmol/dm^3。这表明岩石性和碎屑性铁库十分巨大，或大大低估了生物性铁库。利用 Fe∶C 和生物量把原生动物与原生动物啃食者也纳入 Papa 站的生物性铁收支中，这类生物含有的铁量，使生物性铁浓度增加到 38pmol/dm^3，其中细菌含铁量占整个系统生物性铁含量的 40%。以上是北太平洋亚北极区的情况，在热带和亚热带大洋生态系统中，光合原核生物是浮游植物生物量和初级生产力的最主要贡献者。在这些水域，细菌在铁循环中扮演的角色更加重要。马尾藻海北部海域生物性铁收支表明，该海域特有的区系代表是原绿球藻，因缺乏该种的铁含量资料，因此借用北太平洋相关铁含量值，上限取 19μmol Fe/mol C，下限取 7.5μmol Fe/mol C，以代表光合原核生物(上、下限分别代表实验室培养测量的蓝细菌和异养微生物值)。若只计算单细胞生物从溶液中直接同化的铁，原核生物含铁量占生物性铁的 86%～91%，这取决于 Fe：C 值的选取。考虑到模型中原生动物啃食者将原核生物对铁的吸收减至 62%～74%，导致生物性铁的浓度大约在 20pmol/dm^3，这一值接近于亚北极太平洋的计算值(17pmol/dm^3)，但远低于在北大西洋测量的颗粒 Fe 值 750pmol/L。尽管马尾藻海光合原核生物的丰度较高，异养细菌对生物性铁的贡献仍然占到 30%～50%。各个浮游生物类群的生物量、生长速率和 Fe 含量的时空变异性，极大地影响着它们对生物性铁库的贡献和同化率。研究发现在亚北极太平洋区，细菌和浮游植物对群落吸收铁的贡献与它们的生物量高度相关($P<0.001$)，但与它们的生长速率无关。对该区域的多年调查表明，细菌含铁量在该海域平均占群落铁吸收的(58±23)%。在 1 个营养状况大不相同的大尺度水域内，细菌对铁的同化率变化很大，与细菌生产量或生物量相关性不明显。关于海洋中细菌的 Fe 限制，南大洋水经过滤除去浮游植物和啃食者后加铁，显著地刺激了异养细菌种群的生长，暗示它们是真正缺 Fe。重要的是，光合和异养原核生物分别对光与 DOM 有独特的要求，它们的可获得性部分地决定着铁限制到什么程度，未来的研究需要考虑这些相互作用。研究铁限制对大洋异养生物的生理影响以及这些生物 Fe 和 C 代谢之间的关系时发现，在缺铁的培养条件下，呼吸电子传递链活性的减少，导致了碳产生效率的明显减少，并展示了 Fe 和 C 的协同限制效应(co-limitation)。最近对异养细菌进行添加 Fe 和 C 的野外实验，支持了这一协同限制假说。似乎 Fe 的可获得性可影响异养细菌 C 代谢的通路，并影响微食物环作为碳的“sink”和“link”的相对贡献。

我国自 20 世纪 80 年代开始出现关于沉积物中异养细菌的研究报道，主要研究了沉积物中异养细菌的分布、丰度和种类组成以及底栖异养细菌的生理生化特点，没有涉及异养细菌的生物量和生产力以及异养细菌在海洋生态系统中的功能作用。对丰度的研究方法采用直接培养法。由于上面提到的原因，其结果存在一定局限性。20 世纪 90 年代之后，开始了对海洋细菌功能的研究，以台湾海峡和厦门海域中海洋细菌生态功能的系列研究为代表。①采用表面荧光显微镜计数方法和扫描电镜技术，研究了台湾海峡水体中的细菌生物量及其变化，并结合其他生物学参数，如浮游植物现存生物量和初级生产力、浮游动物摄食压力及 DOC 浓度等，探讨了海洋细菌生物量分布与环境因子的关系。通过评估碳通量，初步探讨了台湾海峡水体中的海洋细菌在物质、能量流动中的作用。②采用[甲基-^{3}H]胸腺嘧啶示踪法测定细菌生产力，^{14}C 标记葡萄糖测定异养细菌的活性，研究了细菌利用 DOM 的动力学，以及细菌在水体生产力调控中的作用。③研究了海水中拮抗细菌、石油分解菌和发光细菌的生态分布与种类组成，探讨了海洋细菌在生物修复和环境监测中的作用。④研究了以β-葡萄糖苷酶为主的细菌胞外酶的活性特征、影响因素及调控机制，探讨了台湾海峡β-葡萄糖苷酶与细菌生物量的关系。另外，其他关于海洋细菌生态功能的研究工作有胶州湾细菌二次生产力的研究，以及对微食物环的初步研究。但是大量关于海洋细菌生态功能的研究主要是针对水体中的细菌进行的，对沉积物中异养细菌的功能研究很少，尤其是深海中的底栖细菌。通常深海中的底栖异养细菌在全球尺度的物质循环和能量流动中发挥着重要作用，因此应开展外海底栖异养细菌的研究工作。一方面测定其生物量和生产力，评价其对底栖系统生物量的贡献、在底栖群落中的地位，同时与底栖-水层耦合过程结合，研究底栖异养细菌在整个生态系统能流中的作用；另一方面应探究细菌在生物地球化学循环(包括痕量金属，如 Fe)及在有机质矿化过程中的作用和机制。加强生命科学(如生物海洋学、微生物学和分子生物学)与地球化学的多学科交叉，开展痕量金属(如铁)限制条件下沿岸水域中异养细菌的作用研究，包括异养细菌对生物性铁库的贡献，异养细菌对海洋中可获得性铁的控制，铁和其他痕量元素与碳(DOC)对异养细菌的协同限制作用，有可能对微食物环和赤潮发生机制研究做出贡献。

8.1.1.5　底栖生物在生源要素循环中的功能

(1)底栖-水层耦合与有机质的关系

底栖-水层耦合的动态研究是深入系统地了解海洋生态系统结构与功能及生源要素循环的关键一环，也是在区域尺度上或更大时空尺度上开展生态动力学和生物资源补充机制研究的核心内容之一。众所周知，由太阳能和营养盐驱动的海洋植物的初级生产启动了海洋中的啃食食物链，颗粒有机质(POM)通过生物泵、湍流和平流的输运、传输、沉降到海底表面，再经矿化分解、生物扰动、摄食、分子扩散和一些其他物理过程以及这些过程与水层的生物生产发生的相互作用，推动了海洋中的另一条食物链——沉积碎屑食物链的发育。海洋生态系统通过能流和物流的传递而将水层系统与底栖系统融为一体的过程称为底栖-水层耦合。

国际上十分重视底栖-水层耦合过程的研究并取得了重要进展。尽管有关活性颗粒有机质(浮游植物细胞)沉降至海底表面的定性研究已有较长的历史，有关生物沉降率的测定和生物与沉积物的关系已积累了大量的资料，但真正定量化地进行系统研究是从 20 世纪 70 年代开始的。伴随着局域性生态系统的系统研究，生物海洋学新概念诸如粒径谱、生物泵、新生产力等的提出以及现场受控生态系统的使用，把底栖-水层耦合过程研究推进到了实验模拟、现场观测与模型研究相结合的新阶段。

1)底栖-水层耦合过程中的有机质沉降

依据大量的现场调查资料(包括沿岸上升流和淡水湖泊资料)，定量研究底栖-水层耦合过程，引入水柱混合层深度这一变量来研究水层初级生产力与沉积物需氧量之间的关系，其表达式为

$$C_{\mathrm{O}} = a(C_{\mathrm{i}})^b / (z_{\mathrm{m}})^c \tag{8-1}$$

式中，C_{O}是用碳值表示的沉积物年平均耗氧量；C_{i}为年初级生产力；z_{m}为混合层深度；a、b、c 为常数。这一模型在海湾等浅海海域获得了比较广泛的应用，但该模型是建立在周年的时间尺度上，不能求得某一短时间尺度(如春季水华前后)的耗氧率。

另一个模型可依据初级生产力、沉积速率和某些沉积物特征，如孔隙度和密度来预测沉积物中的有机质含量。底栖需氧量可由到达沉积物的碳通量减去沉积物中埋藏量的差去估算。底栖需氧量年通量的表达式如下：

$$C_{\mathrm{flux}(z)} = C_{\mathrm{i}} / (0.0238z + 0.212) \tag{8-2}$$

式中，$C_{\mathrm{flux}(z)}$为底栖需氧量年通量；z 为大于等于 50m 的水深；C_{i}为年初级生产力。

20 世纪 80 年代以来建立的许多底栖-水层耦合过程模型，既注重具有很短时间尺度持续几天的沉积事件所导致的底栖-水层耦合过程，也注重浮游植物(特别是硅藻)水华后快速沉降所形成的独特的周年沉积，同时考虑了再悬浮、生物扰动、海底地貌以及水文动力学条件特别是侧向平流对沉积过程的控制。

沉积颗粒中的有机部分进入沉积物中，为底栖生物提供了潜在的食物源，通过小食物网的摄食-代谢以及矿化分解，生源要素又可返回到水柱参与再循环。从水层浮游生物类群的角度看，底栖-水层耦合的意义尤为重要，因为经矿化作用形成的营养盐是构成真光层新生产力的基础。在这里，以面积为 $1\mathrm{m}^2$、厚度为 1cm 的沉积层模型为例，剖析沉积物-海水界面相互作用的过程。在此模型中不考虑营养盐，因为对沉积物中的异养生物而言，营养盐不起限制作用。

模型假定，到达沉积物的颗粒通量首先取决于其垂直沉降通量(S)，当然，到达沉积物的这一通量也受侧向的近底过程影响。与沉降速率相比，海流有更高的流速，所以，在很多情况下侧向平流(LA)可能比垂直沉降(S)输送更多的颗粒物质。LA 所携带的物质中含有从表层下沉的颗粒及再悬浮的颗粒，一般这些颗粒跟随底部的海流被传输到陆坡上，颗粒物在沉降、再悬浮及重力的综合作用下向深海输送。经 LA 向某一特定区域的净输入是侧向流入量(the lateral influx)与侧向流

出量(the lateral efflux)的差。对上述沉积层模型而言，给定这一差值——熵，称作侧向平流熵(Laf)，它乘以沉积通量(S)可得出总输入量(total input)。Laf>1 表示由侧向过程引起的输入增加；0<Laf<1 指示总输入量下降。此外，滤食性动物可将水柱中的颗粒除掉，将其转化为粪球沉降到沉积物的表面或内部，这一过程称为生物沉降(BD)。通常由水柱进入沉积物间隙水的溶解有机质(DOM)的浓度很高，这一浓度梯度促使 DOM 向水层扩散，动物的生物泵作用也会增强这一作用，有机质由沉积物向水体扩散的量称为扩散通量(EF)，这里所说的有机质包括水中的 DOM 以及由分解产生的溶解无机营养盐。在水中，再悬浮、物理侵蚀以及生物挟带等因素可导致颗粒的流失。在沉积物内部 OM 部分被矿化，产生 CO_2、无机营养盐并放出热(Q)。因热量最后被释放到水中，Q 也称为能流通量。由于生物代谢活动，生命有机质(生物量 B)发生变化，这部分改变量称作生产量(P)，即 $dB/dt=P$，一般在沉积物中 P 只占总 OM 的一小部分。生物量(B)是沉积物中暂时的 OM 库，若 P 为正，则 OM 在增加。在 0～1cm 表层沉积物和较深的沉积物之间也发生相互作用，这一作用过程引起的物质迁移量为向下的通量(DF)。生物扰动和扩散过程分别造成了颗粒物和溶解组分的迁移，也使颗粒由较深处向模型层(0～1cm 表层)迁移，但由于 OM 在较深层多被矿化分解，因此，一般 DF 是不可忽视的。模型层中 OM 库的大小可用式(8-3)表达：

$$\mathrm{OM}=\mathrm{Laf}\times S+\mathrm{BD}-\mathrm{EF}-\mathrm{DF}-Q-P \tag{8-3}$$

在稳态条件下，可由 Fick 定律计算出式(8-3)中的 EF 和 DF。沉积层通量模型结果显示，欧洲北海浅海生态系统具有年周期特征。春、秋季，侧向平流熵乘以沉降通量(Laf×S)呈现高值，继之以高的热释放(Q)和正的生产量($P>0$)。秋季大型动物活动加强，生物沉降(BD)向下(DF)和向上的扩散(EF)是重要的过程。夏季，Laf×S 不那么重要而 BD 达到年最大值。冬季，所有的生物过程很弱，而物理过程导致相对高的 S 和 EF。这一结果说明在一年周期过程中，由于过程强弱的差异，各个通量会发生绝对和相对变化。同时可看出，所有通量的平衡状态或稳态，即 $d(\mathrm{OM})/dt=0$，不大可能出现于小于几年甚至 1 年的时间尺度内，即生态系统的平衡需要更长的时间。

有研究给出了一个更简化的模型：$d(\mathrm{OM})/dt=-K\times\mathrm{OM}$，其中 K 为腐解(衰变)常数。一些研究者曾测定过 K 值，然而由于这一方法是在封闭的沉积层进行的，它忽略了交换过程，因而不适用于自然的沉积环境。

底栖-水层耦合的许多研究涉及氧和二氧化碳的交换、热量或营养盐的释放以及 ATP 的改变，这为获取生态系统的通量提供了前提。在这里，可将上述沉积层模型中的生物作为单个生物来处理。尽管 $1m^2$ 的沉积层模型所含有的生物数量大型动物可达 10^3、小型动物可达 10^6、微生物可达 10^{13} 的量级，但可建立一组类同

动物能量学方程，即

$$C=P+Q+U+F \tag{8-4}$$

$$\mathrm{Laf}\times S+BD=P+Q+\mathrm{DF}+\mathrm{EF} \tag{8-5}$$

式中，Laf×S+BD 为类同动物的摄食量或食物消费量(C)；而 P 和 Q 与上述内容是相同的；DF 和 EF 为类同动物排泄产物的 U(尿素)和 F(粪球)。上述能流模型扩展了底栖-水层耦合的概念，这就可从能流模型结果中解析一些复杂的过程。

2)底栖生态系统对有机质沉降的响应

一般在北温带的海洋生态系统，春季的浮游植物常规水华主要是由硅藻形成的。春季水华后硅藻离开真光层，以成簇的集合体形式快速地沉降至沉积物表面并解体，所释放出的孢子再悬浮后，一旦遇到适宜的条件可开始生长。至少在浅水环境中，具有完整细胞的硅藻可成为底栖生物高质量的食物。对基尔湾底栖生物群落对春季水华立即的响应研究发现，春季水华沉降后，以代谢产生的热量和电子转移系统(EFS)活性为指标的响应发生在 3 月底，响应的时间在 6d 以内，同一海湾的另外 4 个过程研究进一步证实了这个结果，不过有两次观测分别因暴风雨使春季水华一度中断和覆冰期过长而导致 2～4 周的滞后响应；对秋季浮游植物水华沉降的响应也不超过一周。利用食物沉降的中型受控生态系统模拟实验对沉积物耗氧量和氨释放量的测量表明，响应的时间不超过 5 天。微型受控生态系统模拟实验证实，其响应的速度更快。沉积物耗氧量对所添加的浮游植物细胞的响应在秋季增加 4～5 倍，春季增加 3～4 倍，响应的持续时间分别是 4d 和 6d，碳的输入值为 5～10g C/m^2，这一量值相当于在野外观测到的硅藻水华期间的沉降量。1989 年在挪威陆架外缘 1430m 深处所做的观测证实了底栖-水层系统发生耦合过程，观测到浮游动物粪球大量沉降，表明深海生物具有高质量的食物源，沉积物中叶绿素 a 的值在几天内由零达到 3.3μg/cm^2，但几乎观测不到耗氧量的明显变化。4 周之后耗氧量加倍是夏季有机质沉降诱发的结果，沉积物捕捉器的结果表明此时 POC 垂直沉降通量增加了 15 倍。这项研究证明了深海底栖代谢具有季节效应，这一效应显然与水层生物季节变化紧密耦合。

在底栖-水层耦合的野外观测中，若想探究耦合事件的细节，必须做到逐日取样。在波罗的海中部水深 80m 的 BOSEX 站位，连续两周逐日观测取样发现了热生成量的两个峰值，第一个峰值是由浮游动物摄食形成的粪球沉降导致的，第二个峰值是由浮游植物在水华期间的沉降导致的，两次沉降均造成在 1d 之内沉积物代谢热量突然显著增加。生物代谢的过程与温度密切相关，在北温带浅海海域的生态系统，耗氧量的季节性变化和年温度变化呈显著的正相关，在浅的基尔湾 1 个 20m 水深站位，2～9 月的海底温差可达 14℃，如此大的温差足以导致相应生物代谢的变化。但在美国普吉特海峡深水站位所做的调查表明，温度效应所引起的改变仅占到沉积物耗氧变异性的 30%，春季水华沉降期间，虽底栖群落的代谢增长了 7 倍，而相应期间温度只升高 1～2℃。因此，与温度效应相比，深海食物的沉降效应可能占据主导地位。生物群落代谢的研究除可用热的生成量来表示外，还可用 ATP 含量来表示。ATP 方法是从非扰动的沉积物柱状样中直接提取核苷酸，其含量代表了微型动物（细菌和原生动物）和小型动物（暂时性和永久性成员）的生物量。野外的观测证明，沉积物中热生成量和 ATP 含量变化发生在同一时间尺度上且呈显著的正相关。外海观测还表明，微型和小型生物的代谢（以 ATP 表示的生物量）对食物沉降的反应是快速的，而且微生物对浮游植物水华的反应不仅是生物量的增加，还有个体大小的变化，即水华期间个体由小增大，小型底栖动物则由较深层沉积物向表层（0～1cm）转移。

3）近海底侧向平流对生物沉降的影响

在北温带的近岸浅海，颗粒有机质垂直下沉的速率约为 200m/d（=0.23cm/s），而海流速度约为 2cm/s，这说明就水层-底栖系统的耦合而言，侧向的平流输送具有十分重要的作用，浮游植物水华期间也是如此。沉积物上覆水中的颗粒浓度因其再悬浮和下沉速度的增加而增加。底栖生物通过生物挟带（BE）和将栖管伸向水柱增加湍流来维持底栖系统升高的颗粒浓度。在近岸区，如美国的长岛湾，近底层（6～9m 水柱深）称作底栖浊度带（BTE）。在深海相应的这一深度带称作雾状层，有时深达几百米。北海基尔湾底层水的颗粒物质含量大约是 3mg/dm^3，水华期间或风暴期间颗粒浓度要高得多，假定颗粒中有机部分含量大约是每升 1mg OM，水流速为 2cm/s，滤食者影响的水层是沉积物表面以上 5cm，据此可计算获得每年沉降到每平方米海底的有机质约为 32.5kg，所以，如果底栖生物能从水柱中收集到足够的颗粒且 OM 部分被消化利用，那么对底栖生物而言，有机质（OM）不应该是一种限制因素。

与自然的海底相比，用无菌的沉积物对大型动物进行定着演替实验，结果出现了很高的生物丰度和生物量，主要与实验设置为滤食提供了有利条件有关。在一年内生物量增加到湿重 1kg/m^2 的结果说明，在人造沉积物内，底栖生物至少每年可摄食几千克的有机质。由滤食者的生产率可看出，自然底栖生物群落的滤食行为是一个十分重要的生态学过程。估算表明，基尔湾砂海螂的生产量大约是每年 15g C/m^2，假定 P/C 为 15%，那么对食物的摄食量为每年约 100g C/m^2。而有机质的垂直沉降仅为每年 40～60g C/m^2，这显然不足以支撑这种大型动物的滤食和生产量，沉积物再悬浮等其他因素带来的有机碎屑可能会弥补这一短缺。在近岸浅海水域，滤食者的摄食效应十分强大，足以控制浮游植物的生长。美国南旧金山湾的滤食性双壳类数量很大，每天至少将该海湾的水体滤过一次，用一组扩散通量方程计算所得的结果证明，在夏季和秋季底栖生物对浮游植物的滤食是控制浮游植物生物量的主要机制。

底栖浊度带中控制 POC 含量的因素包括垂直沉降的 POC(*S*)、再悬浮(RE)和生物挟带(BE)的有机质数量。海底表面的侧向平流(LA)对沉积物中 OM 的分布影响不大，但海流和海底地貌对垂直沉降(*S*)作用有影响，因此，要获得真正的 POC 垂直沉降，必须用侧向平流熵(Laf)来进行校正。实验证实，Laf 值在基尔湾的水华期为 4～7，年平均值为 2。一般很少对 Laf 进行估算，多是基于沉积物捕捉器的结果与底栖群落活性的比较，由 LA 和 BD 估计而得。

4) 生物扰动和沉积物的再悬浮

生物扰动(bioturbation)是指底栖动物特别是沉积食性大型动物(传递带种)，由于摄食、建管、筑穴等生物活动造成沉积物初级结构改变。这一过程可导致沉积物物理、化学性质的变化，并给沉积物-海水界面的生物地球化学过程造成重大影响。广义的生物扰动还包括生物灌溉(bioirrigation)。沉积物垂直搬运和混合、间隙水与上覆水的物质交换以及微型生物和小型生物(小食物网)对有机质的分解、矿化与代谢过程加速等均是生物扰动直接的结果。生物扰动可大大地增加沉积物的含水量和粪球的产生，生物扰动可导致沉积物含水量超过 50%，甚至达 80%～90%。因此，风驱动的波浪和潮汐流很容易导致生物扰动区沉积物的再悬浮。

早在 20 世纪五六十年代国际上就已对生物扰动开展了大量的研究，使用 SCUBA 潜水和海底摄像直接观测生物扰动并取样。七八十年代，河口水下三角洲及邻近海域的沉积动力学研究开始使用高效能的箱式取样器、沉积物表层 X 摄影及放射性核素测定沉积速率等，基于大量的实际观测，提出了一些新的理论如营养偏害假说、稳定时间假说、扰动与多样性关系假说等，并产生了一批生物扰动模型如颗粒输运的扩散模型、箱式模型、信号处理模型及液体输运的扩散反应模型、平流模型等，但总的说来，关于生物扰动过程的定性描述较多，且很少与生物地球化学通量和整体生态系统模型相关联。八九十年代，生物扰动作为底栖-水层耦合过程的一个重要机制受到全球海洋通量研究(JGOFS)和海岸带陆海相互作用(LOICZ)研究的重视，并取得突破性进展，如使用先进的地球物理技术(声波反射、电子抗性)现场研究穴居大型动物对沉积物性质的改造；由视频数字仪和计算机映象分析组成的“REMOTS”系统已被用来监测生物扰动；对由养殖业造成沿岸富营养化的海底，使用放射性核素现场测定生物扰动导致的 POC 和 DOC 通量变化等。90 年代中期，国际上空间尺度最大、最复杂的北海区域生态系统模型(ERSEM，1990～1996 年)将生物扰动亚模型作为一种反馈机制耦合到整体模型中。在方法学上成功地引入“标准生物”概念来描述不同的功能群，使用 12 个状态变量将沉积物-海水界面和沉积物的氧化还原层界面中非常复杂的生物过程和化学过程连接成一个统一体，促进了底栖-水层耦合研究的深入。

(2)底栖生物对生源要素的影响

至今，关于原生动物和小型动物对生源要素循环影响的研究应该说还很不够，但对几个大型动物物种的捕食已较清楚。大型动物多数是以悬浮物或沉积物为食的，它们摄取被沉积物吸附的生物(如海胆类动物)或以深层的颗粒物为食(如星虫)。海洋沉积物附近的底栖生物有微生物(包括细菌和真菌)、原生动物、小型动物和大型动物等。在沉积物-海水界面对生物地球化学过程造成很大影响的底栖类有甲壳类、软体类、多毛类、棘皮类和端足类等。底栖生物在海洋沉积物生源要素循环中的功能主要表现在：①影响水体的演化和营养物质的传输；②影响沉积物中生源要素的稳定性和迁移；③影响全球生源要素的循环。栖息在沉积物-水界面的底栖动物为了摄取氧和食物，常泵吸上覆水来灌溉自己的洞穴，从而促进了表层间隙水与上覆水之间生源要素的混合和交换。

研究摄食活动是探明底栖生物生态功能与生物地球化学过程的基础。真菌可以分解木质纤维素和甲壳质。细菌可以分解颗粒有机碳(多数是海藻和粪便的残渣)，水解细菌开始了这一过程并生成溶解有机碳(DOC)，DOC 可被沉积物环境中的氧化剂(O_2、NO_3^-、Mn^{4+}、Fe^{3+}或 SO_4^{2-}等)氧化为 CO_2，也可通过发酵作用歧化为 CO_2 和 CH_4。沉积物中这类细菌最典型的是硫酸盐还原菌。在 C 被氧化的过程中，Mn^{2+}、Fe^{2+}或 SO_4^{2-}等可被靠无机营养生存的细菌所氧化，这种细菌也是自养型的。由于从这一过程中得到的能量很少，因此生产量有限，但它完成了沉积物中 C、N、S、Fe 和 Mn 的循环并最终生成了这些组分的氧化产物。

底栖生物影响和制约着 N 的循环，如底栖动物扰动强烈影响着 NH_4^+的浓度与产生速率的垂直分布。一般间隙水的 NH_4^+浓度随着沉积物深度的增加而增加，直到 5～10cm 或 10～15cm 的深度。NH_4^+产生速率的情况则相反，一般随着深度增加而下降。表层沉积物间隙水中的 NH_4^+优先于深层向上覆水扩散，而底栖动物的“灌溉”则加速了这个过程。由于底栖动物所处的水深度与沉积物遭受埋藏后的作用时间成正比，因此，在较深层 NH_4^+的产生速率虽然较低，但有更多的时间积累从有机质分解中释放出 NH_4^+，底栖动物扰动对 NH_4^+扩散具有制约作用。通过净通量培育法与梯度法得到的 NH_4^+通量往往相差较大，产生差值的主要原因就是底栖动物的扰动。生物过程降低了沉积物间隙水与上覆水之间的梯度，进而减小了梯度法估测的 NH_4^+和 HCO_3^-扩散通量。另外，进入上覆水的 NH_4^+数量却由此增多了，因此增大了直接法估算的通量。这也进一步说明了 NH_4^+和 HCO_3^-的分布与底栖动物量的关系。

P 的生物地球化学再生和迁移是控制初级生产力的重要因素，生物活动在磷形态的转变中起着重要作用。P 的释放对河口和近海环境尤为重要，近海沉积物中 P 的再生满足了上覆水体中初级生产力所需。在水体中，浮游生物本身对 N、P

具有一定的储存作用。在透光层以下的水柱中，由于生物碎屑和排泄物等的分解，磷等营养物质得以再生，其中活性磷再生速率一般为 3.88μg/(dm^3·d)，而生物净利用率为 3.10μg/(dm^3·d)，可见磷的生物收支过程基本平衡。通过现场调查和实验室培养实验发现，春季厦门港、九龙江口生物吸收磷和排泄磷的最大速率分别为 0.191h^{-1} 与 0.063h^{-1}。厦门西海域沉积物和香港维多利亚港沉积物中碱性磷酸酶 ALPase 活力分布与微生物特性指标所指示的受污染程度存在一定的相关性，与沉积物的厌氧环境条件显著相关。闽江口营养盐的年通量约为 326.8×10^{9}g 硅酸盐、771.0×10^{9}g DIN 和 45.7×10^{9}g DIP，初级生产力的平均值约 192.4mg/(m^2·d)。浮游植物光合作用与营养盐量密切相关，对于有机质中，C：N：P：Si=106：16：1：15，生物对营养盐消耗占河流输送的比例为 14.5% N、53.6% P 和 1.9% Si。

沉积物中 S 的循环也与生物有关，而 S 的存在形式与生态环境有关。硫酸盐的还原和硫化物的氧化是沉积物中 S 化合物被代谢的两个主要过程，在此过程中细菌起着关键的作用。从化石的记载中可以推知，底栖生物对 S 在沉积物中的积累起重要作用，这种作用可能是通过调节溶解氧和不稳定碳含量而实现的。从全球来看，S 虽不是限制元素，但它在碳循环和细菌进化中起重要作用。S^{2-}的分布主要受细菌控制，S^{2-}/S_2^{2-}的值从河口向陆架增加。由于被氧化成为 S^0 同样由 S 细菌(氧化菌)完成，因此，在相同的沉积环境中，沉积物垂直剖面上 S^{2-}/S_2^{2-}值可作为估算现代海洋沉积速率的量度。

可见，生物生产过程影响生源要素的释放、埋藏和迁移，是沉积物中生源要素循环的重要控制因素。浮游生物和底栖生物参与海洋沉积物中生源要素的生物地球化学过程，从而也影响海洋环境与全球海洋变化。

8.1.2 海洋沉积物-海水界面附近生源要素的行为

8.1.2.1 生源要素在沉积物-海水界面的转移

海洋沉积物-海水界面是起关键海洋作用的重要界面之一，对海洋中物质的循环、转移、贮存有重要的作用，是全球变化研究中必不可少的一环。因此，研究沉积物-海水界面生源要素的迁移与变化机制，对系统研究海洋中生源要素的生物地球化学过程有重要的价值。

(1) 沉积物-海水界面生源要素的迁移

沉积物-海水界面不断进行物质交换，使得底层水和海底沉积物之间发生复杂的作用过程，由化学反应(矿物的溶解与沉淀，离子的吸附与交换，有机质的矿化，细菌对有机物的分解等)过程引起的元素释放与吸收，改变了间隙水中组分的组成与浓度，导致沉积物-海水界面产生浓度梯度。沿这一梯度，物质迁出或迁入沉积物，使沉积物-海水体系的组分保持一定的动态平衡，借以维持水体和沉积物内生物生态与化学体系的平衡，使得这一过程在生源要素的海洋生物地球化学循环中显得更为重要。就整个世界大洋而言，海底沉积物输入上覆水体的 PO_4-P、SiO_3-Si、NH_4-N 通量分别为 3.8×10^{11}g/a、1.1×10^{13}g/a、1.0×10^{13}g/a，占河流输入量的 54%、2.2%、4.8%；南沙群岛海域沉积物向海水扩散的 H_4SiO_4、NO_3^-、NH_4^+、HPO_4^{2-}、NO_2^- 通量在潟湖分别为 203.37μmol/(m^2 · d)、158.37μmol/(m^2 · d)、413.94μmol/(m^2·d)、7.92μmol/(m^2·d)、17.32μmol/(m^2·d)，在其邻近海区的礁外分别为 2132.01μmol/(m^2 · d)、465.10μmol/(m^2 · d)、553.89μmol/(m^2 · d)、12.07μmol/(m^2·d)、17.32μmol/(m^2·d)；厦门西海域沉积物中的磷向上覆水的月扩散通量达 28μmol/m^2；近岸海湾的海底沉积物中有机质分解释放出的溶解氮占水体浮游生物每天需氮量的 30%～100%。另外，在 Scheldt 河口的潮间带，每年向沉积物转移的碳总量是 42mol/m^2(以 C 计)，其中 42%被埋藏，氮是 2.6mol/m^2(以 N 计)，85%被埋藏；在 Chesapeake 湾，一年内沉积碳的 70%～85%发生成矿作用，有机物的沉积和成矿构成了这一生态系统碳循环的主要部分。可见沉积物与上层海水间的生源要素交换是大量的。

不同区域界面间生源要素的转移方向不同反映出界面环境特征的不同。在东海，S^{2-}、HS^-、H_4SiO_4 均是从沉积物向海水扩散，而 SO_4^{2-}、NH_4^+、PO_4^{3-}等则是从海水向沉积物扩散，转移方向不同说明沉积物中生源要素早期成岩过程存在差异。南沙群岛海域潟湖内沉积物中大量的 HS^-向上层海水扩散，永暑礁达 297.32μmol/(m^2·d)，远高于礁外沉积物，在一定程度上反映了该海域潟湖沉积物还原性比礁外沉积物强。

江河径流、生物活动和人类排废带入海洋的各种陆源碎屑、有机质和悬浮颗粒等最终到达海底，成为海洋沉积物中生源要素的主要来源。沉积物中的生源要素主要通过沉积物-海水界面的分子扩散作用进行转移。沉积物中有机质的矿化作用、矿物的溶解和沉淀、离子的吸附与交换等化学反应引起元素的释放及吸收，改变了间隙水的组成，造成间隙水出现浓度梯度，进而引起分子扩散。沿这一梯度，沉积物和水体之间不断地进行着生源要素的循环，而沉积物的物理化学环境对循环起着重要的控制作用。由于沉积物和水体间元素存在浓度梯度，沉积物-海水体系的组分保持一定的动态平衡状态，借以维持水体和沉积物内生物生态和化学体系的平衡。间隙水与上覆水之间的物质交换是维持表层沉积物和底层水体生态系统平衡的重要物质条件。

沉积物-海水界面生源要素的扩散转移通量主要取决于由界面上下存在浓度梯度引起的扩散过程，其净通量可用 Fick 第一定律计算，中国近海部分海域沉积物-海水界面生源要素的扩散通量列入表 8-2。

表 8-2 中国近海沉积物-海水界面的扩散通量

海区	HCO_3^-	SO_4^{2-}	S^{2-}	NH_4^+	NO_2^-	NO_3^-	HPO_4^{2-}	H_4SiO_4
	[mmol/(m²·d)]		[pmol/(m²·d)]	[μmol/(m²·d)]				
东海	–0.634 –0.387	–2.055 –1.214	–0.022 –0.141	–34.081 –0.193			–1.199 –1.938	–324.9 –148.8
辽东湾		–0.66	2.24	1.41				
南沙群岛 93-潟湖		–0.39	0.70	630.26	30.22	103.86	9.13	255.10
南沙群岛 94-潟湖		–0.43	14.70	197.61	4.42	212.86	6.71	151.63
南沙群岛 93-礁外		–0.36	0.36	619.77	19.82	345.15	8.35	2637.70
南沙群岛 94-礁外		–0.33	0.22	485.30	14.81	585.05	15.78	1627.32
厦门港				720.00			7.74	2800.00
冲绳海槽				–4.488			1.131	2.209
温州外海				–6.640			0.133	111.90
南黄海				–1.321			–0.102	–55.91
闽东罗源湾							0.370	314.8
大亚湾养殖水域				302.0	–0.06	–1.82	2.53	47.96

注：负号“–”表示扩散方向为从上覆水向沉积物

营养盐的扩散特征由其本身的特性及海区环境所决定。中国近海海湾的海底沉积物中有机质分解释放出的营养盐是湾内浮游生物生长所需氮和磷的重要补充。渤黄东海由于水深较浅，海水温度季节性变化剧烈，生物地球化学作用强烈，界面层早期成岩作用强度变化较大，沉积物或产生或吸收营养组分，因此中国近海营养组分的扩散方向不同。

东海陆架表层沉积物大多数为砂质沉积物，表层沉积物中 H_4SiO_4 平均含量比表层水和底层水分别约大 24 倍和 23 倍；PO_4-P 含量分别约大 19 倍和 3 倍。渤海每年由沉积物向海水扩散释放的磷、硅量分别为 1.02×10^7kg P/a 和 1.91×10^8kg Si/a，分别占渤海磷、硅总循环量的 86.4%和 31.7%。说明沉积物-海水界面过程的确在渤海磷、硅循环中起至关重要的作用，尤其是磷。辽东湾位于渤海北部，沉积物-海水界面铵、硫化物都是从沉积物向上覆水扩散，而 SO_4^{2-}则是从海水向沉积物扩散，反映了其化学成岩过程的不同。

南沙群岛海域沉积物-海水界面营养组分的扩散方向均是从沉积物向上覆水，扩散通量高于渤黄东海，主要是由于南沙群岛海域常年高温，因此沉积物释放扩散出的营养组分的表观活化能低，沉积物的活性明显较强，使沉积物间隙水中得到大量营养组分，并向上覆水扩散。南沙群岛海域潟湖内沉积物中大量的 HS^- 向上覆水扩散，远高于礁外沉积物；营养盐组分在礁外深水界面扩散通量高于潟湖，H_4SiO_4 是礁外扩散通量最大的组分，NO_3^-和 NH_4^+是潟湖中扩散通量最大的组分；H_4SiO_4 在礁外界面扩散通量是潟湖的 10.5 倍，NO_3^-是 3 倍。在东海，S^{2-}、HS^-、H_4SiO_4 均是由沉积物向上覆水扩散，而 SO_4^{2-}、NH_4^+、PO_4^{3-}等则是从海水向沉积物扩散，转移方向的不同说明沉积物中生源要素早期成岩过程存在差异。

在长江口外、冲绳海槽区，HCO_3^-从海水向沉积物中扩散，表明在表层沉积物中有 HCO_3^-的转移；台湾海峡北部 HCO_3^-是由沉积物向海水提供，此区离岸近，沉积物中有机质含量高，pH 低，$CaCO_3$ 溶解，有机质氧化产生的 HCO_3^-向上覆水转移。在长江口外、冲绳海槽区和台湾海峡北部，NH_4^+均是向沉积物中扩散，反映了东海沉积物中的 NH_4^+通过黏土矿物吸附而转移的特点。H_4SiO_4 在冲绳海槽区和台湾海峡北部沉积物中有相当的溶出，可向海水中扩散，这两个区域沉积物 pH 较低，有利于硅溶出。HPO_4^{2-}在长江口外和台湾海峡北部可通过吸附或形成磷灰石等矿物而转移；冲绳海槽区沉积物中的磷酸盐可向海水扩散，这由本区的火山活动及大洋沉积特点决定。长江口近岸地区沉积物中一般含有较多来自生物过程的有机质，分解后释放较多的 NH_4^+和 HCO_3^-进入间隙水中，尔后扩散进入上覆水中，从而为上覆水提供较远岸区域更多的 NH_4^+和 HCO_3^-等化学物质；长江口外沉积物中也有硅的转移。SO_4^{2-}除温州外海外，在南沙群岛、冲绳海槽、黄河口和南黄海等海域沉积物-海水界面均是从上覆水向沉积物扩散，因为表层沉积物中 SO_4^{2-}还原作用比较强烈，SO_4^{2-}被消耗，所以海水中的 SO_4^{2-}向沉积物中扩散。S^{2-}和 HS^-都是从沉积物向上覆水扩散，表明这两种元素在沉积物中的还原性比在上覆水中强。S^{2-}在沉积物中由 SO_4^{2-}还原产生，向海水中扩散，S^{2-}绝大部分是在沉积物被埋藏的初期由成岩作用而产生。S^{2-}从沉积物向上覆水扩散，表明表层沉积物中 S^{2-}可直接溶出，也可通过还原作用溶出。HS^-扩散通量的大小，在很大程度上反映了沉积物还原性的强弱。从 HS^-的扩散通量来看，沉积物的还原性是黄河口远岸区＞黄河口近岸区＞南黄海＞温州外海＞冲绳海槽，这主要取决于陆源物质的输入，特别是其中有机质含量。

罗源湾属亚热带海区，是典型的半封闭海湾。罗源湾和厦门湾沉积物-海水界面 P 的扩散通量分别为 $0.026mg/(m^2 \cdot d)$和 $0.24mg/(m^2 \cdot d)$，从真光层下捕捉器测得的颗粒 P 通量分别为 $5.64mg/(m^2 \cdot d)$和 $47.7mg/(m^2 \cdot d)$，可见，大部分可释放的颗粒 P 在沉降过程中参与了再循环。以颗粒状态沉降到底部的 P，即使有一部分经有机物矿化被释放，但还是受到固相的强烈吸附，最终只有约 0.5%经早期成岩过程以溶质的形式扩散到水体中。罗源湾沉积物每年向上覆水输送硅、磷的量分别为 6.61×10^5g P/a、4.95×10^8g Si/a；磷、硅的河流入海通量平均大约为 7.13×10^6g P/a 和 1.97×10^9g Si/a；沉积物磷、硅的扩散通量平均占入海通量的 10%和 25%。罗源湾沉积物硅扩散通量比厦门港的小，但比长江口外东海陆架区硅的扩散通量大；罗源湾 P 的扩散通量较小，主要是其间隙水 P 的浓度平均只有 1.0μmol/L，与厦门港沉积物间隙水的含量相当，但只有世界大洋平均值的几十到几百分之一。

黄河口每年向渤海输送的溶解 P 通量为 1.6×10^6kg，可溶性 P 通量为 2.81×10^8kg，埋藏 P 通量为 5.88×10^8kg。由于黄河口高的悬浮物输入和低的流出，溶解 P 向渤海的直接贡献与可溶性 P 从悬浮物和沉积物的释放相比是小的。从黄河口迁移的大约 2/3 的总 P 在海洋沉积物中沉积和埋藏，河流有机质降解释放的有机 P 是海洋中可溶性 P 和溶解 P 的主要来源。

沉积物为海水提供营养盐在大亚湾比在其他海区更重要。大亚湾养殖水域沉积物多为软泥，沉积物间隙水中 NO_3^-、NO_2^-、H_4SiO_4、HPO_4^{2-}的浓度垂直分布变化不大，而 NH_4^+的浓度垂直分布则随着深度增加下降明显。大亚湾沉积物间隙水中 NH_4^+的绝对浓度比东海的大，但其垂直分布趋势相似，其中 NH_4^+、HPO_4^{2-}和 H_4SiO_4 向海水的扩散通量比厦门港、南沙群岛小得多，但比许多近海海域要大。NO_3^-、NO_2^-的扩散从上覆水向沉积物，表明了养殖海域表层沉积物有机质丰富。大亚湾沉积物间隙水中的硅酸盐浓度比其他海区的高，但磷酸根和 NO_3^-、NO_2^-的浓度在大亚湾很小，最突出的是磷酸根，在其他海洋沉积物间隙水中，其浓度可达每立方分米数百微摩尔，而在大亚湾则仅有每立方分米数十微摩尔。

总之，不同海区沉积物-海水界面生源要素的通量差别很大，迁移的方向也不尽相同，反映了其早期成岩过程和界面地质、生物与物理化学环境的差异。

(2) 生源要素的迁移机制

由于界面环境的独特性，化学物质在界面的分布特征不同，其产生和转移机制也不就相同。

1) 表层沉积物中生源要素的热力学平衡

海洋沉积物是一相对稳定的体系，特别是在粒径较小的海洋沉积物中元素的变化基本为一“准平衡态”，所以可用热力学平衡的方法来分析，如氧化-还原体系，沉淀-溶解体系等。海洋环境中的硫是构成海洋氧化-还原体系最重要的元素之一，硫的不同形式，在很大程度上可表明该海区环境的氧化还原特性，特别是在缺氧的海洋沉积物中，几乎–2 价硫的出现与否、含量大小，成为环境氧化还原特性的最重要指示。南沙群岛海域的研究表明，沉积物中的–2 价硫主要来自 SO_4^{2-}在细菌作用下被有机质的还原，其反应可写为

$$2CH_2O+SO_4^{2-}\xrightarrow{\text{细菌}}H_2S+2HCO_3^-\quad(CH_2O\text{ 代表有机物})$$

$S^0+2e\longrightarrow S^{2-}$是控制表层沉积物中–2 价硫的氧化还原电对。沉积物中可能存在亚稳定的单质硫，并可进一步形成自生黄铁矿(FeS_2)沉淀，导致硫的浓度通常在沉积物上层很低(<1μM)。有机碳在界面的行为主要受控于海水深度和氧化还原环境，在中盐度的切萨皮克湾，通过硫的还原发生的碳成矿作用占平均净初

级生产力的 60%～80%。磷受控于水体的 pH 和 DO，还原性环境中磷酸铁向磷酸亚铁的转化有利于磷的释放。较高的 pH 有利于磷的释放。硅主要受无机溶解反应控制，如长江口外区，pH＞8.5 可以生成带夹层 $Mg(OH)_2$ 的海泡石（W）沉淀，可使间隙水中溶解硅浓度大大降低；而 SiO_2 的溶解转移可以形成新的硅酸盐矿物，也可以蛋白石、玉髓石英等形式出现。

2）上层沉积物中生源要素的早期成岩作用

生源物质在海底的聚集不仅由表层水中颗粒物质的生产控制（如生源硅、有机碳或碳酸钙的形成），还由腐殖质颗粒控制，在一个颗粒通过水柱运输并最初在海底埋藏期间，早期成岩作用使聚集在底部的沉积物的化学组成与其最初的产生明显不同。高纬度环境下的生源硅和有机碳尤为明显，这两种物质是在高纬度的表层水中同时由硅藻产生的：SiO_2、C 重量比约为 1，然而在底部沉积物中该比值可发生显著变化，最高可达 300。这主要是因为生源硅是由溶解反应生成，而不依赖于细菌的分解作用，而有机碳主要由微生物过程生成。另外，生源硅和有机碳在大洋海底的保存效率的差异和聚集速率有关，沉积物的聚集速率每降低 1×10^{-3}～2×10^{-3}cm/a，海底对生源成分的保存效率也将降低约 1%。在新全世，生源硅的沉积速率大约为 2.3×10^{12}g/a，而有机碳为 8.4×10^{10}g/a，显然生源硅相对于有机碳被优先保存。沉积物表层将近 80%是由再悬浮物组成的，因此，上升流对生源要素的界面行为有很大影响的。由上升流引起的营养盐供应增加，使生物生产力随之相应增大，初级生产中很关键的一部分（C 25%～40%）是在此期间沉积到湾底沉积物上产生的，并最终导致总 N 的 76%～83%再生。

可见，在表层沉积物固化成岩以前，松软的沉积物进行着各种导致其成分变化的过程，这就是早期成岩过程，对于早期成岩过程的描述，经历了从组分垂向分布的定性描述到基于现场速率测量和理论值相联系的定量阐述，特别是 Berner（1980）关于“扩散-平流-反应”模式的提出，更使其有了一个高层次的发展。表 8-3 是东海沉积物-海水界面附近生源要素早期成岩的动力学常数研究结果。

表 8-3　东海 N、P、S、Si 的早期成岩作用

生源要素	海域	早期成岩反应	反应常数	参考文献
SiO_3^{2-}	东海	固体硅的溶解，黏土矿物的吸附，自生矿物的沉淀	（溶解）K_D=0.001 42a^{-1}	宋金明，1991
SO_4^{2-}	东海	硫酸盐的还原产物	K_R=0.000 93a^{-1} K_R=0.001 23a^{-1}	宋金明，1991
PO_4^{3-}	东海	OP 的分解，磷酸盐的吸附和沉淀	（分解）$\begin{cases}K_D=0.002\,31a^{-1}\\K_D=0.001\,71a^{-1}\end{cases}$ （沉淀）K_P=0, ∞	宋金明，1992
NH_4^+	东海	黏土矿物的吸附	K_A=（5.2～150）×$10^{-5}a^{-1}$	宋金明，1997

(3)生物过程对生源要素界面转移的影响

许多研究表明，浮游植物引起的水体富营养环境可导致生源要素通量在界面发生变化，在春华期之前，在沉积物-海水界面观察到低的恒定的营养盐通量，春华期之后，有机碳、NH_4^+、DIP、NO_3^-、溶解硅等在沉积物-海水界面的通量显著变化。浮游植物导致的有机碳输入为 0.082g/($m^2 \cdot d$)(以 C 计)。实验模拟 NO_3^-、NH_4^+、PO_4^{3-}、SiO_3^{2-}在沉积物-海水界面通量的变化，表明其界面通量随时间有明显的季节变化。对海洋沉积物中硫元素的生物地球化学循环及其与海洋生物的关系研究表明，沉积物中硫的循环与生物密切相关，如 S^{2-}的分布主要受细菌控制，而硫的存在形式与生态环境有关。

另外，底栖动物扰动作为浮游-底栖耦合的一个重要机制在 JGOFS 和 GLOBEC 中受到极大关注，如广泛地使用放射性核素 ^{210}Pb、^{137}Cs、^{234}Th 等进行现场实验，测定生物扰动造成的 POC 通量变化。一般认为底栖生物扰动对沉积物-海水界面附近生源要素行为的影响有三个过程，即水域的生产力及有机质的沉降，微生物及底栖食物网对沉积物中有机质的矿化和对营养盐的再生过程，生物扰动(bioturbation)对沉积物及有机碎屑的搬运、扩散与改造。总之，底栖生物可能大大加强海水和沉积物的物质交换。

8.1.2.2 中国近海沉积物的化学环境与生源要素的早期成岩作用

海洋沉积物中颗粒有机质的再循环和埋藏直接影响全球海洋系统中生源要素的循环，而沉积物的化学环境影响颗粒有机质的再循环与埋藏。海洋沉积物的化学环境主要是指影响其生物地球化学过程的物理化学因素，如有机质的含量与活性，与沉积溶解作用相关的金属离子含量、氧化还原度(redox degree，ROD)、pH、温度和压力等。在沉积物环境中，有机碳参与氧的消耗，高价铁、锰、硫的还原，有机质本身的降解等反应。有机质含量的多少直接反映了反应进行的程度，沉积物的 pH、Eh、Es 及间隙水中 SO_4^{2-}是沉积物的特性参数，也是评价沉积物氧化还原环境的重要因素。根据特性参数的不同，也可以了解陆源有机质对海区的影响程度。

早期成岩的驱动反应是有机质的氧化，它与一系列生物地球化学过程包括反硝化作用、岩石矿物的溶解等共同作用，影响与全球气候相关的 CO_2 循环，也影响生源要素的生物地球化学循环。在成岩过程中，不稳定的有机质(活性有机质)由于脱氨、脱羧、解聚、异构化，乃至发生某些分子间的氧化还原反应等，转化为分解产物 NH_3、CO_2 和 H_3PO_4 等。在间隙水环境中，这些产物主要有 NH_4^+、HCO_3^-和$\sum PO_4^{3-}$等。HCO_3^-的浓度可以近似地以碱度来代表。因此，通过间隙水中这些离子的变化可以判断海底沉积物中有机质分解反应是否发生以及规模的大小。

在海洋环境中只有 C、N、O、S、Fe、Mn 等少数几个元素是海洋氧化还原过程的主要参与者，这些反应进行的数量和程度直接控制与决定沉积物体系的氧化还原性质。根据有机质被氧化分解所需的标准自由能大小，可将氧化剂的氧化能力排列为：O_2＞NO_3^-＞MnO_2＞$Fe(OH)_3$＞SO_4^{2-}＞CH_2O。通过对中国近海沉积物环境进行较系统的研究，发现沉积物的氧化还原环境不仅与 Eh、有机 C、Fe^{3+}/Fe^{2+}值有关，还与沉积物的颗粒大小和间隙水的 S 体系(特别是–2 价 S)有关，在某些海区后两种因素甚至成为控制底质氧化还原环境的主要因素，据此，定义了一个新函数——氧化还原度(ROD)来评价沉积物的氧化还原环境，ROD 的大小定量反映了沉积物的氧化还原程度。比较发现，黄河口北部海域沉积物的还原性比南黄海、冲绳海槽、温州外海均强，沉积物的还原性比海水强，远岸区的还原性比近岸区强。

S 是控制海洋体系氧化还原过程的主要元素之一，参与络合、交换、吸附、沉淀等一系列的成岩过程。S 的存在形态主要由环境的 Eh、pH 控制。东海沉积物间隙水中的 S 主要以 SO_4^{2-}形态存在，占总 S 的 99%以上，HS^-占 1%以下，另外还有极少量的 H_2S 和 S^{2-}等。硫酸盐在缺氧环境中及在细菌(如硫酸盐还原菌)作用下，被有机质还原为硫化物，$SO_4^{2-}/HS^-(S_x^0)$是控制海洋环境的主要氧化还原电对之一。

$$SO_4^{2-} + 2CH_2O \xrightarrow{\text{细菌}} 2HCO + H_2S \qquad \Delta G_0 = -77\text{kJ/mol}$$

硫酸盐最大还原速率出现在表层沉积物中，从 1μmol/(dm³·d)到＞1mmol/(dm³·d)，这主要由沉积物中有机质含量决定，且受季节影响较大。–2 价硫主要来源于从沉积物间隙水向上覆水的扩散，在黄河口的远岸海区 HS^-的扩散通量达到 8.95μmol/(dm³·d)。

东海陆架沉积物间隙水中 NH_4^+、碱度和$\sum PO_4^{3-}$浓度均随深度增加而增加，表明 NH_4^+的来源主要不是上覆水中的 NO_3^-扩散和还原，而是伴随着碱度和$\sum PO_4^{3-}$一起，来自底质沉积物有机质的分解和分解产物的释放。有机质的分解依赖于沉积物中活性有机质及 O_2、NO_3^-、MnO_2(或 Mn_2O_3、MnOOH)、Fe_2O_3(或 FeOOH)、SO_4^{2-}和 C 等电子受体在特有沉积环境条件下的有效作用。

大亚湾内生物资源丰富，水域沉积物多为软泥，生物类型多样，营养盐含量并不很高，但该海域初级生产力较高，易于发生赤潮。测得的 NH_4^+、HPO_4^{2-}和 H_4SiO_4 含量大小顺序为：间隙水＞上覆水＞底层海水；NO_2^-和 NO_3^-含量变化不大。沉积物间隙水中 NO_3^-、NO_2^-、HPO_4^{2-}和 H_4SiO_4 的浓度垂直分布变化不大，而 NH_4^+浓度垂直分布呈指数下降。沉积物间隙水中 NH_4^+的含量比 NO_2^-和 NO_3^-高 2～3 个数量级。说明大亚湾表层沉积物处于还原状态，NH_4^+的浓度高，也表明 N 的循环利用率很高，NH_4^+可能来不及转化就被生物所利用。大亚湾间隙水中 NH_4^+的浓度比东海高。

有研究发现，海洋沉积物中可转化的P只能是自然粒度状态下的非碎屑态P。黄河口附近海域表层沉积物中自然粒度状态可转化的P在58.5～69.8mg/g，占总P的9.1%～11.0%，而全粒度状态可转化的P为454.8～529.2mg/g，占总P的73.4%～89.1%，说明全粒度状态可转化的P大部分不能参与海洋生物地球化学循环。同步底栖生物的调查结果发现，大、小型底栖生物生物量与自然粒度状态非碎屑态P有很好的正相关，而与全粒度状态的非碎屑态P相关性差，这证实了海洋沉积物中可转化的P是自然粒度状态的非碎屑态P，而不是过去所认为的是全粒度状态(研磨)的可转化P。

8.1.3 海洋生物地球化学模式研究

海洋生物地球化学模式即用数学模式来描述生物地球化学循环，系统表述整个体系，有机联系不同贮库和单元，定量表达过程动力学，是定量认识物质的海洋生物地球化学循环、阐明其控制机制以及预测体系变动的重要手段。20世纪90年代以来，该研究领域的进展主要体现在海洋生物地球化学循环的物理输送和生态动力学过程以及年际、年代际变动的模拟三个方面。物理输送过程模拟方面的进展集中在寡营养海区上层海水营养盐的供应机制问题上，除经典的上升流、垂直扩散之外，提出涡旋可能为一种重要的物理输入过程。生态动力学过程模拟方面，20世纪90年代前期考虑食物网基本结构，由浮游植物、浮游动物和细菌三大类群构成生物状态变量，氮和磷营养盐以及颗粒碎屑构成其他状态变量；20世纪90年代后期，开始引入铁和硅的限制问题，考虑不同浮游植物和浮游动物群落结构的影响，特别是浮游植物粒径结构变化的预测可能是未来该领域力图解决的一个技术问题。年际变化模拟，多围绕ENSO事件对初级生产的影响及其机制问题展开；年代际和地质年代尺度的体系变动问题仍存在争论，相对缺乏有效的数值模拟研究。

众所周知，全球变化是当前引起极大关注的热点问题，而与人为排放CO_2去向直接关联的海洋碳循环则成为首要问题之一。浮游植物对碳及相关生源要素的同化、颗粒-溶解-胶体有机碳形态间的转化、浮游动物的摄食、颗粒沉降、界面交换等各种生物地球化学过程，构成了碳及营养盐氮(N)、磷(P)、硅(Si)的循环体系。过程研究无疑是认识这一复杂循环体系的关键，而建立在过程研究基础上的系统集成与模式构筑，则是一个强有力的手段，它有助于将分散的过程整合在一个有机联系的系统中，定量认识不同过程在整个体系中的贡献，理解生物地球化学循环的控制机制，预测系统的变化。海洋生物地球化学模式研究的重要意义便在于此。

海洋生物地球化学模式基本结构，即物质守恒方程为

$$\partial C / \partial t = U \cdot \nabla C + \nabla \cdot (D \nabla C) + \mathrm{SMS} \tag{8-6}$$

式中，C指物质浓度；t指时间；U指平流(包括垂直流)速率；D指水平或垂直扩

散系数；SMS 指源扣除汇，代表了生物地球化学转化过程通量；哈密特算子(∇)运算符表示 C 在水平或垂直方向的偏微分。也就是说物理、化学、生物各种过程共同控制着整个物质循环，而其中生物过程是相当关键的一环，故而涉及海洋生态动力学的一些基本问题，这就使得海洋生物地球化学模式与海洋生态动力学模式实际上相互交织，往往难分彼此。海洋生物地球化学模式研究的历史可以追溯到 1949 年 Riley 等的开创性工作，20 世纪末 21 世纪初这方面的研究得到了快速发展。

8.1.3.1　海洋生物地球化学循环的物理传输、混合与交换

构成生物地球化学循环的物理过程，首先是海流输送与涡动混合。因物理过程模拟的简化程度不同，可有一维、二维、三维之分。在水平梯度可忽略的情况下只考虑垂直变化即构成一维模式，特别是营养盐的垂直交换往往决定了整个循环态势，表层混合层动力学与辐射场驱动着循环体系，故一维模式多见于模式研究中。常见的一维混合层模式可以分为 3 类，即巨湍动能模式(bulk turbulent kinetic energy，TKE)、切变非稳模式(shear instability)、湍动闭合模式(turbulence closure)，涉及垂直涡动扩散系数和混合层深度的问题，需要合适的应力数据与严格的物理上的模拟计算；或利用温度、盐度的剖面历史数据计算出混合层深度用于生物地球化学模式中；另有一种做法是转化为零维模式，考虑发生在混合层底部的物质交换并将混合层深度定义为随时间变化的量。在近极地涡旋(gyre)海区，风生上升流显然是上层海水营养盐的输送泵，而对于亚热带涡旋，人们发现根据扩散定律计算的发生在混合层底部的垂直涡动交换量并不足以支撑上层初级生产所需的营养盐。有研究发现位于北太平洋亚热带涡旋的 ALOHA 有很高的输出生产，若垂直扩散是营养盐唯一的输入机制，则不能平衡；对位于北大西洋亚热带涡旋的 BATS 建立一维模式，设定高垂直扩散系数，得到了与观测接近的高输出生产量；但对 ALOHA 建立的一个等密度模式并不如其他混合层模式一般需要设定大的垂直扩散系数以维持数值计算上的稳定，故计算得到了一个低得多的输出生产量。所以就物理过程的模拟而言，亚热带涡旋的营养盐补充机制可以说是一个悬而未决的问题。一个可能的途径是间歇性的由涡旋导致的上升流，构成重要的物理输入过程，即“涡旋加强说”；用一个简单的生物模式结合区域性的物理模式模拟马尾藻海的中尺度环境，提出营养盐输入以涡旋导致的上升流为主导；另有模式指出涡旋之间相互作用导致的上升流占主导。然而构筑的海盆尺度的北大西洋模式得到的结果似乎并不支持“涡旋加强说”，认为平流输送应是主导机制。有研究也指出越过锋面的水平传输可能是影响寡营养海区营养盐来源的一个重要因素。此外，上升流导致的有机颗粒向上层输送，进而矿化释放大量营养盐，也有可能是支持寡营养陆架海区初级生产的一种机制。

8.1.3.2　海洋生物地球化学循环的生态动力学模式

充分耦合物理和生物、化学过程的生物地球化学模式，近年来尤其重视发展生态动力学过程的模拟。可以大致分两个时期，20 世纪 90 年代中期之前与之后，区别就在于是否考虑生态系统复杂程度的差异，早期注重过程，可笼统地称为传统 NPZD 模式(N 指营养盐、P 指浮游植物、Z 指浮游动物、D 指碎屑)，考虑真光层深度、氮与磷营养盐供给以及浮游动物摄食对初级生产的限制，生物方面只分浮游植物、浮游动物和细菌三大类群；而后期开始导入非传统的水华限制因子、生物的群落结构、生理特点的影响。

(1)传统 NPZD 模式

最为经典的是率先发展出含真光层食物网的动力学模式(图 8-2)，模式中包含的状态变量见表 8-4。该模式能够成功模拟新生产和再生生产并且用于研究生物对营养盐分布的影响。有人将此生态模式与高度垂直分层、考虑季节的大西洋环流模式结合，用于计算营养盐的物理输送速率、生物吸收速率、初级生产、新生产、再生生产，并与 CZCS(the coastal zone color scanner)遥感叶绿素资料对比，发现该模式虽在物理部分存在问题导致叶绿素的分布部分偏离实际，但基本形态可以再现。这类模式的状态变量从不同形态的营养盐、颗粒碎屑到浮游植物、细菌、浮游动物不等。在此依单元多寡和复杂程度简介富有代表性的一些模式。对大西洋百慕大连续站(BATS)建立的四单元 NPZD 模式，研究影响叶绿素、营养盐垂直分布和通量以及再生的因素，采用了依光强而变化的非恒定的浮游植物叶绿素与氮的比值；模拟了 1988～1991 年 BATS 的变化，虽是零维且浮游动物未作为状态变量，但考虑了不同粒径、不同生理阶段的影响，在参数化方面有其建树；其后，

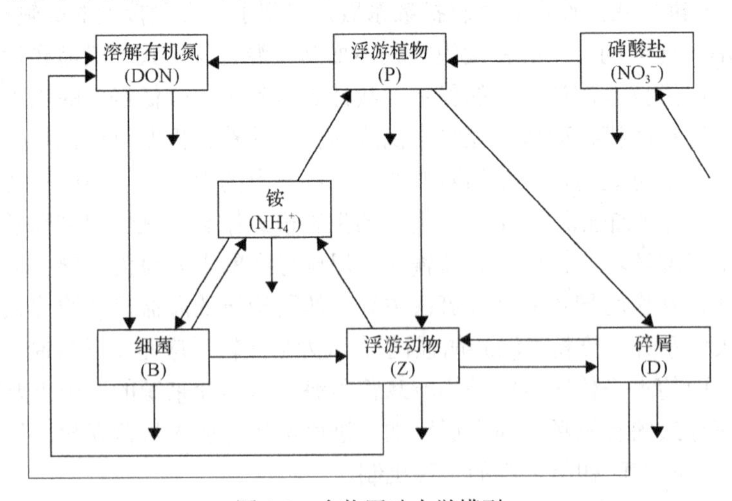

图 8-2　食物网动力学模型

表 8-4　状态变量列表

符号	定义
NO_3	硝酸盐
NH_4	铵
PHY	浮游植物
PH_1	微型浮游生物
PH_2	小型浮游生物
ZOO	浮游动物
ZO_1	小型浮游动物
ZO_2	中型浮游动物
BAC	细菌
DON	溶解有机氮
DO_1	易降解溶解有机氮
DO_2	难降解溶解有机氮
DET	碎屑
DE_1	小颗粒碎屑
DE_2	中、大颗粒碎屑
DE_3	大颗粒碎屑
CHL	浮游植物叶绿素(mg/m^3)
XXXCAR	XXX 的碳含量(mmol C/m^3)
SIL	硅酸盐(mmol Si/m^3)
XXXSIL	XXX 的硅含量(mmol Si/m^3)
$\sum CO_2$	总溶解无机碳(mmol C/m^3)
TA	总碱度($mmol/m^3$)

注：如无特别注明，表中变量单位为 mmol N/m^3

对 BATS 建立的氮和碳循环的一维模式则是在这类模型中导入浮游植物群落演替影响；对东北热带大西洋一个寡营养站点建立的模式，含溶解有机氮变量，并且分为难分解与易分解 2 个单元，细菌的作用则隐含在颗粒有机物向溶解有机物转化以及溶解有机物分解的过程中。

(2) HNLC 模式

近些年来，围绕着海域 HNLC(高营养盐、低叶绿素)问题，人们注意到其他营养盐如 Fe、Si 的限制，浮游植物不同粒径、不同群落的演替，大型、小型浮游动物的摄食，发展出更为复杂的生态动力学模式。特别是浮游植物粒径结构变化的预测，可能是未来一定时间内这一领域力图解决的一个技术问题。铁限制假说早在 20 世纪 80 年代就已提出，并实施了现场实验，人们一度认为它将解决全球变暖问题，然而针对南大洋建立的施铁模式以及现场施铁实验并不能证实这一点。有人提出 Fe 与浮游动物摄食共同限制初级生产的设想，认为 Fe 可调节浮游植物的群落结构，Fe 含量低的条件下以微型藻类为主，其并不受铁限制，但易为生长快速的小型浮游动物所摄食从而限制水华的发生。在一个全球环流模式上建立的模式，虽未包含 Fe 变量但将其影响隐含在光合作用速率的变化中，结果表明 Fe 限制确是再现初级生产力季节变动的必要因素；改进的模式更多侧重浮游植物生理方面的问题，有助于评价 Fe 的作用。关于 Si 对浮游植物群落演替的重要性同样在 20 世纪 80 年代已经提出，Si 充足供应的条件下，硅藻发生水华，至 Si 耗尽，则让位给更小型的浮游植物，鉴于 Si 对输出生产的重要性，建立了一个零维模式，表明足量 Si 存在的情况下硅藻外壳的沉降会加速生物泵的运转，故称“硅泵”；继而用同样模式研究赤道西太平洋的硅调节问题，假定浮游植物吸收 Si/N 的值是 1∶1，但有研究指出这一比值随 Fe 浓度变化，说明 Si 限制似乎不是独立于 Fe 限制而存在的。以一个一维模式研究赤道太平洋上升流生态系统的氮和硅循环(图 8-3)，模式包含 10 个单元。分小型浮游植物和硅藻，并分小型和大型浮游动物，同时考虑总 CO_2，通过 Si 和硝酸盐的消耗(即新生产力)将硅、氮的循环与碳循环联系起来，Fe 限制因子隐含在决定硅藻生长速率的常数中，不做显性表达；研究人员用一个由三维环流模式计算得到的区域平均、年平均上升流速率和垂直扩散系数来驱动此一维生态动力学模式，可以很好地再现研究海区低硅高氮低叶绿素(LSHNLC)的特征；模式计算的结果表明硅的低浓度限制着硅藻的生长，使得硅藻在研究海区浮游植物中仅占 16%；通过改变硅藻生长速率常数模拟的铁营养实验得到了类似 IronEx II 现场施铁实验的结果，当然，这个结果实际上是在假定铁限制硅藻生长的前提下得出的；同时发现浮游动物的摄食压力是敏感参数；估算得到 CO_2 海-气通量达 4.3mol/(m^2·a)，与海区观测的结果一致。此模式的敏感实验结果与 JGOFS EqPac 数据的比较，进一步强调了硅限制和“硅泵”的作用；在给出实测范围内的一系列 $Si(OH)_4$ 浓度数据和相对于 $Si(OH)_4$ 而言较高的一个硝酸盐浓度情况下，表层 $Si(OH)_4$ 浓度相对于硝酸盐而言变化不大，初级生产表现出硅限制、非氮限制水体的恒化器(chemostat)功能特征，垂直分布特征也与实测相符；硅藻随 $Si(OH)_4$ 浓度增加而增加，小型浮游植物和硝酸盐消耗则减少，在中等 $Si(OH)_4$ 浓度条件下表层总 CO_2 和海-气 CO_2 通量达到最高值；硅藻扮演着硅泵的角色向深层水输出硅，意味着赤道上升流区域的沉积生源硅应该是上层海洋要素变动的一个放大器；这个海区能够稳定地维持在一个狭小的生物和化学性质变动范围内，由模式看来，皆来自硅藻之赐，是硅藻滋养了大型浮游动物。

有研究提出了一个全球三维模式用来模拟硅的循环，发现底层水 Si 的分布对涡动混合参数很敏感，但模式并没有将硅与 N 和 C 的循环联系起来，因此 Si 在全球尺度上的重要性还是未知数。

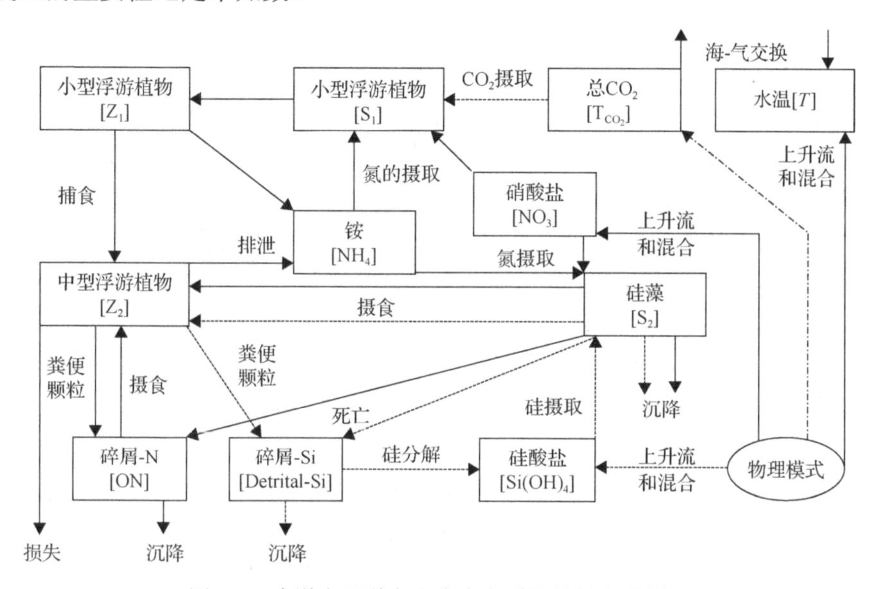

图 8-3　赤道太平洋上升流生态系统的氮和硅循环

(3) 亚热带涡旋氮供给问题

上述已提及依靠垂直扩散提供的氮不足以支持上层初级生产的问题，除了物理上可能有其他的来源，人们也提出了固氮菌作用的可能性。用一个一维模式模拟 BATS 的碳收支，认为碳的去除依赖于输出生产而非平流或海-气交换，同时提出固氮菌支持初级生产的假设。

8.1.3.3　海洋生物地球化学循环的年际、年代际变化模式

近年来，为研究 ENSO 事件引起的生物地球化学体系的年际变化，建立起了一系列的模式。利用了一个三维模式模拟氮的循环，证实 ENSO 事件发生时赤道太平洋下降流增强，导致氮向上层海水的供应减弱，故叶绿素含量显著降低，氮浓度对这里的生物生长似乎是关键的；当然铁也被认为是限制赤道太平洋海区初级生产的营养盐，有一些研究表明赤道波如 Kelvin 波和热带非稳定波(TIW)可能是为上层海水提供营养盐铁的机制之一；用一个含铁限制的一维模式模拟计算 5 年(1990～1994 年)该区域的时间变化，其中包括一个 ENSO 事件，很好地再现了 ENSO 期间浮游植物丰度的下降与群落结构的变动；然而，有的一维模式表明群落结构的变动并不是引起 ENSO 与非 ENSO 期间初级生产、营养盐浓度和浮游植物丰度存在差异的主导因素。对于亚极地涡旋的 P 站，用一个一维模式研究 1951～

1980年的长期变动，尽管计算得到了变化剧烈的混合层深度和氮浓度，但并没有观察到显著的初级生产力和生物量的变动；相反，零维模式对1965～1990年的模拟计算却得出结论，认为输出生产变化的相当大部分由混合层深度和太阳辐射变化引起的，但需要注意的是，该模式是零维，对混合层深度的变化可能过于敏感。年代际变化的问题，实际上也就是全球变化的生物地球化学响应，早在20世纪80年代后期开始就已引起注意，但一直是一个引发争论的问题，甚至对同一海区的研究也有相互矛盾的论点出现，因为大气-海洋-生物圈是一个高度非线性的复杂系统，人们希望通过数值模式手段来提高对海洋生物地球化学过程的了解。有人在一个等密度环流模式上构筑了一个简单的生物模式，首次对体系转换(regime shift)的影响进行了数值研究，表明亚热带涡旋冬季混合层深度(MLD)有加深的倾向，而在亚极地涡旋的某些海区则有浅化的倾向，导致浮游植物生物量的相应改变；不过模式所揭示的空间分布特征相当复杂，这也可能是向来不同研究者对体系转换对生物地球化学的影响不能得到一致结论的原因之一。对太平洋建立了一个模式，模拟研究太平洋年代际涛动(pacific decadal oscillation，PDO)对生物地球化学的影响，模式计算的结果表明，在北太平洋中部30°N～40°N冬季MLD有最大程度的加深迹象，1979～1990年的MLD相对于1964～1975年增加了40%～60%，在北太平洋中部和东部30°N～45°N这两个时期冬季Ekman抽吸速率的差异最大，从而导致1976/1977年太平洋体系转换后由西到东(135°E～135°W)在30°N～45°N纬度带上出现冬季硝氮浓度增高的现象，相应使得北太平洋中部初级生产力得到增强、叶绿素浓度增高，最终导致位于亚热带涡流和亚极地涡流之间的北太平洋过渡带(NPTZ)叶绿素锋面向赤道方向推移。对于地质年代尺度上的体系变化，依据碳酸钙和有机碳相对生产速率对海水pH继而对CO_2分压影响的模式研究，推测上一个冰期较低的CO_2分压可能是由当时相对较低的碳酸钙和较高的有机碳生产速率导致的，从钙依存生态系(球石藻生产)向硅依存生态系(硅藻生产)的转换是很容易破坏有机碳和碳酸钙生产之间平衡的，但是关于这种长期变化的理论假设还没有得到有效的数值模式研究。

8.1.3.4 海洋碳循环模型

研究CO_2在海洋中的转移和归宿，即研究海洋吸收、转换大气CO_2的能力及CO_2在海洋中的循环机制。其中包括浮游植物的光合作用，有机物从表层至深水的垂直搬运，有机物在垂直输送中经降解作用产生CO_2及其由深水区被上涌水带至表层的过程。为了研究海洋中碳浓度梯度的建立和维持机制，在20世纪80年代中叶，引入了溶解度泵、碳酸盐泵和软组织泵(生物泵)三个概念来描述上述三种过程。这三种泵在海洋碳循环中起着重要的作用。

CO_2溶解度是由温盐决定的，温度降低，CO_2溶解度增加，高纬度的冷水因密度增加易沿着等密度面输送，与中层水交换，结果使上层的 CO_2 转移至中深层水。生物碳酸盐的生成使上层的总 CO_2 减少，但该过程并不能直接导致大气 CO_2 浓度的降低，因碳酸盐生成时总碱度也降低，结果导致表层水的 CO_2 分压升高。生物泵指真光层浮游植物通过光合作用固定太阳能，消耗营养盐，吸收二氧化碳，并把能量向更高层次传递。光合作用吸收的二氧化碳，一部分以颗粒有机碳的形式离开真光层下沉到深海层或海底，另一部分以溶解有机物形式释放到海水中，加上各类生物代谢产生的大量溶解有机物，其中的一部分将矿化进入再循环，另外一部分在异养微生物的作用下通过微食物环再次进入主食物链，由有机物生产、消费、传递、沉降和分解一系列生物过程完成了碳由表层向深层的转移(生物泵)。计算表明深层水中总 CO_2 增加量有 25%是由碳酸钙溶解而来，75%是来自有机物的分解。

依据模式的模拟范围来分，可将模式分为站模式、区域模式、海盆尺度模式和全球模式；而依据模式的空间分辨率来分，可将模式分为箱模式，一维、二维动力模式和三维环流碳循环模式；依据涉及碳的种类来分，可将模式分成无机碳循环模式、含简单系列化过程的碳循环模式及含显式生态系统的碳循环模式；依据研究方法和目的来分，又可将模式分为过程模式、诊断模式和预报模式。

(1) 碳收支的基本模式

早期的箱式碳循环模式十分简单，如在最简单的三箱模式中，除了大气外，海洋仅被分成混合均匀的表层碳库和深层碳库。最早的海洋碳循环模式由 Craig 于 1957 年提出，后被不少研究者使用，并应用到海洋对化石燃料燃烧排放的二氧化碳的吸收问题上。对于这类模式，海洋吸收二氧化碳的能力很大程度上取决于上层海洋的箱数、设计平流(大水平质量流动)和扩散(大垂直混合)的相对重要性。显然，该模式最大的问题在于未将十分重要的温跃层区分出来。

1975 年提出的箱扩散(BD)模式是碳循环模式的一个新起点，他们认为深海是一个由垂直涡度扩散(箱扩散)完成物质交换的库。该模式中上层浓度(即混合层浓度)和涡度扩散系数是两个十分关键的参数。倾斜箱扩散(inclined BD)模式以及露头箱扩散(outcrop BD)模式，都考虑了极区深水形成的控制作用，尤其后者是从表层水分出一部分冷水直接与大气交换，因此，露头分数也是一个重要的参数。后来的平流扩散模式和露头箱扩散模式均是箱扩散模式的扩展与发展。多箱模式是将表面海洋层水平地分成暖水和冷水，在表面以下的水用 2 层中层水和 8 层深水表示，冷表面水直接与中层水混合。以上讨论的箱模式都较强地依赖于垂直涡度扩散，采用人为源的短期放射性元素(^{14}C、^{3}H)对模式参数进行标正，与使用长期的、自然的放射性元素校正的结果是不同的。该类模式中的扩散系数值早已得到了广泛的讨论。

二维模式主要始于 20 世纪 80 年代，以二维的形式耦合许多箱以代表全球海洋的各种区域，无疑该模式是简单箱模式的扩展。后期建立的二维碳循环模式是将大西洋的结果外推到全球，流场是通过分析各种水团的流量得到的，其结果与露头箱扩散模式的结果相比较后发现，海-气交换及海洋混合的重要性与其他参数有关。利用 2-D 纬向平均的温盐环流和无机碳循环模式研究全球大洋吸收碳的能力结果表明，模式得到的 1980～1989 年的平均吸收速率为 2.1Gt C/a。

基于动力原理提出了三维海洋无机碳循环模式，而后改进的三维模式中流场是由观测到的风场、表面盐度和温度得到的。模式考虑特定地区的对流作用，如极区。不过，模式并没有明显地包括涡度扩散作用，因而模式中不存在可调参数。^{14}C 的观测结果只用来检验模式，而非校正模式。该模式得到 1955～1975 年的气留比为 0.65，即吸收了化石燃料燃烧所排放 CO_2 的 35%。使用美国 GFDL 的三维环流模式，采用扰动法对海洋无机碳循环模式进行研究，使用给定的大气 CO_2 浓度，得到下述结论：20 世纪 80 年代，海洋平均每年吸收 1.9Gt C 的 CO_2，化石燃料燃烧所排放 CO_2 的 37%被海洋所吸收，其余则滞留在大气中，其他的源和汇几乎处于平衡态。在这之前，已有研究使用自然放射碳和核试验碳对 GFDL 的环流模式进行过比较深入的研究。近年来海洋环流模式在示踪物混合的参数化方面有了很大改进，具有涡度诱导输送速度的沿等密度面扩散的示踪物参数化方法已广泛地用在 Z 坐标的模式中。使用该参数化方法研究北太平洋对人为二氧化碳的吸收，结果得到 1990～1997 年的平均吸收速率为 0.4Gt C/a。

箱模式比较集中在特征的年际变化，但往往缺少详尽的物理机制；环流模式描述了一些保留的物理机制，但我们并未很好地了解海洋中物理、化学和生物过程，因此对其模拟结果仍不十分满意。

(2)含简单生化过程的碳循环模式

上述讨论的箱模式主要是研究无机碳的收支，未涉及海洋中的生化过程。虽然很多碳循环模式是研究无机碳的，但有些研究是对生化过程参数化了或是高度简化了的，并没有显式地模拟海洋生态系统。目前，包含海洋生物过程的碳循环模式主要有三种类型：①基于营养盐的模式，碳向表层海水以下输出是表层营养盐的函数；②营养盐恢复模式，该模式中生物碳通量等于需要维持观测到的营养盐浓度梯度的碳增加速率；③显式代表涉及营养盐、浮游植物、浮游动物和有机碎屑的食物链的模式，即明显包括生态系统的模式。20 世纪 90 年代以后，大尺度的环流碳循环模式有不少是属于①、②类型的。例如，使用简化的 HAMOCC3 研究了赤道太平洋的营养盐陷阱(nutrient trapping)。这类简单的生物地球化学模式，大部分的工作是针对全球大洋的。

包含有海洋生化过程的箱模式首先在 1981 年提出，后来在 1984 年与 1985

年相继提出了三箱和五箱模式，在三箱模式中，将表面分成了冷、暖表面，在五箱模式中，将深海分成两箱，同时耦合了一个大气箱。类似的四箱模式都考虑了海洋上层的光合作用，用来研究冰期到间冰期时代已经发生的各种深海化学组分变化与大气二氧化碳变化的相互关系，这些模式都认为海洋表面水中营养物浓度的变化，即生产力的变化引起了大气二氧化碳分压的变化，不同的只是处理参数的方式有所差别。其他不同的模式认为海洋垂直方向的化学组分分布控制了大气二氧化碳分压的变化。这些模式都说明了海洋的生物化学过程对大气二氧化碳在较长时间尺度上的调控作用，很少涉及研究海洋对人为排放的二氧化碳在时间尺度上的响应。

包括海洋生物过程的二维碳循环模式使用热量传输来安排箱，用三个扩散系数得到各箱之间的水流。然后使用观测到的 ^{14}C 数据对水流安排进行调整。模式结果表明目前海洋吸收二氧化碳的能力受到了发生在19世纪开始的人类排放 CO_2 的影响，1980 年的气留比(大气 CO_2 增加与大气 CO_2 增加+海洋吸收 CO_2 之比)在 0.6～0.75 变动。进一步发展的无机碳循环模式，其动力类似于原模式，使用的风场和温盐场的强迫数据与原模式有较小的差异，但对流混合的参数化亦有所不同，而最大的差别是该模式包括了海洋生物过程，生物过程是高度参数化的，因而该模式能较好地模拟总二氧化碳和总碱度在海洋中的分布。该模式使海洋从 1955 年到 1975 年吸收工业排放 CO_2 的能力从原模式的 35%减少到了 32%，主要是由对流混合作用，而非生物过程作用所致。

比较 4 个 3-D 环流碳循环模式，包括美国的 GFDL(MOM)、德国汉堡的 MPI、法国的 IPSL 和英国的 Hadley，MPI 和 GFDL 模式是包括生物过程的。结果表明，与基于观测资料的估计相比，模拟的全球海洋对人为 CO_2 的吸收是合理的，1980～1989 年平均吸收速率为 1.5～2.2Gt C/a，但在区域尺度上存在着较大的差别。

我国有关海洋碳循环模式的研究起步较晚，20 世纪 90 年代才开始相继对一维、二维及三维的海洋碳循环模式进行研究，与先进国家相比，仍有一定的差距。1997 年利用一个由二维温盐环流动力学模型得到的由定常流场驱动的海洋碳循环模式，着重研究了无机碳的循环。在 1980～1989 年海洋能吸收人为排放 CO_2 的 36%，通过 CO_2 的工业排放源数据和大气及海洋的联合模式得到 1980～1989 年的边际气留比为 0.66，比较两种方法得到的结果，可推出在工业革命前存在着非工业源，1940 年以后还存在一个未知的汇。

2000 年建立的二维碳循环模型，考虑了大气和海洋之间的碳交换、光合作用和氧化分解、碳酸钙的产生和溶解、悬浮颗粒物的下沉过程，包括 6 个状态变量。研究人员将建立的碳循环模型应用到印度洋，通过模拟发现水平扩散系数和光合作用常数对个别化学量的分布有较大的影响，南印度洋中纬度地区 10°S～30°S 是 ^{14}C 的重要向下渗透区，人为排放的 CO_2 可以通过这片渗透区从海洋的表层进入海洋的深层。

同在2000年，考虑生物泵过程和江河流入而增加的碳建立了三维全球海洋碳循环模型。海洋生物泵的计算考虑了颗粒有机碳、无机碳、海水碱度和溶解氧的相互关系。每年从陆地江河流入海洋的碳约为0.8Gt C，约占每年新生产力(3Gt C)的1/3。海洋生物泵过程极大地提高了海洋吸收CO_2的能力，显示了生物泵在全球碳循环和气候变化中的重要作用。2001年利用一个带生物泵的全球海洋碳循环模式模拟了热带太平洋表层水中CO_2总量在El Niño和La Nina期间的变化。西北太平洋和赤道中太平洋两个海区在El Niño与La Nina期间表层水的总CO_2及海-气分压差的变化都十分显著。观测表明在El Niño期间，赤道中太平洋二者随海表温度的增高而减小，而西北太平洋二者都是高值，在La Nina期间都是低值。但是在155°E以东热带中太平洋海区这两个时期二者的变化与155°E以西海区的变化正好相反。计算表明这种变化与上升流的减弱和加强有关。赤道东太平洋是大气CO_2的源区，西北太平洋是一个弱源。

2000～2001年，利用包括海洋化学过程和一个简单生物过程的三维碳循环模式，研究海洋对大气CO_2的吸收和生物泵在碳循环中的作用。环流模型采用GFDL的MOM2，化学变量包括海洋总CO_2、总碱度和磷酸盐。结果表明：海洋吸收的CO_2再加上大气CO_2的增加只占由化石燃料燃烧、森林砍伐和土地利用变化而释放到大气中CO_2的2/3。海洋对人为CO_2的吸收有明显的纬度特征。

(3)含海洋生态系统动力学的碳循环模式

海洋生态系统动力学模型主要包括物理、化学和生物三大过程，因此有时也称物理-生物-化学耦合模型，一般可用以下方程表示：

$$\frac{\partial C}{\partial t} + \mathrm{Adv}(C) = \mathrm{Diff}(C) + \mathrm{Bio}(C) + S \qquad (8\text{-}7)$$

式中，C代表海洋生态模型的一个状态变量；Adv和Diff分别表示物理过程中平流和扩散，扩散项中还包括了对流调整；Bio表示因生化过程对C的影响；S表示源汇项，如对于营养盐，S可包括河流输入、大气沉降和水底界面的物质交换等过程。若该方程中C代表DIC，Bio项为零，该模型就成为无机碳循环模型。在生态模型中，营养盐(N)是非常重要的，它往往驱动生化过程。绿色浮游植物(P)利用太阳能进行光合作用，其速率依赖于光强、生物量浓度、营养盐浓度和温度，它不但制造有机物，而且储存能量，是海洋中最基本的生产者。浮游动物(Z)摄食浮游植物，是海洋中最初级的消费者，并将物质和能量向更高营养级传送。这三个最基本的状态变量(PZN)构成海洋生态动力学最基本的状态变量。所有复杂的模式都在这基础上发展，有机碎屑(D)是来自浮游动物摄食时未同化部分及死亡的浮游动物。海洋中的细菌吸收某种营养盐，同时也排泄营养盐。

2000 年利用一个全球箱式模式模拟了海洋氮和碳循环。模式模拟得到新生产力(不包括陆架地区)和工业革命前的大气 CO_2 浓度分别是 9.9Gt C/a 和 282×10^{-6}。数值实验表明，在当前的外部强迫下如果浮游植物生长不受限制，则最大的潜在新生产力为 29Gt C/a，其中 76%是由南大洋产生的，大气 CO_2 浓度则应当是 205×10^{-6}，而混合层深度的变化(与工业革命前相比，冬季变浅，夏季加深)可以使大气 CO_2 浓度减少 15×10^{-6}。

2001 年利用一个一维模式讨论了光和摄食压力的变化对碳的吸收、封存(sequestration)及磷虾幼虫成活率的影响，生态模式包括浮游植物、细菌、不稳定 DOC、铵氮、总颗粒物等。模拟结果表明若是南大洋冰层发生融化，将使食物链发生显著变化，由磷虾摄食硅藻变为樽海鞘摄食鞭毛藻，并且南大洋对大气 CO_2 的汇就会减弱。

2002 年对赤道太平洋上升流区建立了一个一维上升流生态系统模式，研究赤道太平洋碳和氮循环。模型包括 10 个状态变量，上升流速度和垂直扩散系数由一个三维物理模型提供。在赤道太平洋，硅浓度较低限制了硅藻的生长，使得硅藻生物量在总的浮游植物生物量中只占 16%的低比例。在研究区域(5ºS～5ºN，90ºW～180ºW)，计算的海-气 CO_2 通量为 $4.3mol/(m^2\cdot a)$，观测值为 1.0～$4.5mol/(m^2\cdot a)$。模拟结果对浮游动物的捕食很敏感。通过加铁实验发现，硅藻生物量在开始的 5d 增加了 30 倍，但是两个星期以后由于硅的消耗和浮游动物生物量的增加，迅速降低。

包含生态系统的一维碳循环模式缺少水平输送的物理过程，有时能比较成功地用于某些特定的观测地点(站模式)，但该类模式普适性较差，往往在不同的地点，模式参数值要做不同的调整。三维模式可以克服上述模式的缺点，但代价是增大了计算量。目前，三维模式尽量考虑简单的生物过程(如只包括生产、呼吸、死亡的 NPZD 模型)和由实际气象条件驱动的较完整的物理过程。

最初在北大西洋海盆尺度模拟浮游生态系统，并未与碳循环联系起来。有研究者分析了混合、海表温度和生物生产在海-气交换通量中的作用，提出了计算年累积通量的公式。利用北大西洋 OWS(Ocean Weather Station)站资料和 MIT 海洋模型计算结果，计算出北大西洋 30ºN 以北海区的海-气 CO_2 交换通量为海洋每年吸收 0.4Gt C。

同在 2002 年，建立了物理与生物地球化学过程耦合的模式，利用该模式研究季节到年时间尺度上热带太平洋中物理过程和生物过程的相互作用，模式同时考虑了铁和营养盐限制，并且将浮游植物按照大小分类。物理场计算采用简化重力上层海洋模式，垂向分 20 层，生态模型包括 9 个状态变量。结果表明在 1980～1998 年 El Niño 和南方涛动期间，赤道太平洋中部浮游植物存在相应的变化，在模拟的 4 次 El Niño 事件中，物理场和生物地球化学场的季节变化具有相同的相位，不管是物理场还是生物地球化学场其年际变化都要比季节变化大。

(4)海洋碳循环模式研究的若干思考

当人们逐渐认识到使用化石燃料可能会引起大气 CO_2 浓度增加，进而影响气候时，人们开始使用碳循环模式估计排放到大气中 CO_2 的最后归宿。在早期的碳循环模式研究中，主要是考虑大气和海洋的交换，而将陆地生态系统对大气 CO_2 含量的影响仅用十分简单的参数化公式来表示。20 世纪 80 年代陆地生态系统碳循环模式开始逐渐发展起来。自第一个三箱碳循环模式提出至今，人们对海洋碳循环模式的研究已进行了 40 多年，提出了许多复杂程度各异的模式。

在碳循环模式的早期发展阶段，箱式无机碳循环模式起到了十分重要的作用，IPCC 的第一次评估报告(1990 年)和第二次评估报告(1995 年)中，不少的结果是来自该类型模式的，即便在第三次评估报告(2001 年)中，在评价大气 CO_2 对不同排放途径的响应和模式敏感度时，仍使用了箱模式进行讨论。箱模式对于获得有关体系怎样起作用的直接结果和对于确定对有兴趣的各种特性最敏感的参数是一种强有力的工具。因此，建立的模式要足够简单以便于限制和解释。

从 IPCC 第三次评估报告可以清楚地看到，对海洋吸收人为 CO_2 的估计主要引用了三维海洋环流碳循环模式的结果。其实，20 世纪 90 年代以来环流碳循环模式得到不断的发展和应用，大多数模式在再现海洋碳含量的主要垂直和水平特点方面是成功的。但我们应当清醒地认识到有关海洋碳循环的很多重要方面至今仍不能很好模拟，这是因为或者生物或者海洋物理过程还不能完美再现。海洋碳循环模式对再现深海 ^{14}C 的空间结构有困难，这说明在模拟碳在表层和深海间的物理交换上存在问题。模式间在缺少观测资料区域呈现了最大的不一致，特别是在南大洋，这里示踪物的混合有很大的不确定性。尽管存在着各种差异，但不同的海洋碳模式都估计了碳的半球间输送非常小，这与根据大气 CO_2 测量推得的多达 1Gt C/a 的输送很不一致。IPCC 第三次评估报告指出，在目前的全球海洋碳循环模式中与海洋生物有关的共同问题有三个：①大多数模式表示 $CaCO_3$ 的形成和溶解是不平衡的；②海洋生产力在副热带区域被低估了，在赤道海洋以及在北太平洋和南大洋的高纬度区域被高估了；③碳和氮或磷的紧密耦合，在海洋碳循环模式中通常是隐式的。

21 世纪，碳循环模式明确包括生物化学过程，随着对过程的进一步深入了解，含显式生态系统的环流碳循环模式使用会更加普遍。除了生物过程，碳循环模式中还包括重要的海-气交换和海洋内部的物理输送，交换过程影响因素较多，其中包括表面波、波破碎、水滴飞溅和气泡卷入等对传输速度的影响。在 1988 年 Liss 就指出也许最终风速并非是参数化水相传输速度的最好变量。随着微气象测定通量方法日趋成熟，化学法观测资料的增多，新的海-气交换模型研究，兴许会有更好的参数化公式或其他过程和参数耦合进碳循环模式的方法。碳循环模式研究的一个首要问题是要回答碳(包括自然和人为的)是如何在大气圈、水圈(主要是海洋)和陆地生物圈分配与储存的。除此之外，需要了解这些碳的源汇强度在未来的变化趋势。目前的海洋碳循环模式是了解海洋碳过程强有力的工具，不仅可阐明 CO_2 海-气交换通量格局的时空变化，以补充观测资料的不足，而且为未来研究碳循环与气候相互作用提供了基础。

8.1.3.5　海洋生物地球化学模式研究存在的问题及解决方法

海洋生物地球化学模式经历了几十年的发展，从全球尺度到海盆尺度再到单一水柱以至针对近岸海湾、河口的区域性模式，从季节变化到年际变动再到年代际变动，集合多种时空尺度，跨物理、生物、化学多学科，其复杂程度，人所共知。在 20 世纪 90 年代开始兴起的考虑真光层食物网结构的生态动力学模式，分浮游植物、浮游动物、细菌、营养盐、颗粒物、溶解有机物几大单元，以氮流或碳流代表生物流，能够较好地模拟区域性的叶绿素、初级生产力和营养盐的季节变化；随着现场研究的发展，逐渐考虑铁、硅营养盐限制，不同粒径浮游生物的营养和摄食。全球或海盆尺度的三维模式可以做到定性地模拟一些大尺度的海洋生物地球化学特征，如寡营养的亚热带涡旋和富营养的亚极地涡旋的对比。模式发展迄今，出现了诸多问题和挑战：针对同一问题的不同模式，往往会有相互矛盾的结论；区域性的模式无法扩展到全球尺度；全球性的模式无法做到定量模拟；中尺度过程的扰动可能是很重要的信号却多被忽略；人类活动的影响、对全球变化的响应尚难以预测；这些都促使人们思考未来走向。归结起来，可分为以下几个方面：①生物-化学过程的准确表达。必须综合 C、N、P、Fe、Si 多营养要素的循环；应当在模式中体现浮游生物群落结构生态功能的多样性；在作为食物网始端，目前对其模拟已取得相当进展的浮游植物的生态动力学基础上，应努力导入更高营养级的食物网动力学、生物多样性以及渔业活动的影响。人们已经逐渐发现，上层海水溶解态和颗粒态的有机质，它们的元素组成并不总是服从 Redfield 比值而是在变化中；固氮菌在亚热带太平洋生态系统中的丰度在增加，导致系统由氮限制转向磷限制；输出生产与上层海洋的群落结构紧密联系在一起，不易被小型浮游动物摄食的硅藻可以形成水华，从而会有大量的颗粒输出；铁限制会影响群落生产和结构，但铁与硅的共同作用还不清楚；输出生产中溶解有机物占的比例是一个关键的生物地球化学参数，但决定它的动力学过程，即人所共知的微食物环，从机制上仍不能得到很好的阐释；浮游植物被摄食与自然死亡是重要的汇，但是往往做线性简化处理。只有建立起所有这些过程的科学表达函数，才能够建立成功的模式，而仅依靠传统的实验生态手段获取函数远远不够，必须对控制过程的机制有深刻的理解，因此提高现场面向过程的生物地球化学研究手段是十分必要的。②物理模式的完善。生物地球化学模式无论如何是建筑在物理模式之上的。能与观测数据进行比较的部分模式表明尺度不同的物理过程和生物过程的模拟不能匹配是出现模式结果与观测不符的主要原因之一，要发展预测型模式，必然需要加强模式中配合生物过程模拟尺度的上层混合动力学的显性表达，这可以说是对物理海洋学概念和数值技术的一种挑战。目前的所有三维生物地球化学模式皆受制于物理模式，而难以进一步向定量研究发展。分辨率的增加，表面边界层作用力和次网格尺度物理学处理技术的提高，将使得全球物理环流模式得到改善；同时作为标准的物理上的热量、淡水输运计算的补充，生物地球化学物质循环的模拟以及过程示踪物的应用，反过来也有助于物理模式的完善，这实际上已演变成为一个活跃的物理海洋学研究领域。③中尺度时空变动的充分重视。人们通过观察遥感数据和现场浮标连续观测记录并结合模式计算，发现中尺度变动并非是可以抹除的噪声信号，相反可能正是控制生态系统性质的关键。中尺度涡旋、热带非稳定波作为一种扰动，可能主导着营养盐的垂直补充，继而决定生态系统的群落结构。中尺度时空变化问题的解决，有赖于高分辨率的水动力模式的发展以及多种观测手段的结合，特别是遥感数据的同化。④发生在各边界上的物质交换通量的准确界定。大洋与大气、陆地、边缘海的物质交换，同样是重要的问题，然而在目前的主流模式中仍少有涉猎。CO_2的海-气交换对于预测海洋对人为CO_2的吸收是至为关键的，即便如此，交换通量的测量和估算还是有很大的不确定性。怎样结合大气沉降研究结果、全球环流模式与生态动力学模式来模拟海盆尺度的降尘——相当于施铁可能带来的效应，也是一个富有意味的命题。近岸海域实际上直接承受陆源输入，尺度虽小，但生态系统变化的复杂程度是相当高的，在全球生物地球化学循环中扮演着与其纤小的“身躯”不相称的重要角色，如何将其有效嵌入全球大洋模式中，将是建模者面临的又一挑战。⑤资料获取和处理技术的加强。在模式中调参数以获得最佳模拟效果的方法虽传统但有太大的不确定性，借助数学上的优化技术获得一组合理的参数，即所谓的参数优化技术，已越来越成为一种趋势，如可变梯度法、最小平方法、伴随矩阵法以及包含一个随机步骤的模拟退火(annealing)方法和遗传法等，未来仍应继续加强这一技术的应用，特别是寻求一种能够不受初始参数限制、可获得全球普适参数的方法。另外，模式中应用的生态动力学函数和参数往往从实验中获得，近似于瞬时的结果，而与模型结果比较的观测数据又常常是一种平均状态，也就是说时间尺度根本不一致，这很可能是目前为止利用实测数据对模式进行验证的结果普遍不甚成功的原因之一，更何况很多模式计算的结果实际上都没有能够直接与实测数据比较、进行有效验证，因此模式的预测功能受到很大的制约。海洋遥感技术虽然在近20年来飞速发展，提供了大量来自空间的海洋观测数据，大大提高了获取资料的空间分辨率，但时间分辨率仍不够高，也很难获取与之同步的实地观测资料。故需要加强包含遥感、浮标、岸站、船只各种观测平台的海洋立体动态监测技术以及数据同化技术，发展多学科、多尺度的观测和实验网络。无论如何，建模者与观测者必须真正地联手，方可建成成功的模式。总之，需要充分考虑作为地球大系统一分子的海洋系统的复杂性，通过多学科领域专家的携手努力，才能使海洋生物地球化学模式达到其最高目标，即预测海洋在减缓全球变暖中可能产生的作用以及海洋对气候变化的响应。

8.2　海洋生物地球化学的发展趋势

海洋生物地球化学的发展是伴随着全球变化而得到长足进步的，经过几十年的发展，研究的深度愈来愈深，涉及的领域越来越广，同样，在未来几十年内，海洋生物地球化学的发展依然会与全球变化以及海洋资源环境的可持续利用息息相关，发展方向包括全球气候变化中的海洋生物地球化学过程研究，全球海洋生态环境变化中的海洋生物地球化学研究，以及人为扰动下的海洋生物地球化学过程研究等，下面将分别阐述这几个方面。

8.2.1　全球气候变化研究中的海洋生物地球化学

8.2.1.1　全球气候及其变化

(1) 气候与气候系统

气候是指大气圈-水圈-冰雪圈-岩石圈-生物圈这个综合系统的缓慢变化状况。它以一段时间(如一个月或者更长时间)以上的一些适当的平均量来表征，同时考虑这些平均量随时间的变化率，而对不同地区的气候进行分类时却要考虑这些时间平均量在空间上变化。全球气候系统指的是一个由大气圈、水圈、冰雪圈、岩石圈(陆面)和生物圈组成的高度复杂的系统，这些部分之间发生着明显的相互作用。在这个系统自身动力学和外部强迫作用下(如火山爆发、太阳变化、人类活动引起的大气成分变化和土地利用变化)，气候系统不断地随时间演变(渐变与突变)，而且具有不同时空尺度的变化与变化率(月、季节、年际、年代际、百年尺度等气候变率与振荡)。气候系统是地球系统的主要部分之一。地球系统还包括人类与生命系统、社会-经济方面等。它是一个完整的相互关联的具有复杂的代谢和自身调节机制的系统。它的生物过程与物理和化学过程强烈地相互作用，以此构成复杂的地球生命支持系统，所以，气候系统的变化与生物地球化学过程紧密相关。

(2) 气候变暖的观测事实

气候系统变暖从目前观测到的全球平均气温和海温升高、大范围的雪和冰融化以及全球平均海平面上升得到了证实，在这方面得出的最新观测事实如下：①根据全球地表温度器观测资料，全球气候呈现以变暖为主要特征的显著变化。1995～

2006 年的 12 年中有 11 年位列 1850 年以来最暖的 12 个年份之中。近 50 年平均线性增暖速率(每 10 年 0.13℃)几乎是近百年的两倍，相对于 1850～1899 年，2001～2005 年总的温度增加为 0.76℃。②对探空和卫星资料所进行的新的分析表明，对流层中下层温度的增暖速率与地表温度记录类似，并在其各自的不确定性范围内相一致。③至少从 1980 年以来，陆地和海洋上空以及对流层上层的平均大气水汽含量已有所增加。④观测表明，全球海洋平均温度的增加已延伸到至少 3000m 深度，海洋已经并且正在吸收 80%被增添到气候系统的热量。这一增暖引起海水膨胀，有助于海平面上升。⑤南北半球的山地冰川和积雪总体上都已退缩。冰川和冰盖减少有助于海平面上升(这里的冰盖不包括格陵兰和南极)。⑥总体来说，格陵兰和南极冰盖的退缩已对 1993～2003 年的海平面上升贡献了 0.41(0.06～0.76)mm/a。一些格陵兰和南极溢出冰川流速已经加快，这消耗了冰盖内部的冰。⑦在 1961～2003 年，全球海平面上升的平均速率为 1.8mm/a。在 1993～2003 年，该速率有所增加，约为 3.1mm/a。目前尚不清楚在 1993～2003 年出现的较高速率，反映的是年代际变化率还是长期增加趋势。从 19 世纪到 20 世纪，观测到的海平面上升速率的增加具有高可信度，整个 20 世纪的海平面上升大约 17cm。那么是什么原因导致了全球气候的变化？需要深入系统的研究。

(3) 中国的气候变暖

我国是全球气候变暖特征最显著的国家之一。根据我国科学家的研究发现，近百年来，中国年平均气温升高了(0.65±0.15)℃，比全球平均增温幅度(0.6℃±0.2℃)略高；中国年均降水量变化趋势不明显，但区域降水变化波动较大，如华北大部分地区每 10 年减少 20～40mm，而华南与西南地区每 10 年增加 20～60mm。近 50 年来，中国沿海海平面年平均上升速率约为 2.5mm，略高于全球平均水平，中国极端天气与气候事件的频率和强度发生了明显变化。近百年来我国的气候变化和全球趋势基本一致，出现了两个明显暖期：20 世纪 20～40 年代和 80 年代以后。1950 年以后，无论是年平均温度还是冬季温度，我国大部分地区都有明显的变暖趋势。从 1986/1987 年的冬季至今，我国已经经历了 19 个暖冬(仅 2004/2005 年的冬季为正常)。特别是 2006 年，中国平均气温为 9.92℃，成为 1951 年以来创纪录的暖年。过去 50 年气温升高最显著的地区是华北、内蒙古东部以及东北地区，2006 年我国从黄河以南至南岭以北及西北、西南地区的 17 个省(市、区)年平均气温均为 1951 年来最高值。尤应值得警惕的是，在 2006 年，对气候极为敏感的青藏高原的 39 个国家正式气象观测站中有 13 个站气温突破历史极值。

全球变暖背景下，21 世纪我国气候将继续明显变暖，尤以冬半年、北方最为明显。与 1961～1990 年的 30 年平均相比，到 2030 年可能变暖 1.5～2.8℃，2050 年变暖 2.3～3.3℃，2100 年变暖 3.9～6.0℃。2050 年时增温幅度加大。降水也呈增加趋势，预计到 2050 年将增加 5%～7%，到 2100 年将增加 11%～17%；海平面继续上升，到 2050 年上升 12～50cm，珠江、长江、黄河三角洲附近海面上升 9～107cm；未来百年极端天气与气候事件发生频率可能增大；干旱区范围可能扩大，荒漠化可能加重；青藏高原和天山冰川将加速退缩，一些小冰川将消失，预计到 2050 年我国西北的冰川面积显著减少，还可能再减少 27%。受气候变暖影响，我国日最高和最低气温都将上升，但最低气温的增幅较最高气温大，冬季极冷期可能缩短，夏季的炎热期可能延长，极端高温、热浪、干旱等愈发频繁。我国北方地区降水量增加，相应降水日数也有显著增加，其中以新疆和内蒙古中部的增加最为集中。我国南方部分地区大雨日数将显著增加，特别是在东南地区的福建和江西西部，以及西南地区的贵州和四川、云南部分地区，气候呈恶劣化的趋势，局地出现强降水事件可能增加。

8.2.1.2　气候变化的原因与人类活动的影响

气候变化的原因可能是自然界的外源强迫或气候系统固有的内部过程；也可能是人类活动的强迫。前者包括太阳辐射的变化、火山爆发等；后者包括人类燃烧化石燃料以及毁林引起大气中温室气体浓度的增加、硫化物气溶胶浓度的变化、陆面覆盖和土地利用的变化等。由于人类活动和自然变化的共同影响，全球气候正经历一场以变暖为主要特征的显著变化，已引起了国际社会和科学界的高度关注。1988 年 11 月，世界气象组织(WMO)和联合国环境规划署(UNEP)联合建立了政府间气候变化专门委员会(IPCC)，就气候变化问题进行科学评估，已出版了系列气候变化评估报告。

(1) 自然因素与海洋的重要性

气候系统所有的能量基本上都来自太阳，所以太阳能量输出的变化被认为是导致气候变化的一种辐射强迫，也就是说太阳辐射变化是引起气候系统变化的外因。太阳辐射变化是由于地球轨道的变化。地球绕太阳轨道有三种规律性的变化，一是椭圆形地球轨道的偏心率(长轴与短轴之比)以 10 万年的周期变化；二是地球自转轴相对于地球轨道的倾角在 21.6°～24.5°变化，其周期为 41 000 年；三是地球最接近太阳的近日点时间的年变化，即近日点时间在一年的不同月份转变，其周期约为 23 000 年。20 世纪 70 年代末，卫星观测的应用使得人类可以在大气层以外准确地测量太阳辐射输出的变化，这才知道太阳辐射量并不是完全不变的，特别是在太阳黑子异常活动的周期中存在着一定的差异。许多科学家认为太阳黑子数多时地球偏暖，少时地球偏冷。但太阳辐射变化影响气候的机制尚不清楚，也缺乏严格的理论或者观测事实支持。另一个影响气候变化的自然因素是火山爆发。火山爆发之后，向高空喷放出大量硫化物气溶胶和尘埃，可以到达平流层高度。它们可以显著地反射太阳辐射，从而使其下层的大气冷却。

已有的研究表明，在气候系统的自然变化中，最重要的还是大气与海洋环流的变化或者脉动。这种环流变化是引起区域尺度气候要素变化的主要原因，大气与海洋环流的变化有时可伴随着陆面的变化。在年际时间尺度上，厄尔尼诺和南方涛动(ENSO)及北大西洋涛动(NAO)是大气与海洋环流变化的重要例子，它们的变化影响大范围甚至半球或全球尺度的气候变化，是目前预测季节、年际气候变化的基础与依据。长期以来世界上许多气象学家一直致力于这方面的研究，旨在提高全球与区域的气候预测水平。对于更长的10年时间尺度，太平洋10年尺度振荡(PDO)和相关的年代际太平洋振荡(IPO)可以用来解释地面气温全球平均变化的一半左右，它们明显地与地区性的温度和降水变化有联系。

(2)人类活动加剧了气候系统变化的进程

人类活动排放的温室气体主要有6种，即二氧化碳(CO_2)、甲烷(CH_4)、氧化亚氮(N_2O)、氢氟碳化物(HFCS)、全氟化碳(PFCS)和六氟化硫(SF_6)，其中对气候变化影响最大的是二氧化碳。它产生的增温效应占所有温室气体增温效应的63%，且在大气中的存留期很长，最长可达到200年，并充分混合，因而最受关注。在化石能源中，煤含碳量最高，石油次之，天然气较低；化石能源开采过程中煤炭瓦斯、天然气泄漏排放二氧化碳和甲烷；水泥、石灰、化工等工业生产过程排放二氧化碳；水稻田、牛羊等反刍动物消化过程排放甲烷；土地利用变化减少植物对二氧化碳的吸收；废弃物分解排放甲烷和氧化亚氮。这些温室气体主要是通过温室效应来影响气候变化的。地球表面的平均温度完全取决于辐射平衡，温室气体可以吸收地表辐射的一部分热辐射，从而引起地球大气的增温，也就是说，这些温室气体的作用犹如覆盖在地表上的一层棉被，棉被的外表比里表要冷，使地表辐射不至于无阻挡地射向太空，从而使地表比没有这些温室气体时更为温暖。大气中的二氧化碳等气体造成的“温室效应”使得地球表面平均温度上升到当今自然生态系统和人类已适应的15℃。一旦大气中的温室气体浓度继续增加，进一步阻挡地球向宇宙空间发射的长波辐射，为维持辐射平衡，地面必将增温，以增加长波辐射量。地面温度增加后，水汽将增加(增加大气对地面长波辐射的吸收)，冰雪将融化(减少地面对太阳短波的反射)，又使地表进一步增温，即形成正反馈使全球变暖更显著。

自1750年以来，由于人类活动的影响，全球大气二氧化碳、甲烷和氧化亚氮等温室气体浓度显著增加，2005年全球大气CO_2浓度为379ppm，目前已经远远超出了根据冰芯记录得到的65万年前的自然变化浓度范围，是65万年以来最高的，甲烷浓度值从工业化前的约715ppb[①]，增加到2005年的1774ppb，氧化亚氮浓度从工业化前的约270ppb，增加到2005年的319ppb。根据多种研究结果证实

① $1ppb=10^{-9}$

了过去 50 年观测到的全球平均温度的升高非常可能是由人为温室气体浓度的增加引起的。同时证明了主要大气温室气体浓度确实已经发生了全球尺度的变化，而且正在继续增加。观测和理论研究还证明，温室气体浓度变化的主要原因是人类活动，人类活动对大气温室气体浓度的影响主要表现为两个方面：一是直接向大气排放温室气体，如化石燃料燃烧和生物质燃烧直接向大气大量排放二氧化碳、甲烷与氧化亚氮等，工业生产过程向大气排放二氧化碳、甲烷和 CFC 等；二是人类活动改变了大气温室气体的源和汇。例如，森林砍伐直接减少了二氧化碳的汇，农业活动改变了土地利用状况而增加了甲烷和氧化亚氮的源，大气污染物排放降低了甲烷的汇等。

大气二氧化碳浓度加倍，平衡态气候变化使全球地表平均温度升高 1.5～3.5℃，考虑到海洋的巨大作用，如果人类不采取任何控制措施，21 世纪全球地表温度变化速率可能达 0.1～0.3℃/10a，这与用海-气耦合模式获得的温室气体浓度渐变结果相同。最近几年来人们开始注意到，人类活动造成大气气溶胶(主要是硫酸气溶胶)浓度上升，将会使地表温度降低，部分抵消温室气体增加引起的温室效应。考虑到气溶胶的降温作用，21 世纪人为活动造成的气温变化速率可能只有 0.05～0.2℃/10a。

8.2.1.3　人类活动影响气候变化的不确定性

尽管人类活动确实已经造成了全球尺度的温室气体浓度增加，而温室气体浓度增加确实会引起全球气候变暖。但在未来几十到百年，温室气体浓度增加及其引起的气候变化到底有多快，换言之，21 世纪末全球地表平均温度到底能上升多少？其他气候变量(特别是降水)怎样变化？气候变化率会发生明显变化吗？极端气候事件会增加吗？气候变化的区域分布如何？气溶胶浓度增加到底在多大程度上抵消温室效应增强？对于这些问题现代科学很难作出确切的回答，因为对温室气体浓度变化引起的气候变化结果的预测主要是依靠数值模拟获得的，目前，世界上已经发展了几十个气候模式，包括最近出现的一些较好的海-气耦合模式，虽然这些模式大体都能较好地模拟当代气候，但预测的气候变化结果特别是不同模式给出的温度变化的区域分布差别是巨大的，不同模式给出的降水变化之间差别更大，其原因就在于：①当代气候模式没有很好地解决反馈过程，即在地表温度上升后，地面蒸发增加，在高空气温略有下降的情况下，天空云量将随地表蒸发增加而增加，而云量增加将会使地表温度下降；②当代气候模式对许多引起 10 年以上时间尺度气候变化的因子，如太阳辐射的变化、地球轨道的变化、固体地球的变化、地表状况(包括冰雪圈、生物圈、水圈)的变化等尚未包括在内，或尚未正确描述。模式中对气溶胶的辐射过程和气溶胶本身的物理化学特性的描述也远远不够。因此，严格说来，当前关于人为活动引起的全球气候变化的数值模拟结果，只是对气候模拟的一种敏感性实验结果，绝不能视为对未来气候变化的预测。影响未来气候变化的因子很多，人类活动造成的大气温室气体浓度增加只是诸多因子中的一个，而且现在还不能断言它是最重要的因子。例如，有的模式研究结果表明，到目前为止，人类活动造成的气溶胶浓度增加而引起的地表温度降低，可以全部抵消温室气体浓度增加引起的升温效果。人类活动造成的地表状况变化、人类活动直接的热效应的影响都可能与大气温室气体增强的效应有大致相当的量级，而且与引起长期气候变化的自然因子的变化也有大致相当的效果等。

8.2.1.4　气候变化的准确性预测与海洋生物地球化学过程研究

正如上述所言，人类活动特别是人为温室气体的排放对气候变化影响重大，而且模式方法模拟结果有很大的不确定性，要解决这些问题必须深入研究海洋在气候变化中的作用，深入研究控制其关键组分如碳、氮等的迁移转化机制，所以，气候变化精细化与准确化研究在很大程度上依赖于对海洋生物地球化学过程的了解程度。

据估计，地球上燃烧矿物排放的二氧化碳每年大约为 50 亿 t，其中 25 亿 t 停留在大气中，其余的大部分为海洋所吸收，但是海洋特别是陆架边缘海究竟能吸收多少？哪些海区吸收？其吸收机制怎样？哪些海区释放？各界面的交换量与净通量是多少？有多少是在短时间周期上循环的？有多少是在长时间周期上循环的？等等，迄今还不是很清楚。同时，海洋巨大的热容量和通过环流输送热量，可以调节改变地球大气中热量的地理分布格局，减少不同纬度上的温度差异；大量海水蒸发过程，使海洋与大气之间进行着巨大的潜热交换和水量交换，所有这些过程无一不影响化学物质的循环过程。海洋记忆着过去的气候变化信息，调节控制着现在的气候变化，一旦出现激发气候变化的异常外界扰动，它便起着缓冲器的作用，延迟减缓这种扰动的效应。因此，要了解和预测气候的长期变化，必须研究海洋对碳的吸收转移能力、海洋与大气间的耦合作用、海洋对大气中 CO_2 的吸收能力，人们关心的是海-气界面碳的净通量，对此做出贡献的主要是生物地球化学过程。碳要实现垂直转移，必须完成两个步骤：①从溶解态变为颗粒态，②从表层向深层转移。正是一系列生物地球化学过程完成了这两步。所以，阐明与全球气候变化的有关的生源要素的海洋生物地球化学过程是实现气候变化精细化与准确化研究的关键。

8.2.2　全球海洋生态环境变化研究中的海洋生物地球化学

全球变化(global change)是指地球生态系统在自然和人为影响下出现的可能改变地球承载生物能力的全球环境变化，包括全球气候变化、温室效应、环境污染、生态退化等人类生态环境的变化。全球海洋生态环境变化包括海洋生物种群变化和环境变化两大核心内容，将二者相联系的海洋生物地球化学过程贯穿了这两大类变化的始终，所以要了解海洋生态环境变化深层次的机制，查明控制其变化的海洋生物地球化学至关重要。

(1) 海洋生态环境变化的人为影响

海洋生态环境是海洋生物生存和发展的基本条件，生态环境的任何改变都有可能导致生态系统和生物资源的变化，海水的有机统一性与其流动交换等物理、化学、生物、地质过程有机联系，海洋的整体性和组成要素之间密切相关，任何海域某一要素的变化(包括自然的和人为的)，都不可能仅仅局限在产生的具体地点上，都有可能对邻近海域或者其他要素产生直接或者间接的影响和作用。生物依赖于环境，环境影响生物的生存和繁衍。当外界环境变化量超过生物群落的忍受限度，就会直接影响生态系统的良性循环，从而造成生态系统的破坏。

海洋生态平衡被打破，一般来自两方面的原因：一是自然本身的变化，如自然灾害。二是来自人类的活动，主要包括：人类排放大量的物质进入海洋，如温室气体二氧化碳大量进入空气中，空气中的二氧化碳又会溶入海洋，引起海洋生态环境的变化，以及大量污染物的排入导致海洋生态环境的恶化；不合理地超强度开发利用海洋生物资源，如近海区域的滥捕使海洋渔业资源严重衰退；海洋环境空间的不适当利用，致使海域污染的发生和生态环境的恶化，如对沿海湿地的围垦必然改变海岸形态，降低海岸线的曲折度，危及红树林等生物资源，对海洋生态环境造成破坏。海洋生物多样性的减少，是人类生存条件和生存环境恶化的一个信号，这一趋势目前还在加速发展过程中，其影响固然直接危及当代人的利益，但更为重要的是给后代人未来持续发展带来后患。因此，只有加强海洋生态环境的保护，才能真正实现海洋资源的可持续利用。

(2) 生物地球化学过程对海洋生物生产过程的控制

近年来，海洋多学科交叉与整合研究受到特别重视，如国际地圈-生物圈计划在其前 15 年极有成效的全球变化研究(IGBP I)基础上启动的第二阶段科学计划(IGBP II)就突出了这一点。IGBP I 的成果已经深刻地揭示了地球系统所具有的复杂性和相互作用的本质，而 IGBP II 则进一步在“地球系统科学”思想的引导下，针对“全球可持续性”需求的目标(即“碳、水、食物和健康”)，在研究内容上强调跨学科和相互作用，在研究方法上调强集成与整合，并在前沿领域形成若干新的研究计划。在海洋方面，20 世纪的研究成果使人们认识到，探明海洋可持续生态系统服务与产出的瓶颈之一是对海洋生态系统功能了解的不够，注意到海洋生态系统生产力的变化与海洋生物地球化学过程密不可分，尤其是海洋中营养与痕量元素的生物地球化学循环。在此背景下，新的海洋科学研究计划，即海洋生物地球化学和海洋生态系统整合计划(IMBER)得以实施，IMBER 的主要目标是了解海洋生物地球化学循环与海洋生命过程之间的相互作用及其对全球变化的反馈。它与前期已启动的全球海洋生态系统动力学研究计划(GLOBEC)共同构成了IGBP II针对“全球可持续性”需求在海洋方面的研究主体，GLOBEC以浮游动物为主要对象认识海洋物理过程与生物过程的相互作用和海洋生态系统的动态。在IGBP II推动下，两者正在构建海洋多学科交叉与整合的研究框架，其中近海(陆架边缘海)生态系统是该研究框架的战略重点和优先发展的研究海域之一。IGBP II在推动海洋可持续生态系统整合研究发展中，关注海洋生物地球化学循环和全食物网营养动力学过程的研究，因为在IGBP I的海洋研究计划中，JGOFS和GLOBEC均没有强调从微生物到顶层捕食者的整个食物网的研究，也没有将其和生物地球化学过程耦合在一起。IGBP II期望通过对海洋生物地球化学与海洋食物网之间的整合研究，能够对生态系统结构与功能有一个更加彻底的了解。IMBER认为对生物地球化学循环和食物网之间相互关系的理解对刻画地球科学系统中海洋对其他圈层的反馈和评估海洋本身的可持续性食物生产都非常重要，有利于促进对影响食物的品质和产出基本规律(即渔业海洋学)的知识积累。2003年IGBP第三届大会B5工作组提出，由于海洋的特殊性，海洋生态系统整合研究需要开展全程(from end to end)食物网研究，即开展从食物网的原核生物、浮游植物到顶级生物，从个体到粒径谱、功能群和营养层的研究。

生物地球化学过程是海洋生态系统中物质循环的基础，支撑着海洋生物的生产。生源要素和痕量营养物质的循环速率及通量的变化在很大程度上控制着生物生产的时空变化与生态系统可持续的生产能力。海洋动力过程通过对生物地球化学的影响对近海生态系统服务与生物的产出起着重要的调节作用。河-海、沉积物-海水、不同水团等界面的海洋动力交换过程决定生源要素的外部补充，环流的输运过程控制生源要素的内部循环，环流、锋面、层化和混合等关键动力过程是形成和维持高生产力区营养供给的物理基础。基础生物生产与生物地球化学过程的相互作用直接影响生态系统的生物产出功能。作为海洋食物生产过程中有机质形成的基础环节，浮游植物群落生物量的增长与颗粒有机物的光合生产，以及溶解有机物通过细菌二次生产和微食物环回归食物链的生产过程等均受营养盐及微量元素再生与补充、有机物降解的生物地球化学过程调控，同时，浮游植物群落和细菌生物量增长的基础生物生产又改变着水体营养盐、微量元素及有机碳库的储量与分布格局，从而影响生源要素无机-有机形态相互转化的生物地球化学循环过程。

食物网营养动力学过程是生物产出的基本过程，是生态系统支持功能和调节功能的最终体现。食物网物质与能量的传递取决于生物功能群(包括浮游植物、浮游动物、游泳动物)的组成及其转换效率和产出率，同时，食物产出的数量与质量又受制于人类活动和自然变化。近年来的一些研究表明，海洋食物产出受到天然变化和人类活动的双重作用，两者皆会引起在时间与空间尺度上的长远后果。自然变化主要体现为气候的变化，气候的变化不仅会通过物理环境的变化影响食物网的各个阶层，还经过生物地球化学过程作用于营养盐的循环，对食物网动态产生上行作用；而人类对海洋生物资源的选择性开发已导致种群结构与数量的变动，从而引起整个种群动力学变化，并通过食物网内部的作用机制对整个生态系统产生影响。例如，选择性的捕捞使得全球海洋渔获物的营养级由 20 世纪 50 年代初的 3.3 下降至 1994 年的 3.1，引起了食物网的产出由高营养层次向低营养层次的转换，明显影响了海洋生态系统生物产出质量。由于海洋生物生产的数量和品质取决于目标资源在食物网中的位置与食物网本身的结构，因而其变化对人类的食物安全、生物多样性和海洋生物资源的管理均具有重要影响。

8.2.3　人为扰动下的海洋生物地球化学过程

在海洋生态系统的物质循环中，每一个环节既是给予者，也是受纳者，循环是往复循环，周而复始。正是由于这些生态系统内的小循环和海洋生物地球化学大循环，保障了存在于海洋中的物质的供给，通过迁移转化及循环使之再生，保障海洋生态系统的正常运转。但是，当海洋生态系统遭到破坏，从循环论的观点看，是废物大量产生或某些再生资源开发过度，阻滞、干扰了正常的循环路径，循环失调与失衡，导致大量海洋生态失衡，最终造成海洋污染、生态环境破坏。面对全球生态环境的变化，人类可以采用自我约束和采取措施的方式，来调控海洋生物地球化学循环运转的若干环节及途径，协调这些环节输入、转化与输出的物质的量，为海洋生产和生物再生提供适宜的条件。这就需要首先从理论上阐明这些海洋生物地球化学循环运转的若干环节是什么？用什么措施来调节？人类应采取哪些自我约束的方式来使海洋生物地球化学正常循环和运转？这一系列问题需要深入研究人为扰动下的海洋生物地球化学过程，从理论和技术上为调控海洋生态环境奠定基础。

(1) 人为干扰的生态负效应涉及的海洋生物地球化学过程

生态效应(ecological effect)是指人类活动引发的生态系统的变化和响应，按照性质可分为正效应和负效应。负效应由于对人类生产、生活产生影响和危害而备受关注。生态效应是人为活动造成的环境污染和生态破坏引起的生态系统结构与功能变化，其主要体现在生态系统生产力损失、生物生长行为和生态过程改变、物种多样性减少、群落结构变化和珍稀物种丧失等负面影响上，并在各生态组织层次上发生。引发生态负效应的人类干扰主要包括环境污染和生态破坏，前者按要素分为水体污染、土壤污染和大气污染等类型；后者则指人类开发建设活动对生态环境产生的非污染型影响。人类干扰的生态负效应研究同时强调外在过程和内在机制两方面，前者主要指人类干扰引起的生态系统结构和功能的改变，后者则阐明生态系统变化的驱动力和规律等内在问题。

生态破坏是相对污染影响而言的，主要指人类活动对生态环境产生的非污染型影响，其发生原因主要为交通、水利等大型工程建设及其引起的生态环境变化。水电工程生态负效应的研究内容主要包括温室效应、对库区水质的影响、对浮游生物的影响、对洄游鱼类及河流形态的影响等，引发生态负效应的原因是人类活动的干扰作用(环境污染和生态破坏)，这也是生态效应产生的根源和起点，生态系统受到干扰后必然会作出响应，表现为生态系统结构和功能的改变。人类活动的干扰作用及其引发的生态变化构成了生态效应的外在体现，二者通过内在机制得以连接。

海水富营养化、赤潮、有机污染的生态影响和重金属的生态危害等是海洋水体污染生态负效应的主要研究内容，重金属和富营养化复合污染的生态危害也是近年来的研究热点。氮和磷是水生生物必需的营养物质，但过量的氮、磷则会造成海洋水体富营养化，富营养化海水大量消耗溶解氧，会使某些浮游藻类大量繁殖，引发赤潮，传统食物链的能流在浮游植物环节受阻，细菌大量繁殖分解有机物导致水体缺氧，造成鱼虾贝类窒息死亡，使海洋环境受到重创。海洋水体污染物的形成、分布、转化规律及生物毒理是此类研究的重点，其关键是要揭示富营养化过程的生物地球化学循环。重金属污染能破坏水生生态系统，危害水生生物，并通过食物链对人体造成危害。例如，Hg 经微生物转化能形成毒性更大的甲基汞，通过食物链在鱼、贝类机体中浓缩，人类食用后健康将受到威胁。重金属对水生植物的影响主要体现在叶绿素 a 含量、光合作用效率、群落结构和生物多样性改变，植物生理特征也受重金属污染干扰。重金属在植物体内的积累量与共存元素多元回归的相关系数均大于相应单一因子，水体营养水平增加能明显提高水体初级生产力，在一定程度上减轻重金属污染的危害，并对底泥中重金属元素的释放产生显著影响。

人为干扰的海洋生态效应研究包括外在过程(包括生态干扰和生态变化)及内在机制两个方面。虽然现有的关于人类干扰的生态负效应的研究对这两方面均进行了一些研究，但没有形成完善体系，也没有做到过程和机制的有机结合，内在机制研究特别是控制负效应的海洋生物地球化学过程研究尤其薄弱。因此，过程和机制的综合研究，尤其对内在机制进行深入探讨将成为今后的重要研究领域。通过在包括个体、种群、群落和生态系统等在内的多个尺度来研究生态效应势在必行。按照等级系统理论，大尺度的生态效应是对小尺度生态效应的时空包含和特征概括，而小尺度生态效应是大尺度生态效应的组成部分和细节特征。因此，个体、种群和群落等尺度上的生态效应均包含于生态系统尺度之中，而人类干扰下个体、种群和群落尺度上的生态变化也是构成生态系统结构和功能变化的重要内容。现有的关于人类活动干扰的生态负效应研究基本上都是基于某一尺度、针对特定人类行为而进行的，缺乏多尺度的综合研究。因此，系统研究人类干扰多尺度的生态负效应并建立耦合模型将成为今后研究的重点和热点。

(2) 海洋生态系统应对人为影响的负反馈与生物地球化学循环

在开放的生态系统中，系统必须依赖于外界环境中物质、能量和信息的输入，以维持生态系统的结构，实现生态系统的功能。对生态系统功能进行调节的方式和过程，就是生态系统的反馈机制。在生态系统中，反馈机制的存在一方面是系统本身经各种自然要素长期相互作用所表现出来的特定现象，另一方面是在人为干预下系统所表现出的特异现象。在许多情况下，自然与人为因素共同作用，影响生态系统固有的状态或发展趋势，使生态系统表现出更为复杂的反馈过程。正因为生态系统具有负反馈的自我调节机制，所以在一般情况下，生态系统均会趋向于保持自身生态平衡。

值得庆幸的是，海洋生态系统由于长期演化与发展，在一定时期内均具有相对稳定而协调的内部结构和功能。然而，任何一个超越生态系统自我调节能力的外来干涉，均可破坏结构间协调，或功能间协调，或结构与功能间协调，导致该生态系统的原有性质及整体功能的破坏和改变。因而，维护海洋生态系统结构与功能协调性的机制是海洋生物地球化学必须要研究的。海洋生态系统可以通过系列自生原理 (self-resiliency) 在人为扰动产生时来首先进行自身调控，这包括自我组织 (self-organization)、自我优化 (self-optimum)、自我调节 (self-regulation)、自我再生 (self-regeneration)、自我繁殖 (self-reproduction) 和自我设计 (self-design) 等系列机制，通过自我设计，部分海洋生物可较好地适应对其施加影响的周围环境，同时经过生物种群的反馈，周围的理化环境变得对生物本身更为适宜。因此，进行海洋生物地球化学循环研究是阐明海洋生态系统自我设计能力的前提。

海洋生态系统中，主要有两类反馈机制。一般而言，在海洋生物生长过程中，个体越来越大，在种群增长的过程中，种群数量不断上升，这些属于正反馈。正反馈虽然是有机体生长、发育所必需的，但它不能维持系统的稳定状态。负反馈主要是指在受到外界影响或人为干扰后，海洋生态系统通过一系列的自我调节功能来减轻这种干扰或影响的程度，并力图恢复到平衡或稳定状态的过程。因此，要使海洋系统维持稳定状态，只能通过负反馈机制予以实现。由于生态系统具有负反馈的自我调节机制，在一般情况下，生态系统自身会保持一种动态平衡。对于受损海洋生态系统，在掌握了其受损特征、受损过程、受损机制的情况下，人们就有可能运用海洋生物地球化学的原理和方法，揭示负反馈的机制。生态系统反馈机制的建立是与熵的原理分不开的。海洋生态系统作为一个开放的系统，只要能够从外部环境得到足够的负熵流以抵消内部的熵增，海洋生态系统将形成耗散结构系统，并朝着进化的方向发展。若要进行海洋生态恢复和重建，就必须使海洋生态系统进入低熵状态。海洋生态系统反馈机制是通过系统中生物与环境的相互作用来体现的。海洋生物生境状况的改善必然增强海洋生物在海洋生态系统中的地位和作用，伴随着物质循环和能量转换的信息传递过程就显得日益重要，反馈过程也就愈为复杂。阐明海洋生态系统这种负反馈机制的生物地球化学循环过程，是探索在海洋生态系统受人为干扰之后通过人工干预措施对生态系统调控的重要途径。

研究海洋生态系统中生物对胁迫因子的适应机制，了解系统中物质的生物地球化学循环，以及海洋生物物种演替、竞争、捕食和生物与非生物因子间相互作用的基本生态过程，认识海洋生态系统受损与环境条件、生物组成、种群行为和群落功能的关系，并分析系统熵变化与生态系统反馈机制的特征，对采取措施维持海洋生态环境的正常运转意义重大。

本章的重要概念

补偿深度与真光层 从海平面到太阳光照的强度减弱到可使浮游植物光合作用生产的有机质仅能补偿其自身呼吸作用消耗所对应的海水深度。在补偿深度以上的水层称为真光层。

全球气候系统 一个由大气圈、水圈、冰雪圈、岩石圈(陆面)和生物圈组成的高度复杂的系统，这些部分之间发生着明显的相互作用。

全球变化 地球生态系统在自然和人为影响下出现的可能改变地球承载生物能力的全球环境变化，包括全球气候变化以及温室效应、环境污染、生态退化等人类生态环境的变化。

生态效应 人为活动造成的环境污染和生态破坏引起的生态系统结构和功能变化，其主要体现在生态系统生产力损失、生物生长行为和生态过程改变、物种多样性减少、群落结构变化和珍稀物种丧失等负面影响上，并在各生态组织层次上发生。

海洋生态效应负反馈 在受到外界影响或人为干扰后，海洋生态系统通过一系列的自我调节功能来减轻这种干扰或影响的程度，并力图恢复到平衡或稳定状态的过程。

推荐读物

陈泮勤. 2004. 地球系统碳循环. 北京: 科学出版社: 1-585.

黄小平, 黄良民, 宋金明, 等. 2019. 营养物质对海湾生态环境影响的过程与机理. 北京: 科学出版社: 1-735.

宋金明. 2004. 中国近海生物地球化学. 济南: 山东科学技术出版社: 1-591.

宋金明, 李学刚, 袁华茂, 等. 2019. 渤黄东海生源要素的生物地球化学. 北京: 科学出版社: 1-870.

宋金明, 徐永福, 胡维平, 等. 2008. 中国近海与湖泊碳的生物地球化学. 北京: 科学出版社: 1-533.

邹景忠. 2005. 海洋环境科学. 济南: 山东教育出版社: 1-401.

Black K D, Shimmield G B. 2003. Biogeochemistry of Marine Systems. Oxford: Blackwell Publishing, CRC Press: 1-384.

Degens E T. 1989. Perspectives on Biogeochemistry. Berlin: Springer-Verlag: 1-423.

Libes S M. 1992. An Introduction to Marine Biogeochemistry. New York: John Wiley & Sons: 1-745.

Open University Team. 2005. Marine Biogeochemical Cycles. 2nd ed. Oxford: Butterworth-Heinemann: 1-130.

Song J M. 2009. Biogeochemical Processes of Biogenic Elements in China Marginal Seas. Berlin, Hangzhou: Springer-Verlag GmbH & Zhejiang University Press: 1-662.

学习性研究及思考的问题

(1) 海洋真光层内生源要素的行为对海水固定碳的强度至关重要，结合你所学内容，结合查阅的资料，以碳为例，说明真光层在生源要素循环中的作用。

(2) 大亚湾作为受人为影响典型的海湾，其生物种群数量变化受到多种人为因素的影响，查阅资料，说明近 10 年来，大亚湾生物种群数量变化与陆源输入氮的关系。

(3) 海洋生物食物链过程是生源要素循环的重要一环，这其中浮游动物起着承上启下的作用，以“浮游动物与生源要素循环”为题完成一篇研究报告，说明浮游动物如何影响生源要素的循环。

(4) 在宏观研究上，海洋生物地球化学的发展与气候变化密切相关，这种宏观的联系由大尺度的大气动力学和海洋环流决定，如何理解海洋生物地球化学过程与气候变化的内在联系？

(5) 对近海海域，人为影响越来越严重，由此引起海洋污染事件时常发生，你认为在探讨人为污染发生的原因及效应方面，海洋生物地球化学的作用是什么？

(6) 底栖-水层耦合过程在很大程度上决定了沉积物-海水界面附近有机物及生源要素的变化特征，查阅文献，结合所学知识，以“海洋沉积物-海水界面附近底栖生态系统与生源要素的相互依存关系”为题，完成一篇研究报告。

(7) 列表说明，人为干扰的生态负效应与海洋生态系统应对人为影响的负反馈的异同点。

(8) 如何理解“海洋生物地球化学模式是系统表述整个生物地球化学循环体系，有机联系不同贮库和单元，定量表达过程动力学，定量认识物质的海洋生物地球化学循环、阐明其控制机制以及预测体系变动的重要手段”这段话？

主要参考文献

曹文卿, 刘素美. 2006. 海洋沉积物中硝化和反硝化过程研究进展[J]. 海洋科学进展, 24: 259-265.

曹勇, 李道季, 张经. 2002. 海洋浮游植物铁限制的研究进展[J]. 海洋通报, 24(6): 83-86.

曹知勉, 戴民汉. 2008. 海洋钙离子非保守行为及海洋钙问题[J]. 地球科学进展, 23(1): 8-16.

陈春辉, 王春生, 许学伟, 等. 2009. 河口缺氧生物效应研究进展[J]. 生态学报, 29(5): 2595-2602.

董俊德, 王汉奎, 张偲, 等. 2002. 多样性及其对海洋生产力的氮、碳贡献[J]. 生态学报, 22: 1741-1749.

高全洲, 陶贞. 2003. 通量及性质研究进展[J]. 应用生态学报, 4(6): 1000-1002.

郭卫东, 章小明, 杨逸萍, 等. 1998. 中国近岸海域潜在性富营养化程度的评价[J]. 台湾海峡, 17(1): 64-70.

韩兴国, 李凌浩, 黄建辉. 1999. 生物地球化学概论[M]. 北京: 高等教育出版社: 1-325.

侯立军, 刘敏, 许世远, 等. 2004. 潮滩生态系统中生源要素氮的生物地球化学过程研究综述[J]. 地球科学进展, 19(5): 774-781.

李富云, 贾芳丽, 涂海峰, 等. 2017. 海洋中微塑料的环境行为和生态影响[J]. 生态毒理学报, 12(6): 11-18.

李丽, 汪品先. 2004. 大洋"生物泵"物海洋浮游植物生物标志物[J]. 海洋地质与第四纪地质, 24(4): 73-79.

李秀保, 黄晖, 练健生, 等. 2007. 珊瑚及共生藻在白化过程中的适应机制研究进展[J]. 生态学报, 27(3): 1217-1225.

李学刚, 李宁, 宋金明. 2004. 海洋沉积物中不同结合态无机碳的测定[J]. 分析化学, 32(4): 425-429.

李学刚, 宋金明. 2004. 海洋沉积物中碳的来源、迁移和转化[J]. 海洋科学集刊, 46: 106-117.

刘强, 徐旭丹, 黄伟, 等. 2017. 海洋微塑料污染的生态效应研究进展[J]. 生态学报, 37(22): 7397-7409.

刘素美, 张经. 2002. 沉积物中生物硅分析方法评述[J]. 海洋科学, 26(2): 22-26.

钱嫦萍, 陈振楼, 毕春娟, 等. 2002. 潮滩沉积物重金属生物地球化学研究进展[J]. 环境科学研究, 15(5): 49-61.

钱君龙, 王苏民, 薛滨, 等. 1997. 湖泊沉积研究中的一种定量估算陆源有机碳的方法[J]. 科学通报, 42: 1655-1658.

商少凌, 柴扉, 洪华生. 2004. 海洋生物地球化学模式研究进展[J]. 地球科学进展, 19(4): 621-629.

石金辉, 高会旺, 张经. 2006. 大气有机氮沉降及其对海洋生态系统的影响[J]. 地球科学进展, 21: 721-729.

宋国栋, 刘素美. 2012. 海洋环境中的厌氧铵氧化研究进展[J]. 地球科学进展, 27: 529-538.

宋金明. 1990. 海洋环境中硫的存在形式[J]. 环境化学, 9(6): 59-64.

宋金明. 1991. CO_2 的温室效应与全球气候及海平面的变化[J]. 自然杂志, 14(9): 649-653.

宋金明. 1993. 全球变化研究中化学海洋学的几个新领域[J]. 海洋科学, 4: 26-31.

宋金明. 1997. 中国近海沉积物-海水界面化学[M]. 北京: 海洋出版社: 1-222.

宋金明. 1999. 维持南沙珊瑚礁生态系统高生产力原因的新观点——拟流网理论[J]. 海洋科学集刊, 41: 79-85.

宋金明. 2000a. 海洋沉积物中的生物种群在生源物质循环中的功能[J]. 海洋科学, 24(4): 22-26.

宋金明. 2000b. 中国的海洋化学[M]. 北京: 海洋出版社: 1-210.

宋金明. 2003. 海洋碳的源与汇[J]. 海洋环境科学, 22(2): 75-80.

宋金明. 2004. 中国近海生物地球化学[M]. 济南: 山东科学技术出版社: 1-591.

宋金明. 2011. 中国近海生态系统碳循环与生物固碳[J]. 中国水产科学, 18(3): 703-711.

宋金明. 2020. 奠基海洋化学研究, 助推海洋科学发展—中国科学院海洋研究所海洋化学研究 70 年[J]. 海洋与湖沼, 51(4): 695-704.

宋金明, 袁华茂, 李学刚, 等. 2020. 胶州湾的生态环境演变与营养盐变化的关系[J]. 海洋科学, 44(8): 106-116.

宋金明, 段丽琴. 2017. 渤黄东海微/痕量元素的环境生物地球化学[M]. 北京: 科学出版社: 1-463.

宋金明, 李学刚. 2018. 海洋沉积物/颗粒物在生源要素循环中的作用及生态学功能[J]. 海洋学报, 40(10): 1-13.

宋金明, 李学刚, 李宁, 等. 2004. 一种海水中溶解无机碳的准确简易测定方法[J]. 分析化学, 32(6): 1689-1692.

宋金明, 李学刚, 邵君波, 等. 2006b. 南黄海沉积物中氮、磷的生物地球化学行为[J]. 海洋与湖沼, 37(4): 562-571.

宋金明, 李学刚, 袁华茂, 等. 2008a. 中国近海生物固碳强度与潜力[J]. 生态学报, 28(2): 551-558.

宋金明, 李学刚, 袁华茂, 等. 2019a. 渤黄东海生源要素的生物地球化学[M]. 北京: 科学出版社: 1-870.

宋金明, 马清霞, 李宁, 等. 2012. 沙海蜇(*Nemopilema nomurai*)消亡过程中海水溶解氧变化的模拟研究[J]. 海洋与湖沼, 43(3): 502-506.

宋金明, 曲宝晓, 李学刚, 等. 2018. 黄东海的碳源汇: 大气交换、水体溶存与沉积物埋藏[J]. 中国科学: 地球科学, 48(11): 1444-1455.

宋金明, 王启栋. 2020. 冰期低纬度海洋铁-氮耦合作用促进大气 CO_2 吸收的新机制[J]. 中国科学-地球科学, 50(1): 173-174.

宋金明, 王启栋, 张润, 等. 2019b. 70 年来中国化学海洋学研究的主要进展[J]. 海洋学报, 41(10): 65-80.

宋金明, 徐亚岩, 张英, 等. 2006a. 中国海洋生物地球化学过程研究的最新进展[J]. 海洋科学, 30(2): 69-77.

宋金明, 徐永福, 胡维平, 等. 2008b. 中国近海与湖泊碳的生物地球化学[M]. 北京: 科学出版社: 1-533.

宋金明, 袁华茂. 2017. 黑潮与邻近东海生源要素的交换及其生态环境效应[J]. 海洋与湖沼, 48(6): 1169-1177.

宋金明, 詹滨秋. 1992. 海水中溶解有机碳(DOC)的测定[J]. 海洋湖沼通报, 3: 34-40.

宋金明, 赵卫东, 李鹏程, 等. 2003，南沙珊瑚礁生态系的碳循环[J]. 海洋与湖沼, 34(6): 586-592.

孙云明, 宋金明. 2002. 中国近海沉积物在生源要素循环中的作用[J]. 海洋环境科学, 21(1): 26-33.

谭丽菊, 王江涛. 1999. 海水中胶体有机碳研究简介[J]. 海洋科学, 1: 27-29.

王保栋. 2005. 河口和沿岸海域的富营养化评价模型[J]. 海洋科学进展, 23(1): 82-86.

王立军, 季宏兵, 丁淮剑, 等. 2008. 硅的生物地球化学循环研究进展[J]. 矿物岩石地球化学通报, 27(2): 188-194.

王永红, 张经, 沈焕庭. 2002. 潮滩沉积物重金属累积特征研究进展[J]. 地球科学进展, 17(1): 69-77.

王勇, 焦念志. 2002. 营养盐对浮游植物生长上行效应机制的研究进展[J]. 海洋科学, 24: 30-33.

徐小锋, 宋长春. 2004. 全球碳循环研究中“碳失汇”研究进展[J]. 中国科学院研究生院学报, 21(2): 145-152.

徐永福, 赵亮, 浦一芬, 等. 2004. 二氧化碳海气交换通量估计的不确定性[J]. 地学前缘, 11(2): 565-571.

杨桂朋, 王晓蒙, 陆小兰. 2006. 海洋中 CO 的研究进展[J]. 中国海洋大学学报, 36(4): 530-534.

叶曦雯, 刘素美, 张经. 2003. 生物硅的测定及其生物地球化学意义[J]. 地球科学进展, 18(3): 420-426.

詹力扬, 陈立奇. 2006. 海洋 N_2O 的研究进展[J]. 地球科学进展, 21: 269-277.

张桂玲, 张经. 2001. 海洋中溶存甲烷研究进展[J]. 地球科学进展, 16(6): 829-835.

张龙军, 宫萍, 张向上. 2005. 河口有机碳研究综述[J]. 中国海洋大学学报, 35(5): 737-744.

张乃星, 宋金明, 贺志鹏. 2006. 海水颗粒有机碳(POC)变化的生物地球化学机制[J]. 生态学报, 26(7): 2328-2339.

张蓬, 宋金明, 刘志刚. 2008. 海洋沉积物中PAHs和PCBs的来源与微生物降解[J]. 海洋环境科学, 27(1): 91-96.

张武昌, 王克, 肖天. 2002. 海洋浮游动物的同化率[J]. 海洋科学, 26(7): 21-23.

张武昌, 张芳, 王克. 2001. 海洋浮游动物粪便通量[J]. 地球科学进展, 16(1): 113-119.

张志南. 1999. 水层-底栖耦合生态动力学研究的某些进展[J]. 青岛海洋大学学报, 30(1): 115-122.

张志南, 田胜艳. 2003. 异养细菌在海洋生态系统中的作用[J]. 青岛海洋大学学报, 33(3): 375-383.

赵卫红. 2000. 海洋中胶体研究的新进展[J]. 海洋与湖沼, 31(2): 221-229.

赵一阳, 鄢明才. 1994. 中国浅海沉积物地球化学[M]. 北京: 科学出版社: 1-200.

赵颖翡, 刘素美, 张经. 2005. 海水中磷化合物的分析进展[J]. 海洋环境科学, 24: 70-74.

郑国侠, 宋金明, 戴纪翠. 2006. 海洋碳的迁移转化与主要化学驱动因子的相互关系[J]. 应用生态学报, 17(4): 740-746.

郑天凌, 王海黎, 洪华生. 1994. 微生物在碳的海洋生物地球化学循环中的作用[J]. 生态学杂志, 13(4): 47-50.

周启星, 黄国宏. 2001. 环境生物地球化学及全球环境变化[M]. 北京: 科学出版社: 1-256.

朱葆华, 王广策, 黄勃, 等. 2004. 温度、缺氧、氨氮和硝氮对3种珊瑚白化的影响[J]. 科学通报, 49(17): 1743-1748.

邹景忠. 2004. 海洋环境科学[M]. 济南: 山东教育出版社: 1-401.

Alldredge A L. 1988. Characteristics, dynamics and significance of marine snow[J]. Progress in Oceanography, 20: 41-82.

Anderson L A, Sarmiento J L. 1994. Redfield ratios of remineralization determined by nutrient data analysis[J]. Global Biogeochemical Cycles, 18: 65-80.

Bashkin V N, Howarth R W. 2002. Modern Biogeochemistry[M]. Dordrecht, Boston, London: Kluwer Academic Publishers: 1-561.

Battle M, Bender M L, Tans P P, et al. 2000. Global carbon sinks and their variability inferred from atmospheric O_2 and $\delta^{13}C$[J]. Science, 287: 2467-2470.

Baturin G N. 2003. Phosphorus cycle in the ocean[J]. Lithology and Mineral Resources, 38: 126-146.

Black K D, Shimmield G B. 2003. Biogeochemistry of Marine Systems[M]. Oxford: Blackwell Publishing, CRC Press: 1-384.

Blackburn T H, Henriksen K. 1983. Nitrogen cycling in different types of sediments from Danish waters[J]. Limnology and Oceanography, 28: 477-493.

Butcher S S, Charlson R J, Orians G H, et al. 1992. Global Biogeochemical Cycles[M]. London: Academic Press: 1-378.

Chen C T A, Liu K K, Macdonald R. 2003. Continental margin exchanges[M]. *In*: Fasham M J R. Ocean Biogeochemistry: the Role of the Ocean Carbon Cycle in Global Change. Berlin: Springer-Verlag: 150-172.

Coale K H, Johnson K S, Fitzwater S E, et al. 1996. A massive phytoplankton bloom induced by an ecosystem-scale iron fertilization experiment in the equatorial Pacific Ocean[J]. Nature, 383: 495-501.

Conley D J, Johnstone R W. 1995. Biogeochemistry of N, P and Si in Baltic Sea sediments: response to a simulated deposition of a spring diatom bloom[J]. Marine Ecology Progress Series, 122: 265-276.

Cornell S, Randell A, Jickells T. 1995. Atmospheric inputs of dissolved organic nitrogen to the oceans[J]. Nature, 376: 243-246.

Degens E T. 1989. Perspectives on Biogeochemistry[M]. Berlin: Springer-Verlag: 1-423.

Demaster D J. 1981. The supply and accumulation of silica in the marine environment[J]. Geochimicaet Cosmochimica Acta, 45: 1715-1732.

Dobrovolsky V V. 1994. Biogeochemistry of the World's Land[M]. Moscow: Mir Publishers: 1-362.

Fenchel T, King G M, Blackburm T H. 1998. Bacterial Biogeochemistry[M]. London: Academic Press: 1-307.

Froelich P N, Bender M L, Luedtke N A, et al. 1982. The marine phosphorus cycle[J]. American Journal of Science, 282: 474-511.

Galloway J N, Schlesinger W H, Levy H II, et al. 1995. Nitrogen fixation: anthropogenic enhancement-environmental response[J]. Global Biogeochemical Cycles, 9: 235-252.

Gao X L, Song J M. 2006. Main geochemical characteristics and key biogeochemical processes of carbon in the East China Sea waters[J]. Journal of Coastal Research, 22(6): 1330-1339.

Groot C J, Golterman H L. 1990. Sequential fractionation of sediment phosphate[J]. Hydrobiologia, 192: 143-148.

Herbert R A. 1999. Nitrogen cycling in coastal marine ecosystems[J]. FEMS Microbiology Reviews, 23: 563-590.

Honjo S, Manganini S J, Cole J J. 1982. Sedimentation of biogenic matter in the deep ocean[J]. Deep Sea Research, 29: 609-625.

Hrgrave B T. 1973. Coupling carbon flow through some pelagic and benthic communities[J]. Fish Res Board Can, 30: 1317-1326.

Hulth S, Aller R C, Gilbert F. 1999. Coupled anoxic nitrification/manganese reduction in marine sediments[J]. Geochimica et Cosmochimica Acta, 63: 49-66.

Keeling R, Piper S C, Heinmann M. 1996. Global and hemispheric CO_2 sinks deduced from changes in atmospheric O_2 concentration[J]. Nature, 381: 218-221.

Kolber Z S. 2006. Getting a better picture of the ocean's nitrogen budget[J]. Science, 312: 1479-1480.

Körtzinger A. 1999. Determinations of carbon dioxide partial pressure[M]. *In*: Grasshoff K, et al. Methods of Seawater Analysis. Weinheim: Verlag Chemie: 156-178.

Krumbein W E. 1978. Environmental Biogeochemistry and Geomicrobiology[M]. 3 Vol. Ann Arbor: Ann Arbor Science Publ: 1-1052.

Krumbein W E. 1983. Microbial Geochemistry[M]. Oxford: Blackwell Sci Pub: 1-330.

Libes S M. 1992. An Introduction to Marine Biogeochemistry[M]. New York: John Wiley & Sons: 1-745.

Mackenzie F T, Lerman A, Andersson A J. 2004. Past and present of sediment and carbon biogeochemical cycling models [J]. Biogeosciences, 1: 11-32.

Martin J H. 1990. Glacial-interglacial CO_2 change: the iron hypothesis[J]. Paleoceanography, 5: 1-13.

Nriagu J O. 1976. Environmental Biogeochemistry[M]. 2 Vol. Ann Arbor: Ann Arbor Science Pub: 1-773.

Open University Team. 2005. Marine Biogeochemical Cycles[M]. 2nd ed. Oxford: Butterworth-Heinemann: 1-130.

Ragueneau O, Treguer P, Leynaert A, et al. 2000. A review of the Si cycle in the modern ocean: recent progress and missing gaps in the application of biogenic opal as a paleoproductivity proxy[J]. Global and Planetary Change, 26: 317-365.

Redfield A C. 1958. The biological control of chemical factors in the environment[J]. American Scientist, 46: 205-222.

Riebesell U. 2004. Effects of CO_2 enrichment on marine phytoplankton[J]. Journal of Oceanography, 60: 719-729.

Ruttenberg K C. 1992. Development of a sequential extraction method for different forms of phosphorus in marine sediments[J]. Limnology and Oceanography, 37: 1460-1482.

Santschi P, Hohener P, Benoit G, et al. 1990. Chemical processes at the sediment-water interface[J]. Marine Chemistry, 30: 269-315.

Schlesinger W H, Berrnhardt E S. 2012. Biogeochemistry: An Analysis of Global Change[M]. 3rd ed. Oxford: Academic Press: 1-672.

Schulz H D, Dahmke A, Schinzel U, et al. 1994. Early diagenetic processes, fluxes, and reaction rates in sediments of the South Atlantic[J]. Geochimica et Cosmochimica Acta, 58: 2041-2060.

Seiler W, Schmidt U. 1974. Dissolved nonconservative gases in seawater[M]. *In*: Goldberg E D, John W. The Sea. New York : Wiley Interscience: 219-243.

Song J M. 2003. Oceanic iron fertilization: one of strategies for sequestration atmospheric CO_2[J]. Acta Oceanologica Sinica, 22(1): 57-68.

Song J M. 2009. Biogeochemical Processes of Biogenic Elements in China Marginal Seas[M]. Berlin, Hangzhou: Springer-Verlag GmbH & Zhejiang University Press: 1-662.

Song J M, Qu B X, Li X G, et al. 2018. Carbon sinks/sources in the Yellow and East China Seas—Air-sea interface exchange, dissolution in seawater, and burial in sediments[J]. Science China Earth Sciences, 61 (11) : 1583-1593.

Takahashi T, Sutherland S C, Sweeney C, et al. 2002. Global sea-air CO_2 flux based on climatological surface ocean pCO_2, and seasonal biological and temperature effects[J]. Deep-Sea Research II, 49: 1601-1622.

Thamdrup B, Dalsgaard T. 2002. Production of N_2 through anaerobic ammonium oxidation coupled to nitrate reduction in marine sediments[J]. Applied and Environmental Microbiology, 68: 1312-1318.

Tréguer P, Nelson D M, Van Bennekorn A J, et al. 1995. The silica balance in the world ocean: a reestimate[J]. Science, 268: 375-379.

Trudinger P A, Swaine D J. 1979. Biogeochemical Cycling of Mineral Forming Elements[M]. Amsterdam: Elsevier Sci Pub: 1-612.

Trudinger P A, Walter W R, Ralph B J. 1980. Biogeochemistry of Ancient and Modern Environments: Proceedings of the 4th International Symposium on Environmental Biogeochemistry (ISEB) [M]. New York: Springer-Verlag: 1-723.

Tsunogai S, Watanabe S, Sato T. 1995. Is there a "continental shelf pump" for the absorption of atmospheric CO_2[J]? Tellus, 51B: 701-712.

Tyrrell T, Law C S. 1997. Low nitrate: phosphate ratios in the global ocean[J]. Nature, 387: 793-796.

Zajic J E. 1969. Microbial Biogeochemistry[M]. New York :Academic Press: 1-345.